# Vorwort zur 6. Auflage

Die Produktionsorganisation, das Produktmanagement in Verbindung mit dem Qualitätsmanagement, rückt immer stärker in den Mittelpunkt heutiger Unternehmen. Wirtschaftlicher Erfolg setzt nicht nur das Beherrschen technischer Lösungen voraus, sondern auch ihre Umsetzung mit der richtigen Produktionsorganisation und der geeigneten Produktpolitik im globalem Wettbewerb. Waren diese Aufgaben früher fast nur die Aufgaben des „oberen Managements", so sind dies heute, dank flacher Hierarchien, Aufgaben, die fast jede Mitarbeiterin und jeden Mitarbeiter in einem Unternehmen angehen.

Dieses Buch soll die damit zusammenhängenden Aufgaben deutlich machen, den Lernenden die Augen für betriebliche Zusammenhänge öffnen und Hilfe für eine erfolgreiche eigene berufliche Tätigkeit, sowie Werkzeug für Erfolge des betreffenden Unternehmens sein. Für Lehrende, die oftmals die berufliche Wirklichkeit nur aus „früheren" Erfahrungen kennen, soll dieses Buch eine Handreichung darstellen, die den aktuellen Stand heutiger Unternehmenspolitik repräsentiert.

Gegliedert ist das Buch in die Hauptkapitel:

**I. Produktionsorganisation** mit
- Betriebsorganisation,
- Methoden der Planung,
- Informationsfluss,
- Arbeitssystemgestaltung, Ergonomie,
- Kostenrechnung,
- Produktionsplanung und -steuerung (PPS),
- Kommunikationstechnik.

**II. Qualitätsmanagement**
- Qualität und Prüfplanung,
- DIN ISO 9000
- TQM und TQM-Werkzeuge.

**III. Produktpolitik** mit
- Marketing und Marketinginstrumente,
- Strategien,
- Käuferverhaltensforschung, Marktforschung.

**IV. Fachwörterbuch/Professional Dictionary**

Das vorliegende Buch vermittelt den Lehrstoff, wie er in den Berufsfachschulen und in Berufskollegs für Technik und Wirtschaft gefordert wird, ferner wie er notwendig ist in Technikerschulen und in Meisterschulen, sowie im Bereich der beruflichen Weiterbildung. Für Studierende der Hochschulen, insbesondere mit technisch orientierten Studiengängen, vermittelt das Buch das notwendige ergänzende Wissen für die betriebswirtschaftlichen Fragestellungen, denen sich jeder im Beruf stellen muss.

Mit der 6. Auflage gibt es neben einer Reihe von Einzelverbesserungen eine umfassende Darstellung des neuen Vergütungssystems ERA. Das Gesamtwerk ist nun 4-farbig und erhielt eine Vielzahl neuer Farbbildor.

Eine Vielzahl von Übungen und Beispielen fördert das selbstständige Einarbeiten in die Organisationstechniken für eine erfolgreiche Produktion. Fragen zur Wiederholung und Vertiefung in den einzelnen Abschnitten ermöglichen die Selbstkontrolle.

Im Herbst 2009 Die Autoren

# Inhaltsverzeichnis

## I. Produktionsorganisation

## III. Produktpolitik

# I Produktionsorganisation

## 1 Einführung

Unter Produktion versteht man allgemein die Herstellung oder das Verändern von Produkten. Produkte können sowohl Sachgüter, z. B. Motoren als auch Dienstleistungen, z. B. Wartungsarbeiten sein.

### 1.1 Ziel der Produktion

Das Ziel der Produktion ist Bedarfe zu decken und/oder Gewinne zu erzielen. So hat die Produktion im privaten Bereich, z. B. die Herstellung einer Mahlzeit in der häuslichen Küche das Ziel den eigenen Ernährungsbedarf zu decken. Die Herstellung von Mahlzeiten im Gastronomiebereich verfolgt hingegen das Erzielen von Gewinnen. Gewinne sind notwendig um Investitionen tätigen zu können und so die Unternehmen nachhaltig zu sichern. In sozialistischen Ländern mit Planwirtschaft war oft die Bedarfsorientierung im Vordergrund. In westlichen Gesellschaften ist es die Gewinnorientierung.

Gewinne kann man erzielen, wenn Kosten, Qualität und Lieferbereitschaft im Einklang stehen und wenn für das Produkt eine Nachfrage besteht. Daraus leitet sich die Orientierung am Kunden ab. Es kann meist davon ausgegangen werden, dass Produkte und/oder Produktionsunternehmen im Wettbewerb zueinander stehen. Dann ist für eine Gewinnorientierung die *Einzigartigkeit* eine bedeutsame Eigenschaft (**Bild 1**).

Die Einzigartigkeit kann z. B. in den Produkteigenschaften, nämlich in den Funktionen, den Materialien und den Formen liegen oder in der Art der Produktion hinsichtlich der entstehenden Kosten und Qualität oder auch hinsichtlich einer schnellen Lieferfähigkeit.

Zur Einzigartigkeit muss die Eigenschaft Wandlungsfähigkeit hinzukommen, sonst wird die Einzigartigkeit schnell verloren sein. Einzigartigkeit ist nichts Statisches. Einzigartig zu sein bedeutet jeden Tag neue Herausforderungen aufzunehmen und in diese mit besonderen Anstrengungen zu bestehen.

**Bild 1: Einzigartigkeit und Wandlungsfähigkeit**

Die Produktionsorganisation hat nun das Ziel, im Rahmen der *Ablauforganisation*[1] gewinnoptimale Bedingungen aus der Sicht des Materialflusses und des Informationsflusses zu schaffen (**Bild 1**). Es geht dabei konkret darum: wie sind Arbeitskräfte, Fertigungsgegenstände (Werkzeuge, Maschinen und z. B. Produkte) und Fertigungsmittel räumlich und zeitlich anzuordnen.

Im Rahmen der *Aufbauorganisation* sind die strukturellen Aufgliederungen, Teilprozesse und Teilaufgaben zu gestalten und daraus Aufgabenfelder, z. B. Herstellung, Instandsetzung, Verwaltung mit den zugehörigen Stellen- und Leistungsbeschreibungen, abzuleiten

## 1.2 Produktionsarten

Abhängig von der Anordnung und Struktur der Betriebsmittel unterscheidet man:

- Die Werkbankfertigung,
- die Baustellenfertigung,
- die Werkstattfertigung und
- die Fließfertigung.

### Werkbankfertigung

Im klassischen Handwerksbetrieb sind Werkzeuge, Betriebsmittel und Werkstoffe auf Arbeitsplätzen rund um die Arbeitenden gruppiert. In frühen Zeiten waren es häufig Ein-Mann-Handwerksbetriebe und dem Handwerker oblagen alle Arbeiten von der Akquisition (Beschaffung, Auftragsbesorgung) über die Herstellung bis zur Dokumentation und Rechnungsstellung. Den Ein-Personen-Handwerker findet man auch heute noch, z. B. als Schneider, Steinmetz (**Bild 2**) oder im Kunsthandwerk. Bei komplexen Produktionen, wie z. B. für die Herstellung von Gussteilen sind aber schon immer mehrere Personen, auch in der Antike (**Bild 3**) arbeitsteilig, notwendig gewesen.

**Bild 2: In der Werkstatt eines Steinmetz**

**Bild 3: Antike Gießerei, Bild auf einer griechischen Vase (um 500 v. Chr.)**

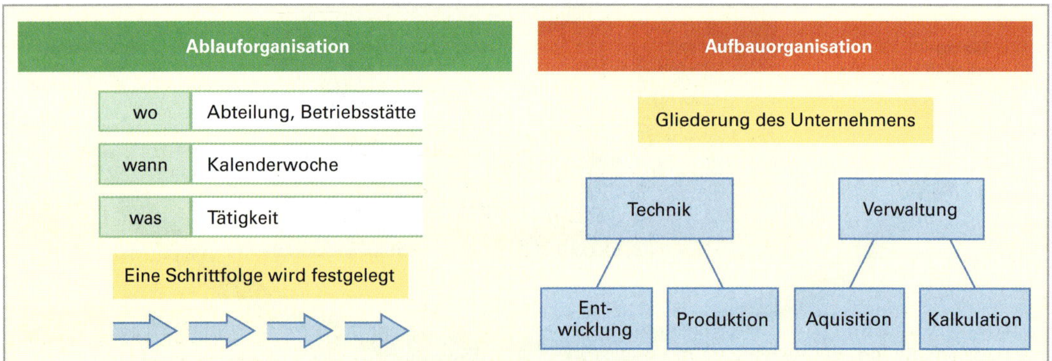


**Bild 1: Ablauforganisation und Aufbauorganisation**

[1] siehe auch Seite 38ff

[2] siehe auch Seite 32ff

### Baustellenfertigung

Hier ist das Fertigungsobjekt meist an einen wechselnden Ort gebunden, wie z. B. bei der Herstellung eines Hauses oder aber es sind sehr sperrige Güter, wie z. B. Schiffe und große Flugzeuge (**Bild 1**). Man unterscheidet daher die außerbetrieblichen, Baustellenfertigung und die innerbetriebliche Baustellenfertigung.

Die Arbeiten können häufig in Form von Gruppenarbeit und als eine ganzheitliche Tätigkeit verrichtet werden. Der Werker oder Mitarbeiter hat einen intensiven Bezug zu seiner Arbeit, er kennt konkret den Auftraggeber, die Fertigungstermine und kann oft auch unterschiedliche Tätigkeiten verrichten. Er trägt unmittelbar Verantwortung für die Qualität des Produkts, den Arbeitsfortschritt und die Arbeitssicherheit.

**Bild 1: Innerbetriebliche Baustellenfertigung, Beispiel: Flugzeugbau**

### Werkstattfertigung

Bei der Werkstattfertigung, als der Weiterentwicklung der Werkbankfertigung, sind die Maschinen für einen Aufgabentypus in Werkstätten zusammengefasst, z. B. die Schweißerei, die Dreherei, die Härterei. So sind in der Schweißerei gleiche oder ähnliche Schweißmaschinen aufgestellt. Es gehören aber auch für die Aufgabe des Schweißens ergänzende Maschinen und Geräte dazu, wie z. B. eine Richtpresse.

**Bild 2: Werkstattfertigung für Fahrständer-Bandsägemaschinen, hier: Montage**

Typisch für die Werkstattfertigung ist der relativ starke innerbetriebliche Transport der Produkte von und zu den einzelnen Werkstätten (**Bild 2**). Für eine kosten- und lieferzeitgünstige Produktion bedarf es dabei einer ausgeklügelten Logistik für die Materialflüsse und die Maschinenbelegungen. Die Werkstattfertigung zeichnet sich, bei richtiger Organisation, durch ihre hohe Flexibilität hinsichtlich der Produkte, der Lieferzeiten und der Leistungsmengen aus. Die Arbeiten bei der Werkstattfertigung lassen sich auch in Form der Gruppenarbeit organisieren. Die Werker haben in ihrem Teilbereich Verantwortung für die Qualität, die Fertigungstermine und teilweise auch für die Produktionsabläufe innerhalb der Werkstätte (**Bild 3**).

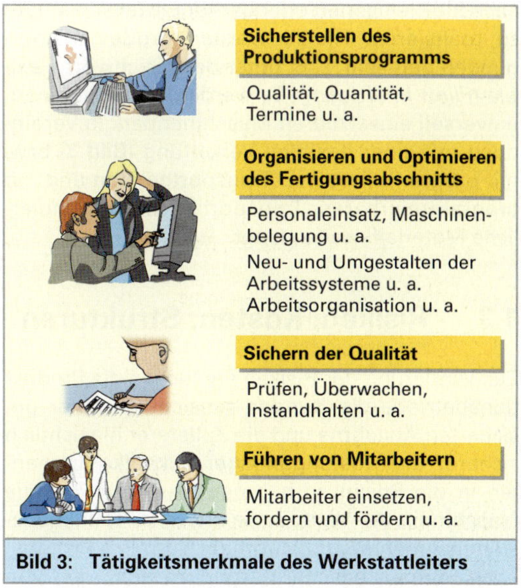


**Bild 3: Tätigkeitsmerkmale des Werkstattleiters**

> Werkbankfertigung, Baustellenfertigung und Werkstattfertigung ermöglichen bei den Beschäftigten einen vielfältigen Arbeitseinsatz mit weitreichenden Verantwortlichkeiten.

**Fließfertigung**

In der Fließfertigung wird die Produktion, meist von serienidentischen Produkten, in aufeinanderfolgende Produktionsschritte gegliedert und in eine dazu passende räumliche und zeitliche Folge hintereinandergeschaltet. Das Fließband mit kurzzyklisch ablaufenden, gleichartigen Verrichtungen ist das Synonym dafür (**Bild 1**).

Das Fließprinzip ermöglicht bei minimalen Transportwegen, Transportzeiten und Lagerflächen für die Fertigung von Serien gleicher oder sehr ähnlicher Produkte ein Maximum an Ausbringung, ein Maximum an Qualität und ein Minimum an Kosten. Fließfertigung kann vollständig händisch erfolgen oder vollständig automatisiert (**Bild 2**) oder im Mix, also zum Teil automatisiert, wie z. B. bei der Herstellung eines Motors: Die Motorbauteile werden automatisiert produziert wohingegen die Motormontage weitgehend händisch erfolgt.

Die Fließfertigung ist gekennzeichnet durch eine meist geringe Fertigungstiefe, d. h. es werden viele Komponenten zugekauft und sehr spezielle, von Dritten entwickelte, Materialien eingesetzt.

Die Fließfertigung bedarf einer gründlichen Vorplanung mit hohen Investitionen und birgt grundsätzlich hohe Risiken, z. B. bei Produktänderung, bei Nachfrageänderung, beim Ausfall einer Maschine oder beim Ausfall von zugelieferten Komponenten.

Es gilt die günstigen Fertigungsbedingungen auch für Kleinserien oder gar für Einzelwerkstücke zu realisieren. Hierzu werden große Anstrengungen gemacht, z. B. unter dem Stichwort *Flexible (Fließ-) Fertigung*. Es werden dazu mit einem universell einsetzbaren Maschinenpark in Verbindung mit einer flexiblen Verkettung (**Bild 3**) bzw. mit programmierbaren Transportgeräten und mit programmierbaren Transportwegen kontinuierliche Materialflüsse erzeugt.

**Bild 1: Serienmontage am Fließband**

**Bild 2: Roboter in der Serienmontage von Autokarosserien**

**Bild 3: Roboter zur flexiblen Verkettung**

## 1.3 Risiken, Kosten, Strukturen

Zur Minderung der Risiken versuchen die Produktionsbetriebe die Kunden hinsichtlich einer gesicherten Abnahme und die Zulieferer hinsichtlich sicherer und kostengünstiger Zukaufkomponenten in die Pflicht zu nehmen. Auch werden die Maschinen, die Werkzeuge und die Produktionsstätten zunehmend nicht mehr vom Produktionsunternehmen beschafft, sondern abhängig von der Anlagenverfügbarkeit (Pay on Availability) und abhängig von der tatsächlichen Produktionsleistung (Pay on Production) vergütet.

So wird z. B. die Finanzierung und der Betrieb der anlagentechnischen Infrastruktur aus dem Unternehmen gelöst und an ein Betreiberkonsortium vergeben. Damit reduzieren sich die Fixkosten durch ein geringeres Anlagenvermögen und es reduziert sich vor allem das Produktionsrisiko.

Mit neuen Methoden versuchen die Unternehmen eine Anpassung der Produkte und der produzierten Stückzahlen an die aktuelle Marktsituation. Man spricht von „Production on Demand".

Die Methoden sind:

- Bildung von modularen Fertigungsinseln und modularen Produktionsanlagen,
- Flexibilisierung der Arbeitszeit,
- Abdeckung von Auftragsspitzen durch Zeitarbeit,
- Konsequente Anwendung des „Hol-Prinzips" (Kanban) anstelle des „Bring-Prizips".

### Make or buy

Selbst machen bzw. Produkte selbst herstellen oder diese herstellen lassen, d. h. einkaufen. Durch sogenanntes „Outsourcing" in eine selbständig arbeitende und gewinnorientierte Unternehmung wird z. B. sichergestellt, dass das gelieferte Teilprodukt als Fremdprodukt einfacher handhabbar ist als wenn es selbst produziert wird: *man muss es nur bestellen, die Qualtät definieren und hat keinen weiteren Kostenfaktor als eben die Einkaufskosten.* Das Teilprodukt macht weder im Hauptunternehmen Verluste noch im Outsourcing-Betrieb (sonst würde es ja nicht geliefert werden).

Das Hauptunternehmen kann sich auf das „Kerngeschäft" konzentrieren. Man erreicht im Unternehmen eine geringe Fertigungstiefe, was meist als Vorteil gesehen wird. Auf der anderen Seite wird ein zuverlässiger Zulieferer benötigt. Dieser steht im Wettbewerb mit anderen und muss sich täglich mit seinen Produkten bewähren. Insgesamt sieht ein solches Konzept schlüssig aus.

Es zeigt sich aber zunehmend, dass das Outsourcing bzw. die pure Konzentration auf das sogenannte Kerngeschäft auch hohe technische Risiken enthält. Je häufiger der Produktwechsel ist, je häufiger eine Fertigungslinie anlaufen muss, um so schwieriger wird die Abstimmung mit den Zulieferern – auch diese können „einen im Stich" lassen oder müssen in einer „Feuerwehraktion" zur schnellen Fehlerbehebung sehr teuer bezahlt werden.

Mit der Vergabe von Produktionsaufgaben nach außen wandert in kürzester Zeit auch das Know-how ab. So erweist sich die zunächst günstige Verringerung der Fertigungstiefe langfristig gesehen oft als Fehler.

Auch stellt sich die Frage, was ist das Kerngeschäft? Im Werkzeugmaschinenbau sah man z. B. lange Zeit das Kerngeschäft in der Herstellung der eigentlichen Maschine – einfach gesprochen – in den Bereichen, wo Späne gemacht werden. Der Elektronikteil und Antriebsteil wurde komplett zugekauft.

Heute zeichnen sich Roboter und Werkzeugmaschinen vor allem über die elektrischen, elektronischen und antriebstechnischen Komponenten aus und der Werkzeugmaschinenhersteller muss gerade auf diesem Segment durch eigene Innovationen in Wettbewerb treten (**Bild 1**).

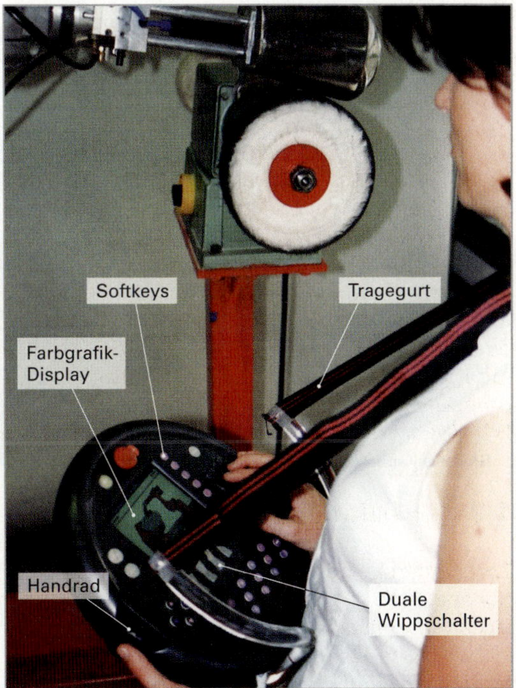


**Bild 1: Ein ergonomisch und funktional optimiertes Bediengerät für Roboter ist wesentlicher Erfolgsfaktor**

## Globalisierung, Standortfrage

Globalisierung bedeutet, dass Hersteller, Zulieferer, Kunden und Kapitalgeber fast über die ganze Welt verteilt sind. Waren vor wenigen Jahren nur Westeuropa, Nordamerika und Japan wirtschaftlich eng verbunden, so stehen nun viele weitere Länder in diesem wirtschaftlich technischen Austausch, wie z. B. China, Südostasien, Indien, Südamerika und der ehemalige Ostblock.

Möglich wurde dies neben den durchlässigen Grenzen für den Warenverkehr vor allem durch den weltumspannenden Kapitalverkehr und durch die weltumspannende Kommunikationstechnik. Herausragend ist hier das Internet mit all seinen Darstellungsmöglichkeiten. Produzenten, Konsumenten und Kapitalgeber sind nur einen „Mausklick" voneinander entfernt.

Durch diese Situation gibt es einen Wettbewerb hinsichtlich des Standorts eines Produktionsunternehmens. Wo ist der günstigste Standort (**Bild 1**)?

Ist es dort, wo die Märkte sind oder dort, wo die günstigsten Arbeitskräfte sind oder dort, wo Energie und Rohstoffe günstig sind oder dort, wo vorhersehbar sichere politische Verhältnisse sind?

Große Unternehmen verteilen sich zunehmend global und erreichen dadurch eine Optimierung ihres Unternehmensziels: dem Gewinn, bei gleichzeitig global verteilten Risiken.

**Bild 1: Wahl des Produktionsstandortes**

# 2 Betriebsorganisation

## 2.1 Betrieb und Unternehmen

Obwohl die Begriffe *Betrieb* und *Unternehmen* sich vielfältig überschneiden, kann man sie deutlich unterscheiden.

Das **Unternehmen** wird betriebswirtschaftlich gesehen, denn hier geht es insbesondere um die Gesellschaftsformen und die Einbindung in den Staat mit seinen gesetzlichen, also rechtlichen Rahmenbedingungen, wie z.B. die Haftung.

Der **Betrieb** sollte als eine technische Einheit betrachtet werden. Sein Ziel ist Sachgüter also Produkte bzw. Waren zu produzieren oder Dienstleistungen, z.B. Konstruktionen, Entwicklungen, Wartungen, Reparaturen anzubieten.

Der Betrieb muss mit seinen Leistungen die Kunden zufrieden stellen. Dies kann die Betriebsleitung am besten dadurch erreichen, dass man die Mitarbeiter mit einem kooperativen Führungsstil in den Betrieb integriert und motiviert.

Üblicherweise ist ein großes Unternehmen in mehrere überschaubare Teilbereiche untergliedert. Das Gesamtunternehmen wird damit für die Mitarbeiter und die Kunden transparent. Den einzelnen Teilbetrieben des Unternehmens wird oft die Eigenständigkeit, z.B. in Form eines Profitcenters[1], übertragen. Die Betriebe erhalten von der Unternehmensleitung z.B. nur noch die Vorgabe der Produktpalette, die Marktregion und die Umsatzvorgaben und die Gewinnvorgaben.

Oftmals veranlassen betriebswirtschaftliche Gründe, z.B. steuerliche Gründe, die Untergliederung des Unternehmens. So wird durch die Gründung einer Besitz-GmbH, ihr gehören die Gebäude, Anlagen und Betriebsmittel, der „selbstständige" Einzelbetrieb zum abhängigen Mieter.

**Profitcenter** sind eigenständig geführte Betriebe innerhalb eines Unternehmens.

**Unternehmen:** Organisatorisch-rechtliche Einheit, die wirtschaftliche Zwecke verfolgt.
Zu den Vermögenswerten eines Unternehmens gehören nicht nur die beweglichen Sachen und Grundstücke, sondern auch die Rechte z.B.: Warenzeichenrechte, Patentrechte usw., aber auch die immateriellen Rechte, z.B.: der Kundenstamm, der gute Ruf des Unternehmens.

**Unternehmung:** Wirtschaftlich-organisatorisches Gebilde, mit dem Ziel ertragsbringender Leistung nach dem Gewinnmaximierungs- oder dem Angemessenheitsprinzip. Das Gewinnstreben richtet sich zumindest auf angemessene Verzinsung des betriebsnotwendigen Kapitals.

**Betrieb:** Die planmäßige örtliche, technische und organisatorische Zusammenfassung (Kombination) der Elementarfaktoren (menschliche) Arbeitsleistung, Betriebsmittel, Werkstoffe zu dem Zweck, Sachgüter zu produzieren oder Dienstleistungen zu erbringen.

**Werk:** Ein Werk ist eine räumlich zusammenhängende Produktionsstätte innerhalb eines Unternehmens.

**Firma:** Der Name, unter dem ein Vollkaufmann im Handel seine Geschäfte betreibt und die Unterschrift abgibt. Das Recht des Kaufmanns auf seine Firma ist ein gegen Dritte wirkendes absolutes Recht (Firmenschutz). Der Kaufmann kann unter seiner Firma klagen und verklagt werden (§ 17 II HGB[2]).

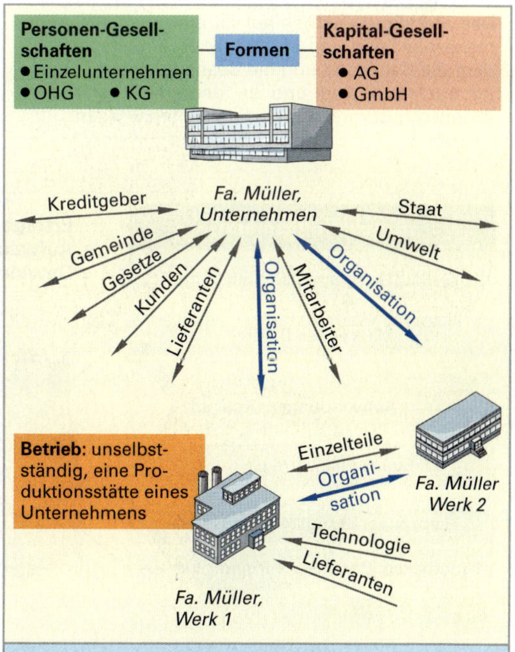


**Bild 1: Unternehmen und Betrieb**

[1] engl. profitcenter = Gewinn-Zentrum, eigenständig geführter Betrieb innerhalb eines Unternehmens

[2] HGB Abk. für Handelsgesetzbuch

## 2.1.1 Das Unternehmen und der Markt

Ein Unternehmen liegt im Spannungsfeld zwischen dem Absatzmarkt und dem Beschaffungsmarkt. Auf die Marktlage und auf die Konkurrenz muss das Unternehmen ständig flexibel reagieren und intervenieren[1], z.B. auch den Wettbewerber aufkaufen **(Bild 1)**.

Ein Unternehmer kann entweder durch Erschließen neuer Märkte reagieren oder auch mit neuen Produkten bzw. Produktvarianten auf den Markt gehen. Aber auch durch ein Ausloten des Beschaffungsmarktes können neue und bessere Lieferkonditionen, wie z.B. der Preis, die Qualität oder der Produktumfang (Kompletteinbauteile) ausgehandelt werden.

**Wirtschaftlichkeit und Humanität**
Über allen betriebswirtschaftlichen Entscheidungen die ein Unternehmen zu fällen hat, insbesondere wenn Arbeitssysteme rationeller[2], flexibler zu gestalten oder zu verbessern sind, stehen die Wertbegriffe Wirtschaftlichkeit und Humanität als die Hauptziele **(Bild 2)**, so z.B. auch bei REFA[3].

> Das Ziel des Unternehmers, des Kapitalgebers muss die Wirtschaftlichkeit und die Rentabilität sein, denn nur dann kann das Unternehmen überleben. Das in das Unternehmen investierte Kapital sollte sich angemessen verzinsen.

> Das Ziel der Arbeitnehmer ist ein gerechter, angemessener Lohn und ein humaner[4] Arbeitsplatz, bei dem die Belastung und die Beanspruchung langfristig erträglich sind und an dem die gesetzlichen Arbeitsschutzvorschriften eingehalten werden.

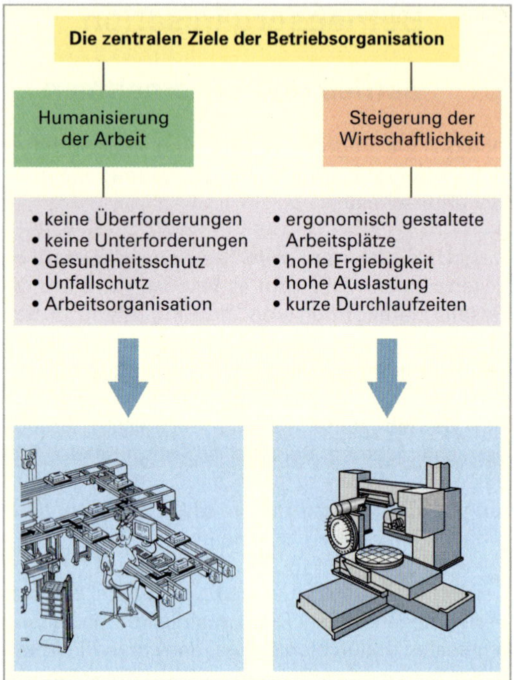


**Bild 2: Humanität und Wirtschaftlichkeit**

---

[1] lat.-fr. intervention = Einmischung; Vermittlung und wirtschaftliche Einmischung eines Staates in die Verhältnisse der Wirtschaft

[2] lat. ratio = Vernunft; Grund; Verstand; lat.-fr.: rationell = verständig, ordnungsmäßig; zweckmäßig, sparsam, haushälterisch

[3] REFA früher = Reichsausschuss für Arbeitsstudium; heute = Verband für Arbeitsstudien und Betriebsorganisation e.V.; Ziel von REFA ist die Untersuchung und Gestaltung von Arbeitssystemen

[4] lat.: human = menschlich, mild, gesittet, gebildet, anständig; Humanität = edle Menschlichkeit als harmonische Ausbildung der wertvollen Bildungs- und Gemütsanlagen im Menschen, hohe Gesittung, der Sinn für das Gute im Verhalten zu den Mitmenschen und zur Kreatur

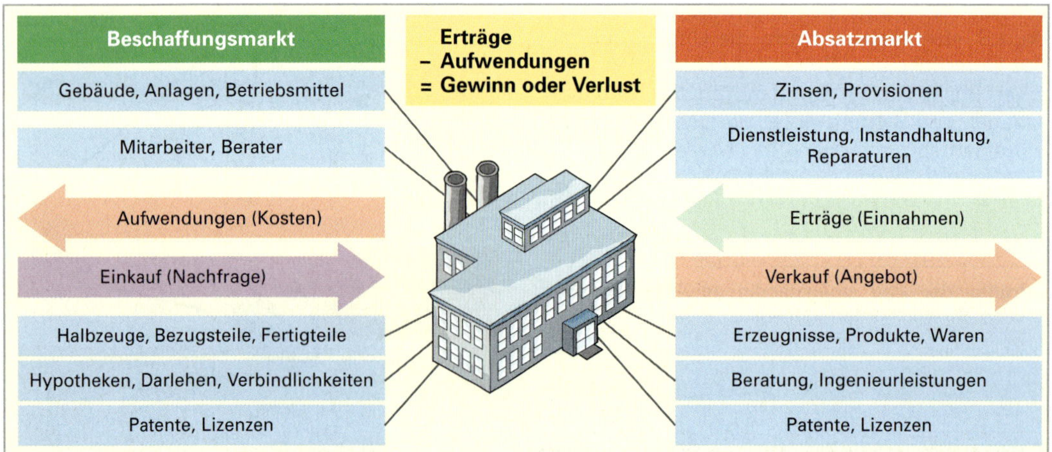


**Bild 1: Das Unternehmen und der Markt**

### 2.1.2 Entwicklungstendenzen bei Unternehmen

Die Anforderungen an die Unternehmen haben sich in den letzten Jahren entschieden gewandelt. Insbesondere die weltweite Konkurrenz, die hohe Flexibilität der Anbieter und die geänderten Kundenanforderungen stellen die Unternehmen vor große Herausforderungen. Viele Unternehmen reagieren darauf mit der Einführung von neuen Technologien und Arbeitsstrukturierungsmaßnahmen, wie z.B. Gruppenarbeit, lean production[1], KVP[2].

Damit soll das gesamte Erfahrungs-, Wissens- und Leistungspotenzial der Mitarbeiter ständig für das Unternehmen erschlossen werden.

Es werden nur Unternehmen überleben, die mit zukunftsorientierten Managementsystemen ihre Mitarbeiter führen und motivieren können.

Nur ein erfolgreiches Unternehmen kann Gewinne einfahren, somit gute Löhne zahlen und hat zufriedene, motivierte und gesunde Mitarbeiter.

Leistungszwang und Reglementation[6] verhindern nicht nur die Motivation, also die Freude am eigenständigem Mitdenken und Vorausschauen, sondern erzeugen noch zusätzlich Fehler, denn die Arbeit wird eventuell absichtlich falsch ausgeführt oder es wird nur nach Vorschrift bzw. nach Plan gearbeitet.

Wie aus **Bild 1** ersichtlich ist, wandelt sich das Wesen des Unternehmens der Zukunft durch einen nicht aufzuhaltenden Innovationssprung[7] vom traditionellen konservativen Verhalten zu einem modernen zukunftsorientierten Systemdenken.

Toleranz, Respekt, und Anerkennung der täglichen Arbeit durch die Unternehmer ist gefordert.

Dies lässt sich an einigen Beispielen exemplarisch darstellen:

- Traditionelle Arbeitsformen, wie das starre Fließband, werden durch Gruppenarbeitsplätze ersetzt. Dann kann man besser auf die wechselnden Kundenansprüche reagieren.
- Dirigismus[3], ein autoritärer Führungsstil[4], unterdrückt die Fähigkeiten der Mitarbeiter und fordert die Arbeitnehmer nicht heraus.

  Ein kooperativer Führungsstil[5] erschließt die einzelnen besonderen Fähigkeiten der Mitarbeiter zum Wohle des Unternehmens und der Mitarbeiter.

Von den Kollegen/innen sind ein Miteinander, ein Mithelfen und das Akzeptieren und das Tolerieren des Leistungsniveaus der Kollegen/innen gefragt.

### 2.1.3 Die neuen Anforderungsprofile

Der VDI[8] hat in einer Studie zum Arbeitsmarkt festgestellt, dass die Nachfrage an Ingenieuren und Technikern in Entwicklung und Konstruktion, Verkauf und Marketing, Steuerung und Planung sowie Service und Qualitätstechnik bei derzeit 70% der Stellenangebote liegt. „Reine" Produktions- und Fertigungsfachleute werden dagegen kaum nachgefragt. Außerdem sind komplexe Qualifikationen gefordert: Fachwissen muss gepaart sein mit weiteren **Fremdsprachen** sowie **Teamfähigkeit** und **Sozialkompetenz**.

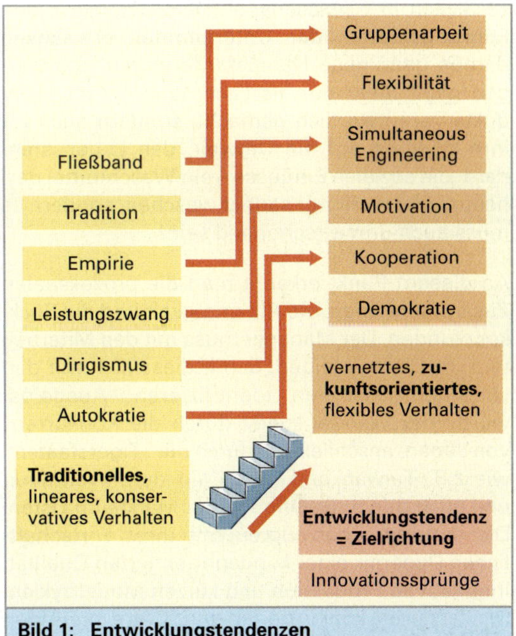


**Bild 1: Entwicklungstendenzen**

---

1 lean production von engl. lean = mager, mit weniger Personal und Material wirtschaftlicher zu produzieren und zusätzlich die Durchlaufzeiten zu verkürzen;

2 KVP = kontinuierlicher Verbesserungsprozess, eine aus dem japanischen Management übernommene Methode, die den Produktionsprozess in stetigen kleinen Schritten verbessern soll;

3 lat. nlat. Dirigismus = staatliche Lenkung der Wirtschaft;

4 Die alleinige Entscheidungsbefugnis liegt beim Unternehmer, keine Mitspracherechte der Mitarbeiter;

5 Der Unternehmer, der Manager übergibt den Mitarbeitern gewisse Entscheidungs- und Anordnungsbefugnisse;

6 lat.-fr. Reglement = Gesamtheit von Vorschriften, Bestimmungen, die für einen bestimmten Bereich, für bestimmte Tätigkeiten gelten;

7 lat.-nlat Innovation = Einführung von etwas Neuem, Erneuerung, Neuerung;

8 VDI = Verein Deutscher Ingenieure e. V. 1856 gegr. Verein von Ingenieuren aller Fachrichtungen mit dem Ziel der Förderung und des Austausches der techn.-wiss. Erkenntnisse und der Vertretung ihrer berufl. Interessen. Die VDI-Richtlinien gelten als anerkannte Regeln der Technik und Maßstab für einwandfreies technisches Verhalten.

## 2.2 Der Unternehmensprozess

### 2.2.1 Die neuen Herausforderungen

Schon in den Ausführungen des vorhergehenden Kapitels wurde angedeutet, dass sich das Umfeld für die Wirtschaft und die Manager der internationalen Industrielandschaft dramatisch verändert hat. Davon sind nicht nur die Großbetriebe betroffen, sondern derzeit insbesondere die Zulieferer, also die mittelständischen Unternehmen. Die großen Industrieunternehmen sind heute weltweit aktiv. Nicht nur um ihre Produkte zu vermarkten, sondern um wirtschaftlich, politisch und strategisch präsent zu sein. Deshalb müssen die Randbedingungen, die Herausforderungen genau erfasst werden und die Konsequenzen für die deutschen Unternehmen dargestellt werden. Nur die Unternehmen, die diese neuen Anforderungen **(Bild 1)** erkennen und umsetzen, werden weiter auf dem Weltmarkt erfolgreich sein.

Unsere Gesellschaft hat inzwischen den Anspruch auf einen hohen Lebensstandard, auf soziale Absicherung, auf Freiheit, eine gesunde Umwelt und persönliche Sicherheit als Selbstverständlichkeit eingestuft. Die Mitarbeiter der Firmen geraten durch ihre Arbeit in innere Konflikte, denn die Unternehmen planen, entwickeln und produzieren wiederum Produkte, die die Umwelt und die Lebensqualität gefährden.

Oftmals geraten die Unternehmen und somit die Manager und Mitarbeiter durch die Medien noch zusätzlich in Gewissensnot. Den Managern, den Führungskräften der Unternehmen erwachsen daraus ganz neue Herausforderungen. Sie werden nicht mehr nur als Fachmann für ihre Produkte verantwortlich gemacht, sondern auch für ihre Wirkung auf die Umwelt, den Lebensstandard, die sozialen Einflüsse – ein Waschmittel darf heute nicht mehr nur sauber waschen, sondern es muss auch umweltschonend sein!

An diesem Punkt erkennt man die prozessualen Zusammenhänge, die Abhängigkeit und die Rückkopplungen. Der Manager muss mit den Mitarbeitern im Dialog bleiben, damit diese sich mit den Unternehmenszielen identifizieren. Ausgelöst wurde der Wandel zuerst durch die Konkurrenz von Japan, anschließend durch die „Tigerstaaten" wie z.B. Taiwan und Korea auf dem Weltmarkt und auch durch die Öffnung der Märkte im Osten. Die ersteren überzeugten mit ihrer wirtschaftlichen Dynamik einer kundenorientierten Qualität, innovativen Produktion und kurzen Modellzyklen. Die letzteren konkurrieren durch ihre niedrigen Lohnkosten.

| Die Aufgabe der Arbeitspädagogik | Schlüsselqualifikationen für: |
|---|---|
| ist, den Mitarbeiter<br>• mit seiner Arbeit verbinden,<br>• mit seiner Arbeit vertraut machen,<br>• die Arbeit beherrschen zu lassen,<br>• zu Leistungen verhelfen. | • **Berufliche Handlungsfähigkeit**<br>• **Berufliche Mündigkeit**<br>- Problemlösungsfähigkeit und Kreativität,<br>- Kooperations- und Kommunikationsfähigkeit,<br>- Bewertungs- und Begründungsfähigkeit,<br>- Selbstständigkeit und Leistungsfähigkeit,<br>- Verantwortungsfähigkeit. |

**Bild 1: Die neuen Anforderungsprofile**

**Die neuen Herausforderungen:**

**Der Weltmarkt.** 2/3 des gesamten Weltmarkts werden von multinationalen Unternehmen abgewickelt, die in den USA, Europa und Japan ihren Sitz haben. Die Globalisierung im Welthandel wird sich noch verstärken.

**Die Lebensqualität.** Die Gesellschaft fordert einen (steigenden) Lebensstandard, soziale Absicherung, Freizeit, eine gesunde Umwelt und Sicherheit.
Die Technisierung und Industrialisierung muss diese Forderung erfüllen.

**Die Medien.** Die Medien (Presse und TV) bestimmen und entwerfen für den Kunden sein Lebensbild, die vorgestellte Lebensqualität (Vorbildfunktion).
Die Bewertung in einem Test besitzt inzwischen höchste Akzeptanz (Warentest).

**Die neue Konkurrenz.** Durch das immer stärkere Auftreten von Japan und den anderen Tigerstaaten auf dem Weltmarkt ist es zu einer Neuverteilung gekommen – besonders ihre wirtschaftliche Dynamik, die Kundenorientierung, das Qualitätsbewusstsein (TQM) und ihre Innovationsfreudigkeit überzeugt – die Öffnung des Ostens bringt neue Billiglohnkonkurrenz (Massengüter).

**Die Produkte.** Die Produkte repräsentieren immer die Forderungen der Kunden, also die Nachfrage des Marktes zu einem bestimmten Zeitpunkt (Trendprodukte) – die Kundenorientierung des Marketings ist oberstes Gebot und das Ziel.

**Die Industrie.** Die Industrie wird für die Schäden an der Umwelt und den sozialen Veränderungen (Arbeitslosigkeit) verantwortlich gemacht. Die Industrie muss gesellschaftspolitische Ideen entwickeln, um ihren Markt zu erhalten, um neue Kunden zu gewinnen und um alte zu erhalten.

**Das Management.** Die alten hierarchischen Führungskonzepte sind überholt, alle Mitarbeiter müssen ihre Ideen (Innovationen) in die Firma gleichberechtigt einbringen.
Die Prozessorientierung verlangt ein vernetztes, kreatives Denken.

**Die Komplexität und Innovation.** Die Kundenorientierung verlangt einfallsreiche und intelligent konzipierte Produkte und Dienstleistungen, aber auch neue Organisationsformen. Trotz der erforderlichen hohen Rationalisierung (Preisdruck) wegen der Komplexität und Variantenvielfalt können die Unternehmen die Arbeitsplatzzahl bei höherer Qualifikation der Mitarbeiter erhalten.

## 2.2.2 Konsequenzen für Unternehmen und ihre Produkte

Da sich der internationale Konkurrenzkampf bei Gebrauchsgütern heute meist nur noch auf den Sektoren Kosten und Preise abspielt, ist es insbesondere für die Unternehmen in Deutschland, einem „Hochlohnland", eine äußerst schwierige Aufgabe hier dagegen zu halten. Wie stark die Länder in Südostasien geworden sind, zeigt das **Bild 1** des idw-Instituts, Köln. Ohne Abstriche auf den Sektoren Lebensstandard und hohem Beschäftigungsstand bei gleichzeitiger Rationalisierung der Unternehmen mitzuhalten, ist nur durch eine generelle Umstrukturierung, durch neue Denkansätze und mit Innovationen möglich.

Generell ist dies möglich, da bei den Beschäftigten ein hohes Ausbildungspotenzial vorhanden ist. Es hat allerdings keinen Sinn mit „Billigprodukten" auf dem Weltmarkt konkurrieren zu wollen. Hier herrscht ein Überangebot, ein reiner, vollkommener Käufermarkt und „Kampfpreise" sind hier die Vorgabe.

Nur mit attraktiven und innovativen Produkten mit extrem hoher Variantenvielfalt, bei denen der Statuswert den Nutzwert übersteigt, kann die deutsche und europäische Industrie erfolgreich sein. Dazu benötigt das Unternehmen eine außerordentlich hohe, flexible und schnelle Organisation, also ein straffes Prozessmanagement. „High-Tech" ist eine elementare Grundvoraussetzung für alle Produkte. „High-Tech" wird in allen Bereichen Einzug halten **(Tabelle 1)**.

**Innovative Produkte**

Diese haben einen eigenen Charakter, sie sind intelligent konzipiert und sind mit einem akzeptablen Preis ausgestattet. Dies verlangt eine hohe Rationalisierung vom Einkauf über die Entwicklung, Produktion bis zum Verkauf in Form der Prozessorientierung. Eine besondere Betrachtung findet dabei die Strategie der Modellzyklen. Kurze Modellzyklen bewirken einen hohen Werteverfall und bei hochwertigen Produkten eine Verstimmung der Kunden. Zudem verzinsen sich die meist hohen Investitionen bei kurzen Zyklen nicht mehr.

Deshalb rücken das Design, der Marktwert, das Prestige der Produkte und Dienstleistungen in den Mittelpunkt für diese angesprochenen, zu umwerbenden Käuferschichten. Der Käufer dieser „gehobenen" Produkte fordert sein persönliches Produkt, eine eigene persönliche Betreuung, ein Dienstleistungsangebot rund um die Uhr und natürlich Termingenauigkeit bei kürzester Lieferzeit.

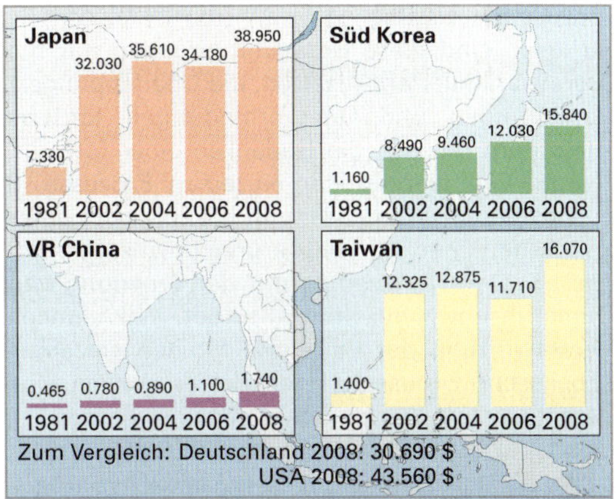


**Bild 1: Die Entwicklung des Bruttozozialprodukts in Asien (Quelle: Fischer-Weltalmanach)**

**Tabelle 1: Anwendungsbeispiele der Mikroelektronik**

| Anwendungsbereich | Beispiele |
|---|---|
| Büro und Handel  | PC, Spracherkennung, Verkaufsterminal, Kopiergeräte. |
| Industrie  | Logistik, Steuerung, Regelung, Positionierung, Robotik, PPS. |
| Energie, Umwelt  | Solartechnik, Alarmsysteme, Schaltnetze, Checkkarte. |
| Auto und Verkehr  | ABS, Abgasregelung, Motronic, Flugsicherung, Fahrkartenautomat. |
| Kommunikation  | Telefonsysteme, Internet, Intranet, GPS, Staumeldesysteme. |
| Haushalt  | Waschmaschine, Herde, Heizungssysteme, Energiesparlampen. |
| Gesundheit 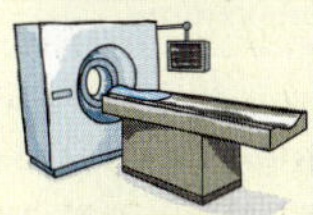 | Computertomografie, Herzschrittmacher, Narkosegerät. |
| Freizeit  | Digitalkamera, Foto, TV, Radio, PC für Spiele und Heimarbeiten. |

**Prozessorientierung**

Zu lösen sind diese Herausforderungen nur mit prozessorientierten Ansätzen, die Überlappungen, Verkettungen und Querverbindungen fordern. Außerdem müssen die Gedanken einer fortwährenden Optimierung der einzelnen Prozesse in allen Hierarchien in Form von KAIZEN oder eines kontinuierlichen Verbesserungsprozesses einfließen. Der *Taylorismus* mit der Trennung von Durchführung und Kontrolle, der individuellen Verantwortung der Einzelnen für den einzelnen Arbeitsschritt, muss durch ein Prozessdenken, eine Verantwortung für das Ganze abgelöst werden.

Dass der Unternehmungsprozess heute schon in der Automobilindustrie erfolgreich praktiziert wird, lässt sich durch das folgende Beispiel zeigen. Der Zulieferer als Mitglied der Prozesskette liefert komplette einbaufertige Baugruppen bei hoher Variantenvielfalt zum exakten Stundentermin. Der perfekte Zulieferer hat seinen Produktionsort in der Nähe der Montagewerke des Endprodukts, produziert immer genau die Baugruppen für die laufende Schicht und liefert die Teile direkt an den Montageort. In vielen Fällen übernimmt der Zulieferer auch noch den Einbau seiner eigenen Baugruppen.

Der Zulieferer ist nicht nur für die Qualität und die Terminierung seiner Produkte verantwortlich, sondern er haftet auch noch für den Einbau seiner Produkte.

Die Montage der Zukunft gleicht dem modernen Supermarkt: Hier mieten die Firmen die Regale (Preis nach Standort) und die eigenen Vertreter füllen diese mit ihren Produkten.

Der Supermarkt wird zum reinen Dienstleistungsunternehmen. Im Industriebetrieb mietet der Lieferant einen *leeren* Montageplatz für den Einbau seiner Baugruppen und bringt seine Mitarbeiter, Maschinen, Anlagen und Werkzeuge mit. Die Unternehmen haben in den letzten Jahren mit vielen Einzelansätzen versucht, ihren Betrieb rationeller zu organisieren um ihre Rentabilität zu verbessern und um konkurrenzfähig zu bleiben.

Beispiele zur Verbesserung der Rentabilität sind:
- Verringerung der Entwicklungstiefe,
- Verringerung der Fertigungstiefe,
- Gleichteile und Baukastensysteme,
- Just-in-time,
- Verkürzung der Produktionsentstehungszeiten,
- Verkürzung der Modellzyklen (Lebensdauerzyklen),
- KAIZEN,
- Kontinuierlicher Verbesserungsprozess (KVP),
- Qualitätstechniken,
- Global outsourcing **(Bild 1)**,
- Rationalisierung und Automatisierung **(Bild 2)**.

Der Unternehmensprozess baut auf den Prinzipien des TQM (Total Quality Managements) auf und plant, lenkt und regelt mit Hilfe von Prozessketten und Prozessnetzen.

Das Outsourcing vernichtet viele Arbeitsplätze, verlangt aber eine ausgeklügelte Prozessorganisation. Ähnliches zeigt die exponenzielle Zunahme der Industrie-Roboter. Auch hier werden Arbeitsplätze vernichtet, aber die Installation und Wartung verlangt zusätzlich hochqualifizierte, flexible Mitarbeiter.

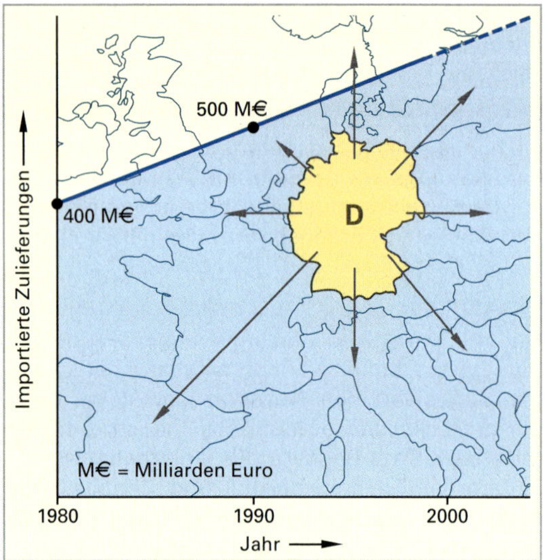


**Bild 1: Outsourcing in Deutschland**

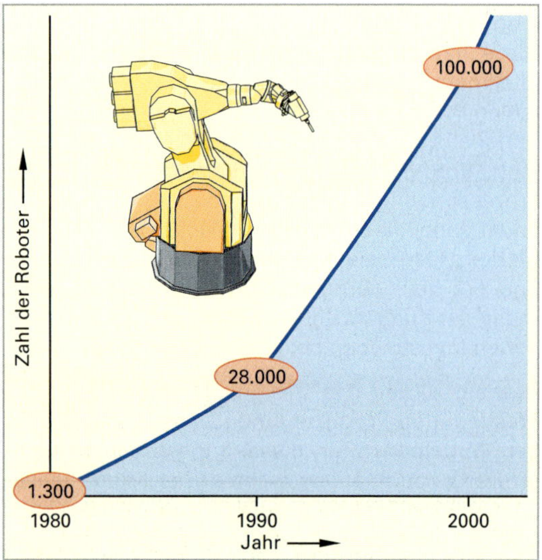


**Bild 2: Automatisierung in Deutschland**

### 2.2.3 Workflow (Prozessketten und Prozessnetze)

Alle Funktionen eines Unternehmens laufen in komplexen Prozessen unterschiedlichster Art ab. Die einzelnen Bereiche sind im Workflow (Prozessketten) zusammengeschaltet. Materialien, Teile, Daten, Informationen werden an die nachgeschalteten Bereiche weitergegeben.

Es entstehen im einfachsten Fall **lineare Prozessketten (Bild 1)**. Bei ihnen folgen die Prozesse (Arbeitsschritte oder Aufträge) einfach hintereinander, jeder Mitarbeiter ist *allein* für seinen Prozess verantwortlich. Diese Form ist in der Praxis allerdings die Ausnahme, denn die Verflechtungen und auch Rückkopplungen sind sowohl in der Entwicklung wie auch in der Produktion, im Vertrieb sowie im Einkauf alltäglich.

**Prozessketten mit Rückkopplungen**, einem „feed back" **(Bild 2)** entstehen dadurch, dass Prozesse geplant überlappen, z.B. wird der Aufbau einer neuen Montagelinie für ein neues Produkt parallel mit der Entwicklung des neuen Produkts durchgezogen. Änderungen in der Konstruktion, Anpassungen durch die Versuche erbringen natürlich auch Rückkopplungen, d.h. also Änderungen in dem Aufbau, dem Konzept der Montagelinie.

**Folge:** Das gleichzeitige Entwickeln, Konstruieren, Planen und Produzieren ermöglicht eine sofortige Änderung und Prüfung bei allen anderen Prozessen. Dies bringt eine große Zeitersparnis und die Einsparung von Kosten, da Änderungen bei anderen Prozessen rechtzeitig abgefangen werden können, oder wenigstens der Änderungsaufwand geringer wird.

**Prozessketten mit Querverbindungen (Bild 3)** entstehen durch die Komplexität der Produkte und Dienstleistungen, denn die Unternehmen können aus wirtschaftlichen Gründen nicht alle Prozesse selbst beherrschen. Deshalb lassen sie ganze Baugruppen, oder z.B. die Entwicklung oder die Software von Zulieferern oder Dienstleistungsunternehmen für sich komplett bei einem Zulieferer entwickeln. Dadurch entstehen grundsätzlich terminliche und technische Querverbindungen, also auch Abhängigkeiten.

**Folge:** Die einzelnen Unternehmen müssen sich im ständigen Informationsaustausch über den Stand ihrer Prozesse auf dem Laufenden halten.

**Prozessketten mit Abhängigkeiten oder Prozessnetze (Bild 4)** entstehen dadurch, dass ein Unternehmen eine Baugruppe, z.B. den gleichen Motor (Gleichteil) in verschiedene Typen eines Autos einbaut. Somit kann die Variantenvielfalt ohne allzu großen Mehraufwand gesteigert werden.

**Folge:** Prozessnetze verlangen von den Managern höchste Aufmerksamkeit, sowie eine flexible kreative Planung und von den Mitarbeitern hohe Motivation und ein handlungsorientiertes Arbeiten. Die Prozesse haben nämlich nicht nur terminliche, sondern auch sachliche und ressourcenbedingte Abhängigkeiten, die bei richtiger Planung und Steuerung höchste Effizienz und damit eine optimale Wirtschaftlichkeit garantieren.

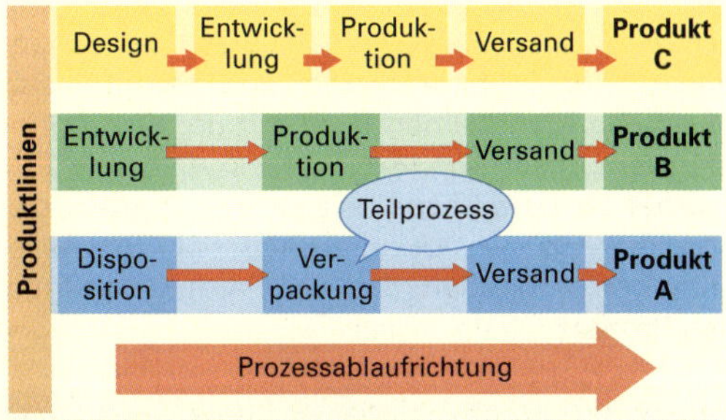


**Bild 1: Lineare Prozessketten mit getrenntem Prozessablauf**

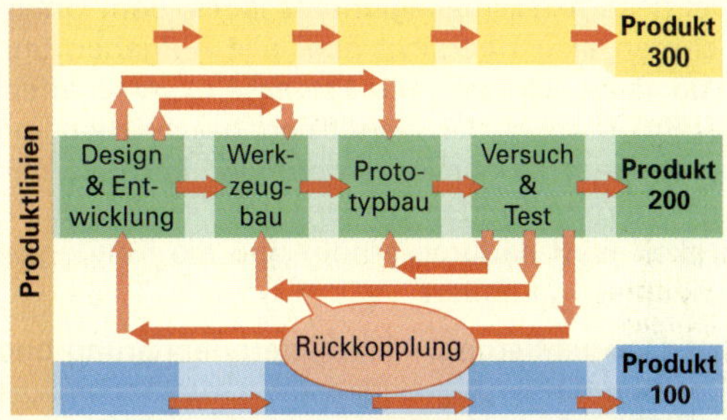


**Bild 2: Prozessketten mit Rückkopplungen**

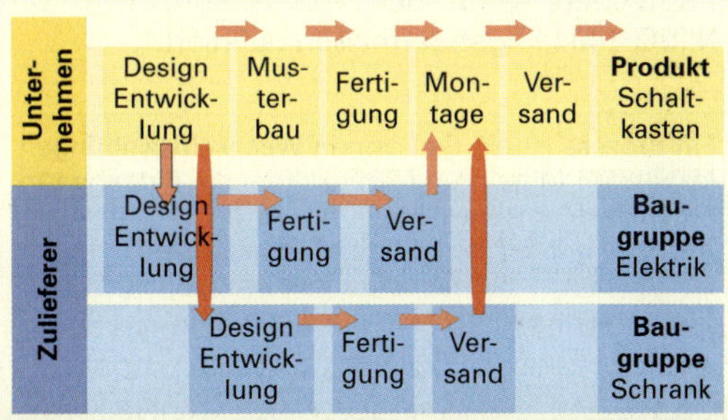


**Bild 3: Prozessketten mit Querverbindungen**

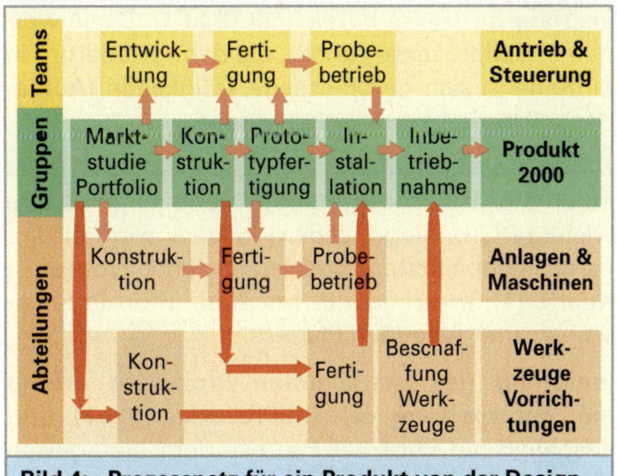


**Bild 4: Prozessnetz für ein Produkt von der Designstudie bis zur Serienreife (Auszug)**

Das Management hat sich bisher traditionell nur mit strategischen Aufgaben und der Lösung von großen Einzelproblemen beschäftigt. Heute muss das Management sich mit der Konzeption und der Umsetzung von Prozessketten und Prozessnetzen auseinander setzen. Das Produkt darf aber niemals den Anforderungen des Prozesses unterworfen werden, d.h. das Produkt bestimmt den Prozess.

### 2.2.4 Das Prozessmanagement

Ziel des Prozessmanagements ist es, dem Unternehmen eine Übersicht über alle Aufgaben und Aktivitäten, also über alle Prozesse zu verschaffen. Die Prozesse werden identifiziert, beschrieben und konsequent an den Anforderungen der externen und internen Kunden ausgerichtet. Die Wirtschaftlichkeit wird dadurch erhöht und die Kundenzufriedenheit garantiert.

Kundenorientierung, Mitarbeiterorientierung und Prozessorientierung bilden die Grundlagen, die Pfeiler des Prozessmanagements **(Tabelle 1)**.

**Der Prozessbegriff.** Um eine gemeinsame Sprache zu sprechen, wurde der Prozessbegriff nach DIN EN ISO 8404 folgendermaßen definiert.

> Ein Prozess ist ein Satz von in Wechselbeziehungen stehenden Mitteln und Tätigkeiten, die Eingaben in Ergebnisse umzugestalten.
> *Anmerkung:* Zu den Mitteln (Ressourcen) können das Personal, die Einrichtungen und Anlagen, die Technologie und die Methoden gehören.

**Hauptprozesse und Teilprozesse.** Üblicherweise werden Prozesse, die abteilungsübergreifende Aufgaben beinhalten, wegen ihrer Komplexität, als **Hauptprozesse** bezeichnet **(Bild 1)**. Diese werden in **Teilprozesse** zerlegt, die dann wiederum in einzelne in sich geschlossene Tätigkeiten (Aufgaben = Prozesse) gegliedert werden.

**Das Prozessmodell.** Das Prozessmodell **(Bild 2)** ist innerhalb des Prozessmanagements eine weitere wichtige Grundlage. Jedem Prozess werden drei verschiedene Rollen zugeordnet. Jeder Prozess ist **Kunde (1)**, er erhält z.B. Material, Informationen vom vorhergehenden Prozess.

Innerhalb des betrachteten Prozesses erfolgt die **Verarbeitung (2)** (= Prozessaufgabe) und anschließend wird der Prozess dem **Lieferanten (3)** gemäß den Kundenanforderungen des nachfolgenden Prozesses ausgeliefert.

**Tabelle 1: Prozessmanagement**

| Kriterien | Beschreibung |
|---|---|
| Überblick | Durch die Gliederung der Tätigkeiten, Vorgänge, Aktivitäten in vernetzte, rückgekoppelte Prozesse, lässt sich ein modernes Unternehmen zeitgemäß gliedern. |
| Organisation | Die wachsende Komplexität der Organisation verlangt nach neuen Ordnungssystemen, die flexibel und dynamisch reagieren. |
| Aufgaben | Alle Prozesse des Unternehmens werden identifiziert, analysiert und beschrieben. |
| Ausrichtung | Das Prozessmanagement muss konsequent auf die Kundenorientierung ausgerichtet werden. |
| Folge Ergebnis | Die Folge ist eine Erhöhung der Wirtschaftlichkeit und als Ergebnis ergibt sich eine hohe Kundenzufriedenheit. |

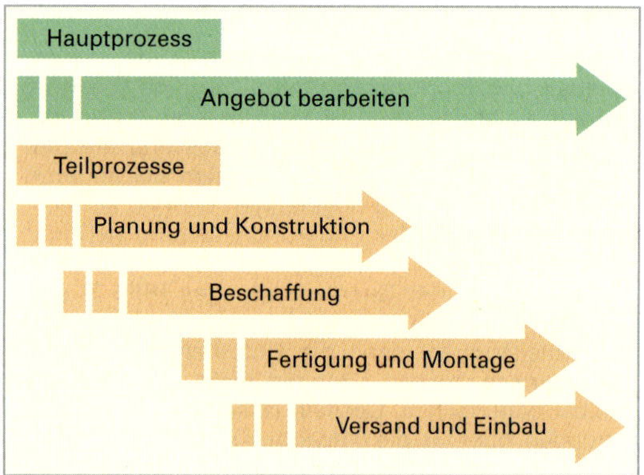


**Bild 1: Hauptprozesse und Teilprozesse**

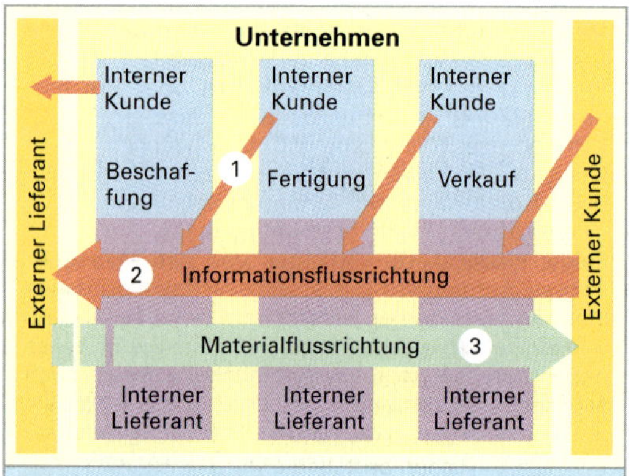


**Bild 2: Prozessmodell**

**Schlüsselprozesse.** Prozesse, die besonders bedeutend sind für die Kundenzufriedenheit, werden Schlüsselprozesse[1] genannt. Weitere Unterscheidungen können in der Häufigkeit auftreten, ob einmalig oder wiederholend und ob der Prozess z.B. von einer Person oder einer Gruppe bearbeitet wird, oder ob der Prozess regelmäßig, planmäßig oder zufällig stattfindet.

## 2.2.5 Einführung des Prozessmanagements

Die Einführung des Prozessmanagements muss genauestens geplant und vorbereitet werden. Die Information und die Motivation der Mitarbeiter und der Manager stehen dabei im Mittelpunkt, denn man muss sich immer bewusst sein, dass das Einbringen von neuen Methoden und Arbeitsweisen innere Widerstände verursacht **(Bild 1)**.
Im Folgenden werden in Anlehnung an DIN EN ISO 8402 die vier Etappen **(Tabelle 1)** zum Aufbau und der Einführung beschrieben.

### 2.2.5.1 Prozesse definieren (Etappe I)

In der ersten Etappe müssen die organisatorischen Voraussetzungen zur Einführung des Prozessmanagements geschaffen werden. Die zu installierenden Arbeitsgruppen werden dabei aus der vorhandenen Organisation gebildet, sie werden dauerhaft angelegt, sie bekommen neue Schwerpunkte zugeordnet.

**Bild 1: Innerbetriebliche Werbung, Methoden**

**Tabelle 2: Schlüsselprozesse**

| Benennung der Hauptprozesse | Prozessschwerpunkt bei E | B | P | V | U |
|---|---|---|---|---|---|
| Marktdatengewinnung | x | | | x | |
| Personalentwicklung | | | | | x |
| Qualitätsplanung | x | | x | | x |
| Finanzplanung | | | | | x |
| Liquiditätsbestimmung | | | | | x |
| Produktentwicklung | x | | | x | |
| Produktsegmentierung | | | | x | |
| Beschaffung | | x | | | |
| Produktion | | | x | | |
| Instandhaltung | | | x | | |
| Absatz | | | | x | |
| Beschwerdeabwicklung | | | | x | |

**E**: Entwicklung/Konstruktion, **B**: Beschaffung und AV
**P**: Produktion, **V**: Vertrieb, **U**: Unternehmensleitung

[1] Wichtige Kunden nennt man Keyaccount-customer = Schlüsselkunden.

[2] Teil II Qualitätsmanagement, Kapitel 5.3 FMEA

**Tabelle 1: Die vier Etappen zur Einführung des Prozessmanagements**

| Etappen | I | II | III | IV |
|---|---|---|---|---|
| Haupt-Etappen | Prozesse **definieren** | Prozesse **analysieren** | Prozesse **optimieren** | Prozesse **festigen** |
| | Schaffung der organisatorischen Voraussetzungen mit der Einsetzung des Leitungskreis und Definition der Schlüsselprozesse. | Prozesse abgrenzen, Identifizierung des internen und externen Kunden einschl. der Prozessbeschreibung. | Anforderungen an die Prozessergebnisse aufarbeiten und auf ihre Erfüllung überprüfen und gegebenenfalls optimieren. | Prozesse mit Hilfe der Werkzeuge und Methoden des Qualitätsmanagements und von KAIZEN bewerten und einführen. |
| Teil-Etappen | • Leitungskreis installieren,<br>• Schlüsselprozesse bestimmen, (Analyse mit QFD und HoQ),<br>• Prozessverantwortlichen bestellen und Team bilden. | • Externe und interne Kunden bestimmen,<br>• Prozesse erfassen,<br>• Flussdiagramme erstellen,<br>• 7-TOOLS und weitere Methoden des TQM. | • Prozessergebnisse aufarbeiten (Pflichtenheft überprüfen),<br>• Rentabilität optimieren und Wert steigern (WA-Analyse erstellen, HoQ überprüfen).<br>• FMEA[2] erstellen | • Prozessergebnisse bewerten und beurteilen,<br>• Kontinuierliche Verbesserungsprozesse einführen,<br>• Kennzahlen festlegen (Benchmark). |

**1. Teiletappe: Leitungskreis installieren**
Da die Einführung des Prozessmanagements „Top down" erfolgen muss, wird der Anstoß und die Durchführung von einer Gruppe gesteuert werden, bei der die Unternehmensleitung persönlich beteiligt ist. Sie sorgt dafür, dass die ständige Prozessverbesserung immer am Leben erhalten wird.
Die Schwerpunkte der Arbeit des Leistungskreises **(Bild 1, vorhergehende Seite)** sind dabei: die Ressourcen bereitstellen, die Zielvereinbarung setzen, Probleme erkennen, abstimmen und beseitigen und eine ständige Motivation aller Beteiligten durch Aktivitäten, Forderung und Anerkennung aufrecht zu halten.

**2. Teiletappe: Schlüsselprozesse bestimmen**
Bei der Festschreibung der Schlüsselprozesse **(Tabelle 2, vorhergehende Seite)** werden die zentralen Prozesse, insbesondere die Kundenzufriedenheit, bestimmt. Die Kundenorientierung, das zentrale Ziel des Qualitätsmanagements (TQM[1]) und des Marketings, sichert dem Unternehmen den gewünschten Geschäftserfolg und somit den Mitarbeitern die Arbeitsplätze.
Der Kunde kauft heute nur das Produkt, die Ware, die Dienstleistung, die zuverlässig und vollkommen seine gestellten Anforderungen erfüllt, denn es gibt auf dem Markt genügend gleichwertige alternative Produkte und Lösungen. Die Bindung des Kunden (Loyalität) kann nur durch eine positive Einstellung zum Produkt, gepaart mit einem Verbundenheitsgefühl zum Unternehmen, gesichert werden.
Damit sich das Unternehmen einen Überblick über die zu verfolgenden Prozesse verschaffen kann, wird in einem ersten Schritt ein **Prozessgliederungsplan** erstellt **(Tabelle 1)**. Dadurch wird die Strategieentwicklung des Unternehmens für die Ausrichtung der Prozesse am externen Kunden aufgezeigt. Des Weiteren bringt dann im ersten Schritt eine Verbesserung der Schlüsselprozesse die größten Erfolge. Dies wiederum motiviert alle Beteiligten und fordert die noch nicht integrierten (überzeugten) Mitarbeiter zum Mitziehen und zum Mitmachen auf.

**Prozessmanagement und TQM-Werkzeuge**
Ähnliche Prinzipien und Techniken verfolgen die Methoden der ABC-Analyse[2], des Pareto-Diagrammes[2] oder die Wertanalyse[2] (WA). Zum Unterschied sind diese Methoden bisher in den traditionell organisierten Unternehmen als Insellösungen durchgeführt worden. Jetzt können diese Methoden als Teilprozesse in den Gesamtprozess des prozessorientierten Unternehmens integriert werden. Die Ergebnisse werden dem gesamten Unternehmen zur Verfügung gestellt und umgesetzt. Die Erfassung der Kernprozesse und der zugehörigen Teilprozesse muss sorgfältig durchgeführt werden. Die Schnittstellen und deren Übergabeparameter zu beschreiben, ist dabei ein nicht einfaches Problem. Es können niemals alle Parameter, besonders in der Planungsphase, erkannt werden. Die Mitarbeiter müssen immer flexibel, spontan, handlungsorientiert, also kundenorientiert reagieren.

Nachdem im Prozessgliederungsplan alle Prozesse erfasst sind, wird der Leitungskreis zu einer Moderation unter dem Thema „Welche Prozesse sind für den Kunden von Nutzen?" eingeladen. Hier werden durch gezielte Bewertungen die Schlüsselprozesse durch eine Rangordnung bestimmt. (Tabelle 1)

**3. Teiletappe: Prozessverantwortlichen bestellen und Prozessteam bilden**
Ohne die Klärung und Festlegung der Zuständigkeiten für die einzelnen Prozesse kann natürlich nicht mit einer Verbesserung begonnen werden.

**Tabelle 1: Prozessgliederungsplan und Rangordnung**

| Prozess | Teilprozess | Hinweise |
|---|---|---|
| Entwicklung | System-FMEA Rang 3<br>Designlenkung<br>Pflichtenheft<br>Entwicklungs- Rang 1<br>FMEA[3]<br>Konstruktions-<br>FMEA | Abgleich mit dem Kunden |
| Planung und Steuerung | Prozess-FMEA Rang 4<br>Lenkung von<br>Dokumenten<br>Arbeitsanweisungen | |
| Beschaffung | Vertragsprüfungen<br>Auswahl von Lieferanten<br>Beurteilung von Lieferanten<br>Beschaffungs-dokumente | Umwelt-schutzbe-stimmungen prüfen |
| Fertigung | SPC Rang 2<br>Lenkung<br>fehlerhafter<br>Produkte | |
| Montage | PMÜ<br>Prüfstatus<br>Lagerung | |
| Service | Schulung<br>Wartung | Beschwerde analysieren auswerten |

[1] Total Quality Management (siehe Kapitel II, Qualitätsmanagement); [2] Analyse Methoden des TQM (siehe Kapitel II); [3] FMEA = Fehlermöglichkeits- und Einflussanalyse (siehe Kapitel II)

Zuerst muss für den Prozess ein Prozessverantwortlicher benannt werden. Bei Schlüsselprozessen muss es ein Mitglied aus der Unternehmensleitung sein. Die Prozessverantwortlichen sollten nicht nur ihren Teilprozess kennen, sondern im groben Umfang am Gesamtprozess beteiligt sein bzw. beteiligt werden. Bei Prozessen, die innerhalb einer Abteilung ablaufen, wird der Abteilungsleiter automatisch zum Prozessverantwortlichen. Dadurch wird der Grundsatz deutlich, dass im Sinne einer schlanken und flexiblen Organisation keine neue Stellen zu schaffen sind.

**Prozessmanagement und Kompetenzen**

Bei abteilungsübergreifenden Prozessen muss eine Person ausgewählt werden, welche die Fertigkeiten und Fähigkeiten hat, den gesamten Prozess als Ganzes zu managen. Der Prozessverantwortliche muss grundsätzlich die entsprechende **Fachkompetenz** und zudem **Sozialkompetenz**, also kommunikative und strategische Fähigkeiten, besitzen und natürlich über **Methodenkompetenz** verfügen. Nur solche Verantwortliche werden ein Team gut und erfolgreich coachen und koordinieren, die Teammitglieder fördern und sachlich kritisieren, ihnen bei Problemen weiterhelfen und sie bei Schwierigkeiten unterstützen. Da der **Prozessverantwortliche** die Anforderungen der Kunden kennt, ist er der Ansprechpartner für den externen Kunden, zusätzlich auch für alle internen Lieferanten. Dies fördert die Kommunikation.

**Prozessmanagement und der Verbesserungsprozess**

Das Prozessteam bildet innerhalb des Prozessmanagements den Kern für alle Tätigkeiten im Sinne des ständigen Verbesserungsprozesses. Die Mitglieder müssen sich durch beste Prozesskenntnisse und große Nähe zum Kunden auszeichnen. Da das Prozessteam in Gruppenarbeit organisiert ist, können alle Fähigkeiten und Potenziale der einzelnen Mitglieder eingebracht und umgesetzt werden.

Wenn das Prozessteam abteilungsübergreifend arbeitet, soll aus jeder beteiligten Abteilung mindestens ein Mitarbeiter mitarbeiten. Das Mitglied muss mit Entscheidungsbefugnis ausgestattet sein, denn alle Entscheidungen des Prozessteams müssen in den anderen Abteilungen umgesetzt werden. Die Mitglieder treffen sich üblicherweise z.B. wöchentlich zu Verbesserungs-Moderationssitzungen, dadurch wird ein kontinuierliches, stetiges Arbeiten (Verbessern) gewährleistet.

### 2.2.5.2 Prozesse analysieren (Etappe II)

Die nun folgende detaillierte Beschreibung der Prozesse ersetzt im Unternehmen die Stellenbeschreibungen und die allgemeinen Organisationspläne. Dadurch wird wiederum die prozessorientierte Sichtweise für das Prozessteam und für alle Mitarbeiter sichtbar gemacht, außerdem sollen nicht einfach zusätzlich neue Organisationspläne oder Verfahrensweisen eingeführt werden, sondern im Sinne des schlanken Unternehmens die Organisation übersichtlicher werden. Das Prinzip der externen und internen Kundenorientierung steht immer im Mittelpunkt der Prozessbeschreibung **(Tabelle1)**.

**4. Teiletappe: Externe und interne Kunden bestimmen**

Die Beschreibung des Prozesses beginnt mit der Auflistung aller internen und externen Kunden, dazu sind eine Moderation (z.B. Brainstorming, Mind-Mapping) für das Prozessteam die besten Methoden. Ziel ist es dabei, die Anforderungen und Wünsche der Kunden exakt und unverfälscht, also ohne Eigeninterpretationen, aufzuarbeiten und darzustellen.

Die nachfolgende Sichtung der Prozessergebnisse in einem weiteren Workshop ermöglicht die Trennung zwischen Input und Output. Mit den Techniken des Quality Engineering, mit der Methode des QFD und speziell mit dem House of Quality (HoQ) lassen sich die Prozesse besonders gut aufarbeiten. Damit kann erkannt werden, ob die gewünschten Anforderungen des Kunden (= **Kundenorientierung** = Stimme des Kunden) als Prozessergebnis (= Design = Sprache des Konstrukteurs) auch erfüllt werden. Besonders im 3. Schritt, wenn die Prozessergebnisse den einzelnen Kunden zugeordnet werden, wird dann noch die Vollständigkeit abgeprüft. Können z.B. bestimmte Prozessergebnisse keinem Kunden zugeordnet werden, so ist dies ein deutlicher Ansatzpunkt für eine (unbedingte) Verbesserung bzw. eine (Nach-)-Analyse.

Oftmals haben die Unternehmen der Zuliefererindustrie wieder weitere Lieferanten. Die Prozesskette darf nicht abreißen. Es müssen Lösungen gefunden werden, die die Anforderungen des „Endkunden" durchgängig garantieren.

**Tabelle 1: Kundenorientierung**

| Vorgehensweise | Prozessergebnisse |
|---|---|
| 1. Bestimmung der externen und internen Kunden.<br>2. Erfassung aller Daten und der Prozessergebnisse.<br>3. Zuordnung der Daten und Ergebnisse zu den Kunden. | – Produkte,<br>– Informationen,<br>– Dienstleistungen (allg.),<br>– Serviceleistungen,<br>– Instandhaltung. |

### 2.2.5.3 Prozesse erfassen

**Flussdiagramme**

Um den Prozess(-ablauf) anschaulich darzustellen benutzt man Flussdiagramme. Sie veranschaulichen die Prozesse. Die Kunden und alle Mitarbeiter können den gesamten Prozess „sehen". Sie erkennen die Zusammenhänge, sie können sofort Ergänzungen, Schwachstellen und Mängel erkennen und Verbesserungsmöglichkeiten einbringen.

Die Erarbeitung des Flussdiagramms erfolgt durch das Prozessteam in mehreren Sitzungen, bis es den Detaillierungsgrad erreicht, der erforderlich ist. Gerade durch das analytische Erarbeiten des Flussdiagramms wird in vielen Fällen den Mitarbeitern erst der einzelne Vorgang klar. Bisherige terminliche Verzögerungen, Kostenüberschreitungen, Qualitätsschwankungen werden erkannt. Der bisher geprägte Verhaltensstil mit Einzelschuldzuweisungen geht zur Gesamtverantwortung, zur Methode der kontinuierlichen Verbesserung über.

Zuerst sollte bei der Erstellung von Flussdiagrammen grob vorgearbeitet werden. Erst dann kann mit der Detaillierung begonnen werden. So können schnell gute Teilergebnisse präsentiert werden. Diese werden vom Prozessteam analysiert und man erkennt, wo ein Bedarf zur weiteren Verfeinerung des Flussdiagramms besteht.

**Bild 1** stellt die **IST-Analyse** dar, mit der dann das Prozessteam in einer gemeinsamen Gruppensitzung die Verbesserungen anschaulich diskutieren kann. Eine alternative Darstellung, insbesondere für abteilungsübergreifende Prozesse, ist die Miteinbeziehung aller beteiligten Gruppen, Abteilungen, Zulieferer und Kunden in die Darstellung des Prozessablaufs **(Bild 2)**. Oftmals stechen dann Verbesserungen und Optimierungen rein durch die optische Präsentation ins Auge. Denn wird immer wieder dieselbe Abteilung aktiviert, stellt sich die Frage, ob die Teilaufgaben nicht gemeinsam durchgeführt werden können. So können Durchlaufzeiten verkürzt, Kapazitäten eingespart, Ablauffehler vermieden und letztendlich rationeller gearbeitet werden.

Prozessabläufe werden grafisch dargestellt

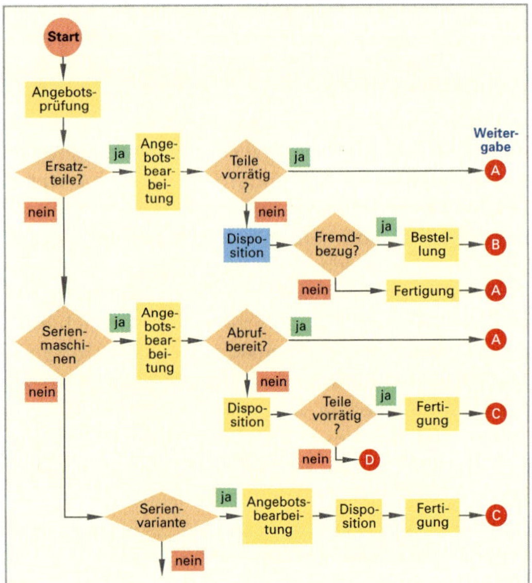


**Bild 1: Flussdiagramm für einen Auftrag**

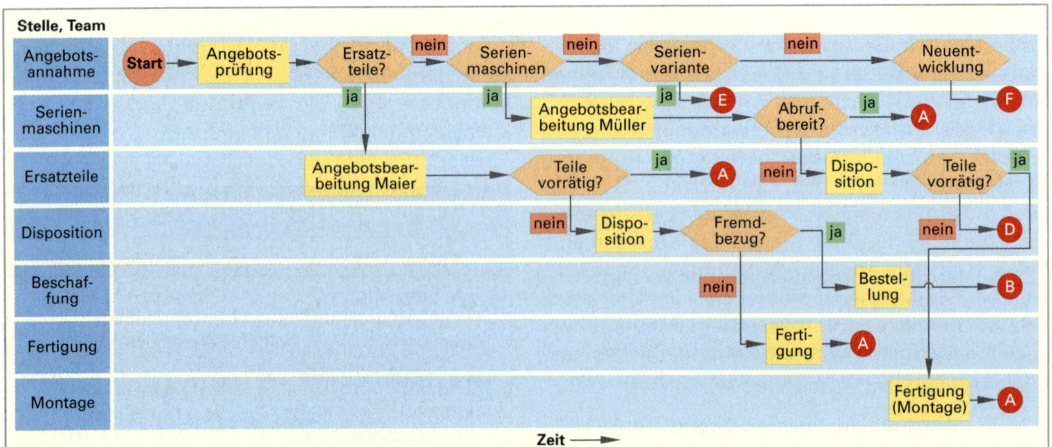


**Bild 2: Prozessablauf mit Stellengliederung**

### Weitere Methoden

Es gibt noch weitere Möglichkeiten um Abläufe anschaulich darzustellen und um sie zu analysieren: die 7-TOOLS und die grundlegenden Werkzeuge des Total Quality Management[1] (TQM). Die 7-Tools und die Werkzeuge des TQM werden in den Kapiteln Qualitätsmanagement und Methoden der Planung ausführlich besprochen.

Alle Werkzeuge des TQM tragen zur Beseitigung von Fehlern bei. Sie helfen bei der Beseitigung von Problemen und steigern dadurch die Produktivität. Dies ist das Ziel des Prozessmanagements.

### Die 7-TOOLS zur Problemaufarbeitung

Die 7-TOOLS **(Bild 1)** sind hervorragende grafische Problemlösungstechniken mit deren Hilfe schnell und anschaulich Probleme aufgearbeitet werden können. Die Werkzeuge dienen der Problemerkennung und Problemanalyse oder beidem. Das Pareto-Diagramm bzw. die ABC-Analyse sind für die Kundenanalyse, die Bestimmung der Rangfolge von Kapazitäten und von Kosten das wichtigste Hilfsmittel. Zur Ermittlung von Ursache-Wirkungs-Zusammenhängen, z.B. bei der Ermittlung der Einflüsse bei Verzögerungen bei der Durchlaufzeit, ist das Ishikawa-Diagramm äußerst nützlich. Das Baumdiagramm **(Bild 2)** ermöglicht z.B. die anschauliche Darstellung von gesamten Erzeugnissen oder Montagefolgen. Dies kann dann noch durch einen Ablaufgraf **(Bild 3)** ergänzt werden. Hier werden Input und Output grafisch dargestellt.

### Das Quality Function Deployment (QFD)[2]

Das QFD, ebenfalls eine Methode des TQM, sollte unbedingt im Prozessmanagement eingesetzt werden. Das QFD dient der Qualitäts- und Produktivitätssteigerung bei Produkten und Dienstleistungen, also der kontinuierlichen Verbesserung von Prozessen. Das QFD wird vornehmlich in der Planungs- und Konzeptionsphase eingesetzt.

- Das QFD dokumentiert die Komplexität, die Abhängigkeiten und Einflüsse von Prozessen,
- Das QFD sammelt die Kundenanforderungen und übersetzt diese in Qualitätsmerkmale,
- Das QFD ist eine teamorientierte und faktenorientierte Methode und gewichtet die Beziehungen zwischen den Kundenanforderungen und den daraus resultierenden Produktmerkmalen,
- Das QFD kann außerdem zum Vergleich zwischen den verschiedenen Mitbewerbern benutzt werden.

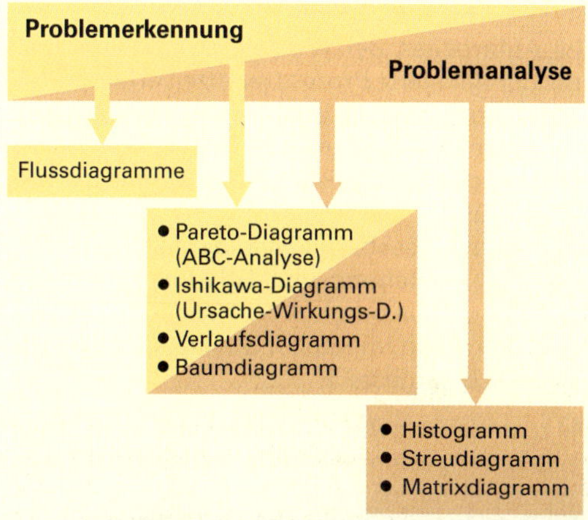


**Bild 1: Die 7-TOOLS des TQM**

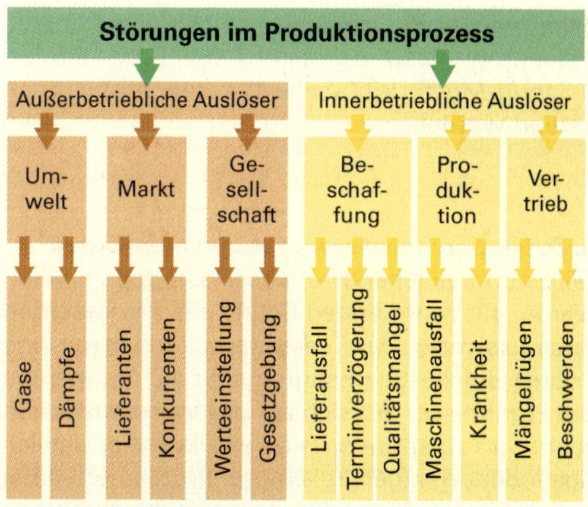


**Bild 2: Beispiel für ein Baumdiagramm**

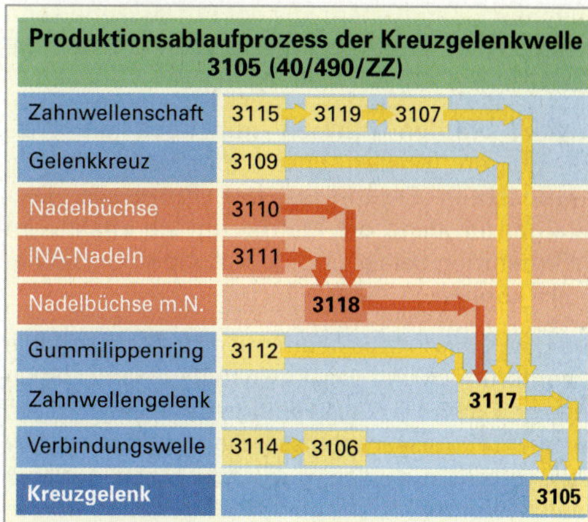


**Bild 3: Beispiel für einen Ablaufgraf**

[1] engl. Total Quality Management = absolutes Qualitätsmanagement, siehe auch Kapitel II

[2] engl. Quality Function Deployment = Qualitäts-Funktionsentwicklung, siehe auch Kapitel II

### 2.2.5.4 Prozesse optimieren (Etappe III)

Das Aufarbeiten der Anforderungen dient dazu, dass der definierte Prozess jederzeit erfüllt werden kann. Damit wird er prozessfähig. Die Kontrolle wird z.B. in der Fertigung mit Hilfe der statistischen Prozessregelungen (SPC)[1], einem Modul des TQM, durchgeführt.
Dabei wird versucht mit Hilfe der **Nullfehler-Strategie** die Entstehung von Fehlern frühzeitig zu erkennen um sie damit zu vermeiden. Die Methode wird im Buch im Kapitel Qualitätsmanagement ausführlich dargestellt.

Die zentrale Aufgabe in der **Etappe III** ist die Aufarbeitung der gesammelten Daten des Prozesses (6. Teiletappe) um dann die Daten herauszufischen, die der Prozesskunde benötigt. Im nächsten Schritt muss dann die Rentabilität des Prozesses (7. Teiletappe) untersucht werden. Das Ziel ist dabei die Konzentration auf das Wesentliche. Nützlich ist dabei wiederum die ABC-Analyse. Die konkrete Ablauffolge des Aufarbeitens sollte mit Hilfe der *5-Schritt-Methode* **(Tabelle 1)** systematisch durchgeführt werden.

**6. Teiletappe: Prozessergebnisse aufarbeiten**
Wie schon einleitend zu dieser 3. Etappe erwähnt wurde, gilt es im ersten Schritt die Prozessergebnisse zu sichten. Das Team erarbeitet sich mit einer Prioritätenliste eine Rangfolge für die Abarbeitung der Ergebnisse. Um sich auf das Wesentliche konzentrieren zu können ist es also wichtig, unwichtige oder weniger relevante Prozessaktivitäten auszusondern. Diese Abklärung muss aber unbedingt mit dem Kunden abgesprochen werden.

Durch das Streichen von einzelnen Elementen (Aufgaben, Tätigkeiten) aus der Prozesskette kann zusätzlich der Wert des Prozesses erhöht werden. Deshalb wird z.B. ein Matrix-Diagramm erstellt.

Ergänzt werden müssen nur noch die Aufwendungen (Kosten und Kapazitäten) für die gewünschten Ergebnisse des Prozesses. Diese ergänzen dann die Matrix, um sie effektiv im Unternehmen selbst und dem Kunden präsentieren zu können.

Jetzt kann das Prozessteam mit dem Kunden seine Anforderungen und dessen Kostenaufwand abgleichen und damit die notwendigen Verbesserungen einleiten. Prozessergebnisse, die einen hohen Aufwand erfordern, müssen auf ihre Notwendigkeit hin geprüft werden. Nicht gewünschte Kundenforderungen sollten ganz gestrichen werden, sofern sie das Prozessergebnis insgesamt nicht gefährden. Zu beachten ist dabei, dass viele Kundenforderungen zwar nicht honoriert werden (mit *Geld* oder Anerkennung), die Produkteigenschaften und Dienstleistungen müssen aber trotzdem vorhanden sein.

**Tabelle 1: Schritte zur Umsetzung von Verbesserungen**

| | |
|---|---|
| **1. Schritt** | Flussdiagramm und Ist-Prozesse vergleichen und abstimmen.<br>Notwendige weitere Daten ermitteln sowie unnötige Prozessergebnisse herausstreichen. Anforderungskatalog erstellen. |
| **2. Schritt** | Teamverantwortliche benennen und Prozessteam aufbauen.<br>Prozessaktivitäten abchecken und überflüssige Aktivitäten herausstreichen.<br>Verbesserungsvorschlagsliste erarbeiten und mit dem Team bewerten und Tätigkeiten festlegen. |
| **3. Schritt** | Verwirklichung des geplanten Prozesses in kontrollierbaren und überschaubaren Teilbereichen testen, damit sich das Team mit dem Prozess auseinandersetzt und Erfolge sichtbar werden.<br>Korrekturen am Prozess können oder müssen jetzt erkannt und eingearbeitet werden. |
| **4. Schritt** | Weitere aufbauende und sich ergänzende Teilschritte werden durch das Prozessteam eingeführt.<br>Der (Teil-) Prozess wird nochmals analysiert und bewertet und mit den Methodenwerkzeugen wie z.B. ein Flussdiagramm oder dem House of Quality modifiziert. |
| **5. Schritt** | Vorbereitung einer Präsentation mit dem Ziel alle erreichten technischen Fortschritte, die erhöhte Produktivität, die schnellere Durchlaufzeit, letztendlich die höhere Kundenzufriedenheit darzustellen.<br>Ergebnispräsentation des Prozessteams vor der Geschäftsleitung, bzw. der nächst höheren Prozessebene. |

[1] SPC von engl. Statistic Process Control = statistische Prozesslenkung

### *Kano*-Modell und Positionierungsanalyse

Zu erinnern ist dabei an das *Kano*-Modell[1]. Hier wird zwischen den Basisanforderungen, den Leistungsanforderungen und den Begeisterungsanforderungen unterschieden.

> So ist z.B. die Klimaanlage im Kleinwagen-PKW in Europa noch dem Bereich Begeisterungsanforderungen zu zuordnen, also durchaus ein gutes Marketinginstrument, allerdings mit Einschränkungen, wegen der Umweltdiskussion. In den USA ist die Klimaanlage eine Selbstverständlichkeit und kein Mensch macht sich dort wegen der Umweltverträglichkeit Gedanken!

Mit einer Abwandlung des *Kano*-Modells führt ein deutscher Automobilhersteller Qualitätsstrategieuntersuchungen durch **(Bild 1)**. Hier wird die Kundenzufriedenheit drei Gruppen zugeordnet:

- Gruppe A Überraschungen,
- Gruppe B Ausgesprochene Forderungen bzw. Erwartungen,
- Gruppe C Selbstverständlichkeiten.

Jede Innovation, also eine Überraschung, oder eine Begeisterungsanforderung wird im Laufe des Lebenszyklus eines Produkttyps, z.B. Auto, PC, für den Kunden in der Bewertung abfallen und letztendlich zur Selbstverständlichkeit „verkommen". Diese Kundenforderungen müssen zudem immer billiger angeboten werden, da die Konkurrenz sie ebenfalls als Selbstverständlichkeit anbietet.

Da die beiden Ansätze im Grundsatz identisch sind, eignen sie sich als Werkzeug für die Etappe III des Prozessmanagements. Die Beschreibung der Kundenzufriedenheit (**Kernprozess**) ist aus der **Tabelle 1** ersichtlich. Die Prozesse können entsprechend ihrer „Wertigkeit" klassifiziert werden. Dies ist z.B. für den Marketingprozess wichtig, denn damit kann man erkennen, wo das eigene Unternehmen besser oder schlechter als die Konkurrenz ist. Auch die Methode der Erstellung eines Portfolio[2] oder einer Positionsanalyse kann in der Etappe III von großem Nutzen sein.

### 7. Teiletappe: Rentabilität optimieren, Wert steigern

Um die Rentabilität der einzelnen Prozessergebnisse zu erhöhen und um damit den Prozess zu optimieren, kann man ihre Ergebnisse z.B. mit Hilfe von den Begriffen der **Wertanalyse (WA)** nach DIN 69910 Hauptleistungen, Nebenleistungen und unnötigen Leistungen gliedern und ordnet diese entsprechend zu **Tabelle 2.**

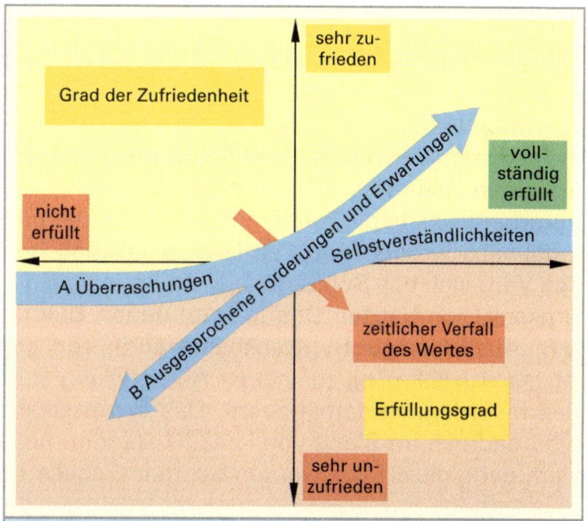


**Bild 1: Qualitätsstrategie eines PKW-Herstellers**

**Tabelle 1: Beschreibung der Kundenzufriedenheit**

| Zufriedenheitsfaktoren, Produkteigenschaften und Kundenforderungen | | |
|---|---|---|
| **Gruppe C** Selbstverständlichkeiten | **Gruppe B** Forderungen und Erwartungen | **Gruppe A** Überraschungen |
| – nicht explizit genannte Eigenschaften,<br>– vollständiges Erfüllen registriert der Kunde in der Regel nicht,<br>– tritt aber ihre Nichterfüllung plötzlich auf, ist der Kunde „schwerwiegend" unzufrieden. | – die Zufriedenheit wächst mit dem Grad der Erfüllung und<br>– umgekehrt wächst die Unzufriedenheit mit dem Grad der Nichterfüllung, wobei das Fehlen einer einzigen Forderung ausschlaggebend sein kann. | – bereits wenige Kleinigkeiten können einen überragenden Beitrag zur Zufriedenheit liefern,<br>– durch sie lässt sich am ehesten Marktführerschaft erreichen.<br>– Innovationen sollten dem Kunden auffallen. |

**Tabelle 2: Funktionsarten der Wertanalyse**

| Hauptfunktion =Hauptprozesse | Nebenfunktion =Nebenprozesse | unnötige Funktion =überflüssige Prozesse |
|---|---|---|
| **Beispiele** | | |
| Teil montieren | Teil einspannen | Teil lagern |

[1] *Noriaki Kano*, jap. Wissenschaftler. Er klassifiziert die Kundenwünsche in 3 Anforderungsarten.

[2] Beschreibung und Beispiele für das Portfolio findet man im Kapitel III im Abschnitt Produktpolitik

#### 2.2.5.5 Prozesse festigen (Etappe IV)

Um die geplanten Prozesse und ihre Ergebnisse ständig im Griff zu halten ist es notwendig, sie kontinuierlich zu überwachen. Dazu muss das Prozessteam aussagekräftige Kennzahlen für die einzelnen Teilprozesse erarbeiten. Erst durch diese Vorarbeiten kann die kontinuierliche Verbesserung umgesetzt werden. Die **Kennzahlen** ermöglichen den Vergleich von **Soll zu Ist** (z.B. Mengenausstoß, Umsatz), vom letzten Quartal zum neuen Quartal (z.B. Ausschussquote, Krankheitsstand), von der letzten Auslieferung zur neuen Auslieferung (z.B. Beschwerden, Reklamationen). Das Prozessteam wird dadurch im Sinne von KAIZEN ständig motiviert, denn die Erfolge werden sichtbar **(Tabelle 1)**.

**Tabelle 1: Prozessergebnis und Bewertung**

| Prozess | Bewertung (Kennzahl) |
|---|---|
| Marketingprozess | Kundenanalysen (Portfolio)<br>Marktbeobachtung |
| Beschaffungsprozess | Rücksendungen (Beschwerden)<br>Lieferterminüberschreitungen<br>Lagerbestände<br>Durchschnittliche Lagerdauer |
| Entwicklungsprozess | Produktlebenszyklus<br>Zahl der Änderungen<br>Variantenzahl |
| Produktionsprozess | Durchlaufzeit<br>Übergangszeiten (Wartezeiten) |
| Kostenrechnungsprozess | Anteil Fixe Kosten<br>Zahlungsausstände |

### Prozessmanagement, KAIZEN[1], KVP und Verschwendung

Ziel des Prozessmanagements, von KAIZEN und des KVP ist, dass die Teammitglieder bzw. die Prozessbeteiligten ständig ihre Arbeitstätigkeit, den eigenen Arbeitsplatz und die Arbeitsumgebung, also ihren Prozess kritisch beobachten und hinterfragen. Jegliche Verschwendung ist zu vermeiden und nicht-wertschöpfende Tätigkeiten sind auf das Notwendige zu reduzieren. Um dem Prozessmanagement schnell auf die Sprünge zu helfen, also sofort sichtbare Anfangserfolge zu erzielen, ist die Methode von *Imai*[2], nämlich ständig nach „Orten" der Verschwendung zu suchen, geeignet. Das Beispiel einer Verschwendungsstudie bei einem Kopiermaschinenhersteller belegt dies **(Tabelle 2, folgende Seite)**. Grundlage und Konzept der ständigen Verbesserung ist der **PTCA-Kreis** (*Deming*-Rad) **(Bild 1, folgende Seite)** oder der verbesserte **STCA-Kreis (Bild 1)**. Voraussetzung des KVP und der somit erfolgreichen, schrittweisen, ständigen Verbesserung, ist die Definition eines eindeutigen Ausgangszustandes (Ist), der durch die Formulierung eines Standards gesetzt wird. Nachdem der Standard (= SOLL) der Wirklichkeit (= IST) entspricht (SOLL = IST), beginnt ein neuer Verbesserungsprozess. Die Methode des KAIZEN wird ausführlich im Kapitel QM vorgestellt und erläutert.

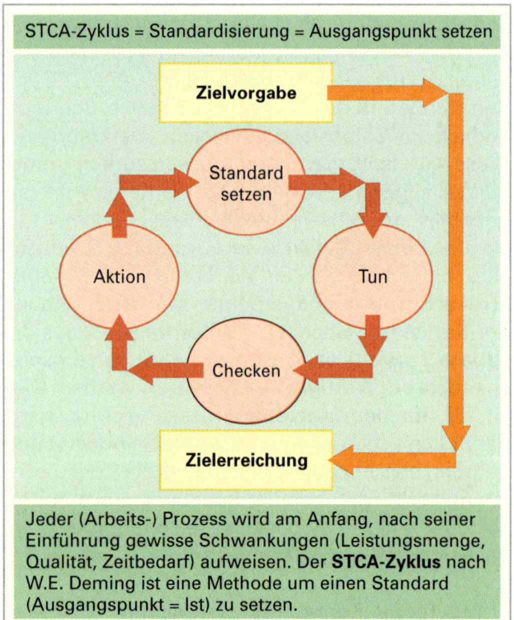


**Bild 1: Der STCA-Zyklus**

**Wiederholung und Vertiefung**

1. Welchen Herausforderungen müssen sich die Unternehmen derzeit stellen?
2. Erstellen Sie in einer Moderation eine Produktliste, mit der die Unternehmen in Deutschland weiter auf dem Weltmarkt bestehen können.
3. Erstellen Sie für die Prozessketten und Prozessnetze betriebliche Beispiele.
4. Welche Aufgaben hat das Prozessmanagement?
5. Warum hat die Kundenorientierung so stark an Bedeutung gewonnen?

[1] Begriff kommt aus Japan. KAI bedeutet „Veränderung" und ZEN „das Gute", also KAIZEN = die Veränderung zum Guten.

[2] *Imai, Masaaki* ist Präsident von Kaizen Support Services in London, einem Wirtschafts- und Personalberatungsunternehmen

### 8. Teiletappe: Prozesse bewerten

Um die Erfolge bei der Durchführung der Prozesse zu sichern, zu stabilisieren und jedem zur Motivation sichtbar zu machen, müssen die Prozessergebnisse anschaulich dargestellt und bewertet werden. Die einfachste Methode ist dabei mit Kennzahlen, Diagrammen und Schaubildern zu arbeiten; am besten eignen sich dazu einfache EDV-Tabellenkalkulationen wie z.B. Excel.
Die Methoden des QM, hier z.B. die **SPC** (statistische Prozessregelung) mit Nullfehler-Strategie, müssen im Prozessmanagement eingesetzt werden. Nur so können Wartezeiten und Terminverzug, Ausschuss und Nacharbeit in der Produktion durch die **Maschinenfähigkeitsuntersuchung** sowie die Prozessfähigkeitsuntersuchungen vorbeugend (nahezu) ausgeschlossen werden. Zur laufenden Prüfung von Veränderungen der Prozessergebnisse benutzt die QM in der Produktion als *Kennzahl* die Qualitätsregelkarten. Diese regeln den Prozess meist über kontinuierliche Merkmale. Dabei wird entweder sollwertorientiert eingegriffen (für anerkannte beherrschte Zustände) und zwar über eine Warngrenze und Eingriffsgrenze oder toleranzorientiert (volle Ausnutzung der Standzeiten).

PTCA-Zyklus = Kontinuierliche Verbesserung mit KAIZEN

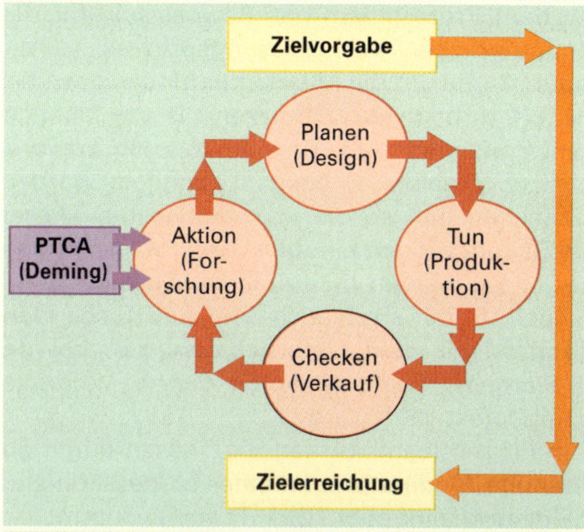


Der **PTCA-Zyklus** beginnt mit der Analyse der aktuellen Situation (**Planen**). Danach wird der Plan umgesetzt (**Tun**) und anschließend z.B. mit Hilfe von Kennzahlen überprüft (**Checken**). Die „abschließende" **Aktion** hat die wichtige Aufgabe den Prozess abzusichern, sie ist also eine Vorbeugungsmaßnahme gegen Rückfälle. **Standardisieren-Verbesserung-Standardisierung-....**

**Bild 1: Der PTCA-Zyklus**

**Tabelle 2: Beispiele für die neun Arten der Verschwendung**

| Nr. | Verschwendungsbereich | Art der Verschwendung | Reaktionen und Maßnahmen |
|---|---|---|---|
| 1 | **Lagerung, Disposition** | Lagerung von nicht sofort benötigten Teilen. | Verbrauchs- und bestandsorientierte Beschaffungsplanung. |
| 2 | **Qualität, Anforderungen** | Hohe Ausschussquote. | Einführung von FMEA-Analysen. |
| 3 | **Anlagen, Maschinen** | Ungenügende Auslastung von einzelnen Maschinen. | Sondermaschinen nur noch kurzfristig anmieten. |
| 4 | **Kosten, Investitionen** | Unangemessene Überdimensionierung. | Amortisationsrechnungen, Verfahrensvergleichsrechnungen. |
| 5 | **Organisation, Management** | Zu hoher Personal-Organisationsaufwand. | Einführung von Prozessmanagement in allen Ebenen. |
| 6 | **Produktdesign** | Produkte erfüllen mehr Funktionen als verlangt. | Systematische Erkundung der Kundenwünsche mit QFD (HoQ). |
| 7 | **Ausbildung, Qualifizierung** | Besetzung der Arbeitsplätze mit überqualifiziertem Personal. | Konsequente Anforderungsanalysen über alle Arbeitsplätze durchführen. |
| 8 | **Arbeitsablauf, Logistik** | Prozessablaufbeschreibungen werden nicht eingehalten, respektiert. | Einstellung, Motivation und Information in den Gruppen (Prozess-Teams) verbessern. |
| 9 | **Produktlebenszyklus** | Produktionsstart und Serienlauf ist stockend. | Einweisung und Schulung kontinuierlich verbessern. |

**9. Teiletappe: Thesen des kontinuierlichen Verbesserungsprozesses festigen**

Um dem Prozessteam das Bewusstsein für den kontinuierlichen Verbesserungsprozess „einzuimpfen", und um die Mitarbeiter für die Ideen des KAIZEN zu begeistern, müssen z.B. die Management-Prinzipien und Thesen von *W. Edwards Deming*[1] **(Tabelle 1)** bekannt gemacht werden. Inzwischen gibt es die verschiedensten Thesen und Regeln für das Einüben des Prozessmanagements. Sie werden unternehmensbezogen abgewandelt. Somit ergibt sich eine zusätzliche Identifikation mit dem Unternehmen, z.B. bei der *Fa. Siemens* „Top", bei der *Fa. Canon* „Verbesserungsprojekt 100".

Dem Prozessteam werden die Thesen durch gut geschulte Moderatoren in einer Moderation klargelegt und eingeübt. Das Team bestimmt anschließend, welche Regeln vom Team in den nachfolgenden Sitzungen nach und nach angegangen werden sollen.

**Tabelle 1: Die 13 Thesen nach W. E. Deming**

1. Installiere ein unverrückbares Unternehmungsziel (z.B. KAIZEN).
2. Installiere einen neuen Denkansatz (Prozessdenken).
3. Keine Sortierprüfungen mehr (keine Vollkontrolle).
4. Nicht unbedingt das niedrigste Angebot berücksichtigen.
5. Verbessere ständig die Systeme (KVP).
6. Schaffe moderne Anlernmethoden (Rhythmische Arbeitsfolgen).
7. Sorge für richtiges Führungsverhalten (Eigenständigkeit).
8. Beseitige die Atmosphäre der Angst (offene Kommunikation).
9. Beseitige Barrieren (Überwindung des Abteilungsdenken).
10. Vermeide Ermahnungen (Fehlererkennung erzeugt stabile Prozesse).
11. Setze keine festgeschriebenen Ziele (keine festen Leistungsvorgaben).
12. Gestatte es, auf gute Arbeit stolz zu sein (Vorbildfunktion).
13. Fördere die Ausbildung (ständige Höherqualifizierung).

## 2.3 Die Aufbauorganisation

### 2.3.1 Organisation

**Organisation warum?**

Spätestens wenn ein Unternehmer seinen ersten Mitarbeiter einstellt, wird er zu einer Aufgabenteilung und zu einer Organisation der Arbeit gezwungen. Die Bedeutung einer schlagkräftigen, effizienten und wirtschaftlichen Organisation wird bei zunehmender Betriebsgröße immer wichtiger. Eine schlecht organisierte Aufgabenteilung bewirkt Verzögerungen, Fehler, Doppelarbeit, Demotivation.

**Bild 1: Merkmale einer Organisation**

**Der allgemeine Organisationsbegriff**

Eine gute Organisation zeichnet sich durch drei Merkmale aus, nämlich durch **Ordnung**, durch **Zielgerichtetheit** und durch **Wirtschaftlichkeit (Bild 1)**. Organisation ist also in der Regel ein System von dauerhaften Regelungen, welche die Aufgabenbereiche der Aufgabenträger festlegen. Der Nachteil von festen Rahmenrichtlinien aber ist, dass das Unternehmen starr und unflexibel wird, Motivation und Eigeninitiative werden unterdrückt.

Unternehmen mit starren Organisationen können nicht schnell genug reagieren auf Veränderungen in der Technik, in der Gesellschaft und in der Weltwirtschaft.

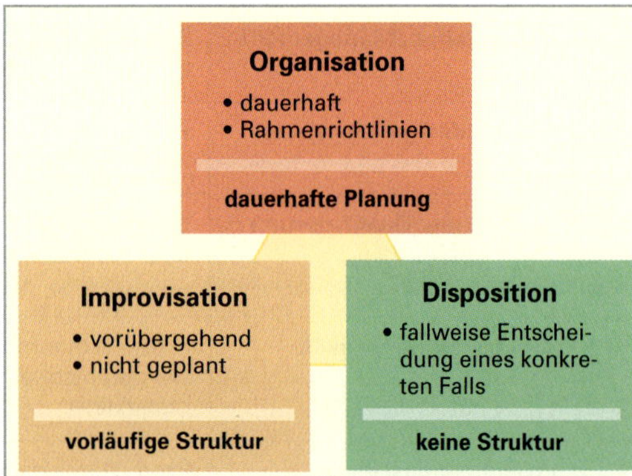


**Bild 2: Organisation, Improvisation und Disposition**

**Organisation, Improvisation[1] und Disposition[2]**

Moderne Unternehmen müssen heute ihre **Organisation** auf unvorhersehbare Ereignisse einrichten. Als Grundlage muss sich das Unternehmen eine Organisation, eine Rahmenrichtlinie, eine Art Grundgesetz geben; hier werden die Ziele des Unternehmens und das Managementsystem mittelfristig festgelegt **(Bild 2, vorhergehende Seite)**.

Die Organisation muss den Mitarbeitern, Gruppen und Abteilungen für unvorhergesehene Veränderungen Freiräume für **Improvisationen** zugestehen. Diese haben zuerst einen vorläufigen Charakter und können dann, wenn sie sich bewähren, zur neuen Regel, zur Richtlinie werden.

Innerhalb des täglichen Betriebsablaufs treten einmalige und fallweise zu regelnde Ereignisse auf. Diese müssen mit dem Betriebsablauf abgestimmt, also **disponiert** (Termine, Mengen, Kapazitäten) werden. Jede Disposition muss den Umständen entsprechend angepasst werden.

## 2.3.2 Gestaltungsprinzipien

Eine Aufbauorganisation sollte vier Ausprägungen besitzen **(Tabelle 1)**, nämlich die der **Zweckmäßigkeit**, der **Wirtschaftlichkeit**, des **Gleichgewichts** und der **Koordination**. Werden die vier Grundprinzipien beim Aufbau, bei der Überprüfung und bei der anschließenden Umgestaltung oder bei der Modernisierung der Organisation angewendet, so werden die Maßnahmen greifen und die Mitarbeiter werden mitziehen.

## 2.3.3 Aufgabe, Stelle, Instanz und Arbeitsplatz

**Die (Arbeits-) Aufgabe und ihre Beschreibung**

Traditionell steht die **Aufgabe** im Mittelpunkt der Organisation, denn alle Handlungen in einem Unternehmen werden letztendlich durch einen Menschen, den Mitarbeiter veranlasst. Um eine Aufgabe zu erfüllen, sind die sechs „W-Fragen" zu beantworten, nämlich **wie**, **woran**, **wem**, **womit**, **wo** und **wann (Tabelle 2)**.

Zur Beschreibung von Stellen oder einzelnen Arbeitsplätzen wird z.B. bei REFA eine **Beschreibung des Arbeitssystems mit sieben Systemelementen verwendet (Bild 1)**. Diese Methode ermöglicht eine genaue Abgrenzung der zu analysierenden Aufgabe und man erkennt die Schnittpunkte zu anderen Systemen.

[1] lat. Improvisieren = ohne Vorbereitung, aus dem Stegreif ein Thema darbieten

[2] lat. Disposition = Anordnung, Gliederung; Verfügung; Anlage; Empfänglichkeit

**Tabelle 1: Gestaltungsprinzipien bei der Aufbauorganisation**

| | |
|---|---|
| Zweckmäßigkeit | Die Organisation muss dem **Gesamtziel** des Unternehmens entsprechen. |
| Wirtschaftlichkeit | Die Organisation muss **ergiebig** sein, d.h. das Unternehmen muss **rentabel** sein. |
| Gleichgewicht | Die Organisation darf nicht starr sein. Das Unternehmen muss **flexibel** reagieren können. |
| Koordination | Die Organisation muss eine klare **Unterteilung** in Teilaufgaben gewährleisten. |

**Tabelle 2: Begriff und Merkmale der Aufgabe Die sechs „W-Fragen"**

Zielsetzung für eine zweckbezogene menschliche Handlung

| W-Frage | Merkmal | Beispiel |
|---|---|---|
| **wie** | Verrichtung | sägen, prüfen, disponieren |
| **woran** | Objekt | Rd 30 x 100, DIN A3 Blatt |
| **wem** | Aufgabenträger | Konstruktion, AV, Fertigung |
| **womit** | Sachmittel | Kreissäge, PC, Vorrichtung |
| **wo** | Raum und Ort | B1/234, WE, Lager |
| **wann** | Termin und Zeit | 123. Tag, 20. Woche, 10 min/Stück |

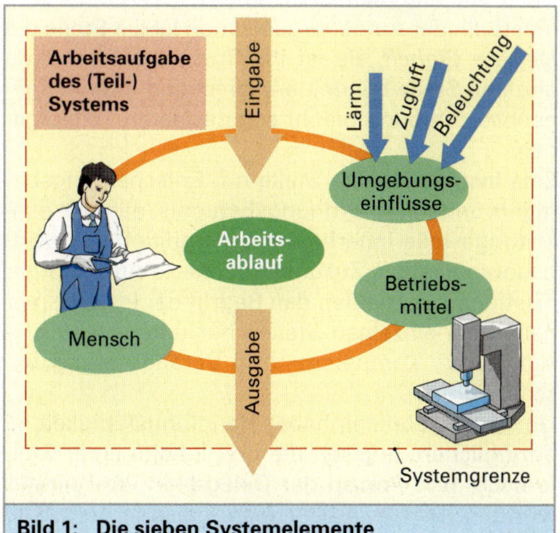


**Bild 1: Die sieben Systemelemente**

**Arbeitssysteme und Systemelemente**

Die eindeutige **Definition der sieben Systemelemente (Tabelle 1)** hat die Aufgabe, innerhalb eines Unternehmens eine eindeutige unverwechselbare Sprache zu sprechen. Bei der Anforderungsermittlung und der Endgeltdifferenzierung ist dies eine wesentliche Grundlage für Vergleiche und Einstufungen.

- **Arbeitssysteme** können sehr unterschiedliche Größen haben. Das kleinste Arbeitssystem ist der einzelne Arbeitsplatz, das größte ist der Betrieb bzw. das Unternehmen.
- Die **Arbeitsaufgabe** kennzeichnet den Zweck des Arbeitssystems. Es müssen Tätigkeiten ausgeführt werden.
- Den **Arbeitsablauf** beschreibt das räumliche und zeitliche Zusammenwirken von Menschen und Betriebsmittel um die Arbeitsaufgabe zu erfüllen.
- Der **Mensch und das Betriebsmittel** bestimmt die Organisation, die Qualität und die Quantität des beschriebenen Arbeitssystems.
- Die **Eingaben** in ein Arbeitssystem können Rohstoffe, Halbzeuge, Messzeuge, Vorrichtungen, Arbeitsanweisungen sowie auch Energien, Stoffe und Medien jeder Art sein.
- Die **Ausgaben** aus einem Arbeitssystem sind primär die bearbeiteten Produkte, die Dienstleistungen, aber auch zusätzliche Ausgaben, wie z.B. Wärme, Abfall und Gase.
- Mit dem Systemelement **Umwelteinflüsse** werden alle wesentlichen äußeren Einflüsse beschrieben. Hier muss man sich immer auf das Wesentliche beschränken!

**Die Stelle und die Instanzen**

Innerhalb der Aufbauorganisation ist die **Stelle** die *kleinste Einheit*, sie ist ihr Grundbaustein. Jede einzelne Stelle bündelt entsprechend ihrer Aufgabenbeschreibung die ihr zugeordneten Teilaufgaben.

Eine **Instanz** ist eine Stelle mit Entscheidungsbefugnis und mit Anordnungsbefugnis, nämlich eine Leitungsstelle innerhalb einer traditionellen Aufbauorganisation. Zukunftsorientierte Aufbauorganisationen vermeiden den Begriff der Instanz; hier haben die einzelnen Stellen nur unterschiedliche Aufgaben-, Kompetenz- und Verantwortungsbeschreibungen.

Um einem Stelleninhaber Handlungsfähigkeit zu ermöglichen, müssen die drei Inhalte einer Stelle nach dem Prinzip der Delegation von Verantwortung **(Bild 1)** in einer Hand, also in der Stelle liegen.

**Tabelle 1: Beispiele und Erläuterungen zu den sieben Systemelementen**

| Nr. | Systemelement | Beispiele |
|---|---|---|
| 1 | **Arbeitsaufgabe = Systembeispiel** | **Rundlinge sägen**<br>oder z.B.:<br>– Bestellungen bearbeiten<br>– Arbeitspläne erstellen. |
| 2 | **Arbeitsablauf** | Sägeanschlag auf Maß 19 mm einstellen, Vorschub auf Position A6, Drehzahl auf G2 einstellen Stangenmaterial A 12/45 mit Hilfskran aus Regal 23 entnehmen und in Säge 098/1 einlegen. Stange gegen Anschlag schieben und mit Spanner festspannen. |
| 3 | **Mensch** | Herr Müller 23 Jahre<br>Hilfsarbeiter Lohngruppe V<br>2 Jahre als Säger beschäftigt. |
| 4 | **Betriebs- bzw. Arbeitsmittel** | Kreissäge Kälberer 3000 FE<br>K.St.: 200 Platz: 230<br>Baujahr 1988 Zustand: gut<br>Vorrichtungen: keine<br>Messzeuge: Schieblehre. |
| 5 | **Eingabe** | Halbzeugmaterial Rd 200 DIN...<br>Arbeitsplan<br>Lohnkarte, Terminkarte, mündliche Anweisung durch den Meister. |
| 6 | **Ausgabe** | Gesägte Rundlinge,<br>Späne,<br>ausgefüllte Lohnkarte,<br>Terminkarte. |
| 7 | **Umwelteinflüsse** | Lärm 85 dB/(A)<br>Nässe durch Kühlmittel<br>Zugluft durch Hallenhaupttor. |

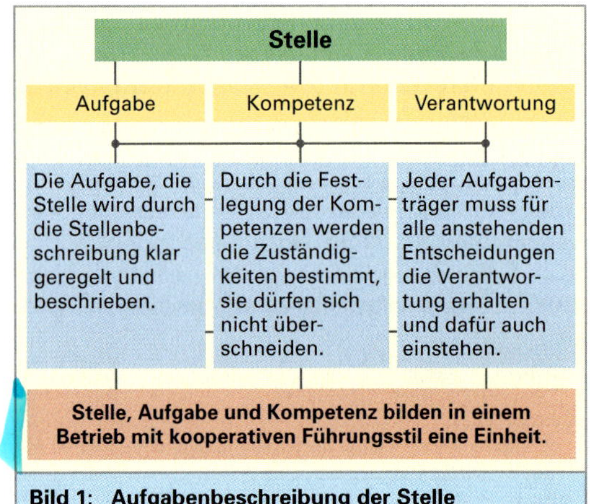


**Bild 1: Aufgabenbeschreibung der Stelle**

Eine Stelle, bzw. die Stellenbeschreibung muss die **Aufgabe**, die **Kompetenz** und die **Verantwortung** klar beschreiben und anordnen, also delegieren.

**Einzelarbeit, Mehrstellenarbeit und Gruppenarbeit**

Der **Arbeitsplatz,** der mit dem **Fachbegriff Stelle** bezeichnet wird, ist der örtliche Bereich in dem die Arbeitsaufgabe erfüllt wird. Oftmals haben die Mitarbeiter/innen durch die neuen, komplexen Anforderungen des Marktes keine einzige Stelle (Arbeitsplatz), sondern sie arbeiten stundenweise, oder auch schichtweise an anderen Stellen. Um rationell zu arbeiten, produziert der Betrieb nicht auf Vorrat, sondern nach Auftrag genau die Produkte und Dienstleistungen, die gerade (heute) verlangt werden. Von Mitarbeiter/innen werden dazu die Schlüsselqualifikationen, nämlich berufliche Handlungsfähigkeit und Mündigkeit vorausgesetzt. Weiterhin müssen die Mitarbeiter auch oftmals mehrere Stellen (Maschinen) bedienen. Die Mehrstellenarbeit wird im Fertigungsbetrieb die Regel **(Tabelle 1)**.

**Tabelle 1: Definition von Arbeitssystemen**

| | | |
|---|---|---|
| | Einstellige Einzelarbeit | Einstellige Gruppenarbeit |
| Eine Stelle (Einstellenarbeit) | **Beispiel:** Sägen von Rundlingen auf einer Kreissäge. | **Beispiel:** Demontage einer Maschine durch 2 Mitarbeiter. |
| | Mehrstellige Einzelarbeit | Mehrstellige Gruppenarbeit |
| Mehrere Stellen (Mehrstellenarbeit) | **Beispiel:** Bedienung von 3 Automaten, beschicken mit Rohmaterial, Entnahme des Produkts. | **Beispiel:** Mehrere Mitarbeiter bedienen mehrere Spritzgussmaschinen. |

## 2.3.4 Gliederungsmerkmale

In der traditionellen Aufbauorganisation (Aufgabenanalyse nach *Kosiol*, 1968) entstehen durch die Delegation von Aufgaben von einer Instanz auf eine nachfolgende Stelle betriebliche Rangordnungen **(Tabelle 2)**. Zuerst wird dabei die Gesamtaufgabe in Teilaufgaben zerlegt, also eine Aufgabenanalyse durchgeführt. Dazu müssen nun Gliederungssysteme mit spezifischen Merkmalen gebildet werden. In der Praxis bilden sich dabei durch eine Betriebsvergrößerung in der Personenzahl oder auch durch Veränderungen im Produktspektrum eigenständige Lösungen. Kann z.B. eine Person den Verkauf nicht mehr bewältigen, so muss eine zusätzliche Person eingestellt werden.

## 2.3.5 Aufbaustrukturprinzipien

Um eine Aufbauorganisation zu gestalten, gibt es fünf grundlegende Strukturen **(Bild 1)**. Sie zeigen die Leitungsbeziehungen und die Stellenbeziehungen untereinander in einer Organisationsstruktur.

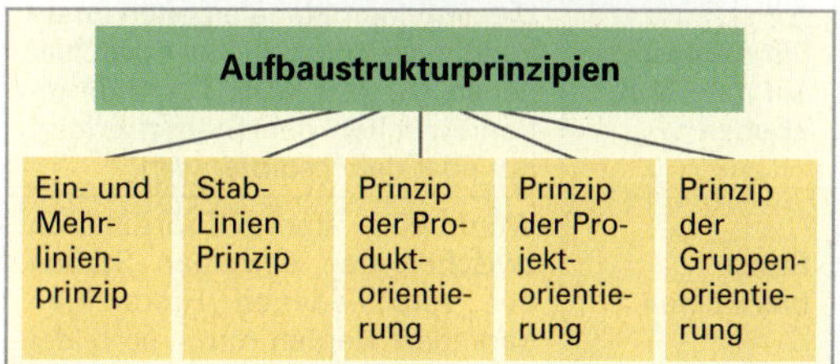


**Bild 1: Struktur der Aufgabenorganisation**

**Tabelle 2: Gliederungsmerkmale**

| Merkmal | Beschreibung |
|---|---|
| Verrichtung (Tätigkeit) | Der Produktionsbetrieb gliedert seine Abteilungen entsprechend den Aufgaben: Entwickeln, Beschaffen, Fertigen, Montieren, Kontrollieren, Lagern, Verkaufen. |
| Objekte (Produkte) | Das Unternehmen gliedert entsprechend den Sparten (den Produktgruppen) z.B.: eine Gruppe Gartengeräte, eine Gruppe Forstgeräte. Jede Gruppe (Sparte) hat dann eine eigene Entwicklung, Disposition, Fertigung. Oft werden für Fertigung und Montage zentrale Stellen eingerichtet. |
| Rang (Hierarchie) | Bei der klassischen hierarchischen Gliederung des Betriebs (Kleinbetrieb) steht oben der Werkleiter, ihm untergeordnet sind die Betriebsleiter, darunter die Meister und Facharbeiter. |
| Phase (Ablauffolge) | Die zeitliche oder organisatorische Ablauffolge des (Produktions-)prozesses bestimmt die Gliederung des Betriebs, z.B.: Auftragsbearbeitung, Auditerstellung, Disposition, Prototypenbau, Fertigung, Montage. Dies ist der Ansatz der Prozessorientierung. |
| Zweckbeziehung | Jedes Unternehmen, jede Branche verfolgt seinen Unternehmenszweck, z.B.: Produktion (primäre Ziele) und die daraus abgeleiteten sekundäre Ziele, die spezifischen Tätigkeiten. Aus diesem Grund sind Betriebsvergleiche nicht objektiv, insbesondere die Umsatz-Gewinn-Verhältniszahlen schwanken dabei sehr stark! |

### Systeme der Leitung

Beim Ein- und Mehrlinienprinzip nehmen die Entscheidungsbefugnisse von oben nach unten ab. Sie gelten als die klassischen Grundmodelle der Kompetenzzuteilung. Trotz allen Unkenrufen[1] wird dieses Prinzip in bestimmten Bereichen seine Gültigkeit als Grund- und Ausgangsmuster behalten.

Das **Einliniensystem** befolgt den Grundsatz der *Einheit* der Auftragserteilung. Eine Stelle darf, wie auch das **Bild 1** zeigt, nur von der übergeordneten Stelle (= Instanz) Anordnungen annehmen. Meist wird das System nicht in seiner Idealform verwendet, sondern es werden horizontale und/oder vertikale Instanzenwege zugelassen, die dann die Dynamik des Systems verbessern. So darf (muss) der Mitarbeiter z.B.: bei fehlendem Teilenachschub in der Spätschicht eine Maschine umrüsten, obwohl die Zuständigkeit nach Linie beim zuständigen Meister liegt.

Das **Mehrliniensystem (Bild 2)** soll die Mängel des Einliniensystems ausgleichen, der Mitarbeiter erhält von mehreren Stellen (= Instanzen) Anordnungen. Ausgangspunkt ist das Funktionsmeistersystem nach *Taylor*[2], der die Erkenntnisse der Arbeitsteilung auf das Leitungssystem übertragen hat.

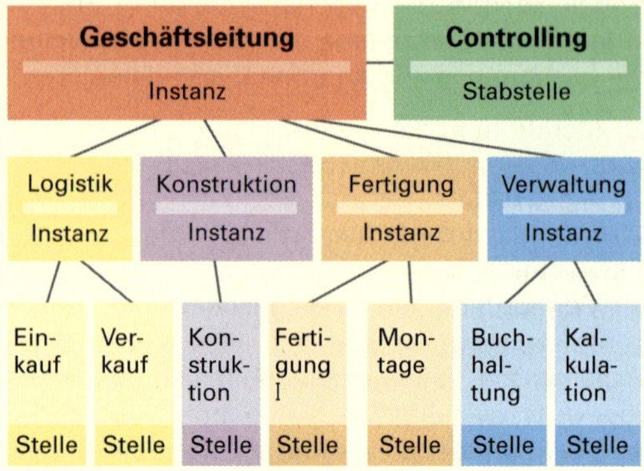


**Bild 1: Das Einliniensystem**

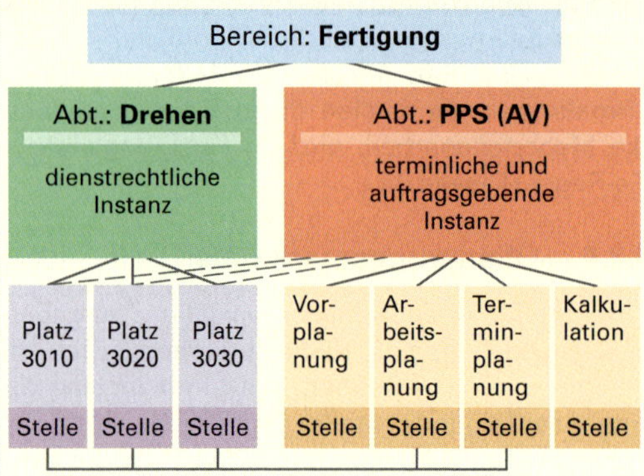


**Bild 2: Das Funktionsmeistersystem**

### Leitungshilfsstellen

Wegen der zunehmenden Komplexität der Aufgaben, der Instanzen und der Stellen, werden innerbetriebliche Spezialisten benötigt, deren Arbeitsort (= Stelle) schlecht einer Instanz zugeordnet werden kann. Betriebe mit reinen Ein- oder auch Mehrliniensystemen müssen diese Mitarbeiter/innen nach dem Organisationsplan Abteilungen zuweisen. Dies führt dann aber sehr oft zu Konflikten, wenn ein(e) Kollege/in für alle Abteilungen diese ausführen oder koordinieren muss. Würde die Stelle der Geschäftsleitung zugeordnet, hätte er(sie) „automatisch" als Instanz Befugnisse, die nicht erwünscht und erforderlich sind.

Allgemein unterscheidet man nach **Tabelle 1** vier Grundmuster des **Stab-Linien-Prinzip**. Alle nutzen dabei den Vorteil der Unabhängigkeit von der direkten Unterstellung aus. Die typische Stabstelle ist die des Assistenten, der z.B. Kosten-Nutzen-Analysen durchführt und die Ergebnisse sichert.

**Tabelle 1: Stab-Linien-Prinzipien**

| Systemart | Beschreibung |
|---|---|
| **Führungsstab** | Der/Die Mitarbeiter/-in wird der Leitungsinstanz zugeordnet und bearbeitet dort entscheidungsvorbereitende Aufgaben ohne Entscheidungsbefugnis. |
| **Zentralstabstelle** | Wenn aus vielen Instanzen Information gesammelt werden müssen, wie z.B. beim Controlling, werden die Daten von einem Zentralstab ausgewertet. |
| **Führungsstäbe auf mehreren Ebenen** | Die einzelnen Stäbe arbeiten unabhängig voneinander an verschiedenen Aufgaben. Die Kommunikation zwischen den Stäben erfolgt nur über den Instanzenweg. |
| **Stabshierarchien** | Wenn eine starke Koordination zwischen den einzelnen Stäben der verschiedenen Hierarchien garantiert werden muss, so bildet man ein eigenes „Liniensystem des Stabes". |

[1] Ruf der Unken (Frösche) = Pessimismus

[2] Taylorismus nach dem amerik. Ingenieur *F. W. Taylor*, 1856–1915 der das Taylorsystem, ein System der wissenschaftlichen Betriebsführung mit dem Ziel, einen möglichst wirtschaftlichen Betriebsablauf zu erzielen, eingeführt hat.

### Produktorientierung und Projektorientierung

Die Diversifikation[1] bei den Produkten und der schnellen Umstrukturierung und Erweiterung der Märkte führt zu neuen Anforderungen an die dadurch expandierenden Unternehmen. Die traditionellen Organisationsformen **(Bild 1)**, die den schnellen Entscheidungs- und Kommunikationsprozess behindern, müssen ersetzt werden durch **objektorientierte Organisationen**.
Die Spartenorganisation, die Matrixorganisation sowie das Produktmanagement und Projektmanagement werden in Unternehmen mit einem differenzierten Produktprogramm wirtschaftlich einsetzbar.

### Die Spartenorganisation

Bei der objektorientierten Spartenorganisation **(Bild 2)** werden die alten *eigenständigen* Funktionsbereiche, nämlich die Beschaffung, die Produktion, der Vertrieb und die Verwaltung anteilig nach dem Geschäftsaufkommen den einzelnen Sparten, z.B. Kehrmaschinen, Sauger zugeordnet und somit zu überschaubaren, übersichtlichen Objekten. Die Mitarbeiter können sich mit diesen voll identifizieren und somit selbstständig motivieren. Den einzelnen Sparten werden entsprechende Kompetenzen erteilt.
Die Durchlaufzeiten werden kürzer. Auf Änderungen und Störungen kann gezielt reagiert werden. Der gesamte Produktionsprozess wird flexibler. Das Unternehmen kann dynamischer auf den Markt reagieren und agieren.
Oftmals werden den Sparten weitergehende Kompetenzen mit der sich einschließenden Verantwortung über die Produktpalette, die Investitionen, den Personaleinsatz, den Umsatz und Gewinn zugestanden. Diese werden dann zu „Profit-Centern" **(Bild 3)**. Hierbei verspricht man sich einen besonderen Leistungsanreiz. Die zentralen Funktionen, wie z.B. Forschung und Datenverarbeitung werden wie Fremdleistungen mit dem **Profit-Center** verrechnet.

1. Wodurch unterscheiden sich die Begriffe Stelle und Instanz? Wann müssen Stelle und Instanz eine Einheit bilden?
2. Nennen Sie für die fünf Aufbaustrukturprinzipien betriebliche Beispiele.
3. Wo können Sie das Stab-Linien-Prinzip in einem Unternehmen anwenden?
4. Nennen Sie die Vorteile und Nachteile der Spartenorganisation.

[1] Diversifikation = Vielfalt, Ausweitung des Sortiments

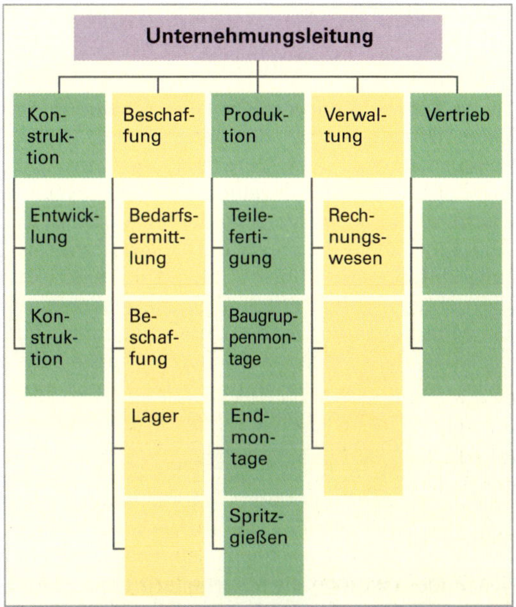


**Bild 1: Der traditionelle Aufbau eines Unternehmens (Beispiel)**

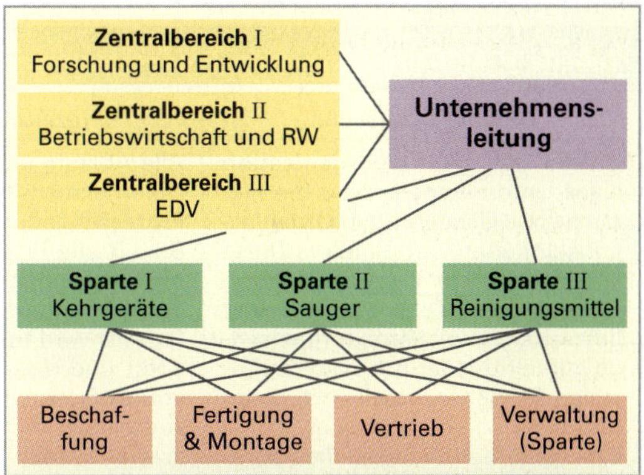


**Bild 2: Die objektorientierte Spartenorganisation**

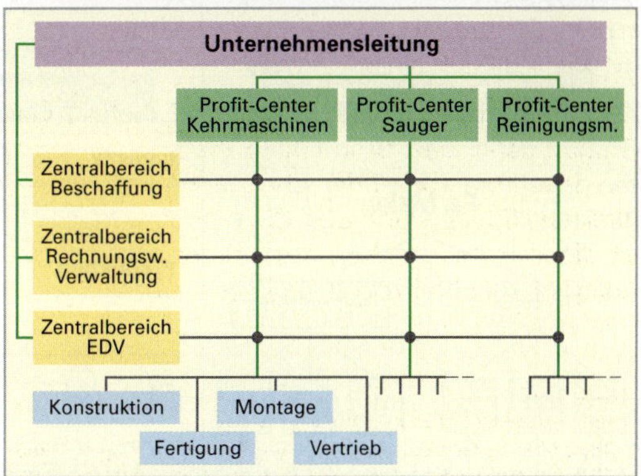


**Bild 3: Das Profit-Center**

## 2.4 Die Ablauforganisation

### 2.4.1 Ziele und Aufgaben

Die in **Tabelle 1** dargestellte Unterscheidung gibt einen Überblick über die betrieblichen Organisationssysteme. Kein Unternehmen kann ohne die Beachtung der einzelnen Ordnungssysteme existieren. Aus den verschiedenen Ansätzen der Aufbauorganisation muss die Unternehmensleitung entsprechend ihrer Unternehmensstruktur die richtige Wahl treffen. Grundsätzlich können die Mitarbeiter mit einem überschaubaren, einfachen System besser und sicherer umgehen. Dies sollte immer die Zielrichtung sein. Ferner muss das Unternehmen, nachdem es sich hierarchisch geordnet hat, die Abläufe, also die Ablauforganisation festlegen. Kein industrielles Unternehmen kann und sollte allerdings alle Abläufe bis ins kleinste Detail planen. Der Aufwand dazu wäre immer unangemessen hoch, also nicht wirtschaftlich. Zudem würden die Mitarbeiter zu reinen Ausführenden degradiert und demotiviert; sie könnten niemals flexibel, also in einem angemessenen Spielraum, ihre Arbeiten ausführen. Gerade in der heutigen Zeit werden Ablaufregelungen gewünscht, welche kundenorientiert angepasst werden. Der einzelne Mitarbeiter erhält deshalb nur noch Grundmuster für die Ablauforganisation und wird aufgefordert diese flexibel, dem Fall entsprechend anzuwenden. Trotzdem sind feste Abläufe im Unternehmen durch die Pflichtenhefte der Kunden und insbesondere auch durch die Auditierungsvorschriften (DIN EN ISO 9000), sowie durch die „Normierung" durch die EDV-Software einzuhalten. Diese „Muster" vereinfachen letztendlich die Abläufe. Denn jeder (Unternehmer und Kunde) spricht so die gleiche Sprache. Es gibt weniger Missverständnisse.

Das Prozessmanagement und das TQM benutzt die Aufbauorganisation und die Ablauforganisation als Grundpfeiler für die Definition und Beschreibung der Prozesse. Um nämlich die Produktivität von Abläufen untersuchen zu können, müssen diese strukturiert und beschrieben werden.

> Die Abläufe im Unternehmen sollten nicht bis ins kleinste Detail geplant werden.

**Tabelle 1: Aufbauorganisation, Prozessmanagement und Ablauforganisation**

| Aufbauorganisation | Prozessmanagement | Ablauforganisation |
|---|---|---|
| Unter der Aufbauorganisation eines Unternehmens wird die hierarchische Gliederung in Organisationseinheiten verstanden. Diese können z.B. ein Werk, Abteilung, Gruppe oder Team sein. Damit befasst sich die Aufbauorganisation mit der Gliederung in aufgabenteilige Einheiten sowie mit deren Koordination untereinander.<br>Eine weitere Aufgabe ist die Zuordnung von Weisungsbefugnissen zu den verschiedenen Stellen. | Alle Abläufe und Funktionen eines Unternehmens laufen in komplexen Prozessen unterschiedlicher Art ab. So z.B. die Prozesse der Produktion, der Logistik, der Investition, der Führung, des Marketings. Der Prozess wird in Teilprozesse gegliedert und diese organisieren sich von einfachen Prozessketten bis zu komplexen mit Rückkopplungen, sowie weiter zu dynamischen Prozessnetzen. Die einzelnen Teilprozesse sind die Kunden bzw. die Lieferanten des nächsten Teilprozesses. | Die Ablauforganisation befasst sich mit der Strukturierung von Prozessen zur Erfüllung von Aufgaben. Die Aufbauorganisation regelt den grundsätzlichen Ablauf der normalen Geschäftsvorfälle um ein rationelles und einheitliches Vorgehen sicherzustellen.<br>Beispiele sind die Bestellabwicklung, die Bedarfsermittlung, die Angebotsbearbeitung, sowie die Planung des Produktionsablaufs. |
| **Statische längerfristige Betriebsstruktur** | **Dynamische Ablaufprozessorganisation** | **Allgemeine, statische Ablauforganisation** |
| 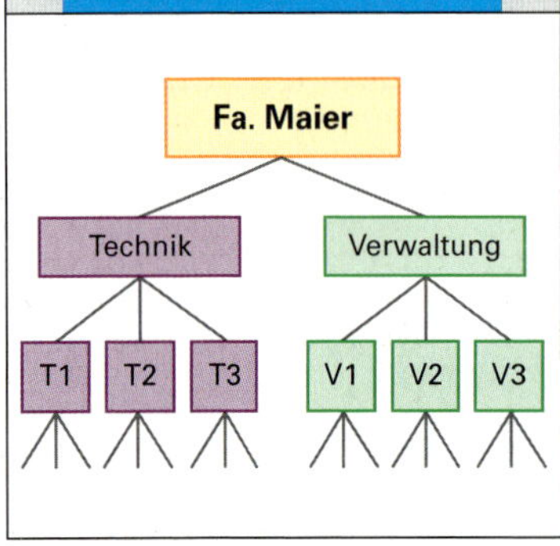 | 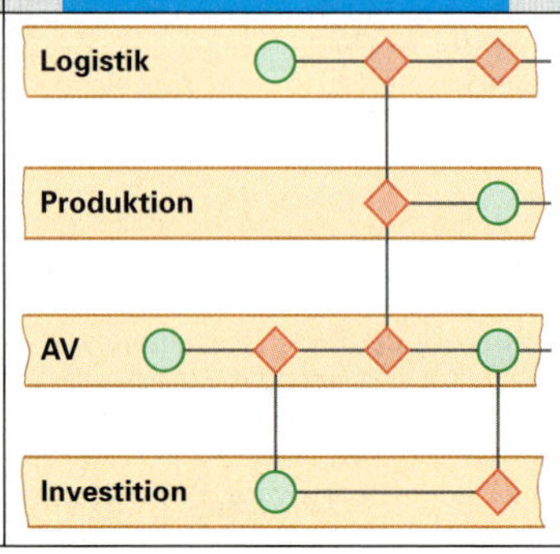 | 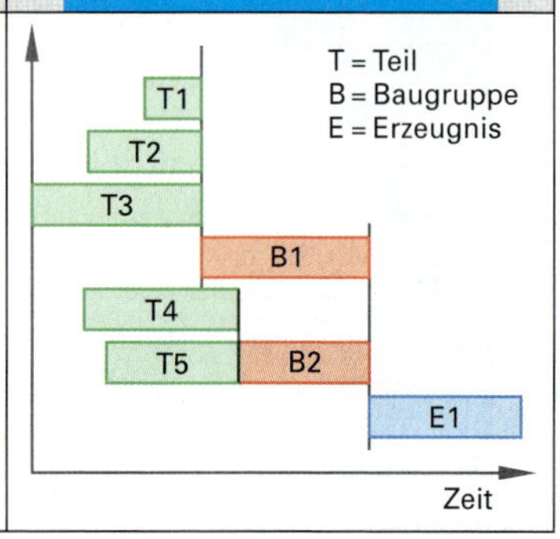 |

## 2.4.2 Gestaltung der Arbeitsabläufe

Jedes Unternehmen muss sich bei der Erarbeitung von Plänen für die (Arbeits-) Ablauforganisation die Grundsätze des Qualitätsmanagements nach DIN EN ISO 9000 zu eigen machen. Die **Tabelle 1** gibt einen Überblick über die zu verfolgenden Ziele und Grundsätze des Qualitätsmanagements, die zum Beginn notwendig sind um eine gute Ablauforganisation erstellen zu können. Dabei wiederholen sich die Grundsätze der Prozessorganisation (Kapitel 1.3).

Die Gründe für die Beachtung der Zertifizierung (= Dokumentation) liegen auf der Hand, denn z.B. als Zulieferer ist man ohne Zertifizierung nicht konkurrenzfähig. Es fehlt die Rückverfolgbarkeit, die Nachweisführung und es steigt das Produkthaftungsrisiko stark an, denn der Beweis für eine fehlerfreie Produktion liegt jetzt beim Unternehmer. Er muss alle Qualitätsanforderungen so erfüllen, dass im Rahmen der Sorgfaltspflichten keine Fehler (= Nichteinhalten einer Forderung) entstehen können. Eine Produktion ohne Dokumentation nach DIN EN ISO 9000 ist deshalb „gefährlich", da die Beweislast beim Hersteller liegt.

Die Schrittfolgen zur Gestaltung der Ablauforganisation **(Tabelle 1)** dienen der Strukturierung der Analyse der Abläufe und somit der schnellen und planmäßigen Erstellung einer Ablauforganisation. Die Tiefe und die Abgrenzung werden von der Tätigkeit, der Aufgabe, dem Produkt und den Kundenforderungen bestimmt.

[1] skr.-chin.-jap. Zen = Meditation aus dem Tschan entwickelte japanische Richtung des Buddhismus, die durch Meditation tätige Lebenskraft u. größte Selbstbeherrschung das Einswerden mit Buddha zu erreichen sucht. Das japanische KAIZEN ist eine prozessorientierte Art zu denken, nach dem Prinzip der kontinuierlichen Verbesserung (KVP) im Gegensatz zu dem innovations- und ergebnisorientierten Denken der westlichen Manager.

**Tabelle 1: Die Schrittfolgen bei der Gestaltung der Arbeitsabläufe**

| | Schrittfolge | Beschreibung | Methoden, Werkzeuge |
|---|---|---|---|
| 1 | Arbeitsanalyse ⇩ | – Gliederung des Arbeitsablaufs in die Teilschritte.<br>– Der Grad der Untergliederung wird bestimmt vom: Unternehmen, Produkt, Kundenforderungen, Qualitätsforderungen. Das Resultat ist die Bestimmung aller Teilschritte und ihre Reihenfolge. | – QFD<br>– HoQ (Qualitätshaus)<br>– ABC-Analyse<br>– System-FMEA<br>– Portfolio |
| 2 | Arbeitsgang organisieren ⇩ | – Synthese, also Zusammenfassung von Teilaufgaben zu betrieblich angepassten Arbeitsabläufen unter Berücksichtigung von: Art der Anlagen, Art der Maschinen, Kenntnisse und Ausbildungsstand der Mitarbeiter, Bestimmung des Automatisierungsgrads. | – QFD<br>– Matrixdiagramm<br>– Baumdiagramm<br>– SPC<br>– Prozess-FMEA |
| 3 | Arbeitsplatzorganisation ⇩ | – Zuordnung von konkreten Stellen, Mitarbeitern, Arbeitsplätzen und Maschinen.<br>– Beschreibung der Hilfsmittel, Teile, Sachmittel, Werkzeuge, Software, die zur Versorgung der Verrichtung, des Ablaufabschnitts notwendig sind. | – Prozess-FMEA<br>– SPC<br>– Maschinenfähigkeit<br>– Prozessfähigkeit<br>– Affinitätsdiagramm |
| 4 | Arbeitsablauforganisation ⇩ | – Bestimmung der parallel oder hintereinander geschalteten Ausführung der Teilarbeiten.<br>– Ziel ist dabei, die Durchlaufzeiten aus Gründen der Flexibilität (Lieferbereitschaft) mit den zusätzlichen Rüstzeiten (Rüstkosten) zu optimieren.<br>– Hohe Wertschöpfung zum Prozessende. | – Flussdiagramm<br>– Optimale Losgröße<br>– Prozessfähigkeit<br>– Materialflussorganisation |
| 5 | Arbeitsablauf terminierung ⇩ | – Vorrangig sind dabei, die Transportzeiten, die Liegezeiten (vor und nach der Bearbeitung) und die Zwischenlagerungen (Puffer) zu minimieren, besser zu eliminieren mit dem Ziel: 1. Reduzierung der Durchlaufzeiten, 2. Kostenreduzierung (Zwischenlagerung) und 3. Flexibilität. | – Problementscheidungsplan<br>– Balkendiagramm<br>– Ablaufanalyse<br>– Netzplan |
| 6 | Arbeitsablauf dokumentation | – Voraussetzung für eine optimale Dokumentation ist ein Qualitätsmanagement nach DIN EN ISO 9000, das hierarchisch aufgebaut die Ziele und Verantwortlichkeiten festlegt: Qualitätsziele, Qualitätshandbuch, Richtlinien, Arbeitspläne, Prüfpläne. | – DIN EN ISO 9000<br>– KAIZEN[1]<br>– KVP |

### 2.4.3 Der Auftrag

Kernpunkte von Beschreibungen eines Auftrags sind, dass eine Abteilung, eine Stelle, eine Gruppe, eine Instanz, ein Mitarbeiter z.B. von einer anderen Stelle eine Arbeit oder eine Verrichtung einfordert **(Tabelle 1)**. Jeder Mitarbeiter benötigt einen schriftlichen oder mündlichen Einzelauftrag oder auch Dauerauftrag **(Bild 1, folgende Seite)**.

Durch die allgemeinen „Regeln" der Ablauforganisation des Unternehmens ist jede Stelle (= innerbetrieblicher Lieferant) der anderen verpflichtet, die Aufträge entsprechend den Anforderungen des Bestellers (= innerbetrieblicher Kunde) anzuliefern. Die Regeln müssen aus den Prinzipien des Prozessmanagements und des Qualitätsmanagements abgeleitet werden.

Aufträge sind der Ausgangspunkt für die Logistik der Produktionsplanung und Steuerung. Hierunter wird die gesamte Ablaufplanung vom Eingang des Kundenauftrags bis zum Versand verstanden **(Tabelle 2)**.

[1] nach *Detlef Much*: PPS-Lexikon, Berlin 1995, Seite 36

[2] nach der *Methodenlehre des Arbeitsstudiums*, München 1971

**Tabelle 1: Die Definition des Auftrags nach REFA und dem PPS-Lexikon**

| PPS-Lexikon[1] | REFA[2] |
|---|---|
| • Ein Auftrag ist eine schriftliche oder mündliche Aufforderung einer befugten Stelle an eine andere Stelle desselben Unternehmens, eine konkrete Aufgabe durchzuführen.<br>• Grundsätzlich kann eine von einem Kunden erteilte Bestellung zu einem Kundenauftrag führen.<br>• Andererseits kann ein vom Vertrieb erstellter Absatzplan die Produktion von Lageraufträgen auslösen. | • Ein Auftrag ist eine schriftliche oder mündliche Aufforderung zur Ausführung einer Arbeit.<br>• Zur Kennzeichnung eines Auftrags gehören allgemein:<br>– die Art des Auftrags und der zu erfüllenden Arbeitsaufgabe,<br>– die geforderte Menge,<br>– die Zeitangaben,<br>– die Gütevorschriften. |

**Tabelle 2: Die Elemente der Auftragsbeschreibung**

| Element | Beschreibung, Erläuterung | |
|---|---|---|
| (Zeit) Dauer der Arbeitsaufgabe | **befristet:**<br>– Fertigungsauftrag zur Produktion von Teil 67056,<br>– Entwicklungsauftrag für ein Getriebe Typ 76/V1,<br>– Instandsetzung der Schweißanlage 13/5. | **unbefristet:**<br>– Dauerauftrag für einen Lageristen,<br>– Tätigkeit als Meister in der Fertigung. |
| Art der Arbeit | – Die Bearbeitung, die Verarbeitung, die Konstruktion, die Montage, das Erstellen von Plänen; dabei werden die Aufträge sehr detailliert nach den geforderten Kundenwünschen beschrieben oder auch sehr grob, z.B. bei einem Instandhaltungsauftrag. Die Verantwortung liegt beim Stelleninhaber, er ist durch seine Stellenbeschreibung allgemein gebunden. | |
| Mengenvorgaben | – Mengendaten für den laufenden Auftrag, z.B. in Stück, Kilogramm, Meter, Quadratmeter, die 100% zu erfüllen sind, evtl. Zusatzmengen für Ausschuss, Ersatzteile planen. | |
| Zeitvorgaben | – Starttermin, Liefertermin, die Vorgabezeit (einschl. Rüstzeit, Grundzeit, Verteilzeit, Erholungszeit), die Planzeiten, die Durchlaufzeit für den vorliegenden Auftrag. | |
| Kapazitätsvorgaben | – Anlagen, Maschinen, Werkzeuge, Vorrichtungen, Messzeuge und Mitarbeiter einsatzbereit auswählen, sowie mit der geplanten Belegungszeit zur Verfügung stellen. | |
| Kostenvorgaben | – Sie ergeben sich entweder direkt aus der Verrechnung der Mengen mit den Zeitvorgaben und den Stundensätzen, bzw. den Platzkosten, oder aber direkt als „Paket" eines Prozesses z.B. für die Entwicklung des Getriebes, welches das Entwicklungsteam zur Verfügung hat. | |
| Qualitätsvorgaben | – Sie sind durch die Kundenorientierung (Auditierung), das Kostenbewusstsein, die Produkthaftung immer mehr zum Schwerpunkt der Auftragsbeschreibung geworden, denn übertriebene Qualitätsvorgaben (Angsttoleranzen = hohe Kosten) sind genau so schlecht wie mangelhafte und ungenaue Qualitätsvorgaben, oder Schwankungen in der Toleranz. | |

## 2.4.4 Die Artteilung und die Mengenteilung

Die Zusammenstellung über die Arbeitsteilung mit der **Tabelle 1** gibt einen groben Überblick über die Möglichkeiten der Artteilung und der Mengenteilung im Produktionsbetrieb. In der Praxis werden sich die beiden Möglichkeiten immer gegenseitig ergänzen. Auch die genannten Vorteile können im Einzelfall schnell durch ihre Nachteile wieder aufgehoben werden. Der Vorteil der ständigen Wiederholung durch die Mengenteilung und damit einer hohen Prozesssicherheit bringt für den Mitarbeiter oft Monotonie und einseitige Belastungen.

Durch das Einführen eines betrieblichen **Vorschlagswesens**, integriert in den kontinuierlichen Verbesserungsprozess, können die Mitarbeiter mit Verbesserungsvorschlägen zu ihrem eigenen Arbeitsplatz motiviert und handlungsorientiert in den Prozess eingeschaltet werden. Dies bringt dem Mitarbeiter Anerkennung sowie einen finanziellen Anreiz, sich mehr einzubringen und dem Unternehmen eine höhere Wirtschaftlichkeit bei humanen Arbeitsbedingungen.

> Die Arbeitsinhalte werden wieder erweitert oder bereichert (Arbeitsstrukturierung) um die Motivation zu fördern und die Prinzipien von KAIZEN und KVP umzusetzen.

Das traditionelle Fließband ist nicht „out", aber es wird flexibler, humaner, anspruchsvoller, also prozessgerecht ausgelegt.

Die Nachteile der Artteilung und Mengenteilung wurden nicht genannt, da sie einfach die Umkehrung der Vorteile sind!

Die Arbeitsteilung bildet die Grundlage für das folgenden Kapitel der Beschreibung der Fertigungstypen, der Fertigungsprinzipien und der Arbeitsstrukturierung.

### Wiederholung und Vertiefung

1. Für welche Unternehmen ist die Matrixorganisation zu empfehlen?
2. Erarbeiten Sie in einer Moderationssitzung die Vor- und Nachteile der Gruppenarbeit in der Serienproduktion.
3. Bestimmen Sie die Ablauforganisation zur Herstellung einer Montagevorrichtung zur Montage eines selbst gewählten Produkts.
4. Nennen Sie betriebliche Beispiele zu den einzelnen Auftragsarten.
5. Für welche Produkte eignet sich die Mengenfertigung bzw. Artfertigung?

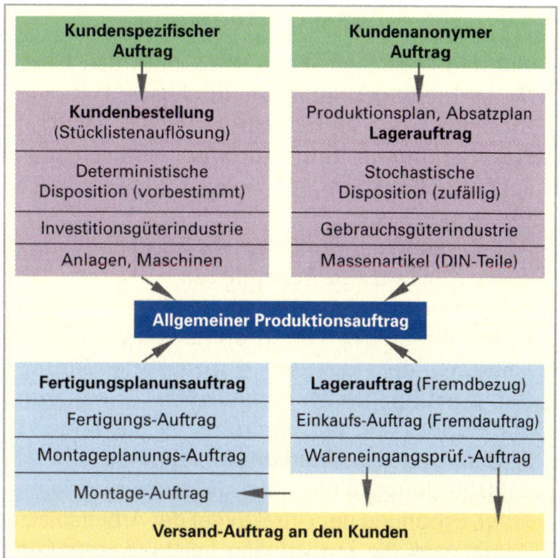


**Bild 1: Auftragsarten**

**Tabelle 1: Die Arbeitsteilung**

| Art | Mengenteilung | Artteilung |
|---|---|---|
| Beschreibung, Beispiel | Der einzelne Mitarbeiter eines Teams (einer Gruppe) führt die gesamte Ablauffolge komplett aus. Bei einem Auftrag von 20 Schaltkästen zu montieren, erhält der Einzelne, bei einem 5-Mann-Team, den Auftrag 4 Schaltkästen zu montieren. | Der einzelne Mitarbeiter eines Teams (einer Gruppe) bearbeitet nur einen Ablaufabschnitt von dem Gesamtauftrag. Der 1. Mitarbeiter verschweißt z.B. die 20 Rohrahmen, der 2. verschraubt alle Seitenbleche an den 20 Schaltkästen, der 3. montiert die Türen, der 4... |
| **Typ** | **Einzelfertigung** | **Serienfertigung** |
| Anforderungen | Facharbeiten Qualifizierung | Angelernte Arbeiten, Spezialisierung |
| Produkte | – Einzelanfertigungen<br>– Anlagen<br>– Einzelmaschinen<br>– Variantenfertigung | – Gebrauchsgegenstände<br>– Zuliefererteile (Baugruppen)<br>– Wiederholteilefertigung |
| Vorteile | – Ständige Qualifizierung<br>– Hohe Erfüllung der Kundenforderungen (Varianten) | – Hohe Arbeitsgeschwindigkeit<br>– Geringe Fehlerrate<br>– Kurzfristige Einarbeitung |

### 2.4.5 Die Arbeitsstrukturierung

Durch die Arbeitsstrukturierung kann das Unternehmen die folgenden Ziele durchsetzen:

- Erhöhung der **Flexibilität** auch bei Stückzahlschwankungen und Variantenvielfalt, sowie schnelle Reaktion auf neue Kundenwünsche (Änderungen).
- Abbau der festen zeitlichen Bindung und Einplanung von **Teilzeitarbeitsplätzen**.
- Verbesserung der **Wirtschaftlichkeit** und der Produktivität des Unternehmens durch Stabilisierung der Qualität (Prozessorientierung), Reduzierung der Durchlaufzeiten, Einsparung von Puffern und Verringerung der Bestände.
  Erweiterung des **Handlungsspielraums** und des Entscheidungsspielraums (Mitarbeiterorientierung), Erhöhung der Attraktivität der Arbeitsplätze. Damit wird die individuelle Leistungsentfaltung erhöht, die Arbeitsinhalte werden vergrößert und die Fremdkontrolle verringert.
- Verbesserung der **Arbeitszufriedenheit** durch eine Identifizierung mit dem Arbeitsergebnis und der Reduzierung von einseitigen Belastungen, sowie der Möglichkeit zur Höherqualifizierung.

#### Ablauforganisation und DIN EN ISO 9000

Die Methoden der Arbeitsstrukturierung wurden in den Unternehmen zuerst als Einzelmaßnahmen oftmals als „Insel" installiert.

Flankierende Maßnahmen wie z.B. die notwendigen Kompetenzen wurden nicht eingeplant und so kam es oftmals nicht zu den erhofften Effekten, die als Ziele gegeben waren. Es fehlte die Basis des TQM mit ihren Säulen: **Zielorientierung**, **Kundenorientierung**, Prozessorientierung und **Mitarbeiterorientierung**. Deshalb waren die Inseln, die Teams, die Mitarbeiter meist auf sich allein gestellt.

Viele Unternehmen, insbesondere die der Zulieferindustrie, mussten in den letzten Jahren die Zertifizierung durchführen, um als so genannter „A-Lieferant" weiter eingeordnet zu bleiben. Sie liefern ihre Produkte (Baugruppen oder Teile) ohne Eingangskontrolle direkt an die Endmontage an. Dies erforderte oftmals gewaltige Anstrengungen um die Organisation entsprechend DIN EN ISO 9000 umzugestalten. Deshalb sind die Grundinhalte für die Ablauforganisation besonders wichtig.

**Tabelle 1: Die Möglichkeiten der Arbeitsstrukturierung**

| Strukturtyp | Beschreibung | Mitarbeiter-qualifikation | Mitarbeiter-belastung | Voraus-setzungen | Anwen-dungsfall |
|---|---|---|---|---|---|
| **Aufgaben-erweiterung (enlargement)** | Zusammenfassung von strukturell gleichartigen Teilaufgaben | – bei gleichem Qualifikationsniveau Erweiterung der Arbeitsaufgabe | – Reduzierung von einseitiger Belastung<br>– zusätzliche Flexibilität | – wirtschaftliche Auslastung der zusätzlich notwendigen Betriebsmittel | – Serienmontage (Varianten) von Kleinteilen oder Baugruppen |
| **Aufgaben-bereicherung (enrichment)** | Zusammenfassung von strukturell verschiedenen Teilaufgaben | – handlungsorientiertes Niveau mit langfristiger Weiterbildungsmotivation | – zusätzliche Belastung durch Planung, Kontrolle, Entscheidungsaufgaben | – Prozessorientierte Tätigkeitsgliederung<br>– Kundenorientierte Produkte | – Auftragsgesteuerte Produktion nach Kundenauftrag |
| **Arbeits-wechsel (rotation)** | Durchführung unterschiedlicher Tätigkeiten im zeitlichen Wechsel | – Bereitschaft zum ständigen Wechsel von nicht vorbestimmter Arbeit | – keine Bindung an Platz<br>– Fehlerrisiko<br>– reduzierte soziale Einbindung | – längerfristige Durchführung<br>– Integration der Arbeitsgruppen | – schwankende Auslastung der Arbeitsplätze<br>– Fertigungsinsel |
| **Gruppenarbeit** | – Erfüllung einer Arbeitsaufgabe durch mehrere Mitarbeiter<br>– Teambildung | – selbstverantwortliches Arbeiten mit und in der Gruppe<br>– Kooperation | – Konfliktbereitschaft und deren ständige Aufarbeitung<br>– Autonomie | – Arbeitsaufgabe muss überschaubar sein und einen inneren Zusammenhang haben | – komplexe Produkte mit verschiedenen Kundenanforderungen |

# 2.5 Unternehmensstrategien

## 2.5.1 Voraussetzungen

Im Kapitel *Unternehmensstrategien* werden die Gesamtzusammenhänge und deren ständige Veränderungen dargestellt.

Unternehmen, die sich den Herausforderungen der Globalisierung, der Umstrukturierung und des Wertewandels, also der internationalen Arbeitsteilung nicht stellen, sind kurzfristig nicht mehr konkurrenzfähig.

Die Globalisierung zeigt sich am deutlichsten an der Dynamik der Zunahme der Direktinvestitionen, die sich von 1985–1995 um jährlich 17% gesteigert haben und doppelt so rasch wie der traditionelle Handel mit Waren und Dienstleistungen **(Bild 1)**.

Die Basis eines Unternehmens sollte immer eine Standardisierung nach DIN 9000 ff sein. Mit deren Hilfe kann dann die ständige Verbesserung durchgeführt werden **(Bild 2)**. Die Unternehmensstrategien werden dann auf den Grundsystemen aufgebaut und als Unternehmensziel bestimmt.

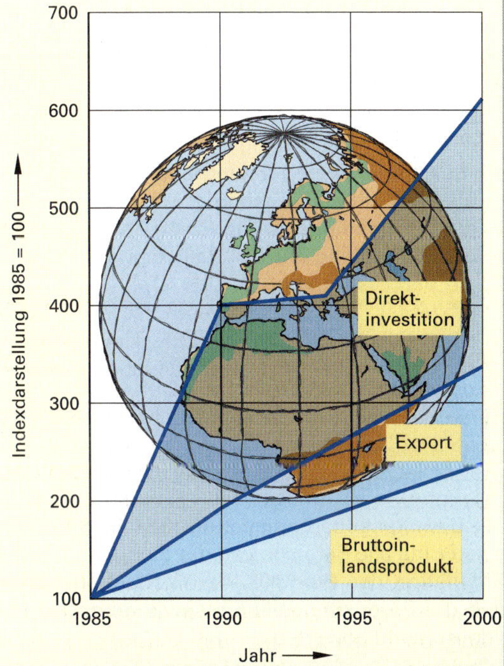


**Bild 1: Direktinvestitionen**

**Unternehmensstrategie**

**Total Quality Management (TQM) fördert die Veränderung in Sinne des PTCA-Kreises**

DIN ISO 8402 (Totales Qualitätsmanagement):
„Auf der Mitwirkung aller ihrer Mitglieder basierende Führungsmethode einer Organisation, die Qualität in den Mittelpunkt stellt und durch Zufriedenstellung der Kunden auf langfristigen Geschäftserfolg sowie auf Nutzen für die Mitglieder der Organisation und für die Gesellschaft zielt."

| **Zielorientierung** | **Kundenorientierung** | **Prozessorientierung** | **Mitarbeiterorientierung** | **Veränderungsorientierung** | **Gesellschaftsorientierung** |
|---|---|---|---|---|---|
| • Vorgaben werden als messbare und erreichbare Ziele gesetzt.<br>• Die gesetzten Unternehmerziele werden auf alle Ebenen heruntergebrochen. | • Ziel ist es jeden Kunden (extern und intern) zufrieden zu stellen.<br>• Genaue Kenntnis des Kunden und dessen Bedürfnisse und Anforderungen. | • Wiederholende Tätigkeiten, also die Prozesse müssen standardisiert und verbessert werden.<br>• Prüfung der Effektivität des Prozesses durch den Prozesseigentümer. | • Der Mitarbeiter, das wertvollste Gut des Unternehmens muss ständig für seine Aufgabe weiter qualifiziert werden.<br>• Ganzheitliches Denken und Handeln beim KVP. | • Ständiges Nachfragen, welche traditionellen Abläufe vom Kunden bzw. für das Unternehmen noch von Nutzen sind. | • Die Pflege des Images. Der Wandel von gesellschaftlichen Schwerpunkten muss ständig aktuallisiert werden. |

**DIN EN ISO 9000 (Absicherung, Standardisierung in Sinne des SPCA-Kreises)**

| | | | |
|---|---|---|---|
| Design, Produktion, Montage | Produktion und Montage | Endprüfung | Dienstleistungen |

**Bild 2: Unternehmensstrategien**

Einen besonderen Stellenwert innerhalb der Unternehmensstrategien hat die KAIZEN-Strategie. Sie beruht auf einem „drei Ebenen-Konzept“: von der Strategie über das System zum Werkzeug **(Tabelle 1)**.

Die Verbesserungsstrategie des KAIZEN verlangt die Beachtung von zwei **Hauptkomponenten**:

1. die **Erhaltung** und Stabilisierung des Prozesses durch Standardisierung (DIN EN ISO 9000) durch Schulung und Disziplin, bzw. Ordnung.
2. die **Verbesserung** (KVP), bzw. Optimierung des Prozesses (TQM), der Prozessabläufe, der Standards, allgemein durch KAIZEN (kleine Verbesserungsschritte) oder eine Innovation (Neuentwicklung).

**Tabelle 1: Das Methode – KAIZEN, ein prozessorientiertes Konzept**

| Konzepte | Systeme | Werkzeuge |
|---|---|---|
| – Kunden-Lieferanten-Konzept<br>– Kundenorientierung<br>– Prozessorientierung<br>– Mitarbeiterorientierung<br>– Null-Fehler-Strategie | – Standardisierung<br>– Vorschlagswesen<br>– Arbeitsdisziplin<br>– umfassende Qualitätssicherung | – QFD<br>– FMEA<br>– 7-Tools<br>– SPC<br>– Qualitätszirkel |

## 2.5.2 Simultaneous Engineering (SE)[1]

Mit Simultaneous Engineering (SE) **(Bild 1)** kann eine Firma alle Bereiche von der Planung über die Simulation des Produkts, der Produktfunktionen und der Produktherstellung, sowie deren Kosten erfassen und bewerten.

Ausgangspunkt des SE ist die Simulationstechnik zur Optimierung von Produktionssystemen. Die VDI-Richtlinie 3633 grenzt dies wie folgt ab:
„Simulation ist das Nachbilden eines Systems mit seinen dynamischen Prozessen in einem experimentierfähigen Modell, um zu Erkenntnissen zu gelangen, die auf die Wirklichkeit übertragbar sind.“

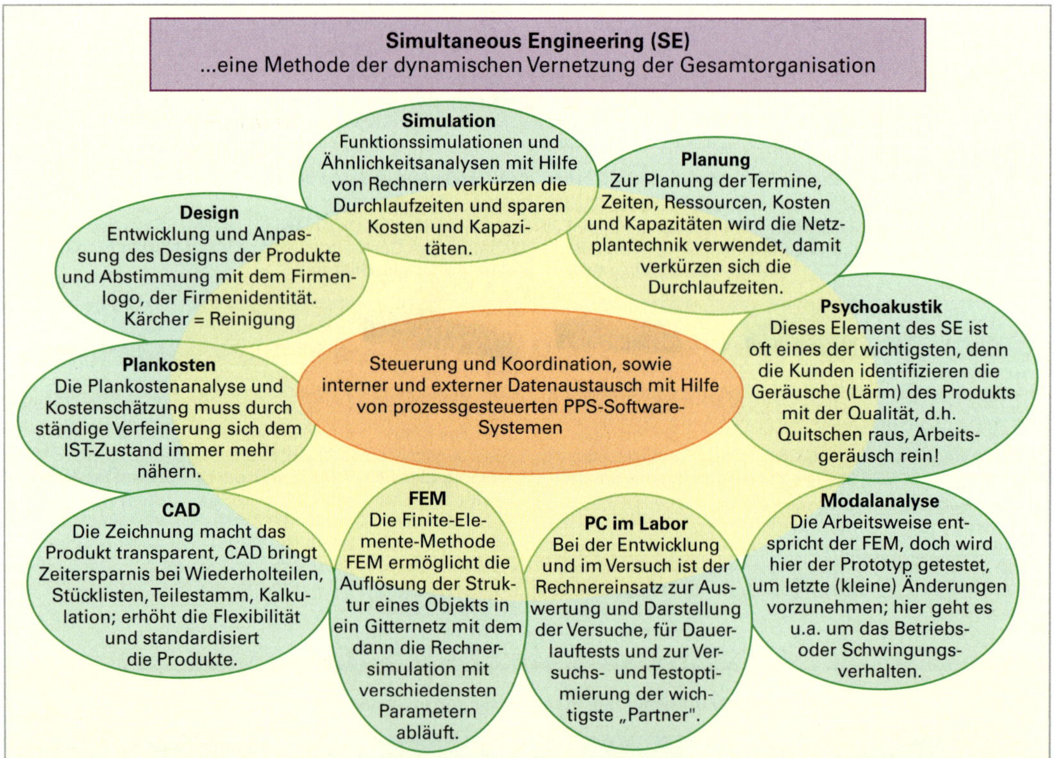


**Bild 1: Simultaneous Engeneering, Zusammenwirken der einzelnen Prozessfunktionen**

[1] Simultaneous Engineering = gleichzeitiges Bearbeiten und Betrachten des gesamten Geschäftsprozesses

Durch die Erfassung und Auswertung aller Daten des Entwicklungsprozesses über einen Rechnerverbund verfügen alle beteiligten Arbeitsgruppen ständig über den neuesten Entwicklungsstand. Außerdem können die Mitarbeiter vollkommen ortsunabhängig und zudem parallel im ständigen interaktiven Datenaustausch miteinander arbeiten. Benötigt z.B. der Designer für die ergonomische Gestaltung einer Bedienungstafel die Anforderungen und Grundform des Produkts, so kann er die Daten (CAD-Zeichnung) direkt über den Rechnerverbund von der Konstruktionsdatenbank abholen. Kann er durch die Vorgaben des Produkts keine Lösung erstellen, so kann er durch Rückkopplung direkt auf die Konstruktion Einfluss nehmen und Änderungen bzw. Verbesserungen erwirken. Damit bewältigt man komplexe Aufgabenstellungen in kürzester Zeit und bringt neue Produkte zudem kostengünstig zur Serienproduktion. Generell wird hierbei versucht mit Funktionssimulationen und Ähnlichkeitsanalysen die Durchlaufzeiten zu verkürzen sowie Kosten und Kapazitäten zu sparen. Kleine Muster oder Modelle werden im Windkanal getestet und dann „hochgerechnet".

### 2.5.3 Lean Management

Lean Management (schlankes Management) wurde vom MIT (Massachusetts Institute of Technology) aus dem Grundbegriff lean production, mit der Zielsetzung schlank und fit, weiterentwickelt. Eine (Massen-) Produktion gilt dann als „lean", wenn sie folgende Bedingungen erfüllt:

- $^{1}/_{2}$ des Personals in der Fertigung,
- $^{1}/_{2}$ der Produktionsfläche,
- $^{1}/_{2}$ der Investitionen für Werkzeuge und Einrichtungen,
- $^{1}/_{2}$ der Kosten für Entwicklung und Konstruktion,
- $^{1}/_{2}$ des durchschnittlichen Lagerbestandes,
- vielfältigste Varianten der Produkte.

Die Verminderung des Faktoreinsatzes kann nicht durch einfache „Streichmaßnahmen" konzeptionell mittel- und langfristig durchgesetzt werden, ohne dass dadurch das Unternehmen in Schwierigkeiten gerät.

Nur ein konzeptionell geplantes Lean Management kann solche Reduktionen erfolgreich planen und durchsetzen. Die **primäre Zielausrichtung** der Lean Production, des Lean Managements ist es, Serienprodukte und Dienstleistungen mit niedrigstem Aufwand bei umfassendem Qualitätsstandard (TQM) herzustellen.

Die Steigerung der Produktivität und die Senkung der Kosten sind der wesentliche Inhalt des Lean Managements. Die **sekundäre Zielsetzung** setzt gezielt auf die Stärkung der Mitarbeiter um sie in ihrem Bereich zu stärken und sie damit kreativer und motivierter mitarbeiten zu lassen. Dabei ist der wichtigste Punkt die Motivation der Mitarbeiter durch die Führung, Teamarbeit und Verantwortung.

Die Arbeitsprinzipien und Grundstrategien sind in **Bild 1** und in der **Tabelle 1, folgende Seite** zusammengestellt. Die Unternehmensleitung verfolgt demnach schwerpunktmäßig die Konzepte der Kundenorientierung und des Kaizen, das mittlere Management muss die Konzepte und besonders das TQM umsetzen.

Das Leitziel des Lean Managements ist die Schaffung einer leistungsfähigeren Organisation mit folgenden Inhalten:

- Abbau der tiefen Organisationsstrukturen, also Schaffung der **schlanken Hierarchie**, z.B. Eliminierung der Meisterstellen, der Hauptabteilungsstellen.
- Kleinere, **flexible Kollegien**, Gruppen, die dann für wechselnde Einsätze (Zeit und Tätigkeit) verfügbar sind.

Das zentral geleitete und technokratisch geführte Großunternehmen hat keine Zukunft mehr, denn es kann die Tendenzen in den Märkten nicht schnell genug erkennen und flexibel umsetzen. Kleine überschaubare, eigenverantwortliche „Teilunternehmen", organisiert nach den Prinzipien des Lean Managements haben eine Zukunft!

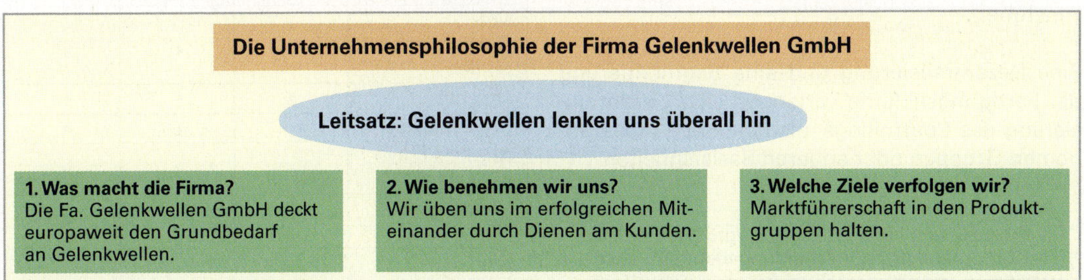


**Bild 1: Unternehmensphilosophie**

## 2.6 Unternehmenssteuerung

### 2.6.1 Controlling

Die aus dem englischen stammende Bezeichung **„to control"** ist mit den Begriffen wie „steuern", „regeln", „beeinflussen", aber auch mit „unter Kontrolle halten" übersetzbar und bedeutet stark vereinfacht, *eine Sache im Griff zu haben.* Damit ist man über Ereignisse informiert und kann so beraten, eingreifen und koordinieren, um die Ziele des Unternehmens zu verwirklichen.

Die Hauptaufgabe des Controllings ist, die wichtigsten Informationen zum richtigen Zeitpunkt in dem erforderlichen Verdichtungsgrad allen in der Leitung im Unternehmen eingebundenen Mitarbeitern zur Verfügung zu stellen.

So ist die Arbeit im Controlling die Bereitstellung von Informationen und Methoden, z.B. Techniken, Instrumente, Modelle und Denkmuster für die arbeitsteilig ablaufenden Planungs- und Regelprozesse im Unternehmen.

Damit ist das Controlling für alle diejenigen wichtig, die in einem Unternehmen auf allen Ebenen und für jeden Prozess Entscheidungen zu treffen haben.

Um die Controllingsaufgaben sachgerecht erfüllen zu können, müssen mess- und zählbare Daten als Kennzahlen gebildet werden.

Diese Kennzahlen lassen Aussagen über das Unternehmen zu:

- in seiner Position am Markt,
- in seiner Position über vergleichbare Unternehmen (Benchmarking),
- in seinen betriebswirtschaftlichen Kennzahlen wie Kosten, Gewinn und Liquidität,
- in seinen Prozessabläufen bezogen auf Fertigungszeiten, Qualität und Aufwand.

Diese Ist-Werte der Kennzahlen können mit Kennzahlen oder früheren Ist-Werten verglichen werden. Wenn eine bestimmte relative oder absolute Größe erreicht ist, sind korrigierende Eingriffe vorzunehmen.

Eine Dezentralisierung und eine Segmentierung der Fertigungsabläufe verlangen eine Dezentralisierung des Controllings, bis hinunter zu teilautonomen Gruppen oder anderen Basiseinheiten.

> Die Prozess- und Funktionsverantwortlichen müssen mit Kompetenz und Entscheidungsbefugnis ausgestattet sein, um entsprechend steuernd eingreifen zu können.

**Arten des Controllings**

Nach den Aufgabenstellungen unterscheidet man bezogen auf das Unternehmensgeschehen:

- operatives oder Prozess- und Projektcontrolling,
- internes Controlling,
- internes-externes Controlling (Benchmarking),
- Unternehmens- und Bereichscontrolling,
- sowie Geschäfts- und Prozesscontrolling.

**Kennzahlen des Controllings**

Controlling lebt von den Kennzahlen. Die Kennzahlen bilden die quantitativen Sachverhalte im Unternehmen ab, wie: Gewinn und Verluste, Stand der Prozessoptimierung oder über Informationen aus der Wettbewerbs- und Zukunftssicherung.

Neben der Festlegung der Art der Kennzahlen hat jedes Unternehmen auf die Vergleichbarkeit der Kennzahlen zu achten. Dies verbessert die Transparenz und erleichtert die Verständigung. **(Tabelle 1).**

**Tabelle 1: Kennzahlen zum Produktionsprozess**

| Kennzahl für: | Qualität | Zeit/ Logistikleistung | Kosten/ Produktivität |
|---|---|---|---|
| Systemgrad | | • | • |
| Techn. Störungsgrad | • | • | • |
| Instandhaltungsgrad | • | • | • |
| Auslastungsgrad | | | • |
| Schichtfaktor | | • | • |
| Anzahl Ausweicharbeitsplätze | | • | • |
| Selbstprüfungsgrad | • | • | • |
| Nacharbeitsgrad | • | | |
| MA-Qualifikation | • | | • |
| MA-Flexibilitätsgrad fachlich | • | • | • |
| MA-Flexibilitätsgrad zeitlich | | • | • |
| Liefertreue | • | • | • |
| Durchlaufzeit | | • | • |
| Anzahl Arbeitsgänge/Teil | | • | • |
| Herstellkosten/ Fläche | | | • |
| Wertschöpfungsgrad | | • | • |

Die Ermittlungsmethoden von Plandaten für diese Kennzahlen sollte abgestimmt und *einheitlich* sein. Damit lassen sich einfacher Zielwerte vorschlagen und vereinbaren.

Dieser Zielvereinbarungsprozess sollte immer:
1. ausgerichtet auf die Unternehmensziele sein,
2. durchgängig und wiederspruchsfrei sein,
3. flexibel an geänderte Unternehmensziele angepasst werden können.

In den Zielvereinbarungsprozess sind alle Unternehmensebenen einzubinden.

Je weniger unterschiedliche Kennzahlen, desto effektiver ist das Controlling.

Durch Einbinden des Controllingsvorgangs in **einfache und vernetzte Regelkreise** lässt sich die Vorgehensweise optimieren.

Die Regelkreise müssen sicherstellen, dass Plan- und Zielwerte nicht nur vereinbart werden **(Planen = P)**, sondern auch nach diesen Zielen gehandelt wird **(Tun = T)**. Die Ergebnisse des Handelns sind: die Ist-Werte, mit den Zielwerten zu vergleichen **(Erfassen = E)** und anschließend Abweichungen von den Soll-Werten mit angepassten Maßnahmen auszuregeln **(Anpassen = A) (Bild 1)**.

Controlling ist ein kontinuierlicher Prozess. Controlling muss für jeden Teilprozess und auch in den kleinsten Unternehmenseinheiten angewendet werden. **(Bild 2)**.

Durch die Konzentration auf Prozesskennzahlen können verzögerte Zielabweichungen schnell verfolgt und behoben werden **(Tabelle 1, folgende Seite)**.

**Wiederholung und Vertiefung**
1. Nennen Sie Aufgaben des Controllings.
2. Warum sind Kennzahlen beim Controlling so wichtig?
3. Nennen Sie Kennzahlen, die Aussagen über den Produktionsprozess zulassen.
4. Beschreiben Sie einen Regelkreis im Controlling.
5. Erklären Sie Ziele des Controllings.

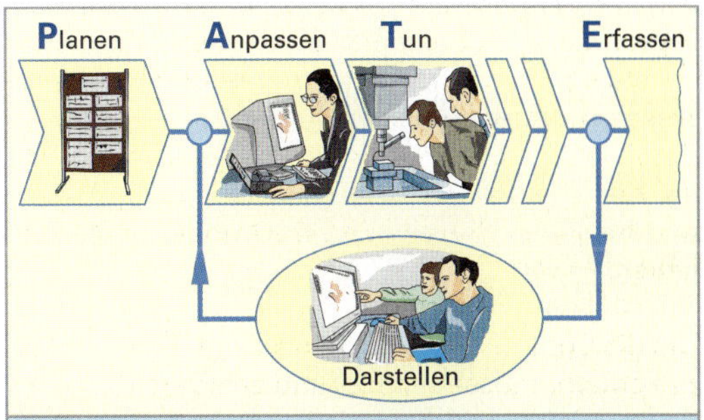


**Bild 1: Regelkreis des Controllings**

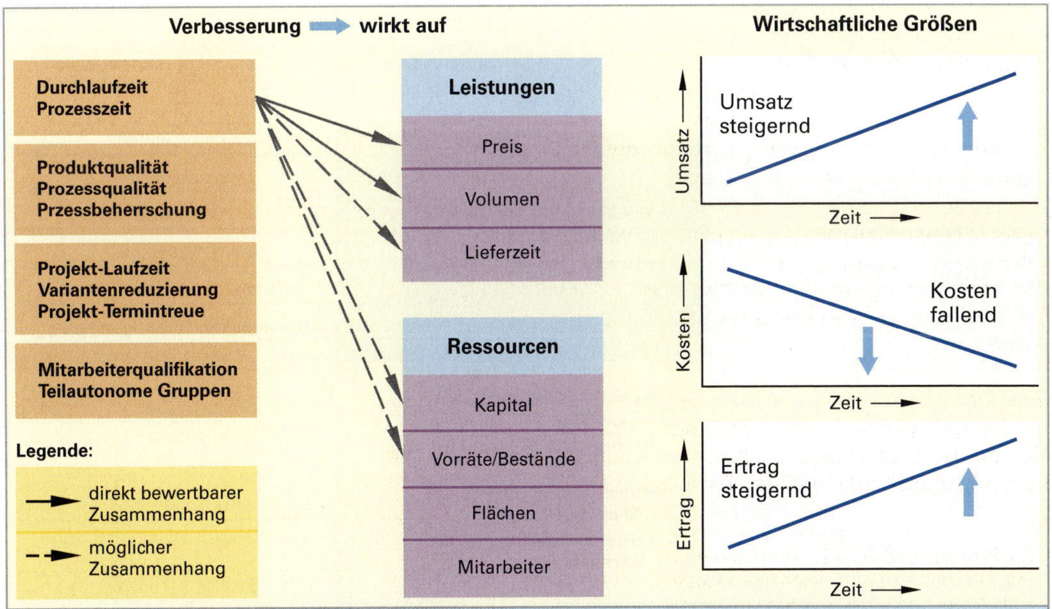


**Bild 2: Wirkungen von Prozessverbesserungen**

**Beispiel:**
Welche betrieblichen Sachverhalte werden durch nachstehende Beziehungszahlen ausgedrückt?

$$\frac{\text{Umsatz des Unternehmens}}{\text{Umsatz der Branche}} \cdot 100\% = \text{Marktanteil}$$

$$\frac{\text{Kosten für Forschung und Entwicklung}}{\text{Umsatz}} \cdot 100\% = \text{Entwicklungsintensität}$$

$$\frac{\text{Ist-Beschäftigung}}{\text{Planbeschäftigung}} \cdot 100\% = \text{Beschäftigungsgrad}$$

$$\frac{\text{Ausschuss}}{\text{Produktion}} \cdot 100\% = \text{Fehlerquote}$$

$$\frac{\text{Materialbedarf pro Periode}}{\text{Bestellmenge}} = \text{Bestellhäufigkeit}$$

$$\frac{\text{Materialverbrauch pro Jahr}}{\text{durchschnittlicher Materialbestand}} = \text{Lagerumschlag}$$

$$\frac{\text{Materialbestand}}{\text{durchschnittlicher Materialbedarf pro Periode}} = \text{Lagerreichweite}$$

$$\frac{\text{Personalkosten}}{\text{Umsatz}} \cdot 100\% = \text{Lohnquote}$$

$$\frac{\text{Fremdkapital}}{\text{Cash-flow}} = \text{Entschuldungsgrad}$$

$$\frac{\text{Leistung}}{\text{Kosten}} = \text{Wirtschaftlichkeit}$$

$$\frac{\text{Deckungsbeitrag}}{\text{Umsatz}} \cdot 100\% = \text{Deckungsbeitragsintensität}$$

**Tabelle 1: Aufgaben des Controllers**

| |
|---|
| **In Linienfunktion (mit Führungsverantwortung)** |
| Finanzbuchhaltung (Erstellen von Monats-, Quartals- und Jahresabschlüssen, gegebenenfalls nach US-Erfordernissen)<br>Betriebsbuchhaltung (Kosten- und Leistungsrechnung, Betriebsabrechnung, Vor- und Nachkalkulation, Deckungsbeitragsrechnung)<br>Sicherung der Liquidität (Cash Management)<br>Kapitalbeschaffung (Verhandlung mit Banken)<br>Steuern und Versicherungen<br>Allgemeine Verwaltung (Verhandlung mit Behörden)<br>Kaufmännische Abwicklung von Projekten<br>Umsetzung von Plänen in konkrete Aktionen<br>EDV-Anwendungen |
| **In Stabsfunktion (ohne Weisungsbefugnisse)** |
| Unternehmens- bzw. Bereichsplanung (strategisch)<br>Budgetierung (operativ)<br>Soll-Ist-Vergleiche<br>Abweichungsanalyse<br>Produktivitätsuntersuchungen<br>Investitions- und Risikoanalyse (Wirtschaftlichkeitsrechnung)<br>Überwachung von Beteiligungsgesellschaften<br>Beratung der Unternehmensbereiche in betriebswirtschaftlichen Fragen<br>Strukturuntersuchungen (Schwachstellenanalyse)<br>Berichterstattung (nach innen) |

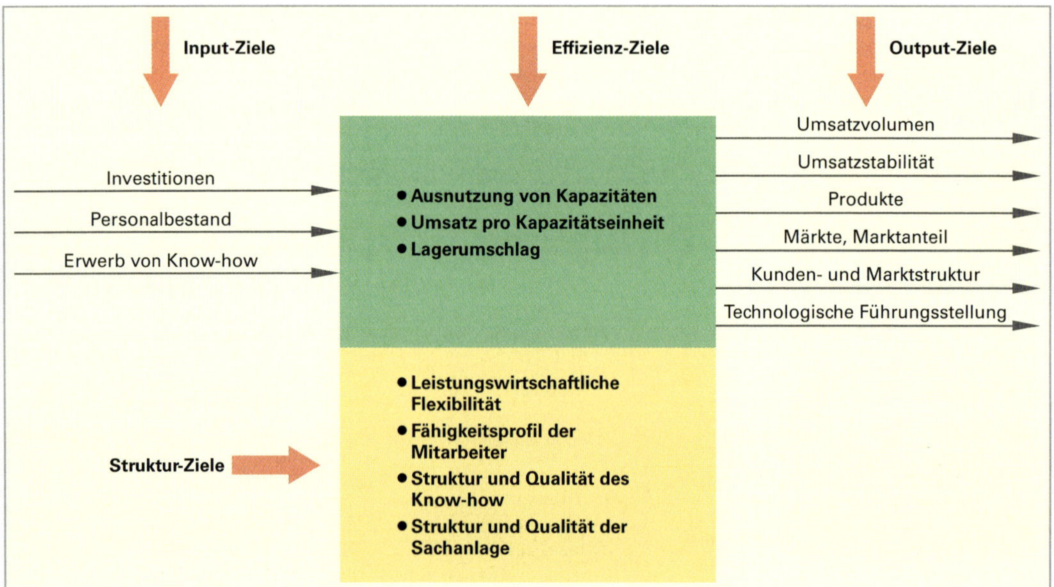


**Bild 1: Unternehmen und Betrieb**

## 2.6.2 Benchmarking

Benchmarking[1] ist ein Instrument der Wettbewerbsanalyse. Es beinhaltet das systematische Suchen und Finden der besten Praktiken (bestpractices), bzw. der dauernde systematische Vergleich eigener Prozesse mit vorbildlichen Prozessen anderer erfolgreicher Unternehmen. Anschließend versucht man, die besten Prozesse auf das eigene Unternehmen zu übertragen. Der Vergleich kann sich auf die Herstellung eines Produkts, die Durchführung einer Dienstleistung oder die Abwicklung bestimmter Abläufe in der Materialwirtschaft und Logistik beziehen.

Es werden vier Typen des Benchmarking unterschieden:

1. Internes Benchmarking,
2. Wettbewerbs-Benchmarking,
3. Funktionales Benchmarking,
4. Allgemeines Benchmarking.

**Internes Benchmarking** wird innerhalb des eigenen Unternehmens durchgeführt. Hierbei werden ähnliche Funktionen, die in unterschiedlichen Unternehmenseinheiten ausgeführt werden, verglichen. Ziel dieses Vergleichs ist es, herauszufinden, welche Unternehmenseinheit die untersuchte Funktion besser ausführt und worin dies begründet ist. Daraus können Lösungen abgeleitet werden, um die Leistungsfähigkeit weniger effizienter Bereiche auf das Niveau der besseren anzuheben **(Tabelle 1)**.

[1] engl. bench = Schicht, Bank, engl. mark = Zeichen
benchmark = Nivellierungszeichen, hier: Leistungskennwert

**Tabelle 1: Produktbezogenes Benchmarking**

| Kennzahl | Dimension | Iststand | Bester | Mittel | Schlechtester |
|---|---|---|---|---|---|
| **Zeitbezogen:** | | | | | |
| – Time-to-market | Monate | 15 | 9 | 12 | 18 |
| – Lieferzeit | Wochen | 26 | 15 | 26 | 35 |
| – Liefertreue | % | 80 | 95 | 80 | 60 |
| – Servicebereitschaft | Tage | 5 | 2 | 10 | 15 |
| – Ersatzteilbelief. | Tage | 15 | 10 | 18 | 30 |
| **Qualitätsbezogen** | | | | | |
| – Reklamationsgrad | % v. ausgel. Stück | 30 | 5 | 20 | 45 |
| – Nacharbeit | % v. Umsatz | 8 | 3 | ? | 15 |
| – ISO 9000 zertifiziert | | x | x | nein | nein |
| **Kostenbezogen** | | | | | |
| – Produktkosten A | € | 35,3 | ca. 28 | | ca. 42 |
| – Produktkosten B | € | 48 | ca. 36 | | ca. 42 |
| – Wertschöpfungsgrad | % v. Umsatz | 56,5 | 42 | | 53 |
| – Produktivität | Umsatz/MA (€) | 125 | 240 | 165 | |
| – Vertriebseffizienz | Vertriebs-MA | 420 | 640 | 480 | |

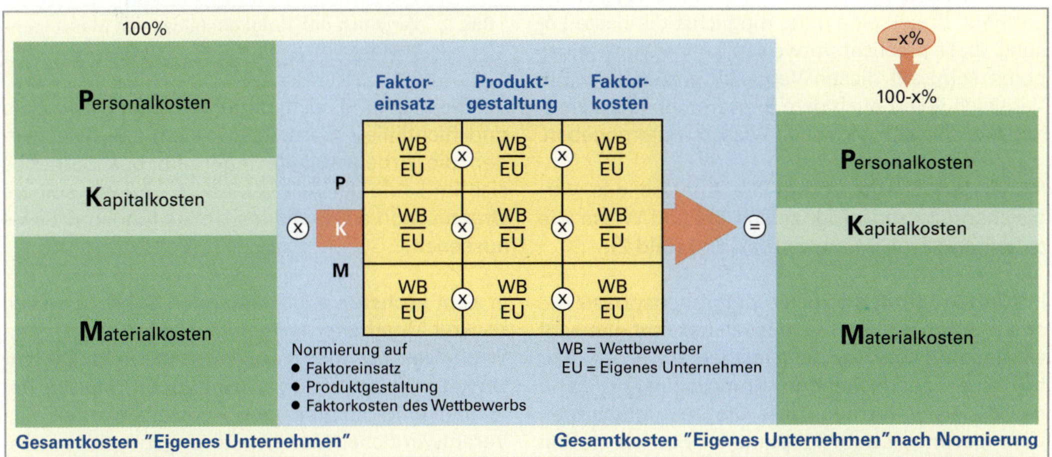


**Bild 1: Wettbewerbs-Benchmarking**

Beim **Wettbewerbs-Benchmarking** dient als Vergleichsmaßstab der direkte Wettbewerber des eigenen Unternehmens. Wird ein Konkurrent ausgewählt, ist sicherzustellen, dass beide Unternehmen auch tatsächlich vergleichbar sind. Beispielsweise hat ein global arbeitendes Unternehmen viel größere Beschaffungsmöglichkeiten als ein mittelständisches Unternehmen **(Bild 1, vorhergehende Seite)**.

Beim **funktionalen Benchmarking** ist das Vergleichsfeld nicht auf die eigene Branche beschränkt. Das Vorbild kann auch ein Unternehmen oder eine Organisation sein, die nur in einem entfernten Sinn vergleichbare Probleme zu lösen hat.
So kann man z.B. im Logistikbereich auch als Automobilhersteller von Logistikexperten, wie z.B. UPS, lernen. Im funktionalen Benchmarking muss jedes Unternehmen, unabhängig von dem Wirtschaftszweig in dem es tätig ist, einige Funktionen wahrnehmen, die nahezu gleich sind, wie z.B. die Abwicklung von Auftragseingängen oder Rechnungserstellungen. Werden diese allgemeinen Funktionen einem Benchmarkingprozess unterzogen, so können die Vorbildunternehmen aus allen Branchen kommen.

In der **Vorgehensweise des Benchmarkings** unterscheidet man unterschiedliche Schritte **(Bild 1)**.

Im **ersten Schritt** wird der Gegenstand festgelegt, der verglichen werden soll. Dies beinhaltet eine genaue Abgrenzung und eine Festlegung, welches das Ziel des Vergleichs sein soll.

Im **zweiten Schritt** wird der zu vergleichende Prozess analysiert, insbesondere die Kennzahlen und die Vergleichskriterien festgelegt.

Im **dritten Schritt** folgt die Auswahl des Vergleichspartners. Er soll eine gute, möglichst die beste Lösung (best practice) vorweisen können und muss bereit sein, auf diesen Vergleich einzugehen. Ein Vergleich liefert auch dem Besseren neue Erkenntnisse, anderseits wird auch Wissen weitergegeben.

Im **vierten Schritt** erfolgt die Analyse des Vergleichsprozesses in der selben Art und Weise wie der eigene Prozess angestrebt wird **(Bild 2)**.

Im **fünften Schritt** erfolgt die Integrationsphase. Die analysierten Ergebnisse müssen bekannt gemacht werden und konkrete Ziele festgelegt werden. Nur bei einer ausreichenden Kommunikation kann gewährleistet werden, dass die bevorstehenden Veränderungen auf Akzeptanz im Betrieb stoßen und damit auch Erfolg bei der Umsetzung haben. Damit der Umsetzungsprozess für alle Beteiligten

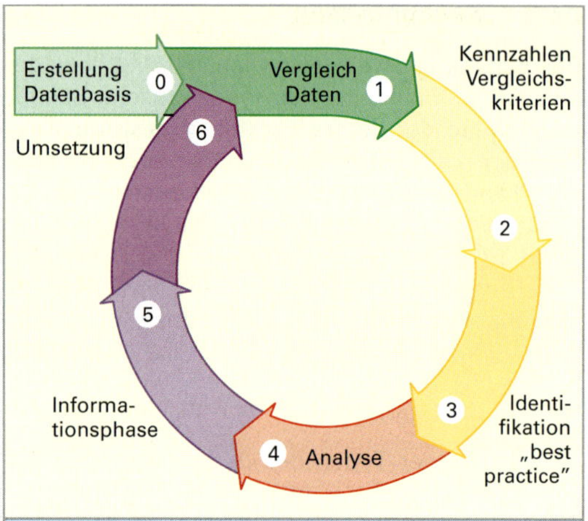


**Bild 1: Benchmarkingprozess**

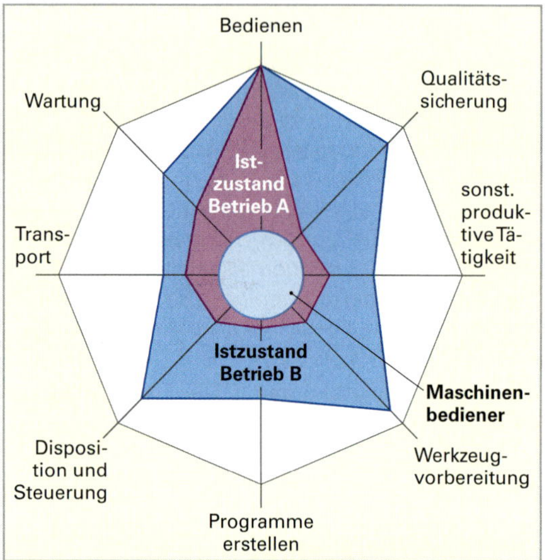


**Bild 2: Vergleich der Tätigkeitsfelder von Maschinenbedienern**

verständlich und nachvollziehbar ist, müssen Ziele und Richtlinien erarbeitet werden, z.B., wie werden die Arbeitsabläufe innerhalb des Betriebes sich im Laufe der Zeit verändern und wie soll die Organisation am Ende des Umstellungsprozesses aussehen.

In **dem sechsten abschließenden Schritt** müssen konkret Mitarbeiter festgelegt werden, die für den Erfolg der Aktionen verantwortlich sind. Die zur Umsetzung notwendigen Geldmittel müssen berechnet und zur Verfügung gestellt werden. Die Verantwortlichen des Umsetzungsprozesse müssen kontinuierlich die Fortschritte des Prozesses messen und veröffentlichen.

### 2.6.3 Reengineering

Das Reengeneering will den Mitarbeiter bzw. das Unternehmen dazu bewegen, ihre gesamten Abläufe völlig zu überdenken und neu zu organisieren.

Damit ist das Ziel des Reengineering (Überarbeitung) nicht nur eine Verbesserung innerhalb des Unternehmens nach den Kriterien: Kosten, Qualität, Service und Zeit, sondern eine Neugestaltung der Organisation. Diese Neugestaltung orientiert sich an der Wertschöpfung der Arbeit für den Kunden. Hierbei werden die Arbeit und die Funktionen der Abteilungen und Unternehmen so neu definiert, dass sie einen positiven Beitrag zur Wertschöpfung leisten können. Diese Vorgehensweise nimmt keinen Arbeitsablauf und keine Arbeit für selbstverständlich sondern fragt immer nach „Effizienz" und „Effektivität". **(Bild 1)**.

Das Reengineering bezieht sich auf Unternehmensprozesse. Ein Unternehmensprozess ist die Summe von Aktivitäten, für die mehrere unterschiedliche Eingaben benötigt werden und die für den Kunden einen Nutzen erzeugt.

Betrachtet man z.B. den Unternehmensprozess „Auftragsabwicklung", so ist dessen Eingabe der Auftrag des Kunden und die Ausgabe die Anlieferung der bestellten Ware beim Kunden. Diesem Ziel haben sich alle Aktivitäten der einzelnen Prozessschritte unterzuordnen.

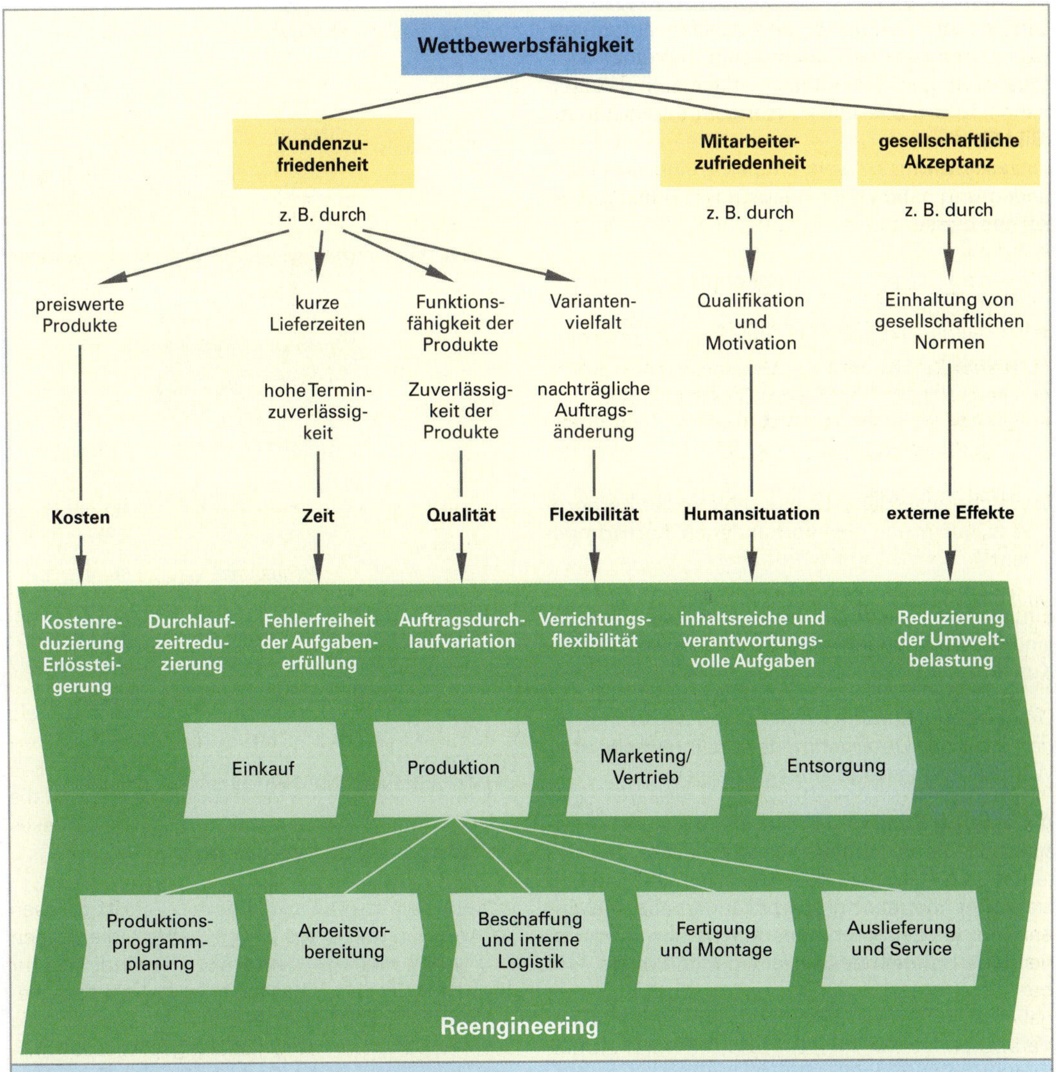


**Bild 1: Aufgabenfelder innerhalb des Reengineering**

Der wichtigste Schritt im Reengineering ist also weg von der Funktionsorientierung und hin zur Prozessorientierung. Prozessorientierung im Unternehmen bedeutet, dass alle Einzelaktivitäten durch Entscheidungs- und Ablaufzusammenhänge miteinander verbunden sind.

Die Bedeutung des Prozesses liegt vor allem in der abteilungsübergreifenden Zielorientierung, welche die Trennung von technischen und verwaltungsorientierten Unternehmensbereichen überwindet **(Bild 1)**.
Durch die Konzentration auf ein Prozessziel kann mit Hilfe der Geschäftsprozesse die Komplexität eines Unternehmens auf ein übersichtliches Maß reduziert werden.
Bei der Analyse der **Wertschöpfungsprozesse** werden alle wertsteigernden Tätigkeiten aufgeführt. Dabei wird zwischen primären (unmittelbar wertsteigernd) und sekundären Aktivitäten (Versorgungs- und Steuerungsleistungen) unterschieden **(Bild 2)**.
Prozesse, die in der Wertschöpfung eine besondere Bedeutung haben sind in einem Unternehmen die **Kernprozesse**.

Die Kernprozesse bzw. **Kernkompetenzen** lassen sich mit folgenden Fragen ermitteln:
1. Wer ist die Zielgruppe für das Erzeugnis aus dem Prozess?
2. Wie ist die Forderung unserer Zielgruppe?
3. Welches ist unser Angebot für diese Zielgruppe?
4. Wie hebt sich unser Angebot vom Wettbewerber ab?
5. Welche zusätzliche Leistung bietet der Kernprozess auf grund der vorhandenen Kernkompetenz?

Ein weiterer wichtiger Punkt im Reengineering sind die Segmentierungen in externe und interne Kunden.

Unter **interne Kunden** versteht man die Kunden innerhalb eines Unternehmens oder innerhalb einer Wertschöpfungskette eines Prozesses.

Als **externe Kunden** werden alle die Kunden bezeichnet, die Ergebnisse, bzw. Produkte des Unternehmens beziehen oder einsetzen. Die Kunden/Lieferantenbeziehung sowohl innerhalb und außerhalb des Unternehmens fördert das kundenorientierte Handeln des einzelnen Mitarbeiters.

Zur Segmentierung (Trennung) der Kundengruppen ist die Festlegung der Schnittstellen zwischen den einzelnen Prozessschritten erforderlich **(Bild 1, folgende Seite)**.

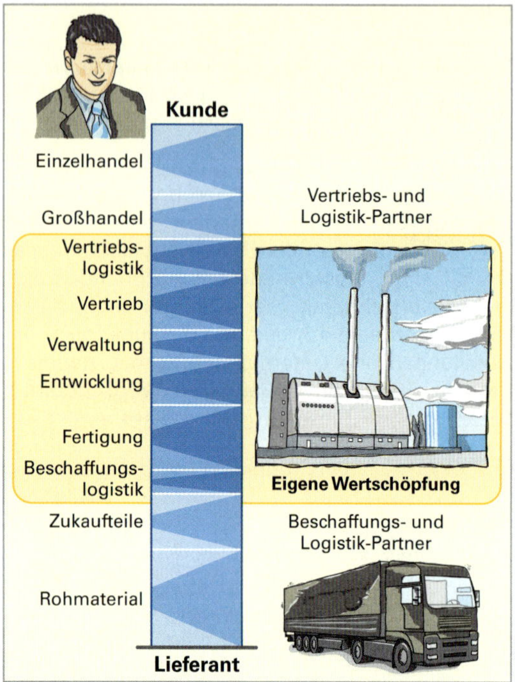


**Bild 1: Vor- und nachgelagerte Wertschöpfungsstufen**

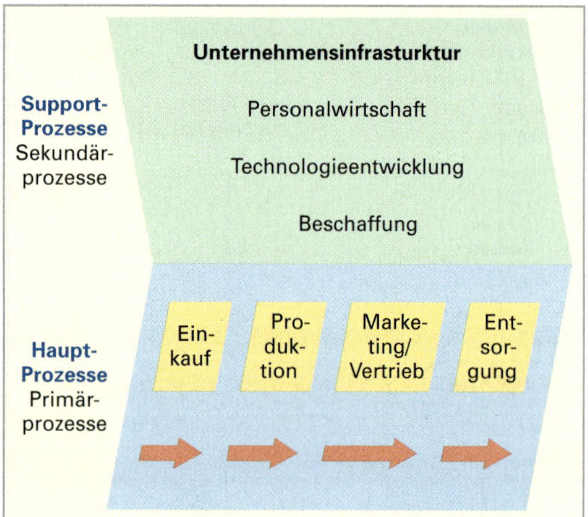


**Bild 2: Wertschöpfungsprozesse**

## Wiederholung und Vertiefung

1. Was versteht man allgemein unter Benchmarking?
2. Benennen Sie die vier Bereiche auf die das Benchmarking angewendet wird.
3. Erklären Sie die Vorgänge in sechs Schritten die beim Benchmarking ablaufen.
4. Wie sehen Sie die Mitwirkung des Mitarbeiters bei der Umsetzung der Benchmarkingaufgaben im Unternehmen?

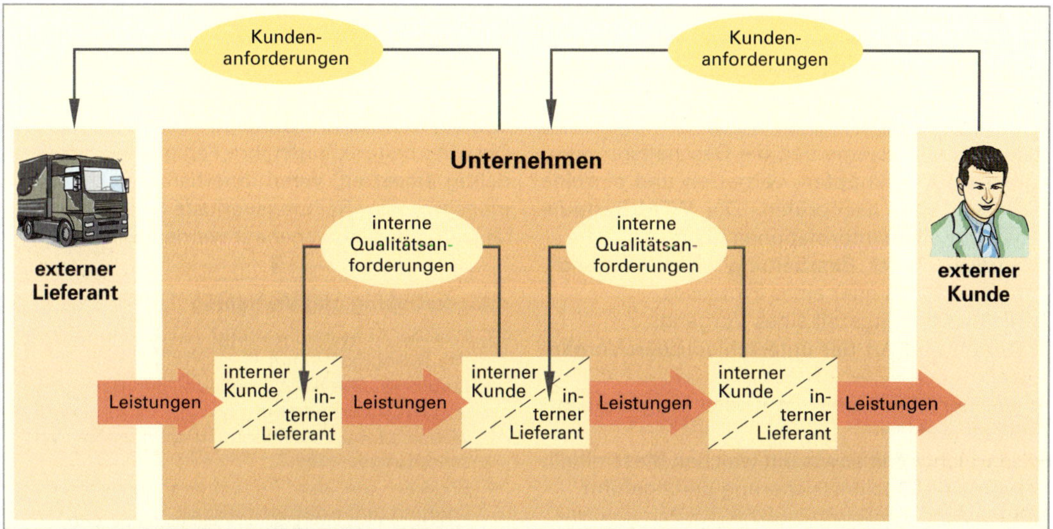


**Bild 1: Interne und externe Kundenbeziehung**

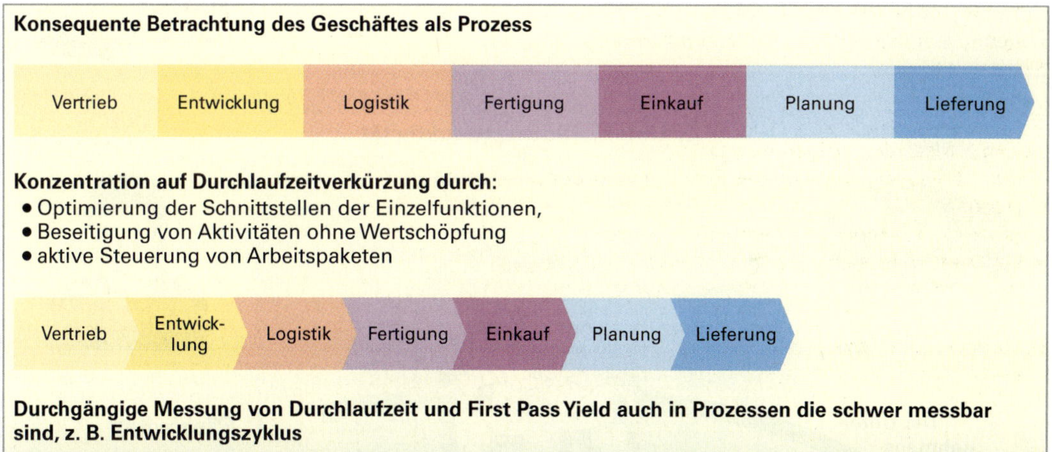


**Bild 2: Merkmale der Prozesszeitverkürzung**

Mit Hilfe der Kundensegmentierung erhöht man z.B. das Wissen über die Struktur der Kunden nach Umsatz, Umsatzverteilung, nachgefragten Artikeln oder auch der geographischen Standortsverteilung. Erst nach dem diese Daten bekannt sind, kann mit dem Reengineeringsprozess begonnen werden. So wird das Unternehmensprofil kundenorientiert angepasst (**Bild 1**).

Beim **Top-down-Ansatz** (von oben nach unten) in der Neugestaltung werden die Geschäftsprozesse grob formuliert und dann weiter in Teil- und Grundprozesse untergliedert.

Beim **Bottom-up-Ansatz** (von unten nach oben) werden erst die Grundprozesse erarbeitet und zu Teil- bzw. Hauptprozessen zusammengefasst.

Die Neugestaltung von Geschäftsprozessen erfolgt nach folgenden Schritten:

1. Identifikation von Geschäftsprozessen.
2. Erfassen der Merkmale der Geschäftsprozesse.
3. Auswertung und Analyse der Geschäftsprozesse nach verschiedenen Kennzahlen, wie Durchlaufzeiten, Transportzeiten und Liegezeiten, Gesamtkosten und Prozesskosten, Prozessqualität und Reklamationen sowie Mengenschwankungen und Pufferstrecken in der Produktion.
4. Entwurf von Soll-Prozessen.
5. Optimieren von Geschäftsprozessen (**Bild 2**).
6. Dokumentation und Verwaltung von Geschäftsprozessen.

Für die Umsetzung von Reengineeringsprojekten stehen viele Werkzeuge und Hilfsmittel zur Verfügung. Diese Methoden werden auch Work-Flow-Management-Systeme (WFMS) genannt.

Diese stellen Systeme dar, die Geschäftsprozesse miteinander verknüpfen, vernetzen und einzelne Prozessschritte nachprüfen. Die WFM-Systeme liefern vor allem Informationen über:

1. Fortschritt der Bearbeitung eines Vorgangs, eines Ablaufs oder eines Prozesses,
2. die Bearbeitungszeit eines Vorgangs,
3. Anzahl und Art der unterschiedlichen Vorgänge,
4. welcher Mitarbeiter hat diesen Vorgang bearbeitet und
6. zu welcher Zeit sowie mit welchen Messmitteln wurde die Qualitätssicherung durchgeführt.

Mit diesen Systemen werden deutlich die Transparenz und die Regelungsmöglichkeiten in einem Unternehmen erhöht.

Reengineering stützt sich auf die Erkenntnis, dass das Überleben im Wettbewerb vor allem in seinen Mitarbeitern selbst und dem optimalen Zusammenspiel zwischen der Organisation, der Führung und der Kernkompetenz liegt.
Die Mitarbeiter können ihre Fähigkeiten nur dann richtig einsetzen, wenn innerhalb der Unternehmensprozesse Reibungsverluste und Produktivitätsverhinderung abgebaut werden **(Bild 1)**.

**Wiederholung und Vertiefung**

1. Welche Aufgaben verfolgt der Grundgedanke des Reengineerings?
2. Benennen Sie Aufgabenfelder des Reengineerings in Unternehmen.
3. Was verstehen Sie allgemein unter einem Wertschöpfungsprozess?
4. Erklären Sie den Zusammenhang zwischen internen und externen Kunden.
5. Erläutern Sie die notwendigen Schritte bei der Neugestaltung der von Geschäftsprozessen im Unternehmen.

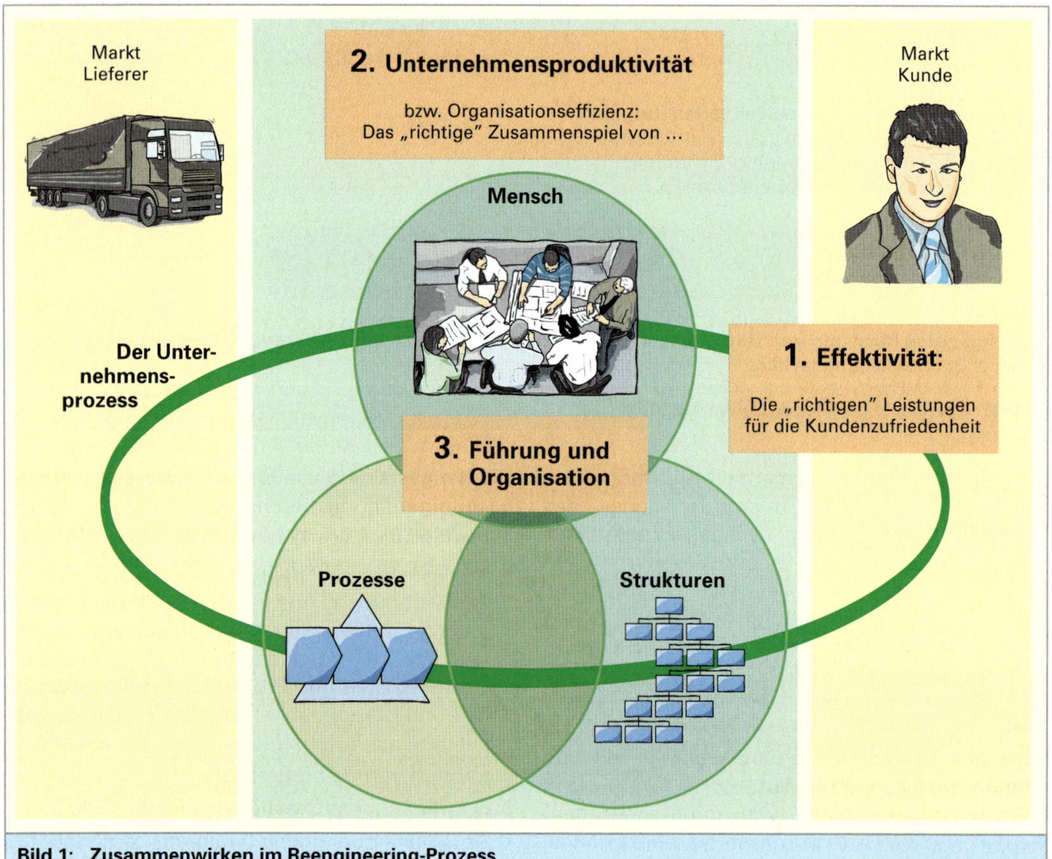


**Bild 1: Zusammenwirken im Reengineering-Prozess**

# 3 Methoden der Planung in der Produktion

## 3.1 Planung

Um die Wettbewerbsfähigkeit eines Unternehmens zu sichern, muss ständig nach Verbesserungs- und Rationalisierungsmöglichkeiten gesucht werden. Das Weiterentwickeln des Unternehmens im Hinblick auf den sich ändernden Markt ist ein weiterer Grund für ständige **Planungsanstöße**. Erforderliche Anpassungen müssen, um Fehlentwicklungen zu vermeiden, sorgfältig geplant und mit all ihren Auswirkungen dargestellt und beschrieben werden. Entscheidungsvorlagen sind zu erstellen. Die Findung neuer Ideen und Verbesserungsansätze muss gezielt entwickelt und gefördert werden.
Die Umsetzung der neuen Gedanken in die betriebliche Praxis muss durch systematisches Vorgehen und angemessenen Aufwand bei der Planung sichergestellt werden.

> Planungen sichern die Wettbewerbsfähigkeit.

Das Stellen von Planungsaufgaben ist Voraussetzung für das rationelle Bearbeiten von Vorhaben und Projekten.
Die Planungsaufgabe baut auf der Ist-Situation auf und formuliert das Planungsziel. Wenn es das Vorhaben erlaubt, sollte die Aufgabenerfüllung mit einer messbaren Größe abgeschlossen werden.

> Die Formulierung der Planungsaufgabe ist nicht erst bei größeren Projekten erforderlich, sondern hilft auch bei der Bewältigung der typischen, alltäglichen Aufgaben.

Eine wesentliche Randbedingung für den Planungsablauf ist die Vorgabe der Planungsart. Man unterscheidet die Neuplanung, die Umplanung und die Einplanung, z.B. einer neuen Produktvariante **(Bild 1)**. Von dieser Feststellung ist der Umfang der zu schaffenden organisatorischen Voraussetzung für das Planungsteam abhängig. Ebenso ist damit bereits festgelegt, in welcher Stufe der Planungssystematik die Planung beginnt.
Daten können bereits vorliegen und verringern damit den Aufwand für eine Situationsanalyse oder machen sie gegebenenfalls überflüssig. Es ist zu prüfen, ob vorliegende Daten die erforderliche Qualität haben und noch gültig sind.

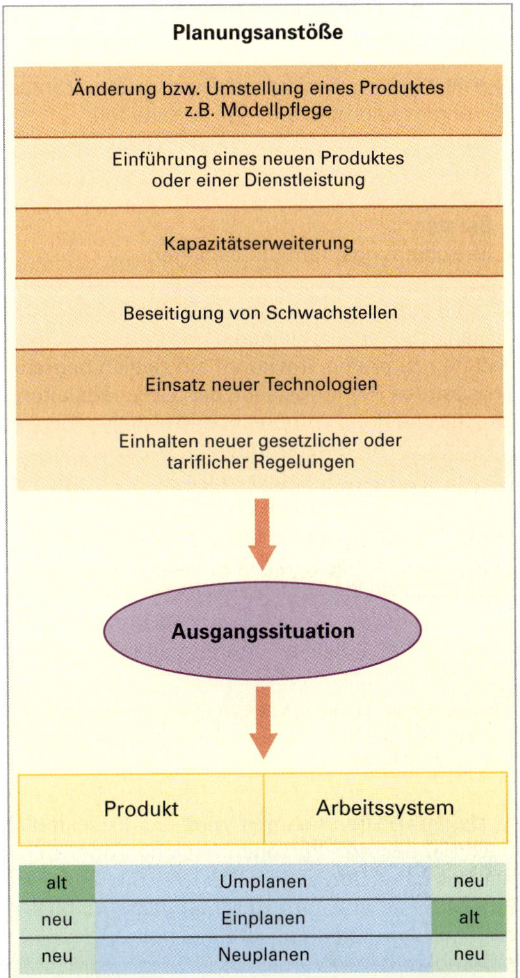


**Bild 1: Planungssystematik in der Produktion**

### 3.1.1 Planungsanstöße

Vielfach geben verschiedene Faktoren den Anstoß für einen Planungsauftrag. In der betrieblichen Praxis liegt einem Planungsauftrag vielfach ein Zusammenwirken mehrerer der genannten Auslöser zugrunde. Ein Unternehmen wird immer bestrebt sein, Kombinationen herzustellen; z.B. eine Kapazitätserweiterung gleichzeitig mit einer Rationalisierung des Arbeitsablaufes und eine Verbesserung der Arbeitsbedingungen zu erreichen, z.B. Ersatz von zwölf nicht mehr ausgelasteten Einzweckmaschinen durch zwei CNC-Werkzeugmaschinen.

Wichtige Planungsanstöße sind:
- Ändern eines Produktes,
- Einführen eines neuen Produktes,
- Kapazitätsänderung,
- Beseitigen von Schwachstellen,
- Rationalisierungsvorhaben,
- Einsatz neuer Technologien,
- Einhalten neuer gesetzlicher oder tariflicher Regelungen und Vorschriften.

### 3.1.2 Projektplanung

Vor Beginn der eigentlichen Planungsarbeiten sind je nach Umfang der Veränderung weitere Voraussetzungen zu prüfen und ggf. zu schaffen:
- Zusammensetzung des Planungsteams,
- Benennen des Projektleiters,
- Kompetenzerweiterung durch einen externen Berater,
- Entscheidungsgremium festlegen.

Um die angemessene Planungskapazität bereitzustellen, ist gerade in kleineren und mittleren Unternehmen zu prüfen, inwieweit ein zeitlich begrenzt arbeitendes Planungsteam der Geschäftsleitung die Entscheidung vorbereitet und sich gegebenenfalls von einem Berater unterstützen lässt.
Diese Prüfung wird in Klein- und Mittelbetrieben den Umfang der Projektarbeit im Verhältnis zur vorhandenen Planungskapazität berücksichtigen **(Bild 1)**.
In Großbetrieben wird meist bei umfangreichen Planungen ein Planungsteam eingerichtet. Es wird ein Projektleiter und ein Beratungsgremium benannt und ein Entscheidungsausschuss gebildet.

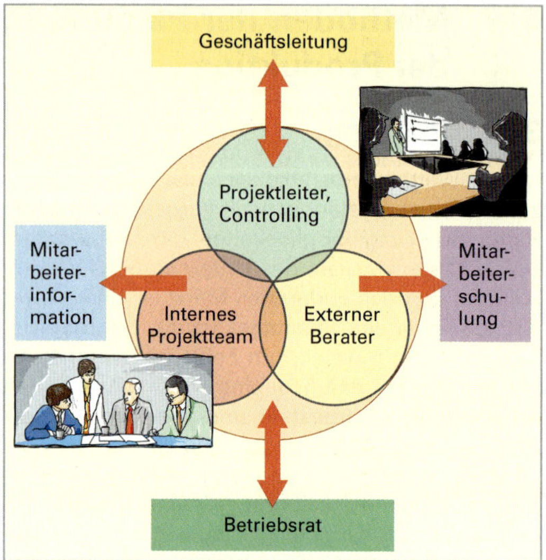

**Bild 1: Projektstruktur**

**Beispiel**: Die spanende Bearbeitung soll in einem neuen Teil des Betriebs eingerichtet werden.
*Lösung:* **(Tabelle 1)**.

**Tabelle 1: Neustrukturierung der Zerspanung**

| Aufgabe: Zusammenführen mehrerer Zerspanungsbereiche in einen neuen Werksteil, mit einem zukunftssichernden Zerspanungskonzept. | |
|---|---|
| Entscheidungsteam | Geschäftsleitung |
| Projektleiter | Leiter der Stabsstelle der Geschäftsleitung, unterstützt durch Mitarbeiter der Stabsstelle als Teilprojektleiter. |
| Internes Projektteam | Je ein Vertreter aus den Bereichen: Arbeitsvorbereitung, NC-Programmierung, Fertigungssteuerung, Logistik, Qualitätsmanagement, Betriebsmittelbeschaffung, DV-Systeme, Werkzeugwesen, Sonderbetriebsmittel, Wartung und Instandsetzung. |
| Externes Projektteam | Hard- und Softwareentwickler und Lieferanten von PPS, BDE und Logistik-Systemen. |
| Mitarbeiterinformation, Schulung | Durchführende sind die Teilprojektleiter, Teilnehmer aus allen Ebenen der Produktion und den angegliederten Bereichen. |

In kleineren Unternehmen wird das Projektteam maximal aus drei Personen bestehen oder minimal aus einem Projektleiter. Bei der Bildung eines Projektteams ist darauf zu achten, dass möglichst folgende Anforderungen erfüllt sind:
- Demokratisches Verhalten,
- Mut zum Unkonventionellen,
- Fachwissen, Systemkenntnisse,
- Kein interner Wettbewerb,
- Uneingeschränkte Kommunikation,
- Lernbereitschaft und Lernfähigkeit,
- Geistige Beweglichkeit, Kreativität,
- Kritikfähigkeit,
- Motivierbarkeit,
- Selbstbewusstsein,
- Überzeugungskraft.

Neben diesen Anforderungen sollten innerhalb des Planungsteams in ausgewogenem Maße Kenntnisse und Erfahrungen der Prozesse sowie von Planungsvorgängen vorhanden sein. Auch arbeitsmedizinisches, ergonomisches und sicherheitstechnisches Wissen sollte im Projektteam vorliegen oder bei Bedarf von Beratern eingebracht werden.
Der Projektleiter hat in diesem Zusammenhang insbesondere dafür Sorge zu tragen, dass alle Mitglieder des Planungsteams bei ihren Arbeiten das in der Planungssystematik vorgegebene Vorgehen konsequent einhalten. Zu den Aufgaben des Projektleiters gehört es weiterhin, regelmäßig alle Gremien über den Fortgang der Planungsarbeiten zu informieren, um die Einhaltung des vom Auftraggeber vorgesehenen Zeit- und Kostenrahmens sicherzustellen.

Die Mitarbeiter sind in die Planung einzubeziehen.

### 3.1.3 Rechte des Betriebsrates und Einbeziehung der Mitarbeiter

Bei der Planung ist sicherzustellen, dass alle einschlägigen Rechtsvorschriften eingehalten werden. Bei der Gestaltung von Arbeitsplatz, Arbeitsverfahren und Arbeitsabläufen sowie bei der Planung von Neu-, Um- und Erweiterungsprojekten hat der Betriebsrat nach § 90 des Betriebsverfassungsgesetzes (BetrVG) ein Unterrichtungs- und Beratungsrecht **(Tabelle 1)**.

Nach § 91 BetrVG hat er ein Mitbestimmungsrecht, wenn die Arbeitnehmer durch Änderungen der Arbeitsplätze, des Arbeitsablaufes oder der Arbeitsumgebung, die den gesicherten arbeitswissenschaftlichen Erkenntnissen offensichtlich widersprechen, in besonderer Weise belastet werden.

Der Betriebsrat hat Informationsrechte, Mitwirkungsrechte und Mitbestimmungsrechte.

In diesem Zusammenhang wird auf die folgenden Rechte des Betriebsrates hingewiesen:

- Das allgemeine Informationsrecht des Betriebsrates durch den Arbeitgeber nach § 80 Abs. 2: Zur Durchführung seiner Aufgaben ist der Betriebsrat rechtzeitig und umfassend vom Arbeitgeber zu unterrichten, z.B. bei der Einführung von BDE Betriebsdatenerfassung.
- Das Recht des Betriebsrates, bei der Durchführung seiner Aufgaben, Sachverständige hinzuzuziehen nach § 80 Abs. 3, entsprechend dem Stand der Rechtsprechung.
- Das Mitbestimmungsrecht des Betriebsrates in sozialen Angelegenheiten nach § 87, z.B. vor dem Umbau der Sozialräume, aufgrund der Beschäftigung weiblicher Arbeitskräfte.
- Das Mitwirkungsrecht des Betriebsrates bei der Personalplanung nach § 92, z.B. bei zusätzlichem Personalbedarf.
  Die Informations-, Mitwirkungs- und Mitbestimmungsrechte des Betriebsrates in Fragen der Berufsbildung nach §§ 96 bis 98, z.B. bei der Durchführung innerbetrieblicher Weiterbildungsmaßnahmen. Die Mitbestimmungsrechte des Betriebsrates bei personellen Einzelmaßnahmen nach §§ 99 und 102, z.B. bei Kündigungen.
- Das Unterrichtungsrecht des Betriebsrates in wirtschaftlichen Angelegenheiten nach § 106, z.B. die Betriebskosten der Kantine.
- Das Unterrichtungs- und Mitwirkungsrecht des Betriebsrates bei Betriebsänderungen nach §§ 111 und 112, z.B. die Verlegung eines Betriebsteiles.

**Tabelle 1: Betriebsverfassungsgesetz**

| Paragraphen | Gesetzestext für |
|---|---|
| § 80 | Allgemeine Aufgaben Betriebsrat |
| § 87 | Mitbestimmungsrecht |
| § 92 | Personalplanung |
| §§ 96–98 | Berufliche Bildungsmaßnahmen |
| §§ 99–102 | Mitbestimmung bei Personalfragen |
| § 106 | Wirtschaftsausschuss |
| §§ 111–112 | Betriebsänderungen |

Besondere Bedeutung kommt bei technischen oder organisatorischen Neu- oder Umgestaltungsmaßnahmen der Beteiligung der Mitarbeiter zu. Als Mindestanforderung ist zu nennen, dass der unmittelbar von der Gestaltungsmaßnahme betroffene Personenkreis frühzeitig von den geplanten Änderungen zu unterrichten ist. Darüber hinaus können die Kenntnisse, die Mitarbeiter von Arbeitsabläufen und Arbeitsplatz haben dazu genutzt werden, im Rahmen der Situationsanalyse Schwachstellen des bestehenden Systems genauer zu bezeichnen und auch Vorschläge zu erhalten, welche Merkmale das Arbeitssystem im Soll-Zustand aufweisen soll.

Die intensivste Form der Beteiligung der Mitarbeiter ist die Einbindung der speziellen Sachkenntnis des Arbeitsplatzinhabers in das Planungsteam. Die Erfahrung zeigt, dass durch die Einbeziehung der Mitarbeiter häufig Gestaltungsfehler vermieden und bessere Gestaltungsergebnisse erzielt werden können und dass die Akzeptanz technischer oder organisatorischer Maßnahmen durch die betroffenen Personen mit dem Grad der Beteiligung am Gestaltungsprozess wächst.

Bei der Planung ist sicherzustellen, dass die Mitwirkungsrechte nach dem Betriebsverfassungsgesetz von Anfang an beachtet werden.

**Wiederholung und Vertiefung**

1. Nennen Sie die wichtigsten Planungsanstöße.
2. Welche Planungsarten unterscheidet man?
3. Was muss vor Beginn der eigentlichen Planung geschaffen werden?
4. Worauf ist bei der Bildung eines Projektteams zu achten?
5. Welche Rechte hat ein Mitarbeiter bei Planungen?
6. Muss der Betriebsrat bei der Einführung neuer Technologien gefragt werden?
7. Bei welchen betrieblichen Fragen hat der Betriebsrat ein Mitbestimmungsrecht?
8. Bei welchen betrieblichen Fragen hat der Betriebsrat ein Informationsrecht?

## 3.2 Planungssystematik

Die Planungssystematik ist eine praxisnahe Hilfe bei der Erfüllung von Planungsaufgaben in der Produktion. Im Einzelnen soll damit erreicht werden:

- Eine ganzheitliche Systembetrachtung unter Einbeziehung von Menschen, Technik, Organisation und Information,
- Eine methodische Erarbeitung und Bewertung von Lösungsvarianten,
- Eine gute Transparenz des Planungsablaufs,
- Die Bereitstellung fundierter Planungsergebnisse für unternehmerische Entscheidungen,
- Reproduzierbare Planungsergebnisse,
- Ein kalkulierbarer Zeit- und Kostenaufwand für einzelne Planungsaufgaben **(Bild 1)**.

Aufbau und Inhalt der Planungsstufen müssen so erarbeitet werden, dass auf Grundlage der Ergebnisse der verschiedenen Analyse- und Konzeptionsschritte Entscheidungen getroffen werden können. So wird sichergestellt, dass wesentliche, den weiteren Planungserfolg bestimmende Planungsergebnisse verabschiedet werden, bevor die nächste Planungsstufe begonnen wird.

Planungsergebnisse muss man darstellen und verabschieden.

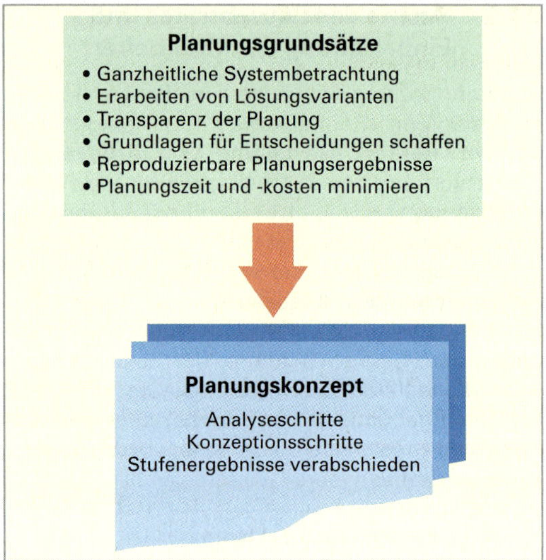


**Bild 1: Planungskonzept**

### 3.2.1 Verbindung von Theorie und Praxis

Methodisches Planen erfordert die Ausgangssituation zu erfassen und das Ziel zu definieren. Zukunftsweisende und realisierbare und damit optimale Lösungen finden wir, wenn die Vorteile des Bewährten mit den Vorteilen des bewusst Neuartigen verbunden werden und damit sowohl praxisorientierte wie theorieorientierte Lösungsansätze gesucht und miteinander kombiniert werden **(Bild 2)**.

Praxisorientierte und theoretische Lösungsansätze sind zu verbinden.

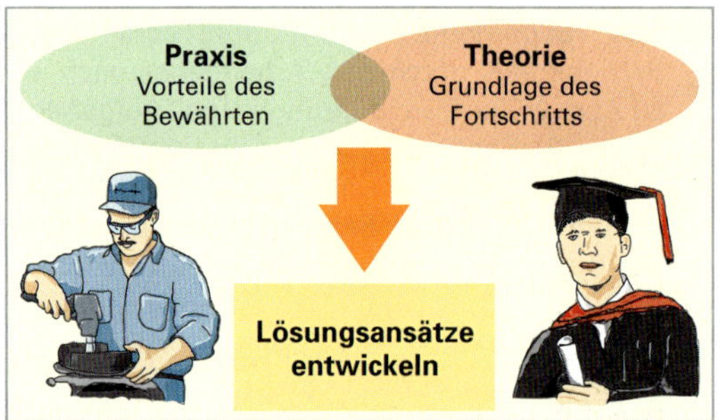


**Bild 2: Lösungsansätze**

Neben den speziellen Hilfsmitteln gibt es eine Reihe von Planungsinstrumenten, die weitestgehend universell für unterschiedliche Aufgabenstellungen eingesetzt werden können. Hierzu gehören neben den Kreativitätstechniken, z.B. Brainstorming, schwerpunktmäßig alle Bewertungsmethoden, z.B. Nutzwertanalyse oder auch Kostenvergleichsrechnung.

Die zeitliche Abwicklung der Planung ist durch ständige Terminüberwachung zu sichern, wobei entsprechende Hilfsmittel, wie Balkendiagramme, Netzpläne und Ähnliches unentbehrlich sind. Die durchgängige und umfassende Dokumentation aller Planungsgrundlagen und Planungsergebnisse macht den Planungsvorgang transparent und erlaubt es, die Schritte der Entscheidung nachzuvollziehen **(Tabelle 1)**.

**Tabelle 1: Planungsinstrumente**

| | |
|---|---|
| Kreativitätstechnik | Brainstorming<br>Morphologische Analyse |
| Bewertungstechnik | Nutzwertanalyse<br>ABC-Analyse<br>Kostenvergleichsrechnung |
| Terminüberwachung | Balkendiagramm<br>Netzplantechnik |
| Planungsdarstellung | Projektstrukturplan |

### 3.2.2 Analyse der Ausgangssituation

Der Planungsanstoß setzt Schwerpunkte, jedoch in der Regel noch keine verbindlichen Eckdaten für konkrete Ziele und abgeleitete Planungsaufgaben. Erst eine differenzierte Beschreibung des aktuellen Ausgangszustandes liefert die gewünschten Daten. Insbesondere bei Verbesserungen komplexer Arbeitssysteme hilft die Analyse, vorhandene Schwachstellen zu erkennen, z.B. bei einer Materialflussanalyse. Dabei ist auch darauf zu achten, dass bei einer solchen Situationsanalyse neben Schwächen auch Stärken des untersuchten Bereiches aufgezeigt und für die Entscheidungsträger aufbereitet werden. Eine umfassende Situationsanalyse sollte Aussagen zu folgenden Punkten enthalten:

- Betriebsmittel,
- Arbeitsplatzbeschreibungen, Arbeitsabläufe,
- Zeiten, Bestände, Kapazitäten,
- Kennzahlen, Hilfsmittel,
- Belastungen, Umwelteinflüsse,
- Kooperationen, Informationen,
- Organisation, Qualifikationen.

Zur Durchführung einer Situationsanalyse können folgende Hilfsmittel eingesetzt werden:

- Aktuelle Betriebsdaten,
- Erhebungsbögen, Zähllisten, Checklisten,
- Selbstaufschreibungen,
- Befragungen.

Das Ergebnis sollte aktuell, charakteristisch für den IST-Zustand und ausreichend genau sein. Die Einzelergebnisse der Situationsanalyse werden vom Planungsteam zu wesentlichen Aussagen und Empfehlungen zusammengefasst. Diese werden grafisch und textlich aufbereitet und den Entscheidungsträgern präsentiert.

Eine systematische Planung erfolgt stufenweise **(Tabelle 1)**. In der 1. Stufe wird die Ausgangssituation ermittelt und dargestellt.

Der IST-Zustand wird ermittelt und dargestellt.

**Tabelle 1: Planungsstufen**

| | |
|---|---|
| **Stufe 1** | Ausgangssituation analysieren<br>– Analyseschwerpunkte festlegen,<br>– Analyse durchführen,<br>– Analyseergebnisse darstellen. |
| **Stufe 2** | Ziele festlegen, Aufgaben abgrenzen<br>– Ziele konkretisieren,<br>– Ziele gewichten,<br>– Planungsaufgaben abgrenzen. |
| **Stufe 3** | Arbeitssystem konzipieren<br>– Arbeitsabläufe erarbeiten,<br>– Arbeitssystem entwickeln,<br>– Qualifikationsanforderung abschätzen,<br>– Personalbedarf planen,<br>– Entgeltsystem planen,<br>– Arbeitszeitmodell planen,<br>– Varianten bewerten und auswählen. |
| **Stufe 4** | Feinkonzept erstellen<br>– Gestaltungsregeln umsetzen,<br>– Betriebsmittel planen,<br>– Personal planen,<br>– Realisierungsplan erstellen. |
| **Stufe 5** | Arbeitssystem einführen<br>– Betriebsmittel beschaffen,<br>– Personelle Maßnahmen durchführen,<br>– Arbeitssystem installieren,<br>– Belastung analysieren. |
| **Stufe 6** | Arbeitssystem einsetzen<br>– Abschlussdokumentation erstellen,<br>– Erfolgskontrolle durchführen. |

Stellt sich bei der Zielformulierung das Problem als zu vielschichtig heraus, so werden Problemkreise (Teilziele) gebildet und diese nach ihrer Priorität zeitversetzt behandelt. Die Zielsetzung wird mit dem Auftraggeber des Planungsauftrags abgestimmt. Die Zielformulierung muss bestätigt, die Genehmigung der weiteren Vorgehensweise muss erteilt, und Termine müssen akzeptiert werden.

Die Zielsetzung beinhaltet *Muss-Kriterien* und *Kann-Kriterien*. Muss-Kriterien müssen von den ausgearbeiteten Lösungsvarianten unbedingt erfüllt werden.

Die Zielformulierung einer Planung muss Folgendes umfassen:

- Die Ursache des Problems (Ist-Zustand),
- Planungsschwerpunkt, Zielvorgabe,
- Die Abgrenzung des Planungsfeldes,
- Die Nennung der Maximalforderung (Idealvorstellung),
- Die Randbedingungen (Einflussgrößen, Richtlinien),
- Das geplante Vorgehen (folgende Schritte, Termine).

### 3.2.3 Ziele und Aufgaben

Ausgehend von den Ergebnissen der Situationsanalyse und unter Einbeziehung von Vorstellungen, die dem Planungsanstoß zugrunde lagen, lassen sich konkrete Ziele ableiten. Dabei ist es zweckmäßig, ein übergeordnetes Ziel zu formulieren und zwar unter Berücksichtigung der Wirtschaftlichkeit und der menschengerechten Gestaltung der Arbeitssysteme.

Im Falle der Nichterfüllung scheidet diese Variante sofort aus. Kann-Kriterien sollten von den einzelnen Lösungsvarianten möglichst erfüllt werden. Es sind Kriterien, die Alternativen liefern und die eine Auswahl der bestgeeigneten Variante ermöglichen.

In einem weiteren Schritt werden diesen Zahlen quantitative oder qualitative Maßstäbe zugeordnet. Bei quantitativen Maßstäben können es relative oder absolute Werte sein. Bei den qualitativen Maßstäben muss der Versuch unternommen werden, möglichst Formulierungen zu wählen, denen einheitliche Vorstellungen im Planungsteam zugrunde liegen, z.B. keine Materialbereitstellung im Flur.

Nachdem die Ziele konkretisiert und gewichtet vorliegen, muss das Planungsteam die Aufgaben abgrenzen. Hierzu zählen in erster Linie die Festlegung der Systemgrenzen des zu betrachtenden Arbeitssystems und die exakte Beschreibung der zum Umfeld bestehenden Schnittstellen.

Die Zielsetzung möglichst genau festlegen, Lösungsvarianten bewerten und Aufgaben abgrenzen.

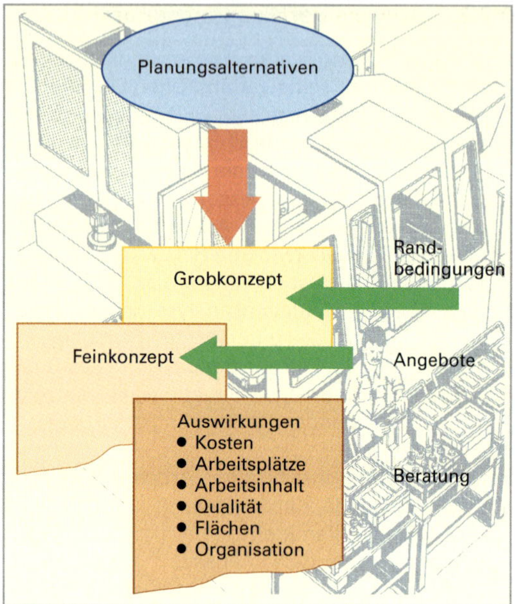


**Bild 1: Konzipieren des Arbeitssystems**

### 3.2.4 Arbeitssystem

Das bei der Zielformulierung bereits begonnene Annähern zwischen theoretischen Überlegungen und praktischen Bedingungen wird bei der Erstellung des Grobkonzepts so lange konsequent weitergeführt, bis ein Konzept vorliegt, das in groben Zügen die Lösung der Aufgabe schildert. Dies bedeutet auch, dass zunächst Planalternativen entwickelt werden. Diese sind zu bewerten, um eine Auswahl für das Ausarbeiten des Grobkonzepts treffen zu können, z.B. alternative Versorgungssysteme einer Fertigungszelle.

Das Prinzip des Plans und die daraus resultierenden Konsequenzen müssen so deutlich sein, dass eine Grundsatzentscheidung getroffen werden kann. Diese Entscheidung muss dann für die weiteren Phasen Gültigkeit haben **(Bild 1)**.

Aus Planungsalternativen wird das Grobkonzept.

Um die neuen Arbeitsabläufe erarbeiten zu können, werden die Soll-Daten für das geplante Arbeitssystem konkretisiert. Dies umfasst die Angabe, welche Produkte und Produktgruppen das Arbeitssystem herstellen bzw. welche einzelnen Dienstleistungen es erbringen soll. Entsprechend der Planungsfrist werden die Vorgaben für die Kapazitätsplanung abgeleitet. Mithilfe der Folgestruktur ist die Gliederung des Gesamtarbeitsablaufs in einzelne Ablaufschritte übersichtlich darstellbar. Es ist zu entscheiden, welche Arbeitsinhalte durch Zusammenlegen von Ablaufschritten gebildet werden sollen, z.B. Bereitstellung von Werkzeugen und Vorrichtungen.

Hierfür sind die mitarbeiterbezogenen und die technikbezogenen Daten der Ausgangsanalyse zugrunde zu legen und die Aufgaben nach Art und Menge auf unterschiedliche Arbeitspersonen bzw. Betriebsmittel aufzuteilen.

Betrachtet werden muss dabei z.B. der Handlungsspielraum und die Überschaubarkeit des Ablaufs für den Vorgesetzten. Die für die neuen Aufgaben erforderlichen Qualifikationen geben den ersten Anhaltspunkt für Schulung und Weiterbildung der Mitarbeiter.

Mit dieser Feststellung der erforderlichen Qualifikationen können verschiedene Varianten erarbeitet werden. Dabei sind die Überlegungen zu den räumlichen, zeitlichen und organisatorischen Aspekten in der Struktur des Arbeitssystems zu berücksichtigen. Die Schnittstelle mit den angrenzenden Arbeitssystemen muss ebenfalls beachtet werden. Die erforderlichen Berechnungen für die Ausführungszeiten je Teilvorgang bzw. Ablaufschritt richten sich wiederum danach, ob es sich um eine Neu-, Um-, oder Einplanung eines Arbeitssystems handelt. Bei Neuplanungen werden für die Datenermittlung zwangsläufig Schätzungen zugrunde gelegt, bei Um- oder Einplanungen kann in der Regel auf Vergleichswerte zurückgegriffen werden.

Qualifikationsanforderungen muss man abschätzen.

Anhand der geplanten Arbeitsaufgaben kann ermittelt werden, welche Qualifikation die Mitarbeiter im neugestalteten Arbeitssystem mitbringen müssen und welcher Kapazitätsbedarf benötigt wird. Auf dieser Grundlage können die einzelnen Arbeitsaufgaben zu Stellen gebündelt werden, für die gegebenenfalls unterschiedliche Qualifikationsanforderungen bestehen. Dieser Qualifikationsbedarf muss mit dem Qualifikationsbestand verglichen werden, unabhängig davon, wie der Bedarf gedeckt werden soll.

Für das geplante Arbeitssystem ist auch das geeignete Entgeltsystem zu finden. Dabei sind die bestehenden Tarifverträge zu beachten. Dieser Planungsvorgang sieht in der Mehrzahl aller Fälle die Auswahl des Entlohnungsgrundsatzes und der Entlohnungsmethode vor, die die von den gesetzten Zielen abgeleiteten Kriterien am besten erfüllen **(Tabelle 1)**.

Die Mitbestimmungsrechte des Betriebsrates bei Fragen der betrieblichen Lohngestaltung und bei der Festlegung von Akkordlohn und Prämienlohn sowie vergleichbare leistungsbezogene Entgelte sind zu beachten.

Vorrangig ist die Festlegung der Ziele, die das Entgeltsystem erreichen soll. Dies geschieht in Zusammenarbeit mit dem Betriebsrat, da sowohl betriebliche Erfordernisse als auch Erwartungen der Mitarbeiter zu berücksichtigen sind. Aus den Zielen, z.B. Qualitätssteigerung oder minimale Zeiten für Stillstand der Betriebsmittel, leiten sich Kriterien ab, deren Erfüllung sich qualitativ und quantitativ bestimmen lassen.

Planungsvarianten werden bewertet.

Um eine abgesicherte Entscheidung zwischen den Planungsvarianten zu erreichen, sind die Varianten anhand der quantifizierbaren und der nicht quantifizierbaren Zielkriterien zu vergleichen. Dazu werden sowohl die Ergebnisse von Kosten- und Wirtschaftlichkeitsbetrachtungen als auch die Arbeitssystemwerte (Nutzwerte) der einzelnen Varianten gegenübergestellt. Anhand der so durchgeführten Bewertung der Planungsvarianten kann die beste Lösung ausgewählt werden.

### 3.2.5 Feinkonzept

Der Übergang vom Grobkonzept zum Feinkonzept besteht überwiegend aus Detailarbeit bis zur Realisierungsreife. Die Qualität dieser Arbeit hat entscheidenden Einfluss auf den Erfolg der Realisierung.

Im Feinkonzept müssen die theoretischen und praxisbezogenen Betrachtungen vollständig miteinander verflochten sein.

**Tabelle 1: Entgeltsysteme**

| | |
|---|---|
| Leistungslohn | Zeitlohn |
| Akkordlohn | Stundenlohn |
| Prämienlohn | Monatslohn |

**Tabelle 2: Betriebsmittelbeschaffung**

| | |
|---|---|
| 1. | Technische Anforderungen ermitteln |
| 2. | Wirtschaftlichkeitsrechnung durchführen |
| 3. | Pflichtenheft erstellen |
| 4. | Abnahmebedingungen festschreiben |
| 5. | Beschaffungsvorschriften beilegen |
| 6. | Forderungen der Wartung u. Instandsetzung berücksichtigen |
| 7. | Schulung und Inbetriebnahme planen |

Für das Erreichen des angestrebten Ziels ist es erforderlich, dass alle geplanten Aktivitäten „machbar" werden. Hierbei kommt es besonders darauf an, dass an alle in der späteren Realisierungsphase anfallenden Aktivitäten und an mögliche Schwachstellen und Abweichungen gedacht wird.

Vorgehensweise:

- Erstellen eines Tätigkeitskatalogs mit Erläuterungen,
- Festlegen des Ablaufplans,
- Festlegen der Verantwortungsbreite mit Schnittstellen und Abgrenzungen,
- Schätzen der Zeiten und Festlegen von Eckterminen.

Zeigt sich bei dieser Detaillierung, dass der Tätigkeitskatalog zu umfangreich und damit unübersichtlich ist, so empfiehlt es sich, die Aufgabenstellung in Teilaufgaben zu untergliedern und jede für sich zu planen.

Im Rahmen des Feinkonzepts ist es erforderlich, die spezifischen technischen Anforderungen für die noch zu beschaffenden oder zu bauenden Betriebsmittel festzulegen und in Form eines Pflichtenheftes (Beschaffung) oder eines Lastenheftes (Entwicklung) aufzuschreiben. Lasten- und Pflichtenhefte sind wesentliche Hilfsmittel eines Arbeitsgestaltungsprojekts **(Tabelle 2)**.

Pflichtenheft für die zu beschaffenden, Lastenhefte für die zu entwickelnden Betriebsmittel erstellen.

Pflichten- und Lastenhefte dienen dazu, die Anforderungen an ein Arbeitssystem oder an ein Betriebs- bzw. Arbeitsmittel festzulegen und die Zusammenarbeit zwischen Betreiber, Planer, Entwickler und Hersteller zu erleichtern und bewertbar zu machen.

Im *Lastenheft* sind die Anforderungen aus Anwendersicht für den Entwickler, einschließlich aller Randbedingungen beschrieben **(Tabelle 1)**, im *Pflichtenheft* die Funktionsforderungen an das zu beschaffende Betriebsmittel **(Tabelle 2)**. In beiden Aufgabenbeschreibungen sollten die Forderungen möglichst prüfbar bzw. messbar sein.

Im Lastenheft beschreibt man die Anforderungen aus der Sicht des Anwenders.

Im Pflichtenheft werden die Eigenschaften des zu beschaffenden Betriebsmittels beschrieben.

## 3.3 Methoden der Ideenfindung

In der Entwicklungsplanung können verschiedene Hilfsmittel und Methoden eingesetzt werden. Sie sind im Wesentlichen sowohl in der Phase der Erzeugnisplanung als auch der Phase der Erzeugnisentwicklung anwendbar. Im Vordergrund stehen Hilfsmittel, die sich zum einen nur auf die Unterstützung bei der Ideenfindung, zum anderen auf die Bewertung und Auswahl von Vorschlägen beziehen. Es werden zwei Gruppen von Methoden angewendet: Ideen sammeln und Ideen suchen **(Bild 1)**. Diese Techniken werden bewusst als Mittel eingesetzt, um Denkblockaden abzubauen und starre Denkmuster aufzulösen.

Denkblockaden abbauen!

Die Beschreibung der Techniken soll eine gewisse Sicherheit bei der Nutzung für die eigene Arbeit ergeben. Ein gezieltes Vorgehen erweist sich immer wirkungsvoller als planlos zu arbeiten. In der Teamarbeit gelingt es, mehrere Mitarbeiter in den kreativen Prozess einzubeziehen.
Alle Methoden der Ideenfindung zielen auf die unbewusste oder bewusste Beeinflussung des Denkprozesses ab.

### 3.3.1 Brainstorming

Brainstorming (Gedankensturm) ist die bekannteste Methode der Ideenfindung. Sie zielt darauf ab, die negativen Merkmale von Problemlösungssitzungen, wie die Eigenheiten der Gesprächspartner, Verzettelung in Einzelheiten, vorzeitige Beurteilung und das Äußern von Killerphrasen, z.B. *das haben wir schon einmal versucht, das funktioniert nicht*, durch vier Grundregeln zu beseitigen:

- Kein Kritisieren eigener oder fremder Gedanken,
- Freies und ungehemmtes Äußern von Gedanken und auch außergewöhnlichen Ideen,
- Aufgreifen und Verfolgen der Ideen anderer,
- Produzieren möglichst vieler Ideen ohne Rücksicht auf Qualität.

**Tabelle 1: Beispiel für ein Lastenheft**

| **Lastenheft:** Entwickeln eines BDE-Terminals (Betriebsdatenerfassung) | |
|---|---|
| Hauptmerkmale | Forderungen |
| Funktionen | Menüführung, Funktionstasten, Plausibilitätsprüfung, Speicherkapazität |
| Stromversorgung | extern 230 V |
| Einsatzort | Werkhalle, stationär |
| Schnittstellen, Anbindung an ein PPS-System | Netzwerk (LAN) |
| Einlesen von Daten | Magnetkartenleser |
| Display | Mehrzeilig (mind. 10 Zeilen, alphanummerisch) |

**Tabelle 2: Beispiel für ein Pflichtenheft**

| **Pflichtenheft:** Beschaffung eines CNC-Bearbeitungszentrums | |
|---|---|
| Hauptmerkmale | Forderungen |
| Anzahl der gesteuerten Achsen | vier Achsen |
| Arbeitsraumgröße | 500 x 500 x 500 mm Arbeitsraum geschlossen |
| Genauigkeit | Wiederhol-, Positioniergenauigkeit, Linearität, Maschinenfähigkeit |
| Automatisierungsgrad | Werkzeug-, Palettenwechsler, Späneförderer |
| CNC-Steuerung | Programmierung, Speicherkapazität, Schnittstellen |

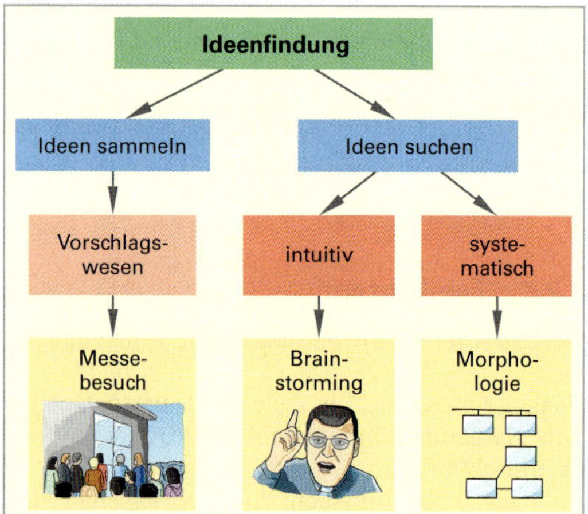


**Bild 1: Methoden der Ideenfindung**

Diese Grundregeln sollen eine Atmosphäre schaffen, in der vorurteilsfrei die Vorteile dieser Gruppenarbeit zum Tragen kommen. Es ist empfehlenswert, die Gruppenmitglieder vor Arbeitsbeginn zur Einhaltung der Regeln jeweils neu zu verpflichten und die Regeln gut sichtbar aufzuhängen (Flipchart).

Für die Durchführung eines Brainstormings sollte besonders beachtet werden:

Vorbereitung:

- Sitzung sorgfältig vorbereiten und nicht spontan einberufen,
- Problem klar und möglichst übersichtlich herausarbeiten,
- Komplexe Probleme aufgliedern,
- Die Gruppe sollte aus vier bis sieben Teilnehmern, möglichst aus unterschiedlichen Arbeitsgebieten, bestehen,
- Thema einige Tage vor der Sitzung bekannt geben,
- Als Zeitraum für die Sitzung etwa 30 min bis 60 min einplanen.

Ablauf:

- Möglichkeiten schaffen, Ideen festzuhalten (Protokollführer, Flipchart, Kärtchen und Pinnwand) **(Bild 1)**,
- Thema nochmals bekanntgeben und diskutieren. Probleme möglichst als offene Fragen formulieren.
- Moderator erinnert an die Einhaltung der Regeln,
- Ideen nicht erörtern, nur Grundgedanken festhalten,
- Moderator soll eigene Ideen zurückhalten, aber bei Stockung den Ideenfluss wieder in Gang bringen,
- Gegen Ende Ideen nochmals vorlesen, um neue Anreize zu schaffen.

Auswertung:

- Auswertung normalerweise **nicht** im Anschluss an die Sitzung von der Gruppe vornehmen lassen,
- Zusammenstellen und Sortieren der Ideen,
- Ausarbeitung und spätere Bewertung durch Fachleute,
- Über spätere Ergebnisse und Realisierung informieren (Urheberrecht eines Einzelnen gibt es nicht).

Brainstorming ist eine einfache Kreativitätstechnik.

### 3.3.2 Morphologische Analyse

Unter Morphologie versteht man die Lehre vom Gestalten oder Formen. Die morphologische Forschung beschäftigt sich mit den strukturellen Beziehungen zwischen Handlungen und Ideen jeder Art.

Die morphologische[1] Analyse umfasst fünf Schritte, die nacheinander durchlaufen werden müssen **(Bild 2)**.

[1] griech. morpho = Gestalt., griech. logos = Wort, Rede, ...logie = ...wissenschaft

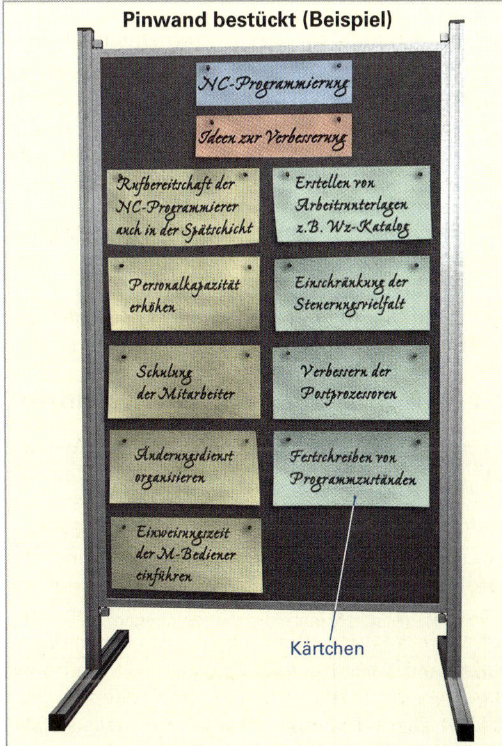


**Bild 1: Ideen festhalten**

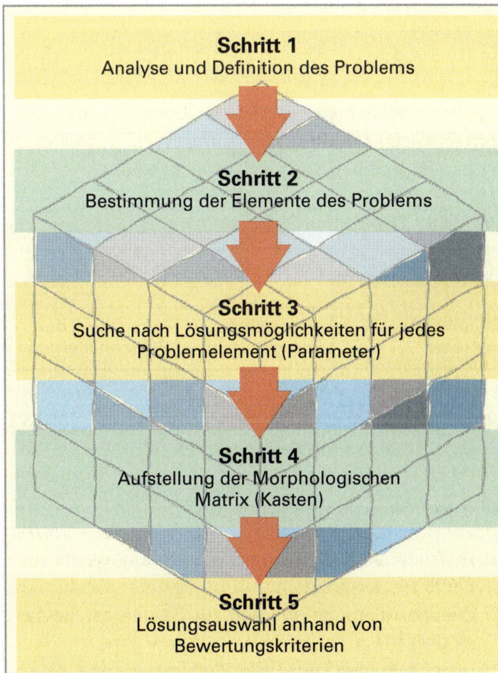


**Bild 2: Schritte der morphologischen Analyse**

Ziel der morphologischen Analyse ist es, das Gesamtleistungsfeld einer Problemstellung zu erfassen und unter Verwendung einer Darstellungsmatrix zu einer systematischen Lösungsfindung und -bewertung zu gelangen.

Alle denkbaren Lösungsmöglichkeiten werden in der Darstellungsmatrix (zweidimensional) oder in einem Kasten (dreidimensional, Morphologischer Kasten) eingetragen. Der Begriff Morphologischer Kasten ist aus der dreidimensionalen Darstellung der Lösungsmöglichkeiten abgeleitet. In der Regel wird aber die zweidimensionale Darstellungsmatrix angewendet. Bei der Matrix werden in die linke Spalte die Problemelemente, in die dazugehörige Zeile die Lösungsmöglichkeiten eingetragen **(Tabelle 1)**. Durch Kombination der Kästchen ergeben sich die Lösungsansätze.

Die morphologische Analyse bietet durch die Systematik der Zusammenstellung aller Lösungsansätze eine hervorragende Gesamtdarstellung aller Vorschläge für eine Problemlösung. Allerdings ergibt sich bei vollständiger Kombination aller Lösungsansätze sehr schnell eine so große Anzahl von Vorschlägen, dass diese nicht mehr manuell ausgewertet werden können.

Durch die systematische Zusammenstellung aller Lösungsmöglichkeiten ergeben sich viele Problemlösungen.

**Tabelle 1: Darstellungsmatrix am Beispiel eines fahrbaren Blattschneiders (Teeschneider)**

| Problemelement | Lösungsmöglichkeiten | | |
|---|---|---|---|
| **Antrieb** | manuell | elektrisch mit Netzanschluss | elektrisch mit Batterie |
| **Schneidwerk** | einzeln stehende Klingen | mehrere rotierende Messer | umlaufende Schneidkette |
| **Fahrgestell** | höhenverstellbar | zusammenklappbar | feststehend |
| **Führung des Fahrgestells** | manuell | schienengebunden | optischer Leitstrahl |
| **Wirkungsbereich Schneidewerk** | Teilhöhe der Hecke | vollständige Seitenhöhe der Hecke | nur Oberkante |

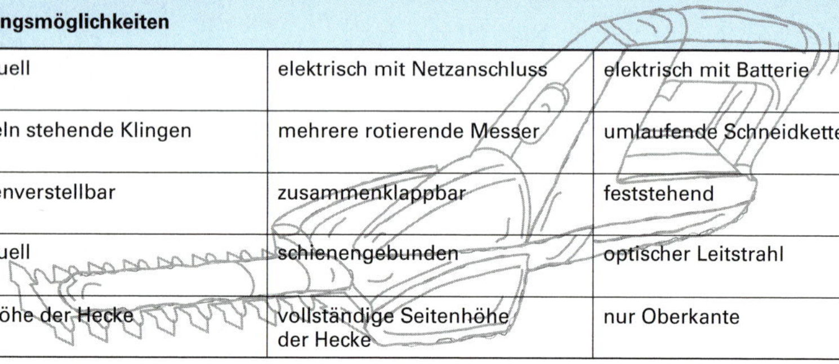

**Tabelle 2: Festlegen des Grundkonzepts am Beispiel eines Gartengrills**

| Problemelemente | Lösungsmöglichkeiten | | | | |
|---|---|---|---|---|---|
| **Fleischzugabe** | Auflage auf einem Rost | Auflage auf Draht | Spieß | Aufhängen auf Drähten | Klammern |
| **Fleischzuführung** | von Hand | Transportband | auswechselbare Halterung | Schüttvorrichtung mit Schieber | Kurbelgestänge |
| **Hitzeerzeugung** | Kohle | Holzkohle | Strom | Gas | Sonnenenergie |
| **Regulierung der Hitze** | wechselhafte Energiezufuhr | Verstellung der Fleischhalterung | Abschirmbleche | Kühlmittelzugabe | variable Heizfläche |

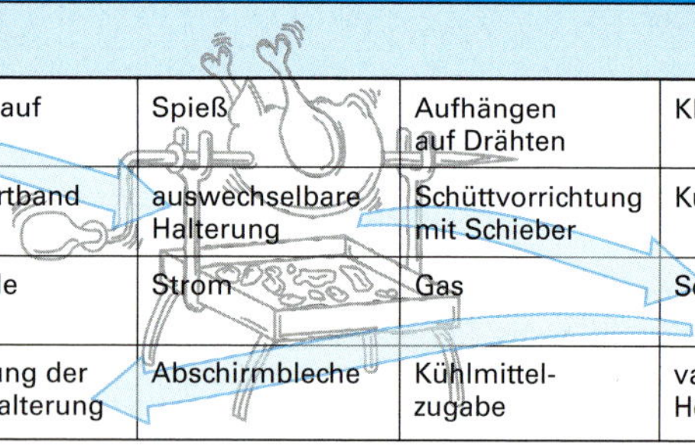

Die morphologische Analyse dient der systematischen Ideenfindung.

## Wiederholung und Vertiefung

1. Welches sind die wichtigsten Planungsinstrumente?
2. Welche Hilfsmittel werden zur Situationsanalyse eingesetzt?
3. Welche Punkte muss die Zielformulierung einer Planung umfassen?
4. Was versteht man unter einem Pflichtenheft und was versteht man unter einem Lastenheft?
5. Welches ist die wichtigste Methode der Ideenfindung?
6. Welche Punkte sind beim Brainstorming zu beachten?

## Die Schritte der morphologischen Analyse

Bei den einzelnen Schritten der morphologischen Analyse ist Folgendes zu beachten:

### 1. Schritt: Analyse und Definition des Problems

- Vorstellen, Diskutieren und Abgrenzen des Problems,
- Aufspalten in Teilprobleme oder Problemverallgemeinerung,
- Neudefinieren des Problems oder der Teilprobleme.

### 2. Schritt: Bestimmung der Elemente des Problems

- Zusammenstellung aller wesentlichen Aspekte des Problems (Funktionssammlung, Ablaufanalyse, Negativkatalog),
- Ermitteln der Elemente des Problems (Parameter),
- Inhaltliches Überprüfen der Parameter,
- Auflösen der Nichtparameter,
- Anordnen der Parameter in der Vorspalte der Matrix,
- Prüfen der Bedeutung der Parameter hinsichtlich ihrer Problemlösung (konzeptionelle Parameter bestimmen die Grundstruktur der Problemlösung, modifizierte Parameter gestalten sie aus),
- Begrenzen der Anzahl der Parameter auf sechs bis sieben durch Zurückstellen der modifizierten Parameter,
- Prüfen der Parameter auf Unabhängigkeit voneinander,
- Neuformulierung abhängiger Parameter.

Nichtparameter sind:
Oberbegriffe wie Handhabung, Produktpolitik, Qualität usw.,
Einzellösungen wie Systembauweise, Direktwerbung, Motorantrieb usw.,
Bedingungen oder Restriktionen wie preiswert, praktisch, leicht bedienbar,
Oberbegriffe auflösen (Handhabung in Bezug auf was?),
Einzellösungen als Ausprägungen zurückstellen bzw. übergeordnete Parameter suchen,
Bedingungen und Restriktionen in die Problemdarstellung aufnehmen.

### 3. Schritt: Suche nach Lösungsmöglichkeiten für jeden Parameter

- Suchen nach Lösungen für die einzelnen Parameter (der Katalog soll so vollständig wie möglich sein, um hinsichtlich der Problemstellung ein „Totallösungsfeld", das alle denkbaren Lösungen einschließt, zu erhalten),
- Prüfen, ob die Lösungsmöglichkeiten alternativ sind,
- Auflösen nicht alternativer Lösungsmöglichkeiten (strukturell abhängige Ausprägungen erfordern eine Neuformulierung der betroffenen Parameter),
- Prüfen, ob die Lösungsmöglichkeiten konkret sind, z.B. Signalgeber: optisch, akustisch, mechanisch, thermisch. Gliedern in optisch durch Warnlampe, optisch durch Rauch usw.,
- Auflisten der Lösungsmöglichkeiten jeweils in der Zeile des dazugehörigen (Parameters) Problemelementes.

### 4. Schritt: Aufstellung der Morphologischen Matrix und Verkettung der Elemente zu Lösungsansätzen

- Auswählen je einer Lösungsmöglichkeit aller Parameter und Verbinden der ausgewählten Möglichkeit durch einen Linienzug, stellt einen Lösungsansatz dar (Tabelle 2, vorhergehende Seite),
- Prüfen der Brauchbarkeit und Vollständigkeit der Lösung,
- Vereinfachen der Auswertung durch Entfernen nicht praktikabler oder uninteressanter Ausprägungen bzw. durch Kennzeichnen und Verwenden der hinsichtlich der Zielsetzung besonders interessanten Lösungsmöglichkeiten (die Anzahl der in der Morphologischen Matrix enthaltenen Lösung ist gleich dem Produkt der Anzahl der Lösungsmöglichkeiten aller Parameter),
- Interpretieren der Lösungsansätze und Weiterentwickeln.

### 5. Schritt: Lösungsauswahl anhand von Bewertungskriterien

- Aufstellen eines Kriterienkataloges zum Beurteilen der Lösung,
- Gewichten der Kriterien,
- Bewerten der Lösung anhand des gewichteten Kriterienkataloges,
- Auswählen der relativ besten Lösung.

## 3.4 Planungsdarstellung

Ziel der Projektplanung ist es, ein möglichst genaues Modell eines Projektablaufs zu schaffen. Das Modell soll alle Aktivitäten darstellen, die für das Durchführen des Vorhabens erforderlich sind. Die Reihenfolge, in der diese Einzelarbeiten auszuführen sind, muss klar erkennbar sein.

### 3.4.1 Projektstrukturplan

Ein umfangreiches und komplexes Projekt kann nicht auf einen Satz durchgeplant werden; z.B. die Planung einer neuen Fertigungshalle. Deshalb wird zuerst ein Projektstrukturplan entworfen, der den Rahmen bilden soll, innerhalb dessen sich Planung, Überwachung und Steuerung des Projekts vollziehen. Es wird der Projektstrukturplan erstellt **(Bild 1)**. Der Aufbau kann objektorientiert, bzw. erzeugnisorientiert sein.

Der Projektstrukturplan bildet die Gliederung für komplexe Projekte.

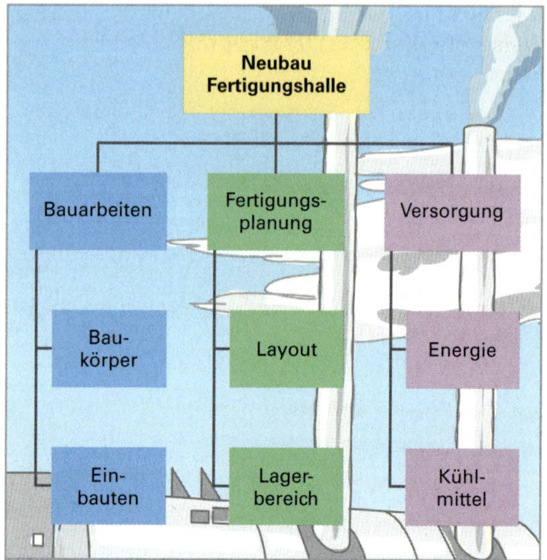


**Bild 1: Projektstruktur am Beispiel des Neubaus einer Fertigungshalle**

Beispiel: Bau einer Fabrikhalle
Bei dem Hallenbau plant man *objektorientiert* die Teilaufgaben: Errichten und Ausbau von Technikkeller, Erdgeschoss/Halle, Verwaltungsanbau, Dach, Wareneingang. *Funktionsorientiert* plant man die Teilaufgaben: Aushubarbeiten, Rohbau, Innenausbau, Installationsarbeiten, Schreiner- und Malerarbeiten. Im ersten Schritt (erste Ebene) werden beim Strukturplan die Arbeitspakete festgelegt. Der nächste Schritt löst die Arbeitsebene in Vorgänge auf. Diese zweite Ebene stellt die kleinste zu planende Einheit dar. Zur einfacheren Identifizierung werden die Vorgänge nummeriert und in einer Vorgangsliste zusammengefasst. Durch die Angabe der Vorgangsdauer wird die Übersicht vervollständigt. Vorgangsliste zum Projekt Bau einer Fabrikhalle **(Tabelle 1)**.

**Tabelle 1: Vorgangsliste am Beispiel für den Neubau einer Fertigungshalle**

| Arbeitspaket | | Vorgang | | |
|---|---|---|---|---|
| Nr. | Bezeichnung | Nr. | Bezeichnung | Dauer Wochen |
| 00 | Bauarbeiten | 01 | Erdarbeiten | 1 |
| 10 | Sanitär- und Heizungsinstallation | 02 | Fundament und Mauerwerk | 11 |
| 20 | Dacharbeiten | 11 | Entwässerungsrohre (im Fundament) | 1 |
| 30 | Schreinerarbeiten | 12 | Rohrinstallation | 4 |
| 40 | Stuckateurarbeiten | 13 | Heizungsinstallation | 4 |
| 50 | Malerarbeiten | 14 | Endmontage, Sanitär und Heizung | 2 |
| 60 | Elektroinstallationsarbeiten | 21 | Dachstuhl | 1 |
| 70 | Einzug | 22 | Dach eindecken | 1 |
| | | 31 | Fenster | 1 |
| | | 32 | Türen, Tore | 1 |
| | | 41 | Außenputz | 3 |
| | | 51 | Anstrich | 2 |
| | | 61 | Leerrohrverlegung | 8 |
| | | 62 | Verkabelung | 2 |
| | | 63 | Endinstallation, Elektro | 1 |
| | | 71 | Einzug | 1 |

### 3.4.2 Balkenplan

Das bekannteste und am weitesten verbreitete Verfahren der Zeitplanung ist das Erstellen eines Balkendiagramms.
Im Balkenplan gibt der Balken eines Vorgangs mit seiner Länge die Dauer und mit seiner Lage, bezogen auf die Zeitachse, die zeitliche Einordnung wieder. Durch unterschiedlich dicke Balken kann die erforderliche Bearbeitungskapazität angezeigt werden **(Bild 1, folgende Seite)**.
Die Vorteile des Balkenplans sind:

- Übersichtlichkeit bei wenigen Vorgängen,
- Unmittelbare Aussage über Zeitdauer und zeitliche Einordnung.

Der Balkenplan erfasst Vorgänge und Zeiträume.

Nachteilig ist, dass man nicht erkennt, in welcher Weise die einzelnen Vorgänge miteinander verknüpft sind.

**Beispiel:** Welche Folgen hat es, wenn die Dachdeckerarbeiten wesentlich verzögert werden?
Diese Frage kann nicht spontan aus dem Plan beantwortet werden. Vielmehr müssen zunächst alle nachfolgend geplanten Aktivitäten einzeln daraufhin untersucht werden, ob das gedeckte Dach Voraussetzung für ihre Erledigung ist oder ob sie auch vor dem Dachdecken erledigt werden können.

### 3.4.3 Flussdiagramm

Als Hilfsmittel für die Darstellung der Reihenfolge, in der Einzelarbeiten auszuführen sind, dient auch das Flussdiagramm (engl. Flow Chart) **(Bild 2)**.

### 3.4.4 Netzplan

Mit dem Verfahren der Netzplantechnik löst man das Problem der Darstellung von Abhängigkeiten. Das Konzept ist einfach. Ein Projekt wird in Vorgänge zerlegt, deren Abhängigkeiten dargestellt werden. Die grafische Darstellung dieser Ablaufstrukturen veranschaulicht die logische und zeitliche Aufeinanderfolge von einzelnen Vorgängen **(Bild 3)**.

Die Merkmale der Netzplantechnik sind:

- Klare Gliederung der Projektstruktur,
- Planabweichungen während der Ausführung können schnell erkannt und ihre Folgen sicher beurteilt werden,
- Notwendigkeit und Umfang von Gegenmaßnahmen sind feststellbar. Ihr Aufwand kann ihrer Wirkung gegenübergestellt werden,
- Projektabläufe werden transparent und überschaubar dargestellt,
- Vorgänge und Abhängigkeiten werden grafisch dargestellt oder in eine Netzplandatei aufgenommen,
- Alle routinemäßigen Planungsschritte und das Informationswesen können durch die Datenverarbeitung automatisiert werden.

Die Netzplantechnik ist zu einem universellen Planungsinstrument für große Projekte in Forschung, Verwaltung und Wirtschaft geworden. Sie ist aber auch in der täglichen Arbeit auf weniger umfangreiche Projekte und Aufgaben zu übertragen, da sie zur sachlogischen Durchdringung und Darstellung der Probleme und Teilaufgaben zwingt.

Der Netzplan zeigt die Vorgänge und ihre Abhängigkeiten.

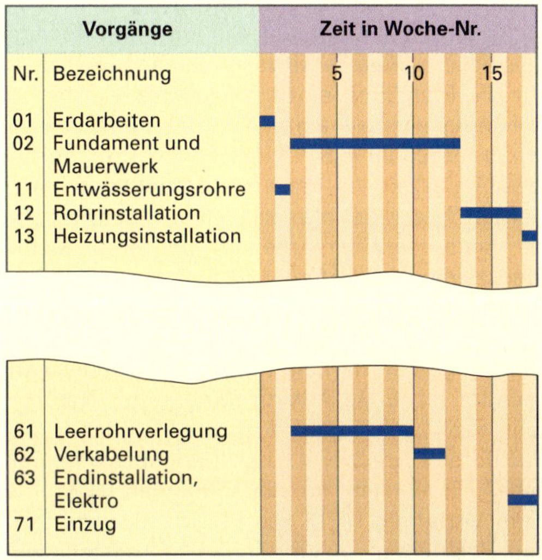


**Bild 1: Balkenplan (Beispiel Hallenbau)**

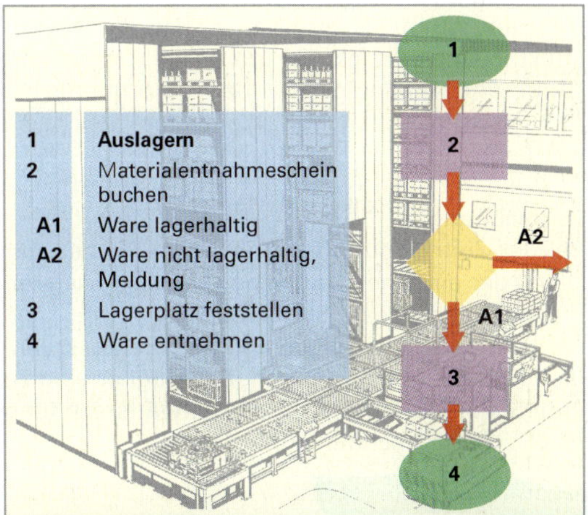


**Bild 2: Flussdiagramm**

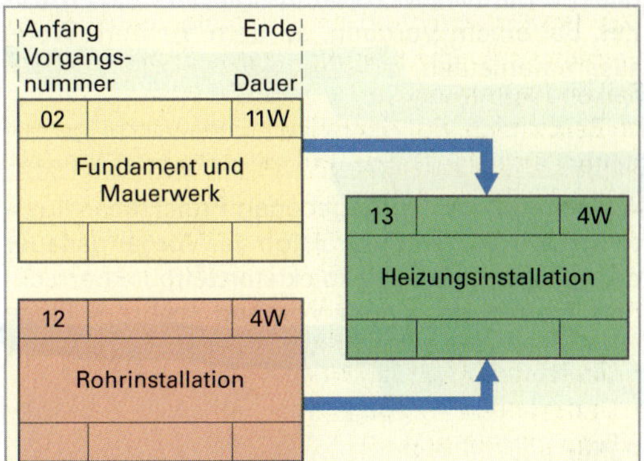


**Bild 3: Ablaufplan (Netzplan)**

Eins der wichtigsten Verfahren ist die MPM (engl. Metra Potential Methode). Sie wird im folgenden Beispiel für einen Fabrikhallenbau angewandt.
Für die Erstellung eines Netzplanes werden die Abhängigkeiten der einzelnen Vorgänge bestimmt. Dazu müssen für jede Tätigkeit die vorhergehende (Vorgänger) sowie die Verknüpfungen ermittelt werden. Nun muss man sich einen Überblick über die Reihenfolge der Arbeiten und deren Ausführungszeiten verschaffen.
Die einfachste Form der Anordnungsbeziehung besteht in der Bedingung, dass ein Vorgang erst dann beginnen darf, wenn ein anderer Vorgang beendet ist (Ende-Anfang-Beziehung). Natürlich kann auch ein Vorgang mehrere Vorgänger oder Nachfolger (mehrere Anordnungsbeziehungen) haben. Es entsteht so ein Ablaufplan (Netz), der beim Verfahren MPM aus Pfeilen (Beziehungen) und Rechtecken (= Vorgängen) dargestellt wird **(Bild 1)**.
Erst nachdem Vorgänger, Nachfolger und Dauer jeder Tätigkeit bekannt sind, ist es möglich, den Netzplan zu entwickeln. Dabei wird die Ablaufstruktur eines Projekts so dargestellt, dass Vorgänge und Abhängigkeiten bzw. Anordnungsbeziehungen zwischen den Vorgängen ersichtlich werden.

**Zeitrechnung**
Bei der Zeitrechnung geht es darum, neben der Dauer der einzelnen Vorgänge und des gesamten Projekts die früheste und späteste zeitliche Lage der einzelnen Vorgänge und die Zeitreserven, die für die einzelnen Vorgänge verfügbar sind zu ermitteln. Dies ermöglicht die Vorwärtsrechnung und Rückwärtsrechnung (Bild 1).

**Vorwärtsrechnung**
Ausgehend vom vorgegebenen (frühesten) Projektstarttermin wird durch Addition der Vorgangsdauer der früheste Projektabschlusstermin errechnet. Bei einem Vorgang, an dem mehrere Wege zusammenlaufen, wird mit dem jeweils größten Wert weitergerechnet.

**Rückwärtsrechnung**
Ausgehend vom vorgegebenen Projektabschlusstermin wird durch Subtraktion der Vorgangsdauer der spätest zulässige Projektstartzeitpunkt errechnet. Treffen bei einem Vorgang mehrere Pfeile zusammen, wird mit dem jeweils kleinsten Wert weitergerechnet.

**Puffer**
Die Differenz zwischen dem spätesten Wert der Rückwärtsrechnung und dem frühesten Wert der

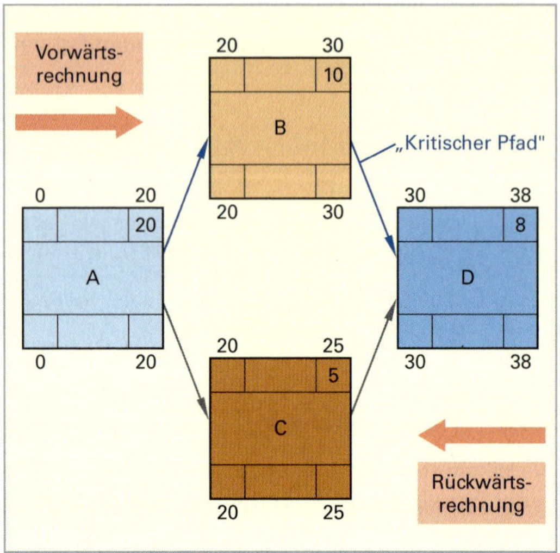


**Bild 1: Zeitrechnung**

Vorwärtsrechnung ergibt, bezogen auf den einzelnen Vorgang, die Pufferzeit. Sie gibt die Zeitreserve an, mit der ein Einzelvorgang spätestens eingeleitet werden muss.

**Vorteile der Netzplantechnik**
Das System der Netzplantechnik zwingt zu gründlichem Durchdenken des Projekts und des Projektablaufs.
Durch die eingehende Analyse des Projekts und die damit verbundene Aufteilung in einzelne Vorgänge, kann eine eindeutige Abgrenzung einzelner Kompetenzbereiche der am Projekt beteiligten Stellen erreicht und gleichzeitig deren Überwachung erleichtert werden.
Durch Angabe des kritischen Pfades sind die Wirkungen von Störungen und Verzögerungen frühzeitig zu erkennen und leicht in den Griff zu bekommen, da ihre Auswirkungen auf den ganzen Plan jederzeit durchgespielt werden können.

> Der kritische Pfad lässt die Wirkung von Störungen frühzeitig erkennen.

Nach dem Verabschieden des Netzplanes können Balkenpläne aufgestellt und diese an die Kompetenzbereiche weitergeleitet werden.
Auf der Basis eines Terminplanes ist es mithilfe der Netzplantechnik möglich, den Kosten- und Kapazitätsbedarf zu ermitteln und zu optimieren. Dem etwas größeren Aufwand für die Planung und Überwachung bei der Netzplantechnik stehen erhebliche Zeit- und Kostenersparnisse während der Ausführungsphase gegenüber.

**Kritischer Pfad**

Ist die Pufferzeit „0“, dann liegt dieser Vorgang auf dem kritischen Pfad. Dieser stellt den Weg durch das Projekt dar, der keine Zeitreserven mehr enthält. Entsprechend diesen Regeln führen wir auch die Zeitrechnung an unserem Netzplan für den Bau der Fabrikhalle durch (Bild 1). Man erkennt, dass die Halle innerhalb von 31 Wochen fertig gestellt werden kann und die Vorgänge 01, 11, 02, 12, 13, 41, 32, 51, 63, 14, 71 sich auf dem „Kritischen Pfad“ befinden, d.h. eine Verzögerung bei diesen Vorgängen wirkt sich auf den Endtermin aus.

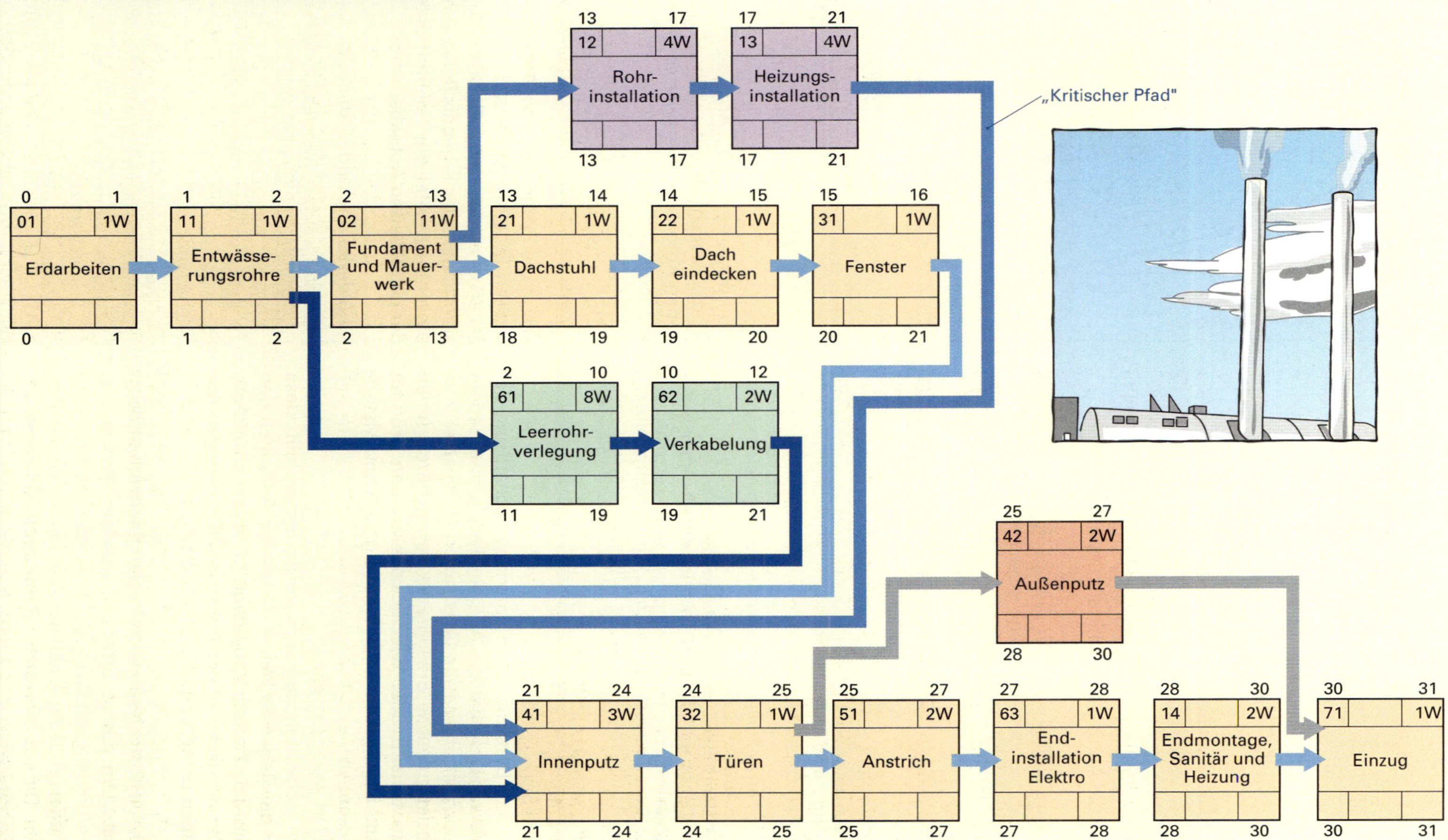

## 3.5 Planungshilfen

### 3.5.1 ABC-Analyse

Aufgabe der ABC-Analyse ist das Ermitteln der wirtschaftlichen Bedeutung verschiedener Gegenstände und Aufgaben in Form einer Rangordnung und ihrer Zuordnung zu den Wertgruppen A, B und C.

Die Aufgabengliederung zeigt in übersichtlicher Form, was getan wird, aber nicht, wie wichtig die einzelne Aufgabe ist. Die ABC-Analyse ermöglicht, die Wertigkeit der einzelnen Teilbereiche bezogen auf die Aufgabe zu ermitteln und darzustellen.

Durch die Kenntnis der Wertigkeit und der daraus resultierenden Rangfolge ist es möglich, bei Problemlösungen die Aufgaben oder Gegenstände, die einen Anteil am Wert haben, mit der entsprechenden Priorität zu versehen **(Bild 1)**.

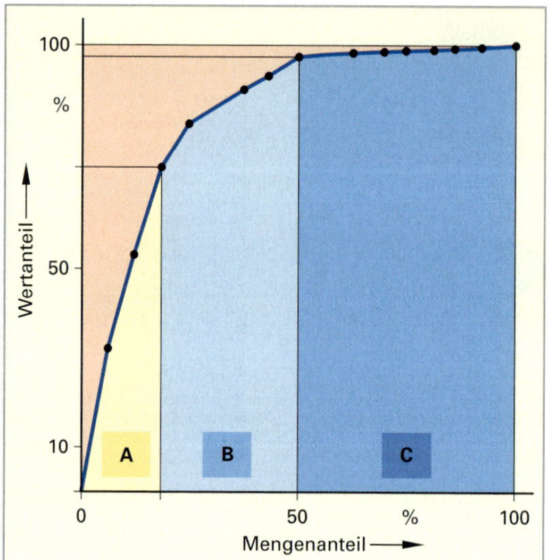


**Bild 1: Wertigkeit der Teile**

> Die ABC-Analyse gibt die Wertigkeit von Einzelgruppen an.

> Im Verwaltungs- und Dienstleistungsbereich dient die ABC-Analyse:
> - Dem Finden von Gestaltungsansätzen,
> - Der überschlägigen Qualifizierung von Arbeitsaufgaben,
> - Der Auswahl geeigneter Erhebungstechniken, damit Daten nur mit der Datengüte erhoben werden, die der Bedeutung der jeweiligen Aufgaben entsprechen.

In den Bereichen der Materialwirtschaft und der Wertanalyse hat die ABC-Analyse große Bedeutung. Mit ihrer Hilfe lässt sich zum Beispiel feststellen, welche Erzeugnisse den größten Anteil am Umsatz oder welche Lagerart den größten Anteil am gesamten Wert des gelagerten Materials haben.

Im Verwaltungsbereich wurde festgestellt, dass in der Regel ein kleiner Anteil der Aufgaben den größten Teil der Arbeitszeit in Anspruch nimmt. Der größere Teil der Aufgaben füllt dagegen nur einen geringen Teil der Arbeitszeit.

Die ABC-Analyse macht diesen Sachverhalt deutlich. Um das zu erfassen, werden Klassen von Aufgaben gebildet (A, B, C), die den entsprechend aufgewendeten Anteil der Arbeitszeit repräsentieren. Daraus kann sich z.B. folgende Klassenstruktur ergeben:

- 80% der Arbeitszeit entspricht der Aufgabenklasse A
- 15% der Arbeitszeit entspricht der Aufgabenklasse B
- 5% der Arbeitszeit entspricht der Aufgabenklasse C

Grundlage einer ABC-Analyse in diesem Bereich ist die Festlegung entsprechender Kriterien nach denen Aufgaben ausgewertet werden sollen. Das können sein:

- Mengen- und Zeitanteile,
- Der Aufwand in Mitarbeiterjahren,
- Personal-, Sachmittel- und Informationskosten.

Wenn die Ermittlung von Anteilen mit einem zu großen Erhebungsaufwand verbunden ist, kann zunächst eine einfache Gewichtung auf Schätzbasis erfolgen. Das Ergebnis jedes Verfahrens ist der prozentuale Anteil der Teil- und Unteraufgaben an der gegliederten Aufgabe.

**Wiederholung und Vertiefung**

1. Unter welchen Gesichtspunkten sollte eine Projektplanung betrachtet werden?
2. Welche Aufgaben soll der Projektleiter in einem größeren Team wahrnehmen?
3. In welchem Gesetz sind die Rechte des Betriebsrats verankert?
4. Wie kann die Akzeptanz der Mitarbeiter bei der Einführung neuer Vorhaben verbessert werden?
5. Welche Komponenten umfasst ein ganzheitliches Planungskonzept?
6. Welche verschiedenen Aussagen sollte die Festlegung eines Planungsziels beinhalten?

**Beispiel:**
ABC-Analyse, Ausschnitt mit 14 Teilen aus einem Teilelager.
**Tabelle 1:**
① Berechung des Jahresbedarfswertes,
② prozentualer Anteil
③ Bestimmung des Ranges

**Tabelle 2:**
① Eintrag und Sortierung nach dem Rang
② Berechnung des %-tualen kumulierten Jahresbedarfswertes
③ Bestimmung des Teileanteils (100%/14 = 7,1%)
④ Berechnung der kumulierten Positionenanzahl
⑤ Festlegung der ABC-Eingruppierung

**Tabelle 1: Ermittlung des Jahresbedarfs und des Rangplatzes**

| Pos. | Benennung | Jahresbedarf St/Jahr | Stückpreis /St | Jahresbedarfswert /Jahr | % | Rang-platz |
|---|---|---|---|---|---|---|
| 1 | Ständer | 600 | 18,90 € | 11 340,00 € | 23% | **2** |
| 2 | Hebel | 600 | 16,30 € | 9 780,00 € | 20% | **3** |
| 3 | Gewindebolzen M10 · 1 | 600 | 3,50 € | 2 100,00 € | 4% | **6** |
| 4 | Kurventeller | 600 | 25,60 € | 15 360,00 € | 31% | **1** |
| 5 | Stange | 600 | 6,80 € | 4 080,00 € | 8% | **4** |
| 6 | Scheibe | 600 | 3,00 € | 1 800,00 € | 4% | **7** |
| 7 | Scheibe | 1 200 | 3,00 € | 3 600,00 € | 7% | **5** |
| 8 | Druckfeder | 600 | 0,38 € | 228,00 € | 0% | **9** |
| 9 | Zylinderstift 10m6 · 24 | 600 | 0,08 € | 48,00 € | 0% | **13** |
| 10 | Zylinderstift 10m6 · 70 | 600 | 0,15 € | 90,00 € | 0% | **10** |
| 11 | Sechskantmutter ISO 4032 | 600 | 0,11 € | 66,00 € | 0% | **12** |
| 12 | Kugelkopf C 32 | 600 | 0,42 € | 252,00 € | 1% | **8** |
| 13 | Zylinderstift 1,5m6 · 6 | 1 200 | 0,03 € | 36,00 € | 0% | **14** |
| 14 | Sicherungsring 20 · 1,2 | 600 | 0,13 € | 78,00 € | 0% | **11** |
| | **Summen** | **9 600** | | **48 858,00 €** | **100%** | |

**Tabelle 2: Wert-Mengen-Klassifizierung mit ABC-Zuordnung**

| Rang | Pos. | Benennung | Jahresbedarfswert | | | Anzahl der Positionen | | | ABC Gruppe |
|---|---|---|---|---|---|---|---|---|---|
| | | | % | kumuliert | %Gruppe | % | kumuliert | %Gruppe | |
| 1 | 4 | Kurventeller | 31,4% | 31,4% | | 7,1% | 7,1% | | A |
| 2 | 1 | Ständer | 23,2% | 54,6% | **74,7%** | 7,1% | 14,3% | **21,4%** | A |
| 3 | 2 | Hebel | 20,0% | 74,7% | | 7,1% | 21,4% | | A |
| 4 | 5 | Stange | 8,4% | 83,0% | | 7,1% | 28,6% | | B |
| 5 | 7 | Scheibe | 7,4% | 90,4% | **23,7%** | 7,1% | 35,7% | **35,7%** | B |
| 6 | 3 | Gewindebolzen M10 · 1 | 4,3% | 94,7% | | 7,1% | 42,9% | | B |
| 7 | 6 | Scheibe | 3,7% | 98,4% | | 7,1% | 50,0% | | B |
| 8 | 12 | Kugelkopf C 32 | 0,5% | 98,9% | | 7,1% | 57,1% | | C |
| 9 | 8 | Druckfeder | 0,5% | 99,3% | | 7,1% | 64,3% | | C |
| 10 | 10 | Zylinderstift 10m6 · 70 | 0,2% | 99,5% | | 7,1% | 71,4% | | C |
| 11 | 14 | Sicherungsring 20 · 1,2 | 0,2% | 99,7% | **1,6%** | 7,1% | 78,6% | **50,0%** | C |
| 12 | 11 | Sechskantmutter ISO | 0,1% | 99,8% | | 7,1% | 85,7% | | C |
| 13 | 9 | Zylinderstift 10m6 · 24 | 0,1% | 99,9% | | 7,1% | 92,9% | | C |
| 14 | 13 | Zylinderstift 1,5m6 · 6 | 0,1% | 100,0% | | 7,1% | 100,0% | | C |
| | **Summen** | | **100%** | | | **100%** | | | |

Die Gruppe der A-Teile wird absichtlich bei 74,7% gesetzt, da die Position 2 (Hebel) mit nur 8,4% Wertanteil nicht in die Gruppe „passt", aber genau zu den B-Teilen gehört. Ähnliches gilt für die C-Teile, denn die 5% sind nicht erreicht, aber das Teil 6 (Scheibe) „passt" besser zu den B-Teilen.

### 3.5.2 Nutzwertanalyse

Die Nutzwertanalyse ist eine Entscheidungshilfe zwischen alternativen Lösungsvarianten. Die alternativen Lösungen werden mithilfe eines Punktesystems bewertet und das Ergebnis ergibt eine Reihenfolge der Alternativen. In die Entscheidungskriterien können objektiv und subjektiv bewertbare Merkmale aufgenommen werden. Die Ermittlung des Ergebnisses ist Teamaufgabe und wird durch die Systematik der Nutzwertanalyse transparent und nachvollziehbar dargestellt.

Eine Entscheidung, die auf der Basis einer Nutzwertanalyse gefällt wird, hat Bestand und ändert sich nur, wenn sich die Planungsgrundlagen ändern.
Bei bekanntem Projektziel oder bekannter Aufgabenstellung liegen z.B. drei mögliche Alternativen zum Erreichen des Zieles vor. Für die Ermittlung des Gewichtungsfaktors müssen die zehn wichtigsten Bewertungskriterien in einer Matrix gewichtet werden. Jedes einzelne Kriterium wird gegenüber jedem anderen bewertet.

Die Nutzwertanalyse macht Entscheidungen transparent.

**Beispiel: Flexible Fertigung**

Übergabe der Werkstücke (Rohteile) vom automatischen Flurförderfahrzeug in den Nahbereich der Werkzeugmaschine.

Die Aufgabenstellung in diesem Beispiel lautet:

Die bestmögliche Übergabe der zu bearbeitenden Rohteile vom fahrerlosen Transportsystem zur Werkzeugmaschine ist zu finden.

Die zu versorgenden Arbeitsplätze bestehen aus mehreren Werkzeugmaschinen mit unterschiedlichem Automatisierungsgrad. Drei Alternativen sind möglich **(Tabelle 1)**. Die zehn wichtigsten Bewertungskriterien werden vom Team erarbeitet und in die Gewichtungsmatrix eingetragen.

Ihr unterschiedlicher Einfluss auf die Entscheidungen wird mit dieser Matrix ermittelt **(Tabelle 1, folgende Seite)**. Beim Ausfüllen der Matrix lautet die Frage an das Team z.B.: Ist das Bewertungskriterium 1 (Arbeitskräftebedarf) wichtiger als das Kriterium 5 (Platzbedarf)? Antwort „Ja", dann eintragen 2/0. Die Quersumme ergibt den Gewichtungsfaktor (G). Der Erfüllungsgrad wird in diesem Beispiel mit den Faktoren 1 = Erfüllungsgrad schlecht, 2 = Erfüllungsgrad durchschnittlich und 3 = Erfüllungsgrad gut, bewertet, z.B. für das Bearbeitungszentrum BAZ[1] 1200 **(Tabelle 2)**.

Das Ergebnis für das BAZ 1200 wird als Produkt der Faktoren Gewichtung x Erfüllung ermittelt. Um das Ergebnis auf die wichtigsten Werkzeugmaschinen in der Halle ausdehnen zu können, müssen alle Arbeitsplätze entsprechend analysiert werden.

Das Produkt der Faktoren ist ein Maß für den Nutzen der einzelnen Alternativen, daher Nutzwert. Addiert man die Nutzwerte getrennt für jede Alternative, ergibt sich die Rangfolge der Alternativen. Der rechnerisch höchste Nutzwert zeichnet die beste Alternative aus **(Tabelle 2)**.

[1] BAZ, Abk. für Bearbeitungszentrum

**Tabelle 1: Beispiel: Übergabe der Rohteile/Werkzeugmaschine**

| | |
|---|---|
| Alternative 1 | Übergabe der Rohteile auf ein Ablagegestell (maschinennah). |
| Alternative 2 | Übergabe der Rohteile auf eine Spannstation (nahe Palettenwechsler). |
| Alternative 3 | Übergabe der gespannten Rohteile direkt in den Palettenwechsler. |

**Tabelle 2: Ermittlung des Erfüllungsgrades (E)**

| | Erfüllungsgrad BAZ 1200 | 1. Alternative | 2. Alternative | 3. Alternative |
|---|---|---|---|---|
| 1 | Arbeitskräftebedarf | 1 | 2 | 2 |
| 2 | Autonome Bearbeitung | 1 | 2 | 3 |
| 3 | Technisches Risiko Realisierbarkeit Zuverlässigkeit | 3 | 2 | 1 |
| 4 | Stufenweiser Aufbau Anlaufverhalten | 3 | 2 | 1 |
| 5 | Platzbedarf | 2 | 0 | 3 |
| 6 | Notbetrieb bei Ausfall des Verkettungssystems | 3 | 1 | 1 |
| 7 | Organisationsaufwand | 3 | 2 | 1 |
| 8 | Systemleistungsfähigkeit Durchlaufzeit pro Werkstück | 2 | 2 | 3 |
| 9 | Flexibilität (Kapazität, Produkte, Änderungen) | 3 | 2 | 2 |
| 10 | Investitionskosten | 3 | 1 | 1 |

**Beispiel (Fortsetzung) mit Gewichtung**

**Tabelle 1: Zehn Bewertungskriterien**

| | Bewertungskriterien | 1 | 2 | 3 | 4 | 5 | 6 | 7 | 8 | 9 | 10 | Gewichtungs-faktoren (G) |
|---|---|---|---|---|---|---|---|---|---|---|---|---|
| 1 | Arbeitskräftebedarf | | 0 | 0 | 1 | 2 | 1 | 2 | 1 | 0 | 1 | 8 |
| 2 | Autonome Bearbeitung | 2 | | 0 | 0 | 2 | 1 | 2 | 1 | 0 | 1 | 9 |
| 3 | Techn. Risiko, Realisierbarkeit Zuverlässigkeit | 2 | 2 | | 2 | 2 | 1 | 2 | 2 | 1 | 2 | 16 |
| 4 | Stufenweiser Aufbau Anlaufverhalten | 1 | 2 | 0 | | 2 | 1 | 2 | 1 | 1 | 2 | 12 |
| 5 | Platzbedarf | 0 | 0 | 0 | 0 | | 0 | 1 | 0 | 0 | 1 | 2 |
| 6 | Notbetrieb bei Ausfall des Verkettungssystems | 1 | 1 | 1 | 1 | 2 | | 2 | 1 | 1 | 2 | 12 |
| 7 | Organisationsaufwand | 0 | 0 | 0 | 0 | 1 | 0 | | 0 | 0 | 1 | 2 |
| 8 | Systemleistungsfähigkeit/ Durchlaufzeit pro WS | 1 | 1 | 0 | 1 | 2 | 1 | 2 | | 1 | 1 | 10 |
| 9 | Flexibilität (Kapazität, Produkte, Änderungen) | 2 | 2 | 1 | 1 | 2 | 1 | 2 | 1 | | 2 | 14 |
| 10 | Investitionskosten | 1 | 1 | 0 | 0 | 1 | 0 | 1 | 1 | 0 | | 5 |

*Punkteverteilung:* 2 : 0 ⇒ 1. Kriterium wichtiger als 2. Kriterium, 1 : 1 ⇒ 1. Kriterium gleich wichtig wie 2. Kriterium, 0 : 2 ⇒ 1. Kriterium weniger wichtig als 2. Kriterium.

**Tabelle 2: Nutzwertermittlung**

| Übergabestation BAZ 1200 | | Gewich-tungs-faktoren | Übergabe-alternative 1 | | Übergabe-alternative 2 | | Übergabe-alternative 3 | |
|---|---|---|---|---|---|---|---|---|
| Bewertungskriterien | | G | E | G · E | E | G · E | E | G · E |
| 1 | Arbeitskräftebedarf | 8 | 1 | 8 | 2 | 16 | 2 | 16 |
| 2 | Autonome Bearbeitung | 9 | 1 | 9 | 2 | 18 | 3 | 27 |
| 3 | Techn. Risiko, Realisierbarkeit Zuverlässigkeit | 16 | 3 | 48 | 2 | 32 | 1 | 16 |
| 4 | Stufenweiser Aufbau Anlaufverhalten | 12 | 3 | 36 | 2 | 24 | 1 | 12 |
| 5 | Platzbedarf | 2 | 3 | 6 | 2 | 4 | 1 | 2 |
| 6 | Notbetrieb bei Ausfall des Verkettungssystems | 12 | 3 | 36 | 1 | 12 | 1 | 12 |
| 7 | Organisationsaufwand | 2 | 3 | 6 | 2 | 4 | 1 | 2 |
| 8 | Systemleistungsfähigkeit/ Durchlaufzeit pro WS | 10 | 2 | 20 | 2 | 20 | 3 | 30 |
| 9 | Flexibilität, (Kapazität, Produkte, Änderungen) | 14 | 3 | 42 | 2 | 28 | 2 | 28 |
| 10 | Investitionskosten | 5 | 3 | 15 | 1 | 5 | 1 | 5 |
| Analytische Systemwerte | | | | 224 | | 159 | | 154 |

*E = 1: schlecht, E = 2: durchschnittlich, E = 3: gut*

*Ergebnis:* Die Übergabealternative 1 erreicht die höchste Punktzahl und ist daher zu wählen.

### 2.5.3 Wertanalyse

Nach DIN 69 910 wird die Wertanalyse als das systematische, analytische Durchdringen von Funktionsstrukturen mit dem Ziel einer abgestimmten Beeinflussung von deren Elementen, z.B. Kosten und Nutzen, in Richtung einer Wertsteigerung bezeichnet. Hierbei werden die Funktionen eines geplanten oder bereits gefertigten Erzeugnisses festgestellt, analysiert und für ihre technische Verwirklichung systematisch alle heute denkbaren Lösungen ermittelt und überprüft. Anschließend wird diejenige Lösung ausgewählt und bis zur Fertigungseinführung verfolgt, deren Kosten dem gesetzten Kostenziel am nächsten kommt und deren Wirtschaftlichkeit gewährleistet ist.

Die Verbreitung der Wertanalyse hat ihre Ursache darin, dass sie eine sehr wirkungsvolle Methode zur Verringerung der Herstellungskosten von Erzeugnissen darstellt. Die Wertanalyse hat sich darüber hinaus als eine Denkweise erwiesen, die nicht nur auf Erzeugnisse, sondern auch auf Organisationen, Abläufe und Einrichtungen innerhalb eines Betriebes angewendet werden kann, deren Verwirklichung in wirtschaftlicher Weise geschehen soll.

Diese Denkweise hat folgende Merkmale:

- Die, auf die Funktion des untersuchten Objektes gerichtete Betrachtungsweise,
- Die organisatorische Zusammenarbeit (Teamarbeit) zwischen Mitarbeitern aus verschiedenen Verantwortungsbereichen,
- Die systematische Anwendung von Regeln für gemeinsames, kreatives Arbeiten.

**Funktion**

Die Funktion ist der zentrale Begriff der Wertanalyse. Ihr Ziel ist, die gewünschte Funktion eines Produkts mit dem geringsten Aufwand so zu erfüllen, dass sie den größten Nutzen und damit den größten Ertrag bringt. Die Differenz zwischen Ertrag und Aufwand ist der Wert eines Produkts.

Unter Funktion sind alle Aufgaben zu verstehen, die mithilfe eines bestehenden oder zu entwickelnden Erzeugnisses erfüllt werden beziehungsweise erfüllt werden sollen.

Die Beschreibung der Funktion soll nicht mehr als zwei Worte, ein Hauptwort und ein Tätigkeitswort umfassen.

**Beispiel:** Die Funktion eines Kühlschranks ist: Nahrungsmittel kühlen.

> Die Beschreibung der Funktion soll möglichst nicht länger als zwei Worte sein.

**Funktionsarten und Funktionsklassen**

Man unterscheidet:

- Gebrauchsfunktionen (so genannte technische Funktionen),
- Geltungsfunktionen (so genannte nichttechnische Funktionen).

Die *Gebrauchsfunktion* einer Uhr ist, die Zeit anzuzeigen. Ihre *Geltungsfunktion* ist, schön auszusehen. Investitionsgüter haben vorwiegend Gebrauchsfunktionen, Schmuck und Kunstgegenstände fast ausschließlich Geltungsfunktionen.

Weiter sind folgende Funktionsklassen von Bedeutung:

- Hauptfunktionen und
- Nebenfunktionen.

*Hauptfunktionen* kennzeichnen die eigentliche Aufgabe des zu untersuchenden Erzeugnisses, z.B. Glühlampe: Licht abgeben. Ihre Erfüllung ist unerlässlich.

*Nebenfunktionen* kennzeichnen weitere notwendige Aufgaben (Nebenaufgaben), die dazu beitragen, die Hauptfunktionen zu erfüllen, z.B. Glühlampe: Stromzufuhr ermöglichen **(Bild 1)**.

Nebenfunktionen sind häufig durch die Art der gewählten Konstruktion bedingt. Nebenfunktionen, die vom Kunden nicht verlangt beziehungsweise nicht angemessen honoriert werden, sind unnötig.

Solche Funktionen können auch aus unklaren Angaben oder einer Missdeutung der Aufgabenstellung resultieren. Sie können auch von der Eigenart einer Lösung abhängen (z.B. Glühlampe: Wärme erzeugen).

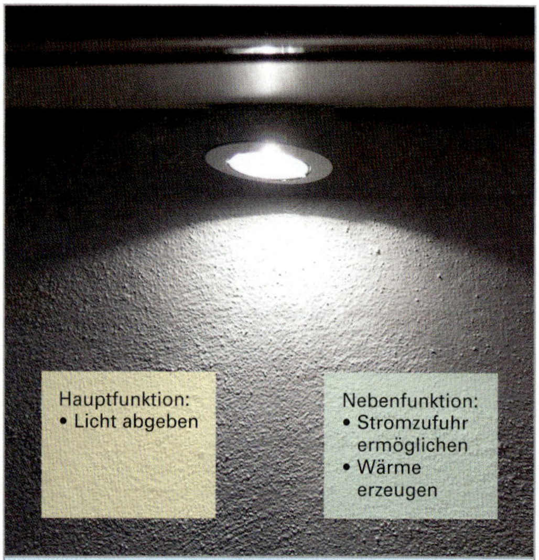


**Bild 1: Wertigkeit der Teile**

Beispiele für Haupt- und Nebenfunktionen eines Mixermessers sind in zwei Lösungsalternativen angegeben **(Bild 1)**. Die Hauptfunktion des Mixermessers ist: Speisen zerkleinern. Bei der Lösung a werden für die Erfüllung der Hauptfunktion drei verschieden geformte Messer verwendet. Bei der Lösung b wird die Hauptfunktion von einem aus einem Stück hergestellten Messer erreicht.
Die Nebenfunktionen
- Messer ausrichten,
- Messer befestigen,
- Messer antreiben,

werden bei der Lösung a durch ein Zwischenstück mit zwei Flächen, einer Mutter, einer Abdeckkappe, zwei Scheiben und einer Antriebswelle erfüllt. Die Lösung b zeigt, dass die genannten Nebenfunktionen ebenso gut mit drei Einzelteilen, der Mutter, der Abdeckkappe und der Welle erfüllt werden können.

**Bild 1: Lösungsalternativen für ein Mixermesser**

## Funktionsbedingte Eigenschaften

Die Beschreibung der Funktion wird durch Nennung der funktionsbedingten Eigenschaften ergänzt. Durch sie sollen die besonderen Ansprüche wiedergegeben werden, die an das Erzeugnis gestellt werden, wie gut, wie lang, und wie oft es beispielsweise benutzt werden soll.

Die funktionsbedingten Eigenschaften sollen möglichst zahlenmäßig angegeben werden, z.B. Temperatur 600 °C, Lebensdauer 3000 h. Das Produkt soll diese Eigenschaften gerade erfüllen, es soll nicht schlechter, aber auch nicht wesentlich besser sein.

Die funktionsbedingten Eigenschaften entsprechen den Minimalforderungen bei der Gestaltung von Arbeitssystemen. Es gilt, dass nur die Eigenschaften beziehungsweise Forderungen genannt werden sollen, die unbedingt erfüllt werden müssen und dass keine überflüssigen oder überhöhten Forderungen gestellt werden dürfen, z.B. bei der Rauigkeit der Oberfläche oder bei Toleranzangaben.

## Funktionsanalyse

Die Funktionsanalyse besteht in der Erfassung eines Produkts durch:

- Benennung und Beschreibung der Funktion seiner Einzelteile,
- Angaben der Funktionsart,
- Angabe der Herstellungskosten.

Die Lösungsalternativen werden sodann hinsichtlich der Kosten gegenübergestellt. Dabei berücksichtigt man neben den Materialeinzelkosten und den Fertigungslohnkosten auch Kosten für Ersatzteilhaltung und wenn möglich auch Kosten für etwaige Gewährleistungen.

Die Senkung von Produktkosten können durch folgende Maßnahmen erreicht werden:

- Reduzierung der Anzahl der Einzelteile,
- Montagegerechte Gestaltung der Bauteile,
- Vorgruppenmontage,
- Komplettbearbeitung von Einzelteilen.

Jede Toleranzerweiterung und jede Reduzierung der Oberflächengüte senkt die Produktionskosten erheblich. Voraussetzung ist dabei aber, dass die geplante Funktion des Produkts erhalten bleibt.

**Beispiel:** Herstellung eines Federbandes für eine Reglereinstellplatte

## 1. Funktionsanalyse

| Skizze: | Beschreibung: |
|---|---|
| 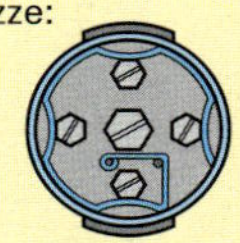 | Die Baugruppe besteht aus der Einstellplatte, 5 Sechskantschrauben, zwei Stiften und einem mehrfach gebogenen Federband. Das Federband liegt federnd an den Schrauben an und ist axial durch einen Sicherungsring auf einem der Aufnahmestifte gesichert. |

Funktionsbedingte Eigenschaften:
Schrauben m ssen verstellbar sein, dabei muss die Federsteifigkeit so sein, dass die Rastung gut sp rbar ist. Federband muss demontierbar und austauschbar sein.

| Nr. | Benennung | Beschreibung der Funktion | Haupt- Funktion | Neben- Funktion | Herstellungskosten /100 St. | % |
|---|---|---|---|---|---|---|
| 1 | Einstellplatte (ohne Schrauben) | Schrauben und Stifte aufnehmen, Federband abst tzen | | X | 7,44 | 8,5 |
| 2 | Federband | Schrauben sichern | X | | 15,07 | 17,2 |
| 3 | Stift | Feder abst tzen und axial sichern | | X | 2,76 | 3,1 |
| 4 | Stift | Feder abst tzen | | X | 1,66 | 1,9 |
| 5 | Sicherungs-scheibe | Federband sichern | | X | 0,24 | 0,3 |
| | Montage des Federbandes einschl. Sicherungsring | | | | 60,75 | 69,0 |
| | | | | | 87,92 | 100,0 |

## 3. Kostenvergleich (nur Materialeinzelkosten und Fertigungslohnkosten)

| Nr. | Kostenart | Ist-Zustand | Lösung 2 | Lösung 3 |
|---|---|---|---|---|
| 1 | Materialkosten in /100 Stück<br>Einstellplatte mit Einstich<br>Federband | 27,17 | <br>3,75<br>5,48 | <br>3,75<br>5,48 |
| 2 | Fertigungslohnkosten für Montage in 100/Stück | 60,75 | 14,40 | 13,72 |
| 3 | Vergleichskosten in /100 Stück | 87,92 | 23,63 | 23,05 |
| 4 | Vergleichskosten in % | 100 | 26,8 | 26,1 |
| 5 | Vergleichskosten in /Jahr bei m = 24000 Stück/Jahr | 21 000 | 5 670 | 5 530 |
| 6 | Kosten für Entwicklung und Einführung der neuen Lösungen | | 800 | 1 000 |
| 7 | R ckverdienstzeit in Jahren | | 0,1 | 0,1 |

## 2. Làsungsalternativen

| Nr. | Vorschlag für Federband | Vorteil | Nachteil | Bemerkung |
|---|---|---|---|---|
| | Ist-Zustand 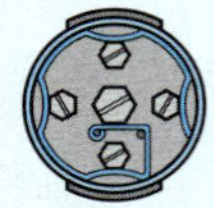 | | | |
| 1 | ohne Bolzen und Stift 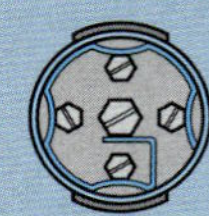 | wenige Teile | Federung f r mittlere Schraube evtl. nicht mehr ausreichend | nicht weiter verfolgen, da 2 und 3 g nstiger |
| 2 | gerade Federbànder 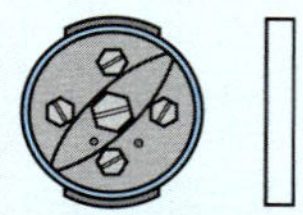 | zwei einfache, gleiche Federn; Sicherungsscheibe, Bolzen, Stift, 2 Bohrungen und Montage der Stifte entfallen | Federn kippen bei ung nstiger Stellung der Schrauben | weiter verfolgen, Muster anfertigen, Probe |
| 3 | 1 U-fàrmig gebogenes Federband 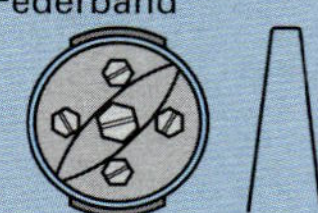 | nur eine Feder, einfache Biegeform, sonst wie bei 2 | Montage evtl. schwieriger als bei 2 | weiter verfolgen, Muster anfertigen, Probe |
| 4 | 2 dreieckförmig gebogene Federn 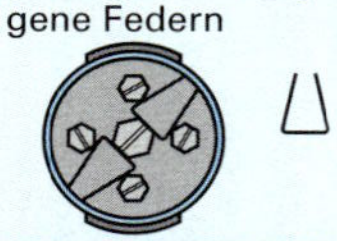 | weniger Teile, einfache Montage | teurere Federn als bei 2; Bruchgefahr, da scharfe Biegekanten | nicht weiter verfolgen |
| 5 | Weichgummi- oder Plastikteile 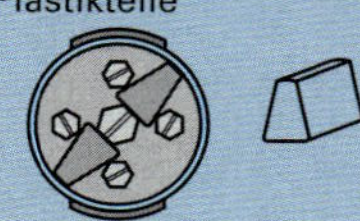 | wenige, einfache Teile, einfache Montage | Rastung evtl. nicht ausreichend | provisorisches Muster anfertigen, Dauerlauf notwendig |

# 4 Grundlagen des betrieblichen Informationssystems

## 4.1 Information und Produktionsfaktoren

Das wichtigste Ziel eines Unternehmens ist es, die eigene Existenz auch für die Zukunft zu sichern. Um die laufenden Geschäftsprozesse zu finanzieren und die Beschäftigung der Mitarbeiter abzusichern müssen durch Leistungserstellung ausreichende Erträge erwirtschaftet werden. Dies geschieht im Produktionsunternehmen durch die sinnvolle Kombination der elementaren **Produktionsfaktoren** (Elementarfaktoren):

- Menschliche Arbeit,
- Betriebsmittel,
- Material und Energie.

Mithilfe von **Informationen** werden aus diesen Elementarfaktoren Produkte hergestellt, die von den Kunden gewünscht und erworben werden **(Bild 1)**. Die Informationen sind z.B. aus Zeichnungen, Stücklisten, Arbeitsplänen oder Aufträgen zu entnehmen. Sie sind aber auch als Wissen (Know-how) in den Köpfen der Mitarbeiter gespeichert. Produzieren ist also das Umwandeln von Information in gestaltete Materie mithilfe der Produktionsfaktoren. Die Produktionsfaktoren, die man zur Fertigung (Teilefertigung und Montage) von Erzeugnissen benötigt, nennt man **Ressourcen**[1].

## 4.2 Produktprogramm und Produktlebenszyklus

Das Produktionsziel muss die Befriedigung individueller Kundenwünsche sein. Der besondere Nutzen für den Abnehmer kann dabei im Produkt selbst, z.B. Preis, Funktionalität, Qualität und Variantenvielfalt und auch in der Serviceleistung begründet sein.

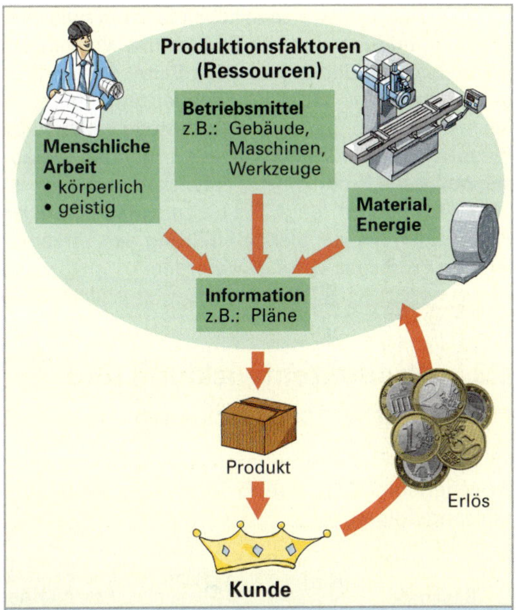


**Bild 1: Information und Produktionsfaktoren**

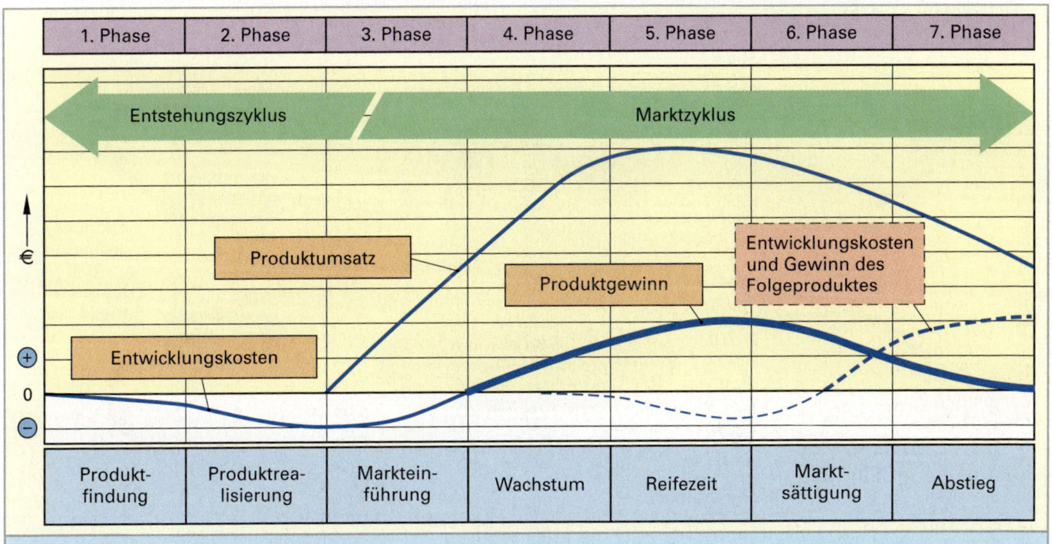


**Bild 2: Der Produktlebenszyklus**

[1] franz. la ressource = Hilfsquelle, Hilfsmittel, Geldmittel

Aufgrund geänderter Marktanforderungen und technologischer Entwicklungen kann kaum ein Produkt für alle Zeiten im **Produktprogramm** (alle vom Unternehmen angebotenen Produkte) bleiben. Für die rechtzeitige Änderung oder Ergänzung des Produktprogrammes zur Sicherung der Wettbewerbsfähigkeit eines Unternehmens muss man wissen, in welcher „Lebensphase" sich jedes Produkt befindet. In Abhängigkeit von der typischen Umsatz- und Gewinnentwicklung werden im **Produktlebenszyklus** für jedes Produkt **sieben Lebensphasen** zwischen der Ideenfindung und der Rücknahme vom Markt unterschieden **(Bild 2, vorherige Seite)**. Dieser Produktlebenszyklus hat sich in den letzten Jahren für die meisten technischen Produkte stetig verkürzt. Es müssen daher in immer kürzer werdenden Zeitabständen neue Produktideen entwickelt und die Frist **„Time-to-market"** (engl. Zeit bis zum Markt) von der Produktidee bis zur Markteinführung des verkaufsfähigen Produktes verringert werden.

## 4.3 Produktentwicklung und Auftragsabwicklung

Im Produktionsunternehmen unterscheidet man zwischen folgenden zwei Prozessketten (Abläufen, Vorgangsfolgen):

- dem **technischen** produkt- und produktionsorientierten Prozess zur **Produktentwicklung** neuer Produkte und
- dem **logistischen** ablauforientierten Prozess zur **Kundenauftragsabwicklung (Bild 1)**.

Beide Prozesse laufen aufgrund des Produktlebenszyklus und der immer wieder neu zu bearbeitenden Kundenaufträge zyklisch ab.

In der Wirtschaft versteht man unter **Logistik** ein System zur ertragsoptimierten Planung, Steuerung und Durchführung sämtlicher Material- und Warenbewegungen innerhalb und außerhalb des Unternehmens. Die so genannte **logistische Kette** umfasst den Materialfluss von der Beschaffung beim Zulieferbetrieb über die Produktion von Produkten im Unternehmen bis zum Vertrieb der Produkte an die Kunden und die Entsorgung der Abfallstoffe sowie den entsprechenden planenden und steuernden Informationsfluss. Während sich die Logistik sowohl auf den Materialfluss als auch auf den Informationsfluss bezieht, umfasst die so genannte Produktionsplanung und -steuerung (PPS) im wesentlichen nur den entsprechenden Informationsfluss.

Der **Wertschöpfungsprozess** umfasst alle Vorgänge, die zur Erfüllung des Kundenwunsches erforderlich sind. Er ist optimal gestaltet, wenn nur Tätigkeiten (Prozesse) und Ressourcen erforderlich sind, die unmittelbar zur Erfüllung des Kundenwunsches beitragen.

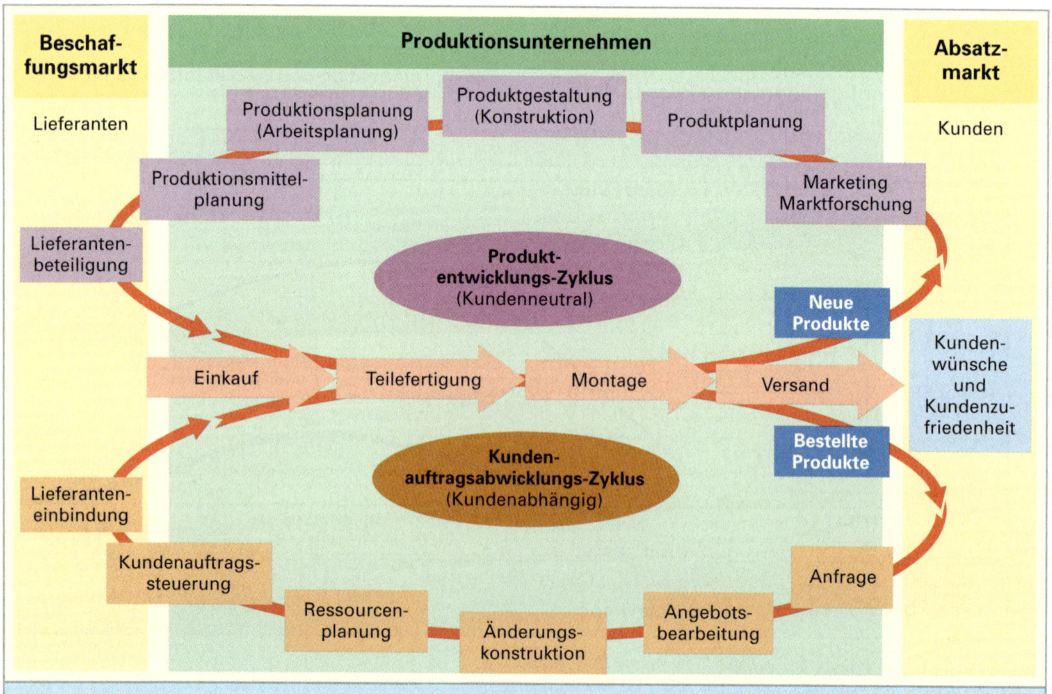


**Bild 1: Die Unternehmensprozessketten Produktentwicklung und Kundenauftragsabwicklung**

## 4.4 Datenmanagement

**Produktdatenmanagement (PDM)**

Mit dem Produktdatenmanagement wird der gesamte Lebenszyklus eines Produkts im voraus überlegt (antizipiert) und informationstechnisch begleitet. So werden Produkte in allen Phasen von dem Produktentwurf, der Produktkonstruktion über die Fertigung, den Vertrieb, der Nutzung bis hin zur Verschrottung durch Simulation und Virtualisierung getestet **(Bild 1)**.

**Produktdatenmodell**

Für dieses Produktdatenmanagement wird ein Produktdatenmodell erstellt **(Bild 2)**. Es beschreibt das Produkt durch Dateien für:

- Die Geometrie insgesamt und für die Einzelteile,
- die Stücklisten,
- die Fertigungsvorgänge mit NC-Daten und Roboterprogrammen,
- die Werkstoffe,
- die Prüf- und Testprogramme,
- die Aufbauvorgänge (Digital Mock Up),
- die Produktpräsentation,
- die Kostenrechnung,
- die Vertriebs- und Marketingvorgänge,
- die Wartung und den Service,
- das Recycling.

**ERP-System**

Das PDM ermöglicht eine ganzheitliche Darstellung aller produktrelevanten Eigenschaften und es kooperiert eng mit dem ERP-System eines Unternehmens **(Bild 3)**. ERP steht für Enterprise Resource Planning = Unternehmens Quellen Planung und ist ein Informationssystem, das auf einer Datenbank alle Unternehmensressourcen, d.h. die Fertigungskapazitäten, die Lieferfähigkeiten, die Personalkapazitäten, die Dienstleistungsfähigkeiten am Bildschirm abrufbar zur Verfügung stellt.

Die Nutzung heutiger ERP-Systeme wie auch das PDM erfolgt über Browser, sehr ähnlich dem Internetbrowser (www). In vielen Unternehmen ist das hausinterne Internet (= Intranet) Bestandteil des ERP-Systems.

Mit PDM und ERP ist es möglich, Informationen und Daten so zu strukturieren und bereitzustellen, dass „Wissen" entsteht. Und „Wissen" ist das eigentliche Potenzial eines Unternehmens.

Mit „Wissen" werden neue Märkte erschlossen, neue Produkte entwickelt und so gefertigt und vertrieben, dass Gewinne entstehen.

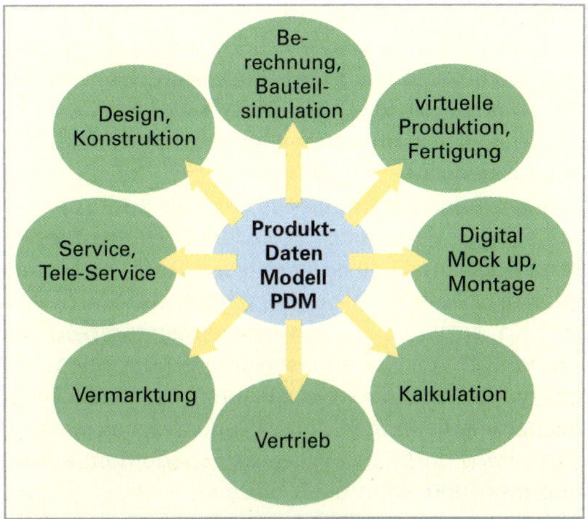


**Bild 1: Produkt-Daten-Management**

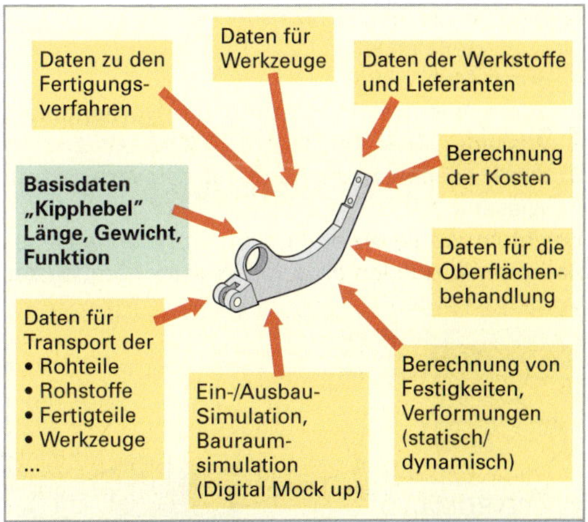


**Bild 2: Produktdatenmodell**

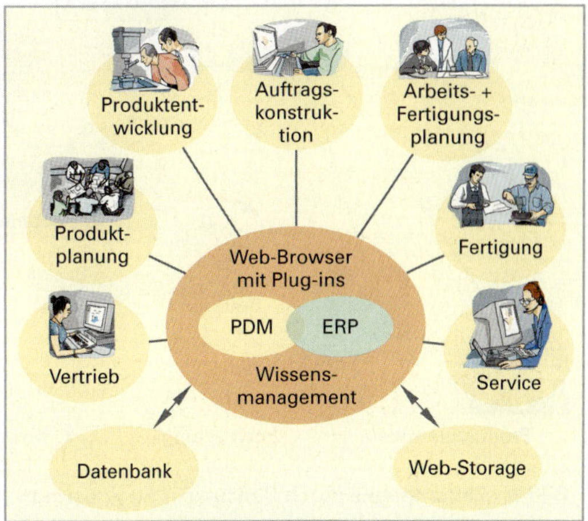


**Bild 3: PDM und ERP**

**Wissensmanagement**

Das Wissensmanagement sorgt dafür, dass Wissen nutzergerecht zur Verfügung steht. Es stellt z.B. dem Werker an der CNC-Maschine ergänzend zu seinen CNC-Datensätzen auch Informationen über die eingesetzten Werkstoffe, über die Nutzung der von ihm gefertigten Werkstücke und über die Kunden zur Verfügung. So wird der Werker umfassend auch über seine eigentliche Aufgabe hinaus informiert und damit auch stärker motiviert. Umgekehrt ermöglicht das Wissensmanagement die Aufnahme von Kenntnissen und Erfahrungen, die der Werker macht. Er hat z.B. eine bestimmte Technik beim Aufspannen eines Werkstücks entwickelt. Diese wird durch das Wissensmanagement aufgenommen und dann auch anderen – bei ähnlichen Aufgaben – zur Verfügung gestellt.

Durch ein systematisches Management im unternehmensbezogenen Wissen werden Wettbewerbsvorteile erzielt:

1. durch Mehrwissen,
2. durch bessere Ausnutzung des vorhandenen Wissens,
3. durch schnellere Anwendung des verfügbaren Wissens.

Das Mehrwissen erzielt man durch systematisches Sammeln („Aufsaugen") von Wissen, nämlich das Wissen der Mitarbeiter, der Kunden und der Wettbewerber.

Die bessere Ausnutzung erreicht man neben der Zurverfügungstellung von technischen Hilfsmitteln wie PCs mit PDM/ERP und den zugehörigen Programmen zum Wissensmanagement durch problemorientierte Teambildung mit den Aufgaben der Problemanalyse, der Entwicklung von Lösungsansätzen und der Umsetzung von Lösungskonzepten. Die schnellere Anwendung des verfügbaren Wissens erfolgt durch gut strukturierte Wissensdatenbanken, die über den Browser schnell und einfach abgefragt werden können.

**Workflow**

Mit PDM können die Teilaufgaben der Fertigung ineinandergreifend organisiert werden. Anstelle der früheren sequentiellen (aufeinanderfolgenden) Arbeitsfolge (Workflow) wird nunmehr die Folgearbeit bereits angestoßen bevor die Vorarbeit vollständig abgeschlossen ist **(Bild 1)**. Man spricht von Concurrent Engineering[1] (gleichzeitiges tätig sein). Dies führt zu einer Zeitersparnis und damit zu einem Wettbewerbsvorteil.

Das Concurrent Engineering erbringt im Workflow eine Zeitersparnis und damit einen Wettbewerbsvorteil.

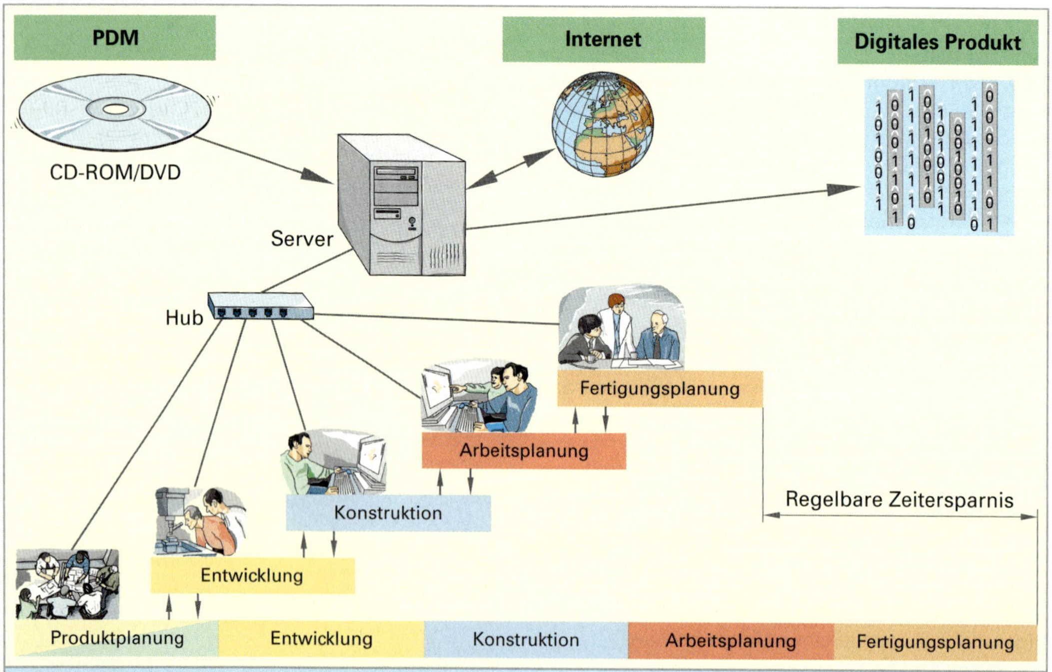


**Bild 1: Zeitersparnis durch Concurrent Engineering**

[1] Neben dem Begriff Concurrent Engineering wird auch der Begriff Simultaneous Engineering (SE) verwendet.

## 4.5 Computer Aided Industry (CAI)

Zur informationstechnischen Unterstützung des Produktionsunternehmens eine Vielzahl von computergestützten Systemen eingesetzt. Der primär technische, produktbezogene Informationsprozess von der Produktentstehung bis zur eigentlichen Fertigung wird zum CAD/CAM-System zusammengefasst. Er gliedert sich in die rechnerunterstützte Entwicklung und Konstruktion (CAD), die rechnerunterstützte Planung des Produktionsprozesses (CAP), die rechnerunterstützte Fertigung (CAM) sowie die rechnerunterstützte Qualitätssicherung (CAQ) **(Bild 1)**.

Der Begriff **Computer Aided Design (CAD)** umfasst alle konstruktionsbegleitenden Tätigkeiten wie die Berechnung und Simulation von Entwicklungsentwürfen, einschließlich der grafisch-interaktiven Darstellung (Zeichnung) von Gegenständen mit Rechnerunterstützung. Ein gutes CAD-System beinhaltet außerdem ein umfangreiches Informationssystem über Normen, Richtlinien, mögliche Zukaufsteile und die bereits im Unternehmen erstellten Zeichnungen.

Aufgabe des **Computer Aided Planning (CAP)** ist die Unterstützung beim Erstellen von Arbeitsplänen. Mithilfe von rechnerunterstützten Verfahren werden die optimalen Arbeitsvorgangsfolgen, Betriebsmittel und Vorgabezeiten festgelegt. Bei der geplanten Fertigung durch NC-Maschinen kann im Rahmen von CAP das, die Maschine steuernde, NC-Programm rechnerunterstützt erstellt werden. Es enthält, neben den aus dem CAD-System übernommenen Geometriedaten des zu fertigenden Teiles, auch die Technologiedaten für die CNC-Maschine, wie z.B. Drehzahl und Vorschub.

Mit **Computer Aided Manufacturing (CAM)** wird die rechnerunterstützte kurzfristige technische Steuerung und Überwachung von Arbeitsmaschinen, z.B. NC-Drehmaschinen, Handhabungsgeräten, z.B. Roboter sowie Transport- und Lagersystemen bezeichnet.

Unter **Computer Aided Quality Assurance (CAQ)** versteht man die computerunterstützte Planung und Durchführung des Qualitätsmanagements. Ein umfassendes CAQ-System unterstützt die konsequente Verfolgung des Qualitätsgedankens von der Produktidee bis zum praktischen Einsatz beim Kunden.

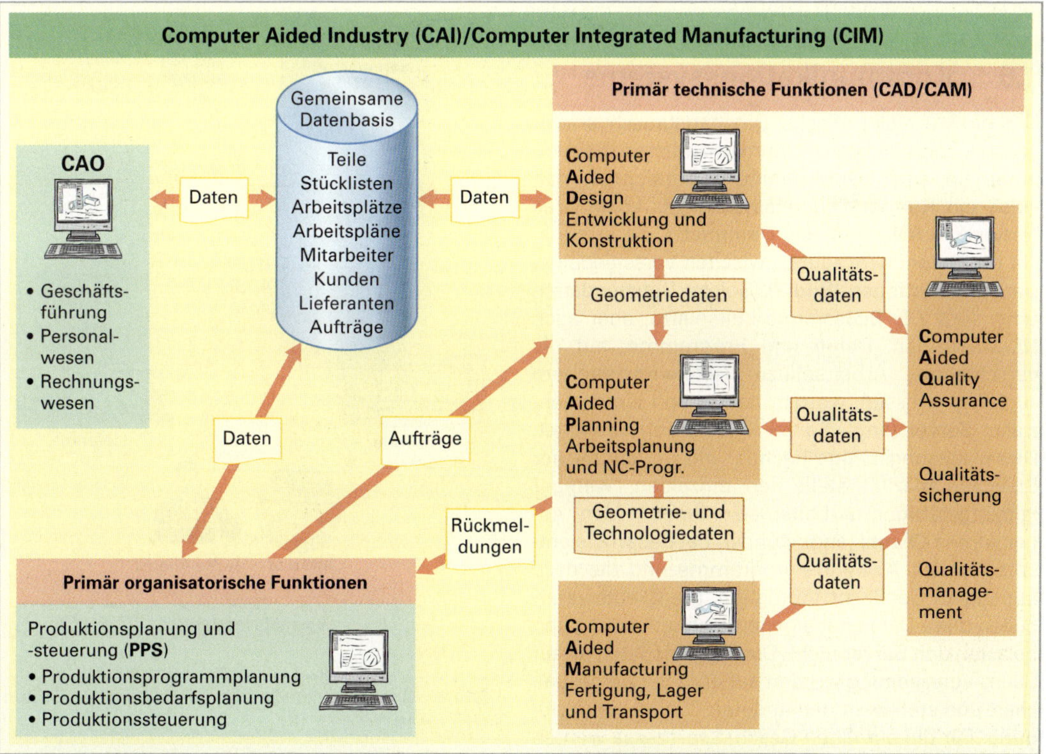


**Bild 1: Zeitersparnis durch Concurrent Engineering**

Die computerunterstützte **Produktionsplanungs- und steuerungssysteme (PPS)** wird mit Hilfe von ERP-Systemen (Enterprise Resource Planning) durchgeführt. Diese Systeme dienen der organisatorischen Planung, Steuerung und Überwachung der Produktionsabläufe, um den Absatzmarkt mit den gewünschten Produkten in der richtigen Menge termingerecht und kostengünstig zu versorgen. In enger Abstimmung mit dem Vertrieb werden dazu dem CAD/CAM-Bereich und dem Einkauf unter Berücksichtigung des jeweiligen Kapazitäts- und Materialbestandes die entsprechenden Aufträge erteilt.

Der integrierte Einsatz der Informationstechnik in allen mit der Produktion zusammenhängenden Unternehmensbereichen wird als **Computer Integrated Manufacturing (CIM)** bezeichnet. Ein sinnvolles Zusammenwirken ist nur möglich, wenn alle CIM-Komponenten mit denselben Daten arbeiten können. Eine gemeinsame und jederzeit aktuelle Datenbasis ist also zwingend notwendig.

Unter dem Begriff **Computer Aided Office (CAO)** werden die Informationssysteme im Büro- und Verwaltungsbereich zusammengefasst. Die Verbindung des CIM-Systems mit dem CAO-System wird als **Computer Integrated Business (CIB)** oder **Computer Integrated Industry (CAI)** bezeichnet **(Bild 1)**.

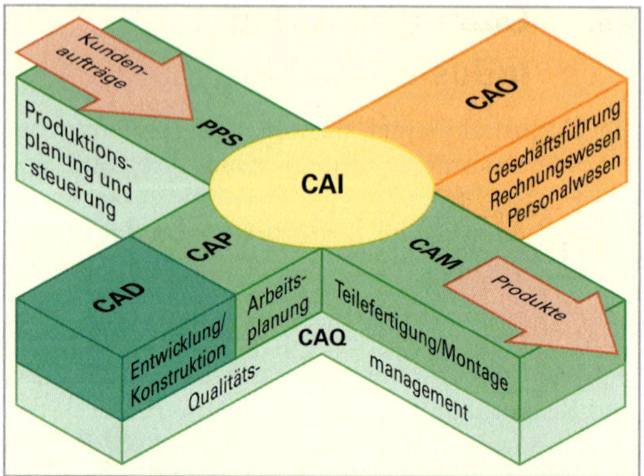


**Bild 1: Schema der Computer Aided Industry**

## 4.6 Kommunikationssysteme

Der direkte elektronische Datenaustausch erfolgt online[1] mithilfe von Kommunikationssystemen. Innerhalb eines Unternehmens bezeichnet man solch ein Kommunikationssystem als **Local Area Network (LAN = Lokales Datennetz)**. Es ermöglicht die Datenübertragung zwischen verschiedenen **Datenendstationen (Bild 2)**. Solche Datenendstationen sind z.B. Bildschirmarbeitsplätze, aber auch NC-Maschinen. Daten und Programme, auf die verschiedene Arbeitsplätze (Datenendstationen) zugreifen müssen, werden häufig von einem zentralen **Server** (engl. Server = Lieferant) verwaltet. Dieser leistungsfähige Rechner mit umfangreicher Speicherkapazität stellt den einzelnen, weniger leistungsfähigen Arbeitsplatzrechnern, den sogenannten **Clients** (engl. Kunde), bei Bedarf die entsprechenden Anwenderprogramme und die dazu benötigten Daten zur Verfügung. Die Clients verarbeiten diese Daten mit eigener Rechnerleistung und belasten den Server nicht. Die Ergebnisdaten dieser Client-Verarbeitung werden auf dem Server gespeichert und stehen so den anderen Clients zur Verfügung. Für die einzelnen Geschäftsprozesse werden oft eigene Server eingesetzt (z.B. CAD-Server), die wiederum untereinander vernetzt sind.

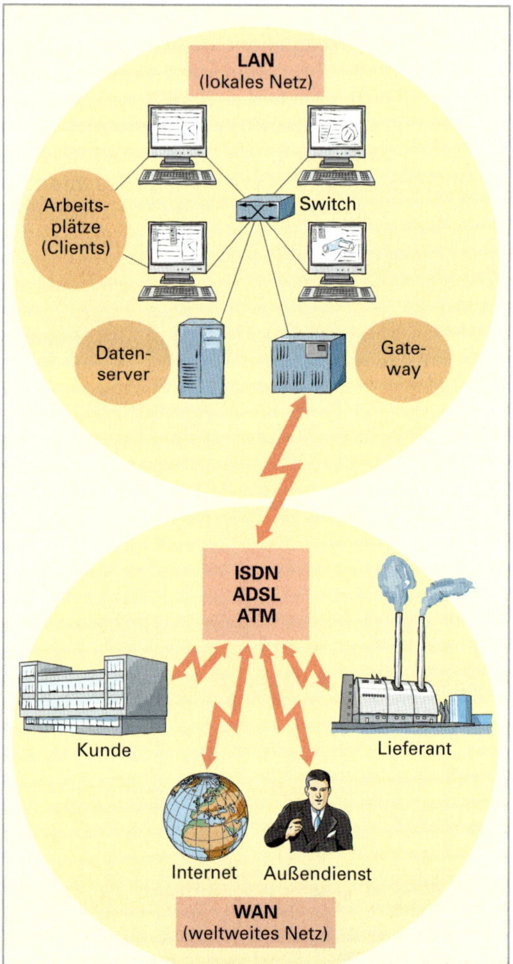


**Bild 2: Unternehmensübergreifende Kommunikation im Netz**

[1] engl. on line = direkt verbunden

### 4.6.1 Lokale Kommunikation

Im Bereich innerhalb einer Fabrik bezeichnet man die Kommunikationssysteme mit **LAN** (**Local Area Network** = lokales Netz). Sie werden von den Firmen selbst betrieben und sind je nach Größe einer Fabrik in verschiedene Hierarchiestufen **(Bild 1)** eingeteilt. Der Datenverkehr zwischen den einzelnen Fabriken einer Firma oder den großen Abteilungen einer Firma wird über **Hochgeschwindigkeitsnetze mit Lichtwellenleitern (LWL)** abgewickelt.

Artgleiche LANs werden über **Bridges** (Brücken) oder Router (Wegefinder) aneinander gekoppelt. Bridges übertragen Nachrichten nur, wenn der adressierte Teilnehmer sich nicht im eigenen Netz befindet. **Router** sind wie Bridges. Sie übernehmen aber zusätzlich die Aufgabe, in einem vermaschten Netz, den günstigsten Übertragungsweg auszusuchen. **Switches** sind Schalter, die Computer über Leitungsverbindungen zusammenschalten. Bridges, Switches und Router übertragen Nachrichten nur, wenn diese ungestört, also frei von Übertragungsfehlern, sind. Dadurch belasten defekte Stationen oder Netze andere Netze nicht. LANs, die sich in ihrer Art unterscheiden, tauschen über **Gateway-Computer** (Gateway = Torweg) Nachrichten aus. Zur Verlängerung der Netzreichweite verwendet man **Repeater** (Wiederholer). Diese lesen die Nachricht und senden sie erneuert weiter.

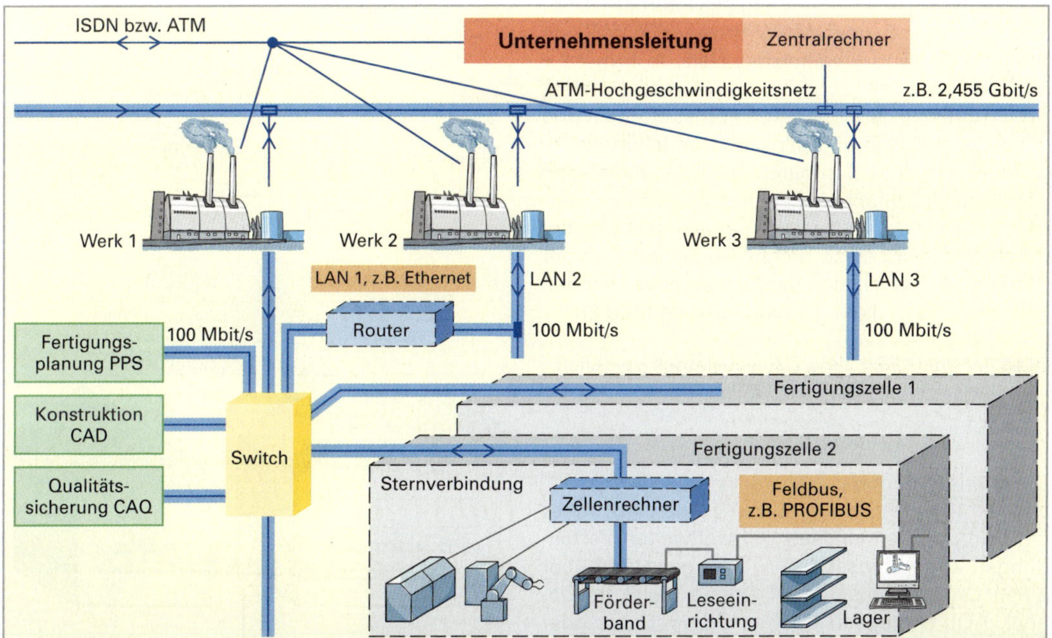


**Bild 1: Datennetze**

**Protokoll**

Die Beschreibung der Art, wie die Datenübertragung in Kommunikationssystemen erfolgt, heißt **Protokoll**. Kommunikationsprotokolle haben nach ISO (International Standardisation Organisation = internationale Standardisierungsorganisation) eine Einteilung in 7 Teilbereiche. Jeder Teilbereich wird als **Schicht** (layer) bezeichnet. Protokolle, die offen sind, d.h. für jedermann einsehbar, und die somit auch gemeinsam benutzbar sind für eigene Entwicklungen, werden in Form des **ISO-OSI-7-Schichtmodells (Tabelle 1)** beschrieben (OSI von Open System Interconnection = offene Systemverbindung).

**Tabelle 1: ISO-OSI-7-Schichtenmodell**

- Schicht Nr. 1: Bitübertragungsschicht
- Schicht Nr. 2: Sicherungsschicht
- Schicht Nr. 3: Vermittlungsschicht
- Schicht Nr. 4: Transportschicht
- Schicht Nr. 5: Kommunikationssteuerungsschicht
- Schicht Nr. 6: Darstellungsschicht
- Schicht Nr. 7: Verarbeitungsschicht

## 4.6.2 Internet und Intranet

Das Internet ist neben dem Telefon zum wichtigsten Tele-Kommunikationsmittel geworden und die Zahl der Benutzer nimmt schneller zu als dies jemals beim Telefon oder Telefax der Fall war. Das Internet hatte seinen Ursprung im Bereich der Computervernetzung beim amerikanischen Militär und den Universitäten. Heute sind an das Internet alle Unternehmen, Schulen und Verwaltungen angeschlossen. Aber auch viele Privatpersonen sind mit ihrem PC über so genannte Service-Provider (Netzanbieter) am Internet **(Bild 1)**.

Das Internet ermöglicht den einfachen Datenaustausch zwischen weltweit verteilten Computern.

Mit der einfachen Handhabung des Internet-Datenaustausches, z.B. über WWW-Browser (WWW von World Wide Web = weltweites Netz, to browse = abgrasen, suchen, schmökern), können Dateien, z.B. Produktbeschreibungen, Veranstaltungen und beliebige textliche und bildliche Darstellungen, in weltweit verteilten Computern gesucht, übertragen und beim Nutzer angesehen und ausgedruckt werden. Da dies weltweit relativ einfach und effizient möglich ist, wird diese Technik auch innerhalb der Betriebe zur Vernetzung der Computer verwendet. Hier nennt man diese Technik **Intranet (Bild 2)**.

Das Intranet dient dem Datenaustausch zwischen Computern innerhalb von Unternehmen.

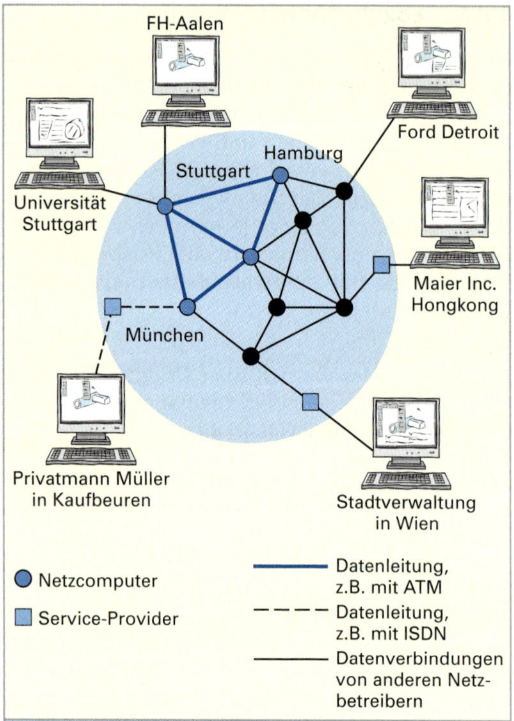

**Bild 1: Das Internet**

### Dienste im Internet

Um die Internetdienste nutzen zu können, muss der Computer an ein Netz mit weltweiten Verbindungen angeschlossen sein. Dies geschieht über einen Online-Dienst, z.B. T-Online (Telekom-Online), AOL (American Online), CompuServe oder über ein Wissenschaftsnetz (WIN) der Universitäten.

Die wichtigsten Dienste sind:

- **WWW** (von engl. World Wide Web = weltweites Netz) ist ein multimediales Informationssystem.
- **E-Mail** (engl. Electronic Mail = elektronische Post) ermöglicht einen weltweiten Austausch individueller Nachrichten.
- **FTP** (engl. File Transfer Protocol = Datenübertragungsprotokoll) zur Dateiübertragung von Rechner zu Rechner.
- **Telnet** ermöglicht das Rechnen auf anderen Rechnern.
- **News** ist ein Diskussions- und Informationsdienst.

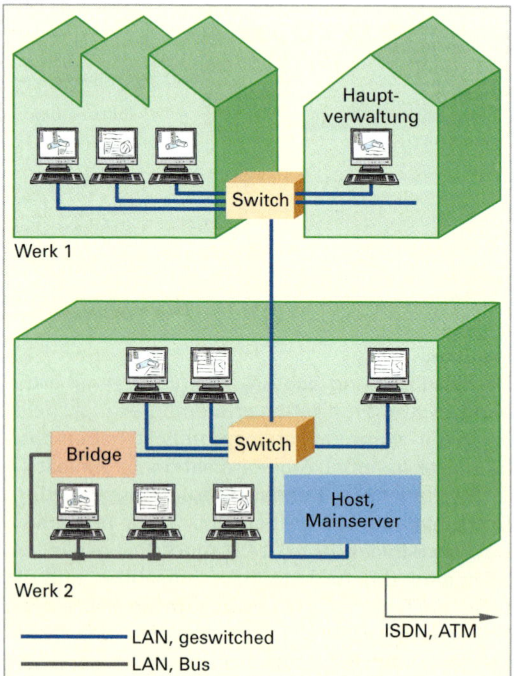

**Bild 2: Das Intranet**

### 4.6.3 Lokale Netze (LAN)

Die Anordnung der Netzwerkverbindungen und Netzverzweigungen nennt man Netztopologie. Die wichtigsten Netztopologien sind die Busstruktur und die Sternstruktur.

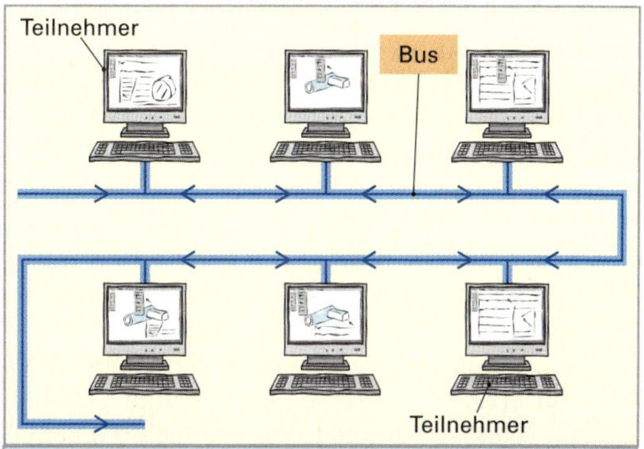

**Bild 1: Busstruktur**

**Busstruktur und Sternstruktur**

Der Bus ist eine Datensammelleitung, die gemeinsam von allen Teilnehmern benutzt wird **(Bild 1)**. Die Datenübertragung erfolgt direkt vom sendenden Teilnehmer zum Empfänger. Während dieser Datenübertragung können die anderen Teilnehmer keine Daten austauschen. Die Busleitung wird entweder zu allen Teilnehmern durchgeschleift oder bei Verwendung von **Sternkopplern** (**Hub**, hub = Speichenrad) sternförmig sowohl zu den Teilnehmern als auch zu weiteren Sternkopplern verlegt **(Bild 2)**.
Aktive Sternkoppler enthalten **Repeater** (to repeat = wiederholen). Repeater empfangen das Datensignal und senden es verstärkt an die angeschlossenen Teilnehmer. Passive Hubs teilen die ankommende Signalleistung auf die angeschlossenen Teilnehmer auf.

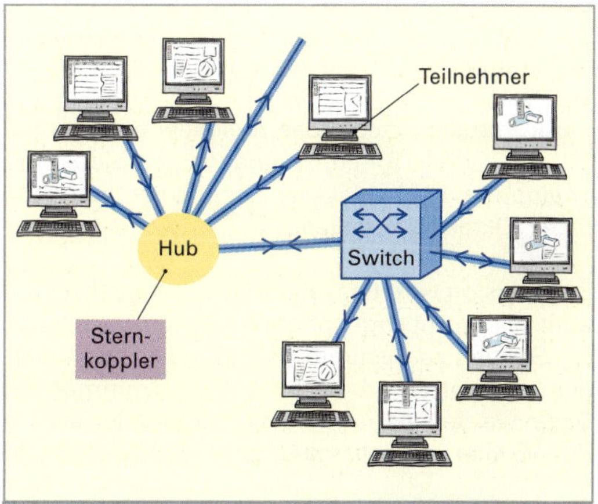

**Bild 2: Sternstruktur mit Hub und mit Switch**

Mit einem **Switch** (to switch = schalten) wird ähnlich wie bei der Telefonvermittlung die Datenleitung zum jeweiligen Empfänger durchgeschaltet. Über einen Switch können daher gleichzeitig mehrere Teilnehmer Daten austauschen. Am Switch sind die Teilnehmer sowohl mit einer Sendeleitung als auch einer Empfangsleitung angeschlossen (Dublexverbindung).

> Ein Switch ermöglicht die Vollduplex-Verbindung mehrerer Teilnehmer untereinander.

Der **Netzzugriff**, d.h. der Zugang zur gemeinsamen Datenleitung, muss nach vereinbarten Regeln (Protokoll) erfolgen, damit es im Datenverkehr keine Kollisionen (Störungen) gibt.

> Die wichtigsten Verfahren sind das Tokenverfahren und CSMA/CD.

Beim **Tokenverfahren** gibt es im Netz ein Sendefreizeichen (eine Bitfolge), nämlich den Token. Dieser wird von Station zu Station weitergereicht, und wer den Token hat, darf senden.

**CSMA/CD** ist aus dem engl. Carrier Sense Multiple Access with Collision Detection abgeleitet und heißt übersetzt: ein Verfahren mit Abfrage des Signalträgers bei mehrfachem Zugriff mit Kollisionserkennung.

Das Verfahren arbeitet wie folgt:

- Ein sendewilliger **Teilnehmer hört** in das Datennetz hinein, ob gerade ein anderer Teilnehmer sendet, also das Netz belegt ist (Carrier Sense = Abfrage der Leitung).
- Ist das Netz frei, so sendet der Teilnehmer für eine kurze Zeit (einige Mikrosekunden) und überträgt dabei ein Datenpaket an einen vorbestimmten anderen Teilnehmer.
- Ist das **Netz belegt**, so **wird abgewartet** und ständig mitgehört, bis das Netz frei wird und sodann sofort gesendet. Da dies auch andere Teilnehmer tun, ist die Wahrscheinlichkeit groß, dass mehrere Teilnehmer gleichzeitig mit Senden beginnen.
- **Greifen mehrere Teilnehmer** gleichzeitig auf das Netz zu, dann führt dies zu einer **Kollision**. Diese Kollision wird von jeder Station bewertet. Jede Station stoppt das Senden und beginnt mit einem erneuten Sendeversuch nach Ablauf einer von einem **Zufallsgenerator** bestimmten Zeit.

## Ethernet-LAN

Ethernet[1] ist das meist verbreitete LAN. Es arbeitet mit dem Zugriffsverfahren CSMA/CD. Die Datenübertragungsrate beträgt 10 Mbit/s oder 100 Mbit/s (Fast Ethernet) oder 1 Gbit/s (Giga Ethernet) oder 10 Gbit/s.

Das Ethernet-LAN besteht aus einem oder mehreren Leitungssegmenten **(Bild 1)**. Mehrere Leitungssegmente werden über *Repeater* miteinander verbunden. Der Repeater liest das Datensignal ein und erzeugt ein neues Datensignal gleichen Inhalts. Meist haben die Repeater auch die Fähigkeit fehlerhafte Datenpakete zu erkennen. Fehlerhafte Datenpakete werden dann nicht auf das nächste Segment weitergegeben.

Bei einem PC als Teilnehmer befindet sich meist der Transceiver (Transmitter-Receiver = Sender/Empfänger) mit Controller als Schaltkreis im PC. Der Controller erzeugt das zu sendende Datenpaket. Bei großen Datenmengen werden die Pakete in eine maximal zulässige Sendelänge von 1500 Bytes (Oktetts[2]) aufgeteilt.

Bei Kollision wird das fehlerhafte Datenpaket vom Controller nicht angenommen. Die zum wiederholten Senden zu bestimmenden Zufallszahlen werden im Controller berechnet. Die ankommenden Daten werden auf formale Richtigkeit geprüft.
Der Trailer besteht aus dem Prüfzeichenfeld

> Das Ethernet-Frame (Frame = Rahmen, Block) setzt sich aus Kopfdaten (Header), Nutzdaten und Abschlussdaten (Trailer) zusammen **(Bild 3)**.

FCS (engl. Frame Check Sequence Field). Dieses Feld enthält 4 Oktetts mit Prüfzeichen, die nach dem CRC-Verfahren (Cyclic Redundancy Check = zyklische Blockprüfung) berechnet werden. Auch beim Empfänger werden die Prüfzeichen berechnet. Stimmen gesendete und berechnete Prüfzeichen nicht überein, so wird die Nachricht verworfen, ebenso wenn die angegebene Nachrichtenlänge und die empfangene Nachrichtenlänge nicht übereinstimmen. Der Sender wird sodann aufgefordert, die Daten wiederholt zu senden.

> Fehlerhaft übertragene Datenpakete werden automatisch wiederholt gesendet.

[1] Ethernet von engl. ether = Himmel und engl. net = Netz, hier Firmenbezeichnung

[2] 1 Oktett = 8 bit, von lat. octo = acht

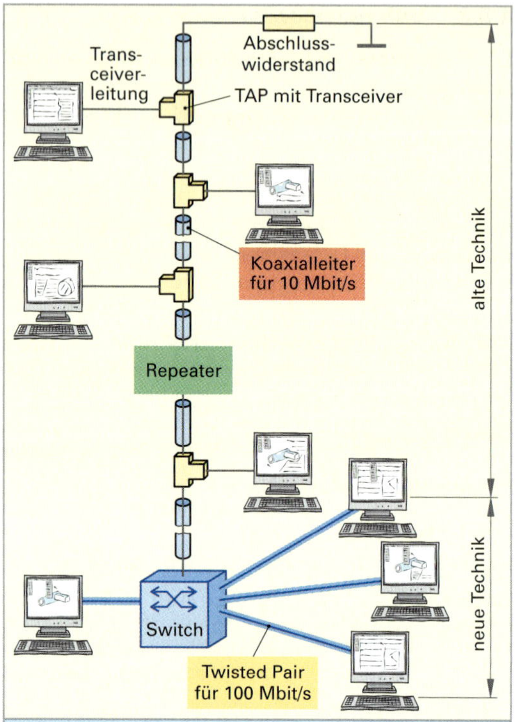


**Bild 1: Ethernet-Netz**

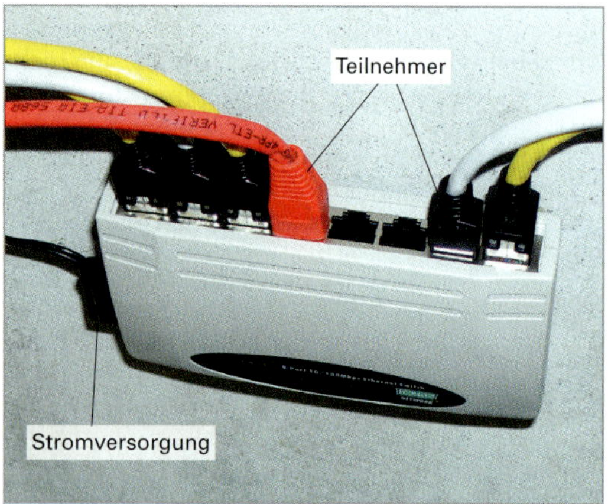


**Bild 2: Ethernet-Switch**

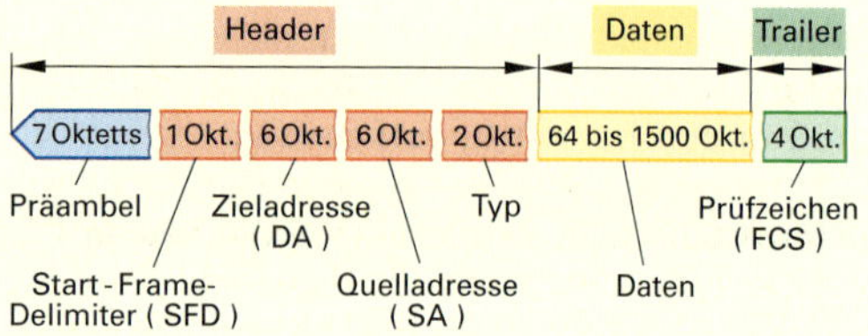


**Bild 3: Ethernet-Frame**

## 4.6.4 Serielle Schnittstelle (V.24)

Eine oft verwendete Schnittstelle ist die **V.24-Schnittstelle** (DIN 66 020), international genormt durch die ITU-T-Empfehlung V. 24 und V.28. In den USA hat diese Schnittstelle die Bezeichnung **RS 232C**. In der Norm wird im Wesentlichen die physikalische Schicht beschrieben. Das Zustandekommen einer Datenverbindung, der Verbindungsaufbau, die Blockung und die Quittierung werden oft sehr unterschiedlich gehandhabt.

Als Steckverbindung dient ein 25-poliger Stecker. Belegt und genutzt sind meist nur 8 Stifte **(Bild 1)**.

Geräte, die durch die V.24-Schnittstelle verbunden werden, heißen in der Norm Datenendeinrichtungen (DE-E). Die Leitung mit den Steckern heißt Datenübertragungseinrichtung (DÜ-E).

Da die Steckerbelegung bezüglich der Signale an beiden Geräten gleich ist, müssen sich die Leitungen kreuzen. Über den Ausgang 2 senden z.B. beide Geräte. Der Signalname ist jeweils D1. Bei der Übertragung wechseln nun die Leitungen, und die Daten kommen jeweils als Empfangsdaten über die Signalleitung D2 bei den Geräten am Eingang 3 an (Bild 1).

**Datensignale**. Sendedaten werden über D1 (TD, Transmitted Data = Sendedaten) übertragen, wenn auf S1.2, S1, M1 und M2 der EIN-Zustand herrscht. Empfangsdaten (RC, Received Data = Empfangsdaten) werden über D2 aufgenommen. Für Datensignale gilt der Pegel + 3 V bis + 15 V für 0-Signal und der Pegel – 3 V bis – 15 V für 1-Signal.

**Steuersignale und Meldesignale**. Über S1.2 meldet das sendewillige Gerät „betriebsbereit". Dieses Signal erhält der Empfänger über den Eingang M1 als Meldesignal „Betriebsbereitschaft". Über den Ausgang S2 wird vom Sender der Empfänger eingeschaltet. Dieses Steuersignal erhält der Empfänger über den Eingang 5 als Meldesignal M2 für „Sendebereitschaft". Bei den Melde- und Steuersignalen bedeutet der Pegel + 3 V bis + 15 V EIN und der Pegel – 3 V bis – 15 V AUS.

Bei der Datenübertragung zu NC-Maschinen erfolgt die Signaldarstellung auch in Form von 20-mA-Stromimpulsen. Man spricht von der 20-mA-Linienstromschnittstelle oder TTY-Schnittstelle (TTY von Teletype = Fernschreiber).

**Datendarstellung**. Die Datenübertragung erfolgt bei zeichenweiser Übertragung mit dem **7-Bit-Code (Tabelle 1)**. Ein Zeichen besteht dabei aus einem Startbit, 7 Datenbits, einem Paritybit für eine geradzahlige oder ungeradzahlige Quersumme und wahlweise aus ein oder zwei Stoppbits. Die Übertragungsgeschwindigkeit ist meist auf die Werte 2400, 4800, 9600 und 19200 bit/s einstellbar. Die Übertragungsgeschwindigkeit wird bei der V.24-Schnittstelle auch häufig in der Einheit Baud (Bd) angegeben (1 Bd ≙ 1 bit/s, 1 kBd ≙ 1 kbit/s).

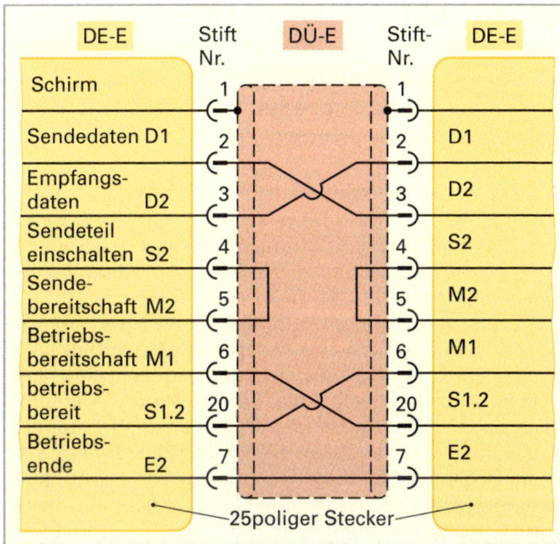


**Bild 1: Ethernet-Netz**

**Tabelle 1: 7-Bit-Code (ASCII-Code)**

| Bit-Nr. | | | | | | | | | | | | |
|---|---|---|---|---|---|---|---|---|---|---|---|---|
| | | | | 7 | 0 | 0 | 0 | 0 | 1 | 1 | 1 | 1 |
| | | | | 6 | 0 | 0 | 1 | 1 | 0 | 0 | 1 | 1 |
| | | | | 5 | 0 | 1 | 0 | 1 | 0 | 1 | 0 | 1 |
| 4 | 3 | 2 | 1 | | Steuerzeichen | | Ziffern, Buchstaben, Sonderzeichen | | | | | |
| 0 | 0 | 0 | 0 | | NUL | DEL | SP | 0 | @ | P | ` | p |
| 0 | 0 | 0 | 1 | | SOH | DC1 | ! | 1 | A | Q | a | q |
| 0 | 0 | 1 | 0 | | STX | DC2 | „ | 2 | B | R | b | r |
| 0 | 0 | 1 | 1 | | ETX | DC3 | # | 3 | C | S | c | s |
| 0 | 1 | 0 | 0 | | EOT | DC4 | $ | 4 | D | T | d | t |
| 0 | 1 | 0 | 1 | | ENQ | NAK | % | 5 | E | U | e | u |
| 0 | 1 | 1 | 0 | | ACK | SYN | % | 6 | F | V | f | v |
| 0 | 1 | 1 | 1 | | BEL | ETB | ' | 7 | G | W | g | w |
| 1 | 0 | 0 | 0 | | BS | CAN | ( | 8 | H | X | h | x |
| 1 | 0 | 0 | 1 | | HT | EM | ) | 9 | i | Y | i | y |
| 1 | 0 | 1 | 0 | | LF | SUB | * | : | J | Z | j | z |
| 1 | 0 | 1 | 1 | | VT | ESC | + | ; | K | [ | k | { |
| 1 | 1 | 0 | 0 | | FF | FS | , | < | L | / | l | \| |
| 1 | 1 | 0 | 1 | | CR | GS | - | = | M | ] | m | } |
| 1 | 1 | 1 | 0 | | SO | RS | . | > | N | ^ | n | – |
| 1 | 1 | 1 | 1 | | SI | US | / | ? | O | _ | o | DEL |

**Ablauf eines Datenaustausches.** Für den Ablauf einer Datenübertragung gibt es sehr unterschiedliche Verfahren. Ein häufig angewandtes Verfahren ist die **LSV-2-Prozedur** (LSV, Abk. für Langsame Störsichere Verbindung).

**Beispiel:** Der Datenaustausch erfolgt in 3 Phasen **(Bild 2)**. Er beginnt mit der Aufforderungsphase, es folgt die Datenübermittlungsphase, und er endet mit der Abschlussphase (Bild 2). Die sendewillige Station sendet das ASCII-Zeichen **ENQ** (Enquiry = Nachfrage). Die Gegenstation quittiert dies mit den 2 Zeichen **DLE 0** (Data Link Escape = Datenverbindung flüchtig). Kommt dieses Quittungssignal nicht oder gestört an, wird nach Ablauf einer Wartezeit erneut das Zeichen ENQ gesendet. Ist die Empfangsstation nicht in der Lage, Daten zu empfangen, sendet sie das Zeichen **NAK** (Negative Acknowledge = Annahme negativ). Die sendewillige Station beendet dann den Übertragungsversuch mit dem Zeichen **EOT** (End of Transmission = Ende der Übertragung) und bringt dadurch die nicht empfangsbereite Station in den Grundzustand. War die Empfangsstation bereit, Daten zu empfangen, leitet die Sendestation mit dem Zeichen **STX** (Start of Text = Beginn des Textes) die Übergangsphase ein. Das Ende des Textes wird mit dem Zeichen **ETX** der Empfangsstation übermittelt. Danach erfolgt die Übertragung eines Blockprüfzeichens (**BCC** Block Check Character = Blockprüfzeichen). Dieses wird beim Sender und Empfänger auf gleiche Weise errechnet, z.B. durch Längsparität über alle Bits einer Stelle **(Bild 3)**.

Stimmt das von der Sendestation übertragene Blockprüfzeichen mit dem vom Empfänger errechneten Zeichen überein, quittiert der Empfänger mit dem Zeichen **DLE 1**. Danach zeigt die Sendestation die Abschlussphase mit dem Zeichen EOT an. Bei einer fehlerhaften Übertragung sendet der Empfänger das Zeichen NAK und fordert damit den Sender zu einer nochmaligen Übertragung auf.

Werden die Nutzzeichen in einem anderen Code als dem DIN 7-Bit-Code übertragen, gibt es nach der Aufforderungsphase weitere Vorschriften für die Zeichenfolge.

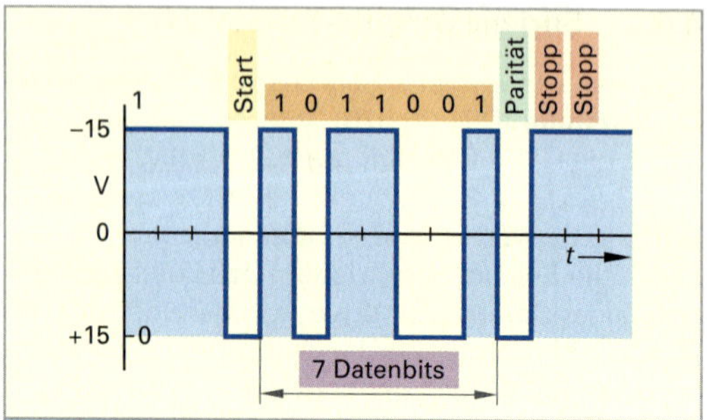


**Bild 1: Übertragungssignal für das Zeichen M**

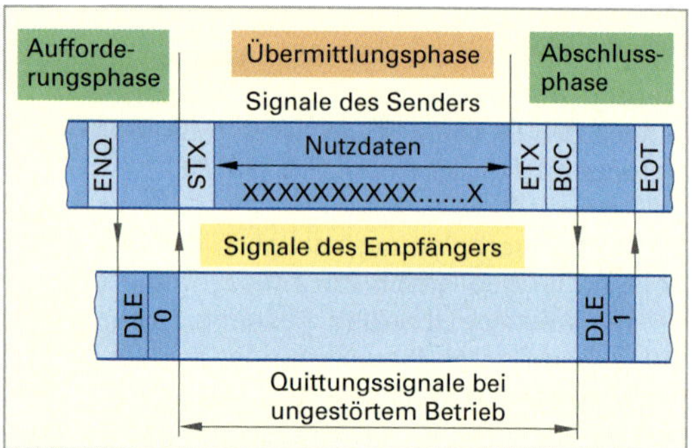


**Bild 2: Ablauf des Datenaustausches bei ungestörtem Betrieb**

Start-Zeichen → STX; Daten; Ende-Zeichen → ETX; Blockprüfzeichen → BCC

| | Text | STX | R | O | B | O | T | 8 | 7 | ETX | BCC |
|---|---|---|---|---|---|---|---|---|---|---|---|
| 7-Bit-Code | Bit 1 | 0 | 0 | 1 | 0 | 1 | 0 | 0 | 1 | 1 | 1 |
| | Bit 2 | 1 | 1 | 1 | 1 | 1 | 0 | 0 | 1 | 1 | 0 |
| | Bit 3 | 0 | 0 | 1 | 0 | 1 | 1 | 0 | 1 | 0 | 1 |
| | Bit 4 | 0 | 0 | 1 | 0 | 1 | 0 | 1 | 0 | 0 | 0 |
| | Bit 5 | 0 | 1 | 0 | 0 | 0 | 1 | 1 | 1 | 0 | 1 |
| | Bit 6 | 0 | 0 | 0 | 0 | 0 | 0 | 1 | 1 | 0 | 1 |
| | Bit 7 | 0 | 1 | 1 | 1 | 1 | 1 | 0 | 0 | 0 | 0 |
| Paritätsbit (gerade) | | 1 | 1 | 1 | 0 | 1 | 1 | 1 | 1 | 0 | 0 |

**Bild 3: Übertragung des Textes „Robot 87" mit Paritäts- und Blockprüfung**

## Wiederholung und Vertiefung

1. Welches ist die meist verwendete serielle Schnittstelle zur Datenübertragung?
2. Mit welchem Spannungspegel arbeitet die V.24-Schnittstelle?
3. Wie heißt die Kurzbeschreibung für die Sendedatenleitung und für die Empfangsdatenleitung?
4. Welche Übertragungsraten sind üblich?
5. Welches sind die 3 Phasen der LSV-2-Prozedur?
6. Wie erkennt der Empfänger eine fehlerhafte Datenübertragung bei der V.24-Schnittstelle?
7. Wie reagiert der Empfänger auf eine fehlerhafte Datenübertragung?
8. In welchem Code erfolgt die Datenübertragung bei der V.24-Schnittstelle?

## 4.7 Datenarten

Zur Auftragsabwicklung benötigt ein Produktionsunternehmen eine Fülle von Informationen über Gegenstände, Personen und Sachverhalte.

Werden Informationen mithilfe von Zeichen auf einen Datenträger, z.B. Papier oder Magnetplatten dargestellt, so spricht man von Daten.

Es ist Aufgabe der **Datenverwaltung,** die zur Produktion benötigten Daten zu erfassen, zu speichern, zu aktualisieren und bei Bedarf bereit zu stellen. Dafür werden Daten in der betrieblichen Praxis nach ihrem Bezug (Datenobjekt) und ihrer Datenart geordnet **(Tabelle 1)**.

**Stammdaten** sind Daten über Eigenschaften von einem Datenobjekt, die längere Zeit Gültigkeit haben. Wichtige Datenobjekte für die Produktionsplanung und -steuerung sind Mitarbeiter, Teile, Arbeitsplätze, Kunden und Lieferanten. Typische Stammdaten sind z.B. ihre Namen oder Bezeichnungen.

**Strukturdaten** beschreiben die Beziehungen zwischen den Objekten nach Zahl und Art. In einem Kundenauftrag wird z.B. das Datenobjekt *Kunde*, der mit dem Merkmal *Kundenname* bestimmt ist, mit dem Datenobjekt *Teil*, das durch seine *Teilenummer* definiert ist, mithilfe der Beziehung „bestellt" verknüpft. Das Merkmal der Bestellbeziehung ist die Bestellmenge **(Bild 1, folgende Seite)**.

**Bestandsdaten** beschreiben die Menge bzw. den Wert der durch Stammdaten beschriebenen Objekte.

**Bewegungsdaten** enthalten Angaben, wie die Bestandsdaten geändert werden müssen um sie der betrieblichen Wirklichkeit anzupassen. **Änderungsdaten** dagegen enthalten Angaben, wann und wie Stammdaten geändert werden müssen.

**Tabelle 1: Beispiele für Datenobjekte und Datenarten**

| Datenobjekt | Stammdaten | Strukturdaten | Bestandsdaten | Bewegungsdaten |
|---|---|---|---|---|
| **Personal**  | Personalnummer, Name, Geburtstag, Qualifikation | Zuordnung zwischen Mitarbeiter und Abteilung | Anwesenheitszeit, Überstunden | Kommt-Geht-Meldung |
| **Teil, Material, Artikel** 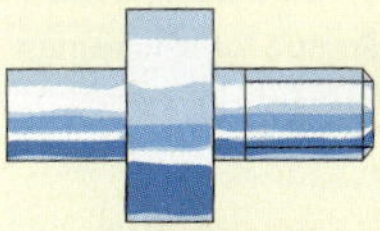 | Teilenummer, Benennung, Maßeinheit Verrechnungspreis | Zuordnung der Baugruppen, Einzelteile und Rohstoffe zum Erzeugnis<br>**Stücklisten** | Lagerbestand, Bestellbestand, Werkstattbestand | Lagerzugänge, Bestellmenge, Ausschussmenge |
| **Betriebsmittel**  | Maschinennummer, Benennung, Leistungsdaten, Platzkosten | Zuordnung der Betriebsmittel zu den zu fertigenden Teilen<br>**Arbeitspläne** | verfügbare Kapazität, Abschreibungsstand | Anfang und Ende von Maschinenstörungen |
| **Kunden**  | Kundennummer, Name, Adresse | vom Kunden bestellte Teile<br>**Kundenaufträge** | Umsatz mit Kunden | Eingang einer Kundenbestellung |

**Auftragsneutrale Daten** – auch **Grunddaten** genannt – sind Stammdaten und Strukturdaten, die unabhängig von einem konkreten Auftrag vorliegen. Bei Serienfertigung enthalten die Teilestammdatei, die Arbeitsplatzstammdatei sowie die Stücklisten und Arbeitspläne auftragsunabhängige Daten **(Bild 2)**. Sie bilden die relativ langlebige Grundlage für die sich ständig wiederholende Auftragsabwicklung. Unvollständige oder falsche Grunddaten müssen daher auf jeden Fall vermieden werden. Dies bedeutet aber, dass ein erheblicher Aufwand für die Ermittlung und Aktualisierung dieser Daten sowie für ihren Datenschutz und ihre **Datensicherung** getrieben werden muss. Während es beim **Datenschutz** darum geht, dass die Daten vor Missbrauch geschützt werden, ist es Aufgabe der Datensicherung, einen Datenverlust zu verhindern.

Bei der Wiederholfertigung ist es sinnvoll, die Informationen in auftragsunabhängige (auftragsneutrale) und auftragsabhängige (auftragsbezogene) Informationen zu trennen. Das hat den Vorteil, dass für verschiedene Aufträge immer wieder dieselben **auftragsunabhängigen Informationen** verwendet werden können.

Aus auftragsunabhängigen Daten entstehen durch Hinzufügen der Auftragsmengen und den Auftragsterminen (Start, Ende) auftragsabhängige Daten.

**Auftragsabhängige Informationen** entstehen bei der Abwicklung von Kundenaufträgen. Sie geben vor allem Auskunft über Mengen und Termine von relativ kurzlebigen Kundenaufträgen, Fertigungsaufträgen und Bestellungen, sowie über Bestandsveränderungen der davon betroffenen Datenobjekte **(Bild 3)**.

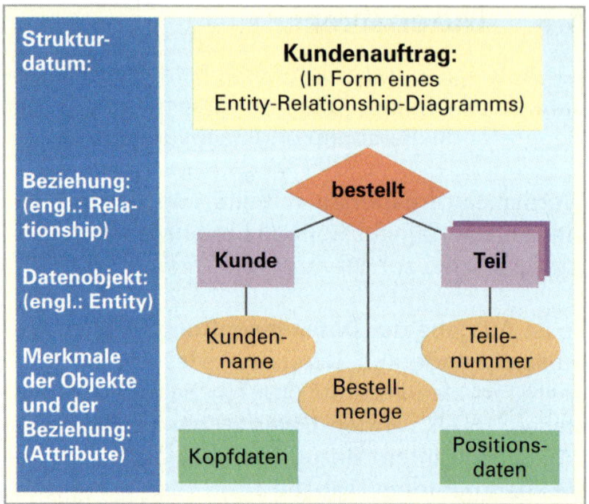


**Bild 1: Der kundenauftrag als ein Beispiel für Strukturdaten**

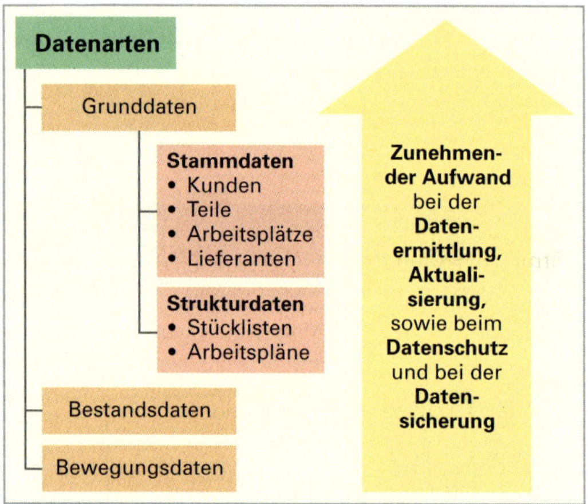


**Bild 2: Grunddaten**

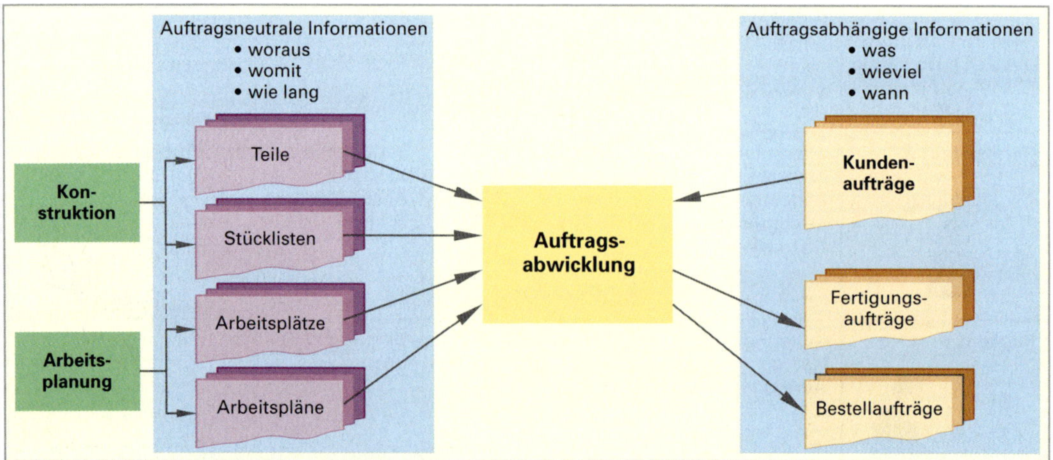


**Bild 3: Auftragsneutrale und auftragsabhängige Informationen bei Serienfertigung**

## 4.8 Modellbetrieb

Um die teilweise komplexen Problemlösungen eines Produktionsunternehmens besser zu verstehen, werden im Rahmen dieses Buches Methoden- und Verfahren der Produktionsorganisation mit Hilfe des Modellbetriebes MOBE GmbH (kurz MOBE) veranschaulicht.

Die Firma MOBE sei ein mittelständisches Maschinenbauunternehmen mit 36 Mitarbeitern. MOBE fertigt neben Lenkgestängen, Kreuzgelenken und Gabelgelenken vor allem Wellengelenke als Standardprodukt als auch nach speziellen Kundenwünschen **(Bild 1)**.
Das zweite Standbein der Firma MOBE bildet die Blechverarbeitung. Hier werden im Lohnauftrag verschiedenste Blechteile und Blecherzeugnisse wie z.B. Halter **(Bild 2)** und Behälter **(Bild 3)** hergestellt. Die mehrteiligen Erzeugnisse haben eine relativ einfache Struktur und werden teilweise aufgrund von Kundenbestellungen (kundenauftragsgebunden) und Lageraufträgen (kundenanonym) einmalig oder in Serie produziert.

Aufgrund der stetigen Bereitschaft auf spezielle Kundenwünsche einzugehen, war in den letzten 10 Jahren ein stetiger Anstieg des Umsatzes zu verzeichnen. Mit zunehmender Ausweitung der Produktpalette und der Teilevielfalt wurde es für die Firma MOBE aber immer schwieriger, die Übersicht über ihre Produktion zu behalten und die erforderliche Produktqualität zu gewährleisten.
Außerdem führte das teilweise etwas hektische und nicht genügend durchdachte rasche Wachstum der Firma zu Störungen im Informationsfluss zwischen den verschiedenen Abteilungen und damit auch zu einer Verschlechterung des Betriebsklimas.

MOBE verfügt nun schon über eine gewisse EDV-Unterstützung. Es werden Textverarbeitungs- und Tabellenkalkulationsprogramme, ein PC-CAD-System sowie verschiedene nacheinander gekaufte Hilfsprogramme eingesetzt. Da die Programme untereinander jedoch nicht harmonieren, fehlt ein unternehmensübergreifendes EDV-System, mit dem die komplette Auftragsabwicklung von der Angebotsbearbeitung bis zur Auslieferung der Produkte an den Kunden durchgängig geplant und gesteuert werden kann. Solch ein Produktionsplanungs- und -steuerungssystem (PPS-System) soll nun beschafft und eingeführt werden. Aus diesem Grund werden im Vorgriff alle Geschäftsprozesse analysiert und nach modernen Gesichtspunkten gestaltet.

Parallel zu diesem Projekt werden sowohl das Qualitätsmanagement als auch einige Aspekte der Unternehmenskultur neu durchdacht und gegebenenfalls verbessert. Wichtige Fakten, Überlegungen und Ergebnisse dieser Arbeit werden beispielhaft für alle Produktionsbetriebe in den folgenden Kapiteln dargestellt.

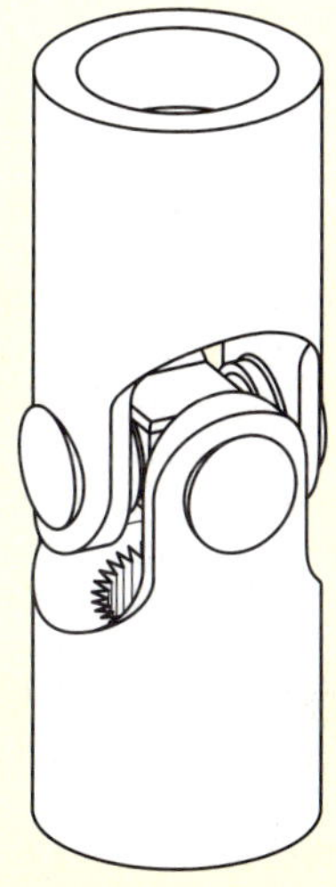

**Bild 1: Kreuzgelenk**

**Bild 2: Halter**

**Bild 3: Kassette**

In einem ersten Schritt zur Verbesserung des Material- und Informationsflusses veranlasst die Geschäftsführung eine räumliche Umstrukturierung **(Bild 1)**.

Durch die räumliche Nähe zwischen Vertrieb, Konstruktion und Arbeitsplanung wird bei der Entwicklung von neuen Produkten die Zusammenarbeit zwischen diesen Funktionsbereichen gefördert. Auch bei der Angebotsbearbeitung soll durch die räumliche Nähe von Vertrieb und Produktionsplanung und -steuerung (PPS) eine enge Verknüpfung zwischen den Kundenwünschen und den betrieblichen Möglichkeiten hergestellt werden.

Die räumliche Nähe von Arbeitsplanung und Fertigung fördert den Erfahrungsaustausch zwischen diesen beiden Bereichen. Dies erlaubt auf Änderungen und Störungen schnell reagieren zu können.

Besonderer Wert wird auf einen übersichtlichen und reibungslosen Materialfluss gelegt. Nach der Wareneingangskontrolle werden das Rohmaterial (Halbzeug) im Rohmateriallager und fremdbezogene Teile im Teilelager zwischengelagert. Das Rohmaterial wird in der Teilefertigung, die außer in einer Fertigungsinsel nach dem Verrichtungsprinzip (Werkstattfertigung) organisiert ist, zu Einzelteilen weiterverarbeitet. Die Einzelteile werden beim Zugang ins Teilelager fertiggemeldet, teilweise zwischengelagert und je nach Auftrag kommissioniert (zusammengestellt) an die Montage weitergeleitet. Lagerhaltige Baugruppen werden im Teilelager, fertige Erzeugnisse, die lagerhaltig geführt werden, werden im Erzeugnislager gelagert. Ersatzteile, Erzeugnisse und Teile, die auswärts weiter verarbeitet und anschließend wieder zurückgesandt werden (verlängerte Werkbank), verlassen die Firma MOBE über den Versand.

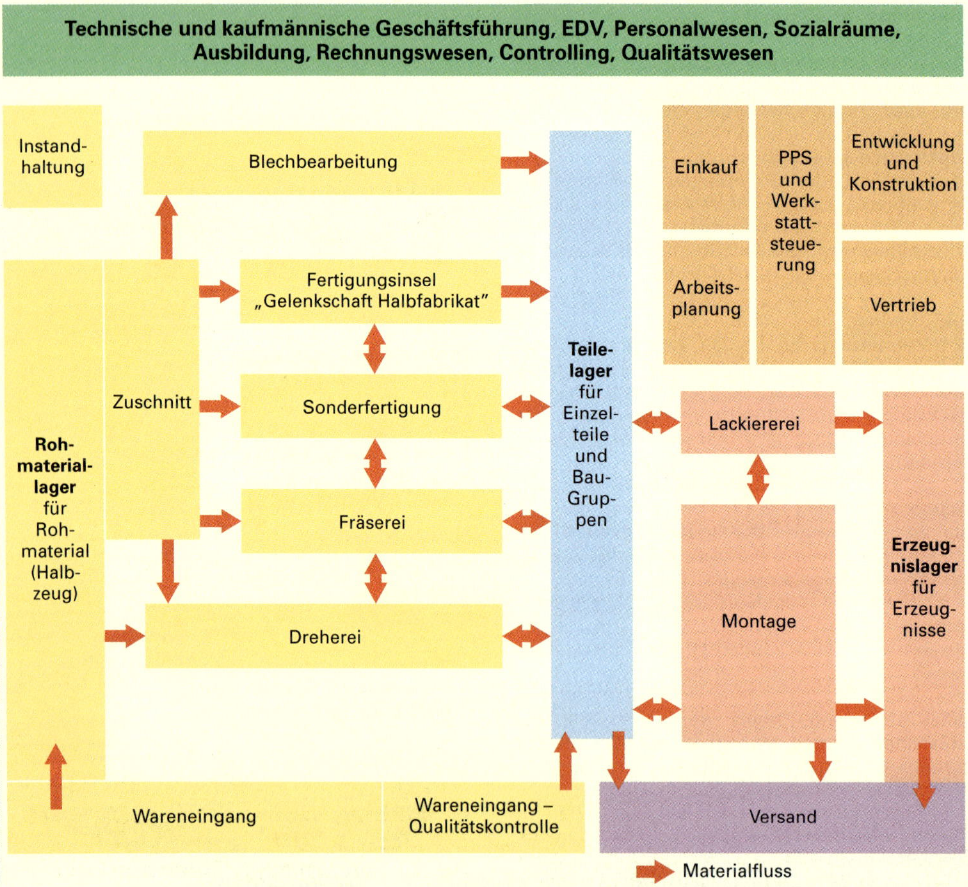


**Bild 1: Grob-Layout[1] und Materialfluss des Modellbetriebes MOBE GmbH**

[1] engl. to lay out = auslegen, entwerfen, Layout = skizzenhafter Entwurf

# 4.9 Nummerung

Viele der bei der Auftragsabwicklung benötigten Daten werden mithilfe von Nummern verschlüsselt. Nummern drücken die Information einfacher und präziser als Worte aus. Außerdem können Nummern mit EDV leichter verarbeitet werden.

Unter **Nummerung** versteht man nach DIN 6763 das Bilden, Erteilen, Verwalten und Anwenden von Nummern für Nummerungsobjekte, beispielsweise für Teile, Mitarbeiter, Arbeitsplätze und Aufträge. Das **Nummerungssystem** legt den Aufbau der Nummer und die Bedeutung der einzelnen Nummernteile fest. Entsprechend der verschiedenen Datenobjekte unterscheidet man zwischen Sachnummern-, Personennummern- und Auftragsnummernsystemen **(Bild 1)**.

Dafür werden nummerische Nummern, Alphanummern und alphanummerische Nummern eingesetzt. Sonderzeichen und Leerstellen dienen der leichteren Lesbarkeit von Nummern.

Die zwei Hauptaufgaben von Nummern sind:
- Identifizieren und
- Klassifizieren.

## 4.9.1 Identnummer

**Identifizieren** heißt, das Nummernobjekt (eine Person, eine Sache oder einen Sachverhalt) eindeutig und unverwechselbar zu kennzeichnen. Nummern, die nur diese Aufgabe erfüllen, nennt man **Identnummern**. Selbstverständlich darf nur *eine* Identnummer für ein Objekt vergeben werden, um Verwechslungen zu vermeiden. Aus demselben Grund sollte man sich bemühen eine gemeinsame Identnummer für das Nummerungsobjekt und seine zugehörigen Unterlagen (Dokumente) und Sachen zu verwenden **(Bild 2)**. Die einfachste Form einer Identnummer ist die reine Zählnummer, die durch lückenloses fortlaufendes Zählen gebildet wird.

## 4.9.2 Klassifizierungsnummer

**Klassifizieren** heißt, ein Nummernobjekt aufgrund seiner Eigenschaften und Merkmale (Attribute) einer Gruppe (Klasse) von gleichartigen Objekten zuzuordnen um es schneller finden zu können.

In der **Tabelle 1 (folgende Seite)** ist z.B. für das Merkmal „Teileart" ein Auszug aus einem Nummernplan zur Teileklassifizierung dargestellt. Der Nummernplan ist nach DIN 6763 eine Übersicht über die im Voraus festgelegte Bedeutung von klassifizierenden Nummernteilen. Hier ist der Nummerplan hierarchisch aufgebaut, d.h. mit zunehmender Stellenzahl wird die grobe Klasseneinteilung immer feiner.

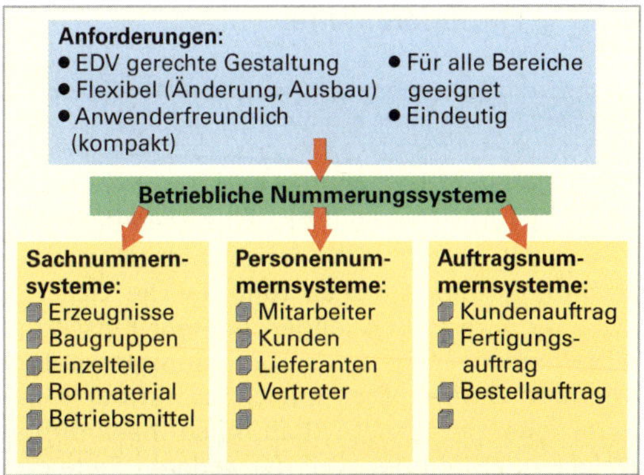


**Bild 1: Betriebliche Nummerungssysteme**

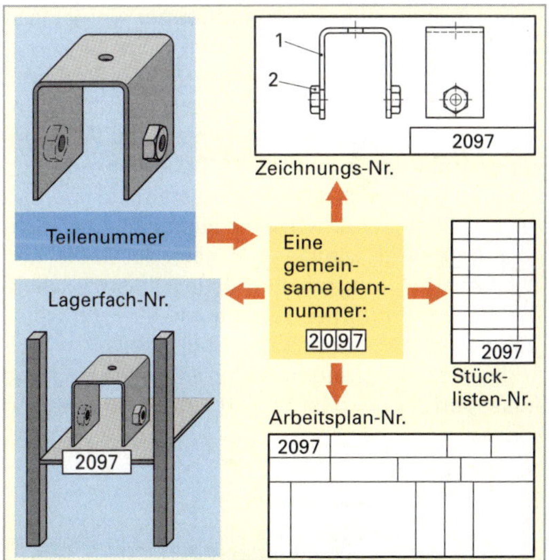


**Bild 2: Eine gemeinsame Identnummer**

Mit einer reinen **Klassifizierungsnummer** kann meist nur die Identifizierung einer Objektgruppe aber nur selten eines einzelnen Objekts vorgenommen werden.

Beim Aufbau einer Klassifizierungsnummer sollte man darauf achten, dass keine Merkmale aufgenommen werden, die sich für dieses Nummernobjekt häufig ändern.

So ist es z.B. nicht sinnvoll, zur Klassifikation von Mitarbeitern das Lebensalter aufzunehmen. Das Geburtsdatum würde sich als Klassifizierungsmerkmal besser eignen.

Die Nummern in einem Produktionsbetrieb bestehen in der Regel aus einem klassifizierenden und einem identifizierendem Teil. Je nachdem in welcher Beziehung die beiden Teile zueinander stehen, spricht man von einer Verbundnummer oder von einer Parallelnummer.

### 4.9.3 Verbundnummer

Beim Verbundnummernsystem ist der klassifizierende Teil starr mit einer Zählnummer verbunden.

Die Bedeutung der Zählnummer hängt vom klassifizierten Nummernteil ab. Eine Identifizierung ist, wie z.B. bei dem Kfz-Kennzeichen, nur mit der Gesamtnummer möglich **(Bild 1)**. Die Gesamtnummer wird um so länger, je mehr Klassifizierungsmerkmale in die Verbundnummer aufgenommen werden. Dies erleichtert auf der einen Seite das gezielte Suchen nach bestimmten Objekten, erhöht aber auf der anderen Seite den Aufwand und die Fehleranfälligkeit bei der Handhabung langer Nummern.
Ist der Aufbau einer Verbundnummer einmal festgelegt, so kann nachträglich kein weiteres Klassifizierungsmerkmal eingefügt werden, da sich damit auch die Gesamtnummer ändern würde. Daher ist es wichtig, dass beim Aufbau eines Verbundnummernsystems genügend Stellen vorgesehen werden, damit das Nummernsystem zur Identifizierung aller neuen Objekte ausreicht und nicht gesprengt wird, wie dies z.B. nach der deutschen Wiedervereinigung mit den Postleitzahlen geschah.
Die Verbundnummer wird auch als „teilweise sprechende" Nummer bezeichnet, da allein mithilfe des klassifizierenden Nummernteiles wichtige Aussagen über das Objekt gemacht werden können.

### 4.9.4 Parallelnummer

Beim Parallelnummernsystem ist der identifizierende Teil vom klassifizierenden Teil vollständig getrennt.

Der Identnummer wird eine – von dieser völlig unabhängige – Klassifizierungsnummer zugeordnet **(Bild 2)**. Die beiden Nummernteile werden parallel zueinander geführt und können getrennt oder kombiniert aufgebaut und benutzt werden. Dies hat den Vorteil, dass mit der relativ kurzen Identnummer Objekte schnell, wenig fehleranfällig und eindeutig bezeichnet werden können. Die parallel dazu geführte Klassifizierungsnummer erlaubt dagegen das schnelle Suchen nach Objekten. Dies ist besonders wichtig, um die Wiederverwendung oder das Modifizieren von bereits bestehenden Teilen und Dokumenten zu fördern und damit gegenüber der Neuentwicklung Kosten einzusparen. Ein weiterer Vorteil der Parallelnummer liegt darin, dass jederzeit der klassifizierende Nummernteil um weitere Klassifizierungsmerkmale erweitert werden kann, ohne dass sich die Identifizierung dadurch ändert.

**Tabelle 1: Auszug aus einem Nummernplan zur Teileart – Klassifizierung**

| Nummernschlüssel | Teileklassen-Bezeichnung |
|---|---|
| 1 | Rohstoffe, Halbzeug |
| ... | |
| 2 | Mechanische Bauteile |
| ... | |
| 21 | Mechanische Verbindungselemente |
| 211 | Schrauben, Muttern |
| 2111 | Kopfschrauben |
| 21110 | Kopfschrauben, Außenantrieb |
| 211101 | Sechskantschrauben |
| 211102 | Sechskantpassschrauben |
| ... | |
| 21111 | Kopfschrauben, Innenantrieb |
| 21112 | Senkschrauben |
| ... | |
| 2112 | Kopfschrauben nach Zeichnung |
| 2113 | Schrauben ohne Kopf |
| ... | |
| 22 | Achsen, Naben, ... |
| 23 | Räder, Wellen, ... |
| 24 | Lager |
| ... | |
| 3 | Elektrische Bauteile |
| 4 | Hilfsmaterialien |
| ... | |

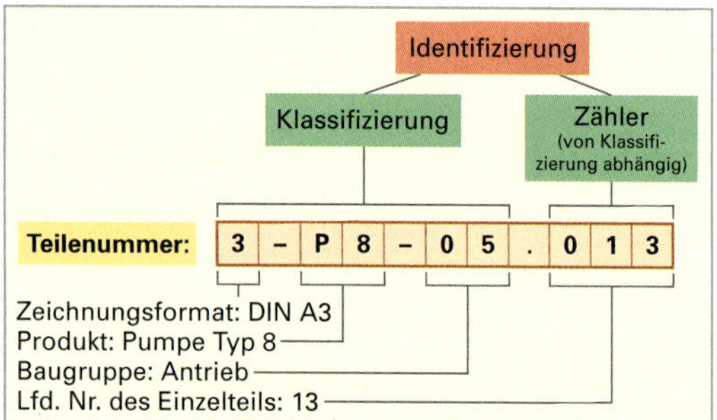


**Bild 1: Beispiel für eine Verbundnummer**

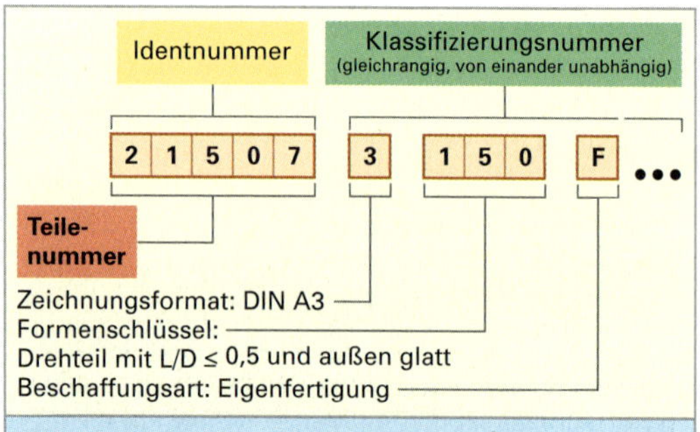


**Bild 2: Beispiel für eine Parallelnummer**

### 4.9.5 Sachmerkmalleiste

Das Suchen von Datenobjekten mithilfe von Klassifizierungssystemen hat den Nachteil, dass die Klassifizierungsschlüssel in der Regel keinen Aufschluss über Detailinformationen geben, wie z.B. über die für den Konstrukteur wichtigen exakten Maße eines Teiles. Hier können Sachmerkmalleisten Abhilfe schaffen.

> Eine Sachmerkmalleiste ist die Zusammenstellung der für eine Gegenstandsgruppe (Sachgruppe) wichtigen Merkmale.

Ein **Sachmerkmal**, wie z.B. die Gewindelänge von Sechskantschrauben, beschreibt einen Gegenstand unverschlüsselt unabhängig von dessen Herkunft und seinem Einsatzbereich **(Bild 1)**. Im Rahmen von DIN 4000 sind eine Vielzahl von Sachmerkmalleisten, überwiegend für Normteile, erarbeitet worden. Für betriebstypische Gegenstandsgruppen, wie z.B. Gehäuse, sollte jedes Unternehmen eigene Merkmalsätze festlegen. Dies erleichtert das schnelle Auffinden von ähnlichen oder gleichen Gegenständen, sodass folgende wichtigen Ziele verwirklicht werden können.

- Reduzierung der Sortenvielfalt durch Standardisierung von Teilen und Betriebsmitteln (Maschinen, Werkzeugen),
- Verringerung der Auftragsdurchlaufzeit durch Wiederverwendung von Unterlagen und Hilfsmitteln,
- Verringerung der Rüstzeit durch Bildung von Rüstfamilien,
- Verbesserung der Produktqualität durch den Einsatz bewährter Teillösungen.

**Bild 2** veranschaulicht, wie mithilfe des so genannten Matchcodes, bei dem als Platzhalter für nicht angegebene Zeichenfolgen z.B. ein Malzeichen (*) eingegeben wird, der Teileklassifizierung und der Sachmerkmalleiste ein Teil mit EDV-Einsatz schnell gefunden werden kann.

**Wiederholung und Vertiefung**

1. Wodurch unterscheiden sich auftragsbezogene Daten von auftragsneutralen Daten?
2. Wodurch unterscheiden sich Stammdaten von Strukturdaten?
3. Nennen Sie die zwei Hauptaufgaben von Nummern.
4. Welche Vorteile hat die Parallelnummer gegenüber einer Verbundnummer?
5. Welchen Vorteil hat das Suchen von Datenobjekten mithilfe der Sachmerkmalleiste gegenüber dem Suchen mithilfe einer Klassifizierungsnummer?

| Sachmerkmalleiste (SML) nach DIN 4000 | | | | | | |
|---|---|---|---|---|---|---|
| Kennbuchstabe | A | B | C | D | E | F |
| Einheit | | mm | mm | mm | mm | mm |

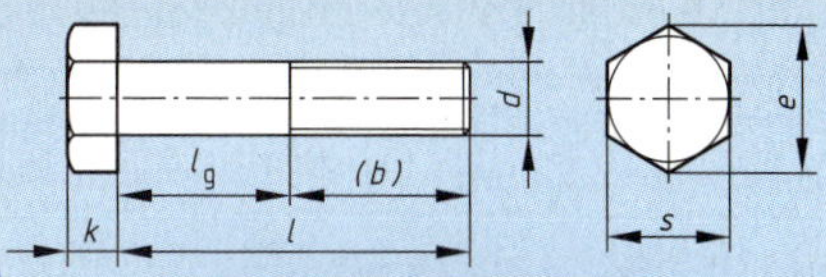


| Kennung | Benennung |
|---|---|
| A | Gewinde |
| B | Nennlänge *l* |
| C | Gewindelänge *b* |
| D | Schlüsselweite *s* |
| E | Kopfdurchmesser *e* |
| F | Kopfhöhe *k* |

| Teileliste für Teileklasse: 211101 Sechskantschrauben | | | | | | |
|---|---|---|---|---|---|---|
| Ident-Nr. | A | B | C | D | E | F |
| 2761 | M6 | 30 | 18 | 10 | 10,89 | 5,675 |
| 2762 | M6 | 36 | 18 | 10 | 10,89 | 5,675 |
| ... | ... | ... | ... | ... | ... | ... |
| 2812 | M24 | 100 | 54 | 36 | 39,55 | 15,9 |
| ... | ... | ... | ... | ... | ... | ... |

**Bild 1: Beispiel für eine Sachmerkmalleiste**

Nach Eingabe des Matchcodes[1]:

[1] to match = passend machen

**Bezeichnung:** (Matchcode) ***schraub***

Ausgabe der gefundenen Teileklassen und Auswahl der gewünschten Teileklasse „Sechskantschrauben" mit der „Maus"

| | |
|---|---|
| **211** | Schrauben, Muttern |
| **2111** | Kopfschrauben |
| **21110** | Kopfschrauben, Außenantrieb |
| **211101** | **Sechskantschrauben** |
| **211102** | Sechskantpassschrauben |

Ausgabe aller zur Verfügung stehenden Teile mit den in der Sachmerkmalleiste definierten Merkmaldaten:

| Liste der Teileklasse: 211101 Sechskantschrauben | | | | | | |
|---|---|---|---|---|---|---|
| Ident-Nr. | A | B | C | D | E | F |
| | Gewinde | Nennlänge | Gew.-länge | Schl.-weite | Kopf-ø | Kopfhöhe |
| 2761 | M6 | 30 | 18 | 10 | 10,89 | 5,675 |
| **2762** | **M6** | **36** | **18** | **10** | **10,89** | **5,675** |
| 2763 | M6 | 40 | 18 | 10 | 10,89 | 5,675 |

Auswahl und Übernahme des gewünschten Teiles in die Stückliste

**Bild 2: Suchen nach einer Schraube für eine Stückliste**

## 4.10 Dateiverarbeitung und Datenbanken

In der EDV werden als Datenträger für die laufende Arbeit hauptsächlich Magnetplatten eingesetzt. Magnetbänder und CD-ROMs verwendet man zur Archivierung von Daten und zur Datensicherung.

### 4.10.1 Datenstrukturen

Bei der Datenorganisation auf Datenträgern unterscheidet man zwischen der physischen Struktur und der logischen Struktur.

**Physische Datenstruktur**
Die physische Struktur wird von der körperlichen Speicherung der Daten bestimmt **(Bild 1)**. Die kleinste physische Einheit ist das **Bit**. Es kann nur zwei Zustände (ja oder nein beziehungsweise 1 oder 0) einnehmen und wird durch eine Magnetisierung auf dem Datenträger realisiert.
Mehrere Bits (meist 8 + 1 Prüfbit) werden zu einem **Byte** zusammengefasst. Die Anzahl von Bytes, die zwischen der Magnetplatte und dem Hauptspeicher des Computers bei einem Zugriff auf einmal übertragen wird, nennt man einen **Block**. Bei Magnetplatten entspricht dieser Block meistens einem Sektor (Kreisabschnitt) einer **Spur**. Alle Spuren, die bei einem Magnetplattenstapel übereinander liegen, werden **Zylinder** genannt (Bild 1).

**Logische Datenstruktur**
Die logische Struktur beschreibt die logischen Zusammenhänge der Daten. Die kleinste logische Einheit ist ein **Zeichen** (Ziffer, Buchstabe oder Sonderzeichen). Es wird mithilfe eines Bytes dargestellt. Die Zuordnung zwischen den 256 möglichen Bitkombinationen zu einem bestimmten Zeichen erfolgt heute meistens mithilfe des **ASCII-Codes** (Amerikanischer Standard Code für Informationsaustausch). Die nächst größere logische Einheit bildet man aus einem oder mehreren Zeichen und nennt sie **Datenfeld**. Zur vollständigen Beschreibung eines Feldes muss mindestens der Feldname und die Feldlänge (Anzahl der möglichen Zeichen) der Datentyp wie z.B. Zahl, Text oder Datum angegeben sein. In einem Datenfeld wird jeweils ein Merkmal (Attribut) eines **Datenobjektes** abgespeichert.

Datenobjekte können sein:
- Eine Person (z.B. ein Mitarbeiter),
- ein konkreter Gegenstand (z.B. ein Teil) oder
- ein Ereignis (z.B. eine Bestellung).

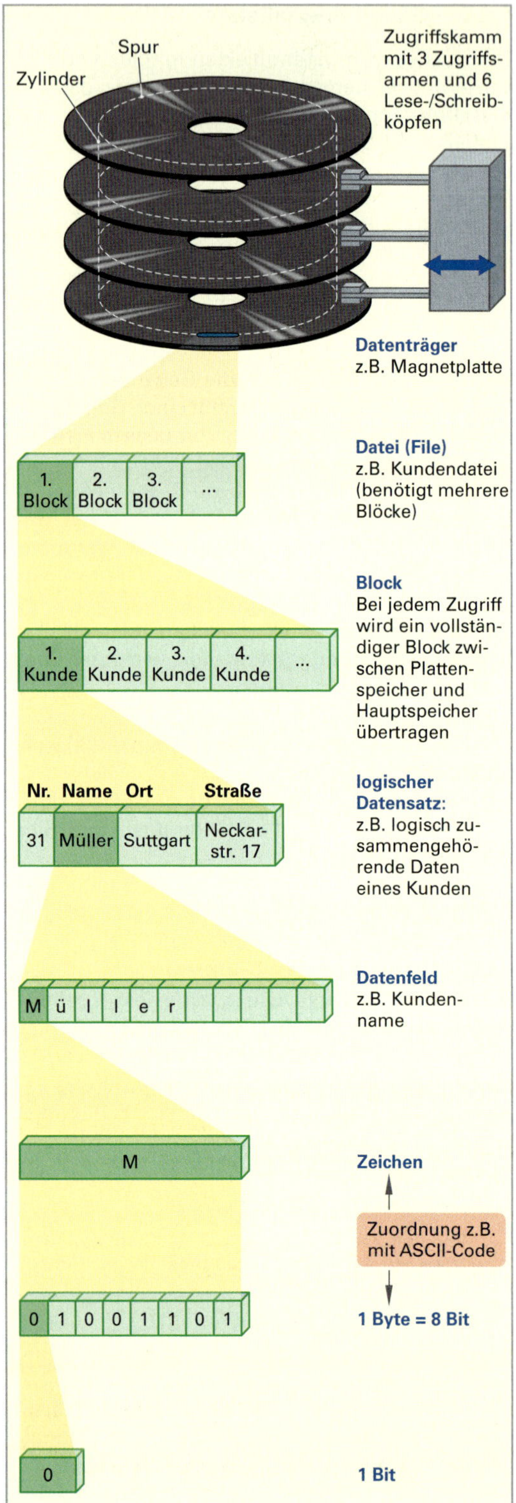

**Bild 1: Struktur von Daten auf einem Plattenspeicher**

Alle Felder die Informationen zu einem Objekt enthalten, werden zu einem **logischen Satz** zusammengefasst (Bild 1, vorige Seite). Alle gleichartigen Sätze bilden zusammen eine **Datei**. Um einzelne Datensätze schnell wieder zu finden, wird in jedem Datensatz mindestens ein Feld mit einem Ordnungsbegriff vorgesehen, der den Datensatz eindeutig identifiziert. Dieser Ordnungsbegriff wird **Primärschlüssel** genannt und entspricht meist der Identnummer des entsprechenden Datenobjektes **(Bild 1)**. Zusätzliche Ordnungsbegriffe, die einen Datensatz nicht eindeutig identifizieren müssen, heißen **Sekundärschlüssel**. In einer Kundendatei ist zum Beispiel die Kundennummer der Primärschlüssel. Der Kundenname ist dagegen der Sekundärschlüssel der für eine alphabetisch geordnete Namensliste eingesetzt werden kann.

Eine **serielle Speicherung** liegt vor, wenn die Datensätze in der Reihenfolge ihres Zugangs abgespeichert werden. Das Wiederauffinden ist in diesem Fall nur mit sukzessivem (schrittweisem) Suchen möglich. Die Datei wird, am Dateianfang beginnend, Satz für Satz durchgelesen, bis der gesuchte Satz gefunden ist.

Eine so genannte **Indexdatei**, die parallel zur Hauptdatei geführt wird, erlaubt ein wesentlich schnelleres Auffinden von gesuchten Datensätzen. Die Indexdatei enthält nur den automatisch sortierten (sequentiell gespeicherten) Primärschlüssel und die entsprechenden Satzadressen der Hauptdatei. Mithilfe eines speziellen Suchverfahrens wird in der Indextabelle der gewünschte Schlüssel sehr schnell gefunden, da er sequentiell gespeichert ist. Die zugehörige in der Indexdatei gespeicherte Satzadresse zeigt auf den entsprechenden Datensatz in der Hauptdatei (Bild 1).

## 4.10.2 Datenbanken

**Konventionelle Dateisysteme** verfolgen das Ziel, alle Daten, die ein Anwenderprogramm zur Lösung eines bestimmten Problems benötigt, möglichst in einer Datei abzuspeichern. Dies führt dazu, dass die gleichen Daten, die für mehrere Problemlösungen benötigt werden, mehrmals in verschiedenen Dateien abgespeichert werden.

Im Gegensatz dazu können **Datenbanken** viele Anwendungen gleichzeitig unterstützen. Eine Datenbank besteht im Wesentlichen aus dem Datenbestand (Datenbasis) und einem Datenverwaltungssystem (engl. DBMS = database management system), das den Datenbestand unabhängig von speziellen Anwenderprogrammen organisiert **(Bild 2)**.

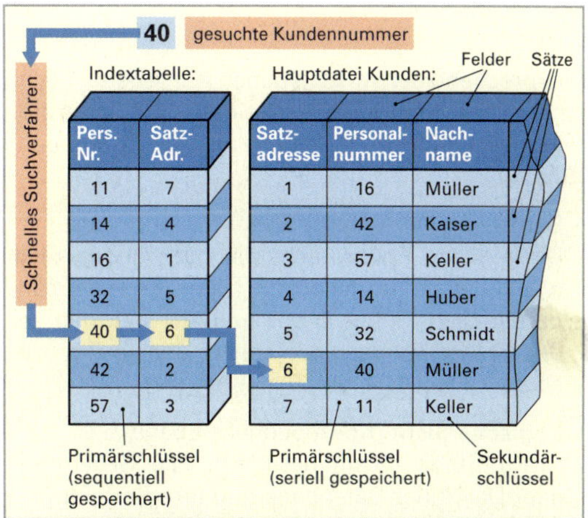


**Bild 1: Dateiaufbau und schnelles Suchen mit Hilfe einer Indexdatei**

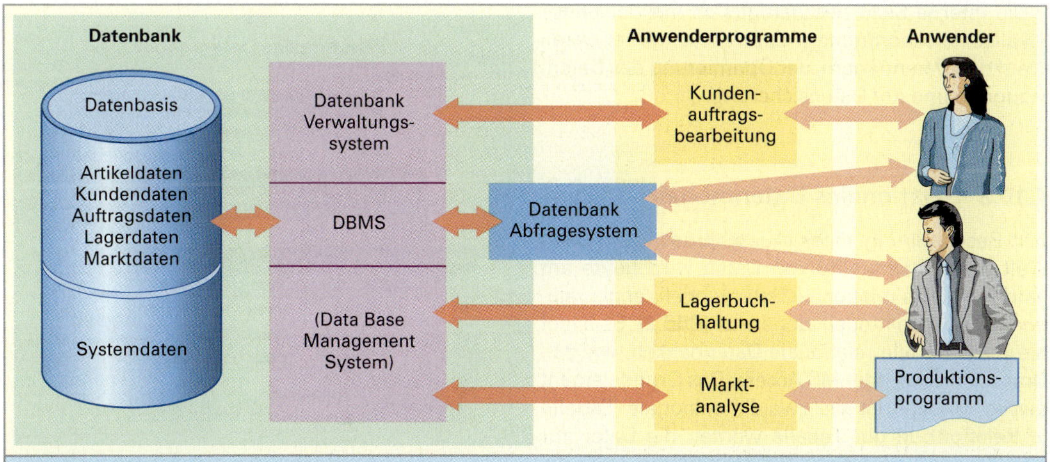


**Bild 2: Beispiel für den Einsatz einer Datenbank**

Die wichtigsten Eigenschaften einer Datenbank sind:

- **Strukturierung der Daten:** Keine ungeordnete Mehrfachspeicherung (Redundanz); leichter Abruf gewünschter Daten von Anwendern ohne detaillierte Kenntnis der Speicherungs- und Zugriffsverfahren der Datenbank.
- **Flexibilität:** Die Datenbank kann leicht von zukünftigen Anwenderprogrammen genutzt werden.
- **Datenintegrität:** Korrektheit und Vollständigkeit der abgespeicherten Daten wird durch folgende Maßnahmen erreicht:
  - **Eingabekontrolle** zur Vermeidung der Aufnahme von widersprüchlichen Daten (Datenkonsistenz),
  - **Datensicherung** gegen Verlust und Verfälschung der gespeicherten Daten durch technische Störungen und Bedienungsfehler,
  - **Datenschutz** gegen missbräuchliche Verwendung der Daten mithilfe der Regelung der Zugriffsberechtigungen.

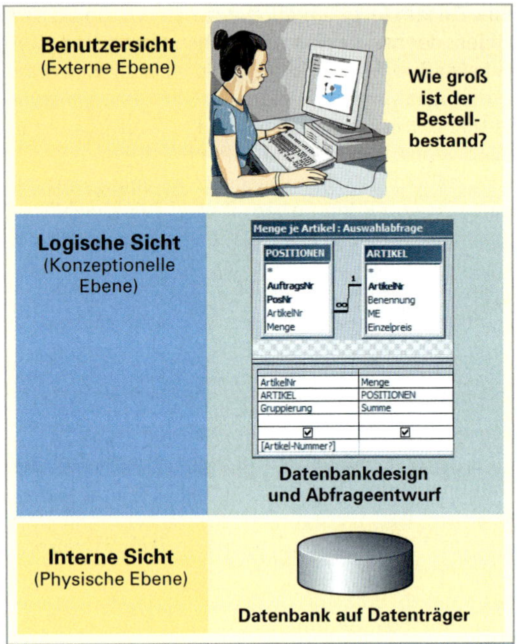


Bild 1: Sichten auf eine Datenbank

Entsprechend der verschiedenen Aufgabenbereiche einer Datenbank, unterscheidet man zwischen folgenden **Sichten** (Ebenen) auf die Datenbank **(Bild 1)**:

- **Benutzersicht** (Externe Ebene)
  Die externe Ebene stellt die individuelle Sicht (view) des Benutzers auf die Daten der Datenbank bereit. Jeder Benutzer soll bzw. darf nur den Teil der Unternehmensdaten sehen, der für ihn bzw. seine Anwendung von Bedeutung ist.
- **Logische Sicht** (Konzeptionelle Ebene)
  Die logische aSicht beschreibt die Gesamtheit aller Daten der Datenbank und ihre Beziehungen zueinander, wie z.B. den Zusammenhang zwischen den Kundendaten und den bestellten Artikeldaten.
- **Interne Sicht** (Physische Ebene)
  Die interne Sicht beschäftigt sich mit der physikalischen Anordnung (Abspeicherung) der Daten auf den Datenträgern, der Optimierung des Datenzugriffs und der Datensicherung.

## 4.10.3 Relationales Datenmodell

Zur Beschreibung eines Ausschnittes der realen Welt (Realität) mithilfe von Daten wird heute am häufigsten das relationale Datenmodell (engl.: relational database model) eingesetzt **(Bild 2)**. Es bildet die Basis für alle relationale Datenbanken, wie z.B. Orakel, Paradox oder MS Access. Das Grundelement dieses Modells ist die zweidimensionale **Tabelle** (= Relation). In der Tabelle werden die Daten für eine Menge von gleichartigen **Entitäten** (z.B. alle Kunden) gespeichert.

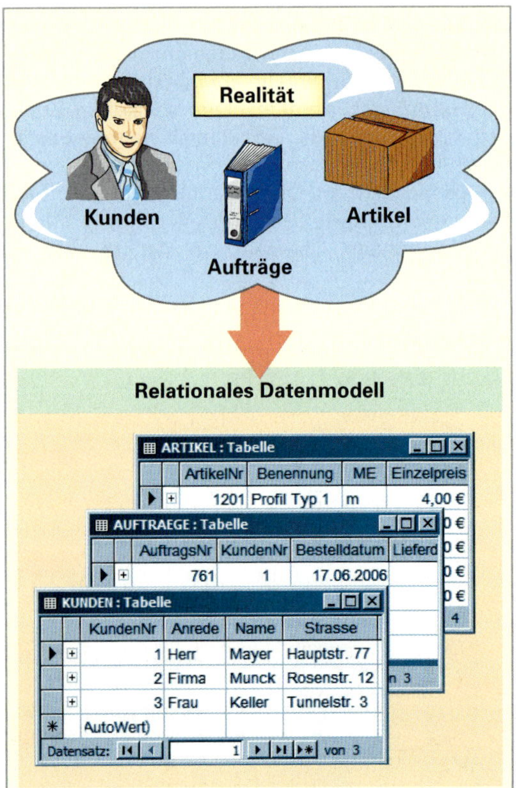


Bild 1: Relationelles Datenmodell

Eine **Entität** (engl. Entity) ist die Bezeichnung für ein Objekt der realen Welt (z.B. Kunde Maier). Jede **Zeile** einer Tabelle (Relation) wird **Datensatz**, **Instanz** oder **Tupel** genannt und beschreibt eine konkrete Entität der Entitätsmenge, den die Tabelle darstellt **(Bild 1)**. So stehen in der Tabelle Kunden (Entitätsmenge) pro Zeile jeweils die interessierten Daten eines bestimmten Kunden (Entität).

Jede **Spalte** der Tabelle entspricht einem **Attribut** (Merkmal) der Entitäten. Die Namen der Attribute müssen eindeutig sein und stehen als Spaltenüberschriften in der Tabelle. Die konkreten Entitäten werden durch die entsprechenden Attributwerte beschrieben. So werden z.B. die Entitäten Kunden durch die Attribute (Merkmale) Kundennummer, Name, Wohnort usw. beschrieben. Ein **Attributwert** ist der Inhalt einer Zelle innerhalb einer Tabelle. Um die Datensätze (Entitäten) innerhalb einer Tabelle eindeutig identifizieren zu können, muss die Tabelle einen so genannten **Primärschlüssel** (Hauptindex) enthalten. Dieser eindeutige Primärschlüssel kann ein Attribut oder eine Attributkombination sein. So ist z.B. die Kundennummer der Primärschlüssel der Tabelle (Entitätsmenge) Kunden.

Pro Entität darf jedes Attribut nur einen Wert enthalten. Existiert für ein Attribut eine begrenzte Anzahl von zulässigen Attributwerten, so wird die Zusammenfassung aller zugelassenen Attributwerte für dieses Attribut **Domäne** bzw. **Wertebereich** genannt. Das Attribut ME (Mengeneinheit) umfasst z.B. im Modellbetrieb nur die Werte „St", „m" und „Pack".

Jede Tabelle (Relation) einer Datenbank muss einen Primärschlüssel enthalten.

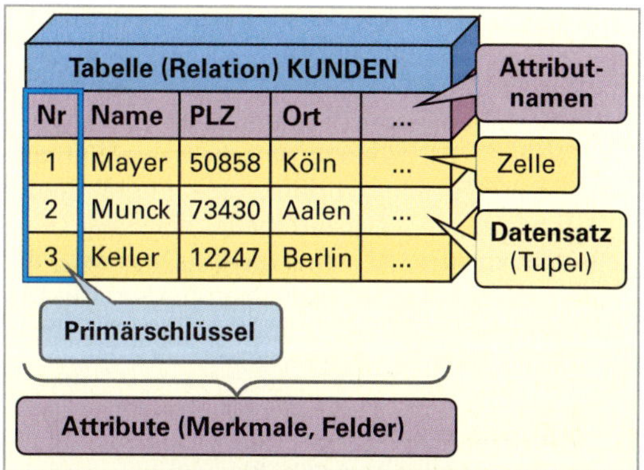


**Bild 1: Aufbau einer Tabelle (Relation)**

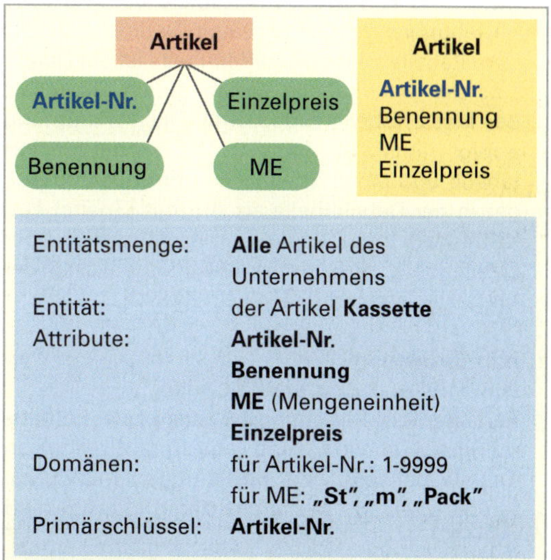


**Bild 2: Beispiel für die Beschreibung einer Entitätsmenge**

## 4.10.4 Entity-Relationship-Modell (ERM)

Ziel des Datenbankentwurfes ist es, ein Datenmodell von einem Ausschnitt der Wirklichkeit zu entwickeln. Das bekannteste und meistverwendete grafische Hilfsmittel zur Entwicklung eines Datenmodells ist das so genannte **Entity-Relationship-Modell (ERM)**. Das ERM bildet alle Entitäten und ihre Beziehungen zueinander ab.

Eine Entitätsmenge (Tabelle) wird in ERM-Diagrammen als Rechteck dargestellt. Der Name der En-titätsmenge wird innerhalb des Rechtecks angegeben. Die Attributnamen der Entitäten werden entweder in abgerundeten Rechtecken oder in einem Rechteck unterhalb des Namens der Entitätsmenge aufgeführt **(Bild 2)**.

Der Name des Primärschlüssels einer Entitätsmenge wird unterstrichen.

Eine **Beziehung** (Relationship) beschreibt die logische Verknüpfung zwischen Entitäten. So bestellt z.B. der Kunde Mayer 10 Kassetten. Die Art der Beziehung wird mithilfe von **Beziehungstypen** (Relationshiptypen) beschrieben.

Außer der Attribute (Merkmale) der Beziehung beschreibt der Beziehungstyp den zahlenmäßigen Zusammenhang zwischen den einzelnen Entitäten der Entitätsmengen.

Relationshiptypen werden in ERM-Diagrammen als Rauten dargestellt. Die Beschreibung der Beziehung wird innerhalb der Raute eingetragen. Die Raute wird mit ungerichteten Kanten (Verbindungslinien) mit den beteiligten Entitätsmengen (Tabellen) verbunden. Der zahlenmäßige Zusammenhang zwischen den Entitätsmengen wird auf den Kanten notiert.

Man unterscheidet bei Beziehungen folgende zahlenmäßigen Zusammenhänge:

- **1:1-Beziehung** (sprich: eins zu eins)
  Bei einer 1:1 Beziehung zwischen zwei Entitätsmengen (Tabellen) besitzt jede Entität (jeder Datensatz) der Mastertabelle maximal eine Beziehung zu einer Entität (einem Datensatz) der Detailtabelle. Dies gilt ebenso umgekehrt **(Bild 1)**. Die beiden Tabellen können zu einer Tabelle zusammengefasst werden.

- **1:*n*-Beziehung**
  (sprich: eins zu *n* bzw. eins zu viele)
  Bei einer 1:*n* Beziehung zwischen zwei Entitätsmengen (Tabellen) kann jede Entität (jeder Datensatz) von der Mastertabelle beliebig viele Beziehungen mit den Entitäten (Datensätzen) der Detailtabelle besitzen. Andererseits ist ein Datensatz der Detailtabelle genau einem Datensatz der Mastertabelle zugeordnet. Die Verknüpfung erfolgt mithilfe des Primärschlüssels der Mastertabelle und einem identischen **Fremdschlüssel**, der in der Detailtabelle als Attribut (Spalte) enthalten sein muss. Jeder Fremdschlüsselwert der Detailtabelle muss als Primärschlüsselwert in der Mastertabelle vorhanden sein **(Bild 2)**.

- ***n*:*m*-Beziehung**
  (sprich: *n* zu *m* bzw. viele zu viele)
  Bei einer n:m Beziehung zwischen zwei Entitätsmengen (Tabellen) kann jede Entität der einen Tabelle beliebig viele Beziehungen mit Entitäten der zweiten Tabelle besitzen und umgekehrt **(Bild 3)**.
  Da *n*:*m* Beziehungen sehr komplex und kaum zu verwalten sind, werden sie in zwei 1:*n* Beziehungen durch Einfügen einer dritten Tabelle (z.B. POSITIONEN) dargestellt **(Bild 4)**.

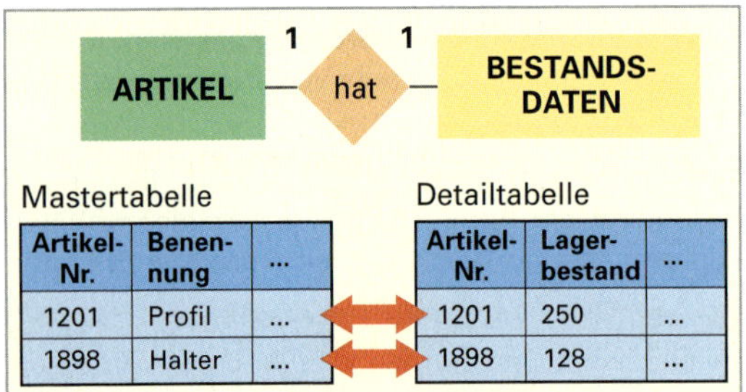


Zu einem Artikeldatensatz in der Tabelle ARTIKEL gehört **nur ein** Datensatz in der Tabelle BESTANDSDATEN **und umgekehrt**.

**Bild 1: Eins-zu-Eins-Beziehung (1:1)**

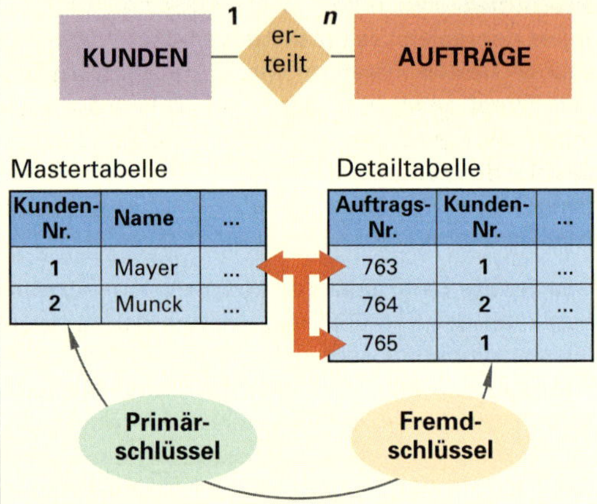


**Ein Kunde** kann **viele Aufträge** erteilen und umgekehrt kann **jeder Auftrag** nur von **einem Kunden** erteilt werden.

**Bild 2: Eins-zu-Viele-Beziehung (1:*n*)**

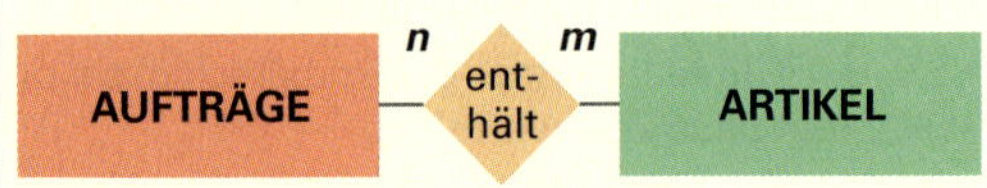


**Ein Auftrag** kann **mehrere Artikel** enthalten und umgekehrt kann **ein Artikel** in **mehreren Aufträgen** enthalten sein.

**Bild 3: Viele-zu-Viel-Beziehungen (*n*:*m*)**

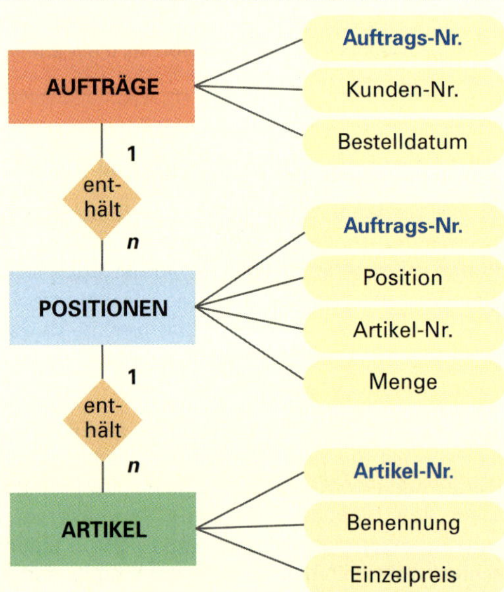


**Bild 4: Zwei 1:*n*-Beziehungen zur Darstellung einer *n*:*m*-Beziehung**

**Referentielle Integrität**[1] (Beziehungsintegrität)

Um die Unverletzlichkeit einer Beziehung zwischen zwei Entitätsmengen (Tabellen) zu gewährleisten, muss jeder Wert des Fremdschlüssels in der Detailtabelle auch als Primärschlüssel-Wert in der Mastertabelle vorhanden sein. Aus dieser Forderung ergeben sich die **referentiellen Integritätsbedingungen**:

- Wenn der eingegebene Wert eines Fremdschlüssels nicht im zugehörigen Primärschlüssel-Feld eingetragen ist, muss die entsprechende Einfüge- bzw. Änderungsanweisung des Fremdschlüsselwertes zurückgewiesen werden.
- Wenn der Wert eines Primärschlüssels, für den es einen Fremdschlüssel gibt, gelöscht wird, muss eine der folgenden Reaktionen erfolgen:
  - Die Löschanweisung des Primärschlüssels wird zurückgewiesen, oder
  - alle Datensätze in der Detaildatei, bei denen der Wert eines Fremdschlüssels mit dem gelöschten Wert eines Primärschlüssels übereinstimmen, werden komplett gelöscht **(Bild 1)**.

> Beziehungen zwischen zwei Tabellen werden mit Hilfe des Primärschlüssels der Mastertabelle hergestellt.

## 4.10.5 Entwurf einer Datenbank zur Bestellabwicklung

Im Folgenden wird das Vorgehen bei der Entwicklung einer einfachen Datenbank dargestellt. Die Datenbank soll die Verwaltung von Kundenaufträgen unterstützen.

Im Rahmen einer **Problemanalyse** wird zuerst der Zweck der Datenbank und die dafür benötigten Daten festgelegt. Die Datenbank Bestellabwicklung soll Kundendaten, Artikeldaten und Auftragsdaten speichern, um diese Daten nach verschiedenen Kriterien (Gesichtspunkten) auswerten und Rechnungen erstellen zu können.

1 Integrität = Unbescholtenheit; Unverletzlichkeit

**Datenbank planen**

In einem ersten Versuch wird nur die in **Bild 2** dargestellte Tabelle KUNDENAUFTRAEGE angelegt und mit Testdaten gefüllt.

Am Beispiel der Tabelle KUNDENAUFTRAEGE sollen zunächst einige Beispiele für unerwünschte Nebeneffekte (Anomalien) aufgezeigt werden, wenn die Struktur einer Tabelle nicht gut geplant wird.

- **Redundanz (Wiederholung von Information)**
  Zahlreiche Daten werden mehrfach gespeichert. Bei jeder Auftragsposition werden z.B. die Adressdaten neu gespeichert. Dies führt zu einer großen Speicherverschwendung und zu einer hohen Wahrscheinlichkeit von Fehleingaben.
- **Änderungs- (Update-) Anomalien**
  Wenn sich z.B. die Artikelpreise ändern, muss dieser Wert und die damit verbundenen Gesamtkosten in vielen Datensätzen geändert werden. Dies ist sehr arbeitsaufwändig und fehleranfällig.
- **Einfüge- (Insert-) Anomalien**
  Ein neuer Artikel kann in diese Tabelle nur eingefügt werden, wenn auch ein Kundenauftrag vorliegt, d. h. die Tabelle kann nur für die Bestellabwicklung, aber nicht für die Artikelverwaltung eingesetzt werden.
- **Lösch- (Delete-) Anomalien**
  Werden alle Aufträge eines Kunden gelöscht, so kann auch die Information über die entsprechende Kundenadresse verloren gehen.

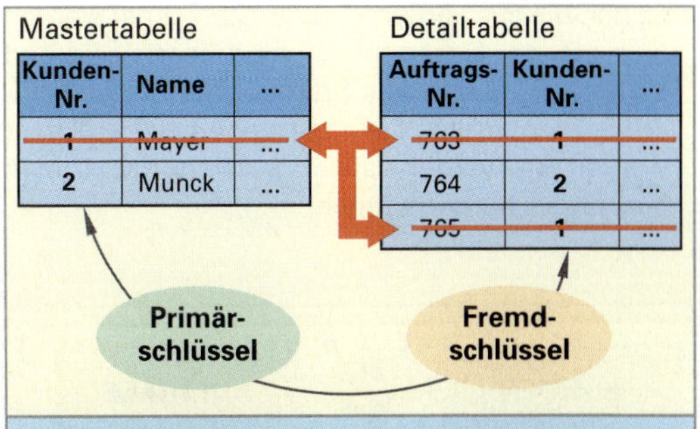


**Bild 1: Löschen in Tabellen mit referenzieller Integrität**

| AuftragsNr | Anrede | Name | Adresse | Bestelldatum | Position | ArtikelNr | Artikel | Einzelpreis | Menge | Gesamtpreis |
|---|---|---|---|---|---|---|---|---|---|---|
| 761 | Herr | Mayer | Hauptstr. 77, 50858 Köln | 17.06.2006 | 10 | 1201 | Profil Typ 1 | 4,00 € | 10 m | 40,00 € |
| 761 | Herr | Mayer | Hauptstr. 77, 50858 Köln | 17.06.2006 | 20 | 2431 | Kassette | 80,00 € | 5 St | 400,00 € |
| 762 | Firma | Muck | Rosenstr.12, 73430 Aalen | 17.06.2006 | 10 | 1899 | Halter Gr. 2 | 35,00 € | 1 Pack | 35,00 € |
| 763 | Frau | Keller | Tunnelstr. 3, 12247 Berlin | 18.06.2006 | 10 | 2431 | Kassette | 80,00 € | 10 St | 800,00 € |
| 763 | Frau | Keller | Tunnelstr. 3, 12247 Berlin | 18.06.2006 | 20 | 1898 | Halter Gr. 1 | 30,00 € | 2 Pack | 60,00 € |

**Bild 2: Tabelle KUNDENAUFTRÄGE: Schlecht geplante Struktur**

**Normalisieren**

Um die oben genannten unerwünschten Nebeneffekte zu beseitigen, muss die Tabelle KUNDENAUFTRAEGE nach bestimmten Regeln in mehrere Tabellen aufgeteilt (normalisiert) werden. Das Resultat der Anwendung dieser Regeln wird als **Normalform** der Tabellen bezeichnet. Die wichtigsten Regeln zur Normalisierung werden im Folgenden aufgeführt.

- Für jede Entitätsmenge (jeden Objekttyp) muss eine eigene Tabelle erstellt werden, in der jede Entität (jedes Objekt) neben den Entitätsattributen eine eindeutige Identnummer, den so genannten Primärschlüssel, erhält. In der nicht-normalisierten Tabelle KUNDENAUFTRAEGE sind die Entitätsmengen (Objekte) Kunden, Aufträge, Positionen und Artikel enthalten.
- Jeder Attributwert muss atomar sein. Ein Attributwert ist atomar, wenn er nicht aus mehreren Werten besteht oder zusammengesetzt ist. So wäre z.B. der Attributwert „Frau Keller, Tunnelstr. 3, 12247 Berlin" nicht atomar, da er eine vollständige Adresse enthält, die in die Attribute Anrede, Nachnamen, Straße, Postleitzahl und Ort aufgeteilt werden kann.
- Alle Attribute sind nur vom vollständigen Primärschlüssel abhängig. So ist z.B. das Bestelldatum von der Auftragnummer, aber nicht von der Artikelnummer abhängig.
- Der Inhalt zweier Zeilen (Datensätze) darf nicht identisch sein.
- Felder, die aus anderen Feldern berechnet werden (wie z.B. der Gesamtpreis), sind überflüssig und benötigen zusätzlichen Speicherplatz. Diese Felder können für jede Datenausgabe neu berechnet werden. Sie werden daher normalerweise nicht in die Tabelle aufgenommen.
- Da *n*:*m*-Beziehungen sehr komplex und kaum zu verwalten sind, werden sie in zwei 1:*n* Beziehungen durch Einfügen einer dritten Tabelle dargestellt.
- Kopfdaten und Positionsdaten müssen in getrennten Tabellen verwaltet werden. So hat z.B. jeder Kundenauftrag neben mehreren Auftragspositionen mit den bestellten Artikeln, nur einen einmalig auftretenden Auftragskopf, der die Auftragsnummer, den Kunden und das Auftragsdatum enthält.

**Bild 1** zeigt die Gesamtstruktur der Datenbank Bestellabwicklung mit den Tabellen KUNDEN, AUFTRAEGE, POSITIONEN und ARTIKEL in Normalform. Die Primärschlüssel sind unterstrichen. Der Primärschlüssel der Tabelle POSITIONEN wird pro Auftragsposition aus dem Verbund der Attribute Auftragsnummer (Auftrags-Nr.) mit der Positionsnummer (Pos-Nr.) gebildet. In die Tabelle AUFTRAEGE werden die Attribute Lieferdatum und Zahlungsdatum zur Überwachung der Bestellabwicklung aufgenommen.

Um Datenredundanz zu vermeiden und Datenintegrität zu gewährleisten, müssen die Tabellen einer Datenbank in die Normalform gebracht werden.

**Wiederholung und Vertiefung**

1. Vergleichen Sie die drei Sichten auf eine Datenbank.
2. Welche Bedeutung haben Tabellen, Zeilen und Spalten für das relationale Datenmodell?
3. Was versteht man unter einem Primärschlüssel?
4. Wodurch unterscheiden sich die drei Beziehungstypen des Entity-Relationship-Modells?

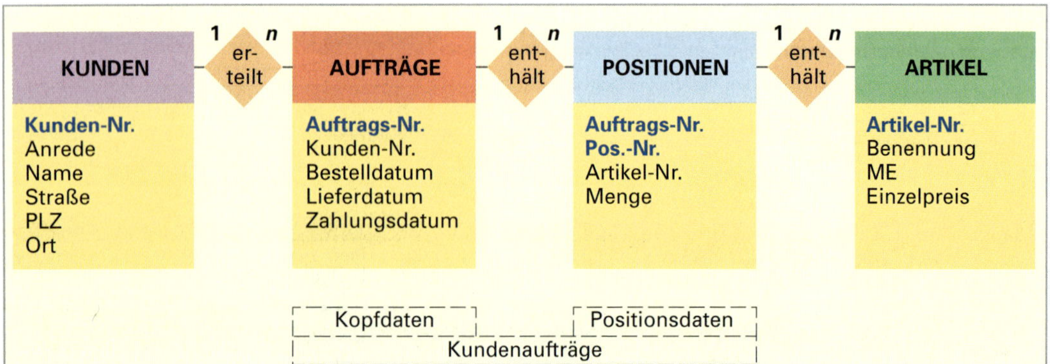


**Bild 1: Entity-Relationship-Modell der Datenbank Bestellabwicklung in Normalform**

### 4.10.6 Erstellen einer Datenbank mit MS-Access[1]

Der geplante Datenbankentwurf soll mit dem Datenbankprogramm Microsoft Access umgesetzt werden. Zum Anlegen einer neuen Datenbank wählt man den Befehl ***Neu*** im Menü ***Datei***. Am rechten Fensterrand vom Access Arbeitsbildschirm erscheint das Unterfenster ***Neue Datei***.
Nach einem Klick auf den Schalter ***Leere Datenbank*** öffnet sich das Dialogfenster ***Neue Datenbankdatei***. Dort wird in das Eingabefeld ***Dateiname*** der Name der neuen Datenbank (hier: *Bestellabwicklung*) eingegeben. Wenn man den Schalter ***Erstellen*** betätigt, wird die neue Datenbank erstellt und sofort automatisch auf der Festplatte gespeichert. Außerdem erscheint das Datenbankfenster auf der Arbeitsfläche, die den Namen der Datenbank trägt **(Bild 1)**.

Das Datenbankfenster ist der Hauptarbeitsplatz, über den die in der Datenbank definierten Objekte verwaltet werden. Im linken Teil des Datenbankfens-ters sind die Objekttypen (Objektkategorien) von Access aufgelistet:

**Tabellen:** Eine Tabelle ist eine Sammlung von Daten über ein bestimmtes Thema (Entitätsmenge). Jede Zeile der Tabelle entspricht einem Datensatz, jede Spalte einem Attribut (Merkmal).

**Abfragen:** Mit einer Abfrage kann man Daten einer Tabelle oder mehrerer Tabellen, die bestimmte Bedingungen erfüllen, ermitteln und auflisten. Das Ergebnis einer Abfrage ist wiederum eine Tabelle.

**Formulare:** Formulare dienen zur Ansicht, zur Eingabe und zur Bearbeitung von Daten aus Tabellen und Abfragen durch den Anwender.

**Berichte:** In Berichten werden Daten aus den Tabellen und Abfragen zusammengefasst. Die Berichte können ausgedruckt werden. Der Berichtaufbau wird einmalig definiert und kann dann immer wieder auf die Datenbank angewendet werden.

**Seiten:** Über diese Seiten können die Daten aus der Datenbank im Internet bearbeitet werden. Dazu werden spezielle Internet HTML-Seiten erzeugt.

**Makros:** Mithilfe von Makros automatisiert man stets wiederkehrende Arbeiten mit Access. Dazu erstellt man eine Liste von Anweisungen (Aktionen). Diese können anschließend jederzeit „abgespielt" werden.

**Module:** Access bietet eine Programmiersprache an (Access Basic), mit der man die Datenbank um Funktionen erweitern kann, die in Access nicht standardmäßig implementiert sind.

[1] Eingetragenes Warenzeichen von Microsoft Inc.

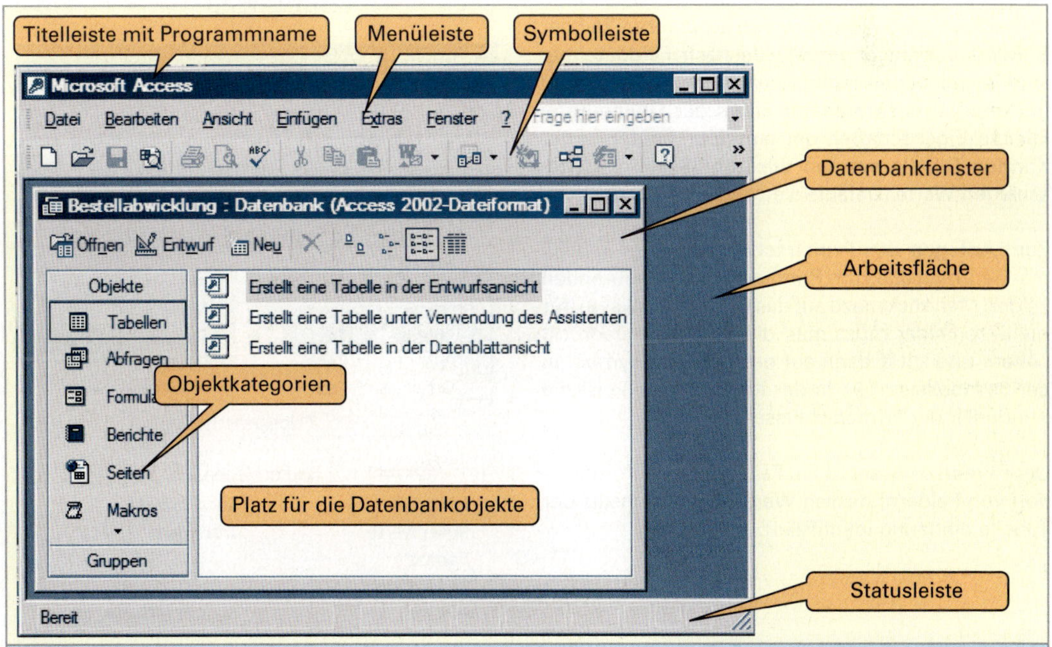


**Bild 1: Der Access Arbeitsbildschirm**

### Erstellen einer Tabelle

Um eine neue Tabelle zu erstellen, klicken Sie im *Datenbankfenster* unter *Objekte* auf *Tabellen* **(Bild 1, ①)** und dann doppelklicken Sie auf *Erstellt eine Tabelle in der Entwurfsansicht* ②. Sie erhalten nun ein leeres Formular ③, mit dem Sie die Felder (Attribute[1]) der Tabelle beschreiben können. Ein Feld wird definiert, indem Sie ihm einen Namen geben (z.B. KundenNr ④und ihm einen Datentyp zuordnen. Es stehen mehrere Datentypen zur Auswahl, die sichtbar werden, wenn man auf das Pfeilsymbol ⑤, klickt, das erscheint, wenn man in die Spalte Felddatentyp gelangt. Die Beschreibung des Feldes ⑥ ist nicht obligatorisch und dient lediglich zur Dokumentation Ihrer Attribute.

**Datentypen** geben an, um was für eine Art von Attribut es sich handelt. Häufig benutzte Datentypen sind Text, Zahlen, Datum, Währung etc. Je nach Datentyp können verschiedene Operationen mit einem Attribut ausgeführt werden. Zum Beispiel kann getestet werden, ob ein Attribut vom Datentyp Zahl kleiner als ein vorgegebener Wert ist oder ob ein Attribut vom Typ Text eine bestimmte Buchstabenfolge enthält. Der Datentyp der KundenNr soll ein AutoWert sein. Der *AutoWert* ist eine fortlaufende Nummer, die automatisch vom System vergeben wird, sobald ein neuer Datensatz eingegeben wird. In Bild 1, ⑦ sind alle Felder (Attribute) der Kundentabelle mit ihren Datentypen dargestellt.
Für jedes Feld können bestimmte Eigenschaften definiert werden. Diese werden im unteren Teil der Entwurfsansicht angezeigt. Je nach Felddatentyp sind verschiedene Eigenschaften einstellbar. Mehr Information dazu erhalten Sie in der Online-Hilfe. Für die Eigenschaften der einzelnen Felder in der Kunden-Tabelle werden die vom System vorgeschlagen Werte (Default-Werte) übernommen.

Zum **Anlegen des Primärschlüssels** einer Tabelle markiert man alle zum Primärschlüssel gehörenden Felder. Man klickt dazu auf das Feld ganz links ⑧ (für mehrere Felder muss man die Strg-Taste gedrückt halten) und klickt dann auf das Schlüsselsymbol in der Symbolleiste ⑨. In der Kunden-Tabelle ist die KundenNr der Primärschlüssel.

Der Primärschlüssel ist ein Feld oder eine Kombination von Feldern, dessen Wert jeden Datensatz der Tabelle eindeutig identifiziert.

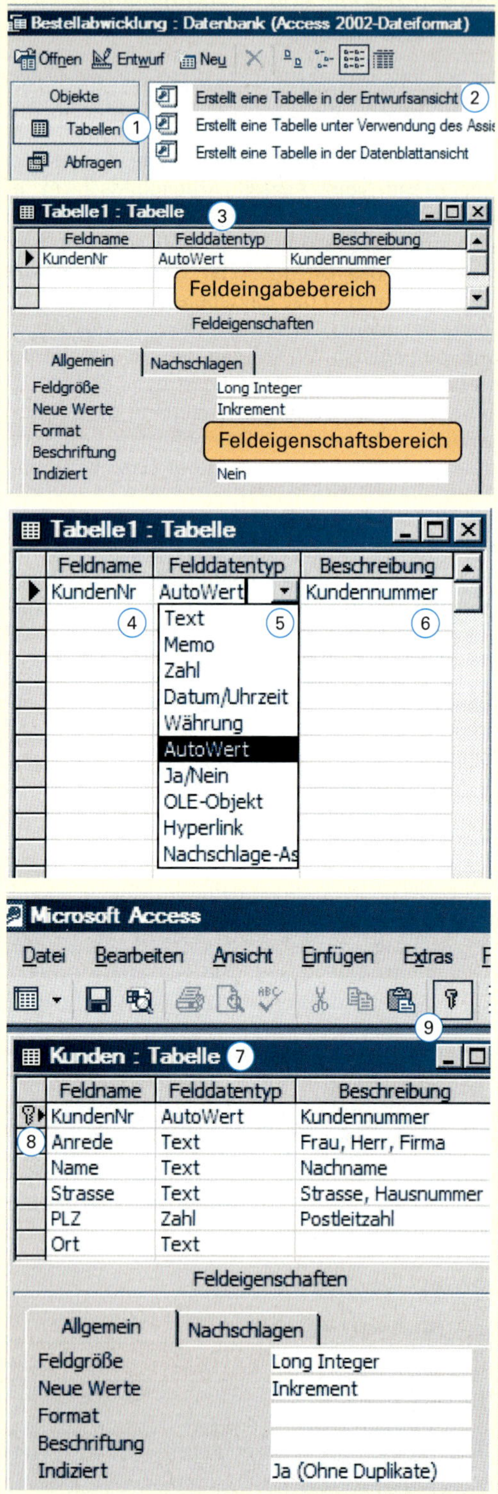


**Bild 1: Struktur anlegen**

[1] lat. attributum = das Zugeteilte, das Beigefügte (als nähere Bestimmung)

Um der Tabelle einen bestimmten Namen zu geben, wählt man im Menü *Datei* den Befehl *Speichern unter ...* . Im sich öffnenden Dialogfenster *Speichern unter* gibt man den Namen der Tabelle (hier KUNDEN) ein **(Bild 1.** ①**)** und klickt auf den OK-Knopf ②.

Analog zur Tabelle KUNDEN werden die Strukturen der Tabellen ARTIKEL ③, AUFTRAEGE ④ und POSITIONEN ⑤ definiert:

In der Tabelle AUFTRAEGE ist das Feld KundenNr ein Fremdschlüssel, mit dessen Hilfe eine Verknüpfung zum Primärschlüssel KundenNr in der Tabelle KUNDEN hergestellt werden kann. Ein Attribut einer Tabelle wird als **Fremdschlüssel** bezeichnet, wenn es in einer anderen Tabelle als Primärschlüssel auftritt.

In der Tabelle POSITIONEN besteht der Primärschlüssel aus einer Kombination der Felder AuftragsNr und PosNr. Über den Fremdschlüssel ArtikelNr kann nach einer Verknüpfung auf die Artikeldaten der Tabelle ARTIKEL zugegriffen werden.

### Beziehungen zwischen Tabellen festlegen

**Beziehungen** beschreiben wie Informationen, die sich in verschiedenen Tabellen befinden, miteinander logisch verbunden sind.

Um Beziehungen zu definieren, wählt man den Befehl *Beziehungen* aus dem Menü *Extras*. Es erscheint das Fenster *Beziehungen* **(Bild 2,** ①**)**. In dieses Fenster fügt man alle Tabellen ein, zwischen denen eine Verknüpfung hergestellt werden soll. Sind noch keine Beziehungen für diese Datenbank definiert, wird das Fenster *Tabelle anzeigen* (Bild 2, ②) zum Hinzufügen von Tabellen automatisch geöffnet. Dieses Fenster kann man auch mit dem Befehl *Tabelle anzeigen* aus dem Menü *Beziehungen* öffnen. In diesem Fenster markiert man die gewünschten Tabellen ③ und fügt sie durch ein Klick auf den Schalter *Hinzufügen* ④ in das Fenster *Beziehungen* ⑤ ein.

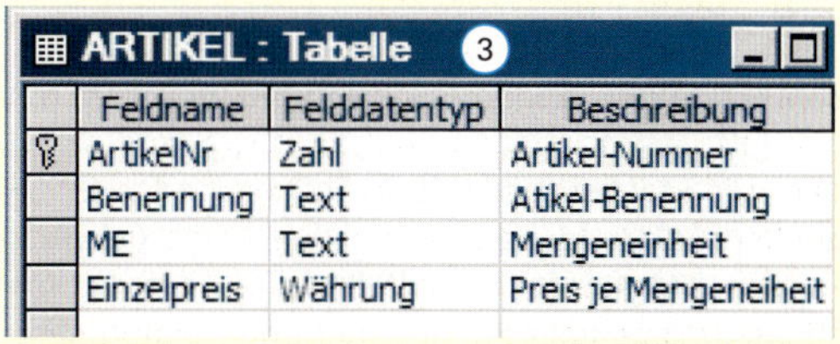
ARTIKEL : Tabelle ③

| Feldname | Felddatentyp | Beschreibung |
|---|---|---|
| ArtikelNr | Zahl | Artikel-Nummer |
| Benennung | Text | Atikel-Benennung |
| ME | Text | Mengeneinheit |
| Einzelpreis | Währung | Preis je Mengeneiheit |

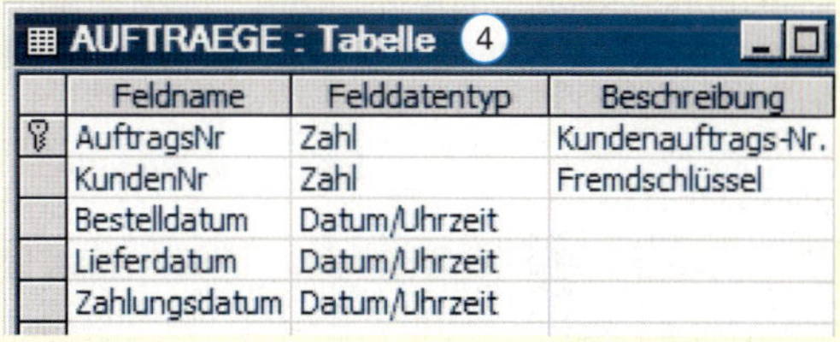
AUFTRAEGE : Tabelle ④

| Feldname | Felddatentyp | Beschreibung |
|---|---|---|
| AuftragsNr | Zahl | Kundenauftrags-Nr. |
| KundenNr | Zahl | Fremdschlüssel |
| Bestelldatum | Datum/Uhrzeit | |
| Lieferdatum | Datum/Uhrzeit | |
| Zahlungsdatum | Datum/Uhrzeit | |

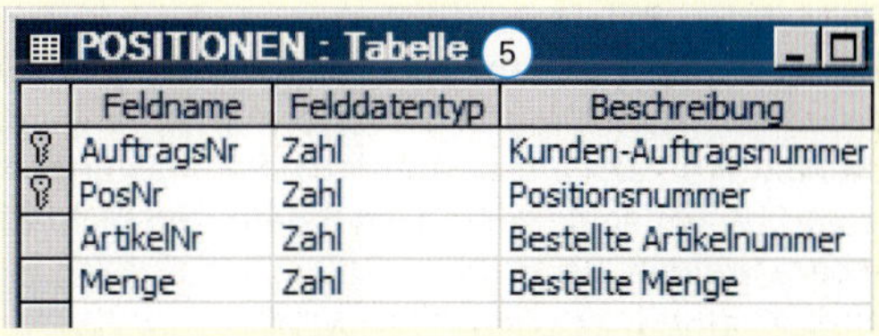
POSITIONEN : Tabelle ⑤

| Feldname | Felddatentyp | Beschreibung |
|---|---|---|
| AuftragsNr | Zahl | Kunden-Auftragsnummer |
| PosNr | Zahl | Positionsnummer |
| ArtikelNr | Zahl | Bestellte Artikelnummer |
| Menge | Zahl | Bestellte Menge |

**Bild 1: Strukturen der Tabellen ARTIKEL, AUFTRAEGE und POSITIONEN**

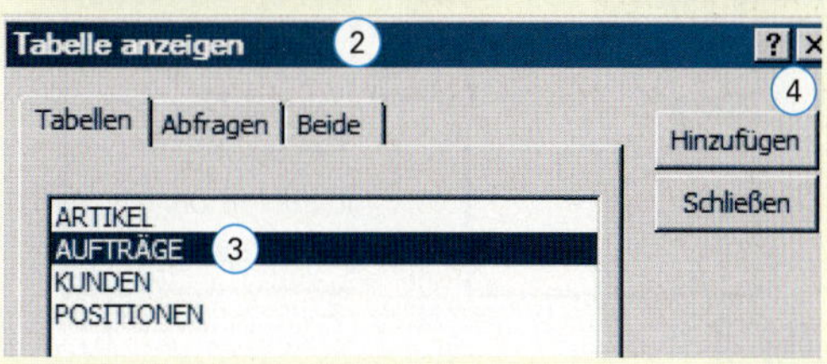


**Bild 2: Tabellen ins Fester *Beziehungen* einfügen**

### Wiederholung und Vertiefung

1. Beschreiben Sie stichwortartig, wie man in Microsoft Access eine neue Datenbank anlegt.
2. Wodurch unterscheiden sich die Datenbank-Objekte Tabellen, Abfragen, Formulare und Berichte?
3. Was versteht man unter einem Primärschlüssel?
4. Was versteht man unter einem Fremdschlüssel?
5. Wie erstellt man unter MS Access den Primärschlüssel einer Datenbank-Tabelle?

Nachdem alle Tabellen in das Fenster *Beziehungen* eingefügt sind, kann man in diesem Fenster die gewünschten Beziehungen zeichnen. In den meisten Fällen sind dies 1:*n*-Beziehungen, bei denen ein einmalig auftretender Primärschlüsselwert der ersten Tabelle (Mastertabelle) als Fremdschlüsselwert in einer zweiten Tabelle (Detailtabelle) mehrmals auftreten kann.

Zum Erstellen einer 1:*n*-Beziehung markiert man den fett geschriebenen Namen des Primärschlüssels der Mastertabelle **(Bild 1,** ① **)** und zieht ihn bei gedrückter Maustaste auf den entsprechenden Fremdschlüssel der Detailtabelle ②. Sobald man die Maustaste loslässt, erscheint das Dialogfenster *Beziehungen bearbeiten* ③. Zum Erstellen einer Beziehung mit referenzieller Integrität aktiviert man das entsprechende Kontrollfeld ④.

Nach einem Klick auf die Schaltfläche *Erstellen* erstellt MS Access die 1:*n* Beziehung. Die beiden betroffenen Felder werden durch eine Linie verknüpft, deren Enden mit 1 und mit ∞ beschriftet sind ⑤.

Die **referentielle Integrität** sorgt dafür, dass zu allen Werten des Fremdschlüssels in der Detailtabelle immer auch die Datensätze mit den entsprechenden Primärschlüsselwerten in der Mastertabelle vorhanden sind. Kurz, dass Referenzen nicht ins „Leere" zeigen.

Entsprechend dem Entity-Relationship-Modell (ERM) der Datenbank Bestellabwicklung (s. Seite 100) werden nun die weiteren 1:*n*-Beziehungen zwischen den Tabellen AUFTRAEGE, POSITIONEN und ARTIKEL erstellt **(Bild 2)**.

**Eingabe von Daten.** Die Testdaten der Datenbank *Bestellabwicklung* können in der *Datenblattansicht* zügig eingegeben werden. Dazu doppelklickt man im Datenbankfenster auf die Tabelle, in die man Daten eingeben möchte **(Bild 1 folgende Seite,** ① **)**.

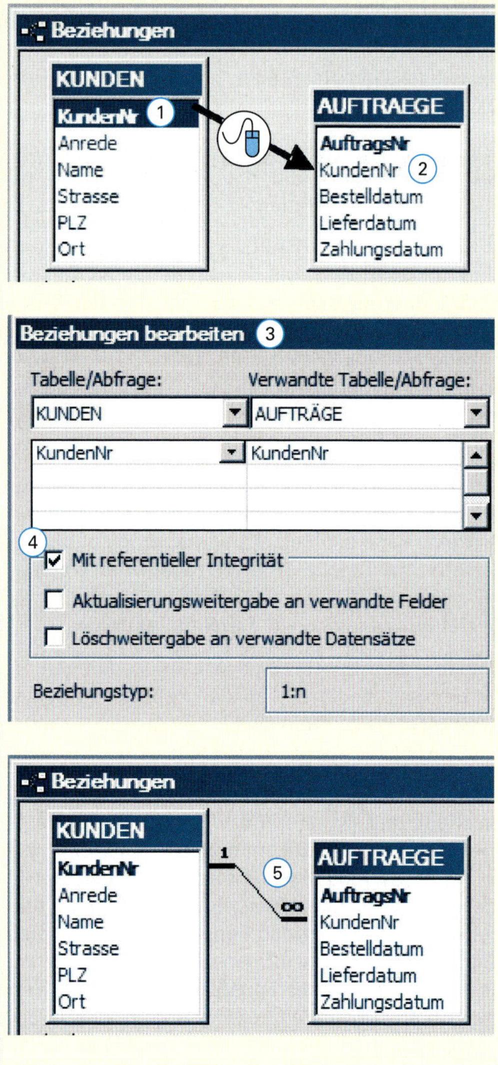

**Bild 1: Herstellen einer 1:*n*-Beziehung**

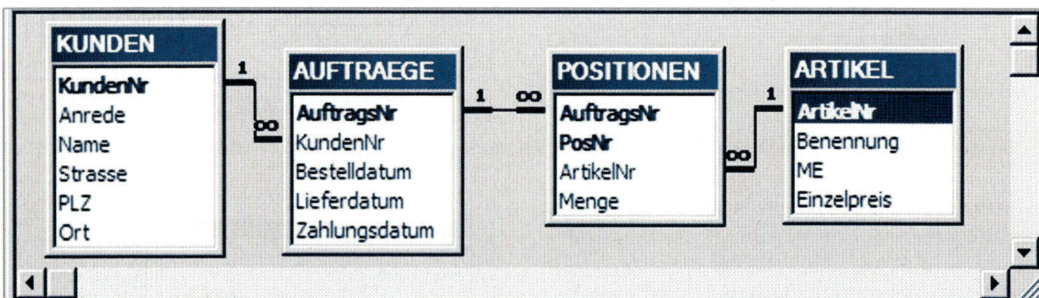

**Bild 2: 1:*n*-Beziehungen der Datenbank *Bestellabwicklung***

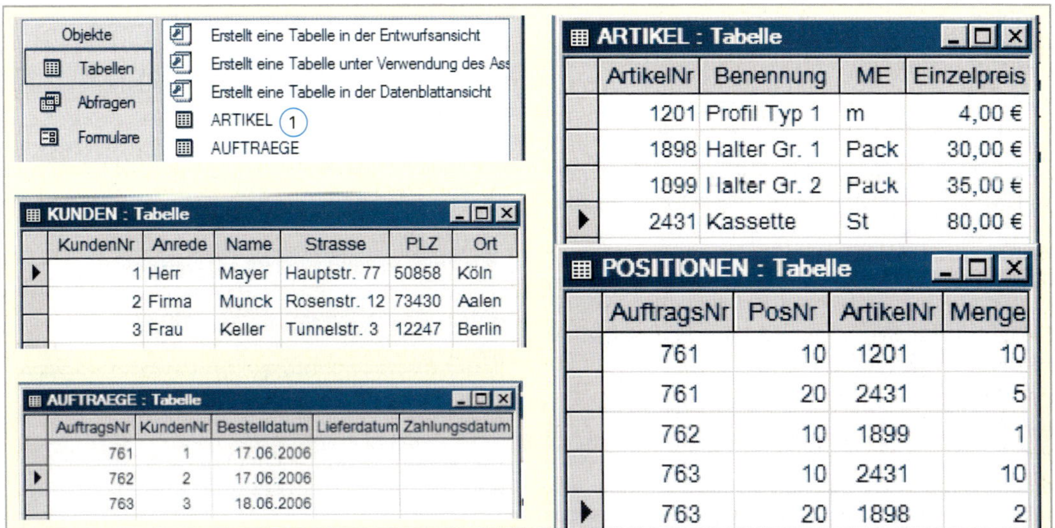


| KundenNr | Anrede | Name | Strasse | PLZ | Ort |
|---|---|---|---|---|---|
| 1 | Herr | Mayer | Hauptstr. 77 | 50858 | Köln |
| 2 | Firma | Munck | Rosenstr. 12 | 73430 | Aalen |
| 3 | Frau | Keller | Tunnelstr. 3 | 12247 | Berlin |

| AuftragsNr | KundenNr | Bestelldatum | Lieferdatum | Zahlungsdatum |
|---|---|---|---|---|
| 761 | 1 | 17.06.2006 | | |
| 762 | 2 | 17.06.2006 | | |
| 763 | 3 | 18.06.2006 | | |

| ArtikelNr | Benennung | ME | Einzelpreis |
|---|---|---|---|
| 1201 | Profil Typ 1 | m | 4,00 € |
| 1898 | Halter Gr. 1 | Pack | 30,00 € |
| 1099 | Halter Gr. 2 | Pack | 35,00 € |
| 2431 | Kassette | St | 80,00 € |

| AuftragsNr | PosNr | ArtikelNr | Menge |
|---|---|---|---|
| 761 | 10 | 1201 | 10 |
| 761 | 20 | 2431 | 5 |
| 762 | 10 | 1899 | 1 |
| 763 | 10 | 2431 | 10 |
| 763 | 20 | 1898 | 2 |

**Bild 1: Testdaten der Datenbank *Bestellabwicklung* in Datenblattansicht**

## Erstellen eines Formulars

Für den Benutzer der Datenbank sollte das Bearbeiten von Daten komfortabler als in der Datenblattansicht gestaltet werden. Zu diesem Zweck bietet MS Access die Möglichkeit Formulare zu erstellen.

Dazu klickt man im *Datenbankfenster* auf den Objektschalter *Formulare* **(Bild 2,** (1)) und an-schließend auf die Schaltfläche *Neu* (2).

Es erscheint das Dialogfenster *Neues Formular* (3) . Hier wählt man die gewünschte Gestaltung des Formulars, z.B. *Autoformular: einspaltig* (4) und die Tabelle (5), auf die sich das Formular beziehen soll. Nach einem Klick auf den Schalter *OK* erscheint ein Formular, mit dem man Datensätze eingeben oder bearbeiten kann (6).

Mit der TAB-Taste oder Return-Taste kann man von einem Feld ins nächste springen.

Am unteren Ende des Formulars befindet sich eine Navigationsleiste, mit der man zu existierenden Datensätzen springen kann. Um den nächsten Datensatz einzugeben, klickt man auf das Symbol mit dem Pfeil und Stern (7).

Mit dem Befehl *Speichern* im Menü *Datei* speichert man das Formular unter einem selbst gewählten Namen. Wenn man später weitere Eingaben machen möchte, findet man das erstellte Formular im Datenbankfenster unter den Objekten Formulare.

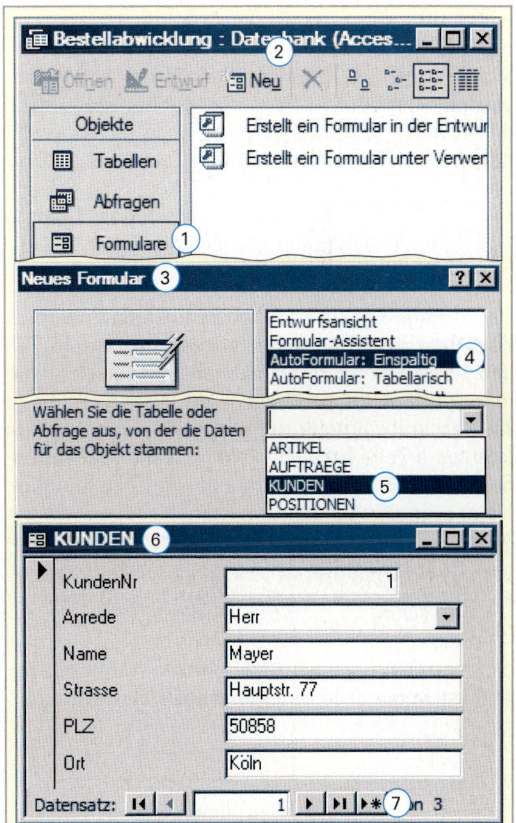


**Bild 2: Erstellen eines Formulars**

## Abfrage (Query)

Abfragen sind strukturierte Fragen, die man an die Datenbank richtet, um nach bestimmten Informationen zu suchen. Die Suche nach Daten, die bestimmte Kriterien erfüllen, kann in einer Tabelle oder mehreren verknüpften Tabellen durchgeführt werden. Abfragen, die häufig gestellt werden, können gespeichert werden, um sie wieder zu verwenden.

An der Frage „Welche Kunden haben ihre Aufträge noch nicht bezahlt?", soll das Erstellen einer Abfrage demonstrieren werden.

Die Abfrage ist in MS Access ein eigener Objekttyp. Daher klickt man zuerst im Datenbankfenster auf den Objektschalter *Abfragen* **(Bild 1, ①)**. Nach einem Doppelklick auf den Schalter *Erstellt eine neue Abfrage in Entwurfsansicht* ② öffnet sich das noch leere Entwurfsfenster *Auswahlabfrage* ③ und das Dialogfenster *Tabelle anzeigen* ④ mit einer Liste der in der Datenbank definierten Tabellennamen.

Aus dieser Liste wählt man die Namen der Tabellen aus ⑤, die man für die Abfrage benötigt und fügt sie durch einen Klick auf den Schalter *Hinzufügen* ⑥ in den Tabellenanzeigebereich des Entwurfsfensters der Abfrage ein. Bei der Frage nach den Kunden, die ihre Aufträge noch nicht bezahlt haben, sind dies die verknüpften Tabellen KUNDEN und AUFTRAEGE. Nachdem sich alle für die Abfrage benötigen Tabellen im Entwurfsfenster der Abfrage befinden, schließt man das Dialogfenster *Tabelle anzeigen* ⑥.

Der Abfrage-Entwurfsbereich ist zu Beginn natürlich noch leer. Aus den Tabellenlisten im oberen Teil des Abfragefensters wählt man nun jene Feldnamen (Attribute) aus, welche in der Abfrage benötigt werden und zieht sie mit gedrückter Maustaste in eine leere Zelle der Zeile *Feld* im Abfrageentwurfsbereich ⑦. Ein Feld wird in einer Abfrage benötigt, wenn es in der Ausgabe erscheinen soll, oder wenn Abfrage-Bedingungen sich auf dieses Feld beziehen. Soll das Feld in der Ausgabe unsichtbar sein, so wird das entsprechende Kontrollfeld in der Zeile *Anzeigen* deaktiviert.

Jetzt müssen noch die Bedingungen (Kriterien) der Abfrage in die Zeile *Kriterien* eingetragen werden.

> Mit Hilfe von Abfragen kann man aus einer oder aus mehreren miteinander verknüpften Tabellen Daten herausfiltern, die bestimmte Kriterien (Bedingungen) erfüllen.

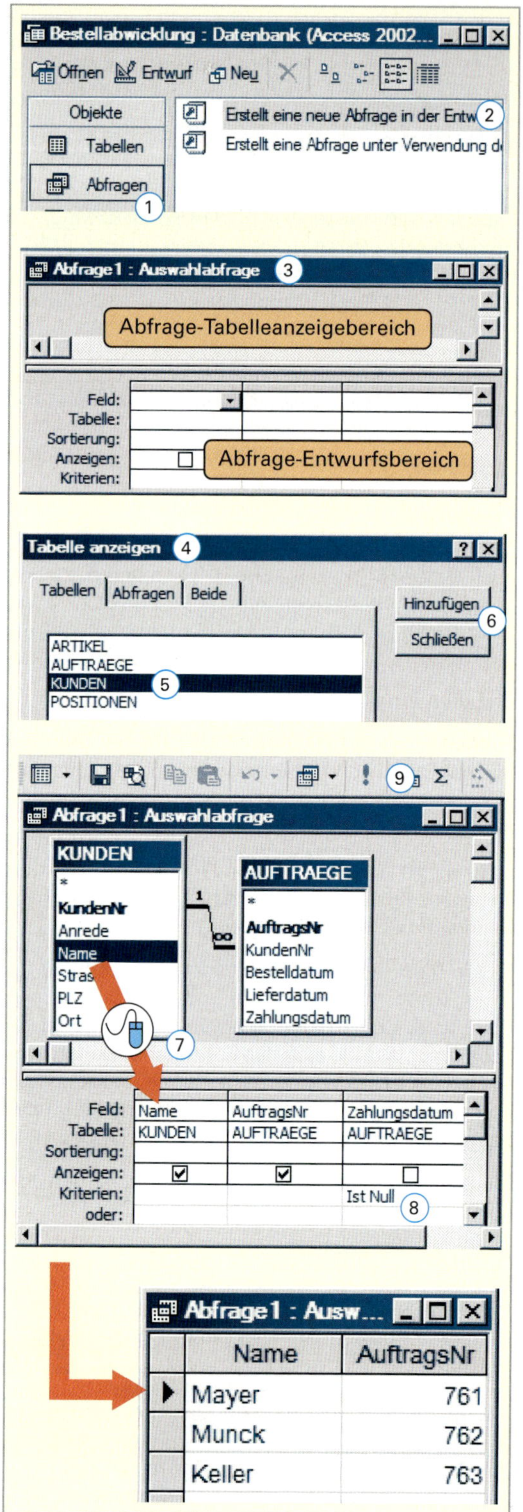


**Bild 1: Erstellen einer Abfrage**

Bei den Kunden, die ihre Aufträge noch nicht bezahlt haben, ist im Feld (Attribut) Zahlungsdatum noch kein Datum eingetragen. In der Sprache von MS Access befindet sich in diesem Feld der Wert NULL. Damit ist das Kriterium in der Entwurfspalte *Zahlungsdatum: Ist Null* **(Bild 1 vorherige Seite, ⑧)**

Nach einem Klick auf das Ausrufezeichen in der Symbolleiste (Bild 1 vorherige Seite, ⑨) erscheint das Ergebnis der Abfrage in Datenblattansicht. Um zur Entwurfsmaske zurückzugelangen, wählt man den Befehl *Entwurfsansicht* im Menü *Ansicht* oder klickt auf die Schaltfläche *Entwurf* im Datenbankfenster.

**Bild 1** zeigt weitere Möglichkeiten zum Definieren von Kriterien. Hier wird nach allen Kunden gesucht, deren Namen mit dem Buchstaben „M" beginnen und die die Artikelnummern 1201 oder 2431 in einer Menge von größer als 4 am 17.06.2006 bestellt haben.

Mit der im **Bild 2** definierten Abfrage sollen für eine vom Benutzer eingegebene Artikelnummer alle bestellten Mengen aufsummiert werden. Dazu müssen die Artikelnummern zusammengefasst (gruppiert) werden. Zum *Gruppieren* klickt man auf das Funktionssymbol ∑ in der Symbolleiste ①.

In die Abfrage-Entwurfsansicht wird die Zeile *Funktion* eingefügt, in der sich Begriff *Gruppierung* ② befindet. Zum Aufsummieren der Mengen je Artikel trägt man in das Feld *Funktion* der Spalte *Menge Summe* ein ③.

Damit die gewünschte Artikelnummer erst bei der Ausführung der Abfrage durch den Benutzer festgelegt werden kann, stellt man die entsprechende Parameter-Frage in eckigen Klammern im Feld *Kriterien* der Spalte *ArtkelNr* ④.

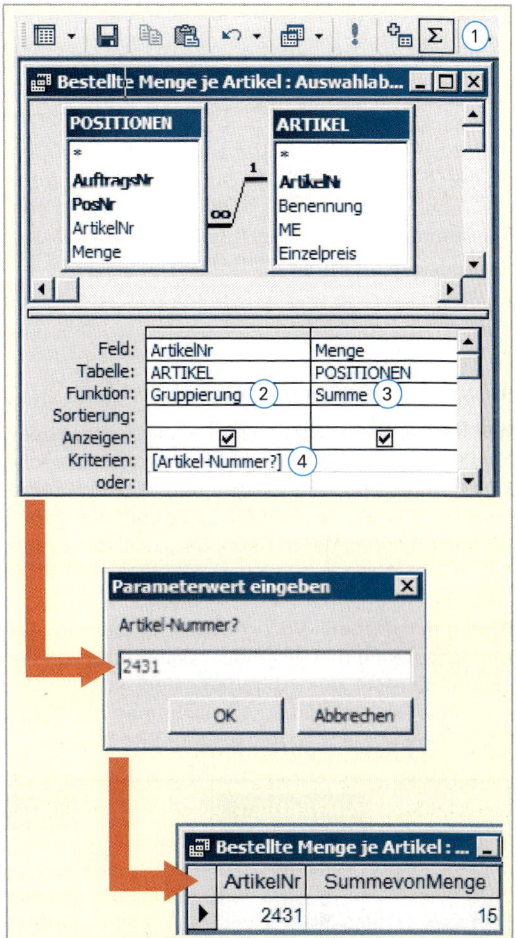


Bild 2: Gruppierung und Parameterabfrage

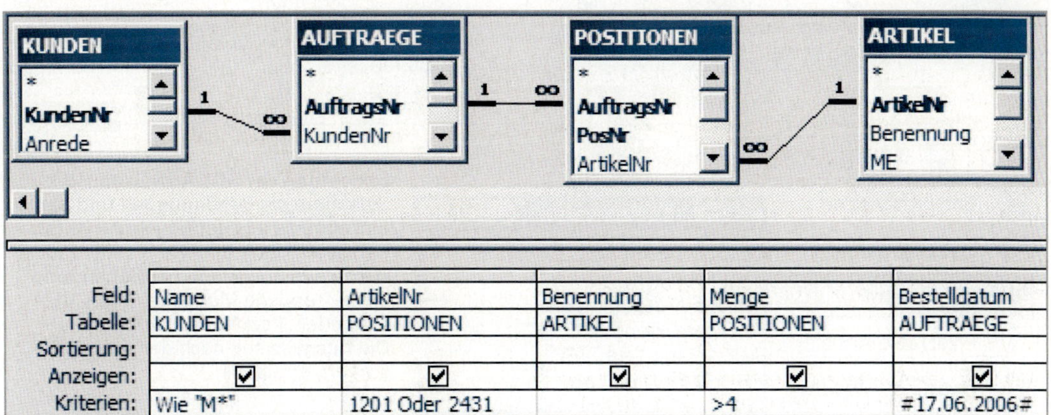


Bild 1: Beispiel für verschiedene Auswahlkriterien

Mit Abfragen können auch Berechnungen durchgeführt werden. Dazu trägt man in der Zeile *Feld* hinter einem beliebigen Feldnamen und einem Doppelpunkt den gewünschten arithmetischen Ausdruck ein. **Bild 1,** ① zeigt z.B. im Feld Gesamtpreis das Produkt der Werte aus dem Attribut *Menge* der Tabelle *POSITIONEN* und dem *Einzelpreis* der Tabelle *ARTIKEL*. Die Feldnamen müssen vom Tabellennamen durch ein Ausrufezeichen getrennt in eckige Klammern gesetzt werden.

## 4.10.7 Datenbankabfragesprache SQL

Alle relationalen Datenbanksysteme verwenden heute zur gezielten Suche die Datenbanksprache SQL (Structured Query Language). Mit der wichtigsten SQL-Anweisung SELECT kann man aus Tabellen entsprechend der in **Bild 2** dargestellten Syntax Daten selektieren.

Abfragen werden von Access immer in die Abfragesprache SQL übersetzt. Wenn man von der Entwurfsansicht des Abfragefensters in die SQL-Ansicht wechselt **(Bild 3,** ①**)**, sieht man die zu der Anfrage gehörige SQL-Anweisung **(Bild 3,** ②**)**.

SQL-Suchbefehl nach Datensätzen einer Tabelle, die bestimmte Bedingungen erfüllen, mit sortierter Ausgabe:

```
SELECT   <Feldliste>
FROM     <Tabelle>
WHERE    <Bedingung>
ORDER BY <Feldname>
```

**Feldliste:**
Felder, die ausgegeben sollen, durch Kommata getrennt

**Einfache Bedingung:**
<Feldname> <Vergleichs-Operator> <Wert>

**Kombinierte Bedingung:**
<Einf. Beding.1> <Log. Operator> < Einf. Beding.2>

**Vergleich mit unvollständigen Angaben:**
<Feldname> `LIKE` <Zeichenfolge mit Platzhalter>

**Vergleichs-Operatoren:**
<, <=, =, >=, >, IN

**Logische Operatoren:**
AND, OR, NOT

**Platzhalter:**
% bzw. * für mehrere Zeichen
_ bzw. ? für ein Zeichen
Das zweite Zeichen gilt für Access.

**Bild 2: SQL – Syntax für eine einfache SELECT-Anweisung**

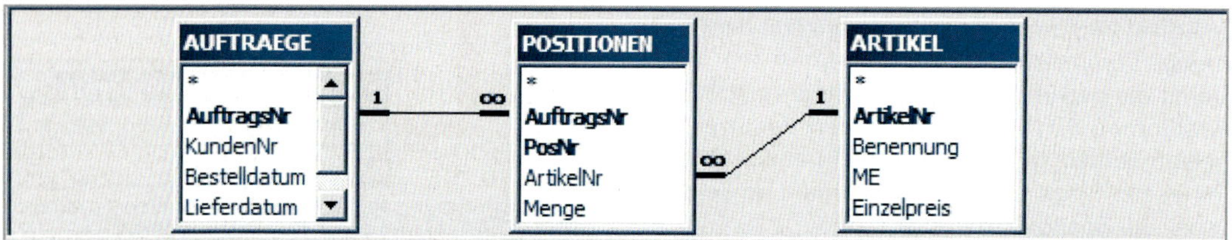


| | | | | |
|---|---|---|---|---|
| Feld: | Benennung | Menge | Einzelpreis | Gesamtpreis: [POSITIONEN!Menge]*[ARTIKEL!Einzelpreis] |
| Tabelle: | ARTIKEL | POSITIONEN | ARTIKEL | |
| Sortierung: | | | | |
| Anzeigen: | ☑ | ☑ | ☑ | ☑ |

**Bild 1: Beispiel für ein berechnetes Feld**

**Bedeutung der SQL-Anweisung** ②:
Selektiere die Benennungen und die Einzelpreise aus der Tabelle ARTIKEL, bei denen die Artikel-Nr. > 1800 und der zweite Buchstabe der Benennung ein „a" und die Mengeneinheit (ME) entweder „Pack" oder „St" ist.
Die Ausgabe soll nach der Artikel-Nr. sortiert erfolgen.

**Bild 3: Beispiel einer Access-Abfrage in SQL-Ansicht**

# 4.11 Erzeugnisgliederung

## 4.11.1 Teilearten

Die **Erzeugnisgliederung** (Produktstruktur) spiegelt die Zusammensetzung eines Erzeugnisses aus Baugruppen, Einzelteilen und Rohmaterial wider. Ein Erzeugnis ist ein gebrauchsfertiger oder verkaufsfähiger Gegenstand. Die Gesamtheit aller in einem Unternehmen hergestellten Erzeugnisse nennt man **Erzeugnisspektrum** oder **Produktprogramm**.

Eine **Baugruppe** wird aus zwei oder mehr Einzelteilen und/oder Untergruppen montiert. Ein **Einzelteil** ist ein Teil, das in der Konstruktionsstückliste mit einer Positionsnummer versehen wird. Eigengefertigte Einzelteile werden in der Teilefertigung des eigenen Produktionsunternehmens aus einem **Rohmaterial** (Halbzeug), wie z.B. einem Stangenmaterial, hergestellt. Ein Einzelteil kann aber auch als Fertigteil, wie z.B. ein Gussgestell, oder als Fertiggruppe, wie z.B. ein Motor, am Beschaffungsmarkt fremd bezogen und in ein Erzeugnis eingebaut werden.

Die Begriffe **Teil, Material** und **Artikel** werden als Oberbegriffe für Erzeugnisse, Baugruppen, Einzelteile und Rohmaterialien verwendet.

Materialien, die ebenfalls in das Produkt eingehen, in der Stückliste aber nicht aufgeführt werden, bezeichnet man als **Hilfsstoffe**. Dies sind im Allgemeinen Materialien deren rechtzeitige Beschaffung von der Abteilung veranlasst wird, die diese Materialien benötigen.

Hilfsstoffe sind z.B. in vielen Betrieben Schweißdraht, Fette, Klebstoffe oder auch Verpackungsmaterialien.

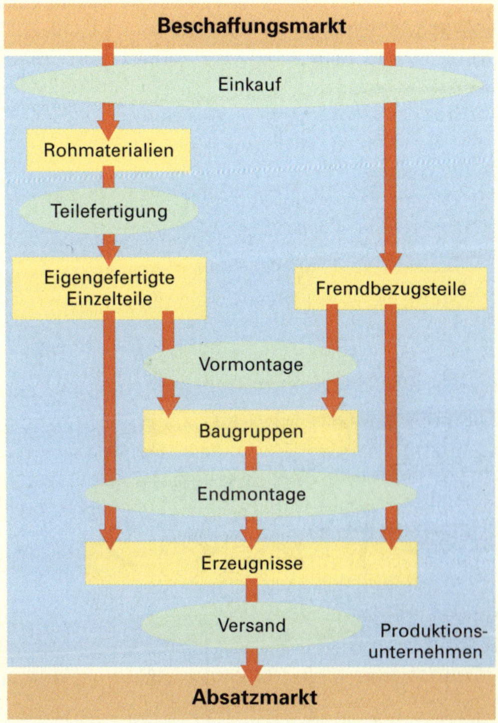


**Bild 1: Teilearten**

**Gesichtspunkte zur Erzeugnisgliederung:**

- **Funktionalität:** das gefertigte Produkt muss alle geforderten Funktionen erfüllen.
- **Baukastenprinzip:** Teile und Baugruppen sollten möglichst in vielen, vor allem auch in zukünftigen Erzeugnissen eingesetzt werden können (Wiederholbaugruppen) ohne die Möglichkeit zur Bildung von kundenspezifischen Varianten zu beschränken. Dies spart Kosten für Konstruktion und Fertigung von neuen Teilen.
- **Montagegerechte Gliederung:** Baugruppen entsprechend den Montagemöglichkeiten der Produktion unter besonderer Berücksichtigung der Personalqualifikation planen.
- **Beschaffungsmarkt:** Möglichst schon vormontierte Komponenten und nicht viele Einzelteile bei den Lieferanten beziehen.
- **Auftragsdurchlauf:** Möglichst schneller und störungsfreier Auftragsdurchlauf durch Bildung von lagerhaltigen Teilen, die je nach Kundenwunsch leicht kombiniert werden können und die Planung von Vormontagegruppen, die parallel zueinander gefertigt werden können.
- **Ersatzteilwesen:** Um die große Anzahl an lagerhaltigen Ersatzteilen zu reduzieren, sollten statt vielen Ersatzteilen entsprechende Ersatzteilgruppen in geringerer Anzahl gebildet werden.
- **Transport und Lagerwesen:** Größe und Gewicht von Baugruppen müssen die entsprechenden Lagerungs- und Transportmöglichkeiten bis hin zum Kunden berücksichtigen.

## 4.11.2 Fertigungsorientierte Erzeugnisgliederung

Bei der Bildung von Gruppen denkt ein Konstrukteur vor allem an **Funktionsgruppen** z.B. an den Antrieb oder an die Steuerung. Diese Funktionsgruppen, die eine technische Funktion (Aufgabe) erfüllen, entsprechen aber häufig nicht dem fertigungstechnischen Ablauf, der bei der Auftragsabwicklung im Mittelpunkt des Interesses steht. Beim Automobilbau können z.B. die Teile der Funktionsgruppe „Lenkung" nicht als eine **Baugruppe** montiert und dann als Ganzes in das Chassis eingebaut werden.

Bei der Strukturierung von Erzeugnissen müssen aus fertigungstechnischer und organisatorischer Sicht vor allem die im Folgenden aufgezählten Gesichtspunkte und Ziele berücksichtigt werden.

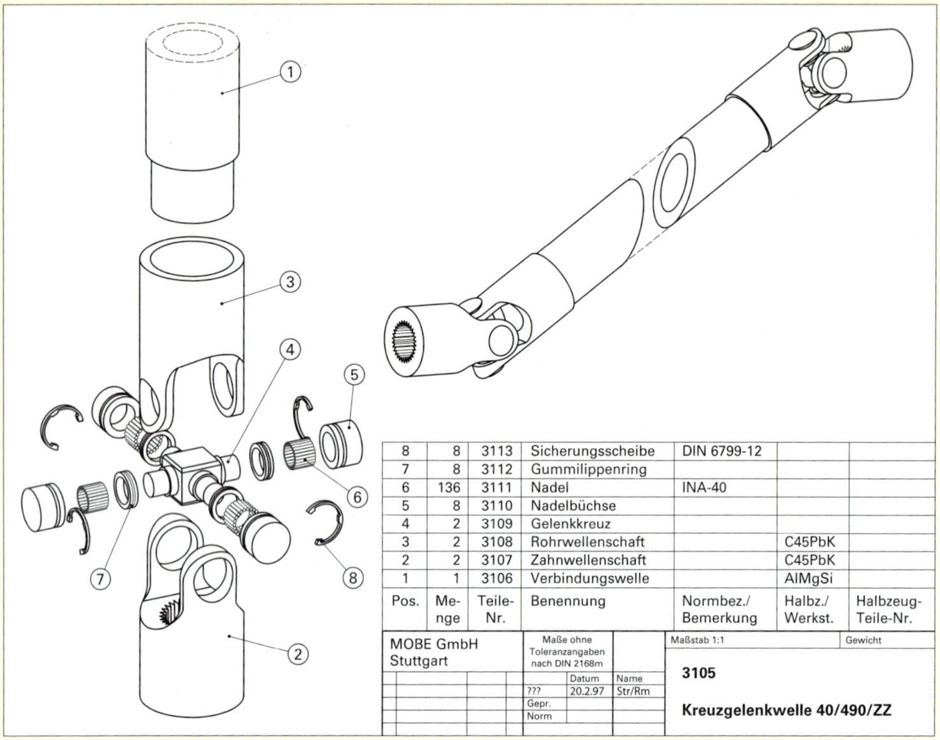


| Pos. | Menge | Teile-Nr. | Benennung | Normbez./ Bemerkung | Halbz./ Werkst. | Halbzeug-Teile-Nr. |
|---|---|---|---|---|---|---|
| 8 | 8 | 3113 | Sicherungsscheibe | DIN 6799-12 | | |
| 7 | 8 | 3112 | Gummilippenring | | | |
| 6 | 136 | 3111 | Nadel | INA-40 | | |
| 5 | 8 | 3110 | Nadelbüchse | | | |
| 4 | 2 | 3109 | Gelenkkreuz | | | |
| 3 | 2 | 3108 | Rohrwellenschaft | | C45PbK | |
| 2 | 2 | 3107 | Zahnwellenschaft | | C45PbK | |
| 1 | 1 | 3106 | Verbindungswelle | | AlMgSi | |

MOBE GmbH
Stuttgart
Maße ohne Toleranzangaben nach DIN 2168m
??? | Datum 20.2.97 | Name Str/Rm
Gepr.
Norm
Maßstab 1:1
Gewicht
3105
Kreuzgelenkwelle 40/490/ZZ

**Bild 1: Explosionszeichnung des Erzeugnisbeispiels Kreuzgelenkwelle 40/490/ZZ**

Mit der Erzeugnisgliederung sollte schon in der Entwurfsphase eines Produktes ein Team aus Vertretern der Konstruktion, des Einkaufs, der Arbeitsplanung und der Normenstelle beauftragt werden, um die Belange aller betroffenen Abteilungen zu berücksichtigen.

Am Beispiel der Kreuzgelenkwelle **(Bild 1)** soll im Folgenden gezeigt werden, wie man zur endgültigen Festlegung der Erzeugnisstruktur vorgehen kann **(Bild 2)**:

**1. Montagereihenfolge festlegen:**
Zuerst wird eine technisch sinnvolle Reihenfolge bestimmt, in der die von der Konstruktion in der Zusammenbauzeichnung (Bild 1) aufgeführten Einzelteile zusammengefügt werden können **(Bild 1, folgende Seite)**. Zur Montage der Kreuzgelenkwelle wird zuerst ein Gummilippenring (Pos. 7) auf jeden der vier Zapfen des Gelenkkreuzes (Pos. 4) geschoben, der danach in die Querbohrung des Rohrwellenschaftes (Pos. 3) gesteckt wird. Anschließend werden in einem 3. Montageschritt 17 Nadeln (Pos. 6) in je einer Nadelbüchse (Pos. 5) mithilfe von Fett kreisförmig am Innenrand positioniert. Der Hilfsstoff Fett, der in der Stückliste nicht ausdrücklich aufgeführt wird, schmiert das Lager und verhindert, dass die Nadeln vor der weiteren Montage wieder aus der Büchse fallen.

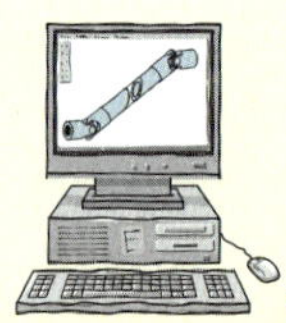

1. Montagereihenfolge festlegen
2. Rohmaterial endgültig festlegen
3. Baugruppen festlegen
4. Halbfabrikate festlegen
5. Fehlende Teilenummern festlegen
6. Erzeugnisbaum festlegen

**Bild 2: Erzeugnisstruktur erstellen**

Gegenüber dem üblicherweise eingesetzten Nadelkäfig zeichnet sich diese Konstruktion durch eine größere Belastbarkeit bei gleicher Baugröße aus. Die so mit Nadeln gefüllten Büchsen werden im 4. Montageschritt auf die zwei Gelenkkreuzzapfen gepresst, die aus den Querbohrungen des Rohrwellenschaftes (Pos. 3) ragen. Damit die Nadelbüchsen sich nicht mehr verschieben, werden sie im 5. Montageschritt mithilfe von je einer Sicherungsscheibe (Pos. 8) fixiert. Beim 6. Montageschritt wird der Zahnwellenschaft (Pos. 2) über die restlichen zwei freien Gelenkkreuzzapfen gestülpt und in Schritt 7 und 8 analog zum 4. und 5. Schritt mit weiteren zwei mit Nadeln gefüllten Büchsen und Sicherungsscheiben verbunden. Zwei der so entstandenen Zahnwellengelenke werden im 9. Montageschritt mit der Verbindungswelle (Pos. 6) durch Kleben verbunden. Der Klebstoff ist in der Konstruktionsstückliste nicht aufgeführt und daher ein Hilfsstoff.

2. **Rohmaterialien endgültig bestimmen:**
Sofern von der Konstruktion nur der Werkstoff in der Konstruktionsstückliste aufgeführt wurde, muss spätestens nun ein in der Werksnorm aufgeführtes Halbzeug ausgewählt werden. So wird für die Verbindungswelle (Pos. 1) das Rohr DIN 1754 AlMgSi 36 x 5 ausgewählt.

3. **Baugruppen auswählen:**
Aus den vielen Schritten der Montagereihenfolge müssen die Zwischenstufen als eigenständige Baugruppen definiert werden, die im Rahmen der Auftragsabwicklung eindeutig identifiziert werden müssen. Dies können Wiederholbaugruppen, einzulagernde Baugruppen oder Ersatzteilgruppen sein. In unserem Fall wird der Bauzustand nach dem 8. Montageschritt als Baugruppe mit der Bezeichnung „Zahnwellengelenk 40" festgelegt. Dies hat den Vorteil, dass diese Baugruppe mit unterschiedlich langen Verbindungswellen zu beliebig vielen neuen Kreuzgelenkwellen der Größe 40 kombiniert werden kann. Da die 17 Nadeln mithilfe von Fett an einem besonderen Arbeitsplatz für Behinderte in die Nadelbüchse eingefügt und im Werkslager zwischengelagert werden, muss zur eindeutigen Identifizierung diese vormontierte Nadelbüchse mit Nadeln ebenfalls als Baugruppe definiert werden.

4. **Halbfabrikate definieren:**
Zur wirtschaftlicheren Fertigung und zur Beschleunigung des Auftragsdurchlaufes wird das Halbfabrikat „Gelenkschaft 40" gebildet, das im Lager vorrätig gehalten werden soll. Dieses Halbfabrikat ist ein Zwischenstadium der Teilefertigung für den Rohrwellenschaft (Pos. 3), den Zahnwellenschaft (Pos. 2) sowie für weitere kundenspezifische Wellenschaftvarianten.

5. **Noch fehlende Teilenummern festlegen:**
Für die bei der Erzeugnisgliederung endgültig neu definierten Teile kann nun zur eindeutigen Identifizierung die künftig im Betrieb gültige Teilenummer festgelegt werden. Beginnend mit der bis jetzt höchsten freien Nummer 3113 werden die im Bild 1, folgende Seite, aufgeführten Nummern gewählt, da in unserem Modellbetrieb für die Teilenummern eine reine Identnummer (fortlaufende Zählnummer) benutzt wird und keines der in der Erzeugnisgliederung aufgeführten Teile bis jetzt in der laufende Produktion eingesetzt wurde.

6. **Erzeugnisbaum erstellen:**
Das Ergebnis all dieser Überlegungen zur Erzeugnisgliederung wird in Form eines so genannten Erzeugnis-Stammbaumes dargestellt **(Bild 1, folgende Seite)**.

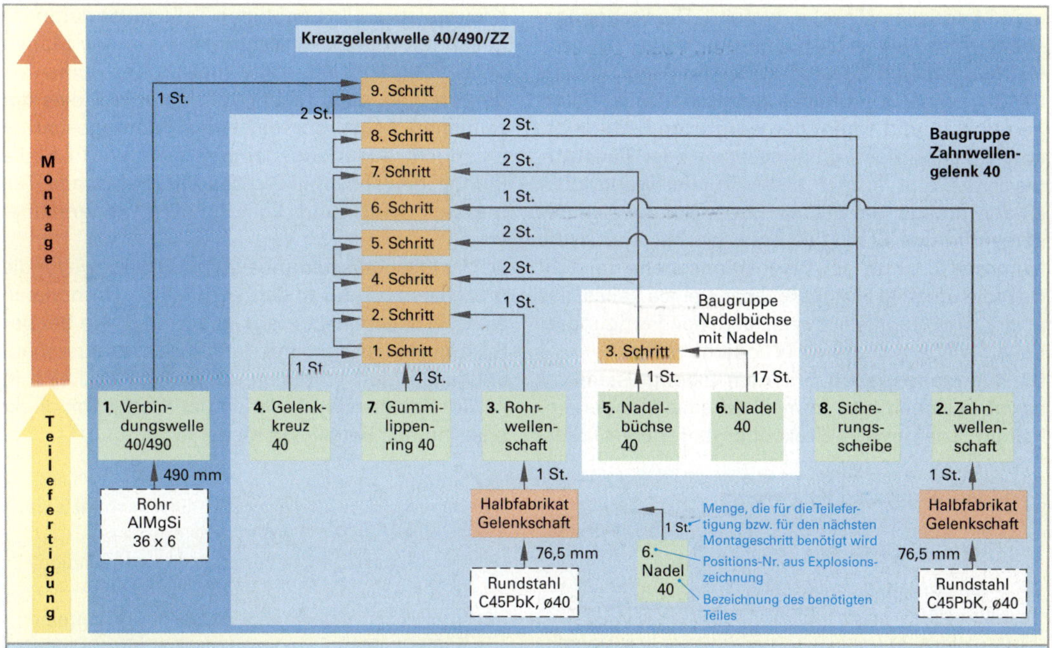


**Bild 1: Montageschritte, Baugruppen und Halbfabrikate für das Erzeugnisbeispiel**

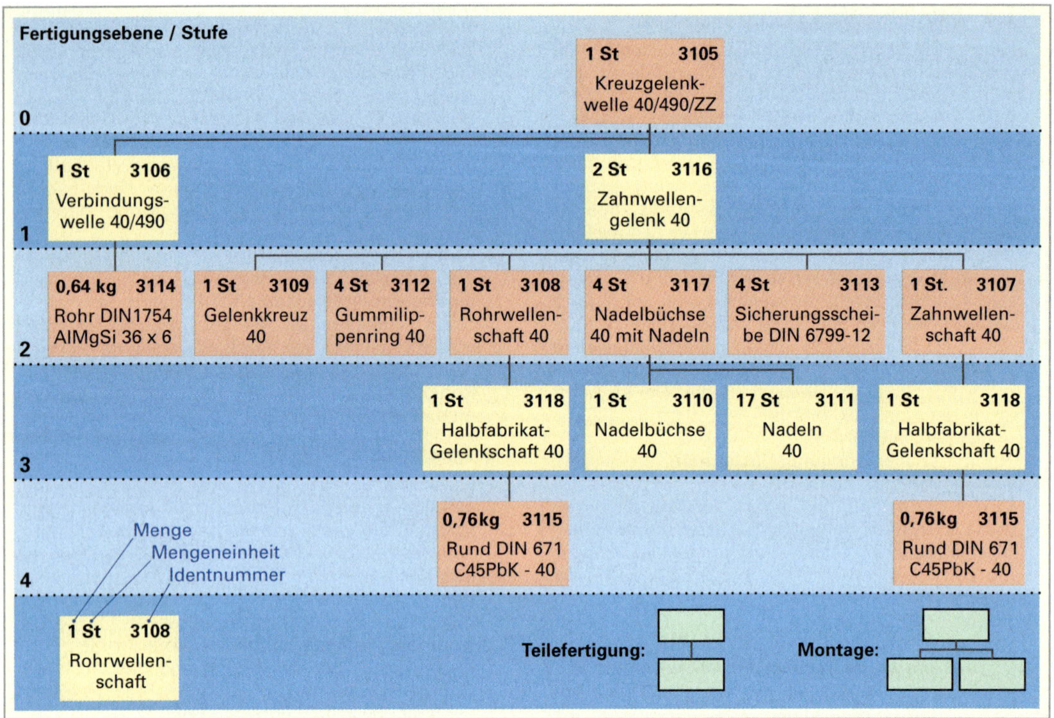


**Bild 1: Erzeugnisbaum des Erzeugnisbeispieles und die Teilenummern seiner Komponenten**

Im **Erzeugnisbaum** werden entsprechend dem logischen Ablauf der Teilefertigung und der Montage alle für die Herstellung des Erzeugnisses benötigten Materialien (Teile) aufgeführt. Die **Fertigungsebene** eines Teils ist die Ebene, auf der das Teil nach fertigungstechnischen Gesichtspunkten jeweils benötigt wird. Den Übergang zwischen einer untergeordneten und einer übergeordneten Fertigungsebene nennt man Fertigungsstufe oder **Baustufe**. Sie entspricht immer einer Teilefertigung oder einer Montage. Die oberste Ebene auf der sich das versandfertige Erzeugnis befindet, hat immer die Nummer 0. Unter der **Dispositionsebene** versteht man die unterste Fertigungsebene eines Teiles, das in einem Erzeugnis auf verschiedenen Fertigungsebenen wiederholt auftritt (Wiederholteil).

Die **Mengenangaben** in einem Erzeugnisstammbaum beziehen sich immer auf eine Mengeneinheit (ME) des jeweils direkt übergeordneten Teiles. So werden z.B. auf der Fertigungsebene 3 nur ein und nicht vier Teile 3110 (Nadelbüchse) angegeben. Die Gesamtzahl der für die Herstellung einer Kreuzgelenkwelle benötigten Teile muss demnach gesondert berechnet werden. Die für eine Montage benötigten Teile sollte man in der Reihenfolge von links nach rechts auftragen, wie dies der zeitlichen Folge der einzelnen Montageschritte entspricht. Als **Mengeneinheit** (ME) wird i.A. die Einheit gewählt, mit der das entsprechende Teil mengenmäßig und kostenmäßig abgerechnet wird.

Da der Erzeugnisstammbaum die Grundlage für die Stücklisten ist, die zu den wichtigsten Grunddaten eines Produktionsbetriebs gehören, sollte bei der Erzeugnisgliederung mit der nötigen vorausschauenden Sorgfalt vorgegangen werden und sich in ihr der Sachverstand aller an der Produktion direkt oder indirekt Beteiligten niederschlagen.

### Wiederholung und Vertiefung

1. Wie ist die physische Datenstruktur und wie ist die logische Datenstruktur gegliedert?
2. Welches sind die wichtigsten Eigenschaften einer Datenbank?
3. Was versteht man unter einer relationalen Datenbank?
4. Nennen Sie die wichtigsten Gesichtspunkte zur Erzeugnisgliederung.
5. Beschreiben Sie das Vorgehen bei der Erzeugnisgliederung.
6. In welcher Reihenfolge müssen die einzelnen Komponenten eines Erzeugnisses im Erzeugnisbaum dargestellt werden?

### 4.11.3 Stücklisten

Die Stückliste ist die listenmäßige Darstellung des Aufbaus eines Erzeugnisses oder einer Baugruppe. Sie gehört neben der Zeichnung und dem Arbeitsplan zu den wichtigsten Datenträgern eines Fertigungsbetriebes. Die Stücklisten werden als Grundlage für die Lösung zahlreicher betrieblicher Aufgaben benötigt **(Tabelle 1)**.

Die Stücklisten zeigen zu jeder Materialposition neben der Mengenangabe meist noch weitere Daten, wie z.B. die Beschaffungsart, den Lagerort, die Abmessungen, das Gewicht, die Bezugsart oder den Preis.

Je nach Art, wie die Erzeugnisstruktur in der Stückliste dargestellt wird, unterscheidet man zwischen folgenden Stücklistenformen:
- Mengenübersichtsstückliste,
- Strukturstückliste und
- Baukastenstückliste **(Bild 1)**

**Tabelle 1: Beispiel für die Aufgaben von Stücklisten**

| Funktionsbereich | Aufgabe |
|---|---|
| Konstruktion | Auskunft über die in der Zeichnung dargestellten Teile |
| Arbeitsplanung | Grundlage für die Ablaufplanung in der Fertigung |
| Mengenplanung | Grundlage der Materialbedarfsermittlung |
| Einkauf | Überblick über die zu beschaffenden Materialien |
| Lager | Grundlage für das Bereitstellen (Kommissionieren) von Teilen |
| Fertigung | Grundlage für die Veranlassung und Überwachung in der Fertigung |
| Rechnungswesen | Grundlage für die Vorkalkulation und die Nachkalkulation |

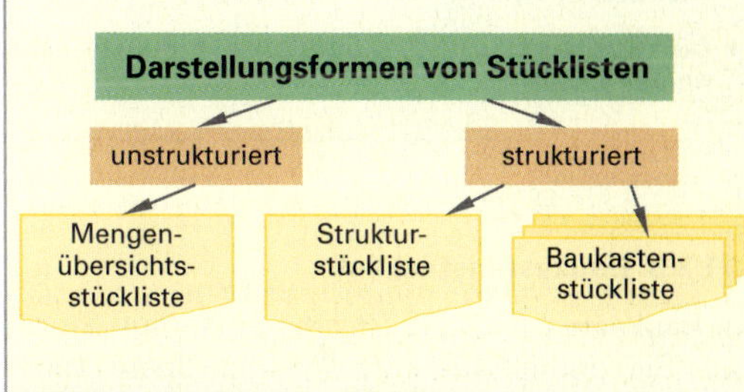


**Bild 1: Stücklistenformen**

#### 4.11.3.1 Mengenübersichtsstückliste

Die **Mengenübersichtsstückliste** ist die einfachste Stücklistenform **(Bild 2)**. In ihr werden alle im Erzeugnis enthaltenen Teile (Baugruppen, Einzelteile, Halbfabrikate und Rohstoffe), unabhängig von der Fertigungsebene, auf der sie benötigt werden, aufgezählt. Für jede Teilenummer wird nur die Gesamtmenge aufgeführt, mit der sie in das Erzeugnis eingeht. Die Erzeugnisstruktur ist nicht erkennbar. Die Mengenübersichtsstückliste eignet sich daher nur für Fertigungsbetriebe mit einfacher Erzeugnisstruktur. Eine Sonderform der Mengenübersichtsstückliste ist die **Mengenstückliste**. In ihr werden nur die Einzelteile (Positionen in der Konstruktionsstückliste) mit ihrer Gesamtmenge aufgeführt. Sie entspricht somit in ihrem Aufbau der Konstruktionsstückliste.

#### 4.11.3.2 Strukturstückliste

Die Strukturstückliste enthält alle Teile in einer nach Fertigungsebenen strukturierten Anordnung **(Bild 1, folgende Seite)**. Sie entspricht in ihrem Informationsgehalt dem Erzeugnisbaum. Die Struktur wird durch die Angabe der Fertigungsebene (Baustufe) und der besseren Übersicht wegen mithilfe von Gliederungszeichen, wie z.B. Punkten oder Leerstellen, dargestellt. Für jede übergeordnete Teilenummer müssen unmittelbar danach die direkt untergeordneten Teilenummern angegeben werden.

Die Mengenangaben beziehen sich auf eine Mengeneinheit der direkt übergeordneten Teilenummer.

| | **3105** | **Kreuzgelenkwelle 40/490/ZZ** | |
|---|---|---|---|
| **Lfd. Nr.** | **Teile-Nr.** | **Benennung** | **Menge** |
| 1 | 3106 | Verbindungswelle 40/490 | 1 St |
| 2 | 3107 | Zahnwellenschaft 40 | 2 St |
| 3 | 3108 | Rohrwellenschaft 40 | 2 St |
| 4 | 3109 | Gelenkkreuz 40 | 2 St |
| 5 | 3110 | Nadelbüchse 40 | 8 St |
| 6 | 3111 | Nadel 40 | 136 St |
| 7 | 3112 | Gummilippenring 40 | 8 St |
| 8 | 3113 | Sicherungssch. DIN 6799-12 | 8 St |
| 9 | 3114 | Rohr DIN 1754 AlMgSi 36x6 | 0,64 kg |
| 10 | 3115 | Rund DIN 671-C45PbK-40 | 3,04 kg |
| 11 | 3116 | Zahnwellengelenk 40 | 2 St |
| 12 | 3117 | Nadelbüchse 40 mit Nadeln | 8 St |
| 13 | 3118 | Halbfabrikat Gelenkschaft 40 | 4 St |

**Bild 2: Mengenübersichtsstückliste für das Erzeugnisbeispiel**

**Vorteile der Strukturstückliste:**

- Die Produktstruktur und der Fertigungsablauf sind ohne weitere Hilfsmittel erkennbar.
- Die Materialdisposition kann stufenweise und damit genauer und kostengünstiger als mit Mengenübersichtsstückliste durchgeführt werden.
- Eine stufenweise Terminierung ist möglich.

**Nachteile der Strukturstückliste:**

- Mehrfache Aufführung von Wiederholteilen und ihrer Struktur.
  Die Struktur von selbst gefertigten Einzelteilen und Baugruppen, die auf verschiedenen Ebenen oder in verschiedenen Erzeugnissen benötigt werden, muss bei jedem wiederholten Einsatz nochmals angegeben werden. Dies führt zu einem relativ hohen Speicherungsaufwand und zu einer hohen Fehlerrate bei Eingabe und Änderung der entsprechenden Strukturdaten.
- Die Strukturstückliste komplexer Produkte ist unübersichtlich.

| Strukturstückliste | | | |
|---|---|---|---|
| | 3105 | Kreuzgelenkwelle | |
| Bau-Stufe | Teile-Nr. | Benennung | Menge |
| . 1 | 3106 | Verbindungswelle 40/490 | 1 St |
| . . 2 | 3114 | Rohr DIN 1754 AlMgSi 36x6 | 0,64 kg |
| . 1 | 3116 | Zahnwellengelenk 40 | 2 St |
| . . 2 | 3109 | Gelenkkreuz 40 | 1 St |
| . . 2 | 3112 | Gummilippenring 40 | 4 St |
| . . 2 | 3108 | Rohrwellenschaft 40 | 1 St |
| . . . 3 | 3118 | Halbfabrikat Gelenkschaft 40 | 1 St |
| . . . . 4 | 3115 | Rund DIN 671-C45PbK-40 | 0,76 kg |
| . . 2 | 3117 | Nadelbüchse 40 mit Nadeln | 4 St |
| . . . 3 | 3110 | Nadelbüchse 40 | 1 St |
| . . . 3 | 3111 | Nadel 40 | 17 St |
| . . 2 | 3113 | Sicherungssch. DIN 6799-12 | 4 St |
| . . 2 | 3107 | Zahnwellenschaft 40 | 1 St |
| . . . 3 | 3118 | Halbfabrikat Gelenkschaft 40 | 1 St |
| . . . . 4 | 3115 | Rund DIN 671-C45PbK – 40 | 0,76 kg |

**Bild 1: Strukturstückliste für das Erzeugnisbeispiel**

### 4.11.3.3 Baukastenstückliste

Die Baukastenstückliste ist eine einstufige Stückliste. Sie enthält für eine übergeordnete Teilenummer nur die unmittelbar untergeordneten Teilenummern. Die Mengenangaben beziehen sich immer auf eine Mengeneinheit der im Stücklistenkopf genannten übergeordneten Teilenummer. Eine Baukastenstückliste ist damit für eine Baugruppe die Montagestückliste und für ein eigengefertigtes Einzelteil die Rohstoffangabe **(Bild 2)**.

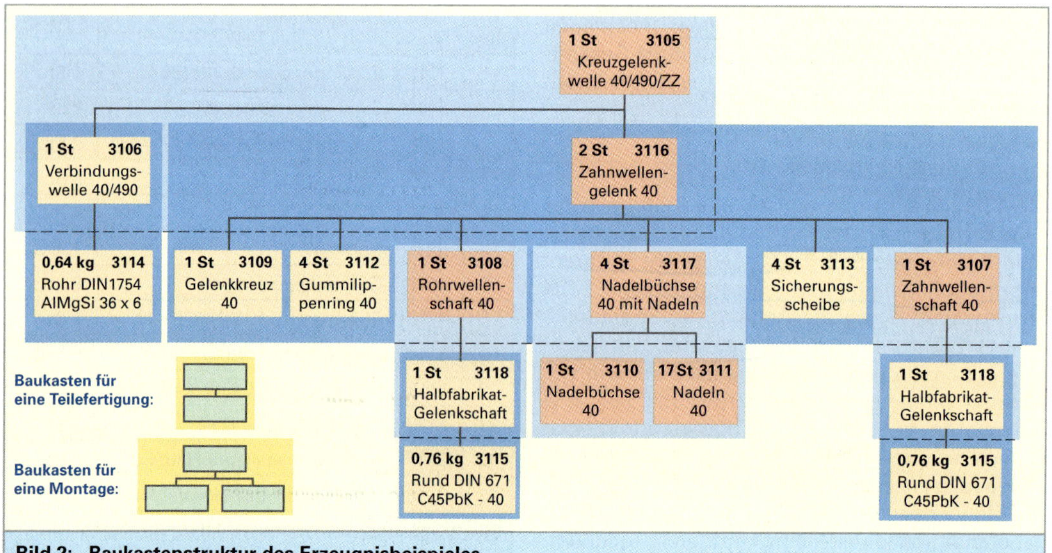


**Bild 2: Baukastenstruktur des Erzeugnisbeispieles**

Zur Beschreibung eines mehrstufigen Erzeugnisses wird ein Satz von mehreren Baukastenstücklisten benötigt **(Bild 1)**. Für eigengefertigte Baugruppen und Einzelteile, die auf verschiedenen Ebenen oder in verschiedenen Erzeugnissen vorkommen, muss die Baukastenstückliste nur einmal erstellt werden.

**Vorteile der Baukastenstückliste:**
- Der Stücklistenaufbau ist relativ einfach und übersichtlich aufgebaut.
- Wiederholteile und Wiederholgruppen haben nur eine eindeutig identifizierbare Stückliste. Dies verringert den Speicherungsaufwand und Änderungsaufwand und damit auch die Fehlerrate beim Eingeben und beim Ändern der Stücklistendaten von Wiederholteilen.
- Aus dem Satz von Baukastenstücklisten, die zu einem Erzeugnis gehören, kann sowohl die Mengenübersichtsstückliste als auch die Strukturstückliste erzeugt werden.
- Die Baukastenstücklisten sind am besten für den EDV-Einsatz geeignet.

**Nachteile der Baukastenstückliste:**
- Die gesamte Erzeugnisstruktur für mehrstufige Erzeugnisse ist nur sehr schwer erkennbar.
- Der Gesamtbedarf an Material für ein Erzeugnis muss berechnet werden.

### 4.11.4 Variantenstücklisten

Erzeugnisse werden häufig in mehreren Varianten hergestellt, die sich von der Grundausführung nur in wenigen Positionen unterscheiden. So bietet z.B. unser Modellbetrieb die Kreuzgelenkwellen in drei verschiedenen Längenvarianten an. Dazu werden die zwei Zahnwellengelenke, die bei allen Längenvarianten gleich sind, mit jeweils unterschiedlich langen Verbindungswellen verklebt **(Bild 2)**.

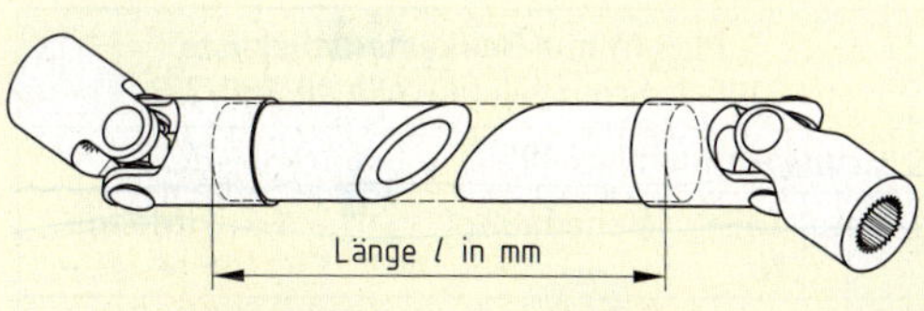


| Kreuzgelenkwellen | | Verbindungswellen | |
|---|---|---|---|
| Variante | Teile-Nr. | Länge in mm | Teile-Nr. |
| A | 3105 | 490 | 3106 |
| B | 3105-1 | 370 | 3106-1 |
| C | 3105-2 | 250 | 3106-2 |

**Bild 2: Längenvarianten des Erzeugnisbeispieles**

| Baukastenstückliste | | | |
|---|---|---|---|
| | **3105** | **Kreuzgelenkwelle 40/490/ZZ** | |
| **Pos.** | **Teile-Nr.** | **Benennung** | **Menge** |
| 1 | 3106 | Verbindungswelle 40/490 | 1 St |
| 2 | 3116 | Zahnwellengelenk 40 | 2 St |

| Baukastenstückliste | | | |
|---|---|---|---|
| | **3106** | **Verbindungswelle 40/490** | |
| **Pos.** | **Teile-Nr.** | **Benennung** | **Menge** |
| 1 | 3114 | Rohr DIN 1754 AlMgSi 36x6 | 0,64 kg |

| Baukastenstückliste | | | |
|---|---|---|---|
| | **3116** | **Zahnwellengelenk 40** | |
| **Pos.** | **Teile-Nr.** | **Benennung** | **Menge** |
| 1 | 3109 | Gelenkkreuz 40 | 1 St |
| 2 | 3112 | Gummilippenring 40 | 4 St |
| 3 | 3108 | Rohrwellenschaft 40 | 1 St |
| 4 | 3117 | Nadelbüchse 40 mit Nadeln | 4 St |
| 5 | 3113 | Sicherungssch. DIN6799-12 | 4 St |
| 6 | 3107 | Zahnwellenschaft 40 | 1 St |

| Baukastenstückliste | | | |
|---|---|---|---|
| | **3108** | **Rohrwellenschaft 40** | |
| **Pos.** | **Teile-Nr.** | **Benennung** | **Menge** |
| 1 | 3118 | Halbfabrikat Gelenkschaft 40 | 1 St |

| Baukastenstückliste | | | |
|---|---|---|---|
| | **3118** | **Halbfabrikat Gelenkschaft 40** | |
| **Pos.** | **Teile-Nr.** | **Benennung** | **Menge** |
| 1 | 3115 | Rund DIN 671-C45PbK-40 | 0,76 kg |

| Baukastenstückliste | | | |
|---|---|---|---|
| | **3117** | **Nadelbüchse 40 m Nadeln** | |
| **Pos.** | **Teile-Nr.** | **Benennung** | **Menge** |
| 1 | 3110 | Nadelbüchse 40 | 1 St |
| 2 | 3111 | Nadel 40 | 17 St |

| Baukastenstückliste | | | |
|---|---|---|---|
| | **3107** | **Zahnwellenschaft 40** | |
| **Pos.** | **Teile-Nr.** | **Benennung** | **Menge** |
| 1 | 3118 | Halbfabrikat Gelenkschaft 40 | 1 St |

**Bild 1: Satz von Baukastenstücklisten für das Erzeugnisbeispiel**

| Mehrfach-Baukastenstückliste für die Kreuzgelenkwellen-Varianten: 40/Länge/ZZ | | | | | |
|---|---|---|---|---|---|
| Komponenten | | | Produktvarianten A | B | C |
| Pos. | Teile-Nr. | Bezeichnung | **3105** Kreuzgelenkw. 40/490/ZZ | **3105-1** Kreuzgelenkw. 40/370/ZZ | **3105-2** Kreuzgelenkw. 40/250/ZZ |
| 1 | 3106 | Verbindungswelle 40/490 | **1 St** | – | – |
| 2 | 3106-1 | Verbindungswelle 40/370 | – | **1 St** | – |
| 3 | 3106-2 | Verbindungswelle 40/250 | – | – | **1 St** |
| 4 | 3116 | Zahnwellengelenk 40 | **2 St** | **2 St** | **2 St** |

| Mehrfach-Baukastenstückliste für die Verbindungswellen-Varianten: 40/Länge | | | | | |
|---|---|---|---|---|---|
| Komponenten | | | Teilevarianten A | B | C |
| Pos. | Teile-Nr. | Bezeichnung | **3106** Verbindungswelle 40/490 | **3106-1** Verbindungswelle 40/370 | **3106-2** Verbindungwelle 40/250 |
| 1 | 3114 | Rohr DIN 1754 AlMgSi 36 x 6 | 0,64 kg | 0,48 kg | 0,33 kg |

**Bild 1: Mehrfach-Baukastenstücklisten für die Varianten der Kreuzgelenk- und der Verbindungswellen**

Die Speicherung der einzelnen Varianten kann mit verschiedenen Verfahren erfolgen:

**Redundante Speicherung**

Bei diesem Verfahren wird jede Variante als völlig selbstständiges Erzeugnis behandelt und unabhängig von den anderen Varianten abgespeichert. Dies kann aber bedeuten, dass der Überblick über die verschiedenen Varianten leicht verloren geht und dass Daten, die bei allen Varianten gleich sind, mehrfach (redundant) aufgeführt werden müssen.

**Mehrfachstückliste**

Die Mehrfachstückliste oder Typenstückliste ist eine tabellarische Zusammenfassung der Stücklisten aller betrachteten Varianten auf einem Datenträger. In horizontaler Richtung werden die verschiedenen Variantenausprägungen aufgezählt. In vertikaler Richtung sind alle Komponenten, die für die Herstellung aller Varianten benötigt werden, mit den entsprechenden Mengenangaben für die verschiedenen Varianten aufgelistet. So sieht man aus dem **Bild 1** z.B., dass für die Kreuzgelenkwelle 3105-1 die Verbindungswelle 3106-1 und zwei Zahnwellengelenke 3117 benötigt werden. Die für die verschiedenen Verbindungswellen benötigten Mengen an Rohrmaterial ist in der zweiten Mehrfach-Baukastenstückliste im Bild 1 aufgeführt.

| Grund-Baukastenstückliste<br>3105 Kreuzgelenkwelle 40/490/ZZ | | | |
|---|---|---|---|
| Pos. | Teile-Nr. | Benennung | Menge |
| 1 | 3106 | Verbindungswelle 40/490 | 1 St |
| 2 | 3116 | Zahnwellengelenk 40 | 2 St |

| Plus-Minus-Baukastenstückliste<br>3105-1 Kreuzgelenkwelle 40/370/ZZ | | | | |
|---|---|---|---|---|
| Grundstückliste: 3105 | | | | |
| Pos. | Teile-Nr. | Benennung | Menge + | – |
| 1 | 3106 | Verbindungswelle 40/490 | | 1 |
| 2 | 3106-1 | Verbindungswelle 40/370 | 1 | |

| Plus-Minus-Baukastenstückliste<br>3105-2 Kreuzgelenkwelle 40/250/ZZ | | | | |
|---|---|---|---|---|
| Grundstücksliste: 3105 | | | | |
| Pos. | Teile-Nr. | Benennung | Menge + | – |
| 1 | 3106 | Verbindungswelle 40/490 | | 1 |
| 2 | 3106-2 | Verbindungswelle 40/250 | 1 | |

**Bild 1: Die Grund-Baukastenstückliste und die Plus-Minus-Baukastenstücklisten**

**Grundstückliste und Plus-Minus-Stückliste**

Die Plus-Minus-Stückliste ist eine Stückliste, in der unter Bezug auf eine so genannte Grundstückliste die hinzukommenden und/oder die entfallenden Teile aufgeführt sind. Die Grundstückliste ist die vollständige Stückliste für die eine Variante, die als Grundtyp aller anderen Varianten festgelegt wird. Im **Bild 2** ist dies die Kreuzgelenkwelle 3105.

Für die übrigen Varianten wird in jeweils einer eigenen Plus-Minus-Stückliste über das Vorzeichen festgelegt, ob im Vergleich zum Grundtyp ein Teil hinzukommt oder wegfällt. So fällt z.B. in unserem Fall für die Herstellung von der Kreuzgelenkwelle 3105-2 im Vergleich zur Kreuzgelenkwelle 3105 die Verbindungswelle 3106 weg und wird durch die kürzere Verbindungswelle 3106-2 ersetzt. Im Normalfall gehören zur Beschreibung einer Variante damit zwei Stücklisten: die Grundstückliste und die zur Variante gehörende Plus-Minus-Stückliste.

**Auswahlstückliste**

Während bei den oberen aufgeführten Verfahren zur Verwaltung von Variantenstücklisten alle möglichen Erzeugnisvarianten vollständig vordefiniert sind, geht man bei der Auswahlstückliste von zunächst unvollständig definierten Erzeugnissen aus. Bei einer sehr großen Anzahl von möglichen Varianten, wie dies zum Beispiel im Automobilbau oder auch bei der stark kundenorientierten Einzelfertigung vorkommt, wird die genaue Zusammensetzung einer Erzeugnisvariante erst dann festgelegt, wenn der Kunde unter den verschiedenen Möglichkeiten seine Variante ausgewählt hat. Mithilfe von Software, den so genannten Variantengeneratoren, kann aufgrund vorgegebener Algorithmen (Rechenverfahren) und der Kundenwünsche die Generierung (Erzeugung) entsprechender Variantenstücklisten automatisch erfolgen.

### 4.11.5 Teileverwendungsnachweis

Der Teileverwendungsnachweis ist eine Liste, die angibt, in welcher Menge ein bestimmtes Material in übergeordneten Einzelteilen, Gruppen und Erzeugnissen verwendet wird. Während man bei der Stückliste vom Erzeugnis ausgeht und auf die zugehörigen Materialien (Baugruppen, Einzelteile und Rohstoffe) schließen kann, geht man bei einem Verwendungsnachweis von einem Material aus und fragt, wo dieses überall vorkommt. Die Betrachtung des Erzeugnisbaumes erfolgt dabei von unten nach oben **(Bild 1)**. Entsprechend der Stücklisten-Hauptformen gibt es Mengenübersichtsteileverwendungsnachweise, Strukturteileverwendungsnachweise und Baukastenteileverwendungsnachweise **(Bild 2)**.

Teileverwendungsnachweise werden benötigt, um z.B. folgende Fragen zu beantworten:
- Welche Erzeugnisse sind betroffen, wenn eine Gruppe oder ein Einzelteil konstruktiv geändert wird?
- Welche Einzelteile, Gruppen und Erzeugnisse werden verspätet gefertigt, wenn sich die Lieferung einer Bestellung verzögert?
- Wie sind die kostenmäßigen Auswirkungen, wenn sich ein bestimmtes Material verteuert.

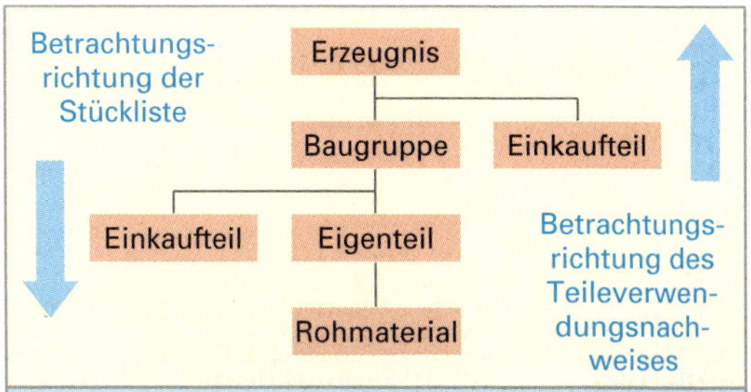


**Bild 1: Betrachtungsrichtung der Stückliste und des Teileverwendungsnachweises**

**Mengenübersichts-Teileverwendungsnachweis**

**3110 Nadelbüchse 40**

| Pos. | Teile-Nr. | Benennung | Menge |
|---|---|---|---|
| 1 | 3116 | Zahnwellengelenk 40 | 4 St |
| 2 | 3117 | Nadelb. mit Nadeln 40 | 1 St |
| 3 | 3105 | Kreuzgelenkwelle 40/490/ZZ | 8 St |
| 4 | 3105-1 | Kreuzgelenkwelle 40/370/ZZ | 8 St |
| 5 | 3105-2 | Kreuzgelenkwelle 40/250/ZZ | 8 St |

**Struktur-Teileverwendungsnachweis**

**3110 Nadelbüchse 40**

| Baustufe | Teile-Nr. | Benennung | Menge |
|---|---|---|---|
| →2 | 3117 | Nadelb. mit Nadeln 40 | 1 St |
| >> 1 | 3116 | Zahnwellengelenk 40 | 4 St |
| >>> 0 | 3105 | Kreuzgelenkwelle 40/490/ZZ | 2 St |
| →2 | 3117 | Nadelb. mit Nadeln 40 | 1 St |
| >> 1 | 3116 | Zahnwellengelenk 40 | 4 St |
| >>> 0 | 3105-1 | Kreuzgelenkwelle 40/370/ZZ | 2 St |
| →2 | 3117 | Nadelb. mit Nadeln 40 | 1 St |
| >> 1 | 3116 | Zahnwellengelenk 40 | 4 St |
| >>> 0 | 3105-2 | Kreuzgelenkwelle 40/250/ZZ | 2 St |

**Baukasten-Teileverwendungsnachweis**

**3110 Nadelbüchse 40**

| Pos. | Teile-Nr. | Benennung | Menge |
|---|---|---|---|
| 1 | 3117 | Nadelb. mit Nadeln 40 | 1 St |

**Bild 2: Teileverwendungsnachweise**

**Aufgabe 1**

Gegeben sind folgende Baukastenstücklisten zur vollständigen Beschreibung der Erzeugnisstrukturen der Erzeugnisse Kassette Gr. 1 und Kassette Gr. 2:

| **101** | **Kassette Gr. 1** | |
|---|---|---|
| 102 | Schale Gr. 1 | 2 St |
| 103 | Scharnier | 2 St |
| 104 | Niet | 4 St |

| **108** | **Kassette Gr. 2** | |
|---|---|---|
| 109 | Schale Gr. 2 | 2 St |
| 103 | Scharnier | 2 St |
| 104 | Niet | 4 St |

| **103** | **Scharnier** | |
|---|---|---|
| 106 | Band | 2 St |
| 107 | Stift | 1 St |

| **102** | **Schale Gr. 1** | |
|---|---|---|
| 105 | Blech | 0,15 kg |

| **109** | **Schale Gr. 2** | |
|---|---|---|
| 105 | Blech | 0,3 kg |

| **106** | **Band** | |
|---|---|---|
| 105 | Blech | 0,02 kg |

Erstellen Sie für die Kassette Gr. 1 (101)

- die Mengenübersichtsstückliste
- die Strukturstückliste

und für das Blech (105)

- den Baukasten-Teileverwendungsnachweis
- den Mengenübersichts-Teileverwendungsnachweis

**Lösungen zu Aufgabe 1**

**Mengenübersichtsstückliste**

| | **101** | **Kassette Gr. 1** | |
|---|---|---|---|
| **Pos.** | **Teile-Nr.** | **Benennung** | **Menge** |
| 1 | 102 | Schale Gr. 1 | 2 St |
| 2 | 103 | Scharnier | 2 St |
| 3 | 104 | Niet | 4 St |
| 4 | 105 | Blech | 0,38 kg |
| 5 | 106 | Band | 4 St |
| 6 | 107 | Stift | 2 St |

**Strukturstückliste**

| | **101** | **Kassette Gr. 1** | |
|---|---|---|---|
| **Bau-Stufe** | **Teile-Nr.** | **Benennung** | **Menge** |
| . 1 | 102 | Schale Gr. 1 | 2 St |
| . . 2 | 105 | Blech | 0,15 kg |
| . 1 | 103 | Scharnier | 2 St |
| . . 2 | 106 | Band | 2 St |
| . . . 3 | 105 | Blech | 0,02 kg |
| . . 2 | 107 | Stift | 1 St |
| . 1 | 104 | Niet | 4 St |

**Baukasten-Teileverwendungsnachweis**

| | **105** | **Blech** | |
|---|---|---|---|
| **Pos.** | **Teile-Nr.** | **Benennung** | **Menge** |
| 1 | 102 | Schale Gr. 1 | 0,15 kg |
| 2 | 106 | Band | 0,02 kg |
| 3 | 109 | Schale Gr. 2 | 0,30 kg |

**Mengenübersichts-Teileverwendungsnachweis**

| | **105** | **Blech** | |
|---|---|---|---|
| **Pos.** | **Teile-Nr.** | **Benennung** | **Menge** |
| 1 | 101 | Kassette Gr. 1 | 0,38 kg |
| 2 | 102 | Schale Gr. 1 | 0,15 kg |
| 3 | 103 | Scharnier | 0,04 kg |
| 4 | 106 | Band | 0,02 kg |
| 5 | 108 | Kassette Gr. 2 | 0,68 kg |
| 6 | 109 | Schale Gr. 2 | 0,30 kg |

**Wiederholung und Vertiefung**

1. Nennen Sie die wichtigsten Teilearten.
2. Welche Gesichtspunkte sind bei der Erzeugnisgliederung zu berücksichtigen?
3. Beschreiben Sie das Vorgehen bei der Erzeugnisgliederung.
4. Welche Aufgaben haben Stücklisten in einem Produktionsunternehmen?
5. Worin unterscheidet sich die Mengenstückliste von der Mengenübersichtsstückliste?
6. Nennen Sie die wichtigsten Vor- und Nachteile der Strukturstückliste.

## 4.12 Arbeitsablauf und Zeiten

Im Arbeitsablauf wird festgelegt,

- **wo** (z.B. in welcher Abteilung oder an welchem Arbeitsplatz),
- **wann** (in welcher zeitlichen Aufeinanderfolge) und
- **womit** (z.B. von welchen Menschen und/oder Betriebsmitteln)

eine Arbeitsaufgabe erledigt werden soll. Dazu wird ein Auftrag (**Tabelle 1, folgende Seite**) erstellt, der eine schriftliche oder mündliche Aufforderung zur Ausführung einer Arbeit darstellt.

## 4.12.1 Ablaufabschnitte und Ablaufarten

Der Detaillierungsgrad (das kleinste betrachtete zeitliche Element) bei der Beschreibung eines Arbeitsablaufes hängt von der Art des Arbeitsauftrages ab. So wird z.B. bei der Betrachtung des Auftrages zur Herstellung von kompletten Kreuzgelenkwellen der Arbeitsablauf in größere **Ablaufabschnitte** unterteilt als beim Zusägen der für die Kreuzgelenkwellen benötigten Verbindungswellen. In **Tabelle 2** sind die wichtigsten Ablaufabschnitte, die bei der Produktion auftreten, in ihrer hierarchischen Gliederung aufgelistet.

Die Mikro-Ablaufabschnitte können nach REFA entsprechend folgenden Gesichtspunkten in verschiedene **Ablaufarten** unterschieden werden:

1. **Rüsten** (R) oder **Ausführen** (A)
   Beim **Rüsten** wird das Arbeitssystem für die Erfüllung der Arbeitsaufgabe vorbereitet und falls nötig wieder in seinen Ausgangszustand zurückversetzt. Diese Arbeiten, wie z.B. das Lesen des Arbeitsauftrages, das Einrichten und das Säubern der Maschine fallen je Auftrag nur einmal an und sind i.A. von der Auftragsmenge unabhängig. Beim **Ausführen** erfolgt die Durchführung der eigentlichen Arbeitsaufgabe wie z.B. das Verändern des Arbeitsgegenstandes durch Sägen.
2. **Mensch** (M) oder **Betriebsmittel** (B)
   Der Mensch führt innerhalb einer festgelegten Arbeitszeit (Einsatzzeit) eine **Tätigkeit** aus oder unterbricht diese für kurze Zeit. Das Betriebsmittel unterliegt während seiner Einsatzzeit einer **Nutzung** oder die Nutzung des Betriebsmittels ist unterbrochen.

**Tabelle 1: Kennzeichen eines Auftrages**

**Auftrag:** Aufforderung zur Durchführung einer Aufgabe von einer dazu befugten Stelle an eine andere Stelle des gleichen Unternehmens

| Kennzeichen | Beispiel |
|---|---|
| • Arbeitsaufgabe | Montage von Kreuzgelenkwellen 3105 |
| • Auftragsart | Lagerauftrag |
| • geforderte Menge | 10 Stück |
| • Termin | 28. Kalenderwoche |
| • Zeitdauer | 30 min |
| • Gütevorschrift | nach Prüfplan P3105 |

**Tabelle 2: Hierarchische Gliederung von Arbeitsabläufen**

| | Ablaufabschnitt | Definition | Beispiel | Zeitart |
|---|---|---|---|---|
| Makro-Ablaufabschnitte | **Gesamtablauf** (Projekt) | Gesamter Arbeitsablauf zur Herstellung eines Erzeugnisses oder Durch- führung eines größeren Vorhabens (Projektes) | Herstellung von 10 kompletten Kreuzgelenkwellen nach Kundenspezifikation oder Umbau einer Werkstatt | $T_{D\ Gesamt}$ Gesamtdurchlaufzeit |
| Makro-Ablaufabschnitte | **Ablaufstufe** (wird im Arbeitsplan beschrieben) | Fertigung von Einzelteilen oder Montage einer Baugruppe (Schritt von einer Fertigungsebene zur nächst höheren) | komplette Teilefertigung von 10 Zahnwellenschaften | $T_D$ Durchlaufzeit |
| Mikro-Ablaufabschnitte | **Vorgang** (Arbeitsgang) | Fertigung eines Teiles an einem Arbeitsplatz | einen Zahnwellenschaft auf der Fräsmaschine komplett fräsen | $t_e$ Zeit je Einheit bzw. Stückzeit |
| Mikro-Ablaufabschnitte | **Vorgangsstufe** (Ablaufabschnitt im engeren Sinn) | sachlogisch in sich abgeschlossene Folge von Vorgangselementen | Werkstück in Fräsmaschine einspannen | $t_h$ Hauptzeit oder $t_n$ Nebenzeit |
| Mikro-Ablaufabschnitte | **Vorgangselement** (kleinster Ablaufabschnitt) | Ablaufabschnitt der sich sinnvoll nicht weiter unterteilen lässt | zum Werkstück hinlangen oder Greifen des Werkstückes | |

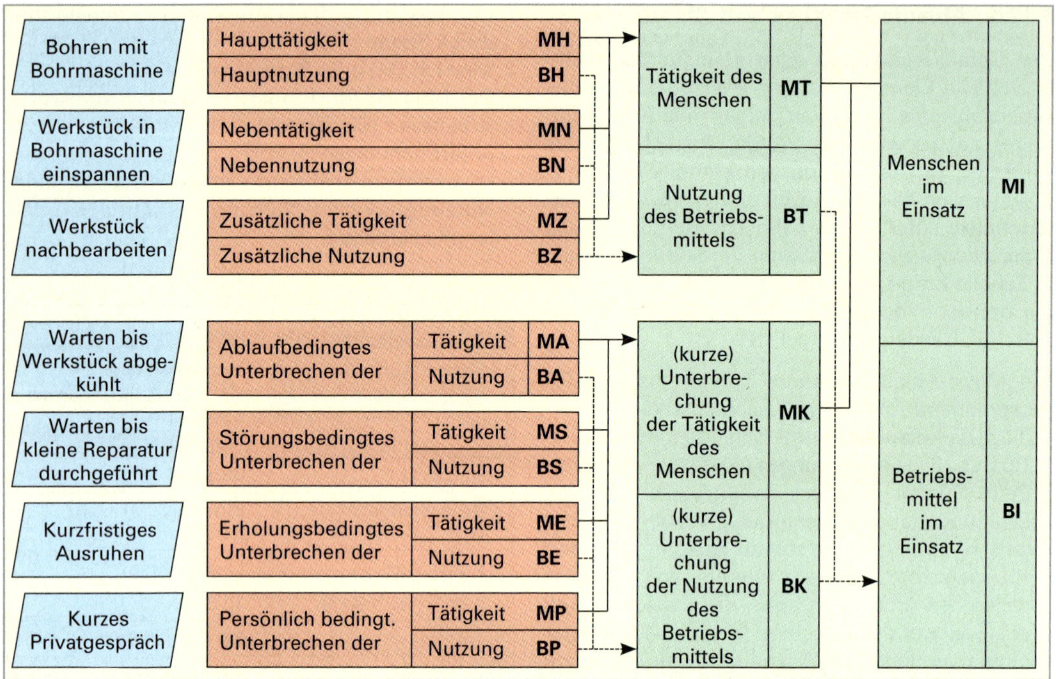


**Bild 1: Gliederung der Ablaufarten für Mensch (M) und Betriebsmittel (B) mit Beispielen**

Sowohl die Tätigkeit bzw. die Nutzung, wie auch ihre Unterbrechung kann in weitere Ablaufarten untergliedert werden.

**Art der Tätigkeit bzw. der Nutzung**

- **Haupttätigkeit** (MH) bzw. **Hauptnutzung** (BH):
  Zur unmittelbaren, planmäßigen Erfüllung der Arbeitsaufgabe wie z.B. das eigentliche Bohren von Hand mit einer Bohrmaschine führt der Mensch eine Haupttätigkeit aus bzw. erfolgt eine Hauptnutzung des Betriebsmittels.
- **Nebentätigkeit** (MN) bzw. **Nebennutzung** (BN):
  Die planmäßige Tätigkeit des Menschen bzw. Nutzung des Betriebsmittels, die nicht unmittelbar, sondern nur indirekt zur Erfüllung der Arbeitsaufgabe führt, wie z.B. das Ausspannen und Prüfen des Werkstückes, wird Nebentätigkeit bzw. Nebennutzung genannt.
- **Zusätzliche Tätigkeit** (MZ) bzw. **zusätzliche Nutzung** (BZ):
  Für außerplanmäßige aber für den Arbeitsfortschritt nötige Abläufe, wie z.B. das Beheben einer kleinen Störung oder eine Nacharbeit wird der Mensch zusätzlich tätig bzw. wird das Betriebsmittel zusätzlich genutzt.

**Art der Unterbrechung** der Tätigkeit bzw. der Unterbrechung der Nutzung

- **Ablaufbedingtes Unterbrechen** der Tätigkeit (MA) bzw. der Nutzung (BA):
  Der Mensch bzw. das Betriebsmittel wartet planmäßig auf die Beendigung eines Ablaufabschnittes, wie z.B. auf das Erreichen der Arbeitstemperatur oder auf das Trocknen von Farbe.
- **Störungsbedingtes Unterbrechen** der Tätigkeit (MS) bzw. der Nutzung (BS):
  Der Mensch bzw. das Betriebsmittel muss unplanmäßig wegen einer kurzfristigen technischen oder organisatorischen Störung, wie z.B. das Fehlen von Material oder das Warten während einer kleineren Reparatur, die Arbeitsdurchführung unterbrechen.
- **Erholen** (ME) oder **erholungsbedingte Unterbrechung** der Nutzung (BE):
  Der Mensch erholt sich kurzfristig nach starker Anstrengung, um wieder voll einsatzfähig zu sein. In dieser Zeit kann die Nutzung des Betriebsmittels auf Grund einer fehlenden Bedienungsperson unterbrochen sein.
- **Persönlich bedingtes Unterbrechen** der Tätigkeit (MP) bzw. Nutzung (BP):
  Der Mensch unterbricht kurzfristig aus persönlichen Gründen, wie z.B. ein Privatgespräch oder das Öffnen eines Fensters seine Tätigkeit. Dies kann dazu führen, dass die Nutzung des Betriebsmittels – durch den Menschen verursacht – unterbrochen wird.

Häufig decken sich bei ein und demselben Arbeitsablauf die Ablaufart für die Tätigkeit des Menschen nicht mit der Ablaufart des Betriebsmittels.

Während z.B. die Fräsmaschine einen automatischen Fertigungsprozess durchführt, erholt sich der Einrichter von den Rüstarbeiten. Parallel zur Hauptnutzung des Betriebsmittels (BH) steht in diesem Beispiel ein erholungsbedingtes Unterbrechen der Tätigkeit des Menschen (ME).

## 4.12.2 Vorgabezeit

Wenn man die Zeitdauer von Ablaufabschnitten meint, spricht man von **Zeitarten**. Die für die Durchführung einer Arbeitsaufgabe (Auftrag) vorgegebene Zeitdauer (Soll-Zeit) nennt man **Vorgabezeit**. Die Vorgabezeit für den Menschen bezeichnet man als **Auftragszeit** *T*. Die Soll-Zeit für ein Betriebsmittel nennt man dagegen **Belegungszeit** $T_{bB}$. **Bild 1** zeigt die Zeitarten, aus denen sich die Vorgabezeit zusammensetzt.
Die Hauptzeit $t_h$, die Nebenzeit $t_n$ und die Zeit für ablaufbedingtes Warten $t_w$ wird zur **Grundzeit** $t_g$ zusammengefasst **(Bild 2)**. Sie umfasst alle zur planmäßigen Arbeitsausführung notwendigen Arbeitsschritte.
Die **Verteilzeit** $t_v$ berücksichtigt unregelmäßig anfallende Zeiten, die zusätzlich zur planmäßigen Ausführung der Arbeitsaufgabe benötigt werden.

**Vorgabezeit (Soll-Zeit)**
für Rüsten und Ausführen eines Auftrages

| personenbezogen | betriebsmittelbezogen |
|---|---|
| **Auftragszeit** *T*: | **Belegungszeit** $T_{bB}$: |
| Haupttätigkeitszeit $t_h = \Sigma\, t_{MH}$ | Hauptnutzungszeit $t_{hB} = \Sigma\, t_{BH}$ |
| Nebentätigkeitszeit $t_n = \Sigma\, t_{MN}$ | Nebennutzungszeit $t_{nB} = \Sigma\, t_{BN}$ |
| Wartezeit $t_w = \Sigma\, t_{MA}$ | Brachzeit $t_b = \Sigma\, t_{BA} + \Sigma\, t_{BE}$ |
| Verteilzeit $t_v = \Sigma\, t_{MP} + \Sigma\, t_{MS} + \Sigma\, t_{MZ}$ | Verteilzeit $t_{vB} = \Sigma\, t_{MP} + \Sigma\, t_{BS} + \Sigma\, t_{BZ}$ |
| Erholungszeit $t_{er} = \Sigma\, t_{ME}$ | |

**Bild 1: Bestandteil der Vorgabenzeit**

| | |
|---|---|
| **Auftragszeit T** $= t_r + t_a$ | Vorgabezeit für den Auftrag zum Fräsen von 10 Zahnwellenschaften |
| **Rüstzeit $t_r$** $= t_{rg} + t_{rer} + t_{rv}$ | Vorbereiten für das Erfüllen eines Auftrages |
| Rüst-erholungszeit $t_{rer} = z_{rer} \cdot t_{rg} / 100\ \%$ | Erholung des Menschen von den Rüstarbeiten $z_{rer}$: Erholungszuschlag in % |
| Rüstverteilzeit $t_{rv} = z_{rv} \cdot t_{rg} / 100\ \%$ | Behebung einer unplanmäßigen, kleineren Störung beim Rüsten $z_{rv}$: Verteilzeitzuschlag (ca. 5–15 %) |
| Rüstgrundzeit $t_{rg}$ | Werkzeugbeschaffung, Auftragspapiere studieren, Maschine auf- und abrüsten |
| **Ausführungszeit $t_a$** $= m \cdot t_e$ | Vorgabezeit für das Ausführen der Auftragsmenge *m* (ohne Rüsten) |
| **Zeit je Einheit $t_e$** $= t_g + t_{er} + t_v$ | Zeit zur Ausführung eines Ablaufs an einem Arbeitsplatz für eine Mengeneinheit ($m = 1$) |
| Erholungszeit $t_{er} = z_{er} \cdot t_g / 100\ \%$ | Zeit für das Erholen des Menschen bezogen auf die Menge $m = 1$ $z_{er}$: Erholungszuschlag |
| Verteilzeit $t_v = z_v \cdot t_g / 100\ \%$ | Unregelmäßig auftretende Zeiten bezogen auf die Menge $m = 1$ $z_v$: Verteilzeitzuschlag |
| Grundzeit $t_g = \Sigma t_h + \Sigma t_n + \Sigma t_w$ | Summe aller Soll-Zeiten zur planmäßigen Ausführung eines Ablaufs bezogen auf die Menge 1 |
| Hauptzeit $t_h$ | planmäßiger, unmittelbarer Fortschritt im Sinne des Auftrages; z.B. Fräsen mit Handvorschub |
| Nebenzeit $t_n$ | planmäßiger, nur mittelbarer Arbeitsfortschritt; z.B. Schaft ausspannen |
| Wartezeit $t_w$ | planmäßiges, ablaufbedingtes Warten; z.B. bis automatischer Vorschub beendet |

**Bild 2: Aufbau und Ermittlung der Auftragszeit**

Die Verteilzeit umfasst z.B. die Zeit zur Behebung von kleineren Störungen oder für persönlich bedingte Unterbrechungen und wird meistens mithilfe eines Verteilzeit-Prozentsatzes $z_v$ berechnet, der sich auf die Grundzeit $t_g$ bezieht.

Die **Erholungszeit** $t_{er}$ ist eine planmäßige Unterbrechung der Tätigkeit um die Arbeitsermüdung abzubauen. Sie wird tariflich oder durch Betriebsvereinbarung festgelegt und kann mithilfe eines prozentualen Erholungszuschlages $z_{er}$ auf der Basis der Grundzeit $t_g$ ermittelt werden.

Bei der Berechnung der **Auftragszeit** $T$ wird nach der mengenunabhängigen **Rüstzeit** $t_r$ und der mengenabhängigen **Ausführungszeit** $t_a$ unterschieden (Bild 2, vorherige Seite). Die Rüstzeit umfasst alle pro Auftrag einmalig durchzuführenden Arbeiten wie z.B. die Maschine auf- und abzurüsten. Die Ausführungszeit ergibt sich aus der Multiplikation der **Auftragsmenge** $m$ mit der **Zeit je Einheit** $t_{e1}$. Bei sehr großen Auftragsmengen wird auch mit $t_{e10}$ und $t_e100$, der Vorgabezeit für 10 bzw. 100 Mengeneinheiten gearbeitet.

## 4.12.3 Zeitermittlung

Die Ermittlung und Darstellung exakter Zeitdaten ist eine entscheidende Voraussetzung für eine zuverlässige Planung und Durchführung von Produktionsprozessen. Zeitdaten bilden die Grundlage für die Bewertung und Entlohnung der menschlichenArbeit,dieKostenrechnung,dieTerminierung und die Kapazitätsplanung.

Die Verfahren zur Ermittlung der Zeitdauer lassen sich grundsätzlich in folgende drei Methoden unterscheiden **(Bild 1)**:

- Erfassen von Ist-Zeiten,
- deren Aufbereitung in Form von Planzeiten und
- die Bestimmung von Soll-Zeiten mithilfe der Ist-Zeiten oder Planzeiten

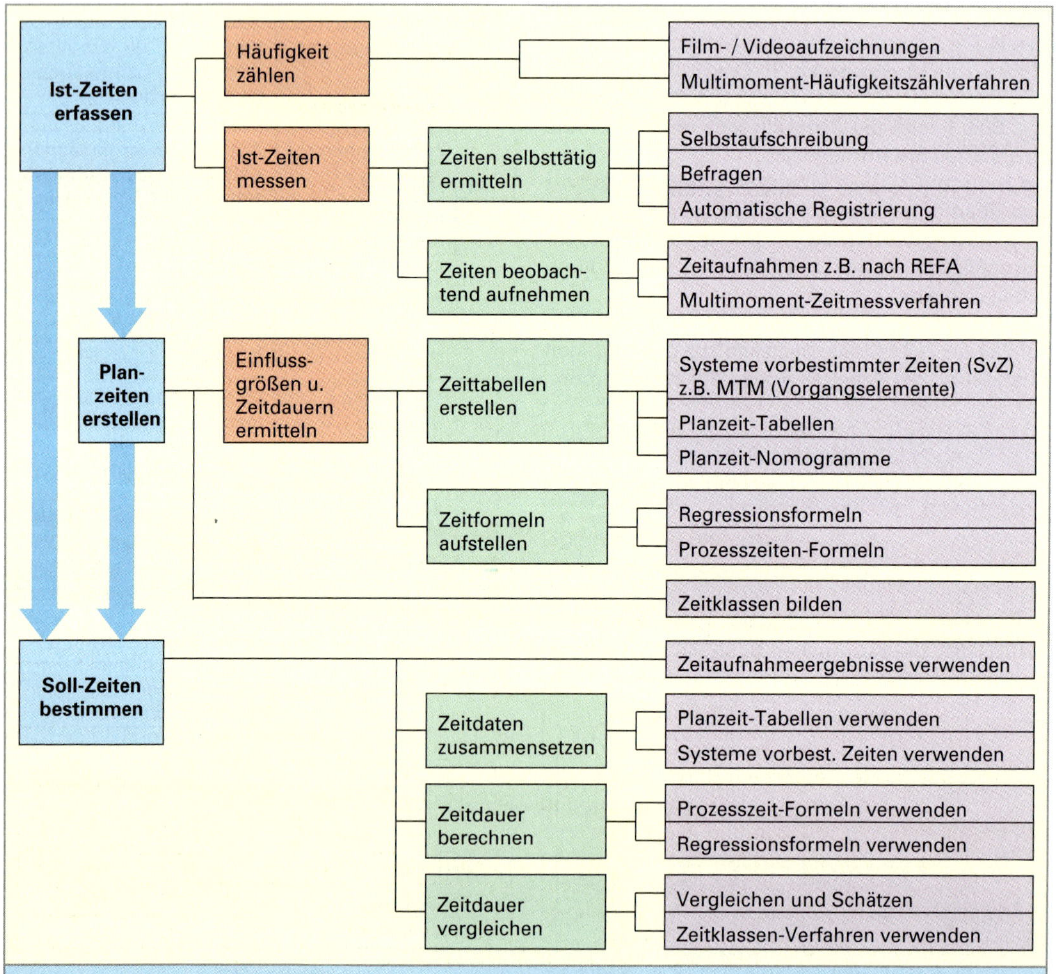


**Bild 1: Verfahren zur Zeitermittlung**

Die bei der Zeitermittlung eingesetzten Methoden müssen gewährleisten, dass die ermittelten Zeiten reproduzierbar sind. Dies bedeutet, dass eine Wiederholung der Zeitermittlung zu den selben Ergebnissen führt. Daher müssen nicht nur die Zeiten, sondern auch alle die Zeitdauer beeinflussenden Arbeitsbedingungen bei der Zeitermittlung erfasst und dokumentiert werden.

Je nach Verwendungszweck der zu ermittelnden Zeiten müssen unterschiedliche Genauigkeitsanforderungen an die Zeitdaten gestellt werden.

**Erfassen von Ist-Zeiten**
Ist-Zeiten sind tatsächlich vom Menschen bzw. Betriebsmittel zur Durchführung von bestimmten Ablaufabschnitten gebrauchte Zeiten. Sie können unmittelbar durch Zeitmessungen oder mittelbar durch das Zählen der Häufigkeit ihres Auftretens erfasst werden.

Beim **Multimoment-Häufigkeitszählverfahren** wird die Häufigkeit des Auftretens von Ablaufabschnitten gezählt. Hieraus lässt sich statistisch der **Zeitanteil** eines Ablaufabschnittes ermitteln.

Beim **Multimoment-Zeitmessverfahren** werden zusätzlich die aktuellen Uhrzeiten der Beobachtungen notiert und daraus mithilfe von statistischen Verfahren die **Zeitdauer** des beobachteten Ablaufschnittes errechnet.

Das wichtigste und genaueste Verfahren zur Ermittlung der Ist-Zeit ist die **Zeitaufnahme** nach REFA **(Bild 1)**. Dabei wird in der **Vorbereitungsphase** das Arbeitssystem (Arbeitsaufgabe, Arbeitsverfahren und -methode, sowie die Arbeitsbedingungen) genau beschrieben. Der Arbeitsablauf wird in Ablaufabschnitte gegliedert, wie z.B. Werkstück einspannen, Werkstück bearbeiten, Bearbeitungsmaß prüfen und Werkstück ausspannen. Für jeden Ablaufabschnitt wird das Endereignis als Messpunkt, wie z.B. das Vorgangselement „Werkstück loslassen", die Bezugsmenge sowie die Einflussgröße und ihr Messwert ermittelt.

In der **Durchführungsphase** wird entsprechend den festgelegten Messpunkten die Zeit meistens als **Fortschrittszeit *F*** lückenlos durch einen Beobachter mit einem Zeitmessgerät gemessen und der **Leistungsgrad *L*** in Prozent je Ablaufabschnitt beurteilt. Bei der Beurteilung des Leistungsgrades vergleicht der Beobachter die Bewegungsgeschwindigkeit (Intensität) und die Beherrschung (Wirksamkeit) der ausgeführten Arbeit mit dem Erscheinungsbild einer normalen Leistung, die mit 100% angesetzt wird.

**Beschreibung des Arbeitssystems**

| | |
|---|---|
| Arbeitsaufgabe: | *Rundmaterial absägen* |
| Arbeitsverfahren und -methode: | *Spannhebel lösen, Stange gegen Anschlag schieben, Spannhebel anziehen, Scheibe mit automatischer Zustellung absägen* |
| Arbeitsgegenstand: | *Rundmaterial DIN 671-C45-40* |
| Mensch: | *Müller Fritz (35, erfahren)* |
| Betriebsmittel: | *Kreissäge 1704* |
| Umwelteinflüsse: | *Maschinenlärm 85 dB(A)* |

**Ablaufabschnitte festlegen**

| Nr. | Ablaufabschnitt Messpunkt | Bez.-mg. | Einfluss-größe | Wert |
|---|---|---|---|---|
| 1 | *Stange verschieben und spannen* | *1* | *Greifweg* | *60 cm* |
| | | | *Gewicht* | *20 kg* |
| | *Spannhebel loslassen* | | | |
| 2 | *Scheibe automa-tisch absägen* | *1* | *Durchm.* | *40 mm* |
| | | | *Drehzahl* | *20 1/min* |

**Fortschrittszeit *F* messen, Leistungsgrad *L* beurteilen, Ist-Einzelzeiten *ti* berechnen**

| Nr. | *L* in % / *ti*, *F* in 1/100 min | Zyklus I | II | III | IV | V |
|---|---|---|---|---|---|---|
| 1 | Leistungsgrad *L* | *110* | *105* | *110* | *110* | *115* |
| | Fortschrittszeit *F* | *39* | *113* | *184* | *252* | *317* |
| | Ist-Einzelzeit *ti* | ***39*** | ***46*** | ***41*** | ***38*** | ***36*** |
| 2 | Leistungsgrad *L* | – | – | – | – | – |
| | Fortschrittszeit *F* | *67* | *143* | *214* | *281* | *317* |
| | Ist-Einzelzeit *ti* | ***28*** | ***30*** | ***30*** | ***29*** | ***28*** |

**Auswertung**

| Nr. | $\Sigma L/n$ / $\Sigma ti/n$ | $\bar{L}$ / $\bar{t}$ | $t = \frac{\bar{L}}{100} \cdot \bar{t}$ | Zeitart |
|---|---|---|---|---|
| 1 | ***550/5*** | ***110*** | ***44*** | $t_{MN}$ |
| | ***20/5*** | ***40*** | | |
| 2 | – | – | ***29*** | $t_{BH}$ |
| | ***145 / 5*** | ***29*** | | |
| | $\Sigma t$ in 1/100 min | | *73* | |
| Grundzeit $t_g$ in min | | | *0,73* | |
| Erholungszeit $t_{er}$ in min | | | *0,2* | *Vereinbar.* |
| Verteilzeit $t_v$ in min | | | *0,07* | $z_v$ *= 10%* |
| **Zeit je Einheit $t_{e1}$** | | | ***1,0*** | **min** |

**Bild 1: Beispiel einer Zeitaufnahme**

Dies setzt eine entsprechende Erfahrung des Beobachters voraus. Bei der Herstellung von mehreren Teilen wiederholen sich die Abläufe zyklisch, sodass man je Ablaufabschnitt mehrere Zeiten erhält. Die Zeiten und die Leistungsgrade werden in einen Zeitaufnahmebogen eingetragen.

In der **Auswertungsphase** werden bei erfolgter Fortschrittszeitmessung die Ist-Einzelzeiten $t_i$ durch Subtraktion der aufeinander folgenden Fortschrittszeiten *F* ermittelt. Die während der Zeitaufnahme protokollierten Störungen werden aus der Rechnung herausgehalten. Mithilfe einer statistischen Auswertung wird nun geprüft, ob sich die Streuung der Ist-Zeiten im vorgegebenen Bereich bewegt. Die Soll-Zeiten *t* je Ablaufabschnitt erhält man durch Multiplikation des Durchschnittswertes der entsprechenden Leistungsgrade mit dem Durchschnittswert der entsprechenden Ist-Einzelzeiten. Die Summe der Soll-Zeiten aller Ablaufabschnitte ergibt die Grundzeit $t_g$. Die gesuchte Zeit je Einheit $t_{e1}$ ergibt sich durch Addition der Grundzeit $t_g$, der Erholungszeit $t_{er}$ und der Verteilzeit $t_v$.

### Planzeiten erstellen

Die Ermittlung der Vorgabezeiten durch Zeitaufnahmen ist sehr aufwendig. Daher versucht man, für Ablaufabschnitte, die in ähnlicher Form bei verschiedenen Arbeitsaufgaben häufiger vorkommen, die Soll-Zeit einmal festzulegen. Sollzeiten für Ablaufabschnitte, deren Ablauf mithilfe von Einflussgrößen beschrieben werden, nennt man **Planzeiten**. Die Abhängigkeit der Planzeiten von den zeitbestimmenden Einflussgrößen wird mithilfe von Nomogrammen, Zeitformeln (Regressionsformeln) oder Tabellen dargestellt. **Bild 1** zeigt dies am Beispiel des Messens von Werkstückdurchmessern beim Drehen.

Dazu wurden die Normalzeiten für den Ablaufabschnitt „Durchmesser messen" aus verschiedenen Zeitaufnahmen zusammengestellt. Wie man aus der grafischen Darstellung leicht erkennen kann, besteht zwischen der Normalzeit und dem zu messenden Durchmesser ein linearer Zusammenhang, den man mithilfe einer Zeitformel (Regressionsformel[1]) beschreiben kann. Die tabellarische Darstellung wird am häufigsten angewendet.

Typische Beispiele hierfür sind die **Systeme vorbestimmter Zeiten** (SvZ). Bei diesen Verfahren wird für das Ausführen von Vorgangselementen, die vom Mensch voll beeinflussbar sind, wie z.B. das Hinlangen, Greifen und Loslassen, die Soll-Zeit mithilfe von Bewegungszeittabellen bestimmt.

[1] lat. regressio = zurückführen, math. Methode um eine Formel für die Zusammenhänge von Einflussgrößen zu finden, z. B. bei der *linearen* Regression sucht man eine Geradengleichung.

**Daten aus mehreren Zeitaufnahmen:** Ablaufabschnitt: Durchmesser messen

| **mit Messschieber** | | **mit Messschraube** | |
|---|---|---|---|
| Durchmesser *d* in mm | Normalzeit *t* in 1/100 min | Durchmesser *d* in mm | Normal zeit *t* in 1/100 min |
| *22* | *11* | *18* | *35* |
| *64* | *16* | *24* | *42* |
| *80* | *19* | *80* | *46* |
| *120* | *23* | *140* | *62* |
| *160* | *24* | *160* | *66* |
| *220* | *28* | *180* | *67* |
| *260* | *29* | *250* | *82* |
| *300* | *34* | *300* | *95* |

**Nomogramm:** Durchmesser messen

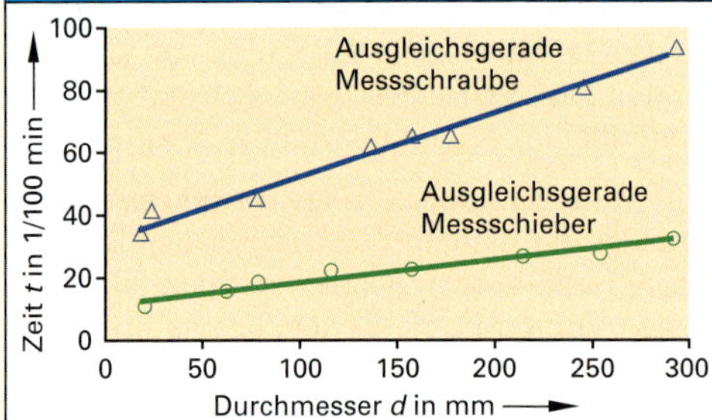


**Messzeit *t* in Abhängigkeit vom Durchmesser *d***

**Zeitformeln:** (*t* in 1/100 min, *d* in mm)
für Messschieber: $t = 12 + 0{,}08 \cdot d$
für Messschraube: $t = 32 + 0{,}2 \cdot d$

**Planzeit-Tabelle:** Durchmesser messen

| Durchmesser *d* in mm | Zeit in 1/100 min | |
|---|---|---|
| | mit Messschieber | mit Messschraube |
| 50 | 16 | 40 |
| 100 | 20 | 50 |
| 150 | 24 | 60 |
| 200 | 28 | 70 |
| 250 | 32 | 80 |
| 300 | 36 | 90 |

**Bild 1: Erstellen und Darstellen von Planzeiten**

Grundlage für die Bewegungszeittabellen sind Filmaufnahmen von verschiedenen Bewegungen und deren Auswertung im Zeitlupenverfahren unter Verwendung von Mikrozeitmessern.

Allen Methoden der Systeme vorbestimmter Zeiten gehen von dem Gedanken aus, dass sich die manuellen Tätigkeiten des Menschen in Bewegungselemente aufteilen lassen, deren Zeitdauer unter gleichen Bedingungen (Einflussgrößen) immer konstant ist. Dem entsprechend gliedert sich die Vorgabezeitermittlung in die zwei Schritte:

- Analyse des Bewegungsablaufes einer Arbeitsaufgabe in die einzelnen Bewegungselemente und die
- Zuordnung der entsprechenden Zeiten unter Verwendung der Bewegungszeittabellen.

Dies führt zu optimal gestalteten Arbeitsplätzen und zu präzisen Vorgabezeiten, da bei diesem Vorgehen der Arbeitsablauf schon in der Planungsphase exakt durchdacht und festgelegt werden muss.

Die bekanntesten Verfahren der Systeme vorbestimmter Zeiten sind

- Work-Faktor (WF), und
- Methods-Time-Measurement (MTM).

Während WF insbesondere die Erfassung der quantitativ-messbaren Einflussgrößen betrachtet, werden bei MTM auch qualitative, also beurteilbare Einflussgrößen (z.B. der Schwierigkeitsgrad einer Tätigkeit) mit in die Analyse herangezogen.

Zeitanteile, die vom Menschen nicht beeinflussbar sind und nur von technischen Parametern (z.B. bei NC-Maschinen) abhängen, werden **Prozesszeiten** genannt. Diese Zeiten lassen sich in den meisten Fällen, wie z.B. die Hauptnutzungszeit beim Drehen, mithilfe von **Prozesszeit-Formeln** berechnen. **(Bild 1)**. Alle Prozesszeit-Formeln für die verschieden spanenden Fertigungsverfahren berücksichtigen die Maße des zu bearbeitenden Gegenstandes und die Arbeitsgeschwindigkeit des Werkzeuges des Betriebmittels entsprechend folgender Formel:

$$\textit{unbeeinflussbare Hauptzeit} = \frac{\textit{Maße des Arbeitsgegenstandes}}{\textit{Arbeitsgeschwindigkeit des Werkzeuges}}$$

Das **Vergleichen und Schätzen** ist ein weiteres Verfahren zur Vorgabezeitermittlung. Dabei wird für die Arbeitsaufgabe zunächst nach gleichen oder ähnlichen Arbeitsläufen gesucht, für die bereits Zeitwerte vorliegen **(Bild 2)**.

Aus dem Vergleich der Einflussgrößen, wie z.B. der Werkstückgeometrie, wird dann durch Schätzen aus den bekannten Zeitdauern die zu ermittelnde Vorgabezeit abgeleitet. Das Vergleichen und Schätzen wird durch das **Zeitklassenverfahren** systematisiert. Typische Standardarbeiten eines Betriebes, für die die benötigten Zeitdauern bereits bekannt sind, werden in Zeitklassen eingeordnet. Als Soll-Zeit wird der Zeitklassen-Mittelwert derjenigen Zeitklasse verwendet, in die die neue Arbeitsaufgabe am ehesten einzuordnen ist.

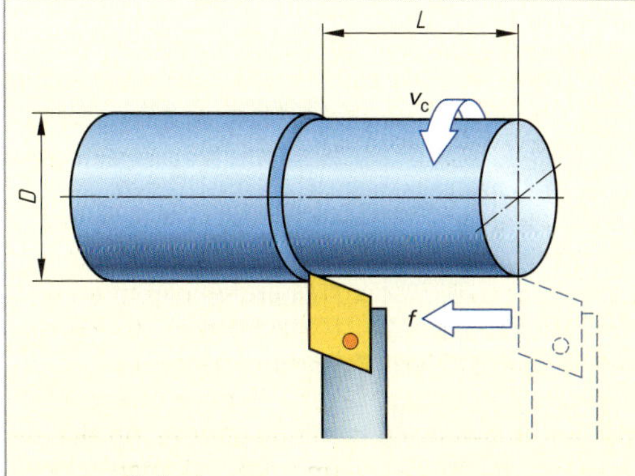


$$t_h = \frac{\pi\chi \cdot D \cdot L \cdot i}{f \cdot v_c \cdot 1000}$$

| | | |
|---|---|---|
| $t_h$ | [min] | Hauptnutzungszeit |
| $D$ | [mm] | Außendurchmesser |
| $L$ | [mm] | Vorschubweg |
| $f$ | [mm] | Vorschub je Umdrehung |
| $v_c$ | [m/min] | Schnittgeschwindigkeit |
| $i$ | | Anzahl der Schnitte |

**Bild 1: Hauptnutzungszeit $t_h$ beim Drehen**

1. Arbeitsaufgabe beschreiben.
2. Ähnlichen Arbeitsgegenstand (Standardarbeit) suchen.
3. Unterschiede zwischen der Arbeitsaufgabe und Standardarbeit hinsichtlich
   - Arbeitbedingungen,
   - Werkstückgeometrie und
   - Fertigungsablaufabschnitte

   untersuchen.
4. Entsprechend Punkt 3 zur Standardarbeit hinzukommende und wegfallende Zeiten schätzen und Vorgabezeit für Arbeitsaufgabe festlegen (z.B. mit Hilfe des Zeitklassenverfahrens).

**Bild 2: Vergleichen und Schätzen**

Einen zusammenfassenden Überblick über die eingesetzten Verfahren zur Ermittlung der Vorgabezeiten sowie deren Methoden, Hilfsmittel, Kenngrößen und Einsatzbereiche gibt **Tabelle 1**.

**Tabelle 1: Vergleich der Verfahren zur Vorgabezeitbestimmung**

| Verfahren | | Istzeiten erfassen | Sollzeiten zusammensetzen | Sollzeiten berechnen | Sollzeiten vergleichen und/bzw. schätzen |
|---|---|---|---|---|---|
| Methoden und Hilfsmittel | | • Fremdaufschrieb (Zeitaufnahme)<br>• Selbstaufschrieb<br>• Befragung | • Planzeittabellen<br>• Zeittabellen für Systeme vorbestimmter Zeiten<br>• Diagramme | • Formeln<br>• Diagramme<br>• Nomogramme | • Vorhandene Planungsergebnisse (z.B. Standardarbeitenkatalog)<br>• Kennziffern |
| Kenngrößen | Planungsaufwand | ■ | ⬓ | ⬓ | □ |
| | Planungsgenauigkeit | ■ | ⬓ | ⬓ | □ |
| Einsatzbereiche | Einzelfertigung | □ | ⬓ | ⬓ | ■ |
| | Kleinserienfertigung | ⬓ | ■ | ■ | ⬓ |
| | Serien- und Massenfertigung | ■ | ⬓ | ⬓ | □ |

■ hoch ⬓ mittel □ gering

| *Aufgaben:* | *Lösungen:* |
|---|---|
| 1. Für eine Fräsarbeit wurden folgende Daten ermittelt:<br>$\Sigma t_{MH} = 4{,}6$ min $\Sigma t_{MN} = 7{,}4$ min $\Sigma t_{MA} = 1{,}2$ min<br>$z_{er} = 10\%$ $z_v = 8\%$<br>Ermitteln Sie $t_e$. | $t_e = t_g + t_{er} + t_v$<br>$t_g = \Sigma t_h + \Sigma t_n + \Sigma t_w$<br>$= \Sigma t_{MH} + \Sigma t_{MN} + \Sigma t_{MA}$<br>$= (4{,}6 + 7{,}4 + 1{,}2)$ min $= 13{,}20$ min<br>$t_{er} = z_{er} \cdot t_g / 100\% = 0{,}1 \cdot 14{,}2$ min $= 1{,}42$ min<br>$t_v = z_v \cdot t_g / 100\% = 0{,}08 \cdot 14{,}2$ min $= 1{,}14$ min<br>$t_e = t_g + t_{er} + t_v = 16{,}76$ min → **17 min** |
| 2. Berechnen Sie die Auftragszeit T für eine Auftragsmenge $m = 20$ Stück und einer Rüstzeit $t_r$ = 30 min mit den in Aufgabe 1 genannten Daten. | $T = t_r + m \cdot t_e$<br>$= 30$ min $+ 20 \cdot 17$ min $=$ **370 min** |
| 3. Ermitteln Sie mit Hilfe von Bild 1 auf Seite 124 die Nebenzeiten $t_n$ um einen Durchmesser $d$ von 175 mm mit einer Messschraube zu messen. | Nach der Planzeittabelle ist die Nebenzeit $t_n$<br>$60 \cdot 1/100$ min für $d = 150$ mm und<br>$70 \cdot 1/100$ min für $d = 200$ mm.<br>Durch Interpolation erhält man damit für $d = 175$ mm eine Nebenzeit $t_n$ von **0,65 min.** |
| 4. Ermitteln Sie die Hauptzeit $t_h$ für das Drehen mit folgenden Daten:<br>$D = 200$ mm, $L = 150$ mm, $i = 2$ Schnitte, $f = 0{,}32$ mm, $v_c = 120$ m/min. | $t_h = \frac{\pi \cdot D \cdot L \cdot i}{f \cdot v_c \cdot 1000} = \frac{3{,}14 \cdot 200\text{ mm} \cdot 150\text{ mm} \cdot 2}{0{,}32\text{ mm} \cdot 120\text{ m/min} \cdot 1000\text{ mm/m}}$<br>**= 4,91 min** |

## Wiederholung und Vertiefung

1. Was versteht man unter dem Multimoment-Häufigkeitszählverfahren?
2. Beschreiben Sie das Vorgehen bei der Vorgabezeitermittlung mit Hilfe einer Zeitaufnahme.
3. Was versteht man unter Systemen vorbestimmter Zeiten?
4. Wie geht man bei der Erstellung von Planzeittabellen vor?

# 4.13 Arbeitsplanung

## 4.13.1 Aufgaben der Arbeitsplanung

Die Arbeitsplanung umfasst alle einmalig auftretenden Planungsmaßnahmen, um die Arbeitsabläufe in der Fertigung festzulegen. Dazu gehören die fertigungs- und ablaufgerechte Gestaltung der Arbeitsgegenstände (Teile), die Betriebsmittel, die Festlegung der Arbeitsverfahren, die Arbeitsmethoden und die Arbeitsbedingungen sowie die Bereitstellung entsprechend befähigter Mitarbeiter **(Tabelle 1)**.

Unter **Arbeitsverfahren** versteht man die Anwendung einer Technologie zur gewünschten Veränderung eines Gegenstandes wie z.B. Verfahren zur spanlosen oder spanabhebenden Formgebung. Die **Arbeitsmethode** ist das Zusammenfassen der Regeln zur Ausführung des Arbeitsablaufes, wie z.B. die Schnittgeschwindigkeit und der Vorschub beim Drehen. Unter **Arbeitsbedingungen** sind alle technischen, wirtschaftlichen, organisatorischen und sozialen Einflüsse zu verstehen, denen ein Arbeitssystem (Arbeitsplatz) ausgesetzt ist, wie z.B. Maschinenzustand oder Schichtarbeit.

**Tabelle 1: Aufgaben der Arbeitsplanung**

| Horizont | Aufgabe | |
|---|---|---|
| kurzfristig | **Stücklistenverarbeitung** | Erstellung von Fertigungs- und Montagestücklisten aus Konstruktionsstücklisten |
| kurzfristig | **Arbeitsplanerstellung** | Bestimmung von Arbeitsvorgangsfolge, Betriebsmitteln und Vorgabezeiten |
| kurzfristig | **NC-Programmierung** | Erstellung von Steuerprogrammen für numerisch gesteuerte Maschinen und Handhabungsgeräte |
| kurzfristig | **Fertigungsmittelplanung** | Konstruktion und Fertigung von Vorrichtungen und Prüfmitteln |
| mittelfristig | **Planungsvorbereitung** | Beratung von Konstruktion und Produktion |
| mittelfristig | **Kostenplanung** | Vorkalkulation und Entscheidungsvorbereitung für Eigenfertigung oder Fremdvergabe |
| mittelfristig | **Qualitätssicherung** | Erstellen von Prüfplänen und Beratung bei der Qualitätsplanung, Unterstützung der Zertifizierung |
| langfristig | **Materialplanung** | Planung der am Lager vorzuhaltenden Materialsorten; Lieferantenbewertung und -auswahl |
| langfristig | **Methodenplanung** | Entwicklung neuer umweltgerechter Verfahren, Methoden und Hilfsmittel zur Fertigung und Montage |
| langfristig | **Investitions- und Fabrikplanung** | Planung von Fertigungsmitteln, Anlagen und Produktionsbereichen einschließlich der Arbeitsplatzgestaltung |

## 4.13.2 Arbeitsplan

Durch systematische Vorplanung bei der Arbeitsplanung soll in der Fertigung mit geringstmöglichem Aufwand der größtmögliche Ertrag erwirtschaftet werden. Das wichtigste Ergebnis der Arbeitsplanung sind die **Arbeitspläne (Bild 1)**.

Sie gehören neben den Zeichnungen und den Stücklisten zu den wichtigsten Informationsquellen für die Teilefertigung und Montage eigengefertigter Teile (Einzelteile, Baugruppen und Erzeugnisse).

1 Ausgangsdaten erfassen

2 Ausgangsteil bestimmen

3 Arbeitsgangfolge bestimmen

| | | | |
|---|---|---|---|
| Modellbetrieb | **Arbeitsplan** (auftragsneutral) | Ersteller: Ro | Datum: 17.1.99 |
| Fertigteil-Nr. **3118** | Fertigteil-Benennung: **Halbfabrikat Gelenkschaft** | Zeichnung-Nr. **3118-3** | Mengenbereich **bis 200** |
| Ausgangsteil-Nr. **3115** | Ausgangsteil/ Rohform/ Werkstoff/ Abmessung **Rund DIN 671-C45 Pb K-40** | Rohgewicht 0,76 kg | Fertiggew. 0,53 kg; Lager RohLag |

| AG-Nr. | Kostenstelle | Masch.-Gruppe | Arbeitsgangbeschreibung | Fertigungshilfsmittel | NC-Programm | Rüstzeit [min] | Zeit je Einheit [min] |
|---|---|---|---|---|---|---|---|
| 010 | 4100 | Säg120 | **Absägen** auf Länge 68 | | | 15 | 2 |
| 020 | 4500 | Dre510 | **Drehen**, Bohren | | 3118-510 | 45 | 7 |
| 030 | 4500 | Frä520 | **Fräsen**, Bohren | VoFr3118 | 3118-520 | 60 | 14 |

4 Arbeitssystem festlegen → 5 Arbeitsanweisung erstellen → 6 Fertigungshilfsmittel festlegen → 7 Vorgabezeit bestimmen

**Bild 1: Arbeitsplanerstellung**

> Der Arbeitsplan gibt an,
> - in welcher Weise,
> - in welcher Reihenfolge,
> - auf welchen Maschinen,
> - mit welchen Hilfsmitteln und
> - mit welchem Zeitbedarf Teile zu fertigen sind.

Im Kopfteil enthält der Arbeitsplan organisatorische und sachbezogene Daten. Sie enthalten Angaben über den zu fertigenden Gegenstand (Einzelteil, Baugruppe oder Erzeugnis), die zu verwendenden Ausgangsmaterialien und den Mengenbereich für den der Arbeitsplan gilt. Danach folgen die Daten zur Beschreibung der einzelnen Arbeitsgänge. Dies sind mindestens die Bezeichnung des Arbeitsvorgangs, des Arbeitsplatzes, der Rüstzeit (die zur Einrichtung des Arbeitsplatzes geplante Zeit) und der Zeit je Einheit (Stückzeit).

### 4.13.3 Arbeitsplanerstellung

Vor der Erstellung von Arbeitsplänen steht schon während des Konstruktionsprozesses die **Make-or-buy-Analyse**[1]. Mithilfe einer Kostenvergleichsrechnung wird in enger Zusammenarbeit zwischen Arbeitsplanung, Konstruktion und Einkauf entschieden, ob ein neu entwickeltes Teil im eigenen Betrieb gefertigt oder bei einem Zulieferer fremdbezogen wird.

Die eigentliche Erstellung von Arbeitsplänen erfolgt in den meisten Fällen für einen bestimmten Mengenbereich auftragsneutral. Sie beginnt mit der **Konstruktionsberatung,** bei der vor allem auf die fertigungs- und montagegerechte Gestaltung der neu konstruierten Teile geachtet wird **(Bild 1).**

Bei der **Ausgangsteilbestimmung** werden Art und Abmessungen des Rohteils bestimmt. Die Auswahl erfolgt unter Berücksichtigung der Anforderungen an das Werkstück sinnvollerweise in enger Zusammenarbeit zwischen Konstruktion und Arbeitsplanung. Hierbei müssen

- technologische (z.B. Werkstoff, Gestalt)
- wirtschaftliche (z.B. Beschaffungs- und Bearbeitungskosten)
- sowie zeitliche Kriterien (z.B. Beschaffungszeit von Material und Vorrichtungen)

berücksichtigt werden.

Die **Arbeitsgangfolgeermittlung** legt die Reihenfolge der Arbeitsgänge (z.B. Sägen, Drehen und Fräsen) fest, durch die das Rohmaterial (z.B. Stangenmaterial) über schrittweises Verändern die Form und/oder der Stoffeigenschaften in den Fertigzustand übergeführt wird. Unter dem Begriff **Arbeitsgang** werden alle Arbeiten zusammengefasst, die an einem Arbeitsplatz zusammenhängend ausgeführt werden.

| | Funktionen der Arbeitsplanerstellung | | Hilfsmittel |
|---|---|---|---|
| Einmalig je Arbeitsplan | **Vorbereitende Tätigkeiten**<br>• Voraussichtliche Produktionsmenge festlegen<br>• Qualitätsanforderungen ermitteln<br>• Make-or-buy-Analyse<br>• Überprüfen auf fertigungsgerechte Konstruktion | ⇐ | • **Produktionsprogr.**<br>**Teil Jan. Feb.**<br>3105 100 150<br>2011 200 180<br>• Kundenanford.<br>• Firmenstrategie<br>• Normen, Vorschr.<br>• Prospekte, Angeb.<br>• Betriebsmittelauslastung |
| Einmalig je Arbeitsplan | **Ausgangsteilbestimmung**<br>• Aufmaßermittlung<br>• Rohformbest.<br>• Rohmaßfestleg.<br>• Gewichtsber. | ⇐ | • Materialkatalog<br>• Aufmaße |
| Einmalig je Arbeitsplan | **Arbeitsvorgangsfolgeermittlung**<br>• Gegenüberstellen von Ausgangs- und Endzustand<br>• Festlegung der Arbeitsinhalte<br>• Suche nach alternativen Fertigungsverfahren<br>• Wirtschaftlichkeitsvergleich<br>• Reihenfolge | ⇐ | • Detaillierte Kenntnisse aller Bearbeitungsverfahren<br>• Ähnliche Werkstücke<br>• Vergleichbare Arbeitspläne<br>• Verfahrensbeschreibung und -kosten |
| Je Arbeitsvorgang | **Maschinen- und Fertigungshilfsmittelauswahl**<br>• Maschinen<br>• Werkzeuge<br>• Vorrichtungen<br>• Messmittel<br>• Festlegen der Fertigungsvorschriften | ⇐ | • Maschinenkartei<br>• Werkzeug-, Vorrichtungs- und Messmittelkataloge<br>• Mitarbeitererfahrung |
| Je Arbeitsvorgang | **Vorgabezeitermittlung**<br>• Rüstzeiten<br>• Schnittwerte<br>• Hauptzeiten $t_h$ und Nebenzeiten $t_n$<br>• Erholzeiten $t_{er}$ und Verteilzeiten $t_v$<br>• Berechnung der Zeit je Einheit $t_e$ | ⇐ | • Schnittwertekatalog<br>• Zeitrichtwerte<br>• Planzeitkatalog |

**Bild 1: Arbeitsplanerstellung**

[1] engl. to make = machen (selbst machen), engl. to buy = kaufen (zu kaufen)

Zur Arbeitsgangfolgeermittlung müssen zuerst alle im Betrieb möglichen Bearbeitungsverfahren zur Erzeugung der gewünschten Fertigteilgeometrie erfasst und analysiert werden. Nach Ausschluss der Verfahren, die den Anforderungen an die zu erreichende Qualität (z.B. Form- und Maßtoleranzen) nicht genügen, wird unter Berücksichtigung der zu produzierenden Stückzahlen das wirtschaftlich günstigste Verfahren ausgewählt.

Bei der **Fertigungsmittelauswahl** werden jedem Arbeitsgang die erforderlichen Fertigungsmittel (Maschinen, Werkzeuge und Vorrichtungen) zugeordnet. Dies geschieht mit dem Ziel, die im Betrieb vorhandenen Produktionsmöglichkeiten möglichst optimal zu nutzen. Zunächst werden alle infrage kommenden Maschinen miteinander verglichen und die geeignetste Maschine ausgewählt. Dabei sind sowohl technische Merkmale wie z.B. mögliche Einspanndurchmesser, maximale Maschinenleistung oder Drehzahlbereich als auch wirtschaftliche Merkmale, wie Losgröße, Maschinenauslastung und Verfügbarkeit zu berücksichtigen. Ein viel verwendetes Hilfsmittel zur Bestimmung der geeignetsten Maschine ist die AWF-Maschinenkartei des Ausschusses für Wirtschaftliche Fertigung **(Bild 1)**.

Nach der Maschinenauswahl werden die für den Arbeitsgang benötigten Fertigungshilfsmittel festgelegt und ggf. deren Anfertigung bzw. Bestellung veranlasst.

**Fertigungshilfsmittel** sind Werkzeuge, Vorrichtungen und Messmittel, die nicht als Standardzubehör an der Maschine vorhanden sind. Während ein **Werkzeug** wie z.B. ein Bohrer unmittelbar auf das Werkstück zur Formveränderung einwirkt, fixiert eine **Vorrichtung** die genaue Lage des Werkstückes zum Werkzeug während des Bearbeitungsvorganges. **Standardwerkzeuge** (z.B. Bohrer) und **Standardvorrichtungen** (z.B. Rundschalttische) können für eine Vielzahl verschiedener Arbeitsaufgaben eingesetzt werden. Dagegen ermöglichen Sonderwerkzeuge (z.B. Spritzgießwerkzeuge) und Sondervorrichtungen (z.B. Bohrvorrichtung) nur bestimmte, meist komplexe Bearbeitungsaufgaben. Da Sonderwerkzeuge bzw. -vorrichtungen speziell angefertigt werden müssen und somit wesentlich teurer als der Standard sind, muss genau geprüft werden, ob ihr Einsatz Vorteile bringt. Diese Vorteile können sich durch Substitution und somit den Wegfall von anderen Arbeitsgängen, eine bessere Qualität oder durch die Verkürzung der Bearbeitungszeit ergeben.

Die **Vorgabezeitermittlung** dient der Bestimmung der zur Ausführung der einzelnen Arbeitsgänge vorgegebenen Soll-Zeiten. Im Maschinenbau werden im Arbeitsplan meist nur die Rüst- und Stückzeiten in Minuten angegeben.

1 2 3 4 5 6 7 8 9 10 11 12 13 14 15 16 17 18 19 20 21 22 23 24 25 26 27 28 29 30 31

| Grunddaten 00 | AWF® Maschinenkarte für Bearbeitungszentrum | | | |
|---|---|---|---|---|
| 00 Kurzzeichen nach AWF 310 | | | | 18 **Inventar-Nr.** |
| 01 Benennung | CNC - Fertigungszentrum | 06 Baujahr 1989 | 11 Masch.-Gruppe | 19 **Kostenstelle** |
| | | 07 Liefer-Tag | 13 Bestell-Nr. | |
| 02 Typ FZ 12 W | 03 Fabrik-Nr. 106-37 | 08 Liefer-Nr. | | 20 **Internes Kennzeichen** |
| 04 Hersteller | CHIRON-WERKE Tuttlingen | 09 Inbetriebn. | | |
| 05 Lieferer | CHIRON-WERKE Tuttlingen | 10 Standort | 17 Anschaffungskosten | DM |

| **Technische Daten** | | | | **Zubehör/Sondereinrichtungen** | **Besonders geeignet für** |
|---|---|---|---|---|---|
| 01 **Arbeitsbereich** | | | | | |
| Verfahrweg x/y/z | 20 550 / 21 300 / 22 280 | | mm | Steuerung Siemens | zentrieren, bohren, |
| 23 Pinolenhub | | | mm | Sinumerik 810M | reiben, gewinden, |
| 26 Entfernung Spindelmitte - Ständer (Ausladung) | 315 | | mm | Nr. A170 1610 | fräsen, ausspindeln |
| 27 Entfernung Spindelnase - Tisch | 190 - 470 | | mm | | |
| 28 Entfernung Spindelmitte - Tisch | | | mm | | |
| 99 max. Werkstückgewicht / Tischbelastung je Seite 100 | | | kg | | |
| 03 **Arbeitstisch** | 03 Rundtisch-ø 1050 | | mm | | |
| Aufspannfläche | 00 Länge 950 mm x | 01 Breite 660 | mm | | |
| 02 T-Nuten nach DIN | | 03 Anzahl | | | |
| 04 Nutenbreite | mm | 05 Nutenabstand | mm | | |
| 15 Tischhöhe über Flur | 900 mm | | mm | | |
| 08 Schwenkbarkeit | 180 ∞ | 16 Schalttisch-Teilung | | | |
| 17 Palettenwechselart | | | | | |
| 04 **Arbeitsspindel** | | | | | |
| 03 Spindel-ø im vord. Lager | 50 mm | 07 Werkzeugaufn. SK 30 | | | |
| 17 Spindelanordnung | vertikal | | | | |
| 15 max. Drehmoment | 35 Nm | | | | |
| **Zeichnungs-Nr.** | | | | | |

Lichtbild und Grundflächenmaße

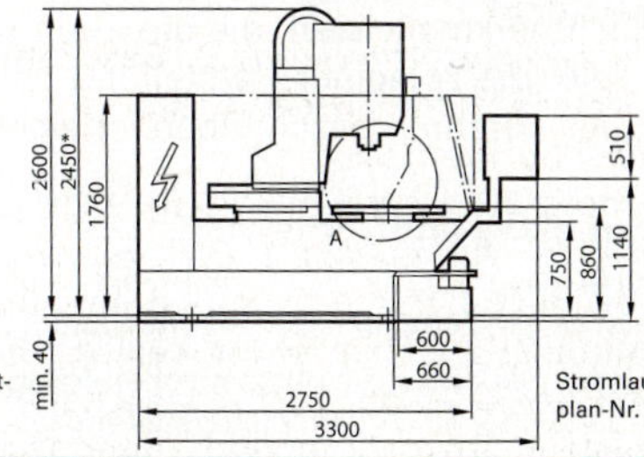


Fundament-plan-Nr.

Stromlauf-plan-Nr.

Best.-Nr. **AWF 3204** Nachdruck verboten (3.89) © 1981 by Ausschuss für Wirtschaftliche Fertigung e.V., Berlin Beuth-Verlag GmbH, Berlin 30

**Bild 1: AWF-Maschinenkarte (Beispiel)**

Eine detaillierte Ermittlung der Vorgabezeiten ist aufwendig. In der Einzel- und Kleinserienfertigung ist jedoch ein hoher Genauigkeitsgrad meist nicht erforderlich. Bei Massen- und Großserienfertigung ist eine genaue Bestimmung der Vorgabezeit von besonderer Bedeutung, da sie eine wesentliche Voraussetzung für die Planung wirtschaftlicher Investitionen bildet. Vorgabezeiten können durch Zeitaufnahmen, Berechnung mit Formeln, Zusammensetzen von Planzeitwerten und durch Vergleichen und Schätzen ermittelt werden. Die hierfür benötigten Werte können Schnittwert-, Maschinen- und Planzeittabellen entnommen werden.

Beim Einsatz einer NC-Maschine müssen als weitere Fertigungshilfsmittel das meist teilespezifische NC-Programm zur Maschinensteuerung und die dazugehörenden Arbeitsunterlagen wie die Werkzeugliste zur Voreinstellung, das Einrichteblatt mit Werkzeugplan und die Ablaufzeichnungen vorbereitet werden.

Die **Arbeitsgangbeschreibung** muss in ihrem Umfang die berufliche Qualifikation des ausführenden Mitarbeiters berücksichtigen. Sie sollte weiterhin kurz, eindeutig, vollständig, einprägsam und übersichtlich im Aufbau sein.

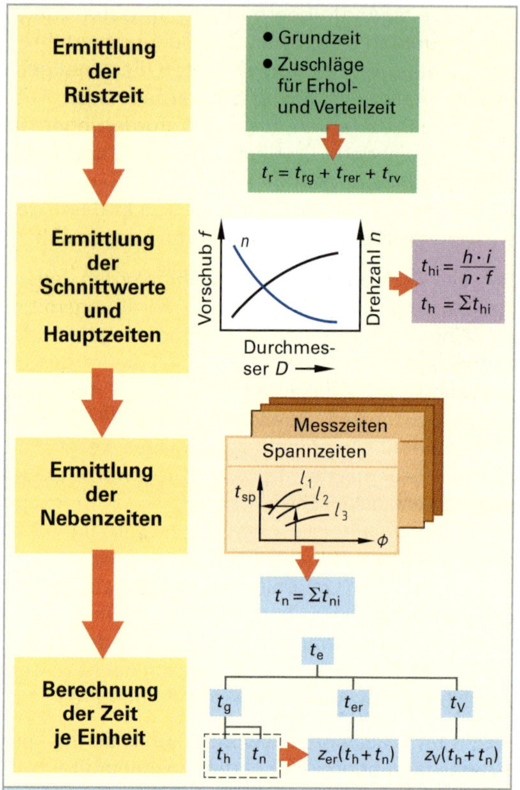


**Bild 1: Beispiel einer Vorgabezeitermittlung**

## 4.13.4 Rationalisierung der Arbeitsplanung

Ein wesentlicher Schritt die Arbeitsplanerstellung zu vereinfachen und die Fertigung wirtschaftlicher zu gestalten, ist das Zusammenfassen von geometrisch ähnlichen Teilen zu so genannten **Teilefamilien**. Da sich die geometrischen Endformdaten der Teile einer Teilefamilie nur unwesentlich unterscheiden, ist in der Regel auch der zu ihrer Herstellung durchzuführende Fertigungsprozess gleich. In so genannten **Fertigungsfamilien** werden Teile zusammengefasst, die trotz stark unterschiedlicher Endformen mit den selben Fertigungsverfahren auf den gleichen Maschinen hergestellt werden. Klassifizierungsnummern oder Sachmerkmalleisten, die die Endform eines Teiles bzw. die zu seiner Herstellung benötigten Fertigungsverfahren beschreiben, erleichtern das Finden von ähnlichen Arbeitsplänen. Statt durch eine aufwendige **Neuplanung** können damit im Rahmen einer **Ähnlichkeitsplanung** bereits vorhandene Teillösungen zu neuen Arbeitsplänen kombiniert oder vorhandene Arbeitspläne ähnlicher Teile geändert bzw. angepasst werden.

Ein weiterer Rationalisierungseffekt ergibt sich durch den Einsatz von CAP (Computer Aided Planning) **(Bild 1, folgende Seite)**. Aufgabe des CAP ist die rechnerunterstützte Planung der Arbeitsvorgänge, Verfahren und Betriebsmittel sowie die Ermittlung von Vorgabezeiten. Das Haupteinsatzgebiet des CAP liegt bei der Unterstützung der NC-Programmierung.

**Wiederholung und Vertiefung**

1. Beschreiben Sie die wichtigsten kurz-, mittel- und langfristigen Aufgaben der Arbeitsplanung.
2. Erklären Sie anhand eines einfachen Beispiels das Vorgehen bei der Arbeitsplanerstellung.
3. Nennen Sie die wichtigsten Hilfsmittel, die zur Arbeitsplanerstellung benötigt werden.
4. Welche Vorteile und Nachteile hat es, wenn man sich bei der Arbeitsplanung für den Einsatz von Sonderwerkzeugen und nicht für Standardwerkzeuge entscheidet?
5. Wie kann die Arbeitsplanerstellung rationalisiert werden?
6. Warum wird bei Erstellung aller Arbeitspläne eines neuen Erzeugnisses die Erzeugnisstruktur bzw. der komplette Satz von Baukastenstücklisten des entsprechenden Produktes benötigt?

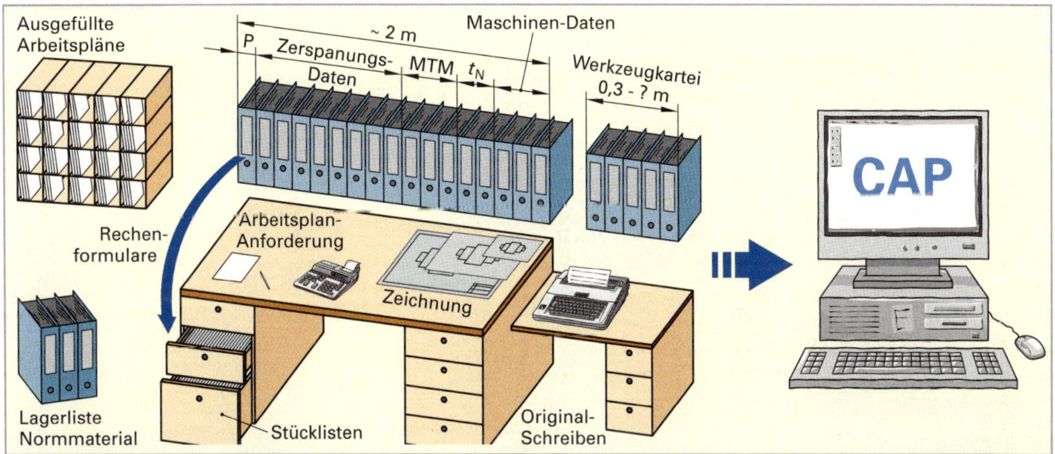


**Bild 1: CAP (Computer Aided Planning)**

## 4.13.5 Arbeitspläne für das Beispielerzeugnis des Modellbetriebes

Für die Fertigung der Kreuzgelenkwelle **(Bild 2)** sind auf den folgenden Seiten alle Arbeitspläne für die Teilefertigung und die Montage dargestellt. Aus der Erzeugnisstruktur **(Bild 3)** ist die Teileart und Bezugsart der dafür benötigten Teile zu erkennen.

**Bild 1, folgende Seite** zeigt das Groblayout des entsprechenden Modellbetriebes mit den wichtigsten Kostenstellen und den benötigten Arbeitsplatzgruppen. Die fremdbezogenen Teile (Bezugsart F) werden im Wareneingang angeliefert und kontrolliert. Danach wird das Rohmaterial (Teileart R) im Rohmateriallager (RohLag) und die fremdbezogenen Einzelteile (Teileart T) im Zwischenlager (ZwiLag) eingelagert. Die eigengefertigten (Bezugsart E) Einzelteile (Teileart T) und selbst montierten Baugruppen (Teilart G) werden nach ihrer Fertigstellung ebenfalls ins Zwischenlager (ZwiLag) gebracht und dort für die Vor- und Endmontagen kommissioniert (zusammengestellt).

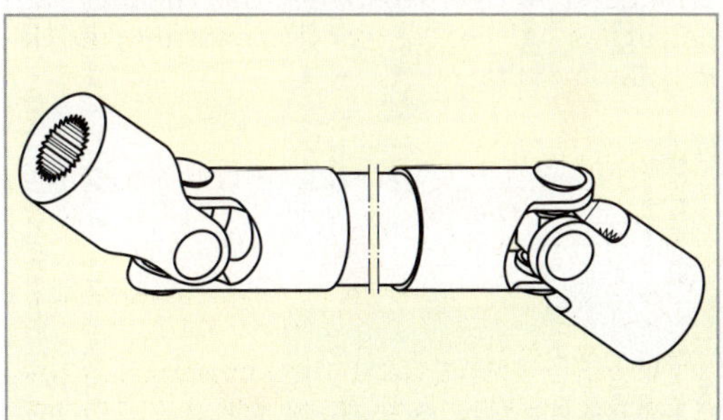

**Bild 2: Kreuzgelenkwelle**

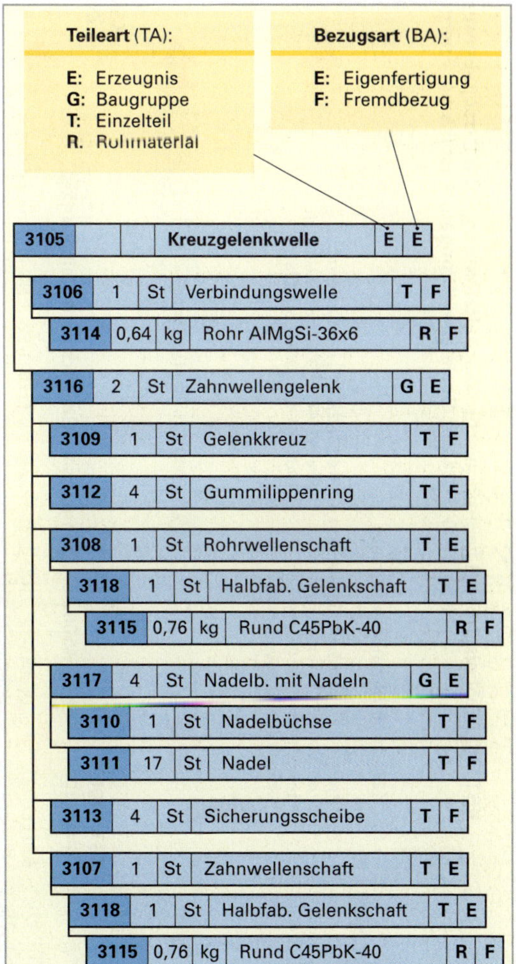


**Bild 3: Struktur der Kreuzgelenkwelle**

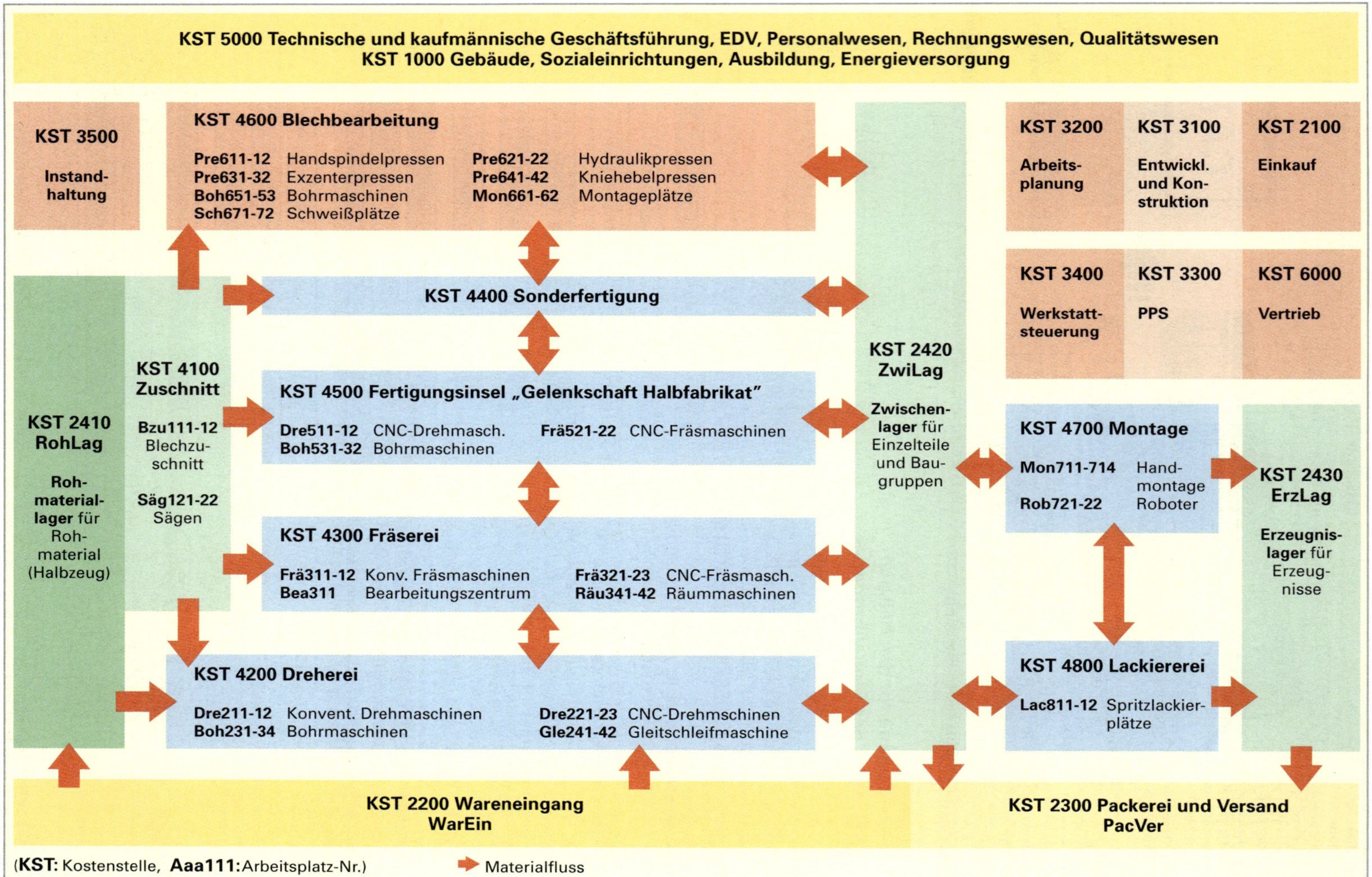


**Bild 1: Materialfluss und Arbeitsplatzgruppen in der Fertigung des Modellbetriebes**

## Arbeitspläne für die Teilefertigung des Erzeugnis-Beispieles (auftragsneutral)

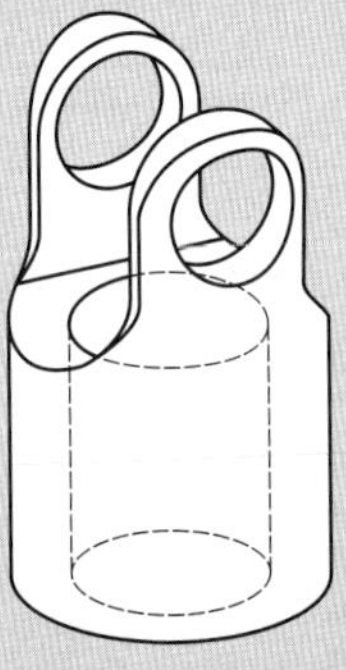

| **Modellbetrieb** | | **Teilefertigungs-Arbeitsplan** Ersteller: | | | Ro/Dat.: 17.01.00 | | |
|---|---|---|---|---|---|---|---|
| Fertigteil-Nr.: **3118** | | Fertigteil-Benennung: **Halbfabrikat Gelenkschaft 40** | | | Zeichn.-Nr. 3118-3 | Mengenbereich: bis 2000 | |
| Ausgangsteil-Nr.: 3115 | | Ausgangsteil/Rohform/Werkstoff/Abmessung: Rund DIN 671 – C45 Pb K – 40 | | | Rohgew.: 0,76 kg | Fertig-gew.: 0,53 kg | Lager: RohLag |
| AG-Nr. | Kosten-stelle | Arb.platz-gruppe | Arbeitsgang-beschreibung | Fertig.-hilfs-mittel | NC-Pro-gramm | Rüstzeit [min] | Stückzeit [min] |
| 010 | 4100 | Säg120 | Absägen auf Länge 68 | | | 15 | 2 |
| 020 | 4500 | Dre510 | Drehen, Längsbohren Ø 22 | | 3118-510 | 45 | 7 |
| 030 | 4500 | Frä520 | Fräsen, Querbohren Ø 17 | VoF3118 | 3118-520 | 60 | 14 |

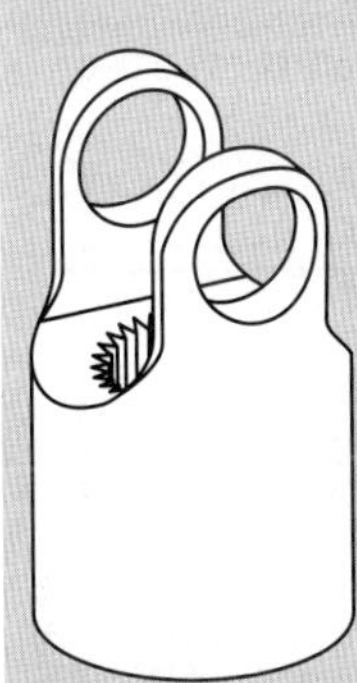

| **Modellbetrieb** | | **Teilefertigungs-Arbeitsplan** Ersteller: | | | Ro/Dat.: 17.01.00 | | |
|---|---|---|---|---|---|---|---|
| Fertigteil-Nr.: **3107** | | Fertigteil-Benennung: **Zahnwellenschaftschaft 40** | | | Zeichn.-Nr. 3107-1 | Mengenbereich: bis 1000 | |
| Ausgangsteil-Nr.: 3118 | | Ausgangsteil/Rohform/Werkstoff/Abmessung: Halbfabrikat Gelenkschaft 40 | | | Rohgew.: 0,53 kg | Fertig-gew.: 0,49 kg | Lager: ZwiLag |
| AG-Nr. | Kosten-stelle | Arb.platz-gruppe | Arbeitsgang-beschreibung | Fertig.-hilfs-mittel | NC-Pro-gramm | Rüstzeit [min] | Stückzeit [min] |
| 010 | 4300 | Räu340 | Räumen N25x0,6x40x7H | WzR3107 | | 15 | 1 |
| 020 | 4200 | Gle240 | Gleitschleifen, Reinigen | | | 20 | 30 je 20 St |

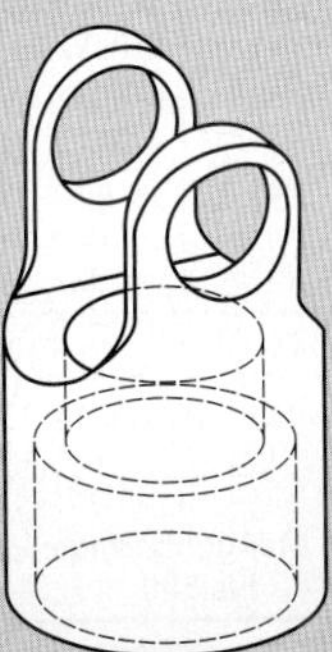

| **Modellbetrieb** | | **Teilefertigungs-Arbeitsplan** Ersteller: | | | Ro/Dat.: 17.01.00 | | |
|---|---|---|---|---|---|---|---|
| Fertigteil-Nr.: **3108** | | Fertigteil-Benennung: **Rohrwellenschaft 40** | | | Zeichn.-Nr. 3108-1 | Mengenbereich: bis 1000 | |
| Ausgangsteil-Nr.: 3118 | | Ausgangsteil/Rohform/Werkstoff/Abmessung: Halbfabrikat Gelenkschaft 40 | | | Rohgew.: 0,53 kg | Fertig-gew.: 0,47 kg | Lager: ZwiLag |
| AG-Nr. | Kosten-stelle | Arb.platz-gruppe | Arbeitsgang-beschreibung | Fertig.-hilfs-mittel | NC-Pro-gramm | Rüstzeit [min] | Stückzeit [min] |
| 010 | 4200 | Dre220 | Drehen Ø 32 H7 | | 3108-221 | 30 | 0,5 |
| 020 | 4200 | Gle240 | Gleitschleifen, Reinigen | | | 20 | 30 je 20 St |

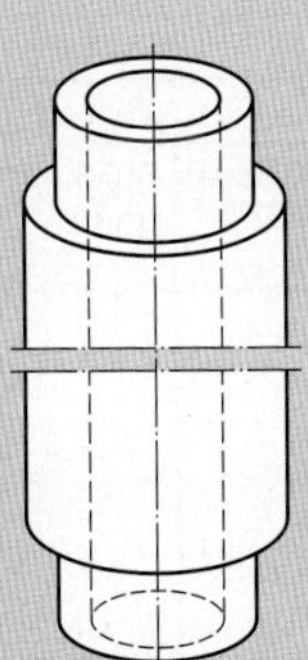

| **Modellbetrieb** | | **Teilefertigungs-Arbeitsplan** Ersteller: | | | Ro/Dat.: 17.01.00 | | |
|---|---|---|---|---|---|---|---|
| Fertigteil-Nr.: **3106-1** | | Fertigteil-Benennung: **Verbindungswelle 40/490** | | | Zeichn.-Nr. 3106-1 | Mengenbereich: bis 200 | |
| Ausgangsteil-Nr.: 3114 | | Ausgangsteil/Rohform/Werkstoff/Abmessung: Rohr DIN 1754 AlMgSI 36x6 | | | Rohgew.: 0,64 kg | Fertig-gew.: 0,62 kg | Lager: RohLag |
| AG-Nr. | Kosten-stelle | Arb.platz-gruppe | Arbeitsgang-beschreibung | Fertig.-hilfs-mittel | NC-Pro-gramm | Rüstzeit [min] | Stückzeit [min] |
| 010 | 4100 | Säg120 | Absägen auf Länge 492 | | | 15 | 2 |
| 020 | 4200 | Dre220 | Drehen, Seite 1<br>Drehen, Seite 2 | | 3106-520a<br>3106-520b | 60 | 3 |

## Montage-Arbeitspläne für das Erzeugnis-Beispiel, Forts.

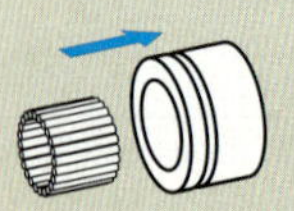

| **Modellbetrieb** | | **Montage-Arbeitsplan** | | Ersteller: Ro/Dat.: 17.01.00 | | |
|---|---|---|---|---|---|---|
| Fertigteil-Nr.: **3117** | | Fertigteil-Benennung: **Nadelbüchse 40 mit Nadeln** | | Zeichn.-Nr. 3117-1 | Mengenbereich: bis 500 | |
| Ausgangsteil-Nr.: | | Ausgangsteil/Rohform/Werkstoff/Abmessung: | | Menge: | Fertig-gew.: | Lager: |
| 3110 | | Nadelbüchse 40 | | 1 | | ZwiLag |
| 3111 | | Nadel 40 | | 17 | | ZwiLag |
| AG-Nr. | Kosten-stelle | Arb.platz-gruppe | Arbeitsgang-beschreibung | Fertig.-hilfs-mittel | Rüstzeit [min] | Stückzeit [min] |
| 010 | 4700 | Mon710 | Büchse mit Lagerfett füllen, Nadeln einführen, in Vorratsbehälter 3117 stapeln | VoM3117 | 20 | 1 |

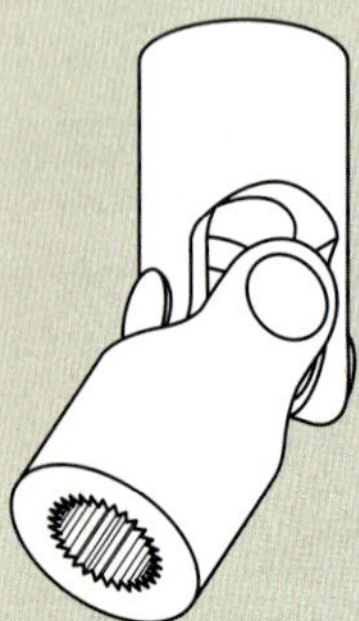

| **Modellbetrieb** | | **Montage-Arbeitsplan** | | Ersteller: Ro/Dat.: 17.01.00 | | |
|---|---|---|---|---|---|---|
| Fertigteil-Nr.: **3116** | | Fertigteil-Benennung: **Zahnwellengelenk 40** | | Zeichn.-Nr. 3116-1 | Mengenbereich: bis 500 | |
| Ausgangsteil-Nr.: | | Ausgangsteil/Rohform/Werkstoff/Abmessung: | | Menge: | Fertig-gew. | Lager: |
| 3109 | | Gelenkkreuz 40 | | 1 | | ZwiLag |
| 3112 | | Gummilippenring 40 | | 4 | | ZwiLag |
| 3108 | | Rohrwellenschaft | | 1 | | ZwiLag |
| 3117 | | Nadelbüchse 40 mit Nadeln | | 4 | | ZwiLag |
| 3113 | | Sicherungsscheibe DIN 6799-12 | | 4 | | ZwiLag |
| 3107 | | Zahnwellenschaft 40 | | 1 | | ZwiLag |
| AG-Nr. | Kosten-stelle | Arb.platz-gruppe | Arbeitsgang-beschreibung | Fertig.-hilfs-mittel | Rüstzeit [min] | Stückzeit [min] |
| 010 | 4700 | Mon710 | nach Montageplan 3116 montieren, nach Prüfplan 3116 kontrollieren, in Vorratsbehälter 3116 stapeln | VoM3116 | 30 | 5 |

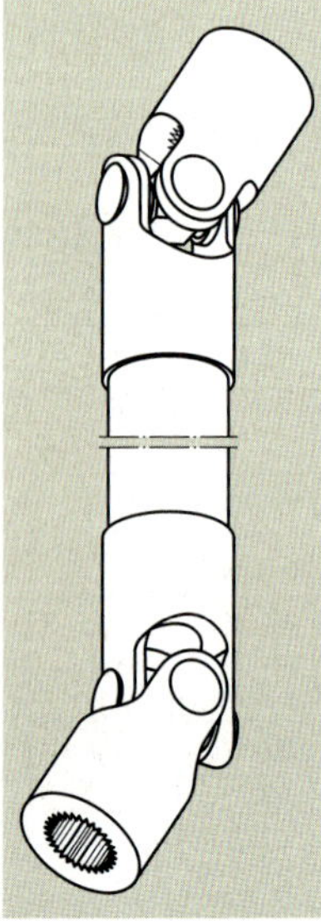

| **Modellbetrieb** | | **Montage-Arbeitsplan** | | Ersteller: Ro/Dat.: 17.01.00 | | |
|---|---|---|---|---|---|---|
| Fertigteil-Nr.: **3105** | | Fertigteil-Benennung: **Kreuzgelenkwelle 40/490/ZZ** | | Zeichn.-Nr. 3105-1 | Mengenbereich: bis 500 | |
| Ausgangsteil-Nr.: | | Ausgangsteil/Rohform/Werkstoff/Abmessung: | | Menge: | Fertig-gew. | Lager: |
| 3106 | | Verbindungswelle 40/490 | | 1 | | ZwiLag |
| 3116 | | Zahnwellengelenk 40 | | 2 | | ZwiLag |
| AG-Nr. | Kosten-stelle | Arb.platz-gruppe | Arbeitsgang-beschreibung | Fertig.-hilfs-mittel | Rüstzeit [min] | Stückzeit [min] |
| 010 | 4700 | Mon710 | Klebeflächen mit Cleaner reinigen, Klebstoff gleichmäßig auftragen, Gelenke aufschieben, in Vorrichtung VoM3105 einspannen, nach Prüfplan 3105 kontrollieren, Prüfstempel einprägen in Transportbehälter legen | VoM3105 | 30 | 2 |

# 5 Arbeitssystemgestaltung

## 5.1 Grundlagen der Arbeitssystemgestaltung

### 5.1.1 Der Mensch ist das Maß

Diesen Leitspruch sollte sich jedes Unternehmen zu eigen machen. Eine menschengerechte, humane Arbeitsplatzgestaltung erfordert zwar höhere Investitionen, verbessert aber die Wirtschaftlichkeit und die aufgewendeten Kosten werden sich amortisieren. Schon kurzfristig zeigen sich die ersten Erfolge. Die Qualität wird ansteigen, bzw. sich stabilisieren. Es gibt weniger Nacharbeit und weniger Ausschuss. Die Zahl der Krankmeldungen aufgrund von Überbelastungen z.B. Lasten heben **(Bild 1)**, wird deutlich sinken. Die Motivation der Mitarbeiter/innen wird durch ansprechende Arbeitsplätze **(Bild 2)** ansteigen und damit wird die Fluktuation abnehmen. Desweitern wird die Arbeitssicherheit zunehmen. Dafür sorgen z.B. die sauberen, hellen Arbeitsplätze. Die Berufsgenossenschaften können dies durch ihre Statistiken eindeutig beweisen, denn krankheitsbedingte Ausfalltage kosten viel Geld durch Terminverzug, Regressforderungen, Überstunden und Ersatzkräfte. Letztendlich sollten die Forderungen des Qualitätsmanagements, einschließlich der Zertifizierung, allen klar machen, dass eine konsequente Arbeitsplatzgestaltung die elementare Voraussetzung für jedes Unternehmen ist.

Zur „Einstimmung" in das Kapitel Arbeitssystemgestaltung mit dem Schwerpunkt der Arbeitsplatzgestaltung sei hier *Winston Churchill*[1] zitiert, der nicht nur gesagt hat: „no sports", sondern auch: „wenn man sitzen kann, sollte man nicht stehen, und wenn man liegen kann, nicht sitzen", und damit 90 Jahre alt geworden ist. Für ihn war der Mensch das Maß aller Dinge!

Für die Theorie und die Systematisierung der Montage, den Taylorismus[2], muss *Taylor*[3] genannt werden. Die Firma *Ford (USA)* hat nämlich in den 20er-Jahren die erste großtechnische Fließbandmontage eingeführt. Aber andere Firmen z.B. die Firma Westinghouse in Pittsburg, USA, haben um 1890 schon das System der Arbeitsteilung eingesetzt **(Bild 3)**.

**Bild 1: Arbeitsgerechte Bauteilpositionierung**

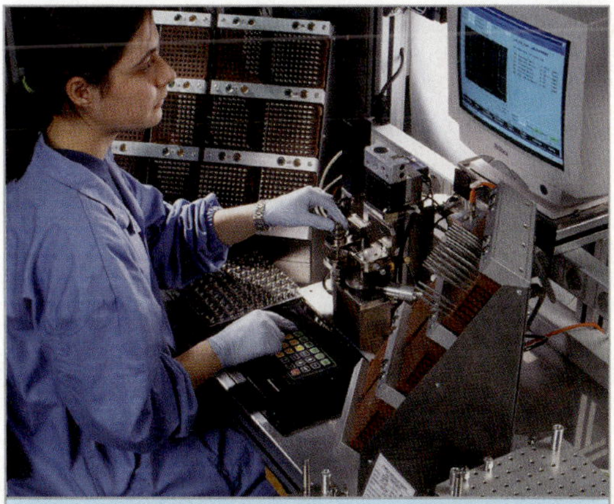

**Bild 2: Ergonomisch gestalteter Arbeitsplatz**

**Bild 3: Fließbandarbeit bei der Fa. Ford, USA um 1920**

---

[1] *Winston Churchill,* 1940–1945 Premierminister und Verteidigungsminister des UK

[2] Taylorismus: von *Taylor* entwickelte System der wissenschaftlichen Betriebsführung, das auf dem Prinzip der Arbeitsteilung beruht.

[3] *Winslow Taylor:* amerik. Ingenieur (1856–1915)

Zuvor hat der so genannte erste Volkswirtschaftler *Adam Smith*[1] (**Bild 1**) die Arbeitsteilung theoretisch untersucht. *A. Smith* hat durch seine Studien nachweisen können, dass die Arbeitsteilung (= Fließbandarbeit) die Produktivität von gesamten Volkswirtschaften steigert und somit die Voraussetzung für jegliches wirtschaftliche Handeln darstellt. Heute, zu Anfang des 21. Jh., haben wir eine globale **Arbeitsteilung**. Bei einer Einzelfertigung, schrieb *A. Smith*, kann ein Arbeiter 20 Nadeln herstellen, in der Form der Arbeitsteilung mit 10 Arbeitern können 4800 Nadeln pro Arbeiter hergestellt werden. *Taylor* hat durch seine arbeitswissenschaftlichen Studien nachgewiesen, dass durch die Arbeitsteilung jeder Mitarbeiter seinen Teil zur Produktion von komplexen Produkten beitragen konnte, ohne dass eine Berufsausbildung notwendig war. Die Arbeits-(teil) schritte müssten nur entsprechend im Umfang an die Qualifikation des Mitarbeiters angepasst sein. Das Erlernen der Arbeit konnte fast ohne Einarbeitung und Übung erfolgen.

Die Abhängigkeit vom Arbeitgeber ohne universelle Berufsausbildung waren in dieser Zeit nicht relevant. Allein eine Arbeit zu haben, war dem Einzelnen wichtiger! Voraussetzung allerdings war, dass das Produkt einen relativ einfachen Aufbau hatte, es gut kontrollierbar war und große Serien von (fast) gleichen Produkten hergestellt wurden. Diese Art der manuellen Montage hat sich lange Zeit nicht wesentlich verändert, obwohl sich schon bald die Anforderungen an die Technik deutlich erhöht haben und die Mitarbeiter eine humane Arbeitsplatzgestaltung nach ergonomischen Gesichtspunkten forderten. Die Zahl der Produktvarianten hat extrem zugenommen. Die klassische Arbeitsteilung war diesen Anforderungen der Kundenorientierung nicht mehr gewachsen. Viele Unternehmen sind dann durch den globalen Markt in große Schwierigkeiten gekommen und mussten neue Arbeitsstrukturmaßnahmen einbringen, wie z.B. die Gruppenarbeit, um die genannten Anforderungen erfüllen zu können.

*Gilbert* hat durch seine Untersuchungen die Grundlagen zur Planzeitermittlung, also der Vorbestimmung von Zeiten (SvZ[2] bei REFA) von einzelnen Handgriffen bis zu einzelnen Vorgangselementen gelegt. Mit seinem MTM-System kann fast jede manuelle Arbeit in die fünf Grundelemente **(Tabelle 1)** gegliedert werden.

**Bild 1:** ***Adam Smith***

**Tabelle 1: Die fünf Grundelemente des MTM-Systems**

| Element | Hinlangen | Greifen | Bringen | Fügen | Loslassen |
|---|---|---|---|---|---|
| | (R) reach | (G) gasp | (M) move | (P) position | (RL) release |
| Kurzbeschreibung | Hinlangen zu einem Gegenstand | Greifen eines Gegenstandes | Bringen (Bewegen eines Gegenstandes) | Genaue Montage mit einer kleinen Toleranz | – Gegenstand loslassen – Kontrolle aufgeben |
| Wichtige Fälle | RA allein und gleicher Ort RB allein und veränderlicher Ort RC vermischt | G1A leicht zu fassen G4 Auswählgriff von vermischten Gegenständen | MA gegen Anschlag MB ungefähre Lage MC genaue Lage | P1 lose Passung P2 enge Passung P3 feste Passung | RL1 Öffnen Finger RL2 Aufheben des Transportkastens |

**Tabelle 2: Prinzipien der Arbeitsplatzgestaltung**

| Prinzipien | Bewegungsvereinfachung | Bewegungsverdichtung | Teilmechanisierung |
|---|---|---|---|
| Beschreibung | Reduzierung von aufwendigen Bewegungen zu einfacheren | Zusammenfassung oder Eliminierung von Bewegungselementen | Ersatz der Handarbeit durch einfache Betriebsmittel oder Automaten |
| Anwendung bzw. Beispiele | – Fasen der Teile – Greifbehälter – greifgünstiges Anordnen der Teilebehälter | – Beidhandarbeit – Vermeidung von Haltearbeiten – Teileübergaben vermeiden | – Schrauber – Rüttler – Pneumatikspannelemente – Auswerfer |

---

[1] *Adam Smith* (1723 bis 1790) schottischer Nationalökonom und Moralphilosoph, stellt in seinem Werk der Arbeitswertlehre den Wert der Arbeitsteilung heraus

[2] SvZ = Systeme vorbestimmter Zeiten = Vorgabezeiten für einzelne Arbeitsschritte

Diese Methode ermöglicht die Bestimmung der Zeitvorgabe ohne dass die Arbeitsplätze aufgebaut werden müssen. Des weiteren werden auch die Belastungen deutlich und können durch ergonomischen Maßnahmen rechtzeitig angepasst werden. Die Prinzipien der Arbeitsplatzgestaltung nach bewegungstechnischen Gesichtspunkten **(Tabelle 2, vorhergehende Seite)** wie z.B. die Bewegungsvereinfachung bei der Grundbewegung „Fügen" durch das Anbringen von Fasen am Stift oder der Bohrung verkürzt die Montagezeit um bis zu 40% **(Bild 1)**.

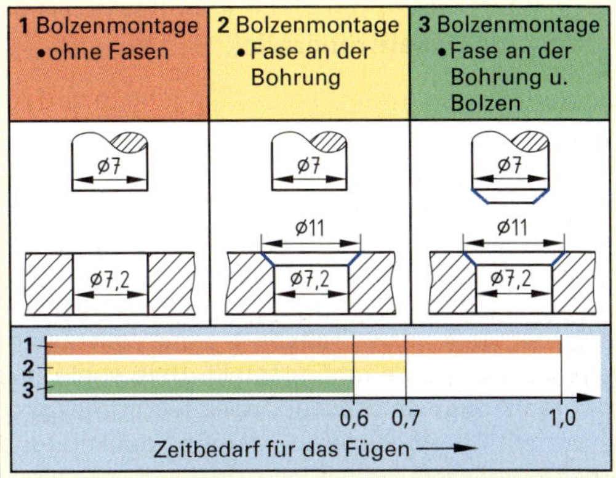


**Bild 1: Reduzierung der Montagezeit**

## 5.1.2 Menschengerechte Arbeitsgestaltung

Die Arbeitswissenschaft hat die in der **Tabelle 1** dargestellten hierarchischen Beurteilungsebenen entwickelt. Es muss zuerst die vorhergehende Ebene erfüllt sein bevor die nächste Ebene geprüft wird.

Im Einzelnen definiert die Arbeitswissenschaft die Beurteilungsebenen wie folgt:

- **Ausführbarkeit**
ist dann gegeben, wenn die Grenzbelastungen nicht überschritten werden, z.B. Heben einer überschweren Last.

- **Erträglichkeit**
meint die Einhaltung der Dauerleistungsgrenze. Dies ist der Grenzbereich, bei dem im Verlauf der Regelschicht das Energieangebot- und der Energiebedarf ausgeglichen wird, oder die Belastungsintensität während der Arbeit, die ohne größere Ermüdung und vermehrte Pausen kontinuierlich über die Schichtzeit durchführbar ist.

- **Zumutbarkeit**
ist ein soziologisches und ökonomisches Problem und hängt unter anderem von der jeweiligen Einstellung der Gesellschaft zur Arbeit ab. So werden in Zeiten von hoher Arbeitslosigkeit dem Arbeitssuchenden auch Arbeitsstellen zugemutet, die deutlich unter seinem Ausbildungsniveau und seinem Normalverdienst liegen.

- **Zufriedenheit**
ist ein individuelles und sehr subjektives Merkmal. Die Betrachtung dieses Merkmals führt unmittelbar in die Ausführungen des Fachgebiets der „Betrieblichen Kommunikation". Hier ist das Modell von *Maslow* mit der Bedürfnishierarchie **(Bild 2)** sehr hilfreich. Ein motivierter Mitarbeiter wird zufrieden sein!

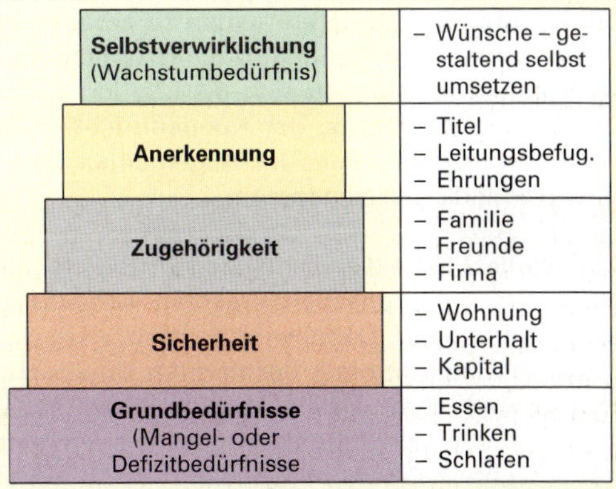


**Bild 2: Die Maslow-Bedürfnis-Pyramide**

**Tabelle 1: Bewertungsebenen für die Beurteilung menschlicher Arbeit**

| Beurteilungsebene | Zuständigkeiten und Verantwortlichkeiten innerhalb der Arbeitswissenschaft |
|---|---|
| **Ausführbarkeit** | Anthropologie[1] und Anthropotechnik, Technologie, Ergonomie. |
| **Erträglichkeit** | Arbeitsphysiologie und Arbeitspsychologie, Arbeitsmedizin, Technologie und Arbeitswirtschaft. |
| **Zumutbarkeit** | Soziologie und Pädagogik, Arbeitspsychologie und Arbeitsphysiologie, Arbeitsrecht und Personalwirtschaftslehre. |
| **Zufriedenheit** | Sozialwissenschaften, Betriebliche Kommunikation, Ökonomie, Volkswirtschaftslehre, Betriebswirtschaftslehre, Corporate Identity[2]. |

[1] Anthropologie = Wissenschaft vom Menschen und seiner Entwicklung von griech. anthropos = Mensch

[2] engl. corporate identity = Selbstdarstellung eines Unternehmens oder einer Gemeinschaft

### 5.1.3 Die Gestaltung von Arbeitssystemen im Gesamtüberblick

Zur Verbesserung der Arbeitsbedingungen und zur Erhöhung der Rentabilität des Unternehmens gibt es vielfältige Möglichkeiten. Im folgenden Kapitel wird als Schwerpunkt innerhalb der Arbeitssystemgestaltung die **Ergonomie** besonders herausgestellt. Die vielfältigen Möglichkeiten, die ein Unternehmen zur Bestgestaltung aller Arbeitssysteme hat, sind in der **Tabelle 1** ohne Vollständigkeitsanspruch zusammengestellt. Dies sollte uns nochmals deutlich machen, dass wir immer prozessorientiert analysieren, planen, denken und arbeiten müssen.

Die Gruppenarbeit einführen und das Positive ausnutzen ist eine feine Sache, sie dann trotz der auftretenden Probleme am Leben zu erhalten ist häufig schwierig! Derzeit wird die Gruppenarbeit besonders gefördert, da sich die Methoden des Qualitätsmanagements, der Kundenorientierung und des Prozessdenkens im Allgemeinen damit hervorragend umsetzen lassen.

Die **Tabelle 2** listet die wichtigsten Einzelziele und Methoden der menschengerechten Arbeitssystemgestaltung auf. Dabei wird deutlich, dass sich nicht alle Ziele mit einer bestimmten Umstrukturierungsmaßnahme erfüllen lassen, ja sich sogar manche Ziele widersprechen. Deshalb ist eine sachgerechte Auswahl notwendig!

> Durch *job rotation*[1], *job enlargement*[2] und *job enrichment*[3] erreicht man menschengerechte Arbeitsbedingungen.

[1] engl. job rotation = Wechsel des Arbeitsplatzes und der Tätigkeit,

[2] engl. job enlargement = Ausweitung der Arbeitsinhalte,

[3] engl. job enrichment = Anreicherung der Arbeit mit anspruchsvolleren Tätigkeiten

**Tabelle 2: Ziele und Methoden der Arbeitssystemgestaltung**

| | Zielkatalog der menschengerechten Arbeitsgestaltung, bzw. Möglichkeiten zur Verbesserung der Arbeitssysteme (Auswahl) | job-rotation | job-enlargement | job-enrichment | teilautonome Gruppenarbeit |
|---|---|---|---|---|---|
| 1 | Humanität erhöhen und sicherstellen | x | x | x | x |
| 2 | Physische Belastung verringern | x | | | x |
| 3 | Monotoniebelastung verringern | x | x | | x |
| 4 | Ermüdung verringern, bzw. verhindern | x | x | | |
| 5 | Qualifizierung ermöglichen | x | x | x | x |
| 6 | Belastungswechsel sicherstellen | | x | x | |
| 7 | Arbeitszufriedenheit erhöhen und stabilisieren | x | x | x | x |
| 8 | Arbeitsmotivation erhöhen und sicherstellen | x | x | x | x |
| 9 | Überbeanspruchung verhindern, bzw. abbauen | | x | | |
| 10 | Arbeitszyklus vergrößern | | x | | x |
| 11 | Integration in Arbeitsgruppe verbessern | x | | | x |
| 12 | Flexibilität des Arbeitssystems erhöhen | x | x | x | x |
| 13 | Störanfälligkeit des Arbeitssystems verringern | x | x | x | x |
| 14 | Selbstverwirklichung ermöglichen | | | x | x |
| 15 | Entfremdung von der Arbeit verringern | x | x | x | x |
| 16 | Arbeitsinhalt qualitativ vergrößern | | | x | |
| 17 | Arbeitsablauf verbessern, optimieren | x | | | |
| 18 | Fremdsteuerung verringern | | | | x |
| 19 | Soziale Kontakte fördern und ausbauen | | | | x |
| 20 | Fremdkontrolle verringern, aufheben | | | x | x |
| 21 | Verantwortung erhöhen | | | x | x |
| 22 | Handlungsspielraum vergrößern | | | x | x |
| 23 | Produktqualität verbessern, bzw. sicherstellen | x | x | x | x |
| 24 | Fluktuation verringern, abbauen | | | x | x |
| 25 | Wirtschaftlichkeit und Produktivität erhöhen | x | x | x | x |

**Tabelle 1: Praktische Aufgaben der Arbeitsgestaltung**

| Arbeitssystemgestaltung = Arbeitsgestaltung + Arbeitsplatzgestaltung + Arbeitsablauforganisation | | | | |
|---|---|---|---|---|
| Arbeitsablaufgestaltung<br>– job-rotation<br>– job-enlargement<br>– job-enrichment<br>– teilautonome Arbeitsgruppe | Bestgestaltung von:<br>– Arbeitsvorgang<br>– Arbeitsplatz<br>– Arbeitsumgebung | Maßnahmen des Arbeitsschutzes<br>– Unfallverhütung<br>– Arbeitshygiene<br>– Sicherheitsbeauftragte | – Fertigungstechnische und ergonomisch günstige Produktgestaltung<br>– Qualitätsmanagement und Zertifizierung<br>– KVP und KAIZEN<br>– Kundenorientierung | Verfahren zur<br>– Eignungsermittlung<br>– Ausbildung<br>– Arbeitsunterweisung<br>– Arbeitsbewertung |

# 5.2 Ergonomie

## 5.2.1 Aufgabe, Ziel und Inhalt

Die **Ergonomie** benutzt die anatomischen[1] (Anthropometrie), physiologischen[2], soziologischen[3] und technischen Erkenntnisse um die Grenzen der **Ausführbarkeit** und **Erträglichkeit** einer Arbeitsmethode zu bestimmen. Sie ermittelt die Grundlagen der humanen Arbeitsgestaltung für eine Anpassung der Arbeit an den Menschen, z.B. Lärmschutz, Hebehilfen, Beleuchtung und umgekehrt, des Menschen an die Arbeit z.B. Ausbildung, Übung, Training. In der **Tabelle 1** sind die Zielebenen der Ergonomie zusammengestellt. Die Anwendung dieser Kriterien wird je nach den Möglichkeiten einer Volkswirtschaft unterschiedlich in den Unternehmen berücksichtigt und eingesetzt werden.

Die Ergonomie beschäftigt sich besonders mit der menschlichen Leistungsfähigkeit und Belastung, sowie der angemessenen Gestaltung von Maschinen und Anlagen und der Arbeitsplatzumgebung. Die Ergonomie befasst sich aber auch mit dem Verhalten und den Reaktionen des Menschen bei seiner Arbeit. Die **Tabelle 2** zeigt als Zusammenfassung die wesentlichen Gründe, die für eine genaue Planung und Beachtung des ergonomischen Systems Mensch-Arbeitsplatz sprechen. Die Zusammenstellung zeigt deutlich, welche wirtschaftlichen Erfolge ein Unternehmen durch die konsequente Umsetzung der Ergonomie erzielen kann.

**Tabelle 1: Zielkriterien der Ergonomie**

| | Zielebene | Beschreibung der Kriterien |
|---|---|---|
| 1 | Leistungsfähigkeit des Menschen | Vermeidung von Überbelastungen und Unterbelastungen. |
| 2 | Gestaltung der Betriebsmittel | Ausstattung der Betriebsmittel, dass diese fehlerlos und unfallfrei bedient werden können. |
| 3 | Natürliche Körperhaltung | Gestaltung der Arbeitsplätze nach den anthropometrischen Maßen des Menschen. |
| 4 | Umweltbedingungen | Lärmschutz, Klimaschutz, gute, blendfreie Beleuchtung. |

**Tabelle 2: Das ergonomische System Mensch und Arbeitsplatz**

| Wirtschaftliche Gründe | Humane Gründe | Rechtlich-soziale Gründe |
|---|---|---|
| – bessere Leistungsfähigkeit (Ausdauer)<br>– niedriger Krankenstand<br>– Senkung der Unfall(-folge)-kosten<br>– Prämien von Berufsgenossenschaften<br>– keine Erschwerniszuschläge, z.B. Lärm<br>– keine Frühinvalidität<br>– Senkung der Beiträge an die Berufsgen. | – Erleichterung der Arbeit beim Heben von Lasten, beim Montieren<br>– Abbau von statischer Haltearbeit<br>– Monotonieabbau<br>– Aufbau von Verantwortung gepaart mit der Kompetenz<br>– Erhaltung der Gesundheit | z.B. Gesetze:<br>– *Arbeitssicherungsgesetz*<br>– *Arbeitsstättenverordnung*<br>– *Maschinenschutzgesetze*<br>z.B. Unfallverhütung:<br>– *UVV Lärm*<br>z.B. AS-Richtl.:<br>– *ASR 6/1 Raumtemperatur*<br>z.B. DIN-Normen:<br>– *DIN 33403 Klima*<br>z.B. VDI-Richtli.:<br>– *VDI 2266 Staub* |

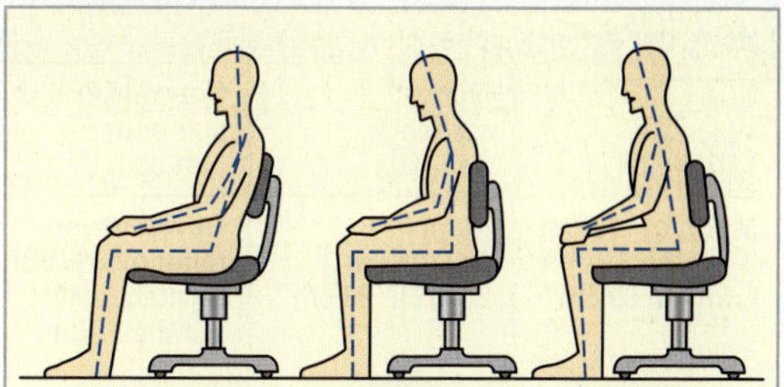


**Bild 1: Dynamisches Sitzen**

## 5.2.2 Ergonomische Checkliste für manuelle Arbeitssysteme

Die Checkliste ermöglicht einen **Schnelleinstieg** in die Zielsetzung, die Notwendigkeit und die Aufgabenstellung der **Ergonomie**, die dann in den folgenden Kapiteln ausführlich dargestellt wird.

### 1. Warum sollte man ergonomische Arbeitsmittel verwenden?

Die wichtigste Erkenntnis bei der ergonomischen Verbesserung der Betriebsmittel, der Maschinen des Arbeitsplatzes ist, dass die Dauerleistung und das Wohlbefinden der Mitarbeiter maßgeblich erhöht wird.

---

1 Anatomie = Lehre vom Bau der Organismen, griech. anatome = Zergliederung;

2 Physiologie = Naturkunde, griech. physis = Natur;

3 Soziologie = Wissenschaft zur menschlichen Gesellschaft, lat. societas = Gesellschaft

Jeder weiß aus eigener Erfahrung, dass professionelle, also ergonomisch gestaltete Werkzeuge und Arbeitsgeräte eine höhere Qualität, bei deutlich kürzeren Arbeitszeiten und bei geringerem Kraftaufwand haben.
Bei der Büroarbeit, deren Anteil ständig zunimmt, wird von der Metall-Berufsgenossenschaft das dynamische Sitzen empfohlen **(Bild 1, vorhergehende Seite)**.

> Die Leistung der Mitarbeiter darf durch schlechte Arbeitsmittel nicht vergeudet werden, sondern sollte über den ganzen Arbeitstag zur Produktion voll genutzt werden.

Der Wechsel von hinterer, mittlerer und vorderer Sitzhaltung ermöglicht einen Belastungswechsel. Die statische einseitige Sitzhaltung verspannt die Mitarbeiter. Ihre Leistungsfähigkeit lässt über die Tageszeit nach. Durch das dynamische Sitzen wird eine Verringerung der Belastung der Rückenmuskulatur und des Stützapparats erreicht. Damit steigt die Arbeitsleistung der Mitarbeiter, denn sie können konzentriert und motiviert ohne Verspannungen durcharbeiten. Zudem werden langfristig die Krankmeldungen z.B. wegen Migräne durch Rücken- oder Nackenverspannungen deutlich zurückgehen.

**2. Beachtung der Körpergrößen (Anthropometrie)**

Wenn Menschen mit Arbeitssystemen, also z.B. Arbeits- und Betriebsmitteln oder Gebrauchsgeräten arbeiten, müssen diese an deren Körperformen angepasst sein. Bei der Kleidung ist dies selbstredend, aber auch der Lichtschalter sollte in einer für alle Mitmenschen angemessene Höhe angebracht sein. Die Anthropometrie ist also nicht nur für die Arbeitsgestaltung im Unternehmen, sondern auch für die erzeugten Produkte im Sinne der Kundenorientierung ein wichtiger Aspekt, z.B. die Fußfreiheit im PKW, die Bedienungselemente bei der Waschmaschine **(Tabelle 1)**. Bei der statistischen Erfassung der Messwerte sind Gliederungen nach dem Geschlecht notwendig. Die erfassten Werte werden in Perzentil-Gruppen[1] gegliedert. **Bild 1** stellt die Summenhäufigkeit in % für den guten Praxiswert vom 5. Perzentil bis zum 95. Perzentil (von 5% bis 90%) für Frauen und Männer dar[2]. Der 50. Perzentil für Männer (Größe 176 cm) heißt, dass 50% aller Männer eine Größe bis 176 cm haben. Für einheitliche (große) Serien werden die Produkte oftmals nur mit einen Wert vom 20. bis 80. Perzentil geplant. Große bzw. kleine Menschen sind dann stark benachteiligt.

> Im Sicherheitsbereich müssen Menschen vom 1. bis 99. Perzentil die Produkte nutzen können, d.h. die Bedienung muss allen Mitarbeitern möglich gemacht werden.

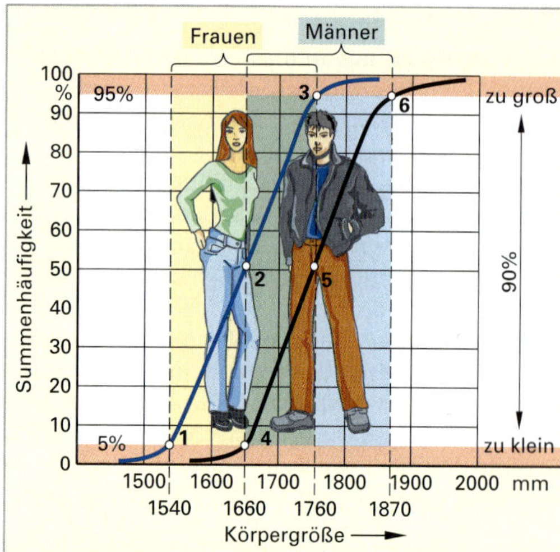


| | |
|---|---|
| **1** 1540 mm **kleine Frauen** 5% sind kleiner | **4** 1660 mm **kleiner Mann** 5% sind kleiner |
| **2** 1660 mm **mittelgroße Frauen**; 50% sind kleiner bzw. größer | **5** 1760 mm **mittelgroßer Mann**; 50% sind kleiner bzw. größer |
| **3** 1760 mm **große Frauen** 5% sind größer | **6** 1870 mm **großer Mann** 5% sind größer |

**Bild 1: Die Summenhäufigkeit in % bei den Körpergrößen**

**Tabelle 1: Anwendungsfälle für die Beachtung der Körpergrößen**

| Höhe der Arbeitsfläche | | | Höhe der Fußauflage | Höhe des Arbeitsstuhls (DIN 4552) | Größe der Greifräume |
|---|---|---|---|---|---|
| Nur sitzende Tätigkeit | Nur stehende Tätigkeit | Sitzende & stehende Tätigkeit | bei überhohen Maschinen | | |
| Mann ca. 72 cm<br>Frau ca. 69 cm | Mann ca. 105 cm<br>Frau ca. 95 cm | Gewichtsverteilung 60% auf Sitzfläche 40% auf die Füße | Höhe ca. 30 cm<br>Fläche ca. 40 · 40 cm<br>Winkel: 20° | Sitzhöhe: 420–500 mm<br>Sitztiefe: 380–440 mm<br>Sitzbreite: 400–480 mm | Besondere Beachtung der Wirk- und Greifräume des 5. Perzentil – kleine Personen |

[1] it. percento = für hundert. Perzentil wird verwendet wie der Begriff Prozent
[2] Ermittlung nach DIN 33 402 (Altersgruppe 26–40 Jahre)

### 3. Die Auswahl des Arbeitstisches

Es ist nicht möglich, eine bestimmte Körperhaltung ununterbrochen einzuhalten, weil sich durch die ständige Anspannung der belasteten Körperteile die Durchblutung verschlechtert. Man ermüdet, die Konzentration lässt nach, die Arbeitsgüte vermindert sich.

Besonders bei eintönigen Tätigkeiten, die aber eine gewisse Aufmerksamkeit erfordern, ist eine wechselnde Arbeitshaltung angebracht. Deshalb ist es vorteilhaft, die Arbeitsplätze so einzurichten, dass die Tätigkeit in verschiedenen Körperhaltungen durchgeführt werden kann (DIN 33400). Das Sitzen kann jedoch als eine relativ günstige Dauerhaltung angesehen werden. Es kommt gegenüber dem Stehen zu einer Entlastung der Beine, so dass der Energieverbrauch um etwa 3–5% vermindert wird und die Kreislaufbelastung kleiner wird. Dafür ist die Kraftwirkung der Arme im Sitzen geringer, der Arbeitsbereich der Hände reduziert und das Blickfeld eingeengt. Präzisionsarbeiten und Bildschirmarbeiten (nach DIN 66 234 Teil 1) lassen sich am besten im Sitzen ausführen **(Bild 1 und Bild 2)**.

Für die Gestaltung von Bildschirmarbeitsplätzen müssen besonders viele Richtlinien der Arbeitsstättenverordnung beachtet werden. Diese sind in der ASR (Arbeitsstättenverordnung) im Heft ZH 1/618 zusammengefasst.

> Die Haltungsfrage ist dann optimal gelöst, wenn der Mitarbeiter(in) am Arbeitsplatz zwischen sitzender und stehender Körperhaltung wechseln kann. Dies kann durch eine entsprechende Arbeitsgestaltung (Sitz-Steharbeitsplatz), aber auch durch Arbeitsplatzwechsel (job rotation), also mit Arbeitsstrukturierungsmaßnahmen erreicht werden.

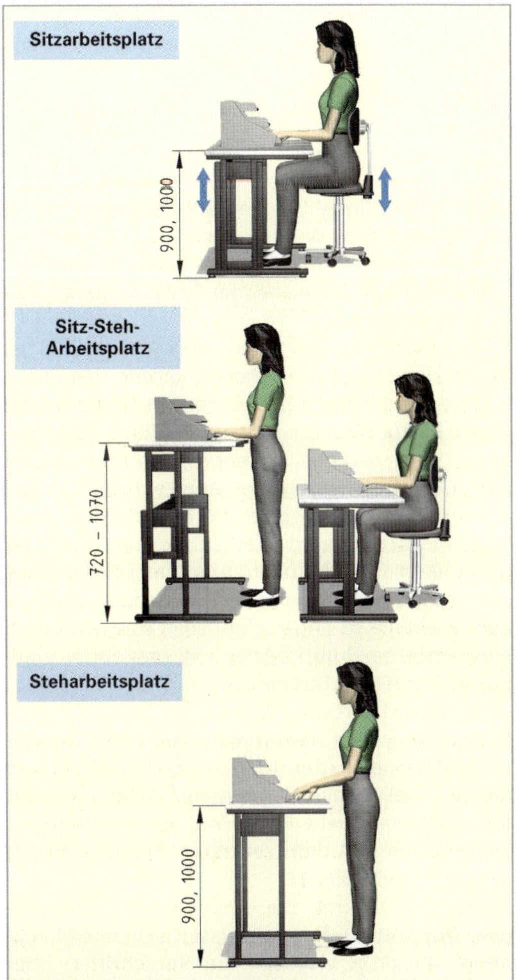


**Bild 1: Auswahl der Arbeitsplatztypen**

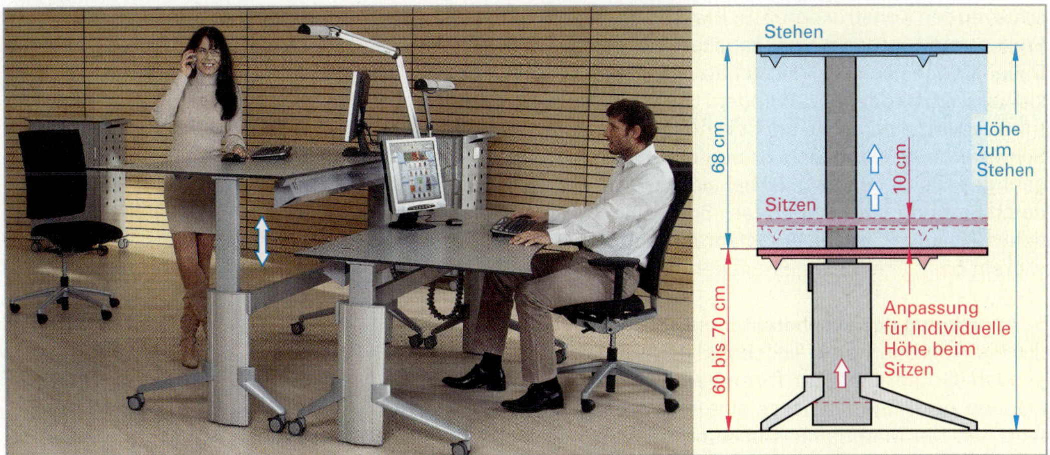


**Bild 2: Beispiel für einen elektromotorisch höhenverstellbaren Arbeitstisch**

**4. Die Dimensionierung der Greifräume**

Bei der Betrachtung der Wirkräume von Armen, Beinen und des Sehfelds ist der maximale Greifraum der Arme bei manueller Montage, aber auch für die Stellteile bei der Bedienung von Maschinen und Anlagen, das wichtigste Kriterium. Nach DIN 33 400 soll der Wirkraum nach dem von der jeweiligen Tätigkeit abhängenden Raumbedarf bemessen werden. Insbesondere sind die Höhe der Arbeitsfläche, die Ausgestaltung der Sitze sowie ein ausreichender Bewegungsraum zu berücksichtigen.

Die Abmessung des Wirk- oder Greifraums ist durch die Länge und Beweglichkeit des Arms gegeben; aber nicht alle Zonen im Raum lassen einen harmonischen Bewegungsfluss zu. Günstige oder weniger günstige Gelenkstellungen schränken den Bewegungsraum ein (Bild 1). Bei der Gestaltung des Arbeitsplatzes sollen alle Stellteile, Werkzeuge und Werkstücke innerhalb des maximalen Greifraums angeordnet sein. Ist dies nicht möglich, sollten die selten benötigten Teile oder Stellteile so angeordnet sein, dass sie durch eine einfache Rumpfbewegung erreichbar sind. Bei stehender Arbeitsweise wird der Wirkraum deutlich erweitert **(Bild 2)**.

Es wird zwischen dem **maximalen Greifraum (4)** mit gestreckten Armen, dem **optimalen Greifraum (3)** mit angewinkelten Armen, dem **Beidhandraum (2)** für das rationelle Fügen mit (gleichzeitig) beiden Händen und dem **zentralen Arbeitsraum (1)** unterschieden **(Bild 1)**.

Greifräume, somit die *Reichweiten* von Händen, Armen und Beinen müssen sicherheitstechnisch überprüft werden. Die Vorschriften über **Sicherheitsabstände** sind nach **DIN EN 294** sehr streng und ausführlichst geregelt. Die Abstände der Schutzeinrichtung (Gitter, Zaun) von der zu schützenden Konstruktion, z.B. Pressen, drehende Wellen, sind in Form von Tabellen vorgegeben. Dabei sind je nach Risikoabschätzung kleine oder kleinere Abstände anzuwenden. Es ist die Eintrittswahrscheinlichkeit und die voraussichtliche Schwere einer Verletzung zu berücksichtigen. Ein geringes Risiko besteht z.B. bei einer Gefährdung durch Reibung oder Abrieb (am Schleifblock), ein hohes Risiko z.B. bei einer Gefährdung durch Aufwickeln beim Drehen an einer Drehmaschine.

**5. Anordnung der Teilebehälter optimieren**

Für die Anordnung der Teilebehälter sind die folgenden Grundregeln zu formulieren, wobei die Planung des Materialflusses eine zentrale Bedeutung hat. Der Materialfluss bestimmt nämlich die Arbeitsrichtung am Arbeitsplatz und somit folgt ihr die Anordnung der Teilebehälter.

Natürlich müssen alle zur Arbeitsausführung notwendigen Werkzeuge, Stellteile und Vorrichtungen denselben Anordnungsregeln folgen und in die Anordnung der Teilebehälter integriert werden.

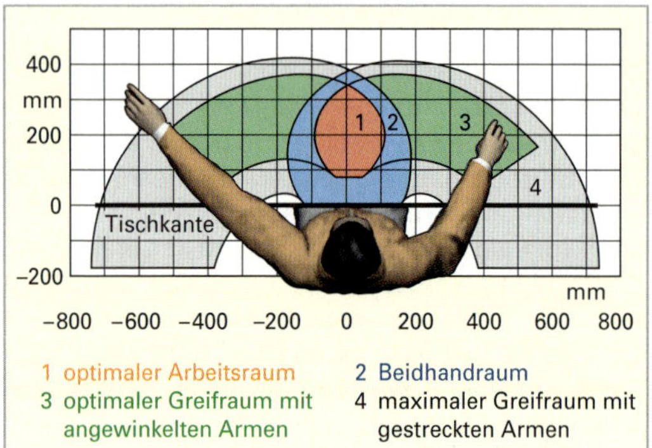


**Bild 1: Bewegungsraum bei sitzender Tätigkeit**

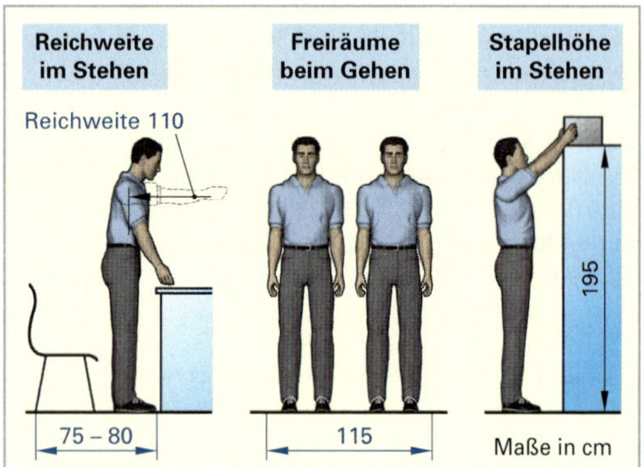


**Bild 2: Bewegungsräume des Menschen**

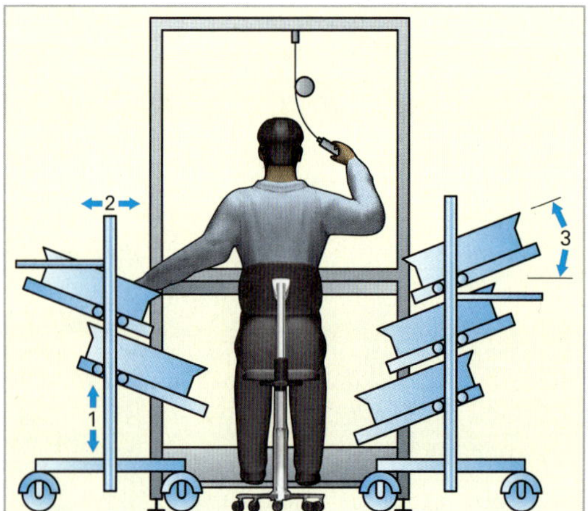


**Bild 3: Materialwagen für Teile**

- Alle Greifwege sind so kurz wie möglich zu halten **(Bild 3, vorhergehende Seite)**.
  - Insbesondere ist dies in Richtung des Arbeitsablaufs zu verwirklichen und je nach Arbeitsaufgabe
  - von links nach rechts arbeiten oder besser
  - von außen nach innen (Beidhandarbeit).
- Alle Behälter sind im optimalen Greifraum zu platzieren **(Bild 1)**.
  - die, nach dem am häufigsten, zu greifenden Behälter zentral vor den Montageort platzieren, einschließlich der Werkzeuge und Stellteile – am besten mit Hilfe einer einfachen ABC-Analyse vorsortieren.
- Alle Möglichkeiten der Beidhandarbeit ausschöpfen **(Bild 1)**.
  - Immer die zwei zu montierenden Teile links und rechts im gleichen Winkel im Teilebehälter bevorraten und von außen nach innen arbeiten,
  - trotzdem sollten die häufigsten Teile mittig sortiert sein,
  - Kleinstteile, z.B. Scheiben, Muttern, Ringe und Hilfsstoffe, z.B. Fett, Kleber, Pasten können durchaus zentral mittig vor dem Montageort platziert werden.
- Die Platzierung von großen Teilebehältern und schweren Teilen muss besonders untersucht werden.
  - Große Behälter sollten immer links oder rechts vom normalen Blickfeld positioniert werden – die Mitarbeiter dürfen nicht „eingebaut" werden – evtl. 2 Behälter einplanen,
  - schwere Teile sollten möglichst nicht angehoben werden, sondern auf dem Arbeitsplatz geschoben werden **(Bild 2)**.

Eine Auswahl der möglichen verschiedenen Greifbehälterformen zeigt das **Bild 3**.

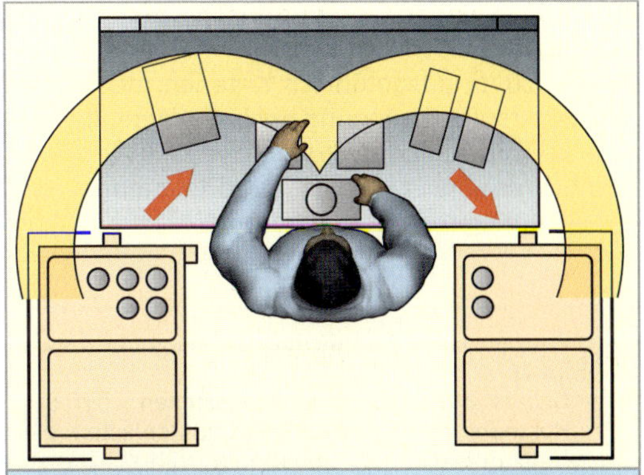

**Bild 1: Beidhandarbeit**

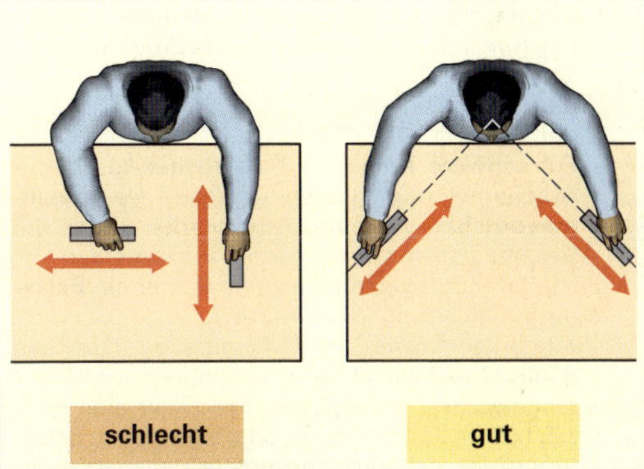

**schlecht** **gut**

**Bild 2: Bewegungsrichtungen**

| **Greifbehälter (Stahl) –** | **Greifschalen (Kunststoff) –** | **Greifbehälter (Kunststoff) –** | **Greifbehälterregale –** | **Teilesilo (Stahl) –** |
|---|---|---|---|---|
| optimale Raumausnutzung am Arbeitsplatz durch Aufeinanderstapeln der Behälter möglich. | für kleine Teile, leicht zugänglich am Rahmen des Arbeitsplatzes montierbar. | für größere Teile, mit praktischer Schutzabdeckung. | zur Bereitstellung der Behälter auf dem Arbeitstisch. | kann einen großen Teilevorrat speichern und dosiert abgeben. |

**Bild 3: Verschiedene Greifbehälterformen und Montagehilfen**

## 6. Arbeitsposition ergonomisch planen und gestalten

Zu den zuvor ausgeführten Kriterien müssen bei der Arbeitsplatzauslegung noch die folgenden Kriterien berücksichtigt werden, die sonst zur schnellen Ermüdung, zu Konzentrationsmangel und somit zum Leistungsabfall führen.

- Die Arbeitsstelle darf **nie über der Herzhöhe liegen (Bild 1).**
  - Da die Blutzufuhr bei Arbeitsstellen über der Herzhöhe den Kreislauf sehr stark belasten, die Blutzufuhrmengen abnehmen, führt dies zu einem Leistungsabfall.
- Statische Haltearbeiten müssen immer vermieden werden.
  - Bei statischer Haltearbeit ist die Blutzufuhr stark eingeschränkt, dies bewirkt einen unmittelbaren Leistungsabfall, der zudem lange Erholungsphasen verlangt **(Bild 2).** Eine detaillierte Erläuterung dieser Problematik erfolgt im Kapitel „Formen der Muskelarbeit" **(Tabelle 1).**
  - Für **schwere Teile** oder bei Arbeiten in hohem Arbeitsrhythmus müssen für diese Teile **Aufnahmevorrichtungen** eingeplant werden um so die Belastung, also die Haltearbeit zu vermeiden.
- Bei jeder Montageplanung sollte immer ein **Belastungswechsel** eingeplant werden.
  - Allein der Wechsel zu einen anderen, durchaus ähnlichen Arbeitsplatz, kann schon einen Belastungswechsel ermöglichen, wenn der eine Platz z.B. höhere Konzentration, oder eine andere Belastungsfolge verlangt, der andere dagegen mehr Kraftaufwand oder größere Bewegungslängen.
- **Statische Haltearbeit** muss vermieden werden, da diese z.B. am PC oder an der Schreibmaschine zu Verspannungen im Schulter- und Nackenbereich führt **(Bild 3).**

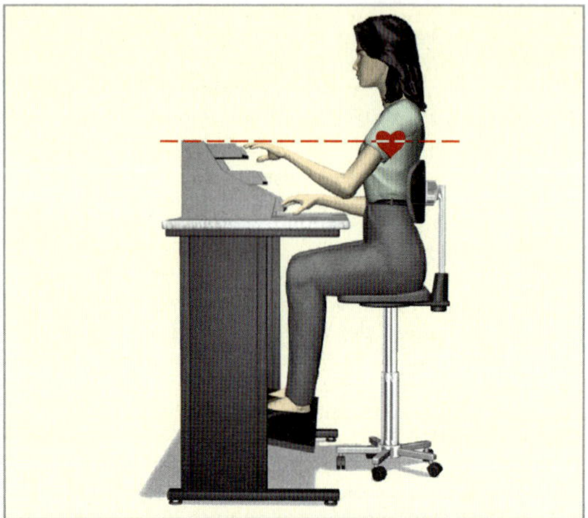

**Bild 1: Arbeitsstelle unter der Herzhöhe**

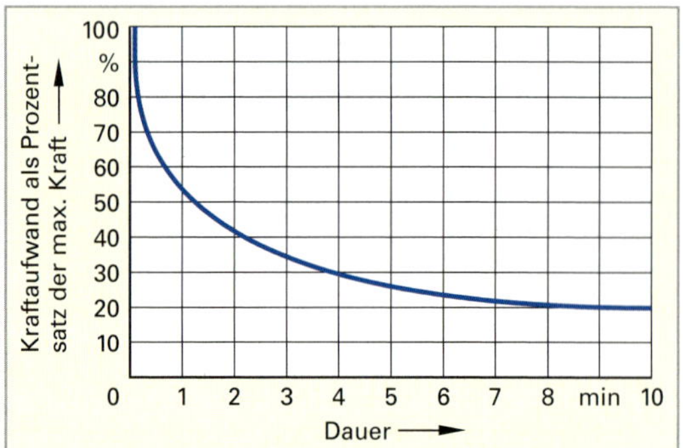


**Bild 2: Maximale Dauer einer statischen Muskelarbeit in Abhängigkeit vom Kraftaufwand**

**Tabelle 1: Haltungsarbeit und Haltearbeit**

| Art | Kennzeichen | Beispiele |
|---|---|---|
| Haltungsarbeit | – keine Bewegung von Gliedmaßen<br>– keine Kräfte auf das Werkstück | – Halten des Oberkörpers beim gebeugten Stehen<br>– Anzeigen ablesen |
| Haltearbeit | – keine Bewegung von Gliedmaßen<br>– Kräfte am Werkstück | – Überkopfschweißen<br>– Tragarbeiten |
| Kontraktionsarbeit | – Geringe Bewegungsfrequenzen in gleichbleibender Körperhaltung | – Gussschleifen<br>– zeitaufwendige Einpassarbeiten |

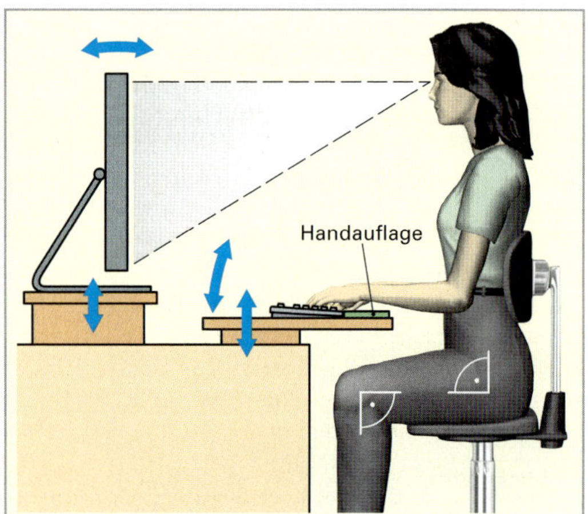


**Bild 3: Statische Haltungsarbeit durch Handauflagen vermeiden**

**7. Sitz-Stehkonzept bei der Planung konzipieren**
Insbesondere bei der Neuplanung von Arbeitssystemen sollte unbedingt ein Sitz-Stehkonzept aufgebaut werden **(Bild 1)**.
So kann der Mitarbeiter wahlweise individuell seinen *Belastungswechsel* bestimmen. Dieses Konzept erfordert zwar höhere Anfangsinvestitionen, die sich aber durch eine gleichmäßige Arbeitsgüte und eine höhere Leistung wieder einspielen lassen.

- Es können Arbeiten, die eine hohe Genauigkeit erfordern bevorzugt im Sitzen und Stapel- und Hubarbeiten bevorzugt im Stehen erledigt werden.
- Die Montage von großen Teilen wird erleichtert, wenn der Arbeitstisch oder der Arbeitsstuhl in eine montagerechte Position gefahren werden kann.
- Letztendlich ist dieses Konzept auch beim Einsatz von besonders kleinen oder großen Mitarbeitern(innen) geeignet.

**8. Beachtung der Blickbereiche**
Für alle Vorgänge und so natürlich auch für das Kopfdrehen, das Augendrehen und das Fokussieren[1] wird Zeit (bis ca. 3 s) benötigt, die durch eine geschickte Arbeitsplatzgestaltung eingespart werden kann **(Bild 2)**.

Für die Blickbereiche gilt:
- **Optimaler Blickwinkel 30°**
  - keine Kopf- und Augenbewegungen
- **Maximaler Blickwinkel 70°**
  - mit Augenbewegung, aber noch keine Kopfbewegung[2].

Deshalb sollte der Arbeitsgestalter bei seinen Planungen die folgenden Gestaltungsregeln für die Anordnung der Greifbehälter und der Stellteile beachten:
- Möglichst keine Kopfbewegungen,
- Möglichst geringe Augenbewegungen,
- Möglichst gleiche Sehentfernungen.

Dem ersten Anschein nach widersprechen diese Regeln dem vorher empfohlenen Belastungswechsel. Durch die drei Gestaltungsregeln soll der Arbeitsgestalter nur darauf hingewiesen werden, dass er unnötige und zeitaufwendige Wechsel vermeiden soll. Für die **Kopfbewegungen** gilt dasselbe, denn durch unnötiges ständiges „Suchen" der Teile ermüdet der Mitarbeiter. Das Suchen kostet zudem Zeit und ist eine Verschwendung im Sinne des Qualitätsmanagements.

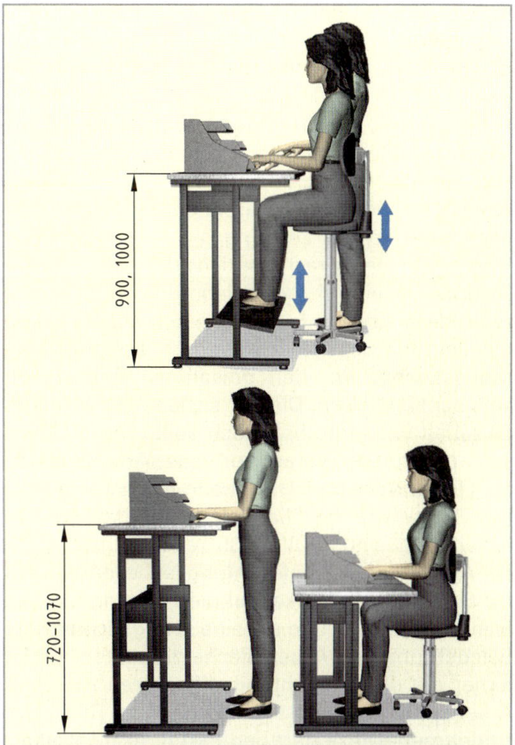

**Bild 1: Das Sitz-Stehkonzept für den individuellen Belastungswechsel**

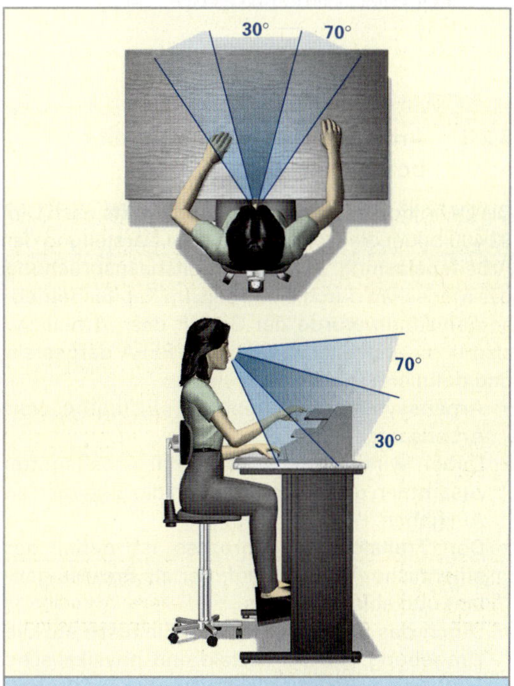

**Bild 2: Der optimale und maximale Blickbereich**

---
[1] Fokussieren bedeutet Augen auf Sehentfernung scharf einstellen, lat. focus = Brennpunkt

[2] Zum Vorteil von einigen Schülern wissen viele Lehrer nichts von ihrem eingeschränkten Blickwinkel beim Blick in den Klassenraum!

**9. Beleuchtung dem Arbeitsplatz entsprechend gestalten**

Die Beleuchtung ist in der Arbeitssystemgestaltung eines der wichtigsten Kriterien. Dieses wird aber besonders von einigen am falschen Platz sparenden Unternehmen sträflich missachtet: sie erhöhen die **Unfallzahlen**, erzeugen damit **Ausschuss**, ermüden die Mitarbeiter und vermindern noch zusätzlich die Leistung.

Eine deutliche Sprache spricht dazu eine Untersuchung in einem Industriebetrieb **(Bild 1)**, die zeigt, dass sich die **Leistung** durch ausreichende Beleuchtung um ca. 10% steigern lässt, die **Ausschusskosten** um den gewaltigen Betrag von **40% senken** ließen. Dies ist sicher nicht in jedem Einzelfall wiederholbar, doch sollte diese Untersuchung einige verantwortliche Arbeitsgestalter (Techniker) und Unternehmer wach rütteln. Die Richtwerte für die Beleuchtungsstärke am Arbeitsplatz sind in DIN 5035 Teil 2 festgelegt. Bei der Auslegung der Beleuchtung ist besonders auf die Beleuchtungsstärke, auf die Verwendung von blendfreiem Licht und auf eine sehr **gleichmäßige** Beleuchtung der Arbeitsfläche zu achten. Es ist ferner auf die Beleuchtungsdifferenzen zwischen Arbeitsplatz und dessen Umgebung Rücksicht zu nehmen. Diese darf den Faktor 10 nicht überschreiten.

Für die **Arbeitsplatzbeleuchtung** gelten die Werte in der **Tabelle 2** (Auszug aus DIN 5035 Teil 2).

**Tabelle 1: Beispiele für Beleuchtungsstärken in der Umwelt**

| Beleuchtung | Stärke in lx (Lux) | Faktor |
|---|---|---|
| Sternklare Neumondnacht | 0,01 | 1 |
| Vollmondbeleuchtung | 0,24 | $10^1$ |
| Straßenbeleuchtung | 1–50 | $10^3$ |
| Gute Arbeitsbeleuchtung | 200 bis 2000 | $10^4$ |
| Trüber Wintertag | 2000 bis 4000 | $10^5$ |
| Sommertag bei bedeckten Himmel | 10000 bis 30000 | $10^6$ |
| Sonnenschein vom klaren Himmel | bis 100000 | $10^7$ |

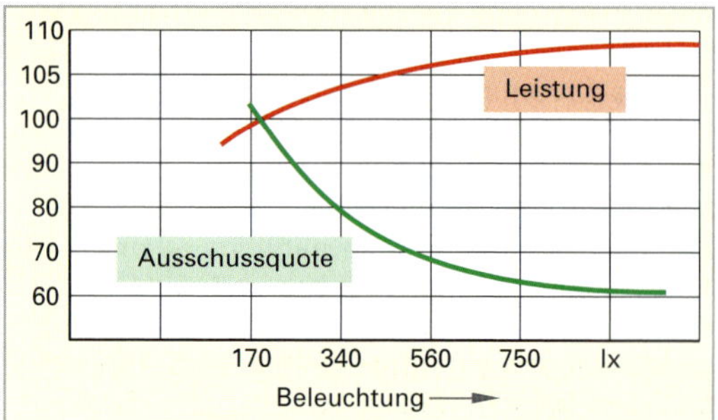


**Bild 1: Der Einfluss der Beleuchtung auf die Leistung und die Ausschussquote**

**Tabelle 2: Nennbeleuchtungsstärken für Räume und Tätigkeiten**

| Arbeitsplatz bzw. Raum | Nennbeleuchtung in lx |
|---|---|
| Verkehrswege für Personen & Fahrzeuge | 100 |
| Technisches Zeichnen | 750 |
| Metallbearbeitung – grobe Arbeiten >0,1 mm | 200 |
| Montagearbeiten – fein | 500 |
| Montagearbeiten – feinst (Leiterplatten) | 1000 |

## 5.2.3 Arbeitsbelastung und Arbeitsbeanspruchung

Die Definition des **Arbeitssystembegriffs** nach DIN 33 400 bildet die Grundlage für die Darstellung der Arbeitsbelastung und der Arbeitsbeanspruchung des Menschen durch die Arbeit. Im Kapitel Betriebsorganisation wurde der Begriff des „Arbeitssystems" in ähnlicher Weise nach REFA dargestellt und definiert **(Tabelle 3)**:

- Arbeitssysteme dienen der Erfüllung von Arbeitsaufgaben.
- Dabei wirken Menschen und Arbeitsmittel zusammen und transformieren die Eingaben zu Ausgaben.
- Der Transformationsprozess ist dabei der eigentliche Arbeitsablauf, der als Prozess geplant und ablaufen muss.
- Durch das System entstehen Einflüsse auf die Umgebung, die als soziale und physikalische Einflüsse in Richtung Umwelt oder umgekehrt zurück auf das System einwirken.

**Tabelle 3: Definition der Belastung und Beanspruchung nach DIN 33400**

| Arbeitsbelastung | Arbeitsbeanspruchung |
|---|---|
| Die **Arbeitsbelastung** ist die **Gesamtheit** der erfassbaren **Einflüsse,** die im Arbeitssystem (Arbeitsplatz) auf den Menschen einwirken | Die **Arbeitsbeanspruchung** ist die Auswirkung der Arbeitsbelastung in Abhängigkeit der **individuellen Eigenschaften**, Fähigkeiten und Fertigkeiten. |

Durch das Denkmodell des Arbeitssystems **(Bild 1)** können alle möglichen Belastungen des Arbeitssystems durchgespielt werden. Zudem können mit alternativen Modellen Lösungen entworfen werden.

Mit Hilfe der einfachen Darstellung des **Bild 2** lässt sich die Auswirkung von Belastungen auf den Menschen (Mitarbeiter/in) sehr anschaulich darstellen. Der Begriff Belastung (**Tabelle 1, folgende Seite**) umfasst den gesamten Bereich, also das Heben und Bewegen von Lasten, die reine Überwachungstätigkeit (Maschinen und Anlagen), das Stehen oder Sitzen am Arbeitsplatz, die Klimabelastung (z.B. Temperatur, Nässe), die Belastung durch den Schichtwechsel, sowie die sozialen Faktoren des Umfeldes wie das allgemeine Betriebsklima, das Verhältnis zu den Kollegen und den Vorgesetzten, die Betriebsorganisation, die Arbeits- platzsicherheit.

Mit Hilfe einer Analyse der Belastungen durch das *Arbeitssystem-Modell* oder eines Ursache-Wirkungs-Diagramms[1] können die Belastungen erfasst werden und die Beanspruchungen an den Mitarbeiter/in bewertet werden. Das Ziel ist natürlich immer die Belastungen auszuschalten oder wenigstens zu vermindern aber auch die Mitarbeiter/in durch Personalentwicklungsmaßnahmen wie Schulung und Training auf die Arbeitsaufgabe besser vorzubereiten, so dass die Beanspruchung erträglich wird. Die **Tabelle 1** zeigt die Wirkungen auf den Menschen durch die Arbeitsaufgabe.

**Tabelle 1: Belastung, Beanspruchung und die Beanspruchungsfolgen**

| Belastung | Beanspruchung | Beanspruchungs-folgen |
|---|---|---|
| Die Belastung beschreibt die neutrale Wirkung des Arbeitssystems | Die Beanspruchung beschreibt die **individuelle** Wirkung der Belastung | Die Beanspruchungsfolgen beschreiben die Auswirkungen |
| | **Beispiele:** | |
| – Lärm<br>– Beleuchtung<br>– Gase, Dämpfe<br>– Ablaufstörungen<br>– Teilegewicht<br>– Temperatur | – Anstrengung durch die Arbeit<br>– Herzfrequenz höher<br>– schnelle Atmung<br>– hoher Blutdruck<br>– erhöhte Temperatur | – erhöhter Krankenstand<br>– verminderte Hörfähigkeit<br>– Ermüdung<br>– Nackenverspannung |

[1] In QM auch Fischgrät- oder Ishikawa-Diagramm genannt

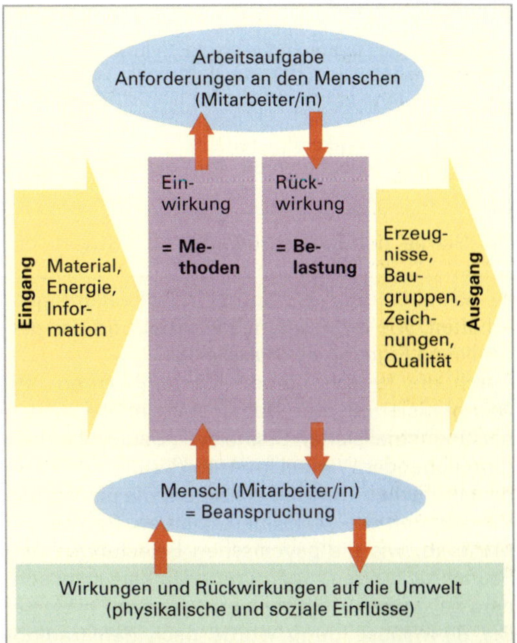


**Bild 1: Alternatives Arbeitssystem-Modell – Belastungen und Beanspruchung**

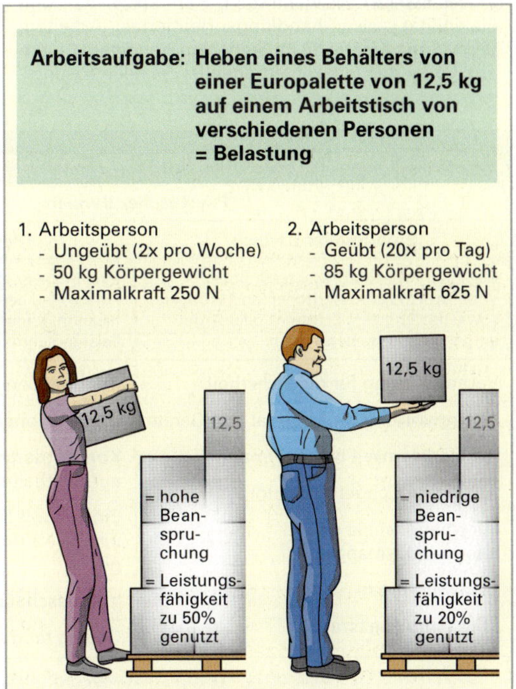


**Bild 2: Die Wirkung derselben Belastung auf verschiedene Personen**

> Jede Belastung löst eine von der individuellen Leistungsfähigkeit unabhängige Reaktion aus:
> - Welche Belastungen treten am Arbeitsplatz auf?
> - Welche physischen Fähigkeiten hat der Mensch?
> - Wie wirken sich die Beanspruchungen aus und wie kann man sie quantifizieren?
> - Welche Möglichkeiten der Arbeitsgestaltung gibt es?

Die Stärke der Beanspruchung (= Schwere der Arbeit) hängt sowohl von der *Höhe der Belastung*, als auch von der Ausprägung individueller Eigenschaften, wie der Leistungsfähigkeit und der persönlichen Eignung ab **(Tabelle 1)**.

Durch die fortschreitende Mechanisierung und Automatisierung hat sich insbesondere in den hochindustrialisierten Staaten wie Deutschland ein grundlegender Wandel im Anforderungsspektrum der beruflichen Tätigkeit vollzogen. Die physischen Belastungen des Menschen nahmen im gleichen Maße ab, wie die psychischen Belastungen und Beanspruchungen zugenommen haben. Insbesondere bei älteren Menschen erzeugt dies Probleme. Die Berufsausbildung wurde nach den traditionellen Mustern vollzogen und jetzt werden diese Qualifikationen, wie z.B. handwerkliches Können, Routine, Übung, nicht mehr primär nachgefragt.

> Prozessdenken, Konzentration, Aufmerksamkeit und Flexibilität, also handlungsorientiertes Arbeiten, gepaart mit Kreativität im Sinne von ständigem Erneuern, Verwerfen und Hinterfragen ist die neue Losung.

Dies erfordert neue Denkstrukturen, bringt aber für den traditionell denkenden Mitarbeiter/in eine hohe mentale Belastung!

**Beurteilungskriterien der Belastung und Beanspruchung**

Für die praktische Beurteilung der physischen Belastung hat die Arbeitswissenschaft sehr gute Methoden entwickelt. Leider gibt es aber für die quantitative Erfassung der psychischen Belastungen noch große Probleme, besser gesagt, keine oder sehr umstrittene Methoden, die kaum in der Praxis angewendet werden können. Die **Tabelle 1, folgende Seite** gibt eine Übersicht über die Ansätze zur Ermittlung der Belastungshöhe bei den verschiedenen Belastungsarten. Dabei kann bei der quantitativen Messung, z.B. beim Lärm wird der Schalldruck in dB(A)[1] gemessen und mit der UVV[2]-Lärm verglichen, der Wert exakt bestimmt werden. Doch sind auch hier Messfehler (Bedienung, Messort, Messmethode) nicht ausgeschlossen. Bei der qualitativen Messung wird die Belastung in Klassen eingeteilt, z.B. sehr anspruchsvolle Arbeit, anspruchvolle Arbeit, schwierige Arbeit, durchschnittliche Arbeit u.s.w.. Die Eingruppierung erfolgt dann nach einer vorher festgelegten **Klassenbeschreibung**. Diese wiederum kann nie allen Fällen gerecht werden. Zudem kann es bei verschiedenen Beurteilern zu verschiedenen Ergebnissen kommen, da sie die Arbeit und die Klassenbeschreibung unter einem anderen Blickwinkel betrachten.

**Tabelle 1: Zusammenstellung der Anforderungen (= Belastungen)**

| Psychischer Bereich | | Physischer Bereich | |
|---|---|---|---|
| **Emotionaler Bereich** | **Mentaler Bereich** | **Dynamische Muskeltätigkeit** | **Statische Muskeltätigkeit** |
| Meist bei Arbeitsprozessen mit hoher Verantwortung für Menschen und Produkte, sowie mit Ängsten, Zeitdruck oder Ärger umgehen und sie bewältigen. | Eine Beanspruchung bei der alle geistigen Funktionen beteiligt sind, die für die Organisation, Koordination und Ausführung der Leistung unmittelbar verantwortlich sind. | | |
| Verantwortung für die Sicherheit<br>Verantwortung für Material und Geräte<br>Aufmerksamkeit bei Lichtmangel<br>Ankämpfen gegen Monotonie<br>Informationsfülle oder Informationsmangel<br>Lärmwirkungen<br>Klima im Arbeitsraum | Informationen aus der Umwelt (Signale)<br>Informationen in Reaktionen umsetzen<br>Konzentrierte Vigilanz (Wachsamkeit) aufrechthalten<br>Einstellung auf verändernde Bewusstsinhalte – auf kritische Situationen reagieren<br>Vorausschauend denken und handeln<br>Geistig tätig sein – also wachsam sein | „tatsächliche Muskelarbeit" – Arbeit in Sinne von Kraft · Weg | „Keine" Muskelarbeit (physikalisch) – keine Arbeit beim Halten einer Last |

1 db(A) kennzeichnet einen Schalldruck (Lärm) mit einer angepassten Empfindlichkeit die dem menschlichen Ohr entspricht (zulässige Lärmgrenze 85dB(A))

2 UVV = Unfallverhütungsvorschrift VGB 121 Lärm (VBG = Verordnung der Berufsgenossenschaft)

**Dauerbeanspruchungsgrenze und Dauerleistungsgrenze**
Der durch eine Beanspruchungsmessung ermittelte Beanspruchungs(-zahlen)wert ist allein wenig aussagekräftig, solange nicht geklärt ist, ob diese Beanspruchung zu einer Beeinträchtigung oder Schädigung des Mitarbeiter/in führt. Deshalb müssen subjektive, von dem Mitarbeiter unabhängige, Dauerbeanspruchungsgrenzen bestimmt werden.

Diese Grenzen sind bereits auf die individuellen Eigenschaften einer repräsentativen Personengruppe bezogen. Zudem gibt es leider nur für die körperliche Arbeit fundierte Untersuchungen und Vorgaben **(Tabelle 1)**.

Für den Amateursportler/in ist diese Belastungsgrenze bei seinem täglichen Training sichtbar. Wenn sie gut im Training sind, radfahren oder joggen sie eine bestimmte Strecke in derselben Zeit mit demselben Puls. Will er/sie stärker/schneller werden, müssen sie das Tempo steigern. Der Puls erhöht sich am ersten Übungstag sehr stark. Er wird sich aber im Laufe der Zeit wieder auf niedrigerem Niveau stabilisieren. Sie können das Spiel weiter treiben bis sie an die Dauerleistungsgrenze stoßen.
Dies kann dann evtl. ein böses Ende haben, wenn sie nicht unter ärztlicher Kontrolle stehen, denn sie erkennen selbst nicht, wo Ihre Dauerleistungsgrenze liegt! Ein Unternehmen kann sich dies nicht leisten. Es sollte bei jeder Arbeit wissen, wo die Leistungsgrenzen liegen. Dies verlangt z.B. auch das Arbeitsrecht, denn der Arbeitgeber muss seine Fürsorgepflicht erfüllen (§§ 611 und 242 BGB Dienstvertrag und Nebenleistungspflichten).

Die Dauerleistungsgrenze **(Bild 1)** ist zunächst für jede Person unterschiedlich, abhängig von den individuellen Eigenschaften und Fähigkeiten. Zur praktischen Umsetzung wird diese auf einen Arbeitsplatz bezogen, der dann eine Arbeitsperson repräsentiert. Diese Arbeitsperson muss aber durchschnittlich leistungsfähig und für die Arbeit zudem **gesundheitlich geeignet** sein.
Jeder Unternehmer kann/muss neue Mitarbeiter/in einem Gesundheitscheck unterziehen und nicht geeignete abweisen, oder aber den Arbeitsplatz so gestalten, dass keine Überlastungen auftreten.

Die **Dauerleistungsgrenze** charakterisiert eine maximale Leistung, die ohne nennenswerte Arbeitsermüdung und **ohne gesundheitliche Schädigung** jeden Arbeitstag auf Dauer (also über ein ganzes Arbeitsleben) erbracht werden kann.
Diese Grenze gilt nur für Arbeitspersonen, die für die bestimmte Tätigkeit keine **gesundheitlichen** Einschränkungen aufweisen.

**Tabelle 1: Ermittlung der Belastungshöhe**

| Belastung | Beispiele für Kriterien zur Beschreibung der Belastungshöhe | Beispiele für Ansätze: Quantitativ (Belastungsgrößen) | Beispiele für Ansätze: Qualitativ (Belastungsfaktoren) |
|---|---|---|---|
| Energetische Belastung | Schwere<br>Schwierigkeit<br>Genauigkeit | – Ermittlung mechanischer Größen<br>– Ermittlung des Arbeitsenergieumsatzes | – Klassifikation der Belastungsabschnitte z.B. MTM<br>– Gestaltungszustand der Arbeit |
| Informatorische Belastung | Kompliziertheit<br>Schwierigkeiten<br>Genauigkeit | – Ermittlung der Häufigkeit und Verteilung verschiedener Signale<br>– Ermittlung des Informationsflusses | – Art und Unterschiedlichkeit der zu verarbeitenden Signale<br>– Handlungsmöglichkeiten<br>– Gestaltungszustand der Arbeit |
| Physikalische Umgebung, Soziale Umgebung | Intensität | Messmethoden z.B. aus der<br>– Optik (Beleucht.)<br>– Akustik (Schall)<br>– Wärmelehre (Klima)<br>– Mechanik (Schwingungen)<br>– Chemie (Gefahrstoffe) | – Auswirkungen von persönlichen Schutzmaßnahmen (Schutzkleidung)<br>– Beschreibung des Betriebsklimas<br>– Gruppenstruktur (Soziogram) |

Die **Dauerleistungsgrenze** ist diejenige Höhe der Beanspruchung, die auch bei **fortgesetzter** Belastungsdauer gerade noch **gleich bleibt** und keinen Anstieg der Belastung (Messwerterhöhung) zeigt.

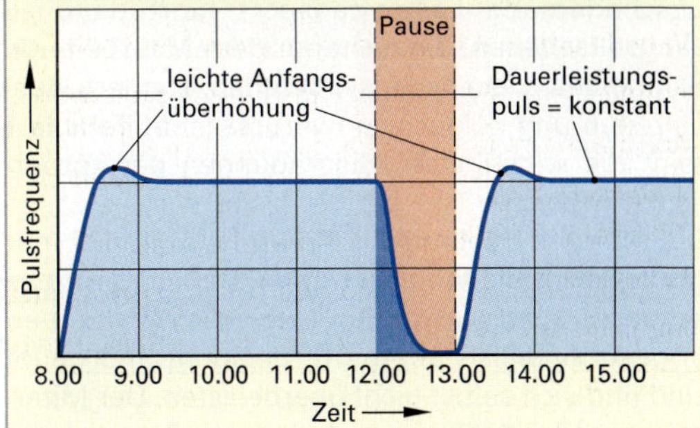


**Bild 1: Die Dauerbeanspruchungsgrenze**

Eine Möglichkeit hierfür ist die Messung des täglichen Energieumsatzes **(Bild 1)**. Der Energiebedarf wird dabei in einen gleich bleibenden Grundumsatz und Freizeitumsatz mit ca. 10 000 kJ/Tag gegliedert. Darauf wird der Arbeitsenergieumsatz je nach Schwere der Arbeit aufgesetzt, wobei die Dauerleistungsgrenze wieder individuell schwanken wird, aber bei ca. 20 000 kJ/Tag begrenzt sein sollte.
In diesem Zusammenhang sei noch auf die Erholungszeiten hingewiesen, die bei Überbelastungen immer notwendig sind. Erholungszeiten sind auch dann erforderlich, wenn bei Belastungen zwar die Belastung im Einzelfall nicht überschritten wird, aber in der gesamten Arbeitszeit keine Pausen (zum Stabilisieren der Pulsfrequenz) eingebaut sind. Die Erholungszeit soll dann diese Doppelbelastung ausgleichen. Dies ist nicht immer erforderlich, denn, wenn auf dynamische Muskelarbeit eine Belastung durch Aufmerksamkeit folgt, kann dies nach den Verfahren der Ermittlung der Erholungszeit entfallen (REFA).

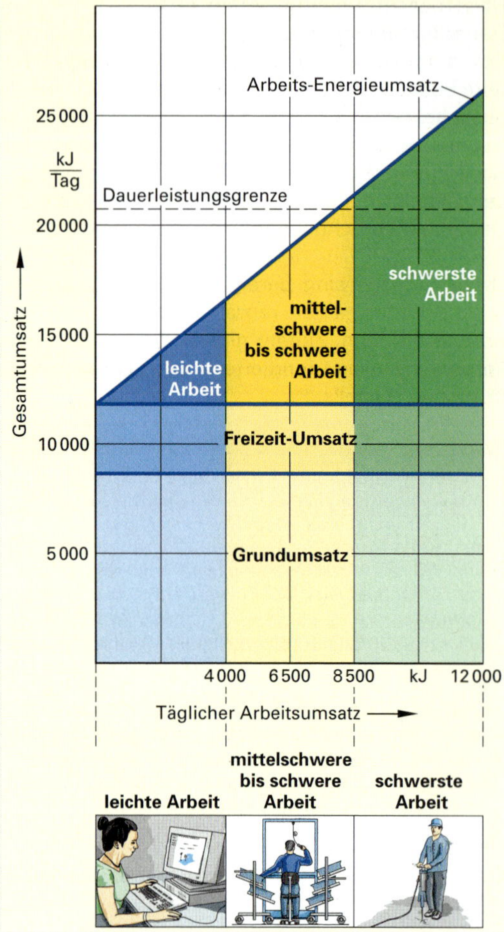


**Bild 1: Energieumsatz bei leichter bis schwerer Arbeit**

## 5.2.4 Belastungsanalyse und Gestaltungsregeln bei der körperlichen Arbeit

Die Belastungen durch die Muskelarbeit sind zwar insgesamt durch den Strukturwandel in der Industrie, die verbesserte Arbeitssystemgestaltung und die Aufklärung der Berufsgenossenschaften zurückgegangen, doch müssen hier, wegen der Gestaltungsregeln und der oft falschen und unzureichenden Ausbildung über den Lastentransport insgesamt, die Auswirkungen auf den Mitarbeiter/in herausgearbeitet werden. Gerade weil inzwischen schwere Arbeiten von Betriebsmitteln übernommen werden, sind die Mitarbeiter nicht mehr trainiert. So überfordern sie sich schnell. Z.B. bei einem Kranausfall versuchen sie die Lasten selbst ohne entsprechende Schulung zu heben! Dieser unsachgemäße Lastentransport führt dann zu Langzeitschäden, die nicht nur dem Mitarbeiter/in Schmerzen (Hexenschuss) bereiten, sondern Ausfallzeiten und Folgekosten verursachen! **Tabelle 1** zeigt die wichtigsten Ausprägungen der körperlichen Arbeit.

**Die schwere dynamische Arbeit** ist sicherlich nur noch in Einzelfällen anzutreffen. Dabei kommt es selten zu Überbelastungen, wenn die Mitarbeit-er/in gesundheitlich überprüft, geeignet und geübt sind und sich selbst nicht überbelasten. Der Mitarbeiter/in bleibt ständig im trainierten Zustand, der Blutbedarf und die Durchblutung bleiben in einem ausgeglichenen Zustand.

**Tabelle 1: Die Ausprägungen der Belastungen bei körperlicher Arbeit**

| Ausprägungen | | | |
|---|---|---|---|
| Haltungsarbeit | Statische Haltearbeit | Schwere Dynamische Arbeit | Einseitige Dynamische Arbeit |
| - Sitzen ohne Rückenlehne<br>- Intensives, ganztägliches Arbeiten mit dem PC<br>- LKW fahren | „Freihändiges" Bohren und Halten der Maschine<br>- Gussputzen | - Bewegen von schweren Teilen<br>- Schmieden<br>- Bewegung von min. 1/7 Muskelmasse | - Baugruppen nur mit Hand-Arm-System montieren<br>- kleine Muskelgruppen |

Blutbedarf    Durchblutung

Wichtig ist hier, dass die Prämien, oder die Akkordzuschläge die Leistung, z.B. ab 30% Mehrleistung, durch starke Abnahme der Lohnzuschläge nach oben begrenzen **(Bild 1)** und der Mitarbeiter/in „ausgebremst“ wird.

Die **einseitige dynamische Arbeit** hat dagegen stark zugenommen, denn alle manuellen Montagearbeiten belasten nur noch wenige Muskelgruppen, meist nur das Hand-Arm-System. Hier liegt heute der Schwerpunkt der Arbeitssystemgestaltung auf der angepassten, ergonomischen Gestaltung der Arbeitsplätze, die eine richtige Körperhaltung „erzwingen“ und zusätzlich einen **Belastungsausgleich** ermöglichen sollen.

**Die Haltungsarbeit** ist die Arbeit, die lediglich zur Einhaltung einer bestimmten Körperhaltung dient. Die tägliche Arbeit am Rechner ist zusätzlich körperlich belastend und führt z.B. zu Verspannungen der Nackenmuskulatur, die wiederum weitere Beschwerden auslösen kann. Auch die Haltungsarbeit hat in den letzten Jahren zugenommen und der Arbeitsgestalter sollte auf diese besonderen Anforderungen eingehen, da diese oftmals unbemerkt leistungsmindernd die Mitarbeiter/in belasten.

Da alle Körperglieder ein Gewicht haben, erfordert jede Körperhaltung eine mehr oder minder große Muskelarbeit, die *Versteifungsarbeit* genannt wird. Die Größe wird von der Auslenkung bestimmt. Deshalb wirkt jede Stütze immer kraftmindernd und leistungssteigernd und fördert die Ausdauer und Konzentration.

Die **Haltearbeit** lässt sich oftmals nur mit einem hohen technischen Aufwand und somit großen Kosten eliminieren. Sie ist für den Mitarbeiter/in immer stark ermüdend, da durch die Kontraktion des Muskels bei der Haltearbeit die Blutgefäße im zusammengedrückten Zustand verbleiben und es nicht zu der erforderlichen Blutzufuhr kommen kann. Bei vielen Arbeiten fließen die Haltearbeit und die Haltungsarbeit ineinander und wirken so doppelt belastend, z.B. bei Deckenarbeiten mit Maschinen (Schrauben, Bohren).

Die ergonomisch richtigen Körperhaltungen sind in der **Tabelle 1** als Grundprinzipien zusammengestellt. Die zentrale Aufgabe der Arbeitsgestaltung muss es sein, die einseitige Muskelbelastung auf ein Mindestmaß zu reduzieren, die Haltungsarbeit so klein wie möglich zu halten und dem Mitarbeiter/in die größtmögliche Bewegungsfreiheit anzubieten.

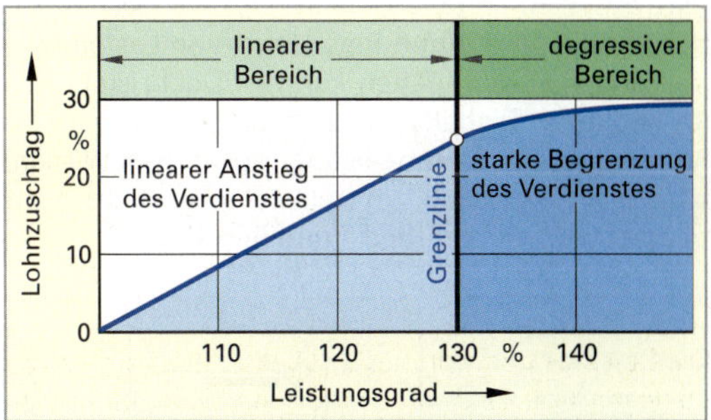


**Bild 1: Leistungsbegrenzung beim Akkord durch degressive Lohnkurven**

**Tabelle 1: Grundprinzipien der ergonomisch richtigen Körperhaltung**

| Haltungsarbeit klein halten, bzw. eliminieren | Größtmögliche Bewegungsfreiheit vorsehen | Einzusetzende Körperkräfte gering halten |
|---|---|---|
| • Zahl der zu versteifenden Gelenke durch die Arbeitsgestaltung möglichst gering halten, bzw. den Kraftfluss möglichst kurz gestalten:<br>• Bein- und Armauflagen,<br>• Kopfstützen,<br>• richtig angepasste Arbeitshöhen/Tischhöhen,<br>• Hochstellen des Arbeitsgegenstandes,<br>• Arbeitspodeste.<br>• Beim Arbeiten im Stehen sollten Sitzmöglichkeiten oder ein Stehsitz vorgesehen werden. | • Jeder Wechsel der Körperhaltung bringt Entlastung und/oder Entspannung.<br>• Auch „bequeme“ Körperhaltungen werden auf lange Zeit zur Zwangshaltung, da immer die gleichen Muskeln beansprucht werden.<br>• Beachtung der Bewegungsfreiheit der Arme.<br>• Beachtung der Beinfreiheit bei der Tischgestaltung.<br>• Einbauten in den Tisch möglichst vermeiden.<br>• Sichtfreiheit gehört ebenso zur Bewegungsfreiheit, sie ist auch aus sicherheitstechnischen Gründen wichtig. | • Kraftbetontem Heben und Tragen ist das Schieben vorzuziehen, aber auch das Ziehen sollte vermieden werden.<br>• Die geforderte Arbeitskraft sollte etwa 30% der Maximalkraft nicht überschreiten.<br>• Die Arbeitskraft sollte immer auf die Längsachse des Körpers oder auf das Schultergelenk gerichtet sein.<br>• Allgemein gelten die „Hebelgesetze“ auch für die Muskeln. |

**Hinweise und Regeln zum Lastentransport**

Manueller Lastentransport (Heben, Abstellen, Tragen, Halten und Umsetzen von Lasten) kommt immer noch dort vor, wo die Transportaufgabe ständig variiert, zu kompliziert ist oder selten auftritt, so dass sie nicht schneller und somit wirtschaftlicher mit anderen Hilfsmitteln durchgeführt werden kann. Trotzdem dürfen die Belastungsgrenzen nicht überschritten werden.

Die Arbeitssystemgestalter sollten zusammen mit den Sicherheitsbeauftragten die Mitarbeiter/in über das richtige Lastenheben aufklären können **(Tabelle 1, folgende Seite)**.

Das Wichtigste ist die regelmäßige gesundheitliche Überprüfung der Mitarbeiter/in und ein intensiver **Eingangstest**. Danach muss jeder Mitarbeiter/in intensiv geschult und trainiert werden, sodass sie die Techniken und die Gefahren für die Gesundheit des Manipulierens und Beförderns von Lasten kennen und damit umgehen können. Dabei steht das konsequente Einhalten eines *flachen Rückens* im Mittelpunkt der Unterweisung, sowie das Wissen, dass die Wirbelsäule im belasteten Zustand nicht gedreht werden darf **(Bild 1 und Bild 2)**.

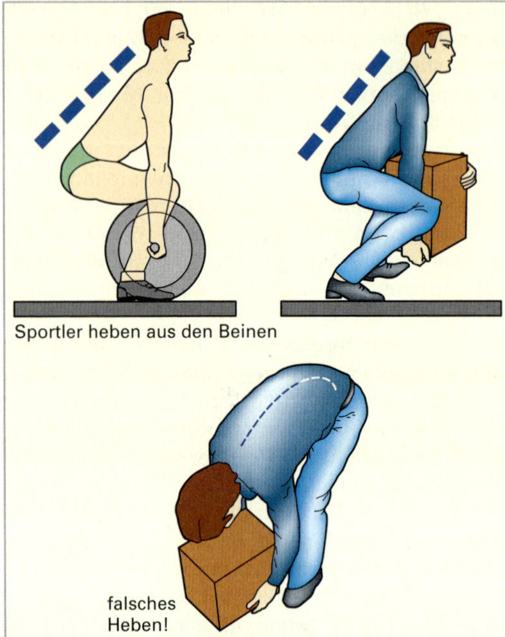


**Bild 1: Sportler heben aus den Beinen; der Werker sollte das ebenfalls tun**

| | | | | |
|---|---|---|---|---|
| | 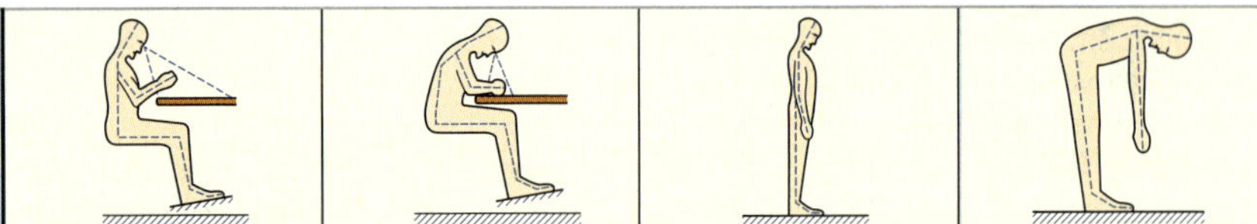 | | | |
| **Art der Haltung** | Normales Sitzen | Gebeugtes Sitzen | Normales Stehen | Gebücktes Stehen |
| **Belastung (Haltungsarbeit)** | Hals, Rumpfmuskulatur durch Versteifungsarbeit | Starke Belastung der Rücken- und Nackenmuskulatur | Belastung Hals, Rumpf-, Bein- und Fußmuskulatur | Sehr starke B. der Nacken-, Rücken-, Oberschenkel-, Fußmuskulatur + Versteifungsarbeit „Stehen" |
| **Energieverhältnis** | **1** | **1,4** | **1,4** | **3,1** |
| | 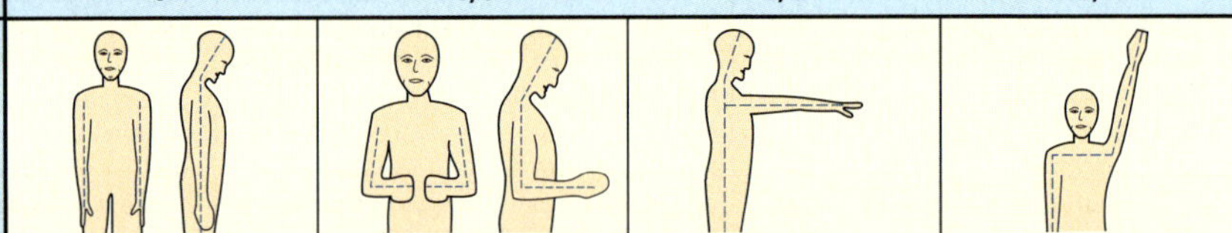 | | | |
| **Art der Haltung** | Ober/Unterarm hängend | Oberarm hängend Unterarm waagerecht | Ober/Unterarm horizontal nach vorne | Ober/Unterarm nach oben gestreckt |
| **Belastung Auswirkung** | Keine Belastung der Armmuskulatur | Oberarmmuskulatur wird durch Halten des Unterarms belastet | Statische Belastung der Schulter-Armmuskulatur Belastung über Dauerleistung | Wie vorher, doch zusätzlich wird die Durchblutung über der „Herzhöhe" immer schlechter |
| **Dauer** | „unbegrenzt" | Schichtzeit | kurzzeitig | sehr kurz |

**Bild 2: Belastungen durch verschiedene Körper- und Armhaltungen**

Weiter zu beachten ist, dass die Kräfte beim Lastenheben nicht in jeder Körperstellung gleich sind, sondern stark variieren, z.B. Gewichtheber „fahren" mit Schwung über diese „Todzonen". Hilfreich sind beim Lastenheben und Seitwärtsdrehen **Abstellflächen** in der richtigen „Zwischenhöhe". Für kurze Transportstrecken sind Pendelbewegungen der Arme und ein Wechsel in der Körperhaltung zum Spannungswechsel vorteilhaft. Bei der Beschickung von Maschinen muss der Mitarbeiter/in immer frontal zur Maschine stehen, da die seitlichen Stellungen immer eine unsymetrische Belastung des Rumpfes verursachen. Nach den Empfehlungen des internationalen Arbeitsamtes in Genf (ILO) wird als höchstzulässige Traglast für den Mann 55 dN angegeben, die normalen Grenzlasten müssen allerdings stark nach der Einsatzzeit angepasst werden **(Tabelle 1)**.

### Lagern und Stapeln von Lasten

Lager und Stapel dürfen nur so erstellt werden, dass die Belastung *sicher* aufgenommen werden kann. An den Lagern und Lagereinrichtungen muss die zulässige Belastung deutlich erkennbar und dauerhaft angebracht sein. Um Verletzungen an den Händen oder Füßen zu vermeiden, sind beim Stapeln von Lasten wie z.B. Kisten, Balken, Platten, Unterleghölzer zu verwenden, die nicht kippen dürfen und für das Anheben genügend Freiraum lassen. Runde Gegenstände müssen zusätzlich gegen Wegrollen gesichert werden. Rohre, Stangen und Profile, die hochkant gestapelt werden, müssen gegen seitliches Kippen oder Wegrutschen gesichert werden. Beim Lagern in Regalen gelten zusätzliche Vorschriften.

**Auszug aus den Vorschriften der UVV**
**§ 25 Lager, Stapel**

(1) Lager und Stapel dürfen nur so eingerichtet werden, dass die Belastung sicher aufgenommen werden kann. Die zulässige Belastung von tragenden Bauteilen je Flächeneinheit ist erkennbar und dauerhaft anzugeben.
(2) Lager und Stapel sind so zu errichten, zu erhalten und abzutragen oder abzubauen, dass Personen durch herabfallende, umfallende oder wegrollende Gegenstände oder durch ausfließende Stoffe nicht gefährdet werden.
(3) Lager und Stapel müssen gegen äußere Einwirkungen so geschützt werden, dass keine gefährlichen chemischen ...

**Tabelle 1: Die wichtigsten Regeln und Hinweise zum Lastentransport**

| Auswahl und Schulung der Mitarbeiter/in | Heben und Abstellen von Lasten | Tragen und Halten von Lasten | Umsetzen von Lasten |
|---|---|---|---|
| • Auswahl der Mitarbeiter/in mit geeigneten Tests,<br>• Regelmäßige ärztliche Kontrollen,<br>• Mitarbeiter/in muss mit der Technik des Manipulierens und Befördern von Lasten unterwiesen und geschult werden,<br>• Konsequente Einhaltung des „flachen Rückens" üben und belehren,<br>• unbedingt ist das Verdrehen des Rückens unter Last zu vermeiden. | • Beim Lastenheben über 120 cm muss ein Abstellen und Umgreifen in 100–120 cm Höhe ermöglicht werden,<br>• Das Abstellen muss in aufrechter Körperhaltung erfolgen, evtl. mit geringer Hüft- und Kniebeuge,<br>• Für Rückenlasten muss eine Abstellfläche in gleicher Höhe bereitgestellt werden,<br>• Nicht in jeder Körperstellung können dieselben Lasten angehoben werden, z.B. in 70 cm Höhe das 3-fache zu 110 cm Höhe. | • Für gleichzeitiges Tragen und Halten muss man eine Tragehilfe bereitstellen,<br>• Schwere Lasten sind körpernah zu tragen und am Rumpf, Hüfte oder Oberschenkel abzustützen,<br>• Jede Kürzung der Tragdauer vermindert die Ermüdung exponentiell,<br>• Tragen mit gebeugten Unterarmen muss vermieden werden,<br>• Die Traglast muss um so geringer sein, je länger der Lastweg ist. | • Das Umsetzen von Lasten darf nur parallel zur Symmetrieebene erfolgen, d.h. Drehbewegungen von Rumpf und Wirbelsäule sind konsequent zu vermeiden, ansonsten muss das Umsetzen in mehrere Phasen zerlegt werden,<br>• Eigenhändig dürfen nur leichte Gegenstände manipuliert werden,<br>• Das Beschicken von Maschinen muss immer frontal zur Maschine orientiert sein,<br>• Hubtische unbedingt einplanen. |

| Gesamtdauer Stunden/Tag | Grenzlasten in dN für manuelle Transportarbeiten nach Köck | | | | | |
|---|---|---|---|---|---|---|
| | Männer[1] | | | Frauen[1] | | |
| < 1 | 50 | 40 | 30 | 30 | 20 | 15 |
| 1 1/2 bis 4 | 32 | 25 | 18 | 16 | 12 | 9 |
| 4 bis 6 | 20 | 14 | 9 | 9 | 6 | 4 |
| > 6 | 10 | 6 | 3 | 5 | 2 | 1 |

[1] Linke Spalte gilt für besonders leistungsfähige Personen, mittlere Spalte für normalleistungsfähige Personen und rechte Spalte für ungeübte Personen.

## 5.2.5 Belastungen durch die Arbeitsorganisation (Schichtarbeit)

In den meisten Unternehmen des produzierenden Gewerbes hat die Schichtarbeit, um die Anlagen und Maschinen besser auszulasten und somit die Kosten zu senken, sehr stark zugenommen. Auch im Dienstleistungsbereich hat die Schichtarbeit in allen Bereichen Einzug gehalten. Der Lieferant von Maschinen muss heute, je nach Vertragsverpflichtung, innerhalb von einer Stunde oder von Tagen beim Kunden präsent sein und den Schaden beheben.

Bei der Schichtarbeit kommen die Mitarbeiter/innen zu regelmäßigen, oder unregelmäßigen wechselnden Tageszeiten, aber auch zu festen, aber ungewöhnlichen Tageszeiten zur Arbeit. In vielen Berufen ist die *Schicht* nichts ungewöhnliches, sondern schon immer die Regel, z.B. bei der Polizei, der Bahn, im Gaststättengewerbe oder im Krankenhaus.

Im Industrieunternehmen muss man bei der Schichtarbeit nicht nur „Bereitschaft halten" oder auf Notfälle reagieren, sondern mit den Anlagen und Betriebsmitteln voll produktiv arbeiten. Dies bedingt, dass die Mitarbeiter/in die ganze Schichtzeit 100%-ig, wie bei der *Tagesarbeit* ihre Leistung erbringen muss. Damit soll nicht gesagt sein, dass z.B. der zum Schichtdienst eingeteilte Arzt, um Mitternacht nur mit halber Kraft operieren darf. Es werden aber keine üblichen Routinearbeiten im Bereitschaftsdienst in der Nacht erledigt!

Die besonderen Herausforderungen im Industrieunternehmen, dass Tag und Nacht die gleiche Qualität und Quantität nachfragt, verlangt besondere Maßnahmen. Die Schichtarbeit bringt für die Mitarbeiter/in besonders hohe Belastungen **(Tabelle 1)**.

Die Schichtarbeiter/innen müssen nämlich gegen den Verlauf ihrer physiologischen Leistungsbereitschaft arbeiten **(Bild 1)**. Die besonders herauszuhebenden Störungen für die Mitarbeiter/innen sind, dass der Tagschlaf nach der Nachtarbeit meist durch Lärm gestört wird, es kommt zu Schlafzeitdefiziten. Diese bewirken wiederum z.B. eine verminderte Konzentrationsfähigkeit, Minderleistungen und erhöhte Unfallgefahr. Aber auch die Körperfunktionen des Menschen haben einen periodischen Verlauf mit einer Periodendauer von etwa einem Tag, der durch den Hell-Dunkel-Wechsel von Tag und Nacht gesteuert wird.

Des Weiteren werden die sozialen Kontakte, je nach Schichtplan mehr oder weniger stark eingeschränkt. Die auftretenden Erkrankungen wie Appetitstörungen, Kreislaufbeschwerden und andere vegetative Störungen treten verstärkt bei älteren Mitarbeitern/innen auf.

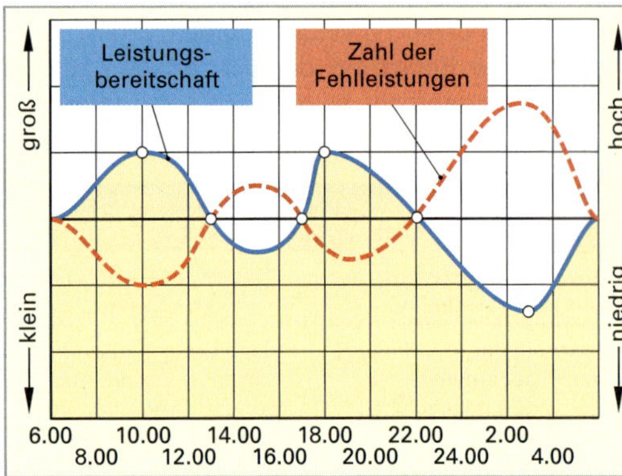


**Bild 1: Die Leistungsbereitschaft und die Zahl der Fehlleistungen über den Tagesverlauf**

**Tabelle 1: Auswirkungen der Schichtarbeit auf die Mitarbeiter/in**

| | | | | | | |
|---|---|---|---|---|---|---|
| Physiologische Leistungsbereitschaft | Der Verlauf der durchschnittlichen Leistungsbereitschaft der Mitarbeiter/in stimmen nicht mit den Anforderungen der Schichtarbeit überein. Deshalb kommt es zu unterschiedlichen Befindlichkeitstörungen. | | | | | |
| | Schlafstörungen | Appetitstörungen | Magenbeschwerden | Kreislaufbeschwerden | Verminderte Leistungsfähigkeit | Konzentrationsschwierigkeiten |
| Störungen im sozialen Umfeld der Mitarbeiter/innen | **Der normale Lebensrhythmus muss verändert, bzw. stark eingeschränkt werden** | | | | | |
| | „No sports", d.h. regelmäßiges Training im Sportverein ist nicht mehr möglich | Abbruch/Ende von Freundschaften | Kulturveranstaltungen können nicht besucht werden | Abhängigkeit vom privaten PKW, da der öffentliche Nahverkehr nicht verkehrt | Abnahme/Abbruch des Kontakts zum normalen täglichen Familienleben mit der Familie | |

> Die verbreitetsten Arten der Schichtarbeit sind:
> - 2-Schichtarbeit mit z.B. Frühschicht 6.00 bis 14.00 Uhr, Spätschicht 14.00 bis 22.00 Uhr,
> - 3-Schichtarbeit mit z.B. Frühschicht, Spätschicht und Nachtschicht 22.00 bis 6.00 Uhr,
> - Kontischicht (3-Schicht) mit Wochenenddienst.

Da die Schichtarbeit viele negative Wirkungen auf die Mitarbeiter/innen hat, liegt es auf der Hand, dass der Arbeitgeber bei der Einführung jeglicher Form von Schichtarbeit eine *erhöhte Fürsorgepflicht hat.*

Die Einhaltung der Empfehlungen der **Tabelle 1** bringen dem Unternehmen nicht nur Kosten. Der zuerst vordergründige Mehraufwand für ergonomisch gestaltete Arbeitsplätze wird sich kurzfristig durch eine höhere Leistung, geringeren Ausschuss, höhere Qualität und bessere Motivation schnell wieder ausgleichen! Besonders eine verantwortliche Mitarbeit des Betriebsrats, oder der Mitarbeiter/innen bei der Erarbeitung der Schichtpläne ist hier unbedingt erforderlich.

Der in **Tabelle 2** dargestellte Schichtplan berücksichtigt viele der in Tabelle 1 zusammengestellten Empfehlungen. Sicherlich ist es nicht immer möglich allen Mitarbeiter/innen gerecht zu werden. Bei jedem Schichtplan sollte aber primär darauf geachtet werden, dass nicht zu viele Nachtschichten hintereinander liegen, denn sonst häufen sich die Schlafdefizite an.

Wenn auf jede einzeln eingestreute Nachtschicht eine arbeitsfreie Zeit von 24 Stunden folgt, kann ein Schlafmangel nach einem ungenügenden Tagschlaf sofort in der folgenden Nacht kompensiert werden.

Auch eine Reduzierung der Nachtarbeitszeit auf 6 bis 7 Stunden hat sich in vielen Unternehmen durchgesetzt und sich positiv auf die Leistungsbereitschaft ausgewirkt. In den USA hat man mit der Änderung der klassischen Schichtwechselzeiten von 6.00/ 14.00/22.00 Uhr auf 8.00/16.00/24.00 Uhr gute Erfahrungen gemacht, denn der späte Beginn der Nachtschicht stört die sozialen und familiären Kontakte weniger. Zudem kann der Nachtschichtler sofort „in Ruhe schlafen", denn um 8.00 Uhr ist die Familie außer Haus.

Der Schichtplan **(Tabelle 2)** stellt sicherlich das Maximum an hintereinander liegenden Nachtschichten dar, doch der Vorteil dieses Schichtplans ist seine große Übersichtlichkeit für den Mitarbeiter und das Unternehmen. Deshalb wird dieser in einem mittelständischen Unternehmen u.a. auf Drängen des Betriebsrats verwendet.

**Tabelle 1: Gestaltung der Schichtarbeit**

| Grundsätze | Ausführung, Hinweise | | |
|---|---|---|---|
| Allgemeine gesundheitliche Vorgaben | Vermeidung von Schlafreduktionen | Erhaltung eines ausreichenden Freizeitbereichs | Verminderung der sozialen Isolation |
| Mannlose Schicht | So weit wie immer möglich sollte die Nachtarbeit, also die 3. Schicht, durch automatische Werkstück- und Werkzeugzuführung vermieden werden. Dabei genügt oft ein „Weiterlaufen" bis der Materialspeicher leer gefahren ist – Störungen bedingen den Stillstand. | | |
| Begrenzung Nachtschichten | – Die Anzahl der hintereinander liegenden Nachtschichten muss begrenzt werden.<br>– Nachtschichten sollten nur einzeln in den Schichtplan eingestreut werden. | | |
| Nachtschicht und 24 h Freizeit | – Nach jeder Nachtschicht muss eine Freizeit von mindestens 24 Stunden folgen.<br>– Kurze Schichtwechsel müssen vermieden werden. | | |
| Freie Wochenenden | – Jeder Schichtplan sollte freie Wochenenden mit mindestens zwei zusammenhängenden Arbeitstagen einplanen.<br>– Damit können die während der Woche bestehenden sozialen Behinderungen (Familie, Freunde, Sport) ausgeglichen werden. | | |
| Gleiche Anzahl von freien Tagen | Die Zahl der freien Tage darf bei Schichtarbeitern/innen nicht geringer als bei Tagarbeiter/innen sein. | | |
| Überschaubare Schichtpläne | – Schichtpläne müssen überschaubar gestaltet sein, damit die Mitarbeiter/innen eine individuelle Freizeitplanung gestalten können.<br>– Schichtwechselzyklus von 4 Wochen ist zu empfehlen, danach keine groben Änderungen. | | |

**Tabelle 2: Einfacher 3-Schichtbetrieb mit 3 Mannschaften**

| Schichtmannschaft | 1. Woche | | | | | | | 2. Woche | | | | | | | 3. Woche | | | | | | | 4. Woche | | | | | | |
|---|---|---|---|---|---|---|---|---|---|---|---|---|---|---|---|---|---|---|---|---|---|---|---|---|---|---|---|---|
| | Mo | Di | Mi | Do | Fr | Sa | So | Mo | Di | Mi | Do | Fr | Sa | So | Mo | Di | Mi | Do | Fr | Sa | So | Mo | Di | Mi | Do | Fr | Sa | So |
| Gruppe A | F | F | F | F | F | | | N | N | N | N | N | | | S | S | S | S | S | | | F | F | F | F | F | | |
| Gruppe B | S | S | S | S | S | | | F | F | F | F | F | | | N | N | N | N | N | | | S | S | S | S | S | | |
| Gruppe C | N | N | N | N | N | | | S | S | S | S | S | | | F | F | F | F | F | | | N | N | N | N | N | | |

F = Frühschicht 6.00–14.00 S = Spätschicht 14.00–22.00 N = Nachschicht 22.00–6.00

### 5.2.6 Beispiel für eine Arbeitsplatzgestaltung

Mit Hilfe eines einfachen Beispiels wird die Vorgehensweise und die Ablauffolge bei der Arbeitssystemgestaltung dargestellt. Dabei wird nur ein Einzelarbeitsplatz gestaltet. Der Schwerpunkt liegt dabei auf der Arbeitsplatzgestaltung. Die Arbeitssystemgestaltung (Arbeitsorganisation, Arbeitsumgebung) kann sich daran anschließen. Das gewählte Beispiel lässt sich durch seinen Umfang im Unterricht in Gruppenarbeit lösen. Die Teilnehmer können überschaubar ihre Ergebnisse präsentieren. Auch dürfen die Auftragsmengen bei Beispielen dieser Größenordnung 500 bis 5000 Stück/Jahr nicht unterschreiten bzw. überschreiten.

Ansonsten wird ein automatisierter Arbeitsplatz, oder eine einfache Handmontage eingesetzt werden müssen. Die aufgewendeten Investitionen (fixe Kosten) für den Arbeitsplatz müssen sich logischerweise über die Auftragsmenge amortisieren.

Aber auch verkürzte Montagezeiten, höhere gleichbleibende Qualität, kleinere Durchlaufzeiten, oder verringerte Fehlzeiten durch ergonomische Arbeitsplatzgestaltung können höhere Investitionen rechtfertigen. Die dargestellte Lösung ist ein Vorschlag.

Bei einer Einführung in die Arbeitssystemgestaltung sind „echte" Produktionsbeispiele zu vermeiden, da diese eine „offene Lösung" mit mehreren Varianten meist verhindern.

Die folgenden Gründe sprechen in den Unternehmen oft gegen eine Optimallösung:

- Ähnliche Produkte wurden schon produziert, deshalb wurde der alte Arbeitsplatz aus Kostengründen und Zeitgründen nur modifiziert.
- Die ursprüngliche Auftragsmenge war sehr klein, so dass sich die Einrichtung eines Arbeitsplatzes nicht „gerechnet" hat. Die Produkte wurden „von Hand" einzeln montiert und jetzt bei steigender Auftragsmenge ist niemand bereit in das „unsichere" Produkt Geld zu investieren.
- Das Unternehmen kann sich nicht das notwendige Investitionsvermögen (Geld) beschaffen um die Optimallösung umzusetzen. Dieser Fall tritt insbesondere bei kleinen Unternehmen auf.
- Die Lieferung muss in einem sehr engen Zeitrahmen erfolgen, sodass die Arbeitssystemgestaltung dem Produktionsteam übertragen wird. Diese optimieren dann ihre Arbeitsplätze während der Produktion.

Für das Unternehmen selbst ist dann die unter den gegebenen Voraussetzungen ausgewählte Lösung trotzdem die optimale Lösung.

**Vorüberlegungen und Ablauffolge**

Voraussetzung für die Durchführung einer Arbeitsplatzgestaltung sind ausreichende Kenntnisse von den Grundregeln der Arbeitssystemgestaltung, also z.B. der Ergonomie, des Bewegungsstudiums und der Arbeitsorganisation **(Tabelle 1)**.

**Tabelle 1: Die Arbeitsschrittfolgen bei der Arbeitssystemgestaltung**

| Nr. | Arbeitsschritte | Erläuterungen |
|---|---|---|
| 1 | Erstellung der montagegerechten Erzeugnisstruktur | Beachtung der Auftragsmengen und Fertigungsart Fein- oder Grobstrukturierung. |
| 2 | Entwicklung der Ablaufanalyse | Bestimmung der Montageabfolge und der zeitlichen Abfolge. |
| 3 | Beschreibung des Grobarbeitsablaufs | Stichwortartige Beschreibung der Montageabfolge. |
| 4 | Vorentwurf der/des Arbeitsplätze | Handskizze der/des Arbeitsplätze, Vorplanung der Hilfsmittel. |
| 5 | Festlegung und Entwurf der Hilfseinrichtungen | Vorrichtungen, Werkzeuge, Messzeuge, Sondermaschinen, Betriebseinrichtungen, Schrauber. |
| 6 | Detailplanung des/der Arbeitsplätze mit allen Hilfsmitteln, Bewegungslängen, Greifbehältern, ... | Detailplanung des Arbeitsplatzes unter Berücksichtigung der Grundsätze der Bewegungslehre, der Greifräume, Ablaufanalyse. |
| 7 | Durchführung der Planzeitermittlung (MTM-Analyse oder WORK-Faktor oder Planzeittabellen) | Mit Hilfe der MTM-Analyse wird jeder Handgriff der Montagefolge aufgelistet und kann so geprüft und optimiert werden. |
| 8 | Bestimmung der Vorgabezeit und Taktzeitabstimmung | Aus den Daten der MTM-Analyse wird die Auftragszeit aufgerechnet und die Arbeitsplätze zeitlich aufeinander abgestimmt. |
| 9 | Kalkulation des gesamten Investitionsaufwands | Der Platz und alle notwendigen Hilfsmittel werden verrechnet. |
| 10 | Berechnung der Amortisationszeit, und des Deckungsbeitrags | Die notwendigen Investitionen werden dem „Zeitaufwand" für die Montage gegenübergestellt. |
| 11 | Bestimmung der Schulungsmaßnahmen | Fachliche und zeitliche Vorplanung – Mitarbeitereignung. |
| 12 | Zertifizierung/Auditierung des Arbeitssystems nach TQM-Qualifikationen | Prüfen der Umsetzung der Kundenforderungen mit der Leistung des Arbeitsplatzes. |

Für die einfache Detailplanung eines Einzel-Arbeitsplatzes genügen die Arbeitsschritte 1–7, wobei die Durchführung einer detaillierten Planzeitermittlung (Schritt 7) z.B. in Form der MTM-Analyse nur bei großen Serien und/oder zur Auftragszeitvorgabe erfolgen muss. Durch die Gegenüberstellung von mehreren entwickelten Arbeitsplatzvarianten kann der für das Unternehmen optimale Arbeitsplatz auch ohne realen Testaufbau bestimmt werden.

Im Folgenden wird für das Erzeugnis „Bohrvorrichtung" **(Bild 1)**, Tabelle 1 (Stückliste) und Tabelle 2 (Mengenstückliste) die Arbeitsplatzgestaltung exemplarisch dargestellt. Das Produkt ermöglicht die Ausarbeitung weiterer Varianten, z.B. der verschiedenen Bohrungsdurchmesser und variierte Bohrabstände. Außerdem ist das Produkt in seiner Grundkonstruktion sehr verbesserungsfähig und deshalb für Schulungszwecke besonders geeignet. Durch eine Wertanalyse oder eine KVP-Analyse lässt sich das Produkt weiterentwickeln.

**Durchführung der Arbeitsplatzgestaltung**

**1. Schritt: Erstellung der montagegerechten Erzeugnisstruktur**

Für jedes Produkt muss eine Erzeugnisstruktur entwickelt werden. Im Kapitel 6 des Buches wird ausführlich auf die Aufgabe und Notwendigkeit eingegangen.

**Tabelle 2: Mengenstückliste (Beispiel)**

| lf.Nr. | Teil-Nr. | St/kg | Benennung | Pos |
|---|---|---|---|---|
| 1 | 100 000 | 1 | Bohrvorrichtung | |
| 2 | 100 001 | 1 | Aufnahme komplett | |
| 3 | 100 002 | 1 | Bohrplatte komplett | |
| 4 | 100 003 | 1 | Bügel komplett | |
| 5 | 100 011 | 1 | Aufnahme | 1 |
| 6 | 100 012 | 1 | Bügel | 2 |
| 7 | 100 013 | 1 | Spannschraube | 3 |
| 8 | 100 014 | 1 | Anschlagplatte | 4 |
| 9 | 100 015 | 1 | Bohrplatte | 5 |
| 10 | 100 016 | 2 | Bundbohrbuchse A 6x10 | 6 |
| 11 | 100 017 | 6 | Zylinderschraube M6x12 | 7 |
| 12 | 100 018 | 2 | Zylinderstift 5 m6x15 | 8 |
| 13 | 100 019 | 2 | Zylinderschraube M6x20 | 9 |
| 14 | 100 021 | 4,1 | Vk 100x100x52 | |
| 15 | 100 022 | 0,3 | Fl 100x20x21 | |
| 16 | 100 023 | 0,2 | Rd 22x42 | |
| 17 | 100 024 | 0,5 | Fl 63x5x18 | |
| 18 | 100 025 | 0,2 | Fl 90x5x62 | |

**Tabelle 1: Stückliste (Auszug)**

| St | Benennung | Norm | Pos. | Werkstoff |
|---|---|---|---|---|
| 1 | Aufnahme | | 1 | 1.0044 |
| 1 | Bügel | | 2 | 1.0044 |
| 1 | Spann-schraube | | 3 | 1.0721 |
| 1 | Anschlag-platte | | 4 | 1.0044 |
| 1 | Bohrplatte | | 5 | 1.0044 |
| 2 | Bohrbuchse A 6x10 | DIN 172 | 6 | |
| 6 | Zylinderschr. M6x12 | DIN 912 | 7 | 8.8 |
| 2 | Zylinderstift 5 M6x15 | DIN 7 | 8 | |
| 2 | Zylinderschr. M6x20 | DIN 912 | 9 | 8.8 |

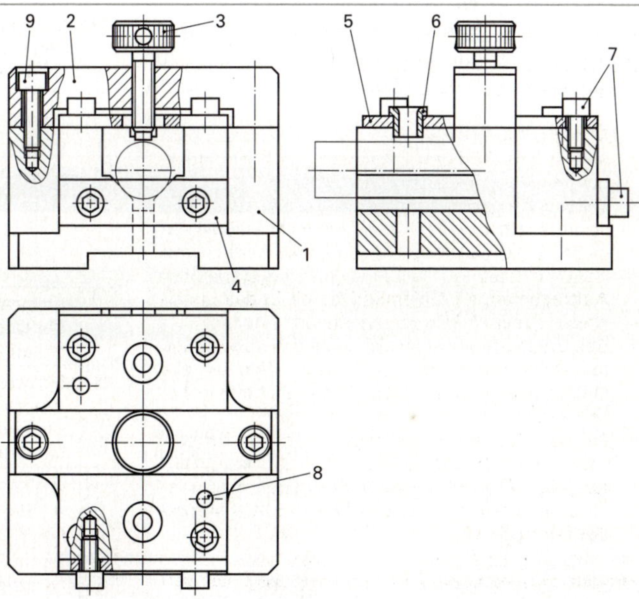


**Bild 1: Bohrvorrichtung**

Die meist für die PPS entworfene Erzeugnisstruktur ist im Idealfall (für den Arbeitssystemgestalter) schon *montagegerecht* aufgebaut. Allerdings gilt für die *PPS-Erzeugnisgliederung* der Grundsatz der Feinstrukturierung. Damit können nachträglich alle denkbaren Varianten (Produktprogrammplanung) aus dem *Urprodukt* abgeleitet werden.

Die im PPS-System abgelegten Baugruppen entsprechen im Arbeitsumfang nur in seltenen Fällen genau dem notwendigen Arbeits/Zeitaufwand für einen Arbeitsplatz. Am konkreten Arbeitsplatz werden also meist mehrere Baugruppen zusammengefasst montiert.

Der Aufbau der montagegerechten Erzeugnisgliederung muss möglichst *flach* angelegt werden **(Bild 1)**. Bei diesem Prinzip werden die meisten Baugruppen in der ersten Ebene aufgebaut. So ist das Produkt in den verschiedensten Varianten montierbar. Die Baugruppen können flexibel durch Eigenproduktion oder Fremdvergabe unabhängig in verschiedenen Losgrößen montiert werden. Bei der Endmontage können alle Baugruppen in den verschiedensten Varianten montiert werden, wobei nur noch zusätzliche Normteile wie z.B. Schrauben, Scheiben, Stifte fest am Arbeitsplatz unabhängig vorrätig gehalten werden.

Eine Erzeugnisstruktur, die in die *Tiefe* (viele Strukturebenen) **(Bild 2)** gegliedert ist, bedingt zwangsläufig eine unflexible, starre „Fließbandfertigung", denn die Montage muss von der unteren zur oberen Ebene erfolgen. Autonome Zwischenschritte sind nicht (kaum) möglich, denn sie bedingen die Teileanlieferung der montierten Vorstufen.

Für das Beispiel „Bohrvorrichtung" wurde entsprechend den Vorgaben eine flache Erzeugnisstruktur erstellt **(Bild 3)**. Diese ermöglicht die autonome Vormontage bzw. Bereitstellung von drei Baugruppen. Diese können je nach Kundenwunsch in den verschiedensten Varianten montiert und meist ohne Arbeitsplatzumbau ausgeliefert werden.

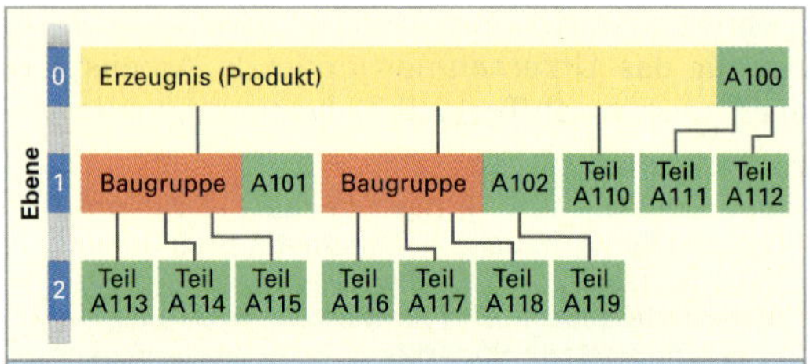


**Bild 1: Erzeugnisstruktur mit flachem Strukturaufbau**

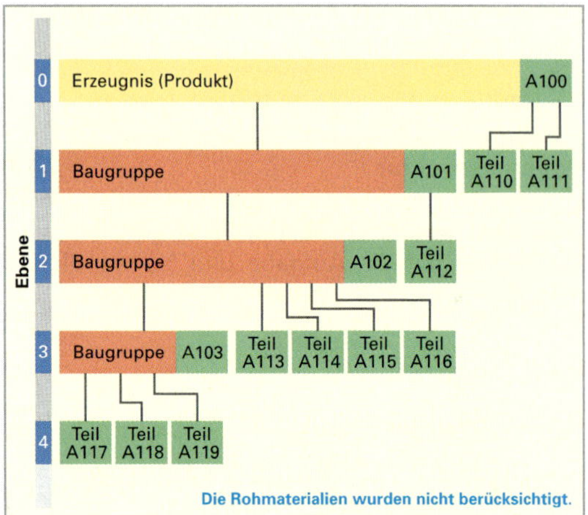


**Bild 2: Erzeugnisstruktur mit tiefem Strukturaufbau**

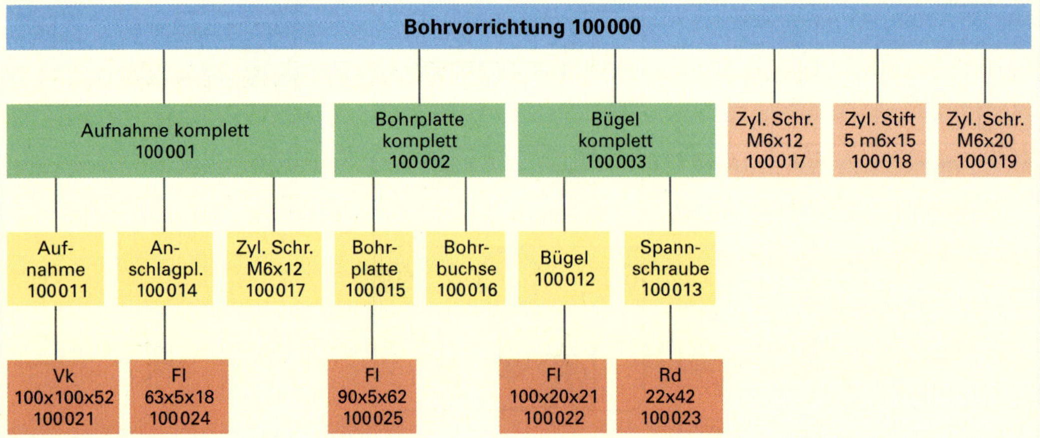


**Bild 3: Erzeugnisstruktur der Bohrvorrichtung**

**2. Schritt: Entwicklung der Ablaufanalyse**

Die Ablaufanalyse ermöglicht die grafische Darstellung des Montageablaufs **(Bild 1)**. Dieser wird von der Bereitstellung im Rohmateriallager über die Fertigung, die Zwischenlagerung, die anschließenden Montagefolgen bis zur Endmontage und Erzeugnislagerung dargestellt. Auf die Analyse der Fertigung wurde hier wegen des Schwerpunkts der Montagegestaltung verzichtet.

Durch die netzplanmäßige Darstellung kann die Arbeitssystemgestaltung die Zahl der notwendigen Arbeitsplätze und den Ablauf grob abschätzen, besonders dann, wenn er die für die einzelnen Montagen notwendige Vorgabezeit abgeschätzt hat. Des Weiteren kann auch eine geschickte Belegung der Arbeitsplätze mit den verschiedenen Baugruppen-Montagen vorgeplant werden. Voraussetzung ist allerdings, dass die Montagenabfolgen und die Planzeiten schnell grob abschätzbar sind. Ansonsten müssen hier zuerst Voruntersuchungen durchgeführt werden. Da die Unternehmen in der Praxis meist ähnliche Produkte in verschiedenen Varianten produzieren, können die Arbeitssystemplaner auf bekannte Daten zurückgreifen und so schnell zu guten Ergebnissen kommen.

Die Erzeugnisstruktur und die Ablaufanalyse zeigen für das Beispiel „Bohrvorrichtung", dass ein Einzelarbeitsplatz bei der vorgegebenen Auftragsmenge ausreicht.

**3. Schritt: Beschreibung des Grobarbeitsablaufs**

Nachdem die Baugruppen und die Montagereihenfolge festgelegt sind, kann mit der Beschreibung des Montageablaufs begonnen werden. In **Tabelle 1** ist der Grobarbeitsablauf zusammengestellt. Bei der Montage wird davon ausgegangen, dass die Stiftbohrungen in der Bohrplatte (100 015) nicht zusammen mit der Aufnahme (100 011) gebohrt werden müssen. Diese wurden z.B. mit einer Bohrvorrichtung einzeln exakt verbohrt.

Durch die grobe Montagebeschreibung erschließen sich dem Arbeitssystemgestalter „automatisch" die für die Montage notwendigen Hilfsmittel, wie z.B. Greifbehälter, Vorrichtungen, Werkzeuge, Hebezeuge, Schrauber.

**Tabelle 1: Die Grobmontagebeschreibung**

| | Kurzbeschreibung | Hilfsmittel |
|---|---|---|
| 1 | Aufnahme senkrecht gegen Anschlag in Vorrichtung V1, Anschlagplatte mit 2 Zylinderschrauben mit Schrauber S1 montieren **> 100 001** | Vorrichtung V1<br>Schrauber S1 |
| 2 | Bohrbuchse mit Kunststoffhammer H1 in Bohrplatte einfügen, 2 Zylinderstifte fügen und anschlagen **> 100 002** | Hammer H1<br>(Kleinpresse)<br>Holzunterlage |
| 3 | Spannschraube mit Bügel verschrauben (10 Stück vormontieren) **> 100 003** | Handarbeit |
| 4 | Aufnahme kompl. in Vorrichtung V2 gegen Anschlag ablegen, Bohrplatte kompl. fügen, 2 Zylinderstifte fertig fügen, Bügel kompl. fügen, 4 + 2 Zylinderschrauben mit Schrauber S1 verschrauben **> 100 000** | Vorrichtung V2<br>Hammer H1<br>Schrauber S1 |

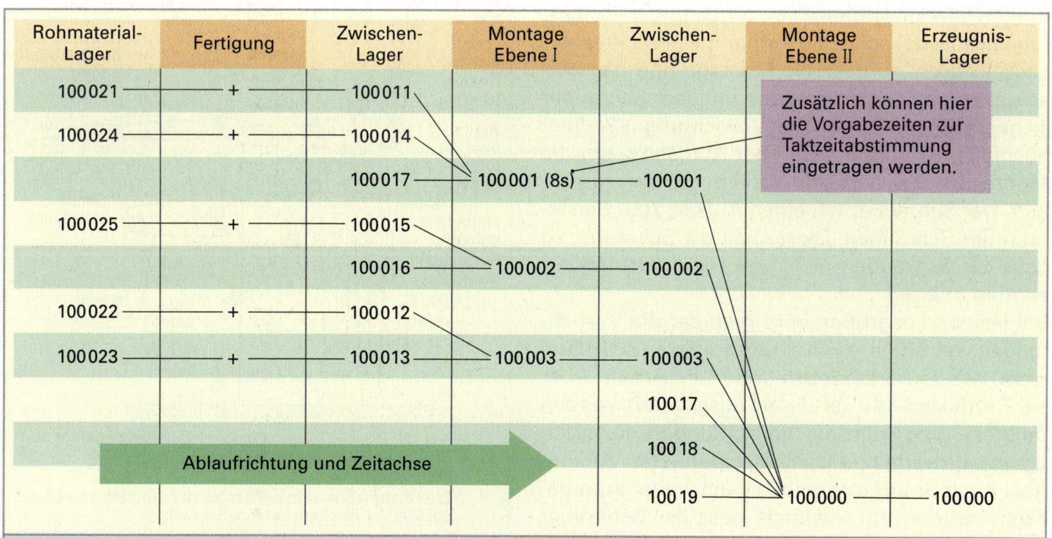


**Bild 1: Ablaufanalyse für das Produkt „Bohrvorrichtung 100 000"**

### 4. Schritt: Vorentwurf des Arbeitsplatzes

Die Erstellung des Vorentwurfs des Arbeitsplatzes **(Bild 1)** erfolgt parallel zur Grobmontagebeschreibung. So kann der Arbeitssystemgestalter gleichzeitig die Montageorte, die Hilfsmittel, sowie die Greifbehälter dem Text des Grobarbeitsplans entsprechend platzieren. Er erkennt so unmittelbar welche Vor- und Nachteile seine geplante Montagefolge hat. Viele Unternehmen benutzen zur ergonomischen Arbeitsplatzgestaltung Softwarepakete, die auf einer CAD-Basis arbeiten **(Bild 2)**. Sie gestalten damit Einzelarbeitsplätze und komplette Montagesysteme in 3D-Form. Teilweise ermöglichen die Modelle eine echte Simulation von Bewegungsabläufen und zusätzlich noch eine Generierung der Planzeiten. Somit können die Vorgabezeiten, Durchlaufzeiten, Arbeitsplatzkosten, Kapazitäten und Belastungen virtuell bestimmt und variiert werden. Dies ist dann für ein Unternehmen wirtschaftlich, wenn die Arbeitsplätze für eine Massenfertigung ausgelegt werden. Ansonsten kann die Entwurfs- und Detailplanung mithilfe von einfachen Arbeitsplatzschablonen **(Bild 3)** schnell und kostengünstig durchgeführt werden.

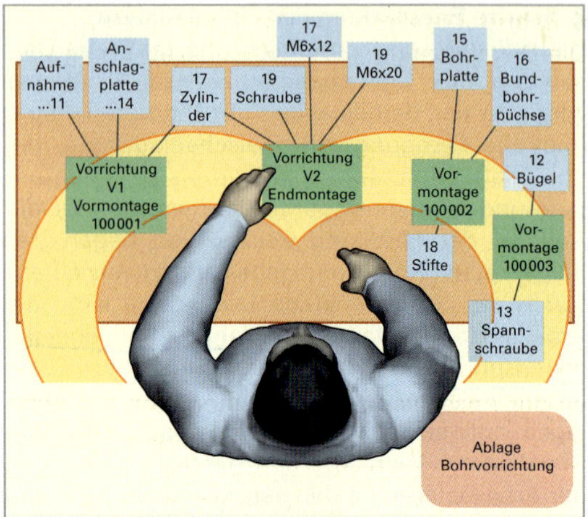


**Bild 1: Vorentwurf des Arbeitsplatzes**

**Bild 2: Arbeitsplatz**

### 5. Schritt: Festlegung und Entwurf der Hilfseinrichtungen

Nachdem durch den Vorentwurf des Arbeitsplatzes die notwendigen Vorrichtungen und Werkzeuge festgelegt sind, kann der Bau oder die Beschaffung in Absprache (Teamsitzung) mit den zuständigen Abteilungen begonnen werden. In unserem Beispiel müssen nur zwei sehr einfache Vorrichtungen gebaut werden. Die Vorrichtung V1 **(Bild 1, folgende Seite)** sollte die Aufnahme in senkrechter Lage fixieren, so dass die Montage und das Verschrauben der Anschlagplatte mit dem Schrauber sicher erfolgen kann. Die Vorrichtung V2 dient ebenfalls nur zum Fixieren der Aufnahme um die Montage sicher und definiert durchführen zu können. Der Schrauber hat einen Aufsatz zum Einstecken der Schrauben. Dieser hält die Schraube, so dass die Schrauben nicht von Hand vormontiert werden müssen.

Bei kleinen Losgrößen wird man auf die Vorrichtungen verzichten, denn sie amortisieren sich dann nicht, sondern erleichtern „nur" die Arbeit. Aber bei Produkten, die zertifiziert ausgeliefert werden müssen, wird man die Vorrichtungen einsetzen um *gleichbleibende* Qualität garantieren zu können. Auch das Verschrauben kann weiter automatisiert werden, z.B. dadurch, dass der Schrauber über einen Vereinzelner die Schrauben aufnimmt. Es entfällt somit das Bestücken von Hand.

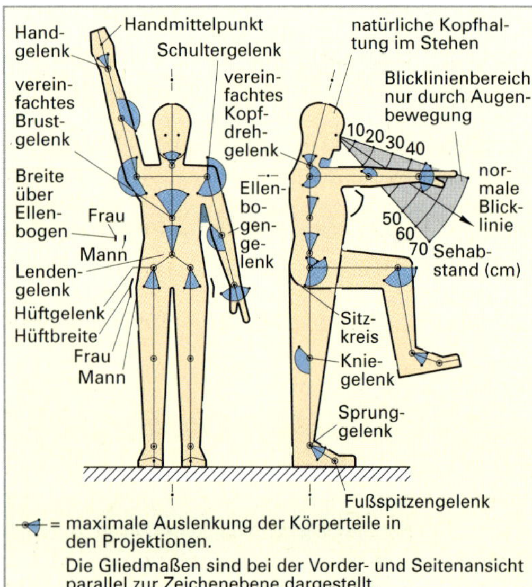


**Bild 3: Arbeitsplatz-Zeichenschablone**

### 6. Schritt: Detailplanung des Arbeitsplatzes

Die Detailplanung des Arbeitsplatzes umfasst im Schwerpunkt die ergonomische Anordnung der Greifbehälter, der Werkzeuge, der Vorrichtungen, der Bedienungselemente und der Beleuchtung. Der in **Bild 1, folgende Seite** dargestellte einfache Hand-Arbeitsplatz ist für diese kleinere Auftragsmenge ausreichend ausgestattet und ergonomisch gestaltet. Die Investitionskosten sind für die Auftragsmenge vertretbar. Die geplante Vormontage der Baugruppe „Aufnahme komplett 100 001“ ermöglicht eine fixierte senkrechte Montage der Anschlagplatte. Das Einbringen der Stifte und der Bohrbuchse in die Bohrplatte kann bei größeren Serien nicht mehr mit der Hand (Hammer) durchgeführt werden. Dann muss eine kleine Handpresse eingeplant werden. Sie sichert zusätzlich die Qualität der Arbeit ab und gewährleistet eine gleichbleibende Ausführung.

Die Anordnung der Greifbehälter muss nach den Prinzipien der Bewegungslehre erfolgen.

Die Größe der Greifbehälter und der Greifschalen wird allein durch die Teilegröße bestimmt. Die Behälter für die Aufnahme, die Anschlagplatte und die Zylinderschrauben müssen direkt vor die Vorrichtung V1. Der Montageschrauber wird mittig zwischen den beiden Vorrichtungen aufgehängt. Das **Bild 2, folgende Seite** zeigt das Beispiel eines kompletten flexiblen Montagesystems.

> Häufig zu bewegende Teile und Hilfsmittel sollten mittig am Arbeitsplatz angeordnet werden, zudem müssen die Bewegungen insgesamt immer möglichst klein sein.

### 7. Schritt: Durchführung der Planzeitermittlung

Für die exakte Vorkalkulation und die Überprüfung der Machbarkeit der Montage muss eine Bewegungsanalyse, z.B. in Form der MTM-Analyse (MTM, von methods-time measurement = Zeit-Messmethoden) erfolgen. Man listet alle Handgriffe der Montagefolge in Form einer Beschreibung aller Handbewegungen auf. Dabei bestimmen die Bewegungslängen und die Bewegungsfälle der Grundbewegungen die Zeitdauer für eine Einzelbewegung.

Mit dem MTM-Verfahren werden zwar *Planzeiten* bestimmt, doch genau genommen ist MTM ein Verfahren der Systeme vorbestimmter Zeiten (SvZ). Dabei können die Zeitwerte für alle vom Menschen voll beeinflussbaren Tätigkeiten mit Hilfe von Tabellen bestimmt werden. Die Tabellen wurden mit Hilfe von Filmaufnahmen bei vielen verschiedenen Tätigkeiten zusammengestellt und stellen so die Mittelwerte des Zeitbedarfs für ein Vorgangselement (Bewegung) dar.

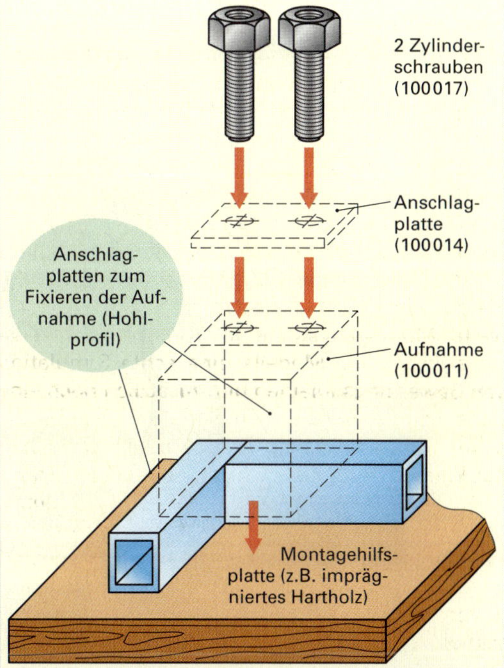


**Bild 1: Skizze der Vorrichtung V1**

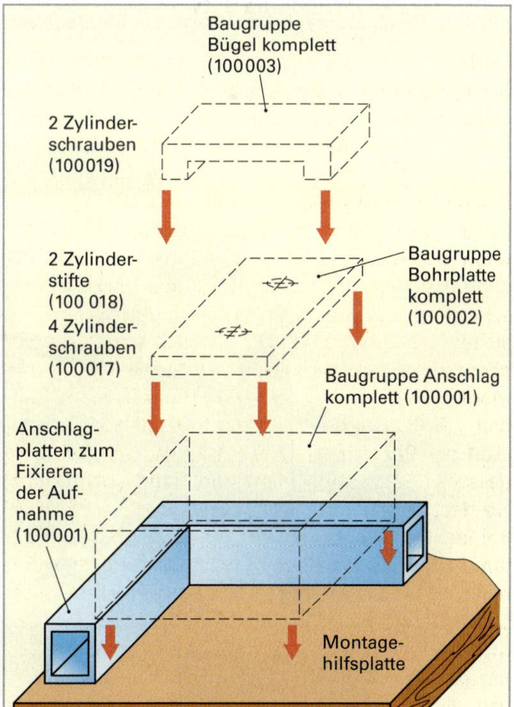


**Bild 2: Skizze der Vorrichtung V2**

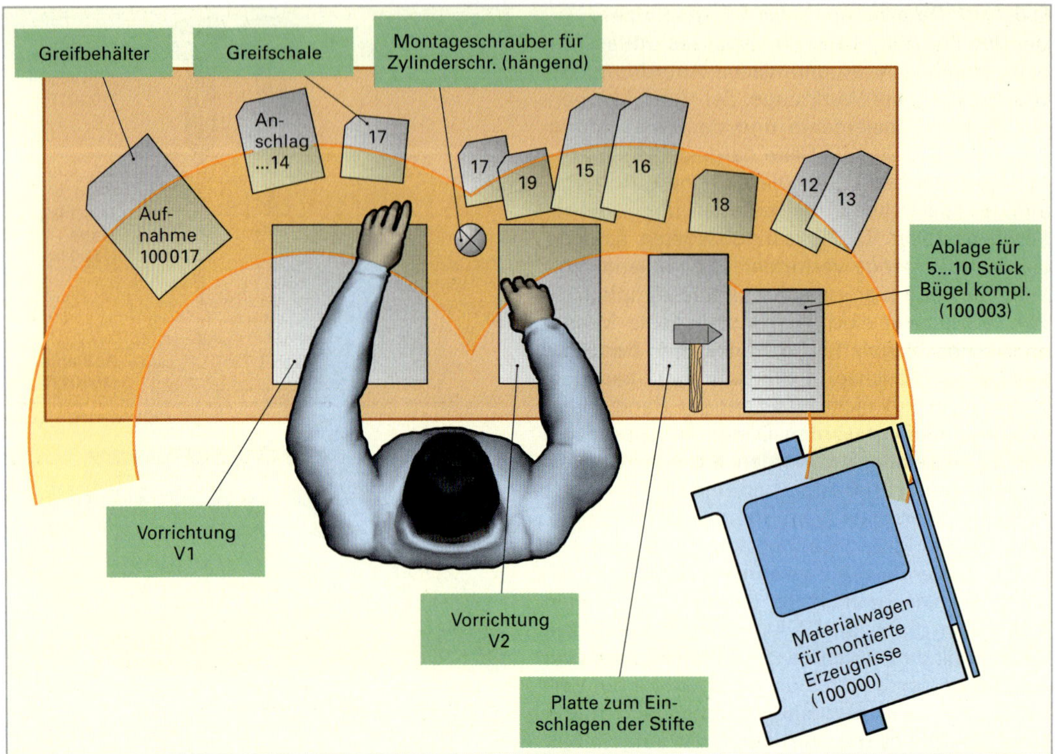


**Bild 1: Einzel-Montage-Arbeitsplatz zur Montage der Bohrvorrichtung**

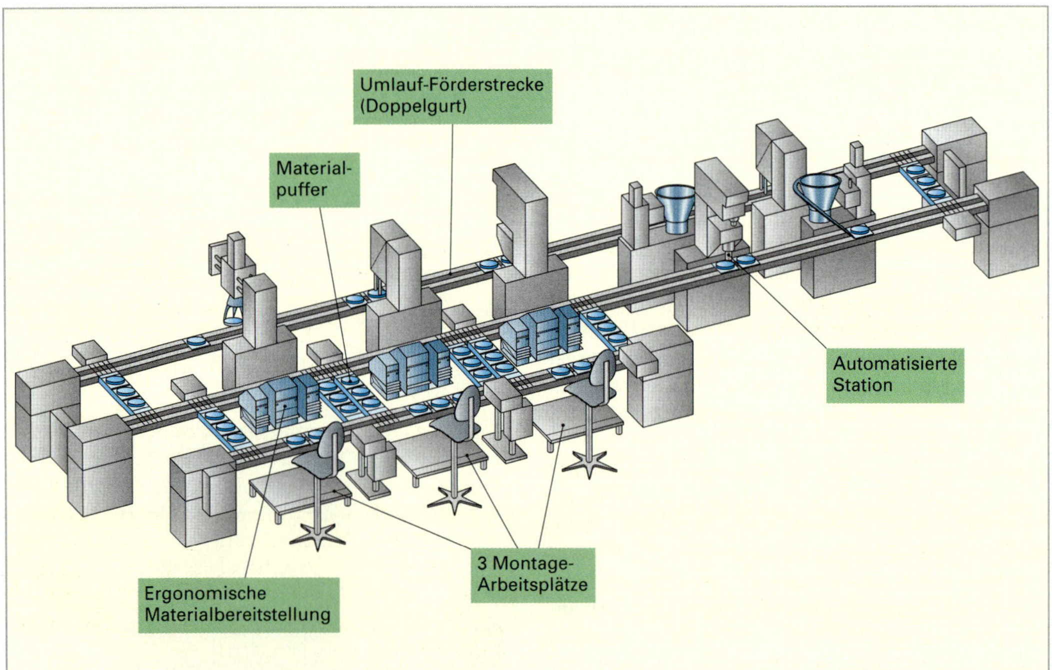


**Bild 2: Flexible Montage**

Das MTM-Verfahren kennt fünf Grundbewegungen **(Tabelle 1)** mit denen schon 85% – 95% aller manuellen Montagearbeiten beschrieben werden können.

**8. Schritt: Bestimmung der Vorgabezeit**
Mit der Zeitermittlung durch die Verfahren der SvZ wird im Allgemeinen die Grundzeit ($t_g$) bestimmt. Es müssen nun noch die Verteilzeiten, die Erholungszeiten und die notwendigen Rüstzeiten bestimmt werden, um die Auftragszeit vorgeben zu können. Dazu können die Verfahren nach REFA angewendet werden. Das MTM-Verfahren **(Tabelle 2)** hat für jeden Bewegungsfall eine Zeittabelle. Die Zeitwerte hängen dabei im Normalfall von zwei Grundbedingungen ab; nämlich der **Bewegungslänge** (diese wird aus dem Arbeitsplatzentwurf entnommen) und der **Qualität der Bewegung**. Die Bewegungen müssen z.B. *sehr genau* oder *sorglos* oder *ungefähr* ausgeführt werden.

**9. Schritt: Kalkulation des gesamten Investitionsaufwands**
Zu den gesamten Investitionsaufwendungen für den Arbeitsplatz müssen nun noch die Zusatzaufwendungen für die Planung, die Schulung und Einarbeitung der Mitarbeiter, die Aufwendungen für den Test- und Probebetrieb aufgerechnet werden. Besonders hohe, kaum exakt berechenbare Kosten verursachen organisatorische Änderungen, wie z.B. die Einführung von Teamarbeit. Alle diese Mittel muss die Abteilung für die Arbeitssystemgestaltung beantragen und erhalten.

Zu den Investitionsaufwendungen zählen die Aufwendungen für den Arbeitsplatz und die Zusatzaufwendungen.

**10. Schritt: Berechnung der Amortisationszeit und des Deckungsbeitrags**
Jedes Unternehmen hat nur einen beschränkten „Haushalt", d.h., die für Investitionen zur Verfügung stehenden Mittel sind begrenzt. Sie werden nur den Projekten zur Verfügung gestellt, die nachweisen können, dass sich die Investitionen „rechnen" und schnell amortisieren, also „zurückverdienen". Sie müssen also einen hohen Deckungsbeitrag einfahren. Deshalb werden „überzogene" Projekte bei der Geschäftsleitung schnell abgelehnt. Die Aufgabe des Technikers ist es, seine Projekte durch „saubere" Kalkulationen geschickt zu verkaufen, wobei ihn aber unrealistische Annahmen schnell einholen. Denn wenn man durch die Investition die geplanten Vorgabezeiten oder Einsparungen nicht erreicht, wird das Controlling dies bei der nächsten Abrechnung feststellen.

**Tabelle 1: Die Grundbewegungen des MTM**

| Grundbewegung | Kurzbeschreibung |
|---|---|
| Hinlangen<br>reach | Hand/Finger zu einem Gegenstand (Teil/Werkzeug) bewegen. |
| Greifen<br>grasp | Gegenstand auswählen und greifen. |
| Bringen<br>move | Gegenstand zum Bestimmungsort bringen,<br>Anfügen bis +/– ≧ 6 mm. |
| Fügen<br>position | Gegenstände ineinander fügen oder anfügen (anlegen) bei hoher Genauigkeit,<br>Passungen fügen. |
| Loslassen<br>release | Kontrolle über die Gegenstände aufgeben, Teil loslassen. |

**Tabelle 2: Die Grundbewegungen des MT**

| Bewegungslänge | Fall A TMU* | Fall B TMU | Fall C TMU | Beschreibung der Fälle (z.B. für das Hinlangen– Auszug) |
|---|---|---|---|---|
| 2 | 10 | 12 | 14 | Fall A: Hinlangen zu einem allein stehenden Gegenstand ... |
| 4 | 12 | 14 | 16 | |
| 6 | 14 | 16 | 18 | Fall B: Hinlangen ..., der sich einem veränderlichen Ort ... |
| 8 | ... | | | |
| ... | | | | Fall C: Hinlangen ..., der mit anderen vermischt liegt |
| 80 | | | | |

* 100000 TMU ≙ 1 Stunde

**11. Schritt: Schulungsmaßnahmen**
Gleichzeitig mit der Planung des Arbeitssystems muss die Mitarbeiterqualifikation für den neuen oder umgestalteten Arbeitsplatz untersucht werden. Erforderliche neue, fachliche Qualifikationen kann man je nach Vorwissen, relativ kurzfristig und unproblematisch durch Weiterbildung und Schulung der Mitarbeiter erreichen. Problematisch und langfristig geplant werden müssen organisatorische Änderungen, wie z.B. die Einführung von Teamarbeit.

**12. Schritt: Auditierung des Arbeitssystems**
Viele Zulieferer sind verpflichtet, zertifizierte Produkte an den Kunden auszuliefern. Dies wiederum bedeutet, dass alle Produktionsanlagen, auf denen das Produkt hergestellt wird, zertifiziert sein müssen. Die detaillierte Arbeitsplatzbeschreibung ist die Grundlage für die Zertifizierung. Die Anlagen sollten deshalb z.B. jederzeit und schnell prüfbar und justierbar sein.

Mitarbeiter müssen rechtzeitig geschult werden.

## 5.3 Montagetechnik

### 5.3.1 Grundlagen

Die Montage[1] von Bauteilen zu Baugruppen und von Baugruppen zu fertigen Geräten, Maschinen und Anlagen erfolgt vielfach in Handarbeit. Die Serienmontage, d.h. die Montage von Serienteilen erfordert *„flinke Hände"* und ist wegen der Monotonie der Tätigkeit und der ständig gleichartigen Arbeitsbelastung eine für den Menschen sehr belastende Arbeit.

Diese Serienmontage erfolgt als Fließmontage und wird zunehmend mit Robotern und speziellen Montagemaschinen automatisiert ausgeführt (**Bild 1**). Sofern eine nicht automatisierbare Montagearbeit übrig bleibt, ist darauf zu achten, dass diese Montage-Restarbeitsplätze nicht in den Maschinentakt der Montagelinie ohne hinreichende Teilepufferung eingeplant werden.

Die Hauptfunktionen der Montage sind:
- Fügen;
- Justieren und Prüfen;
- Handhaben;
- Fördern und
- Sondertätigkeiten.

**Montagegerechte Produkte**

Der Montageaufwand und die Montagequalität, besonders bei Serienfabrikaten sind entscheidend für die Kosten und die Qualität des fertigen Fabrikats und somit entscheidend für den Erfolg eines verkaufsfähigen Produkts.

Die Kosten eines Produkts werden zu etwa 75 % im Rahmen der Konstruktion festgelegt und dabei wird auch festgelegt wie hoch der Montageaufwand ist.

**Demontage**

Demontageaufgaben gibt es bei Wartungs- und Reparaturarbeiten und zunehmend zum Recycling von Wertstoffen oder bei Austauschteilen.

Die Kosten der Demontage schlagen sich erst im weiteren Produktlebenszyklus nieder und werden beim Kauf eines Produkts oft nicht beachtet. Produkte mit leichter Demontage ermöglichen:
- Kostengünstigen Austausch von Bauteilen und Baugruppen,
- Wiederverwendung gebrauchter Bauteile und Baugruppen,
- Einfache Fehlersuche durch Bauteiltausch,
- Recycling wertvoller Werkstoffe,
- Trennung von Schadstoffen.

[1] franz. le montage = der Aufbau, das Zusammensetzen

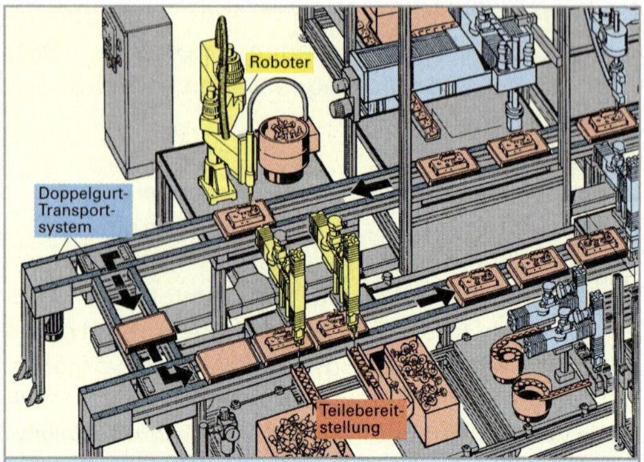


**Bild 1: Serienmontage mit Robotern**

Grundregeln montage- und demontagegerechter Produktgestaltung:

- Ein Produkt sollte aus möglichst wenigen Teilen zusammengesetzt werden; also je weniger Teile um so günstiger ist i.a. die Montage. Die Produktkomplexität wird meist durch die Zahl der Bauteile bestimmt.
- Komplexe Produkte, wie z.B. Fahrzeuge müssen in Baugruppen (Fahrwerk, Motor, Lenkung usw.) aufgegliedert werden und diese Baugruppen wiederum in Unterbaugruppen, die vormontiert werden können bevor sie getestet und geprüft werden.
- Jede Unterbaugruppe sollte möglichst wenige weitere Verbindungen zu anderen Unterbaugruppen haben.
- Produktvarianten sollten sich in den Unterbaugruppen unterscheiden und nicht in der produktneutralen Baugruppenmontage.
- Soweit wie möglich sollten die Unterbaugruppenmontagen der Produktvarianten etwa gleich viele Arbeitsschritte enthalten.
- Die Bauteile sollten möglichst symmetrisch sein.
- Wenn die Bauteile unsymmetrisch sind, so sollten sie sich deutlich unsymmetrisch zeigen.
- Die Zuführbarkeit der Bauteile sollte einfach automatisierbar sein. Biegeschlaffe Teile sollten vermieden werden, also möglichst keine Teile aus Textilien u.ä.
- Die Montagerichtungen bzw. Fügerichtungen sollten möglichst einheitlich und die Wege minimal sein, z.B. nur senkrechtes Fügen.
- Verbundwerkstoffe sollten vermieden werden, damit Werkstoffe sortenrein rückgewonnen werden können.

### Basiswerkstück

Mit dem Basiswerkstück wird das Produkt bzw. Gerät „geboren". Es ist häufig eine Platte, z.B. das Motherboard bei einem PC oder eine Bodenplatte, z.B. die Bodenplatte bei einem Kraftfahrzeug (**Bild 1**). Dieses Basiswerkstück erhält dann eine Fertigungskennzahl, z.B. eine Seriennummer und je nach Art des Produkts eine Zuordnung zu einem Kunden bzw. zu einer Auftragsnummer.

Das Basiswerkstück wird nun im Laufe der Montage *von einem* Montageplatz *zum nächsten* weitertransportiert. Bei Produkten mit kleinen Abmessungen wird das Basiswerkstück häufig auf einer Montageplattform fixiert und diese Montageplattform wird von einer Station zur nächsten weitertransportiert (**Bild 2**). Eine Montageplattform mit wohldefinierten und gleichbleibenden, nämlich produktunabhängigen Abmessungen kann leicht gehandhabt, fixiert und mit einem Datenspeicher zur Produkt- und Arbeitsidentifikation ausgestattet werden. Große Werkstücke, z.B. Bodenplattformen bei einem Kfz werden ohne Werkstückträger gehandhabt. Solche Basiswerkstücke müssen Kanten und Bohrungen aufweisen, welche eine leichte „Zentrierung" ermöglichen. Das Basiswerkstück muss sich möglichst durch eine einzige Spannbewegung fixieren lassen.

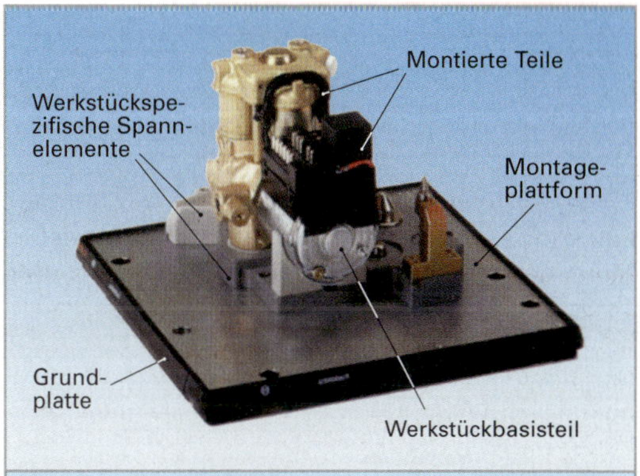


**Bild 2: Montageplattform**

**Bild 1: Bodenplatte bei einem Kfz als Aufbauplattform**

Die **Tabelle 1** zeigt die wichtigsten Montageoperationen in Symboldarstellung

**Tabelle 1: Symbole für Handhabungs- und Montageoperationen**

| | | |
|---|---|---|
| geordnete Speicherung | Wenden | Loslassen |
| teilweise geordnete Speicherung | Verschieben | Prüfen |
| ungeordnete Speicherung | Ausrichten | Messen |
| Trennen | Positionieren | Verfügbarkeit prüfen |
| Verbinden | in Reihe bringen | Identität prüfen |
| Aufteilen | Führen | Form prüfen |
| Anordnen | Befördern | Abmessung prüfen |
| Verzweigen | Hängen | Farbe prüfen |
| Zusammenführen | Anhalten | Gewicht prüfen |
| Sortieren | Freigeben | Position prüfen |
| Drehen | Festhalten | Zählen |

**Beispiel:**

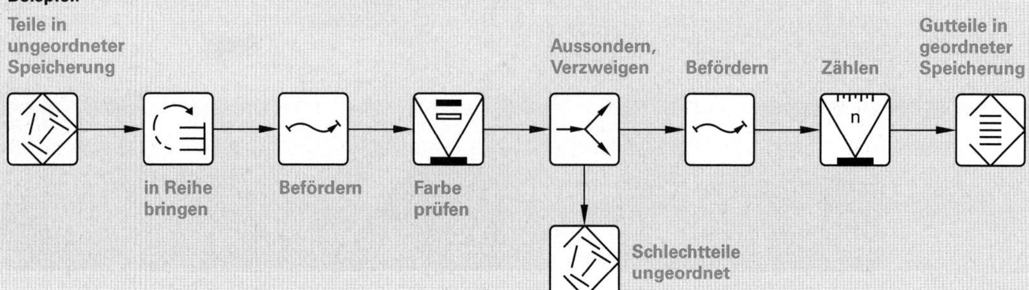

## 5.3.2 Der Materialfluss

Zur Montage von Produkten müssen die Einzelteile zu Baugruppen und diese zu den fertigen Produkten zusammengesetzt werden. Die anfallenden Aufgaben des gesamten Materialflusses, nämlich des Lagerns, Förderns, Handhabens, Fügens, Prüfens kann auf sehr unterschiedliche Weise gelöst werden. Dabei ist meist im Sinne einer flexiblen Montage zu beachten, dass Produktvarianten und auch neue Produkte auf vorhandenen Montagelinien/Montageplätzen montiert werden können.

### 5.3.2.1 Lagern

Lager haben die Aufgabe Rohstoffe, Vorprodukte, Zwischenprodukte und Fertigwaren zeitweilig aufzunehmen. Damit können Schwankungen in der Beschaffung und Lieferung ausgeglichen, durch größere Lose günstige Beschaffungs- und/oder Produktionspreise erzielt werden und Transporte kosten- und/oder zeitoptimal realisiert werden.

Bei den Lagern unterscheidet man zwischen

- Zentrallager,
- dezentraler Lagerung und
- Umlauflager.

*Zentrallager* werden meist als **Regalzeilenlager** (Hochregallager) gebaut (**Bild 1**). Die Teilelagerung erfolgt in den Regalfächern unmittelbar bei Großteilen oder in Behältern, in den Regalfächern bei Kleinteilen.

Über manuell gesteuerte oder über automatisch arbeitende Regalförderzeuge (RFZ) werden die Lagerteile ein- und ausgelagert (**Bild 2**). Die RFZ fahren auf Schienen am Boden und stützen sich an Führungsschienen ab. Gesteuert werden die RFZ meist über eine SPS oder einen Lagerverwaltungsrechner (LVR).

Die Kommissionierung[1], d.h. die Zusammenstellung von Artikeln zu einem Auftrag erfolgt in Kommissionierstationen. Diese befinden sich meist vor den Gängen der Regallager. Die Kommissionierarbeitsplätze werden oft über Rollenförderer miteinander verbunden (Bild 1).

Gelagert werden sollte so wenig wie möglich und so kurzzeitig wie möglich.

[1] lat. commisso = Auftrag

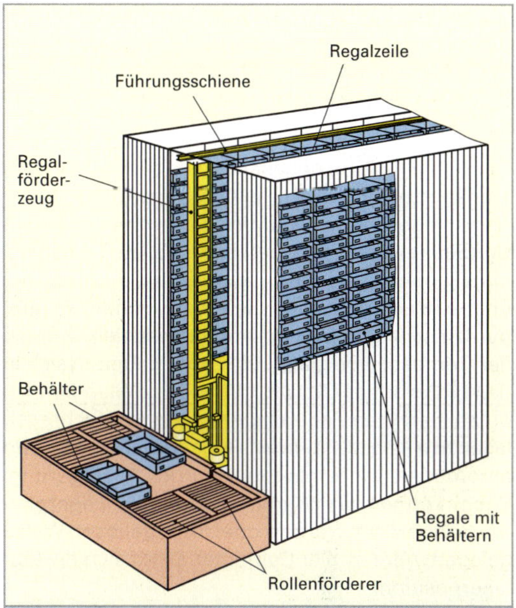


**Bild 1: Automatisches Kleinteilelager als Regalzeilenlager**

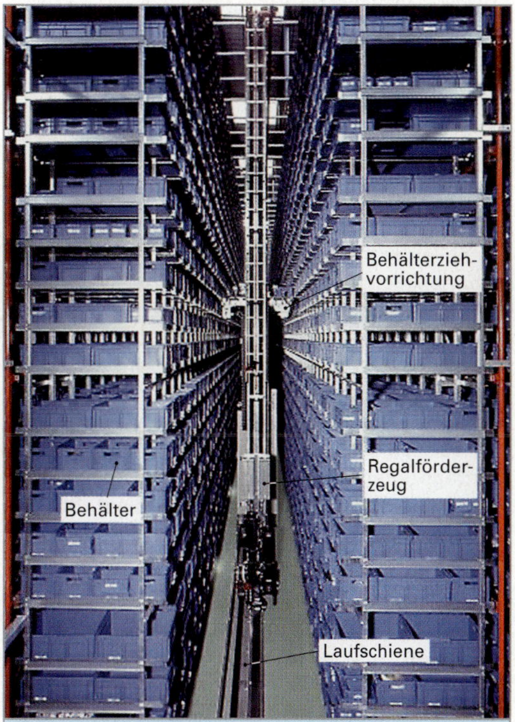


**Bild 2: Blick in den Regalgang**

Bei zentraler Lagerung werden die Güter konzentriert in einem Lagergebäude untergebracht mit dem Risiko, dass bei einer Zerstörung, z.B. durch Brand die gesamte Produktion in schwerste Mitleidenschaft gezogen wird.

Geringere Risiken, gegebenenfalls auch günstigere Transportbedingungen, z.B. geringere Transportwege liegen bei *dezentralen Lagern* vor. Bei den **Umlauflagern** erfolgt die Lagerung im Transportmittel. Man spart sich Lagerräume, hat nur geringes Risiko und hohe Lieferbereitschaft. Es gibt nur Umschlagplätze und Abnahmestellen (z.B. bei der Gemüseversorgung. Die Lager befinden sich in den LKWs auf der Straße). Im industriellen Bereich organisiert man Zentrallager häufig als Hochregallager mit selbstfahrenden Regalförderzeugen und automatisierter Einlagerung und Auslagerung. Dabei können die Waren bestimmten Lagerplätzen zugeordnet werden oder in regelloser Weise gelagert werden. Der Computer merkt sich die Einlagerposition.

### 5.3.2.2 Puffern

Pufferspeicher dienen zum Überbrücken von Störungen bei automatisierten Montageanlagen und zur Ermöglichung von Pausen bei manuellen Montagen sowie zur Vermeidung einer strengen Taktbindung. Man unterscheidet:

- Durchlaufpuffer (**Bild 1**),
- Rücklaufpuffer (**Bild 2**),
- Umlaufpuffer (**Bild 3**),
- Direktzugriffpuffer (**Bild 4**).

Als **Durchlaufpuffer** bieten sich fast alle Transporttechniken an, z.B. Gurtförderer, Hängebahnförderer, Rollenbahnen (Bild 1). Ist zwischen den Arbeitsstationen kein größerer Abstand, so verwendet man **Rücklaufpuffer** (Bild 2), die nur gefüllt werden wenn die Teileaufnahmekapazität zeitweilig nicht ausreicht. Eine Umlaufpufferung wird vor allem bei manuellen Montagearbeitsplätzen eingerichtet, wenn mehrere Arbeitsplätze damit versorgt werden müssen und wenn dabei sehr unterschiedliche Montagezeiten anfallen sowie wenn eine hohe Fluktuation in der Platzbesetzung vorliegt (Bild 3).

Durch Puffer wird eine starre Verkettung von Arbeitsstationen vermieden. Sie führen zur *Entkopplung* von einem Maschinentakt, ermöglichen Pausen und vermindern Produktionsausfälle bei Störungen.

Mit Puffern gelingt eine Anpassung an unterschiedliche Arbeitsgeschwindigkeiten.

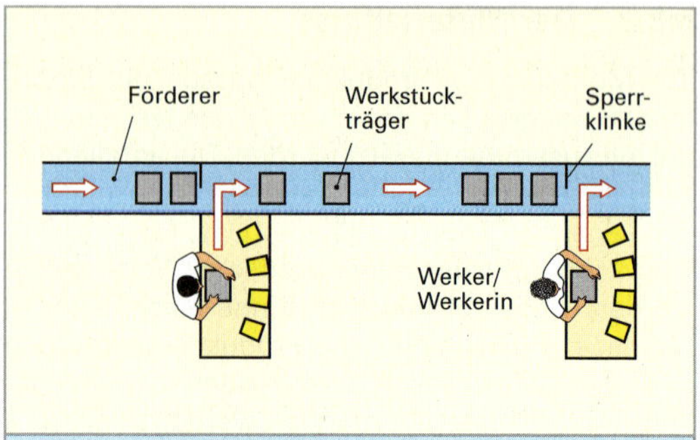


**Bild 1: Durchlaufpuffer**

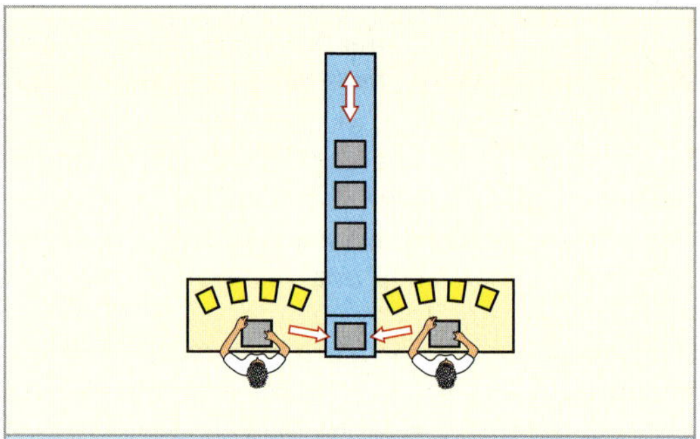

**Bild 2: Rücklaufpuffer**

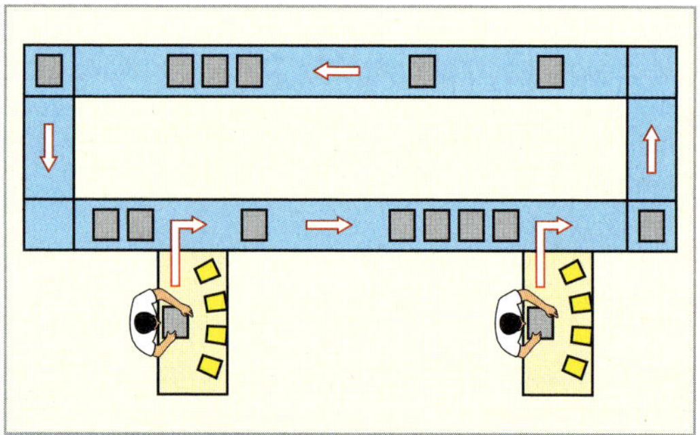

**Bild 3: Umlaufpuffer**

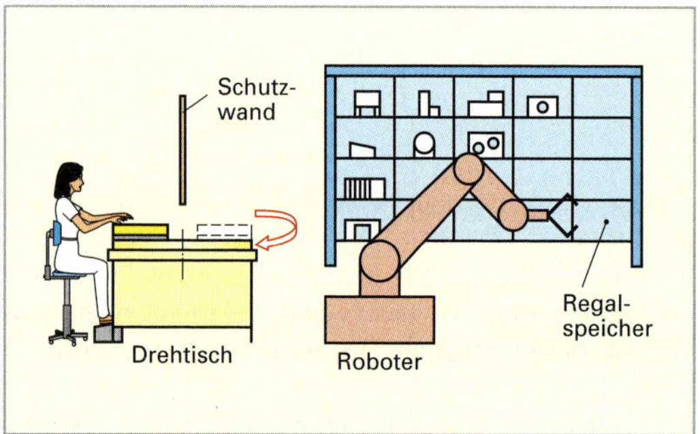


**Bild 4: Direktzugriffpuffer**

### 5.3.2.4 Bunkern

Beim Bunkern nimmt man keine Rücksicht auf die räumliche Lage der Werkstücke. Man speichert sie als *Schüttgut*, z.B. Schrauben und Montagekleinteile oder Gussteile (**Bild 1**). Bei einer automatisierten Montage hat man dann meist große Probleme das gebunkerte Material wieder handhaben zu können. Es muss aufwändig vereinzelt und geordnet werden.

**Bild 1: Bunkern von Gussteilen in einer Gitterbox**

Bei den Bunkern unterscheidet man solche *ohne Werkstückbewegung*, z.B. Behälter, Gitterboxen, (Schäfer-)Kästen und solche *mit Werkstückbewegung*. Letztere ermöglichen häufig auch das **Entwirren**, das **Vereinzeln** und das **Ordnen**.

Man unterscheidet:

- Trichterbunker,
- Schaukelbunker,
- Schöpfbunker,
- Kettenaustragsbunker,
- Nachfüllbunker und
- Behälter (**Bild 2**).

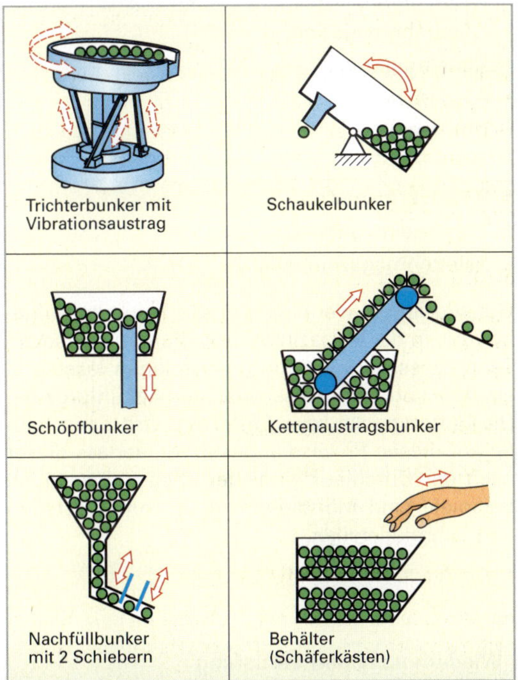


**Bild 2: Bunkersysteme**

Der Vorteil des Bunkerns ist die einfache und kostengünstige Einspeicherung. Der Nachteil ist, dass die automatisierte Teileentnahme oft sehr schwierig ist. Der sogenannte „Griff in die Kiste" mit Robotern ist nur in wenigen Fällen gelöst. Schüttgut, insbesondere Kleinteile aus Metall und Kunststoff können aber vorteilhaft in Trichterbunkern mit Vibrationsaustrag gebunkert und geordnet entnommen werden.

#### Trichterbunker mit Vibrationsaustrag

Bei diesem Bunker ist an der Wandung eine gestufte Wendelbahn angebracht (**Bild 3**). Damit gelangen bei jedem Füllungsgrad die Teile auch auf die nach oben führende Wendelbahn. Die drei schräg gestellten Blattfederfüße des Trichterbunkers werden über Elektromagnete in Vibration versetzt und zwar so, dass eine Schwingbewegung in tangentialer Richtung zum Behälterrand entsteht. Die Schwingamplitude ist weniger als 1 mm, die Schwingfrequenz liegt bei etwa 25 Hz bis 100 Hz. Durch die Schwingbewegung werden auch Bewegungskräfte auf die gebunkerten Kleinteile übertragen und zwar so, dass diese allmählich die wendelförmige Bahn hinauf wandern. Die Schwingrichtung ist so justiert, dass auch gleichzeitig eine Kraft nach außen zur Trichterwandung entsteht. Dadurch bleiben die Teile auf der Bahn und wandern vereinzelt (wie im „Gänsemarsch") der Wand entlang nach oben. Mit mechanischen *Schikanen* und mit *Leitelementen* können die Teile auch in eine Vorzugsrichtung gebracht werden.

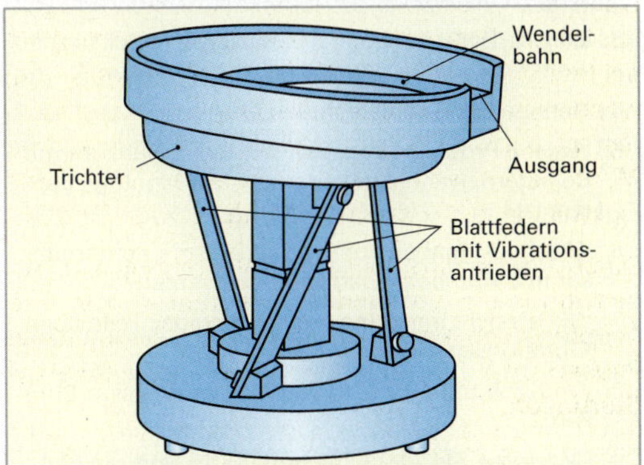


**Bild 3: Trichterbunker mit Vibrationsaustrag**

Mit einem Trichterbunker mit Vibrationsaustrag kann man bunkern, fördern, ordnen und vereinzeln.

### 5.3.2.5 Magazinieren

Magazine sind Speicher für die *geordnete* Zwischenaufnahme von Werkstücken, z.B. auf einer Palette (**Bild 1**).

Man benötigt sie sowohl bei manueller Montage als auch bei maschineller Montage, vor allem, wenn der Montageprozess räumlich auseinandergerissen ist. Wir unterscheiden:

- Trichtermagazine,
- Schachtmagazine,
- Stufenmagazine,
- Rollbahnmagazine,
- Gleitbahnmagazine,
- Kanalmagazine,
- Förderbandmagazine,
- Hubmagazine,
- Kettenmagazine,
- Revolvermagazine,
- Trommelmagazine,
- Palettenmagazine, (**Bild 2**).

Günstig ist es, wenn sich in die Transportaufgabe bzw. in die Magazinier- bzw. Pufferaufgabe ein Teilprozess der Fertigung einbeziehen lässt, z.B. ein Trocknungsprozess oder ein Abkühlprozess. Die Pufferstrecke bzw. Pufferzeit wird dann häufig auf diesen Prozess abgestimmt, sodass dieser nach der Durchlaufzeit sicher abgeschlossen ist. Beispiele sind Montageprozesse von Gussteilen und Schmiedeteilen.

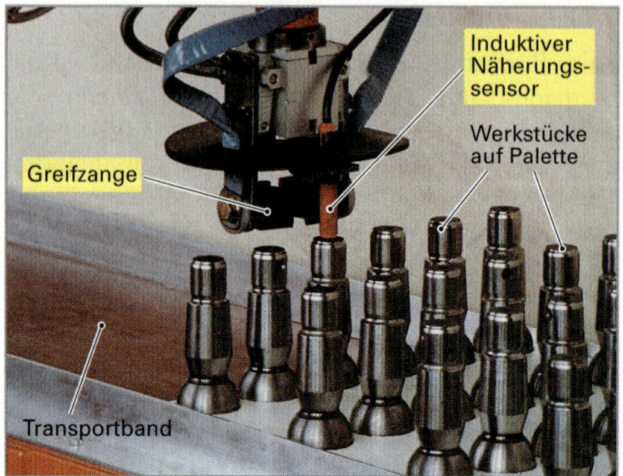


**Bild 1: Palettenmagazin auf einem Förderband**

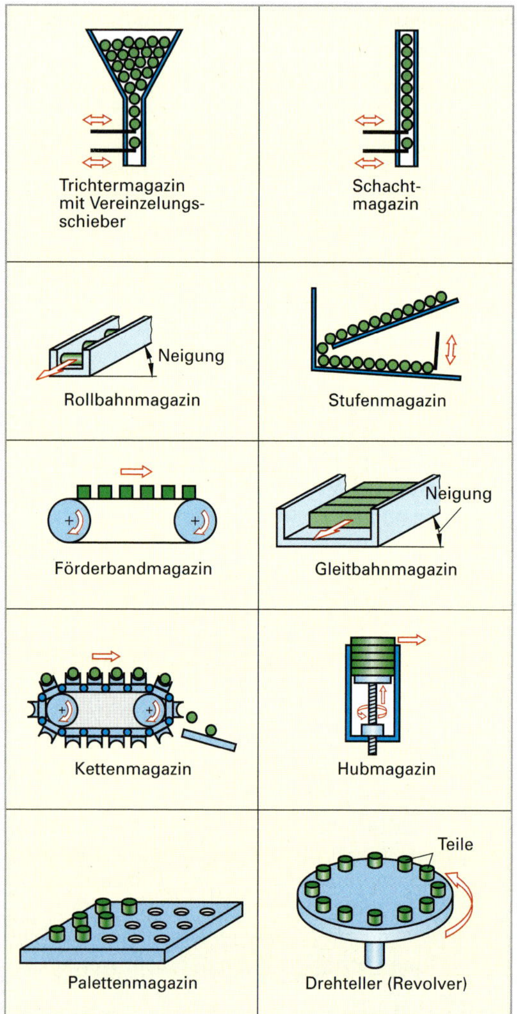


**Bild 2: Magazinbauarten**

**Wiederholung und Vertiefung**

1. Nennen Sie die Hauptfunktionen der Montage.
2. Was ist für eine montagegerechte Produktgestaltung zu beachten?
3. Welche Bedeutung hat das Basiswerkstück für die weitere Montage und wie ist es zu gestalten?
4. Nennen Sie Beispiele für Lager!
5. Welche Probleme ergeben sich beim Bunkern mit Behältern, wenn eine automatische Montage geplant ist?
6. Welche Aufgaben können mit einem Trichterbunker mit Vibrationsaustrag gelöst werden?
7. Wie erreicht man eine Ausrichtung der Teile beim Vibrationsaustrag?
8. Wodurch unterscheiden sich Magazine von Bunkern?
9. Skizzieren Sie ein Schachtmagazin und ein Hubmagazin.

### 5.3.2.6 Fördern

Zur Beförderung von Werkstücken von einer Bearbeitungs- bzw. Montagestation zur nächsten oder von einem Speicher zu den Montageplätzen werden Flurfahrzeuge oder fördernde Bewegungssysteme verwendet.
Die wichtigsten Fördersysteme sind:
- Rutschen, Transporttische,
- Rollenförderer,
- Gurtförderer,
- Kettenförderer,
- Hängebahnförderer und
- Fahrerlose Transportsysteme (FTS).

**Rutschen und Transporttische**

Die Rutschen sind die einfachsten Fördermittel. Sie haben zum selbsttätigen Gleiten der Teile eine Neigung von 2 % bis ca. 7 %. Die Rutschbahn ist mit glatter Oberfläche oder aber sie ist mit Tragkugeln versehen und in manchen Fällen wird zur leichteren Beweglichkeit auch über Düsen Luft eingeblasen, und die Teile schweben auf einem Luftpolster. Transporttische mit *Allseitenrollen* ermöglichen ein allseitiges Verschieben und Verdrehen der Teile (**Bild 1**).

**Rollenförderer**

Bei den Rollenförderern (**Bild 2**) gibt es solche deren Rollen mit Formschluss über Ketten und Kettenräder oder Zahnräder und Zahnriemen (**Bild 3**) angetrieben werden und solche die über Reibschluss, z.B. durch Bänder und Reibräder bewegt werden. Die Antriebskräfte werden entweder von Rolle zu Rolle oder insgesamt auf sämtliche Rollen übertragen. Es gibt auch Rollenförderer mit elektromotorisch einzeln angetriebenen Rollen.
Angetriebene Rollenbahnen ermöglichen als sogenannte *Stauförderer* eine Förderung in der Weise, dass sich vor einer Entnahmestation eine kleine Warteschlange der Teile bildet und so bei diskontinuierlicher Teileabnahme keine Wartezeiten entstehen. Bei den Stauförderern werden z.B. Rollen mit Rutschnaben verwendet, d.h. der Rollenmantel bleibt bei Stau mit dem Werkstück stehen, während sich die Nabe dreht und auf den Rollenmantel ein konstantes Moment ausübt. Auch über berührende oder berührungslose Sensoren kann der Stau erfasst werden und die Rollenantriebe stillgesetzt oder auf ein verringertes Vorschubmoment geschaltet werden. Rollenförderer gibt es sowohl für leichte Werkstücke als auch in sehr robuster Form für tonnenschwere Teile, z.B. in der Giessereitechnik.
Zum Ausschleusen von Werkstücken werden schräg gestellte Rollen angehoben und angetrieben (Bild 2).

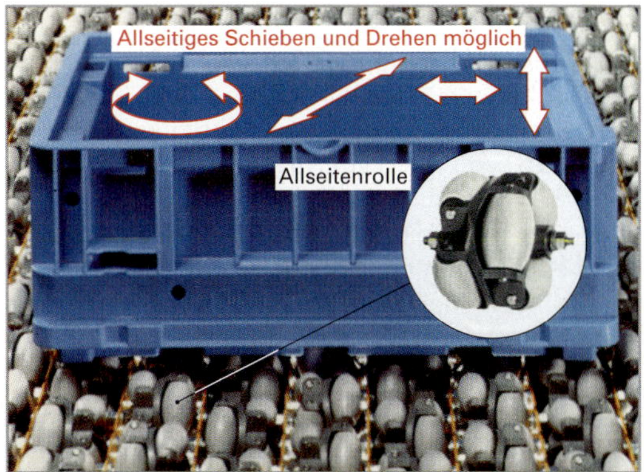


**Bild 1: Transporttische mit Allseitenrollen**

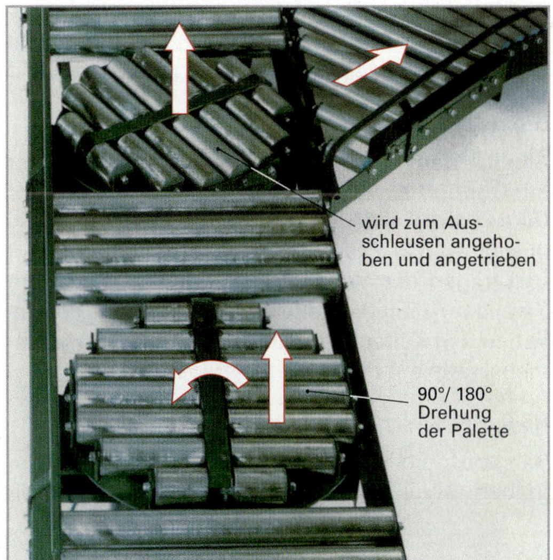


**Bild 2: Rollenförderer mit Ausschleuseweiche und Plattendrehung**

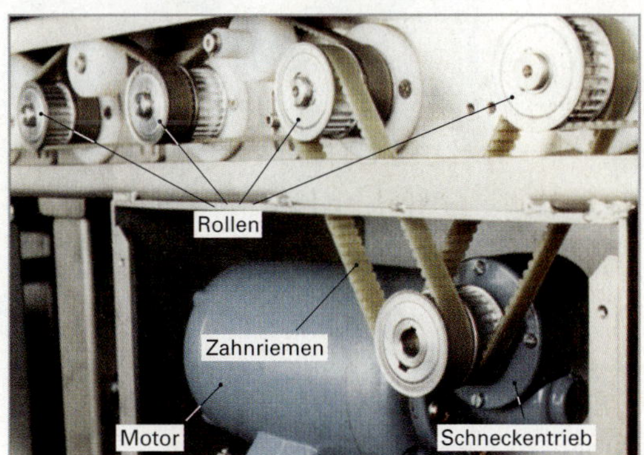


**Bild 3: Rollenantrieb über Zahnriemen**

## Gurtförderer

Gurtförderer fördern über Gurte bzw. Bänder. Diese umschlingen zwei Rollen. Dabei wird eine Rolle elektromotorisch angetrieben. Häufig werden zum Transport von Werkstückträgern Doppelgurtförderer verwendet. Beim Doppelgurtförderer kann man durch die mittlere Freizone zusätzliche Operationen vornehmen, z.B. durch einen Hubzylinder ein Teil bzw. den Werkstückträger anheben und ausschleusen. Die Gurte gibt es in unterschiedlichen Ausführungsformen, z.B. glatt, mit Kunststoffbelag, mit Gummi oder auch mit Stollen um bei Schrägen ein Abrutschen zu verhindern. Mit Doppelgurtförderern lassen sich praktisch alle Formen von *Montagetopologien* z.B. mit Linienstruktur oder Karreestruktur in beliebigen Verschachtelungen verwirk- lichen (**Bild 1**). Für rechtwinklige Richtungsänderungen gibt es relativ einfache Lösungen, da beim Doppelgurt in der freien Mitte ein Querantrieb eingebracht werden kann.

## Doppelstaurollenkette

Ähnlich dem Doppelgurtförderer ist der Förderer mit Doppelstaurollenkette aufgebaut. Anstelle der Gurte kommt eine Kette mit Rollen an die Kettenglieder (**Bild 2**). Diese Rollen sind drehbar gelagert und tragen den Werkstückträger. Kommt es zum Stau, dann läuft die Kette weiter, die Rollen drehen sich in den Kettengliedern, sodass nur geringe Antriebskräfte auf die Werkstückträger wirken.

## Hängeförderer

Hängeförderer gibt es mit Kettenantrieben, Seilantrieben (ähnlich Skilift) und mit Laufschienen in denen bei etwa 3 % Gefälle Laufkatzen mit einer Werkstückhängevorrichtung rollen. Hängeförderer dienen in dieser Form auch als Puffer (**Bild 3**).

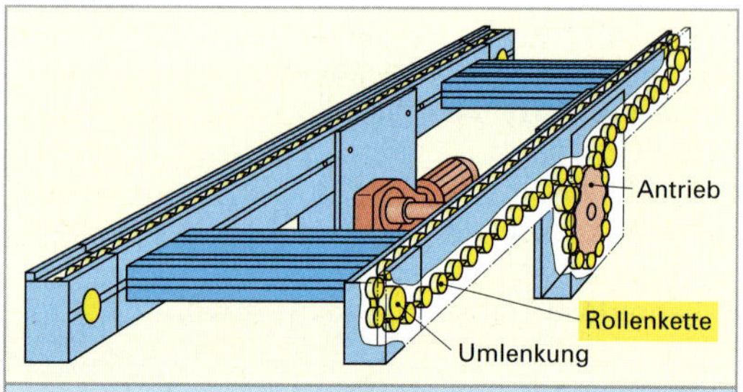


**Bild 2: Doppelstaurollenkette**

**Bild 3: Hängebahnförderer**

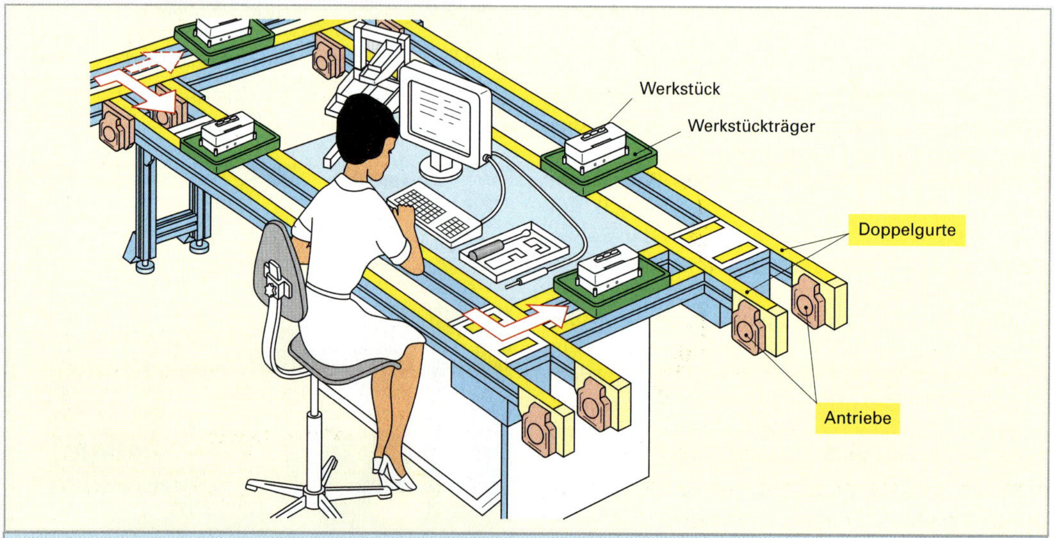


**Bild 1: Prüfarbeitsplatz mit Doppelgurtförderer**

### Fahrerlose Transportsysteme (FTS)

Fahrerlose Transportsysteme (**Bild 1**) sind Fahrzeuge, meist mit Elektroantrieb, die Werkstücke und Werkzeuge auf Paletten oder Fahrzeugkarosserien automatisch aufnehmen und an vorbestimmte Abgabestellen, z.B. Montageplätze oder Läger abgeben. Der Zielort wird über induktive Transponder, über Infrarotsender oder durch Funk übertragen. Die Fahrzeugnavigation erfolgt entweder über Leitdrähte, welche im Flurboden der Fertigungshallen verlegt sind oder über Funknavigationssysteme, ähnlich der Satellitennavigationstechnik bei Kraftfahrzeugen (GPS) oder abschnittsweise über eine Kreiselsteuerung und Referenzierung durch optische oder magnetische Markierungen längs der Wege. Mit Ultraschallsensoren, welche rund um das Fahrzeug angebracht sind (ähnlich den PKW-Parkhilfen) erkennen die FTS etwaige Hindernisse. Schließlich sind in Fahrtrichtung vorwärts und rückwärts Stoßleisten mit Schaltkontakten angebracht, welche bei Berührung das FTS stoppen.

Die Lastaufnahme muss der Transportaufgabe angepasst werden. Häufig gibt es eine Aufnahmeplattform, die individuell höhenverstellbar (**Bild 2**) sowie drehbar ist und/oder die horizontal zu verschieben ist, z.B. quer zur Fahrtrichtung sodass das Ab- und Aufladen seitlich erfolgt.

Die Vorteile von FTS für die Montage sind:

- Größtmögliche Verkettungsflexibilität in einem Montagewerk. Alle Teile können automatisiert an jeden Standort gebracht werden.
- Kein Taktzwang. Die Abfolge der Fahrziele ist beliebig individualisierbar. Wenn die Montage fertig ist wird das FTS weggeschickt.
- Fördert die Bildung von Montageinseln.
- Ermöglicht die Montage im Typenmix.
- Kann bei Verfügbarkeit von zusätzlichen Flächen/Hallen beliebig erweitert werden.

Nachteilig sind die relativ hohen Kosten und der relativ große Platzbedarf für Fahr-, Rangier- und Ausweichbewegungen.

Bei der Montage mit FTS als Transportmittel sind folgende Aufgaben zu lösen:

1. **Fahrzeugoperationen:** Fahrkurs mit Fahrzeiten, Ausweichstrategien, Zeiten für Andockvorgänge, Lastaufnahme, Lastabgabe, Batterieaufladen, FTS-Inspektion/Wartung (**Bild 3**).
2. **Einsatzorganisation:** Zielvorgabe, Zuordnung von Transportaufgaben zu freiwerdenden oder freien Fahrzeugen, Zielvorgabe für leere Fahrzeuge.

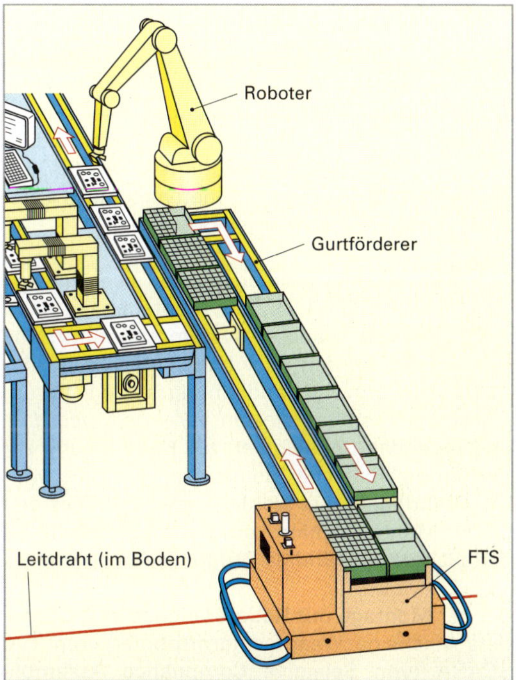

**Bild 1: Materialfluss mit FTS**

**Bild 2: FTS mit Übergabe einer Gitterbox**

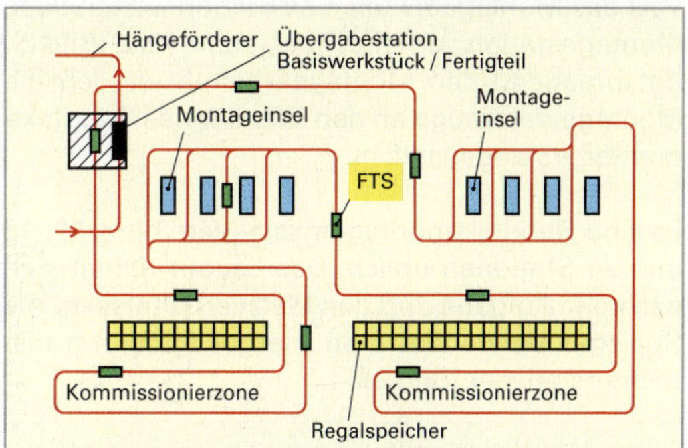

**Bild 3: Flexible Montageverkettungen mit FTS**

### 5.3.3 Montagemaschinen

Zur automatisierten Montage von Aggregaten und Geräten ist eine Anordnung zu treffen, dass der Teilezusammenbau vorzugsweise nur in senkrechter oder in waagerechter Fügerichtung erfolgt. Lediglich Hilfsbewegungen, wie z.B. das Verriegeln über einen Bajonettverschluss kann auch in anderen Richtungen geschehen.

Bei einer solchen Montage bietet sich eine Lösung gemäß **Bild 1** an. Die Montagebasisplatte wird über ein Transportsystem zugeführt. Die Aufbauteile werden in *Vibrationsbunkern* oder *Magazinen* um ein Handhabungssystem herum platziert und stehen diesem *vereinzelt, geordnet* und *lagerichtig positioniert* zur Handhabung zur Verfügung. Einfache Kleinstteile, wie Blechwinkel, Drahtfedern u.ä. werden gegebenenfalls erst an der Montagestation vom Band hergestellt. So entfällt eine aufwändige Ordnungseinrichtung.

Bei der **Montage mit Roboter** eignen sich besonders 4-achsige Waagrechtarmroboter vom Typ SCARA (von Selective Compliance Assembly Robot Arm = Montageroboter mit ausgewählter Nachgiebigkeit). Diese Geräte sind von der Konstruktion her sehr steif und genau in der senkrechten Fügerichtung und nachgiebig quer dazu.

In senkrechter Richtung werden alle Kräfte von den Gelenkscharnieren aufgenommen, während quer dazu die motorischen Antriebe die Kräfte bereitstellen und somit auch steuerbar sind. Dies hat den Vorteil, dass bei Fügeoperationen ein Verklemmen vermieden wird.

Nachteilig bei einer Montagestation mit Roboter ist, dass nur an einer Stelle, nämlich da wo die Roboterhand sich gerade befindet, gearbeitet wird.

**Rundtaktmontagemaschinen** drehen mit jedem Takt das Montageteil um eine Station weiter. Jede Montagestation „arbeitet" bei jedem Takt (**Bild 2**). Entsprechend den Montagearbeiten werden die Montagewerkzeuge an den Ständer des Rundtaktdrehtellers angeflanscht.

Es sind Rundtaktmontagemaschinen mit 8, 12, 16 und 24 Stationen üblich. Das Layout richtet sich nach der Aufgabe und den Platzverhältnissen. Als Speicher verwendet man hierbei oft Vibratonstrichterspeicher (**Bild 3**).

Fügeoperationen sollten möglichst von oben nach unten erfolgen oder in waagerechter Richtung.

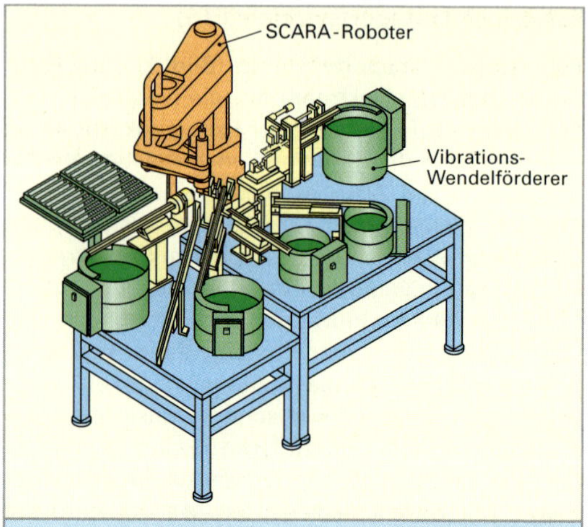


**Bild 1: Flexible Montagestation mit SCARA-Roboter**

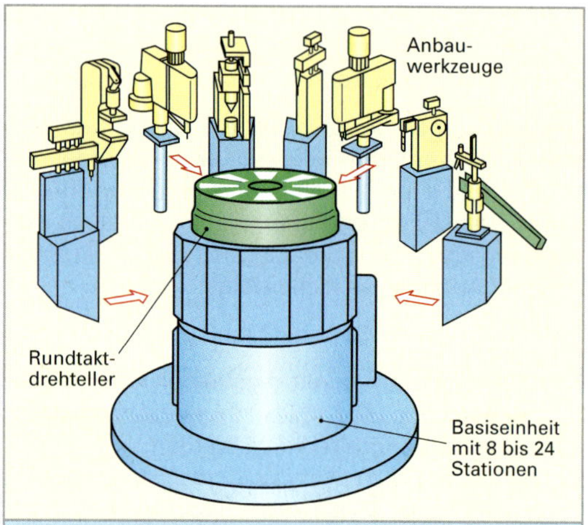


**Bild 2: Rundmontage, Drehteller mit Anbauflansch für 16 Stationen**

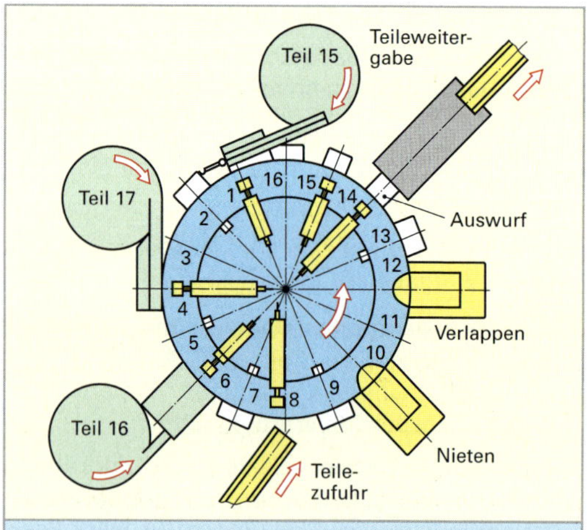


**Bild 3: Layout einer Rundtaktmontage**

### 5.3.4 Roboter (Übersicht)

Den Begriff „Roboter“ prägte der tschechische Schriftsteller *Karel Capek*. Das war im Jahre 1921. Capek beschrieb für das Theaterstück R.U.R. (Rossums Universal Robots) als Vision einer Zukunftsgesellschaft *menschenähnliche Maschinen,* die er *Roboter* und *Roboterinnen* nannte (tschech. robota = Schwerarbeit leisten). Sie haben die Aufgabe, Fronarbeit, also schwere Arbeit, zu leisten.

Aus der Anschauung der Produktionsverhältnisse jener Zeit entstand die Vision der Robotergesellschaft. Die 20er Jahre stehen für eine Zeit mit breit einsetzender Massenproduktion. *Arbeitsteilige* Fertigung wird bis heute in konsequenter Weise betrieben. Arbeitsinhalte reduzieren sich häufig auf flinke *monotone Handlungen,* welche an den Takt der Maschine oder an das Fließband gebunden sind.

Kennzeichen dieser „Fließbandgesellschaft“ sind die Arbeitsbelastungen durch:

- Monotonie in der Arbeit,
- Stress, Lärm, Staub, Hitze,
- physische Schwere der Arbeit.

Roboter sind geeignet, solche Arbeiten zu verrichten.

Roboter sind überwiegend als *Gelenkroboter* mit „Schultergelenk“, „Armgelenk“ und „Handgelenk“ aufgebaut **(Bild 1)**. Der Arbeitsraum entspricht bei Geräten mittlerer Größe etwa dem eines stehenden Werkers. Das Handhabungsgewicht liegt meist bei etwa 300 N. Es gibt aber auch Roboter für mehr als 3000 N. Die Arbeitsgeschwindigkeiten sind meist deutlich höher als bei manueller Arbeit und betragen etwa 1 m/s.

Damit das Zusammenspiel der einzelnen Gelenkbewegungen zu einer zielgerichteten, z.B. *geradlinigen,* Roboterhandbewegung führt, sind sehr schnell rechnende Mehrprozessorsteuerungen notwendig, wobei mehrere Millionen Rechenschritte pro Sekunde auszuführen sind **(Bild 2)**.

Roboter verwendet man zu Handhabungsaufgaben, wie z.B. zur Entnahme von Werkstücken aus einer Druckgießmaschine oder zum Einlegen von Teilen bei der Montage und zu Bearbeitungsaufgaben, wie z.B. zum Entgraten und Lackieren **(Bild 3)**. Die prozentuale Verteilung hat sich in den letzten Jahren zugunsten der Montagetechnik verändert. Der Bereich der Werkstückbearbeitung ist jetzt stark am Wachsen.

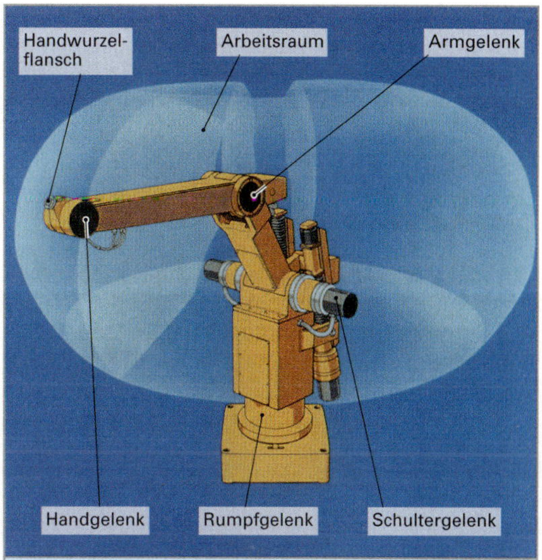


**Bild 1: Industrieroboter**

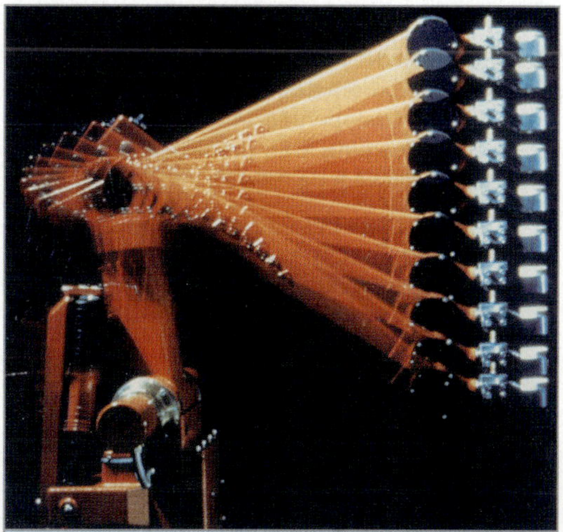

**Bild 2: Zusammenspiel mehrerer Bewegungsachsen zum Erzeugen einer geraden Linie**

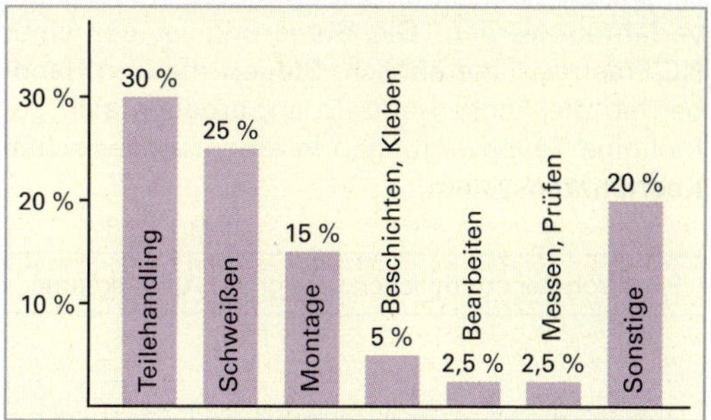


**Bild 3: Anwendungsbereiche der Industrieroboter**

**Der kinematische Aufbau**

Art, Anordnung und Zahl der Bewegungseinheiten (Achsen) bestimmen bei einem Roboter die äußere Gestalt, den Arbeitsraum, die Verwendbarkeit und den steuerungstechnischen Aufwand. Die Bewegungseinheiten sind Drehgelenke (rotatorische Achsen, **R**-Achsen) oder geradlinige Führungen (translatorische Achsen, **T**-Achsen).

Um verschiedene Punkte im Raum erreichen zu können, sind drei Achsen erforderlich. Diese Achsen nennt man **Hauptachsen.** Sie bilden den **Roboterarm.** Zur Einstellung eines Greifers oder Werkzeugs in beliebiger räumlicher Richtung (Orientierung) sind weitere drei Achsen erforderlich **(Bild 1).** Diese nennt man **Handachsen.** Handachsen sind stets rotatorische Achsen.

Zur Einstellung des Roboters auf eine Position im Roboterarbeitsraum sind insgesamt 6 Achsen, entsprechend den 6 Freiheitsgraden der Bewegung eines Körpers im Raum, erforderlich.

Man unterscheidet 3 Freiheitsgrade für die Position, z.B. mit den Koordinaten X, Y, Z, und 3 Freiheitsgrade für die Orientierung mit den Drehachsen D für die **Rollbewegung,** E für die **Nickbewegung** und P für die **Gierbewegung (Bild 2).**

Die Roboter werden nach ihrer **Kinematik**[1], d.h. nach der Art ihrer Bewegungen, unterteilt.

Bei der **TTT-Kinematik** folgen, beginnend bei der Roboteraufstellfläche, drei translatorische Hauptachsen aufeinander **(Bild 3).** Diese Art von Robotern verwendet man z.B. als **Portalgeräte** zum Beladen und Entladen von Paletten und zur Montage. Ihr Arbeitsraum ist quaderförmig; die Kantenlängen entsprechen den Längen der X-, Y- und Z-Achse. Für geradlinige Bewegungen im Arbeitsraum müssen die einzelnen Achsen mit unterschiedlichen, aber konstanten Achsengeschwindigkeiten verfahren werden. Die Steuerung ist der einer NC-Fräsmaschine ähnlich. Steuert man im Handbetrieb die Achsen einzeln an, ergeben sich geradlinige Teilbewegungen in einem **kartesischen Koordinatensystem.**

Portalroboter ermöglichen sehr große Arbeitsräume.

[1] griech. kinema = das Bewegte, Kinematik = Beweglichkeitslehre, Bewegungsart

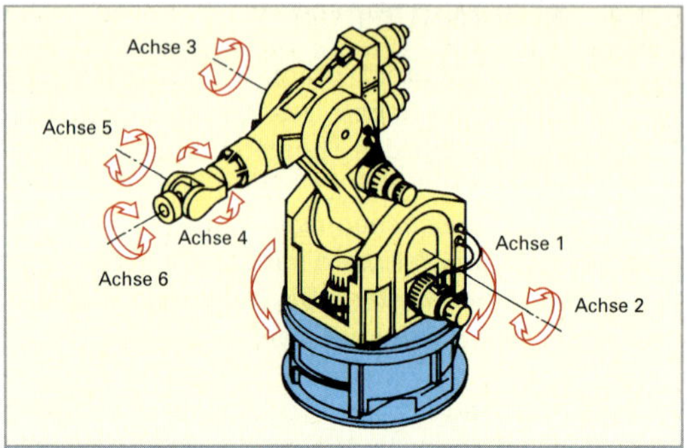


**Bild 1: Die 6 Achsen eines Roboters zur Einstellung der Position und zur Orientierung**

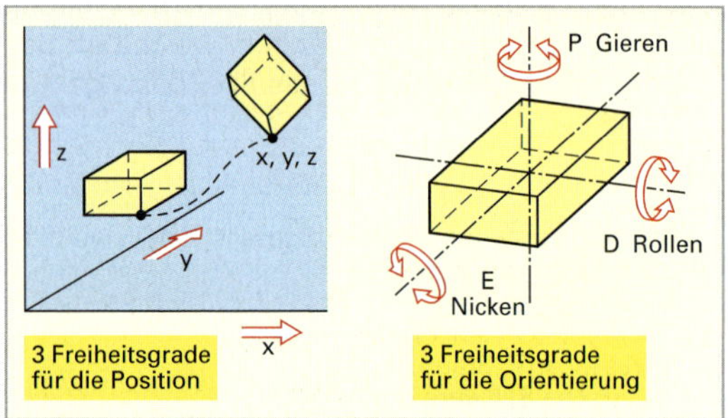


**Bild 2: Die 6 Freiheitsgrade der Bewegung**

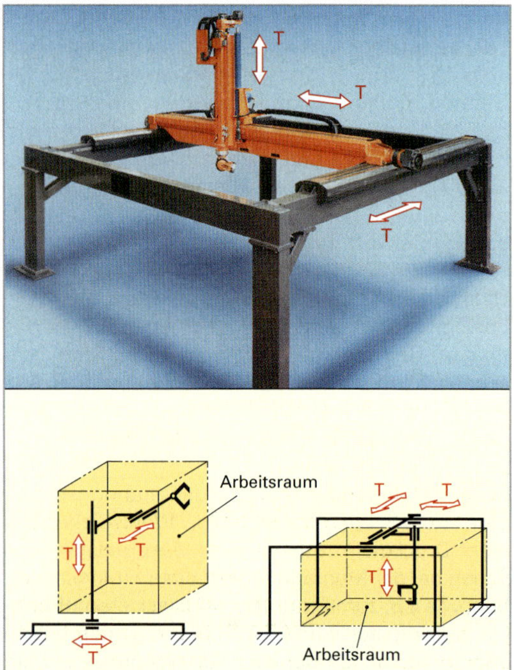


**Bild 3: Roboter mit TTT-Kinematik**

Bei der **RTT-Kinematik** sind zwei translatorische Achsen auf eine rotatorische Achse aufgesetzt **(Bild 1)**. Ein Drehturm (1. Achse) trägt eine translatorische Achse (2. Achse) zur Höheneinstellung und diese eine translatorische Achse (3. Achse) zur Einstellung der Reichweite in radialer Richtung. Der Arbeitsraum ist zylinderförmig. Steuert man im Handbetrieb die Achsen einzeln an, erhält man für die 2. und 3. Achse je eine geradlinige Teilbewegung und für die 1. Achse einen Kreisbogen. Dieser liegt in der X/Y-Ebene. Um den Roboter in gewohnter Weise mit den rechtwinkeligen Koordinaten X, Y, Z programmieren und in diesen Achsrichtungen bewegen zu können, sind in der Robotersteuerung fortlaufend Umrechnungen von kartesischen Koordinaten in **Polarkoordinaten** (Maschinenkoordinaten) vorzunehmen.

Roboter mit **RRT-Kinematik** haben z.B. eine Drehachse als 1. Achse, eine Schwenkachse als 2. Achse und eine translatorische Achse als 3. Achse **(Bild 2)**. Der Arbeitsraum hat die Form einer Halbkugel. Steuert man die ersten beiden Achsen einzeln an, erhält man je eine kreisförmige Teilbewegung. Um den Roboter in gewohnter Weise mit den rechtwinkeligen Koordinaten X, Y, Z programmieren und in diesen Achsrichtungen bewegen zu können, sind fortlaufend Umrechnungen vom kartesischen Koordinatensystem in ein **Kugelkoordinatensystem,** das Roboterkoordinatensystem, vorzunehmen.

Auch der Roboter in der Bauform nach **Bild 3** hat als translatorische Achse keine Linearführung, sondern Gelenke nach einem Parallelogramm. Der Roboter dieser Bauform erreicht große Auskraglängen mit dünnem Arm und ist besonders für das Punktschweißen von Karosserien mit Hilfe einer Schweißzange geeignet.

Eine häufige Achsenanordnung, insbesondere für Roboter zur Montage ist die **RRT-Kinematik mit waagrechtem Arm.** Aufbauend auf zwei rotatorischen Achsen für einen in waagrechter Richtung beweglichen Arm folgt eine translatorische Achse für eine senkrechte Hubbewegung **(Bild 4)**. Der Arbeitsraum ist zylinderförmig.

Diese Roboterbauform ermöglicht hohe Fügekräfte in senkrechter Richtung, da diese Kräfte nicht über die Gelenkantriebe aufgenommen werden müssen. In waagrechter Richtung können diese Roboter aber nachgiebig sein. Meist haben diese Roboter nur eine Handachse zur Werkstückdrehung, also insgesamt nur 4 Achsen. Diese Roboter werden auch SCARA-Roboter genannt (von engl. Selective Compliance Assembly Robot Arm = Montageroboterarm mit ausgewählter Nachgiebigkeit).

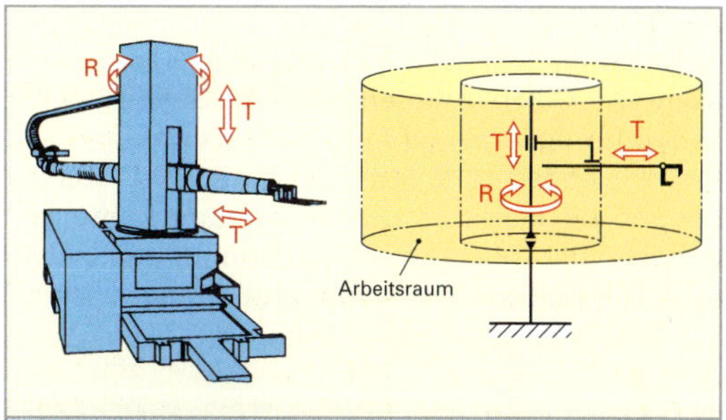


**Bild 1: Roboter mit RTT-Kinematik**

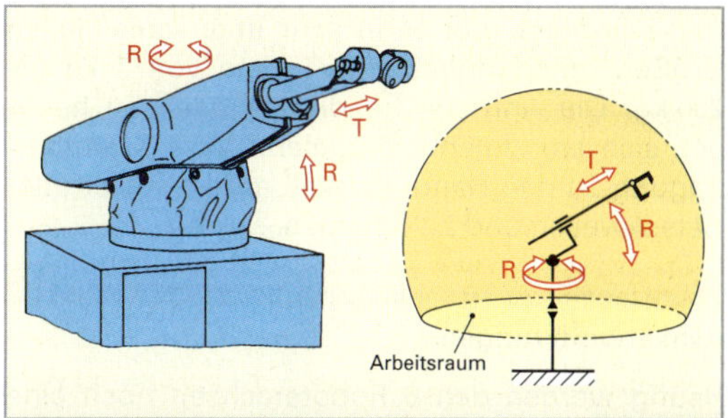


**Bild 2: Roboter mit RRt-Kinematik**

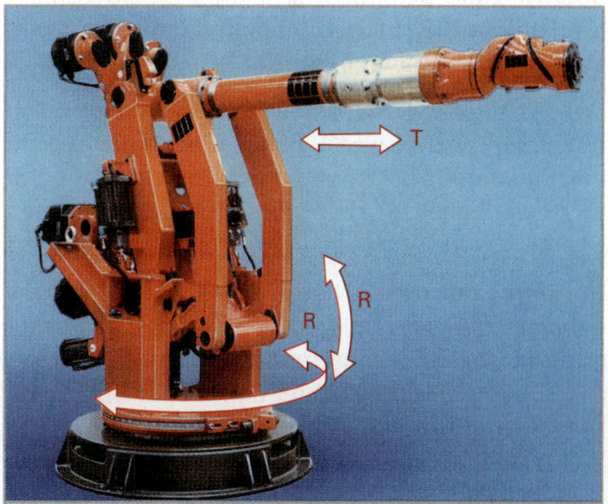


**Bild 3: Beispiel für einen Roboter in RRT-Kinematik mit Parallelogrammgelenk**

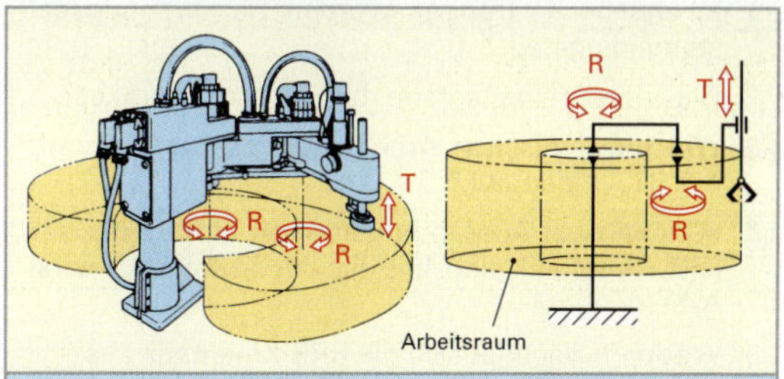


**Bild 4: Roboter mit RRT-Kinematik und waagrechtem Arm (SCARA)**

Bei der **RRR-Kinematik** werden alle Bewegungen über Drehgelenke ausgeführt. Man spricht hier auch von **Gelenkrobotern (Bild 1)**. Gelenkroboter haben bezüglich ihres Arbeitsraums den geringsten Platzbedarf und brauchen für schnelle Bewegungen die kleinsten Beschleunigungskräfte. Sie werden bei gleichen Beschleunigungsmassen bzw. Trägheitskräften, steifer und robuster gebaut als Roboter anderer Kinematik.

Die Mehrzahl der Roboter haben einen Aufbau entsprechend der RRR-Kinematik.

Diese Roboter gibt es in sehr unterschiedlichen Größen mit Handhabungsmassen von 1 kg bis 200 kg. Die Antriebe für die Handachsen befinden sich am „Ellenbogengelenk“. Die Kraftübertragung zu den Handgelenken erfolgt meist über Gelenkwellen und Zahnriemen.

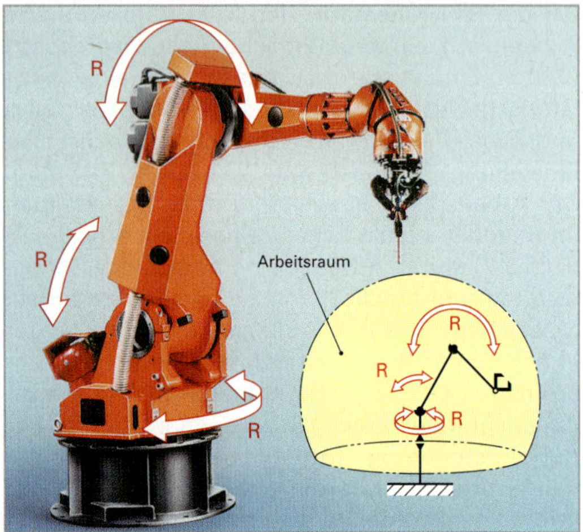

**Bild 1: RRR-Kinematik der Gelenkarm-Roboters**

### Achserweiterungen

Häufig werden den 6 Roboterachsen noch eine **7. Achse** zur Arbeitsraumerweiterung hinzugefügt, indem man den Roboter auf eine Schiene setzt oder an eine Schiene hängt **(Bild 2)**. So können Werkstücke, z.B. für den Modellbau mit über 30 m Länge hergestellt werden.

Die Erweiterung mit einem Dreh-Kipptisch, also mit einer **7. Achse und 8. Achse (Bild 3)** ermöglicht eine besonders günstige Zuordnung vom Bearbeitungswerkstück zu dem vom Roboter bewegten Bearbeitungswerkzeug.

Bei einer solchen Achserweiterung müssen die Bewegungen der Zusatzachsen bei der Bahnerzeugung in der Steuerung mitberücksichtigt werden. Alle 7 oder 8 Achsen können gleichzeitig in Bewegung sein, z.B. in der Weise, dass beim Schweißen von räumlich gewundenen Werkstücken stets ein waagerecht liegendes Schmelzbad vorhanden ist.

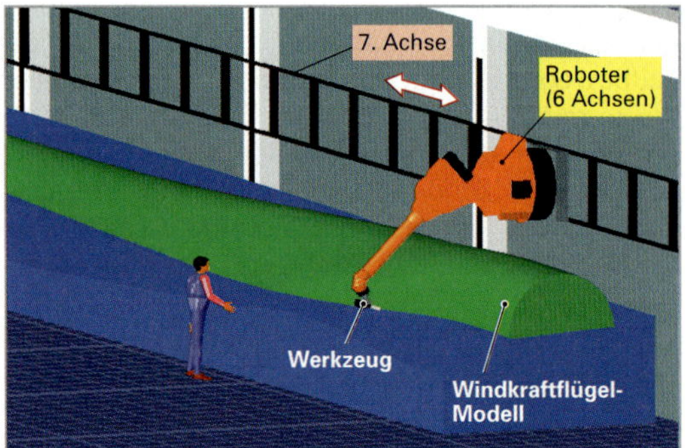

**Bild 2: Roboter mit Arbeitsraumerweiterung durch eine 7. Achse**

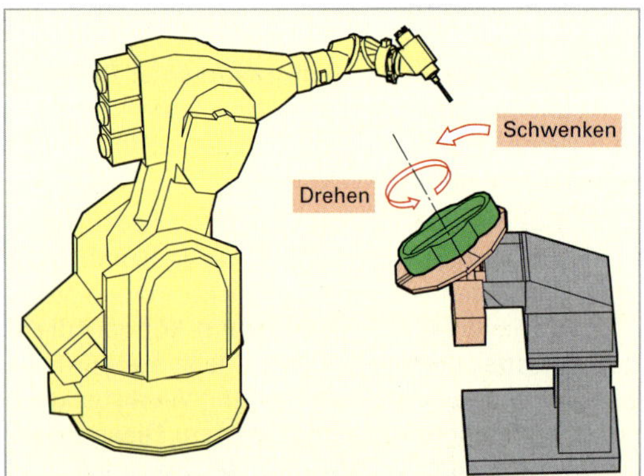

**Bild 3: Roboter mit Dreh-Schwenktisch**

### Wiederholung und Vertiefung

1. In welche 3 Gruppen werden Handhabungssysteme eingeteilt?
2. Wie viele Freiheitsgrade der Bewegung gibt es?
3. Welchen typischen Arbeitsraum hat ein Roboter mit RTT-Kinematik?
4. Welche zwei Ausführungsformen gibt es bei der RRT-Kinematik und wie ist der jeweils typische Arbeitsraum?
5. Wodurch zeichnet sich die RRR-Kinematik aus?
6. Weshalb erweitert man die Roboterachsen um eine 7. Achse oder um eine 7. und 8. Achse?

## 5.3.5 Montageorganisation

### Topologie

Die Montagestationen und Montagearbeitsplätze werden so zusammengestellt, dass in Fließrichtung zur Montagebasisplatte der Montagefortschritt erfolgt. Die Anordnung (Topologie[1]) der Montagestationen ist dann eine *Linie*, ein *Ring*, ein *Karree* oder ein Mix aus diesen Anordnungen. Teile die bei der Qualitätsprüfung, z.B. bei der Funktionsprüfung auffallen, werden ausgeschleust, kommen gegebenenfalls in eine (Teil-) Demontagelinie und werden nochmals in den Montageprozess eingereiht. Hierfür sind in den Transportlinien Weichen einzuplanen.

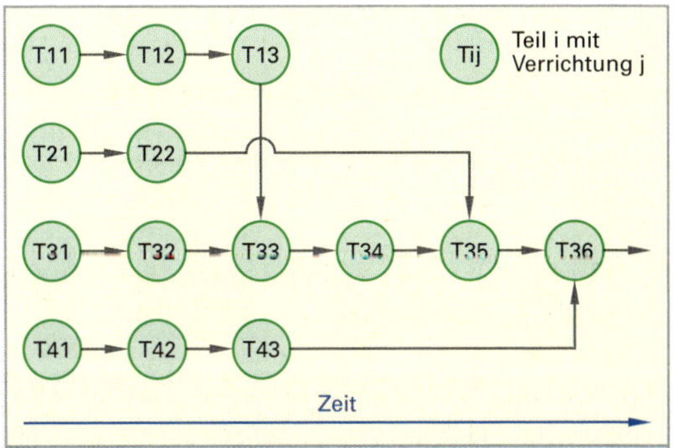


**Bild 1: Vorranggraph für den Montageablauf**

### Montageablauf

Der Montageablauf wird in *Teilverrichtungen* gegliedert und diese werden nach ihrer zeitlichen Reihenfolge nummeriert (**Bild 1**). Es steht Tij für die „j-te" Teilverrichtung des Montageteils „Ti".
Beispiel: T34, bedeutet, dass das Montageteil T3 (Schraube) in der Montageoperation j = 4 verschraubt wird. So ergeben sich für die Anordnung sogenannte „Vorranggraphen" (Bild 1).

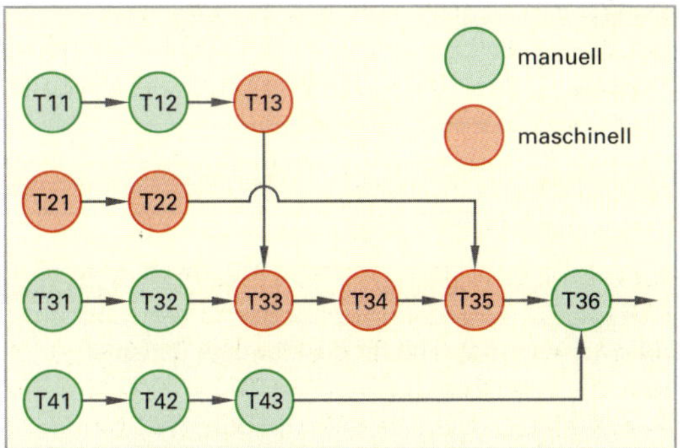


**Bild 2: Maschinelle und manuelle Teilverrichtungen**

[1] Topologie = Lehre von der Lage im Raum, griech. topos = Ort, ...logie = Nachsilbe mit der Bedeutung „Lehre"

Bei der Erstellung der Vorranggraphen geht man folgendermaßen vor:

- Man schreibt/skizziert die Teilverrichtungen auf Kärtchen und schätzt/ermittelt die Montagezeit.
- Die Kärtchen werden unter Berücksichtigung der vorhergehenden und der nachfolgenden Teilverrichtung an eine Steckwand geheftet. Es entstehen Zeilen mit der zeitlichen Reihenfolge der Teilverrichtungen.
- Jede Teilverrichtung wird so angeheftet wie sie zum frühesten Zeitpunkt erledigt werden kann. Man erhält die Grobstruktur des Vorranggraphen.
- Es werden nun in den Vorranggraphen die Verbindungslinien eingezeichnet (**Bild 2**).
- Die Kärtchen und Verbindungslinien werden jetzt so variiert, dass Blöcke entstehen, die zusammengehörend automatisierbar sind und solche die lohnintensiv (und nicht automatisierbar) sind (**Bild 1, folgende Seite**).
- Die nichtautomatisierbaren Teilverrichtungen sollten nicht vereinzelt in bzw. zwischen automatisierbaren Teilverrichtungen liegen, damit keine enge Taktbindung entsteht. Für die Handmontagen sind Entkopplungen vom Montagetakt durch Pufferspeicher vorzusehen.
- Die Handmontageplätze sind so anzuordnen, dass die Mitarbeiter/innen nicht isoliert sind, dass sie also im Blickkontakt stehen und miteinander kommunizieren können.
- Die manuellen Arbeitsplätze sind so zu gestalten, dass diese als Sitz-/Steharbeitsplätze eingerichtet werden.
- Die Teilverrichtungen an manuellen Arbeitsplätzen sind möglichst mit überlappenden Tätigkeiten zum Vorgängerarbeitsplatz und zum Nachfolgearbeitsplatz auszustatten. Damit ist es möglich, dass bei Problemen im Arbeitstempo der Vorgänger oder der Nachfolger Teilaufgaben mit übernehmen kann.

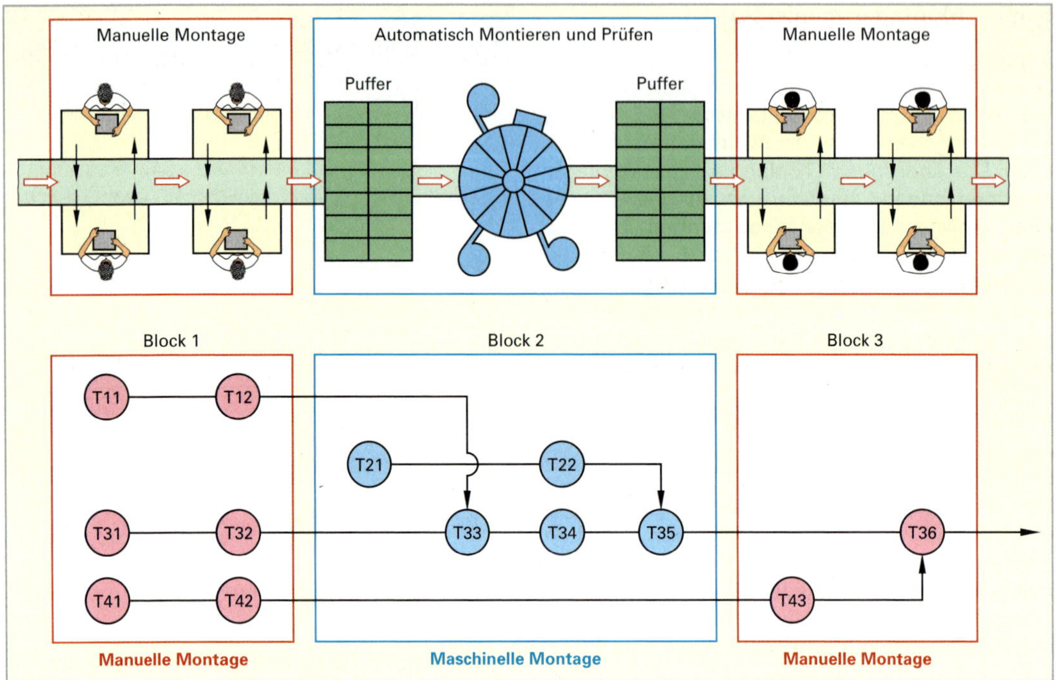


**Bild 1: Vorranggraph für die Montage (Beispiel)**

Zur *betriebssicheren* Montage werden die Montagestationen und Montagearbeitsplätze mit „sich ersetzender Funktionalität" *mehrfach* ausgebildet. Man erreicht eine hohe Montageflexibilität wenn diese „sich ersetzenden" Montageplätze duch *flexible* Transportsysteme (fast) beliebig verkettet werden können.

So kann bei einfachen Operationen durch „Parallelschalten" die Ausbringung erhöht und durch „Reihenschalten" die Montagekomplexität vergrößert werden (**Bild 2**).

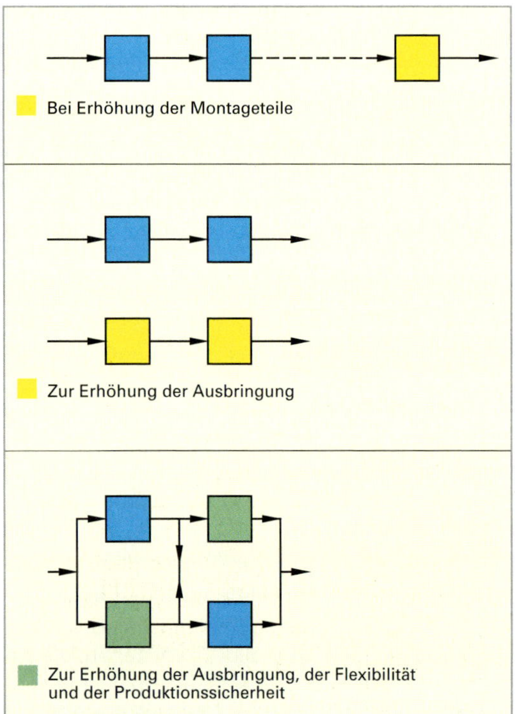


**Bild 2: Montagestrukturen**

### Wiederholung und Vertiefung

1. Nennen Sie die wichtigsten Fördersysteme.
2. Welche Vor- und Nachteile haben FTS?
3. Vergleichen Sie eine Roboter-Montagestation mit einer Rundtakt-Montagemaschine.
4. Was ist bei der Planung eines manuellen Montagearbeitsplatzes zu beachten?
5. Wodurch zeichnet sich eine Robotermontagestation und eine Montage-Rundtaktmaschine aus?
6. Wie erfolgt die Montageplanung?
7. Wieso benötigt man bei Handmontageplätzen Pufferspeicher?

# 5.4 Materialflussoptimierung

## 5.4.1 Zielsetzung

Die Zielsetzungen der Materialflussoptimierung sind bei den Unternehmen sehr unterschiedlich **(Tabelle 1)**. Für den Arbeitsplaner ist natürlich die schönste Aufgabe einen kompletten Materialfluss, einschließlich der Fabrikplanung durchzuplanen und umzusetzen. In diesem Kapitel ist der Schwerpunkt „nur" die Umgestaltung, die Verbesserung des Materialflusses, also die Materialflussoptimierung.
Das wichtigste Ziel ist dabei die Verkürzung der Durchlaufzeit. Viele Unternehmen „verzetteln" sich bei ihrer Zielsetzungswahl indem sie „sicherheitshalber" mehrere Ziele vorgeben. Deshalb muss eine **ganzheitliche Zielvorgabe** erarbeitet werden. Diese sollte zuerst allgemein erfasst werden: **„Materialflussprozess neu arrangieren"**. So kann die **Etappe** des Prozessmanagements: **Prozesse definieren** erfolgreich mit diesem Moderationsthema begonnen werden **(Bild 1).**

## 5.4.2 Planung und Gestaltung

Schwerpunkt dieses Kapitels **„Materialflussoptimierung"** wird die Analyse des Materialflusses und dessen einfache Optimierung sein. Zur Bearbeitung dieser Aufgabe sind grundlegende Kenntnisse über die sieben **Qualitätswerkzeuge Q7** und die sieben **Managementwerkzeuge M7** des Qualitätsmanagements (TQM) erforderlich. Diese sind im Buch im Kapitel Qualitätsmanagement beschrieben.

**Tabelle 1: Die Zielsetzungen der Materialflussoptimierung**

| **Ziel** | **Beschreibung, Aktionen, Folgewirkungen** |
|---|---|
| Durchlaufzeiten verkürzen | Die wichtigste Aufgabenstellung bei der Materialflussoptimierung. Eine Verringerung hat viele Folgewirkungen wie geringere Kapitalbindung, höhere Kundenzufriedenheit, höherer Durchsatz,... |
| Lagerung reduzieren, vermeiden | Unnötiges Material zu lagern ist Verschwendung, erzeugt Zusatzarbeit durch ständiges Umlagern. |
| Arbeitsstrukturierung umsetzen | Gruppenarbeit und job rotation verbessern den Materialfluss, die Mitarbeiter können sofort an den Engpassstellen eingesetzt werden. |
| Erhöhung der Produktqualität | Ein übersichtlicher und planmäßig ablaufender Materialfluss erhöht die Qualität. |
| Verringerung der Belastung | Die Ausfälle wegen Überbelastungen der Mitarbeiter werden mittelfristig geringer werden, die Motivation wird ansteigen. |
| Zertifizierung durchsetzen | Die Kunden verlangen vom Unternehmen eine Zertifizierung, ohne einen geordneten und dokumentierten Materialfluss kann dies nicht erreicht werden. |

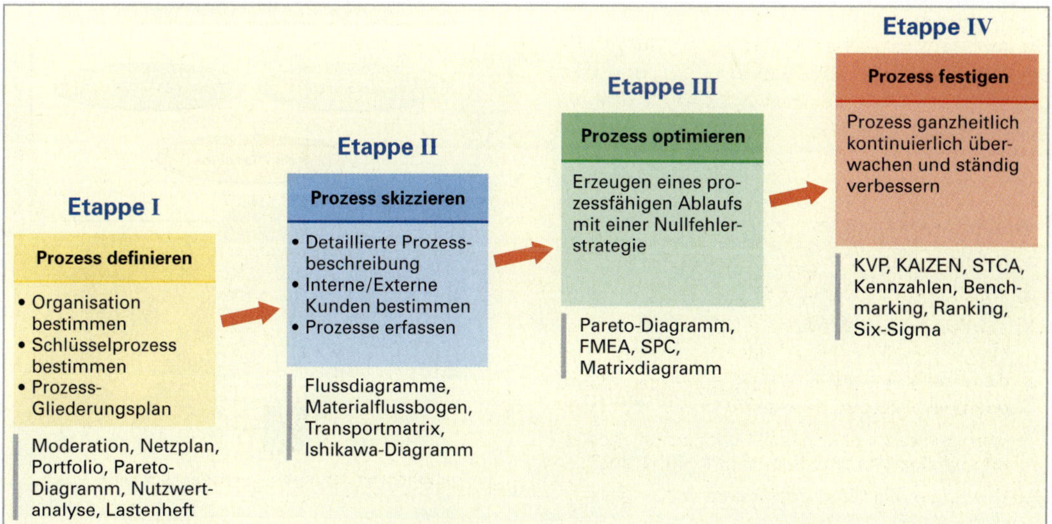


**Bild 1: Die vier Etappen des Prozessmanagements**

### 5.4.3 Beispiel im Modellbetrieb

Das Beispiel bezieht sich auf den im Buch vorgegebenen Modellbetrieb und die Arbeitspläne für die Produktion der Gelenkwelle.

Die Planung, Optimierung und Neugestaltung des Materialflusssystems wird nach den **vier Etappen des Prozessmanagements** durchgeführt.

#### 5.4.3.1 Etappe I: Materialfluss-Prozess definieren

**1. Leitungskreis installieren.** Dem Schwerpunkt unserer Aufgabenstellung entsprechend verzichten wir auf die Festlegung und Auswahl der Organisation und gehen davon aus, dass je ein Mitarbeiter der Fertigungsleitung, der Materialdisposition, des Qualitätsmanagements, des Controllings, des Betriebsrats, die Sicherheitsfachkraft und Mitarbeiter des Prozesses zum Leitungskreis bestimmt worden ist.

**2. Schlüsselprozess bestimmen.** Durch eine **Moderation** mit allen Beteiligten wird das Thema: **Materialflussprozess neu arrangieren** von einem Moderator vorgestellt. Den Teammitgliedern werden durch den Controller die Geschäftskennzahlen vorgestellt. Diese entsprechen seiner Ansicht nach nicht der „branchenüblichen" Wirtschaftlichkeit. Das Team wird nun aufgefordert, alles in die Moderation einzubringen, was einen guten Materialfluss behindert. Das **Bild 1** zeigt einen Ausschnitt aus der Moderation. Den Clustern werden Arbeitsüberschriften zugeordnet und in eine **Arbeitsprogrammtafel** nach ihrem Ranking sortiert eingetragen **(Tabelle 1)**.

**3. Prozessteam bilden und Prozessgliederungsplan erstellen.** Nun kann die Geschäftsleitung den **Projektleiter** und dessen **Teammitglieder** bestimmen und muss entscheiden, welche Ziele das Team endgültig mit welchem Etat umsetzen soll. Die Planung und Durchführung der weiteren Arbeitsschritte nach dem Prozessmanagement wird der Projektleiter am besten mit dem Arbeitsmittel der Netzplantechnik durchführen.

**Tabelle 1: Ranking der Arbeitsaufträge als Ergebnis der Moderation**

| Pos. | Arbeitsaufträge: Untersuchung | Rangstufe |
|---|---|---|
| 1 | der Maschinenstörungen durch den Materialfluss | 10 |
| 2 | der Beeinflussung der Arbeit durch Umwelteinflüsse | 8 |
| 3 | der Mitarbeiterbelastung durch Heben von Lasten | 4 |
| 4 | der Materialflussorganisation – Kommissionierung | 3 |
| 5 | der Art der Födereinrichtungen auf ihre Eignung | 2 |
| 6 | des Aufbaus und der Lage der Lagersysteme | 1 |

**Bild 1: Moderation: Materialflussprozess neu arrangieren**

### 5.4.3.2 Etappe II: Materialfluss-Prozess analysieren

Die detaillierte Prozessbeschreibung muss am Projektziel ausgerichtet werden. Die Auswahl der Werkzeuge aus den Q7, dem M7 und den speziellen für die Materialflussoptimierung ist groß und schon aus Kostengründen wird man nicht alle einsetzen.

**1. Externe und interne Kunden bestimmen.** Das Ziel ist, die Wünsche und Anforderungen der Kunden unverfälscht aufzunehmen. Die Anforderungen der externen Kunden können durch eine Beschwerdeanalyse gewonnen werden. Die durch den Prozess betroffenen internen Kunden können in einer Teamsitzung durch ein MindMap befragt werden **(Bild 1)**.

**2. Prozesse erfassen.** Der Materialflussbogen ermöglicht die detaillierte Aufnahme einzelner Materialbewegungen einschließlich ihrer Einflussgrößen (Menge, Gewicht, Weg, Zeit, Belastungen, Energie, Umwelteinflüsse). Der Ablauf wird zusätzlich visuell dargestellt und kann somit mit einem Verbesserungsvorschlag optisch gut verglichen werden. Ein Beispiel ist in **Tabelle 1** für den Materialfluss der Serienfertigung des Teiles 3107 Zahnwellenschaft durch den Modellbetrieb dargestellt. Die Detaillierung ist den Erfordernissen der Aufgabenstellung angepasst. Schwerpunkt ist die **Erfassung der Transportwege** und der **Liegezeiten**.

**Tabelle 1: Der Materialflussbogen – Teil 3108 Rohrwellenschaft 40**

| **Materialflussbogen** | Teil/Produkt: *Teil 3108*<br>Kostenstelle/Abteilung/Werk: *Modellbetrieb* | Datum:<br>Bearbeiter: |
|---|---|---|

| **Nr.:** | **Ablaufabschnitt** | **Ablaufarten[1] des AG** | Menge (St) | Weg (m) | Ist-Zeit (min) | Notiz |
|---|---|---|---|---|---|---|
| 1 | *Bearbeiten des Bereitstellungsauftrags* | + ⇨ □ ◗ ▽ | *1* | | *20* | |
| 2 | *Ausfassen Rohmaterials Teil 3118* | ○ + □ ◗ ▽ | *100* | *10* | *5* | |
| 7 | *Fahrt zum Arbeitsplatz Dre220 KSt 4200* | ○ + □ ◗ ▽ | | *100* | *3* | |
| ... | | ○ ⇨ □ ◗ ▽ | | | | |

| **Ablaufart** | **Beschreibung/Tätigkeit** | **Symbol** |
|---|---|---|
| Einwirken | Bearbeiten, Verarbeiten, Umwandeln, Prüfen | ○ (oder +) |
| Transportieren und Handhaben | Tragen, Fahren, Schieben, Drehen, Wenden, Eingeben, Ausgeben, Ziehen | ⇨ (oder ⬇) |
| Prüfen | Indentifizieren, Messen | □ |
| Lagern | Längerfristiges Liegen der Teile | ▽ |
| Liegen | Ablaufbedingtes Liegen oder zusätzliches Liegen(Wartezeiten, Störungen) | ◗ |

[1] Anmerkung: Die Beschreibung der Ablaufarten entspricht nicht der REFA-Gliederung.

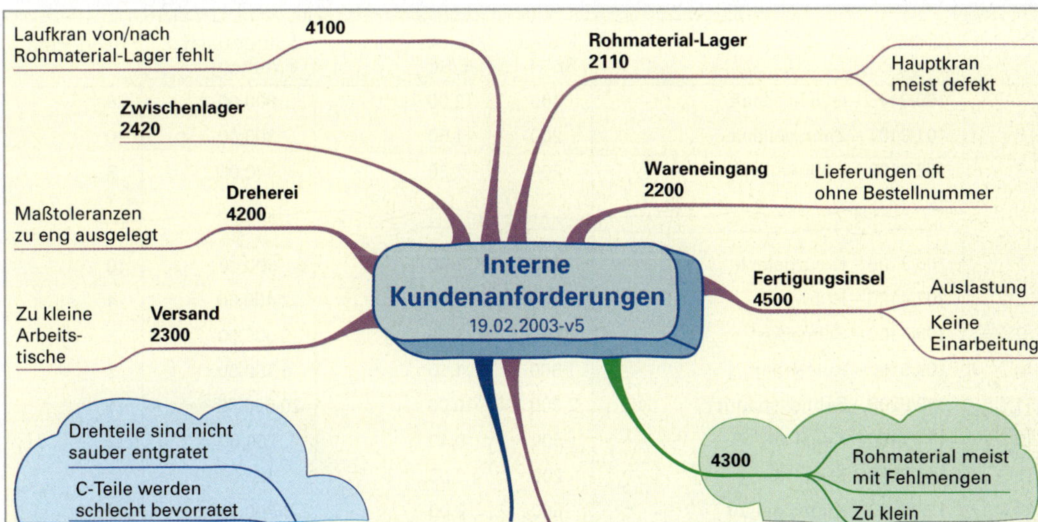


**Bild 1: MindMap der internen kundenbeziehungen (Ausschnitt)**

**ABC-Analyse (Pareto-Verfahren).** Mit einer ABC-Analyse-Auswertung der Fertigungsaufträge der Modellfirma **Tabelle 1** über das letzte Quartal kann man sich einen Überblick über die Materialflussbewegungen verschaffen. Die Optimierung des Materialflusses kann durch das Prinzip der ABC-Analyse – **Konzentration auf das Wesentliche** – vereinfacht werden. Die Festlegung der Rangstufen erfolgt auf Grund des Auftragswertes.

> Der Auftragswert berechnet sich wie folgt:
> Auftragswert (€) = Auftragsmenge (St) x Herstellkosten (€/St).

In der Praxis könnten auch andere Kriterien zur Festlegung des Rankings[1] ausgewählt werden, z.B. die Dringlichkeit der Aufträge, die Umsatzrentabilität der Aufträge.
Die Aufträge werden nun, wie in **Tabelle 3** dargestellt, nach ihrer Rangstufe sortiert eingetragen. Nach den Regeln der ABC-Analyse werden nur die Aufträge 9, 10 und 11 als A-Aufträge bestimmt und weiter analysiert. Mit diesen 3 Aufträgen wird **82,2% des Auftragsvolumens** durch die Modellfirma bewegt. Wenn hier der Materialfluss optimiert werden kann, ist die Hebelwirkung bei kleinem Aufwand sehr groß!
Zur Vereinfachung der Aufgabe werden für die **A-Aufträge** nicht die detaillierten Materialfluss-Bögen verwendet, sondern der einfache **Arbeitsablaufbogen (Tabelle 2)**. Mit diesem Werkzeug lässt sich schnell das Materialfluss-IST-Layout zeichnen und die Transport-Matrix berechnen.

**Tabelle 2: Ablauf-Bogen der A-Teile**

| Kostenstelle | | Auftrag 110/6200 | Auftrag 109/5100 |
|---|---|---|---|
| 2200 | WE | ① | |
| 2300 | Versand | | ⑤ |
| 2410 | Rohmat.-Lager | ② | |
| 2420 | Zwisch.-Lager | ⑤ | ① |
| 2430 | Erzeug.-Lager | | ④ |
| 4100 | Zuschnitt | ③ ⑥ | ② |
| 4700 | Montage | | ③ |
| 4800 | Lackiererei | ④ | |

**Tabelle 3: Auswertung der ABC-Analyse (Auszug)**

| Rang | Pos. | Auftrag | Auftragswert €/Auftrag | Anteil % | kumuliert % + % | ABC |
|---|---|---|---|---|---|---|
| 1 | 11 | 110/6200 | 20 000 | 50,2 | 50,2 | A |
| 2 | 10 | 109/5100 | 6 750 | 16,9 | 67,1 | A |
| 3 | 9 | 108/4200 | 6 000 | 15,1 | 82,2 | A |
| 4 | 8 | 107/4100 | 2 400 | 6,0 | 88,2 | B |
| 5 | 14 | 113/9800 | 1 200 | 3,0 | 91,2 | B |
| 12 | 6 | 105/3116 | 200 | 0,5 | 99,2 | C |
| 13 | 12 | 111/7160 | 200 | 0,5 | 99,7 | C |
| 14 | 13 | 112/8230 | 100 | 0,3 | 100,0 | C |

**Tabelle 1: Fertigungsaufträge der Modellfirma und Ranking (Auszug)**

| Pos. | Auftrag | Menge St | Herstellkosten €/St | Auftragswert €/Auftrag | Rang-Platz |
|---|---|---|---|---|---|
| 1 | 100/3118 – Gelenkschaft | 400 | 2,00 | 800,00 | 6 |
| 2 | 101/3107 – Zahnwellens. | 200 | 1,50 | 300,00 | 10 |
| 3 | 102/3108 – Rohrwellens. | 200 | 2,20 | 440,00 | 8 |
| 7 | 106/3105 – Kreuzgelenk | 200 | 1,50 | 300,00 | 10 |
| 8 | 107/4100 – Hubwelle | 1 200 | 2,00 | 2 400,00 | 4 |
| 9 | 108/4200 – Schnecke | 2 000 | 3,00 | 6 000,00 | 3 |
| 10 | 109/5100 – Kurzheber | 1 500 | 4,50 | 6 750,00 | 2 |
| 11 | 110/6200 – Schnellspanner | 2 000 | 10,00 | 20 000,00 | 1 |
| 12 | 111/7160 – Kugel 30 | 500 | 0,40 | 200,00 | 12 |
| 13 | 112/8230 – Kugel 40 | 200 | 0,50 | 100,00 | 14 |
| 14 | 113/9800 – Kugelpaar 20 | 600 | 2,00 | 1 200,00 | 5 |

[1] engl. ranking = Rangplatz einnehmen

**Das Materialfluss-Ist-Layout. Bild 1** zeigt den IST-Materialfluss der A-Aufträge durch die Modellfirma. Die Transportmengen sind dabei mit verschiedenen Stricharten hervorgehoben. Da die Modellfirma maßstäblich abgebildet ist, kann man aus der Darstellung gut Erkenntnisse über die Transportwege gewinnen.

**Transport-Matrix.** Um die Materialflussbewegungen rechnerisch auswerten zu können, wird die Transport-Matrix **(Tabelle 1 folgende Seite)** mit den A-Aufträgen erstellt. Bei Eintrag der Häufigkeit bezieht man sich auf die ABC-Analyse-Auswertung. Der Auftrag 110/6200 erhält die **Häufigkeit 50.** Zusätzlich könnten mit einem Gewichtungsfaktor auf die Häufigkeit die Weglängen eingerechnet werden.

### 5.4.3.3 Etappe III: Materialfluss-Prozess optimieren

Nach der Analyse des Prozesses trifft sich das Team zu einer Moderation über die gewonnenen Ergebnisse. Dabei wird festgestellt, dass eine Materialflussoptimierung von allen gewünscht wird und zudem die Prozessziele erreicht werden. Der Projektleiter ergänzt im Projektmanagement die Daten, erarbeitet den vorläufigen Termin-, Kosten- und Kapazitätsplan und gibt dies der Geschäftsleitung zur Entscheidung weiter. Hier wird in erster Linie geprüft werden, ob sich die Optimierung rechnet. Nur eine gut ausgearbeitete **Nutzwertanalyse** wird die Geschäftsleitung von dem Erfolg der Investition überzeugen. Dieses Verfahren ist im Buch[1] mit einem Beispiel sehr ausführlich erläutert.

Wenn die Geschäftsleitung von den gewonnenen Daten überzeugt ist, wird mit der Optimierung des Prozesses begonnen. Der Projektleiter wird jetzt eine weitere Teamsitzung einberufen; dabei werden die Arbeitsaufträge für die Ausarbeitung von Ideallösungen vergeben. Bei einfachen Projekten kann diese auch sofort in der Teamsitzung ausgearbeitet werden.

Bei dem folgenden ausgearbeiteten Lösungsvorschlag geht man davon aus, dass sich ein Umbau der Modellfirma als rentabel erwiesen hat. Die Darstellung aller Lösungsmodelle und ihre Bewertung würde das Ziel: „Einführung in die Materialflussoptimierung" überschreiten. Für das Ausarbeiten von Lösungsalternativen muss z.B. über eine Verbindung der Kostenstellen durch ein direktes Transportsystem nachgedacht werden; dies verkürzt die Transportzeiten und spart die Kosten für einen Umbau. Ein Verlegen der Kostenstelle Lackiererei (4600) kann in

[1] Teil 1 Produktionsorganisation Kapitel 3.5.2 Nutzwertanalyse

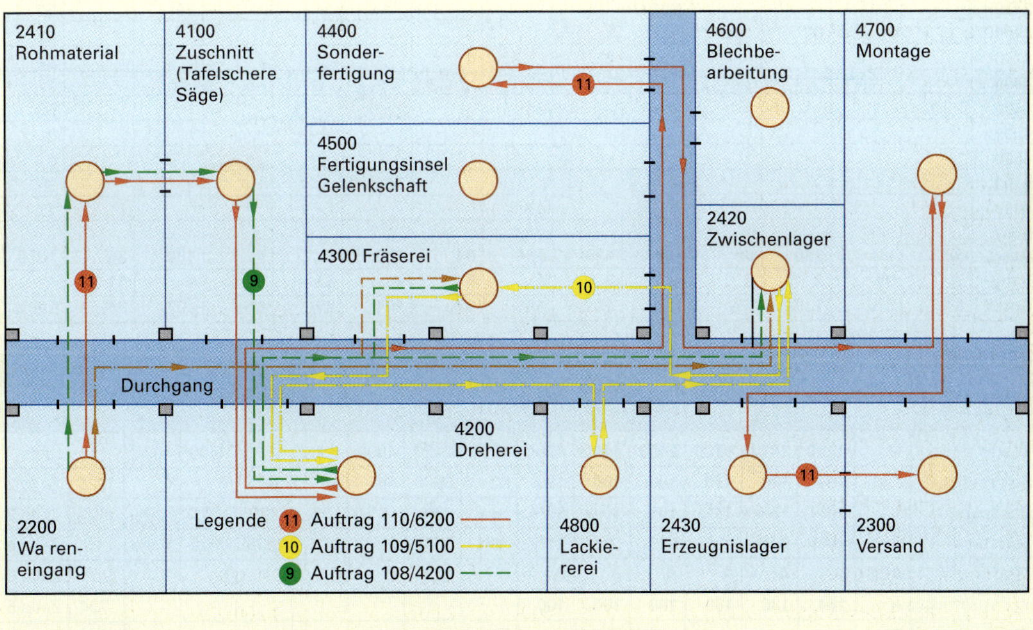


**Bild 1: IST-Analyse des Materialflusses der AA-Teile durch den Modellbetrieb**

keinem Fall in Betracht gezogen werden. Die Kosten sind dabei immer zu hoch. Weiter müssn bei einer Bewertung alle Qualitätskriterien im Sinne TQM erfüllt sein. Die Belastungen der Mitarbeiter durch Heben und Tragen sollten sich verringern; damit erhöht sich die Motivation und die Qualität. Weiter muss darüber nachgedacht werden, ob eine Einarbeitung in das neue System erforderlich ist. Kann die Produktion trotz der Umbaumaßnahmen fortgeführt werden? Welche Kosten entstehen zusätzlich durch die Auflagen der Arbeitssicherheit. Müssen Mitarbeiter freigesetzt werden, muss hier das Kündigungsschutzgesetz beachtet werden? Sind die Ruheräume, die Toiletten jetzt noch gleich gut erreichbar?

**Transport-Matrix auswerten.** Die Transport-Matrix kann auf zwei Arten ausgewertet werden, nämlich nach der **Summe der Ein- und Ausgänge** pro Kostenstelle **(Tabelle 2)** oder nach den **Transportwegen** (m) von Kostenstelle zu Kostenstelle. Zur Auswertung der **Tabelle 2** wurden die Häufigkeiten der Ein- und Ausgänge pro Kostenstelle aus der Transportmatrix übernommen und die Daten, nach dem Rang sortiert, in Zeile 1 und 2 eingetragen. Dann wurde gemäß der ABC-Analyse die Häufigkeit hi (%) (Zeile 3) und die Summenhäufigkeit Hi (%) (Zeile 4) berechnet. Jetzt können die Kostenstellen in die A-, B- und C-Klassen eingeteilt werden. Als Schranke wurde hier 70 % gewählt.

Die Auswertung der **Tabelle 2** mit der ABC-Analyse zeigt, dass die Kostenstellen **4200** (Dreherei), **4100** (Zuschnitt) und **2410** (Rohmateriallager) die AA-Kostenstellen sind. Diese sollten somit **zentral** angeordnet werden.
Die grafischen Darstellungen **(Bild 1 folgende Seite)** in Form des **Histogramms** (Q7-Werkzeug), das aus der ABC-Analyse abgeleitet ist, veranschaulichen den Prozess. Die eingefügte Sekundärachse mit der Summenhäufigkeit Hi(%) zeigt den Verlauf der Lorenzkurve. Bei einer Teamsitzung können die Teilnehmer sofort die kritischen Punkte erkennen und bewerten.

**Tabelle 1: Transport-Matrix der A-Teile in der Modellfirma** von........................nach

| Aus-gänge | 82 | 0 | 65 | 17 | 50 | 65 | 82 | 32 | 50 | 0 | 0 | 50 | 17 | Ein-gänge |
|---|---|---|---|---|---|---|---|---|---|---|---|---|---|---|
| **K.-St** | **2200** | **2300** | **2410** | **2420** | **2430** | **4100** | **4200** | **4300** | **4400** | **4500** | **4600** | **4700** | **4800** | |
| **2200** | | | | | | | | | | | | | | 0 |
| **2300** | | | | | 50 | | | | | | | | | 50 |
| **2410** | 65 | | | | | | | | | | | | | 65 |
| **2420** | 17 | | | | | | | 15 | | | | | 17 | 49 |
| **2430** | | | | | | | | | | | | 50 | | 50 |
| **4100** | | | 65 | | | | | | | | | | | 65 |
| **4200** | | | | | | 65 | | 17 | | | | | | 82 |
| **4300** | | | | 17 | | | 15 | | | | | | | 32 |
| **4400** | | | | | | | 50 | | | | | | | 50 |
| **4500** | | | | | | | | | | | | | | 0 |
| **4600** | | | | | | | | | | | | | | 0 |
| **4700** | | | | | | | | | 50 | | | | | 50 |
| **4800** | | | | | | | 17 | | | | | | | 17 |
| **Ein-/ Ausg.** | **82** | **50** | **130** | **66** | **100** | **130** | **164** | **64** | **100** | **0** | **0** | **100** | **34** | **1020** |
| **Rang** | **7** | **10** | **2** | **8** | **4** | **2** | **1** | **9** | **4** | **12** | **12** | **4** | **11** | |
| **Anteil** | **8%** | **5%** | **13%** | **6%** | **10%** | **13%** | **16%** | **6%** | **10%** | **0%** | **0%** | **10%** | **3%** | **100%** |

**Tabelle 2: Tabellarische Auswertung der Transportmatrix über die Summe der Ein- und Ausgänge mit der ABC-Analyse**

| Kostenstelle | Nr | **4200** | **2410** | **4100** | **2430** | **4400** | **4700** | 2200 | 2420 | 4300 | 2300 | 4800 | 4500 | 4600 | | Zeile 1 |
|---|---|---|---|---|---|---|---|---|---|---|---|---|---|---|---|---|
| Summen | Zahl | **164** | **130** | **130** | **100** | **100** | **100** | 82 | 66 | 64 | 50 | 34 | 0 | 0 | 1020 | Zeile 2 |
| Häufigkeit hi | % | **16%** | **13%** | **13%** | **10%** | **10%** | **10%** | 8% | 6% | 6% | 5% | 3% | 0% | 0% | 100% | Zeile 3 |
| Summenh. Hi | % | **16%** | **29%** | **42%** | **51%** | **61%** | **71%** | 79% | 85% | 92% | 97% | 100% | 100% | 100% | | Zeile 4 |
| Klassen | **ABC** | **A** | **A** | **A** | **A** | **A** | **A** | B | B | B | C | C | C | C | | Zeile 5 |
| | **A** | **164** | **130** | **130** | **100** | **100** | **100** | | | | | | | | 724 | Zeile 6 |
| | **B** | | | | | | | 82 | 66 | 64 | | | | | 212 | Zeile 7 |
| | **C** | | | | | | | | | | 50 | 34 | 0 | 0 | 84 | Zeile 8 |

**Materialfluss-SOLL-Layout.** Die gewählte Lösung **(Bild 1 folgende Seite)** ist eine einfache und kostengünstige Lösung, denn es müssen nur die Kostenstellen 4300, 4400 und 4500 quer gelegt werden; dies wird zu keiner wesentlichen Produktionseinschränkung führen. Zur endgültigen Be-wertung der Lösung muss eine **Materialfluss-SOLL-Analyse** durchgeführt werden. Danach müssen die IST-Analyse und die SOLL-Lösungen in Form der **Nutzwertanalyse** bewertet werden **(Tabelle 2 folgende Seite)**.

**Rentabilität optimieren.** Wenn die Lösungsalternative bestimmt ist, muss diese, bevor sie eingeführt wird, auf ihre Rentabilität untersucht werden. Die Prozessqualität muss sich durch die Optimierung unbedingt erhöhen. Der Materialfluss-Prozess muss als stabiler Prozess ohne Störungen und Ausfallschwankungen ausgelegt sein. Dazu müssen **FMEA-Untersuchungen** über den Hauptprozess und seine wesentlichen Teilprozesse gemacht werden. Die **FMEA**[1] untersucht mit der **Risikoprioritätszahl RPZ** die **Fehlerrate** des Prozesses und damit seine **Stabilität**.

**Kosten-Vergleichsrechnungen**[2] müssen in der Praxis klar belegen, dass die neue Lösung wirtschaftlich ist. Bei einer Vergleichsrechnung müssen aber auch die verminderte Belastung der Mitarbeiter, die Kundenzufriedenheit durch schnellere Auslieferung, die höhere Motivation der Mitarbeiter und die daraus resultierende geringere Fehlerquote einberechnet werden. Dies lässt sich im voraus nur durch tendenzielle Trendanalysen bestim- men. Deshalb muss die **Nutzwertanalyse**[3] der reinen Kosten-Vergleichsrechnung der unbedingte Vorrang gegeben werden.

### 5.4.3.4 Etappe IV Materialfluss-Prozess festigen

Schon während der Erarbeitung des neuen Materialfluss-Prozesses müssen sich alle Beteiligten ständig über die Einführung und Umsetzung des Prozesses Gedanken machen. Der Erfolg der Prozessoptimierung hängt aber auch davon ab, ob die Mitarbeiter den Veränderungsprozess, die Innovation annehmen. Wurden die Mitarbeiter über ein Vorschlagswesen in die Gestaltung einbezogen, wird die Motivation hoch sein.

Selbstverständlich müssen vorab alle arbeitsrechtlichen und sicherheitsrechtlichen Bestimmungen abgeprüft werden. Der Betriebsrat wird sonst den Prozess blockieren und der Sicherheitsbeauftragte die Einführung verbieten.

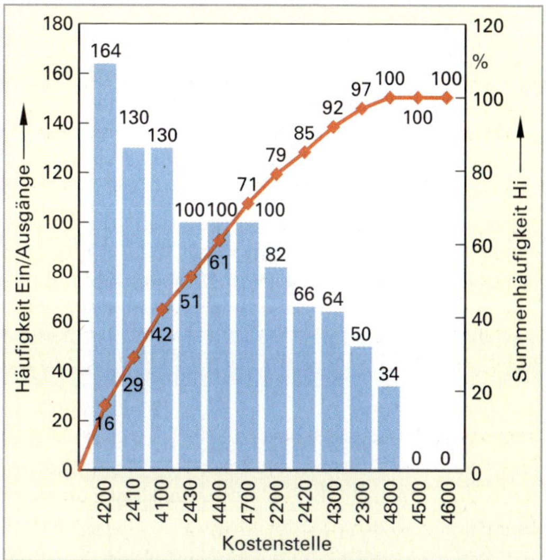


**Bild 1: Häufigkeit der Ein-/Ausgänge pro Kostenstelle und die Summenhäufigkeit Hi (%) (Lorenzkurve)**

Nur mit einem ausgereiften **Projektmanagement-System**, z.B. MS-Project, kann der Prozess sicher im Terminrahmen, mit ausreichenden Kapazitäten und bei Einhaltung des Kostenrahmens eingeführt werden. Viele Prozessteile laufen bei einer Neugestaltung des Materialflusses parallel. Mit der Netzplantechnik kann sich der Projektleiter einen Überblick verschaffen.

Um den Prozess einzuführen, zu stabilisieren und seine Ergiebigkeit überprüfen zu können müssen Systeme der Standardisierung im Unternehmen verankert sein. Hier ist das Konzept des KAIZEN (STCA-Zyklus)[4] zu empfehlen. Auch die Thesen nach Deming fördern den ständigen Verbesserungsprozess (KVP).

Zur ständigen Überwachung des Ablaufs des technischen Prozesses ist die SPC (Statistische Prozessregelung) die gängige Methode. Hier können eine kontinuierliche Qualitätsüberwachung (KQÜ) und eine kontinuierliche Prozessregelung (KPR) oder die statistische Qualitätsüberwachung (SQÜ) und die statistische Prozessregelung (SPC) eingesetzt werden.

[1] siehe Teil II Qualitätsmanagement, Kapitel 5.3 FMEA – Failure Mode and Effects Analysis

[2] siehe Teil I Produktionsorganisation, Kapitel 6.7 Kostenvergleichsrechnungen

[3] siehe Teil I Produktionsorganisation Kapitel 3.5.2 Nutzwertanalyse

[4] siehe Teil II Qualitätsmanagement Kapitel 6 KAIZEN und Teil I Produktionsorganisation Kapitel 2.2.5.5 Prozesse festigen

Die Bewertung des Gesamtprozesses muss mit **Kennzahlen** erfolgen. Die Darstellung in der **Tabelle 1** zeigt, wie der Materialoptimierungsprozess sich über die folgenden Jahre entwickeln soll. Bei der Bewertung der Durchlaufzeit wird die durchschnittliche Durchlaufzeit/Auftrag aus dem Ausgangswert (IST Jahr 2000 = 140) gesetzt. Der neue Prozess soll schon im folgenden Jahr die Durchlaufzeit um 10 % verkürzen (Soll 2003 = 126) und dann nochmals um 20% (Soll 2004 = 100).

**Tabelle 1: Prozesskennzahlen**

| Prozesskennzahlen (Benchmarkziffer) | Ist 2002 | Plan 2003 | Plan 2004 |
|---|---|---|---|
| Durchlaufzeiten | 140 | 126 | 100 |
| Belastung (Lasten) | 95 | 90 | 85 |
| Ausbringungsmenge | 75 | 85 | 90 |
| Fehlerquote | 85 | 80 | 75 |
| Lagerzeiten | 115 | 110 | 100 |
| Kundenbeschwerden | 123 | 100 | 80 |

**Tabelle 2: Nutzwertanalyse mit gewichtetem Rankingverfahren**

| Nr | Kriterium | Gewichtung | IST-Zustand | | Alternative 1 Umbau der Modellfirma | | Alternative 2 Neue Transportsysteme | | |
|---|---|---|---|---|---|---|---|---|---|
| | | | Ranking | Summe | Ranking | Summe | Ranking | Summe | Bemerkungen |
| 1 | Transportwege (m) | 10 | 4 | 40 | 10 | 100 | 8 | 80 | Hohe Gewichtung, wegen der Zielsetzung |
| 2 | FMEA, RPZ | 8 | 6 | 48 | 8 | 64 | 8 | 64 | Hauptprozess |
| 3 | Kosten des Materialflusses | 3 | 7 | 21 | 10 | 30 | 8 | 24 | Bewertet an der Zahl der Bewegungen |
| 4 | Belastungen, Mitarbeiter | 3 | 4 | 12 | 7 | 21 | 10 | 30 | Heben und Tragen von Lasten |
| 5 | Arbeitssicherheit | 3 | 7 | 21 | 8 | 21 | 8 | 24 | Lärm, Beleuchtung |
| 6 | Ausbringungsmenge (St) | 7 | 7 | 49 | 9 | 49 | 8 | 56 | Mengensteigerung |
| 7 | Kundenforderungen | 5 | 4 | 20 | 7 | 35 | 6 | 30 | Zielerfüllung bewerten |
| | Summe | | | 805 | | 1230 | | 1150 | |

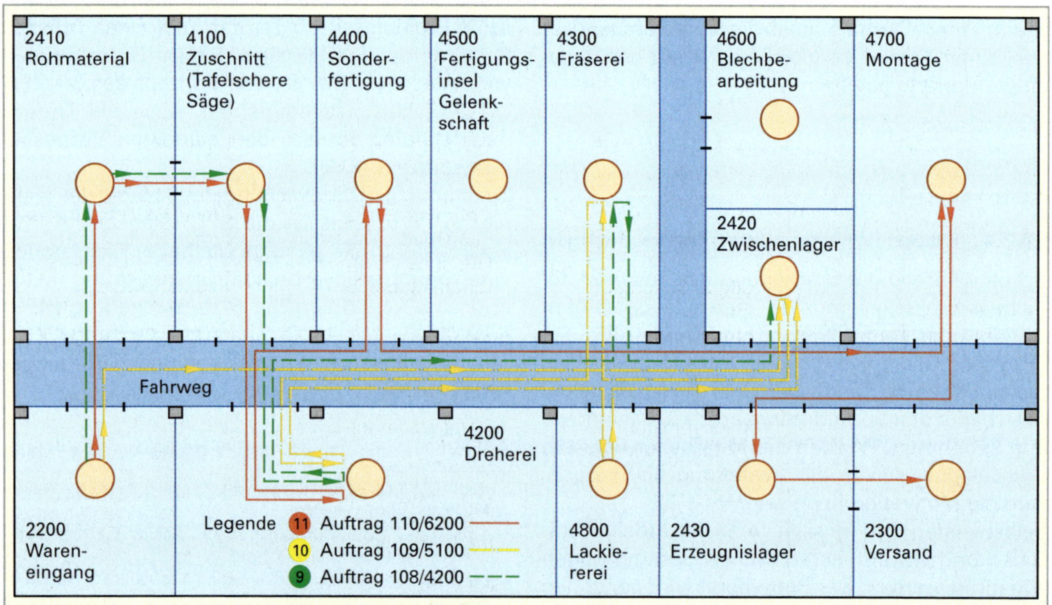


**Bild 1: SOLL-Lösungsvorschlag: Materialflusses der AA-Teile durch den Modellbetrieb**

## 5.5 Fabrikplanung

Wachstum, Marktdynamik und technischer Fortschritt verlangen eine ständige Anpassung der einzelnen Unternehmen an die Marktverhältnisse. Diese Anpassung kann nur durch systematische Planung erreicht werden. Diese systematische Planung umfasst das Vorausdenken und Vorausberechnen aller zukünftigen Gegebenheiten und Abläufe. Dabei entscheidet die Qualität der Planung über Wirtschaftlichkeit und Rentabilität eines Unternehmens.
In zunehmendem Maße wird erkannt, dass Entscheidungen über Planungen und Einrichtungen bestehender oder zukünftiger Betriebe von großer Tragweite sind. Sie gehören zu den wichtigsten Entscheidungen in einem Unternehmen **(Tabelle 1)**.

In der Fabrikplanung werden Arbeitssysteme wie Gebäude, Maschinen, Anlagen und Abläufe im Rahmen der Arbeitsvorbereitung geplant.
Sie ist die vorausbestimmende Gestaltung von Produktionsbetrieben. Hierbei geht es um die Produktionsmittelgestaltung, d.h. um die Gestaltung von Fertigung und Montage.

Die Fabrikplanung ist ein Teil der Unternehmensplanung. Wobei die Fabrik nach betriebswirtschaftlichen Zielen sowie nach den Erfordernissen des arbeitenden Menschen und der Umwelt zu planen ist **(Tabelle 2)**. Veränderungen in der Produk-tion, wie Erweiterungen, Erneuerungen, Rationalisierungen, stellen für ein Unternehmen Investitionen dar. Daher bestehen zwischen Fabrikplanung und Investitionsplanung sehr enge Beziehungen.
Auch werden für die „Fabrikplanung“ andere Namen, wie Werk- bzw. Werkstrukturplanung oder Betriebsstättenplanung verwendet.

**Tabelle 2: Fabrikplanung**

- **Fabrikplanung** ist die vorausbestimmte Gestaltung industrieller Produktionsbetriebe
- **Planungsprozesse** berücksichtigen:
  - technologische Aspekte (Produkt/Material, Produktionsmittel)
  - organisatorischen Aufbau und Ablauf
  - wirtschaftliche, umweltbezogene, architektonische und juristische Besonderheiten.
- Die Fabrikplanung ist an der optimalen Gestaltung und rationellen Verwirklichung von Neu-, Erweiterungs-, Rationalisierungs- und Ersatzinvestitionen sowie Investitionen aufgrund behördlicher Auflagen beteiligt.

**Tabelle 1: Richtungen in der Fabrikplanung**

| Produkte/Märkte | Technologien | Produktionskonzepte | |
|---|---|---|---|
| • Drastische Lieferzeitverkürzung<br>• Kürzere Produktlebenszyklen<br>• Zunahme der Variantenvielfalt<br>• Hohe Qualität (Produkte, Prozesse)<br>• Kreislaufwirtschaft (Produkt) | • Neue Werkstoffe<br>• Neue Fertigungsverfahren<br>• Flexible Automatisierung<br>• CIM 2. Generation (Rechnerintegrierte Prozesse)<br>• Rechnergestützte Facility Management (Planung, Realisierung, Bewirtschaftung, Controlling) | • Nationale und internationale Produktionsverbände (z.B. SKD* und CKD**-Werke)<br>• Optimierte Fertigungstiefe, Systemlieferanten, Lieferantenintegration)<br>• TQM<br>• Just-in-time bis hin zu Manufacturing-on-Demand, Continuous-Flow)<br>• Lean Production (Verschwendungsminimierung)<br><br>*SKD = Semi-Knocked-Down<br>**CKD = Completely-Knocked-Down | • Fraktale Fabrik (Selbstorganisation, Dynamik)<br>• Wandlungsfähige, offene Produktionssysteme<br>• Segmentierung, Fabriken in der Fabrik, verringerte Arbeitsteilung, Teamarbeit)<br>• Simultane Produkt- und Produktionsentwicklung |

Diese Planungen befassen sich mit dem Einsatz von Betriebsausstattungen (Anlagen, Maschinen) und legen somit mittel- bis langfristig ihre Strukturen in den Gebäuden und Grundstücken fest **(Tabelle 1)**.

Im Rahmen der wandlungsfähigen Unternehmensstrukturen wird die Fabrikplanung ständig in Unternehmensziele mit eingefügt.

Die Fabrikplanung lässt sich in folgende Bereiche unterteilen **(Bild 1)**:

1. Die **Standortplanung** befasst sich mit der Standorterrichtung und den günstigsten Randbedingungen wie Grunderwerbs-, Arbeits- und Transportkosten.
2. Die **Flächenplanung** legt die sinnvolle Anordnung der Grundstücke und Gebäude fest.
3. Die **Infrastrukturplanung** sorgt für eine reibungslose Medienversorgung wie Luft, Wasser, Energie und Informationen.
4. Die **Logistik** hat die Aufgabe des Gestaltens des Informations- und Materialflusses sowie die Anpassung an inner- und außerbetriebliche Systeme.
5. Die **Betriebsmittelplanung** legt die Maschineneinrichtungen und weitere Arbeitsmittel fest und ist eng verflochten mit der Logistik.
6. In den **Nebenbetrieben** werden alle Hilfsfunktionen, wie z.B. Instandhaltung, Entsorgung oder Energieversorgung ausgeübt.
7. Die **Personal- und Organisationsplanung** ermöglicht die Bereitstellung des Personals für die in den Stellenbeschreibungen festgelegten Anforderungen aus den Produktionsabläufen.

Bei der Vorgehensweise der Fabrikplanung gibt es zwei verschiedene Planungsweisen, die teilweise gleichzeitig Anwendung finden. **(Bild 1)**

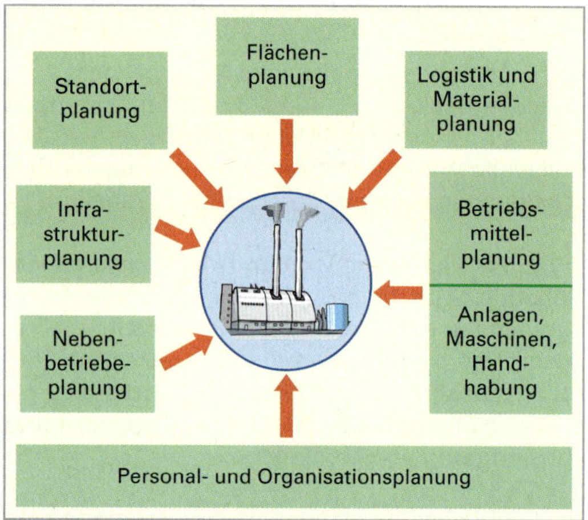


**Bild 1: Bereiche der Fabrikplanung**

| **Tabelle 1: Betriebsstättenplanungen (nach REFA)** | |
|---|---|
| außerbetriebliche Anlässe | innerbetriebliche Anlässe |
| **Neuplanungen** | |
| • Erzeugnisse für Marktlücken,<br>• Erzeugnisse mit neuen Technologien,<br>• Verlagerung der Absatzmärkte,<br>• Umsatzveränderungen bei Erzeugnissen,<br>• Erweiterung des Produktionsprogrammes,<br>• Erschließung von Gewinnungsstätten,<br>• neue Technologien und Anlagen,<br>• Änderung der Siedlungsstruktur,<br>• Zerstörung durch Brand, Explosion u.Ä.,<br>• öffentliche Förderungsprogramme. | • Beschaffung neuer Fertigungsanlagen,<br>• Verbesserung des Materialflusses,<br>• technische Eigenschaften vorhandener Gebäude,<br>• Platzmangel für Erweiterungen,<br>• Höhe der Unterhaltskosten,<br>• Dezentralisierung der Erzeugnisbereiche,<br>• Konzentration,<br>• Firmenimage. |
| **Umplanungen** | |
| • kapazitive Anpassung an Umsatzveränderungen,<br>• Anpassung technischer Einrichtungen an den Stand der Technik,<br>• Konjunktur-, Mode- und Saisoneinflüsse,<br>• Änderung der Lieferbereitschaft,<br>• Veränderungen am Arbeitsmarkt,<br>• behördliche Auflagen. | • Änderung der Fertigungsmethoden,<br>• Engpässe,<br>• Änderung der Organisationsstrukturen,<br>• Rationalisierungsmaßnahmen,<br>• Sortimentsveränderungen,<br>• Verlagerung der Eigenfertigung<br>• Gesundheits- und Unfallschutz,<br>• Sicherheitsmaßnahmen,<br>• Forderungen des Betriebsrates. |

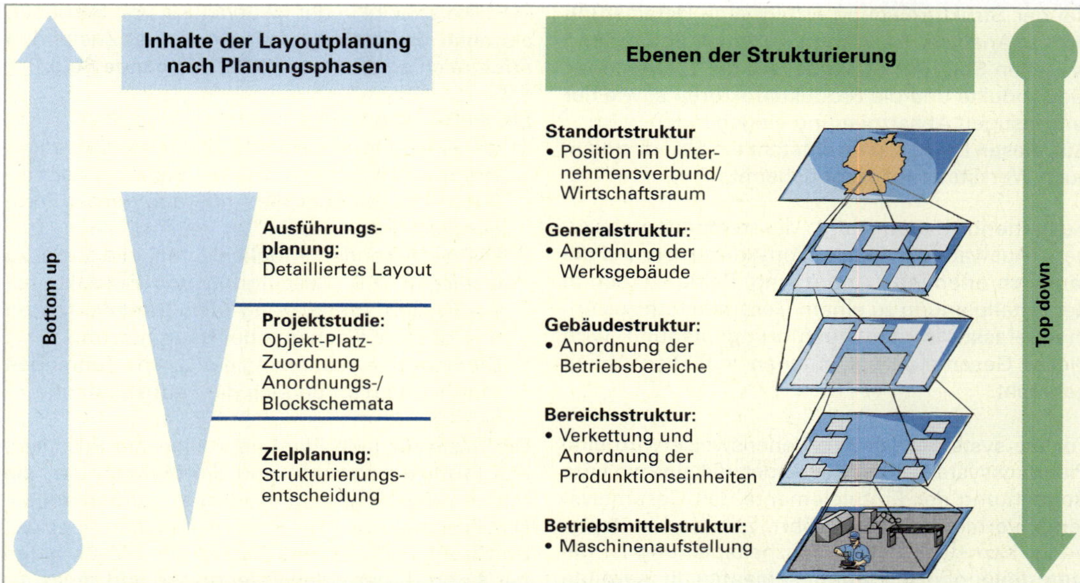


**Bild 1: Bereiche der Fabrikplanung**

**Bottom-up:**
Die Planung erfolgt von unten nach oben. Sie beginnt mit der untersten Planungsebene, der Betriebsmittelstruktur. Die Teilpläne werden an die jeweils übergeordnete Struktur weitergeleitet, die die Pläne koordiniert, zusammenfasst und wiederum weitergibt, bis sie an der obersten Planungsebene, die sich mit der Standortstruktur befasst, angelangt ist.

**Top-down:**
Hier erfolgt die Ableitung der Pläne von oben nach unten. Der von der Geschäftsführung festgelegte globale Rahmenplan (Standortstruktur) wird von den nachgelagerten Planungsstufen in Teilpläne zerlegt und weiter verfeinert. Diese dienen der nächsten Planungsebene wiederum als Rahmenplan bis sie bei der Betriebsmittelplanung angelangt sind.

In zunehmendem Maße kommen hierbei immer leistungsfähigere maßgesteuerte Animationen durch Simulation, virtuelle Realität und 3D-CAD-Systeme zum Einsatz.

Im Gesamtablauf der Planung werden ausgehend von der Unternehmensstrategie Produkt, Produktionswege und Vertriebswege analysiert. **(Bild 2)**. Daraus resultiert der Ist-Zustand. Im Rahmen der strategischen Planung werden die Maßnahmen zur Erreichung des Soll-Zustandes wie Kapazitätsreduktion oder Kapazitätserhöhung festgelegt.

**Bild 2: Gesamtablauf der Planung**

Bei der Strukturplanung erfolgt eine Detailierung der Ist-Analyse. Es kommt zu einer Beurteilung zwischen Soll und Ist, wobei auf die Technologie, die Produkte und die Produktstrukturen sowie der langfristigen Absatzplanung eingegangen wird. Aus diesen Ergebnissen entsteht ein Standortplan, auch Werkstättenkonzept genannt.

Ausgehend davon folgt die technologiebezogene Auswahl von Produktionskonzepten und die räumlich orientierte Anordnung. Beide werden in der Detailplanung zu einem Gesamtlayout zusammengefasst. In der Ausführungsplanung wird dieses Gesamtkonzept in einen zeitlichen Ablauf gebracht.

Für die systematische Vorgehensweise wird eine Planungssystematik angewendet, die eine isolierte Betrachtung der Einzelelemente des Gesamtsystems verhindert. Dies führt zur Ganzheitsplanung. Kernstück dieser Ganzheitsplanung ist die Unterteilung des Planungsablaufes in einzelne Planungsschritte. Dies erfolgt mit der **6-Stufen-Methode der Systemplanung.**

Sie wird sowohl in der Neuplanung von Betrieben als auch bei der Umplanung von Ist-Zuständen erfolgreich angewendet **(Bild 1, folgende Seite).**

Ein Zielkonzept umfasst:

1. die Ziele, die mittelfristig bis langfristig angestrebt werden sollen, wie die Senkung der Fertigungskosten oder die Änderung ganzer Fertigungsabläufe.
2. Die bestehenden Möglichkeiten, die Ziele zu erreichen, z.B. Beseitigung von Produktionsengpässen, Verkürzung der Durchlaufzeiten und bessere Flächen- oder Raumnutzung.
3. Die Prioritätenfestlegung der durchzuführenden Maßnahmen im Bereich der Fabrikplanung.

Die Basis für jede Planung stellen die Produkte, das Produktprogramm und die Mengen dar, die mittel- oder langfristig produziert werden sollen. Das Produktprogramm enthält Angaben über Art, Stückzahl und zeitliche Verteilung auf Perioden der zu produzierenden Erzeugnisse und muss für die Fabrikplanung prognostiziert werden **(Bild 1).**

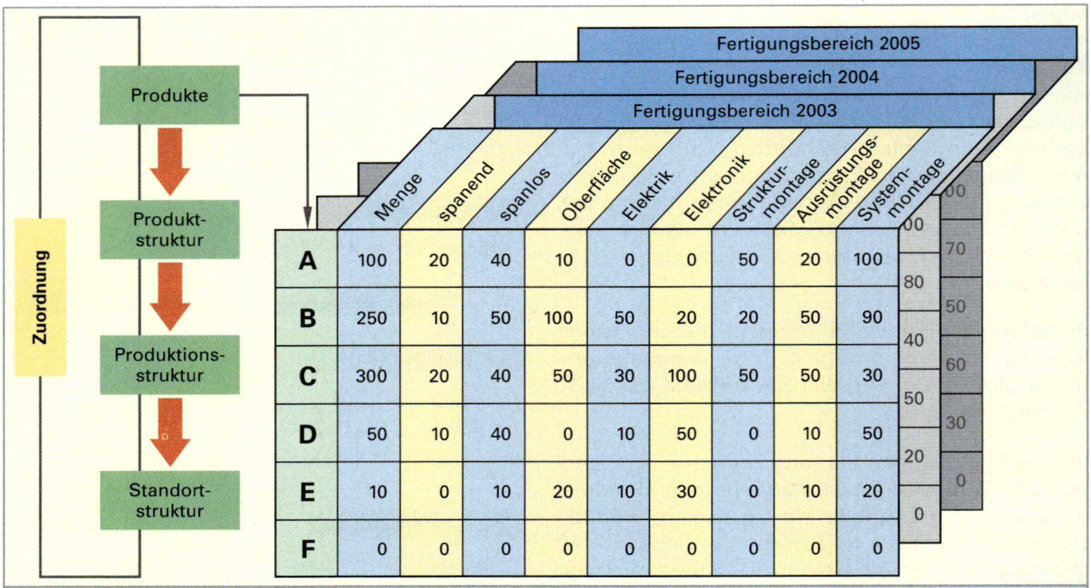


| | Menge | spanend | spanlos | Oberfläche | Elektrik | Elektronik | Strukturmontage | Ausrüstungsmontage | Systemmontage |
|---|---|---|---|---|---|---|---|---|---|
| A | 100 | 20 | 40 | 10 | 0 | 0 | 50 | 20 | 100 |
| B | 250 | 10 | 50 | 100 | 50 | 20 | 20 | 50 | 90 |
| C | 300 | 20 | 40 | 50 | 30 | 100 | 50 | 50 | 30 |
| D | 50 | 10 | 40 | 0 | 10 | 50 | 0 | 10 | 50 |
| E | 10 | 0 | 10 | 20 | 10 | 30 | 0 | 10 | 20 |
| F | 0 | 0 | 0 | 0 | 0 | 0 | 0 | 0 | 0 |

**Bild 1: Produkte und Produktstruktur**

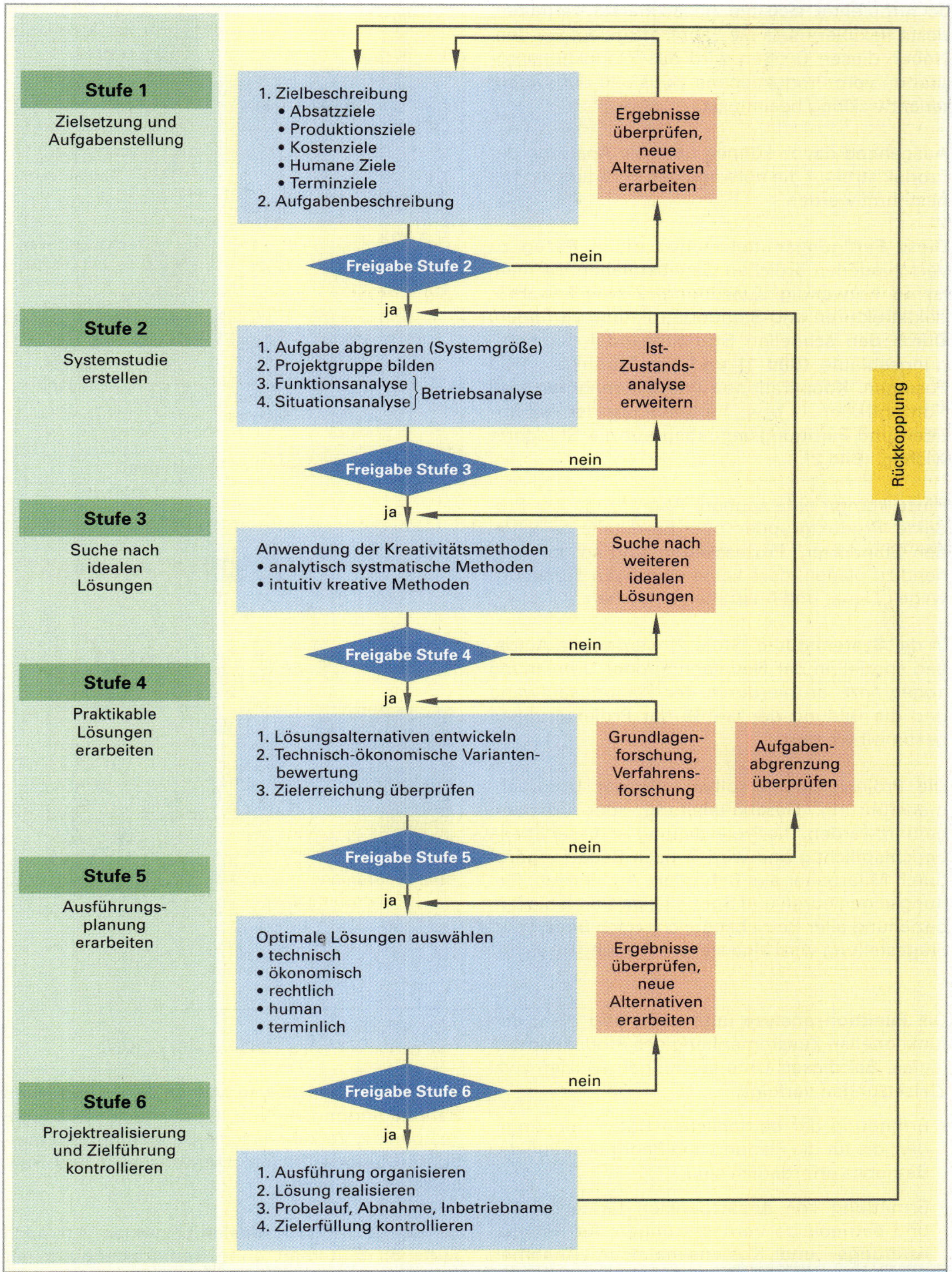


**Bild 1: Betriebsstättenplanung (nach REFA)**

Je turbulenter sich die Absatzmärkte verhalten, desto flexibler muss die Fabrik ausgelegt werden. Neben diesen Größen wird das Produktionsprogramm vom Produktlebenszyklus und der Variantenentwicklung beeinflusst.

Ausgehend davon können über die Analysen der Produktstruktur die notwendigen Fertigungsmittel bestimmt werden.

Diese Fertigungsmittel stehen oft in Bezug zu verschiedenen örtlichen Gegebenheiten. Deshalb ist es notwendig Zuordnungen zwischen Produktstrukturen und Standortstrukturen zu finden. Durch den schnellen Strukturwandel der Fertigungsabläufe (**Bild 1**) und der Produkte sowie Fusionen, Kooperationen und Übernahmen sind Konzentrationen bzw. Verteilungen der Kapazitäten und Fertigungsaufgaben auf die Standorte wichtig. **(Bild 2)**.

Hinzu kommt eine saubere Abgrenzung der Produkte, Produktgruppen oder Einzelteile zwischen den Standorten. Prozessketten sind so durchgehend zu planen, dass keine unnötigen Transportwege-, Liege- und Rüstzeiten entstehen.

In der **Systemstudie** (Stufe 2) werden die Aufgaben speziell in der Neuplanung oder Umplanung abgegrenzt, da hierdurch der Planungsaufwand und die Bildung der Größe der Projektgruppen bestimmt werden.

Die Projektgruppen sollten von der Unternehmensführung, Geschäftsleitung oder Vorstand geführt werden. Die Projektleitung ist dieser Ebene berichtspflichtig und wird je nach Bedarf ergänzt durch Mitarbeiter aus Behörden, Architekten, Planungsingenieuren und Spezialisten. Durch die Einbeziehung aller Betriebsbereiche nach Bedarf und Fragestellung wird eine sichere Planung erreicht.

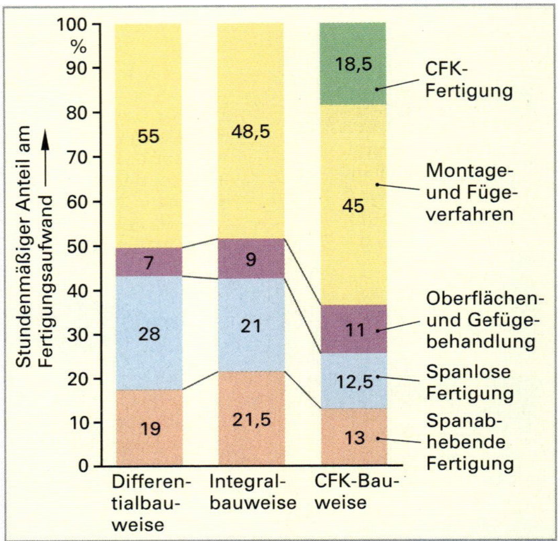


**Bild 1: Strukturwandel im Flugzeugbau**

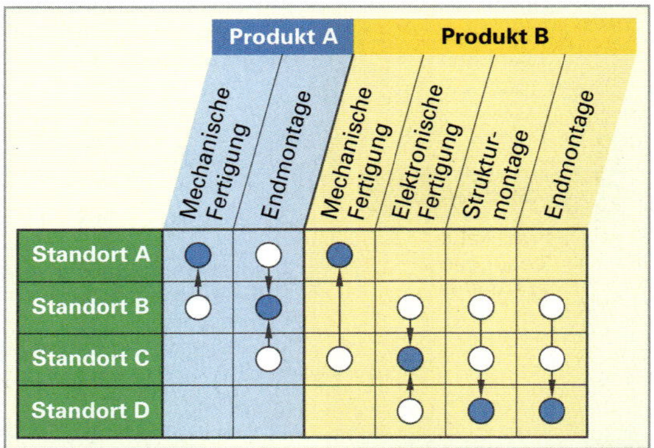


**Bild 2: Standortstruktur und zuordnung von Produktionsaufgaben**

Die **Funktionsanalyse** untersucht und plant den funktionellen Zusammenhang des Produktionsablaufes. Bei diesen Untersuchungen werden zwei Zielsetzungen verfolgt:

- Ermittlung der betrieblichen Daten und Angaben, die für die Planung und Reorganisation des Betriebes erforderlich sind.
- Ermittlung von Ansatzpunkten für technische und betriebliche Verbesserungen, für Rationalisierungs- und Kostensenkungsmaßnahmen sowie für Anwendungen neuer Fertigkonzepte innerhalb der Fabrikplanung.

Grundsätzlich gilt:
So genau wie nötig – so grob wie möglich.

In der **Situationsanalyse** werden die vorhandenen Randbedingungen, wie Grundstück, Gebäude, Festpunkte, Verkehrserschließung, Energieversorgung, Müllbeseitigung, Umweltschutz und Bauauflagen untersucht.

Bei der Suche nach **idealen Lösungen** (s.h. auch Stufe 3) geht man ohne Berücksichtigung der vorhandenen Gegebenheiten vom **theoretischen Ideal-Modell** aus. **(Bild 1, folgende Seite)**.

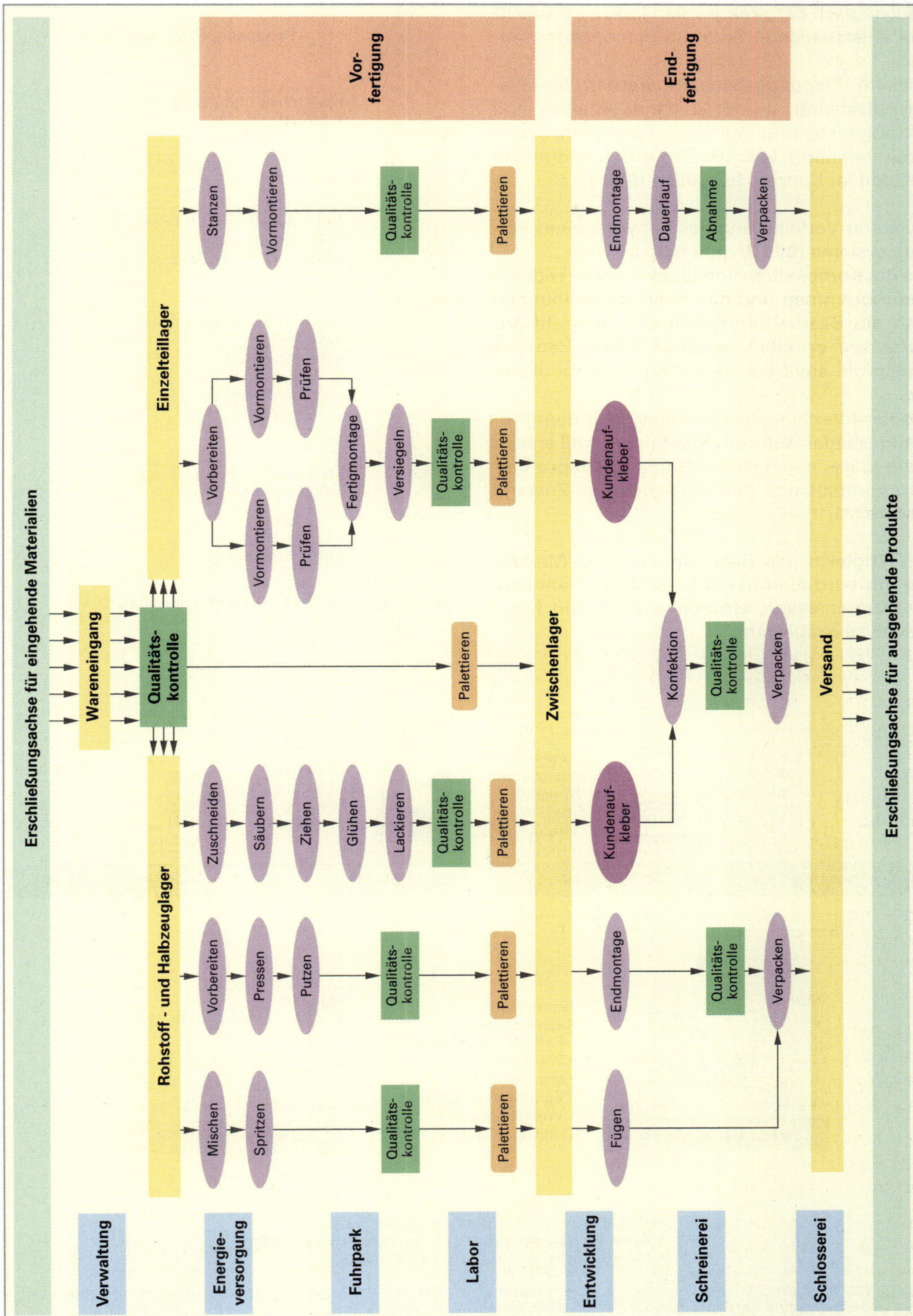


**Bild 1: Theoretisches Ideal-Modell**

Die Suche nach der **praktikablen Lösung** (Stufe 4) ist die entscheidende Stufe im Planungsgesamtablauf.
In diesem Planungsabschnitt werden die Planungszielsetzung, die Ist-Zustands-Analyse und die Problemstellung mit dem Ideal-Plan systematisch verknüpft. Hier werden schon endgültige Strukturen im Konzept festgelegt **(Bild 1)**.

Bei weiterer Verfeinerung des Entwurfs eines Fertigungssystems **(Bild 2)** geht man so vor:

- Aus der Kombination von langfristigen Produktionsprogrammen und den Teilebeschreibungen kann ein Bearbeitungsprofil (Stundenzahl pro Verfahren) ermittelt werden. Dieses Bearbeitungsprofil stellt den Soll-Wert der Produktion dar.
- Aus der Maschinenbeschreibung und dem Produktionsbedarf kann ein Maschinenprofil erstellt werden, das ebenfalls die Stundenzahl pro Verfahren angibt und den derzeitigen Ist-Zustand beschreibt.

Durch Abgleich des Bearbeitungs- und Maschinenprofils wird die Auswahl der Maschinentypen nach Marktanalysen, Grobbewertung und Nutzwertanalyse ausgewählt.

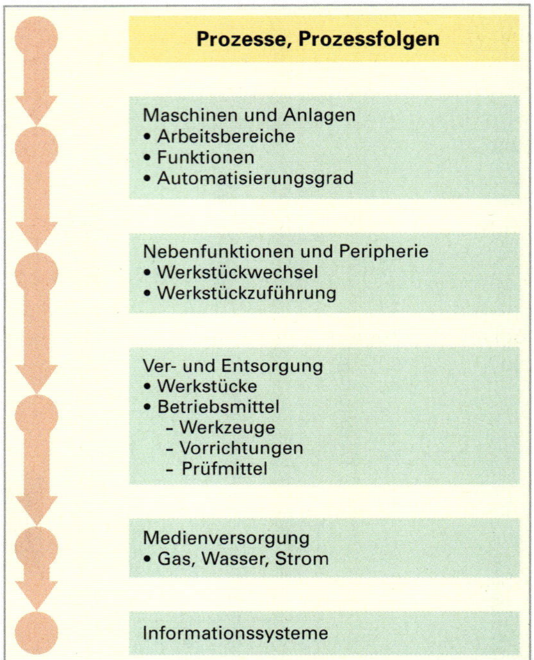

**Bild 1: Strukturwandel im Flugzeugbau**

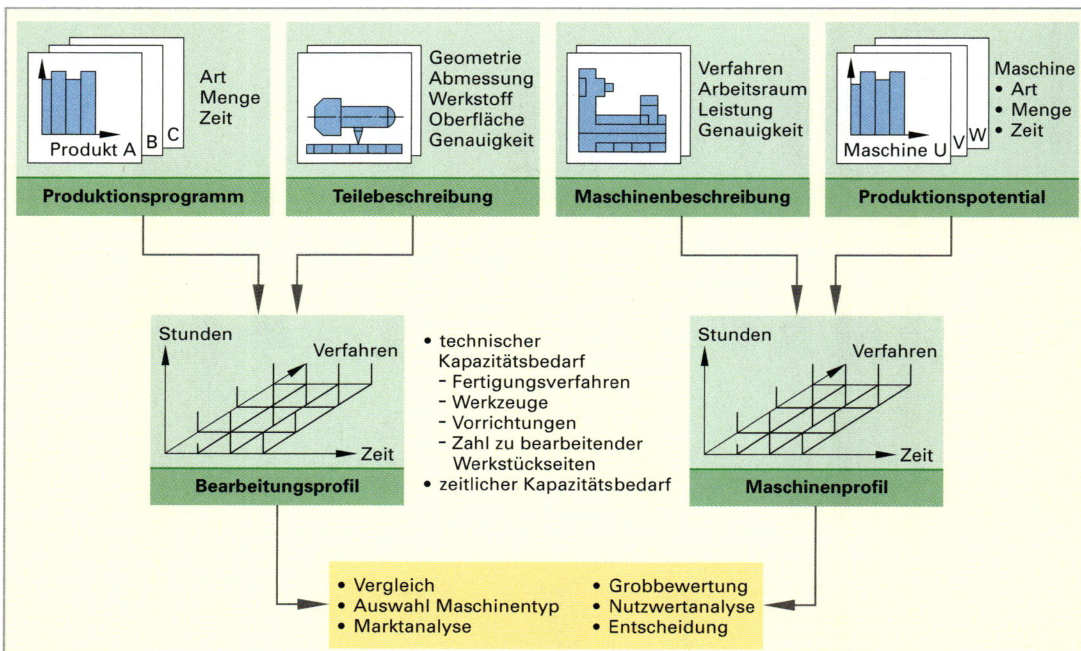

**Bild 2: Entwurf eines Fertigungssystems (nach Eversheim)**

Durch weitere Analysen des Teilspektrums mit den bekannten Methoden lassen sich noch detailliertere Aussagen erarbeiten **(Bild 1)**. Den Abschluss der Planung macht die technische und wirtschaftliche Bewertung des Fertigungssystems **(Bild 2)**.

Nach der Verabschiedung des Grob-Layout in der Stufe 4 wird auf dieser die Feinplanung aufgebaut.
Neben der Planung der Fertigungssysteme ist der Entwurf des Materialflusssystems eine besondere logistische Aufgabe. Die logistischen Ziele stehen hierbei im Vordergrund, wie:

**Planung und Bereitstellung**

- des richtigen Materials,
- in der richtigen Menge,
- im richtigen Zustand (Gebrauchseigenschaft),
- zum richtigen Zeitpunkt und
- am richtigen Ort;

**mit möglichst hoher Wirtschaftlichkeit, d.h.**

- gleichmäßige Auslastung vorhandener Kapazitäten,
- Senkung der Kapitalbindung in den Beständen,
- Verbesserung der Lieferbereitschaft,
- Reduzierung der Distributionskosten.

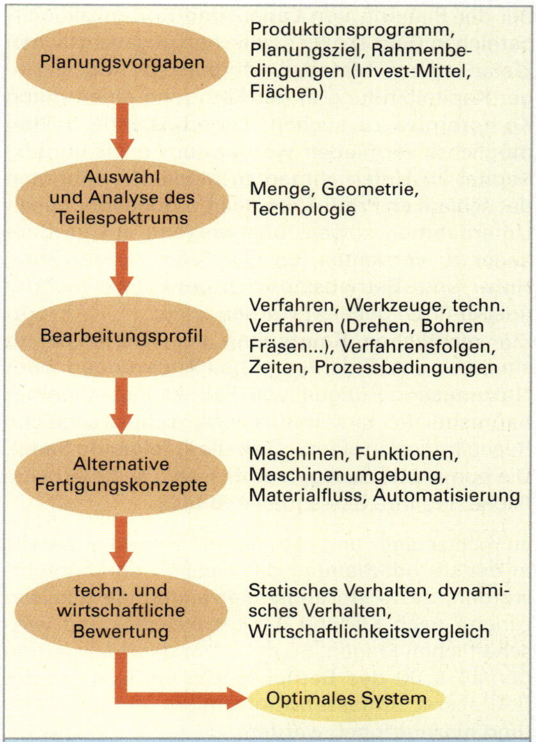


**Bild 2: Vorgehensweise zur Planung von Fertigungssystemen**

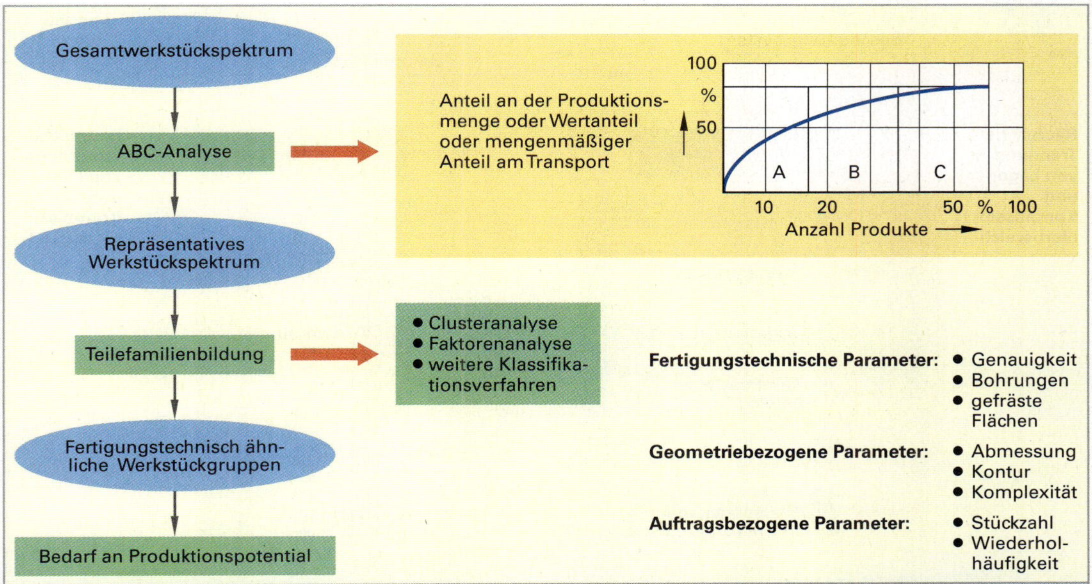


**Bild 1: Analyse der Produktionsaufgaben**

Bei der Planung von Lager- und Kommissionierbereichen **(Bild 1)** gilt es zwischen gegensätzlichen Zielen hoher Materialverfügbarkeit und geringer Kapitalbindung in der Fertigung einen guten Kompromiss zu suchen. Lagerbestände sollten möglichst vermieden werden, um nicht unnötig Kapital im Unternehmen zu binden. Im Rahmen der schlanken Produktion (lean production) gehen Unternehmen soweit, überwiegend auf größere Lager zu verzichten, da die Lieferung der Roh-, Hilfs- und Betriebsstoffe produktionssynchron (just-in-time) geliefert werden.
Zur rechtlichen Beurteilung der Fabrikplanung sind bei der Errichtung, bei Änderungen oder Nutzungsänderungen von Fabrikanlagen immer baurechtliche und immissions- schutzrechtliche Rechtsfragen zu klären. **(Tabelle 1, folgende Seite)**. Die humanen Lösungen umfassen u.a. die Arbeitsfläche und ihre Bestandteile **(Bild 2)**.

Je rechtzeitiger und genauer die einzelnen Details in der Layout-Planung der Flächen durchgeführt werden, desto störungsfreier laufen die Realisierungen nach Klärung der technischen und wirtschaftlichen Fragen. So muss vor der Realisierung gemäß § 90 des Betriebsverfassungsgesetz der Betriebsrat umfassend informiert und zur Beratung hinzugezogen werden.

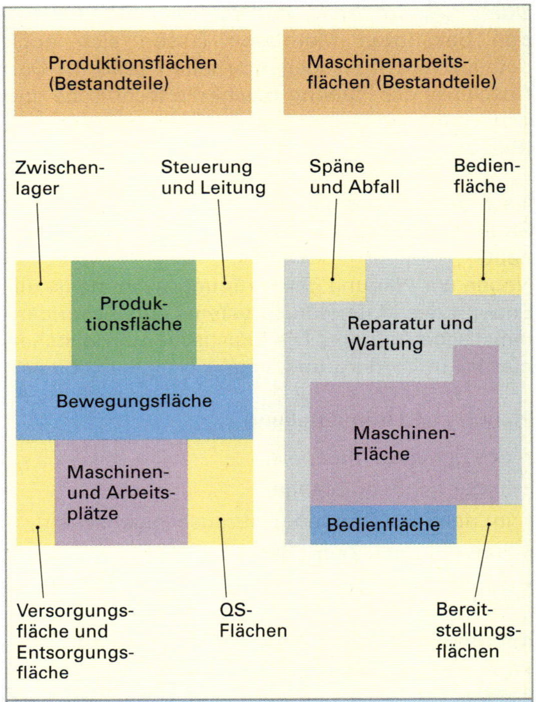


**Bild 2: Flächenarten bei der Layout-Planung**

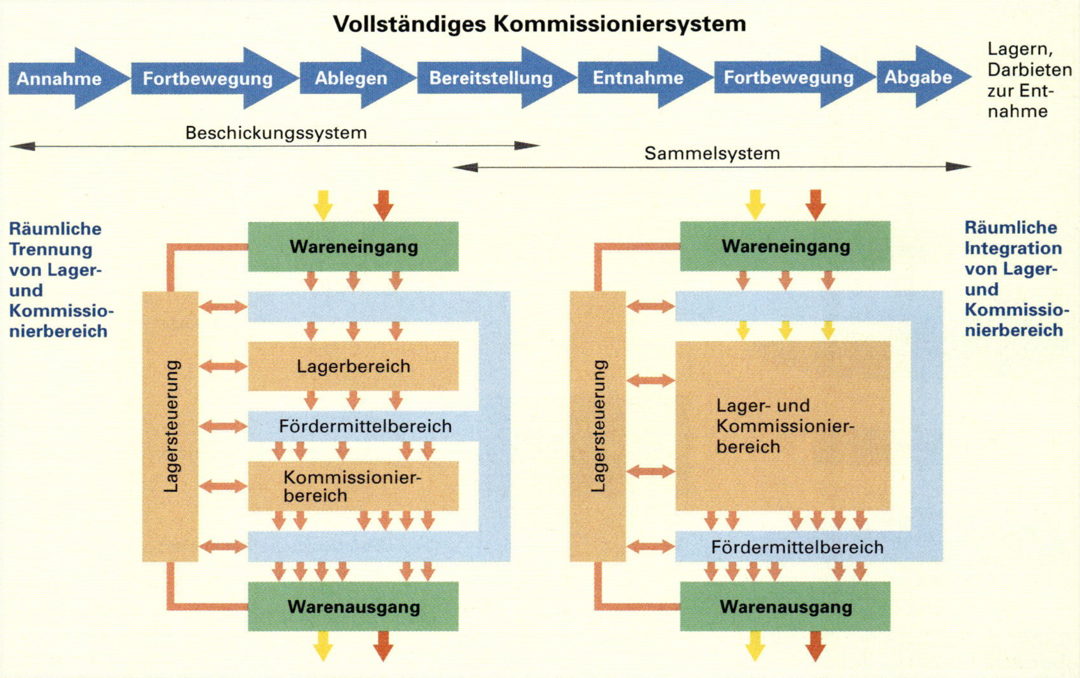


**Bild 1: Entwurf eines Materialflusssystems für ein Lager und zur Kommissionierung**

**Tabelle 1: Planungsrecht**

| | Überörtliches Planungsrecht | Örtliches Planungsrecht | Bauordnungsrecht | Nebenrecht |
|---|---|---|---|---|
| Bund | Gesetze und Programme<br>• Bundesraumordnungsgesetzt<br>• Raumordnungsbericht<br>• Raumordnungsprogramm | Gesetze und Verordnungen<br>• Baugesetzbuch<br>• Baunutzungsverordnung<br>• Planzeichenverordnung | | Gesetze und Verordnungen, z.B.<br>• Bundesimmissionsschutzgesetz<br>• Bundesnaturschutzgesetz |
| Länder | Gesetze und Pläne:<br>• Landesplanungsgesetz<br>• Landesentwicklungspläne<br>• Regionalpläne | Ausführungsgesetze und Durchführungs-Verordnungen | Gesetze und Verordnungen z.B.<br>• Bauordnung<br>• Stellplatzverordnung<br>• Versammlungsstättenverordnung | Gesetze und Verordnungen z.B.<br>• Naturschutzgesetz<br>• Denkmalschutzgesetz<br>• Schutzgebietsverordnung |
| Gemeinden | | Satzungen und sonstige Pläne, z.B.<br>• Flächennutzungsplan<br>• Bebauungsplan<br>• Sanierungssatzung | Satzungen, z.B.<br>• Gestaltungssatzungen<br>• Spielplatzsatzungen<br>• Stellplatzsatzungen | Satzungen, z.B.<br>• Grundordnungspläne<br>• Denkmalbereichssatzungen |

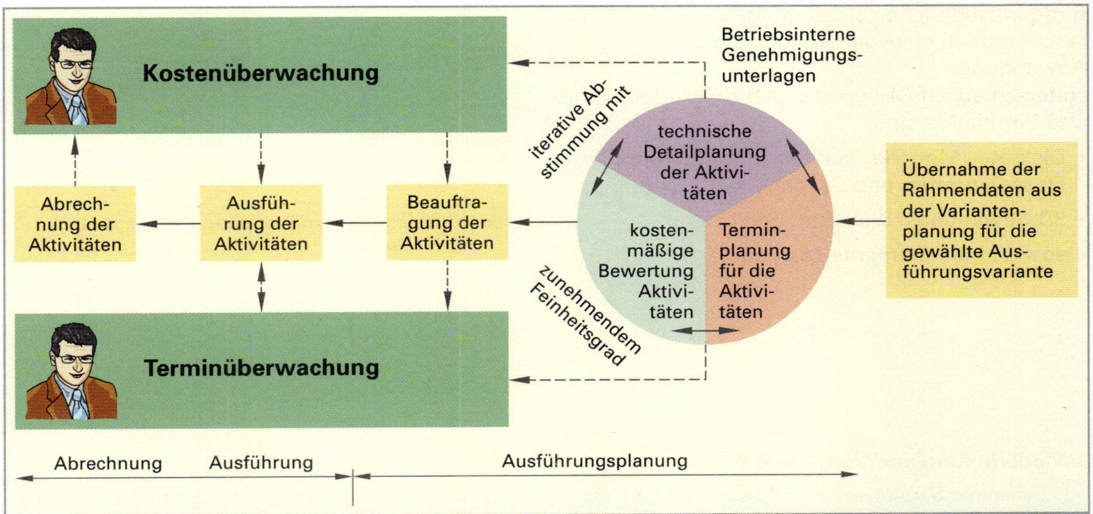


**Bild 1: Ausführungsplanung in Kosten- und Terminüberwachung**

Für die Abwicklung so entstandener Vorgaben ist die Ausführungsplanung verantwortlich. Dafür müssen Termin und Kostenpläne erarbeitet und überwacht werden **(Bild 1)**.

In der 6. Stufe der Projektrealisierung und Zielerfüllung sind Probeläufe, möglichst unter betriebsmäßigen Bedingungen notwendig, um die Funktionen und die Zuverlässigkeit der Planungen zu überprüfen.

Mit der Schlussabnahme der Anlage ist der Gefahrenübergang vom Lieferanten auf den Nutzer erfolgt. Es beginnt die Garantiezeit.

**Simulationstechnik:**

Die Simulationstechnik ist hauptsächlich von der Entwicklung der EDV-Systeme abhängig.

In der VDI-Richtlinie 3633 wird als Simulation definiert: ... die Nachbildung eines dynamischen Prozesses in einem Modell, um zu Erkenntnissen zu gelangen, die auf die Wirklichkeit übertragbar sind ...".

Einen besonderen Sprung in der Entwicklung konnte die Simulation mit der Entwicklung grafischer Oberflächen verzeichnen **(Bild 1)**. Ausgangspunkt der Simulation ist immer ein reales System, das man in einem Modell abzubilden versucht. Anhand dieses Modells können jetzt Untersuchungen durchgeführt werden, die zu Rückschlüssen auf das Verhalten des realen Systems führen **(Bild 2)**.

Dieses Simulationsmodell ist ein dynamisches Modell, das normalerweise durch ein EDV-Programm verkörpert wird. Durch schnell wechselnde Bilder entsteht der Eindruck einer Bewegung bzw. einer Animation. Mit diesen Animationen erzeugt das Simulationsmodell Daten zum Ablauf eines Bewegungsvorgangs in Echtzeit oder auch geometrische Gegebenheiten eines Layouts der gewünschten Fertigungsumgebung, bis hin zu ergonomisch gestalteten Arbeitsplätzen. Montageabläufe, in denen sich Werker unter nahezu fertigungsähnlichen Bedingungen in dem Simulationsmodell bewegen können sind schon in der Anwendung.

Unterschiedliche Anwendungen zur Modellierung und Simulation sind:

- Diskrete Modelle zur Ablaufsimulation wie Flussdiagramm und Graph,
- 3D-Bewegungssimulation und Layout
- sowie Finite-Elemente-Methode.

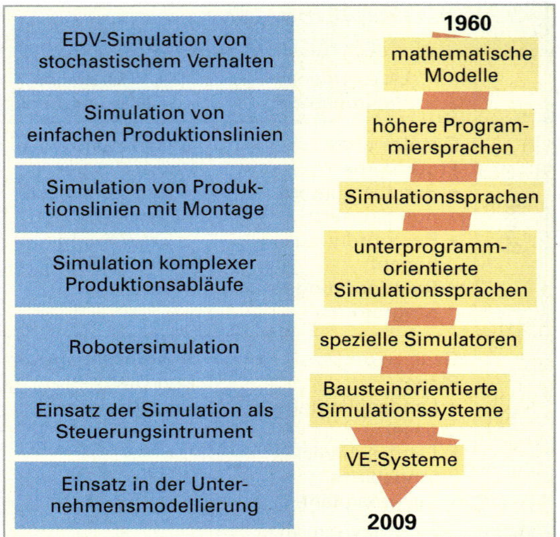


**Bild 1: Entwicklung der Simulationstechniken**

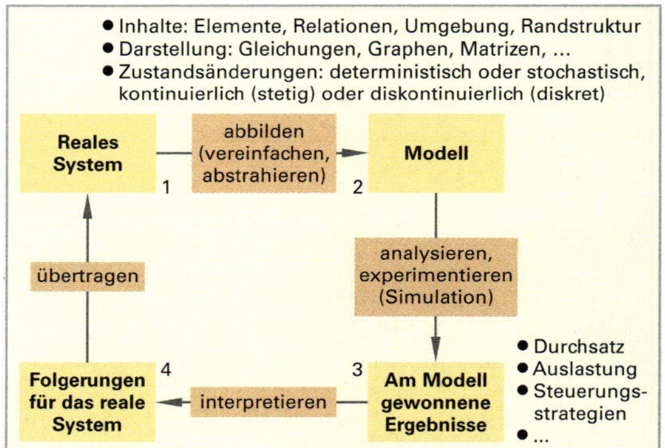


**Bild 2: Abbildung von Produktionskonzepten in Modellen**

**Wiederholung und Vertiefung**

1. Benennen Sie Anlässe zur Planung von Betriebsstätten.
2. Welche Anlässe sind bei der Umplanung von Betriebsstätten von ausschlaggebender Bedeutung?
3. Erklären Sie die sechs Stufen der Betriebsstättenplanung.
4. Nennen Sie Bewertungen beim Entwurf eines Fertigungssystems.
5. Welche Flächenbestandteile sind bei der Planung von Produktions- und Maschinenarbeitsflächen zu berücksichtigen?
6. Benennen Sie die Ablaufschritte zur vollständigen Kommissionierung.
7. Nennen Sie Besonderheiten im Planungsrecht die bei Planungen in den Gemeiden eingehalten werden müssen.
8. Welche Teilaufgaben sind bei der Analyse von Produktionsaufgaben durchzuführen?

## 5.6 Virtualisierung

Prozesse, Anlagen, ja ganze Fabriken werden digital dargestellt **(Bild 1)**. Meist erfolgt die Digitalisierung durch eine CAD-Konstruktion. Die Objekte sind also künstlicher Art. Man kann auch durch 3D-Scannen von natürlichen Objekten ein virtuelles Modell herstellen.

### 5.6.1 Stereoskopische Betrachtung

Die Betrachtung erfolgt heute meist noch am Bildschirm eines Computers oder an einer Leinwand mit einem Beamer. Besonders vorteilhaft für die Fabrikplanung und Arbeitsplatzgestaltung ist eine stereoskopische Darstellung.

Für Bildschirmbetrachtungen verwendet man dazu Shutterbrillen (to shut = schließen). Die Shutterbrille gibt in schnellem Wechsel, synchronisiert mit dem Bildwechsel, am Bildschirm mal den Blick für das linke Auge und mal für das rechte Auge frei **(Bild 2)**.

Ein anderes Verfahren ist die Betrachtung von zwei auf eine Leinwand projizierten Bildern mit einer Polarisationsbrille. Dabei benützt man bei den zwei Projektoren und den zwei Brillengläsern jeweils zwei unterschiedliche Polarisationsfilter. So sieht man mit dem einen Auge das eine Bild und mit dem anderen Auge das andere Bild **(Bild 1)**.

### 5.6.2 Virtual Environments (VE)

Die großflächige 3D-Projektion ermöglicht für Personen nicht nur ein Betrachten der räumlichen dargestellten Objekte, sondern auch ein „Eintauchen" (Immersion) in die virtuell dargestellte Welt. Man spricht von virtuellen Umgebungen (Virtual Environments, VE). Vor der Projektionswand kann man nämlich in einer Tiefe, die in etwa der Wandhöhe entspricht, sich hineinstellen mit dem Gefühl mit zur virtuellen Welt zu gehören.

Fügt man einer Projektionswand im Halbrund oder rundum weiter Projektionswände hinzu, so entsteht eine so genannte Cave[1], z.B. eine Drei-Wand-Cave **(Bild 3)**. Mit vier Wänden, plus Decke, plus Fußboden kann man sogar eine rundum geschlossene Cave realisieren. Hier ist der Eindruck der Virtualisierung total.

Steigt man auf einen virtuellen Turm und blickt man in die Tiefe, so wird einem schwindelig.

**Bild 1: Digitale Prozessvisualisierung in stereoskopischer Darstellung (Objekte erscheinen ohne Brille doppelt)**

**Bild 2: Stereoskopisches Sehen mit Shutterbrille**

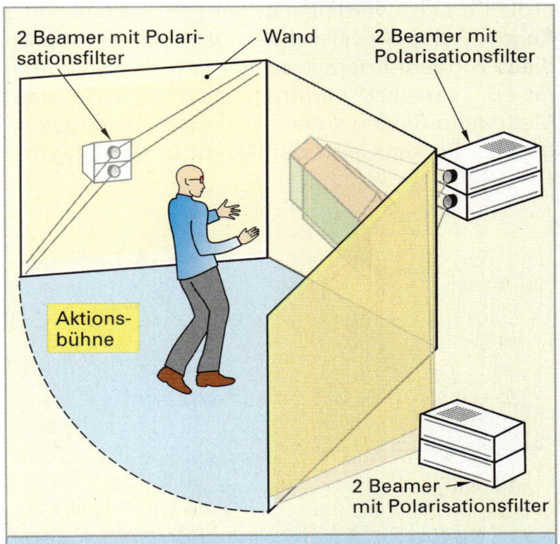


**Bild 3: Drei-Wand-Cave**

---

[1] engl. cave = Höhle

[2] lat. immersio = eintauchen

**Szenensteuerung**

Zur Szenensteuerung werden günstiger Weise kabellose Steuerungstechniken verwendet. Üblich sind Funksteuergeräte und optische Steuergeräte. Analog zur Computermaus mit einer Bewegung in einer Ebene für 2-dimensionale Signale, müssen hier mit einem räumlich operierenden Steuergerät 6-dimensionale Steuerfunktionen realisiert sein, nämlich für 3 Ortsdimensionen (X, Y, Z) um z.B. Objekte räumlich verschieben zu können und für 3 Richtungsdimensionen (A, B, C) damit man z.B. Objekte drehen, schwenken und neigen kann **(Bild 1)**. Bei den berührungslos optischen Steuergeräten werden die Positionen von 5 kleinen Kugeln **(Bild 2)**, welche im Infrarot-Blitzlicht hell leuchten durch Triangulation **(Bild 3)** erfasst. Durch die Abbildung der, gegen den Hintergrund, hell reflektierenden Kugel in den beiden CCD-Kameras lassen sich die Winkel Alpha, Beta, Gamma eines Vermessungsdreiecks bestimmen. Der Basisabstand l der Kameras ist bekannt und so ist das Dreieck A1, B1 und C1 vollständig bestimmt und zwar auch in den räumlichen Neigungen, da die räumliche Anordnung der Kameras bekannt ist und die Kugel sich auf den CCD-Chips der Kameras in einer Ebene senkrecht dazu abbildet.

Damit man von dem 6D-Steuergerät nicht nur die Position bestimmen kann, sondern auch die räumliche Ausrichtung (Orientierung) müssen gleichzeitig mindestens von zwei weiteren Kugeln die Positionen erfasst werden. Zur Identifizierung, welche Kugel nun welche ist, werden die Kugeln nicht in symmetrischem Abstand zueinander angeordnet und es werden statt der Mindestzahl von 3 Kugeln 5 Kugeln verwendet. Damit ist es möglich diese zu identifizieren, auch wenn das Steuergerät z.B. „verkehrt" herum gehalten wird. Bei einer Mehrwand-Cave werden mehr als 2 Kameras eingesetzt. So kann sich der Akteur in der Cave frei bewegen. Sein Steuergerät ist immer im Sichtbereich von zwei Kameras und wird somit in seiner Position und Orientierung erfasst **(Bild 4)**.

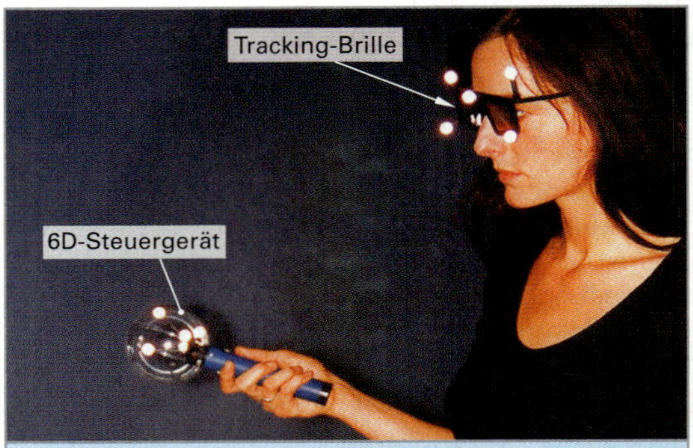


**Bild 2: Steuergerät und Tracking-Brille mit Polarisationsgläsern**

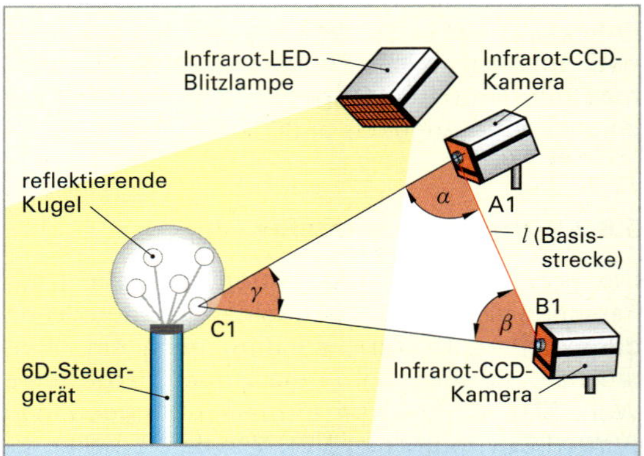


**Bild 3: Triangulation mit Infrarotblitz und Infrarotkameras**

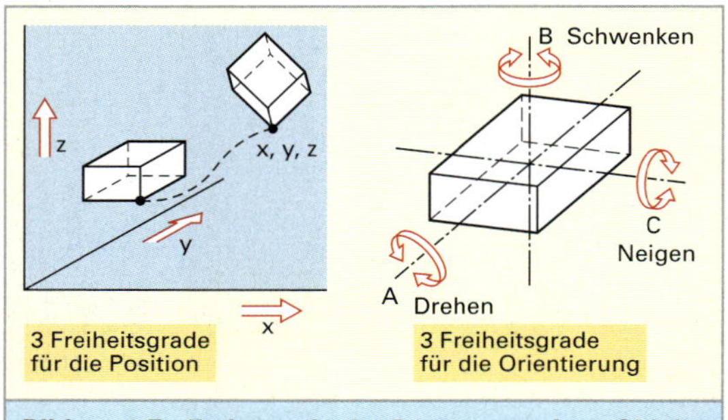


**Bild 1: 6 Freiheitsgrade der Bewegung eines Objekts**

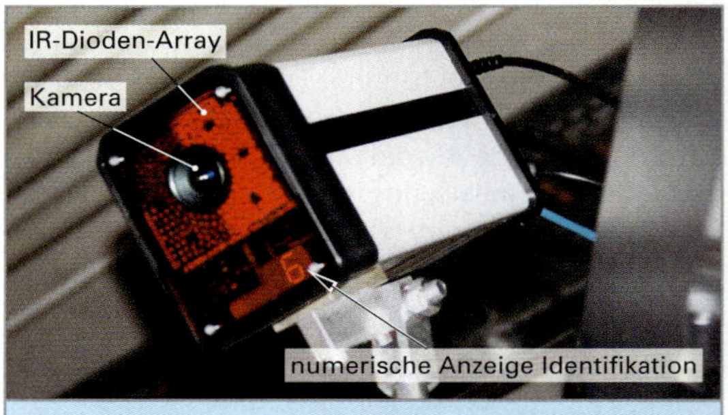


**Bild 4: Kamera und Infrarotlampe für das Tracking**

Mit dem Steuergerät kann man nun ähnlich wie mit einem Lichtzeiger Objekte „anklicken". Das VE-System projiziert hier virtuell einen räumlichen Strahl, der vom Steuergerät des Akteurs auszugehen scheint und entsprechend der Ausrichtung des Steuergeräts auf das anvisierte Objekt gerichtet wird **(Bild 1)**. Damit können nun diese Objekte, z.B. wie im CAD angeklickt und manipuliert werden. Das Steuergerät hat dafür wie eine Computermaus zwei Tastschalter. Zur Manipulation werden räumliche Icons oder Befehlskugeln in die räumliche Szene virtuell eingestellt und können vom Akteur mit dem Steuergerät anvisiert und angeklickt werden.

Es gibt z.B. eine Funktion für das *Handling* von Baugruppen. Damit können Objekte entfernt, hinzugefügt, verschoben und verdreht werden **(Bild 2)**. Mit der Schnittfunktion kann man einen Fächerstrahl erzeugen und damit Objekte schneiden. Man sieht diese im aktuell geschnittenen Querschnitt.
Die *Messfunktion* ermöglicht das räumliche vermessen zwischen anvisierten und angeklickten Raumpunkten.
Die *Annotationsfunktion* ermöglicht eine Art „Bekleckerung". Man kann damit schreiben, markieren, füllen, u. Ä. Mit der *Animationsfunktion* kann man ein Szenario in Bewegung versetzen; die Roboter bewegen sich und die Avatare (künstliche virtuelle Menschen) laufen und arbeiten.

**Tracking**

Zur vollkommenen Szenensteuerung müssen sich die Objekte bei Wechsel des Standorts und der Blickrichtung des Akteurs danach ausrichten. Steht z.B. ein Objekt scheinbar mitten im virtuellen Raum und der Akteur wechselt von der rechten Seite auf die linke Seite seinen Standort, so muss er das Objekt zunächst von der rechten Seite projiziert bekommen und danach von der linken Seite. Wenn er sich bückt erblickt er es von unten und wenn er mit dem Kopf durch das Objekt hindurch geht, so sieht er es von innen **(Bild 3)**.

Zur laufenden Anpassung der Szenenprojektion an den aktuellen Standort und die aktuelle Blickrichtung müssen Standort und Blickrichtung des Akteurs laufend erfasst werden, d.h. er muss in seiner (Kopf-Bewegung) messtechnisch verfolgt werden. Dies geschieht durch das Tracking (Verfolgen) mit Hilfe einer Tracking-Brille (Bild 2, vorhergehende Seite). Die Tracking-Brille hat auch 5 Kugeln und diese werden ebenfalls durch eine optische Triangulationsmesstechnik laufend in der Position vermessen wie dies beim Steuergerät der Fall ist. Die Kugeln reflektieren hell im Infrarotlicht. Für den Akteur ist dieses nicht sichtbar und somit auch nicht störend.

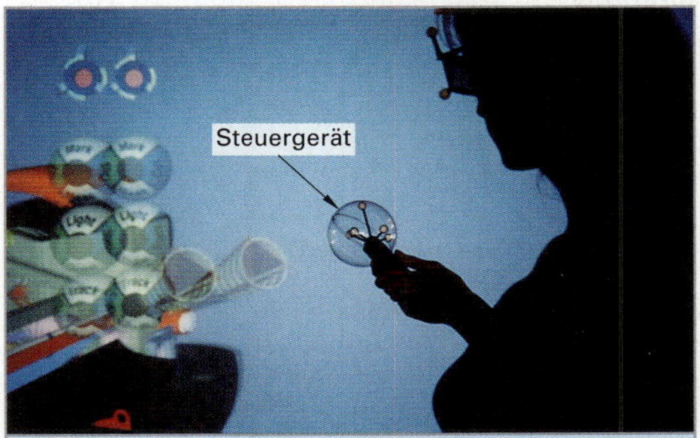


**Bild 1: Anklicken von Steuermenüs auf Befehlskugeln**

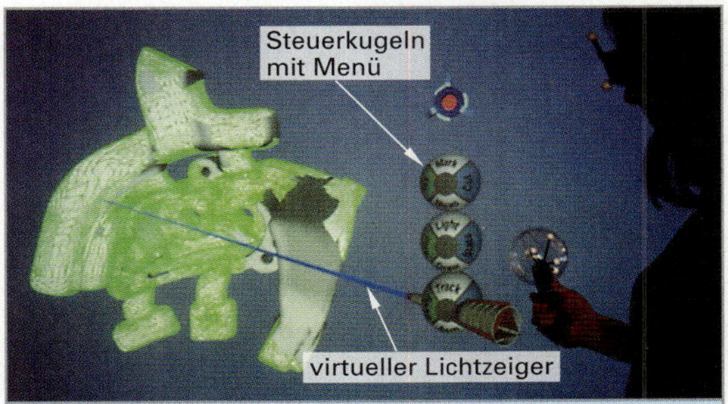


**Bild 2: Virtueller Lichtzeiger zum Handling von Objekten**

**Bild 3: Das Tracking**

**Augmented Reality (AR), Mixed Reality**

Augmented[1] Reality (AR) bedeutet erweiterte Realität. Reale Szenen werden durch virtuelle Objekte erweitert bzw. mit realen Elementen vermischt (Mixed Reality). Auf die Bühne eines VE-Systems kann man reale Objekte bringen und diese mit in die virtuelle Welt einbeziehen. Man mischt die reale Welt mit der virtuellen Welt. So kann man z.B. einen virtuellen Roboter an einem realen Werkstück programmieren **(Bild 1)**. Es geht auch umgekehrt. Man kann einen realen Roboter an einem virtuellen Werkstück durch Teach-in programmieren. Der Akteur sieht räumlich vor sich in natürlicher Größe das virtuelle Gebilde und das reale Objekt. Er kann um das reale Objekt herum gehen und die virtuelle Szene passt sich seinem Standortwechsel an.

### 5.6.3 Anwendung von VE-Systemen

Die VE-Systeme werden z.B. im Bereich der Neuentwicklung von Fahrzeugen eingesetzt (**Bild 2**). Der Designer erhält ein wirkliches Gefühl von dem real nicht vorhandenen Produkt. Er kann in das Fahrzeug einsteigen und sofern ihm ein realer Autositz auf die Aktionsbühne gestellt wird, kann er sitzend das noch nicht gebaute Fahrzeug in seiner inneren Räumlichkeit mit allen Bedienelementen „erleben".

[1] engl. to augment = erweitern, vermehren

Anwendungsbeispiele:

Architekten können durch noch nicht gebaute Räumlichkeiten schreiten oder diese aus der Luft beobachten.

Montagearbeiten können genau vorgeplant werden einschließlich aller Handgriffe der Monteure.

Monteure, also wirkliche Leute können sich, bevor es die Montagearbeitsplätze gibt, mit den Montageaufgaben vertraut machen, bzw. man kann die Arbeitsplätze „erproben" bevor man sie aufbaut.

Fast alle Produktionsprozesse können der realen Produktion virtuell vorweggenommen werden und zwar im 1:1-Maßstab.

Auf diese Weise kann man beschleunigt neue Produktionsvorgänge und Produktionsanlagen planen und sicherer die richtigen Entscheidungen treffen.

**Bild 2: Besprechung einer PKW-Studie**

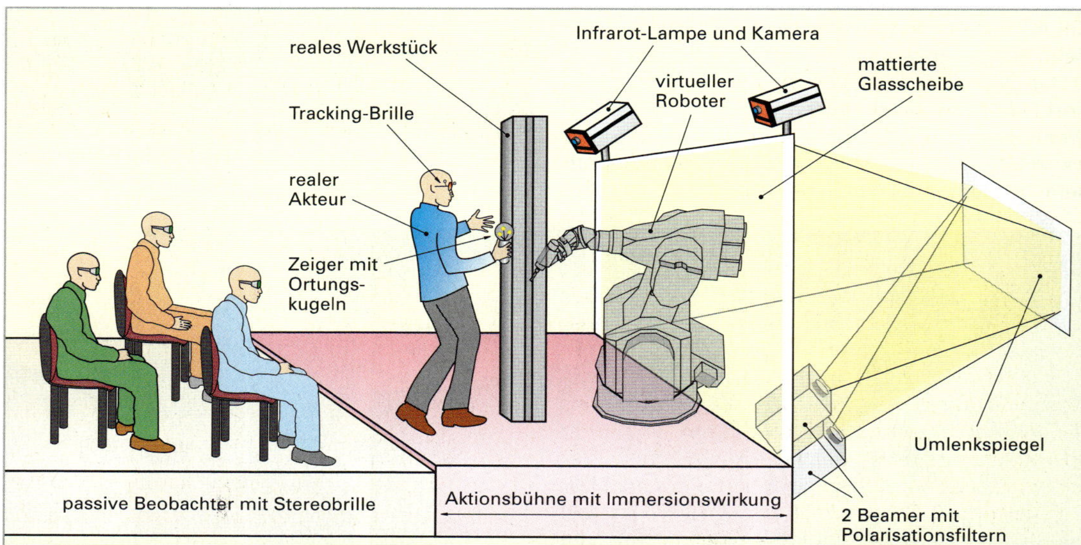


**Bild 1: Augmented Reality mit virtuellem Roboter und realem Werkstück**

## 5.7 Rapid Prototyping

Mit Rapid Prototyping (schnelle Vormusterherstellung) bezeichnet man die Verfahren, die nahezu automatisch aus den 3D-CAD-Modellen oder aus optischen 3D-Abtastungen (3D-Scanning) *körperliche* Modellwerkstücke herstellen **(Bild 1)**.

Im Unterschied zur Werkstückherstellung mit üblichen CNC-Fräsmaschinen oder CNC-Erodiermaschinen wird hier nicht mit speziellen formgebenden Werkzeugen gearbeitet, sondern es werden die Werkstücke aus sehr vielen sehr dünnen Schichten oder Volumenelementen zusammengesetzt. Vorherrschend sind die Verfahren mit Schichten **(Bild 2)**.

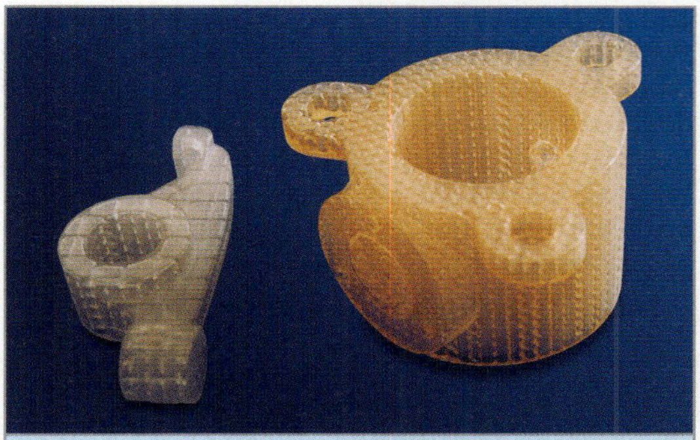

**Bild 1: Beispiele für Werkstücke**

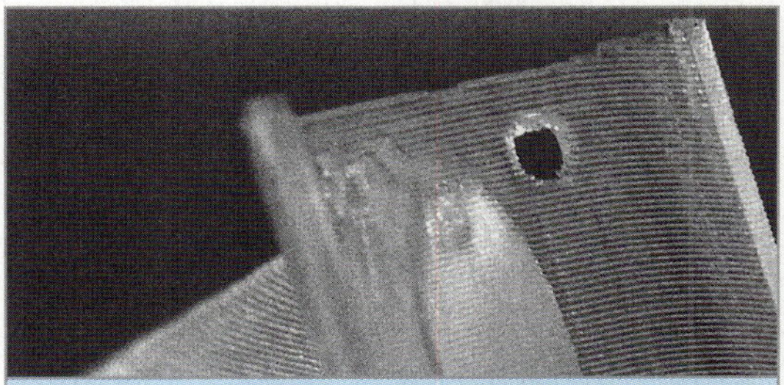

**Bild 2: Aufbau in Schichten (vergrößert)**

Hergestellt werden mit Rapid Prototyping:

- **Designmodelle**. Das sind Muster, die dem späteren Produkt sehr ähnlich sehen und zum Zweck ihrer Form- und Farbgestaltung benötigt werden oder als Anschauungsmodelle benützt werden.
- **Ergonomie-Modelle**. Das sind Modelle, die dafür benützt werden, um z.B. mit Hilfe von Testpersonen ihre Handhabungseigenschaften zu beurteilen. So braucht man solche Modelle z.B. bei der Gestaltung von Griffen, Programmiergeräten und Tastaturen.
- **Funktionsmodelle**. Das sind Baumuster, die die spätere Funktion bereits erfüllen, z.B. Pumpenräder. Allerdings noch nicht in der Weise wie das spätere Produkt hinsichtlich der Lebensdauer oder Maximalbeanspruchung.
- **Gussmodelle**. Diese dienen, je nach Gießverfahren, als Positivmodell oder als Negativmodell der direkten Hinstellung von Abgüssen entweder von endgültigen Formen oder von Werkstücken.
- **Musterwerkstücke**. Dies sind Gebrauchswerkstücke, die nur in Einzelstücken oder in kleinen Stückzahlen gebraucht werden.

Je nach Art der gewünschten Modelleigenschaften, Modellgrößen und Modellfunktionen kommen unterschiedliche Techniken zum Einsatz.

**LOM** (Laminated Objekt Manufacturing)

Bei diesem Verfahren werden Papier oder papierähnliche Folien auf Rollen als Ausgangsmaterial verwendet **(Bild 3)**. Auf eine Grundplatte wird eine Schicht nach der anderen aufgeklebt und mit einem Laser (z.B. $CO_2$-Laser) wird die Werkstückkontur ausgeschnitten und zwar sowohl die Innen- wie auch die Außenkontur. Der Laserstrahl ist numerisch gesteuert und zwar über Spiegel und 2 Schwenkachsen, ähnlich wie bei einer Lasershow (**Bild 1**, folgende Seite). Teile, die nicht zum Werkstück gehören, werden in kleinere Quadrate geschnitten.

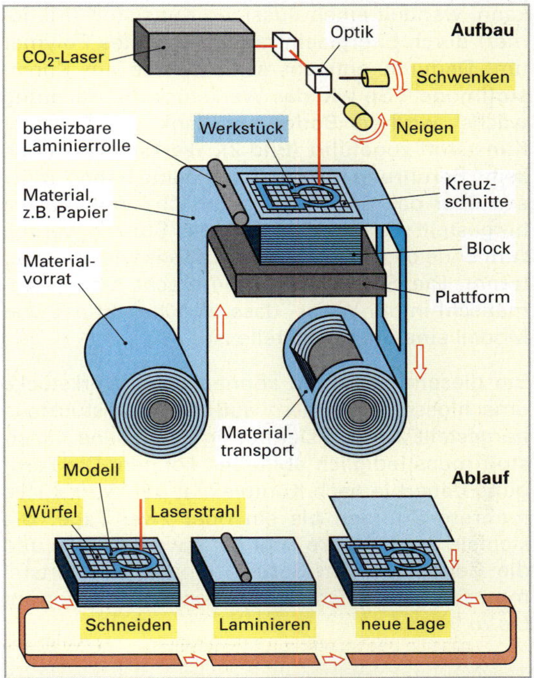


**Bild 3: Schichtweise Herstellung am Beispiel des LOM-Verfahrens**

Es wird nun eine Schicht auf die andere unter Hitze mithilfe einer Walze geklebt und nach jedem Klebevorgang entsprechend die Werkstückkontur ausgeschnitten. Die Papierschichten sind z.B. 0,2 mm stark. Die Beweglichkeit des Laserstrahls liegt bei etwa 0,5 m/s. So ist die Werkstückgenauigkeit auch etwa 0,2 mm. Die Werkstückeigenschaften sind ähnlich wie diejenigen eines Holzwerkstückes. Es kann z.B. fein geschliffen, gebohrt und lackiert werden.

So wie das Werkstück Schicht um Schicht wächst, so wird der Boden abgesenkt. Damit schneidet der Laserstrahl immer in derselben Ebene.

Nach Beendigung des Produktionsprozesses, welcher mehrere Stunden oder auch Tage dauert, ist ein quaderförmiger Klotz vorhanden. Durch Abstreifen der kleinen Würfel, die außerhalb oder innerhalb der Werkstückkontur geschnitten worden sind, erhält man das Modell.

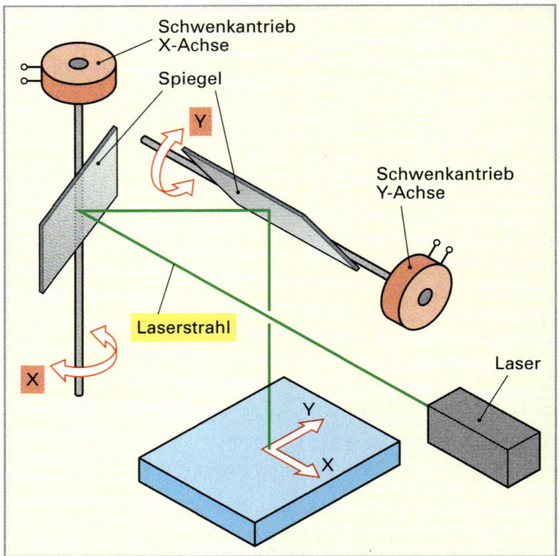


**Bild 1: 2-achsige Laser-Ablenkeinheit**

**SLA** (Stereo-Lithography Apparatus)

Bei diesem Verfahren wird flüssiger Kunststoff schichtweise mithilfe eines Lasers verfestigt (polymerisiert[1]). Man spricht von Fotopolymerisation. Ein Laserstrahl (z.B. NdYAG-Laser) der über zwei numerisch schwenkbare Spiegel bewegt werden kann, wandelt einen flüssigen Kunststoff (Monomer) durch Energieeintrag in ein festes Polymer um. Dadurch entsteht schichtweise ein Kunststoffmodell. So wie das Werkstück in Z-Richtung wächst, wird der Boden abgesenkt und flüssiger Kunststoff zugeführt **(Bild 2)**. Werkstückteile, die keine Berührung mit der Grundplatte haben, müssen über das CAD-System zunächst mit *Stützen* hergestellt werden **(Bild 3)**. Diese Stützen werden zum Ende des Produktionsprozesses wieder abgetrennt. Die *Stützkonstruktion* macht man (automatisch) in der Weise, dass zwischen Stütze und Modell eine Sollbruchstelle ist.

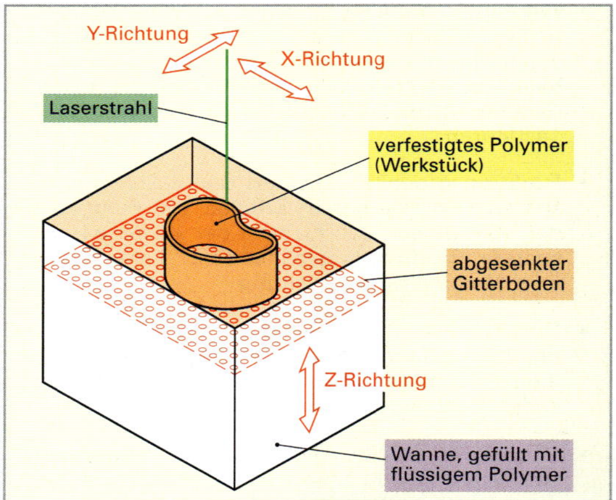


**Bild 2: Absenkbare Aufbauplattform mit flüssigem Kunststoff**

Bei diesem Verfahren können auch Werkstücke umschlossen im Innern äußerer Werkstückteile hergestellt werden. Der flüssig gebliebene Kunststoff muss lediglich abfließen können. Die Fertigung dauert je nach Komplexität der Werkstücke mehrere Stunden bis ein oder zwei Tage. Die kleinste Schichtdicke liegt bei etwa 0,01 mm und die Genauigkeit im Bereich einiger Hundertstel mm. Die Beweglichkeit des Laserstrahls beträgt bis zu 5 m/s.

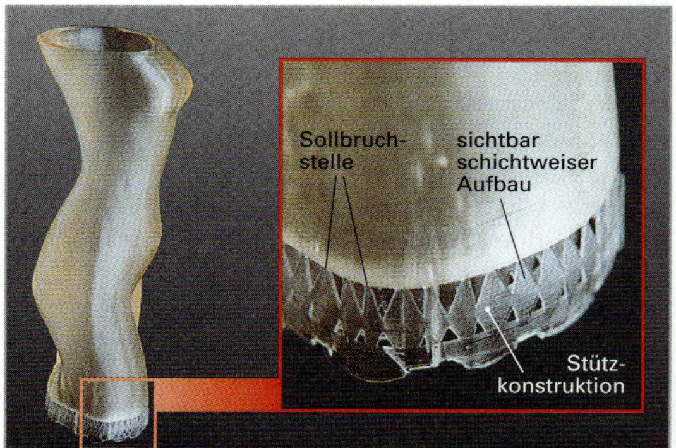


**Bild 3: Stützkonstruktion der Werkstücke**

[1] Die Polymerisation ist ein chemischer Vorgang, bei dem sich einfache Moleküle zu Riesenmolekülen zusammen verbinden; griech. poly = viel, meros= Teil; polymer = vielteilig.

**EOS-Sintern** (Elektro Optical Systems)

Ausgangswerkstoff ist feines Kunststoffpulver, z. B. Nylon oder niedrig schmelzendes feines Metallpulver oder Formsande. Mit Hilfe eines $CO_2$-Lasers, der über einen Spiegel mit zwei NC-Achsen gesteuert wird, entsteht im Auftreffpunkt des Laserstrahls eine Schmelze. Die Kunststoffpulverteile oder die Metallpulverteile oder die Sandkörner verbacken miteinander und so wird das Werkstück Schicht um Schicht aufgebaut (**Bild 1**). Entsprechend dem Zuwachs in Z-Richtung wird Pulver nachgeschüttet und der Werkstückboden abgesenkt. Von Vorteil bei diesem Verfahren ist, dass auch metallische Werkstücke hergestellt werden können sowie Formwerkstücke zum Gießen. Die Schichtdicke liegt bei etwa 0,1 mm. Die Beweglichkeit des Laserstrahls bei etwa 1 m/s.

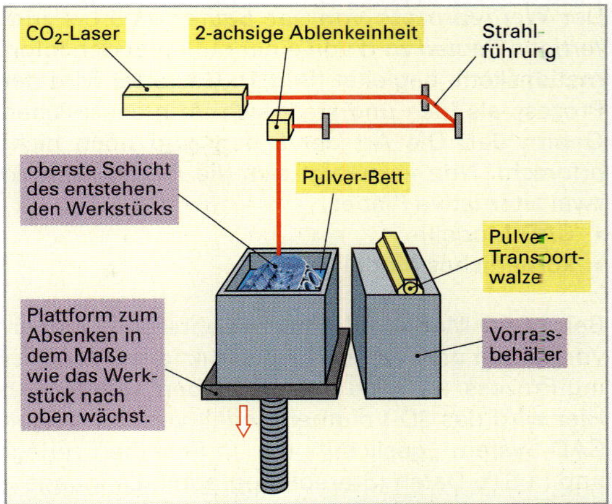


**Bild 1: Laser-Sintern**

**SOLIDER-Technik**

Auch hier wird das aufzubauende Werkstück in Schichten mit Dicken von 0,1 mm bis 0,25 mm zerlegt. Eine Stützkonstruktion ist nicht erforderlich. Die Objektschichten werden als Negativbild, ähnlich einem Scherenschnitt, aus schwarzem Tonerpulver auf eine Glasplatte übertragen, so wie der Tonerauftrag beim Kopierer auf Papier. (Im Unterschied dazu wird der Toner nicht durch Wärme ausgehärtet). Die mit Tonerauftrag versehene Glasplatte dient als Belichtungsmaske für flüssigen Kunststoff in einer absenkbaren Aufbauplattform. Belichtet wird mit starker UV-Strahlung (**Bild 2**). An den belichteten Stellen verfestigt sich der Kunststoff. Nicht verfestigter Kunststoff wird abgesaugt und mit flüssigem Wachs verfüllt. Dieses wird durch Kühlung verfestigt. Damit man eine exakt ebene Schicht erhält, wird die Kunststoffschicht wie auch die Wachsschicht überfräst. Nun beginnt der nächste Zyklus. Durch die Wachsschicht werden auch „überhängende" Kunststoffschichten getragen. So braucht man keine Stützkonstruktionen. Ist der gesamte Block hergestellt, so löst man das Wachs thermochemisch heraus und die Werkstücke bleiben übrig.

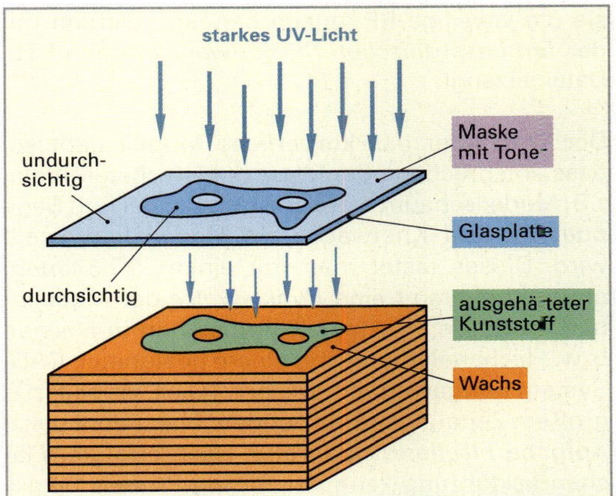


**Bild 2: SOLIDER-Technik**

**FDM** (Fused Deposition Modeling)

Bei diesem Verfahren wird Wachs oder Nylon (Thermoplast) über eine feine 2-achsig numerisch gesteuerte Düse unter Wärme und Druck extrudiert (ausgedrückt) und zwar entlang der Werkstückkonturlinie (**Bild 3**). Ähnlich dem Auftragsschweißen wird eine Lage über die andere gesetzt. Das frisch extrudierte Material verschmilzt dabei mit dem bereits aufgebrachten Material. Die Schichtdicken betragen etwa 0,1 mm. Die Auftragsgeschwindigkeit liegt bei ca. 250 mm/s.

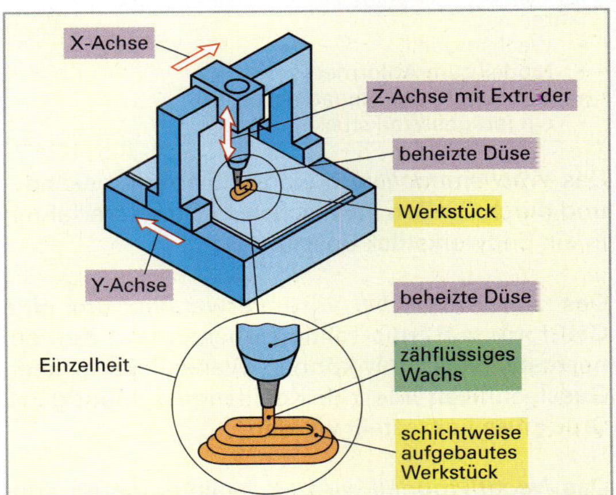


**Bild 3: FDM-Verfahren**

Der Werdeprozess von der *Bauteil-Idee* bis zum *fertigen Bauteil* wird von einer mitlaufenden Informationskette begleitet **(Bild 1)**. Gestartet wird der Prozess als Idee und stellt sich im menschlichen Gehirn dar. Die Art der Daten sind noch nicht erforscht. Nun verzweigt sich die *Prozesskette* in zwei alternative Pfade:

- CAD-Modell;
- körperliches Modell.

Beim **CAD-Modell** folgt nach mehreren Optimiervorgängen und Variantenkonstruktionen der Slicing-Prozess (to slice = in Scheiben schneiden). Hier wird das 3D-Volumenmodell vom jeweiligen CAD-System „gesliced", d.h. in Scheiben zerlegt und in STL-Daten (Stereolithographie-Language = Stereolithographiesprache) umgesetzt. Diese STL-Dateien stellen die Eingabeinformation für den RP-Prozess dar. Die *verfahrensspezifischen* Daten, wie sie die jeweilige RP-Anlage benötigt, werden mit der *firmenspezifischen RP-Software* aus den STL-Daten erzeugt.

Der Weg über das **körperliche Modell** geht so, dass entsprechend der Idee mit einfachen Mitteln, z.B. Modellschaum als Werkstoff, Raspel und Säge oder z.B. mit Knetwachs ein Modell hergestellt wird. Dieses tastet man mit einem *3D-Scanner* ab und bekommt eine *Punktewolke* der Modelloberfläche. Die Punktewolke muss nun in Flächen bzw. Flächenelemente mit einem geeigneten CAD-System umgewandelt werden. Dies ist mit z.T. großem Zeitaufwand verbunden. Man nennt diese Aufgabe *Flächenrückführung*. Nach erfolgter Flächenrückführung kann der Slicing-Prozess beginnen.

Die Rapid-Prototyping-Anlage erzeugt je nach Verfahren ein:
- Wachsmodell;
- Modell zum Abformen;
- eine gießfähige Negativform;
- ein fertiges Werkstück.

Das *Wachsmodell* wird eingeschlämmt, besandet und durch Gießen im Wachsausschmelzverfahren in ein Endwerkstück überführt.

Das *Abform-Modell* wird verwendet, um eine Gießform, z.B. mit Teilungsebenen und Kernen, herzustellen. Damit können Werkstücke in allen Gusstechniken wie z.B. Kokillenguss, Sandguss, Druckguss hergestellt werden.

Das *Negativmodell* wird als Hochtemperaturmodell erzeugt und eignet sich für Niederdruckguss und Sandguss zur Werkstückherstellung.

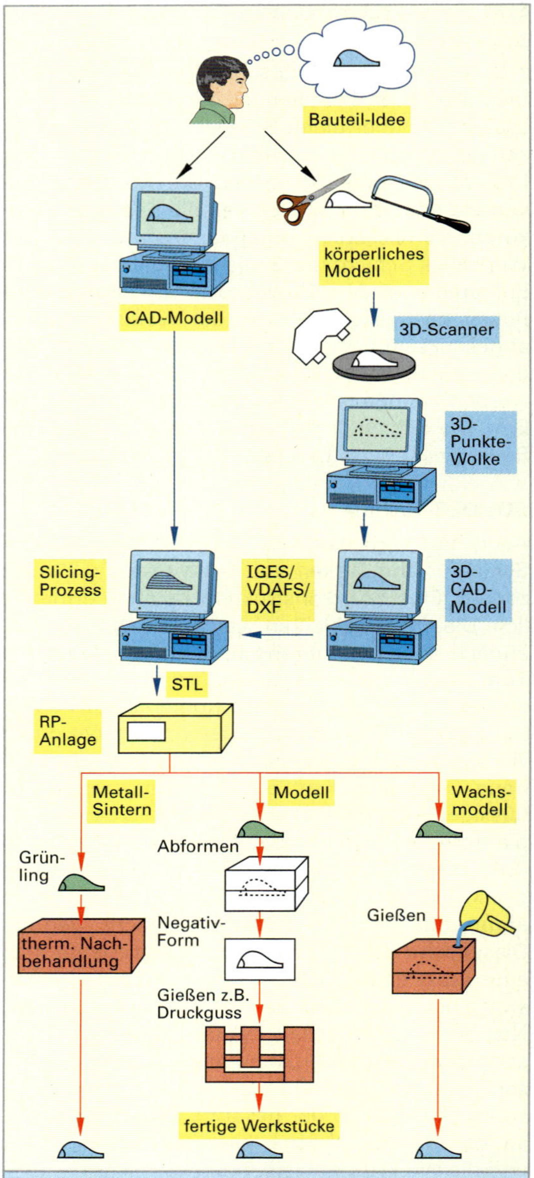


**Bild 1: Informationskette und Prozesskette**

Die *Werkstückherstellung* durch *RP-Metallsintern* ermöglicht die direkte Herstellung metallischer Werkstücke.

Zur Erhöhung der Festigkeitswerte wird das gesinterte Werkstück nach einem Diffusionsprozess einer Wärmebehandlung unterzogen. Die Bauteilfestigkeitswerte liegen aber unter denen der anderen Verfahrensketten.

# 5.8 Arbeitsbewertung

## 5.8.1 Ziele und Anforderungen an die Arbeitsbewertung

Die technischen und organisatorischen Entwicklungen in den Betrieben aller Industriezweige wird durch die globalen wirtschaftlichen Herausforderungen beschleunigt. Für die Betriebe wird es dadurch immer schwieriger, ihre Mitarbeiter anforderungs- und damit leistungsgerecht zu entlohnen.

Die erhöhten Anforderungen ergeben sich durch:

- die neuen technologischen Entwicklungen,
- die kurzen Entwicklungs- und Produktionszeiten,
- die kurzen Liefertermine sowie
- die niedrigen Kosten bei hoher Qualität **(Bild 1)**.

Dies erfordert von den Mitarbeitern in den Betrieben:

1. anspruchsvolle, hochwertige **Tätigkeiten** in geänderten Produktionsstrukturen,
2. **Wissen** in hauptsächlich maschinen- und anlagebezogenen Abläufen sowie verbindende übergeordnete Kenntnisse aus den Betriebsabläufen,
3. **Können** mit steigenden Denkleistungen in Routineabläufen und in Störsituationen,
4. **Erfahrungen** aus neuesten Technologien,
5. **Verhaltensweisen** mit hohen Anforderungen an **selbstständiges Arbeiten** mit gleichzeitig großer Kommunikationsbereitschaft in unterschiedlichsten Arbeitsformen der Gruppen- und Teamarbeit,
6. **Verantwortung** durch den steigenden Handlungsspielraum in flachen Organisationen bei vermehrter Weitergabe der Verantwortung nach unten.

Diese Forderungen können nur erfolgreich gemeistert werden, wenn der Mitarbeiter für seine Aufgaben ausreichend motiviert werden kann.

Neben den Veränderungen in den Produkten führt dies zu neuen Arbeitsabläufen und damit zu einer erweiterten Bereitschaft der Mitarbeiter zu einer ständigen Anpassungs- und Höherqualifikation. Um diese Leistungsbereitschaft der Mitarbeiter immer wieder abfordern zu können, werden hierzu Daten über die Höhe und Art der neuen Anforderungen benötigt. Es wird heute aber immer schwieriger, diese Daten zu bestimmen und in Betriebsvereinbarungen oder Tarifverträgen festzulegen.

Dies wird um so wichtiger, da die Daten mehrfach zur Anwendung kommen in:

- der Arbeitsentgeltdifferenzierung,
- der Personalorganisation und
- der Arbeitsgestaltung.

Die jetzt verwendeten Daten kommen aus unterschiedlichen Verfahren, die im Begriff „Anforderungsermittlung" zusammen gefasst sind **(Bild 2)**.

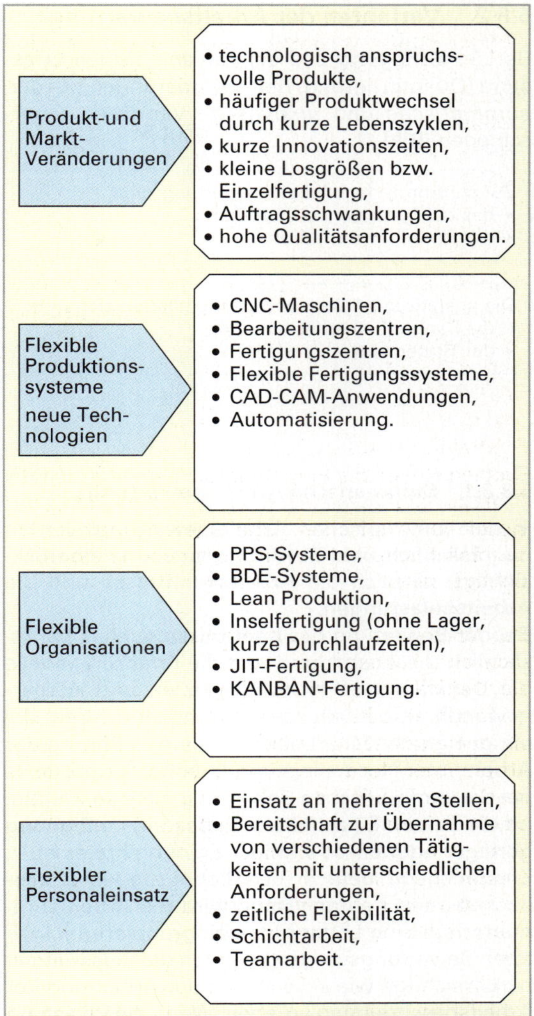


**Bild 1: Technischer und organisatorischer Wandel in Betrieben**

**Bild 2: Anforderungsermittlung**

### 5.8.2 Verfahren der Arbeitsbewertung

Bei der Zerlegung und der zahlenmäßigen Erfassung (Quantifizierung) der Anforderungen werden *summarische* und *analytische* Verfahren unterschieden **(Bild 1)**.

Zur summarischen Arbeitsbewertung zählt:
- das Lohngruppenverfahren und
- das Rangfolgeverfahren.

Die analytische Arbeitsbewertung gliedert sich in:
- die Rangreihenverfahren und
- das Stufenwertzahlverfahren.

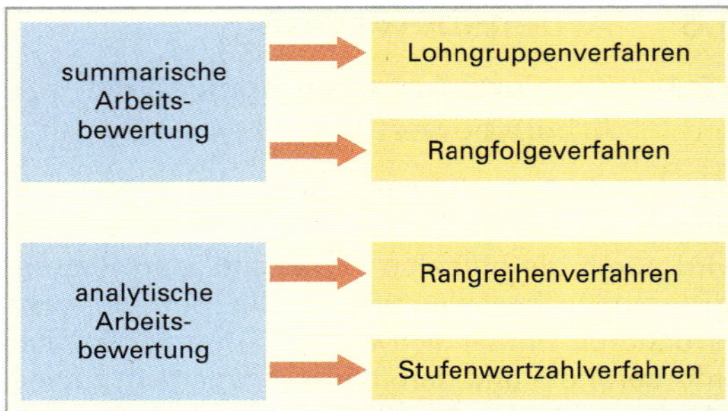


**Bild 1: Verfahren der Arbeitsbewertung**

#### 5.8.2.1 Summarische Arbeitsbewertung

In der summarischen Arbeitsbewertung werden hauptsächlich zwei Bewertungsmerkmale berücksichtigt, nämlich die **Arbeitskenntnisse** und die **Arbeitsbelastungen.**

Bei der Bewertung der **Kenntnisse** sind es hauptsächlich die Ausbildung und die Erfahrung sowie die Denkfähigkeit. Handfertigkeiten und Körpergewandtheit beeinflussen wesentlich die Zeit, die ein geeigneter Mitarbeiter für die Ausführung der Arbeit unter Normalleistung benötigt. Dabei ist es bei der summarischen Bewertung nicht so wichtig, ob die Zeit im Einzelfall durch besondere **Eignung** geringer oder durch weniger Eignung höher ist.

Entsprechend dem in den Lohngruppen festgeschriebenem Kenntnisstand wird die Arbeit summarisch in eine Lohngruppe eingruppiert. Im weiteren Bewertungsvorgang werden die **Belastungen** berücksichtigt, wie sie sich aus der Arbeit und der Arbeitsbeschreibung ergeben. Wenn die Belastung in der Lohngruppenbeschreibung nicht enthalten ist, werden ein oder zwei Lohngruppen, manchmal sogar drei Lohngruppen, zu der durch Kenntnisse bewerteten Lohngruppe zugeschlagen **(Tabelle 1).**

**Lohngruppenverfahren:**

Beim summarischen Lohngruppenverfahren werden die Arbeitsaufgaben mit den Beschreibungen der Lohngruppen verglichen und dann der entsprechenden Lohngruppe zugeordnet. Die Beschreibungen sind in Tarifverträgen festgelegt. Grundlage für die Einstufung der Arbeit in eine Lohngruppe sind die für die Arbeit notwendigen Anforderungen.

Unter **Arbeit** ist immer die Summe der Tätigkeit zu verstehen, die von einem Mitarbeiter ausgeführt wird.

**Tabelle 1: Lohngruppen mit Beispielen**

| Lohngruppen | Beschreibung | Lohngruppenzuschläge – Belastung: mittel | erschwert | besonders erschwert |
|---|---|---|---|---|
| 1 | kurze Anweisung (bis zu 3 h) | 2 | 3 | 4 |
| 2 | kurze Anweisung u. Übung (bis 2 Wochen) | 3 | 4 | 5 |
| 3 | kurze Einarbeitungszeit bis 4 Wochen | 4 | 5 | 6 |
| 4 | Sach- u. Arbeitskenntnis, kurze Einarbeitungszeit, bis 10 Wochen | 5 | • | 6 |
| 5 | Anlernzeit, 10–12 Wochen | • | • | 6 |
| 6 | Anlernzeit, mehr als 12 Wochen bis 2 Jahre | • | 7 | 8 |
| 7 | Arbeitszeit mit Berufslehre (bis 3–3,5 Jahre) | • | 8 | 9 |
| 8 | Arbeiten mit Berufserfahrung (Berufsausbildung plus Berufserfahrung 2–3 Jahre) | • | 9 | 10 |
| 9 | Arbeiten mit Anforderungen an das fachliche Können, Berufsausbildung plus mehrjähriger (über 3 Jahre) Berufserfahrung | • | 10 | 11 |
| 10 | Arbeiten mit umfangreichen Berufskenntnissen und betrieblichem Spezialwissen | • | 11 | 12 |
| 11 | Arbeiten mit Verantwortung und Selbstständigkeit | • | 12 | + |
| 12 | Arbeiten mit hervorragendem Können, Dispositionsvermögen, umfassendes Verantwortungsbewusstsein und entsprechenden theoretischen Kenntnissen | • | + | + |

In den Fällen, in denen die erforderlichen Arbeitskenntnisse durch Anlernen erworben werden müssen, ist die Dauer der hierfür erforderlichen Anlernzeit maßgebend. Die Festlegung der Dauer der Anlernzeit soll auf einen normal geeigneten Mitarbeiter bezogen werden. Dieser muss dann die Arbeit sachgemäß ohne gesteigerte Leistung ausführen können.

**Rangfolgeverfahren:**
Beim Rangfolgeverfahren werden die Arbeiten im Betrieb auch summarisch bewertet und in eine Rangfolge zu einander gebracht. Entsprechend der Rangfolge werden dann den Beispielen Lohngruppen zugeordnet.
Dieses Verfahren eignet sich nur für kleine Betriebe mit wenig Arbeitsplätzen. Arbeiten mit größerer Zahl unterschiedlicher Anforderungen sind schlecht summarisch zu erfassen. Mitarbeiter werden hier nicht immer gerecht eingestuft.
Die Anwendung der summarischen Arbeitsbewertung ist einfach und schnell. Aber die Probleme dieser Bewertung sind die oft ungenauen und den tatsächlichen Bedingungen nicht immer angepassten Ergebnisse. Dies führt in Betrieben häufig zu Lohnstreitigkeiten und Motivationsverlusten des Mitarbeiters.

### 5.8.2.2 Analytische Arbeitsbewertung

Muss die Arbeit eines Menschen mit mehreren Anforderungsarten erfasst werden, wie z.B. Kenntnisse, Verantwortung und Belastung, so spricht man bei der Arbeitsbewertung von einem unterteilten (analytischen) Vorgehen. Dieses Verfahren ist gekennzeichnet durch eine Einzelbewertung der Anforderungen nach Art und Höhe.
Die zwei wichtigsten Verfahren sind:
- das **Rangreihenverfahren** und
- das **Stufenwertzahlverfahren**.

Die analytische Arbeitsbewertung ist auf den Hauptanforderungsarten des 1950 vereinbarten „Genfer Schemas“ aufgebaut.
Diese Hauptanforderungsarten sind:
1. das Fachwissen (Können) mit der Unterteilung in Kenntnisse und Geschicklichkeit,
2. die Verantwortung,
3. die Arbeitsbelastung, unterteilt in körperliche und geistige Belastung sowie
4. die Arbeitsbedingungen, wobei hier hauptsächlich die Umgebungseinflüsse gemeint sind.

In **Tabelle 1** sind Anforderungsarten unterschiedlicher Arbeitsbewertungsmethoden gegenübergestellt. So gibt es im Tarifgebiet Nordwürttemberg-Nordbaden bis zu 20 Bewertungsmerkmale.

**Tabelle 1: Beispiele für die Gliederung von Anforderungsarten**

| Hauptanforderungsarten | nach REFA | Hagner/Weng (1952) (Lohnempfänger) | Nordwürtt.-Nordbaden Tarifvertrag vom 8.11.67 Metallind. (Lohnempfänger) | Rheinland-Pfalz Metallindustrie (Lohnempfänger) | Hamburgische Elektrizitäts-Werke AG (Lohn- und Gehaltsempfänger) |
|---|---|---|---|---|---|
| Können | 1. Kenntnisse<br>2. Geschicklichkeit | 1. Arbeitskenntnisse und Erfahrung<br>2. Geschicklichkeit | 1. Kenntnisse, Ausbildung und Erfahrung<br>2. Geschicklichkeit, Handfertigkeit | 1. Arbeitskenntnisse und Erfahrung<br>2. Geschicklichkeit | 1.1 Geistige und körperliche Fähigkeit<br>1.2 Betriebserfahrung |
| Verantwortung | 3. Verantwortung | 3. Verantwortung<br>a) Betriebsmittel und Zeugnisse<br>b) Sicherheit anderer<br>c) Arbeitsablauf | 6. Verantwortung für die eigene Arbeit<br>7. Verantwortung für die Arbeit anderer<br>8. Verantwortung für die Sicherheit anderer | 3. Verantwortung für eigene Arbeit<br>4. Verantwortung für Arbeit anderer<br>5. Verantwortung für die Sicherheit anderer | 3.1 Verantwortung für eigene Arbeit<br>3.2 Verantwortung für Personalführung |
| Belastung | 4. geistige Belastung<br>5. muskelmäßige Belastung | 4. Arbeitsbeanspruchung<br>a) Muskeln<br>b) Sinne und Nerven<br>c) Nachdenken | 3. Belastung der Sinne und Nerven<br>4. Zusätzlicher Denkprozess<br>5. Belastung der Muskeln | 6. Belastung der Sinne und Nerven<br>7. Denktätigkeit<br>8. Belastung der Muskeln | 2.1 Geistige Belastung<br>2.2 Muskelbelastung |
| Umgebungseinflüsse | 6. Umgebungseinflüsse | 5. Umgebungseinflüsse<br>a) Temperatur<br>b) Wasser Feuchtigkeit, Säure, Dämpfe<br>c) Schmutz, Fett, Öl, Staub<br>d) Gase<br>e) Lärm und Erschütterung<br>f) Blendung oder Lichtmangel<br>g) Erkältungsgefahr<br>h) Unfallgefahr | 9. Schmutz<br>10. Staub<br>11. Öl/Fett<br>12. Temperatur<br>13. Nässe, Säure, Lauge<br>14. Gase, Dämpfe<br>15. Lärm<br>16. Erschütterung<br>17. Blendung/Lichtmangel<br>18. Erkältungsgefahr<br>19. Unfallgefahr<br>20. Hinderliche Schutzkleidung | 9. Schmutz<br>10. Staub<br>11. Öl<br>12. Temperatur<br>13. Nässe, Säure, Lauge<br>14. Gase, Dämpfe<br>15. Lärm<br>16. Erschütterung<br>17. Blendung/Lichtmangel<br>18. Erkältungsgefahr<br>19. Hinderliche Schutzkleidung<br>20. Unfallgefahr | Erschwernisse durch Umgebungseinflüsse werden gesondert behandelt |

**Rangreihenverfahren**
In der Metallindustrie wird das Rangreihenverfahren am häufigsten verwendet. Beim analytischen Rangreihenverfahren werden die beschriebenen Arbeitsaufgaben je Bewertungsmerkmal unter Beachtung der tariflichen Rangreihe verglichen und eingeordnet. Im Vergleich mit der tariflichen Rangreihe ergibt sich für jedes Bewertungsmerkmal eine Rangstufenzahl. Die Rangstufen je Bewertungsmerkmal werden entsprechend der tariflichen Gewichtung zu Teilarbeitswerten umgerechnet. Die Summe der Teilarbeitswerte ergibt den Arbeitswert. Die Bestimmung der Rangstufenzahl für eine neu zu bewertende Arbeitsaufgabe wird durch Musterbeispiele, den so genannten **Richtbeispielen** oder **Brückenbeispielen** in tarifliche Bewertungstafeln erleichtert. Diese Richtbeispiele werden von den Tarifparteien herausgegeben.

Durch die laufende Ergänzung der Richtbeispiele und Rangreihen auf betrieblicher Ebene, aber auch durch Erweiterung der tariflichen Richtbeispiele durch die Tarifvertragsparteien ist dieses Verfahren besonders anpassungsfähig. Dadurch können technologische und organisatorische Entwicklungen immer wieder aktuell eingearbeitet und für den Mitarbeiter berücksichtigt werden.
Bei der Bewertung je Merkmalswert können in Sprüngen zu je fünf Rangplatz-Nummern bis zu 100 Rangplatz-Nummern vergeben werden.

Ausnahmen gibt es in der Metallindustrie Nordwürttemberg/Nordbaden bei den Merkmalen Kenntnisse, Ausbildung und Erfahrung. Hier ist die Rangreihe nach oben offen.

**Stufenwertzahlverfahren**
Hier ist jede Anforderungsart in festgelegte Anforderungsstufen geteilt. Den Stufen sind Wertzahlen und Wertzahlpunkte zugeordnet.

- Bei der Bewertung werden im ersten Schritt die Stufenbeschreibungen aufgesucht und mit der tatsächlichen Arbeitsaufgabe verglichen.
- Im zweiten Schritt wird die Dauer der Beanspruchung abgelesen.
- Aus der Summe aller Wertzahlpunkten wird die Wertzahlsumme gebildet. Hieraus ergibt sich die Arbeitswertgruppe.

Das Stufenwertzahlverfahren unterscheidet sich von den anderen Arbeitsbewertungsverfahren dadurch, dass die Höhe und Dauer getrennt und nacheinander in die Bewertung einbezogen werden. Bei den anderen Verfahren wird immer unter Anforderungshöhe stets Höhe und Dauer als eine Größe verstanden.

**Wiederholung und Vertiefung**

1. Welche erhöhten Anforderungen der Industrie kommen zukünftig verstärkt auf den Mitarbeiter zu?
2. Auf welche besonderen Anforderungen müssen die Mitarbeiter ausgebildet werden?
3. Wie können sich Mitarbeiter auf diese erhöhten Anforderungen und die kommenden Veränderungen einstellen?
4. Bei welchen Anwendungsbereichen in den Betrieben sind hier Daten immer wieder zu erstellen?
5. Nennen Sie Verfahren der Arbeitsbewertung.
6. Welche Merkmale werden bei der summarischen Arbeitsbewertung berücksichtigt?
7. Was wird besonders bei der Bewertung der Kenntnisse herausgestellt?
8. Wie erfolgt die Eingruppierung nach dem Kenntnisstand?
9. Was wird neben den Kenntnissen noch bei der summarischen Arbeitsbewertung berücksichtigt?
10. Wie erfolgt die Einstufung beim summarischen Lohngruppenverfahren?
11. Was versteht man unter „Arbeit“ in der Arbeitsbewertung?
12. Erläutern Sie das Rangfolgeverfahren.
13. Welche Probleme gibt es bei der summarischen Arbeitsbewertung?

### 5.8.3 Arbeitsbeschreibung

Die analytische Arbeitsbewertung baut auf der Arbeitsbeschreibung auf.
Zur Bewertung einer Arbeit oder eines Arbeitsbereichs ist eine Arbeitsbeschreibung so zu erstellen, dass aus ihr die Arbeitsaufgaben, die Arbeitsabläufe und die Arbeitsumstände genau und vollständig abzulesen sind.
Die Arbeitsbeschreibung wird für viele Aufgaben in den Betrieben verwendet. Im Rahmen der Personalorganisation und der Ablauforganisation gibt es hierfür unterschiedliche Bezeichnungen: Aufgaben-, Tätigkeits-, Funktions- und Stellenbeschreibung. Diese vielseitige Verwendung der Arbeitsbeschreibung setzt voraus, dass die Beschreibung systematisch durchgeführt wird und reproduzierbar ist. Dies wird dadurch erfüllt, dass die Beschreibung:

- eindeutig und zutreffend
- sowie ausführlich und einheitlich ist.

Eine einheitliche Systematik kann durch einen einmal eingeführten Vordruck erreicht werden.

In der Arbeitsbeschreibung sind hauptsächlich die Beschreibungen des Arbeitssystems und der Organisationsbeziehungen enthalten:

1. die Arbeitsaufgabe in kurzer Beschreibung, z.B. Drehen von Wellenteilen, Fräsen von Gehäusen,
2. das Werkstück mit der Bezeichnung des Werkstoffs und des Gewichts,
3. die Arbeitsunterlagen, wie mündliche Unterweisungen, Zeichnungen, Muster und Handbücher,
4. die Betriebsmittel, wie die Art der Maschine oder die Maschinengruppen, ihre Steuerung und Werkzeugspeicher sowie Vorrichtungen, Messgeräte und Werkzeuge,
5. der Arbeitsplatz mit den räumliche Verhältnissen, der Lärm, die Heizung, die Belüftung, die Beleuchtung sowie sonstige Einrichtungsgegenstände und soziale Kontaktmöglichkeiten,
6. der Arbeitsvorgang und der Arbeitsablauf mit der genauen Darstellung der Arbeitsschritte in ihrer Abfolge und die Tätigkeiten des Mitarbeiters mit den Kontakten zu vor- und nachgelagerten Abteilungen,
7. die Fertigungsart, wie Einzelstückfertigung, Kleinserienfertigung, Serienfertigung, Teile- und Variantenvielfalt,
8. die Fertigungszeit und der Fertigungsmenge in einer Zeiteinheit.

Diese notwendigen Daten können durch

- Selbstaufschreiben
- Fremdaufschreiben durch Vorgesetzten oder Beauftragten sowie durch
- mündliche Befragung mit schriftlicher Erfassung,

aufgenommen und dann für die Arbeitsbeschreibung verwendet werden.

## 5.8.4 Anforderungsanalyse

Die Anforderungsanalyse besteht im Beschreiben und Beurteilen sowie im Schätzen und Messen der Daten für die in der Arbeitsbeschreibung festgelegten Anforderungsarten (2. Schritt der Anforderungsermittlung, **Bild 1**).

Die Abgrenzung der Anforderungsarten ist für die Quantifizierung sehr wichtig und inhaltlich bedeutend. Die Beschreibung dieser Anforderungen erfolgt in jedem Tarifgebiet mit anderen Schwerpunkten. Bei Anwendung müssen immer die in jedem Gebiet geltenden Manteltarifverträge benutzt werden.

Arbeitsbeschreibungen sind Voraussetzung zur Festlegung von Anforderungswerten.

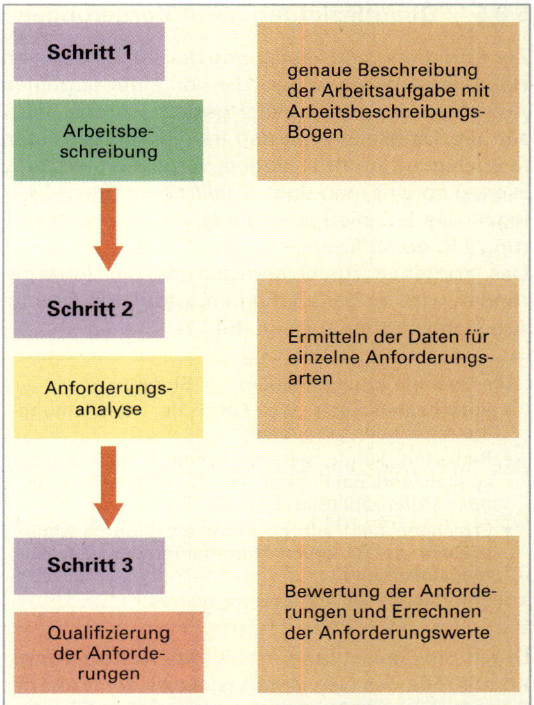


**Bild 1: Anforderungsermittlung**

**Wiederholung und Vertiefung**

1. Was verstehen Sie unter analytischer Arbeitsbewertung?
2. Welches sind die wichtigsten Verfahren der analytischen Arbeitsbewertung?
3. Welche Hauptanforderungsarten wurden im „Genfer Schema" festgelegt?
4. Warum kann man von den Vorschlägen der Anforderungsarten abweichen?
5. Erklären Sie das Rangreihenverfahren.
6. Was verstehen Sie unter Richtbeispielen bzw. Brückenbeispielen?
7. Welche Vorteile beinhaltet das Rangreihenverfahren?
8. Erläutern Sie das Stufenwertzahlverfahren.
9. Welche Aufgaben erfüllt die Arbeitsbeschreibung in der analytischen Arbeitsbewertung?
10. Wie sollte die Arbeitsbeschreibung durchgeführt werden?
11. Was muss alles in einer Arbeitsbeschreibung stehen?
12. Wie können die notwendigen Daten für die Arbeitsbeschreibung gewonnen werden?
13. Woraus besteht die Anforderungsanalyse?

### 5.8.5 Quantifizierung der Anforderungen

Zur Ermittlung und Festlegung der zahlenmäßigen Höhe der Anforderungen, die von einer einzelnen Aufgabe an den Mitarbeiter gestellt werden, müssen die Tätigkeiten mit den in den Tarifverträgen festgelegten Anforderungen verglichen werden. Hierbei spricht man vom *Qualifizieren*. Beim Festlegen des Schwierigkeitsgrads wird die Anforderung z.B. *quantifiziert*.

Das Vorgehen zur Quantifizierung der Anforderungen wird an der häufig benutzten analytischen Arbeitsbewertung gezeigt **(Bild 1)**.

Die Quantifizierung erfolgt in den Stufen:

- Entscheiden über die Form der Gewichtung (getrennt oder gebunden),
- Bewerten, Vergleichen der Arbeiten mit Richtbeispielen und Bestimmen der Rangplatz-Nummer oder Stufenzahl **(Bild 2)**,
- Errechnen des Anforderungswertes durch Multiplikation der Rangplatz-Nummer mit dem Gewichtungsfaktor und
- Summieren der Anforderungswerte.

Durch die Gewichtung erhält jede Anforderungsart mit Hilfe des Gewichtungsfaktors den Wert der ihrer Bedeutung im Arbeitsablauf entspricht. Das Ziel ist hierbei, die richtige Entgeltdifferenzierung, zugeordnet zu den Anforderungen, für den Mitarbeiter zu erreichen.

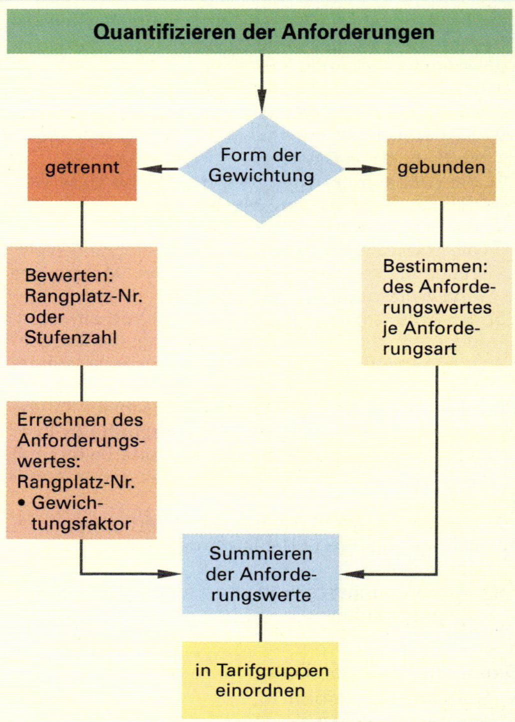


**Bild 1: Vorgehensweise bei der Quantifizierung**

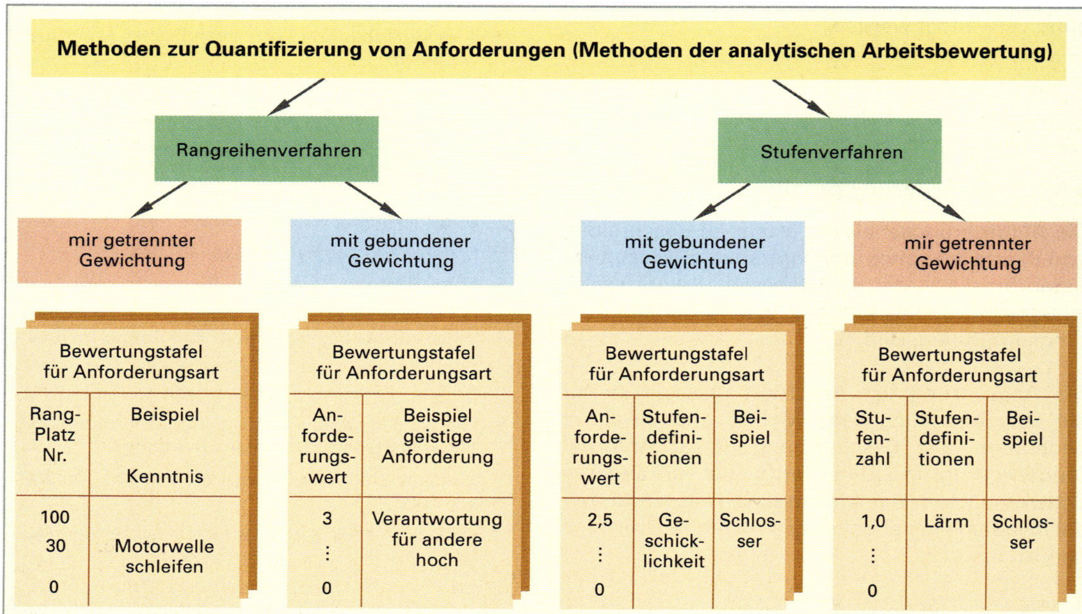


**Bild 2: Methoden zur Quantifizierung von Anforderungen**

Ein Beispiel für Gewichtungsfaktoren zur getrennten Gewichtung der Anforderungen zeigt **Tabelle 1.** In diesem Beispiel haben die Kenntnisse das höchste und die muskelmäßige Belastung das geringste Gewicht. Zur Ermittlung des Anforderungswertes je Anforderungsart werden die Gewichtungsfaktoren mit der Rangplatz-Nummer einzeln multipliziert.
Für das Beispiel: „Montieren des Leistungsteils einer elektrischen Ausrüstung" wird die Wertzahlsumme aus den einzelnen Anforderungswerten gebildet, **Tabelle 2.**

Beim **Rangreihenverfahren** mit gebundener Gewichtung reichen die Anforderungswerte von 0 bis zu einem unterschiedlich hohen Wert. Dieser ist von einer Anforderungsart zur anderen verschieden. Hier sind die Gewichtungsfaktoren in die Richtbeispiele direkt mit eingearbeitet. Dies hat in der Anwendung den Nachteil, dass bei Änderung der Gewichtung die Richtbeispieltafel völlig neu überarbeitet werden muss. Deshalb wird das Verfahren in der Praxis nur selten angewendet.

Das **Stufenverfahren** wird mit gebundener und getrennter Gewichtung häufiger eingesetzt. Beim Stufenverfahren mit gebundener Gewichtung erfolgt das Bewerten der Anforderungen in den Schritten:

- Vergleichen der Anforderungen des zu bearbeitenden Arbeitssystem mit den Stufenbeschreibungen und den Beispielen je Anforderungsart,
- Bestimmen des Anforderungswertes je Anforderungsart und
- Bildung der Wertzahlsumme aus den einzelnen Arbeitswerten.

Grundlage dieses Verfahrens sind Bewertungstafeln je Anforderungsart, die aus mehreren Stufen bestehen **(Tabelle 1, folgende Seite)**. Diese Stufen sind beschrieben, aber auch zum Teil mit Daten in Tabellenform belegt.

Diese Stufen enthalten beispielsweise die Steigerungen:

0. Stufe: sehr gering,
1. Stufe: gering, niedrig,
2. Stufe: mittel,
3. Stufe: groß, hoch,
4. Stufe: sehr groß, sehr hoch.

Beim Stufenverfahren mit *gebundener* Gewichtung sind die Stufenzahlen unmittelbar die Anforderungswerte.

Beim Stufenverfahren mit *getrennter* Gewichtung ergibt sich erst, wie beim Rangreihenverfahren, die Stufenzahl durch die Gewichtung der Anforderungswerte je Anforderungsart (**Tabelle 2**).

**Tabelle 1: Beispiel für Gewichtungsfaktoren**

| Anforderungsart | Gewichtungsfaktor |
|---|---|
| Kenntnisse | 1 |
| Geschicklichkeit | 0,5 |
| Verantwortung | 0,8 |
| Belastung<br>• geistig<br>• muskelmäßig | <br>0,8<br>0,4 |
| Umgebungseinflüsse | 0,6 |

**Tabelle 2: Beispiel für Gewichtung**

| Anforderungsart | Rangplatz-Nr. aus Katalog | Gewichtungsfaktor | Anforderungswert |
|---|---|---|---|
| Kenntnisse | 60 | 1,0 | 60 |
| Geschicklichkeit | 45 | 0,5 | 22,5 |
| Verantwortung | 50 | 0,8 | 40 |
| geistige Belastung | 60 | 0,8 | 48 |
| muskelmäßige Belastung | 35 | 0,4 | 14 |
| Umgebungseinflüsse | 30 | 0,6 | 18 |
| Wertzahlsumme | | | 202,5 |

*Anforderungswert = Rangplatz-Nr. · Gew.-Faktor*

**Wiederholung und Vertiefung**

1. Was verstehen Sie bei der zahlenmäßigen Festlegung der Anforderungen unter Qualifizierung und Quantifizierung?
2. Erläutern Sie die Stufen der Quantifizierung.
3. Was verstehen Sie unter dem Begriff „Gewichtung"?
4. Welches Ziel verfolgt man mit der Gewichtung?
5. Erklären Sie Besonderheiten des Rangreihenverfahrens.
6. Erläutern Sie die Schritte des Stufenverfahrens mit gebundener Gewichtung.

| Tabelle 1: Bewertungstafel für die Arbeitsschwere | | |
|---|---|---|
| Stufe* | Stufendefinitionen | Richtbeispiele |
| 0 | Arbeiten ohne besondere Beanspruchung | bei Bereitschaft |
| I | Leichte Arbeiten, wie Handhaben leichter Werkstücke und Handwerkszeuge, Bedienen leichtgehender Steuerhebel oder ähnlicher mechanisch wirkender Einrichtungen; auch langdauerndes Stehen oder ständiges Umhergehen. | – Waschraumwärter<br>– Steuermann an kontrollierbarer Drahtstraße<br>– Steuermann Gerüst<br>– Selbstständiger Werkzeugmacher in einer Großdreherei und Hohlbohrerei<br>– Gießkranfahrer im S.M.-Stahlwerk<br>– Elektrokarrenfahrer<br>– Beizer für Labor-Proben aus dem Walzwerk |
| II | Mittelschwere Arbeiten, wie Handhaben etwa 1 bis 3 kg schwerer Werkzeuge, Bedienen schwergehender Steuereinrichtungen, unbelastetes Begehen von Treppen und Leitern, Heben und Tragen von mittelschweren Lasten in der Ebene (von etwa 10 bis 15 kg) oder Hantierungen, die den gleichen Kraftaufwand erfordern.<br>Ferner:<br>Leichte Arbeiten, entsprechend Stufe I, mit zusätzlicher Ermüdung durch Haltearbeit mäßigen Grades, wie Arbeiten am Schleifstein oder Arbeiten mit Bohrwinden und Handbohrmaschinen. | – Schlosser in der mechanischen Werkstatt eines Hüttenwerkes<br>– 1. Scherenmann – Walzwerk/280er Feineisenstraße<br>– Reparaturschlosser am Hochofen<br>– 1. Konvertermann im Thomas-Stahlwerk<br>– Großstückformer<br>– Straßenelektriker |
| III | Schwere Arbeiten, wie Tragen von etwa 20 bis 40 kg schweren Lasten in der Ebene oder Steigen unter mittleren Lasten und Handhaben von Werkzeugen (über 3 kg Gewicht), auch von Kraftwerkzeugen mit starker Rückstoßwirkung, Schaufeln, Graben, Hacken.<br>Ferner:<br>mittelschwere Arbeiten, entsprechend Stufe II, in angespannter Körperhaltung, z.B. in gebückter, knieender oder liegender Stellung. Höchstmögliche Dauer der Körperbeanspruchung in diesem Schweregrad bei sonst günstigen Arbeitsbedingungen (Umwelteinflüssen) = 7 Stunden. | – 1. Schmelzer – Hochofen<br>– Kesselschmied<br>– 4. Schmelzer – Hochofen<br>– 1. Reckschmied in der Gesenkschmiede<br>– 1. Freiformschmied am 1250-kg-Dampfhammer<br>– 2. Kokillenmann im S.M.-Stahlwerk<br>– Fertigputzer für schwere Stahlgussstücke<br>– Doppler im Feinblechwalzwerk |
| IV | Schwerste Arbeiten, wie Heben und Tragen von Lasten über 50 kg oder Steigen unter schwerer Last, vorwiegender Gebrauch schwerster Hämmer, schwerstes Ziehen und Schieben.<br>Ferner:<br>Schwere Arbeiten, entsprechend Stufe III, in angespannter Körperhaltung, z.B. in gebückter, knieender oder liegender Stellung. Höchstmögliche Dauer der Körperbeanspruchung in diesem Schweregrad bei sonst günstigen Arbeitsbedingungen (Umwelteinflüssen) = 6 Stunden. | – Handarbeit im Steinbruch<br>– Sand in eine Lore schaufeln<br>– Hebler im Hammerwerk<br>– Masselträger – Hochofen<br>– Schlackenlader in der Thomasschlackenmühle<br>– Schlackenlader – Hochofen |

* Stufen-Wertzahlverfahren der Eisen- und Stahlindustrie

### 5.8.6 Einstufen in Lohngruppen (Tarifieren)

Beim Einstufen in Lohngruppen werden die neutral ermittelten Arbeitswerte in Lohnwerte umgesetzt. Das Vorgehen bei der Einstufung ist im rechtlichen Sinn ein Entlohnungsgrundsatz, der zwischen Arbeitgeber und Arbeitnehmervertreter (Betriebsrat) vereinbart werden muss. Sonst gelten die tariflichen Vereinbarungen der Tarifverträge aus den Tarifbezirken.
Ein Beispiel der Vorgehensweise bei der Einstufung und Eingruppierung zeigt **Bild 1, folgende Seite**:

Die Einstufung der Arbeit wird in einer paritätischen (gleichzahlig von Arbeitnehmer- und Arbeitgebervertretern) besetzten Kommission durchgeführt. Die Eingruppierung der Arbeitnehmer erfolgt durch den Arbeitgeber.
Ein Beispiel für Arbeitswerte und zugehöriger Lohngruppe in **Tabelle 1** ist aus dem Manteltarifvertrag für Arbeiter und Angestellte in der Metallindustrie in Nordwürttemberg/Nordbaden entnommen. Hier kann die ermittelte Summe der Arbeitswerte Lohngruppen zugeordnet werden. Die Entlohnung entspricht dann den Anforderungen dieses Arbeitsplatzes und hat weitgehend persönlich neutrale Eigenschaften für den Arbeitnehmer.

### 5.8.7 Zukunft der Arbeitsbewertung

Zur Bildung gemeinsamer Entgeltgruppen für Arbeiter und Angestellte werden auch zukünftig Arbeitsbewertungsverfahren erforderlich bleiben. Eine Stellen- oder Arbeitsbeschreibung bleibt die Grundlage der Beschreibungsform für den Mitarbeiter zur Erledigung seiner Aufgabe. Inwieweit dabei summarische oder analytische Verfahren verwendet werden, ist nicht bedeutend. Bedeutend ist lediglich, dass nur die abgerufene Qualifikation berücksichtigt wird, damit auch weiterhin ein Qualifikationsanreiz besteht. Nur mit einem entsprechenden Anreiz sind die Anforderungen an die zukünftige Weiterqualifizierung des Mitarbeiters zu bewältigen. Auch beim japanischen **Senioritätsprinzip**, bei dem die Grundeinstufung im wesentlichen durch das Lebensalter bestimmt wird, gibt es eine große Spannweite entsprechend der abgerufenen Qualifikation erst im höheren Alter, da es dort keine Berufsausbildung wie bei uns gibt.

### 5.8.8 Vor- und Nachteile der Arbeitsbewertung

Der Vorteil liegt hauptsächlich in einer leichten Methode zur anforderungsabhängigen und gerechten Lohndifferenzierung. Weiter eröffnet diese Methode Möglichkeiten zur ständigen Verbesserung des Arbeitsplatzes bzw. des Arbeitsablaufes durch den Gedanken des kontinuierlichen Verbesserungsprozesses (KVP). Durch die genaue Erfassung der Arbeitsbedingungen lassen sich leichter Änderungen und neue Erkenntnisse in der Gesundheitsvorsorge verwirklichen. Die systematische Beschreibung der Arbeitsabläufe ermöglicht geänderte Anforderungsprofile in neue Ausbildungs- und Weiterbildungsgänge einzubinden. Damit kann man leichter dem Mitarbeiter aktuelle notwendige Ausbildungen anbieten und in den Betrieben Ausbildungen verwirklichen.

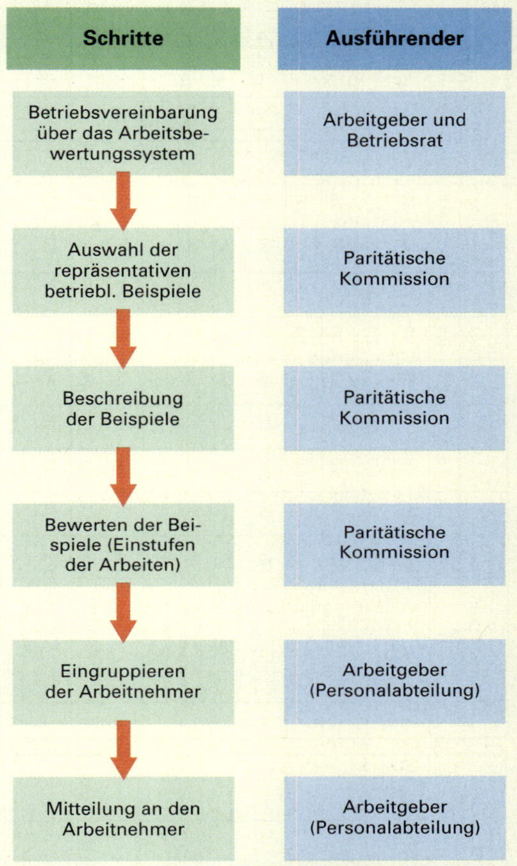


**Bild 1: Vorgehen bei der Einstufung und bei der Eingruppierung**

**Tabelle 1: Arbeitswert und Lohngruppe (Beispiel)**

| Arbeitswerte | Lohngruppen |
|---|---|
| 0 bis 3,5 | I |
| über 3,5 bis 6 | II |
| über 6 bis 8,5 | III |
| > 8,5 bis 11,5 | IV |
| > 11,5 bis 14,5 | V |
| > 14,5 bis 17,5 | VI |
| > 17,5 bis 21 | VII |
| > 21 bis 24,5 | VIII |
| > 24,5 bis 28 | IX |
| > 28 bis 31,5 | X |
| > 31,5 bis 35 | XI |
| > 35 | XII |

### 5.8.9 Beispiele aus einem Tarifvertrag

Arbeitsbewertungen für das Programmieren, Einrichten und Bedienen einer CNC-Maschine sind als Beispiele im Folgenden dargestellt.

**Beispiel:** **Benennung: Programmieren, Einrichten und Bedienen einer CNC-Drehmaschine**

| Nr. | Bewertungsmerkmal Bewertungsbegründung Beispiel Nr. 28 | RS | WF | RS · WF / 10 |
|---|---|---|---|---|
| 1 | Kenntnisse , Ausbildung und Erfahrung:<br>– Zeichnungslesen<br>– unterschiedliche Werkstoffe<br>– Fertigungsverfahren Drehen<br>– verschiedene Bearbeitungswerkzeuge und Messmittel<br>– Einsatzmöglichkeiten von Maschinen und Steuerung | 85 | 1,0 | 8,50 |
| 2 | Geschicklichkeit, Handfertigkeit und Körpergewandtheit:<br>– Handhaben Spannmittel, Werkzeuge, Werkstücke und Messmittel | 40 | 0,8 | 3,20 |
| 3 | Zusätzlicher Denkprozess:<br>– Arbeitsablauf planen<br>– Spannmittel festlegen<br>– Werkzeuge festlegen<br>– Programmieren<br>– Optimieren | 40 | 0,8 | 3,20 |
| 4 | Verantwortung für die eigene Arbeit:<br>– Betriebsmittel<br>– Werkstücke<br>– Arbeitsablauf<br>– Einrichten<br>– Auftragsdisposition | 50 | 0,8 | 4,00 |
| 5 | Verantwortung für die Arbeit anderer: | | 0,6 | – |
| 6 | Verantwortung für die Sicherheit anderer:<br>– Arbeit mit Hallenkran | 5 | 0,9 | 0,45 |
| 7 | Belastung der Sinne und Nerven:<br>– Programm einfahren<br>– Werkzeug voreinstellen<br>– Maschine einrichten<br>– Programmieren<br>– Messen<br>– Aufspannen | 50 | 0,9 | 4,50 |
| 8 | Belastung der Muskeln:<br>– ganztägiges Stehen und Gehen<br>– Einrichten<br>– Werkstückhandhabung | 25 | 0,8 | 2,00 |

RS = Rangstufe
WF = Wichtefaktor
TAW = Teil-Arbeitswert
W = Arbeitswert

Erfahrungswert

| | |
|---|---|
| Summe TAW (1 – 8) | 25,85 |
| Summe TAW (9 – 20) | 2,3 |
| AW | 28,2 |
| Lohngruppe | X |

| Nr. | Andere Tarifbeispiele | | 1 K | 2 G | 3 ZD | 4 VEA | 5 VAA | 6 VSA | 7 S+N | 8 BM | 1-8 | 9-20 | AW | LGr. |
|---|---|---|---|---|---|---|---|---|---|---|---|---|---|---|
| | | WF | 1,0 | 0,8 | 0,8 | 0,8 | 0,6 | 0,9 | 0,9 | 0,8 | TAW | TAW | | |
| I | Hybridfacharbeiten | RS | 130 | 75 | 75 | 80 | 40 | 25 | 75 | 30 | | 2,3 | 47,50 | XII |
| | | TAW | 13,0 | 6,0 | 6,0 | 6,4 | 2,4 | 2,5 | 6,5 | 2,4 | 45,2 | | | 48 |
| B | Einrichten und Bedienen eines flexiblen Fertigungssystems | RS | 100 | 50 | 40 | 55 | 30 | 20 | 60 | 25 | | 2,3 | 34,90 | XJ |
| | | TAW | 10,0 | 4,0 | 3,2 | 4,4 | 1,8 | 1,8 | 5,4 | 2,0 | 32,6 | | | |
| G | Programmieren, Einrichten u. Bedienen einer CNC-Koordinaten-Messmaschine | RS | 90 | 50 | 50 | 60 | – | – | 60 | 20 | | 0,15 | 28,95 | X |
| | | TAW | 9,0 | 4,0 | 4,0 | 4,8 | – | – | 5,4 | 1,6 | 28,8 | | | |
| F | Programmieren, Einrichten u. Bedienen einer CNC-Drehmaschine | RS | 85 | 40 | 40 | 50 | – | 5 | 50 | 25 | | 2,3 | 28,15 | X |
| | | TAW | 8,5 | 3,2 | 3,2 | 4,0 | – | 0,45 | 4,5 | 2,0 | 25,85 | | | |
| E | Einrichten von CNC-Drehzentren | RS | 85 | 45 | 40 | 55 | 35 | 25 | 60 | 30 | | 2,3 | 34,15 | XI |
| | | TAW | 8,5 | 3,6 | 3,2 | 4,4 | 2,1 | 2,5 | 5,4 | 2,4 | 31,85 | | | |
| C | Einrichten und Bedienen einer CNC-Außenrundschleifmaschine | RS | 75 | 40 | 25 | 40 | – | 5 | 50 | 25 | | 2,3 | 25,15 | IX |
| | | TAW | 7,5 | 3,2 | 2,0 | 3,2 | – | 0,45 | 4,5 | 2,0 | 22,85 | | | |
| H | Voreinstellen von Werkzeugen für NC-Werkzeugmaschinen auf Voreinstellgerät | RS | 60 | 40 | 20 | 40 | – | 5 | 40 | 30 | | 2,3 | 22,75 | VIII |
| | | TAW | 6,0 | 3,2 | 1,6 | 3,2 | – | 0,45 | 3,6 | 2,4 | 20,45 | | | |
| N | Fahren mit Lkw im Nahverkehr | RS | 40 | 40 | 10 | 40 | 10 | 40 | 50 | 25 | | 2,3 | 24,20 | VIII |
| | | TAW | 4,0 | 3,2 | 0,8 | 3,2 | 0,6 | 3,6 | 4,5 | 2,0 | 21,9 | | | |
| L | Lagertätigkeiten | RS | 35 | 30 | 10 | 30 | – | 5 | 30 | 30 | | 2,3 | 16,95 | VI |
| | | TAW | 3,5 | 2,4 | 0,8 | 2,4 | – | 0,45 | 2,7 | 2,4 | 14,65 | | | |
| M | Montieren von Lenkgetrieben | RS | 35 | 35 | 5 | 30 | 5 | – | 30 | 25 | | 2,3 | 16,40 | VI |
| | | TAW | 3,5 | 2,8 | 0,4 | 2,4 | 0,3 | – | 2,7 | 2,0 | 14,1 | | | |
| D | Bedienen einer CNC-Drehmaschine | RS | 30 | 25 | – | 25 | – | – | 25 | – | 30 | 2,3 | 13,95 | V |
| | | TAW | 3,0 | 2,0 | – | 2,0 | – | – | 2,25 | 2,4 | 11,65 | | | |
| O | Küchenarbeiten | RS | 25 | 25 | – | 15 | – | 5 | 15 | 30 | | 2,3 | 12,20 | V |
| | | TAW | 2,5 | 2,0 | – | 1,2 | – | 0,45 | 1,35 | 2,4 | 9,9 | | | |

Bewertungsmerkmale (1–8) $TAW = \frac{RS \cdot WF}{10}$ Bewertungsmerkmale (9–20) TAW ≙ Erfahrungswert

# 5.9 Entlohnung und Entgeltdifferenzierung

## 5.9.1 Allgemeines

Ein Arbeitnehmer erhält für seine Arbeit ein Arbeitsentgelt, nämlich Lohn oder Gehalt. Das Entgelt bezieht sich allgemein auf einen gearbeiteten Zeitabschnitt, wie Stunde, Schicht, Woche, Monat oder Menge.

> Geregelt wird die Höhe des Entgelts für den Arbeitnehmer nach
> - Tarifverträgen,
> - betrieblichen Regelungen und
> - Einzelarbeitsverträgen.

Durch die Selbstständigkeit der Tarif- und Arbeitsvertragsparteien, das sind die *Arbeitgeber* und die Arbeitnehmer, vertreten durch die *Gewerkschaften*, wird der Eingriff des Staates in Entlohnungsfragen ausgeschlossen, z.B. bei Verhandlungen von Tarifverträgen. Bei der Gestaltung von Lohnfragen in Betrieben hat der Betriebsrat, das ist die betriebliche Arbeitnehmervertretung, ein Mitbestimmungsrecht nach dem Betriebsverfassungsgesetz (BetrVG).

> Der Betriebsrat bestimmt bei Entlohnungsgrundsätzen im Betrieb mit.

## 5.9.2 Grundlagen der Entgeltdifferenzierung

Der größte Anteil des Entgelts ist auf die Anforderung, die eine Arbeit bzw. ein Arbeitssystem an den Menschen stellt, bezogen; z.B. Kenntnisse, Geschicklichkeit, Verantwortung, Belastungen. Das vom Menschen beeinflusste Leistungsergebnis ergibt den weiteren Bestandteil des Entgelts.

> Andere tarifliche Entgeltanteile sind:
> - Schichtzulagen,
> - Sonn- und Feiertagszulagen,
> - Nachtarbeitszulagen,
> - besondere Zulagen, wie Auslösungen,
> - Reisekosten, Tagegelder. Diese werden im Einzelfall vertraglich geregelt.

Der *anforderungsabhängige* Entgeltanteil wird auch Tariflohn, Grundlohn, Basislohn oder Ausgangslohn genannt und gilt als die Bezugsleistung des Menschen. Liegt das Leistungsergebnis über der Bezugsleistung, so wird dies in der leistungsabhängigen Entgeltdifferenzierung berücksichtigt.
Weitere Lohnanteile werden auf die freiwilligen Zulagen gezählt **(Bild 1)**.

Der Lohn setzt sich aus Grundlohn, Leistungszulagen und freiwilligen Zulagen zusammen.
Anforderungsabhängige Anteile des Lohns werden durch Arbeitsbewertungen ermittelt Die Schwerpunkte in dieser Ermittlung sind: Kenntnisse, Geschicklichkeit, zusätzliche Denkprozesse, Verantwortung für die eigene Arbeit, Verantwortung für die Arbeit anderer, Verantwortung für die Sicherheit anderer, Belastung der Sinne und Nerven, Belastung der Muskeln, Schmutz, Temperaturen, Nässe, Säuren und Laugen, Gase, Dämpfe, Lärm, hinderliche Schutzkleidung u.a.

> Dem Ergebnis der Arbeitsbewertung werden
> - Lohngruppen,
> - Gehaltsgruppen und
> - Entgeltgruppen zugeordnet.

Z.B. gelten für den gewerblichen Mitarbeiter die Lohngruppe LG 1 bis LG 12 oder für den kaufmännische Angestellten die Gruppe K 1 bis K 7, für den technischen Angestellten die Gruppe T 1 bis T 7 und für die Meister die Gruppe M 1 bis M 5.
Bei der *leistungsabhängigen* Entgeltfestlegung wird das Leistungsergebnis durch Messen oder Zählen der Arbeitsanteile erfasst und berücksichtigt, z.B. Stückzahl der Teile innerhalb einer Schicht oder verbrauchte Fertigungszeit für die Herstellung eines Teiles. Anwendungen für beide Formen der Entgeltdifferenzierung sind in **Bild 1, folgende Seite** dargestellt.

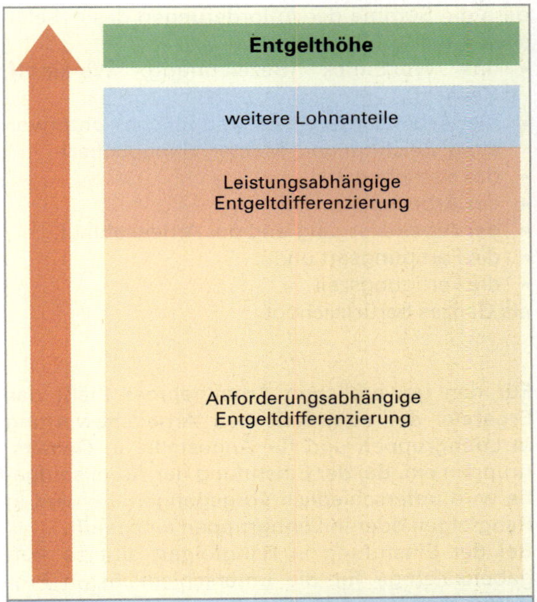


**Bild 1: Entgeltanteile bei der Entgeltdifferenzierung**

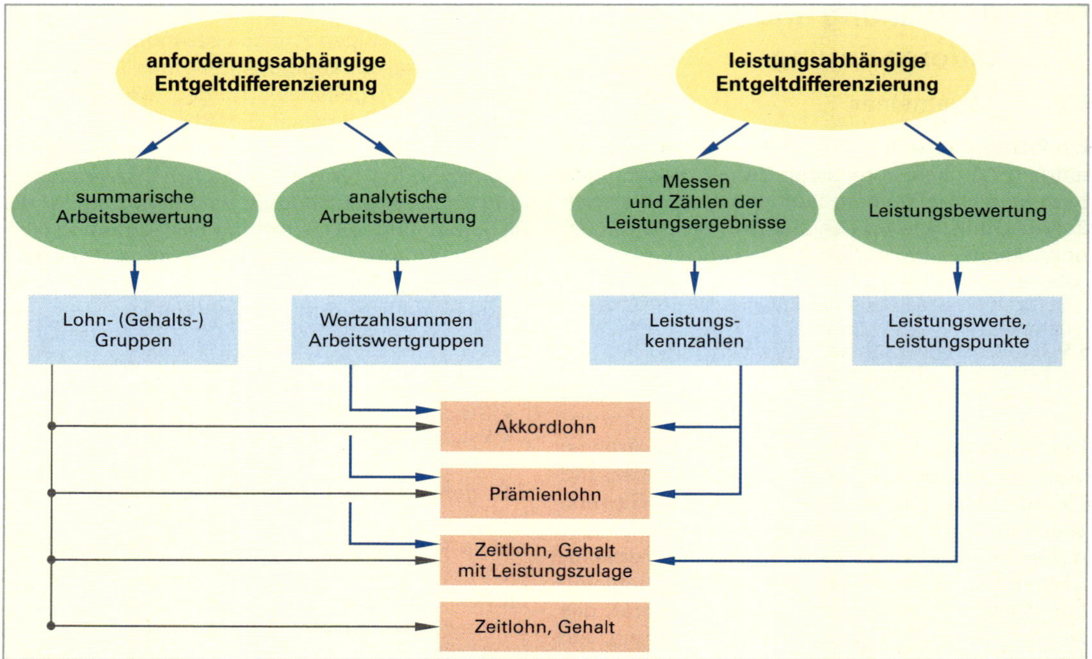


**Bild 1: Überblick über Grundsätze der anforderungs- und leistungsabhängigen Entgeltdifferenzierung**

## 5.9.3 Anforderungsabhängige Entgeltdifferenzierung

**Summarische Arbeitsbewertung**

Hierbei wird nicht die einzelne Anforderung sondern die Summe der Anforderungen des Arbeitssystems, wie z.B.

- das Werkstück (Bezeichnung, Werkstoff, Gewicht),
- die Arbeitsunterlagen (mündliche Unterweisung, Zeichnungen, Muster, Handbücher)
- das Betriebsmittel,
- der Arbeitsplatz,
- der Arbeitsvorgang und der Arbeitsablauf,
- die Fertigungsart und
- die Fertigungszeit

als Ganzes berücksichtigt.

Für den gewerblichen Arbeitnehmer fließt das Ergebnis der summarischen Arbeitsbewertung in Lohngruppen und für Angestellte in Gehaltsgruppen ein. Bei der Einstufung der Arbeitsaufgabe wird unterschiedlich vorgegangen. Es wird in Rangfolgen oder in Lohngruppen eingestuft.

Bei der Einstufung in Rangfolgen gibt es Aufgabenkataloge für die unterschiedlichsten Produktgruppen und Fertigungsbereiche sowie für die Gesamtschwierigkeiten der Arbeitsaufgabe.

**Tabelle 1: Zuordnung von Grundlohn zum Lohnschlüssel**

| | | | |
|---|---|---|---|
| • Lohngruppe<br>• Entgeltgruppe | 2 ......... | 8 ...... | ......... 12 |
| Lohnschlüssel in % | 81% ... | 100% | ... 133% |
| tariflicher Grundlohn in €/h | | Eck-lohn | |
| | Tarifvertrag | | |

Den in Rangfolgen aufgelisteten Arbeitsaufgaben werden Entgeltgruppen zugeordnet. Diese werden in Tarifverträgen vereinbart.

> Arbeitsaufgaben und Schwierigkeiten sind in Rangfolgen erfasst und werden Entgeltgruppen zugeordnet.

Bei der Einstufung in Lohngruppen wird auch hier jeder Lohnstufe eine Entgeltgruppe zugeordnet, aber die Entgeltgruppen werden durch Richtbeispiele beschrieben. Die Lohn- und Gehaltsgruppenzuordnungen zum Entgelt werden auch im Tarifvertrag geregelt. Lohnstufen in der summarischen Arbeitsbewertung entsprechen Entgeltgruppen.

Meist wird für Lohn- und Gehaltsgruppen ein prozentualer Lohnschlüssel festgelegt. Dabei entspricht 100 % in dem Schlüssel der Ecklohngruppe **(Tabelle 1)**.

**Analytische Arbeitsbewertung**
Bei dieser Arbeitsbewertung werden die Anforderungen, die das Arbeitssystem an den Menschen stellt, mit Wertzahlen beurteilt. Die Summe und die Vorgehensweise bei den analytisch ermittelten Wertzahlen sind in Tarifverträgen oder unterschiedlich von Betrieb zu Betrieb in Betriebsvereinbarungen geregelt.
Die Anforderungen in der analytischen Arbeitsbewertung werden als Wertzahlsumme zusammengefasst.

## 5.9.4 Leistungsabhängige Entgeltdifferenzierung

Ziel der leistungsabhängigen Bezahlung ist es, den arbeitenden Menschen zu einer Leistungshergabe zu motivieren. Die Höhe seines Entgelts kann von seiner Leistung selbst beeinflusst werden.

> Die verschiedenen Möglichkeiten der leistungsabhängigen Entlohnung sind:
> - der Akkordlohn,
> - der Prämienlohn und
> - der Zeitlohn mit einer Leistungszulage.

Ermittelt und dargestellt wird die Leistung über Kennzahlen und Lohnlinien. Als Kennzahlen kommen vor allem Verhältniszahlen in Frage. Die Verhältniszahlen werden aus Mengen und Zeiten gebildet. Dabei ist die Menge das Arbeitsergebnis bei bestimmter Qualität. Häufig verwendet werden:

- das Verhältnis von Ist- zu Soll-Menge sowie von Soll- zu Ist-Zeit,
- der Wirkungsgrad des Arbeitssystems, vor allem das Verhältnis von Eingabe- zu Ausgabemenge sowie der Nutzungsgrad der Betriebsmittel,
- Leistungswerte, die mit Hilfe einer Leistungsbewertung bestimmt sind.

Die Lohnlinie ist die grafische Darstellung von Abhängigkeiten der anforderungs- bzw. leistungsabhängigen Lohnhöhe **(Bild 1)**. Bei linearen Lohnlinienverläufen sind die Zusammenhänge leicht verständlich und einfach in der Anwendung. Progressive (steigende) und degressive (fallende) Lohnlinien werden bevorzugt, wenn es bei den Kennzahlen einen optimalen Bereich gibt, z.B. bei Nutzungsgraden von Betriebsmitteln.
Bei einem *progressiven Verlauf* liegt der optimale Bereich bei hohen Kennzahlen, d.h. bei einem hohen Ergebnisgrad. Bei einem *degressiven Verlauf* soll das Erreichen hoher Werte verlangsamt werden, um Qualitätsstandards weiterhin zu erhalten (Bild 1).

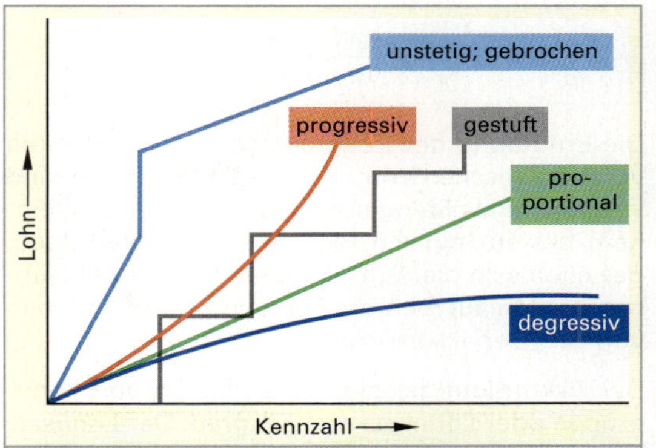

**Bild 1: Beispiele für Lohnlinienverläufe**

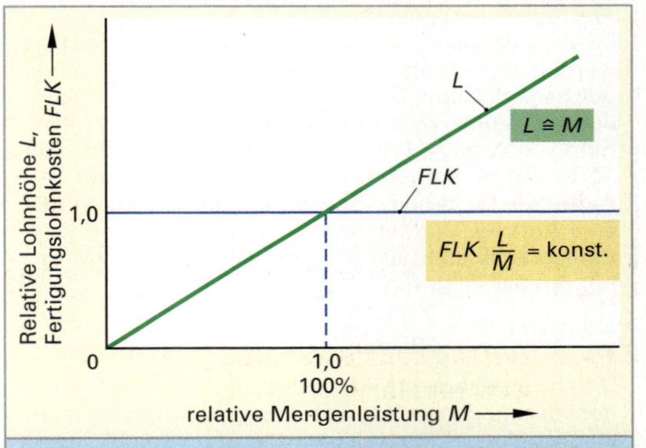

**Bild 2: Lohnlinie und Lohnkostenlinie bei Akkordlohn**

## 5.9.5 Arten der leistungsabhängigen Entlohnung

> Bei dieser Entlohnung unterscheidet man anforderungs- und leistungsabhängige Lohnanteile.

**Akkordlohn**
Als Kennzahl wird die vom Menschen beeinflussbare Mengenleistung bzw. der daraus abgeleitete **Zeitgrad** benutzt. Der Zeitgrad ist auf eine bestimmte Bezugsleistung bezogen. Die Lohnlinie verläuft proportional mit der Steigung. Die Lohnlinie und die Fertigungskostenlinie **(Bild 2)** sind beim Akkordlohn von besonderer Bedeutung. Die prozentuale Lohnhöhe, auch als Verdienstgrad bezeichnet, ist in jedem Punkt der Lohnlinie gleich der prozentualen Mengenleistung. Dagegen sind die Fertigungslohnkosten je Mengeneinheit (€/Stück) unabhängig von der Mengenleistung. Unter dem Akkordlohn wird allgemein der **Zeitakkordlohn** verstanden. Die Leistungskennzahl ist hierbei der Zeitgrad.

$$\textit{Zeitgrad in \%} = \frac{\textit{vorgegebene Auftragszeit}}{\textit{Ist-Auftragszeit}} \cdot 100\%$$

Die Ermittlung des Zeitgrads setzt Vorgabezeiten voraus. Zwischen Vorgabezeit (Zeit je Auftrag) und vorgegebener Mengeneinheit (Menge je Zeiteinheit) besteht nur ein rechnerischer Unterschied. Beziehen sich die Auftragszeiten bzw. die Ausführungszeiten auf mehrere Personen, so spricht man von Gruppenakkordlohn.

Der Akkordlohn ist die Multiplikation von Lohngruppe oder Lohnsatz mal Zeitgrad. Der Lohnsatz wird auch als **Akkordrichtsatz** bezeichnet.

**Beispiel: Akkordlohn**
Auftragsweise Abrechnung im Zeitakkord
In einer Montage sollen 10 Kleinmotoren montiert werden. Der Montageablauf ist durch den Menschen voll beeinflussbar. Die Auftragszeit beträgt T = 6 Stunden (360 min). Diese Aufgabe wird bei Normalleistung (Zeitgrad = 100 %) mit einem Grundlohn von 10 €/ Std. durchgeführt. Erfüllt der Mitarbeiter den Auftrag in 6 Stunden, so beträgt der Akkordlohn 60 € je Auftrag. Werden aufgrund eines höheren Leistungsgrades statt 360 min nur 280 min benötigt, so beträgt der Zeitgrad:

$$\textit{Zeitgrad in \%} = \frac{360\ \text{min}}{280\ \text{min}} \cdot 100\% = 128{,}5\%$$

Durch die erbrachte Mehrleistung von 28,5% über der vorgegebenen Normalleistung ergibt sich ein um 28,5% höherer Stundenlohn. Der Lohn des Mitarbeiters beträgt 12,85 € je Stunde.

Die Fertigungslohnkosten je Auftrag betragen unabhängig vom Zeitgrad stets 60 €.

Beim **Geldakkord** wird der Lohn unmittelbar festgelegt oder vereinbart und bezieht sich auf die erbrachte Mengeneinheit. Für die doppelte Menge gibt es also das doppelte Geld unabhängig von der gebrauchten Zeit.

Beim Geldakkordlohn stellt die Kennzahl keine Verhältniszahl dar, sondern die absolute Menge je Mengeneinheit. Diese Lohnart wird im Handwerk, in der Bauindustrie und in der Heimarbeit angewendet.

Zeitakkord: je kürzer die Arbeitszeit pro Stück, desto höher der Lohn je Stunde.

Geldakkord: je mehr Stücke, desto höher der Lohn.

Voraussetzungen für die Anwendung des Akkordlohnes sind:
- die Vorherbestimmbarkeit des Arbeitsablaufes und der Arbeitsbedingungen,
- die Reproduzierbarkeit der Vorgabezeiten und
- die Beeinflussbarkeit der Mengenleistung durch den Menschen.

Die Anwendung des Akkordlohns ist nicht geeignet bei Arbeiten, deren Mengenleistung überwiegend von den eingesetzten Betriebsmitteln, oder dem vorgeschriebenen Arbeitsverfahren abhängt. Lässt sich der Akkordlohn nicht anwenden, so sollte eine andere leistungsabhängige Entlohnungsform angewendet werden.
Je größer der Anteil beeinflussbarer Ablaufabschnitte an der Gesamtzeit ist, desto weniger kann der Mensch die Mengenleistung bzw. den Zeitgrad der Anlage oder des Betriebsmittels beeinflussen.

**Prämienlohn**
Kennzeichnend für den Prämienlohn ist eine gute Gestaltungsmöglichkeit von anforderungs- und leistungsabhängiger Unterscheidung zur leistungsabhängigen Entlohnung. Beim Prämienlohn wird dieser bezogen auf eine Leistungskennzahl. Die Leistungskennzahl wird auch Bezugsgröße oder Einflussgröße genannt. Hier kommen Kennzahlen, wie Mengen-, Güte-, Nutzungs- und Einsparungsdaten von Zeiten und Kosten zur Anwendung. Weitere wichtige Merkmale wie z.B. allgemeine Kostensenkungen, Qualitätsgrenzen, Unterschreitung oder Einhaltung der Termine, Personaleinsparung lassen sich normalerweise auf einer dieser Kennzahlen zurückführen.
Voraussetzung für die Auswahl einer oder mehrerer Leistungskennzahlen sind:
- die wirtschaftliche und einfache Erfassbarkeit,
- die Beeinflussbarkeit vom Menschen und
- es muss eine Leistungssteigerung für den Menschen möglich sein.

Prämienlohn berücksichtigt hauptsächlich qualitative Leistungsmerkmale zur Beseitigung betrieblicher Schwachstellen.

- **Betriebsmittelnutzung:**
  Vermeidung von Störungen, Ausfällen, Mehrzeiten beim Fertigen und Rüsten.

- **Qualitätssicherung:**
  Vermeiden von Ausschuss, Nacharbeit, Rücklieferungen, Terminproblemen.

- **Material- und Energieverbrauch:**
  Vermeiden von unwirtschaftlichem Verbrauch an Werkstoffen, Hilfsstoffen, Energie, Werkzeugen, Prüfmitteln und Inventar.

Im **Bild 1** ist die Zuordnung des Prämienlohns zur Leistungskennzahl mit den normalerweise verwendeten Begriffen und Kurzzeichen dargestellt. Die Leistungsspanne bewegt sich zwischen einer minimalen und maximalen Leistungskennzahl.

Die minimale Leistungskennzahl wird Prämienausgangs-, Prämienanfangs-, Grund- oder Richtleistung genannt. Als Prämienlohnspanne wird der Bereich zwischen den minimalen und maximalen Lohndaten verstanden.

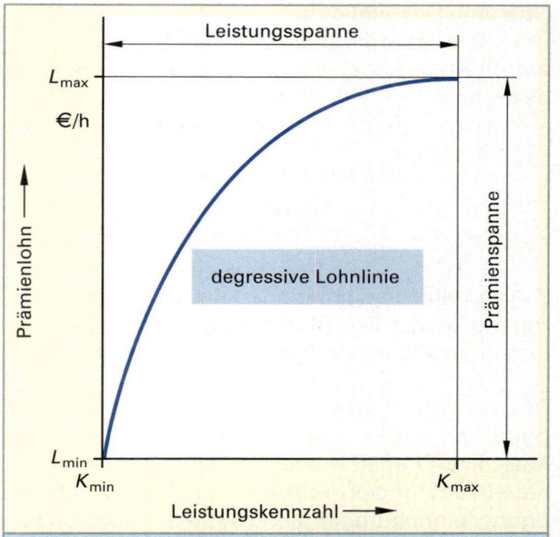


**Bild 1: Grundbegriffe und Funktionen des Prämienlohns**

**Mengenprämienlohn**

Die Mengenprämienlöhne werden auf die Leistungskennzahl „Mengenleistung" bezogen. Diese Lohnform wird bei Abläufen

- mit einem größeren Anteil unbeeinflussbarer Ablaufabschnitte,
- mit einem größeren Anteil nur bedingt beeinflussbarer und technologisch bestimmten Ablaufabschnitten verwendet und
- das Leistungsergebnis muss in einem eng begrenzten Bereich liegen.

**Beispiel 1:**
In einer Montageabteilung müssen unterschiedliche Aggregate montiert werden.

Ermitteln Sie die Prämienlohnlinie mit den Leistungskennzahlen:

maximale Mengenleistung = 60 Aggregate/Stunde
minimale Mengenleistung = 35 Aggregate/Stunde

Der Verlauf der linearen Lohnlinie sei nach oben und unten begrenzt.

*Lösung:* **Bild 2**

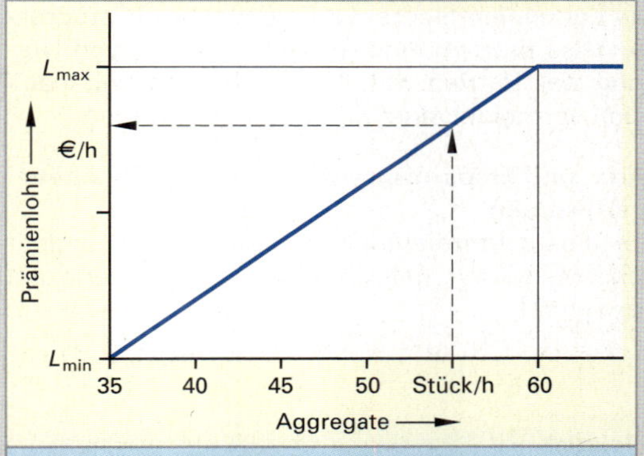


**Bild 2: Prämienlohnlinie für Beispiel 1**

**Beispiel 2:**
In einer Abteilung werden Getriebe montiert. Als betrachtete Leistungskennzahl wird die Zeiteinsparung genommen. Hierbei gilt die nachstehende Gleichung:

$$K \text{ in } \% = \frac{\textit{vorgegebene Auftragszeit} \text{ minus } \textit{gebrauchte Zeit}}{\textit{vorgegebene Auftragszeit}} \cdot 100\%$$

minimale Zeiteinsparung = 0%
maximale Zeiteinsparung = 30%
Verlauf der Lohnlinie sei proportional.

*Lösung:* **Bild 3**

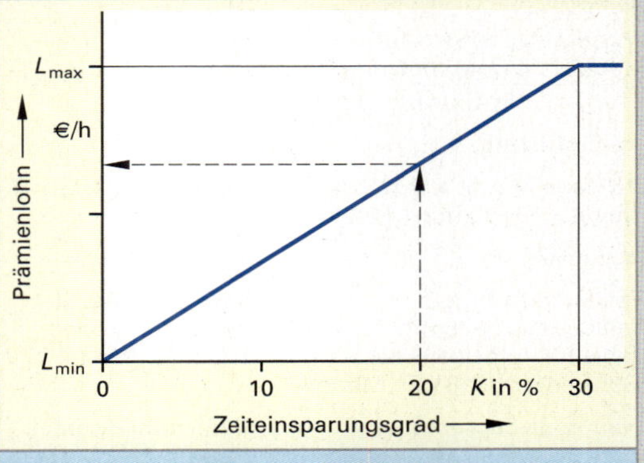


**Bild 3: Prämienlohnlinie für Beispiel 2**

**Nutzungsprämienlohn**

Die Leistungskennzahl $K$ wird hierbei aus Betriebsmittelzeiten abgeleitet und als Nutzungsgrad bezeichnet.

Nutzungsgrad:

$$K \text{ in } \% = \frac{\textit{Summe der Betriebsmittelhauptzeiten}}{\textit{Ist-Einsatzzeit}} \cdot 100\%$$

Ziel von Nutzungsprämien ist die Unterbrechungszeitanteile von Brach- und andere Fertigungsverlustzeitanteile möglichst klein zu halten.

Die Hauptnutzungszeit des Betriebsmittels soll hierdurch groß werden. Bei kapitalintensiven Maschinen haben Nutzungsprämienlöhne besondere Bedeutung erreicht, da in automatischen Fertigungseinrichtungen hohe Anteile unbeeinflussbarer Ablaufabschnitte auftreten. Die Erfassung der Zeitanteile erfolgt mit Zeit- und Nutzungsschreibern sowie Betriebsdatenerfassungssystemen (BDE).

Die Lohnlinien hierbei verlaufen sehr oft progressiv. Dies führt zu einer möglichst intensiven Nutzung der Betriebsmittel. Eine Begrenzung nach oben vermeidet eine Maschinenüberlastung.

**Güte- und Ersparnisprämienlohn bzw. Qualitätsprämienlohn**

Bei dieser Prämienlohnart werden unterschiedliche Mengenverhältnisse als Leistungskennzahl verwendet.

Qualitätsprämie (Beispiel):

$$\textit{Qualitätsprämie in } \% = \frac{\textit{Menge mit Mängeln}}{\textit{Menge der Stichprobe}} \cdot 100\%$$

**Kombinierter Prämienlohn**

Die Prämienlöhne mit mehreren Leistungskennzahlen werden sehr erfolgreich angewendet.

Der Mitarbeiter wird hierbei angeregt, sich für eine gute Gesamtleistung in seinen ihm übertragenen Arbeitsaufgaben einzusetzen und Überbewertung einzelner Leistungskomponenten vorzubeugen. Bei der Überbewertung der einen Komponente z.B. „hohe Mengenleistung", kann mit steigender Menge die Qualität sinken und eine Überlastung des Betriebsmittels durch unterlassene Wartungsarbeiten eintreten.

**Andere Lohnformen**

Weitere Formen der leistungsabhängigen Entgeltdifferenzierung sind:
- der Festlohn für eine einmal festgelegte Leistung,
- der Zeitlohn mit Leistungszulagen über einen festgelegten Zeitraum und
- Leistungslohn mit Leistungsstufen.

In diese Lohnformen können alle bekannten Entgeltformen eingeordnet werden, wie Pensumlohn, Programmlohn oder Kontraktlohn.

**Beispiel:**

An einem Bohrwerk ist ein Nutzungsschreiber mit Meldetasten angebracht.

Als Leistungskennzahl wird der Hauptnutzungsgrad gewählt:

Hauptnutzungsgrad in %

$$= \frac{\textit{Summe Hauptnutzungszeit in min/Monat}}{\textit{Ist-Einsatzzeit in min/Monat}} \cdot 100\%$$

Ist-Einsatzzeit:

20 Tage/Monat x 8 h/Schicht x 2 Schichten/Tag x 60 min/h = 19 200 min/Monat

abzüglich

| | |
|---|---|
| fehlende Aufträge: | 1 000 min/Monat |
| fehlende Arbeitsmittel: | 1 450 min/Monat |
| fehlende Informationen: | 432 min/Monat |
| Summe = 16318 min/Monat | |
| Hauptnutzungszeit: | 14 255 min/Monat |

$$\textit{Hauptnutzungsgrad} = \frac{14\,255 \text{ min/Monat}}{16\,318 \text{ min/Monat}} \cdot 100\% = 87\%$$

Verlauf der Lohnlinie ist progressiv und bei einem Hauptnutzungsgrad von 90% nach oben begrenzt, **(Bild 1)**.

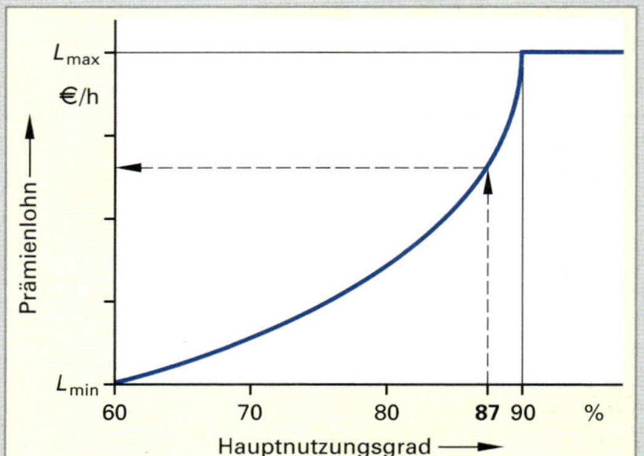


**Bild 1: Prämienlohn für Beispiel**

### 5.9.6 Zeitlohn, Gehalt, Zeitlohn mit Leistungszulagen

Bei diesen Lohnformen wird eine feste Vergütung für eine bestimmte Zeiteinheit gegeben. Ist die Zeiteinheit eine Stunde, Woche oder Monat so spricht man vom Stundenlohn, Wochenlohn oder Monatslohn.

Die Bezeichnung Gehälter wird für Entgelte der Beamten und Angestellten verwendet.

Beim **Zeitlohn** besteht keine direkte Abhängigkeit zwischen Lohnhöhe und Leistung. Der Arbeitnehmer bekommt ohne Zeit- oder Sachzwang einen konstanten Lohn. Die Entlohnung motiviert nicht zu einer höheren Leistung. Sinkt die erbrachte Leistung unter die Normalleistung, so steigen die Fertigungslohnkosten pro Mengeneinheit **(Bild 1)**.

Beim **Zeitlohn mit Leistungsmerkmalen** wird der Lohn anforderungs- und leistungsabhängig differenziert. Hier wird mit Beurteilungsmerkmalen die Leistung des Menschen bewertet. So z.B. für Gehaltsempfänger nach:

- der Wirksamkeit und der Zeitausnutzung,
- der Zuverlässigkeit und der Güte des Arbeitsergebnisses,
- der Initiative in Selbstständigkeit und Beweglichkeit sowie
- in der Zusammenarbeit, der Kooperation einschließlich dem Führungsverhalten.

Ziel einer solchen Leistungsbewertung ist die Beurteilung der menschlichen Leistung durch einen Leistungswert oder auch mit Leistungspunkten auszudrücken. Von der Höhe des Leistungswertes bzw. der Punktzahl wird die Höhe der Leistungszulage bestimmt.

Im Rahmen der Leistungsbewertung wird wie bei der Arbeitsbewertung zwischen summarischen und analytischem Vorgehen unterschieden. Die Bewertung und Beurteilung der Leistung erfolgt periodisch durch den unmittelbaren Vorgesetzten, z.B. Meister, Gruppenleiter oder den Abteilungsleiter. Grundlage ist die Arbeits- bzw. Stellenbeschreibung. Die Leistungsbewertung orientiert sich an der Erfüllung der Anforderung durch den Mitarbeiter.

Das Ergebnis der Bewertung soll dem Mitarbeiter in einem Gespräch mitgeteilt und erklärt werden. Gleichzeitig soll dieses Gespräch dazu genutzt werden, dem Mitarbeiter seine Stärken und Schwächen, aber auch seine Entwicklungsmöglichkeiten in dem Betrieb aufzuzeigen.

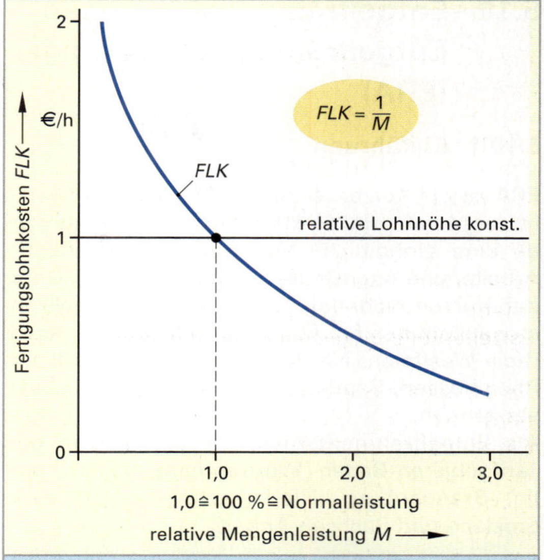


**Bild 1: Lohnlinie beim reinen Zeitlohn**

**Wiederholung und Vertiefung**

1. Was verstehen Sie unter Einstufung nach Lohngruppen?
2. Erläutern Sie die Bedeutung einer „Ecklohngruppe".
3. Welches Ziel wird mit der leistungsabhängigen Bezahlung verfolgt?
4. Nennen Sie Möglichkeiten der leistungsabhängigen Bezahlung.
5. Wie kann man die Leistung darstellen?
6. Wann ist eine Akkordentlohnung sinnvoll eingesetzt und motivierend für den Mitarbeiter?
7. Auf welche Leistung wird der Zeitgrad bezogen?
8. Warum sind zur Ermittlung des Zeitgrades unbedingt Vorgabezeiten notwendig?
9. Wie wird der Akkordlohn berechnet? Was verstehen Sie unter Geldakkord?
10. Nennen Sie Voraussetzungen zur Akkordentlohnung.
11. Nach welchen Regelungen wird die Höhe des Arbeitsentgelts festgelegt?
12. Warum darf der Staat nicht in Entlohnungsfragen entscheiden?
13. Welche Vertreter der Arbeitnehmer bestimmen in Entlohnungsfragen mit?
14. Welche Nachteile zeigt die Zeitentlohnung?
15. Wie versucht man die Nachteile der Zeitentlohnung zu verbessern?
16. Welche Möglichkeiten der Leistungsbewertung gibt es?

## 5.10 Entgeltrahmenabkommen, Entgeltrahmentarifverträge (ERA)

### 5.10.1 Einführung

Die seit ca. 100 Jahren historisch bedingte Trennung zwischen gewerblichen Arbeitnehmern („Handarbeit") und Angestellten („Kopfarbeit") und häufig zusätzlicher Unterscheidung zwischen Kaufleuten, Technikern und Meistern führte zu erheblichen Fehlbewertungen der Arbeitsentgelte.

**ERA** ist die Kurzbezeichnung für neue Tarifwerke in der Metall- und Elektroindustrie. In ihnen wurde eine einheitliche Vergütungssystematik für Arbeiter und Angestellte geschaffen (**Bild 1**). Unter der Kurzbezeichnung ERA wird ein **E**ntgelt**r**ahmen**a**bkommen für die Tarifgebiete Hessen, Nordrhein-Westfalen, Nordverbund, Pfalz, Rheinland-Rheinhessen, Saarland, Thüringen und Sachsen verstanden.
Als **E**ntgelt**ra**hmentarifvertrag gilt dies in den Tarifgebieten Baden- Württemberg, Bayern, Berlin, Brandenburg, Niedersachsen, Osnabrück-Emsland und Sachsen-Anhalt.

Durch die in der Bundesrepublik Deutschland geregelten Entgelte für sozialversicherungspflichtige Arbeitnehmer in Tarifverträgen kam es je nach Branche im Baugewerbe, Chemie, Metall und Elektroindustrie, öffentlicher Dienst und Versicherungsgewerbe zu ganz unterschiedlichen Bewertungskriterien. Diese waren für **Arbeiter** und **Angestellte** gleichfalls nicht einheitlich (**Bild 2**).

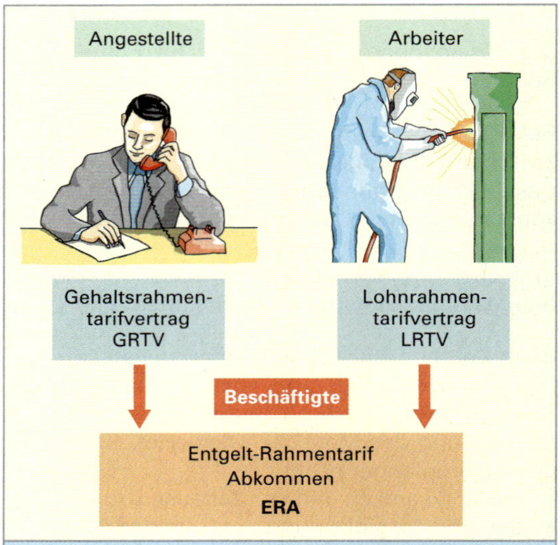


**Bild 1: Ablösung der getrennt bestehenden Lohn- und Gehaltstarifverträge durch ERA**

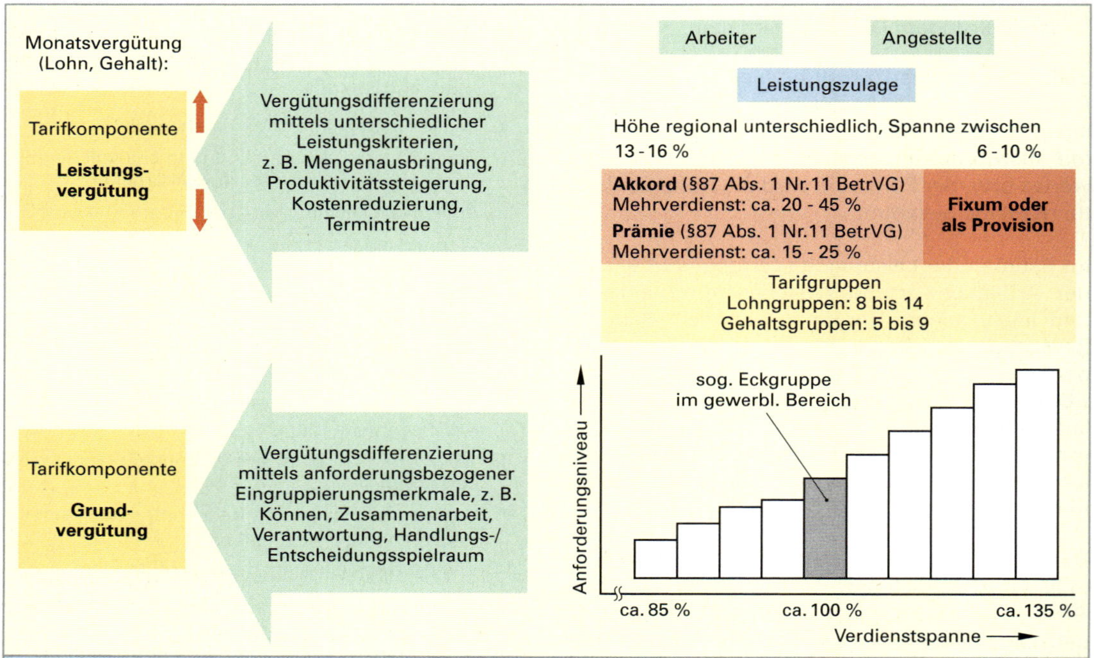


**Bild 2: Früheres Vergütungskonzept, getrennt nach Arbeitern und Angestellten**

Mit der veränderten Arbeitswelt, neuen Technologien, neue Formen der Arbeitsorganisationen und -abläufe sowie gewandelten Wertevorstellungen haben sich die Anforderungen und Belastungen der Arbeit an den Menschen geändert. Eine Unterscheidung zwischen Arbeitern und Angestellten sowie eine Benachteiligung der gewerblich-technischen Berufe sind durch schwer überschaubare und schwierige Abläufe in diesen Bereichen in der heutigen Arbeitswelt völlig unangebracht (**Bild 1**).

Durch die zunehmende Komplexität und Dynamik aller Märkte müssen sich Entgelte wesentlich flexibler anpassen und die betrieblichen Arbeitsaufgaben anforderungsgerecht einstufen lassen. Mit diesem ständigen Wandel werden auch neue Anforderungen an die bestehenden Vergütungsstrukturen für die Beschäftigten in der Metall- und Elektroindustrie gestellt. ERA[1] führte die bisherigen Lohnrahmentarifverträge für Arbeiter und die Gehaltsrahmentarifverträge für Angestellte zu einem einheitlichen Vergütungssystem zusammen. Somit wurden einheitliche Wertmaßstäbe für die Bewertung von Arbeitsaufgaben von Arbeitern und Angestellten festgelegt. Diese Wertigkeit von Arbeitsaufgaben ist dann in den Entgeltgruppen und der damit verbundenen Entgeltrichtlinie tariflich festgelegt. Damit lösten die Entgeltgruppen die Lohn- und Gehaltsgruppen ab.

Je nach Tarifgebiet gibt es bei der Wertigkeit von Arbeitsaufgaben unterschiedliche Unterteilungen, so z.B.:

- 11 Entgeltgruppen (E 1 bis E 11) in den Tarifgebieten ME Mitte, Nordverbund und Sachsen-Anhalt,
- 12 Entgeltgruppen im Tarifgebiet Thüringen, Sachsen und Bayern,
- 13 Entgeltgruppen in den Tarifgebieten Berlin, Brandenburg, Niedersachsen und Osnabrück-Emsland,
- 14 Entgeltgruppen im Tarifgebiet Nordrhein- Westfalen.
- 17 Entgeltgruppen (EG 1 bis EG 17) im Tarifgebiet Baden- Württemberg.

[1] Die nachfolgenden Seiten zu ERA, insbesondere die Tarifierungsbeispiele, wurden mit Unterstützung und mit Hilfe von Informationsschriften der Tarifparteien *IG Metall, Bezirk Baden-Württemberg und dem Verband der Metall- und Elektroindustrie Baden-Württemberg e.V.- Südwestmetall* - erstellt.

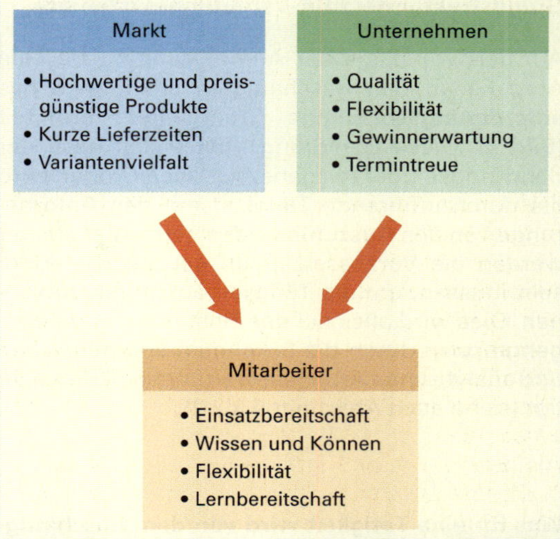


**Bild 1: Anforderungen an die Mitarbeiter durch den Markt und durch die Unternehmen**

**Wichtige Besonderheiten der Tarife sind:**

- Keine Trennung mehr zwischen Arbeitern und Angestellten. Es wird nur noch von Beschäftigten gesprochen.
- Alle betrieblichen Arbeitsaufgaben werden nach einem einheitlichen Arbeitsbewertungsverfahren bewertet. Leider sind diese Bewertungsverfahren in den Tarifgebieten nicht einheitlich gestaltet.
- Entgeltrelevante Belastungen oder Erschwernisse werden getrennt vom Grundentgelt berücksichtigt. Als Zulage, für Belastungen wird dies z.B. in Baden-Württemberg abgegolten, wobei dies in Nordrhein- Westfalen als Erschwerniszulage bezahlt wird.
- Neue Möglichkeiten der betrieblichen Gestaltung beim leistungsbezogenen Entgelt.

**Prinzipien der leistungsgerechten Entgeltfindung**

Als gerecht kann ein Entgelt angesehen werden, wenn:

1. für gleiche Arbeit das gleiche Entgelt gezahlt wird (**anforderungsgerechtes Entgelt**), und
2. für mehr Leistung mehr Entgelt erreicht wird (**leistungsgerechtes Entgelt**).

Die Prinzipien der Entgeltfindung gehen bei ERA in die Entlohnungskomponenten ein.

## Grundstruktur der ERA-Vergütungssystematik

Auf der Grundlage der Anforderungen, die eine Aufgabe an den Beschäftigten stellt, wird das **anforderungsabhängige** Grundentgelt ermittelt (**Bild 1**). Diese Ermittlung richtet sich nach der Schwierigkeit der Aufgabe. Vor allen Dingen wird die durchzuführende Tätigkeit mit den Anforderungen an den Auszuführenden betrachtet. Weiter werden die Voraussetzungen geprüft die erfüllt sein müssen, um die Tätigkeit ausführen zu können. Dies wird alles bei der Einstufung in die Entgeltgruppen durch die bekannten summarischen und analytischen Arbeitsbewertungen berücksichtigt (siehe auch Abschnitt 5.3.2.2).

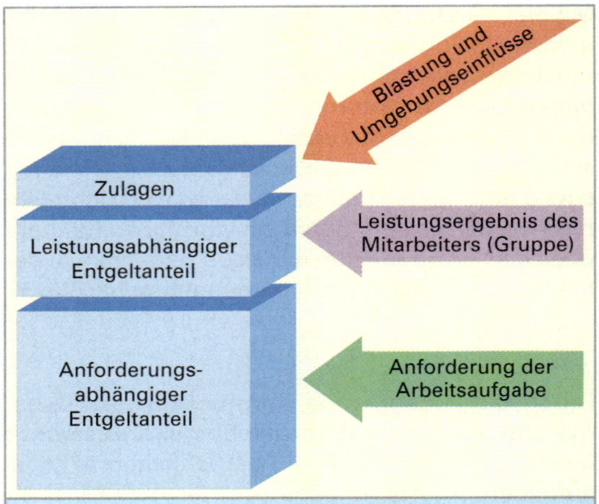


**Bild 1: Entgeltaufbau nach ERA-Tarifvertrag**

### Was für eine Tätigkeit wird von dem Beschäftigten durchgeführt?

Die **leistungsabhängige** Entgeltkomponente wird auf der Grundlage der Leistungskriterien durch Leistungsbeurteilung und/oder Leistungsmessung der persönlichen, d.h. individuellen Leistung eines Beschäftigten festgelegt. Gleiches gilt auch für eine gemeinsame Beschäftigungsgruppe.

### Wie führt der Beschäftigte seine Tätigkeit aus?

Somit ist das Leistungsverhalten und/oder das Leistungsergebnis des Beschäftigten die Grundlage für diese leistungsabhängige Entgeltkomponente.
Weiter werden noch betriebsspezifische Entgeltregelungen getroffen, die vom Unternehmenserfolg oder von den Marktgegebenheiten abhängen.

Auf der Grundlage der allgemeinen Entgeltsäule wird in allen regionalen Entgeltrahmenabkommen der Aufbau ähnlich durchgeführt:

- anforderungsabhängiges Grundentgelt,
- individuelles und/oder gruppenbezogenes Leistungsentgelt und
- Belastung- bzw. Erschwerniszulage.

Weiter können unter anderen, tarifliche Entgeltkomponenten, wie Ausgleichsbeträge, individuelle Verdienstsicherung und Sockelbeträge hinzukommen (**Bild 2**).

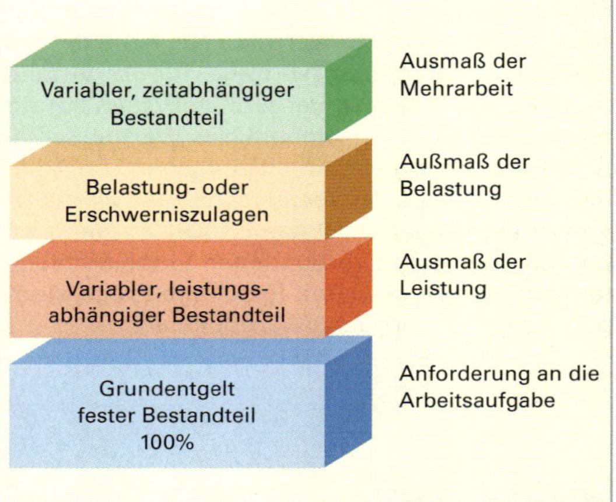


**Bild 2: Allgemeiner ERA-Entgeltaufbau**

Um eine gerechte Entgeltfindung zu ermöglichen ist zwingend eine arbeitswirtschaftliche Vorgehensweise notwendig (**Bild 3**).

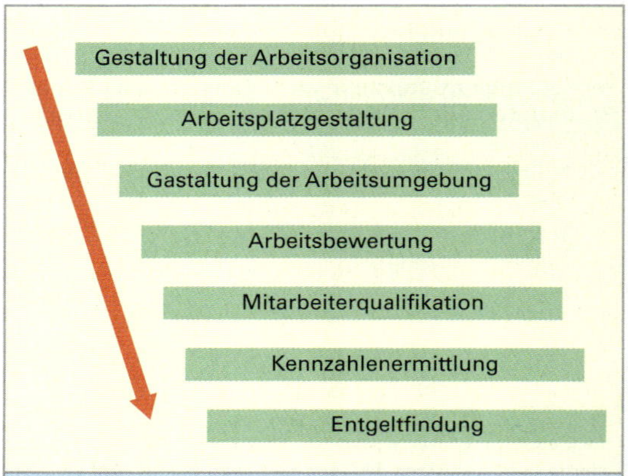


**Bild 3: Arbeitswirtschaftliche Vorgehensweise**

### 5.10.2 Arbeitsbewertungsmethoden

Mit Hilfe der Arbeitsbewertung (siehe auch 5.3) wird bei der ERA die menschliche Arbeit beschrieben, analysiert, erfasst und bewertet. Diese dient zur **Grundentgeltfindung**. Oft wird die Arbeitsbewertung auch als Anforderungsermittlung, Arbeitsplatzbewertung oder Stellenbewertung bezeichnet (**Bild 1 und Tabelle 1**).

> Die Arbeitsbewertung wird grundsätzlich personenunabhängig und arbeitsaufgabenbezogen durchgeführt.
> Gegenstand der Arbeitsbewertung sind die Anforderungen, die ein Arbeitssystem an den arbeitenden Menschen stellt.

Die **Anforderungen** werden durch Kennzahlen oder Entgeltgruppen festgelegt. Diese Kennzahl beeinflusst die Höhe des anforderungsabhängigen Entgeltteils.
Das Ergebnis einer anforderungsabhängigen Entgeltdifferenzierung ist das entsprechende Grundentgelt. Dies ist tariflich für eine Aufgabe mit entsprechendem Anforderungsniveau zu bezahlen. Weiter können aus den Kennzahlen bzw. der Arbeitsbeschreibung erforderliche Qualifikationen eines Mitarbeiters abgeleitet werden.
In den Tarifgebieten kommen unterschiedliche Bewertungsverfahren zur Anwendung:

- so ist es im Tarifgebiet **Baden-Württemberg** das analytische Stufenwertzahlverfahren,
- in **Nordrhein-Westfalen** das Punktewertungsverfahren,
- und in allen **anderen Tarifgebieten** das **summarische Entgeltgruppenverfahren**.

Am **Beispiel** des **analytischen Stufenwertzahlverfahrens** und des **Punktbewertungsverfahrens** wird die Vorgehensweise der Bewertung und Einstufung von Arbeitsaufgaben skizziert.

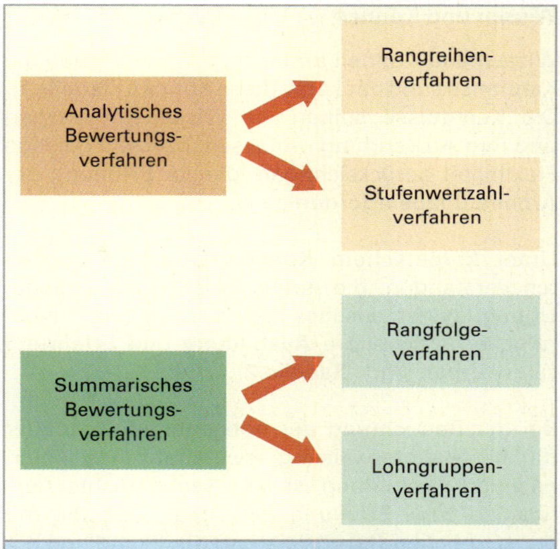


**Bild 1: Verfahren der Arbeitsbewertung**

Der ganze Wortlaut der Anforderungsmerkmale steht im Entgeltrahmen-Tarifvertrag.

Die Anforderungsmerkmale sind in Baden-Württemberg in fünf Merkmale unterteilt:

1. Wissen und Können,
2. Denken,
3. Handlungsspielraum/Verantwortung,
4. Kommunikation,
5. Mitarbeiterführung.

In Nordrhein-Westfalen sind es vier Anforderungsmerkmale:

1. Können,
2. Handlungs- und Entscheidungsspielraum,
3. Kooperation und
4. Mitarbeiterführung.

**Tabelle 1: Arbeitsbewertungsverfahren im Vergleich**

| Bewertung der Gesamtanforderung, die eine definierte Arbeitsaufgabe objektiv an einen Mitarbeiter stellt | | | |
|---|---|---|---|
| **analystische Arbeitsbewertung**<br>Bewertung der Einzelkriterien der Gesamtanforderung und Bildung einer Wertsumme | | **summarische Arbeitsbewertung**<br>Bewertung der Gesamtanforderung als Ganzes | |
| **Rangreihe**<br>(Factor Ranking Method)<br>Die Einzelkriterien der Gesamtanforderungen werden verglichen und einer Rangreihe zugeordnet. | **Wertzahl**<br>(Factor Rating Method)<br>Die Einzelkriterien der Gesamtanforderungen werden nach einem gewichteten Schema (Wertzahlen) bewertet. | **Rangfolge**<br>(Ranking Method)<br>Alle Gesamtanforderungen werden als Ganzes verglichen und in eine Rangfolge eingeordnet. | **Katalogverfahren**<br>Entgeltgruppenmethode (Classification)<br>Alle Gesamtanforderungen werden als Ganzes mit Richtbeispielen verglichen und zugeordnet. |

**Wissen und Können**

Wissen und Können umfasst im Wesentlichen die Kenntnisse und das körperliche Können (**Tabelle 1**). Die Kenntnisse sollten die Wissensgrundlagen und ihre Anwendung umfassen, bzw. die geistige Flexibilität berücksichtigen, die zur Erfüllung der Arbeitaufgabe erforderlich ist.

Unter körperlichem Können werden Fertigkeiten verstanden, die durch Arbeitsunterweisung, Übung, systematisches Anlernen, schulische/berufliche/ universitäre **Ausbildung und Erfahrung** zu erwerben sind. (**Tabelle 2**)

Bei der Betrachtung der notwendigen Zeitdauer für Arbeitsunterweisung, systematisches Anlernen und Ausbildung ist eine sachgerechte Ausführung bzw. Erfüllung der Arbeitsaufgabe mit der tarif-lichen Bezugsleistung als Grundlage anzusehen (**Tabelle 2**).

**Denken**

Unter Denken wird die Aufnahme und Verantwortung von Informationen, sowie das Anwenden von Lösungsmustern und das Erarbeiten von Lösungen verstanden. Lösungsmuster sind gedanklich und/oder schriftlich vorhandene Strukturen zur Lösungsfindung, aus denen im Rahmen der Aufgabenstellung geeignete Lösungswege ausgewählt werden.

Bewertet werden Schwierigkeiten und Komplexität
- der Aufgaben und Probleme,
- der Anwendung und Entwicklung von Lösungsmustern und
- der Aufnahme und Verarbeitung von Informationen (**Tabelle 1, folgende Seite**).

**Handlungsspielraum/ Verantwortung**

Der Handlungsspielraum umfasst den Freiheitsgrad und die Verantwortung für den:
- Tätigkeitsspielraum,
- Dispositionsspielraum und
- Entscheidungsspielraum.

Bewertet werden der Freiheitsgrad und die Verantwortung bei:
- der Durchführung der Arbeit,
- der Auswahl der erforderlichen Mittel oder
- den zu treffenden Entscheidungen (**Tabelle 2, folgende Seite**).

**Tabelle 1: Wissen und Können**

| 1 | Wissen und Können | |
|---|---|---|
| 1.1 | Anlernen | |
| Stufe | Beschreibung | Punkte |
| A 1 | Kenntnisse, körperliches Können bzw. Fertigkeiten, die eine einmalige Arbeitsunterweisung und kurze Übung erfordern. | 3 |
| A 2 | Kenntnisse, körperliches Können bzw. Fertigkeiten, die eine Arbeitsunterweisung und längere Übung erfordern. | 4 |
| A 3 | Kenntnisse, körperliches Können bzw. Fertigkeiten, die eine einmalige Arbeitsunterweisung und Übung über mehrere Wochen erfordern. | 5 |
| A 4 | Kenntnisse, körperliches Können bzw. Fertigkeiten, die ein systematisches Anlernen über einen Zeitraum der Stufe A 3 hinaus erfordern, wobei das Anlernen auch die Vermittlung theoretischer Kenntnisse umfassen kann. | 7 |
| A 5 | Kenntnisse, körperliches Können bzw. Fertigkeiten, die eine umfangreiches systematisches Anlernen über ein halbes Jahr hinaus erfordern. | 9 |

**Tabelle 2: Ausbildung und Erfahrung**

| 1.2 | Ausbildung und Erfahrung | |
|---|---|---|
| 1.2.1 | Ausbildung | |
| Stufe | Beschreibung | Punkte |
| B 1 | Abgeschlossene, in der Regel zweijährige Berufsausbildung i. S. des BBiG. | 10 |
| B 2 | Abgeschlossene, in der Regel drei- bis dreieinhalbjährige Berufsausbildung i. S. des BBiG. | 13 |
| B 3 | Abgeschlossene Berufsausbildung i. S. des BBiG und eine darauf aufbauende abgeschlossene, in der Regel einjährige Vollzeit-Fachausbildung (z. B. Meister-Ausbildung IHK). | 16 |
| B 4 | Abgeschlossene Berufsausbildung i. S. des BBiG und eine darauf aufbauende abgeschlossene, in der Regel zweijährige Vollzeit-Fachausbildung (z. B. staatlich geprüfter Techniker). | 19 |
| B 5 | Abgeschlossenes Fachhochschulstudium. | 24 |
| B 6 | Abgeschlossenes Universitätsstudium. | 29 |
| 1.2.2 | Erfahrung | |
| Stufe | Beschreibung | Punkte |
| E 1 | bis zu einem Jahr | 1 |
| E 2 | mehr als 1 Jahr bis zu 2 Jahren | 3 |
| E 3 | mehr als 2 Jahre bis zu 3 Jahren | 5 |
| E 4 | mehr als 3 Jahre bis zu 5 Jahren | 8 |
| E 5 | mehr als 5 Jahre | 10 |

**Kommunikation**

Kommunikation im Sinne der Arbeitsaufgabe ist:

- Der Austausch von Informationen,
- die notwendige Zusammenarbeit,
- die erforderliche Abstimmung und Koordination,
- die Interessenvertretung gegenüber anderen Stellen innerhalb und/oder außerhalb einer Arbeitsgruppe bzw. eines Arbeitsbereichs.

Nicht geeignet ist die zur Mitarbeiterführung notwendige Kommunikation (siehe Mitarbeiterführung F). Bewertet wird der Grad der Kommunikationsanforderung zur Erfüllung der Arbeitsaufgabe (**Tabelle 3**).

**Tabelle 1: Denken**

| 2 | Denken | |
|---|---|---|
| Stufe | Beschreibung | Punkte |
| D 1 | Einfache Aufgaben, die eine leicht zu erfassende Aufnahme und Verarbeitung von Informationen erfordern. | 1 |
| D 2 | Aufgaben, die eine schwerer zu erfassende Aufnahme und Verarbeitung von Informationen erfordern oder Aufgaben, die es erfordern, standardisierte Lösungswege anzuwenden. | 3 |
| D 3 | Aufgaben, die eine schwierige Erfassung und Verarbeitung von Informationen erfordern oder Aufgaben, die es erfordern, aus bekannten Lösungsmustern zutreffende Lösungswege auszuwählen und anzuwenden. | 5 |
| D 4 | Umfangreiche Aufgaben, die es erfordern, bekannte Lösungsmuster zu kombinieren. | 8 |
| D 5 | Problemstellungen, die es erfordern, bekannte Lösungsmuster weiterzuentwickeln. | 12 |
| D 6 | Neuartige Problemstellungen, die es erfordern, neue Lösungsmuster zu entwickeln. | 16 |
| D 7 | Neue komplexe Problemstellungen, die innovatives Denken erfordern; längerfristige Entwicklungstrends sind zu berücksichtigen. | 20 |

**Tabelle 2: Handlungsspielraum/Verantwortung**

| 3 | Handlungsspielraum/Verantwortung | |
|---|---|---|
| Stufe | Beschreibung | Punkte |
| K 1 | Informationseinholung und -weitergabe zur Erledigung der Arbeitsaufgabe (z. B. Auftrag entgegennehmen und abmelden, auftretende Abweichungen melden). | 1 |
| K 2 | Abstimmung in routinemäßigen Einzelfragen in direktem Zusammenhang mit der Arbeitsaufgabe (z. B. auftretende Abweichungen durchsprechen und abstimmen). | 3 |
| K 3 | Abstimmung über routinemäßige Einzelfragen hinaus bei häufig unterschiedlichen Voraussetzungen in direktem Zusammenhang mit der Arbeitsaufgabe (z. B. auftretende Abweichungen klären). | 5 |
| K 4 | Abstimmung und Koordinierung im Rahmen des übertragenen Aufgabenkomplexes bei gleicher Gesamtzielsetzung. Unterschiedliche Interessenlagen treten auf. | 7 |
| K 5 | Interessenvertretung für den übertragenen Aufgabenkomplex gegenüber Anderen bei unterschiedlichen Zielsetzungen (z. B. Gespräche Einkäufer mit Lieferant). | 10 |
| K 6 | Verhandlungen von funktionsübergreifender Bedeutung mit Anderen bei unterschiedlichen Zielsetzungen. | 13 |

**Tabelle 3: Kommunikation**

| 4 | Kommunikation | |
|---|---|---|
| Stufe | Beschreibung | Punkte |
| H 1 | Die Arbeitsdurchführung erfolgt nach Anweisungen. | 1 |
| H 2 | Die Arbeitsdurchführung erfolgt nach Anweisungen mit geringem Handlungsspielraum bei einzelnen Arbeitsverrichtungen (einzelne Arbeitsstufen innerhalb einer Teilaufgabe). | 3 |
| H 3 | Die Arbeitsdurchführung erfolgt nach Anweisungen mit Handlungsspielraum bei einzelnen Teilaufgaben (Teil eines Gesamtauftrages oder Arbeitsablaufes). | 5 |
| H 4 | Die Arbeitsdurchführung erfolgt nach Anweisungen mit Handlungsspielraum innerhalb der Arbeitsaufgabe. | 7 |
| H 5 | Die Arbeitsdurchführung erfolgt nach allgemeinen Anweisungen mit erweitertem Handlungsspielraum innerhalb der Arbeitsaufgabe. Alternative Handlungswege bzw. Möglichkeiten sind gegeben. | 9 |
| H 6 | Die Arbeitsdurchführung erfolgt nach Zielvorgaben mit Handlungsspielraum für ein Aufgabengebiet. Zur Aufgabendurchführung ist der selbstständige Einsatz bekannter Methoden und Hilfsmittel erforderlich. | 11 |
| H 7 | Die Arbeitsdurchführung erfolgt nach Zielvorgaben mit erweitertem Handlungsspielraum für ein komplexes Aufgabengebiet. | 14 |
| H 8 | Die Arbeitsdurchführung erfolgt nach allgemeinen Zielen mit weitgehendem Handlungsspielraum für ein umfangreiches Aufgabengebiet. | 17 |

## Mitarbeiterführung

Mitarbeiterführung umfasst die personelle und gleichzeitig fachliche Weisungsbefugnis zugeordneter Mitarbeiter, oder auch Einbeziehung von Mitarbeitern aus anderen Bereichen. Bewertet werden bei Aufgaben mit Mitarbeiterführung:

- Die notwendigen Besonderheiten der Zusammenarbeit,
- die Anforderungen an die Aufgabenvielfalt des Führungsprozesses bei unterschiedlichen Rahmenbedingungen (**Tabelle 1**).

Rahmenbedingungen sind weitere Faktoren, die die Führung beeinflussen, wie z.B. Geschäftsprozesse, Ressourcen, Mitarbeiterstrukturen in Anzahl und Qualifikation sowie Personalentwicklung und Arbeitssicherheit.

Bei der Bewertung von betrieblichen Arbeitsaufgaben müssen auf der Basis einer Aufgabenbeschreibung die einzelnen Bewertungsstufen und damit die Punkte pro Stufe und Anforderungsmerkmal festgelegt werden. Die Addition der Punkte pro Anforderungsmerkmal ergibt eine Gesamtpunktzahl. Diese Gesamtpunktzahl ist dann einer Entgeltgruppe zugeordnet (**Tabelle 2**).

**Tabelle 1: Mitarbeiterführung**

| 5 | Mitarbeiterführung | |
|---|---|---|
| Stufe | Beschreibung | Punkte |
| F 1 | Erteilen von Anweisungen unter konstanten und überschaubaren Rahmenbedingungen und Zielen. | 2 |
| F 2 | Erläuterung der Ziele und Abklärung der Aufgabenstellung mit Anhörung der Mitarbeiter. Sich ändernde Rahmenbedingungen und deren Auswirkungen sind nach Art und Umfang überschaubar. | 3 |
| F 3 | Erreichung eines gemeinsamen Aufgabenverständnisses zur Zielerreichung, auch bei teilweise unterschiedlicher Interessenlage. Sich ändernde Rahmenbedingungen und deren Auswirkungen sind abschätzbar. | 4 |
| F 4 | Gemeinsame Entwicklung von aufgaben- /bereichsbezogenen sowie individuellen Zielen bei teilweise unterschiedlicher Interessenlage. Sich ändernde Rahmenbedingungen und deren Auswirkungen sind abschätzbar. | 5 |
| F 5 | Gemeinsame, auf persönliche Überzeugung der Mitarbeiter ausgerichtete Entwicklung und Ausgestaltung von aufgaben- /bereichsbezogenen sowie individuellen Zielen, bei häufig unterschiedlichen Interessenlage, mit eigenen und/oder anderen Mitarbeitern. Sich ändernde Rahmenbedingungen und deren Auswirkungen sind schwer abschätzbar, funktions- und/ oder bereichsübergreifend. | 7 |

**Tabelle 2: Entgeltgruppen und Gesamtpunktzahl**

| Baden-Württemberg | | Nordrhein-Westfalen | |
|---|---|---|---|
| Gesamtpunktezahl | Entgeltgruppe | Gesamtpunktezahl | Entgeltgruppe |
| 6 | 1 | 10 bis 15 | 1 |
| 7 bis 8 | 2 | 16 bis 21 | 2 |
| 9 bis 11 | 3 | 22 bis 28 | 3 |
| 12 bis 14 | 4 | 29 bis 35 | 4 |
| 15 bis 18 | 5 | 36 bis 43 | 5 |
| 19 bis 22 | 6 | 44 bis 54 | 6 |
| 23 bis 26 | 7 | 55 bis 68 | 7 |
| 27 bis 30 | 8 | 69 bis 77 | 8 |
| 31 bis 34 | 9 | 78 bis 88 | 9 |
| 35 bis 38 | 10 | 89 bis 101 | 10 |
| 39 bis 42 | 11 | 102 bis 112 | 11 |
| 43 bis 46 | 12 | 113 bis 128 | 12 |
| 47 bis 50 | 13 | 129 bis 142 | 13 |
| 51 bis 54 | 14 | 143 bis 170 | 14 |
| 55 bis 58 | 15 | 171 bis 200 | AT-Bereich* |
| 59 bis 63 | 16 | *AT-Bereich = Außer Tariflicher Bereich | |
| 64 bis 96 | 17 | | |

## Belastungen

Belastungen werden außerhalb des Stufenwertzahlverfahrens durch **eine Zulage besonders berücksichtigt**. Damit verfolgen die Tarifparteien das Ziel, die Gesundheit des Beschäftigten zu schützen. Zu den Belastungsarten im Sinn des Tarifvertrages gehören

- Die Belastung der Muskeln bzw. der Kraftaufwand um Werkstücke, Werkzeuge und Arbeitsmittel zu bewegen sowie der Wechsel der Belastungen in Verbindung mit notwendigen Körperhaltung.
- Die Belastung durch Reizarmut wie einförmige, monotone, sich ständig wiederholende Arbeit und wenn am Arbeitsplatz die Möglichkeit zu sozialen Kontakten fehlt.
- Die Belastung durch Umgebungseinflüsse wie Lärm, Schmutz, Öl, Fett, Hitze, Kälte, Zugluft, Wasser, Säuren, Laugen, Gas, Dämpfe, Staub, Blendung und Lichtmangel sowie Unfallgefahr in Verbindung mit Schutzkleidung.

## Leistungsentgelte bei ERA

Zusätzlich zum Grundentgelt wird nach der Einarbeitungszeit (nach sechs Monaten) ein Leistungsentgelt gezahlt. Mit diesem Leistungsentgelt wird ein über der tariflichen Bezugsbasis liegendes Leistungsergebnis abgegolten.

Zur Ermittlung des Leistungsergebnisses können folgende Methoden einzeln oder in Kombination angewendet werden:

- Beurteilen,
- Kennzahlenvergleich und
- Zielvereinbarungen.

Bei der **Beurteilung** von Leistungsergebnissen wird auf die Betriebsvereinbarungen der beiden Betriebsparteien zurückgegriffen, in denen deren Gewichtung und Differenzierung festgelegt sind. Sollten die Betriebsparteien kein eigenes Beurteilungssystem festgelegt haben, erfolgt die Beurteilung an Hand des tariflich empfohlenen Systems (**Bild 1 und Bild 2**).

Die Ermittlung der Leistungsergebnisse durch **Kennzahlen** erfolgt durch sachkundige Beauftragte des Arbeitgebers und müssen je nach Datenermittlungsmethode so festgehalten werden, dass eine lückenlose Nachvollziehbarkeit gewährleistet ist. Die Daten können maschinell erfasst und verarbeitet werden.

Das Leistungsentgelt wird nach der Einarbeitungszeit von 6 Monaten zusätzlich zum Grundentgelt bezahlt.

**Zielvereinbarungen** beziehen sich nur auf eine konkrete Arbeitssituation. Das Leistungsergebnis erfolgt durch Vergleichen der Zielerfüllung mit der Zielvereinbarung.

Die Auswahl der Leistungsmerkmale kann prozess- kunden-, produkt-, mitarbeiter- und/oder finanzbezogen sein. Hierbei beziehen sich die Merkmale auf:

- Quantität,
- Qualität und
- Verhalten der Beschäftigten.

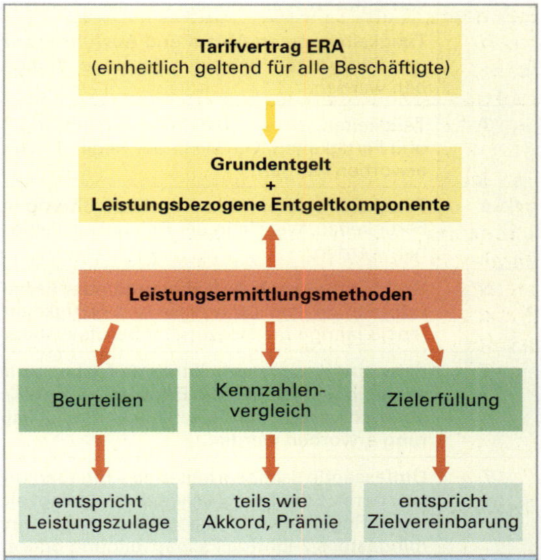


**Bild 2: Grundschema 2 der ERA-Leistungsvergütung**

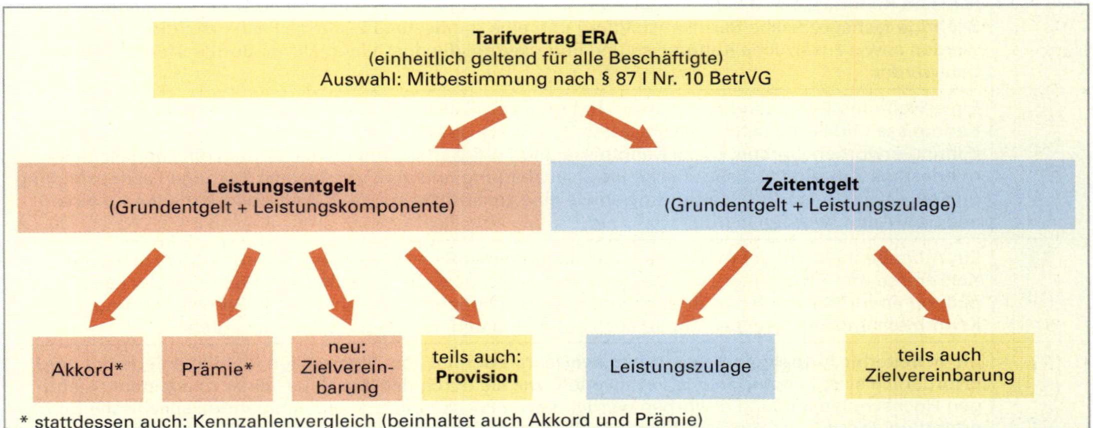


**Bild 1: Grundschema 1 der ERA Leistungsvergütung**

### Summarische Entgeltgruppenverfahren

Bei diesen Arbeitsbewertungsverfahren werden die Entgeltgruppen durch Stufendefinitionen festgelegt (**Tabelle 1**)
Kennzeichen aller summarischen Arbeitbewertungsverfahren sind die Anforderungsmerkmale Wissen und Können. Sie sind zur Ausführung einer betrieblichen Arbeit unbedingt erforderlich und bilden damit die Bewertungsgrundlage.
Ergänzt wird diese Einstufung durch die Beschreibung des **Freiheitsgrades** (Handlungs- und Entscheidungsspielraum sowie Selbstständigkeit).

**Tabelle 1: Stufendefinition der Entgeltgruppe[1]**

| Entgelt-gruppe | Stufendefinition |
|---|---|
| 1 | Einfache Tätigkeiten, die nach einer zweckgerichteten Einarbeitung und Übung von bis zu 4 Wochen verrichtet werden können. Es ist eine berufliche Vorbildung erforderlich. |
| 2 | Tätigkeiten, deren Ablauf und Ausführung weitgehend festgelegt sind. Erforderlich sind Kenntnisse und Fertigkeiten, wie sie in der Regel durch ein systematisches Anlernen von bis zu 6 Monaten erworben werden. |
| 3 | Tätigkeiten , deren Ablauf und Ausführung überwiegend festgelegt sind. Erforderlich sind Kenntnisse und Fertigkeiten, wie sie in der Regel durch ein systematisches Anlernen von mehr als 6 Monaten erworben werden. |
| 4 | Tätigkeiten, deren Ablauf und Ausführung teilweise festgelegt sind. Erforderlich sind Kenntnisse und Fertigkeiten, wie sie in der Regel durch eine mindestens 2-jährige fachspezifische Ausbildung erworben werden. |
| 5 | Sachbearbeitende Aufgaben und/oder Facharbeiten, deren Erledigung weitgehend festgelegt sind. Erforderlich sind Kenntnisse und Fertigkeiten, wie sie in der Regel durch eine abgeschlossene mindestens 3-jährige fachspezifische Berufsausbildung erworben werden. |
| 6 | Schwierige sachbearbeitende Aufgaben und/oder schwierige Facharbeiten, deren Erledigung überwiegend festgelegt sind. Erforderlich sind Kenntnisse und Fertigkeiten, wie sie in der Regel durch eine abgeschlossene mindestens 3-jährige fachspezifische Berufsausbildung und mehrjährige Berufserfahrung erworben werden. |
| 7 | Umfassende sachbearbeitende Aufgaben und/oder besonders schwierige und hochwertige Facharbeiten, deren Erledigung teilweise festgelegt sind. Erforderlich sind Kenntnisse und Fertigkeiten, wie sie in der Regel durch eine abgeschlossene mindestens 3-jährige fachspezifische Berufsausbildung und mindestens 2-jährige Fachausbildung oder zusätzliche Kenntnisse und Fertigkeiten, die durch langjährige Berufserfahrung erworben werden. |
| 8 | Ein Aufgabengebiet, das im Rahmen von bestimmten Richtlinien erledigt wird oder hochwertiges Facharbeiten, die hohes Dispositionsvermögen und umfassende Verantwortung erfordern. Erforderlich sind Kenntnisse und Fertigkeiten , wie sie in der Regel durch eine abgeschlossene mindestens 3-jährige fachspezifische Berufsausbildung und eine mindestens 2-jährige Fachausbildung erworben werden sowie zusätzliche Kenntnisse und Fertigkeiten, die durch langjährige Berufserfahrung erworben werden. |
| 9 | Ein erweitertes Aufgabengebiet, das im Rahmen von Richtlinien erledigt wird. Erforderlich sind Kenntnisse und Fertigkeiten, wie sie durch den Abschluss einer mindestens 4-jährigen Hochschulausbildung erworben werden. Diese Kenntnisse und Fertigkeiten können auch durch eine abgeschlossene mindestens 3-jährige fachspezifische Berufsausbildung und eine mindestens 2-jährige Fachausbildung und eine langjährige Berufserfahrung sowie eine zusätzliche spezielle Weiterbildung oder auf einem anderen Weg erworben wurden. |
| 10 | Ein Aufgabenbereich, der im Rahmen von allgemeinen Richtlinien erledigt wird. Erforderlich sind Kenntnisse und Fertigkeiten, wie sie durch den Abschluss einer mindestens 4-jährigen Hochschulausbildung erworben werden und Fachkenntnisse durch mehrjährige spezifische Berufserfahrung. Diese Kenntnisse und Fertigkeiten können auch auf einem anderen Weg erworben werden. |
| 11 | Ein erweiterter Aufgabenbereich, der teilweise im Rahmen von allgemeinen Richtlinien erledigt wird. Erforderlich sind Kenntnisse und Fertigkeiten, wie sie durch den Abschluss einer mindestens 4-jährigen Hochschulausbildung erworben werden sowie Fachkenntnisse und langjährige spezifische Berufserfahrung. Diese Kenntnisse und Fertigkeiten können auch auf einem anderen Weg erworben werden. |

[1] Tarifgebiet: Hessen, Pfalz, Rheinland-Rheinhessen, Saarland

### 5.10.3 Tarifierungsbeispiele

**Tarifliches Beispiel: Einrichten und Bedienen von Werkzeugmaschinen**

**Beschreibung der Arbeitsaufgabe:**

**Vorbereiten und Rüsten von Maschinen**

Maschinen (z. B. konventionell oder CNC-gesteuerte Zerspanungsmaschinen) nach Plan/Bedarf rüsten und Messeinrichtungen einstellen. Werkzeugwechsel durchführen.

Material bereitstellen, Werkzeuge vorbereiten, Schnittwerte und Werkzeuge nach Tabellen, Zeichnung bzw. Einstellplan einstellen. Bearbeitungsabläufe (z, B. durch Veränderung der Werkzeugfolgen, der Programmschritte, der Werkstückspannungen) optimieren.

Probeteil fertigen, ggf. abnehmen lassen sowie Maße und Schnittwerte korrigieren.

**Bearbeiten und Prüfen von Werkstücken**

Werkstücke einlegen, spannen und ausrichten. Maschinenablauf überwachen, Einstelldaten, Einspannungen usw. korrigieren Teile auf Maßhaltigkeit, Beschaffenheit und Vollständigkeit prüfen. Nacharbeit und Ausschuss dokumentieren.

Fehlerschwerpunkte analysieren, Abhilfemaßnahmen abstimmen und Entwicklung verfolgen.

**Steuern und Überwachen der organisatorischen Abläufe**

Auftragsreihenfolge bei der Maschinenbelegung im Rahmen des vorgegebenen Produktionsprogramms festlegen, dabei ggf. auch Sondersituationen berücksichtigen (z. B. Varianten, Versuche). Produktivitäts-, Kapazitätskennzahlen etc. aufbereiten, ggf. präsentieren, Einhaltung vorgegebener Werte sicherstellen. Arbeitsmittel disponieren. Betriebsversuche durchführen. Ursachen für fehlerhafte Teile rückverfolgen und Fehler abstellen.

**Beseitigen von Störungen**

Bei Ablaufstörungen Ursachen analysieren, Störung beheben (z. B. Betriebsmittel austauschen und einstellen) bzw. Behebung veranlassen. Störungsbeschreibungen an Instandhaltung weitergeben. Maßnahmen zur Prozessoptimierung anregen.

**Durchführung von Wartungs- und Instandsetzungsarbeiten**

Wartungsintervalle überwachen, vorgegebene Instandsetzungsumfänge ausführen, Wartungs- und Reinigungsarbeiten nach Bedarf durchführen, Reparaturen ausführen. Wartungszeiten erfassen und Ausweichmaßnahmen vorschlagen.

**Tabelle 1: Bewertungsbegründung**

| | Bewertungsbegründung | Stufe | Punkte |
|---|---|---|---|
| A | **Wissen und Können**<br>**Anlernen** | – | – |
| B | **Ausbildung**<br>Das Einrichten von Bearbeitungsmaschinen sowie der Eingriff in die Programmabläufe erfordern eine 3 1/2-jährige Berufsausbildung (z.B. als Zerspanungsmechaniker/-in). | B2 | 13 |
| E | **Erfahrung**<br>Das Steuern und Überwachen der organisatorischen Abläufe, das Rückverfolgen von Ursachen für fehlerhafte Teile, das Analysieren von Fehlschwerpunkten erfordern eine Erfahrung von 1 bis 2 Jahren. | E2 | 3 |
| D | **Denken**<br>Die Ursachenanalyse der Ablaufstörung bzw. die Analyse der Fehlerschwerpunkte sowie die Anregungen zur Prozessoptimierung erfordern die Auswahl zutreffender Lösungswege aus bekannten Lösungsmustern. | D3 | 5 |
| H | **Handlungsspielraum/Verantwortung**<br>Das Optimieren der Bearbeitungsabläufe sowie das Steuern und Überwachen der organisatorischen Abläufe setzen Handlungsspielraum bei einzelnen Teilaufgaben voraus. | H3 | 5 |
| K | **Kommunikation**<br>Die Abhilfemaßnahmen zur Behebung von Fehlerschwerpunkten sowie die Veranlassung der Störungsbehebung erfordert Abstimmung in routinemäßigen Einzelfragen. | K2 | 3 |
| F | **Mitarbeiterführung**<br>Keine | – | – |
| | Gesamtpunktzahl/Entgeltgruppe 8 | | **29** |

**Tarifliches Beispiel: Personalsachbearbeiter/-in**

**Beschreibung der Arbeitsaufgabe:**

**Vorbereiten und Umsetzen von Personalmaßnahmen**

Für einen zugewiesenen Mitarbeiter-/Betreuungskreis Einstellungen, Versetzungen, Austritte, Entgeltveränderungen, Einstufungen, Umgruppierungen usw. unter Berücksichtigung tariflicher, betrieblicher und gesetzlicher Bestimmungen vorbereiten, abstimmen und umsetzen. Vorauswahl über Bewerber nach Unterlagen treffen.

**Einstellvergütungen vorschlagen.**

Einstufungen. Umgruppierungen für eindeutige Fälle vornehmen.

Bei Austritten Gespräche führen. Auskünfte über interne und externe Regelungen erteilen Mitarbeiter bei Versetzungswünschen beraten.

**Vorbereiten und Auswerten von Aktionen**

Zur Vorbereitung von regelmäßigen Personalaktionen (z.B. Entgeltveränderungen, Leistungsbeurteilungen) Unterlagen überprüfen und ggf. korrigieren, Aktion überwachen. Ergebnisse statistisch auswerten und kommentieren.

**Bearbeiten von Arbeitsverträgen**

Arbeitsverträge ausfüllen, versenden, Rücklauf überwachen. Kosten in Zusammenhang mit Einstellungen ermitteln, Erstattungen festlegen. Bei Zimmer- und Wohnungsbeschaffung unterstützen. Arbeitspapiere anfordern. Personaldatenerfassung unterstützen. Zeugnisse formulieren und abstimmen.

**Tabelle 1: Bewertungsbegründung**

| Bewertungsbegründung | | Stufe | Punkte |
|---|---|---|---|
| A | **Wissen und Können**<br>**Anlernen** | – | – |
| B | **Ausbildung**<br>Die Betreuung eines zugewiesenen Mitarbeiterkreises sowie die Betreuung von Aktionen erfordern eine 3-jährige kaufmännische Ausbildung. | B2 | 13 |
| C | **Erfahrung**<br>Die Vorbereitung und Umsetzung von Personalmaßnahmen für einen Betreuungskreis und deren Abstimmung erfordern eine Erfahrung von 2 bis 3 Jahren. | E3 | 5 |
| D | **Denken**<br>Die Durchführung von Personalmaßnahmen, die Auswertung und Steuerung von Aktionen erfordern die Auswahl und Anwendung zutreffender Lösungswege aus bekannten Lösungsmustern. | D3 | 5 |
| H | **Handlungsspielraum/Verantwortung**<br>Die Arbeitsausführung erfolgt nach Anweisungen mit geringem Handlungsspielraum bei einzelnen Arbeitsverrichtungen. | H2 | 3 |
| K | **Kommunikation**<br>Die Vorbereitung und Abstimmung von Personalmaßnahmen sowie die Vorbereitung von Personalaktionen erfordert Abstimmungen mit den Fachbereichen und Beschäftigten über routinemäßige Einzelfragen hinaus. | K3 | 5 |
| F | **Mitarbeiterführung**<br>Keine | – | – |
| Gesamtpunktzahl/Entgeltgruppe 9 | | | **31** |

**Tarifliches Beispiel: Konstruktionsingenieur/-in**

**Beschreibung der Arbeitsaufgabe:**

**Erarbeiten von konstruktiven Lösungen**

Konstruktive Lösungen für Erzeugnisse im Rahmen vorgegebener Konzeptionen erarbeiten. Verknüpfungen durch Abwandlung vorhandener Funktionen und Elemente konstruktiv bearbeiten. Lösungsentwürfe unter Berücksichtigung funktionaler, werkstoff-, fertigungstechnischer und wirtschaftlicher Gesichtspunkte ausarbeiten, bewerten und mit den zuständigen Stellen abstimmen. Zeitpläne erstellen, ggf. ausgewählte Alternativen detaillierungsreif darstellen. Konstruktive Untersuchungen über Funktion, Anordnung und Gestaltung durchführen, Elemente auswählen/abwandeln.

**Weiterentwickeln/Optimieren**

Zur Optimierung vorhandener Erzeugnisse, Aggregate, Bauteile, Berichte und Unterlagen, Kundenaufträge und Programmanforderungen analysieren und auswerten. Konstruktive Lösungen als Entwurf ausarbeiten und abstimmen. Messungen, Erprobungen, Funktionstests veranlassen. Auf besondere Anforderungen und nach statistischen Besonderheiten (z. B. Schadensentwicklung) bestehende Konstruktionen prüfen, Entwürfe erstellen, abstimmen und konstruktive Lösungen konkretisieren. Werkstoffe und Fertigungsverfahren festlegen, Versuche und Tests veranlassen. Technische Listen zusammenstellen und besondere Detaillierungen ausarbeiten. Produktpublikationen prüfen.

**Durchführen von Berechnungen**

Berechnen von Festigkeit; Lebensdauer, Verschleiß, Dimensionierungen und Gewicht der zu konstruierenden Teile. Ergebnisse auswerten, konstruktive Lösungen anpassen.

**Tabelle 1: Bewertungsbegründung**

| | Bewertungsbegründung | Stufe | Punkte |
|---|---|---|---|
| A | **Wissen und Können**<br>**Anlernen** | – | – |
| B | **Ausbildung**<br>Die Erarbeitung konstruktiver Lösungen, die Erstellung von Entwürfen sowie die Durchführung von konstruktiven Untersuchungen erfordert in der Regel eine Fachholschulausbildung als Diplomingenieur/-in. | B5 | 24 |
| C | **Erfahrung**<br>Die Kenntnisse über Produkte, Fertigungsverfahren sowie betriebliche Abläufe zur Gestaltung und zur Optimierung von Erzeugnissen unter Berücksichtigung wirtschaftlicher Gesichtspunkte erfordern eine Erfahrung von 2 bis 3 Jahren. | E3 | 5 |
| D | **Denken**<br>Die Ausarbeitung von konstruktiven Entwürfen und Lösungen unter Berücksichtigung von betrieblichen Gegebenheiten erfordert die Kombination und Weiterentwicklung bekannter Lösungsmuster. | D5 | 12 |
| H | **Handlungsspielraum/Verantwortung**<br>Die Bearbeitung von Änderungen sowie die Erstellung von Zeitplänen und Umsetzungsplänen aufgrund unterschiedlicher Entwürfe erfordern einen erweiterten Handlungsspielraum innerhalb der Arbeitsaufgabe. Die jeweils beste Möglichkeit im Rahmen von Optimierungen ist auszuwählen. | H5 | 9 |
| K | **Kommunikation**<br>Die Abklärung technischer Fragen und die Abstimmung bei der Umsetzung konstruktiver Lösungen erfolgt bei häufig unterschiedlichen Vorraussetzungen. | K3 | 5 |
| F | **Mitarbeiterführung**<br>Keine | – | – |
| | Gesamtpunktzahl/Entgeltgruppe 10 | | **55** |

**Zusammenfassung:**

Die ERA- Vergütungssystematik (**Tabelle 1**) gleicht in einer Reihe von Grundelementen der gegenwärtigen Systematik (siehe auch Kapitel 5.3). Die Besonderheiten sind

- Unterteilung der Vergütung in zwei Vergütungskomponenten - Grundvergütung und Leistungsvergütung.
- Bestimmung der Vergütungen nach betrieblicher Zielsetzung („Wofür wird bezahlt").
- Variabilität der Höhe der Vergütungen bei beiden Vergütungskomponenten.
- Zugrundelegung der Arbeitsaufgabe als Ausgang für die Arbeitsbewertung.
- Bemessung der Grundvergütung allein nach der Anforderung der Arbeitsaufgabe.
- Beschreibung der Anforderung zumindest mittels des Merkmals Können = Kenntnis und Fertigkeiten.
- Charakterisierung des Anforderungsniveaus mittels der Gleichsetzung mit Kenntnis und Fertigkeiten, wie sie in bestimmten Ausbildungsgängen (Berufsausbildungen, Studium an Hochschulen, Universitäten u.s.w.) vermittelt werden.
- Alternativen bezüglich der betrieblichen Gestaltung der leistungsbezogenen Vergütung.

Die ERA-Vergütungssystem unterscheidet Grundentgelte und Leistungsentgelte.

**Tabelle 1: System der Bewertung und Einstufung[1]**

**Stufenwertzahlverfahren**

Grundlage der Bestimmung des Werts einer Arbeitsaufgabe sind folgende Bewertungsmerkmale für Arbeitsanforderungen:

1. Wissen und Können,
 1.1. Anlernen,
 1.2. Ausbildung und Erfahrung,
2. Denken,
3. Handlungsspielraum/Verantwortung,
4. Kommunikation,
5. Mitarbeiterführung,

Die Anforderungsniveaus der Bewertungsmerkmale werden durch Stufen differenziert. Die Gewichtung der Bewertungsmerkmale und Stufen ergibt sich aus den zugeordneten Punkten. Die Gesamtpunktzahl einer Arbeitsaufgabe ergibt sich aus der Addition der Punkte aus den einzelnen Bewertungsmerkmalen. Die Gesamtpunktzahl wird in 17 Entgeltgruppen zugeordnet (**Tabelle 2**).

[1] Tarifgebiet Baden-Württemberg

**Tabelle 2: Entgeltgruppen und Gesamtpunktzahl**

| Entgelt-gruppe | Gesamt-punktzahl | Entgelt-gruppe | Gesamt-punktzahl |
|---|---|---|---|
| 1 | 6 | 9 | 31 bis 34 |
| 2 | 7 bis 8 | 10 | 35 bis 38 |
| 3 | 9 bis 11 | 11 | 39 bis 42 |
| 4 | 12 bis 14 | 12 | 43 bis 46 |
| 5 | 15 bis 18 | 13 | 47 bis 50 |
| 6 | 19 bis 22 | 14 | 51 bis 54 |
| 7 | 23 bis 26 | 15 | 55 bis 58 |
| 8 | 27 bis 30 | 16 | 59 bis 63 |
| 17 | 64 bis 96 | | |

**Tabelle 3: ERA-Entgelttabelle (Juni 2008)**

| Entgeltgruppe | Entgeltgruppen-schlüssel | Grundentgeld € | Entgeltgruppe | Entgeltgruppen-schlüssel | Grundentgeld € |
|---|---|---|---|---|---|
| 1 | 74,0 | 1798,00 | 9 | 114,0 | 2770,00 |
| 2 | 76,0 | 1846,50 | 10 | 121,5 | 2952,00 |
| 3 | 80,0 | 1943,50 | 11 | 129,5 | 3146,50 |
| 4 | 84,0 | 2041,00 | 12 | 138,5 | 3365,00 |
| 5 | 89,0 | 2162,50 | 13 | 147,5 | 3583,50 |
| 6 | 94,0 | 2284,00 | 14 | 165,5 | 3802,50 |
| 7 | 100,0 | 2429,50 | 15 | 165,5 | 4021,00 |
| 8 | 107,0 | 2599,50 | 16 | 176,5 | 4288,50 |
| | | | 17 | 186,5 | 4531,00 |

# 5.11 Rechtliche Grundlagen bei der Arbeitssystemgestaltung

## 5.11.1 Verfassungsrechtliche Grundlagen

Die Möglichkeiten und Grenzen der Arbeitssystemgestaltung werden nicht allein von den Erkenntnissen der Arbeitswissenschaft, sondern auch von der ordnungspolitischen Struktur eines Gemeinwesens, also der Bundesrepublik Deutschland und inzwischen übergeordnet der Vorschriften der EU-Verträge bestimmt. Der Rahmen wird durch die Prinzipien der *Sozialen Marktwirtschaft* ergänzt: Wachstum, soziale Sicherheit, Gerechtigkeit und persönliche Freiheit sind dabei die Ziele.

Der Staat hat durch die Festlegung dieser Rahmenbedingungen im Grundgesetz **GG (Bild 1)** eine Schutzfunktion bei der Gestaltung der Arbeitsbedingungen übernommen. Durch den *Schutz der Menschenwürde* (Art. 1 Abs. 1 GG) und das *Sozialstaatsgebot* (Art. 20 Abs. 1 GG) gibt er den obersten Rahmen. Der demokratische Staat übernimmt damit eine unmittelbare Verantwortung für die natürlichen und technisch-kulturellen Umwelt- und Lebensbedingungen. Dadurch sollte der Einzelne in der Lage sein, selbstverantwortlich nach eigenen und gesellschaftlichen Wertvorstellungen zu leben und zu handeln. Ergänzt werden diese *Urrechte* durch die Verfassungsnormen der *Freiheit der Persönlichkeitsentfaltung* (Art. 2 GG), der *Vereinigungsfreiheit* (Art. 9 GG) und der *Freiheit der Berufs- und Arbeitsplatzwahl* (Art. 12 GG).

## 5.11.2 Umsetzung in der sozialen Marktwirtschaft

Die Umsetzung der Verfassungsnormen steht im Spannungsfeld zwischen den Arbeitgeber- und Arbeitnehmerinteressen **(Bild 2)**. Diese werden in Deutschland auf dem „Markt" mithilfe der sozialen Marktwirtschaft subsidiär[1] geregelt. Das bedeutet: Die Arbeitsbedingungen können allein zwischen Arbeitgeber und Arbeitnehmer, zwischen den Tarifpartnern oder mit Vereinbarungen vom Staat festgelegt werden. Der Handlungsspielraum der Vertragspartner ist allerdings durch die Rahmenbedingungen des Staates geregelt. Dabei spielt die Lage auf dem Arbeitsmarkt eine entscheidende Rolle, denn bei hoher Arbeitslosigkeit sind die Arbeitnehmer auch bereit unter schlechteren Arbeitsbedingungen „ohne Murren" zu arbeiten und stellen ihre Forderungen zurück, bzw. dulden eine teilweise Nichterfüllung der Gesetze, Verordnungen, Richtlinien oder Erlasse.

[1] subsidiär, hier: Rechtsbestimmungen, die nur dann zur Anwendung gelangen, wenn das übergeordnete Recht keine Vorschriften enthält, lat. subsidarius = zur Aushilfe dienend

**GG Art. 1 (Schutz der Menschenwürde)**

(1) Die Würde des Menschen ist unantastbar. Sie zu achten und zu schützen ist Verpflichtung aller staatlicher Gewalt.

(2) ...

**GG Art. 20 (Sozialstaatsgebot)**

(1) Die Bundesrepublik Deutschland ist ein demokratischer und sozialer Bundesstaat.

**GG Art. 2 (Persönlichkeitsentfaltung)**

(1) Jeder hat das Recht auf freie Entfaltung seiner Persönlichkeit, so weit er nicht die Rechte anderer verletzt und nicht gegen die verfassungsmäßige Ordnung oder das Sittengesetz verstößt.

(2) Jeder hat das Recht auf Leben und körperliche Unversehrtheit. Die Freiheit der Person ist unverletzlich. In diese Rechte darf nur aufgrund eines Gesetzes eingegriffen werden.

**GG Art. 9 (Vereinigungsfreiheit)**

(1) Alle Deutschen haben das Recht, Vereine und Gesellschaften zu bilden.

(2) ...

(3) Das Recht, zur Wahrung und Förderung der Arbeits- und Wirtschaftsbedingungen Vereinigungen zu bilden, ist für jedermann und für alle Berufe gewährleistet. Abreden die dieses Recht einschränken oder zu behindern versuchen, sind nichtig, hierauf gerichtete Maßnahmen sind rechtswidrig. ...

**GG Art. 12 (Freiheit der Berufs- und Arbeitsplatzwahl)**

(1) Alle Deutschen haben das Recht, Beruf, Arbeitsplatz und Ausbildungsstätte frei zu wählen. Die Berufsausübung kann durch Gesetz oder aufgrund eines Gesetzes geregelt werden.

(2) Niemand darf zu einer bestimmten Arbeit gezwungen werden, außer im Rahmen einer herkömmlichen allgemeinen, für alle gleichen öffentlichen Dienstleistungspflicht.

**Bild 1: Die wichtigsten Regelungen des Grundsetzes (GG) zur Arbeitssystemgestaltung**

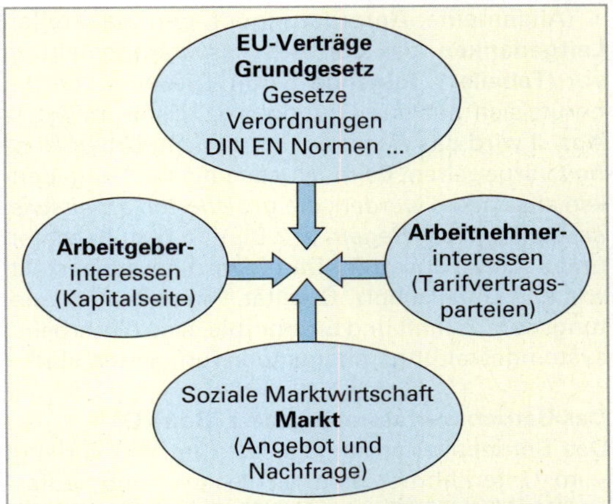


**Bild 2: Das ordnungspolitische Kräftefeld bei der Gestaltung der Arbeitssysteme**

### 5.11.3 Arbeitsrecht und Arbeitsschutz

Der Begriff des Arbeitsschutzes ist in Deutschland sehr umfassend zu verstehen. So sind alle Maßnahmen einbezogen, die dazu beitragen, Leben und Gesundheit der arbeitenden Menschen zu schützen, ihre Arbeitskraft zu erhalten und die Arbeit menschengerecht zu gestalten. Der gesamte Inhalt des Arbeitsschutzes ist mit all seinen Arbeitsschutzvorschriften integrativer Bestandteil und somit **Grundlage des Arbeitsrechts.**

Mithilfe der **Tabelle 1** kann man sich einen Eindruck verschaffen, wie komplex der *Arbeitsschutzbegriff* betrachtet, geplant, angewendet und ständig überprüft werden muss. Trotzdem gibt es kein Grundrecht auf risikofreie Arbeit. Denn, so hat sogar das Bundesverfassungsgericht ausgeführt: ein Verlangen nach absoluter Sicherheit verkennt die Grenze des menschlichen Erkenntnisvermögens und würde weithin jede Nutzung der Technik verbannen.

Der Schwerpunkt der Arbeitsgestaltung liegt in der Bestgestaltung der Arbeit, der Anwendung der Kenntnisse der Ergonomie und in der vorbeugenden Verhütung von Arbeitsunfällen z.B. durch die Bekämpfung der Gefahren an der Quelle, also durch den Einsatz von Stoffen, die *ungefährlich* sind. Die Beschränkung der Arbeitszeiten (Überstunden, Schichtarbeit) und eine Leistungsbeschränkung bei Akkordarbeit muss ebenfalls zum Schutz von Verschleißschäden festgelegt werden.

**Tabelle 1: Begriffe zum Arbeitsschutz**

| Begriff | Inhalt und Beschreibung |
|---|---|
| **Arbeitsunfälle, Berufskrankheiten** | Die Arbeit ist so zu gestalten, dass eine Gefährdung für Leben und Gesundheit möglichst vermieden und die **nicht vermeidbare** verbleibende Gefährdung möglichst gering gehalten wird. |
| **Arbeitsschutz, Schutzmaßnahmen** | Dazu gehört die **sichere Gestaltung** von technischen Einrichtungen (Arbeitsmaschinen) und die **Schutzmaßnahmen** bei der Verwendung von gefährlichen Anlagen. |
| **Gesundheitsschutz, Hygienemaßnahmen** | Verhütung von allgemeinen Erkrankungen in der Arbeitsumwelt durch Gesundheitsschutz und Hygienemaßnahmen |
| **Verschleißschäden und Arbeitszeitbeschränkung** | Vermeidung von Verschleißschäden des einzelnen Menschen durch Beschränkung der Akkordleistung. |
| **Sittliches Befinden** | Schutz des sittlichen Empfindens z.B. durch Bestgestaltung und Unterhaltung von Wascheinrichtungen, Toiletten. |
| **Menschengerechte Arbeitsgestaltung** | – Die menschengerechte Gestaltung der Arbeit muss als übergreifender Gesichtspunkt gesetzt werden.<br>– Sie dient insbesondere der **Erhaltung** der menschlichen Arbeitskraft. |
| **Planung von Arbeitssystemen** | Alle Maßnahmen sind mit dem Ziel zu planen, Technik, Arbeitsorganisation, Arbeitsbedingungen, soziale Beziehungen und Umwelteinflüsse miteinander **sachgerecht** und **ganzheitlich** zu verknüpfen. |
| **Ergonomie** | – Besonders die Kenntnisse über die ergonomische Gestaltung der Arbeitssysteme sind zu beachten.<br>– Beachtung der Körpermaße |

### 5.11.4 Die wichtigsten Regelwerke

**Die Unfallverhütungsvorschriften (BGV A 1)**

Die allgemeinen Vorschriften der Unfallverhütungsvorschriften (BGV A 1) stellen im § 2 Absatz 1 (Allgemeine Anforderungen) den generellen **Leitgedanken** bei der Arbeitssystemgestaltung vor **(Tabelle 1, folgende Seite)**. Dieser wiederum beruft sich auf das Grundgesetz, denn im Art. 2 Abs. 2 wird das *Recht auf körperliche Unversehrtheit* vorgegeben. Es muss nach diesen Leitgedanken alles getan werden, die *gesicherten arbeitswissenschaftlichen Regeln* (§ 2 BGV A 1) zu beachten und auch umzusetzen. Damit wird herausgestellt, wie eng Unfallschutz, Qualität, Produktivität, Leistungsbereitschaft und Ergonomie, also die Arbeitssystemgestaltung, miteinander verflochten sind.

**Das Betriebsverfassungsgesetz (BetrVG)**

Das Betriebsverfassungsgesetz (BetrVG) verlangt vom Unternehmer eine rechtzeitige und umfassende Unterrichtung und Beratung mit dem Betriebsrats über alle Maßnahmen, die Veränderungen bei den Arbeitssystemen mit sich bringen. Also muss jeder Umbau von technischen Anlagen dem Betriebsrat mitgeteilt und mit ihm beraten werden. Zusätzlich muss der Unternehmer auch alle (Verbesserungs-) Vorschläge von Arbeitnehmerseite anhören und beraten. Bei Änderungen z.B. der Arbeitsplätze, des Arbeitsablaufs oder der Arbeitsumgebung, die der menschengerechten Gestaltung der Arbeit offensichtlich widersprechen (§ 91 BetrVG), hat der Betriebsrat ein **Mitbestimmungsrecht** und kann Maßnahmen zur *Abwendung, Milderung* u.s.w. verlangen.

Dabei gilt der Grundsatz, dass alle strittigen Fragen mit dem ernsten Willen zur Einigung verhandelt werden müssen (§ 74 BetrVG). Alle Mitarbeiter/innen, welche im Unternehmen für die Arbeitssystemgestaltung (Ergonomie) verantwortlich sind, müssen immer eng mit dem Betriebsrat und den Sicherheitsbeauftragten zusammenarbeiten. Ein ständiger Kontakt und eine prozessorientierte Zusammenarbeit mit dem Betriebsrat ist Voraussetzung für einen reibungslosen Betriebsablauf. Wenn eine Arbeitssystemänderung vom Betriebsrat nicht abgenommen wird, kostet dies Zeit und somit zusätzlich viel Geld für die nachträglichen Änderungen.

**Arbeitsstättenverordnung (ArbStättV)**
Die Arbeitsstättenverordnung detailliert die allgemeinen Vorschriften der Unfallverhütungsvorschrift (BGV A 1) (Tabelle 1). Dabei wird im § 2 ArbStättV der Begriff Arbeitsstätte festgelegt. Dabei wird darauf hingewiesen, dass auch z.B. die Verkehrswege, die Pausenräume, die Toilettenräume zu den Arbeitsstätten gehören. Die Kantine wird nicht aufgezählt. Die allgemeinen Anforderungen des § 3 ArbStättV wiederholen prinzipiell die Regeln des § 2 der BGV A 1. Der Schwerpunkt des 2. Kapitels der ArbStättV ist z.B. die Auslegung der Lüftung (§ 5), die Höhe der Raumtemperaturen (§ 6), die Beleuchtung (§ 7).

**Arbeitssicherheitsgesetz (ArbSichG)**
Im § 1 Grundsatz wird festgelegt, dass der Arbeitgeber Betriebsärzte und Fachkräfte für Arbeitssicherheit zu bestellen hat (Tabelle 1). Diese sollen ihn beim Arbeitsschutz und bei der Unfallverhütung unterstützen. Der Schwerpunkt liegt in der Umsetzung und Anwendung der Vorschriften des Arbeitsschutzes und der Unfallverhütung. Dabei sollen die arbeitsmedizinischen und sicherheitstechnischen Erkenntnisse verwirklicht werden. In den §§ 3, 4, 5, 6 und 7 ArbSichG sind die Aufgaben und Anforderungen an die Betriebsärzte und Fachkräfte für Arbeitssicherheit festgelegt. Sie müssen dabei die Vorschriften des Arbeitsschutzes und der Unfallverhütung umsetzen, d.h. die Anforderungen ständig überprüfen und Maßnahmen einleiten, um die Vorschriften bei Nichteinhalten durchzusetzen. Im § 8 ArbSichG wird ausdrücklich auf ihre Unabhängigkeit bei der Anwendung der Fachkunde hingewiesen, d.h. sie sind bei allen Entscheidungen weisungsfrei. Im § 9 ArbSichG wird noch auf die Pflicht der Zusammenarbeit mit dem Betriebsrat hingewiesen. Ihre Bestellung und Abberufung kann übrigens nur mit Zustimmung des Betriebsrats erfolgen. Beachten Sie dies u.a. bei den Einstellungsgesprächen, wo auch der Betriebsrat mit entscheidet!

**Tabelle 1: Das Regelwerk in der Übersicht**

| **BGV A 1**<br>Unfallverhütungsvorschrift | **BetrVG**<br>Betriebsverfassungsgesetz | **ArbStättV**<br>Arbeitsstätten-verordnung | **ArbSichG**<br>Arbeitssicherheitsgesetz |
|---|---|---|---|
| **§ 3 Abs. 1 BGV A 1 (Allgemeine Anforderungen)**<br>Der Unternehmer hat zur Verhütung von Arbeitsunfällen Einrichtungen, Anordnungen und Maßnahmen zu treffen, die den Bestimmungen der Unfallverhütungsvorschriften und im Übrigen den allgemeinen anerkannten sicherheitstechnischen und arbeitsmedizinischen Regeln entsprechen.<br>**§ 4 Persönliche Schutzausrüstungen** (1). Ist es durch betriebstechnische Maßnahmen nicht ausgeschlossen, dass die Versicherten Unfall- oder Gesundheitsgefahren ausgesetzt sind, so hat der Unternehmer geeignete persönliche Schutzausrüstungen zur Verfügung zu stellen und diese in ordnungsgemäßem Zustand zu halten ... | **Unterrichtungs- & Beratungsrechte**<br>**§ 90 BetrVG**<br>Der Arbeitgeber hat den Betriebsrat über die Planung<br>– von Neu-, Um- und Erweiterungsbauten<br>– technischen Anlagen<br>– Arbeitsverfahren, Arbeitsabläufen<br>– von Arbeitsplätzen<br>rechtzeitig zu unterrichten und die vorgesehenen Maßnahmen unter Berücksichtigung „gesicherter arbeitswissenschaftlicher Erkenntnisse" mit dem Betriebsrat zu beraten.<br>**§ 91 BetrVG**<br>**Mitbestimmungsrechte**<br>Werden die Arbeitnehmer durch Änderungen der Arbeitsplätze, des Arbeitsablaufs oder der Arbeitsumgebung, die den gesicherten arbeitswissenschaftlichen Erkenntnissen über die menschengerechte Gestaltung der Arbeit offensichtlich widersprechen, in besonderer Weise belastet, so kann der Betriebsrat angemessene Maßnahmen zur Abwendung, Milderung oder zum Ausgleich der Belastung verlangen. | **§ 3 Abs. 1 ArbStättV**<br>(1) Der Arbeitgeber hat die Arbeitsstätte nach dieser Verordnung, den sonst geltenden Arbeitsschutz- und Unfallverhütungsvorschriften und nach den allgemein anerkannten sicherheitstechnischen, arbeitsmedizinischen und hygienischen Regeln sowie den sonstigen gesicherten arbeitswissenschaftlichen Erkenntnissen einzurichten und zu betreiben, ... | **§ 1 Grundsatz.** Der Arbeitgeber hat ... Betriebsärzte und Fachkräfte für Arbeitssicherheit zu bestellen. Diese sollen ihn beim Arbeitsschutz und bei der Unfallverhütung unterstützen.<br>**§ 3 Aufgaben der Betriebsärzte.**<br>(1) Die Betriebsärzte haben die Aufgabe, den Arbeitgeber beim Arbeitsschutz ... insbesondere bei 1d) arbeitsphysiologischen, arbeitspsychologischen und sonstigen ergonomischen sowie arbeitshygienischen Fragen, insbesondere bei der Gestaltung der Arbeitsplätze, des Arbeitsablaufs und der Arbeitsumgebung zu unterstützen.<br>**§ 6 Aufgaben der Fachkräfte für Arbeitssicherheit.**<br>Die Fachkräfte für Arbeitssicherheit haben die Aufgabe, den Arbeitgeber beim Arbeitsschutz und bei der Unfallverhütung in allen Fragen der Arbeitssicherheit einschl. der menschengerechten Gestaltung der Arbeit zu unterstützen. |

### 5.11.5 Das staatliche Arbeitsschutzrecht

Das staatliche Arbeitsschutzrecht wird in die Bereiche des technischen und sozialen Arbeitsschutzes unterteilt **(Tabelle 1)**. Der technische Arbeitsschutz befasst sich dabei mit der Abwehr von Gefahren durch die angewandte Technik. Die Ergonomie dient dem Schutz von Leib und Leben der Arbeitnehmer. Der soziale Arbeitsschutz lässt sich schwer abgrenzen, da er mit dem „normalen" Arbeitsrecht stark verwoben ist. So gehört z.B. der Kündigungsschutz deshalb auch in den Bereich der Arbeitssystemgestaltung, da bei der Umgestaltung von Anlagen Arbeitsplätze „freigesetzt" werden. Bei der Planung müssen diese Mitarbeiter in anderen Bereichen durch Arbeitsstrukturierungsmaßnahmen wieder eingegliedert werden. Für Jugendliche, Schwangere, Behinderte, müssen besondere ergonomische Bedingungen bei der Arbeit eingeplant werden.

**Tabelle 1: Der staatliche Arbeitsschutz**

| Technischer Arbeitsschutz | Sozialer Arbeitsschutz |
|---|---|
| Sicherheit von gefährlichen Anlagen | Arbeitszeitschutz (ArbZG, BetrVG, BGB, ...) |
| Gerätesicherheit (CE, GS) | Mutterschutz (MuSchG) |
| Arbeitsstättenverordnung (ArbStättV) | Jugendarbeitsschutz (JASchG) |
| Schutz vor schädlichen Einwirkungen (Arbeitsplatz) | Schwerbehindertenschutz (SchwbG) |
| Organisation der Arbeitssicherheit | Kündigungsschutz (KSchG, BGB, BetrVG) |
| Menschengerechte Gestaltung der Arbeit | Arbeitsplatzschutz (ArbPlSchG) |
| **Rechtsgebiete, die der Arbeitsschutz tangiert** | |
| – Umweltrecht | – Bau- und Verkehrsrecht |

**Umweltschutz**
Der **Umweltschutz** wurde bisher bei allen Ausführungen nicht erwähnt. Er kommt mit dem **technischen Arbeitsschutz** stark in Berührung. Teilweise besteht sogar ein gegenseitiges Spannungsverhältnis. Einige Verordnungen sind dem Bereich des Arbeitsschutzes, z.B. die Röntgenverordnung, und andere dem des Umweltschutzes, z.B. der Strahlenschutz, zugeordnet. Weiter sind auch viele Arbeitnehmer wegen ihrer „Nähe" zum Risiko zumeist höheren Gefahren ausgesetzt als sonstige Personen.

**Bau- und Verkehrsrecht**
Letztendlich gibt es auch bei den Vorschriften des **Bau- und Verkehrsrechts** zahlreiche Überschneidungen. Das **Arbeitsstättenrecht** tangiert u.a. das **Bauordnungsrecht** der Länder, weil bestimmte Festlegungen, z.B. die Beleuchtungsvorschriften, in beiden Rechtsgebieten enthalten sind. Im **Verkehrsrecht** gibt es z.B. starke Überschneidungen durch die Gefahrgutverordnung und die technischen Anforderungen an die Fahrzeuge.

**Ergänzende Regelungen (DIN, VDE, VDI)**
Sowohl die staatlichen Gesetze, Verordnungen als auch die allgemeinen Verwaltungsvorschriften können jedoch nicht alle sicherheitstechnischen Tatbestände bis ins Detail regeln, da die Technik starre Formen nicht zulässt. Einzelheiten sind deshalb in **DIN-Normen**, z.B. DIN EN 294 Sicherheit von Maschinen, **VDE-Bestimmungen** und sonstigen Richtlinien, z.B. **VDI-Richtlinie** 2057 Schwingungen, aufgenommen. Weiter gilt, dass immer nach den „anerkannten Regeln der Technik" und den „gesicherten arbeitswissenschaftlichen Erkenntnissen" gehandelt werden muss. Dabei gilt im Streitfall die überwiegende Meinung der Fachleute. Vor Gericht werden die beiden Parteien Gutachter als Sachverständige, z.B. TÜV, DEKRA, beauftragen um ihre Ansprüche zu beweisen. Das Gericht entscheidet dann mit einem neutralen Gutachter, was der „Stand der Technik" ist.

### 5.11.6 Die Unfallverhütungsvorschriften (BGV A 1 ... BGV D)

Nach dem 7. Buch des Sozialgesetzbuch (SGB VII) werden die Unfallverhütungsvorschriften von den Trägern der gesetzlichen Unfallversicherung, also letztendlich von den Berufsgenossenschaften beschlossen. Die Vorschriftenwerke gliedern sich in die drei Bereiche mit 203 Mustervorschriften:

- gewerblicher Bereich (129),
- landwirtschaftlicher Bereich (31),
- öffentlicher Bereich (43).

Der komplexe Aufbau des Vorschriftenwerks der gewerblichen Berufsgenossenschaften ist in **Tabelle 1, folgende Seite** auszugsweise dargestellt. Derzeit werden die Vorschriften insgesamt überarbeitet, denn die einzelnen Unfallverhütungsvorschriften verzahnen in vielen Bereichen miteinander und werden derzeit vereinfacht. Alle Vorschriften sind über den Sicherheitsbeauftragten oder direkt über die zuständige Berufsgenossenschaft zu beziehen, z.B. für Berufsschulen über die Süddeutsche Metall-Berufsgenossenschaft, Mainz.

### 5.11.7 Die Fürsorgepflicht

Rechtsgrundlage für die Gestaltung der Arbeit im Betrieb ist die Fürsorgepflicht. Sie leitet sich aus dem (Arbeits-) **Vertragsrecht des BGB** ab. Dabei wird im § 611 BGB (Wesen des Dienstvertrags) durch den Dienstvertrag der Arbeitnehmer zur Dienstleistung verpflichtet, der Arbeitgeber zur Gewährung einer Vergütung. Zusätzlich gelten aber im Vertragsrecht allgemein die sog. **Nebenleistungspflichten** aus § 242 BGB **(Leistung nach Treu und Glauben)**. Diese wiederum verpflichten den Arbeitgeber zur **Fürsorgepflicht** und den Arbeitnehmer zur **Treuepflicht**.

Diese hier allgemein beschriebene Fürsorgepflicht verpflichtet **jeden** Arbeitgeber seinen Arbeitnehmern Schutz und Fürsorge im Rahmen seines Arbeitsverhältnisses einzuräumen. Dieses bezieht sich auf die Gestaltung des Arbeitsplatzes, der Arbeitsstätte und der Arbeitsumgebung.

Gefahren für Leben und Gesundheit im Zusammenhang mit der Erbringung der Arbeitsleistung sind also vom Arbeitgeber abzuwenden. Da diese Regelung für die Rechtspraxis sehr „offen" ist, kann jeder die Fürsorgepflicht mehr oder weniger so auslegen wie er es für richtig hält. Deshalb wurden vom Staat sehr detaillierte und umfangreiche Gesetze, Verordnungen und Regelungen des Arbeitsschutzrechts erlassen.

| Tabelle 1: Die wesentlichen Veränderungen durch das EU-Arbeitsschutzrecht (Ziele des EWG-Vertrages) |
|---|
| • Die europäische Union setzt soziale Verantwortung gleichrangig neben wirtschaftliche Entwicklung- **(Hebung des Lebensstandards).** |
| • Die Arbeitsbedingungen in Europa sollen überall gleiche Standards haben- **(Hoher sozialer Schutz).** |
| • Die Wettbewerbsvoraussetzungen sollen überall gleich sein- **(Harmonische Entwicklung des Wirtschaftslebens).** |
| • Das EU-Arbeitsschutzrecht hat für die Modernisierung des bundesdeutschen Rechts gesorgt. |
| • Die Europäischen Arbeitsschutzrichtlinien geben die Richtung für die nationale Umsetzung vor. |
| • Jeder Bürger kann sich auf seine Rechte im europäischen Arbeitsschutzrecht berufen. |
| • EU-Arbeitsschutzrecht bedeutet für viele einen erheblichen Fortschritt. **(Hohes Beschäftigungsniveau sichern).** |

### 5.11.8 Das Europäische Arbeitsschutzrecht

Das europäische Arbeitsschutzrecht hat mit dafür gesorgt, dass in Deutschland der Arbeits- und Gesundheitsschutz einen **qualitativen Sprung** nach vorn vollzogen hat. Heute kennzeichnet das bundesdeutsche Arbeitsschutzrecht eine **einheitliche Grundstruktur** mit dem Arbeitsschutzgesetz als Basis. Vor 1996 war es zersplittert und auf der 150 Jahre alten Gewerbeordnung aufgebaut.

Die europäischen Mitgliedsstaaten haben seit Ende der 70er-Jahre ein Richtlinienwerk zum Schutz von Gesundheit und Sicherheit der Arbeitnehmer und Arbeitnehmerinnen geschaffen, um den selbst formulierten **sozialen Verpflichtungen** und gleichzeitig dem Aufbau des gemeinsamen europäischen Marktes nachzukommen.

Der Wille der EU und das Ziel des EWG-Vertrages **(Tabelle 1)** war von Anfang an einen gemeinsamen europäischen Markt zu errichten. Dabei sollte eine **harmonische Entwicklung** des Wirtschaftslebens gefördert und ein **hohes Beschäftigungsniveau** gesichert werden, der **soziale Schutz** garantiert sein und der **Lebensstandard gehoben** werden.

Eine wichtige Aufgabe haben dabei die Gewerkschaften in den internationalen Unternehmen (z. B. VW mit SEAT und Skoda). Sie achten darauf, dass im ganzen Unternehmen dieselben Arbeitsbedingungen eingehalten werden.

Mit der Verabschiedung der „Einheitlichen Europäischen Akte" 1986 und der Einfügung von zwei neuen Artikeln Art. 110a und Art. 118a in den EWG-Vertrag, wurde eine bessere Rechtsgrundlage für den Gesundheitsschutz geschaffen.

Im Rahmen des Vertrages von Maastricht (1992) haben die Mitgliedsstaaten (außer Großbritannien) im Protokoll über die Sozialpolitik den **Art. 118 a und 100 a EWG** bestätigt. Das europäische Gemeinschaftsrecht ist eigenständig und autonom und unabhängig von den Rechtsordnungen der Mitgliedsstaaten.

Für sie besteht seit 1989 eine Verpflichtung, das nationale Arbeitsschutzrecht neu zu ordnen und die europäischen Arbeitsschutz-Richtlinien **(Bild 1)** umzusetzen. Dabei soll die vollständige Wirksamkeit der Richtlinien entsprechend ihrem Ziel gewährleistet sein.

Die Bürger können sich gegenüber dem Staat unmittelbar auf ihre Rechte aus den Richtlinien berufen, wenn diese noch nicht national umgesetzt worden sind.

Das europäische Arbeitsschutzrecht orientiert sich an dänischen, schwedischen, norwegischen und niederländischen Gesetzen und am Abkommen Nr. 155 „Übereinkommen über Arbeitsschutz und Arbeitsumwelt" der Internationalen Arbeitsorganisation (IHO). Hintergrund ist dabei der Gesundheitsbegriff der World Health Organization WHO:

> Gesundheit im Zusammenhang mit Arbeit ist „nicht nur das Freisein von Krankheit oder Gebrechen, sondern umfasst auch die physischen und geistig-seelischen Faktoren, die sich auf die Gesundheit auswirken und die in unmittelbarem Zusammenhang mit der Sicherheit und der Gesundheit bei der Arbeit stehen."

Das europäische Arbeitsschutzrecht folgt einem modernen Leitbild bzw. Grundprinzipien und dient nicht allein der Gefahrenabwehr, sondern auch dem Schutz der körperlichen Unversehrtheit (Unfälle und Berufskrankheiten).

Dieser Ansatz hat in den vergangenen Jahrzehnten in Produktionsbetrieben Erfolge gezeigt und ein umfangreiches Technisches Regelwerk geschaffen.

Das neue, umfassende Leitbild richtet sich auf die veränderten Belastungsprofile in der modernen Arbeitswelt. Dazu gehören z.B. die Zunahme von psychischen Belastungen. Es wird den heutigen gesundheitlichen Problemen chronischer Erkrankungen und Befindlichkeitsstörungen viel eher gerecht.

### Wiederholung und Vertiefung

1. Woraus leitet sich die betriebliche Arbeitszeitgestaltung ab?
2. Welches sind die sieben Grundprinzipien des EU-Arbeitsschutzrechts?
3. Was bedeutet die „Harmonisierung" im EU-Arbeitsschutzrecht?
4. Warum müssen innerhalb der EU die gleichen Arbeitsschutzvorschriften gelten?
5. Welches sind die Ursachen für die Zunahme der psychischen Belastungen?
6. Nennen Sie die wichtigsten Gesetze des sozialen Arbeitsschutzes.

Die europäischen Arbeitsschutz-Richtlinien basieren auf zwei Artikeln des EWG-Vertrags.

Der **Artikel 100 a EWG-Vertrag** verfolgt den Zweck, „die Einrichtung und das Funktionieren des Binnenmarkts" zu gewährleisten. Richtlinien auf dieser Grundlage dienen vorrangig der **technischen Harmonisierung** und beziehen sich auf Produktsicherheit und chemische Stoffe. In der nationalen Umsetzung von Richtlinien nach Art. 100 a ist keinerlei Spielraum erlaubt. Das Über- und Unterschreiten der EU-Normen ist verboten, weil eine absolute Harmonisierung des Handels beabsichtigt ist.

Mit den **Arbeitsschutz-Richtlinien** auf der Grundlage des **Art. 118 a EWG-Vertrags** sollen die Arbeitsschutz- **Mindeststandards** in Europa für alle Arbeitnehmer und Betriebe vereinheitlicht werden. Die Mitgliedsstaaten verpflichten sich darin:

Die Richtlinien nach **Art. 100 a** regeln den freien Warenverkehr in Europa und zielen auf die **Beseitigung technischer Handelshemmnisse.**

Arbeitsschutz-Richtlinien, die aus **Art. 118 a EWG** abgeleitet sind, enthalten **Mindeststandards** und so genannte Erwägungsgründe, also allgemeine Grundsätze zur Anwendung der Richtlinien.

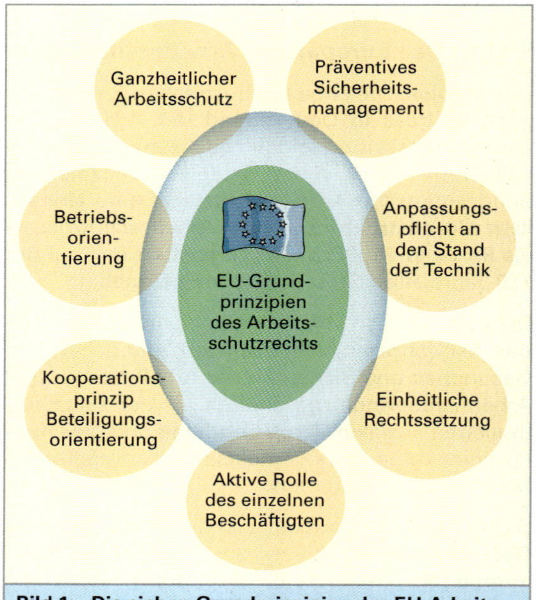


**Bild 1: Die sieben Grundprinzipien des EU-Arbeitsschutzrechts**

## 5.11.9 Die Gefährdungsbeurteilung

### 5.11.9.1 Einführung

Im Konzept der **Prävention**[1] und der Arbeitssystemgestaltung ist die Gefährdungsbeurteilung die Grundlage für einen wirksamen Arbeitsschutz zur Verhütung von Unfällen und Gesundheitsgefahren integriert mit der menschengerechten Gestaltung der Arbeit (5.1.2 Menschengerechte Arbeitsgestaltung). Gefährdungsbeurteilungen können und sollten **retrospektive**[2] die Ursachen und Bedingungen eingetretener gesundheitlicher Schädigungen (Unfälle, arbeitsbedingte Erkrankungen) oder von Arbeitserschwernissen (Beanspruchungsfolgen) analysierenl, bewerten und Maßnahmen einleiten.

Die **menschengerechte Gestaltung** ist die Voraussetzung, dass Arbeitsverfahren und Abläufe sowie Arbeitsmittel und Arbeitsstoffe so gestaltet werden, dass Arbeitsverfahren und Abläufe im Sinne des Total Quality Managements (TQM 11, 4) geplant und unterhalten werden, dass technische und organisatorische Mängel durch eine ständige Verbesserung im Sinne von KAIZEN (2.2.5.5 Prozesse festigen) verringert oder beseitigt werden.

### 5.11.9.2 Inhalt und Ablauf der Gefährdungsbeurteilung Vorgehensweisen und Verfahren

Für die Gefährdungsbeurteilung kann es keine einheitliche Vorgehensweise und Methode geben. Sie muss an den Betrieb angepasst sein. Deshalb ist die Erarbeitung des eigenen Ablaufes durch Spezialisten zu planen und muss in dem Unternehmen erprobt, ständig verbessert und angepasst werden.

Weiter bestimmt das Gefährdungspotential die Methode der Beurteilung. Die wichtigsten Methoden sind Betriebsbegehungen, Mitarbeiterbefragungen, sicherheitstechnische Überprüfungen, spezielle Ereignis-, Sicherheits- und Risikoanalysen.

**Arbeitsmittel**

Bei den Arbeitsmitteln muss untersucht werden, ob diese für die jeweiligen Arbeiten geeignet sind und diese bestimmungsgemäß eingesetzt werden. Dabei sind die, sowohl bei der Benutzung selbst verbundenen Gefährdungen zu berücksichtigen als auch jene, die durch Wechselwirkungen mit anderen hervorgerufen werden.

**Der Inhalt der Gefährdungsbeurteilung**

Die Gefährdungsbeurteilung soll alles was zu Unfällen oder Gesundheitsbeeinträchtigungen führen kann aufzählen. Also somit u. a. die:

- Gestaltung und Einrichtung der Arbeitsstätte, einschließlich der Verkehrswege, Arbeits,- Lager-, Aufenthaltsräume und des Arbeitsplatzes,
  Gestaltung, die Auswahl, den Einsatz, den Zustand von Arbeitsmitteln (Maschinen, Geräte, Anlagen, Werkzeuge) und Arbeitsstoffen, sowie den Umgang mit den zu bearbeitenden Arbeitsgegenständen,
- Arbeits- und Fertigungsverfahren, die Tätigkeiten einschließlich der Arbeitsorganisation, also der Arbeitsabläufe, Arbeitsteilung, Arbeitszeit, Pausen und Verantwortung.
- Arbeitsumgebungsbedingungen, wie u.a. Klima, Beleuchtung, Lärm und Strahlung,
- Auswahl und Benutzung von persönlichen Schutzausrüstungen (PSA),
- Unzureichende Qualifikation, Fähigkeit und Fertigkeit, sowie die unzureichende Unterweisung der Beschäftigten.

**Rechtsgrundlagen zur Gefährdungsbeurteilung**

Rechtliche Regelungen zur Durchführung von Beurteilungen von Gefährdungen, Gefahren, Risiken und Belastungen, die die Sicherheit und Gesundheit beeinflussen können, existieren sowohl für **Produkte** (=**Produktsicherheit**) (siehe auch Kap. 5.10.9 EU-Maschinenrichtlinie) als auch für die **Beschäftigten** bei der Arbeit (=**Arbeitssicherheit**). Diese sind europäisch harmonisiert (**Tabelle 1**).

**Tabelle 1: Rechtsgrundlagen Produkt- und Arbeitssicherheit**

| Regelungsgegenstand | Rechtsgrundlagen | | Technische Regeln |
|---|---|---|---|
| | europäisch | national (D) | |
| Arbeitssicherheit | 1989/391/EWG | **ArbSchG**<br>BGV A1 | BauA S. 42<br>BGI 650 |
| | 1995/63/EG<br>1999/92/EG<br>1990/270/EWG | **BetrSichV**<br>BildscharbV | TR<br>DIN EN ISO 9241 |
| | 2000/54/EG | BioStoffV | TRBA 400 |
| Produktsicherheit | 1998/37EG | 9. GPSGV | DIN EN 954-1<br>DIN EN 1050<br>DIN EN ISO 12100 |

1 Prävention = Vorbeugung, Verhütung; von lat. praevenire = zuvorkommen

2 retrospektiv = zurückblickend; von lat. retro = zurück, rückwärts und lat. spicere = schauen

**Arbeitsschutzgesetz (Auszüge)**

**§ 2 Begriffsbestimmungen**

(1) Maßnahmen des Arbeitsschutzes im Sinne dieses Gesetzes sind Maßnahmen zur Verhütung von Unfällen bei der Arbeit und arbeitsbedingter Gesundheitsgefahren einschließlich Maßnahmen zur menschengerechten Gestaltung der Arbeit.

**§ 4 Allgemeine Grundsätze**

Der Arbeitgeber hat bei Maßnahmen des Arbeitsschutzes von folgenden Grundsätzen auszugehen:

1. Die Arbeit ist so zu gestalten, dass eine Gefährdung für Leben und Gesundheit möglichst vermieden bzw., die Gefährdung möglichst gering gehalten wird;
2. Gefahren sind an ihrer Quelle zu bekämpfen;
3. bei den Maßnahmen sind der Stand der Technik, Arbeilsmedizin und Hygiene sowie gesicherte arbeitswissenschaltliehe Erkenntnisse zu berücksichtigen;
4. ...

**§5 Beurteilung der Arbeitsbedingungen**

(1) Der Arbeitgeber hat durch eine Beurteilung der für die Beschäftigten mit ihrer Arbeit verbundenen Gefährdung zu ermitteln, welche Maßnahmen erforderlich sind.

(3) Eine Gefährdung kann sich insbesondere ergeben durch

1. die Gestaltung und Einrichtung der Arbeitsstätte und des Arbeitsplatzes,
2. physikalische, chemische und biologische Einwirkungen,
3. die Gestaltung, die Auswahl und den Einsatz von Arbeitsmitteln, insbesondere von Arbeitsstoffen, Maschinen, Geräten und Anlagen sowie den Umgang damit,
4. die Gestaltung von Arbeits- und Fertigungsverfahren, Arbeitsabläufen und Arbeitszeit und deren Zusammenwirken,
5. unzureichende Qualifikation und Unterweisung der Beschäftigten.

**§6 Dokumentation**

(1) Der Arbeitgeber muss über die je nach Art der Tätigkeiten ... erforderlichen Unterlagen verfügen, aus denen das Ergebnis der Gefährdungsbeurteilung, ... ersichtlich ist. ....

## Arbeitsmittel

Bei den Arbeitsmitteln muss untersucht werden, ob diese für die jeweiligen Arbeiten geeignet sind und diese bestimmungsgemäß eingesetzt werden. Dabei sind die, sowohl bei der Benutzung selbst verbundenen Gefährdungen zu berücksichtigen als auch jene, die durch Wechselwirkungen mit anderen hervorgerufen werden.

## Betriebszustände

Eine Gefährdungsanalyse muss für **alle** Betriebszustände (**Bild 1**) (siehe Kap. 5.10.9 EU Maschinenrichtlinie) durchgeführt werden, um diese besonderen Gefahren einzugrenzen.

## Besondere Personengruppen

Je nach Personengruppen gelten unterschiedliche Schutzbestimmungen:

- Betriebsangehörige,
- Beschäftigte von Fremdbetrieben (Reinigung, Wartung, Bau, Ausbildung, Zulieferung, ...),
- Leiharbeiter (Einweisung in den Arbeitsplatz)
- Besucher und Betriebsbesichtigungen,
- Rettungsdienste,
- Jugendliche (JArbSchG),
- Schwangere und stillende Mütter (MuSchG),
- Behinderte,
- ...(weitere)

Zu prüfen ist bei allen, ob die Beschäftigungsbeschränkungen oder besondere Schutzmaßnahmen eingehalten werden.

## Betriebliche Arbeitsschutzorganisation

Eine gute Organisation und Dokumentation erleichtert und gewährleistet einen wirksamen Arbeitsschutz. Sie muss ein wesentlicher Bestandteil im täglichen Betriebsablauf sein. Sie muss vorbeugend wirken also schon in der Planung mitwirken, Nachbesserungen verursachen Krankheitsausfälle, Zeitverlust, Stress und Kosten. Sie hilft auch vor Gericht als Beweismittel für den Arbeitgeber und für den Arbeitnehmer.

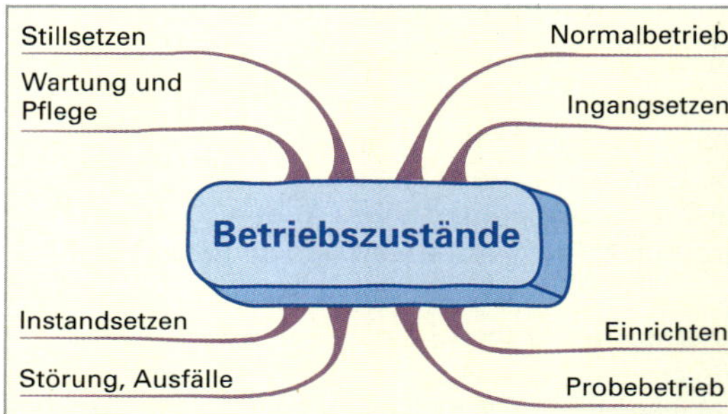


**Bild 1: Betriebszustände**

**Ablauf der Gefährdungsbeurteilung**

Ja nach Betrieb wird die Gefährdungsbeurteilung mit unterschiedlichen Schwerpunkten ausgearbeitet werden. Die klassische Schrittfolge ist in der folgenden Seite dargestellt.

Bei der Untersuchung sollten allerdings zuerst die **bereichsübergreifenden Anforderungen** untersucht werden. Also Verkehrswege, Fluchtwege, Brandschutz, Beleuchtung, Lüftung und Heizung.

Danach sollten dem Arbeitsablauf folgend, die **Arbeitsplätze und Tätigkeiten** mit den verwendeten Arbeitsmittel und der Arbeitsumgebungsbedingungen beurteilt werden.

**Bewertungskriterien**

Die Gefährdungen müssen mit dem Ziel zur Verminderung und Vermeidung des Unfall- und Gesundheitsrisikos bewertet werden.

**Erläuterungen zu den Begriffen bei der Gefährdungsbeurteilung**

**Gefährdungen**

Gefährdungen umfassen sowohl die Möglichkeit des Einwirkens von schädlichen Energien und Stoffen auf den Menschen als auch Belastungen, die negative Beanspruchungsfolgen hervorrufen können.

**Gefährdungsbeurteilung**

Unter der Gefährdungsbeurteilung wird das Erkennen und Bewerten der Entstehungsmöglichkeiten von Unfällen und Gesundheitsbeeinträchtigungen infolge der beruflichen Arbeit verstanden. Sie hat das Ziel, Maßnahmen zur Beseitigung von Gefährdungen abzuleiten. Beurteilt wird dabei Folgendes:

- Welche Gefährdungen treten auf?
- Welche Personen (-gruppen) könnten betroffen sein?
- Sind die Bedingungen am Arbeitsplatz so gestaltet, dass eine Gefährdung für Leben und Gesundheit möglichst ausgeschlossen werden kann (§4 ASG)?
- Sind Verbesserungen möglich?
- Wie dringlich sind die erforderlichen Maßnahmen?
- Welche Anforderungen müssen die neuen Maßnahmen erfüllen?

**Gefährdungsfaktoren**

Die Gefährdungen werden gleichartige Gefahrenquellen in 15 Gefährdungsfaktoren unterteilt (**Bild 1**). Informationen über die Wirkungen und Bewertung dieser Gefährdungsfaktoren und über geeignete Arbeitsschutzmaßnahmen sind im Adressennachweis am Ende des Kapitels zu finden.

1 Mechanische Gefährdungen
2 Elektrische Gefährdungen
3 Gefahrstoffe
4 Biologische Arbeitsstoffe
5 Brand- und Explosionsgefährdungen
6 Kalte und heiße Medien
7 Klima
8 Beleuchtung
9 Lärm
10 Vibration
11 Strahlung
12 Aufnahme von Informationen, Handhabung von Stellteilen
13 Physische Belastungen
14 Psychische Belastungen
15 Sonstige Gefährdungen

All diese Gefährdungen sind Inhalt der Ergonomie (Kap. 5.2 Ergonomie). Hier werden in der Checkliste für manuelle Arbeitssysteme die Optimierung dieser Punkte genannt. Inhalt ist dabei die Verwendung ergonomischer Arbeitsmittel, Beachtung der Körpergrößen, Dimension der Greifräume, Anordnung der Teilebehälter, die Arbeitsposition, die Beleuchtung, die Belastung und Beanspruchung, die Belastungsanalyse und die Belastung durch Schichtarbeit.

**Tabelle 1: Risiko-Matrix nach Nohl; Verfahren zur Sicherheitsanalyse**

| Schadensschwere / Wahrscheinlichkeit | **Leichte** Verletzungen, oder Erkrankungen | **Mittelschwere** Verletzungen, oder Erkrankungen | **Schwere** Verletzungen, oder Erkrankungen | Möglicher **Tod, Katastrophe** |
|---|---|---|---|---|
| sehr gering | 1 | 2 | 3 | 4 |
| Gering | 2 | 3 | 4 | 5 |
| Mittel | 3 | 4 | 5 | 6 |
| Hoch | 4 | 5 | 6 | 7 |

| **Maßzahl** | **Risiko** | **Beschreibung** |
|---|---|---|
| 1 bis 2 | Gering | Der Eintritt einer Verletzung oder Erkrankung ist nur wenig wahrscheinlich. Handlungsbedarf besteht nicht. |
| 3 bis 4 | signifikant | Der Eintritt einer Verletzung oder Erkrankung ist wahrscheinlich. Handlungsbedarf ist angezeigt. |
| 5 bis 7 | hoch | Der Eintritt einer Verletzung oder Erkrankung ist sehr wahrscheinlich. Handlungsbedarf ist dringend erforderlich. |

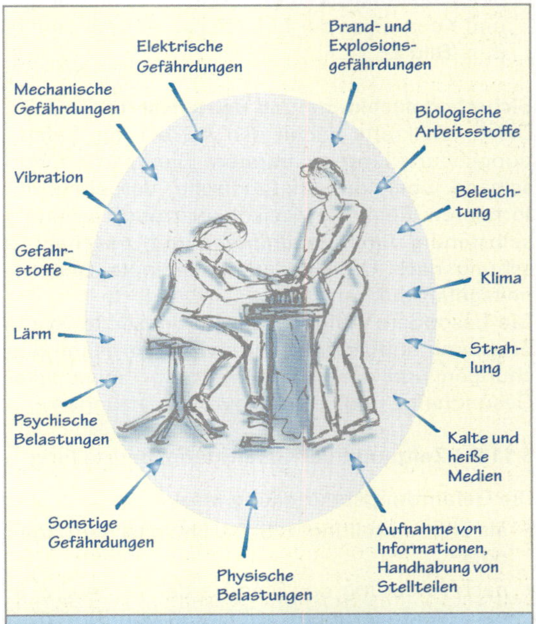


**Bild 1: Gefährdungen am Arbeitsplatz**

### 5.11.9.3 Verantwortung und Mitwirkung bei der Gefährdungsbeurteilung

**Arbeitgeber (AG)**
Der AG hat die Verantwortung für die Durchführung und Umsetzung der Gefährdungsbeurteilung.

**Mitwirkung der Beschäftigten (AN)**
Die AN können dem AG **Vorschäge** zum Gesundheitsschutz und zur Betriebssicherheit machen (§ 17 ArbSichG). Die AN bzw. ihre Vertretungen sind zu allen Fragen, die Auswirkungen auf ihre Sicherheit und Gesundheit haben, zu **hören** (§ 81ff BetrVerfG und §14 ArbSchG). Durch die Mitwirkung sollen die AN eingebunden werden und somit werden die Regeln **akzeptiert** und deren Einhaltung unterstützt.

Somit gilt die folgende Empfehlung:

- Vor Beginn muss über das Ziel und den Nutzen der Beurteilung informiert werden, am besten mit einen Gruppengespräch,
- Alle Arbeitssituationen erfassen und nach Gefährdungen hinterfragen,
- Sicherheitsmängel, gesundheitliche Beschwerden und subjektiv empfundene Belastungen durch Befragung oder Gruppendiskussion erfragen,
- Bei der Umgestaltung der Arbeitsplätze, Auswahl der Arbeitsmittel, der persönlichen Schutzausrüstung PSA (**Bild 1**) und der Durchführung der Schutzmaßnahmen sollten die Erfahrungen und Kenntnisse der betroffenen AN mit einfließen (**Bild 2**).

**Sicherheitsfachkräfte und Betriebsärzte**
Diese Fachkräfte haben den AG bei der Gefährdungsbeurteilung zu beraten. Sie machen Vorschläge über das methodische Vorgehen, informieren über die Risikobewertung, ermitteln selbständig durch Begehungen und Ursachenforschung nach Unfällen arbeitsbedingte Gesundheitsgefährdungen.
Die besondere Aufgabe der Betriebsärzte ist die Erfassung und Auswertung der Vorsorgeuntersuchungen und die Risikobewertung individueller Gesundheits- und Leistungsvoraussetzungen.

### 5.11.9.4 Zeitpunkt der Gefährdungsbeurteilung

Die Gefahrdungsbeurteilung erfolgt

- als Erstbeurteilung, z. B. bei Neuanschaffungen oder
- nach Änderung des Standes der Technik, z. B. nach Veränderungen auf Grund von Störfallen (**Bild 3**).

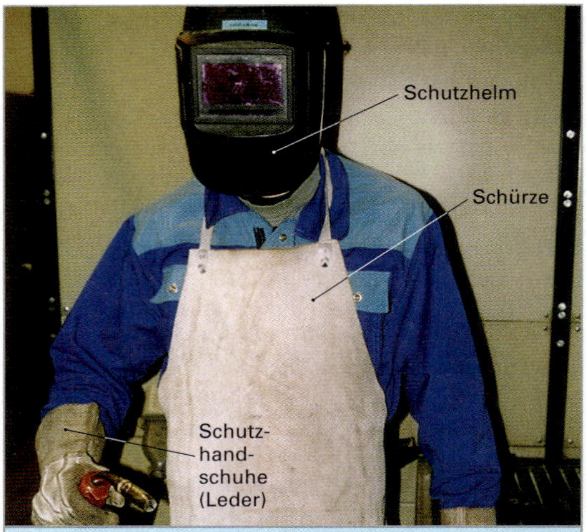


**Bild 1: PSA beim Schweißen**

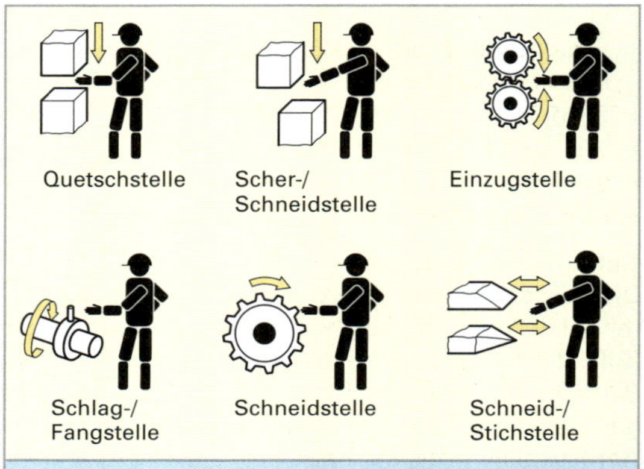


**Bild 2: Gefahren durch bewegte Maschinenteile**

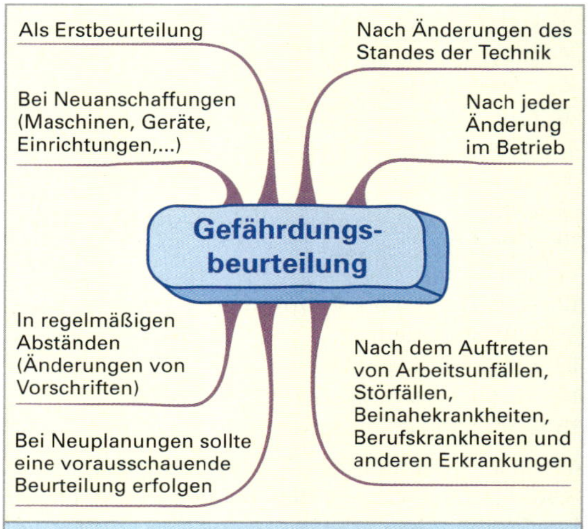


**Bild 3: Gefährdungsbeurteilung, *wann*?**

**Vorgehensweise (Ablauf) zur Ermittlung gefährungsbezogener Arbeitsschutzmaßnahmen**

**A Festlegung des Untersuchungsgegenstandes**
- Was ist zu beurteilen (Arbeitstätigkeit, Arbeitsplatz, Arbeitsstätte, Arbeitsmittel/Beschäftigte)?
- Wer beurteilt (Verantwortlicher, Durchführender, Helfer)?
- Wie wird beurteilt (Betriebsbegehung, Mitarbeiterbefragung, Überprüfung von Zuständen und Objekten)?
- Wann erfolgt die Beurteilung?

**B Analyse arbeitsbedingter Gefährdungen und Belastungen (Ist-Zustand ermitteln)**
- faktorenspezifische Analyse (Unfallfaktoren, pathologische Faktoren, Belastungsfaktoren),
- objektspezifische Analyse (Arbeitsmittel, Arbeitsstätte, Arbeitsgegenstand, Arbeitsverfahren),
- tätigkeitsspezifische Analyse (Arbeitsaufgabe, Arbeitsablauf),
- nutzergruppenspezifische Analyse (Beschäftigte),
- ereignisspezifische Analyse (Komponentenausfall, Störfall).

**C Bewerten der arbeitsbedingten Gefährdungen und Belastungen mit dem Soll-Zustand (Schutzziele)**
- Vergleich mit Schutzzielen in Rechtsvorschriften und Technischen Regeln,
- Vergleich mit Grenz- und Richtwerten, sowie Auslöseschwellen,
- Akzeptanzbetrachtung mit Risikoermittlung (Risikograph) analog nach der Prozess FMEA (Kap. 5.3 FMEA).

**D Ableitung von Schutzmaßnahmen, Durchführen und die Wirksamkeit überprüfen**
- Rangfolge der Maßnahmen,
- Festlegung von Verantwortlichen und Terminen,
- Realisierung der Maßnahmen und Durchführung mit Hilfe der Methoden nach Kaizen und KVP (Kap. 2.2.5.5 Prozesse festigen),
- Prüfung der Wirksamkeit der Maßnahmen z. B. mit Kennzahlen analog nach Kennzahlenanalyse (Kap. 2.6.1 Controlling)

**E Dokumentation der Ergebnisse der Gefährdungsbeurteilung**
- erfasste Gefährdungen und Belastungen (Ist-Werte),
- Schutzmaßnahmen zum Abbau der Gefährdungen und Belastungen (Soll-Ziele),
- Ergebnisse der Wirksamkeitsüberprüfung (Auswertung der Kennzahlen)
- Einbindung in die Dokumentation nach DIN EN ISO 9001 :2005 (Kap. 3.1.1 Die neue Normenstruktur).

### 5.11.9.5 Gestaltungsrangfolge von Arbeitsschutzmaßnahmen

**Gefährdungsbeurteilung**

Maßnahmen zur Gewährleistung der Arbeitssicherheit resultieren, aus der **prospektiven**[1] Gefährdungsbeurteilung geplanter oder vorhandener Arbeitssysteme der Produkte oder aus **retrospektiven** Untersuchungen von Arbeitsunfällen, arbeitsbedingter Erkrankungen, Störungen und Havarien[2].

**Maßnahmenerfordernis**

Die **Dringlichkeit** (Maßnahmenerfordernis) von Arbeitsschutzmaßnahmen wird durch das
- **Schadensausmaß (Tabelle 1)** einer Gefährdung und
- der **Eintrittswahrscheinlichkeit** (Häufigkeit/Dauer) ermittelt (**Tabelle 2**).

$$R = S \cdot (WI + WII + WIII)$$

*R* Risikozahl
*S* Schadensausmaß
*W* Eintrittswahrscheinlichkeit

**Tabelle 1: Das Schadensausmaß S**

| Ausmaß der Verletzung oder Gesundheitsverletzung | | Wichtungszahlen |
|---|---|---|
| S1 | keine Folgen | 1 |
| S2 | leichte Verletzungen | 2 bis 3 |
| S3 | mittelschwere Verletzungen | 4 bis 6 |
| S4 | schwere Verletzungen | 7 bis 8 |
| S5 | Tod | 9 bis 10 |

**Tabelle 2: Die Gewichtung der Eintrittswahrscheinlichkeit W**

| Häufigkeit und Dauer der Gefährdungsexplosion (*WI*) | | Wichtungszahlen |
|---|---|---|
| W1 | selten | 1 |
| W2 | häufig (mehr als 1 mal pro Schicht) | 2 |
| Eintrittswahrscheinlichkeit eines Gefährdungsereignisses (*WII*) | | |
| W3 | gering (kaum möglich) | 1 |
| W4 | mittel (durchaus möglich) | 3 |
| W5 | groß (sehr wahrscheinlich) | 5 |
| Möglichkeit der gefährdeten Person zur Vermeidung oder Begrenzung des Schadens (*WIII*) | | |
| W6 | möglich | 1 |
| W7 | möglich unter bestimmten Bedingungen | 2 |
| W8 | unmöglich | 3 |

[1] prospektiv = der Aussicht, Möglichkeit nach; von lat. prospectare = umsehen

[2] Havarie = Unfall, schwere Betriebsstörung; von arab. awariya = beschädigte Ware, Fehler

In Anlehnung an DIN EN 1050 kann eine **Risikozahl (R)** in **3 Risikostufen** zugeordnet werden (**Tabelle 1**).

Bei der Auswahl von Arbeitsschutzmaßnahmen geht es vorrangig um das Gegenüberstellen und Abwägen von Lösungsmöglichkeiten unter sicherheitstechnischen, humanen und wirtschaftlichen Kriterien. Kriterien dafür sind u.a.:

- Aufwand der vorgesehenen Schutzmaßnahme,
- Wirksamkeit der Maßnahme,
- Realisierungszeit,
- Allgemein Auswirkungen der Maßnahme.

**Rangfolge von Arbeitschutzmaßnahmen**

**Gestaltungsrangfolge für die Produkte:**

Bei der Konzipierung, Entwicklung und Bau von Produkten ist die EU-Maschinenrichtlinie 9 GPSGV einzuhalten, dabei muss die folgende Reihenfolge eingehalten werden:

- **Beseitigung oder Minimierung der Gefahren** (Integration des Sicherheitskonzeptes in die Entwicklung und den Bau der Maschine = eigensichere Konstruktion) (**Tabelle 2** – Gefahrstufe 0),
- **Egreifen** von notwendigen oder zusätzlichen **Schutzmaßnahmen** gegen nicht zu beseitigende Gefahren (Tabelle 2 – Gefahrstufe 1),
- **Unterrichtung** der Benutzer über **Restgefahren**, weil nicht alle Gefahren beseitigt werden können. Hinweis auf erforderliche Spezialausbildung und persönlicher Schutzmaßnahmen (Tabelle 2 – Gefahrstufe 2)

Bei der Erstellung einer Betriebsanweisung muss der Hersteller nicht nur vom „normalen" Einsatz ausgehen, sondern auch einen Einsatz nach „vernünftigem" Ermessen mit einarbeiten. Wobei zwischen privaten Nutzern und Fachleuten unterschieden werden kann.

**Tabelle 1: Risikostufen und Maßnahmenerfordernisse**

| Risikozahl | 0 bis 24 | 25 bis 42 | 43 bis 100 |
|---|---|---|---|
| Risikobewertung in Risikostufen | Geringes Risiko R (1) | Mittleres Risiko R (2) | Hohes Risiko R (3) |
| | Organisatorische und personenbezogene Maßnahmen | Maßnahmen mit normaler Schutzwirkung notwendig | Maßnahmen mit erhöhter Schutzwirkung dringend notwendig |

**Tabelle 2: Schutzmaßnahmen an Maschinen (DIN EN ISO 12100-1)**

| Schutzmaßnahmen, die vom Konstrukteur zu planen sind | | |
|---|---|---|
| - Vermeidung von Risiko durch funktionstechnische Lösungen (Inhärent[1] sichere Konstruktion) | - Schutzeinrichtungen<br>- sichere Steuerungen<br><br>(Technische und ergänzende Schutzmaßnahmen) | - Betriebsanleitung<br>- Warnzeichen, Signale<br><br>(Benuzerinformation) |
| Gefahr beseitigen **Gefahrstufe 0** | Gefahr unwirksam machen **Gefahrstufe 1** | Auf Gefahr hinweisen **Gefahrstufe 2** |
| **Schutzmaßnahmen, die vom Benutzer durchzuführen sind** | | |
| keine | - Zusätzliche Schutzeinrichtungen | - Betriebsanweisung<br>- Ausbildung<br>- PSA<br>- Überwachung |

[1] inhärent = anhaftend, innewohnend, von lat. inhaerere = innewohnen

**Beispiel für eine Gefährdungsbeurteilung**

**Betrieb/Abteilung:** Fertigung/ **Arbeitsstätte/Arbeitsplatz:** Meisterbüro
**Tätigkeit:** Montage von Leuchten **Name/Schicht/Datum:** Stephan, Normalschicht, 12.03.2009

| Nr. | Teil-Tätigkeit | Mögliche Gefahren und Belastungen | Schutzziele/ Quellen | Maßnahmen | Dringlichkeit | Beauftragter/ Termin | Kontrolle durch/am |
|---|---|---|---|---|---|---|---|
| 1 | Dübelloch bohren | Absturzgefahr von der Leiter bzw. der Montagebühne | BGV D 36<br>BGR 173 | Nur geeignetes Gerüst und zugelassene Leiter benutzen | 3 | Müller 24.02.2009 | Otto 24.02.2009 |
| 2 | | Augenverletzung durch Bohrmehl | BGV A 1 | Schutzbrille tragen | 3 | Ausführender Mitarbeiter | Otto regelmäßig |
| 3 | | Kontakt mit spannungsführenden Leitungen | BGV A 2 | Vor Aufnahme der Arbeit Leistungspläne studieren, ggf. Leitungen spannungsfrei schalten | 3 | Müller | Otto |
| 4 | | Herumschlagende Bohrmaschine | BGV A 2 | Aus sicherem Stand Maschine mit beiden Händen halten | 3 | Ausführender Mitarbeiter | Otto regelmäßig |
| 5 | | Lärm durch Bohrmaschine | BGV A 1 | Gehörschutz tragen | 2 | Ausführender Mitarbeiter | Otto regelmäßig |

**Gestaltungsrangfolge für die Arbeitsbedingungen:**
Der AG muss die Arbeitsbedingungen und den Arbeitsschutz integrieren und die entsprechenden Schutzmaßnahmen einleiten (**Tabelle 1**). Nach § 4 ArbSchG gelten die folgenden Grundsätze:

- Gebot der Gefährdungsminimierung
- Gefahrbekämpfung an der Quelle
- Sachgerechte Verknüpfung von Technik, Arbeitsorganisation, Arbeitsbedingungen und Umweltbedingungen
- Nachrangigkeit individueller Schutzmaßnahmen (PSA), Lärm durch Dämmung beseitigen, dann werden Kopfhörer überflüssig. Diese behindern die normale Kommunikation.

Aus diesen Grundsätzen ist die Rangfolge der Maßnahmen zur Arbeitssicherheit abzuleiten. Aus **Tabelle 1** ersieht man die EInstufung in die primären, sekundären und tertiären Arbeitsschutzmaßnahmen.

**Tabelle 1: Einstufung der Arbeitsschutzmaßnamen**

| Primäre Arbeitsschutz-maßnahmen | Sekundäre Arbeitsschutz-maßnahmen | Teritäre Arbeitsschutz-maßnahmen |
|---|---|---|
| - Vermeiden der **Entstehung** einer Gefährdung<br>- Verminderung des Gefährdungspotentials auf ein ungefährliches Maß an der Quelle der Gefährdung | - Vermeidung/ Verminderung der **Ausbreitung** des Gefährdungsfaktors durch zusätzliche Mittel und Maßnahmen | - Vermeidung/ Verminderung der Einwirkung des Gefährdungsfaktors durch organisatorische und individuelle Maßnahmen |
| Maßnahmemöglichkeiten | | |
| - Begrenzung der Energie<br>- Schleichgang<br>- Drehzahlbegrenzung | - Absaugung von Schadstoffen<br>- räumliche Trennung durch Abschirmung | - Begrenzung der Expositionszeit[1]<br>- Benutzung persönlicher Schutzausrüstungen (PSA) |

[1] Minimale Aufenthaltszeit in einem Gefährdungsbereich

**Beispiel für eine Checkliste: Anforderungen bei der Gestaltung von Arbeitsräumen, Arbeitsumgebung und Arbeitsplätzen = SOLL Vorgabe (Auszug)**

| Die Beschäftigten betreffend | Rechtsquelle | J | N |
|---|---|---|---|
| Sind die Mitarbeiter(innen) der Berufsgenossenschaft gemeldet und versichert? | SBB VII | | |
| Ist für eine Tätigkeit entsprechende Aufsichtsdichte gesorgt? | ArbSchG § 13<br>BGV A 1 | | |
| Ist die jeweils beauftragte verantwortliche Person zur Durchführung des Projektes fachlich ausreichend geeignet? | ArbSchG<br>BGV A 1 | | |
| Sind die beauftragten Mitarbeiter-(innen) zur Durchführung ihrer Tätigkeiten ausreichend qualifiziert, bzw. auch sonst geeignet und über mögliche Gefährdungen unterwiesen? | ArbSchG § 4ff<br>BGV A 1 | | |
| Insbesondere bei der Beauftragung ausländischer Mitarbeiter: Ist eine Verständigung möglich? | ArbSchG § 4ff | | |
| **Die betriebliche Organisation betreffend** | | | |
| Ist zur Durchführung der Tätigkeiten eine arbeitsmedizinische Untersuchung notwendig, wenn ja, wurde sie veranlasst? | ArbSchG § 11<br>BGV A 4 | | |
| Sind Fachkräfte für Arbeitssicherheit/Sicherheitsbeauftragte bestellt? | ASiG | | |
| Wurde vor Aufnahme der Arbeit eine Gefährdungs- und Belastungsbeurteilung durchgeführt und dokumentiert? | ArbSchG<br>§§ 5,6 | | |
| **Die Geräte und Anlagen betreffend** | | | |
| Sind die Arbeits- und Sozialräume, Vorrichtungen und Gerätschaften, welche die Arbeitnehmer benutzen, so eingerichtet, dass die Beschäftigten gegen Gefahr für Leben und Gesundheit soweit geschützt sind, als die Natur der Arbeit es gestattet? | BVG A 1<br>BGB § 618<br>HGB § 62<br>GewO § 120a<br>ArbStättV | | |
| Werden die vorgeschriebenen regelmäßigen Prüfungen durchgeführt (z. B. an elektrischen Anlagen und Arbeitsmaschinen)? | BGV A 2 | | |
| Sind die Maßnahmen zum Brand- und ggf. Explosionsschutz ausreichend? | ArbSchG § 9 | | |

**Gestaltung sicherer Arbeitssysteme:**

Die Schutzmaßnahmen des Herstellers sicherer Produkte sind durch den späteren Benutzer durch anwenderspezifische Maßnahmen zu ergänzen. Dies sind im Wesentlichen:

- die Restgefahren durch das Produkt,
- die konkreten Arbeitsplatzbedingungen beim Benutzer,
- die Wechselwirkungen der Produkte untereinander und mit den Arbeitsstoffen, der Arbeitsumgebung und der Ergonomie am Arbeitsplatz.

**Wirkungskontrolle der Arbeitsschutzmaßnahmen**

Durch das Arbeitschutzgesetz (ArbSchG § 3 (1)) ist der Arbeitsgeber verpflichtet, die Wirksamkeit der Maßnahmen des Arbeitsschutzes laufend zu überprüfen und auch den neuen Entwicklungen und Erkenntnissen anzupassen. Diese Wirksamkeitskontrollen werden u.a. folgendermaßen durchgeführt:

- laufende oder stichprobenmäßige Kontrollen der sicherheitstechnisch bedeutsamen Betriebsbedingungen und der Anlagen,
- Durchführung von Wartungs- und Instandsetzungsarbeiten nach betriebsgedingten Vorgaben,
- Einschaltung von Sachverständigen wenn keine genügende Sachkenntnis vorhanden ist
- Dokumentation aller sicherheitstechnisch relevanten Ereignisse.

### 5.11.9.6 Die Verantwortung des Unternehmers

Die oberste Verantwortung für den Arbeits- und Gesundheitsschutz, die Sicherheit der Anlage, den Umweltschutz und die Produktsicherheit liegt beim Unternehmer selbst. Diese Verantwortung trägt der Unternehmer gegenüber seinen eigenen Mitarbeitern und gegenüber Dritten (**Tabelle 1**). Die folgenden Grundpflichten hat er dabei einzuhalten.

**A Organisationspflicht.** Aufbau einer geeigneten Arbeitsorganisation mit abgegrenzten Verantwortlichkeitsbereichen und kostenlose Bereitstellung aller Schutzmittel (PSA).

**B Fürsorgepflicht (Kap. 5.10.7).** Verantwortung für das Einhalten der Schutzvorschriften für Einweisungen, Nachschulungen ,und Versicherungspflicht.

**C Auswahlpflicht.** Die Mitarbeiter müssen für Ihre Tätigkeiten eine geeignete Qualifikation besitzen sowie die körperlichen und geistigen Voraussetzungen nachweisen.

**C Direktionsrecht und Direktionspflicht.** Der Unternehmer muss den Mitarbeitern geeignete Anweisungen erteilen.

**D Kontrollpflicht.** Überwachung der Anweisungen, Kontrolle über die Qualifikation der Mitarbeiter, evtl. Nachschulungen.

**E Gleichbehandlungspflicht.** Männliche und weibliche Mitarbeiter haben die gleichen Rechte und Pflichten.

**Tabelle 1: Rechtsfolgen bei schuldhaftem Verhalten**

| | **Bußgeld** (Ordnungswidrigkeit) | **Kriminalstrafe** (Straftat) | **Erstattung** (Regress) |
|---|---|---|---|
| **Rechtsgrundlage** | § 209 SGB VII Verstoß gegen UVV oder vollziehbare Anordnung | § 229 STGB, § 222 StGB Verletzung, Tötung eines Menschen | §§ 110, 111 SGB VII Herbeiführen eines Arbeitsunfalles |
| **Verschulden** | Vorsatz, Fahrlässigkeit | Fahrlässigkeit | Vorsatz, grobe Fahrlässigkeit |
| **Rechtsfolge** | Bei Vorsatz bis 10300 €. Bei Fahrlässigkeit bis 5200 € | Geld- bzw. Freiheitsstrafe bis 3 Jahre bzw. 5 Jahre bei Tötung | Alles, was die BG für den Verletzten aufwenden muss |
| **Verfolgende Stelle** | Gewerbeaufsicht, Berufsgenossenschaft | Strafgericht | Berufsgenossenschaft |

**Adressen, Abkürzungen und Gesetze**

| | |
|---|---|
| ArbSchG | Arbeitsschutzgesetz |
| ArbStättV | Arbeitsstättenverordnung |
| ASiG | Arbeitssicherheitsgesetz |
| ASR | Arbeitsstättenrichtlinien |
| BetrSichV | Betriebssicherheitsverordnung |
| BetrV | Betriebsverfassungsgesetz |
| BGB | Bürgerliches Gesetzbuch |
| HGB | Handelsgesetzbuch |
| BGI | Berufsgenossenschaftliche Informationen |
| BIA | Berufsgenossenschaftliches Institut für Arbeitsschutz St. Augustin bei Bonn |
| BGAG | Berufsgenossenschaftliches Institut für Arbeit und Gesundheit, Dresden (Qualifizierung, Forschung, Beratung) |
| PTB | Physikalisch-Technische Bundesanstalt, Braunschweig und Berlin (Mess- und Eichwesen, Zulassung) |
| BAM | Bundesanstalt für Materialforschung und -prüfung, Berlin (Werkstoff- Materialprüfung, Brandschutz, chemische Sicherheitstechnik, Explosionsschutz) |
| BGV | Berufsgenossenschaftliche Vorschirften |
| BGR | Berufsgenossenschaftliche Regeln |
| BImSchG | Bundesimmisionsschutzverordnung |
| BildscharbV | Bildschirmarbeitsverodnung |
| GefstoffV | Gefahrstoffverordnung |
| GewO | Gewerbeordnung |
| MuSchuG | Mutterschutzgesetz |
| JArbSchG | Jugendarbeitsschutzgesetz |
| EN | Europäische Norm |
| PSA | Persönliche Schutzausrüstung (Schutzbrille, ...) |

### 5.11.10 Gefahrstoffe

Gefahrstoffe sind
- Stoffe die gefährlich sind
- Stoffe deren Zubereitung oder Bearbeitung gefährlich ist.

Die Merkmale (**Tabelle 1, folgende Seite**) der Gefahrstoffe sind:
- explosionsgefährlich,
- brandfördernd,
- entzündlich,
- giftig,
- gesundheitsschädlich,
- ätzend,
- reizend,
- krebserzeugend,
- fortpflanzungsgefährdend,
- erbgutverändernd,
- umweltgefährlich.

Die gefährlichen Stoffe sind mit einer verbindlichen Einstufung für die EU in der Richtlinie 67/548/EWG aufgelistet. Für die Kennzeichnung auf Verpackungen sind Vorgaben, wie z.B. *Chemische Bezeichnung, Gefahrensymbol, Hinweise auf besondere Gefahren, Firmenanschrift und EG-Kennzeichnung < Kennzeichnungsnummer >* (**Bild 1**).

**Gefahrenhinweise (R-Sätze)** geben Auskunft über die gefährlichen Eigenschaften des Stoffes und den kritische Aufnahmeweg, z.B. durch Einatmen. **Sicherheitsratschläge (S-Sätze)** machen auf empfehlenswerte Sicherheitsvorkehrungen aufmerksam und geben Empfehlungen zum Umgang und zur Schadensbegrenzung (**Bild 2**).

**Technische Regeln für Gefahrstoffe (TRGS).** Für die praktische Umsetzung der Gefahrstoffverordnung gibt es die TRGS. Sie ist in 9 Bereiche gegliedert (**Tabelle 1**), z. B. für Schutzmaßnahmen bei Tätigkeiten mit Gefahrstoffen TRGS 500-599. In TRGS 555 ist festgelegt wie eine vom Arbeitgeber zu erstellende Betriebsanweisung zu gliedern ist und wie an Hand der Betriebsanweisung in regelmäßigen Abständen ein betriebliche Unterweisung der Mitarbeiter zu erfolgen hat.

**Tabelle 1: Technische Regeln für Gefahrstoffe**

| TRGS-Nr. | Inhalt |
|---|---|
| TRGS 001 - 099 | Allgemeines, Aufbau und Beachtung |
| TRGS 100 - 199 | Begriffsbestimmungen |
| TRGS 200 - 299 | Inverkehrbringen von Stoffen, Zubereitungen und Erzeugnissen |
| TRGS 300 - 399 | Arbeitsmedizinische Vorsorge |
| TRGS 400 - 499 | Gefährdungsbeurteilung |
| TRGS 500 - 599 | Schutzmaßnahmen bei Tätigkeiten mit Gefahrstoffen |
| TRGS 600 - 699 | Ersatzstoffe und Ersatzverfahren |
| TRGS 700 - 899 | Brand- und Explosionsschutz |
| TRGS 900 - 999 | Grenzwerte, Einstufungen, Begründungen und weitere Beschlüsse des AGS |

**Bild 2: R-Sätze und S-Sätze**

**Bild 1: Kennzeichnung gefährlicher Stoffe**

**Tabelle 1: Merkmale für Gefahrstoffe**

| | Merkmal | Hinweise (Auswahl) |
|---|---|---|
| <br>E Explosionsgefährlich | **explosionsgefährlich**, wenn sie in festem, flüssigem, pastenförmigem oder gelatinösem Zustand auch ohne Beteiligung von Luftsauerstoff exotherm und unter schneller Entwicklung von Gasen reagieren können und unter festgelegten Prüfbedingungen detonieren, schnell deflagrieren oder beim Erhitzen unter teilweisem Einschluss explodieren, | R2 Durch Schlag, Reibung, Feuer oder andere Zündquellen explosionsgefährlich |
| <br>O Brandfördernd | **brandfördernd**, wenn sie in der Regel selbst nicht brennbar sind, aber bei Berührung mit brennbaren Sioffen oder Zubereitungen, überwiegend durch Sauerstoffabgabe, die Brandgefahr und die Heftigkeit eines Brandes beträchtlich erhöhen, | R7 Kann Brand verursachen<br>R8 Feuergefahr bei Berührung mit brennbaren Stoffen<br>R9 Explosionsgefahr bei Mischung mit brennbaren Stoffen |
| <br>F+ Hochentzündlich<br>F Leichtentzündlich | **hochentzündlich**, wenn sie<br>a) in flüssigem Zustand einen extrem niedrigen Flammpunkt und einen niedrigen Siedepunkt haben,<br>b) als Gase bei gewöhnlicher Temperatur und Normaldruck in Mischung mit Luft einen Explosionsbereich haben, | R12 Hochenlzündlich<br>R11 Leichtentzündlich<br>R15 Reagiert mit Wasser unter Bildung hochentzündlicher Gase<br>R17 Selbstentzündlich an der Luft<br>S1 Behälter trocken halten |
| <br>T+ sehr giftig<br>T giftig | **sehr giftig**, wenn sie in sehr geringer Menge bei Einatmen, Verschlucken oder Aufnahme über die Haut zum Tode führen oder akute oder chronische Gesundheitsschaden verursachen können, | R26 Sehr giftig beim Einatmen<br>R27 Sehr giftig bei Berührung mit der Haut<br>R28 Sehr giftig beim Verschlucken<br>R60 Kann die Fortpflanzungsfähigkeit beeinträchtigen<br>R61 Kann das Kind im Mutterleib schädigen |
| <br>$X_n$ Gesundheitsschädlich<br>$X_i$ Reizend | **gesundheitsschädlich**, wenn sie bei Einatmen, Verschlucken oder Aufnahme über die Haut zum Tode führen oder akute oder chronische Gesundheitsschaden verursachen können, | R20 Gesundheitsschädlich beim Einatmen<br>R21 Gesundheitsschädlich bei Berührung mit der Haut<br>R36 Reizt die Augen<br>R37 Reizt die Atmungsorgane<br>R38 Reizt die Haut<br>R41 Gefahr ernster Augenschäden |
| 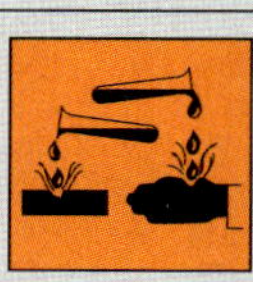<br>C Ätzend | **ätzend**, wenn sie lebende Gewebe bei Berührung zerstören können, | R34 Verursacht Verätzungen<br>R35 Verursacht schwere Verätzungen |
| <br>N Umweltgefährlich | **umweltgefährlich**, wenn sie selbst oder ihre Umwandlungsprodukte geeignet sind, die Beschaffenheit des Naturhaushalts, von Wasser, Boden oder Luft, Klima, Tieren, Pflanzen oder Mikroorganismen derart zu verändern, dass dadurch sofort oder später Gefahren für die Umwelt herbeigeführt werden können. | R50 Sehr giftig für Wasserorganismen<br>R51 Giftig für Wasserorganismen<br>R52 Schädlich für Wasserorganismen<br>R53 Kann in Gewässern längerfristig schädliche Wirkungen haben<br>R54 Giftig für Pflanzen<br>R55 Giftig für Tiere<br>R56 Giftig für Bodenorganismen |

### 5.11.11 EU-Maschinenrichtlinie

Die Maschinenrichtlinie der Europäischen Union (98/37/EG, vom 22. Juni 1998) gilt für alle ihre Mitgliedsstaaten und wurde in Deutschland als 9. Verordnung zum Gerätesicherheitsgesetz erlassen. Sie gilt für alle Maschinen und Maschinenanlagen. Zu den Maschinen zählen auch Sicherheitsbauteile und auswechselbare Ausrüstungen.

Unter einer Maschine versteht man die Gesamtheit von miteinander verbundenen Teilen oder Vorrichtungen, von denen mindestens eines beweglich ist.

Die Maschinenrichtlinie umfasst vier Kapitel mit 16 Artikeln und hat 7 Anhänge (**Tabelle 1**). Die Vorgaben der Maschinenrichtlinie sind vom Maschinenhersteller, dem Maschinenbetreiber und dem Maschinenbenutzer zwingend einzuhalten. Im Anhang I der Maschinenrichtlinie sind die grundlegenden Sicherheits- und Gesundheitsanforderungen formuliert.

Es gilt:

1. Gefahren zu beseitigen oder zu minimieren.
2. Schutzmaßnahmen gegen nicht zu beseitigende Gefahren zu ergreifen.
3. Den Benutzer der Maschine über Restgefahren zu unterrichten.

Man muss also möglichst eine gefahrlose Maschine bauen und wenn das nicht geht, den Benutzer vor der Gefahr schützen, z.B. durch Kapselung und wenn das nicht alle Gefahren ausschließt ihn davon in Kenntnis setzen (**Bild 1**).

#### Gesichtspunkte zur Sicherheit und zum Gesundheitsschutz

**Materialien.** Die verwendeten Materialien einer Maschine dürfen nicht zur Gefärdung der Sicherheit und der Gesundheit führen. Sie dürfen also z.B. nicht giftig sein und nicht brüchig werden und dabei eine Gefahr bilden. Man muss also Materialermüdung, Korrosion, Alterung und Verschleiß berücksichtigen und entsprechende Wartung bzw. Instandsetzung vorsehen.

**Tabelle 1: Aufbau der Maschinenrichtlinie**

| Richtlinie 98/37/EG, vom 22. Juni 1998 | |
|---|---|
| Kapitel I: | Anwendungsbereich, Inverkehrbringen und freier Warenverkehr<br>*Artikel 1 bis 7* |
| Kapitel II: | Verfahren und Feststellung der Übereinstimmung<br>*Artikel 8 und 9* |
| Kapitel III: | CE-Kennzeichnung<br>*Artikel 10* |
| Kapitel IV: | Schlussbestimmungen<br>*Artikel 11 bis 16* |
| Anhang I: | Grundlegende Sicherheits- und Gesundheitsanforderungen bei Konzipierung und Bau von Maschinen und Sicherheitsbauteilen<br>*(Hier wird sehr detailliert beschrieben was alles zu beachten ist.)* |
| Anhang II: | A. Inhalt der EG-Konformitätserklärung für Maschinen<br>B. Inhalt der Erklärung des Herstellers<br>C. Inhalt der EG-Konformitätserklärung für Sicherheitsteile |
| Anhang III: | CE-Konformitätskennzeichnung |
| Anhang IV: | Typen von Maschinen und Sicherheitsbauteilen für die das Verfahren gemäß Artikel 8 zur Anwendung kommt. |
| Anhang V: | EG-Konformitätserklärung |
| Anhang VI: | EG-Baumusterprüfung |
| Anhang VII: | Mindestkriterien für die Meldung der Prüfstellen |
| Anhang VIII: | Aufgehobene Richtlinien und Platz für Tabellen. |

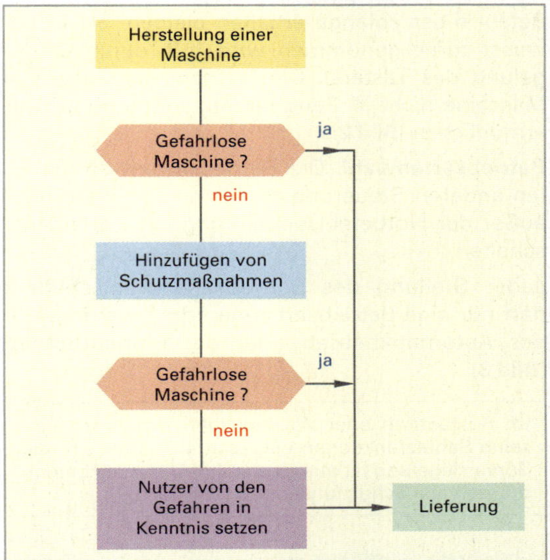


**Bild 1: Minimieren der Gefahr**

**Beleuchtung.** Ergänzend zur normalen Raumbeleuchtung sind erforderlichenfalls zusätzlich Lichtquellen einzusetzen.

**Handhabung.** Eine Maschine muss man gefahrlos handhaben können. Das bedeutet auch, dass sie gefahrlos transportiert und aufgestellt werden kann. Es sind z.B. entsprechende Lastaufnahmeösen anzubringen oder beizustellen (**Bild 1**).

**Steuerungen und Befehlseinrichtungen.** Steuerungen und Befehlseinrichtungen müssen sicher und zuverlässig funktionieren. Ein Fehler in der Steuerungslogik darf zu keiner gefährlichen Situation führen.

**Stellteile.** Bei Stellteilen (z.B. Hebeln, Handrädern und Tastaturen) müssen die Steuerwirkungen unmissverständlich erkennbar sein, z.B. durch Bildzeichen bzw. Anzeigen oder durch eine Kohärenz[1] zwischen Stellbewegung und Wirkung. Eine Kohärenz liegt vor, wenn die Stellbewegung nach links auch die Vorrichtung nach links lenkt. Stellteile sollten möglichst außerhalb des Gefahrenbereichs liegen.

**Ingangsetzen.** Das Ingangsetzen einer Maschine darf nur durch eine absichtliche Betätigung der dafür vorgesehenen Stelleinrichtungen erfolgen, also z.B. durch Einschalten einer gewählten Betriebsart.

Eine Maschine darf sich keinesfalls selbst Ingangsetzen, nachdem zuvor ein Stillstand eingetreten ist.

**Stillsetzen.** Jede Maschine muss zum sicheren Stillsetzen mit einer Befehlseinrichtung, z.B. einem NOT-AUS-Taster ausgerüstet sein. Der NOT-AUS-Befehl muss solange erhalten bleiben, bis er bewusst zurückgenommen wird (z.B. durch Entriegelung des Tasters). Die Freigabe darf aber die Maschine nicht in Gang setzen, sondern dies nur ermöglichen (**Bild 2**).

**Betriebsartenwahl.** Die Betriebsartenwahl ist allen anderen Steuerungsfunktionen übergeordnet außer der Notbefehlseinrichtung bzw. dem Ausschalten.

Jeder Stellung des Betriebsartenwahlschalters darf nur eine Betriebsart zugeordnet werden, z.B. der Automatikbetrieb oder der Einrichtbetrieb (**Bild 3**).

Im Rüstbetrieb oder Wartungsbetrieb können einzelne Schutzfunktionen eingeschränkt sein, z.B. die Türverriegelung ist ausgesetzt. Im Automatikbetrieb müssen alle Schutzfunktionen aktiviert sein.

[1] Kohärenz = Zusammenhang, von lat. cohaerere = zusammenhängen

**Bild 1: Lastösen zur Handhabung eines Roboters**

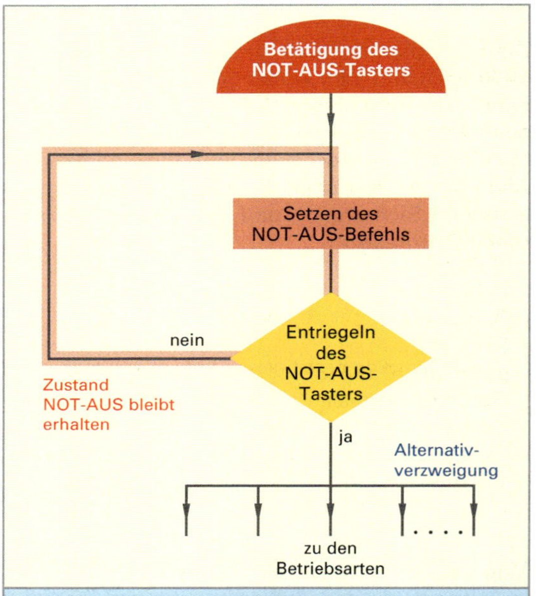


**Bild 2: Stillsetzen durch NOT-AUS**

**Bild 3: Betriebsartenwahl**

**Störung der Energieversorgung.** Eine Unterbrechung der Energieversorgung (z.B. elektrische, hydraulische, pneumatische, mechanische Energie) darf nicht zu einer gefährlichen Situation führen. Auch die Energiewiederkehr darf keine Gefahr bergen. So sind z.B. Vorkehrungen zu treffen, dass bei Ausbleiben des Hydraulikdruckes bei einem hydraulischen Spannmittel das Werkstück nicht herausgeschleudert wird. Es ist gegenbenenfalls ein genügend stabiles Absperrgitter anzubringen.

**Stabilität.** Maschinen müssen so stabil sein und aufgestellt werden können, dass sie bei bestimmungsgemäßer Nutzung nicht brechen, umstürzen, herabfallen oder sonst wie zur Gefahr werden können.

### Schutzmaßnahmen gegen sonstige Gefahren

Zu den sonstigen Gefahren zählen:
- Gefahren durch elektrische Spannung,
- Gefahren durch elektrische Aufladung,
- Gefahren durch nichtelektrische Energie, z.B. Bersten eines Behälters,
- Gefahren durch Montagefehler, z.B. Fehlen eines Sicherungsringes,
- Gefahr durch extreme Temperatur, z.B. durch hohe Oberflächentemperatur eines Motors,
- Brandgefahr, z.B. Auslaufen einer Flüssigkeit,
- Explosionsgefahr, z.B. bei mangelnder Absaugung von Stäuben,
- Gefahren durch Lärm,
- Gefahren durch Stäube,
- Gefahren durch Vibrationen,
- Gefahren durch Strahlung,
- Gefahren durch Laserlicht oder andere Lichtquellen,
- Gefahren in eine Maschine eingeschlossen oder eingeklemmt zu werden,
- Sturzgefahr, z.B. durch Ausrutschen oder Stolpern.

### Kennzeichnung und Betriebsanleitung

An jeder Maschine muss deutlich lesbar und unverwischbar mindestens folgende Kennzeichnung angebracht sein:

- Name und Anschrift des Herstellers,
- CE-Kennzeichnung[1] (**Bild 1**)
- Bezeichnung der Serie oder des Typs,
- Baujahr (**Bild 2**).

Darüberhinaus sind sicherheitsrelevante Hinweise anzubringen, wie z.B. Maximalgewichte und dgl.

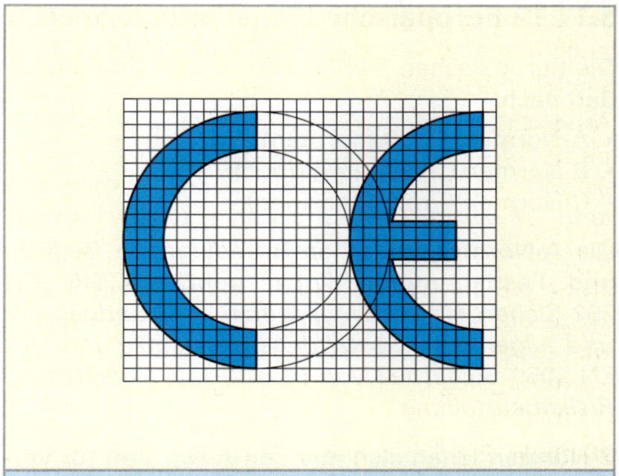

**Bild 1: CE-Symbol**

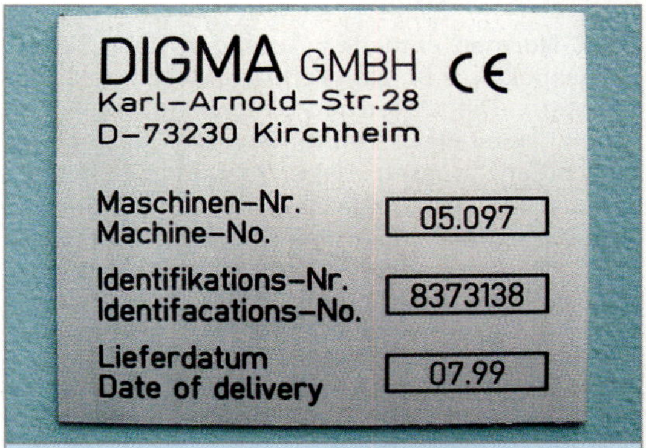


**Bild 2: Maschinenkennzeichnung (Beispiel)**

Jede Maschine muss mit einer Betriebsanleitung versehen sein. Diese enthält neben der Maschinenkennzeichnung:

- die bestimmungsgemäße Verwendung,
- Angaben zur Inbetriebnahme, Wartung, Montage, Störungsbeseitigung,
- Angaben für geeignete Werkzeuge oder Werkstoffe.

Auf sachwidrige Verwendungsmöglichkeiten ist auch hinzuweisen. Zur Betriebsanleitung gehören auch Planungsunterlagen für die Wartung oder Reparatur sowie erforderlichenfalls Angaben für einen sicheren Betrieb.

Die Betriebsanleitung muss enthalten:

- den Dauerdruckschallpegel, gemessen in dB(A), sofern dieser über 70 dB(A) liegt,
- den Höchstwert des Schalldrucks; sofern dieser 63 Pa übersteigt,
- den Schallleistungspegel, sofern dieser an den Arbeitsplätzen über 85 dB(A) liegt.

[1] CE von franz. Controlé Européen = europäisch geprüft

## 5.11.12 Europäische Sicherheitsnormen

Die Europäischen Sicherheitsnormen sind gegliedert nach:

- A-Normen (Grundnormen),
- B-Normen (Gruppennormen),
- C-Normen (Produktnormen).

Die **A-Normen** enthalten grundlegende Begriffe und Festlegungen. Hierzu gehören: DIN EN 292 *Sicherheit von Maschinen – Grundbegriffe und allgemeine Gestaltungsgrundsätze* und DIN EN 1050 *Sicherheit von Maschinen, Leitsätze zur Risikobeurteilung.*

**B-Normen** leiten sich aus den A-Normen für verschiedenen Aufgabenbereiche ab. Zu den B-Normen gehört z.B. DIN EN 60204-1 *Elektrische Ausrüstung von Maschinen.*

Die **C-Normen** enthalten Aussagen über Sicherheitsaspekte, z.B. zu Werkzeugmaschinen und Robotern. Die C-Normen sind vielfach noch in Arbeit. Hersteller, Lieferanten und Nutzer von Maschinen müssen daher häufig einstweilen anhand der A-Normen und der B-Normen die geforderte Maschinensicherheit garantieren. Etwa 650 C-Normen sind für Maschinen vorhanden oder vorgesehen.

**Risikoanalyse.** Maschinen bergen aufgrund ihres Aufbaus und ihrer Aufgaben Risiken (**Bild 1**). Die EU-Maschinenrichtlinie verlangt daher eine Risikobeurteilung. Die A-Normen sind Hilfen für die Risikobewertung. Dabei beschreibt DIN EN 292 die zu betrachtenden Risiken und die Gestaltungsgrundsätze zur Risikominderung. DIN EN 1050 beschreibt die Vorgehensweise zur Risikobeurteilung und zur Risikominderung zum Erreichen der Sicherheit. Diese Vorgehenswise ist ein iterativer[1] Prozess mit gegebenenfalls mehreren Schleifen der Wiederholung des Verfahrens (**Bild 2**).

Die Risikoanalyse umfasst:
1. Bestimmung der Grenzen der Maschine,
2. Identifizierung der Gefährdungen,
3. Verfahren der Risikoeinschätzung (Bild 2).

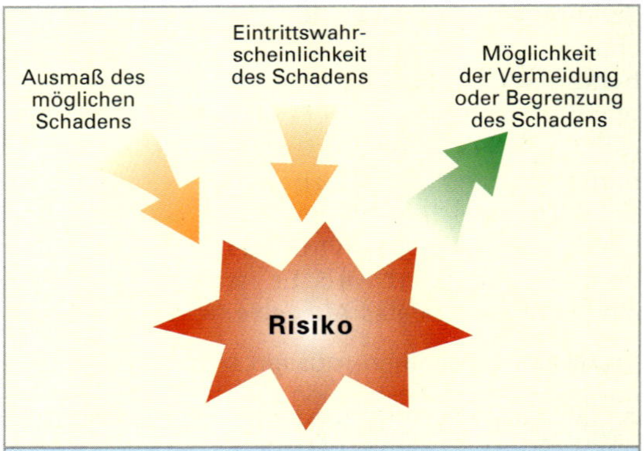


**Bild 1: Risiko**

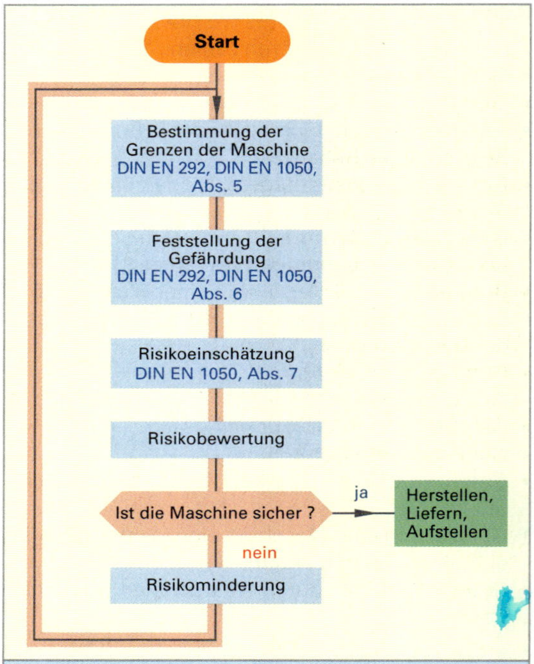


**Bild 2: Risikoanalyse**

[1] lat. iteratio = Wiederholung, schrittweise Annäherung an die ideale Lösung

**Wiederholung und Vertiefung**

1. Wie ist eine Maschine definiert?
2. Wie ist die Europäische Maschinenrichtlinie gegliedert?
3. Nach welchen Grundsätzen muss eine Maschine gebaut werden?
4. Welches sind die wichtigsten Gesichtspunkte bei der Herstellung einer Maschine bezüglich der Sicherheit und des Gesundheitsschutzes.
5. Nennen Sie ein Beispiel für eine Maßnahme, damit schwere Maschinen sicher handhabbar sind.
6. Durch welchen Vorgang darf eine Maschine nur in Gang gesetzt werden?
7. Wie sind die europäischen Sicherheitsnormen gegliedert?

# 6 Kostenrechnung für die Betriebspraxis

Ziel in modernen Betrieben ist es durch ständige Kontrolle die Betriebsabläufe unter wirtschaftlichen Gesichtspunkten zu regeln und nachhaltig zu sichern. Hierzu werden Daten aus der Finanz- und Betriebsbuchhaltung sowie der Kostenrechnung in der Betriebsstatistik erfasst und bewertet.

Die Kostenrechnung bildet die Grundlage für:

- die Kalkulationen, z.B. dem Finden der Preisober- und Preisuntergrenze,
- die Betriebskontrolle, z.B. Vergleich der Soll- und Ist-Kosten sowie Vergleich der allgemeinen Kosten mit den Erträgen und
- die Investitionen.

Sie geht in drei Schritten vor (**Bild 1**).

In der *Finanzbuchhaltung* werden alle Vorgänge erfasst, die zwischen Betrieb und Außenwelt, also den Kunden, Lieferanten, Mitarbeitern und anderen, ablaufen. Ihre Verfahren sind an zahlreiche gesetzliche Vorschriften, wie z.B. das Steuerrecht, gebunden.

Die *Betriebsbuchhaltung* dagegen hält alle betriebsinternen Vorgänge fest, wie z.B. Material- und Lohnkosten, Erzeugniskosten und Kostenanfall in den Kostenstellen des Betriebs in denen die Kosten entstanden sind.

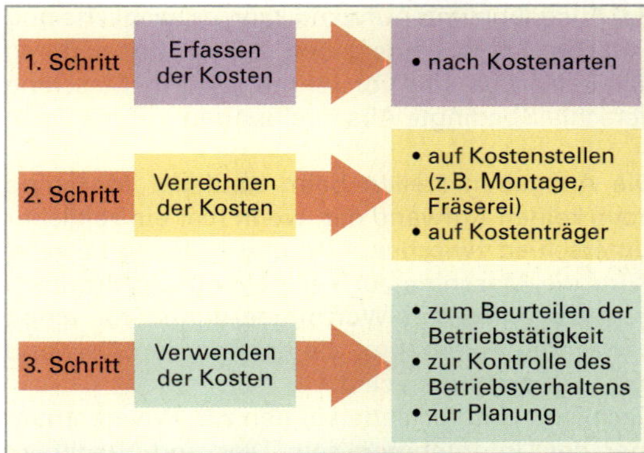


**Bild 1: Schritte der Kostenrechnung**

## 6.1 Was sind Kosten?

**Ausgaben, Aufwand und Kosten**

**Ausgaben** sind z.B. Bargeldzahlungen für Rohmaterialien, Krediterhöhungen bei der Bank oder Forderungsminderungen gegenüber Lieferanten. Sie bilden den erhaltenen Gegenwert zu den vom Unternehmen durchgeführten Einkäufen.

**Aufwand** ist der gesamte erfasste Verbrauch an erbrachter Arbeit, Kapital und Material innerhalb eines abgegrenzten Zeitraums zur Herstellung von Produkten im Betrieb. Dies wird auch in dem Sprachgebrauch der Betriebswirtschaft als „Werteverzehr" bezeichnet. Bei der Erfolgsbetrachtung in einem Betrieb, nämlich der Gewinn- und Verlustrechnung, wird der Aufwand von den Erträgen abgezogen.

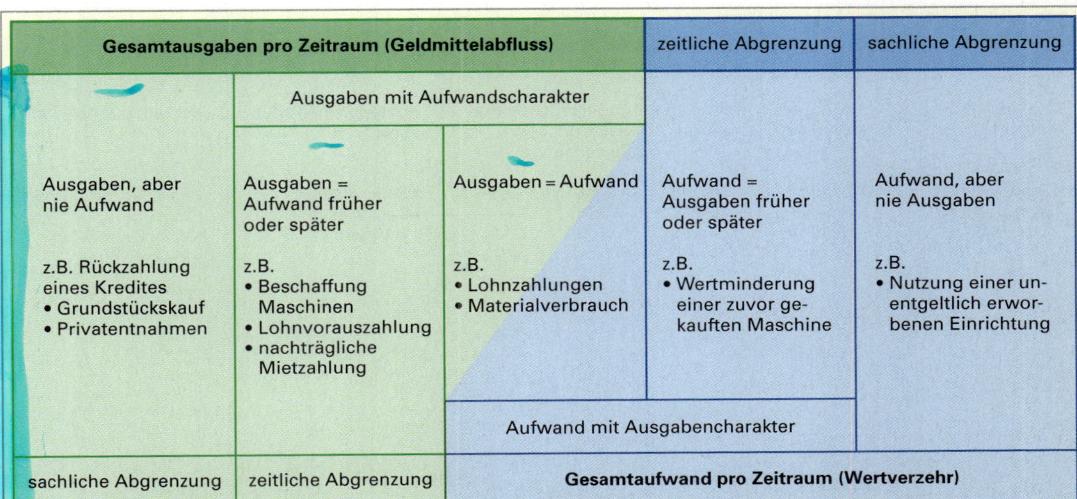


**Bild 2: Unterschiede zwischen Aufwand und Ausgaben**

Bei Ausgaben und Aufwand kann es sachliche und zeitliche Unterschiede geben. Z.B. entstehen durch den Einsatz für eine vor Jahren gekaufte Maschine verschleißbedingte Abschreibungen.

Die Ausgaben stellen beim Kauf der Maschine noch keinen Aufwand dar, wenn hier ein zeitlicher Unterschied zwischen Kauf und Nutzung besteht. Wird die Maschine zur Herstellung der Produkte genutzt, entstehen Wertminderungen für einen betrachteten Zeitraum, die dann in den Aufwand mit zu übernehmen sind.
Sachliche Unterschiede können z.B. Privatentnahmen des Unternehmers sein. Dies sind Ausgaben. Sie stellen aber keinen Aufwand zur Erstellung der Produkte des Betriebes dar.
Alle Ausgaben, die nicht direkt zur Erstellung und zum Absatz der betrieblichen Leistung beitragen, werden als „**neutraler Aufwand**" bezeichnet **(Bild 1)**.
**Kosten** sind der bewertete Verbrauch („Verzehr") an Gütern also Materialverbrauch, Wertminderung der Maschinen und Dienstleistungen nämlich Löhne, Sozialkosten zur Herstellung und zum Absatz der Produkte und zur Aufrechterhaltung der Betriebsbereitschaft. In der Kostenrechnung hat die Abgrenzung zwischen Aufwand und Kosten eine besondere Bedeutung **(Bild 1)**. Kosten werden nur auf den „Werteverzehr" zur Erstellung der Leistung bezogen.

Kosten sind der in Geld bewertete Verbrauch von Produktionsfaktoren zur Erstellung betrieblicher Leistungen.

### Wiederholung und Vertiefung

1. Nennen Sie Ziele der Kostenrechnung?
2. Für welche Kostenbetrachtungen werden die Daten aus der Betriebsstatistik benötigt?
3. Welche Vorgänge werden in der Finanz- und Betriebsbuchhaltung erfasst?
4. Erläutern Sie den Unterschied zwischen Ausgaben und Kosten.
5. Was verstehen Sie unter dem Begriff „Aufwand"?
6. Wann sind Ausgaben kein Aufwand?
7. Wie nennen sich die Ausgaben, die nicht zur betrieblichen Leistung beitragen?
8. Wann setzt man die Ausgaben gleich mit dem Aufwand?
9. Wie rechnet man die Nutzung einer geschenkten Maschine?

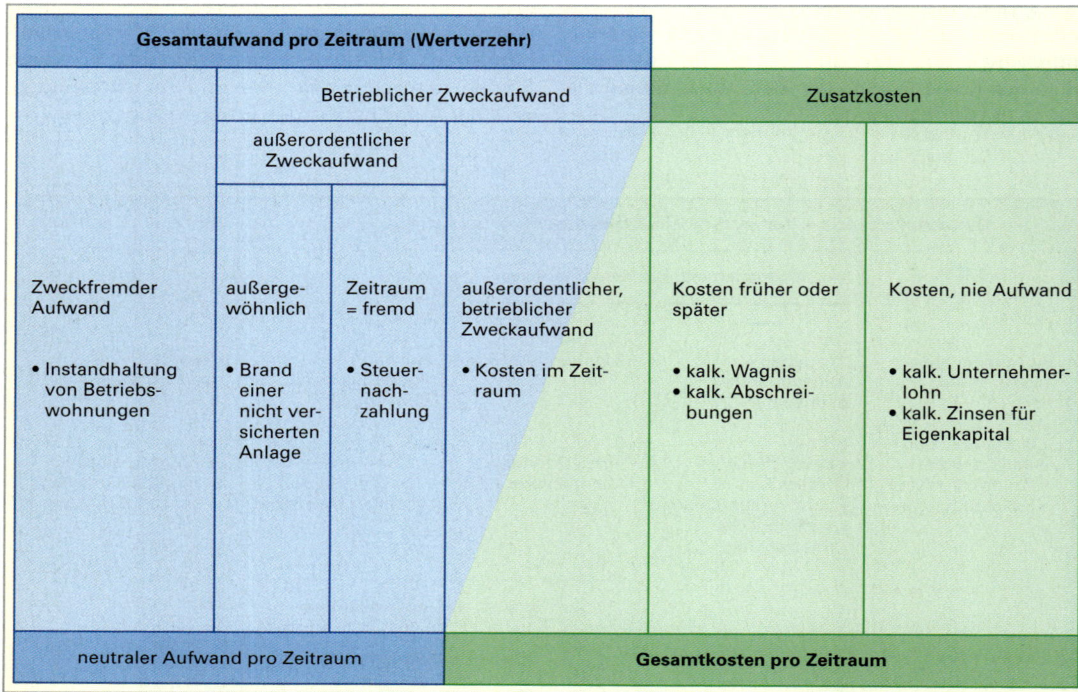


**Bild 1: Unterschiede zwischen Aufwand und Kosten**

## 6.2 Gliederung der Kosten

### Einzelkosten und Gemeinkosten

Mit **Einzelkosten** bezeichnet man die Kosten, die mit der betrieblichen Leistung direkt verknüpft werden können.

Dazu gehören die Kosten für:
- den Werkstoff, der in das zu fertigende Produkt eingeht,
- die Einbautiefe, die von fremden Firmen bezogen und im Fertigungsprozess verwendet werden,
- die Fertigungslöhne, zur unmittelbaren Bearbeitung eines Erzeugnisses oder der Erbringung einer Leistung,
- die Fremdbearbeitung von Erzeugnissen oder Erzeugnisteilen.

Gemeinsam anfallende Kosten, bei denen eine direkte Zuordnung zu einem Produkt oder einer Leistung nicht möglich ist, die aber wiederum in der Kalkulation verrechnet werden müssen, bezeichnet man als **Gemeinkosten**.

Hierzu gehören:
- die Gehälter für Meister, Konstrukteure, Arbeitsvorbereiter, Lagerverwalter, Einkäufer, Betriebsleiter und Verkäufer,
- die Hilfslöhne für die Reinigung, den Transport, Lagerung und die Instandhaltung sowie die Lehrwerkstatt,
- die gesetzlichen sozialen Kosten, wie Arbeitgeberanteile zur Sozialversicherung nämlich Renten-, Kranken- und Arbeitslosenversicherung, Beiträge zur Unfallversicherung und Berufsgenossenschaft, Lohn- und Gehaltsfortzahlung im Krankheitsfall, Ablösungsbeträge im Zusammenhang mit der Nichtbesetzung von Schwerbeschädigtenarbeitsplätzen,
- die freiwilligen Sozialkosten bestehend aus Weihnachtsgratifikation, zusätzlichem Urlaubsgeld, Zuschüssen und Spenden für Betriebsangehörige, Zuschüssen für soziale Betriebseinrichtungen u.a. Kantine, Betriebssport, Kindergarten,
- die betrieblichen Steuern, Abgaben, Beiträge,
- die Verwaltungskosten,
- die allgemeinen Vertriebskosten für Fahrzeuge, Versand und Lagerhaltung,
- die Raumkosten mit Mieten, Energieverbrauch und Gebäudeinstandhaltung,
- die kalkulatorischen Kosten, wie Abschreibungen, Zinsen, Wagnis und Unternehmerlohn.

Die Gemeinkosten sind ein Bestandteil der Gesamtkosten. Sie werden in einem Zeitraum erfasst und nach einem Verteilerschlüssel auf einzelne Kostenstellen bzw. Produkte verrechnet.

### Fixe und variable Kosten

Die **Gesamtkosten**, die bei der Erstellung betrieblicher Leistungen entstehen, werden in beschäftigungsfeste, fixe Kosten (zeitabhängige Kosten) und beschäftigungsvariable (mengenabhängige) Kosten aufgeteilt. Die Kosten können bezogen werden auf die Stückzahl oder auch den Beschäftigungsgrad innerhalb eines Zeitraums (Periode), **(Bild 1)**.

Fixe Kosten fallen unabhängig von der Höhe der Beschäftigung für einen Zeitraum in gleicher Höhe an.

Der **Fixkostenanteil** pro Stück wird mit zunehmender Stückzahl in dem betrachteten Zeitraum kleiner. Diese Kosten sind zur Betriebsbereitschaft einer Produktion notwendig und auf einen Zeitraum bezogen, z.B. Gebäudekosten, Abschreibungen nach den Kalendermonaten und Gehälter. Ändern sich die Fixkosten nach einem Zeitraum sprunghaft, so spricht man von „sprungfixen Kosten", die bei längerfristigen Kalkulationen besonders beachtet werden müssen. **(Bild 1)**

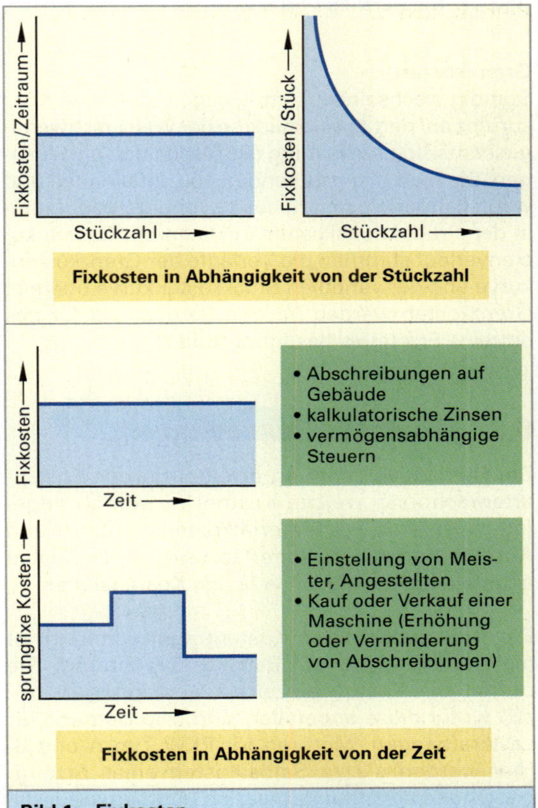


**Bild 1: Fixkosten**

**Variable Kosten** verändern sich mit der Ausbringung. Kosten und Ausbringung können dabei in einem linearen, progressiven oder auch degressiven Zusammenhang stehen, z.B. Akkordlöhne, Fertigungslöhne, Energieverbrauch, Fertigungsmaterial.

Der degressive Charakter der Kosten ist dadurch begründet, dass vorhandene Betriebsmittel besser ausgelastet werden können. Progressive Verläufe lassen sich durch Überbelastung der Betriebsmittel und des Personals erklären, z.B. durch erhöhten Ausschuss, steigende Instandhaltungskosten und Überstundenzuschläge **(Bild 1)**.

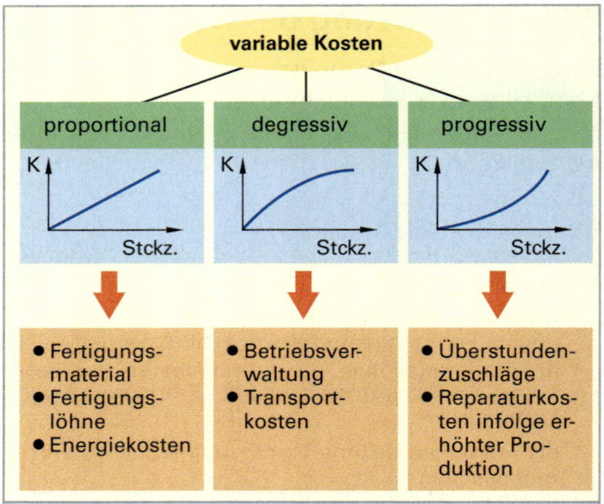

**Bild 1: Variable Kosten abhängig von der Stückzahl**

### Durchschnittskosten

Die Gesamtkosten eines Zeitraumes lassen sich auch auf die in diesem Zeitraum hergestellten Stückzahlen verteilen. So ergeben sich die Durchschnittskosten je Stück.
Langfristig muss ein Unternehmen mindestens die durchschnittlichen Kosten über den Verkaufspreis erzielen, um nicht an der Firmensubstanz und die Existenz zu verlieren.

### Grenzkosten

Ständig wechselnde Auftragslagen und harte Konkurrenz auf den Absatzmärkten der Welt erschweren gleichmäßige Auslastung der Maschinen und Anlagen. Die hierbei entstehenden neu anfallenden und wegfallenden Kosten haben besondere Bedeutung in den Produktionskosten. Bei linearem Gesamtkostenverlauf stimmen die Verläufe der Grenzkostenkurve und der variablen Stückkostenkurve überein. Grenzkosten werden für den Betrieb und für das einzelne Erzeugnis bestimmt **(Bild 2)**.

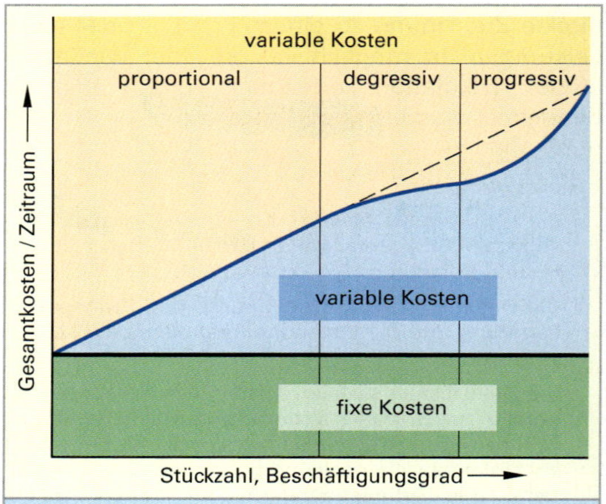

**Bild 2: Typischer Verlauf der Gesamtkosten**

## 6.3 Kostenartenrechnung

Die Betriebsabrechnung ermittelt in der Kostenartenrechnung *welche* Kosten im Betrieb angefallen sind, z.B. Materialkosten, Löhne und Abschreibungen. Weiter erfasst sie, *wo* die Kosten angefallen sind, also in welchen Kostenstellen.

Die Kalkulation oder Kostenträgerrechnung ist nicht Bestandteil der Betriebsabrechnung. Sie ordnet die Kosten einzelnen Kostenträgern zu, z.B. wofür diese angefallen sind, wie Getriebe für Lastkraftwagen, Motoren für PKW Typ A und B. Hier werden sie zu Selbstkosten eines Erzeugnisses und schaffen damit die Grundlagen für die Bestimmung des Angebotspreises **(Bild 3)**.

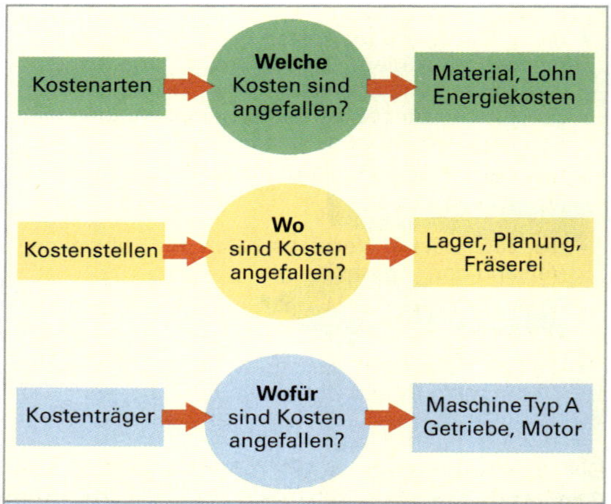

**Bild 3: Fragestellungen zu Kostenarten, Kostenstellen und Kostenträger**

Die Kostenartenrechnung erfasst alle Kosten aus einem Zeitraum eines Betriebes, die zur Beschaffung, Lagerung und Produktion von Erzeugnissen angefallen sind.
Mit den Belegen: Rechnungen, Quittungen, Lohnbelegen, Gehaltsabrechnungen, Materialentnahmescheinen werden diese Kosten ausgewiesen. In der Kostenartenrechnung erfolgt dann eine verursachergerechte Zuordnung und Verrechnung der Kosten auf Kostenstellen und Kostenträger.

Nach ihrer Entstehung lassen sich folgende Kostengruppen einteilen:
- die Materialkosten: Roh-, Hilfs- und Betriebsstoffkosten,
- die Arbeitskosten: Löhne, Gehälter, Lohnnebenkosten, Unternehmerlohn,
- die Kapitalkosten: Abschreibungen, Zinsen, Wagnis,
- die Fremdleistungskosten: Kosten für Reparaturen und Transportleistungen,
- die behördlichen Kosten: Steuern, Gebühren und Beiträge.

Bei den Einzelkosten ist eine direkte Zurechnung durch Belege auf einen Kostenträger möglich. Die Gemeinkosten z.B. Stromkosten, Energiekosten, Instandhaltungskosten werden allgemein nicht auf einen Kostenträger bezogen.
Über den Umweg der Kostenstellenrechnung und mithilfe von Verteilerschlüsseln werden diese erst später auf den Kostenträger umgelegt **(Bild 1)**.

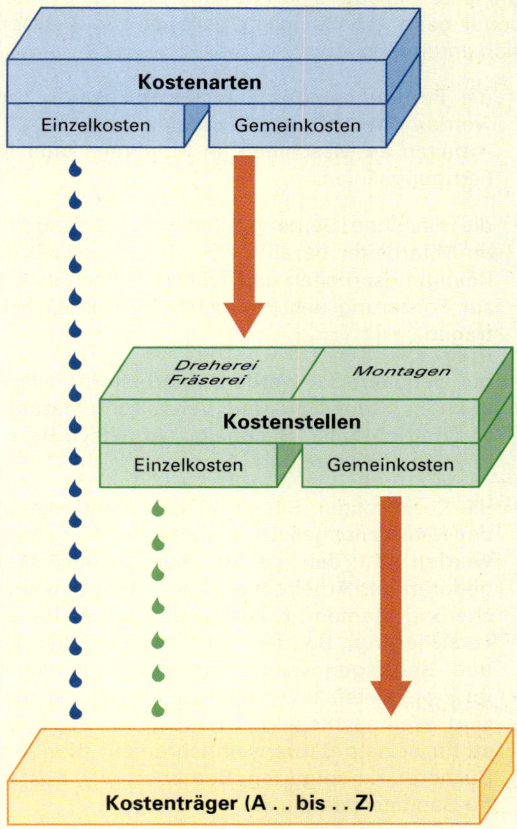


**Bild 1: Verrechnung der Einzel- und Gemeinkosten auf Kostenträger**

### Materialkosten

Zur Herstellung von Erzeugnissen werden Materialien benötigt.

Sie werden unterteilt in:
- die **Fertigungsmaterialien** z.B. Rohstoffe, Halbzeuge u.a. Sie gehen direkt in das Produkt ein und stellen die Grundlage eines Erzeugnisses dar und sind somit die Erzeugnis-Einzelkosten.
- die **Hilfsstoffe** sind Farben, Reinigungsmaterial, und Verpackungsmaterial und gehen auch unmittelbar in das Erzeugnis ein. Meist sind sie untergeordnet und werden als „unechte" Gemeinkosten behandelt.
- die **Betriebsstoffe** wie Schmierstoffe; Strom und Gas bilden keinen Bestandteil des Erzeugnisses, werden aber für die Produktion oder für die Maschinenversorgung benötigt. Sie werden über die Maschinenstundensätze auf die Produkte verrechnet.

Die Mengenerfassung der Materialien erfolgt direkt durch Entnahmescheine und indirekt durch Inventur (Anfangsbestand + Zugänge laut Lieferschein – Endbestand = Verbrauch).

Mithilfe der EDV und der laufenden Entnahmebuchungen lässt sich eine permanente Inventur durchführen.

*Kosten je Materialart werden wie folgt ermittelt: Kosten je Materialart in € = Einsatzmenge in Mengeneinheit x Einstandspreis je Mengeneinheit*

**Beispiel:**
Für die Herstellung eines Gestelles werden 25 kg Winkelträger verwendet. Welche Kosten entstehen für das Rohmaterial?
Kosten = 25 kg Stahl x 5,60 €/kg = 140 €.

Entstehen bei der Bearbeitung von wertvollen Werkstoffen Abfälle, so müssen diese Reststoffe beim Verkauf als „Gutschrift" in die Rechnung mit einfließen.

**Arbeitskosten**

Die Arbeitskosten sind unmittelbar an den Mitarbeiter beim Arbeitseinsatz gekoppelt und lassen sich unterteilen in:

- die Fertigungslöhne (Lohneinzelkosten). Sie werden direkt für das Erzeugnis erbracht, z.B. Arbeiten an Maschinen, in Montagen oder in Fertigungslinien.
- die Hilfslöhne (Gemeinkostenlöhne). Sie werden an Mitarbeiter bezahlt, z.B. für Lagerarbeiten, Reinigungsarbeiten und Transportarbeiten, die zur Förderung des Produktionsprozesses beitragen.
- die Gehälter. Sie werden Mitarbeitern in Produktion, Steuerung und Verwaltung bezahlt, wie Betriebsleiter, Buchhalter, Arbeitsvorbereiter, Konstrukteure und Meister,
- die Sozialkosten. Sie sind jene Kosten, die an den Mitarbeiter gesetzlich oder freiwillig gezahlt werden. Zu den gesetzlichen Sozialkosten gehören der Arbeitgeberanteil zur Sozialversicherung (Renten-, Kranken- und Arbeitslosenversicherung), Beiträge zur Unfallversicherung und Berufsgenossenschaft, Lohnfortzahlung im Krankheitsfall. Die freiwilligen Sozialkosten sind Weihnachtsgeld, Urlaubsgeld, Zuschüsse für soziale Betriebseinrichtungen (Kantine, Bücherei, Kindergarten, Betriebssport), Kosten für Sanitätsstation u.a.

**Beispiel:**

Von zwei Mitarbeitern werden in 5 Stunden zwei Karosserien lackiert. Der Stundenlohn beträgt 9,50 € /h.

Ermitteln Sie die Auftragskosten und die Lohnkosten je Karosserie.

*Lösung:*

Auftragskosten = Lohnkosten

Lohnkosten = Arbeitszeit · Stundenlohn · MA-Zahl

$= \frac{5\ \text{h} \cdot 9{,}50\ \text{€/h} \cdot 2\ \text{MA}}{\text{Auftrag MA}}$

$= \underline{95\ \text{€/Auftrag}}$

$\text{Lohnkosten/Karosserie} = \frac{95\ \text{€/Auftrag}}{2\ \text{Karosserien/Auftrag}}$

$= 47{,}5\ \text{€/Karosserie}$

**Kapitalkosten**

Bei der Nutzung von Investitionsgüter, z.B. Gebäude, Maschinen, Patente, Bankkredite werden Kapitalkosten verursacht. Unter Kapitalkosten werden Abschreibungen, Zinsen und Wagnis verstanden.

**Abschreibungen**

Betrieblich genutzte Investitionsgüter unterliegen in unterschiedlicher Größe einer Wertminderung. Zum Beispiel: mit zunehmender Produktionsmenge und mit zunehmendem Alter sind es der Verschleiß, die Bedarfsverschiebung bei technischem Fortschritt und der Zeitablauf bei Patenten. Diese Wertminderungen sind jährlich in den Abschreibungen zu berücksichtigen. Hierbei werden die einzelnen Anschaffungswerte der Maschinen auf die voraussichtliche Nutzungsdauer **(Tabelle 1)** bezogen oder auf die produzierten Einheiten verteilt.

**Tabelle 1: Nutzungsdauer bei Investitionsgütern**

| Investitionsgüter | Nutzungsdauer in Jahren |
|---|---|
| Gebäude | 40 ... 20 |
| Kräne | 12 |
| PKW | 5 ... 3 |
| LKW | 4 ... 3 |
| Pressen | 12 ... 10 |
| CNC-Maschinen | 12 ... 8 |

Abschreibung ist steuerrechtlich eine Absetzung für Abnutzung (AfA) und wird vor allem an Maschinen, Gebäuden, Geschäftsausstattungen und Fahrzeugen vorgenommen.

**Beispiel:**

Fertigungskosten für ein Teil:

Es werden 50 Zahnräder in einem Auftrag gefertigt. Die Rüstzeit beträgt 200 min pro Auftrag. Für die Fertigung der Zahnräder werden 6 min pro Stück verbraucht. Die Arbeit erfolgt im Akkord mit einem Akkordrichtsatz von 10 €/Stunde. Zur Kalkulation werden die Fertigungslohnkosten für den Auftrag und für das Stück benötigt.

*Lösung:*

Auftragszeit $T = t_r + m \cdot t_e$

= 200 min + 50 Stück · 6 min/Stück

= 500 min

*Fertigungslohnkosten für den Auftrag = Auftragszeit · Akkordrichtsatz*

500 min/Auftrag · 10 €/60 min/h =
83,33 €/Auftrag

$\textit{Fertigungslohnkosten pro Stück} = \frac{83{,}33\ \text{€/Auftrag}}{50\ \text{Stück/Auftrag}}$

$= 1{,}67\ \text{€/Stück}$

Ziel der Abschreibungen ist:
- die Substanzerhaltung der Maschinen und Anlagen in Betrieben und
- die zeitraumgerechte Zuordnung der Kapitalkosten auf die Kostenträger.

Die gebräuchlichste Abschreibungsart ist die lineare Abschreibung mit gleichbleibenden Jahreswerten.

$$Abschreibung = \frac{Anschaffungswert - Restwert}{Nutzungsjahre\ n}$$

Anschaffungswert = Anschaffungspreis + Aufstellungs- und Inbetriebnahmekosten

Restwert = geschätzter verbleibender Kauferlös nach *n* – Nutzungsjahren.

**Bilanzielle Abschreibung**
Sie dient zur Bewertung des Betriebsvermögens und zur Aufstellung der Handels- und Steuerbilanz. Sie ist beendet, wenn die Nutzungsdauer abgelaufen ist. Die Abschreibung in der Steuerbilanz vermindert den zu versteuernden Gewinn des Unternehmens. Die Höhe der steuerlichen Abschreibung ist gesetzlich begrenzt und richtet sich nach einer gesetzlich festgelegten Nutzungsdauer einer Investition. Allgemein ist nur eine lineare Steuerabschreibung zugelassen.

**Kalkulatorische Abschreibungen**
Sie dienen der Verrechnung der Anlagegüter auf die Erzeugnisse und damit zur Bestimmung der Selbstkosten. Die Abschreibungen enden erst am wirklichen Ende der Nutzung. Die anfänglich angenommene oder gesetzliche Nutzungsdauer mit dem wirklichen Ende der Nutzung differiert erheblich. Um Rücklagen für das Unternehmen zu schaffen, werden die Anlagen kontinuierlich über die einmal angenommene Nutzungsdauer hinaus gleichmäßig weiter abgeschrieben.

Hierdurch wird es auch für den Unternehmer möglich, sich mit seinen Preisen dem Markt in begrenzten Bereichen anzupassen.

**Zinsen**
Die Zinsen werden auf das gesamt eingesetzte Kapital bezogen. Der kalkulatorische Zinssatz entspricht den aktuellen Zinssätzen für langfristiges Kapital.

**Wagnis**
Zu den kalkulatorischen Wagnissen (Verlustrisiko) gehören insbesondere:
- das *Produktionsrisiken* (Betriebsmittelrisiko durch Ausfall, Werkstoffrisiko und Arbeitsrisiko),
- das *Lagerhaltungsrisiko*, das Transportrisiko, und das Handelsrisiko sowie
- das *Finanzrisiko* bei Geschäften z.B. mit Staaten ohne sichere Währung.

Diese Risiken sind nicht voraussehbar und werden deshalb aus der Erfahrung abgeleitet und mit einem Durchschnittswert auf die Erzeugnisse verrechnet.

**Beispiel:**
Eine Anlage wird zum Preis von 300000 € gekauft. Die Transport-, Aufstellungs- und Inbetriebnahmekosten betragen 60000 €. Die Nutzungsdauer wird auf 6 Jahre geschätzt.
Ein voraussichtlicher Restwert beträgt 20000 €. In welcher Höhe sind bei linearer Abschreibung die jährlichen Abschreibungsbeträge für die Kalkulation anzusetzen?

*Lösung:*

$$Abschreibungsbetrag = \frac{300000\ € + 60000\ € - 20000\ €}{8\ Jahre}$$

$$= 42\,500,–\ €/Jahr$$

**Wiederholung und Vertiefung**

1. Nennen Sie einige Einzelkosten, die bei der Herstellung von Produkten anfallen.
2. Welche Unterschiede bestehen zwischen Einzel- und Gemeinkosten?
3. Nennen Sie einige Gemeinkostenarten.
4. Welcher Kostengruppe ist die Fremdbearbeitung von Erzeugnissen oder Erzeugnisteilen zuzuordnen?
5. Wie werden die Einzelkosten in die Gesamtkosten eingerechnet und was passiert mit den Gemeinkosten?
6. Welche Kosten werden in der Kostenartenrechnung erfasst?
7. Wie gehen die Materialkosten in die Kostenartenrechnung ein?
8. Wie erfolgt die Mengenerfassung an Materialien?
9. Nennen Sie die wichtigsten Arbeitskosten.
10. Welche Kostenarten gehören zu den Kapitalkosten?
11. Warum dürfen Investitionsgüter abgeschrieben werden?

## 6.4 Innerbetriebliche Leistungsverrechnung

Die innerbetriebliche Leistungsverrechnung besteht aus:

- der Kostenstellenrechnung,
- dem Betriebsabrechnungsbogen (BAB) und
- der Platzkostenrechnung.

Die **Kostenstellenrechnung** hat die Aufgabe, in Betrieben eine möglichst verursachergerechte Verrechnung der Gemeinkosten auf die Kostenträger (Erzeugnisse) zu gewährleisten.
Hierzu hilft die Bildung von Kostenstellen (Abrechnungsbereiche) im Betrieb **(Bild 1)**. Dadurch lassen sich die Gemeinkosten bereichsweise erfassen und mit einem Verteilerschlüssel auf die Produkte verrechnen.
Zur besseren Steuerung (Controlling) des Betriebsgeschehens ermöglicht die Kostenstellenrechnung schnelle, wirtschaftliche Einblicke in die Kostenstelle.

Zur besseren Buchführung sind Kostenstellen so zu gliedern, dass sich alle Kostenbelege ohne Schwierigkeiten zuordnen lassen können.

Aufgaben der Kostenstellenrechnung sind:
1. Kosten bei der Entstehung sammeln und verursachergerecht auf Kostenstellen verteilen
2. Verteilungsschlüssel für die Gemeinkostenverteilung festlegen
3. anfallende Kosten ständig überwachen, um das Betriebsgeschehen wirtschaftlich zu steuern (Controlling).

Die Kostenstellenpläne sind gegliedert in:
- die **allgemeinen Kostenstellen**, z.B. Grundstücks- und Gebäudeverwaltung, Energieversorgung,
- die **Fertigungshilfskostenstellen**, z.B. Arbeitsvorbereitung, Instandsetzungsabteilungen und Konstruktion. Sie dienen zur Gemeinkostenerfassung, die dann auf Hauptkostenstellen verrechnet werden,
- die **Fertigungskostenstellen**, z.B. Dreherei, Fräserei, Oberflächentechnik, Schleiferei u.a. sind ausschließlich Produktionsstätten der Erzeugnisse,
- die Materialkostenstellen, z.B. Materiallager, Sägerei u.a.,
- die **Verwaltungskostenstellen**, z.B. allgemeine Verwaltung, Geschäftsbuchführung, Finanz- und Betriebsbuchhaltung,
- die **Vertriebskostenstellen**, z.B. Verkauf, Vertriebsplanung, Werbung.

Zur besseren Verrechnung der Kosten werden die Hauptkostenstellen in Arbeitsplatzgruppen weiter unterteilt.

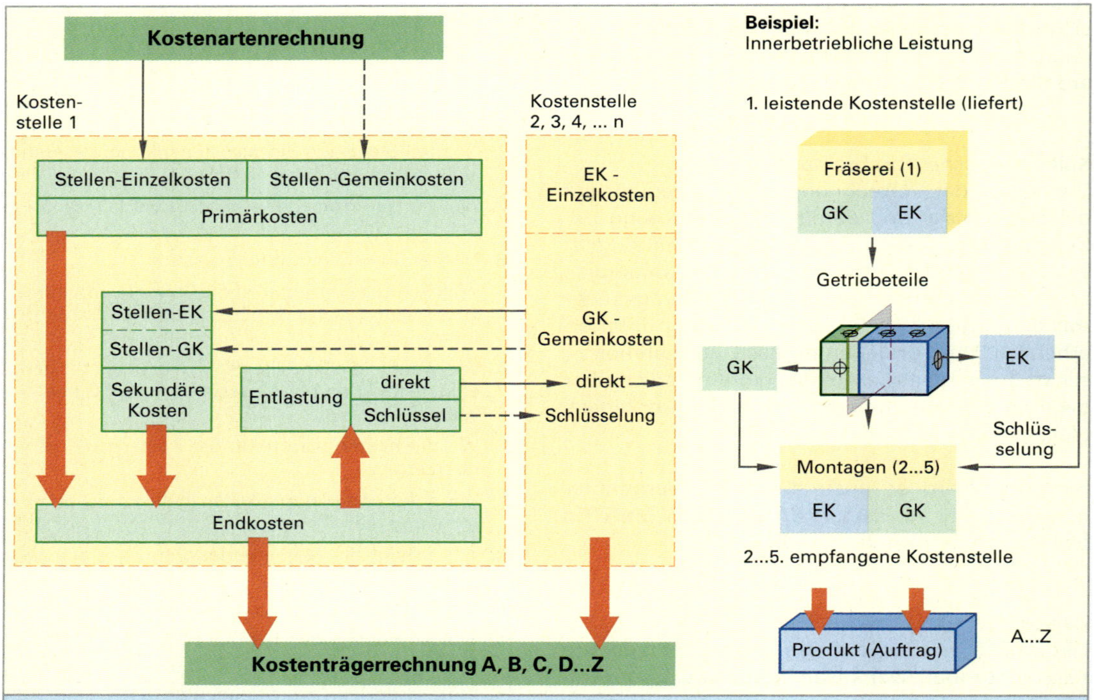


**Bild 1: Innerbetriebliches Leistungsverrechnungsschema in einer Kostenstelle**

### 6.4.1 Verfahren zur innerbetrieblichen Leistungsverrechnung

Betriebe stellen nicht nur Erzeugnisse, die für den Verkauf bestimmt sind her, sondern erbringen auch innerbetriebliche Leistungen. Hierunter wird die Herstellung von Werkzeugen, Vorrichtungen, Maschinen verstanden, sowie Reparaturen, innerbetriebliche Transporte, Forschungs- und Entwicklungsarbeiten.

Diese Leistungen müssen auch nach steuerlichen Vorschriften behandelt werden (Aktivierungspflicht). Unter „aktivieren" versteht man die Summation der Kosten auf die Bilanzsumme des Anlagevermögens auf der Aktivseite der Bilanz. Anschließend werden die Kosten über Abschreibungen auf die Kostenstellen periodenweise verrechnet. Die Schwierigkeiten bei der Verrechnung der erbrachten Leistungen liegen in dem komplexen Austausch der verrechneten Leistungen auf die unterschiedlichen Kostenstellen im Betrieb.

Endkosten = primäre Kosten plus/minus Kosten für innerbetriebliche Leistungen

Kommen die Stellen-Einzelkosten und Stellen-Gemeinkosten aus der Kostenartenrechnung und von der Kostenstelle, so werden sie als Primärkosten bezeichnet. Kosten aus der innerbetrieblichen Leistungsverrechnung werden Sekundärkosten genannt. Diese werden direkt durch Belege als Stellen-Einzelkosten oder über Schlüssel als Stellen-Gemeinkosten verrechnet.

Es erstellt z.B. die Kostenstelle 1 (Fräserei) ein Getriebeteil für die Kostenstelle 2 (Montage) und für sich selbst. Die Kostenstelle 1 empfängt aber auch Leistungen von anderen Kostenstellen. Damit die Kostenträger verursachergerecht mit den jeweiligen Endkosten belastet werden ist eine gegenseitige Verrechnung der innerbetrieblichen Leistungen erforderlich **(Bild 1, vorhergehende Seite)**.

### 6.4.2 Betriebsabrechnungsbogen (BAB)

Der Betriebsabrechnungsbogen (BAB) ist ein wichtiges Instrument der Kostenstellenrechnung. Mit dem Betriebsabrechnungsbogen wird hauptsächlich eine verursachergerechte Verteilung der Gemeinkosten auf die Kostenstellen vorgenommen **(Bild 1)**.

| Kostenarten | Zahlen der Buchhaltung € | Erfassungsgrundlage | Verteilungs-(Umlage)-Schlüssel | Kostenstellen | | | | | |
|---|---|---|---|---|---|---|---|---|---|
| | | | | Fertigungsstelle | | | Materialstellen | Verwaltungsstellen | Vertriebsstellen |
| | | | | Ko 1 | Ko 2 | Ko 3 | | | |
| | 1 | 2a | 2b | 3 | 4 | 5 | 6 | 7 | 8 |
| Gehälter | 3000 | Gehaltsliste | direkt | 500 | 400 | 100 | 500 | 800 | 700 |
| Hilfslöhne | 2000 | Lohnscheine | direkt | 1200 | 100 | 150 | 400 | 100 | 50 |
| Soz.-Aufwendungen | 1000 | Lohn- u. Gehaltslisten | direkt | 400 | 100 | 200 | 100 | 150 | 50 |
| Hilfs- u. Betriebsstoffe | 500 | Materialschein | direkt | 200 | 50 | 50 | 50 | | 150 |
| Büromaterial | 200 | Rechnungen | direkt | 10 | 10 | 10 | 20 | 80 | 70 |
| Fremdreparaturen | 800 | Rechnungen | direkt | 500 | | 300 | | | |
| Energieverbrauch | 400 | Rechnungen | Energieverbrauch d. Ko-St. | 100 | 50 | 100 | 50 | 80 | 20 |
| Abschreibungen | 250 | Kontenblatt | direkt | 50 | 30 | 20 | 50 | 20 | 80 |
| Steuer | 150 | Kontenblätter | Umlage | | | | | 150 | |
| Postgebühr | 100 | Rechnungen | direkt | | | | | 100 | |
| Werbekosten | 450 | Rechnungen | direkt | | | | | | 450 |
| sonst. Kosten | 100 | Kontenblätter | Umlage | 40 | 10 | 20 | 10 | 10 | 10 |
| Summe der GK | 8950 | | | 3000 | 750 | 950 | 1180 | 1490 | 1580 |
| Fertigungslöhne | 5000 | Lohnscheine | | 2500 | 1000 | 1500 | | | |
| Fertigungsmaterial | 6000 | Materialscheine | | | | | 6000 | | |
| Herstellkosten = +3+4+5+6 | 16880 | | | | | | | 16880 | 16880 |
| GK-Zuschläge | | | | 120% | 75% | 63,7% | 19,6% | 8,82% | 9,4% |

**Bild 1: Vereinfachter Betriebsabrechnungsbogen**

Der BAB ermöglicht:
- Verteilen der Kosten der allgemeinen Kostenstellen auf die nachgelagerten Kostenstellen,
- Verteilen der Kosten der Hilfskostenstellen auf die Hauptkostenstellen,
- Errechnen der Gemeinkostenzuschläge für die Hauptkostenstellen,
- Controlling der Wirtschaftlichkeit in den einzelnen Kostenstellen

In dem BAB sind die Kostenarten in den Zeilen und die Kostenstellen in den Spalten aufgeführt **(Bild 1)**. Die verschiedenen Gemeinkostenarten werden erfasst und auf die Kostenstellen nach einem Umlageschlüssel (Bild 1, vorhergehende Seite, Spalte 2) verteilt. Die Einzelkosten sind den Kostenstellen zugeordnet, in denen sie angefallen sind. Die Gemeinkosten-Zuschläge werden dann berechnet als Gemeinzuschlagssatz.
Allgemein ist der Betriebsabrechnungsbogen durch die Struktur des Betriebes bestimmt. Die Kostenarten und die Kostenstellen werden in ihrer Gliederung durch den Betrieb vorgegeben. In Großbetrieben lassen sich die Vielzahl der Daten nur über eine leistungsstarke EDV-Anlage handhaben.

Fertigungsgemeinkosten-Zuschlagssatz (FGK-Zuschlagssatz) =

$$FGK\text{-}Z = \frac{Fertigungsgemeinkosten}{Fertigungslöhne} \cdot 100\%$$

Materialgemeinkosten-Zuschlagssatz (MGK-Zuschlagssatz)

$$MGK\text{-}Z = \frac{Materialgemeinkosten}{\text{Materialeinzelkosten}} \cdot 100\%$$

Verwaltungsgemeinkosten-Zuschlagssatz (VwGK-Zuschlagssatz)

$$VwGK\text{-}Z = \frac{Verwaltungsgemeinkosten}{Herstellkosten} \cdot 100\%$$

Vertriebsgemeinkosten-Zuschlagssatz (VtGK-Zuschlagssatz)

$$VtGK\text{-}Z = \frac{Vertriebsgemeinkosten}{Herstellkosten} \cdot 100\%$$

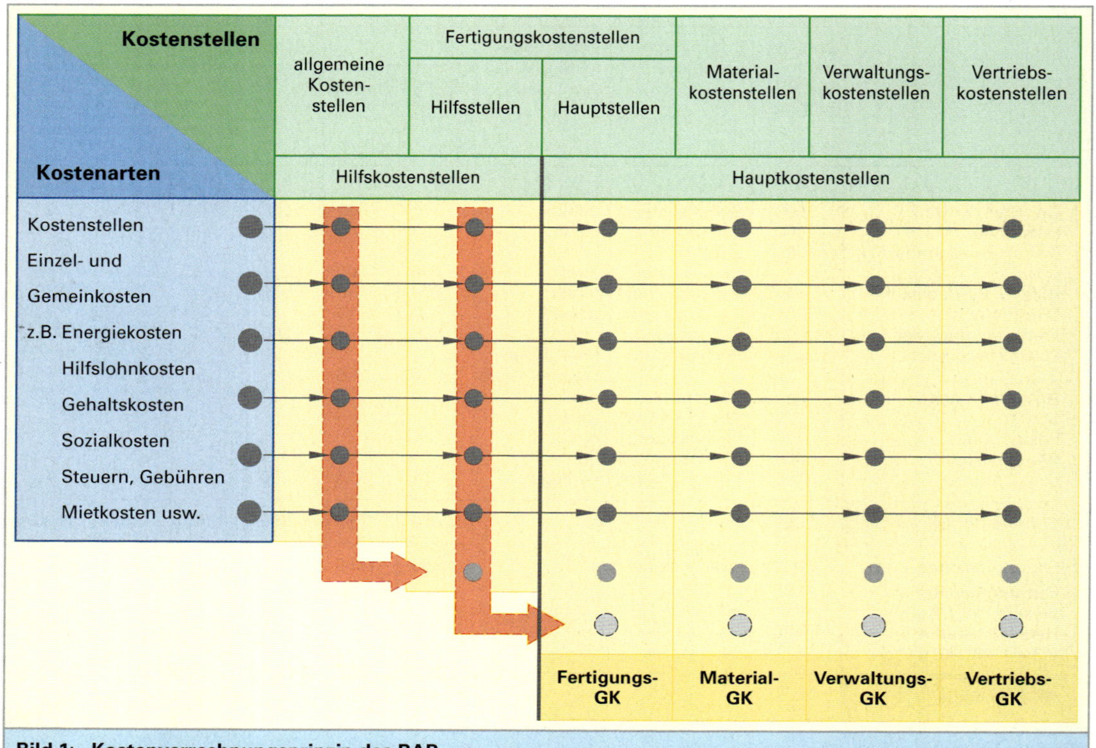


**Bild 1: Kostenverrechnungsprinzip des BAB**

Grundsätzlich geht man bei der Kostenstellenrechnung mit dem Betriebsabrechnungsbogen in mehreren Stufen vor:

- Kostenübernahme,
- Kostenverteilung (innerbetriebliche Leistungsverrechnung),
- Ermittlung der Gemeinkosten-Zuschlagssätze,
- Nachprüfung der verrechneten Kosten mit den tatsächlich angefallenen Kosten,
- Ermittlung von Betriebskennzahlen (Gemeinkosten je Beschäftigten, Gesamtkosten je kg Produktionsleistung, Fertigungskosten je Maschinenstunde, Verlauf der Beschäftigtenzahl).

Die Gemeinkosten werden nicht direkt auf einzelne Kostenträger bzw. Aufträge, sondern auf bestimmte Kostenstellen verrechnet. Sie können nur über Umwege über die Stellen, an denen sie entstehen, d.h. über eine Kostenstelle, den einzelnen Kostenträgern oder Aufträgen zugerechnet werden.

Die Ermittlung eines geeigneten Verteilerschlüssels zur verursachergerechten Zuordnung macht meist große Schwierigkeiten, so dass versucht wird, viele Gemeinkosten als Kostenstellen-Einzelkosten direkt zu verrechnen. Je mehr dies erfolgreich gelingt, um so besser ist die Aussagekraft einer Kostenstellenrechnung. Kann man aus einer Kostenart nur Kostenstellen-Gemeinkosten verrechnen, so muss nach einem geeigneten Kostenverteilerschlüssel gesucht werden **(Bild 1)**.

**Beispiel:**
Ein Werkstück weist Herstellkosten aus von 16880 €. Wie setzen sich diese zusammen?

*Lösung:*
Material-Einzelkosten 6000 € + Material-Gemeinkosten 1180 €,

Materialkosten, gesamt: 7180 €

Fertigungs-Einzelkosten der Kostenstelle 1 2500 € + Fertigungs-Gemeinkosten der Kostenstelle 1 3000 € + Fertigungs-EK-Kostenstelle 2 1000 € + Fertigungs-GK-Kostenstelle 2 750 € + Fertigungs-EK-Kostenstelle 3 1500 € + Fertigungs-GK-Kostenstelle 3 950 €,

Fertigungskosten, gesamt: 9700 €

Herstellkosten: 16880 €

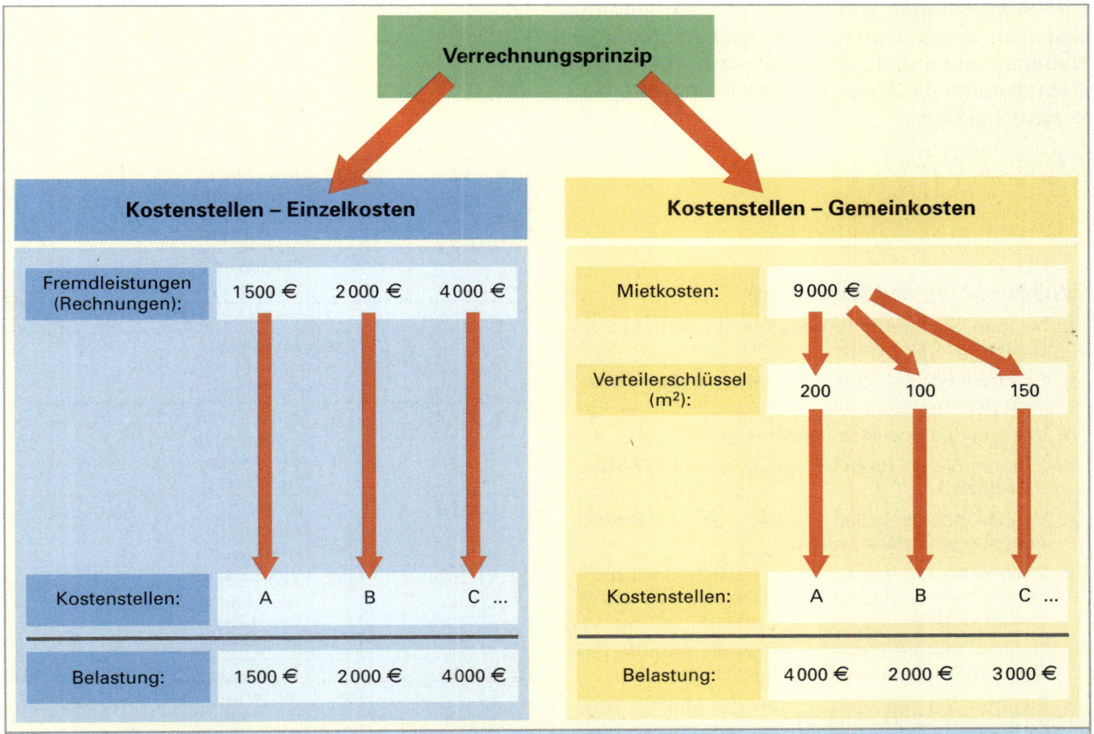


**Bild 1: Verrechnungsprinzip der Kostenstellen – Einzel- und Gemeinkosten**

Die Auswertung des BAB zeigt Ansatzpunkte für mögliche Rationalisierungsmaßnahmen. Zum Beispiel ersieht man aus Bild 1, dass die Fertigungsgemeinkosten (FGK) fast so groß sind, wie die Fertigungslöhne. Bei einer Senkung dieser FGK wirkt sich diese genauso stark auf die Gesamtkosten aus, wie die Senkung der Lohnkosten.

Eine Einsparung an den Materialkosten um 2%, z.B. durch günstigeren Materialeinkauf und geringeren Materialverbrauch, würde einer Lohnsenkung von 2,4% entsprechen. Diese einfache Analyse macht die Auswirkungen verschiedener Rationalisierungsmaßnahmen bereits deutlich und führt zu einer realistischen Einschätzung von Rationalisierungsreserven.

Bei großen Unternehmen mit detaillierter Kostenstellengliederung wird der BAB zu unübersichtlich. Man teilt den Bogen kostenstellenweise auf. Jeder Kostenstellenleiter z.B. Meister, Vorarbeiter, Gruppenführer oder Betriebsleiter erhält dann die Zahlen, wie **Bild 1** schematisch zeigt, in einem Kostenstellen-Vergleichsbogen. Hier werden die Kosten so nebeneinander dargestellt, dass die Kostenentwicklungen schnell erkannt werden können.

Die Verlagerungen von Kosten und ein außergewöhnlich hoher Kostenanfall bleiben durch die Nebeneinanderstellung nicht verborgen. Man sieht dadurch die Ansatzpunkte für ein Kostensenkungsprogramm.

| gesehen: Abteilungsleiter | | **Kostenstellenbogen**<br>Gehaltsempfänger Ist 3/0 Soll 3/0<br>Lohnempfänger Ist 7/0 Soll 6/0 | | Maschinenbau AG | | |
|---|---|---|---|---|---|---|
| Alle Zahlen in T€ | | | | | | |
| laufender Monat | | | | Januar bis laufender Monat | | |
| Ist | Abweichung zum Budget | Folge-Nr. | Kostenarten-(gruppen) | Ist | Budget | Abweichung zum Budget |
| 8,6 | | 1 | Gehalt einschließlich Sozialzuschlag | 52,8 | 49,7 | 3,1+ |
| 7,3 | 1,1– | 2 | Lohn einschließlich Sozialzuschlag | 50,7 | 50,4 | 0,3+ |
| | | 3 | Personalnebenkosten | 0,1 | | 0,1+ |
| 15,9 | 1,1– | 4 | Zwischen-Summe Personalkosten | 103,6 | 100,1 | 3,5+ |
| | | 5 | Reise- und Bewirtungsspesen | | | |
| 4,7 | 3,8+ | 6 | Hilfsmaterial | 6,6 | 5,4 | 1,2+ |
| | 0,4– | 7 | Geringwertige Wirtschaftsgüter | 0,5 | 1,5 | 1,0– |
| 11,1 | 0,8– | 8 | Raumkosten und Energie | 65,8 | 71,1 | 5,3– |
| 0,6 | 0,1– | 9 | Instandhaltung einschl. Großreparaturen | 6,7 | 3,5 | 3,2+ |
| 0,9 | 1,3– | 10 | kalk. Abschreibungen und Zinsen | 5,5 | 13,2 | 7,7– |
| 23,5 | 8,2+ | 11 | Interne Dienstleistungen | 117,2 | 91,0 | 26,2+ |
| | | 12 | Postgebühren | | | |
| | | 13 | Honorare und sonstige Gebühren | | | |
| 0,8 | 0,2+ | 14 | Mieten, Versicherungen, Steuern, Abgaben | 5,3 | 2,8 | 2,5+ |
| | 0,2– | 15 | Andere Fremdleistungen | | 0,8 | 0,6 – |
| | | 16 | Kosten der Werbung und wiss. Information | | | |
| 57,5 | 8,3+ | 17 | Summe der Kosten | 311,2 | 289,4 | 21,8+ |

**Bild 1: Kostenstellenbogen – Vergleichsbogen**

## Wiederholung und Vertiefung

1. Nennen Sie drei innerbetriebliche Leistungsverrechnungsmethoden.
2. Erläutern Sie die Vorgehensweise bei der Kostenstellenrechnung.
3. Wie sind die Kostenstellenpläne gegliedert?
4. Erklären Sie die Begriffe Primärkosten und Sekundärkosten.
5. Welche Kosten sollen mit dem Betriebsabrechnungsbogen erfasst werden?
6. Welche Kosten werden mit dem Betriebsabrechnungsbogen verursachergerecht auf die Kostenstellen verteilt?
7. Nennen Sie die Zuschlagssätze, die mithilfe des Betriebsabrechnungsbogens ermittelt werden.
8. Erklären Sie die Vorteile, die ein Meister bzw. Kostenstellenleiter mithilfe der monatlichen Auswertung eines Betriebsabrechnungsbogens hat.

**Beispiel zur Vorgehensweise bei der Erstellung eines Betriebsabrechnungsbogens (BAB)**
**Schritt 1:**
**Erfassen und Verrechnen der Kostenträger-Gemeinkosten.**
Der Betriebsabrechnungsbogen (BAB) zeigt in den Zeilen 2 bis 11 Gemeinkostenarten **(Bild 1).** Diese sind in Spalte 2 benannt. Wie diese Gemeinkosten erfasst werden, sind in Spalte 3 beschrieben. Die Kostenverteilung auf die einzelnen Kostenstellen, in den Spalten 5 bis 13, erfolgt nach den in Spalte 4 aufgeführten Verteilerschlüsseln. Ob diese Kosten „direkt" oder über spezielle Verteilerschlüssel verteilt werden, ist hier vermerkt. Die direkt zu verteilenden Kosten, auch Einzelgemeinkosten genannt, sind:

- die Gemeinkostenmaterialien, Zeile 2,
- die Hilfslohnkosten, Zeile 4,
- die Fremdinstandhaltungskosten, Zeile 7, und
- die sonstigen Kosten, Zeile 11.

Die Kostenstellenkontierung wird auf den Buchungsbelegen vermerkt und danach den Kostenstellen zugeordnet. Eine Zusammenfassung der im BAB verwendeten Kosten zeigt **Bild 2.**

| 1 | 2 | 3 | 4 | 5 | 6 | 7 | 8 | 9 | 10 | 11 | 12 | 13 |
|---|---|---|---|---|---|---|---|---|---|---|---|---|
| Zeile | Kostenarten-grundlage | Erfassungs-schlüssel | Verteiler-schlüssel | zu verrechnende Kostenstelle | allgemeine Kost.-stelle | Fertigungs-kostenstellen A | B | C | Fertigungs-hilfsko.-stelle | Material-kosten-stelle | Verwal-tungs-kosten-stelle | Ver-triebs-kosten-stelle |
| 2 | Gemeinko. Material | Material-scheine | direkt | 12 150 | 600 | 3 500 | 4 000 | 2 000 | 900 | 500 | 300 | 350 |
| 3 | Energie-kosten | Rechnungen | Verbrauch | 16 858 | 1 730 | 6 400 | 2 700 | 3 800 | 1 378 | 750 | 60 | 40 |
| 4 | Hilfslohn-kosten | Lohnscheine | direkt | 27 600 | 4 800 | 8 800 | 4 000 | 4 400 | 4 000 | 1 600 | 0 | 0 |
| 5 | Gehalts-kosten | Gehaltsliste | Tätigkeits-schlüssel | 18 400 | 3 800 | 1 800 | 1 800 | 1 800 | 1 400 | 1 000 | 3 400 | 3 400 |
| 6 | Sozial-kosten | Lohn- und Gehaltsliste | proportional Lohn/Gehalt | 66 640 | 4 800 | 18 000 | 24 000 | 6 000 | 2 640 | 2 400 | 4 400 | 4 400 |
| 7 | Fremd-instand-haltungsko. | Rechnungen | direkt | 16 400 | 3 500 | 4 000 | 5 000 | 2 000 | 1 000 | 200 | 200 | 500 |
| 8 | Steuern, Gebühren | Rechnungen | verschiedene Schlüssel | 8 010 | 590 | 680 | 780 | 680 | 900 | 1 540 | 600 | 2 240 |
| 9 | Mietkosten | Rechnungen | genutzte Fläche | 47 200 | 8 000 | 12 000 | 14 000 | 10 000 | 1 000 | 1 000 | 600 | 600 |
| 10 | kalk. Abschr. u. Zinsen | Jahrestab. | betriebsnot-wendige Verr. | 10 859 | 1 066 | 1 688 | 1 125 | 1 125 | 1 117 | 3 050 | 1 154 | 534 |
| 11 | sonstige Kosten | Rechnungen | direkt | 1 800 | 400 | 200 | 100 | 150 | 200 | 150 | 500 | 100 |
| 12 | Summe der Kosten je Kostenstelle | Zeile 2 bis 11 | | 225 917 | 29 286 | 57 068 | 57 505 | 31 955 | 14 535 | 12 190 | 11 214 | 12164 |

**Bild BAB 1: Betriebsabrechnungsbogen (BAB)**

| Kostenstelle | Verbrauch nach Mat-Schein | geleistete Fertigungs-Stunden | Lohn-verrech-nungssatz | Hilfslohn-kosten | Fremd-Inst.-haltungs-kosten | sonstige Kosten |
|---|---|---|---|---|---|---|
| | € | h/Mon. | €/h | €/Mon. | €/Mon. | €/Mon. |
| allgemeine Kostenstelle | 600 | 300 | 16 | 4 800 | 3 500 | 400 |
| Fertigungshauptkostenstelle A | 3 500 | 400 | 22 | 8 800 | 4 000 | 200 |
| Fertigungshauptkostenstelle B | 4 000 | 200 | 20 | 4 000 | 5 000 | 100 |
| Fertigungshauptkostenstelle C | 2 000 | 200 | 22 | 4 400 | 2 000 | 150 |
| Fertigungshilfskostenstelle | 900 | 250 | 16 | 4 000 | 1 000 | 200 |
| Materialkostenstelle | 500 | 100 | 16 | 1 600 | 200 | 150 |
| Verwaltungskostenstelle | 300 | | | | 200 | 500 |
| Vertriebskostenstelle | 350 | | | | 500 | 100 |
| Summe | 12 150 | | | 27 600 | 16 400 | 1 800 |

**Bild BAB 2: Kostenstellen-Einzelkosten**

**Beispiel BAB,** Fortsetzung 1

| Kostenstelle | Stromkosten | | | | | Wasserko. Verteilung |
|---|---|---|---|---|---|---|
| | Lichtverbrauch | Anschlusswert | Fertigungsstunden | gesamt | zu verrechnende Kosten | |
| | kWh/Mon. | kW | h/Mon. | kWh/Mon. | €/Mon. | €/Mon. |
| allgemeine Kostenstelle | 100 | | | 100 | 20 | 1 710 |
| Fertigungshauptstelle A | 2000 | 30 | 1 000 | 32 000 | 6 400 | |
| Fertigungshauptstelle B | 1500 | 15 | 800 | 13 500 | 2 700 | |
| Fertigungshauptstelle C | 1000 | 20 | 700 | 19 000 | 3 800 | |
| Fertigungshilfskostenstelle | 50 | | | 50 | 10 | 1 368 |
| Materialkostenstelle | 40 | 10 | 200 | 2 040 | 408 | 342 |
| Verwaltungskostenstelle | 300 | | | 300 | 60 | |
| Vertriebskostenstelle | 200 | | | 200 | 40 | |
| | | | Summe | 67 190 | 13 438 | 3 420 |

| Wasserverbrauchskosten gesamt: | 3 420 € |
|---|---|

**Bild BAB 3: Energiekosten**

| Kostenstelle | Schmidt | Simon | Maier | Schön | zu verrechn. Kosten |
|---|---|---|---|---|---|
| allgemeine Kostenstelle | 2 000 € | | 1 200 € | 600 € | 3 800 € |
| Fertigungshauptkostenstelle A | | 1 800 € | | | 1 800 € |
| Fertigungshauptkostenstelle B | | 1 800 € | | | 1 800 € |
| Fertigungshauptkostenstelle C | | 1 800 € | | | 1 800 € |
| Fertigungshilfskostenstelle | | 600 € | | 800 € | 1 400 € |
| Materialkostenstelle | | | | 1 000 € | 1 000 € |
| Verwaltungskostenstelle | 1 000 € | | 2 400 € | | 3 400 € |
| Vertriebskostenstelle | 1 000 € | | 2 400 € | | 3 400 € |
| Summe | 4 000 € | 6 000 € | 6 000 € | 2 400 € | 18 400 € |

**Bild BAB 4: Gehaltskosten**

| Kostenstelle | Bruttolöhne Gehälter € | zu verrechnende Kosten € |
|---|---|---|
| allgemeine Kostenstelle | 8 000 | 4 800 |
| Fertigungshauptkostenstelle A | 30 000 | 18 000 |
| Fertigungshauptkostenstelle B | 40 000 | 24 000 |
| Fertigungshauptkostenstelle C | 10 000 | 6 000 |
| Fertigungshilfskostenstelle | 4 400 | 2 640 |
| Materialkostenstelle | 4 000 | 2 400 |
| Verwaltungskostenstelle | 7 400 | 4 400 |
| Vertriebskostenstelle | 7 400 | 4 400 |
| Summe | 111 200 | 66 640 |

**Bild BAB 5: Sozialkosten**

| Kostenstelle | genutzte Fläche qm | zu verrechnende Kosten € |
|---|---|---|
| allgemeine Kostenstelle | 800 | 8 000 |
| Fertigungshauptkostenstelle A | 1 200 | 12 000 |
| Fertigungshauptkostenstelle B | 1 400 | 14 000 |
| Fertigungshauptkostenstelle C | 1 000 | 10 000 |
| Fertigungshilfskostenstelle | 100 | 1 000 |
| Materialkostenstelle | 100 | 1 000 |
| Verwaltungskostenstelle | 60 | 600 |
| Vertriebskostenstelle | 60 | 600 |
| Summe | 4 720 | 47 200 |

Verrechnungspreis 10 €/qm Monat

**Bild BAB 7: Mietkosten**

In Spalte 5 des BAB sind die Summen der verschiedenen Gemeinkostenarten addiert. Insgesamt wurden in diesem Monat 225 917 € verrechnet, Zeile 12 Spalte 5
Die restlichen Gemeinkosten werden als Kostenstellen-Gemeinkosten bezeichnet und werden nach den festgelegten Verteilerschlüsseln auf alle Kostenstellen umgelegt.

Dies sind:
- die Energiekosten in Zeile 3 aus Bild BAB 3,
- die Gehaltskosten in Zeile 5 aus Bild BAB 4,
- die Sozialkosten in Zeile 6 aus Bild BAB 4,
- die Steuer, Gebühren, Beiträge und Versicherungen in Zeile 8 aus Bild BAB 6,
- die Mietkosten, Zeile 9 aus Bild BAB 7 und
- die kalkulatorischen Abschreibungs- und Zinskosten Zeile 10 Bild BAB 8.

**Beispiel BAB,** Fortsetzung 2

| Kosten in € / Monat | | | | | |
|---|---|---|---|---|---|
| Kostenstelle | Steuern | Gebühren | Beiträge | Versicher. | Summe |
| | € | € | € | € | € |
| allgemeine Kostenstelle | 500 | | 50 | 40 | 590 |
| Fertigungshauptkostenstelle A | 600 | | 30 | 50 | 680 |
| Fertigungshauptkostenstelle B | 700 | | 30 | 50 | 780 |
| Fertigungshauptkostenstelle C | 600 | | 30 | 50 | 680 |
| Fertigungshilfskostenstelle | 800 | 20 | 80 | | 900 |
| Materialkostenstelle | 1000 | | | 540 | 1540 |
| Verwaltungskostenstelle | 600 | | | | 600 |
| Vertriebskostenstelle | 400 | 800 | 40 | 1000 | 2240 |
| Summe | 5200 | 820 | 260 | 1730 | 8010 |

**Bild BAB 6: Steuern, Gebühren, Beiträge, Versicherungen**

| 1 | 2 | 3 | 4 | 5 | 6 | 7 | 8 | 9 | 10 | 11 |
|---|---|---|---|---|---|---|---|---|---|---|
| Kostenstelle | Wiederbesch. wert € | Abschreib. Satz Jahr | kalk. Abschr. €/J. | (4)/12 €/Mon. | kalk. Zinswert € | 7% kalk. Zinsen vom Zinswert €/Mon. | durchschn. Umlaufwert € | durchschn. gebundenes Kapital € | 7% kalk. Zinsen auf Umlaufvermögen €/Mon. | zu verr. kalk. Abschr. + Zinsen (5)+(7) -(10) |
| Allgemeine Kostenst. | 80 000 | 8 | 10 000 | 833 | 40 000 | 233 | – | – | – | 1 066 |
| F-Hauptkostenstelle A | 150 000 | 10 | 15 000 | 1 250 | 75 000 | 438 | – | – | – | 1 688 |
| F-Hauptkostenstelle B | 100 000 | 10 | 10 000 | 833 | 50 000 | 292 | – | – | – | 1 125 |
| F-Hauptkostenstelle C | 100 000 | 10 | 10 000 | 833 | 50 000 | 292 | – | – | – | 1 125 |
| F-Hilfskostenstelle | 40 000 | 8 | 5 000 | 417 | 20 000 | 117 | 100 000 | – | 583 | 1 117 |
| Materialkostenstelle | 120 000 | 5 | 24 000 | 2 000 | 60 000 | 350 | 120 000 | – | 700 | 3 050 |
| Verwaltungskostenstelle | 50 000 | 5 | 10 000 | 833 | 25 000 | 146 | 90 000 | 60 000 | 175 | 1 154 |
| Vertriebskostenstelle | 40 000 | 8 | 5 000 | 417 | 20 000 | 117 | – | – | – | 534 |
| | 680 000 | | | 7 416 | 340 000 | 1 985 | | | 1 458 | 10 859 |

**Bild BAB 8: Kalkulatorische Abschreibungen und Zinskosten**

**Schritt 2:**
**Internen Leistungsaustausch verrechnen**

Die Verrechnung der innerbetrieblichen Leistung ist erforderlich, da es Kostenstellen in einem Betrieb gibt, die ihre Leistung für eine Kostenstelle erbringen und nicht direkt auf den Kostenträger abgerechnet werden können. Innerbetriebliche Leistungen können sein:

- Entwicklungs-, Versuchs- und Forschungsarbeiten,
- Selbsterstellte Vorrichtungen, Werkzeuge, Maschinen und Anlagen,
- Innerbetriebliche Dienste, wie Telefonzentrale, Hausmeister, Fuhrpark, Reinigung, Kopiergeräte u.a.

Die Verrechnung der innerbetrieblichen Leistungen erfolgt über die Verrechnungsschlüssel. Vorschläge für Verrechnungsschlüssel können sein:

- für allgemeine Kostenstellen:
  Sanitätsstelle: Kopfzahl betreuter Mitarbeiter
  Fuhrpark: Fahrtenbuch
  Grundstücke und Gebäude: Quadratmeter
  Küche und Kantine: Kopfzahl
  Reinigungsdienst: Quadratmeter Bodenfläche
  Sozialdienst: Kopfzahl
- Fertigungshilfsstellen:
  Lehrlingswerkstatt: Anzahl gelernter Mitarbeiter
  Technische Leitung: Kopfzahl oder Fertigungslohnkosten,
  Technische Büros: Kopfzahl oder Fertigungsstunden.

**Beispiel BAB,** Fortsetzung 3
Der interne Leistungsaustausch der im Beispiel Spalte 6 dargestellten „allgemeinen Kostenstelle" mit der Summe von 29 286 € wird nach dem Verteilerschlüssel „genutzte Fläche", Bild BAB 9, auf die restlichen Kostenstellen umgelegt.

Eine weitere interne Kostenverteilung der „Fertigungshilfskostenstelle", Spalte 10, mit der Summe von 16 378 € werden nach dem Verteilerschlüssel „Kopfzahl", Bild BAB 10 auf die drei Fertigungshauptstellen A, B und C verrechnet. Beide Umlagen sind in gerasterten Flächen in Bild BAB 11 ausgewiesen.

| | genutzte Fläche | verrechnete Kosten |
|---|---|---|
| Fertigungskostenstelle A | 200 | 7 322 € |
| Fertigungskostenstelle B | 150 | 5 490 € |
| Fertigungskostenstelle C | 100 | 3 660 € |
| Fertigungshilfskostenstelle | 50 | 1 830 € |
| Materialkostenstelle | 150 | 5 490 € |
| Verwaltungskostenstelle | 50 | 1 830 € |
| Vertriebskostenstelle | 100 | 3 660 € |
| Summe | 800 | 29 286 € |

**Bild BAB 9: Umlage der allgemeinen Kostenstelle**

| | Anzahl der Mitarbeiter | verrechnete Kosten |
|---|---|---|
| Fertigungskostenstelle A | 23 | 9 410 € |
| Fertigungskostenstelle B | 10 | 4 091 € |
| Fertigungskostenstelle C | 7 | 2 864 € |
| Summe | 40 | 16 365 € |

**Bild BAB 10: Umlage der Fertigungshilfskostenstelle auf Fertigungshaupfstellen**

**Betriebsabrechnungsbogen (BAB)**

| 1 | 2 | 3 | 4 | 5 | 6 | 7 | 8 | 9 | 10 | 11 | 12 | 13 |
|---|---|---|---|---|---|---|---|---|---|---|---|---|
| Zeile | Kostenarten | Erfassungsgrundlage | Verteilerschlüssel | zu verrechnende Kostenstelle | allgemeine Kost.-stelle | Fertigungskostenstellen A | B | C | Fertigungshilfsko.-stelle | Materialkostenstelle | Verwaltungskostenstelle | Vertriebskostenstelle |
| 2 | Gemeinko. Material | Materialscheine | direkt | 12 150 | 600 | 3 500 | 4 000 | 2 000 | 900 | 500 | 300 | 350 |
| 3 | Energie-Kosten | Rechnungen | Verbrauch | 16 858 | 1 730 | 6 400 | 2 700 | 3 800 | 1 378 | 750 | 60 | 40 |
| 4 | Hilfslohnkosten | Lohnscheine | direkt | 27 600 | 4 800 | 8 800 | 4 000 | 4 400 | 4 000 | 1 600 | 0 | 0 |
| 5 | Gehaltskosten | Gehaltsliste | Tätigkeitsschlüssel | 18 400 | 3 800 | 1 800 | 1 800 | 1 800 | 1 400 | 1 000 | 3 400 | 3 400 |
| 6 | Sozialkosten | Lohn- und Gehaltsliste | proportional Lohn/Gehalt | 66 640 | 4 800 | 18 000 | 24 000 | 6 000 | 2 640 | 2 400 | 4 400 | 4 400 |
| 7 | Fremdinstandhaltungsko. | Rechnungen | direkt | 16 400 | 3 500 | 4 000 | 5 000 | 2 000 | 1 000 | 200 | 200 | 500 |
| 8 | Steuern, Gebühren | Rechnungen | verschiedene Schlüssel | 8 010 | 590 | 680 | 780 | 680 | 900 | 1 540 | 600 | 2 240 |
| 9 | Mietkosten | Rechnungen | genutzte Fläche | 47 200 | 8 000 | 12 000 | 14 000 | 10 000 | 1 000 | 1 000 | 600 | 600 |
| 10 | kalk. Abschr. u. Zinsen | Jahrestab. | betriebsnotwendige Verr. | 10 859 | 1 066 | 1 688 | 1 125 | 1 125 | 1 117 | 3 050 | 1 154 | 534 |
| 11 | sonstige Kosten | Rechnungen | direkt | 1 800 | 400 | 200 | 100 | 150 | 200 | 150 | 500 | 100 |
| 12 | Summe der Kosten je Kostenstelle | Zeile 2 bis 11 | | 225 917 | 29 486 | 57 068 | 57 505 | 31 955 | 14 535 | 12 190 | 11 214 | 12 164 |
| 13 | Umlagen der allgem. Kostenstelle | Spalte 6, Zeile 12 | genutzte Fläche | 29 286 | | 7 322 | 5 490 | 3 660 | 1 830 | 5 490 | 1 830 | 3 660 |
| 14 | Summe der Gemeinkosten | Zeile 12 und 13 | | 225 917 | | 64 390 | 62 995 | 35 615 | 16 365 | 17 680 | 13 044 | 15 824 |
| 15 | Umlage der F-Hilfsstelle auf F-Hauptst. | Spalte 10, Zeile 14 | Beschäftigtenzahl | 16 365 | | 9 410 | 4 091 | 2 864 | | | | |
| 16 | Summe der Gemeink. nach F-Hilfskosten | Zeile 14 u. 15 Spalte 7, 8, 9 | | 179 365 | | 73 800 | 67 086 | 38 479 | | | | |

alle Zahlenangaben in €

**Bild BAB 11: Umlage der Fertigungshilfskostenstelle und allgemeinen Kostenstelle**

**Beispiel BAB,** Fortsetzung 4

**Betriebsabrechnungsbogen (BAB)**

| 1 | 2 | 3 | 4 | 5 | 6 | 7 | 8 | 9 | 10 | 11 | 12 | 13 |
|---|---|---|---|---|---|---|---|---|---|---|---|---|
| Zeile | Kosten-arten | Erfassungs-grundlage | Verteiler-schlüssel | zu ver-rechnen-de Kos-tenstelle | allge-meine Kost.-stelle | Fertigungskostenstellen | | | Ferti-gungs-hilfsko.-stelle | Materi-kosten-stelle | Verwal-tungs-kosten-stelle | Ver-triebs-kosten-stelle |
| | | | | | | A | B | C | | | | |
| 2 | Gemeinko. Material | Material-scheine | direkt | 12 150 | 600 | 3 500 | 4 000 | 2 000 | 900 | 500 | 300 | 350 |
| 3 | Energie-Kosten | Rechnungen | Verbrauch | 16 858 | 1 730 | 6 400 | 2 700 | 3 800 | 1 378 | 750 | 60 | 40 |
| 4 | Hilfslohn-kosten | Lohnscheine | direkt | 27 600 | 4 800 | 8 800 | 4 000 | 4 400 | 4 000 | 1 600 | 0 | 0 |
| 5 | Gehalts-kosten | Gehaltsliste | Tätigkeits-schlüssel | 18 400 | 3 800 | 1 800 | 1 800 | 1 800 | 1 400 | 1 000 | 3 400 | 3 400 |
| 6 | Sozial-kosten | Lohn- und Gehaltsliste | proportional Lohn/Gehalt | 66 640 | 4 800 | 18 000 | 24 000 | 6 000 | 2 640 | 2 400 | 4 400 | 4 400 |
| 7 | Fremd-instand-haltungsko. | Rechnungen | direkt | 16 400 | 3 500 | 4 000 | 5 000 | 2 000 | 1 000 | 200 | 200 | 500 |
| 8 | Steuern, Gebühren | Rechnungen | verschiedene Schlüssel | 8 010 | 590 | 680 | 780 | 680 | 900 | 1 540 | 600 | 2 240 |
| 9 | Mietkosten | Rechnungen | genutzte Fläche | 47 200 | 8 000 | 12 000 | 14 000 | 10 000 | 1 000 | 1000 | 600 | 600 |
| 10 | kalk. Abschr. u. Zinsen | Jahrestab. | betriebsnot-wendige Verr. | 10 859 | 1 066 | 1 688 | 1 125 | 1 125 | 1 117 | 3 050 | 1 154 | 534 |
| 11 | sonstige Kosten | Rechnungen | direkt | 1 800 | 400 | 200 | 100 | 150 | 200 | 150 | 500 | 100 |
| 12 | Summe der Kosten je Kostenstelle | Zeile 2 bis 11 | | 225 914 | 29 286 | 57 068 | 57 505 | 31 955 | 14 535 | 12 190 | 11 214 | 12 164 |
| 13 | Umlagen der allgem. Kostenstelle | Spalte 6, Zeile 12 | genutzte Fläche | 29 286 | | 7 322 | 5 490 | 3 660 | 1 830 | 5 490 | 1 830 | 3 660 |
| 14 | Summe der Gemeinkosten | Zeile 12 und 13 | | 225 917 | | 64 390 | 62 995 | 35 615 | 16 365 | 17 680 | 13 044 | 15 824 |
| 15 | Umlage der F-Hilfs-stelle auf F-Hauptst. | Spalte 10, Zeile 14 | Beschäf-tigtenzahl | 16 365 | | 9 417 | 4 095 | 2 866 | | | | |
| 16 | Summe der Gemeink. nach F-Hilfskosten | Zeile 14 u. 15 Spalte 7, 8, 9 | | 179 365 | | 73 800 | 67 086 | 38 479 | | | | |
| 17 | Fertigungs-Lohnkosten | Lohn-scheine | direkt | 74 600 | | 28 200 | 38 200 | 8 200 | | | | |
| 18 | Fertigungs-kosten | Zeile 16 u. Zeile 17 | | 253 965 | | 102 000 | 105 286 | 46 679 | | | | |
| 19 | Material-einzelkosten | Material-schein | direkt | 101 000 | | | | | | | | |
| 20 | Materialge-meinkosten | Zeile 14 Spalte | | 17 680 | | | | | | | | |
| 21 | Material-kosten | Zeile 19 u 20 Spalte 5 | | 118 680 | | | | | | | | |
| 22 | Herstell-kosten | Zeile 18 u 21 | | 372 645 | | | | | | | | |
| 23 | Verwaltungs-gemeinkosten | Zeile 14 Spalte 12 | | 13 044 | | | | | | | | |
| 24 | Vertriebsge-meinkosten | Zeile 14 Spalte 13 | | 15 824 | | | | | | | | |
| 25 | Selbst-kosten | Zeile 22,23 u 24 | | 401 513 | | | | | | | | |

alle Zahlenangaben in €

**Bild BAB 11: Betriebsabrechnungsbogen (BAB)**

**Beispiel BAB,** Fortsetzung 5

**Schritt 3:**
**Ermittlung der Herstellkosten, Selbstkosten und Gemeinkostenverrechnungssätze sowie Kennzahlen für den Betrieb (Bild BAB 12)**

Die Fertigungskosten lassen sich ermitteln aus:

| | |
|---|---|
| Zeile 16 Fertigungs-Gemeinkosten: | 179 365,– |
| Zeile 17 Fertigungs-Lohnkosten: | 74 600,– |
| Zeile 18 Fertigungskosten | 253 965,– € |

Die Materialkosten ergeben sich aus:

| | |
|---|---|
| Zeile 19 Material-Einzelkosten: | 101 000,– |
| Zeile 20 Material-GK (Spalte 11): | 17 680,– |
| Zeile 21 Materialkosten | 118 680,– € |

Die Herstellkosten bestehen dann aus der Summe von:

| | |
|---|---|
| Zeile 18 Fertigungskosten | 253 965,– |
| Zeile 21 Materialkosten | 118 680,– |
| Zeile 22 Herstellkosten | 372 645,– € |

Nach Addition der Verwaltungskosten aus Zeile 14, Spalte 12 und der Vertriebskosten aus Zeile 18, Spalte 13 zu den Herstellkosten ergeben sich die Selbstkosten:

| | |
|---|---|
| Zeile 22 Herstellkosten: | 372 645,– |
| Zeile 23 Verwaltungsgemeinko.: | 13 044,– |
| Zeile 24 Vertriebsgemeinkosten | 15 824,– |
| Zeile 25 Selbstkosten | 401 513,– € |

Errechnung der Gemeinkosten-Verrechnungssätze:
Nach der Kostenumlage im Betriebsabrechnungsbogen werden aus den zusammengeführten Daten die Gemeinkostenverrechnungssätze gebildet. Üblicherweise nimmt man hier Datensummen mehrerer Monate, damit die ermittelten Durchschnittswerte besser dem Betriebsverlauf entsprechen. In dem Beispiel sind:

$$MGK\text{-}Z \text{ in } \% = \frac{17\,680,–}{101\,000,–}\ 100\% = 17{,}5\%$$

$$FGK\text{-}Z\ A = \frac{73\,800,–}{28\,200,–}\ 100\% = 262\%$$

$$FGK\text{-}Z\ B = \frac{67\,086,–}{38\,200,–}\ 100\% = 176\%$$

$$FGK\text{-}Z\ C = \frac{38\,479,–}{8\,200,–}\ 100\% = 469\%$$

Ermittlung von Fertigungskostensätze:
Mithilfe des BAB lassen sich für die Kostenermittlung und für die Angebotserstellung leicht die Kostensätze der Fertigungshauptstellen errechnen. Hierzu ist die systematische Erfassung der Fertigungsstunden in den einzelnen Hauptstellen von besonderer Bedeutung. In dem Beispiel ergaben sich in dem betrachteten Monat die Fertigungsstunden zu:

Fertigungshauptstellen

| | | |
|---|---|---|
| A | bei 23 Mitarbeitern zu | 2 744 Stunden |
| B | bei 10 Mitarbeitern zu | 1 400 Stunden |
| C | bei 7 Mitarbeitern zu | 700 Stunden. |

Daraus ergeben sich die Fertigungskostensätze je Stunde zu:

$$FKS = \frac{\text{Fertigungskosten (Zeile 18)}}{\text{Fertigungsstunden/Monat}}$$

$$FKS\ A = \frac{102\,000,–\text{ €}}{2744\text{ Stunden}} = 37{,}17\text{ €/Stunde}$$

$$FKS\ B = \frac{105\,286,–\text{ €}}{1400\text{ Stunden}} = 75{,}20\text{ €/Stunde}$$

$$FKS\ C = \frac{46\,679,–\text{ €}}{700\text{ Stunden}} = 66{,}68\text{ €/Stunde}$$

Die Verwaltungs- und Vertriebsgemeinkosten-Zuschlagsätze werden aus den Zeilen 23 und 24 des Beispiels geteilt durch die Herstellkosten aus Zeile 22 berechnet:

$$VwGK\text{-}Z = \frac{13\,044,–\text{ €}}{372\,645,–\text{ €}}\ 100\% = 3{,}5\%$$

und

$$VtGK\text{-}Z = \frac{15\,824,–\text{ €}}{372\,645,–\text{ €}}\ 100\% = 4{,}2\%$$

Weiter lassen sich aus BAB unterschiedlichste Betriebskennzahlen gewinnen, die dann zur Steuerung der Ergebnisse verwendet werden können.
In diesem Beispiel wird hier der Personalkostengrad für den Betrieb Schmidt GmbH ermittelt.

$$\text{Personalkostengrad} = \frac{\text{Personalkosten}}{\text{Selbstkosten}}\ 100\%$$

Personalkosten setzen sich aus den Ergebnissen der

| | | |
|---|---|---|
| Zeile 17 | Fertigungslohnkosten | 74 600,– € |
| Zeile 4 | Hilfslohnkosten | 27 600,– € |
| Zeile 5 | Gehaltskosten | 18 400,– € |
| Zeile 6 | Sozialkosten | 66 640,– € |
| Summe | | 187 240,– € |

$$\text{Personalkostengrad} = \frac{187\,240,–}{401\,513,–}\ 100\% = 46{,}6\%$$

Eine Zusammenstellung aller berechneten Ergebnisse sind in Bild BAB 13, folgende Seite zusammengefasst.

**Beispiel BAB,** Fortsetzung 6

| Verrechnungssatz | Gesamtbetrieb | Fertigungshauptkostenstelle A | B | C |
|---|---|---|---|---|
| Materialgemeinkostenzuschlag | 17,5% | | | |
| Fertigungsgemeinkosten-Zuschlagssatz | | 262% | 176% | 469% |
| Fertigungskostensatz €/h | | 37,17 | 75,20 | 66,68 |
| Verwaltungsgemeinkostenzuschlagssatz | 3,5% | | | |
| Vertriebsgemeinkostenzuschlagssatz | 4,2% | | | |

**Bild BAB 13: Zusammenstellung der aus dem BAB errechneten Ergebnisse**

**Wiederholung und Vertiefung**

1. Auf welche Fragen gibt die Kostenstellenrechnung eine Antwort?
   - Wofür sind Kosten angefallen?
   - Wo sind Kosten angefallen?
   - Welche Kosten sind angefallen?
2. Welche beiden wesentlichen Aufgaben hat die Kostenstellenrechnung zu erfüllen?
3. Welche Kostenarten müssen mithilfe von Verteilungsschlüsseln verrechnet werden?
4. Welchem Prinzip folgt man bei der Zurechnung der Kostenträger-Gemeinkosten auf die Kostenstellen?
5. Bei welchen Kostenstellen müssen die bereits verrechneten Kosten noch einmal auf andere Kostenstellen weiterverrechnet werden?
6. Begründen Sie diese Vorgehensweise!
7. Nennen Sie Beispiele für innerbetriebliche Leistungen, die im allgemeinen auf die Hauptkostenstelle zu verrechnen sind!

### 6.4.3 Platzkostenrechnung

Mit steigendem Automatisierungsgrad sinkt der Lohnanteil an den Gesamtkosten. Die Gemeinkosten für den Kapitaldienst der Maschinen, die Raumkosten, Instandhaltungskosten, die Kosten für Werkzeuge und Energien steigen an. Um die Kalkulation und die Zuordnung der Kosten weiter zu verfeinern, werden diese auf Maschinengruppen, Einzelmaschinen oder Arbeitsplätze aufgeteilt. Diese Kosten in dieser neuen kleinen Kostenstelle werden als Platzkosten bezeichnet. Diese Aufteilung bedeutet eine genauere Verteilung der Gemeinkosten, aber erschwert die Kostenstellenrechnung.

Die Anwendung ist nur sinnvoll in Kostenstellen
- mit Maschinen und Arbeitsplätzen, die ungleichmäßig genutzt werden,
- mit Maschinen mit hohen und niedrigen Fixkosten und
- in der Werkstättenfertigung.

Zwei Verfahren haben große Bedeutung in der Platzkostenrechnung:
1. **Maschinenstundensatzrechnung:**
   Hier sind alle maschinenbezogenen Kosten mit kalkulatorischen Abschreibungen und Instandhaltungskosten zusammengefasst.
2. **Arbeitsstundensatzrechnung:**
   Diese setzt sich aus dem Maschinenstundensatz und dem Mitarbeiterlohn zusammen.

Die jetzt noch nach diesen Rechenmethoden verbleibenden Gemeinkostenanteile in einer Fertigungsstelle werden *Restfertigungsgemeinkosten* genannt.

Bei der Gegenüberstellung der Selbstkostenaufteilung mit und ohne Maschinenkosten wird deutlich, dass der auf den Lohn zu beziehende Restkostenanteil nur noch relativ klein ist und damit besser verursacherbezogen berechnet werden kann **(Bild 1, folgende Seite)**.

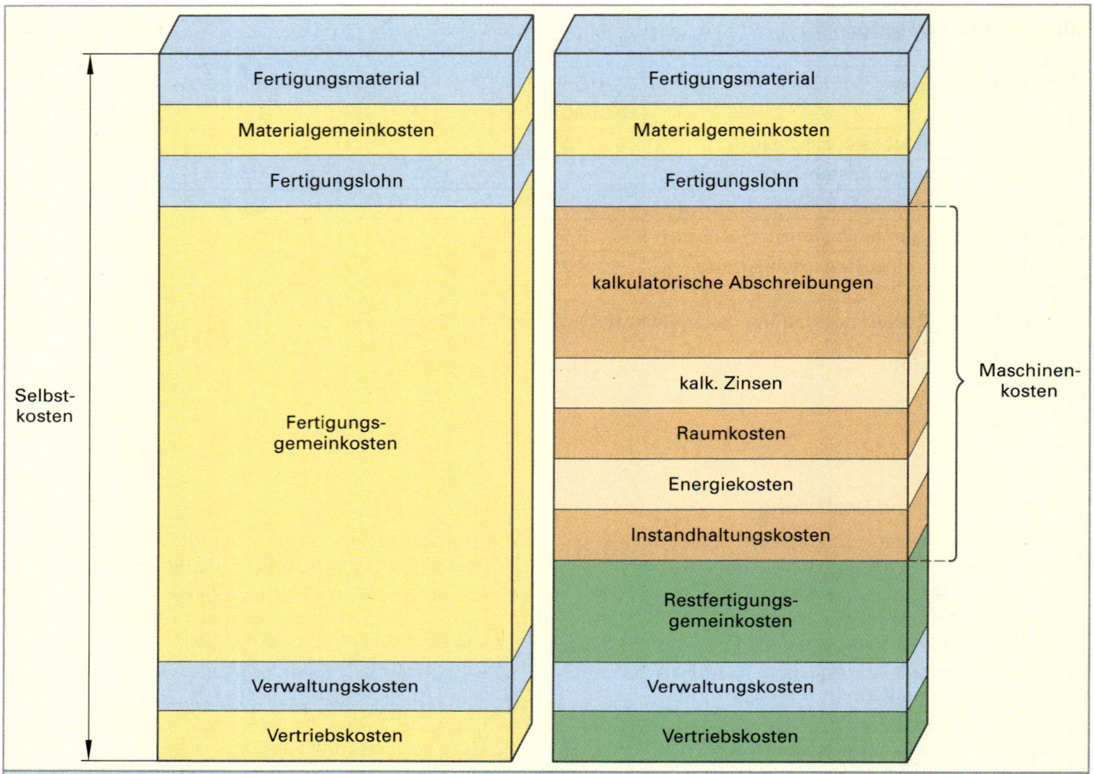


**Bild 1: Zusammensetzung der Selbstkosten ohne Maschinenkosten und mit Maschinenkosten**

**Maschinenkosten**

Weiter sieht man im Kostenstellen-Vergleichsbogen die Kostenarten, die einer Maschine bzw. Maschinengruppe direkt zugeordnet werden können.

**Kalkulatorische Abschreibungen** lassen sich aus dem gerade bestehenden Wiederbeschaffungswert (mit Aufstellungs- und Inbetriebnahmekosten) und der Nutzungsdauer berechnen. Bei veralteten Maschinen ist der Wiederbeschaffungswert einer technisch vergleichbaren Maschine anzusetzen. Die kalkulatorischen Abschreibungen sollten der tatsächlichen Wertminderung der Maschine entsprechen.

Die **kalkulatorischen Zinsen** werden normalerweise in der Höhe der gerade üblichen Zinssätze für langfristiges Fremdkapital angesetzt. Zur Vereinfachung der Rechnung werden die Zinsen vom halben Wiederbeschaffungswert gerechnet.

Die Raumkosten werden auf die von der Maschine benötigte Grundfläche und der Bewegungsfläche für den Arbeitsplatz in qm bezogen. In den Raumkosten sind die Abschreibungen der Gebäude und Werkanlagen, Gebäudeinstandhaltung sowie Kosten für Heizung, Licht, Versicherung und Reinigung enthalten.

Die **Energiekosten** werden aus dem Anschlusswert der Maschine und den geltenden Stromkosten bzw. Energiekosten ermittelt.

Die **Instandhaltungskosten** bzw. laufenden Wartungen werden aus einem prozentualen Durchschnittswert der vergangenen Jahre gebildet und auf die Höhe des Beschaffungswertes bezogen. Diese Durchschnittswerte liegen zwischen 4% bis 8% des Beschaffungswertes.

**Arbeitsplatzkostenrechnung:**

Die Arbeitsplatzkosten sind auch unter den Platzkosten bekannt (Bild 1, übernächste Seite). Diese setzen sich aus den Maschinenkosten, Personalkosten, Restfertigungsgemeinkosten (RFGK), Werk- zeugkosten und Kühlschmiermittelkosten zusammen. Die Kühlschmiermittelkosten verursachen durch die steigenden Entsorgungskosten einen hohen Kostenanteil in der Platzkostenrechnung.

**Beispiel: Maschinenstundensatz und Maschinenkosten je Stück**

Die **Maschinenkosten je Stunde** (Maschinenstundensatz) und die Maschinenkosten je Stück sind zu errechnen.

Gegeben:

- Beschaffungswert (WBW[1]): 160 000 € (mit Aufstellung und Inbetriebnahme)
- Lebensdauer bei 1-Schicht-Nutzung: 10 Jahre
- Lebensdauer bei 2-Schicht-Nutzung: 8 Jahre
- Soll-Einsatzzeit im Jahr bei 1-Schicht-Betrieb bei 250 Arbeitstagen/Jahr, 8 h/Arbeitszeit pro Tag und einem Planungsfaktor von 80% Nutzung = 1600 h/Jahr
- Soll-Einsatzzeit bei 2-Schicht-Betrieb (bei 16 h Arbeitszeit/Tag) = 3200 h/Jahr
- Zinssatz 8%/Jahr
- Flächenbedarf 10 m²
- kalkulatorischer Mietpreis 120 €/(m² · Jahr)
- Strompreis bei 10 kWh 0,20 €/kWh
- Instandhaltungskostensatz (1-Schicht) 4%/Jahr
- Instandhaltungskostensatz (2-Schicht) 6%/Jahr

[1] WBW = Wiederbeschaffungswert

*Lösung:* **Bild 1**

Für die Kalkulation der **Maschinenkosten je Stück** muss zunächst die Belegungszeit je Einheit errechnet werden. Wenn im Beispiel die Betriebsmittel-Rüstzeit 60 min, die Betriebsmittelzeit je Einheit 10 min/Stück und die zu fertigende Stückzahl m = 200 Stück sind, dann ist die Belegungszeit des Betriebsmittels unter Berücksichtigung der Rüstzeit:

$T_{bB} = t_{rB} + m \cdot t_{eB} = 60 + 200 \cdot 10 = 2060$ min und die Belegungszeit je Einheit

$T_{bB}/m = 10{,}3$ min/Stück.

Damit sind die Kosten in €/Stück = Maschinenstundensatz x Belegungszeit

| Kostenart | Berechnungsformel | Kosten in €/h 1-Schicht-Betrieb | Kosten in €/h 2-Schicht-Betrieb |
|---|---|---|---|
| kalkulatorische Abschreibungskosten $K_A$ | $\frac{\text{Wiederbeschaffungspreis (WBW) in €}}{\text{Nutzungsdauer in Jahren}} \cdot \frac{1}{\text{Einsatzzeit in h/Jahr}}$ | 10,– | 6,25 |
| kalkulatorische Zinskosten $K_Z$ | $\frac{\text{Beschaffungspreis (BW) in €}}{2} \cdot \frac{\text{Zinssatz in \%/Jahr}}{100} \cdot \frac{1}{\text{Einsatzzeit in h/Jahr}}$ | 4,00 | 2,00 |
| Raumkosten $K_R$ | $\text{Flächenbedarf in m}^2 \cdot \text{kalkulat. Mietpreis in €/m}^2 \cdot \text{Jahr} \cdot \frac{1}{\text{Einsatzzeit in h/Jahr}}$ | 0,75 | 0,375 |
| Energiekosten $K_E$ | Elektrische Leistung in kW, Strompreis in €/kWh | 2,00 | 2,00 |
| Instandhaltungskosten $K_I$ | $\text{Beschaffungspreis (BW) in €} \cdot \frac{\text{Instandhaltungskostensatz in \%/Jahr}}{100\%} \cdot \frac{1}{\text{Einsatzzeit in h/Jahr}}$ | 4,00 | 3,00 |
| Maschinenstundensatz | Summe der Kosten | 20,75 | 13,62 |

**Bild 1: Schema zur Berechnung des Maschinenstundensatzes**

| | 1-Schicht-Betrieb | 2-Schicht-Betrieb |
|---|---|---|
| Maschinenkosten in €/Stück | $\frac{20{,}75\text{ €/h} \cdot 10{,}3\text{ min/Stück}}{60\text{ min/h}} = 3{,}56$ €/Stück | $\frac{13{,}82\text{ €/h} \cdot 10{,}3\text{ min/Stück}}{60\text{ min/h}} = 2{,}33$ €/Stück |

**Bild 2: Maschinenkosten in €/Stück**

Für Kostenrechnungen bzw. Kostenvergleichsrechnungen in kapitalintensiven Fertigungen dürfen nicht mehr die Lohnkosten pauschal mit einem prozentualen Gemeinkostensatz beaufschlagt werden. Für kapitalintensive Anlagen ist es vorteilhaft Platzkostensätze je Nutzungsstunde zu ermitteln. Hierbei muss die Schichtbelegung berücksichtigt werden. Die Berechnung der Stückkosten in der Fertigung erfolgt durch Multiplikation der Platzkostensätze mit der anteiligen Belegungszeit einer Maschine bzw. Fertigungsanlage.

In der Platzkostenrechnung haben die *Restfertigungsgemeinkosten* eine besondere Stellung. Dieser Gemeinkostensatz wird über den Betriebsabrechnungsbogen (BAB) ermittelt und in Form eines Prozentsatzes angegeben. Man rechnet diesen Gemeinkostensatz zu den Fertigungslohnkosten. Aus der Summe der Fertigungsgemeinkosten werden die maschinenabhängigen Kostenanteile herausgenommen.

Die Restfertigungsgemeinkosten sind also Mischkosten **(Bild 2)**, mit unterschiedlicher Aufteilung. Diese richtet sich nach den in den Restfertigungsgemeinkosten enthaltenen Kostenarten, wie z.B. die Hilfs- und Betriebsstoffe, die Ausschusskosten, die Betriebsgehälter, Kosten für das Hilfspersonal, den Werkstatt-Transport und die Qualitätssicherung.

Neben den Restfertigungsgemeinkosten sind die Instandhaltungs- und Kühlschmiermittelkosten auch Mischkosten. Zum Beispiel überwiegt bei planmäßiger, vorbeugender Wartung der fixe Anteil der Instandhaltungskosten. Bei der Instandhaltung nach Bedarf und Nutzung der Maschine haben die variablen Kosten einen höheren Anteil. Die Kühlschmiermittel müssen in der Fertigung grundsätzlich entsorgt werden und gehören somit anteilig zu den fixen Kosten. Beim Einsatz besonderer Kühlschmierstoffe für einzelne Fertigungsaufgaben müssen diese zu den variablen Kostenanteilen gerechnet werden.
Die Werkzeugkosten werden aus dem Betriebsabrechnungsbogen (BAB), nämlich aus der jährlichen Werkzeugverbrauchssumme entnommen.

Die Verbrauchssumme wird auf eine jährliche Stückzahl bezogen. Eine genauere Methode zur Berücksichtigung der Werkzeugkosten ist die Erfassung des tatsächlichen Verbrauchs entsprechend der Arbeitstechnologien.

Arbeitsstundensatzrechnung (Platzkostensatz) und Maschinenstundensatzrechnung in Abhängigkeit vom Beschäftigungsgrad wird durch die mehrschichtige Nutzung der kostenintensiven Anlagen immer wichtiger. Die aus fixen und variablen Anteilen bestehenden Platzkostensätze und die darin enthaltenen Maschinenstundensätze ergeben sich aus der jährlichen Fertigungskostensumme bzw. der Maschinenkostensumme durch Division der jährlichen Fertigungsstundenzahl. Diese Nutzungszeit ist die tatsächliche Betriebsmittelnutzungszeit einer Maschine oder Anlage unter Berücksichtigung des jeweiligen Planungsfaktors des Betriebs.

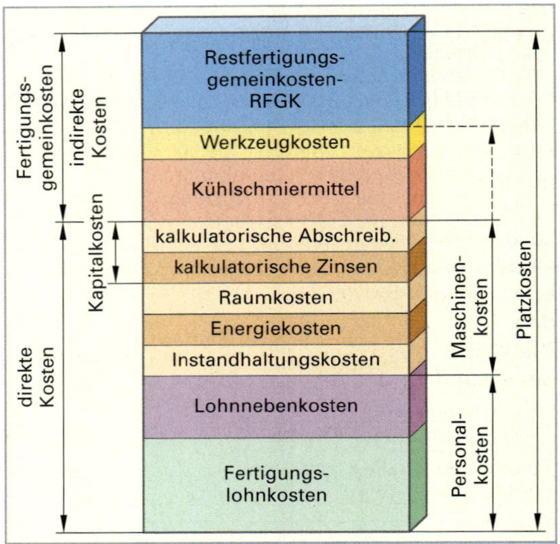


**Bild 1: Platzkostenstruktur**

| Kostenarten | Fixe Kosten | Variable Kosten | Misch-kosten |
|---|---|---|---|
| Personalkosten | | • | |
| kalk. Abschreibungen | • | | |
| kalk. Zinsen | • | | |
| Raumkosten | • | | |
| Energiekosten | | • | |
| Instandhaltungskosten | | | • |
| Werkzeugkosten | | • | |
| Kühlschmiermittel | | | • |
| Restfertigungsgemeink. | | | • |

**Bild 2: Fixe Kosten und variable Kosten in der Platzkostenrechnung**

Der Planungsfaktor berücksichtigt Zeitausfälle durch die Anlage, das Personal und die Organisation. Diese können durch die Betriebsdatenerfassungsanlagen, z.B. Nutzungsschreiber, BDE-Terminals und Multimomentaufnahmen bewertet werden.
Die anteiligen fixen Platzkosten je Stunde fallen mit steigendem Beschäftigungsgrad bzw. mit steigender jährlicher Zahl der Fertigungsstunden. Der jeweils übliche Schichtbetrieb z.B. Einschichtbetrieb oder Zweischichtbetrieb wird dann als Normalbeschäftigungsgrad von 100% angenommen.

**Beispiel:**
Normalbeschäftigungsgrad von 100% bei zweischichtiger Nutzung sind:
250 Tage/Jahr x 2 Schichten/Tag x 8 h/Schicht x 80% Planungsfaktor = 3 200 h/Jahr.

Die anteiligen variablen Platzkostenanteile je Stunde sind unabhängig vom Beschäftigungsgrad konstant. Damit fallen die gesamten Platzkosten mit höherer zeitlicher Nutzung der Anlage. Das Absinken der Platzkosten ist um so steiler, je größer die fixen Kapitalkosten der hochautomatisierten Anlage sind.
In der Darstellung **Bild 1 und Bild 2** fallen die Platzkostensätze und die darin enthaltenen Maschinenstundensätze mit wachsendem Beschäftigungsgrad bzw. mit der jährlichen Zahl der Fertigungsstunden.
Die Werte müssen jährlich nach den Änderungen der Kosten immer wieder neu ermittelt werden.

Generell sollten in einem Betrieb für alle kostenintensiven Anlagen die Platzkostensätze als Rechengrundlage für Kostenvergleiche vorliegen.

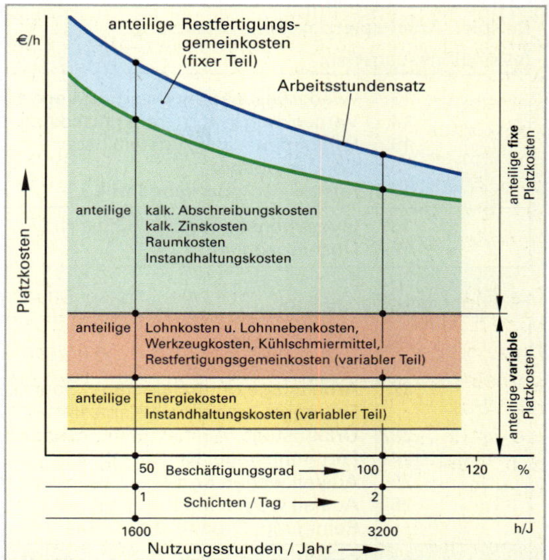


**Bild 1: Platzkostensatz**

## Wiederholung und Vertiefung

1. Erklären Sie die wichtigsten Unterschiede der Maschinenstundensatz- und der Arbeitsstundensatzrechnung.
2. Welche Kosten gehören zu den Maschinenkosten?
3. Wie setzen sich die Arbeitsplatzkosten zusammen?
4. Auf welche Kosten werden die Restfertigungsgemeinkosten prozentual verrechnet?
5. Nennen Sie Kostenarten, die in den Restfertigungsgemeinkosten enthalten sind.
6. Warum sind Instandhaltungs- und Kühlschmiermittelkosten „Mischkosten"?
7. Welche Abhängigkeit besteht zwischen fixen Platzkosten und Beschäftigungsgrad?
8. Was sollte man bei teuren und hochautomatisierten Anlagen anstreben, um die Platzkosten so niedrig wie möglich zu halten?

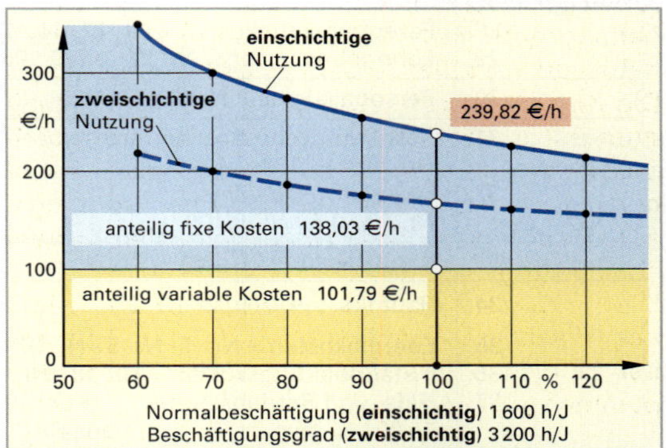


**Bild 2: Platzkosten**

**Beispiel: Arbeitsplatzkosten**

| Grunddaten | Einheit | Beispiel: | |
|---|---|---|---|
| 1. | Werkzeugmaschine | CNC-Bearbeitungszentrum | |
| 2. | Bruttoflächenbedarf | $m^2$ | 60 |
| 3. | Raumkostensatz | €/$m^2$ und Jahr | 240 |
| 4. | Motor: Nennleistung | kW | 60 |
| | mittl. Leistung bei 7% Einschaltdauer | kW | 48 |
| 5. | Energieverrechnungssatz | €/kWh | 0,2 |
| 6. | Instandhaltungssatz | %/Jahr | 4 |
| 7. | Zeitlicher Nutzungsgrad Planungsfaktor | | 0,8 |
| 8. | Zinssatz | % | 10 |
| 9. | Lohnnebenkosten | % | 75 |
| 10. | effektiver Lohn | €/h | 22,5 |
| 11. | Arbeitszeit 1 Schicht/Tag | h/Tag | 8 |
| 12. | Restfertigungsgemeinkosten | % | 30 fix/ 15 var |

**Beispiel: Arbeitsplatzkosten, Fortsetzung**

Investitionsausgaben:

| | | | |
|---|---|---|---|
| 13. | Wiederbeschaffungswert u. Werkzeuge | € | 700 000 |
| 14. | Verpackungs- und Transportkosten | € | 100 000 |
| 15. | Fundament- und Aufstellkosten | € | 30 000 |
| 16. | Sonderzubehör | € | 50 000 |
| 17. | Kosten der Inbetriebnahme | € | 20 000 |
| 18. | Investitionsbetrag: Nr. 13 bis Nr. 17 | € | 900 000 |
| 19. | Nutzungsdauer | Jahre | 10 |

| | Fertigungsstunden je Jahr: | Tage/Jahr | h/Jahr | % |
|---|---|---|---|---|
| 20. | Kalendertage | 365 | | |
| 21. | Bezahlte Feiertage | 11 | | |
| 22. | Arbeitstage ohne Samstage, Sonntage und Feiertage = maximale Kapazität | 250 | 2 000 | 100 |
| 23. | Urlaubstage: Ausfall ohne Ersatzperson | 25 | 200 | 10 |
| 24. | Fertigungstage: Nr. 22 – Nr. 23 | 225 | 1 800 | |
| 25. | Ausfall wegen Krankheit und Sonstiges | 10 | 80 | 4 |
| 26. | Ausfall wegen Maschinenstörungen, Reinigung, Organisationsfehler u. a. | 15 | 120 | 6 |
| 27. | Fertigungsstunden = reale Kapazität (Nr. 24 – 25 – 26) · Nr. 11 | | 1 600 | 80 |

| | Platzkosten in €/Jahr | Verteilung | fixe Kosten | variable Ko. |
|---|---|---|---|---|
| 28. | Fertigungslohnkosten = Nr. 22 · Nr. 10 | 1 | | 45 000 |
| 29. | Lohnnebenkosten = Nr. 28 · Nr. 9/100 | 1 | | 33 750 |
| 30. | Personalkosten = Nr. 28 + Nr. 29 | | | 78 750 |
| 31. | Kalkulatorische Abschreibungen Nr. 18 : Nr. 19 | 0 | 90 000 | |
| 32. | Kalkulatorische Zinsen Nr. 18 · 0,5 · Nr. 8/100 | 0 | 45 000 | |
| 33. | Kapitalkosten = Nr. 31 + Nr. 32 | | 135 000 | |
| 34. | Raumkosten = Nr. 2 · Nr. 3 | 0 | 14 400 | |
| 35. | Energiekosten = Nr. 4 · Nr. 5 · Nr. 27 | 1 | | 15 360 |
| 36. | Instandhaltungskosten = Nr. 18 · Nr. 6/100 | 0,6 | 14 400 | 21600 |
| 37. | Hilfs- und Betriebsstoffe Kühlschmierm. 15 000 €/Jahr aus BAB | 0,8 | 3 000 | 12 000 |
| 38. | Maschinenkosten = Nr. 33 bis 37 | | 166 800 | 48 960 |
| 39. | Summe direkt zurechenbarer Kosten Personalkosten + Maschinenkosten Nr. 30 + Nr. 38 | | 166 800 | 127 710 |
| 40. | Werkzeugkosten aus BAB 20 000 €/Jahr | 0,8 | 4 000 | 16 000 |
| 41. | Restfertigungsgemeinkosten Nr. 39 · Nr. 12/100 | | | |
| | fixe Kosten Nr. 39 · 0,3 | | 50 040 | |
| | variable Kosten Nr. 39 · 0,15 | | | 19 157 |
| 42. | Platzkosten = Nr. 39 + Nr. 40 + Nr. 41 | | 220 840 | 162 867 |
| 43. | variabler Platzkostenanteil = Nr. 42 : Nr. 27 | | | 101,79 |
| 44. | fixer Platzkostenanteil = Nr. 42 : (Nr. 27 · Beschäftigungsgrad) · 100% | | | |
| | Platz 120% | | 115,03 | |
| | 110% | | 125,48 | |
| | 100% | | 138,03 | |
| | 90% | | 153,37 | |
| | 80% | | 172,54 | |
| | 70% | | 197,19 | |
| | 60% | | 230,05 | |

# 6.5 Kalkulationen

## 6.5.1 Aufgaben der Kalkulation

In der Kostenrechnung werden die Kosten nach Kostenarten erfasst. Mit der Kostenstellenrechnung lassen sich die Gemeinkostenzuschlagssätze der Hauptkostenstellen ermitteln. Mithilfe der Kalkulation kann eine Verrechnung der Kosten auf die Kostenträger durchgeführt werden. In der momentanen Zeit großer Konkurrenz und des damit verbundenen großen Kostendrucks hat die Kalkulation für die Preisermittlung und Kostenkontrolle eine besondere Bedeutung erlangt.

Zur **Vergleichsrechnung** und der Leistungbewertung in einem Betrieb werden Erträge und Kosten einzelner oder mehrerer Betriebsleistungen z.B. Erzeugnisse, Produkte, Einzelteile, Dienstleistungen gegenübergestellt. Mit diesen Ergebnissen können Programme für die Produktion unter der jeweiligen Marktsituation leichter geplant werden.

Vergleichsrechnungen, die sich auf die Kalkulationsergebnisse beziehen sind:
- die Soll – Ist – Kostenvergleiche,
- die innerbetrieblichen Vergleiche,
- die Vergleiche zwischen verschiedenen Betrieben und
- die Verfahrensvergleiche.

Im laufenden Betrieb können Produkte oder Halb- und Fertigfabrikate für die Ermittlung der Ist-Kosten durch die Kalkulation erfasst und wirtschaftlich bewertet werden.

Je nach dem Zeitpunkt der Bewertung unterscheidet man zwischen
- der Vorkalkulation,
- der Zwischenkalkulation und
- der Nachkalkulation.

Die **Vorkalkulation** liegt vor der Herstellung. Hierzu werden die Daten durch Schätzen oder aus älteren Erfahrungswerten gewonnen. Die Genauigkeit der Vorkalkulation hängt von der Genauigkeit der verwendeten Planungsdaten ab. Die Vorkalkulation ist aber für jedes Angebot zur Preisfindung und Wirtschaftlichkeitsrechnung vor der Herstellung unbedingt notwendig.

Die **Zwischenkalkulation** wird im Verlauf der Herstellung der Erzeugnisse zur Kontrolle der wirtschaftlichen Fertigung durchgeführt, z.B. bei vielen Arbeitsgängen und Kostenstellenwechseln sowie langen Durchlaufzeiten eines Produktes durch den Betrieb. Ziel der Zwischenkalkulation ist, gegebenenfalls Maßnahmen einzuleiten, die geeignet sind, eine unwirtschaftliche Auftragsabwicklung rechtzeitig zu erkennen und noch zu korrigieren.

Die **Nachkalkulation** wird nach Abschluss der Leistungserstellung von Erzeugnissen, Produkten und Dienstleistung zur Kontrolle der Wirtschaftlichkeit durchgeführt. Ziel der Nachkalkulation ist, die Abweichung zwischen tatsächlich angefallenen Kosten und den vorkalkulierten Kosten eines Auftrages zu ermitteln. Daraus können Erkenntnisse zum einen für die Durchführung künftiger Vorkalkulationen gewonnen werden und zum anderen erhält man Hinweise für weitere Rationalisierungsnotwendigkeiten.

## 6.5.2 Arten der Kalkulation

Die Anwendung eines bestimmten Kalkulationsverfahrens hängt stark von den Erzeugnissen und den verwendeten Produktionsverfahren eines Betriebs ab.

Es gibt:
- die Divisionskalkulation,
- die Äquivalenz-Zahlen-Kalkulation und
- die Zuschlagskalkulation.

Zur Auswahl eines geeigneten Kalkulationsverfahrens wird zwischen direkter und indirekter Kostenverrechnung unterschieden **(Bild 1, folgende Seite)**. So lässt sich z.B. die einfache Divisionskalkulation nur dann anwenden, wenn alle Kostenarten direkt, ohne Umwege über die Kostenstellen, auf einen Kostenträger zu verrechnen sind. Gibt es mehrere Kostenträger, muss die mehrfache Divisionskalkulation oder die Äquivalenz-Zahlen-Kalkulation angewendet werden.
Lassen sich die Kostenarten nicht direkt sondern indirekt auf den Kostenträger verrechnen, wird als Leistungsrechnung eine Zuschlagskalkulation angeschlossen.

## 6.5.3 Divisionskalkulation

Es lassen sich drei Verfahren unterschieden, die in ihrer Anwendung sehr einfach sind und bei einfachen Betriebstrukturen, z.B. bei Stromerzeugern, Wasserwerken und Produktionen mit nur einem Erzeugnis ohne Varianten zum Einsatz kommen.

Bei der **einstufigen Divisionskalkulation** werden alle während eines Zeitraumes anfallenden Kosten auf die in diesem Zeitraum erzeugten Mengen bezogen.

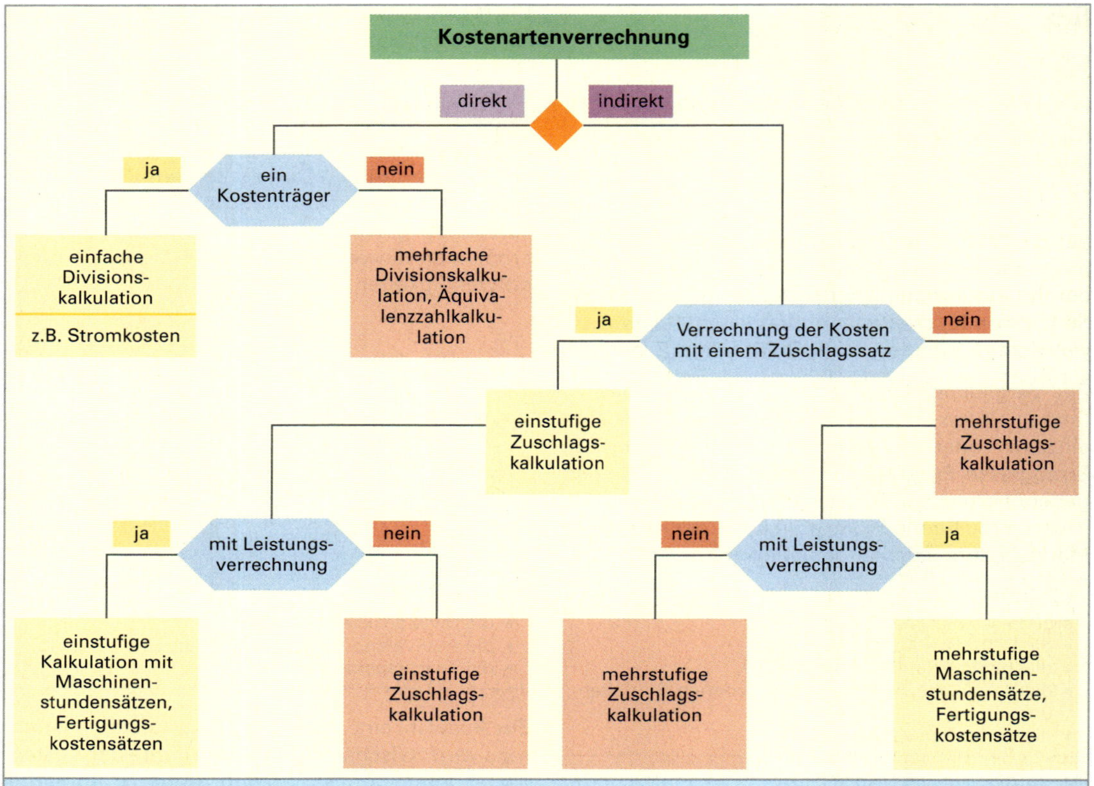


**Bild 1: Auswahl eines geeigneten Kalkulationsverfahrens**

$$Kosten/Einheit = \frac{Gesamtkosten/Zeitraum}{erzeugte\ Einheiten/Zeitraum}$$

Falls Lagerbestandsänderungen zu berücksichtigen sind, gilt die Formel:

$$Kosten/Einheit = \frac{Gesamtkosten/Zeitraum + Herstellkosten\ der\ Lagerbestandsveränderungen/Zeitraum}{erzeugte\ Einheiten/Zeitraum}$$

(+ entspricht Lagerbestandsverminderung,
– entspricht Lagerbestandszunahme)

**Beispiel:**
Bei der Herstellung von Trinkwasser fallen Herstellkosten in Höhe von 240 000 €/Monat an. Hergestellt und abgegeben werden im gleichen Zeitraum 160 000 m³. Welche Herstellkosten ergeben sich in €/m³?

$$Herstellkosten = \frac{240\,000\ €/Monat}{160\,000\ m^3/Monat} = 1{,}50\ €/m^3$$

Bei der **mehrstufigen Divisionskalkulation** (Stufendivisionskalkulation) muss der Fertigungsvorgang mit einem Produkt nicht mehr für den gesamten Produktionsvorgang gelten, sondern nur für einzelne Fertigungsstufen.

Zwischen den Produktionsstufen können auch Zwischenlager angeordnet sein und alle Kostenstellen brauchen auch nicht durchlaufen zu werden.

Die Gesamtkosten der verschiedenen Kostenstellen werden dann jeweils durch die Anzahl der Stücke geteilt, die die betreffende Kostenstelle durchlaufen haben.

Die Divisionskalkulation wendet man vorzugsweise bei einfachen Betriebsstrukturen an.

**Beispiel: Stufendivisionskalkulation.**
Ein Erzeugnis wird im Verlauf des Fertigungsprozesses in mehreren Werkstätten bearbeitet. Jede Werkstatt wird für sich abgerechnet, übernimmt aber die Kosten je Stück der vorhergehenden Werkstatt als „Einstandskosten".
*Lösung:* **Bild 1**

Bei der **Veredelungsdivisionskalkulation** werden die Grundkosten, wie z.B. die Fertigungskosten wie bei der einstufigen Divisionskalkulation zunächst dem Produkt zugerechnet, während die Weiterverarbeitungskosten, wie z.B. Montage, Transport als Kosten einer weiteren Produktionsstufe nach gleichem Rechenschema zu ermitteln sind.

**Beispiel: Selbstkosten**
In der Kostenstelle A und B (mechanische Bearbeitung) werden Teile für ein Erzeugnis hergestellt, das in der Kostenstelle C montiert wird. Die Teile werden jedoch auch unmontiert verkauft. Es sind die in Bild 2 folgenden vier Fertigungsstufen (entsprechen auch Kostenstellen) zu unterscheiden.
Materialkosten: 250 €/Stck
Zu ermitteln sind die Selbstkosten für die Teile.
*Lösung:* **Bild 2**

Dieses Beispiel ist typisch für die mehrstufige Divisionskalkulation, die auch in kleineren Betrieben, wie Textilindustrie, Veredelungsindustrien und bei der Stahlherstellung angewendet wird.

Die **Äquivalenzzahlkalkulation** ist eine veränderte Form der bereits vorgestellten Divisionskalkulationsverfahren. Sie wird dann angewendet, wenn ein Betrieb mehrere Produkte gleichzeitig herstellt in Rohstoff, Form, Ausstattung oder Fertigungsverfahren gleichartig, aber nicht gleichwertig. Beispiele hierfür sind Bleche unterschiedlicher Dicke, Papier verschiedener Qualität, Brauereien mit mehreren Produkten, Motoren mehrerer Baureihen.

Kennzeichnend für das Äquivalenzzahlverfahren ist, dass die Gesamtkosten für die herzustellenden Erzeugnisse bzw. für ihre besonderen Eigenschaften, z.B. Gewicht in einem festen Verhältnis zueinander stehen.
Diese festen Kostenverhältnisse werden durch Äquivalenzzahlen ausgedrückt. Hierdurch werden die einzelnen Produkte rechnerisch „gleichnamig" gemacht, so dass eine Teilung der Gesamtkosten durch die Gesamtmenge der gleichnamig gemachten Produkte möglich ist.

| | Kostenarten | Einheit | Kostenstelle | | |
|---|---|---|---|---|---|
| | | | A → | B → | C |
| Vorleistung, Einstandskosten | • Rohstoffe 100 000 kg zu 2,– €/kg | €/ Monat | 200 000 | | |
| | • Zwischenerzeugnis von A 80 000 kg zu 5,– €/kg | €/ Monat | | 400 000 | |
| | • Zwischenerzeugnis von B 60 000 kg zu 7,– €/kg | €/ Monat | | | 420 000 |
| Kalkulation | Fertigungskosten | €/ Monat | 300 000 | 160 000 | 240 000 |
| | Herstellkosten | €/ Monat | 500 000 | 560 000 | 660 000 |
| | erzeugte Menge | kg | 100 000 | 80 000 | 60 000 |
| | Herstellkosten/kg | €/kg | 5,– → | 7,– → | 11,– |

Nach Durchlaufen der drei Fertigungsstufen ergeben sich für 1 kg = 11,– €/kg

**Bild 1: Stufendivisionskalkulation**

① Leistung

| | | Kostenstellen | | | |
|---|---|---|---|---|---|
| Bezeichnung | Einheit | A | B | C | Vertrieb |
| hergestellte Menge | Stck./ Monat | 400 | 600 | 250 | 400 |

② Kosten

| Kostenstellen | | A | B | C | Vertrieb | gesamt |
|---|---|---|---|---|---|---|
| Fertigungskosten | €/ Monat | 60 000 | 120 000 | 25 000 | 32 000 | 237 000 |
| Fertigungskosten | €/ Stck. | 150,– | 200,– | 100,– | 80,– | |

③ Selbstkosten

| | | |
|---|---|---|
| Materialkosten | | 250,– |
| Fertigungskosten | Kostenstelle A | 150,– |
| | Kostenstelle B | 200,– |
| | Kostenstelle C | 100,– |
| Vertriebskosten | | 80,– |
| Selbstkosten | | 780,– |

**Bild 2: Veredelungs-Divisions-Kalkulation**

**Beispiel: Äquivalenzzahlenkalkulation**
Es werden vier verschiedene Kunststoffteile auf einer Fertigungsanlage hergestellt. Diesen vier Teilen sind verschiedene Vorgabezeiten zugeordnet. Für den Typ A wurde die Äquivalenzzahl 1 gewählt, Bild 1.
Zu ermitteln sind die Äquivalenzzahlen für die anderen Vorgabezeiten.
*Lösung:* **Bild 1**

| Typ | Vorgabezeit in mm | Äquivalenzzahl | alternative Äquivalenzzahl |
|---|---|---|---|
| A | 7 | 1,00 | 0,22 |
| B | 12 | 1,71 | 0,38 |
| C | 18 | 2,57 | 0,56 |
| D | 32 | 4,57 | 1,00 |

Äquivalenzzahlen-Ermittlung

$$\frac{\text{Typ A}}{\text{Typ B}} = \frac{7\text{ min}}{12\text{ min}} = 1{,}71 \text{ oder alternativ}$$

$$\frac{\text{Typ C}}{\text{Typ D}} = \frac{18\text{ min}}{32\text{ min}} = 0{,}56$$

**Bild 1: Äquivalenzzahlenkalkulation (Beispiel)**

Vorgehensweise:
Grundsätzlich erfolgt das Verfahren der Äquivalenzzahlenkalkulation in drei Schritten:
1. Alle unterschiedlichen Produkte werden mit der Äquivalenzzahl in ein rechnerisches Einheitsprodukt umgewandelt.
2. Die Kosten je Einheit des rechnerischen Einheitsproduktes werden ermittelt.
3. Die Kosten je Einheit der einzelnen Produkte werden aus den Kostenwerten und den jeweiligen Äquivalenzzahlen ermittelt **(Bild 1, folgende Seite)**.

### 6.5.4 Zuschlagskalkulation

Die Einfachheit der Produktpalette, wie bei der Divisionskalkulation ist nur in wenigen Betrieben bzw. Teilbetrieben generell einzusetzen. Normalerweise werden meist mehrere Erzeugnisse mit unterschiedlichen Kosten an Material und Fertigungslöhnen in verschiedenen Fertigungsabläufen und mit unterschiedlichen Verfahren hergestellt. Hierzu wird die Zuschlagskalkulation eingesetzt.
Bei der Zuschlagskalkulation werden die Einzel- und Gemeinkosten getrennt auf die Kostenträger verrechnet. Die Einzelkosten lassen sich direkt mit Einzelbelegen, z.B. Materialentnahmescheinen auf die Kostenträger summieren. Die Gemeinkostenverrechnung erfolgt indirekt mit Gemeinkostenzuschlägen auf die Kostenträger. Die Zuschlagswerte sind besonders sorgfältig aus dem Betriebsabrechnungsbogen (BAB) zu ermitteln.

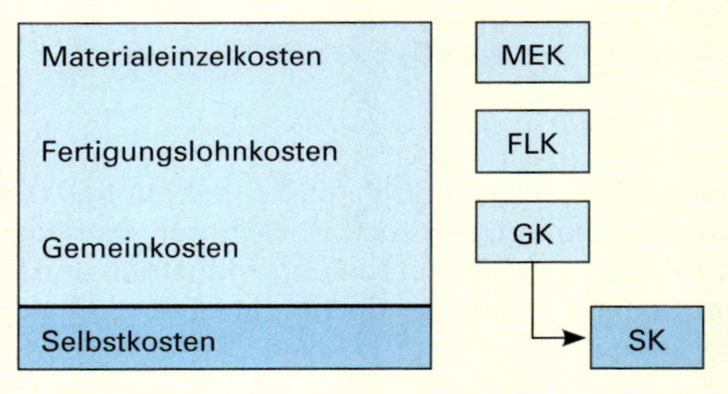


**Bild 2: Ablauf einer einstufigen Zuschlagskalkulation**

In Abhängigkeit von der Anzahl der Zuschläge unterscheidet man:
- die einstufige Zuschlagskalkulation und
- die mehrstufige Zuschlagskalkulation.

Die **einstufige Zuschlagskalkulation** wird häufig bei Handwerksbetrieben angewendet. Die Gemeinkosten müssen mit einem Zuschlagssatz einer Bezugsgröße, wie den Fertigungslohnkosten bei lohnintensiven Betrieben (Lohnzuschlagskalkulation) oder den Materialeinzelkosten bei materialintensiven Betrieben (Materialzuschlagskalkulation) zugerechnet werden **(Bild 2)**.

Dieses Verfahren ist einfach und sollte nur dann angewendet werden, wenn die Gemeinkosten nicht zu hoch sind, d.h. ein geringer Fixkostenanteil vorliegt.

Die **mehrstufige Zuschlagskalkulation** teilt die Gemeinkosten entsprechend ihrer Einflussgrößen in mehrere Gemeinkostenarten auf:
- die Materialgemeinkosten,
- die Fertigungsgemeinkosten,
- die Verwaltungsgemeinkosten und
- die Vertriebsgemeinkosten.

(1) Ausgabewerte

| Sorte | Leistungsmenge Stck./Monat | vorgegeben Äquivalenzzahlen |
|---|---|---|
| A | 25 000 | 1,0 |
| B | 10 000 | 1,8 |
| C | 30 000 | 2,5 |
| | Gesamtkosten | 180 000 €/Monat |

(2) Gesucht: Kosten je Sorte in €/Sorte

| Sorte | Leistungsmenge Stck./Monat | Äquivalenz-zahl | Recheneinheit (RE) | Kosten €/RE | Kosten je Sorte in €/Stck. | Kosten je Sorte €/Monat |
|---|---|---|---|---|---|---|
| Spalte | (1) | (2) | = (1) · (2) = (3) | (4) | (5) = (2) · (4) | (6) = (1) · (5) |
| A | 25 000 | 1,0 | 25 000 | | 1,593 | 39 825 |
| B | 10 000 | 1,8 | 18 000 | $\frac{180\,000}{113\,000}$ | 2,867 | 28 674 |
| C | 30 000 | 2,5 | 70 000 | =1,593 | 3,983 | 119 475 |
| Summe | | | 113 000 | | | 187 974* |

* Rundungsdifferenzen

**Bild 1: Äquivalenzzahlen-Divisions-Kalkulation (Beispiel)**

**Beispiel: Kalkulation**

In einem Malereibetrieb fallen folgende Kostendaten an:

| | |
|---|---|
| Fertigungslohnkosten | 150 000 €/Monat |
| Gemeinkosten | 110 000 €/Monat |
| Gesamtkosten | 260 000 €/Monat |

Für die Kalkulation sollen die Selbstkosten ermittelt werden, wenn die Materialeinzelkosten auf 1 000 € und die Fertigungslohnkosten auf 450 € geschätzt werden.

*Lösung:*

$$\text{Gemeinkostenzuschlag in \%} = \frac{110\,000,\text{–}}{150\,000,\text{–}} \cdot 100\%$$

*GKZ* = 73,3%

Kalkulation:

| | | |
|---|---|---|
| Materialeinzelkosten | | 1 000,– € |
| Fertigungslohnkosten | | 450,– € |
| Gemeinkosten | 73,3% | 329,85 € |
| Selbstkosten | | 1 779,85 € |

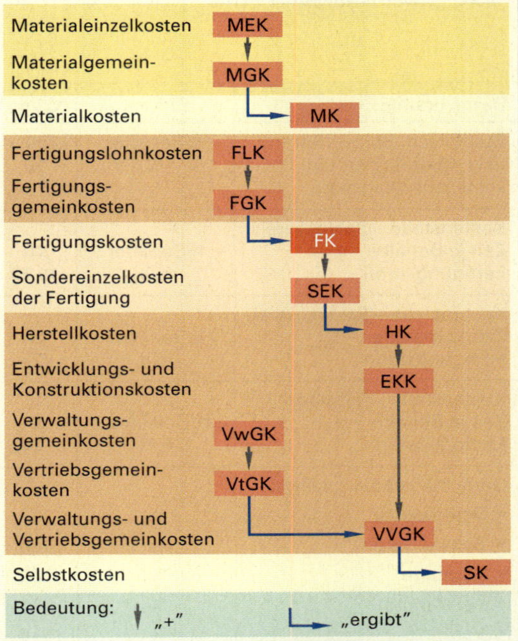


**Bild 2: Schema der mehrstufigen Zuschlagskalkulation aus Einzel- und Gemeinkosten**

Als Bezugsgröße für die Verrechnung auf die Kostenträger werden im Allgemeinen

- das Fertigungsmaterial,
- die Fertigungslöhne und
- die Herstellkosten verwendet.

Die Selbstkosten werden dann nach dem Schema in **Bild 2, vorhergehende Seite** ermittelt.

Die Anwendung der mehrstufigen Zuschlagskalkulation soll durch die nachstehenden Beispiele deutlich werden.
Arbeitet man mit unterschiedlichen Gemeinkostenzuschlägen, müssen die Fertigungslohnkosten und Fertigungsgemeinkosten für jede Fertigungshauptkostenstelle getrennt ermittelt werden.

**Beispiel:**
Mehrstufige Zuschlagskalkulation bei einer Fertigungs-Hauptkostenstelle **(Bild 1)**.

**Beispiel: Selbstkostenermittlung**
Ein Stahlbehälter wird in den Fertigungshauptkostenstellen Schlosserei, Schweißerei und Montage hergestellt. Von der Arbeitsvorbereitung wurden die Daten in Bild 3 zusammengestellt. Gesucht sind die Selbstkosten für die Herstellung des Stahlbehälters.
*Lösung:* **Bild 1, folgende Seite.**

(1) Vorgaben

| Kostenart | Einheit | Abkürz. | Wert |
|---|---|---|---|
| Materialeinzelkosten | €/Stck | MEK | 40,– |
| Materialgemeinkostenzuschlag | % | MGKZ | 12 |
| Fertigungslohnkosten | €/Stck. | FLK | 80,– |
| Fertigungsgemeinkostenzuschl. | % | FGKZ | 140,– |
| Verwaltungsgemeinkostenzuschlag | % | VwGKZ | 15 |
| Vertriebsgemeinkostenzuschlag | % | VtGKZ | 10 |
| Sondereinzelkosten der Fert. | €/Stck. | SEF | 2,– |

(2) Kalkulation

| Kostenart | Kosten in €/Stück | |
|---|---|---|
| MEK | 40,– | |
| MGK bei MGKZ – 12 % | 4,40 | |
| MK | | 44,40 |
| FLK | 80,– | |
| FGK bei FGKZ – 140 % | 112,– | |
| FK | | 192,– |
| SEF | | 2,– |
| HK | | 238,40 |
| VwGK bei VwGKZ 15 % | 35,75 | |
| VtGK bei VtGKZ 10 % | 23,84 | |
| VVGK | | 59,59 |
| SK | | 297,99 |

**Bild 1: Mehrstufige Zuschlagskalkulation**

| Bezeichnung | Einheit | Werte |
|---|---|---|
| Stahlblech, Schweißdraht usw. Materialgemeinkostenzuschlagssatz | €/Behälter<br>% | 750,–<br>10 |
| Kostenstelle – Schlosserei:<br>Zeit je Behälter – $t_{e1}$<br>Fertigungslohn | <br>h/Behälter<br>€/h | <br>40<br>19,50 |
| Kostenstelle – Schweißerei:<br>Zeit je Behälter – $t_{e1}$<br>Fertigungslohn | <br>h/Behälter<br>€/h | <br>10<br>22,– |
| Kostenstelle – Montage:<br>Zeit je Behälter – $t_{e1}$<br>Fertigungslohn | <br>h/Behälter<br>€/h | <br>8<br>24,– |
| Gemeinkostenzuschläge:<br>• Schlosserei<br>• Schweißerei<br>• Montage<br>• Verwaltung<br>• Vertrieb | <br>%<br>%<br>%<br>%<br>% | <br>110<br>130<br>80<br>10<br>15 |

**Bild 3: Daten zur Kalkulation eines Stahlbehälters**

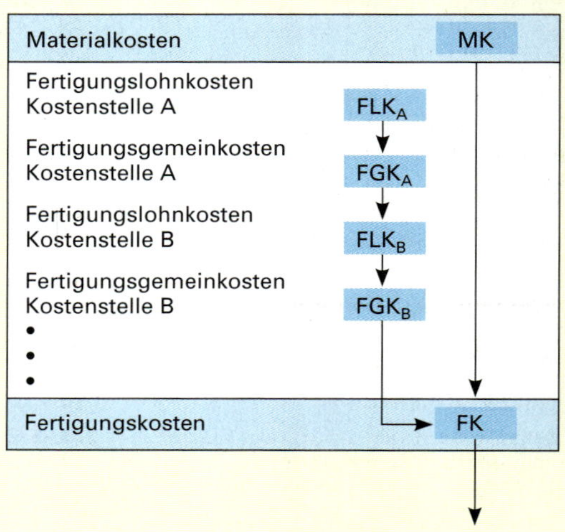


**Bild 2: Fertigungskostenkalkulation bei mehrstufiger Zuschlagskalkulation mit mehreren Fertigungshauptkostenstellen**

Die Kalkulation mit Maschinenstundensätzen gewinnt mit der Zunahme der Maschinennutzung besondere Bedeutung. Es entstehen Kostenarten, die vom Mitarbeiter immer mehr unabhängig sind, also fest (fix) sind. Z.B. bei den Kapitalkosten sind die kalkulatorischen Abschreibungen, kalkulatorischen Zinsen und Raumkosten unabhängig vom Mitarbeiter.

Je höher aber der Fixkostenanteil an den Gesamtkosten ist, desto kleiner ist die Abhängigkeit der Kosten von der Leistungsmenge wie Arbeitsstunden und Stückzahlen. Deshalb bildet man Kostensätze für Arbeitsmittel, indem die Maschinen-, Vorrichtungs- und Werkzeugkosten aus dem Fertigungsgemeinkostenblock herausgelöst werden. Die verbleibenden Kostenreste werden Rest-Fertigungsgemeinkosten genannt. Diese müssen dann, wie bei der Zuschlagskalkulation, proportional zu den Fertigungslohnkosten verrechnet werden. Die Rest-Fertigungsgemeinkosten RFGK sollten möglichst keine Kostenarten enthalten, die einen hohen Fixkostenanteil oder kaum eine Beziehung zu den Fertigungslohnkosten haben.

**Beispiel zur einstufigen Zuschlagskalkulation bei mehreren Arbeitsvorgängen in einer Fertigungshauptkostenstelle:**
Für die Herstellung eines Türschlosses sind die in **Bild 2** aufgelisteten Daten ermittelt worden. Es sind die Fertigungskosten in €/Stück in einer Fertigungshauptstelle (Fertigungsinsel) zu ermitteln.
*Lösung:* **Bild 3**

Der Ablauf der Zuschlagskalkulation mit Maschinenkosten ist nur unterschiedlich in dem Bereich der Ermittlung der Fertigungskosten von den bisher bekannten Verfahren der Zuschlagskalkulation **(Bild 1, folgende Seite)**.
In dem Beispiel **Bild 2, folgende Seite** haben die Rest-Fertigungsgemeinkosten wieder eine ausreichende Abhängigkeit (Proportionalität) zu den Fertigungskosten.

## Wiederholung und Vertiefung

1. Erläutern Sie die Unterschiede bei der Kostenarten-, Kostenstellen- und Kostenträgerrechnung.
2. Welche Aufgaben haben Vergleichsrechnungen?
3. Nennen Sie die Kalkulationsarten nach den Zeitpunkten ihres Einsatzes.
   Warum werden Vorkalkulationen durchgeführt?
4. Welche Aussagen ermöglichen Zwischenkalkulationen?
5. Was kann aus der Nachkalkulation alles abgeleitet werden?
6. Nennen Sie die drei wichtigsten Kalkulationsverfahren.

| Kostenarten | Kosten in €/Stück | |
|---|---|---|
| MEK<br>MGK bei MGKZ = 10 % | 750,–<br>75,– | |
| MK | | 825,– |
| FLK – Schlosserei<br>40 h x 19,50 €/h | 780,– | |
| FGK – Schlosserei bei<br>FGKZ = 110 % | 858,– | |
| FLK – Schweißen<br>10 h x 22,– €/h | 220,– | |
| FGK – Schweißen bei<br>FGKZ = 130 % | 286,– | |
| FLK – Montage<br>8 h x 24,– €/h | 192,– | |
| FGK – Montage bei<br>FGKZ = 80 % | 153,60 | |
| FK | | 2 489,6 |
| HK | 3 314,60 | |
| VwGK bei VWGKZ = 10 %<br>VtGK bei VTGKZ = 15 % | 331,46<br>497,19 | |
| VVGK | | 828,65 |
| SK = HK + VVGK = | | 4 143,25 |

**Bild 1: Mehrstufige Zuschlagskalkulation (Beispiel)**

| Arbeitsvorgang | $t_r$ in min/ Auftr. | $t_e$ in min/ Stck. | $m$ in Stck./ Auftr. | FGKZ in % | FLK in €/h |
|---|---|---|---|---|---|
| Sägen – Rohteile | 15 | 2,0 | 10 | 110 | 16,50 |
| Teile – Fräsen | 60 | 12,5 | | 110 | 25,30 |
| Teile – Schleifen | 20 | 6 | | 110 | 22,– |

**Bild 2: Daten zur Zuschlagskalkulation**

1. Schritt:

Fertigungslohnkosten je Arbeitsgang

$$\text{FLK} = \left(\frac{t_r}{m} + t_e\right) \cdot \frac{\textit{Fertigungslohnsatz}}{60}$$

| Arbeitsvorgang | Rechnung | | Fertigungslohn in €/Stck. |
|---|---|---|---|
| Sägen | $\left(\frac{15}{10} + 2{,}0\right) \cdot \frac{16{,}50}{60}$ | = | 0,96 |
| Fräsen | $\left(\frac{15}{10} + 12{,}5\right) \cdot \frac{25{,}30}{60}$ | = | 7,80 |
| Schleifen | $\left(\frac{20}{10} + 6\right) \cdot \frac{22{,}–}{60}$ | = | 2,93 |
| Summe | FLK | | 11,69 |

2. Schritt:

$$\text{FK} = \text{FLK} \cdot \left(1 + \frac{\text{FGKZ}}{100}\right)$$

$$\text{FK} = \text{FLK} + \text{FGK} \quad = 11{,}69 + 12{,}86 = 24{,}55\ €/\text{Stck}$$

$$\text{FK} = 11{,}69 \frac{€}{\text{Stck.}} \cdot \left(1 + \frac{110\%}{100\%}\right) = 24{,}55 \frac{€}{\text{Stck.}}$$

**Bild 3: Zuschlagskalkulation bei mehreren Arbeitsvorgängen**

Sollten die RFGK nach erfolgter Kostenaufteilung weiterhin über 100% liegen, ist die Proportionalität wieder in Frage gestellt und man muss weitere Kostenarten herausnehmen. Diese sind dann direkt zu verrechnen.

Die Anwendung der Maschinenkostenrechnung zur Selbstkosten- und Fertigungskostenkalkulation zeigt **Bild 3**.

**Rechnung:**

| Bezeichnung | Einheit | Werte |
|---|---|---|
| Materialeinzelkosten | €/Stück | 102,– |
| Materialgemeinkosten-zuschlagssatz | % | 14 |
| Kostenstelle A: | | |
| Fertigungszeit | min/Stück | 20 |
| Fertigungslohn | €/h | 5,80 |
| Fertigungsgemein-kostenzuschlagssatz | % | 210 |
| Kostenstelle B: | | |
| Fertigungslohnkosten | €/Stück | 2,95 |
| Maschinenkosten | €/h | 40,– |
| Zeit je Einheit | min/Stück | 15 |
| Vorrichtungskosten | €/Stück | 0,25 |
| Werkzeugkosten | €/Stück | 0,60 |
| Restfertigungsgemein-kostenzuschlagsatz | % | 120 |
| Kostenstelle C: | | |
| Rüstzeit $t_r$ | min/Auftrag | 150 |
| Auftragsmenge m | Stück/Auftrag | 10 |
| Zeit je Einheit $t_{el}$ | min/Stück | 5 |
| Fertigungslohn | €/h | 6,80 |
| Fertigungsgemein-kostenzuschlagssatz | % | 180 |
| Verwaltungsgemein-kostenzuschlagssatz | % | 12 |
| Vertriebsgemein-kostenzuschlagssatz | % | 16 |

**Daten:**

| Bezeichnung | Kosten in €/Werkstück | | |
|---|---|---|---|
| MEK | 102,00 | | |
| MGKZ 14 % | 14,28 | | |
| MK | | 116,28 | |
| $FLK_A$ | 1,93 | | |
| $FGKZ_A$ 210 % | 4,05 | | |
| $FLK_B$ | 2,95 | | |
| $MAK_B$ | 10,00 | | |
| $VOK_B$ | 0,25 | | |
| $WEK_B$ | 0,60 | | |
| $RFGKZ_B$ 120 % | 3,54 | | |
| $FLK_C$ | 2,27 | | |
| $FGKZ_C$ 180 % | 4,09 | | |
| FK | | 29,68 | |
| HK | | | 145,96 |
| VwGKZ 12 % | 17,52 | | |
| VtGKZ 16 % | 23,35 | | |
| VVGK | | | 40,87 |
| SK | | | 186,83 |

**Bild 3: Selbstkostenkalkulation**

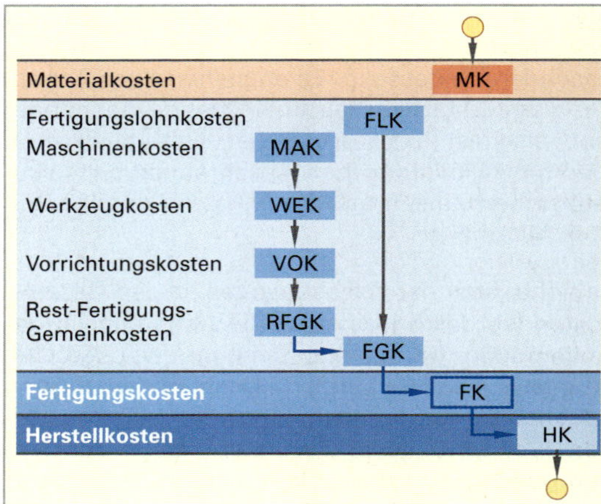


**Bild 1: Ablauf der Zuschlagskalkulation mit Maschinenkosten**

Vorgabe:
Fertigungslohnkosten 200 000,– €/Monat

| Kostenarten | Fertigungs-gemein-kosten in €/Monat | Kos-ten-arten | bezogen auf FLK = 200 000,– €/Stck. |
|---|---|---|---|
| Maschinenkosten | 200 000 | MAK | 100% |
| Werkzeugkosten | 50 000 | WEK | 25% |
| Vorrichtungskosten | 20 000 | VOK | 10% |
| Transportkosten | 20 000 | RFGK | 10% (65%) |
| Entwicklungskosten | 40 000 | | 20% |
| Arbeitsvor-bereitungskosten | 20 000 | | 10% |
| sonstige Kosten | 50 000 | | 25% |
| Summe | 400 000 | | 200% |

**Bild 2: Beispiel der Aufteilung von Fertigungsgemeinkosten**

## Wiederholung und Vertiefung

1. Wann kann die Divisionskalkulation günstig angewendet werden?
2. Wann wird die Äquivalenzzahlenkalkulation eingesetzt?
3. Erklären Sie die Vorgehensschritte bei der Äquivalenzzahlenkalkulation!
4. Wie werden die Einzel- und Gemeinkosten bei der Zuschlagskalkulation verrechnet?
5. Erklären Sie die Unterschiede zwischen einstufiger und mehrstufiger Zuschlagskalkulation.
6. Erklären Sie die Schritte zur Berechnung der Selbstkosten bei mehrstufiger Zuschlagskalkulation.
7. Welchen Kalkulationsweg muss man in den einzelnen Fertigungshauptkostenstellen bei unterschiedlichen Gemeinkostensätzen einhalten?

# 6.6 Vollkostenrechnung und Teilkostenrechnung

## 6.6.1 Vollkostenrechnung

Mit der Vollkostenrechnung versucht man, alle angefallenen Kosten der Fertigung, des Vertriebs und der Verwaltung auf die einzelnen Kostenträger zu verrechnen. Dabei werden die Einzelkosten direkt auf die Produkte verrechnet. Die Gemeinkosten werden wie bekannt mithilfe der Kostenstellenrechnung und besonderen Bezugsgrößen möglichst verursachergerecht auf die Kostenträger verteilt.
Mit der Vollkostenrechnung kann das Verrechnungsproblem der fixen Kosten nicht richtig gelöst werden. So hat die Aufteilung zwischen fixen und variablen Kosten schon eine merkliche Verbesserung in der Kostenrechnung gebracht, aber ist noch nicht ausreichend.

Fixkosten entstehen durch langfristige Entscheidungen in den Betriebsentwicklungen, z.B. durch längerfristige Investitionen an Maschinen, Anlagen und Arbeitskräften in denen Kapital festgelegt ist. Solange man diese Kapazitäten nicht verändert, bleibt bei gleichbleibenden Preisen am Markt der Fixkostenblock eines Unternehmens konstant. Allgemein werden die Fixkosten linear zur Fertigungszeit verrechnet. Dies ist aber dann falsch, wenn unterschiedlichste Nutzungsgrade (Beschäftigungsgrade) vorliegen. Für die Fixkosten gibt es noch keinen verursachergerechten Schlüssel. Sie bleiben Gemeinkosten der Kostenstelle bzw. des Platzes. Nur die variablen Kosten sind direkt verrechenbar, z.B. Energie, Werkzeuge. Durch diese Vorgehensweise versagt dann die Vollkostenrechnung, wenn Entscheidungen auf der Grundlage von Maschinenkapazitäten und Mitarbeitern gefällt werden müssen.

Die Vollkostenrechnung versagt, wenn Entscheidungen anstehen zu:

- gewinnmaximaler Zusammensetzung von Fertigungsprogrammen,
- Eigenfertigung oder Fremdbezug,
- Verfahrensauswahl in der Ablaufplanung und
- Engpassfertigung bei hoher Auftragslage.

Eine besonders häufig auftretende Fehlentscheidung ist die Herausnahme von Produkten aus der Fertigung ohne alle Kosten und Folgen kurzfristig berücksichtigen zu können, sondern nur auf eine, nach dem Vollkostenprinzip fußende Gewinn- und Verlustrechnung (siehe auch Vergleich Voll- und Teilkostenrechnung).

## 6.6.2 Teilkostenrechnung (Deckungsbeitragsrechnung)

Alle Teilkostenrechnungen gehen auf das „Direct Costing" zurück. Diese wurde in den Dreißigerjahren zum ersten Mal in den USA angewendet. Der Begriff „Direct Costs" umfasst alle variablen Kosten, also die Einzelkosten und die variablen Gemeinkosten. Diese werden auch als **Grenzkosten** bezeichnet **(Bild 1)**.
Um die variablen Gemeinkosten möglichst verursachergerecht verrechnen zu können, sollten sie dem Prozessverlauf entsprechen. Weiter sollten sie mit den Verantwortungsbereichen zusammenfallen, um eine gute Kostenkontrolle zu ermöglichen. Neben dem eigentlichen Ziel, der Feststellung der variablen Kosten für die Produktion der Erzeugnisse, wird bei der Teilkostenrechnung meist durch Einbeziehen der Erlöszahlen sie zu einer Erfolgsrechnung erweitert. Man spricht dann hier von einer Deckungsbeitragsrechnung.

Für den *Deckungsbeitrag* gilt folgende Formel:

*Deckungsbeitrag = Umsatzerlös – variable Kosten*
oder
*Deckungsbeitrag = Nettoerlös – Grenzkosten*

Die Deckungsbeiträge werden entweder je Stück, je Produktart oder für den gesamten Betrieb ermittelt **(Bild 2)**.

| Einzelkosten | Gemeinkosten | |
|---|---|---|
| variabel | fix | variabel |
| • Fertigungsmaterial | • Zeitbedingte Abschreibungen | • Nutzungsbedingte Abschreibungen |
| • Fertigungslohn | • Zinsen | • Energiekosten |
| • Sondereinzelkosten der Fertigung | • Mieten | • Betriebsstoffe |
| | • Gehälter | • (Akkordlöhne) |
| • | • | • |
| • | • | • |
| • | • | • |

**Bild 1: Einteilung der Gesamtkosten bei der Teilkostenrechnung**

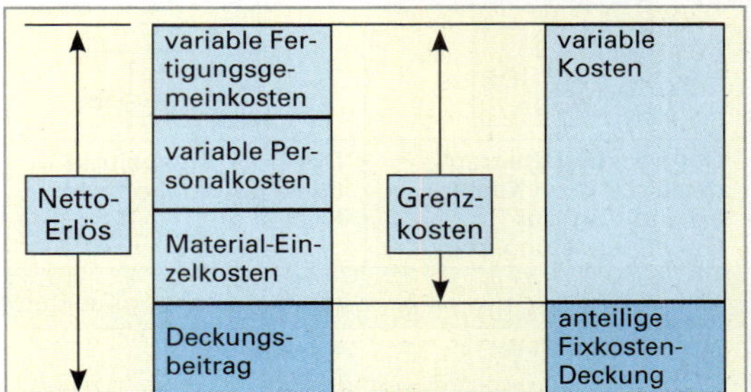


**Bild 2: Schema zur Deckungsbeitragsermittlung**

Der Begriff „Beitrag" resultiert aus der Erkenntnis, dass jedes Produkt oder Stück bzw. Auftrag, für das/den mehr als die Grenzkosten erlöst werden, einen Gewinn abwirft. Dieser Gewinn leistet als erstes einen Beitrag zur Abdeckung der festen Kosten. Sind diese vollständig gedeckt, stellt sich für jedes weitere Teil ein tatsächlicher Gewinn ein **(Bild 1)**. Der Begriff Deckungsbeitrag ist deshalb die Abkürzung für „Fixkostendeckungs- und Gewinnbeitrag".

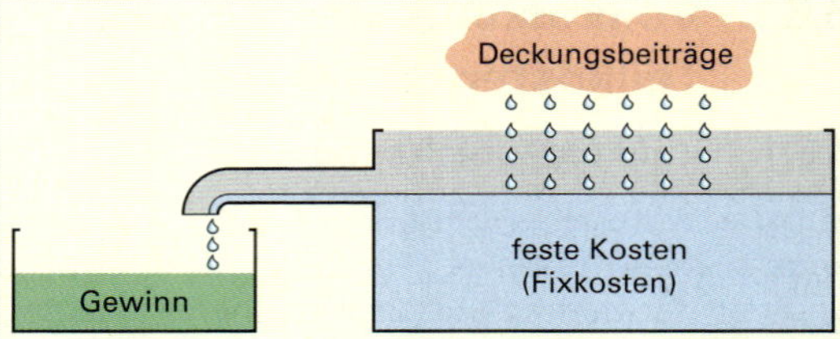


**Bild 1: Zusammenhang zwischen Deckungsbeitrag, festen Kosten (Fixkosten) und Gewinn**

**Bild 2** zeigt schematisch die Bestimmung des Deckungsbeitrags bei verschiedenen Umsatzerlösen. Ist der Erlös größer als alle variablen Kosten (Fall 3), so wird ein Deckungsbeitrag DB erreicht, der ein Teil der Fixkosten abdeckt. Bei höheren Erlösen (Fall 2) können die gesamten Fixkosten gedeckt werden. Weiter wird noch bei steigenden Erlösen ein zusätzlicher Gewinn erzielt (Fall 1).

Ergeben sich Erlöse, die kleiner als die Grenzkosten sind (Fall 4), spricht man von einem negativen Deckungsbeitrag. Dieser ist unbedingt zu vermeiden, da hier mit steigendem Auslastungsgrad der Betrieb ständig an Substanz verliert und damit schließen muss.

Der gleiche Zusammenhang lässt sich auch mit Hilfe des Gewinn-Schwellen-Diagramms („Break-even-Analyse) verdeutlichen **(Bild 3)**. Hier werden nur positive Deckungsbeiträge betrachtet, da es sonst keinen Schnittpunkt zwischen Grenzkosten- und Erlöskurve gibt.

Der Deckungsbeitrag zeigt sich zu jedem Beschäftigungsgrad als Differenz der Erlöskurve $E$ und der Grenzkurve $K_{gr}$. Hier wird weiter der Zusammenhang zwischen den Grundbegriffen Erlös, Grenzkosten und Deckungsbeitrag deutlich.

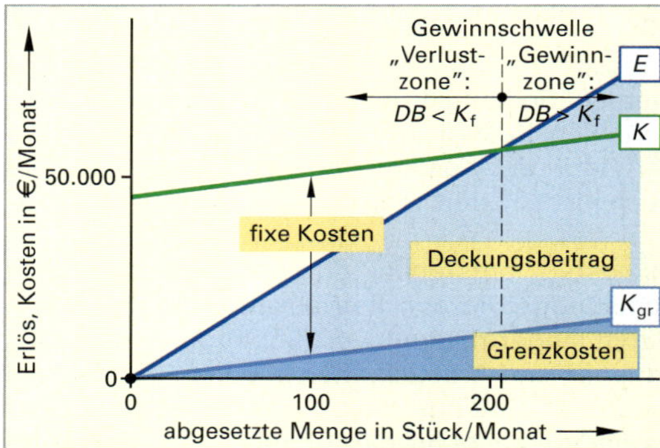


| Bezeichnung | Kurzzeichen | Einheit | Wert |
|---|---|---|---|
| Erlös | $E$ | €/Stück | 300 |
| Kapazitätsgrenze | | Stück/Monat | 260 |
| Grenzkosten | $K_{gr}$ | €/Stück | 60 |
| Deckungsbeitrag | $DB$ | €/Stück | 240 |
| Fixe Kosten | $K_f$ | €/Monat | 45.000 |
| Kosten bei 260 Stück/Monat | $K$ | €/Monat | 60.600 |

**Bild 3: Break-even-Analyse**

| Fall 1 | Fall 2 | Fall 3 | Fall 4 |
|---|---|---|---|
| DB > $K_f$ | DB = $K_f$ | 0 < DB < $K_f$ | DB < 0 |
| Der Deckungsbeitrag deckt die fixen Kosten ab und trägt zur Gewinnerzielung bei. | Der Deckungsbeitrag deckt genau die fixen Kosten ab. | Der Deckungsbeitrag deckt einen Teil der fixen Kosten ab. | Der Erlös ist niedriger als die Grenzkosten, so dass ein negativer Deckungsbeitrag entsteht. |
| positive Deckungsbeiträge | | | negativer Deckungsbeitrag |

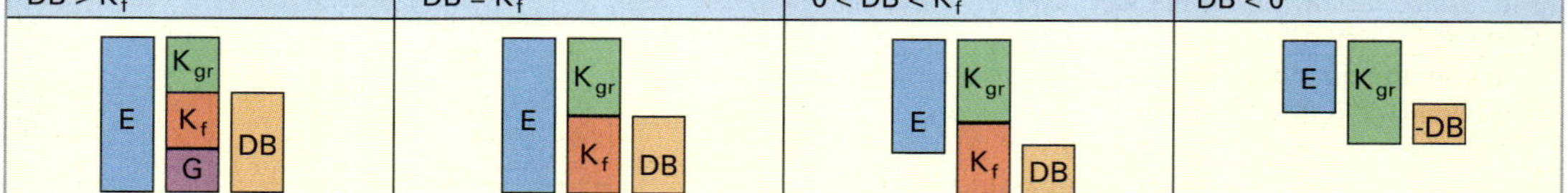


DB= Deckungsbeitrag
$K_f$= Fixkosten
G= Gewinn
$K_{gr}$= Grenzkosten
E= Erlös

**Bild 2: Die vier Fälle von Deckungsbeiträgen**

## 6.6.3 Vergleich Vollkostenrechnung und Teilkostenrechnung

Die Teilkostenrechnung ist eine Weiterentwicklung der Vollkostenrechnung. Beide Rechnungssysteme haben ihre Berechtigung. Mit der Vollkostenrechnung wird versucht, alle angefallenen Kosten auf die einzelnen Kostenträger zu verrechnen. Dieses Verfahren wird dann sinnvoll angewendet, wenn es für ein Produkt noch keinen Marktpreis gibt und eine Preisfindung erforderlich ist **(Bild 1)**.

Die Teilkostenrechnung wird dann erfolgreich angewendet, wenn ein Marktpreis vorliegt und bekannt ist. Durch dieses Verfahren kann eine Preisbeurteilung von den Ist-Kosten zum Marktpreis vorgenommen werden. Dies wird in dem folgenden Beispiel deutlich.

| Vollkostenrechnung |
|---|
| • Marktpreis liegt nicht vor<br>• Preisermittlung ist erforderlich<br>• „Preisverhalten" der Konkurrenz wird als Funktion der Selbstkosten angenommen |

| Teilkostenrechnung |
|---|
| • Marktpreis liegt vor und ist bekannt<br>• keine Preisermittlung sondern Preisbeurteilung zum Marktpreis<br>• bei einzelnem Auftrag müssen bei freien Kapazitäten mindestens die Grenzkosten gedeckt sein, um sich für eine Auftragsannahme zu entscheiden |

**Bild 1: Preisfindung**

Ein Marktpreis liegt nicht vor, so dass dieser durch eine Kalkulation zu ermitteln (finden) ist.

| VOLLKOSTENRECHNUNG | | TEILKOSTENRECHNUNG | |
|---|---|---|---|
| Kostenart | €/Stück | Kostenart | €/Stück |
| Materialeinzelkosten | 12,– | Materialeinzelkosten | 12,– |
| Materialgemeinkostenzuschlag 10% | 1,20 | | |
| Fertigungskosten | 16,80 | variabler Fertigungskostenanteil | 10,– |
| Sondereinzelkosten | -,80 | Sondereinzelkosten | 0,80 |
| Verwaltungs- und Vertriebskosten | 7,70 | | |
| Gewinnzuschlag 8% | 2,68 | | |
| Mehrwertsteuer 16% | 5,39 | | |
| ANGEBOTSPREIS | **43,96** | GRENZKOSTEN | **22,80** |
| Ergebnis:<br>Der Angebotspreis wird auf 43,96 €/Stück festgelegt. | | Ein Angebotspreis kann nicht ermittelt werden. Auf jeden Fall muss er über den Grenzkosten von 22,80 €/Stück liegen. | |

Es liegt ein Marktpreis von 30,– €/Stück vor, so dass dieser durch eine Kalkulation zu bewerten ist.

| VOLLKOSTENRECHNUNG | | TEILKOSTENRECHNUNG | |
|---|---|---|---|
| | | NETTO-ERLÖS/STÜCK | 30,– |
| Kostenart | €/Stück | Kostenart | €/Stück |
| Materialeinzelkosten | 12,– | Materialeinzelkosten | 12,– |
| Materialgemeinkostenzuschlag 10% | 1,20 | | |
| Fertigungskosten | 16,80 | variabler Fertigungskostenanteil | 10,– |
| Sondereinzelkosten | -,80 | Sondereinzelkosten | 0,80 |
| Verwaltungs- und Vertriebskosten | 2,70 | | |
| SELBSTKOSTEN | **33,50** | GRENZKOSTEN | **22,80** |
| | | DECKUNGSBEITRAG | **7,20** |
| Ergebnis:<br>Da die Selbstkosten um 3,50 €/Stück über dem erzielbarem Netto-Erlös liegen, wird der Auftrag nicht angenommen, da man sonst mit „Verlust" arbeiten würde. | | Da der erzielbare Netto-Erlös einen positiven Deckungsbeitrag von 7,20 €/Stück zulässt, wird der Auftrag (angesichts freier Kapazitäten) angenom men. Würde man ihn ablehnen, bliebe der durch diesen Deckungsbeitrag m 7,20 €/Stück abgedeckte Fixkostenblock unabgedeckt und würde den Betriebserfolg negativ beeinflussen. | |

**Einstufige Deckungsbeitragsrechnung**

In der einstufigen Deckungsbeitragsrechnung werden dem Kostenträger nur die variablen bzw. beschäftigungsabhängigen Kosten zugerechnet. Das heißt, neben den Einzelkosten können es auch die variablen Bestandteile der Gemeinkosten sein. Gemeinkosten, die auch variable Bestandteile haben, nennt man Mischkosten. Ein Beispiel hierfür sind die Instandhaltungskosten. Sie haben einen fixen Anteil durch das Wartungspersonal und einen variablen Anteil durch die Höhe der Betriebsmittelnutzung. Die Aufteilung der Mischkosten ist ein großes Problem in der Teilkostenrechnung. Hier bietet sich nur die Lösung durch Auswahl von Erfahrungswerten und von Schätzwerten an.

Zur kurzfristigen Gewinnermittlung geht man wie folgt vor:

Summe der Nettoerlöse der Produktarten
– Summe der variablen Kosten der Produktarten

= Summe der Deckungsbeiträge der Produktarten
– fixe Kosten des Betriebes

= Unternehmungserfolg

In der einstufigen Deckungsbeitragsrechnung gibt es nur einen Deckungsbeitrag, von dem der gesamte Fixkostenblock abgezogen wird. Durch die vielen fixen Kostenarten z.B. sozialrechtliche, tarifrechtliche und arbeitsrechtliche Anteile und bei hohem Fixkostenanteil im Verhältnis zu den Gesamtkosten, hat die einstufige Deckungsbeitragsrechnung Nachteile.

**Mehrstufige Deckungsbeitragsrechnung:**

Bei der mehrstufigen Deckungsbeitragsrechnung wird der Fixkostenblock stärker unterteilt. Diese Unterteilung erfolgt in:

- die Kostenstellenfixkosten,
- die Bereichsfixkosten und
- die Unternehmensfixkosten.

Hierdurch entstehen fünf so genannte Fixkostenschichten (**Bild 1**):

- die Erzeugnisfixkosten, z.B. spezielle Messvorrichtungen oder spezielle Anlagen,
- die Erzeugnisgruppenfixkosten, z.B. Forschungs- und Entwicklungskosten für einzelne Produktlinien,
- die Kostenstellenfixkosten, z.B. allgemeine Fixkosten der Hauptkostenstellen,
- die Bereichsfixkosten, z.B. Produktionsgebäude,
- die Unternehmensfixkosten, z.B. restliche Fixkosten.

Eine Reihe von Preisbeurteilungsproblemen lassen durch die Ermittlung von Grenzkosten und Deckungsbeiträgen lösen. Andere Preisbeurteilungsprobleme z.B. bei ausgelasteten Kapazitäten erfordern eine besondere strategische Vorgehensweise in der Sortimentspolitik des Betriebes. Diese Vorgehensweise ist in der Kostenrechnung unter der Ermittlung der spezifischen Deckungsbeiträge und der Oppertunitätskosten bekannt.

**Sortimentspolitik**

Hier unterscheidet man die Betrachtung der Sortimente bzw. der Produkte bei freien Kapazitäten von Mensch und Maschinen und bei ausgelasteten Kapazitäten. Man spricht dabei von der „Engpassfertigung".

Bei freier Kapazität sollte man bestrebt sein, dass jeder positive Deckungsbeitrag zur Deckung der fixen Kosten beiträgt. Daraus folgt, dass nicht die Vollkosten entscheidend sind, sondern die variablen Kosten und die Deckungsbeiträge.

Die Grundregel lautet dann immer:
Das Produkt behält man im Sortiment, solange der Deckungsbeitrag positiv ist, auch wenn es in der Vollkostenrechnung ein „Minus-Ergebnis" bringt.

Die Rechnung der Schichtung ist:

Summe der Nettoerlöse der Kostenträger
– Summe der variablen Kosten

= Deckungsbeitrag I

– Erzeugnisfixkosten

= Deckungsbeitrag II

– Erzeugnisgruppenfixkosten
= Deckungsbeitrag III

– Kostenstellenfixkosten
= Deckungsbeitrag IV

– Bereichsfixkosten
= Deckungsbeitrag V

– Unternehmensfixkosten

= Unternehmenserfolg

**Bild 1: Mehrstufige Deckungsbeitragsrechnung**

**Beispiel: Unternehmensergebnis**
Unter dem obigen Grundsatz soll bei der Schmidt GmbH das Unternehmensergebnis unter den nachstehenden Gesichtspunkten betrachtet werden. Wie groß ist/sind:
der Deckungsbeitrag/Produkt,
der Deckungsbeitrag/Gesamt,
die Fixkosten/Produkt,
die Fixkosten/Gesamt und
das Gesamtergebnis.
Die Grundlagen der Daten sind in **Bild 1** dargestellt.
*Lösung:* **Bild 2 und Bild 3**

Nach der ersten Überlegung aus **Bild 1** müsste das Produkt B mit den höheren Selbstkosten aus dem Markt genommen werden. Das Ergebnis der Deckungsbeitragsrechnung in **Bild 2** zeigt für das Produkt B einen positiven Deckungsbeitrag. Dies sind ca. 45% vom Marktpreis und ist damit ein recht gutes Erzeugnis. Die Entscheidung nur nach der Betrachtung der Vollkostenkalkulation wäre also falsch gewesen.

Aus der Deckungsbeitragsrechnung wird deutlich, wenn das Produkt B nicht mehr im Sortiment geblieben wäre, hätten ca. 1,8 Mio. € der fixen Kosten nicht mehr gedeckt werden können und die Produkte A und C hätten den vollen Fixkostensatz tragen müssen. Hierdurch hätte sich bis zur Einführung eines neuen Produkts ein negatives Betriebsergebnis eingestellt.

| Produkt / Kostenart | A | B | C |
|---|---|---|---|
| Materialeinzelkosten in €/Stück | 450,– | 250,– | 80,– |
| Materialgemeinkostenzuschlag in % | 10% | 10% | 10% |
| Fertigungslohnkosten in €/Stück | 80,– | 270,– | 70,– |
| Fertigungsgemeinkostenzuschlag – gesamt in % | 220% | 280% | 240% |
| *davon variabler Zuschlag ($FGKZ_{var}$) in % | 100% | 80% | 80% |
| *davon fixer Zuschlag ($FGKZ_{fix}$) in % | 120% | 200% | 160% |
| Verwaltungs- und Vertriebsgemeinkosten in €/Stück in % auf Herstellkosten | 30% | 30% | 30% |
| verkaufte Menge pro Periode in Stück/Periode | 3 000 | 3 000 | 5 000 |
| Marktpreis in €/Stück | 1 110,– | 1 336,– | 606,– |
| Selbstkosten Vollkostenrechnung | 976,3 | 1 691,30 | 423,8 |

**Bild 1: Datengrundlagen und Sortimentspolitk (Beispiel)**

| Werte | A | B | C |
|---|---|---|---|
| Marktpreis in €/Stück | 1110,– | 1336,– | 606,– |
| Materialeinzelkosten in €/Stück | 450,– | 250,– | 80,– |
| Fertigungslohnkosten in €/Stück | 80,– | 270,– | 70,– |
| $FGK_{var}$ Teil | 100%<br>80,– | 80%<br>216,– | 80%<br>56,– |
| variable Kosten in €/Stück | 610,– | 736,– | 206,– |
| Deckungsbeitrag in €/Stück | 500 | 600,– | 400,– |
| Rangfolge ($DB_{absolut}$) | ② | ① | ③ |
| Deckungsbeitrag in % vom Preis | 45 | 44,9 | 66 |
| verkaufte Menge pro Periode im Stck./Per. | 3000 | 3000 | 5000 |
| Deckungsbeitrag in € je Sorte und Periode | 1,5 Mio | 1,8 Mio | 2,0 Mio |
| Deckungsbeitrag gesamt in €/Periode | 5,3 Mio | | |
| = Fixkosten in € pro Periode | 5,0538 Mio | | |
| = Gesamtergebnis €/Periode | 246 200 € | | |

**Bild 2: Sortimentspolitik „freie Kapazitäten" (Beispiel)**

| Rückrechnung der Fixkosten, die pro Stück verrechnet wurden | | | |
|---|---|---|---|
| Kostenart | A | B | C |
| Materialgemeinkosten in €/Stück | 10% · 450,–<br>45,– | 10% · 250,–<br>25,– | 10% · 80,–<br>8,– |
| $FGK_{fixer}$ Teil in €/Stück | 120% · 80,–<br>96,– | 200% · 270,–<br>540,– | 160% · 70,–<br>112,– |
| Verwaltungs- und Vertriebsgemeinkosten in €/Stück | 225,30 | 390,30 | 97,80 |
| Σ Fixkosten in €/Stück | 366,30 | 955,30 | 217,80 |
| verkaufte Menge pro Periode in Stück | 3000 | 3000 | 5000 |
| Σ Fixkosten in €/Periode und Sorte | 1,098900 Mio | 2,865900 Mio | 1,089000 Mio |
| Σ $Fixkosten_{gesamt}$ in €/Periode | 5,0538 Mio | | |

**Bild 3: Sortimentspolitik „freie Kapazitäten" (Beispiel)**

Während bei freien Kapazitäten noch jedes Produkt berücksichtigt wird, das einen positiven Deckungsbeitrag liefert, kann diese Vorgehensweise bei ausgelasteten Kapazitäten nicht mehr angewendet werden. Wenn in einer Engpassfertigung mehrere Erzeugnisse mit positivem Deckungsbeitrag je Stück gefertigt werden, spielt neben der Höhe des Deckungsbeitrags je Stück auch noch die Fertigungszeit je Stück eine bedeutende Rolle. Aus beiden Größen wird der „spezifische Deckungsbeitrag" $DB_{spez}$ gebildet.

Spezifischer Deckungsbeitrag $DB_{spez}$ in €/min

$$DB_{spez} = \frac{DB_{absolut} \text{ in €/Stück}}{Fertigungszeit \text{ in min/Stück}}$$

Um die Bedeutung dieser Größe beurteilen zu können, wird das letzte Beispiel um die Fertigungszeiten je Stück erweitert **(Bild 1)**.

| Produkt | A | B | C | Σ |
|---|---|---|---|---|
| gegenwärtiges Produktionsprogramm Stück/Periode | 3 000 | 3 000 | 5 000 | – |
| Stückfertigungszeit min/Stück | 16′ | 24′ | 10′ | – |
| benötigte Kapazität je Sorte min/Periode | 48 000 | 72 000 | 50 000 | 170 000 |
| maximal mögliches Programm Stück/Periode | 4 500 | 4 000 | 6 000 | – |

**Bild 1: Fertigungszeiten pro Produkt und maximal absetzbare Stückzahl**

Bei dieser Betrachtung wird angenommen, dass die Fertigung mit dem gegenwärtigen Produktprogramm ausgelastet ist. Es steht eine Fertigungskapazität von 170 000 min/Periode zur Verfügung. Eine Marktanalyse zeigte, dass das Produktionsprogramm ohne Preiseinbußen von den Stückzahlen erweitert und auch verkauft werden kann. Hier ist der spezifische Deckungsbeitrag die entscheidende Größe zur Neustrukturierung des Produktionsprogramms **(Bild 2)**.

Hierdurch entsteht eine neue Rangfolge der Produkte. Mit dem Produkt C kann jetzt der höchste spezifische Deckungsbeitrag je Stück erzielt werden. Belegt man jetzt die zur Verfügung stehende Fertigungskapazität von 170 000 min/Periode in der Reihenfolge der Rangstufen, erhält man das „optimale Produktionsprogramm" **(Bild 3)**.

Im Vergleich zu dem bisherigen Produktionsprogramm mit einem gesamten Deckungsbeitrag von 5,3 Mio. € ergibt sich eine Verbesserung des Deckungsbeitrags durch die Optimierung auf 5,6 Mio. €. Das entspricht einer Verbesserung um 300 000 €/Periode und ca. 5,6%.
Unter der Vorgabe „kein Ausbau der Kapazität" ist damit das Produktionsprogramm optimiert.

| Produkt | A | B | C |
|---|---|---|---|
| $DB_{absolut}$ €/Stück | 500,– | 600,– | 400,– |
| Fertigungszeit min/Stück | 16 | 24 | 10 |
| $DB_{spez}$ €/min | 31,25 | 25,– | 40,– |
| Rangfolge | 2 | 3 | 1 |

**Bild 2: Spezifischer Deckungsbeitrag und Rangfolge**

| Rang | Produkt | max. mögliche Menge Stück/Periode | benötigte Fertigungszeit min/Periode | DB |
|---|---|---|---|---|
| 1 | C | 6 000 | 60 000 | 2 400 000,– |
| 2 | A | 4 500 | 72 000 | 2 250 000,– |
| 3 | B | 1 583 | 38 000 | 950 000,– |
| | | Summe | 170 000 | 5 600 000,– |
| | | | | 5,6 Mio € |

Alter DB = 5,3 Mio €
Neuer DB = 5,6 Mio €
Verbesserung = 0,3 Mio € ≙ 5,6%

**Bild 3: Das optimale Produktionsprogramm**

Das Beispiel zeigt:
Zur Erreichung eines maximalen Ergebnisses müssen die Produkte in der Reihenfolge ihrer spezifischen Deckungsbeiträge berücksichtigt werden. Es müssen also so viel Erzeugnisse hergestellt werden, wie sich ohne Preisverlust am Markt verkaufen lassen.

**Das Opportunitätskosten-Konzept**

Muss bei ausgelasteter Kapazität aus besonderen Gründen ein zusätzliches Erzeugnis in die Produktion genommen werden und gibt es keine weitere Investitionsmöglichkeit für eine Kapazitätserweiterung, dann muss ein bisher gefertigtes Produkt zu Gunsten des neuen Erzeugnisses verdrängt werden. Der dadurch verlorene Deckungsbeitrag des verdrängten Produktes heißt „Opportunitätskosten" $k_{opp}$.

Das Opportunitätskosten-Konzept beantwortet die Frage, welcher Mindestpreis $p_{min}$ das neue Produkt kosten muss, um ein Produkt aus dem Programm zu verdrängen. Zur Darstellung des Vorganges wird wieder das alte Beispiel verwendet. Das Fertigungsprogramm soll um das Zusatzprodukt D erweitert werden. D hat die variablen Stückkosten von 250,– € und benötigt 12 min/Stück Fertigungszeit. Aus der Rechnung des spezifischen Deckungsbeitrages (Bild 2, vorhergehende Seite), ist die Reihenfolge C, A, B bekannt. Das Produkt B mit dem kleinsten spezifischen Deckungsbeitrag heißt „randständiges Produkt". Bei der Optimierung des Produktionsprogramms ging hier schon das Ergebnis zu seinen Lasten. Bei der Entscheidung das Zusatzerzeugnis D aufzunehmen würde B verdrängt werden.

Das Zusatzerzeugnis D muss daher mindestens seine eigenen variablen Kosten und den Deckungsbeitragsverlust vom Produkt B am Markt erwirtschaften.

$$p_{minD} = k_{vD} + k_{opp\,B}$$

$p_{min\,D}$ = Preisuntergrenze von D
$k_{vD}$ = variable Kosten von D
$k_{opp\,B}$ = Opportunitätskosten von B

Die Berechnung von $k_{opp}$ kann mit zwei Methoden erfolgen:

- Mengenmäßige Berechnung:
  Das Produkt D verdrängt mit einer Mengeneinheit bei $t_e$ = 12 min/Stück eine halbe Mengeneinheit von B mit $t_e$ = 24 min/Stück. Für eine halbe Mengeneinheit B verliert das Unternehmen 300,– € an Deckungsbeitrag. Die Opportunitätskosten für die Verdrängung von B durch D beträgt somit 300,– € je Mengeneinheit von B.
- Verwendung des spezifischen Deckungsbeitrags:
  Eine Mengeneinheit von D verdrängt 12 min lang 25,– € von B. Die Opportunitätskosten betragen damit 12 x 25,– € = 300 €/Stück. Die Preisuntergrenze für Produkt D ist:

  $$p_{min\,D} = 250{,}\text{– €} + 300{,}\text{– €} = 550{,}\text{– €}$$

  Bei einem Preis von 550,– € je Stück steht das Unternehmen gerade so da, als würde es das Zusatzprodukt nicht fertigen, DB = 0. Erst ab 550,– €/Stück beginnt die Gewinnzone für D.

Es können vier Fälle für die Preisuntergrenzen-Problematik abgeleitet werden:

1. **freie Kapazitäten** ohne erwarteten Preisverlust erfordern eine Grenzkostenberechnung,
2. **freie Kapazitäten mit Preisverlusterwartungen.** Hier muss mit den Opportunitätskosten immer wieder neu das Produktprogramm festgelegt werden.
3. **ausgelastete Kapazitäten ohne Investitionsentscheidung**. Der Kapazitätsengpass bleibt bestehen, sodass im vorliegenden Fall das zusätzliche Erzeugnis bzw. der Auftrag bei Auftragsannahme einen anderen Auftrag verdrängen würde. Hier kommt das Opportunitätskonzept zum Einsatz.
4. **ausgelastete Kapazitäten mit Investitionsentscheidung**. Der Kapazitätsengpass wird durch eine erzeugnis- bzw. auftragsbezogene Investition beseitigt, so dass dieser keinen anderen Auftrag verdrängt. Eine Kostenvergleichsrechnung mit der Erweiterungsinvestition gibt hierüber genauere Aussagen für eine Preisuntergrenze.

Es ist häufig zwischen Eigenfertigung und Fremdbezug zu entscheiden **(Tabelle 1).**

**Tabelle 1: Eigenfertigung und Fremdbezug**

| Situation | Eigenfertigung | Fremdbezug |
|---|---|---|
| freie Kapazitäten | $K_{var}$ < EP | $K_{var}$ > EP |
| ausgelastete Kapazitäten | $K_{var} + K_{opp}$ < EP | $K_{var} + K_{opp}$ > EP |
| Engpassbeseitigung durch Investition | $K_{voll}$ < EP | $K_{voll}$ > EP |

EP = Einkaufspreis; $K_{var}$ = variable Kosten; $K_{opp}$ = Opportunitätskosten; $K_{voll}$ = Vollkosten

**Wiederholung und Vertiefung**

1. Erklären Sie die Vorgehensweise bei der Vollkostenrechnung.
2. Welche Probleme gibt es, wenn Entscheidungen nur über Vollkosten getroffen werden?
3. Welche Kosten umfassen die Grenzkosten? Wann spricht man von der Deckungsbeitragsrechnung?
4. Ab wann wird ein positiver Deckungsbeitrag erzielt?
5. Wann wird die Teilkostenrechnung angewendet?
6. Erklären Sie die mehrstufige Deckungsbeitragsrechnung bis hin zum Unternehmenserfolg.
7. Was sind spezifische Deckungsbeiträge?
8. Wann wird die spezifische Deckungsbeitragsrechnung angewendet?
9. Was wird unter dem Begriff „Opportunitätskosten" verstanden?

## 6.7 Kostenvergleichsrechnungen

Diese Vergleichsrechnungen werden bei Wirtschaftlichkeitsuntersuchungen angewendet. Hierbei wird ermittelt, welche von mindestens zwei Möglichkeiten die wirtschaftlichere ist.
Sie ist eine Entscheidungshilfe für die Beantwortung nachstehender Fragen:

- Soll eine Investition durchgeführt werden?
- Soll ein Produkt selbst hergestellt oder fremdbezogen werden?
- Soll die Produktion auf dem Betriebsmittel A oder B durchgeführt werden?
- Soll ein neues Erzeugnis in das Fertigungsprogramm aufgenommen werden?
- Ist das Arbeitsverfahren A oder B günstiger?

Mit den Vergleichsproblemen gibt es immer Auswahlprobleme zwischen Kosten und Mengen. So sollten Kosten nur verglichen werden, wenn Unterschiede vorliegen. Betragen z.B. die Fertigungskosten bei zwei mit einander vergleichbaren Arbeitsverfahren beides Mal 25,– €/Stück, dann braucht man diese Kostenart nicht in den Vergleich mit einzubeziehen. Die meisten Kostenvergleichsrechnungen sind deshalb Teilkostenvergleiche und nicht Vollkostenvergleiche.

Bei der Kostenvergleichsrechnung wird von folgenden Grundsätzen ausgegangen:

- In einem bestimmten Zeitraum wird eine bestimmte Menge erzeugt. Mithilfe der Vergleichsrechnung wird dann ermittelt, mit welchem der sich anbietenden Verfahren diese Menge mit den geringsten Kosten hergestellt werden kann.
- Bei der Kostenvergleichsrechnung sind fixe und variable Kosten zu verwenden, die mehr oder minder stark gegliedert werden können. Dabei werden in den Vergleich nur Kostenarten einbezogen, die bei den vergleichenden Verfahren eine unterschiedliche Kostenhöhe aufweisen.
- Es wird bei den statischen Rechnungen mit Durchschnittswerten gerechnet, die sich über die Nutzungs- und Einsatzdauer ergeben, z.B. ein im Nutzungszeitraum von 10 Jahren geltender durchschnittlicher Zinssatz.

Je nach Art des Problems kann man alle einzelnen Kostenarten vergleichen.

Kostenvergleichsrechnungen haben folgende Mängel:

- Sie sind statischer Natur und ermöglichen nur einen Vergleich zweier Zustände.
- Unterschiedliche Nutzungszeiten von Investitionsgütern werden nicht berücksichtigt.
- Sie ermitteln nur Kostenwirtschaftlichkeit, da Erlöse nicht berücksichtigt werden. Weiter ermöglichen sie keine Aussage über die Rentabilität des eingesetzten Kapitals.

In dem nachfolgenden Beispiel wird die Anwendung der Kostenvergleichsrechnung für zwei Betriebsmittel durchgeführt.

**Beispiel: Kostenvergleichsrechnung**
Die Bearbeitung eines Frästeiles kann auf einer konventionellen Fräsmaschine und einer CNC-Fräsmaschine erfolgen. Die Materialkosten sind in beiden Fällen gleich und werden nicht in den Kostenvergleich mit einbezogen. Für die Rechnung liegen folgende Daten vor: **Bild 1.**
Die Kostenvergleichsrechnung wird als Vergleich der Kosten je Stück durchgeführt, da unterschiedliche Zeiten für die Fertigung eines Teiles vorliegen.
*Lösung:* **Bild 2**

| Bezeichnung | Einheit | konventionelle Maschine | CNC-Maschine |
|---|---|---|---|
| Zeit je Stück $t_{e1}$ | min/Stck. | 240 | 20 |
| Fertigungslohnsatz | €/h | 22,50 | 26,50 |
| RFGKZ | % | 120 | 160 |
| Maschinenstundensatz | €/h | 20,– | 90,– |
| anteilige Werkzeugkosten | €/Stck. | 15,– | 30,– |
| Programmierkosten | €/Stck. | – | 10,– |

**Bild 1: Daten zur Kostenvergleichsrechnung Betriebsmittel Fräsmaschinen**

| Kostenart | Einheit | konventionelle Maschine | CNC-Maschine |
|---|---|---|---|
| Fertigungslohnkosten | €/Stck. | 90,– | 8,83 |
| RFGK | €/Stck. | 108,– | 14,13 |
| Maschinenkosten | €/Stck. | 80,– | 29,70 |
| Werkzeugkosten | €/Stck. | 15,– | 30,– |
| Programmierkosten | €/Stck. | – | 10,– |
| Vergleichskosten | | 293,– | 92,83 |

**Bild 2: Beispiel-Rechnung Kostenvergleichsrechnung: Betriebsmittel – Fräsmaschinen**

Die Fertigungskostendifferenz beträgt über 200 €/Stück zum Vorteil der CNC-Maschine.
Aus dem Ergebnis des Betriebsmittelvergleichs wird die Fertigung auf einer CNC-Maschine vorgeschlagen.

Die Kostenvergleiche von Aufträgen und die Ermittlung von Grenzlosgrößen bei unterschiedlichen Fertigungsverfahren wird in der Einzel- und Kleinserienfertigung immer wichtiger. Um die tatsächlichen angefallenen Kosten „verursachergerecht" den Aufträgen entsprechend zuzurechnen, müssen die Fertigungskosten $K_{FE}$ detailliert berechnet werden.

Die Herstellkosten (Fertigungskosten $K_{FE}$) für jeden Auftrag setzen sich zusammen aus (**Bild 2**):
- den einmaligen Vorbereitungskosten $K_{vo}$,
- den Auftragswiederholkosten $K_{AW}$,
- den Folgekosten $K_{FO}$ und
- den Einzelkosten $K_E$.

Die Berechnungsgleichung für die Herstellkosten eines Auftrages ist:

$$\text{Fertigungskosten } K_{FE} = \frac{K_{VO}}{N \cdot L} + \frac{K_{AW}}{L} + K_E + K_{FO}$$

$L$ = Losgröße
$N$ = gesamte Auftragszahl

**Beispiel: Kostenvergleichsrechnung**
Ein Fertigungsprogramm für ein zu bearbeitendes Werkstück soll kostengünstig gefertigt werden. Zur Auswahl der Fertigung dieses speziellen Auftrages stehen ein CNC-Bohrwerk und ein CNC-Bearbeitungszentrum. Wie groß sind die Herstellkosten des Werkstückes auf den unterschiedlichen Maschinen? Weiter bekannt sind: monatliche Fertigung von einem Los von 100 Stück. Gesamte Laufzeit des Auftrages ist 2 Jahre.
*Lösung:* **Bild 1**

| Verfahren | 1 | 2 |
|---|---|---|
| Maschine | CNC-Bohrwerk | BAZ |
| Material €/Stck. | 85,– | 85,– |
| $K_{VO}$ | 5600,– | 9800,– |
| $K_{AW}$ | 125,– | 250,– |
| $K_{FO}$ | 120,– | 60,– |
| $K_E$ | 66,– | 40,– |
| $K_{FE}$ = | | |
| $\frac{K_{VO}}{N \cdot L}$ | $\frac{5\,600,–}{24 \cdot 100} = 2{,}33$ | $\frac{9\,800,–}{24 \cdot 100} = 4{,}08$ |
| $+\frac{K_{AW}}{L}$ | $\frac{125,–}{100} = 1{,}25$ | $\frac{250,–}{100} = 2{,}50$ |
| $+ K_{FO} + Mat + K_F$ | 120,– + 85,– + 66,– = 271,– | 60,– + 40,– +85,– = 185,– |
| $K_{FE}$ | 274,58 | 191,58 |

**Bild 1: Berechnung der Fertigungskosten im Auftrags-Kostenvergleich (Beispiel)**

In der Kleinserienfertigung ist die Werkstattsteuerung ständig gezwungen, die Produktionsanlagen umstellen zu lassen. Dies führt zu einem zeitweiligen Stillstand der Maschinen bzw. Anlagen und kann erhebliche Kosten verursachen. Diese *Auftragswiederholkosten* fallen unabhängig von der Losgröße an. Mithilfe der Kostenartengliederung nach dem „Verursacherprinzip" kann bei einem Verfahrens- und Auftragsvergleich die Grenzlosgröße bestimmt werden.

$$\text{Grenzlosgröße } L_{GR} = \frac{K_{AW\,2} - K_{AW1} + (K_{VO2} - K_{VO1})/N}{K_{E1} - K_{E2}}$$

**Kostenarten bei Auftrags-Kostenvergleichen**

**Ausführungskosten**

1. Maschinenkosten
   1.1 Abschreibungskosten
   1.2 kalkulatorische Zinskosten
   1.3 Raumkosten
   1.4 Instandhaltungskosten
   1.5 Energiekosten
2. Werkzeugkosten
3. Fertigungslohnkosten
4. Restfertigungsgemeinkosten
5. Nacharbeit- und Ausschusskosten

**Vorbereitungskosten**

1. Betriebsmittelkonstruktionskosten
2. Betriebsmittelfertigungskosten
3. Betriebsmittelerprobungskosten
   3.1 Ersterprobung der Programme
   3.2 Ersterprobung der Sonderbetriebsmittel
4. Arbeitsplanungskosten
   4.1 Teilzeichnungen
   4.2 Stücklisten
   4.3 Arbeitspläne
   4.4 Programmierungsunterlagen

**Auftragswiederholkosten**

1. Auftragserstellungskosten
   1.1 Vervielfältigen der Arbeitspapiere
   1.2 Erstellen des 2. Lochstreifens
2. Terminsteuerungskosten
3. Rüstkosten außerhalb der Maschine
4. Rüstkosten an der Maschine
5. Transport- und Lagerungskosten zwischen den Arbeitsvorgängen

**Bild 2: Kostenartengliederung für Auftragskosten-Vergleiche**

Das Diagramm **(Bild 1)** der Verfahrensverläufe 1 und 2 zeigt, dass im Bereich 1 beim Verfahren 1 die wirtschaftlicheren Losgrößen liegen und im Bereich 2 das Verfahren 2 die wirtschaftlicheren Losgrößen hat.

**Beispiel: Grenzlosgröße**
Die Grenzlosgröße für den Vergleich aus Bild 1 ergibt sich dann zu:

$$L_{Gr} = \frac{250 - 125 + (9800 - 5600)/24}{66 - 40} = 10 \text{ St./Los}$$

Nur unterhalb der Grenzlosgröße von 10 Stück ist das Verfahren 1 wirtschaftlicher.

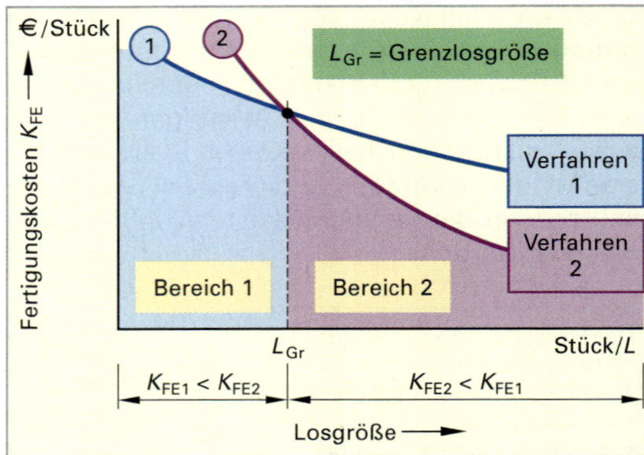


**Bild 1: Grenzlosgröße beim Auftragskostenvergleich**

## 6.7.1 Ermittlung von Grenzwerten

Viele Kostenrechnungen wollen Bereiche ermitteln, in denen wirtschaftlich gefertigt werden kann. Von besonderer Bedeutung ist der Übergang von einem unwirtschaftlichen zum wirtschaftlichen Bereich. Dieser Grenzwert wird immer durch die Menge von Stücken oder Stunden bestimmt.
Im Einzelnen werden unterschieden:

- die kritische Mengen:
  kritische Stückzahl, kritische Fertigungsstundenzahl, kritischer Beschäftigungsgrad,
- die Gewinnschwellen (Break-even-points).

Die kritische Menge stellt den Punkt dar, bei der die Kosten zweier Alternativen A und B gleich sind. Die kritische Menge $M_{kr}$ von diesen zwei Alternativen wird ermittelt nach:

$$K_{fA} + K_{vA} \cdot M_{kr} = K_{fB} + K_{vB} \cdot M_{kr}$$

Wird die Gleichung nach der kritischen Menge aufgelöst:

$$M_{kr} = \frac{K_{fB} - K_{fA}}{K_{vA} - K_{vB}}$$

Darin sind:

$M_{kr}$ kritische Menge in Leistungsmengeneinheit (Stück, Fertigungsstunde oder Beschäftigungsgrad) je Zeitraum (Monat, Jahr)

$K_f$ fixe Kosten in €/Zeitraum der Alternative A und B.

$K_v$ variable Kosten in €/Leistungsmengeneinheit (Stück, Fertigungsstunde, Beschäftigungsgrad) der Alternative A und B

Im Zähler dieser Gleichung steht der „Fixkostenvorteil“ von Alternative A und B und im Nenner der „Variablenkostennachteil“. Die kritische Menge gibt an, wann dieser „Variablenkostennachteil“ durch ihren „Fixkostenvorteil“ ausgeglichen worden ist.

**Beispiel: Kritische Stückzahl**
Um entscheiden zu können, ab welcher Auftragsmenge der Einsatz einer Verbesserung gegenüber dem vorhandenen Arbeitsplatz wirtschaftlich sinnvoll ist, wird mithilfe der nachstehenden Daten die kritische Stückzahl ermittelt: **Bild 2**.

| Bezeichnung | Einheit | Alternativen | |
|---|---|---|---|
| | | ohne Verbesser. A | mit Verbesser. B |
| Zeit je Stck. $t_{e1}$ | min/Stck. | 45 | 28 |
| Fertigungslohn | €/h | 22,50 | 22.50 |
| Lohnneben- | | | |
| kosten | % | 70 | 70 |
| Kosten der | | | |
| Verbesserung | € | – | 2 500,– |

$$M_{kr} = \frac{\underbrace{2500}_{K_{fB}} - \underbrace{0}_{K_{fA}}}{\underbrace{\frac{22{,}50 \cdot 1{,}70 \cdot 45}{60}}_{K_{vA}} - \underbrace{\frac{22{,}50 \cdot 1{,}7 \cdot 28}{60}}_{K_{vB}}}$$

$$M_{kr} = \frac{2\,500\text{ €} - \text{„Fixkostenvorteil“ von A}}{\frac{10{,}83\text{ € „Variablenkosten-Nachteil“ von A}}{\text{Stck.}}}$$

$$M_{kr} = \underline{\underline{230 \text{ Stck.}}}$$

**Bild 2: Kritische Menge $M_{kr}$ (Beispiel)**

Setzt man diese Daten in die Gleichung zur Ermittlung der kritischen Menge ein, erhält man die mindestens zu fertigende Auftragsmenge, bevor sich die Verbesserung lohnt.
Nach der Fertigung einer Auftragsmenge von 230 Stück ist der „Fixkostenvorteil“ von 2 500 € des verbesserten Arbeitsplatzes durch dessen „Variablenkostennachteil“ von 10,83 € Stück ausgeglichen. Dies zeigt auch das Kostendiagramm in **Bild 1, folgende Seite**.

Bei der Ermittlung von Gewinnschwellen (Break-even-points) kann die absolute Wirtschaftlichkeit eines Unternehmens bestimmt werden.

So ist die Gewinnschwelle eines Unternehmens jene Umsatzhöhe oder jener Beschäftigungsgrad, bei dem die Umsatzerlöse genau den Kosten entsprechen **(Bild 2)**. Unter der Gewinnschwelle liegt der Verlustbereich, hierbei sind die Kosten höher als der Umsatzerlös. Oberhalb der Gewinnschwelle liegt der Gewinnbereich. Die Gewinnschwelle wird durch zwei kritische Größen bestimmt, den kritischen Umsatzerlös und den kritischen Beschäftigungsgrad. Am Beispiel eines Betriebes wird die monatliche Gewinnschwelle dargestellt.

**Beispiel: Gewinnschwelle**
Der Umsatzerlös der Firma Schmidt GmbH beträgt bei Normalbeschäftigung (100% Beschäftigungsgrad) 450 000 €/Monat. Die fixen Kosten betragen 70 000 €/Monat. Die variablen Kosten sind 320 000 € /Monat. Es soll die Gewinnschwelle ermittelt werden.

*Lösung:*
Der kritische Beschäftigungsgrad $B_{kr}$ ist:

$$(E_{100\,\%} - K_{v100\,\%}) \cdot B_{kr} = K_f$$

Darin sind:

$E_{100\,\%}$ Umsatzerlös in €/Monat bei 100% Beschäftigungsgrad

$K_{v100\,\%}$ variable Kosten in €/Mon. bei 100% Beschäftigungsgrad

$B_{kr}$ kritischer Beschäftigungsgrad in %

$K_f$ fixe Kosten in €/Monat

Der Ausdruck $(E_{100\%} - K_{v100\%})$ ist der Deckungsbeitrag bei 100% Beschäftigungsgrad. Der kritische Beschäftigungsgrad ergibt sich dort, wo der Deckungsbeitrag gleich den fixen Kosten ist, also der Gewinn null ist. Der kritische Beschäftigungsgrad ist somit:

$$B_{kr} \text{ in } \% = \frac{K_f}{E_{100\%} - K_{v100\%}} \cdot 100\%$$

Bei der Firma Schmidt GmbH ist der kritische Beschäftigungsgrad

$$B_{kr} = \frac{70\,000\,€}{450\,000\,€ - 320\,000\,€} \cdot 100\% = 53{,}5\%$$

und der kritische Umsatzerlös:

$$E_{kr} = \frac{70\,000\,€}{1 - \frac{320\,000\,€}{450\,000\,€}} = 241\,380\,€$$

Die Firma Schmidt GmbH erreicht erst die Gewinnschwelle bei einem Umsatzerlös von mindestens 241 380 €/Monat.

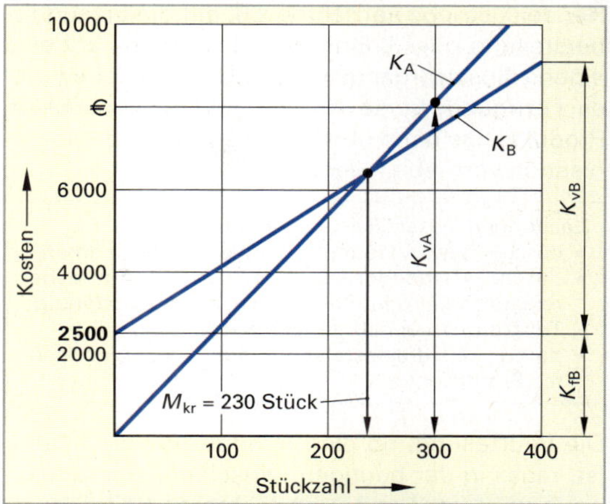


**Bild 1: Kostendiagramm mit kritischer Stückzahl $M_{kr}$ (Beispiel)**

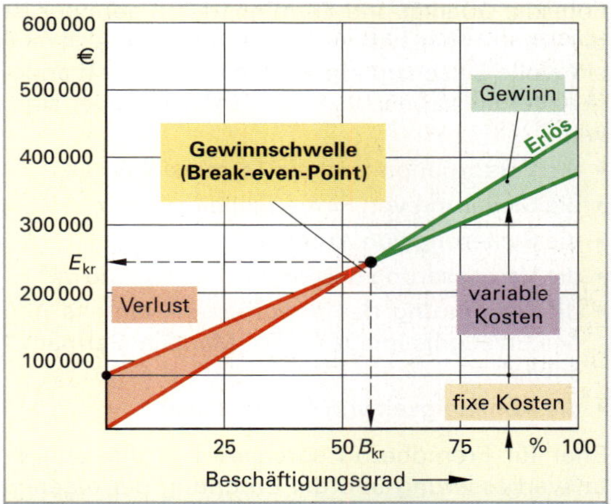


**Bild 2: Gewinnschwelle (Beispiel)**

Daraus folgt, dass bei der Firma Schmidt GmbH die Gewinnschwelle erreicht ist, wenn der Betrieb ca. zur Hälfte die Maschinen und Anlagen ausgelastet hat. Der kritische Umsatzerlös $E_{kr}$ wird wie folgt ermittelt:

Kritischer Umsatzerlös: $$E_{kr} = \frac{K_f}{1 - \frac{K_{v100\%}}{E_{100\%}}}$$

## 6.7.2 Eigenleistung oder Fremdleistung

Der Leistungsumfang eines Unternehmens kann von der Rohstofferzeugung bis zum Absatz einschließlich erforderlicher Serviceleistung reichen. Jede in diesem Umfang zu erbringende Leistung könnte auch in anderen Betrieben erbracht werden.

Handelsbetriebe verzichten z.B. auf die Erzeugnisherstellung oder Lohnfertigungsbetriebe auf eine eigene Absatzorganisation. In Großbetrieben gibt es Fertigungswerke für die unterschiedlichsten Produkte, die dann über eine Zentralverkaufsorganisation vertrieben werden.

> Leistungen lassen sich ausgliedern:
> - durch „Fremdvergabe" an andere Unternehmen,
> - durch Ausgliederung von Unternehmensbereichen, die dann als juristisch selbstständige Tochtergesellschaft geführt werden,
> - durch „Teilverselbstständigungen" als so genannte „Profit-Center".

Die Beurteilung, ob ein Fremdbezug vorteilhafter ist, muss in der heutigen wirtschaftlichen Situation in unserem Lande von mehreren Seiten gesehen werden. Dies lässt sich mithilfe unterschiedlicher Kriterien gut beurteilen. Je umfangreicher ein Beurteilungsproblem ist, z.B. für Transport und Logistik, Qualität und Termine, desto geringer ist die Wahrscheinlichkeit durch Kostenvergleich eine sinnvolle Entscheidung zu fällen. Es sind oft andere Kriterien zu beachten, die sogar wichtiger sind, wie

- die Versorgungs- und die Terminsicherheit,
- die Sicherung von Firmengeheimnissen,
- die Sicherung von Arbeitsplätzen,
- die Verbesserung des eigenen „Know-hows",
- die Bewahrung des erworbenen Namens und des Erzeugnis-Images, z.B. „Made in Germany" sowie
- die Abhängigkeit von Fremdfirmen.

Eher für Fremdbezug sprechen z.B. die Liquiditätsverbesserung und die Erhöhung der eigenen Flexibilität.
Deshalb wird man für die Wirtschaftlichkeit auch diese und gegebenenfalls weitere Beurteilungskriterien heranziehen.
Situationen, in denen man die Entscheidung zwischen *Eigenherstellung* und *Fremdbezug* einer Leistung zu treffen hat, kann man weiter unterscheiden:

1. in kurzfristige Auswirkungen:
   - es liegen freie Kapazitäten vor!,
   - es liegen ausgelastete Kapazitäten vor!,
2. in langfristige Auswirkungen:
   - müssen Investitionen durchgeführt werden?

Bei **freien Kapazitäten** gilt nachstehende Entscheidungsregel:

> Solange die Fremdleistungskosten größer als die Grenzkosten für die Eigenleistung sind, sollte man auf Fremdbezug verzichten.

Der Grundgedanke ist, dass man die Leistung so lange selbst erstellt, wie man gegenüber der Fremdvergabe einen positiven Deckungsbeitrag erzielen kann. Hierbei sind die Einstandspreise der Fremdleistung durch zusätzliche Aufgaben und die Verlustkosten, die durch Verdrängung des Produktes entstehen (Opportunitätskosten) mit zu berücksichtigen.

Bei **ausgelasteten Kapazitäten** gilt folgende Entscheidungsregel:

> Fremdvergaben von Aufträgen und Erzeugnissen sind so zu gestalten, dass die Verdrängungskosten durch Fremdvergabe minimal werden.

Auch hier ist die Eigenleistung so lange vorzuziehen, wie ein Deckungsbeitrag erreicht werden kann. Der Auftrag wird herausgegeben, der den kleinsten Deckungsbeitrag erwirtschaftet.

### 6.7.3 Statische Investitionsrechnung

Ziel der Investitionsrechnung ist die Beurteilung der Notwendigkeit und Zweckmäßigkeit einer Investition. Bei der Notwendigkeit unterscheidet man:

- **Erstinvestition:**
  Investitionen zur Aufnahme einer Fertigung, die bisher noch nicht im eigenen Betrieb durchgeführt wurden.
- **Ersatzinvestition:**
  Ein Arbeitsmittel wird durch ein gleichartiges anderes Arbeitsmittel (Maschine) ersetzt, da es nicht mehr einsetzbar ist.
- **Rationalisierungsinvestition:**
  Ein Arbeitsmittel wird durch ein anderes wirtschaftlicheres Arbeitsmittel ersetzt mit dem Ziel, eine Kostensenkung zu erreichen.
- **Erweiterungsinvestition:**
  Ein Arbeitsmittel wird zur Kapazitätserweiterung beschafft, um damit den Umsatz weiter zu erhöhen.

Die Beurteilung der Zweckmäßigkeit erfolgt neben den obigen Punkten nach

- **der Wirtschaftlichkeit:**
  der Verbesserung des Leistungs – Kostenverhältnisses,
- **der Rentabilität:**
  der Verzinsung des eingesetzten Kapitals und
- dem Risiko:
  **der Amortisationsdauer.**

Neben diesen drei wichtigen Kriterien betrachtet man noch die *Liquidität*, d.h. wie wirkt sich die Investition auf die Zahlungsfähigkeiten des Unternehmens aus, sowie die Einfachheit der Wartung und die Flexibilität.

Mit der statischen Investitionsrechnung kann die Wirtschaftlichkeit, die Rentabilität und das Risiko zahlenmäßig dargestellt werden.
Zur Beurteilung der Wirtschaftlichkeit einer Investition ermittelt man als Beurteilungsgröße die Kosten je Zeitraum oder die Kosten je Stück (Leistungsmengeneinheit).
Dabei gilt folgende Entscheidungsregel:

Sind die Kosten einer Alternative je Zeitraum oder je Stück höher als bei einer anderen Alternative, so ist die kostenniedrigste Alternative zu verwirklichen, z.B., ist die Alternative A größer als die Alternative B, dann ist B zu wählen.

**Beispiel: Investitionsrechnung**
Bei einer Rationalisierungsinvestition kommen zwei Maschinen von unterschiedlichen Herstellern zur Beschaffung in die engere Auswahl. Der Lieferzeitpunkt für beide Maschinen ist gleich.
*Lösung:* **Bild 1**

Durch den niedrigen Platzkostensatz wird man sich nach der Entscheidungsregel für den Kauf der Maschine B entscheiden.

| Bezeichnung | Einheit | Maschine A | Maschine B |
|---|---|---|---|
| Kapitaleinsatz<br>Nutzungsdauer<br>Einsatzzeit<br>A = 80% f. = 75% | €<br>Jahre<br><br>h/Jahr | 250 000<br>10<br><br>2 816 | 220 000<br>10<br><br>2 640 |
| Abschreibungskosten<br>Zinskosten 8%<br>sonstige fixe Kosten | €/Jahr<br>€/Jahr<br>€/Jahr | 25 000<br>10 000<br>5 000 | 22 000<br>8 800<br>4 400 |
| fixe Kosten | €/Jahr | 40 000 | 35 200 |
| fixe Kosten | €/h | 14,20 | 13,33 |
| Fertigungslohn- und Lohnnebenkosten<br>Energiekosten, sonstige variable Kosten | €/h<br><br>€/h | 39,37<br><br>1,40 | 35,87<br><br>1,12 |
| variable Kosten | €/h | 40,77 | 36,99 |
| Platzkostensätze | €/h | 54,97 | 50,32 |

**Bild 1: Investitionsrechnung, Kostenvergleich (Beispiel)**

Die Rentabilität einer Investition wird ermittelt nach:

*Rentabilität in % je Zeitabschnitt =*

$$= \frac{\textit{Gewinn in €/Zeitabschnitt}}{\textit{eingesetztes Kapital in €}} \cdot 100\ \%$$

Mithilfe der Rentabilitätsrechnung beurteilt man den Gewinn nicht mehr als absolute Zahl, wie bei der Gewinn- und Verlustrechnung, sondern man setzt ihn ins Verhältnis zum durchschnittlich eingesetzten Kapital.
Bei Investitionsobjekten wird die Rentabilität angewendet, wenn das Objekt mit der besten Kapitalverzinsung ausgewählt werden muss.

**Beispiel: Rentabilität**
Von einer Montagegruppe werden in einem Monat 620 Elektromotoren montiert. In einer turnusmäßigen KVP-Besprechung in der Fertigung wurde von einem Mitarbeiter eine Verbesserung vorgeschlagen, die ein Investitionskapital von 120 000 € erfordert. Die Montagekosten lassen sich mit der Verbesserung um ca. 9,50 €/Motor senken. Wenn die Investition genehmigt werden soll muss eine Rentabilität von mindestens 40% erreicht werden.
*Lösung:*

Rentabilität in % =

$$\frac{9{,}50\ €/\text{Stück} \cdot 620\ \text{Stück} \cdot 12\ \text{Monate/Jahr}}{120\ 000\ €} \cdot 100\%$$

= 59%/Jahr

Nach Rentabilitätsgesichtspunkten wird die Investition genehmigt.

Wenn bei Investitionen von Risiken gesprochen wird, meint man das in der Amortisationsdauer liegende Investitionsrisiko. Als *Amortisationsdauer* einer Investition wird die Zeitspanne verstanden, in der alle Investitionsausgaben durch Investitionseinnahmen wieder gedeckt sind. In der Literatur findet man auch dafür Begriffe, wie: Pay-back-period, Pay-off-period, Kapitalrückgewinnungsdauer und Kapitalrückflussdauer. Ein Investitionsrisiko wird umso kleiner angesehen, je kürzer die Amortisationszeit ist.

Bei Rationalisierungsinvestitionen wird als Amortisationsdauer der Zeitraum ermittelt, in dem die Investitionsausgaben durch Kostenersparnisse und Abschreibung wieder gedeckt sind.

*Amortisationsdauer in Jahren bei Rationalisierungsinvestitionen =*

$$= \frac{\textit{Investitionsausgaben in €}}{\textit{Kostenersparnis und Abschreibungen in €/Jahr}}$$

Im letzten Beispiel ergab sich bei einer Investitionsausgabe für Rationalisierungszwecke von 120 000 € eine jährliche Einsparung von 70 680 €/Jahr. Diese Verbesserung soll mindestens drei Jahre genutzt werden.

$$\text{Amortisations-Zeit} = \frac{120\ 000\ €}{70\ 680\ €/J + 40\ 000\ €/J} = 1{,}08\ \text{Jahre}$$

Für die Mindest-Rentabilität und Mindest-Amortisationsdauer werden von Betrieb zu Betrieb unterschiedliche Größen festgelegt. Z.B. bei Hochkonjunktur ergeben sich längere Amortisationszeiten als bei rezessiver Entwicklung der Konjunktur.

## 6.7.4 Dynamische Investitionsrechnung

### 6.7.4.1 Kapitalwertverfahren

Die Verfahren der **statischen** Investitionsrechnung stellen in zwei wesentlichen Punkten Vereinfachungen gegenüber dem dynamischen Verfahren dar:

- Sie verwenden Kosten- und Leistungsgrößen und nicht Zahlungsgrößen.
- Sie berücksichtigen weder den unterschiedlichen zeitlichen Anfall noch die besonderen Ein- und Auszahlungen in den einzelnen Zeiträumen. Der Zeitfaktor in Verbindung mit Erträgen, Aufwendungen und Kosten wird nicht berücksichtigt.

Bei den **dynamischen** Rechenverfahren der Investitionsrechnung werden die vor einer Investition liegenden Ausgaben und die danach folgenden Einnahmen in Abhängigkeit ihres Anfallzeitpunktes bewertet. Dies erfolgt mit Hilfe der „Zinseszinsrechnung". Ziel dieser Bewertung ist es, Einnahmen, die zu Beginn der Nutzungsdauer anfallen, sehr viel höher zu bewerten als Einnahmen, die am Ende der Nutzungsdauer anfallen und damit in der Voraussage ungewiss sind.
Je früher Investitionen aus einer Investition zurückfließen, desto früher kann man sie wieder nutzbringend für das Unternehmen einsetzen. Bei den dynamischen Verfahren werden durch die Abzinsung die zeitlichen Unterschiede im Anfall der Kosten und der Einnahmen in unterschiedlichen Höhen berücksichtigt. Diese Betrachtung erfolgt zum Zeitpunkt der Inbetriebnahme der Investition.

Es werden drei Rechenverfahren unterschieden:
- das Kapitalwertverfahren:
  Der Kapitalwert ist die Differenz zwischen den auf den Investitionszeitpunkt abgezinsten Gegenwartswerten aller Ausgaben und Einnahmen, die in der gesamten Zeit der Nutzungsdauer anfallen.
- das interne Zinsfußverfahren:
  Der interne Zinsfuß ist die tatsächliche Verzinsung (Ist-Verzinsung) des für ein Investitionsobjekt eingesetzten Kapitals.
- das Annuitätenverfahren:
  Die Annuität[1] ist der im Mittel anfallende und auf die Investitionszeit abgezinsten Jahresüberschuss.

Die wichtigsten Verfahren von der Anwendungshäufigkeit sind das Kapitalwertverfahren und das Interne-Zinsfuß-Verfahren.

[1] Annuität = jährliche Zahlung zur Tilgung und Verzinsung einer Schuld, von engl. annuity = Jahresrente, lat. annus = Jahr

Eine Investition ist dann durchzuführen, wenn sie einen positiven Kapitalwert $C_0$ aufweist. Der positive Kapitalwert sagt aus, dass die Investition neben der Amortisation des eingesetzten Kapitals und der Verzinsung des eingesetzten Kapitals zusätzlich noch einen Überschuss am Ende des Planungszeitraumes erbringt.
Beim Vergleich von mehreren Investitionsvorhaben ist die Investition auszuwählen, die den höchsten Kapitalwert erzielt.

Die Vorteile dieses Verfahrens liegen darin, dass
- die Einnahmen und Ausgaben einer Investition während der Nutzungsdauer berücksichtigt werden können,
- die Zahlungsströme nach dem Anfallszeitpunkt abgezinst werden können und
- die erzielten Umsätze und die Gewinne von unterschiedlichen, auf der Anlage gefertigten Produkten, besser berücksichtigt werden können.

**Beispiel: Investitionsrechnung**
Durch die Anschaffung einer Maschine mit den Investitionskosten von 400 000 € und einem Verkaufserlös von 10 000 € werden in den 5 Jahren der Nutzung Kostenüberschüsse (Einnahmen minus Ausgaben) erwartet:
1. Jahr = 140 000 €
2. Jahr = 130 000 €
3. Jahr = 100 000 €
4. Jahr = 80 000 €
5. Jahr = 60 000 €

Für das eingesetzte Kapital wird 10% als Zinssatz verrechnet.
*Lösung:* **Bild 1**, folgende Seite

Beim Kapitalwertverfahren sind nachstehende Daten zu betrachten:

$C$ = Kapitaleinsatz bzw. Investitionssumme oder Investitionsausgaben (alle einmaligen Ausgaben),

$A_1$ = Ausgaben, d.h. alle während der Nutzungsdauer anfallenden Zahlungen (Zinsen, Abschreibungen, Reparaturen usw.),

$E_1$ = Einnahmen, d.h. alle während der Nutzungsdauer zu erwartenden Umsatzerlöse,

$E_R$ = Restwert, d.h. der am Ende der Nutzungsdauer erzielte Verkaufserlös,

$t_n$ = Nutzungsjahre (1............$n$ – Jahre)

$P$ = Kalkulationszinsfuß (geltende Bankzinsen)

$C_0$ = Kapitalwert ist das Maß der Verzinsung des eingesetzten Kapitals. Er wird aus der Summe aller während der Nutzungsdauer anfallenden und auf den Gegenwartszeitpunkt abgezinsten Einnahmen und Ausgaben gebildet.

| Zeitpunkt | Ausgaben<br>€ | Rückflüsse (Einnahmen – Ausgaben)<br>€/Jahr | Nettozahlung (Zeitwert)<br>€/Jahr | Abzinsfaktor für $p$ = 10% | Gegenwartswert<br>€ |
|---|---|---|---|---|---|
| 0 | – 400 000 | 0 | – 400 000 | 1 | – 400 000 |
| 1 | | 140 000 | 140 000 | 0,9091 | + 127 274 |
| 2 | | 130 000 | 130 000 | 0,8264 | + 107 432 |
| 3 | | 100 000 | 100 000 | 0,7513 | + 75 310 |
| 4 | | 80 000 | 80 000 | 0,6830 | + 54 640 |
| 5 | | + 10 000<br>60 000 | 70 000 | 0,6209 | + 43 463 |
| Gegenwartswert: Zeitwert im Jahr $n$ · Abzinsfaktor | | | | $C_0$ | 8 119 |

$$\text{Abzinsfaktor} = \frac{1}{(1+p)^t}$$

| Kapitalwert | $C_o$ = Summe der Gegenwartswerte |
|---|---|

$p$ = Zinssatz
$t$ = Jahre

$$C_o = -C + \sum_{t=1}^{t_n} + (E_1 - A_1) \cdot (1 + p)^{-t} + E_R\,(1 + p)^{-t_n}$$

**Bild 1: Dynamische Investitionsrechnung (Beispiel)**

## Wiederholung und Vertiefung

1. Welche Kostenarten werden in der Auftragskostenvergleichsrechnung mit einbezogen?
2. Warum spricht man bei der Auftragskostenrechnung von der Kostenrechnung nach dem „Verursacherprinzip“?
3. Was bedeutet die kritische Menge bei Wirtschaftlichkeitsvergleichen?
4. Wie wird der kritische Punkt noch genannt?
5. Erläutern Sie die Gleichung der kritischen Menge.
6. Wie kann man den kritischen Beschäftigungsgrad erreichen?
7. Was drückt der kritische Beschäftigungsgrad aus?
8. Welche Kriterien sind bei einem Fremdbezug von Waren und Leistungen zu beachten?
9. Erläutern Sie die Entscheidungsregeln über den Fremdbezug bei freien Kapazitäten.
10. Erklären Sie die Entscheidungsregeln für Fremdbezug bei ausgelasteten Kapazitäten.
11. Nennen Sie die wichtigsten Investitionsarten.
12. Nach welchen Gesichtspunkten wird die Zweckmäßigkeit einer Investition beurteilt?
13. Mit welchen weiteren Beurteilungsgrößen kann man eine Investition bewerten?
14. Wie wird die Rentabilität einer Investition berechnet?
15. Nennen Sie die Gleichung zur Errechnung der Amortisationsdauer einer Investition.
16. Erklären Sie den Grundgedanken der dynamischen Investitionsrechnung.
17. Welche Vorteile bietet das Kapitalwertverfahren bei der dynamischen Investitionsrechnung?

### 6.7.4.2 Internes Zinsfußverfahren

Im Unterschied zum Kapitalwertverfahren, die eine Mindestverzinsung sicherstellen will, ermittelt man mit der internen Zinsfußmethode die **tatsächliche Rentabilität** einer Investition. Der interne Zinsfuß *r* (Rentabilitätszins) ist die Größe bei der die Auszahlungen für Investitionen und die nachfolgenden Überschüsse auf einen Zeitpunkt $t_0$, bezogen „Null" ergeben.
Geht man vom Kapitalwert aus, kann man sagen: Es ist der interne Zinsfuß *r* gesucht bei dem der Kapitalwert der Investition 0 (Null) ist.

Das Merkmal des Vorteils einer Investition nach der internen Zinsfußmethode ist ein vorgegebener Vergleichszinssatz (z. B. 20 % vor Steuern). Ist zwischen mehreren Projekten zu entscheiden, so ist die Investition mit dem höchsten internen Zinsfuß zu wählen.
Die Ermittlung des internen Zinsfußes erfolgt bei der Beurteilung von alternativen Investitionsobjekten mit Hilfe der *Regula-Falsi-Methode*. Hier werden bei der Ermittlung der Kapitalwerte einer Investition zwei Kalkulationszinssätze ermittelt.

**Beispiel 1:**
Im Beispiel, Abschnitt 5.7.4.1 (Dynamische Investitionsrechnung) wurde bei einem Zinssatz von $i = 10\%$ pro Jahr ein positiver Kapitalwert von 8119 € ausgewiesen. Die tatsächliche Verzinsung des in der Investition gebundenen Kapitaleinsatzes liegt also über 10% und wird als interner Zinsfuß *r* bezeichnet.

**Vorgehensweise:**
Es wird derjenige Zinsfuß *i* gesucht bei dem der Kapitalwert $C_0 = 0$ ist.

$$C_o = -I + \sum_{t=1}^{t_n} \frac{C_t}{(1+i)^t} = 0$$

$C_0$ Kapitalwert bzw. Gegenwartswert
$I$ Investitionen
$C_0$ Cash flow (Einzahlungen) zum Zeitpunkt *t*
$i$ Zinsfuß
$n$ Jahr

*Lösung:* **Tabelle 1**

**Tabelle 1: Ermittlung des internen Zinsfußes *r* einer Maschine (Lösung zu Beispiel 1)**

| Zeitpunkt | Nominalbeiträge in € | | | 1. Versuch $i_1 = 10\%$ p.a. | | 2. Versuch $i_2 = 14\%$ p.a. | |
|---|---|---|---|---|---|---|---|
| | Auszahlungen | Rücksflüsse (Cash flow) Einzahlungen | Nettozahlung (Zeitwert) | Abzinsungsfaktor | Nettozahlung (Barwert) in € | Abzinsungsfaktor | Nettozahlung (Barwert) in € |
| 0 | −400 000 | 0 | | 1 | −400 000 | 1 | −400 000 |
| 1 | | 140 000 | 140 000 | 0,9091 | +127 274 | 0,8772 | 122 808 |
| 2 | | 130 000 | 130 000 | 0,8264 | +107 432 | 0,7695 | 100 035 |
| 3 | | 100 000 | 100 000 | 0,7513 | +75 310 | 0,6750 | 67 500 |
| 4 | | 80 000 | 80 000 | 0,6830 | +54 640 | 0,5921 | 47 368 |
| 5 | | +10 000<br>+60 000 | 70 000 | 0,6209 | +43 463 | 0,5149 | 36 043 |
| Summe | −400 000 | | | $C_{01}$ | 8 119 | $C_{02}$ | −26 246 |

Bei $i_1 = 10\%$ p.a. beträgt der Kapitalwert $C_{01} = 8\,119$
Bei $i_2 = 14\%$ p.a. beträgt der Kapitalwert $C_{02} = -26\,246$
Der Zinssatz *r* liegt somit zwischen 10% und 14%

$$r = i_1 + (i_2 - i_1) \cdot \frac{C_{01}}{C_{01} - C_{02}}$$

$$r = 10 + (14 - 10) \cdot \frac{8\,119}{8\,119 - (-26\,246)} \%$$

$$r = 10{,}24\%$$

Die rechnerische Ermittlung von $r$ bereitet bei der mathematisch exakten Bestimmung erhebliche Schwierigkeiten, da eine Gleichung höherer Ordnung zu lösen ist. Zur hinreichend genauen Lösung wird nach einem Näherungsverfahren (Regula-Falsi-Methode) wie folgt vorgegangen:

1. **Schritt:**
   Wahl eines beliebigen „Probierzinsfußes" $i_1 = 10\%$ und Errechnung eines zugehörigen Kapitalwertes $C_{01}$.
2. **Schritt:**
   Wahl eines zweiten „Probierzinsfußes" $i_2 = 14\%$ für den gilt:
   falls $C_{01} > 0$, dann $i_2 > i_1$
   falls $C_{01} < 0$, dann $i_2 < i_1$
   und errechnen des zugehörigen Kapitalwertes $C_{02}$ (**Bild 1**).

**Ergebnisanalyse:** Die Investitionsausgaben werden bei einer Zinsvorgabe von 10% zurückgewonnen, bei 14% aber nicht.

Die Ermittlung des tatsächichen Näherungswertes $r$ zeigt schematisch Bild 1.

Aus den Werten von $i_1$ und $i_2$ bestimmt man durch Interpolation den Näherungswert $r$ für den tatsächlichen Zinsfuß $i$.

Verwendet wird allgemein die Interpolationsformel. Für die Wahl der Versuchzinsfüße sollte die Differenz zwischen den Werten nicht kleiner als 3% sein.

$$r = i_1 + (i_2 - i_1) \cdot \frac{C_{01}}{C_{01} - C_{02}}$$

$i_1$ 1. Versuchszinsfuß
$i_2$ 2. Versuchszinsfuß
$C_{01}$ 1. Kapitalwert
$C_{02}$ 2. Kapitalwert

**Bewertung der Internen Zinfußmethode**

Im Vergleich zur Kapitalwertmethode ist der Rechenaufwand bei der internen Zinsfußmethode, insbesondere bei der Berücksichtigung von Vergleichsinvestitionen, sehr viel höher. Der interne Zinsfuß zeigt dagegen deutlicher die Rendite, die vom Projekt aus sich heraus erwirtschaftet wird.

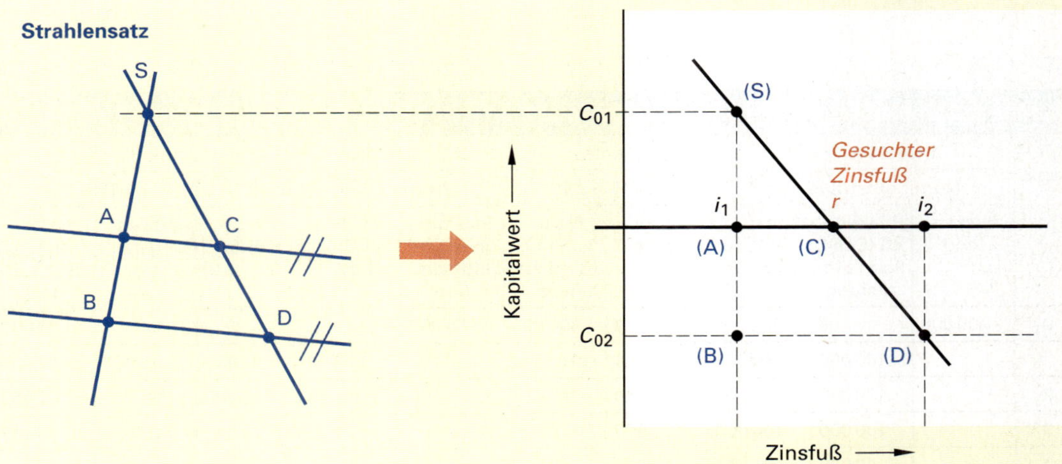


Es gilt:

$\overline{AC} : \overline{BD} = \overline{SA} : \overline{SB} \Rightarrow (r - i_1) : (i_2 - i_1) = C_{01} : (|C_{02}| + C_{01})$

$$\Rightarrow r = i_1 + (i_2 - i_1) \cdot \frac{C_{01}}{C_{01} - C_{02}}$$

**Bild 1: Ermittlung des Näherungszinsfußes *r* durch Interpolation**

### 6.7.4.3 Annuitätenverfahren

Die Kapitalwertmethode ermittelt den Vorteil einer Investition in einem Betrag, den Kapitalwert. Das Annuitätenverfahren verteilt den Kapitalwert zusätzlich einer geforderten Verzinsung über die gesamte Projektlaufzeit zu einem gleich bleibenden Durchschnittsbetrag mit gleichen Zahlungsintervallen.

Unter der Betrachtung der Investitionsrechnung lautet bei Anwendung des Annuitätenverfahren die Frage: Wie hoch muss der jährliche Geldbetrag sein, um die Investitionssumme im Kalkulationszeitraum wieder zu erhalten und ausstehende Teilbeträge der Investition in einer bestimmten Höhe verzinst zu bekommen?

Bei einer Auswahlentscheidung unter mehreren Investitionsvorhaben ist dasjenige mit dem höchsten Annuitätenbetrag (mit der höchsten Annuität) zu wählen. Ein einzelnes Investitionsvorhaben ist vorteilhaft, so lange die Annuität größer oder gleich Null, also positiv ist (**Beispiel 2**).

In diesem Fall erhält man mindestens das eingesetzte Kapital verzinst mit dem Kalkulationszinsfuß zurück. Wertmäßig ist es dabei gleich, ob man den Kapitalwert oder über die Nutzungsdauer die Annuität erhält.

**Beispiel 2:**

Die Maschinen A und B sind miteinander zu vergleichen. Die Nutzungsdauer der Maschine A ist 5 Jahre, die der Maschine B ist 3 Jahre. Zu ermitteln sind die Annuitäten der Maschinen.

*Lösung:* Die Annuität der Maschine B ist größer und damit der Maschine A vorzuziehen (**Tabelle 1**).

**Tabelle 1: Berechnung der Annuitäten zu Beispiel 2**

| Zeitpunkt | Maschine A = Nutzungsdauer 5 Jahre | | | | | Maschine B = Nutzungsdauer 3 Jahre | | | | |
|---|---|---|---|---|---|---|---|---|---|---|
| | Nominalbeträge in € | | | $i$ = 10% p.a. | | Nominalbeträge in € | | | $i$ = 10% p.a. | |
| | Auszahlung | Rückflüsse (Cash flow) Einzahlung | Nettozahlung (Zeitwert) | Abzinsungsfaktor | Nettozahlung (Barwert) in € | Investitionen und Liquidation | Rückflüsse (Cash flow) | Nettozahlung (Zeitwert) | Abzinsungsfaktor | Nettozahlung (Barwert) in € |
| 0 | –400 000 | 0 | | 1 | –400 000 | –50 000 | | | 1 | –50 000 |
| 1 | | 140 000 | 140 000 | 0,9091 | +127 274 | | 25 000 | 25 000 | 0,9091 | 22 727 |
| 2 | | 130 000 | 130 000 | 0,8264 | +107 432 | | 25 000 | 25 000 | 0,8264 | 20 660 |
| 3 | | 100 000 | 100 000 | 0,7513 | +75 310 | | 25 000 | 25 000 | 0,7513 | 18 782 |
| 4 | | 80 000 | 80 000 | 0,6830 | +54 640 | | 0 | 0 | 0,6830 | 0 |
| 5 | | +10 000<br>+60 000 | 70 000 | 0,6209 | +43 463 | | 0 | 0 | 0,6209 | 0 |
| Kapitalwert | | | | $C_0$ | 8 119 | | | | $C_0$ | +12 169 |
| Wiedergewinnungsfaktor bei $i$ = 10% p.a. und Nutzungsdauer = 3 Jahre bzw. 5 Jahre | | | | *KFW* | 0,2638 | | *KFW* | | | 0,40211 |
| Annuität = $C_0 \cdot$ KFW | | | | | 2 141 | | Annuität | | | 4 893 |

Das Annuitätenverfahren ist dann von praktischer Bedeutung, wenn bei einer fremdfinanzierten Investition versucht wird, den Kapitaldienst in Übereinstimmung mit der wirtschaftlichen Nutzungsdauer des Projekts zu bringen. Auch für die Ermittlung von weiter zu belastenden Grundgebühren, z.B. bei Wärmekosten, eignet sich das Annuitätenverfahren (**Beispiel 3**).

**Rechenvorgang:**
**1.Schritt:**
Ermittlung des Kapitalwertes der Investition.
**2.Schritt:**
Multiplikation des Kapitalwertes mit dem Annuitätenfaktor, der den Barwert mit einer geforderten Mindestverzinsung mit Zins und Zinseszins gleichmäßig über den Kalkulationszeitraum verteilt.

**Annuitätenfaktor** (Kapitalwiedergewinnungsfaktor KWF)

$$KWF = \frac{i\,(1+i)^n}{(1+i)^{n-1}}$$

$a \quad C_0 \cdot KWF$
$a$ Annuität
$C_0$ Kapitalwert
$i$ Zinssatz in % (z.B. 3,5% = 0,035)
$n$ Jahre

**Beispiel 3:**
Ein Energieversorgungsuntemehmen betreibt verschiedene Blockheizkraftwerke. Der Energiepreis besteht aus einem festen und einem variablen, verbrauchsabhängigen Anteil. Der feste Anteil enthält die Kapitalkosten sowie die geschätzten Reparatur- und Wartungskosten während der Vertragslaufzeit. Zu kalkulieren ist der feste Grundpreis für die Energieversorgung durch ein neu zu errichtendes Blockheizkraftwerk bei einer Wohnfläche von 6000 m².

*Lösung* (**Tebelle 1**):

**Ergebnisanalyse:**
Bei einer Verzinsung der der pro Periode ausstehenden Investitionsrückflüsse mit 8% und einer Wiedergewinnung der Investitionsausgaben über 10 Jahre ergibt sich über alle Jahre eine gleichmäßige Belastung von 91851 €. Berücksichtigt wurden alle jährlich anfallenden Auszahlungen.
Bei Umlage auf 6000 m² beträgt der feste Grundpreis 15,30 €/m² und Jahr.

**Tabelle 1: Berechnung Jahreskosten pro Quadratmeter (Beispiel 3)**

**Kalkulationsdaten**

| | | | |
|---|---|---|---|
| Anschaffungswert des Blockheizwerkes (ohne Gebäudeteil) | 650000 € | Umlagebasis: | 6000 m² |
| Restwert nach 10 Jahren | 200000 € | Kalkulationszeitraum | 10 Jahre |
| Reparatur- und Wartungskosten im 1. Jahr | 3000 € | Kalkulationszinssatz | 8% |
| – jährliche Steigerung | 1500 € | | |

**1. Schritt:** Ermittlung des Kapitalwertes der Auszahlungsreihe

| Periode | Auszahlungen in € | Barwertfaktoren 8% | Barwerte in € |
|---|---|---|---|
| $t_0$ | 650000 | – | 650000 |
| $t_1$ | 3000 | 0,9259 | 2778 |
| $t_2$ | 4500 | 0,8573 | 3857 |
| $t_3$ | 6000 | 0,7938 | 4762 |
| $t_4$ | 7500 | 0,7350 | 5512 |
| $t_5$ | 9000 | 0,6806 | 6125 |
| $t_6$ | 10500 | 0,6302 | 6617 |
| $t_7$ | 12000 | 0,5835 | 7002 |
| $t_8$ | 13500 | 0,5403 | 7294 |
| $t_9$ | 15000 | 0,5002 | 7503 |
| $t_{10}$ | 16500 } –183500<br>–200000 Einnahme | 0,4632 | –84997 |
| Kapitalwert der Auszahlungen | | | **616453** |

**2. Schritt:** Ermittlung der Annuität bei 8%/10 Jahren
616453 € · 0,1490 (Annuitätenfaktor) = 91851 €
Ermittlung der festen Jahreskosten pro m²: 91851 € : 6000 m² = 15,30 €/m² und Jahr

### 6.7.4.4 Dynamische Amortisationsrechnung

Im Unterschied zu den Verfahren der statischen Amortisationsrechnung werden bei dem dynamischen Verfahren die Geldrückflüsse berücksichtigt. Hierbei werden die Rückflüsse mit einem gewählten Zinssatz auf die Barwerte in den einzelnen Perioden abgezinst. Der Zeitraum für die Wiedergewinnung der Investitionsauszahlung kann nach der Kumulationsmethode ermittelt werden.
Die Vorgehensweise bei der Kumulationsmethode entspricht der Vorgehensweise bei der statischen Amortisartionsrechnung. Die unterschiedlichen Geldrückflüsse werden periodenweise solange kumuliert, bis der Betrag der Investitionsauszahlung erreicht ist.

**Ergebnis**:
Die dynamische Amortisationsrechnung ist länger als die statische. Sie geht von Verzinsung der ausstehenden Beträge und von einem ungekürzten Anschaffungswert aus.
Die dynamische Amortisationsrechnung ist eine gute Ergänzung zu den übrigen dynamischen Investitionsrechnungen. Bei ihrer Anwendung kann die Geschäftsleitung durch die Kenntnisse der Pay-off-Periode mögliche Risiken besser abschätzen, die sich bei längerer Amortisationszeiten ergeben können. Risiken könnten z.B. entstehen durch Preisänderungen, Änderungen in der Konkurrenz der Mitanbieter auf den Märkten oder auch durch sich ändernde Gesetze im Zeitraum der Amortisation.

**Besondere Vorteile** sind darin zusehen, dass die mit der Investition tatsächlich erfolgenden unterschiedlichen Geldflüsse unter finanzwirtschaftlichen Gesichtspunkten erfasst werden. Die Rechnung mit unterschiedlichen Zinssätzen sind während des Kalkulationszeitraums problemlos möglich. Auch sind die dynamischen Rechnungsverfahren gegenüber den statischen Rechnungsverfahren genauer.
Statische Rechnungsverfahren lassen sich aus Zeitersparnis gründen anwenden, wenn die Nutzungszeiträume noch in kleinerem Bereich bis zu 3 Jahren liegt und der Investitionsbetrag nicht zu hoch ist. Sie werden hauptsächlich zu Rationalisierungs- und Ersatzinvestitionen herangezogen.

**Beispiel: Berechnung der Amortisationszeit** (vgl. Abschnitt 6.7.4.1)

| | Alternative 1 $i$ = 10% p.a. | | | | | |
|---|---|---|---|---|---|---|
| Jahr $n$ | Nominalbeiträge in € | | | | | |
| | Investition und Liquidation | Rücksflüsse (Cash flow) | Nettozahlung (Zeitwert) | Abzinsungsfaktor | Nettozahlung (Barwert) einzeln in €/Jahr | kumuliert in € |
| 0 | −400 000 | 0 | | 1 | −400 000 | |
| 1 | / | 140 000 | 14 000 | 0,9091 | +127 274 | −272 726 |
| 2 | / | 130 000 | 130 000 | 0,8264 | +107 432 | −165 294 |
| 3 | / | 100 000 | 100 000 | 0,7513 | +75 310 | −89 984 |
| 4 | / | 80 000 | 80 000 | 0,6830 | +54 640 | −35 344 |
| 5 | / | 10 000<br>60 000 | 70 000 | 0,6209 | +43 463 | 8 119 |

$$n = n_v + \frac{c_v}{c_v - c_n}$$

$n$ gesuchte pay-off-Zeit [Jahre]
$n_v$ letztes Jahr vor Erreichen der Amortisation
$c_v$ kumulierte Rückflüsse im letzten Jahr vor Erreichung der Amortisation
$c_n$ kumulierte Rückflüsse im 1. Jahr nach Erreichung der Amortisation

$$n_1 = 4 + \frac{-35\,344}{-35\,344 + 8\,119}$$

$n_1$ = <u>4,77 Jahre</u>

## 6.8 Prozesskostenrechnung

Die Nachteile der Zuschlagskalkulation haben eine neue Kostenbetrachtung notwendig werden lassen. Der „Teufelskreis" der Zuschlagskalkulation ist:

1. Bei hohen Gemeinkostenanteilen führt die traditionelle Zuschlagskalkulation zu falschen Ergebnissen, weil:
   - die Serienprodukte bei der gesamten Kostenbetrachtung mit zu hohen Gemeinkosten bewertet werden, obwohl durch die hohe Stückzahl der Gemeinkostenaufwand je Teil sinkt,
   - die Produkte mit kleinen Losgrößen bzw. Einzelteile mit zu geringen Gemeinkosten bewertet werden und dadurch sehr wirtschaftlich erscheinen.
2. Die Informationen der traditionellen Systeme der Kostenrechnung führen zu falschen strategischen Entscheidungen, weil:
   - die Produkte mit kleiner Stückzahl wirtschaftlich erscheinen und entsprechend ausgeweitet werden und
   - das Produktprogamm unterschiedlichster Teile immer mehr ausgeweitet wird.
3. Die ausgeweiteten Produktprogramme führen zu einem Gewinneinbruch, weil:
   - die Aufwände in den Gemeinkostenabteilungen stark ansteigen, wenn das Produktprogramm ausgeweitet wird und
   - der Anteil von Einzelteilen weiter steigt und die Gewinne weiter sinken.

**Beispiel: Prozesskosten**
Kalkulation der Verwaltungs- und Vertriebsgemeinkosten im Vergleich bei unterschiedlichen Einheiten eines Getriebes. Diese sind in der ersten Rechnung der Zuschlagskalkulation mit einem Verwaltungs- und Vertriebsgemeinkostensatz von VVGK-Z = 20% belastet. In der zweiten Rechnung erfolgt die Kalkulation mit auftragsbezogenen fixen Kosten von 800,– € je Auftrag.

*Lösung:* **Bild 1**

Hier wird deutlich, wie die Selbstkosten bei kleinen Losgrößen einen erheblichen Anteil an den Selbstkosten ausmachen und mit steigenden Losgrößen die Selbstkosten je Einheit wirtschaftlicher werden.

Ziel der Prozesskostenrechnung ist, Gemeinkostenbereiche wie Beschaffung, Versand, Lagerwirtschaft, Betriebsabrechnungsabteilungen und Arbeitsvorbereitung sowie Fertigungssteuerung nicht mehr mit prozentualen Gemeinkostenzuschlagssätzen zu verrechnen, sondern die Prozessabläufe „verursachergerecht" zu bewerten und kostenmäßig zu erfassen.

**1. Rechnung:** *VVGK-Z* = 20%

| Anzahl Einheiten | Herstellkosten € | VVGK-Z 20% € | Selbstkosten je Einheit €/Stück |
|---|---|---|---|
| 1 | 400 | 80 | 480 |
| 5 | 2 000 | 400 | 480 |
| 10 | 4 000 | 800 | 480 |
| 15 | 6 000 | 1 200 | 480 |
| 20 | 8 000 | 1 600 | 480 |

**2. Rechnung:**

| Anzahl Einheiten | Herstellkosten € | *VVGK* je Auftrag 800,– € | Selbstkosten je Einheit €/Stück |
|---|---|---|---|
| 1 | 400 | 800 | 1 200 |
| 5 | 2 000 | 800 | 560 |
| 10 | 4 000 | 800 | 480 |
| 15 | 6 000 | 800 | 453 |
| 20 | 8 000 | 800 | 440 |

**Bild 1: Verwaltungs- und Vertriebsgemeinkosten (Beispiel)**

Prozesskostenrechnung bedeutet:
- die Gemeinkostenbereiche kostenmäßig transparent und damit steuerbar zu machen,
- die abteilungsübergreifenden Prozesse, die Hauptprozesse, und deren Einflussgrößen (cost driver) zu beschreiben und kostenmäßig zu bewerten,
- die Teilprozesse in einzelnen Kostenstellen zu analysieren und zu Hauptprozessen zusammenzufassen,
- unwirtschaftliche Prozessabläufe aufzudecken, Einsparmöglichkeiten zu finden, Maßnahmen zu Einsparungen einzuleiten, bessere Kalkulationsgrundlagen zu schaffen und strategische Entscheidungen zu unterstützen.

Es geht hierbei nicht um eine weitere Möglichkeit der verursachergerechten Produktkalkulation, sondern um eine wirtschaftliche Steuerung der Gemeinkostenbereiche. Durch eine gezielte Untersuchung der Tätigkeiten und der Kosten für diese Tätigkeiten kann eine bessere direkte Kostenbeeinflussung und Kostengestaltung erreicht werden.

**Beispiel: Prozesskostensatz**
Durch die Kostenstelle „Fertigungsplanung" in der Schmidt GmbH mit 11 Mitarbeitern sollen Teilprozesse kostenmäßig untersucht werden und der Prozesskostensatz für die Teilprozesse festgelegt werden.

*Lösung:* **Bild 1 und Bild 2**, folgende Seite

Schmidt GmbH „Fertigungsplanung"

| Kostenarten | Menge | Kosten in € | variable Kosten in € | fixe Kosten in € | Gesamtkosten in € |
|---|---|---|---|---|---|
| Gehälter | 11 MA | 60 000,– | – | 660 000,– | 660 000,– |
| Sozialaufwand | | | | 200 000,– | 200 000,– |
| Büromaterial | | | 50 000,– | | 50 000,– |
| Telefon | | | 30 000,– | | 30 000,– |
| Daten-Verarbeitungsk. | | | 50 000,– | 50 000,– | 100 000,– |
| Raumkosten | 400 m² | 100,– €/m² | | 40 000,– | 40 000,– |
| kalk. Abschreibungen | | | | 20 000,– | 20 000,– |
| Summe | | | 130 000,– | 970 000,– | ≙ 110 000 €/MJ |

**Bild 1: Prozesskosten der Kostenstelle „Fertigungsplanung" (Beispiel)**

Kostenstelle: Fertigungsplanung

| Teilprozesse | | Maßgrößen | | Kostenrechnung | Prozesskosten € | | | Prozesskosten – Satz €/Ausführung | |
|---|---|---|---|---|---|---|---|---|---|
| Nr. | Bezeichnung | Art | Menge | Basis | LMI | LMN | gesamt | LMI | gesamt |
| 1 | Arbeitspläne ändern | Produktänderung | 200 | 4 MJ | 400 000 | 40 000 | 440 000 | 2 000,– | 2 200,– |
| 2 | Fertigung betreuen | Varianten | 100 | 6 MJ | 600 000 | 60 000 | 660 000 | 6 000,– | 6 600,– |
| 3 | Abteilung leiten | | | 1 MJ | | 100 000 | | | |
| | | | | 11 MJ | | 110 000 € je MJ | | | |

MJ = Mannjahre
LMI = Leistungsmengeninduzierte Tätigkeit
LMN = Leistungsmengenneutrale Tätigkeiten
① Kosten je Arbeitsplanänderung = 2 200,– €
② Kosten je Varianten-Betreuung = 6 600,– €

**Bild 2: Teilprozesskostenermittlung der Kostenstelle „Fertigungsplanung" (Beispiel)**

Die Vorgehensweise einer Prozesskostenanalyse gliedert sich in die Ablaufabschnitte:

- Festlegen des Untersuchungsbereichs,
- Grobgliederung der Prozessorganisation,
- Tätigkeitsanalyse durchführen und Maßgrößen in Kostenstellen festlegen,
- Ermitteln der Zeiten, Kosten und Kostensätze der Teilprozesse in den Schritten:
  1. Teilprozesse betrachten und klassifizieren in leistungsmengeninduzierte (leistungsmengenvariabel) oder leistungsmengenneutrale Teilprozesse,
  2. für jeden leistungsmengeninduzierten Prozess eine geeignete Maßgröße festlegen und den Prozessfaktor errechnen,
  3. für jeden leistungsmengenneutralen Prozess die Kosten auf die leistungsmengeninduzierten Prozesse umlegen,
  4. Plankosten ermitteln,
  5. Planprozessmenge festlegen,
  6. Prozesskostensatz errechnen,
- kostentreibende Teilprozesse (cost driver) bestimmen,
- Zuordnung von Teilprozessen auf Hauptprozesse,
- Kalkulation mit (Haupt-) Prozesskostenansätzen,
- Ansätze zur Prozessoptimierung darstellen und
- Maßnahmen zur verbesserten kostensparenden Lösung einführen.

**Beispiel: Prozesskosten**

Für ein Getriebe einer Antriebseinheit der Firma Schmidt GmbH soll eine schematische Kalkulation der Herstellkosten mithilfe von Prozesskostensätzen ermittelt werden.

Gegeben:
Materialkosten = 180,– €
Beschaffungsprozesskosten =
je Komponente = 6,50 € (1 Stück)
je Teil 1 = 1,50 € (20 Stück)
je Teil 2 = 1,– € (10 Stück)
Fertigungskosten, variabel = 50,– €
Fertigungskosten, fix = 40,– €
Kommissionierprozesskosten -
je Baugruppe = 10,– € (1 Stück)
je Montage = 24,– € (1 Stück)
Fertigungssteuerungsprozesskosten =
je Baugruppe = 10,– € (1 Stück)
je Montage = 12,– € (1 Stück)

*Lösung:* **Bild 1, folgende Seite**

## 6.9 Zielkostenrechnung (Target costing)

Die Methode der Prozesskostenrechnung zeigt ein Verfahren, zur Untersuchung der Gemeinkostenbereiche mit dem Ziel Kosteneinsparmöglichkeiten zu finden. Wie im vorherigen Kapitel gezeigt, verrechnet die Prozesskostenrechnung nicht mehr prozentuale Zuschlagssätze, sondern zergliedert den Gemeinkostenbereich in kostenübergreifende Prozesse für den gesamten Betrieb und ordnet den Prozessen verursachergerechte Kosten zu, mit denen die Produkte neu bewertet werden.

Die Zielkostenrechnung ist eine Ergänzung zur Prozesskostenrechnung. Mit diesem Verfahren kann ein geschlossener Kostenansatz durchgeführt werden in den Schritten:
- Planung der Kosten für den gesamten Produktlebenszyklus,
- Schwerpunktplanung in der Entwicklungsphase unter den Gesichtspunkten der marktorientierten Preise und produktbezogenen Kostengrenzen.

Unter diesen Vorgaben wird die Zielkostenrechnung (Target costing) durch sechs Grundvoraussetzungen gekennzeichnet:

1. Die erlaubten Kosten werden vom Marktpreis her bestimmt.
2. Die Funktionen des zu entwickelnden Produktes werden vom Kunden bestimmt.
3. Zielkostenrechnung konzentriert sich auf die Produktentstehungsphase.
4. Die Entwicklung eines Produktes erfolgt von der Produktidee bis zur Vermarktung durch eine übergreifende Teamarbeit.
5. Die Zielkostenrechnung bezieht sich auf den Lebenszyklus, vom Produzenten bis zur Entsorgung beim Kunden, z.B. Autoentsorgung.
6. Die Kunden und Lieferanten werden in den Prozess der Kostenplanung und Kostensteuerung mit einbezogen.

In der Grundüberlegung der Zielkostenrechnung wird nicht gefragt, was wird ein Produkt kosten, sondern, was darf ein Produkt am Markt kosten.

Grundlegende Schritte bei der Zielkostenermittlung sind:
- Den Marktpreis durch Marktforschung ermitteln und festlegen. Ausgehend von diesem Marktpreis werden rückwärts die zulässigen Kosten abgeleitet **(Bild 1, folgende Seite).**
- Die Produkteigenschaften werden nach dem Kundenbedarf festgelegt.
- Das Gewichten der Produkteigenschaften erfolgt nach dem vom Kunden erhofften Nutzen.

| Kostenarten | variable Kosten | fixe Kosten | Prozess-kosten | Gesamt-kosten |
|---|---|---|---|---|
| Material-kosten | 180,– | | | 180,– |
| Beschaffungs-prozesskosten | | | 1 Komponente à 6,50<br>20 Teile 1 à 1,50<br>10 Teile 2 à 1,– | 46,50 |
| Fertigungs-kosten | 50,– | 40,– | | 90,– |
| Kommissionier-prozesskosten | | | 1 Baugruppe à 10,–,<br>1 Montage à 24,– | 34,– |
| Fertigungs-steuerungs-prozesskosten | | | 1 Baugruppe à 10,–<br>1 Montage à 12,– | 22,– |
| Herstellkosten | 230,– | 40,– | 102,50 | 372,50 |

**Bild 1: Schematische Kalkulation mit Prozesskosten in der Fertigung (Beispiel)**

- Die Zielkosten ergeben sich durch die Rechnung:

*Zielpreis – Zielgewinn = Zielkosten*

- Übertragen der Zielkosten in eine Matrix, in der die Produktfunktion aus der Kundensicht und der Produktkomponenten prozentual aufgeteilt und die Zielkosten der Produktkomponenten dargestellt werden **(Bild 2, folgende Seite).**
- Zur Bewertung des Zielkostenergebnisses werden Indexzahlen ermittelt:

Zielkosten ($ZI$):

$$ZI = \frac{\text{Sollkosten (= Zielkosten)}}{\text{Ist-Kosten}}$$

Ist $ZI$ größer 1, dann werden Produktkomponenten zu „billig“ hergestellt.
Ist $ZI$ kleiner 1, dann werden die Produktkomponenten zu „teuer“ hergestellt.
Ist $ZI$ = 1, dann ist das Kosten-Nutzen-Verhältnis für den Kunden „optimal“.

- Die Zielkostenzone wird aus den Indexzahlen gebildet und zeichnerisch dargestellt.
- Nicht marktgerechte Kosten werden weiter untersucht, um Kosteneinsparungen aufzudecken. Eventuell lassen sich nicht geforderte Funktionen aus dem Produkt herausnehmen.

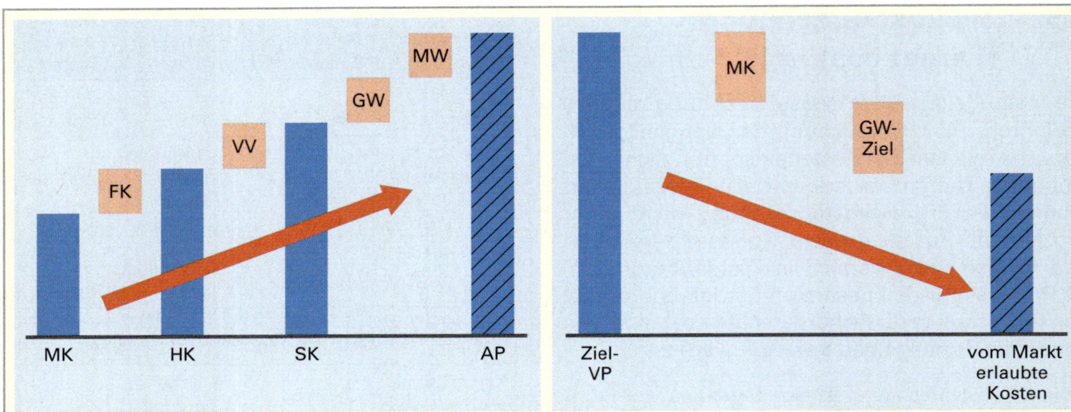


| Angebotspreisermittlung mit Zuschlagskalkulation | Ansatz der Zielkostenrechnung |
|---|---|
| **Was wird ein Produkt kosten?** | **Was darf ein Produkt kosten?** |

MK = Materialkosten
FK = Fertigungskosten
HK = Herstellkosten
VV = Verwaltungs- und Vertriebskosten
SK = Selbstkosten
GW = Gewinnkosten
MW = Mehrwertsteuer
AP = Angebotspreis
VP = Verkaufspreis

**Bild 1: Zielkostenrechnung**

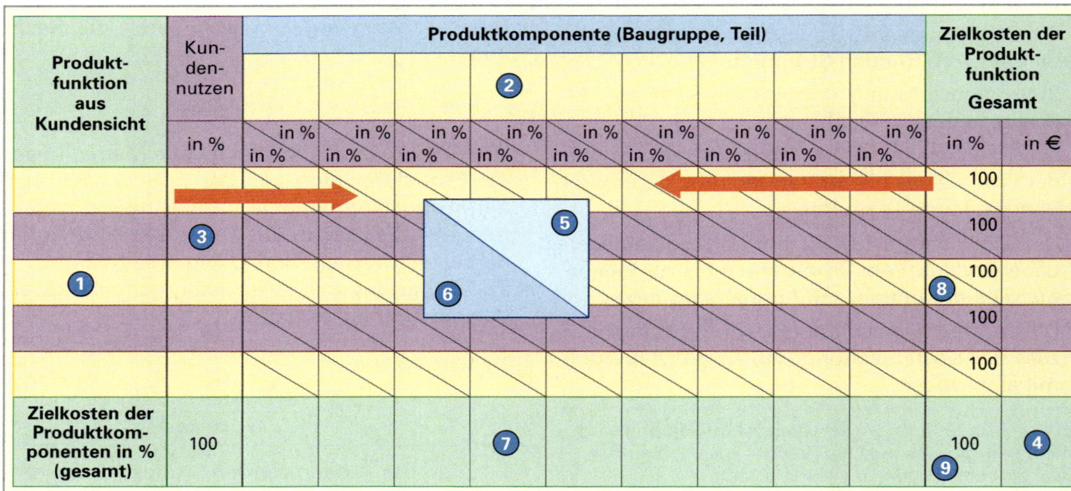


1. Anordnung der Produktfunktionen auf der Senkrechten der Matrix
2. Zuordnung der Baugruppen als Produktkomponenten auf der Waagerechten der Matrix
3. Eintragen der Kundennutzenanteile an den Produktfunktionen
4. Eintragen der Zielkosten gesamt
5. Schätzen der Erfüllung der Kundenerwartungen durch die einzelnen Produktkomponenten
6. Ermitteln der Zielkostenanteile
7. Summieren der Zielkosten in % pro Produktkomponente
8. Summieren der Zielkosten in % pro Produktfunktion
9. Kontrolle: Summe aller Zielkosten pro Produktkomponenten muss 100 ergeben!
   Kontrolle: Zielkosten der Produktkomponenten müssen dem Kundennutzen entsprechen (8 = 3)

**Bild 2: Schema zum Ermitteln der Zielkosten in einer Funktions-Komponenten-Matrix**

**Beispiel: Zielkostenermittlung**
Für ein neues Fahrrad ist ein Markpreis von 1 250,– € zu erzielen. Als Gewinn müssen 40% erreicht werden, um den Betrieb weiterhin zu erhalten. Bei einer Marktanalyse für das Produkt „Fahrrad" wurden Produktfunktionen aus Kundensicht für die Hauptproduktgruppen ermittelt.
Zu ermitteln sind die Zielkosten % und € je Produktgruppe mit dem Zielkostendiagramm.
*Lösung:* **Bild 1.**

## Wiederholung und Vertiefung

1. Nennen Sie die Nachteile der Zuschlagskalkulation.
2. Erläutern Sie die Ziele der Prozesskostenrechnung.
3. Was will man mit der Prozesskostenrechnung aufdecken?
4. Erläutern Sie den Grundgedanken der Zielkostenrechnung.
5. Nennen Sie Schritte der Zielkostenrechnung.
6. Erklären Sie die Indexzahl, die zur Bewertung des Zielkostenergebnisses herangezogen wird.

| Produktfunktion aus Kundensicht | Kundennutzen in % | Produktkomponenten (Baugruppen, Teile) | | | | Zielkosten der Produktfunktion Gesamt | |
|---|---|---|---|---|---|---|---|
| | | Rahmen | Schaltung | Räder | Bremsen | in % | in € |
| Schnelligkeit | 30 | 50 / 15 | 10 / 3 | 40 / 12 | | 100 / 30 | |
| Lastaufnahme | 15 | 50 / 7,5 | | 50 / 7,5 | | 100 / 15 | |
| Aussehen | 15 | 100 / 15 | | | | 100 / 15 | |
| Sicherheit | 20 | 25 / 5 | | 25 / 5 | 50 / 10 | 100 / 20 | |
| Komfort | 20 | 60 / 12 | 40 / 8 | | | 100 / 20 | |
| Zielkosten der Produktkomponente (gesamt) in % | 100 | 54,5 | 11 | 24,5 | 10 | 100 | |
| Zielkosten der Produktkomponente (gesamt) in € | | 408,75 | 82,5 | 183,75 | 75 | → | 750,- |
| IST-Kosten in % | | 40 | 35 | 15 | 10 | | |
| ZI | | 1,36 | 0,31 | 1,63 | 1 | | |

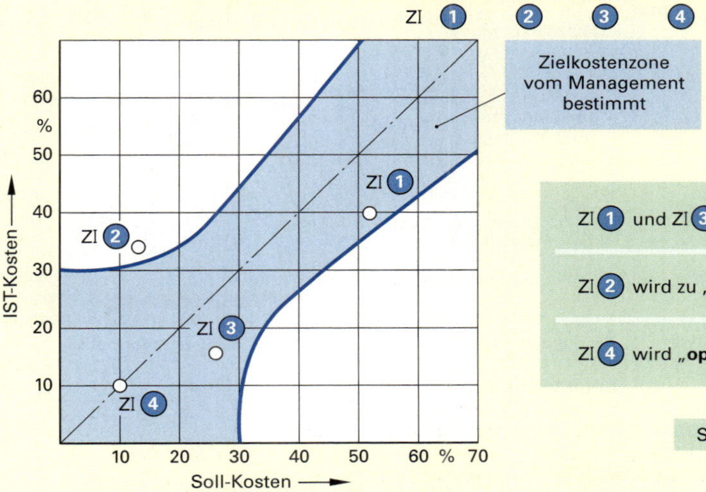


ZI ① und ZI ③ werden sehr **„günstig"** hergestellt

ZI ② wird zu **„teuer"** produziert

ZI ④ wird **„optimal"** produziert

Soll-Kosten = Zielkosten

**Bild 1: Zielkostenrechnung (Beispiel)**

# 7 Produktionsplanung und -steuerung (PPS)

## 7.1 PPS-Grundlagen

### 7.1.1 Logistik, PPS, ERP und SCM

Jedes Produktionsunternehmen befindet sich in einem ständigen Wettbewerb, der durch eine rasch veränderliche Umwelt gekennzeichnet ist. Dabei gilt es, funktional überlegene Produkte mit hoher Qualität zu wettbewerbsfähigen Preisen in möglichst kurzer Zeit dem Markt zur Verfügung zu stellen. Diese Anforderungen des Marktes sind nur mit einem erhöhten Aufwand für Planung und Steuerung zu bewältigen **(Bild 1)**. Dies betrifft vor allem die Logistik, die Materialwirtschaft und die Produktionsplanung und -steuerung (PPS), die sich in der betrieblichen Praxis durchdringen und ergänzen **(Bild 2)**.

Die aus dem Lager- und Transportwesen entstandene **Logistik** hat die umfassende unternehmerische Führung der Bewegungs- und Lagerungsvorgänge realer Güter zum Gegenstand. Ihre Hauptaufgabe ist die Realisierung der technischen Grundfunktionen Lagern, Transportieren, Handhaben, Verteilen, Kommissionieren und Verpacken sowie das Erfassen, Speichern, Verarbeiten und Ausgeben der Logistikdaten. Diese Funktionen sind entlang der **Wertschöpfungskette** von der Beschaffung über die Produktion bis zum Absatz und zur Entsorgung auf den Kundennutzen ausgerichtet.

Die Verbindung des Beschaffungsmarktes mit dem Absatzmarkt mit Hilfe der Logistik wird auch **logistische Kette** genannt.

Die aus dem Einkauf und der Lagerhaltung gewachsene **Materialwirtschaft** sieht ihre Aufgabe in der wirtschaftlichen Beschaffung, Bevorratung und Bereitstellung der von einem Unternehmen benötigten Materialien (Bild 2).

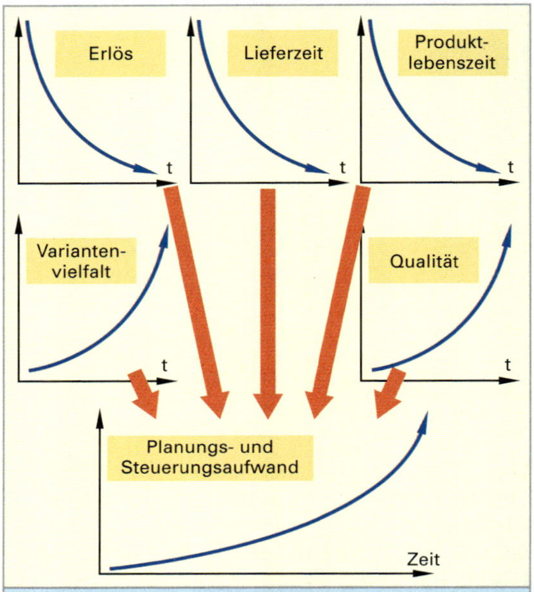


**Bild 1: Anforderungen an Unternehmen**

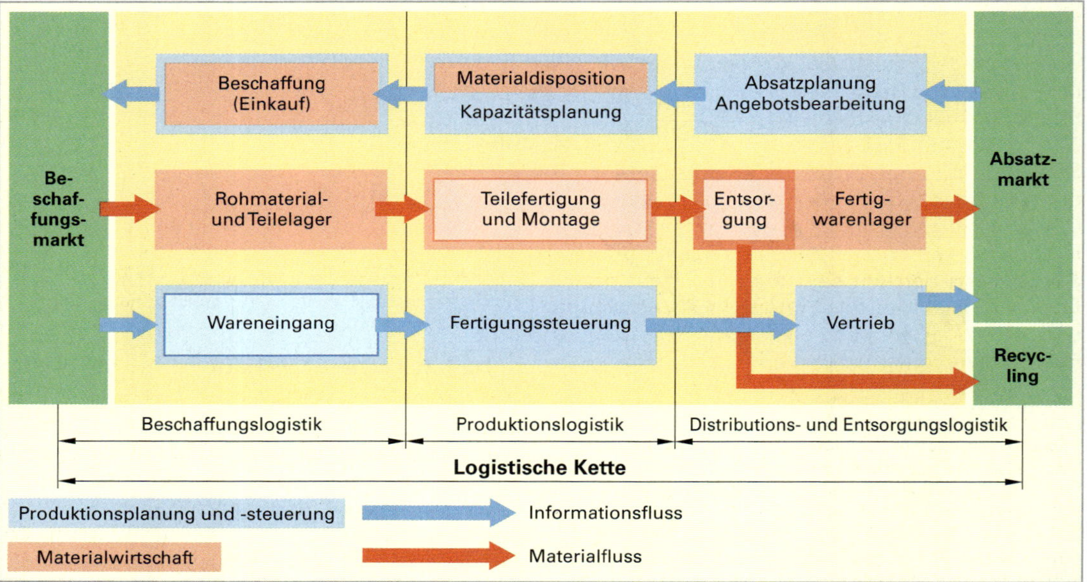


**Bild 2: Die logische Kette**

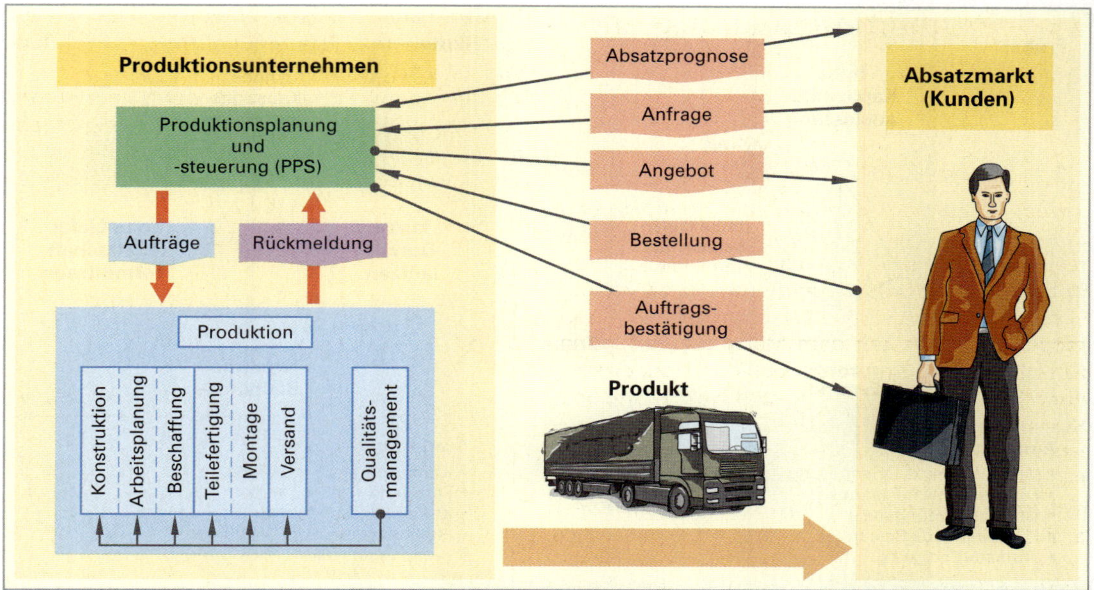


**Bild 1: PPS im Spannungsfeld zwischen Absatzmarkt und Produktion**

Die **Produktionsplanung und -steuerung (PPS)** bildet das Planungs- und Steuerungsinstrument für die Produktionslogistik und die unmittelbar damit verbundenen Aufgabenbereiche der Beschaffungs-, Distributions- und Entsorgungslogistik. Die Hauptaufgabe der PPS besteht damit in der Planung und Steuerung aller Produktionsprozesse zur optimalen Abwicklung der Kundenaufträge von der Angebotsbearbeitung bis zum Versand.

Werden dabei vor allem die unternehmensinternen Ressourcen betrachtet, spricht man auch von **Enterprise Resource Planning (ERP)**.

Die unternehmensübergreifende Planung und Steuerung der logistischen Kette bezeichnet man dagegen **Supply Chain Management (SCM)**.

Die **Produktion** umfasst alle Unternehmensbereiche, die an der Leistungserstellung für den Absatzmarkt beteiligt sind **(Bild 1)**. Damit beeinflusst PPS nicht nur die Fertigung (Teilefertigung und Montage) sondern auch die vorgelagerten Bereiche wie Konstruktion und Arbeitsplanung.

> Die **Produktionsplanung** legt für den zukünftigen Produktionsablauf die Ziele sowie die Aufgaben und Mittel zum Erreichen dieser Ziele fest. Das Ergebnis sind Pläne mit den Soll-Daten für die Produktion.
> Die **Produktionssteuerung** hat dafür zu sorgen, dass diese Pläne trotz der in jedem Betrieb unvermeidlichen Störungen in die Wirklichkeit umgesetzt werden. Dazu müssen die entsprechenden Aufträge veranlasst und überwacht werden.

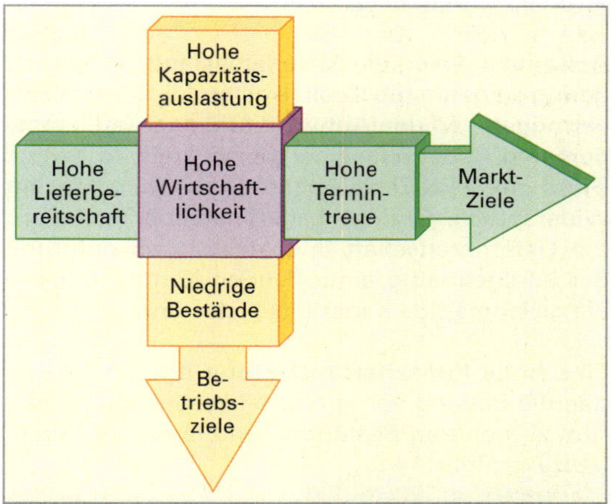


**Bild 2: Ziele der PPS**

## 7.1.2 Zielkonflikt der PPS

PPS hat die unterschiedlichen Interessen des Betriebes und der Kunden zu berücksichtigen **(Bild 2)**. Aus Kundensicht sollten die Aufträge in möglichst kurzer Zeit durch das Unternehmen fließen, damit das bestellte Produkt möglichst rasch zum vereinbarten Liefertermin zur Verfügung steht. Der Betrieb wünscht eine gleichmäßig hohe Auslastung der Kapazitäten, um Stillstandskosten zu vermeiden.

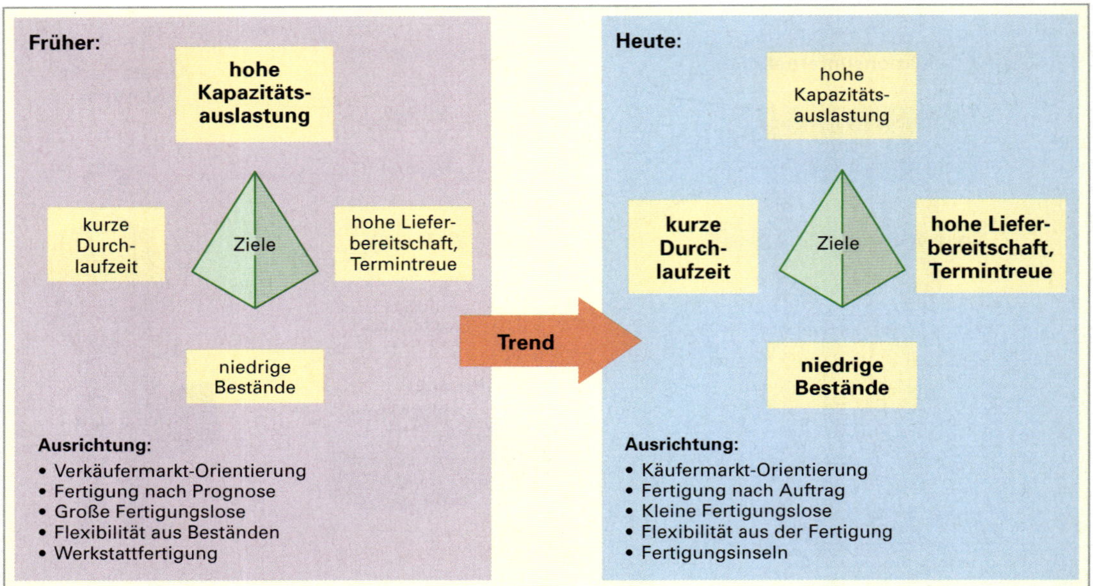


**Bild 1: Verlagerung der Zielgewichtung**

Außerdem sollen die Materialbestände möglichst gering sein, um die Kapitalkosten für das Umlaufvermögen und den Aufwand für Lagerung, Transport und Handhabung möglichst klein zu halten. Diese vier PPS-Ziele stehen aber zueinander im Widerspruch. **Geringe Lagerbestände** verringern die Lieferbereitschaft und erschweren aufgrund der unregelmäßig eintreffenden Kundenaufträge die gleichmäßige Kapazitätsauslastung.

Eine **hohe Kapazitätsauslastung** erfordert dagegen die Bildung von größeren Losen, was wiederum zu höheren Beständen und längeren Durchlaufzeiten führt.

**Hohe Lieferbereitschaft und Termintreue** erfordert höhere Material- bzw. Kapazitätsbestände, um kurzfristig auf Kundenwünsche reagieren zu können. Ebenso sind **kurze Durchlaufzeiten** und damit **kurze Lieferzeiten** nur durch einen großen Materialbestand und/oder mithilfe eines hohen Kapazitätsbestand zu erreichen.

Durch den im letzten Jahrzehnt vollzogenen Wandel vom Verkäufermarkt zum Käufermarkt hat sich eine Verlagerung von den betriebsbezogenen zu den marktbezogenen Zielen vollzogen. Stand früher eher die Auslastung der Betriebsmittel im Vordergrund, sind heute die Durchlaufzeiten und die Termintreue wichtiger geworden. Gleichzeitig werden aber auch niedrige Bestände gefordert. Dabei muss die Auslastung der Betriebsmittel zwangsläufig in den Hintergrund treten **(Bild 1)**.

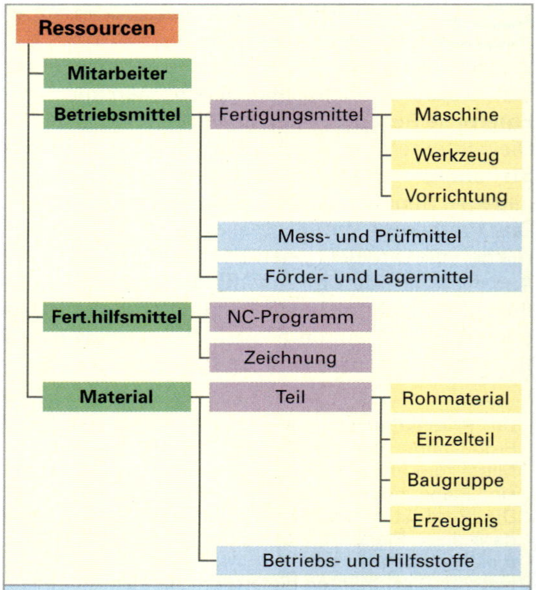


**Bild 2: Ressourcen**

### 7.1.3 PPS-Planungsgrößen

Die **zentralen Planungsgrößen** der PPS sind die Ressourcen und die Zeiten. Unter **Ressourcen** versteht man alle Produktionsfaktoren, die im Rahmen der Fertigung (Teilefertigung und Montage) für die Herstellung der Erzeugnisse dienen **(Bild 2, vorhergehende Seite)**. Darunter fallen Personal, Betriebsmittel, Material und sonstige Hilfsmittel.

Die Ressourcen **Mitarbeiter** und **Betriebsmittel** werden häufig zur Ressource **Arbeitsplatz** zusammengefasst. Das Leistungsvermögen eines Arbeitsplatzes wird **Kapazität** genannt und i.a. in Stunden gemessen. Zur besseren Übersicht werden Arbeitsplätze und damit Kapazitätsangebote hierarchisch verdichtet **(Bild 1)**.

Die zweite wichtige Planungsgröße der Produktionsplanung und -steuerung ist die **Zeit**, vor allem die Wiederbeschaffungszeit und die Durchlaufzeit.

Die **Wiederbeschaffungszeit** entspricht der Zeitspanne zwischen der Auslösung eines Teilebedarfes (z. B. Zeitpunkt der Kundenbestellung) und der Deckung dieses Teilebedarfes (z. B. Auslieferung der Kundenbestellung). Die Wiederbeschaffungszeit umfasst somit neben der benötigten Auftragsbearbeitungszeit die Gesamtheit aller Durchlaufzeiten für die Fertigung nicht lagerhaltiger Einzelteile und Baugruppen sowie die benötigte Bereitstellungszeit für lagerhaltige Teile und Beschaffungszeiten bei Lieferanten für nicht lagerhaltige Fremdbezugsteile **(Bild 2)**. Anhand des Fristenplanes **(Bild 3)** erkennt man, dass die Wiederbeschaffungszeit für das Erzeugnis acht Arbeitstage und für das Eigenfertigungsteil sechs Arbeitstage beträgt.

Unter der **Durchlaufzeit** versteht man die Zeit, die zur Durchführung eines Fertigungsauftrages oder eines Arbeitsvorganges benötigt wird (Bild 3).

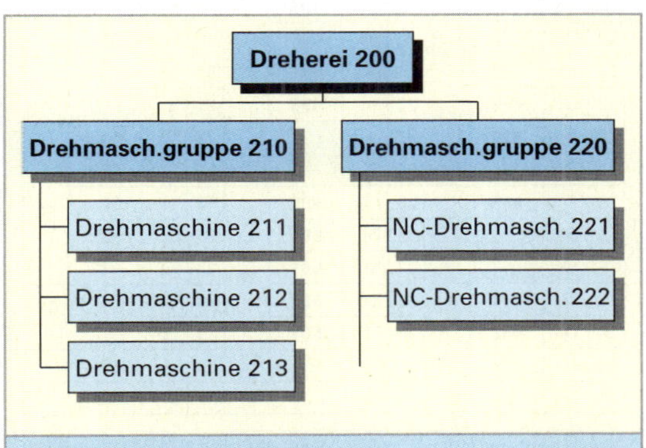


**Bild 1: Arbeitsplatzverdichtung**

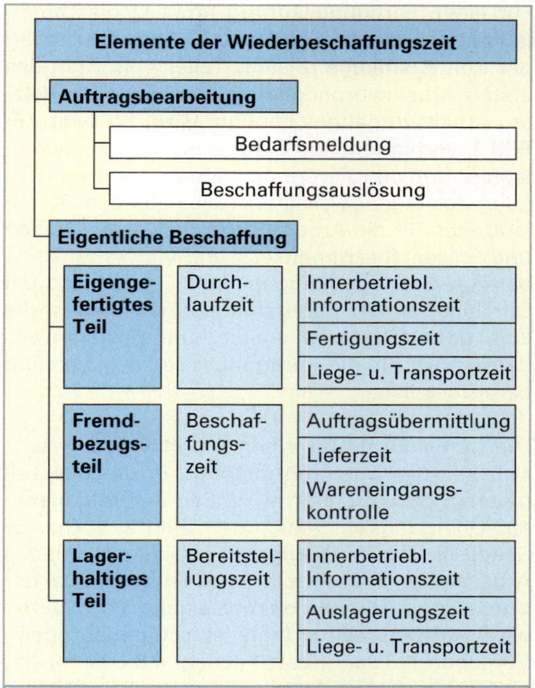


**Bild 2: Elemente der Wiederbeschaffungszeit**

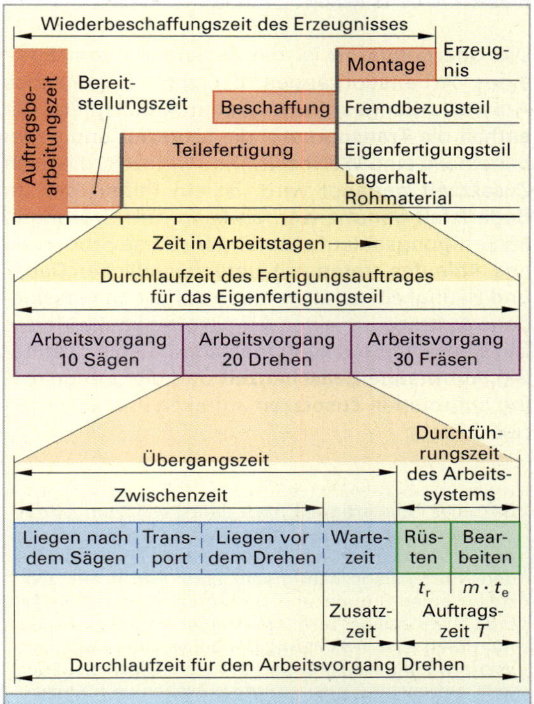


**Bild 3: Wiederbeschaffungszeit, Durchlaufzeit**

Für einen Fertigungsauftrag umfasst die Durchlaufzeit die gesamte Zeitspanne, die zur Fertigung der Auftragsmenge *m* eines Teiles vom Start des ersten Arbeitsvorganges bis zum Ende des letzten Arbeitsvorganges benötigt wird. So zeigt z.B. **Bild 3, vorhergehende Seite**, dass sich die Durchlaufzeit für den Fertigungsauftrag zur Teilefertigung des eigengefertigten Teiles aus den Durchlaufzeiten für die Arbeitsvorgänge Sägen, Drehen und Fräsen zusammensetzt und vier Arbeitstage beträgt. Bei lagerhaltigen Teilen entspricht die Durchlaufzeit der **Bereitstellungszeit**. Dies ist die Zeit, die benötigt wird, um die Auftragsmenge aus dem Lager für die Fertigung oder den Versand bereitzustellen.

Die Durchlaufzeit für einen Arbeitsvorgang setzt sich aus der Durchführungszeit, in der das Teil gefertigt bzw. montiert wird, und der so genannten Übergangszeit zusammen (Bild 3, vorherige Seite). Die **Durchführungszeit** bezieht sich auf das Arbeitssystem Arbeitsplatz und entspricht i.a. der Vorgabezeit. Die personenbezogene Vorgabezeit wird Auftragszeit und die maschinenbezogene Vorgabezeit Belegungszeit genannt. Sie beinhaltet die Rüstzeit für das Arbeitssystem und die Ausführungszeit (Bearbeitungszeit), in der die Arbeitsgegenstände eines Auftrags mit der Losgröße *m* in diesem Arbeitssystem bearbeitet werden.

Die **Übergangszeit** ist die Zeitspanne vom Ende eines Arbeitsvorganges bis zum Beginn des Arbeitsvorganges am nächsten Arbeitsplatz. Sie enthält die **Transportzeit**, die **Liegezeit** und gegebenenfalls eine **Wartezeit**. Die Wartezeit, die auch **Zusatzzeit** genannt wird, ist ein Puffer, der im Bedarfsfall genutzt werden kann, um Störungen im Fertigungsablauf abzufangen. Diese Störungen des Ablaufes treten mit unterschiedlicher Dauer und Häufigkeit vor allem dann auf, wenn verschiedene Aufträge um einen Arbeitsplatz konkurrieren. Die Übergangszeit kann man somit in die planmäßig auftretende **Zwischenzeit** und die unregelmäßig auftretende **Zusatzzeit** aufteilen **(**Bild 3, vorherige Seite**)**.

Bei einer Teilefertigung nach dem *Verrichtungsprinzip* (Werkstattfertigung) streuen die **Liegezeiten** vor den Arbeitsplätzen aufgrund der ständig wechselnden Auftragslage häufig sehr stark und liegen zwischen einer Stunde und mehreren Tagen **(Bild 1)**. Eine zuverlässige Terminierung ist in diesen Fällen nur durch eine Verkürzung der Liegezeiten und einer Verringerung der Streuung möglich. Dies setzt aber eine verbesserte Abstimmung zwischen dem Kapazitätsbedarf und dem Kapazitätsangebot voraus.

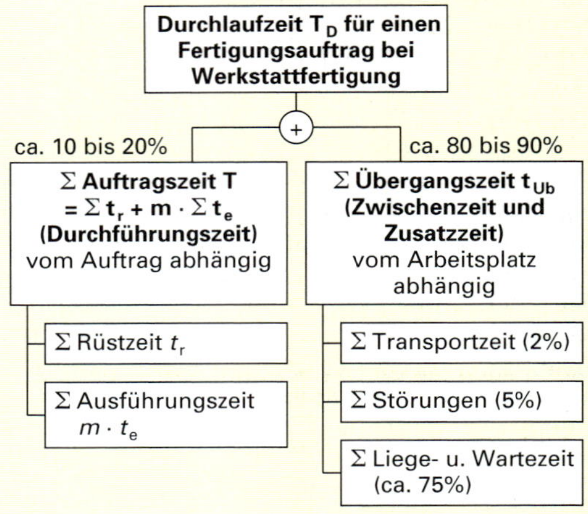


**Bild 1: Zusammensetzung der Durchlaufzeit**

| Mai | | | | Juni | | | | Juli | | | |
|---|---|---|---|---|---|---|---|---|---|---|---|
| | | BKT | KW | | | BKT | KW | | | BKT | KW |
| 01 | Di | Maifeiertag | | 01 | Fr | **485** | | 01 | So | | |
| 02 | Mi | **464** | | 02 | Sa | | | 02 | Mo | **504** | |
| 03 | Do | **465** | 18 | 03 | So | Pfingsten | | 03 | Di | **505** | |
| 04 | Fr | **466** | | 04 | Mo | | | 04 | Mi | **506** | 27 |
| 05 | Sa | | | 05 | Di | **486** | | 05 | Do | **507** | |
| 06 | So | | | 06 | Mi | **487** | | 06 | Fr | **508** | |
| 07 | Mo | **467** | | 07 | Do | **488** | 23 | 07 | Sa | | |
| 08 | Di | **468** | | 08 | Fr | **489** | | 08 | So | | |
| 09 | Mi | **469** | 19 | 09 | Sa | | | 09 | Mo | **509** | |
| 10 | Do | **470** | | 10 | So | | | 10 | Di | **510** | |
| 11 | Fr | **471** | | 11 | Mo | **490** | | 11 | Mi | **511** | 28 |
| 12 | Sa | | | 12 | Di | **491** | 24 | 12 | Do | **512** | |
| 13 | So | | | 13 | Mi | **492** | | 13 | Fr | **513** | |
| 14 | Mo | **472** | | 14 | Do | Fronleichn. | | 14 | Sa | | |
| 15 | Di | **473** | | 15 | Fr | **493** | | 15 | So | | |
| 16 | Mi | **474** | 20 | 16 | Sa | | | 16 | Mo | **514** | |
| 17 | Do | **475** | | 17 | So | | | 17 | Di | **515** | |
| 18 | Fr | **476** | | 18 | Mo | **494** | | 18 | Mi | **516** | 29 |
| 19 | Sa | | | 19 | Di | **495** | | 19 | Do | **517** | |
| 20 | So | | | 20 | Mi | **496** | 25 | 20 | Fr | **518** | |
| 21 | Mo | **477** | | 21 | Do | **497** | | 21 | Sa | | |
| 22 | Di | **478** | 21 | 22 | Fr | **498** | | 22 | So | | |
| 23 | Mi | **479** | | 23 | Sa | | | 23 | Mo | **519** | |
| 24 | Do | Himmelfahrt | | 24 | So | | | 24 | Di | **520** | |
| 25 | Fr | **480** | | 25 | Mo | **499** | | 25 | Mi | **521** | 30 |
| 26 | Sa | | | 26 | Di | **500** | | 26 | Do | **522** | |
| 27 | So | | | 27 | Mi | **501** | 26 | 27 | Fr | **523** | |
| 28 | Mo | **481** | | 28 | Do | **502** | | 28 | Sa | | |
| 29 | Di | **482** | | 29 | Fr | **503** | | 29 | So | | |
| 30 | Mi | **483** | 22 | 30 | Sa | | | 30 | Mo | **524** | 31 |
| 31 | Do | **484** | | | | | | 31 | Di | **525** | |

**Bild 2: Auszug aus einem Betriebskalender**

Ein EDV-gestütztes PPS-System kann bei der Bewältigung dieser Aufgabe eine entscheidende Hilfe sein, wenn die dafür benötigten Daten immer aktuell bereitgehalten werden.
Die Terminplanung wird durch die Einführung eines **Betriebskalenders** wesentlich erleichtert. In ihm sind alle Arbeitstage fortlaufend als Betriebskalendertage (BKT) durchnummeriert **(Bild 2)**. Arbeitsfreie Tage werden nicht mitgezählt. Beliebige Termine können damit durch einfaches Addieren und Subtrahieren berechnet werden. Für die mittelfristige Terminplanung wird als Zeiteinheit häufig auch die Woche oder der Monat benutzt.

### 7.1.4 Grobablauf der PPS

Die Grundlage der Produktionsplanung und -steuerung bilden die auftragsneutralen und auftragsabhängigen Datenbestände, die im Rahmen der **Datenverwaltung** erfasst, gespeichert und aktualisiert werden müssen. Von der **Grunddatenverwaltung** werden die auftragsneutralen (terminunabhängigen) Grunddaten, wie z.B. die von der Konstruktion und der Arbeitsplanung erstellten Teilestammdaten, Stücklisten, Arbeitsplatzstammdaten, gespeichert und gepflegt **(Bild 1, folgende Seite)**.
Die Planung des eigentlichen Produktionsablaufs beginnt mit der **Produktionsprogrammplanung** (Bild 1, folgende Seite). Sie legt unter Berücksichtigung der Produktionskapazität und der Möglichkeiten des Beschaffungsmarktes fest, welche Erzeugnisse in welcher Menge in einer bestimmten Periode (= Zeitabschnitt) hergestellt werden sollen.
Der im Produktionsprogramm festgelegte **Primärbedarf** (= Bedarf an Produkten) ergibt sich aus den vorliegenden **Kundenaufträgen** und/oder der **Verkaufsprognose.** Damit das Produktionsprogramm termingerecht erfüllt werden kann, wird im Rahmen einer langfristigen **Bestandsplanung** für alle in der Fertigung benötigten Teile die Strategie für die Lagerhaltung und das geeignete Dispositionsverfahren für die Mengenplanung festgelegt. Wenn das Produktionsprogramm Kundenaufträge über Erzeugnisse enthält, die konstruktiv noch nicht endgültig festgelegt sind, werden entsprechende Aufträge an die Konstruktion und die Arbeitsplanung gegeben.
Unter **Auftrag** versteht man die schriftliche oder mündliche Aufforderung einer befugten Stelle eines Unternehmens an eine andere Stelle des selben Unternehmens zur Ausführung einer Arbeit. Eine **Bestellung** ist dagegen die Aufforderung eines Kunden an einen Lieferanten zur Ausführung einer Lieferung oder Dienstleistung.

Die **Produktionsbedarfsplanung** hat die Aufgabe die zur Erfüllung des Produktionsprogrammes erforderliche Bereitstellung der Ressourcen Material, Betriebsmittel und Personal sicherzustellen.
Dazu wird in der **Mengenplanung** (Materialdisposition) aus dem Primärbedarf mithilfe der Stückliste der **Sekundär-Bruttobedarf** (= Bedarf an Baugruppen, Einzelteilen und Rohmaterial) abgeleitet. Nach Abzug der verplanbaren Bestände erhält man den so genannten **Sekundär-Nettobedarf** der zur Herstellung der Erzeugnisse benötigten Materialien (Teile). Dieser Nettobedarf bildet die Grundlage für die Bestellaufträge an die **Fremdbezugsplanung- und steuerung** und die Fertigungsaufträge an die eigene Fertigung. Die frühesten Starttermine und spätesten Endtermine der Fertigungsaufträge werden im Rahmen einer mittelfristigen **Termin- und Kapazitätsplanung** ermittelt. Der Kapazitätsbedarf wird dabei mithilfe der Arbeitspläne ermittelt und mit dem Kapazitätsangebot nur grob abgestimmt, da zu diesem Planungszeitpunkt das Kapazitätsangebot aufgrund von Störungen und Planungsungenauigkeiten nicht exakt bekannt ist.
In der kurzfristigen **Eigenfertigungsplanung und -steuerung** (Werkstattsteuerung) werden die in der Produktionsbedarfsplanung grob geplanten Ecktermine der Fertigungsaufträge genau bestimmt und ihre Durchführung veranlasst. Zur Festlegung der exakten Fertigungstermine wird je Arbeitsvorgang für alle eingeplanten Fertigungsaufträge der Kapazitätsbedarf des entsprechenden Arbeitsplatzes genau ermittelt und mit dem nun kurzfristig genauer bekannten Kapazitätsangebot abgeglichen. Vor der **Auftragsveranlassung** eines Fertigungsauftrages wird die Verfügbarkeit des benötigten Materials, der Betriebsmittel und der Auftragsunterlagen geprüft. Danach werden während der Durchführung der Fertigungsaufträge im Rahmen der **Auftragsüberwachung** die Aufträge, die Kapazitäten und die Bestände hinsichtlich Menge, Termin und Qualität ständig überwacht. Diese Informationen, die das aktuelle Betriebsgeschehen widerspiegeln, werden an die planenden Funktionsbereiche mithilfe der Betriebsdatenerfassung **(BDE)** zurückgemeldet (Bild 1, folgende Seite). Bei einer Abweichung zwischen den vom PPS-System vorgegebenen Solldaten und den ermittelten Istdaten der Produktion, wie z.B. eine Terminüberschreitung, muss die Störungsursache ermittelt und beseitigt werden. Ist dies nicht mehr möglich, so muss der entsprechende Plan geändert werden.

> Die Auftragsveranlassung und Auftragsüberwachung bilden die Schnittstelle zwischen dem Informationsfluss des PPS-Systems und dem zu steuernden Materialfluss.

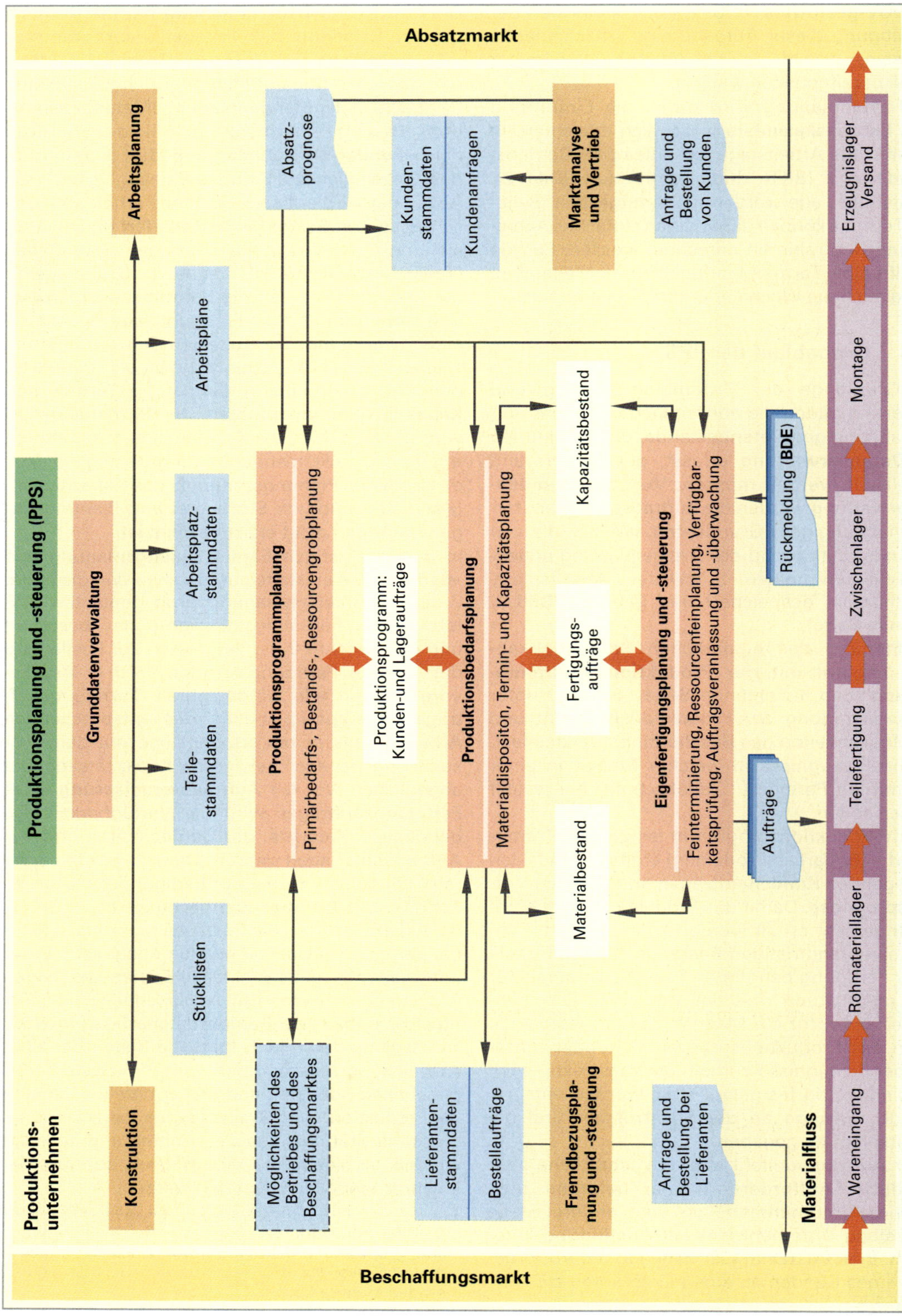


**Bild 1: Informationsfluss und Hauptfunktionen eines PPS-Systems**

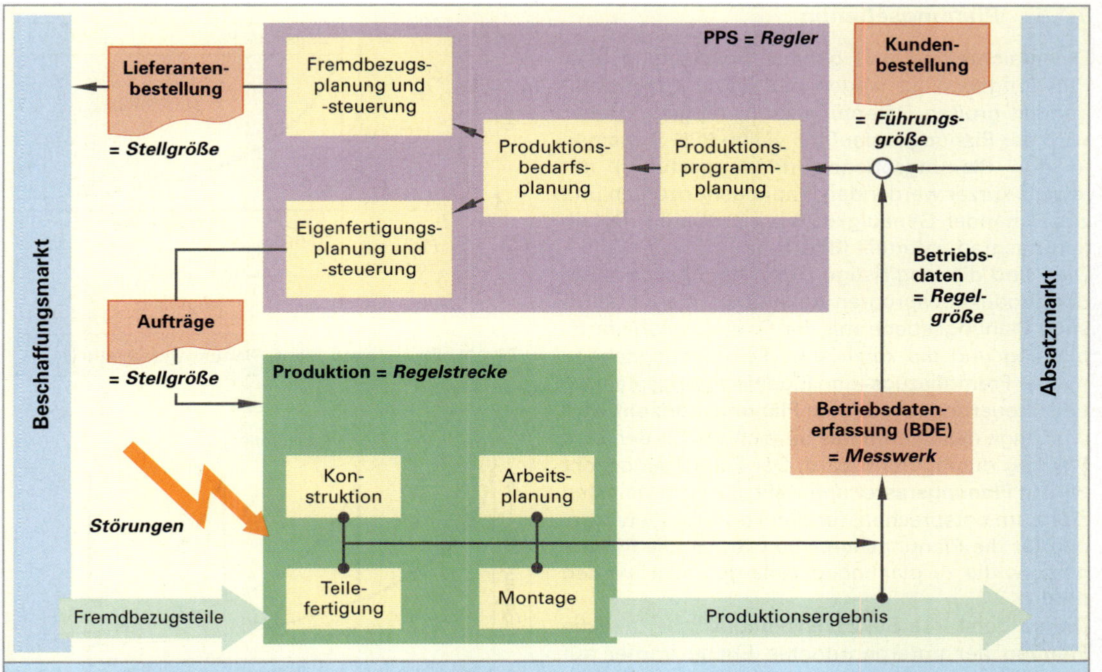


**Bild 1: Der Produktionsregelkreis mit dem Regler PPS**

Im technischen Sprachgebrauch ist das PPS-System somit ein **Regler** der den *Istwert* der Regelstrecke Produktion ständig mit dem *Sollwert*, den der Absatzmarkt vorgibt, vergleicht und durch Aufträge an diesen anpasst **(Bild 1)**.

Für eine kundenorientierte und effiziente Auftragsabwicklung gehören zu den Hauptaufgaben eines modernen PPS-Systems außer den oben beschriebenen vier *Kernaufgaben* die drei *Querschnittsaufgaben* Auftragskoordination, Lagerwesen und PPS-Controlling **(Bild 2)**. Die **Auftragskoordination** dient der Abstimmung der an einem Kundenauftrag beteiligten Bereiche. Das **Lagerwesen** hat die Führung und Bewertung des Materialbestandes zur Aufgabe. Die Hauptaufgabe des **PPS-Controllings** ist die ständige Verbesserung der Logistik. Die Datenverwaltung ist sowohl Kern- als auch Querschnittsaufgabe.

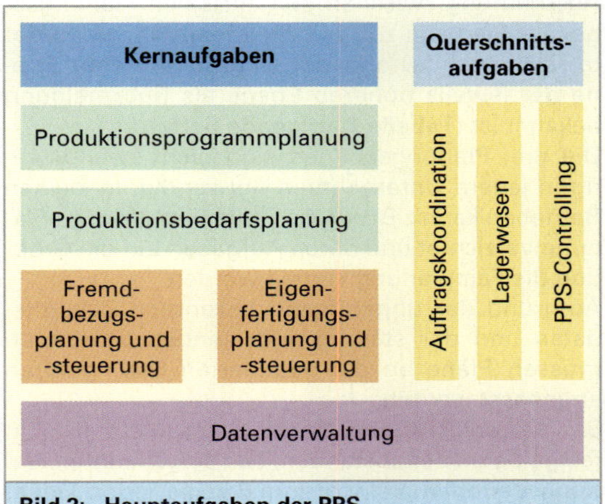


**Bild 2: Hauptaufgaben der PPS**

### Wiederholung und Vertiefung

1. Nennen Sie fünf Anforderungen, die ein Produktionsunternehmen zwingen, einen erhöhten Planungs- und Steuerungsaufwand zu treiben um sich am Markt zu behaupten.
2. Was versteht man unter Beschaffungs-, Produktions- und Distributionslogistik?
3. Erklären Sie, was man unter dem Zielkonflikt der PPS versteht.
4. Wie verlagerten sich die Zielgewichte der PPS in den letzten Jahren?
5. Was versteht man bei der Produktion unter dem Begriff Ressourcen?
6. Nennen Sie die wichtigsten Elemente der Wiederbeschaffungszeit.
7. Wie setzt sich die Durchlaufzeit eines Fertigungsauftrages zusammen?

### 7.1.5 Planungsebenen

Die gleichzeitige und genaue Bearbeitung aller PPS-Aufgaben ist wegen der damit zu bewältigenden großen Datenfülle kaum möglich. Daher wird der Planungsablauf bei vielen PPS-Systemen in drei **Planungsebenen** (Planungsstufen) mit jeweils kürzer werdenden Planungshorizonten und zunehmender Genauigkeit bzw. größerem Detaillierungsgrad unterteilt **(Bild 1)**.

Dies sind die langfristige Grobplanungsebene mit der Produktionsprogrammplanung, die mittelfristige Planungsebene mit der Produktionsbedarfsplanung und die kurzfristige Feinplanungsebene mit der Fremdbezugs- und Eigenfertigungsplanung und -steuerung. Unter dem **Planungshorizont** wird die Länge des Zeitraumes bezeichnet, für den eine Planung durchgeführt wird. Der Planungshorizont wird in **Planungsraster** unterteilt, die dem kleinsten Zeitraum entsprechen, für den konkrete Zielvorgaben für die Planungsbereiche wie z.B. die Montage bzw. die zu planenden Teile gemacht werden **(Bild 2)**.

Die so genannte **Sukzessivplanung**[1], bei der die Planung der untergeordneten Ebene immer auf den Planungsergebnissen der jeweils übergeordneten Ebene beruht, erfordert eine genaue Abstimmung zwischen den einzelnen Planungsebenen. Sie kann z.B. nur funktionieren, wenn der tatsächliche Zustand der untergeordneten Ebene der jeweils höheren Ebene als Rückmeldung bekannt ist (**Tabelle 1, folgende Seite**).

Die drei Planungsebenen sind nicht zwangsläufig in jedem Unternehmen notwendig. In kleinen Betrieben kann z.B. auf die Stufe mittelfristige Planung verzichtet und deren Aufgaben auf die Grob- und die Feinplanung verteilt werden.

Aufgrund der ungenügend bekannten Zukunftsdaten und der ständig auftretenden Störungen müssen Pläne an die geänderten Bedingungen angepasst werden.

Bei der **rollierenden Planung** geschieht dies in festgelegten Zeitabständen, den so genannten **Planungsperioden.** So wird zum Beispiel jeden Monat das Fertigungsprogramm für den Planungshorizont von den jeweils nächsten drei Monaten neu erstellt.

Bei der **ereignisorientierten Planung** wird die Neuplanung dagegen nur durch wichtige Ereignisse ausgelöst. Dies kann z.B. der Eingang eines Großauftrages oder die Inbetriebnahme einer neuen Produktionsanlage sein.

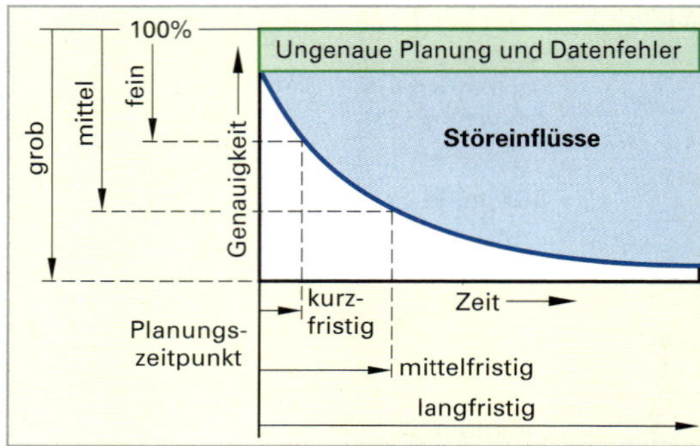


**Bild 1: Planungshorizont, Planungsgenauigkeit**

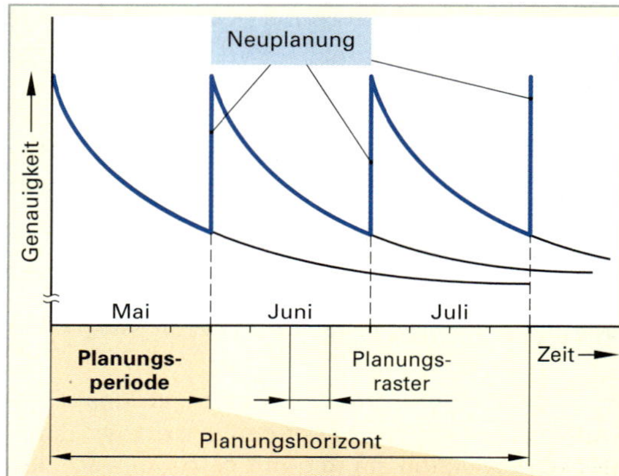


Fertigungsprogramm für die Planungsperiode **Mai**

| Teile-Nr. | KW 19 | KW 20 | KW 21 | KW 22 |
|---|---|---|---|---|
| 3118 | 200 St. | 190 St. | 180 St. | 210 St. |
| 3107 | 100 St. | 95 St. | 90 St. | 100 St. |
| 3108 | 100 St. | 95 St. | 90 St. | 100 St. |
| 3117 | 150 St. | 140 St. | 120 St. | 150 St. |
| 3116 | 400 St. | – | 400 St. | – |
| 3117 | 150 St. | 140 St. | 120 St. | 150 St. |

**Bild 2: Fertigungsprogramm für eine Planungsperiode**

Zur Aktualisierung der bestehenden Pläne wird beim so genannten **Neuaufwurf** die Planung jedesmal vollständig neu durchgeführt. Dies führt zu einem sehr großen Bearbeitungsaufwand. Bei der Aktualisierung der bestehenden Pläne nach dem so genannten **Net-change-Prinzip** werden dagegen nur die Veränderungen der Eingangsgrößen gegenüber der vorigen Planung berücksichtigt. Dadurch bleiben z.B. bei der Stornierung[2] von einzelnen Kundenaufträgen die Terminplanungen für die restlichen Aufträge erhalten und werden nicht der neuen Situation angepasst.

---

[1] lat. succedere = nachfolgen, successive = allmählich, nach und nach

[2] it. stornare = einen Auftrag rückgängig machen

**Tabelle 1: Planungsebenen in der PPS**

| Planungs-ebene | Funktionsbereiche | Planungs-bereich | Planungs-objekte | Planungs-horizont | Planungs-periode | Planungs-raster |
|---|---|---|---|---|---|---|
| **Langfristige Grobplanungs-ebene** | Produktionsprogramm-planung<br>⇧<br>Kunden-aufträge<br>⇩ | Betriebs-bereiche z. B. Kon-struktion, Fertigung | Erzeugnisse | 0,5 bis 2 Jahre | 1 Quartal | 1 Monat |
| **Mittelfristige Planungs-ebene** | Produktionsbedarfs-planung<br>⇧ ⇧<br>Bestell-aufträge · Fertig-aufträge<br>⇩ ⇩ | Arbeitsplatz-gruppe | Baugruppe Einzelteil | 1 bis 2 Quartale | 1 Monat | 1 Woche |
| **kurzfristige Feinplanungs-ebene** | Fremd-bezugs-planung und -steuerung · Eigen-fertigungs-planung und -steuerung | Arbeits-platz | Arbeits-vorgang | Monat | Woche | Stunde, Tag |

Die meisten heute im Einsatz befindlichen PPS-Systeme zur Steuerung der Unternehmenslogistik umfassen nahezu die selben Funktionen. Die Qualität eines PPS-Systems zeigt sich daher weniger in der Anzahl der zur Verfügung stehenden Verfahren, wie z.B. zur Terminierung oder Losgrößenermittlung als vielmehr im sinnvollen Zusammenwirken seiner einzelnen Funktionen.

Von ähnlicher Bedeutung für den erfolgreichen Einsatz eines PPS-Systems ist seine Benutzerfreundlichkeit. Sie zeigt sich vor allem in seiner Fähigkeit, die sich ständig ändernden Strukturen der individuellen Unternehmenslogistik für den Benutzer ohne weitreichende Spezialkenntnisse transparent abzubilden.

Die Planung und Steuerung werden in der Regel durch das PPS-System nur durch Vorschläge unterstützt. Der Mensch, der diese Vorschläge akzeptiert, verwirft bzw. ändert, ist somit im logistischen Prozess immer noch der wesentlichste Faktor.

In den folgenden Kapiteln werden die wichtigsten Verfahren zur Planung und Steuerung der Unternehmenslogistikprozesse vorgestellt und ihre praktische Umsetzung u.a. mithilfe des PPS-Systems PMS (Produktions-Management-System) veranschaulicht.

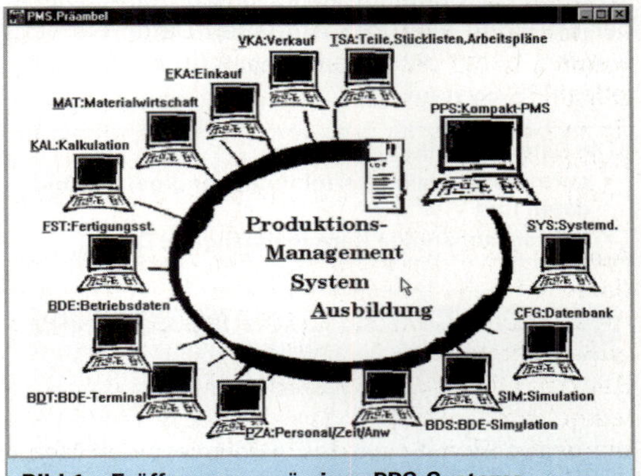


**Bild 1: Eröffnungsmenü eines PPS-Systems**

**Bild 1** zeigt beispielhaft das Eröffnungsmenü des PPS-Systems PMS.

Wichtig für den PPS-Nutzer sind:

- Windows-konforme Bedienerführung,
- hohe Flexibilität in der Anpassung,
- umfangreiche grafische Darstellungen
- und Auswertungen mithilfe der Datenbanksprache SQL (Structured Query Language).

PMS besteht aus einer Reihe von Programmsegmenten, die jeweils einen Funktionsbereich abdecken (**Tabelle 1**). Die einzelnen Funktionen werden mithilfe der unter Windows üblichen Menüstruktur aufgerufen (**Bild 1**).

**Wiederholung und Vertiefung**

1. Nennen Sie die drei wichtigsten Planungsebenen mit ihren Funktionsbereichen und typischen Planungsobjekten.
2. Erklären Sie den Zusammenhang zwischen Planungsgenauigkeit, Planungshorizont und Planungsperiode.
3. Erklären Sie den Begriff Fertigungsprogramm mithilfe eines einfachen Beispieles.
4. Was ist der wesentliche Unterschied zwischen dem Neuaufwurf einer Planung und dem Net-Change-Prinzip?

## 7.2 Datenverwaltung

Unter dem Begriff der Datenverwaltung versteht man die Speicherung und die Pflege der innerhalb eines Unternehmens anfallenden Daten. Sie ist ein wesentlicher Bestandteil der **Datenorganisation**, die die Gesamtheit aller Verfahren und Vorschriften zur Datenaufbewahrung umfasst. Da bei der Erfüllung aller PPS-Aufgaben Daten benötigt werden, bildet die Datenverwaltung die Basis für jedes PPS-System.

Die Datenverwaltung umfasst:
- **auftragsneutrale (terminunabhängige) Grunddaten** und
- **auftragsabhängige (terminabhängige) Daten.**

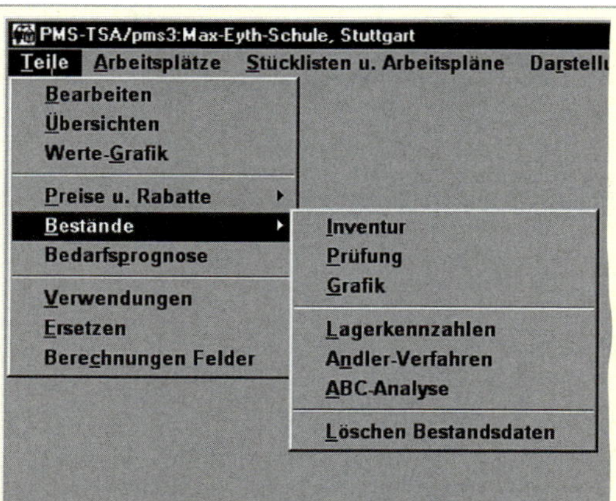


**Bild 1: Menüstruktur**

Die auftragsneutralen Daten wie z.B. Teiledaten oder Stücklisten werden in der betrieblichen Praxis aufgrund ihrer längerfristigen Gültigkeit auch Stammdaten genannt. Die auftragsabhängigen Daten wie z.B. Fertigungsauftragsdaten werden dagegen wegen ihrer kurzfristigeren Gültigkeit häufig als Bewegungsdaten bezeichnet (**Bild 2**).

**Tabelle 1: Funktionen der PMS-Programmsegmente**

| Programmsegment | Funktionen/Arbeitsbereich |
|---|---|
| TSA | Teile, Stücklisten, Arbeitsplätze und Arbeitspläne verwalten (Grunddatenverwaltung) |
| VKA | Verkaufsabwicklung |
| EKA | Einkaufsabwicklung |
| MAT | Materialdisposition und Lager |
| FST | Eigenfertigungsplanung und -steuerung |
| KAL | Durchführung von Vor- und Nachkalkulation |
| BDE | Betriebsdatenerfassung (Auftragsrückmeldung, Lagerbuchungen). |
| PZA | Personal, Zeiterfassung und Auswertung |
| SIM | Simulationen von Verfahren |
| SYS | Systemdienste |

**Bild 2: PPS-Daten**

## 7.2.1 Datenbanksystem

Für die Datenverwaltung werden heute **relationale Datenbanksysteme** eingesetzt. Sie enthalten eine Vielzahl unterschiedlicher Dateien, die man mit Karteikästen vergleichen kann **(Bild 1)**.

Ein Teil dieser Dateien enthält nur Daten zu gleichartigen Objekten, wie z.B. die Teiledatei oder die Arbeitsplatzdatei. Jeder Datensatz enthält dabei alle Merkmale zu einem Datenobjekt. Diese Merkmale, wie z.B. die Identnummer eines Teiles, werden in Datenfeldern gespeichert. Für jedes Datenfeld ist ein Feldname, eine maximale Feldlänge und ein Felddatentyp definiert. Bei dem PPS-System PMS heißt z.B. das Feld zur Aufnahme der Teile-Identnummer „IdTeil" und kann Daten vom Typ „Alphanumerisch" mit maximal 12 Stellen aufnehmen.

Eine zweite Dateigruppe dient der Aufnahme von Strukturdaten. Diese Strukturdateien geben die Beziehungen zwischen verschiedenen Objekten an. Die Stücklistendatei stellt z.B. den Zusammenhang zwischen einer übergeordneten Baugruppe und den zu ihrer Montage benötigten untergeordneten Teilen dar. In Strukturdateien werden die Informationen zu den übergeordneten Objekten als so genannte Kopfdaten und die Informationen zu den untergeordneten Objekten als so genannte Positionsdaten abgespeichert **(Bild 2)**.

Die Dateien eines Datenbanksystems können mithilfe von so genannten Indizes (Zeigern) logisch miteinander verknüpft werden. So zeigt z.B. in einer Stücklistendatei die Teilenummer auf den entsprechenden Teiledaten in der Teilestammdatei. Dies hat den Vorteil, dass nicht bei jedem Auftreten des selben Teils in verschiedenen Stücklisten alle zu diesem Teil gehörenden Informationen neu erfasst werden müssen. Die Eingabe der entsprechenden Teilenummer veranlasst das System, die benötigten Teiledaten automatisch aus der Teiledatei zu holen.

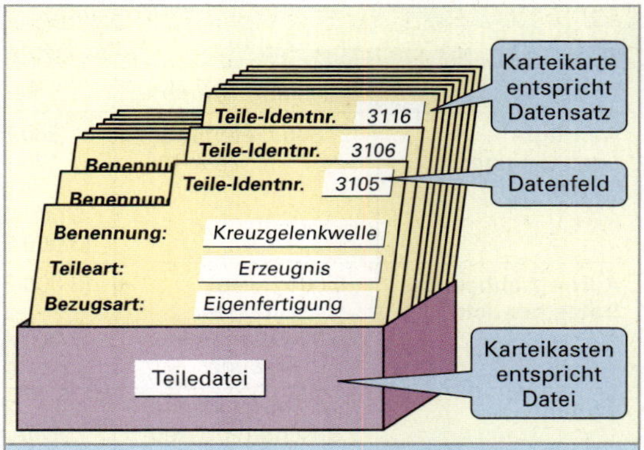


**Bild 1: Vergleich von Datei mit Karteikasten**

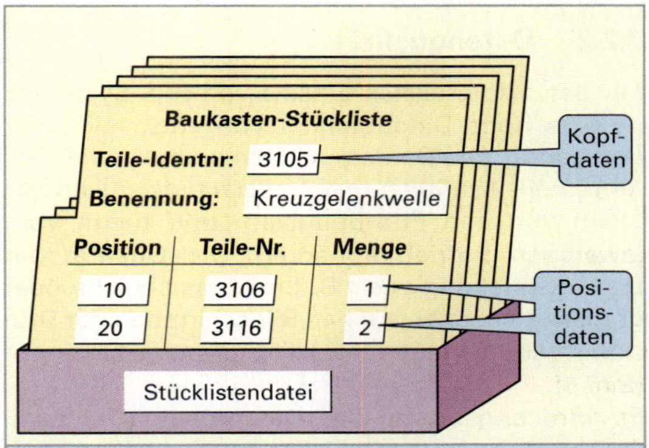


**Bild 2: Aufbau einer Strukturdatei**

Das Datenbanksystem stellt dem Benutzer und dem Programmierer eines PPS-Systems Befehle zum Eingeben, Speichern, Verändern, Suchen, Lesen, Ausgeben und Löschen von Daten zur Verfügung, die häufig durch einen Mausklick auf Buttons (Schaltflächen) aktiviert werden können **(Bild 3)**.

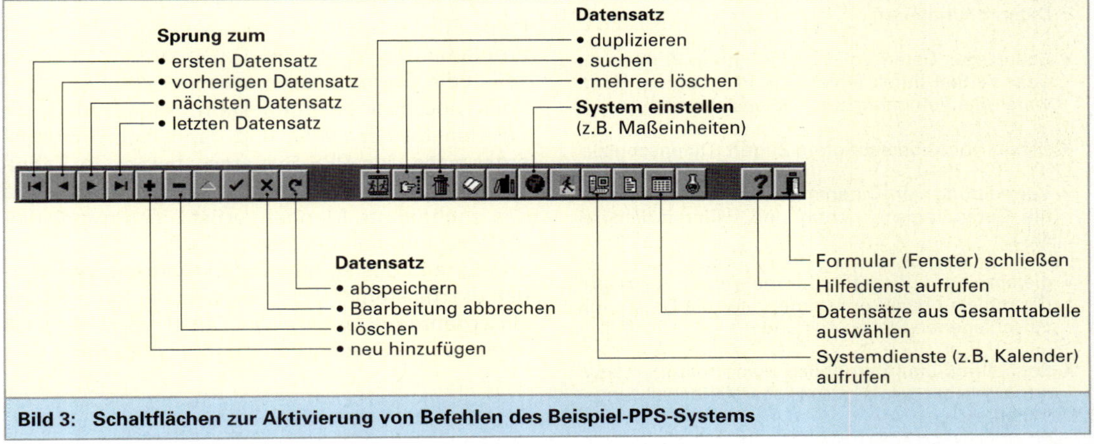


**Bild 3: Schaltflächen zur Aktivierung von Befehlen des Beispiel-PPS-Systems**

**Tabelle 1: Beispiel für das Mengengerüst eines mittelständigen Unternehmens der Feinwerktechnik**

| | Beschaffungsmarkt | Fertigung | Lager | Absatzmarkt |
|---|---|---|---|---|
| **Auftrags-unabhängige Daten** | 800 Lieferanten | 360 Mitarbeiter<br>170 Arbeitsplatz-gruppen<br>8 000 Baugruppen<br>13 000 Eigenteile | 1 500 Produkte<br>11 000 Kaufteile | 24 000 Kunden |
| **Auftragsabhängige Daten pro Jahr** | 8 000 Bestel-lungen<br>15 000 Warenein-gänge | 18 000 Fertigungs-aufträge<br>40 000 Arbeitsvor-gänge | 3 000 000 Lager-zu- und -abgänge | 50 000 Kundenauf-träge<br>60 000 Warenab-gänge |
| **Zeiten** | 4 – 40 Wochen Beschaffungszeit | 1 – 12 Wochen Durchlaufzeit | | 1 – 10 Wochen Lieferzeit |

### 7.2.2 Datenqualität

Für den erfolgreichen Einsatz von PPS-Systemen ist eine hohe Datenqualität von entscheidender Bedeutung. Die Datenqualitätsmerkmale wie *Fehlerfreiheit, Aktualität* und *Vollständigkeit* sind vor allem von den PPS-Benutzern und damit vom jeweiligen Betrieb abhängig. Die Qualität der Datendarstellung wie z.B. die übersichtliche oder grafische Ausgabe auf den Bildschirmen oder Druckern wird dagegen vom PPS-System bestimmt **(Bild 1)**.
Es wird angestrebt, das Datenmaterial einfach, schnell und unter möglichst geringen Kosten zu speichern, wiederaufzufinden und aufzurufen.

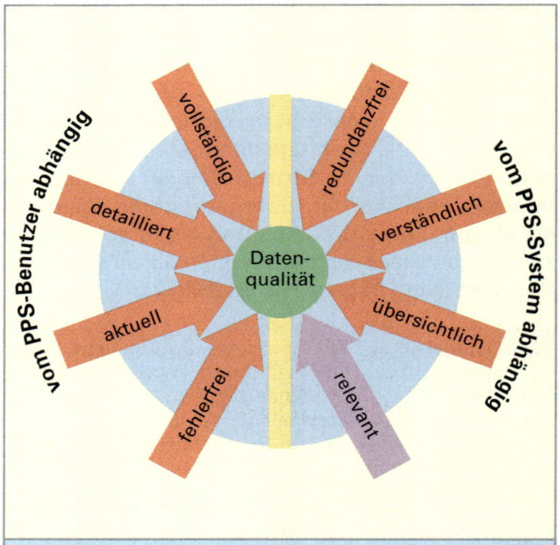


**Bild 1: Datenqualität**

Wichtig ist:

- übersichtliche und zweckgerechte Ordnung der Daten,
- keine Mehrfachspeicherung von Daten (keine Datenredundanzen),
- Schutz der Daten vor Beschädigung, Zerstörung oder Verlust durch fehlerhafte Programme, Hardware oder Fehlbenutzung (Datensicherheit),
- Schutz vor unberechtigtem Zugriff (Datenschutz),
- Vermeidung von Dateninkonsistenzen, d.h., dass die Daten logisch richtig und widerspruchsfrei sind,
- gleichzeitiger Zugriff von mehreren Benutzern (Terminals oder Programmen) auf die Daten von verschiedenen Stellen aus und
- Beachtung innerbetrieblich zweckmäßiger bzw. erforderlicher sowie gesetzlicher Aufbewahrungsfristen.

Infolge ihrer Menge und Vielfalt bereitet die laufende Pflege der Daten den Anwendern erhebliche Probleme. Die Menge der Daten erreicht in vielen Fällen die Grenze dessen, was von den Benutzern noch überblickt werden kann, sodass dadurch die Qualität der Daten und damit der Planungsergebnisse des PPS-Systems absinkt. In **Tabelle 1** ist zur Veranschaulichung der Datenmenge das sogenannte Mengengerüst eines mittelständisches Unternehmens dargestellt.
Im Rahmen des so genannten **Customizing**[1] werden die meisten PPS-Systeme auf die Belange des Unternehmens angepasst. Dabei werden unter anderem die System-Parameter konfiguriert.

[1] engl. custom = Gewohnheit, Brauch, Kundschaft

Als **Parameter** werden Datenfelder bezeichnet, die dem Benutzer die Möglichkeit bieten, das Verhalten des PPS-Systems zu steuern und seine Planungsergebnisse zu beeinflussen. Dies können z.B. Standardwerte wie z.B. der aktuelle Mehrwertsteuersatz oder auch Zugriffsberechtigungen sein **(Bild 1)**. Wird die Anpassarbeit des PPS-Systems an die Geschäftsprozesse des Unternehmens nicht äußerst sorgfältig und damit auch sehr kostenintensiv durchgeführt, so kann das neue PPS-System kaum den erwarteten Nutzen erreichen.

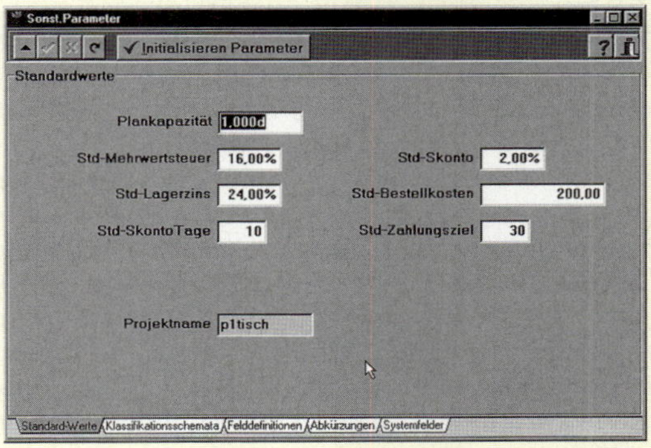


**Bild 1: Parametereinstellung (Beispiel)**

Die wichtigsten Bereiche der Datenverwaltung sind die
- Teileverwaltung,
- Stücklistenverwaltung,
- Produktionsmittelverwaltung,
- Arbeitsplanverwaltung,
- Kundenverwaltung,
- Lieferantenverwaltung,
- Auftragsverwaltung.

### 7.2.3 Teileverwaltung

Die Bezeichnung „Teil" ist der Oberbegriff für die Teilearten Erzeugnis (E), Baugruppen (G), Einzelteile (T) und Rohmaterial (R). In der Regel werden Teile mit den Bezugsarten „Fremdbezug" (F) und „Eigenfertigung" (E) in einer einzigen Datei zusammengefasst.

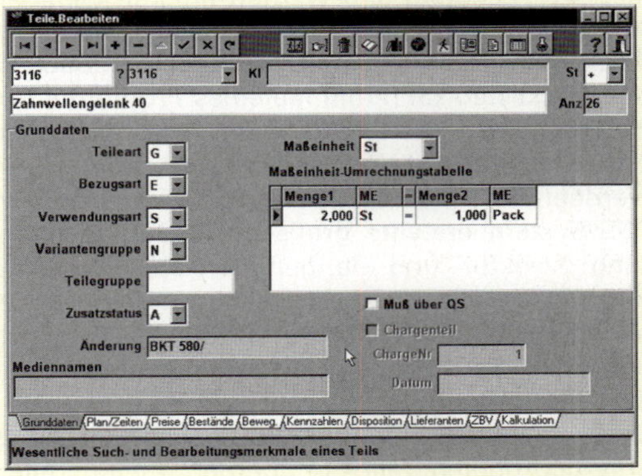


**Bild 2: Maske zur Bearbeitung von Teiledaten**

Die Vielzahl der in der Teiledatei angebotenen Datenfelder werden gegliedert in:
- Grunddaten (Teilenummer, Klassifikation, Bezeichnung, Teileart, Bezugsart etc.),
- Preise (Einkaufspreise verschiedener Lieferanten, Durchschnittspreis, etc.) und
- Kalkulationsdaten (Materialkosten, Fertigungskosten, Herstellkosten, Selbstkosten etc.)

Bei unserem Beispiel-PPS-System können diese verschiedenen Datengruppen durch Anklicken der entsprechenden Register aufgerufen werden **(Bild 2)**.

Die Teiledaten werden bereichs- (abteilungs-)übergreifend bereitgestellt und zentral redundanzfrei in der Datenbank geführt. In einem Unternehmen arbeiten verschiedene Abteilungen mit einem Teil, wobei jeweils unterschiedliche Informationen benötigt werden. Aus diesem Grunde werden verschiedene Sichten auf die Teiledaten definiert. Jeder Benutzer eines PPS-Systems ist über sein Passwort einer bestimmten Gruppe (Abteilung) zugeordnet und erhält damit den ihn interessierenden Ausschnitt der Datenfelder präsentiert.

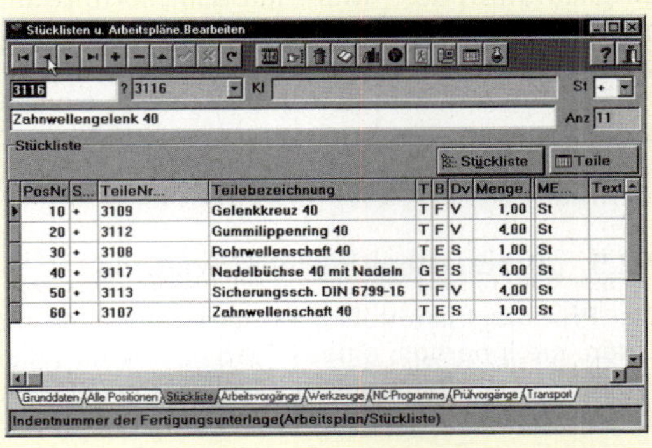


**Bild 3: Bearbeitung von Baukasten-Stücklisten**

### 7.2.4 Stücklistenverwaltung

Die Verwaltung der Stücklisten bzw. Rezepturen wird in der Stücklistenverwaltung vorgenommen. In manchen Betrieben werden statt Stücklisten Teileverwendungsnachweise geführt.

In der Regel wird in den PPS-Systemen die Erzeugnisgliederung in Form von Baukastenstücklisten abgespeichert, die für ein übergeordnetes Teil nur die direkt untergeordneten Teile angeben **(Bild 3, vorherige Seite)**. Um Verwechslungen zu vermeiden, sollte die Stücklisten-Nummer, die im Stücklisten-Kopfteil angegeben wird, der entsprechenden übergeordneten Teilenummer entsprechen. Im Positionsteil der Baukastenstückliste werden die Identnummern sowie die Mengen der untergeordneten Teile aufgeführt. Die übrigen Teiledaten, die in der Stücklistenmaske gezeigt werden, stammen in der Regel aus der Teiledatei und werden nur mit wenigen Ausnahmen in der Stücklistendatei gespeichert.

Aus der Vielzahl von einfach aufgebauten Baukasten-Stücklisten kann mithilfe eines Programmmoduls, der Stücklistenprozessor genannt wird, jede beliebige Stücklistenart erzeugt und ausgegeben werden. **Bild 1** und **Bild 2** zeigen die von unserem PPS-System erstellte grafische Erzeugnisgliederung, Struktur- und Mengenübersichts-Stückliste unseres Beispielerzeugnisses Kreuzgelenkwelle, nachdem zuvor die entsprechenden Teilestammdaten und Baukastenstücklisten eingegeben wurden.

Die Teileverwendung, d.h. die Verwendung eines untergeordneten Teiles in übergeordneten Teilen wird ermittelt, indem der Stücklistenprozessor die Baukastenstücklisten von den unteren zu den oberen Fertigungsebenen durchläuft **(Bild 1, folgende Seite)**.

Die im Rahmen der Produktionsbedarfsplanung durchzuführende Materialbedarfsermittlung greift auf die Stücklisten zurück, um die benötigten Mengen der untergeordneten Teile, die zur Herstellung der Erzeugnisse erforderlich sind, zu bestimmen.

### 7.2.5 Produktionsmittelverwaltung

Die Produktionsmittelverwaltung verwaltet die Daten, die innerhalb eines PPS-Systems für jedes Produktionsmittel angelegt sind. Zu den Produktionsmitteln zählen die zur Produkterstellung notwendigen Personen, Maschinen, Fertigungssysteme (Zusammenfassung von mehreren Maschinen und Arbeitsplätzen zu einer Gruppe), Vorrichtungen und Werkzeuge.

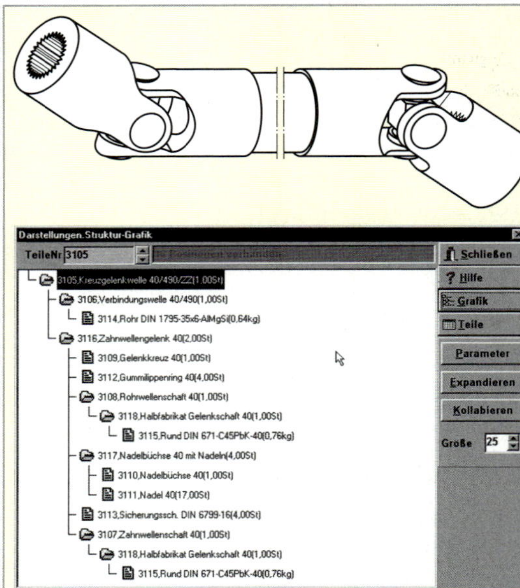


**Bild 1: Erzeugnisbeispiel und vom PPS-System erzeugte Erzeugnisgliederung**

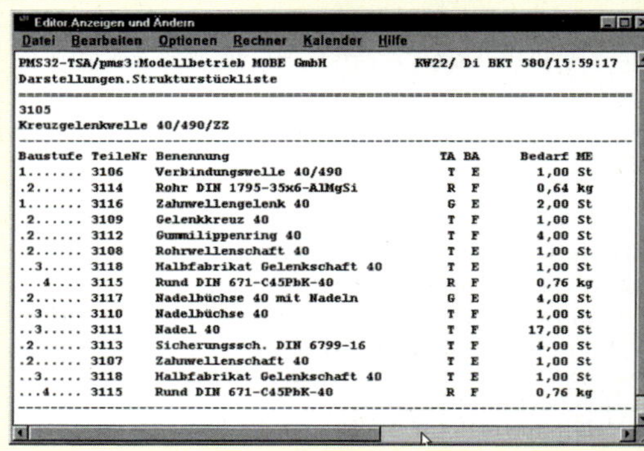

Editor.Anzeigen und Ändern
Datei Bearbeiten Optionen Rechner Kalender Hilfe

PMS32-TSA/pms3:Modellbetrieb MOBE GmbH KW22/ Di BKT 580/15:59:17
Darstellungen.Strukturstückliste

3105
Kreuzgelenkwelle 40/490/ZZ

| Baustufe | TeileNr | Benennung | TA | BA | Bedarf | ME |
|---|---|---|---|---|---|---|
| 1....... | 3106 | Verbindungswelle 40/490 | T | E | 1,00 | St |
| .2...... | 3114 | Rohr DIN 1795-35x6-AlMgSi | R | F | 0,64 | kg |
| 1....... | 3116 | Zahnwellengelenk 40 | G | E | 2,00 | St |
| .2...... | 3109 | Gelenkkreuz 40 | T | F | 1,00 | St |
| .2...... | 3112 | Gummilippenring 40 | T | F | 4,00 | St |
| .2...... | 3108 | Rohrwellenschaft 40 | T | E | 1,00 | St |
| ..3..... | 3118 | Halbfabrikat Gelenkschaft 40 | T | E | 1,00 | St |
| ...4.... | 3115 | Rund DIN 671-C45PbK-40 | R | F | 0,76 | kg |
| .2...... | 3117 | Nadelbüchse 40 mit Nadeln | G | E | 4,00 | St |
| ..3..... | 3110 | Nadelbüchse 40 | T | F | 1,00 | St |
| ..3..... | 3111 | Nadel 40 | T | F | 17,00 | St |
| .2...... | 3113 | Sicherungssch. DIN 6799-16 | T | F | 4,00 | St |
| .2...... | 3107 | Zahnwellenschaft 40 | T | E | 1,00 | St |
| ..3..... | 3118 | Halbfabrikat Gelenkschaft 40 | T | E | 1,00 | St |
| ...4.... | 3115 | Rund DIN 671-C45PbK-40 | R | F | 0,76 | kg |

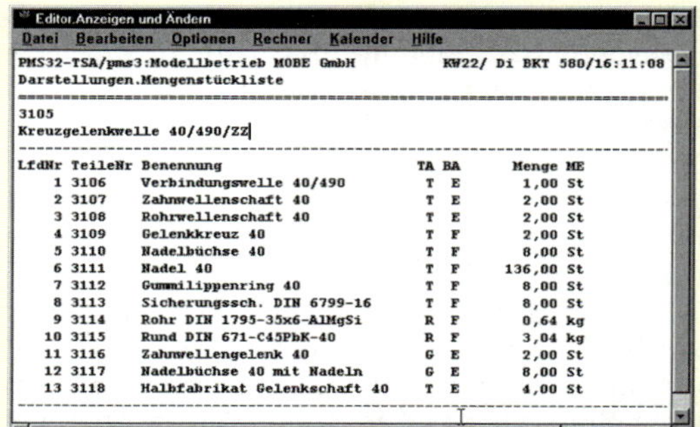

Editor.Anzeigen und Ändern
Datei Bearbeiten Optionen Rechner Kalender Hilfe

PMS32-TSA/pms3:Modellbetrieb MOBE GmbH KW22/ Di BKT 580/16:11:08
Darstellungen.Mengenstückliste

3105
Kreuzgelenkwelle 40/490/ZZ

| LfdNr | TeileNr | Benennung | TA | BA | Menge | ME |
|---|---|---|---|---|---|---|
| 1 | 3106 | Verbindungswelle 40/490 | T | E | 1,00 | St |
| 2 | 3107 | Zahnwellenschaft 40 | T | E | 2,00 | St |
| 3 | 3108 | Rohrwellenschaft 40 | T | E | 2,00 | St |
| 4 | 3109 | Gelenkkreuz 40 | T | F | 2,00 | St |
| 5 | 3110 | Nadelbüchse 40 | T | F | 8,00 | St |
| 6 | 3111 | Nadel 40 | T | F | 136,00 | St |
| 7 | 3112 | Gummilippenring 40 | T | F | 8,00 | St |
| 8 | 3113 | Sicherungssch. DIN 6799-16 | T | F | 8,00 | St |
| 9 | 3114 | Rohr DIN 1795-35x6-AlMgSi | R | F | 0,64 | kg |
| 10 | 3115 | Rund DIN 671-C45PbK-40 | R | F | 3,04 | kg |
| 11 | 3116 | Zahnwellengelenk 40 | G | E | 2,00 | St |
| 12 | 3117 | Nadelbüchse 40 mit Nadeln | G | E | 8,00 | St |
| 13 | 3118 | Halbfabrikat Gelenkschaft 40 | T | E | 4,00 | St |

**Bild 2: Vom PPS-System erzeugte Struktur- und Mengenübersichts-Stückliste**

Die in der Produktionsmittelverwaltung zu pflegenden Datenfelder lassen sich in
- *identifizierende* Angaben (Produktionsmittel-Identnummer, Produktionsmittelbezeichnung u.a.) und in
- *dispositive* Angaben (Wartungsdaten, Kapazitätsdaten u.a.) unterteilen.

Die in der Produktionsmittelverwaltung hinterlegten Informationen werden vor allem für die Arbeitsplanerstellung und die Kapazitätsterminierung benötigt.
Im PPS-System PMS werden die Maschinen als Arbeitsplätze in der Arbeitsplatzdatei **(Bild 2)**, und die Werkzeuge sowie Vorrichtungen in der Teiledatei abgelegt.

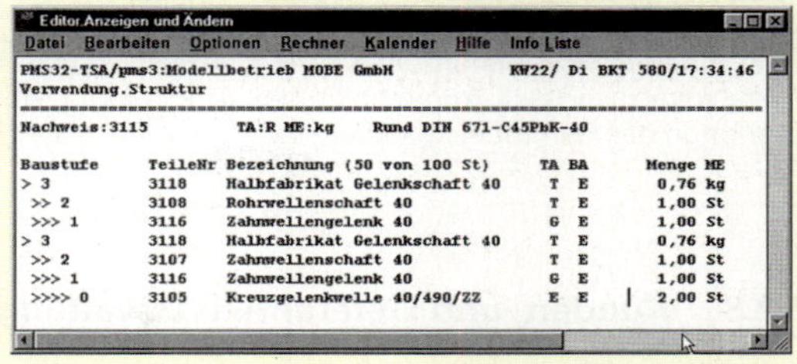


**Bild 1: Vom PPS-System erzeugter Teileverwendungsnachweis**

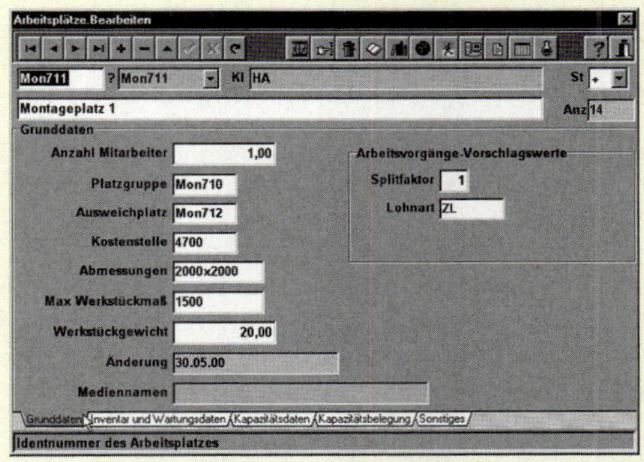


**Bild 2: Bearbeitung von Arbeitsplatzdaten**

## 7.2.6 Arbeitsplanverwaltung

Die Arbeitsplandatei enthält im Allgemeinen auftragsneutrale Arbeitspläne. Im Positionsteil eines Arbeitsplanes werden alle Arbeitsvorgänge beschrieben, die zur Fertigung des im Arbeitsplankopf aufgeführten Teiles nötig sind **(Bild 3)**.
Für jeden Arbeitsgang müssen die zu verwendenden Arbeitsplatz-, NC-Programm- und Werkzeug-Nummern angegeben werden. Die entsprechenden Bezeichnungen werden aus den Produktionsmitteldateien übernommen. Weiterhin ist für jeden Arbeitsgang die entsprechende Rüstzeit und Zeit je Einheit (Stückzeit) mit der dazugehörenden Bezugsmenge einzugeben. Einige Systeme verlangen zusätzlich Informationen zur Lohnart oder zur voraussichtlichen Übergangszeit.
Um den Erfassungsaufwand für die sich in verschiedenen Arbeitsplänen wiederholenden Arbeitsvorgänge sowie die sich wiederholenden Arbeitsvorgangstexte zu verringern wird bei vielen PPS-Systemen eine Arbeitsgangsdatei bzw. eine Textdatei geführt (Bild 3) auf die bei Bedarf zugegriffen werden kann.

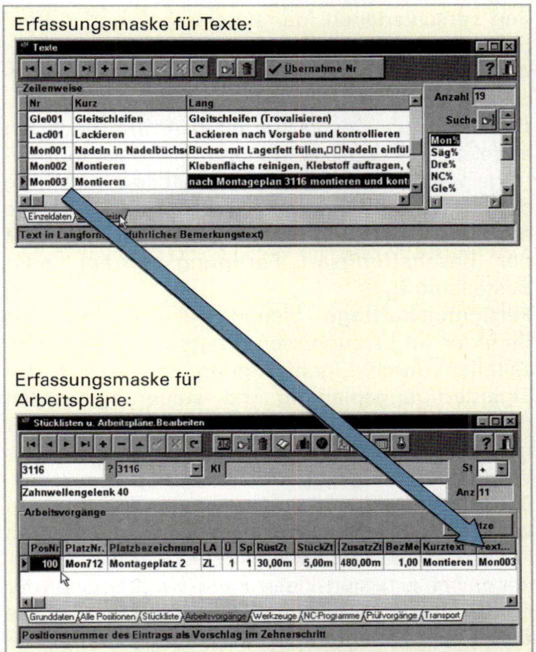


**Bild 3: Bearbeitung von Arbeitsplänen**

Die in der Arbeitsplandatei gespeicherten Arbeitsgang- und Arbeitsplandaten werden vor allem für die Terminierung, die Kapazitätsplanung sowie die Erzeugung von auftragsabhängigen Fertigungsaufträgen benötigt.

## 7.2.7 Ressourcendatei

Zu jeder eigengefertigten Teilenummer gehört eine Baukastenstückliste und ein Arbeitsplan. Einige PPS-Systeme fassen diese beiden Datenquellen in einer einzigen Ressourcendatei zusammen, da bei der Auftragsabwicklung beide Datenquellen zur Planung der termingerechten Materialbereitstellung benötigt werden.

**Bild 1** zeigt beispielhaft eine Ressourcenliste, wie sie mit dem PPS-System PMS angezeigt werden kann. Bei einigen PPS-Systemen enthält die Ressourcenliste zusätzlich noch Angaben zu den möglichen Lieferanten der Fremdbezugsteile.

### 7.2.8 Kunden- und Lieferantenverwaltung

Kunden und Lieferanten können unter der Obermenge „Geschäftspartner" eingeordnet werden. Im Rahmen der Kundenverwaltung ist für jeden Kunden ein Kundenstammsatz anzulegen.

Die in einem Kundenstammsatz vorhandenen Datenfelder lassen sich in
- *identifizierende* (Kundennummer, Name, Adresse etc.) sowie
- *dispositionsrelevante* (Zahlungskonditionen, Währung, Verkaufsgebiet etc.) Daten

untergliedern.

Die Lieferantenverwaltung nimmt im Prinzip dieselben Aufgaben wie die Kundenverwaltung wahr. In den betrieblichen Abteilungen Vertrieb bzw. Einkauf wird auf diese Daten zurückgegriffen.

### 7.2.9 Auftragsverwaltung

Es gibt unterschiedliche Auftragsarten. Diese sind den verschiedenen Planungsebenen und Aufgabenbereichen der PPS zugeordnet **(Bild 2)**.

Als **Produktionsaufträge** werden diejenigen Aufträge bezeichnet, die in der Produktionsprogrammplanung aus den ermittelten Primärbedarfen abgeleitet werden. Zur Erfüllung der Produktionsaufträge werden in der Produktionsbedarfsplanung die hierzu notwendigen **Beschaffungsaufträge** ermittelt. Die Beschaffungsaufträge sind gemäß der Beschaffungsart Fertigungsaufträge oder Bestellaufträge.

**Fertigungsaufträge** dienen der Deckung des Bedarfes an Erzeugnissen, Baugruppen oder Einzelteilen durch Eigenfertigung. Im Bereich der Eigenfertigungsplanung und -steuerung werden diese terminiert. Die Auftragsarbeitsgänge der freigegebenen Fertigungsaufträge werden als **Werkstattaufträge** an die Fertigung übergeben. **Bestellaufträge** werden dagegen zur Beschaffung von Rohmaterial, vorgefertigten Komponenten (Teile) oder verkaufsfähiger Erzeugnisse (Handelsware) bei externen Lieferanten vergeben. In der Fremdbezugsplanung und -steuerung werden die Bestellaufträge unter Berücksichtigung der optimalen Lieferbedingungen (Termin, Lieferant, Qualität, Preis) zu Einkaufsaufträgen zusammengefasst.

**Bild 1: Beispiel einer Ressourcenliste**

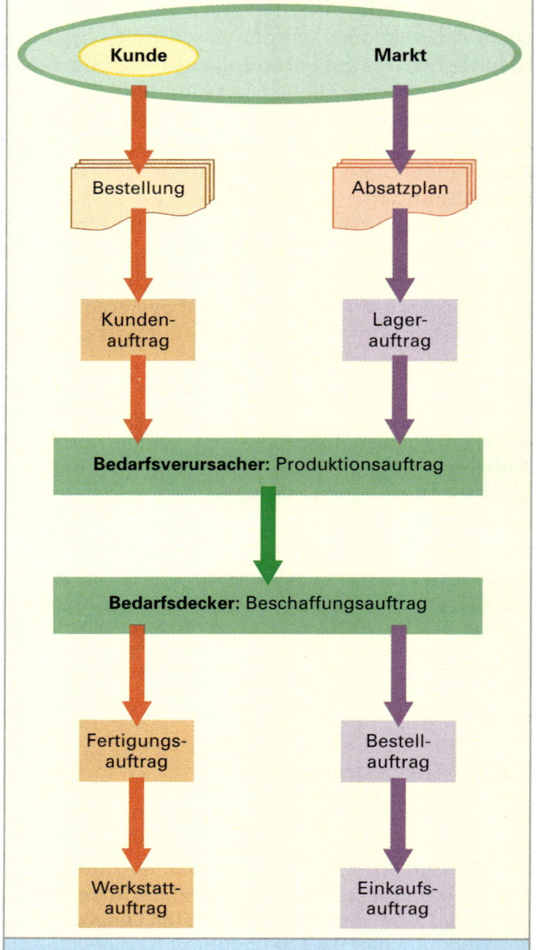


**Bild 2: Auftragsarten**

# 7.3 Produktionsprogrammplanung

## 7.3.1 Überblick

Das Ziel der langfristigen Produktionsprogrammplanung ist es, in einem Produktionsprogramm die in der Zukunft herzustellenden Erzeugnisse nach Art und Menge festzulegen. Ausgangsdaten der Produktionsprogrammplanung bilden die bereits vorliegenden Kundenaufträge und Absatzprognosen für alle verkaufsfähigen Teile (Erzeugnisse und Ersatzteile) sowie die zur Herstellung dieses Marktbedarfes vorhandenen bzw. geplanten Ressourcen. Auf der Basis dieser Daten muss ein grober Abgleich zwischen den möglichen gewinnoptimalen Absatzmengen und den kostenoptimal realisierbaren Produktionsmengen vorgenommen werden **(Bild 1)**. Das Produktionsprogramm kann somit zwangsläufig nur in enger Abstimmung zwischen Produktion und Vertrieb entstehen.

Die Produktionsprogrammplanung ist eine rollierende Planung, die periodisch, z.B. monatlich durchgeführt wird. Die Planungsperioden werden dabei gegenüber der letzten Planung jeweils um eine Periode in die Zukunft fortgeschrieben. Der Planungshorizont liegt üblicherweise zwischen 0,5 und 2 Jahren.

Im Extremfall des reinen *Einzelauftragsfertigers* erfolgt die Produktionsprogrammplanung ausschließlich auf der Basis von Kundenaufträgen. Bei der rein *kundenanonymen Lagerfertigung* wird dagegen das Produktionsprogramm durch die prognostizierten Absatzerwartungen bestimmt. Die Grenzfälle einer rein erwartungsbezogenen, lagergebundenen Produktion und einer rein kundenauftragsbezogenen Produktion liegen in der betrieblichen Praxis allerdings nur selten vor.

Um die von den Kunden gewünschten Sonderwünsche und Varianten in den geforderten Lieferzeiten auch bereitstellen zu können, muss im Rahmen der Produktionsprogrammplanung neben der langfristigen Kapazitätsplanung auch eine längerfristige Bestandsplanung durchgeführt werden. Aufgabe dieser **Bestandsplanung** ist es, für jede Teile-Nummer die optimale Bevorratungsstrategie und das geeignete Dispositionsverfahren (Mengenplanungsverfahren) mit den entsprechenden Dispositionsparametern, wie z.B. die Reichweite von Lagerbeständen, festzulegen.

Ziel der Produktionsprogrammplanung ist die Festlegung der in Zukunft herzustellenden Erzeugnisse nach Art und Menge.

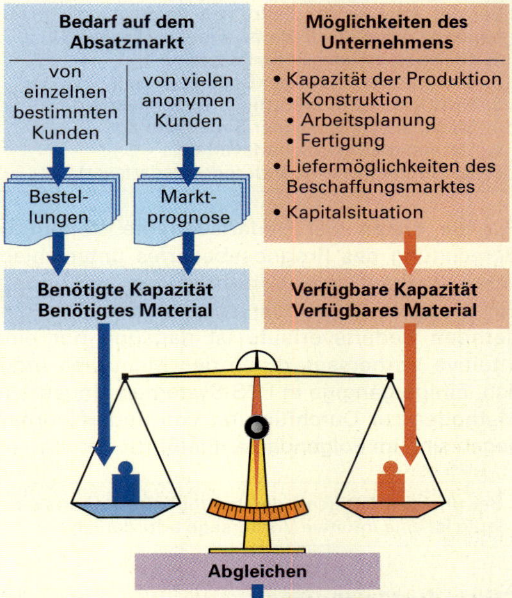


**Produktionsprogramm**

| Erzeugnis \ Menge | Jahr Periode 1 | Periode 2 | Periode 3 | ... |
|---|---|---|---|---|
| A | 100 | 120 | 130 | ... |
| B | 1 000 | 800 | 700 | ... |
| C | 10 | 20 | 25 | ... |
| ... | ... | ... | ... | ... |

**Bild 1: Erstellen eines Produktionsprogrammes**

## 7.3.2 Prognoseverfahren

Der Bedarf von Standarderzeugnissen und Standardkomponenten wird prognostiziert, um eine Vorratsproduktion rechtzeitig anzustoßen, falls die Wiederbeschaffungszeit bzw. Durchlaufzeit größer als die von den Kunden zugestandene Lieferzeit ist.

Unter einer Prognose versteht man das Gewinnen von zukünftigen Ereignissen durch ein systematisches und logisch begründbares Vorgehen.

Bei allen Prognoseverfahren wird die Zukunftsentwicklung aus Vergangenheitsdaten hergeleitet. Bei der Bedarfsprognose versucht man daher aus dem Bedarf in der Vergangenheit auf den Bedarf in der Zukunft mithilfe von statistischen Verfahren zu schließen. Die entsprechenden Bedarfswerte werden je Periode (Tag, Woche, Monat) mithilfe einer so genannten Zeitreihe erfasst.

Bei der Analyse der Zeitreihen unterscheidet man folgende Arten des Bedarfsverlaufes **(Tabelle 1)**:
1. Gleichbleibender Bedarfsverlauf,
2. Linearer trendförmiger Bedarfsverlauf,
3. Nichtlinearer trendförmiger Bedarfsverlauf,
4. Saisonal schwankender Bedarfsverlauf,
5. Unregelmäßiger Bedarfsverlauf,
6. Sprunghaft sich verändernder Bedarfsverlauf.

Für die ersten vier Bedarfsverläufe stehen zur Berechnung des Prognosebedarfes unterschiedliche stochastische Verfahren zur Verfügung. Für unregelmäßige oder sprunghaft sich verändernden Bedarfsverlaufe ist dagegen nur eine intuitive Vorhersage durch den Menschen möglich. Einige gängige in PPS-Systemen eingesetzte Methoden zur Durchführung von Bedarfsvorhersagen sind im Folgenden aufgeführt.

Bei unregelmäßigen oder sprunghafte Bedarfsverlaufe ist eine intuitive Vorhersage erforderlich.

### Gleitender Mittelwert

Eine einfache Methode zur Ermittlung des Prognosebedarfes für die nächsten Perioden ist die Bildung des arithmetischen Mittelwertes von den Bedarfen der jeweils letzten *n* Perioden:

$$V = \frac{1}{n} \cdot \sum_{i=1}^{n} T_i = \frac{(T_1 + T_2 + ... + T_n)}{n}$$

$V$: Vorhersagewert für die nächste Periode

$i$: Laufende Periode (Index)

$n$: konstante Anzahl der betrachteten Perioden

$T_i$: Tatsächlicher Bedarf in der Periode $i$

Das Verfahren heißt „gleitend", da bei der Ermittlung des nächsten Periodenbedarfes der älteste Verbrauchswert in die Berechnung nicht mehr eingeht. Stattdessen wird der dann neu hinzukommende tatsächliche Bedarfswert in der neuen Berechnung berücksichtigt **(Bild 1)**.

Das Verfahren eignet sich vor allem für einen konstanten (gleich bleibenden) Bedarfsverlauf. Je kleiner die Anzahl *n* der betrachteten letzten Perioden gewählt wird, um so schneller reagiert die Vorhersage auf Änderungen des tatsächlichen Bedarfes. **Beispiel 1 auf der folgenden Seite** zeigt die Berechnung des gleitenden Mittelwertes.

Um auf Verbrauchsänderungen besser reagieren zu können, wird bei der **gewogenen gleitenden Mittelwertbildung** den jüngeren Verbrauchswerten ein größeres Gewicht zugemessen als den älteren.

**Tabelle 1: Eignung der Prognoseverfahren für verschiedene Nachfrageverläufe**

| Nachfrageverlauf (Bedarf in Abhängigkeit von der Zeit) / Prognoseverfahren | Gleitender Mittelwert | Exponentielle Glättung 1. Ordnung | Lineare Regression | Nicht lineare Regression |
|---|---|---|---|---|
| gleichmäßig (konstant) | ■ | ■ | □ | □ |
| linearer Trend | ◧ | ◧ | ■ | □ |
| Nicht linearer Trend | | | | ■ |
| saisonal schwankend | | | | ■ |
| unregelmäßig | | | | |
| sprunghaft verändernd | | | | |

□ geeignet, aber wegen Aufwand nicht sinnvoll
◧ bedingt geeignet
■ geeignet

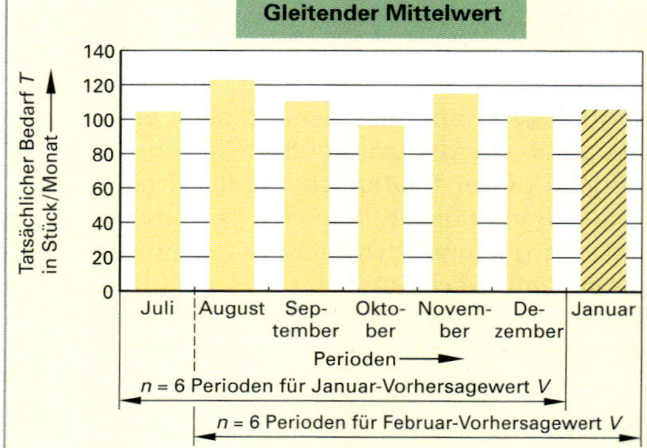


**Bild 1: Gleitender Mittelwert**

### Exponentielle Glättung erster Ordnung

Dieses Prognoseverfahren hat in der betrieblichen Praxis eine große Bedeutung gewonnen, da es nur einen geringen Rechenaufwand beansprucht und Vergangenheitsdaten mithilfe eines Glättungsfaktors $\alpha$ gewichtet. Die Vorhersage des Bedarfes erfolgt nach folgender Formel:

$$V_{neu} = V_{alt} + \alpha \cdot (T_{alt} - V_{alt})$$

Dabei bedeuten:

$V_{neu}$ neuer Vorhersagewert
$\alpha$ Glättungsfaktor ($0 < \alpha < 1$)
$V_{alt}$ alter Vorhersagewert in der letzten Periode
$T_{alt}$ tatsächlicher Bedarf in der letzten Periode

Bei der Ermittlung des Vorhersagewertes $V_{neu}$ für die nächste Periode geht dieses Verfahren vom Vorhersagewert $V_{alt}$ und dem Prognosefehler für die letzte Periode aus. Der Prognosefehler für die letzte Periode ergibt sich aus der mit Differenz zwischen dem tatsächlichen Bedarf $T_{alt}$ und dem Vorhersagewert $V_{alt}$. Mithilfe eines so genannten Glättungsfaktors $\alpha$, der zwischen 0 und 1 liegen darf, wird festgelegt, wie stark der letzte Prognosefehler in den neuen Vorhersagewert eingehen soll. **Beispiel 2** zeigt den Einfluss des Glättungsfaktors $\alpha$ auf den neuen Vorhersagewert. Bei einem niedrigen Glättungsfaktor reagiert die Prognose träge auf eine Änderung des Bedarfes. Ein zu großer Glättungsfaktor berücksichtigt dagegen Zufallsschwankungen zu stark. In der Praxis wählt man zweckmäßigerweise den Glättungsfaktor $\alpha$ zwischen 0,1 und 0,3.

Das Verfahren eignet sich vor allem für einen relativ konstanten Bedarfsverlauf. Zur Prognoseberechnung bei trendbehafteten Bedarfsverläufen eignet sich das mathematisch anspruchsvollere Verfahren der **exponentiellen Glättung 2. Ordnung**, das in einigen PPS-Systemen realisiert ist.

**Beispiel 1: Gleitender Mittelwert**

| Periode | | tatsächlicher |
|---|---|---|
| Index i | Bezeichnung | Bedarf $T_i$ |
| 1 | Juli | 104 |
| 2 | August | 123 |
| 3 | September | 111 |
| 4 | Oktober | 98 |
| 5 | November | 115 |
| 6 | Dezember | 102 |
| 7 | Januar | ? |

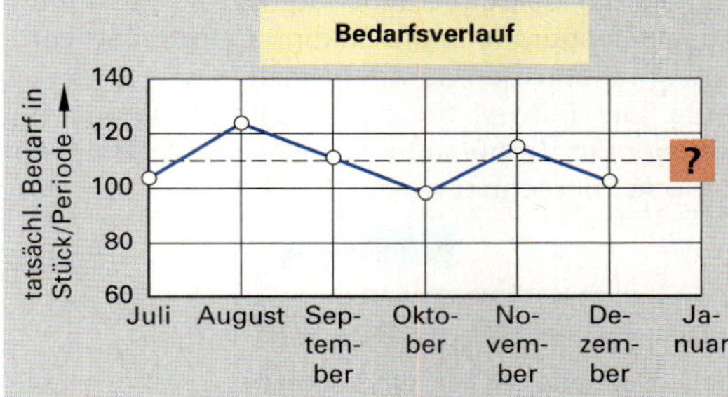


Der gleitende Mittelwert ergibt damit als Bedarfsvorhersage $V$ für den Januar:

$V = (104 + 123 + 111 + 98 + 115 + 102)/6 = 653/6 =$ **109**

In Januar liegt der tatsächliche Bedarf aber bei 118 Stück.
Da bei der Prognoserechnung mit dem gleitenden Mittelwert immer mit einer konstanten Periodenanzahl gerechnet wird, entfällt der älteste Wert 104 und wird durch den neu hinzukommenden Wert 118 ersetzt.
Damit errechnet sich der Vorhersagewert $V$ für den Februar:

$V = (123 + 111 + 98 + 115 + 102 + 118)/6 = 667/6 =$ **111**

**Beispiel 2: Einfluss des Glättungsfaktors $\alpha$ auf die Bedarfsprognose**

| Periode | | tatsächlicher | Vorhersagewerte $V$ | |
|---|---|---|---|---|
| Index $i$ | Bezeichnung | Bedarf $T_{alt}$ | $\alpha = 0{,}2$ | $\alpha = 0{,}8$ |
| 1 | Juli | 104 | | |
| 2 | August | 123 | 104 | 104 |
| 3 | September | 111 | 108 | 119 |
| 4 | Oktober | 98 | 108 | 113 |
| 5 | November | 115 | 106 | 101 |
| 6 | Dezember | 102 | 108 | 112 |
| 7 | Januar | | ? | ? |

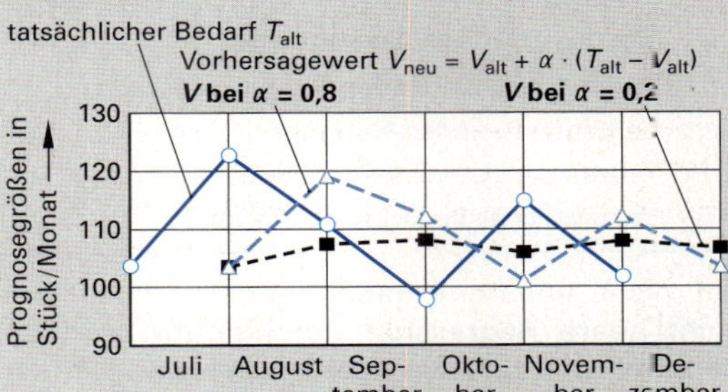


Für den Januar berechnet sich der Prognosebedarf $V$

mit $\alpha = 0{,}2$: $V = 108 + 0{,}2 \cdot (102 - 108) =$ **107**

mit $\alpha = 0{,}8$: $V = 112 + 0{,}8 \cdot (102 - 112) =$ **104**

**Regressionsanalyse**

Bei Bedarfszahlen mit trendförmigen Verlauf können für die Prognoserechnung auch Regressionsanalysen eingesetzt werden. Bei diesen Verfahren wird der Verlauf der Bedarfswerte durch so genannte Ausgleichskurven so angenähert, dass die Summe der Abstandsquadrate zwischen dem Kurvenverlauf (der so genannten Regressionsfunktion) und den tatsächlichen Bedarfswerten ein Minimum bilden.

Häufig lassen sich die Bedarfswerte durch eine Gerade annähern. In diesem Fall wird die so genannte lineare Regressionsanalyse eingesetzt, bei der der berechnete Verlauf der so genannten Ausgleichsgerade in die Zukunft extrapoliert wird. Entsprechend der Geradenfunktion $y = a \cdot x + b$ lautet die Formel für die Ausgleichsgerade mit welcher der Vorhersagewert $V$ des Bedarfes in der Periode $i$ berechnet wird:

$$V = a \cdot i + b$$

| | |
|---|---|
| $V$ | neuer Vorhersagewert |
| $i$ | Laufende Perioden-Nummer |
| $a$ | Steigung der Ausgleichsgerade |
| $b$ | Ordinatenabschnittshöhe bei $i = 0$ (Ordinatenabschnitt). |

Die Summe der Fehlerquadrate der Ausgleichsgerade erreicht das Minimum, wenn die Steigung $m$ und der Ordinatenabschnitt $b$ wie folgt berechnet werden:

$$a = \frac{n \cdot \sum_{i=1}^{n}(i \cdot T_i) - \sum_{i=1}^{n} i \cdot \sum_{i=1}^{n} T_i}{n \cdot \sum_{i=1}^{n} i^2 - \sum_{i=1}^{n} i \cdot \sum_{i=1}^{n} i}$$

$$b = \frac{\sum_{i=1}^{n} T_i \cdot \sum_{i=1}^{n} i^2 - \sum_{i=1}^{n} i \cdot \sum_{i=1}^{n}(i \cdot T_i)}{n \cdot \sum_{i=1}^{n} i^2 - \sum_{i=1}^{n} i \cdot \sum_{i=1}^{n} i}$$

| | |
|---|---|
| $a$ | Steigung der Ausgleichsgerade |
| $b$ | Ordinatenabschnitt der Ausgleichsgerade |
| $i$ | Laufende Perioden-Nummer |
| $n$ | Anzahl der betrachteten Perioden |
| $T_i$ | Tatsächlicher Bedarf in der Periode $i$ |

Bei nicht linearem Bedarfsverlauf muss eine **nichtlineare Regression** durchgeführt werden. Dabei wird der Verlauf der Bedarfswerte in den vergangenen Perioden meistens durch eine Parabel (Polynom) angenähert. Dies ist allerdings nur mit EDV-Einsatz sinnvoll. Beispiel 4 wurde mithilfe eines Tabellenkalkulationsprogrammes gelöst.

**Beispiel 3: Lineare Regressionsanalyse von Bedarfswerten**

Zahl der letzten betrachteten Perioden: $n = 9$

$i$: Perioden-Nr. $T_i$: Bedarf in der $i$-ten Periode

| | $i$ | $T_i$ | $i \cdot T_i$ | $i^2$ |
|---|---|---|---|---|
| | 1 | 95 | 95 | 1 |
| | 2 | 110 | 220 | 4 |
| | 3 | 105 | 315 | 9 |
| | 4 | 117 | 468 | 16 |
| | 5 | 123 | 615 | 25 |
| | 6 | 119 | 714 | 36 |
| | 7 | 128 | 896 | 49 |
| | 8 | 125 | 1000 | 64 |
| $n = 9$ | 9 | 132 | 1188 | 81 |
| $\sum_{i=1}^{n}$ | 45 | 1054 | 5511 | 285 |

**Ausgleichsgerade $V = 4.017 \cdot i + 97,028$**

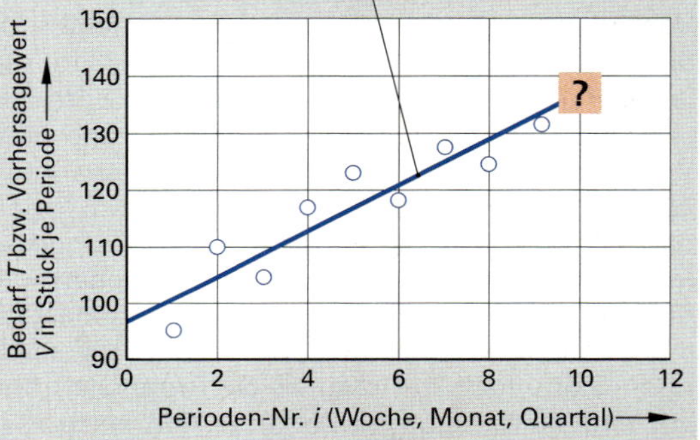


$$a = \frac{9 \cdot 5511 - 45 \cdot 1054}{9 \cdot 285 - 45 \cdot 45} = 4,017$$

$$b = \frac{1054 \cdot 285 - 45 \cdot 5511}{9 \cdot 285 - 45 \cdot 45} = 97,028$$

Damit berechnet sich der Vorhersagewert $V$ für die Periode $i = 10$:

$V = 4,017 \cdot 10 + 97,028 =$ **137**

**Beispiel 4: Nichtlineare Regression mit einem Tabellenkalkulationsprogramm**

**Ausgleichsparabel**

**$V = 0,034 \cdot i^3 - 1,289 \cdot i^2 + 16,297 \cdot i + 75,968$**

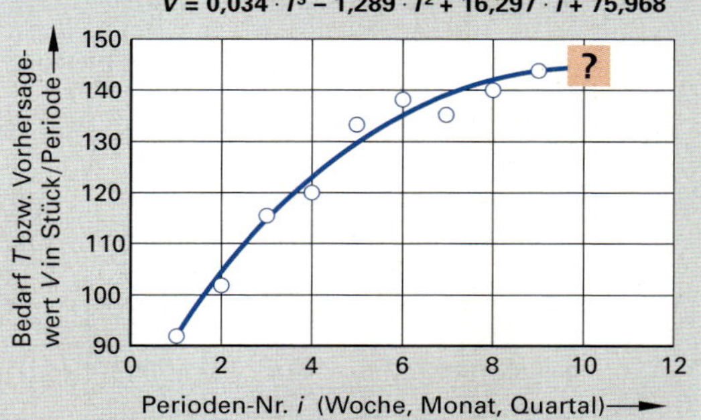


Mit der vom Rechner ermittelten Gleichung für die Ausgleichsparabel ergibt sich für die Periode $i = 10$ der Vorhersagewert $V$.

$V = 0,034 \cdot 1000 - 1,289 \cdot 100 + 16,297 \cdot 10 + 75,968 =$ **144**

**Prognosefehler**

Der Prognosefehler wird mithilfe der **Standardabweichung** $\sigma$ (sigma) oder mit **der mittleren absoluten Abweichung MAD** (Mean Absolut Deviation) angegeben.

Die Standardabweichung $\sigma$ ergibt sich aus der Differenz zwischen den tatsächlichen Bedarfen $T_i$ und den Vorhersagewerten $V_i$ aus $n$ Perioden nach folgender Formel:

$$\sigma = \sqrt{\frac{\sum_{i=1}^{n} (T_i - V_i)^2}{n-1}}.$$

$Var = \frac{1}{n} \cdot \sum (x_i - \bar{x})^2$ $S = \sqrt{Var}$

Mit den selben Daten wird weniger aufwendig die mittlere absolute Abweichung *MAD* wie folgt berechnet:

$$MAD = \frac{1}{n} \sum_{i=1}^{n} | T_i - V_i | .$$

Der *MAD* ist anschaulicher als die Standardabweichung. So bedeutet z.B. ein *MAD*-Wert von 24, dass im Durchschnitt der tatsächliche Bedarf von dem Vorhersagewert um 24 Stück pro Periode abweicht. Ein weiterer Vorteil des *MAD* liegt darin, dass er für die neue Periode aus den Daten der alten (vergangenen) Periode mit der exponentiellen Glättung 1. Ordnung wie folgt berechnet werden kann:

$$MAD_{neu} = MAD_{alt} + \alpha \cdot ( | T_{alt} - V_{alt} | - MAD_{alt})$$

Zwischen der Standardabweichung $\sigma$ und der mittleren absoluten Abweichung MAD besteht bei einer Normalverteilung der Prognosefehler die Beziehung:

$$\sigma \approx 1{,}25 \cdot MAD.$$

Alle aufgeführten Prognoseverfahren beruhen ausschließlich auf Vergangenheitsdaten. Zukünftige Entwicklungen, wie z.B. technologische Neuerungen oder geänderte Kundenerwartungen werden nicht berücksichtigt. Aus diesem Grund bilden diese Verfahren nur dann eine Hilfe, wenn vor ihrem Einsatz sichergestellt ist, dass keine wesentlichen Änderungen in der Auftragslage zu erwarten sind. Dies kann nur durch ständige Marktbeobachtungen festgestellt werden. Der Disponent ist also aufgefordert, durch ständigen Kontakt mit allen am Marktgeschehen beteiligten Personen sich auf dem Laufenden zu halten.

Für die Bedarfprognose ist der Sachverstand, die Erfahrung und die Marktkenntnis des Disponenten in der Regel wichtiger als die verschiedenen statistischen Prognoseverfahren.

**Beispiel 4: Berechnung von Prognosefehlern**

| Perioden-Nummer $i$ | Tatsächlicher Bedarf $T_1$ | Vorhersagewert $V_i$ | Prognosefehler $T_i - V_i$ | Fehlerquadrat $(T_i - V_i)^2$ | Betrag $\| T_i - V_i \|$ |
|---|---|---|---|---|---|
| | 358 | | | | |
| 12 | 370 | 358 | 12 | 144 | 12 |
| 13 | 386 | 358 | 28 | 784 | 28 |
| 14 | 352 | 364 | – 12 | 144 | 12 |
| 15 | 321 | 362 | – 41 | 1681 | 41 |
| 16 | 350 | 354 | – 4 | 16 | 4 |
| 17 | 360 | 353 | 7 | 49 | 7 |
| 18 | 308 | 354 | – 46 | 2116 | 46 |
| 19 | 386 | 345 | 41 | 1681 | 41 |
| 20 | 308 | 353 | – 45 | 2025 | 45 |
| 21 | 320 | 344 | – 24 | 576 | 24 |
| 22 | 347 | 339 | 8 | 64 | 8 |
| | | Summe | $\Sigma$ | 9280 | 268 |
| | | Anzahl | $n$ | 11 | 11 |

*Ergebnis:* **Standardabweichung = 30,46**
**Mittlere absolute Abweichung MAD = 24,36**
**Standardabweichung** $\sigma \approx$ **1,25 · MAD = 30,45**

### 7.3.3 XYZ-Analyse

Für die meisten Aufgaben der Materialdisposition (Mengenplanung) ist die genaue Kenntnis des exakten Prognosefehlers nicht nötig. Meistens genügt die grobe Klassifikation der Materialien (Teile) nach ihrer Vorhersagegenauigkeit. Dies geschieht mithilfe der XYZ-Analyse, bei der aus dem Verlauf des Verbrauches in der Vergangenheit auf die Vorhersagegenauigkeit des zukünftigen Bedarfs geschlossen wird **(Bild 1)**.

**X-Teile** haben einen konstanten Verbrauch mit geringen Schwankungen. Eine hohe Vorhersagegenauigkeit des Bedarfs ist möglich. Dies gilt für ca. 50 % der Teile.

Bei **Y-Teilen** steigt oder fällt der Verbrauch mit einem Trend oder unterliegt saisonalen Schwankungen. Hier ist nur eine mittlere Vorhersagegenauigkeit des Bedarfs möglich (bei ca. 20% der Artikel).

Der Verbrauch von **Z-Teile** ist völlig unregelmäßig. Eine Bedarfsprognose ist kaum möglich.

Bei X-Teilen ist die Schwankung gering, bei Y-Teilen groß, bei Z-Teilen nicht vorhersehbar.

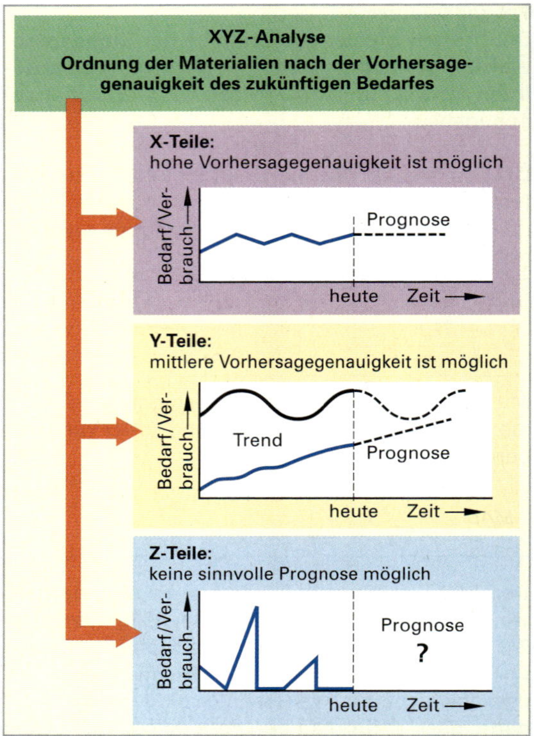


**Bild 1: XYZ-Analyse**

**Wiederholung und Vertiefung**

1. Beschreiben Sie das prinzipielle Vorgehen beim Erstellen eines Produktionsprogrammes.
2. Was versteht man unter einer Prognose?
3. Nennen Sie mögliche Nachfrageverläufe und die dafür geeigneten Prognoseverfahren.
4. Warum spielt für die Bedarfprognose der Sachverstand und die Erfahrung des Disponenten in der Regel eine wichtigere Rolle als die verschiedenen statistischen Verfahren?
5. Mit welchen Kenngrößen kann man Prognosefehler angeben?
6. Welchen Vorteil und welchen Nachteil hat eine lineare Regression gegenüber dem arithmetischen Mittelwert bei der Erstellung von Bedarfsprognosen?
7. Erklären Sie anhand von Beispielen, was man unter einem X-, Y- und Z-Teil versteht.

**Aufgabe:**

**Für ein Teil ergaben sich in den Perioden i folgende tatsächliche Bedarfe $T_i$ und Prognosewerte $V_i$**

| $i$ | 1 | 2 | 3 | 4 | 5 |
|---|---|---|---|---|---|
| $T_i$ | 82 | 86 | 84 | 90 | 88 |
| $V_i$ | 80 | 81 | 82 | 83 | 85 |

**Prognostizieren Sie den Bedarf $V$ in der Periode 6.**

*Lösungen:*

a) Arithmetischer Mittelwert

$V_{n+1} = 1/n \cdot \Sigma\, T_i$

$\Sigma\, T_i = 82 + 86 + 84 + 90 + 88 = 430$

$\mathbf{V_6} = 1/5 \cdot 430 = \mathbf{86}$

b) Exponentielle Glättung mit $\alpha = 0{,}3$

$V_{n+1} = V_n + \alpha \cdot (T_n - V_n)$

$\mathbf{V_6} = 85 + 0{,}3 \cdot (88 - 85) = \mathbf{86}$

c) Lineare Regression:

$V_i = m \cdot i + b$

Formel für $m$ und $b$: siehe Seite 255

$\Sigma\, i = 1 + 2 + 3 + 4 + 5 = 15$

$\Sigma\, i^2 = 1 \cdot 1 + 2 \cdot 2 + 3 \cdot 3 + 4 \cdot 4 + 5 \cdot 5 = 55$

$\Sigma\, i \cdot T_i = 1 \cdot 82 + 2 \cdot 86 + 3 \cdot 84 + 4 \cdot 90 + 5 \cdot 88 = 1306$

$m = (5 \cdot 1306 - 15 \cdot 430) / (5 \cdot 55 - 15 \cdot 15) = 1{,}6$

$b = (430 \cdot 55 - 15 \cdot 1306) / (5 \cdot 55 - 15 \cdot 15) = 81{,}2$

$V_6 = 1{,}6 \cdot 6 + 81{,}2 = \mathbf{91}$

### 7.3.4 Bevorratungsstrategie

Im Rahmen der Produktionsprogrammplanung muss unter anderem eine langfristige Lagerbestandsplanung durchgeführt werden. Dabei ist ein kostenoptimaler Kompromiss zwischen einer hohen Lieferbereitschaft und niedrigen Lagerbeständen zu finden.

Die Bevorratungsstrategie wird durch die Lage des *Kunden-Entkopplungspunktes* bestimmt **(Bild 1)**. Als Kunden-Entkopplungspunkt wird diejenige Stelle in der betrieblichen Logistikkette bezeichnet, ab der die Aufträge einem bestimmten Kunden zugeordnet werden. Vor dem Kunden-Entkopplungspunkt werden die Aufträge kundenanonym aufgrund einer Absatzprognose auf Lager produziert. Die Bevorratungsebene je Teil wird so festgelegt, dass die vom Markt geforderten Lieferzeiten, auch bei längeren Produktionsdurchlaufzeiten eingehalten werden können. Haushaltsgeräten werden z.B. rein kundenanonym auf Lager produziert und nach Eingang einer Kundenbestellung sofort aus dem Fertigwarenlager geliefert.

Im Sondermaschinenbau ist man dagegen aufgrund der unterschiedlichsten Kundenanforderungen gezwungen viele Einzelteile auftragsbezogen zu produzieren. Die für verschiedene Maschinen immer wieder benötigten Standardkomponenten können dagegen entsprechend den Absatzerwartungen kundenanonym vorgefertigt werden. Dies reduziert im Auftragsfall die Gesamtdurchlaufzeit für die Produktion des kompletten Erzeugnisses.

> Bis zum Kunden-Entkopplungspunkt sind Aufträge kundenanonym.

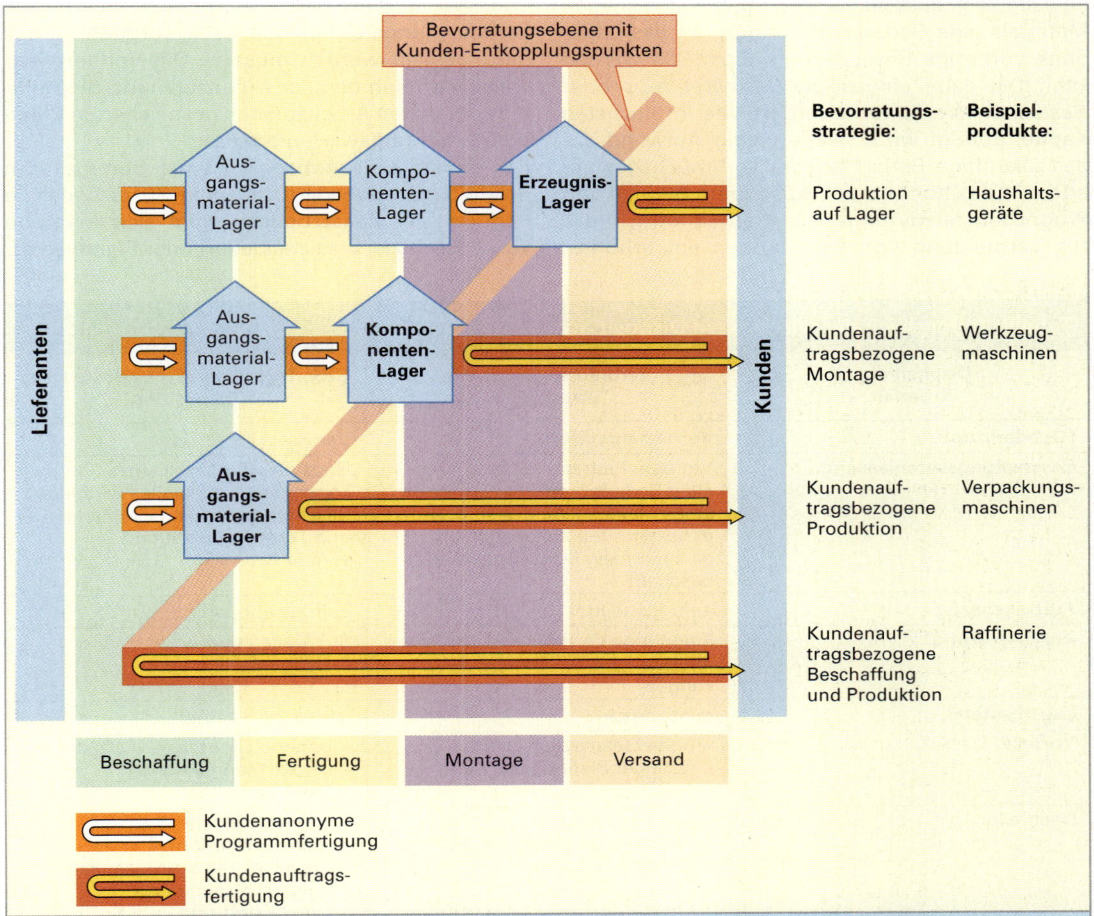


**Bild 1: Bevorratungsstrategien mit unterschiedlichen Kunden-Entkopplungspunkten**

### 7.3.5 Dispositionsverfahren

Der Kunden-Entkopplungspunkt bestimmt im Wesentlichen auch das Materialdispositionsverfahren mit dessen Hilfe die Bedarfsmenge und der Bedarfstermin einer Teilenummer ermittelt wird.

Grundsätzlich unterscheidet man zwischen:
- der *auftragsanonymen* verbrauchsgesteuerten Disposition und
- der *auftragsabhängigen* bedarfsgesteuerten Disposition **(Tabelle 1)**.

**Verbrauchsgesteuerte Disposition**

Die **verbrauchsgesteuerte Disposition** (stochastische Disposition) basiert auf dem Vorhersageprinzip. Aus dem Verbrauch eines Teiles in der Vergangenheit wird mithilfe von Prognoseverfahren auf dessen Bedarf in der Zukunft geschlossen. Verbrauchsgesteuerte Teile werden lagerhaltig geführt. Neue Beschaffungen werden so rechtzeitig ausgelöst, dass bis zur Verfügbarkeit des neuen Materials jede Bedarfsanforderung an das Lager ohne vorherige Reservierung abgedeckt werden kann. Das dabei eingesetzte *Bestellrythmus-* oder *Bestellpunktverfahren* erfordert, wie im nächsten Kapitel gezeigt wird, relativ wenig Aufwand. Da der zukünftige Bedarf bei der verbrauchsgesteuerten Disposition nicht exakt sondern mithilfe von Prognosen relativ ungenau ermittelt wird, muss zur Vermeidung von Fehlmengen ein erhöhter Sicherheitsbestand eingeplant werden, der wiederum die Lagerhaltungskosten erhöht.

**Bedarfsgesteuerte Disposition**

Die bedarfsgesteuerte Disposition (plangesteuerte Disposition) ermittelt exakt den zukünftigen Bedarf von Teilenummern auf der Basis von bereits vorliegenden Kundenaufträgen oder vorgegebenen Lageraufträgen (Programmaufträgen) nach dem Verursacherprinzip.

Die Art und die Mengen der zur Produktion benötigten Komponenten, den so genannten Sekundärbedarf, erhält man durch die **Stücklistenauflösung**. Dabei wird der Bedarf des übergeordneten Teils mit den in den Baukastenstücklisten aufgeführten Mengenangaben für die untergeordneten Teile multipliziert **(Bild folgende Seite)**.

Der Grobtermin des Sekundärbedarfs wird mithilfe der **Vorlaufzeitverschiebung** bestimmt. Die Vorlaufzeit ist die Anzahl der Perioden (z.B. Tage oder Wochen) um die die Komponenten vor dem Fertigstellungstermin des übergeordneten Teils bereitgestellt werden müssen. Die Vorlaufzeiten werden im Rahmen der Arbeitsplanung grob mithilfe der in den Arbeitsplänen gespeicherten Daten oder Erfahrungswerten ermittelt.

Der gesamte Bruttobedarf ist die Summe vom Brutto-Sekundärbedarf und dem Zusatzbedarf je Periode. Der **Zusatzbedarf** ergibt sich aufgrund von Ausschuss, Ersatzteilbedarf oder Eigenbedarf.

**Tabelle 1: Vergleich der wichtigsten Dispositionsverfahren**

| Dispositions-Kriterien: | Verbrauchsgesteuerte Disposition | Bedarfsgesteuerte (plangesteuerte) Disposition |
|---|---|---|
| **Grundprinzip:** | Vorhersageprinzip | Verursacherprinzip |
| **Beschaffungsveranlassung:** | Vor dem Eintreten eines eventuellen Bedarfes wird bei Erreichen eines Meldebestandes sofort oder in bestimmten Zeitabständen eine einmalig festgelegte Menge beschafft. | Nach dem Eintreten eines konkreten Bedarfsfalles wird jede Beschaffung exakt nach Menge und Termin geplant und veranlasst. |
| **Auftragsbezug:** | auftragsneutral | auftragsabhängig |
| **Voraussetzung:** | Eindeutige Verbrauchsentwicklung mit geringen Zufallsschwankungen | Stücklisten und Arbeitspläne (bei Eigenfertigung) |
| **Lagerbestand:** | relativ hoch | gering bzw. keiner |
| **Vorteile:** | – hohe Lieferbereitschaft,<br>– geringer Planungsaufwand | – geringe Lagerbestandskosten,<br>– exakte Mengen- und Terminangaben |
| **Nachteile:** | – hohe Lagerkosten,<br>– Risiko aufgrund fehlerhafter Bedarfsprognosen | – lange Lieferzeiten,<br>– kleine Losgrößen,<br>– Stücklisten und Arbeitspläne müssen bekannt und gespeichert sein,<br>– hoher Planungsaufwand |

**Bedarf der übergeordneten Ebene**

| Teile-Nr. | Periode (Betriebskalendertag BKT) | | | |
|---|---|---|---|---|
| | 317 | 318 | 319 | 320 |
| 3096-1 | | | | 200 St |
| | | | | |

**Baukastenstückliste für das Teil 3096-1**

| Teile-Nr. | Menge |
|---|---|
| 3079 | 1 St |
| 3100 | 0,01 kg |

**Stücklistenauflösung**

**Arbeitsplan für das Teil 3096-1**

| Arbeitsplatz-Nr. | Rüstzeit $t_r$ | Zeit je Einheit $t_e$ | Übergangszeit $t_{Üb}$ |
|---|---|---|---|
| Lac8 11 | 20 min | 0,4 min | 1 BKT |

**Brutto-Bedarf der untergeordneten Ebene**

| Teile-Nr. | Periode (Betriebskalendertag BKT) | | | |
|---|---|---|---|---|
| | 317 | 318 | 319 | 320 |
| 3097 | | | | 200 St |
| 3100 | | | | 2 kg |

*Vorlaufzeit*

$$\approx \frac{(tr + m \cdot t_e)\,[\text{min}]}{480\,[\text{min/BKT}]} + t_{Üb}\,[\text{BKT}]$$

$$\approx \frac{(20 + 200 \cdot 0{,}4)}{480}\,\text{BKT} + 1\,\text{BKT} \approx 2\,\text{BKT}$$

**Stücklistenauflösung**

**Brutto-Bedarf der untergeordneten Ebene mit Vorlaufsverschiebung**

| Teile-Nr. | Periode (Betriebskalendertag BKT) | | | |
|---|---|---|---|---|
| | 317 | 318 | 319 | 320 |
| 3097 | | 200 St | | |
| 3100 | | 2 kg | | |

**Zusatz-Bedarf**

| Teile-Nr. | Periode (BKT) | | | |
|---|---|---|---|---|
| | 317 | 318 | 319 | 320 |
| 3097 | | 10 St | | |
| 3100 | | 0,5 kg | | |

**Stücklistenauflösung**

**Gesamter Brutto-Bedarf der untergeordneten Ebene**

| Teile-Nr. | Periode (Betriebskalendertag BKT) | | | |
|---|---|---|---|---|
| | 317 | 318 | 319 | 320 |
| 3097 | | 210 St | | |
| 3100 | | 2,5 kg | | |

**Verplanbarer Bestand (vorher)**

| Teile-Nr. | Periode (BKT) | | | |
|---|---|---|---|---|
| | 317 | 318 | 319 | 320 |
| 3097 | | 120 St | | |
| 3100 | | 30 kg | | |

**Stücklistenauflösung**

**Netto-Bedarf der untergeordneten Ebene mit Vorlaufverschiebung**

| Teile-Nr. | Periode (Betriebskalendertag BKT) | | | |
|---|---|---|---|---|
| | 317 | 318 | 319 | 320 |
| 3097 | | 90 St | | |
| 3100 | | 0 | | |

**Verplanbarer Bestand (nachher)**

| Teile-Nr. | Periode (BKT) | | | |
|---|---|---|---|---|
| | 317 | 318 | 319 | 320 |
| 3097 | | 0 St | | |
| 3100 | | 27,5 kg | | |

**Veranlassen eines Beschaffungsauftrages**

**Bild 1: Beispiel einer Bedarfsgesteuerten Disposition**

Im Rahmen der anschließenden **Nettobedarfsermittlung** wird von dem um den Zusatzbedarf ergänzten Bruttobedarf der in der entsprechenden Periode disponierbare (verplanbare) Bestand subtrahiert.

Wenn das Ergebnis dieser Subtraktion positiv ist, reicht der verfügbare Bestand nicht aus um den Bruttobedarf zu decken. Es besteht in dieser Periode ein Nettobedarf. In diesem Fall muss ein Beschaffungsauftrag veranlasst werden. Der Nettobedarf ist dagegen null, wenn in einer Periode der verfügbare Bestand größer als der ergänzte Bruttobedarf ist. Ein Beschaffungsauftrag wird in diesem Falle nicht nötig.

### 7.3.6 ABC-Analyse

Die Entscheidung, ob ein Teil bedarfsgesteuert oder verbrauchsgesteuert disponiert wird, hängt unter anderem von seiner wirtschaftlichen Bedeutung ab.

Als Entscheidungshilfe bietet sich hier die ABC-Analyse an. Bei diesem Verfahren berechnet man für jeden Artikel (Teilenummer) aus seinem Wert und seinem Jahresbedarf den so genannten Jahresbedarfswert und sortiert die Artikel nach fallendem Jahresbedarfswert **(Bild 1, folgende Seite)**. Wenn der Jahresbedarf unbekannt ist, wird statt dessen der bekannte Verbrauch in der Vergangenheit gewählt.

Die abfallend nach der Größe sortierten Jahresbedarfswerte werden in ihre prozentualen Anteile umrechnet und aufsummiert (kumuliert). Der Zusammenhang zwischen den kumulierten Jahresbedarfswerten und der entsprechenden kumulierten Anzahl von Teilenummern wird in der Lorenzkurve dargestellt **(Bild 1)**. In der Fertigungsindustrie zeigt sich, dass relativ wenige Artikel (ca. 10 – 20%) einen sehr großen Wertanteil (ca. 60 – 80%) haben. Diese Artikel werden der Wertgruppe A zugeordnet. Auf diese so genannten A-Teile wird das Hauptaugenmerk bei der Disposition gelegt. Die Wertgruppe B hat einen größeren Mengenanteil (ca. 30 – 40%) bei einem wesentlich geringeren Wertanteil (ca. 10 – 20%). Schließlich hat die Wertgruppe C einen sehr großen Mengenanteil (ca. 40 – 60%), aber nur einen sehr kleinen Wertanteil (ca. 5 – 10%).

Bei der Wahl eines angemessenen Dispositionsverfahrens geben die Ergebnisse der ABC- und der XYZ-Analyse für eine Vielzahl von Teilen einen ersten Anhaltspunkt **(Tabelle 1)**.

A-Teile sollten in der Regel bedarfgesteuert und damit exakt (aufwendig) disponiert werden, da diese Teile einen hohen Wertanteil auf sich vereinigen. C-Teile werden dagegen in den meisten Fällen verbrauchsgesteuert disponiert, da sich bei ihnen auf Grund ihres geringen Wertanteiles ein hoher Arbeitsaufwand zur Materialdisposition nicht lohnt. Eine Ausnahme bilden die Z-Teile. Diese Teile müssen immer – auch wenn sie nur einen geringen Wert haben – auftragsabhängig, also bedarfsgesteuert disponiert werden, da bei ihnen keine Bedarfsprognose möglich ist.

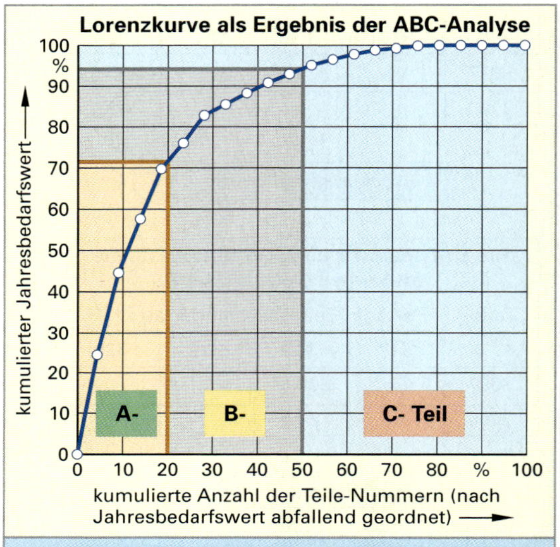


**Bild 1: Lorenzkurve**

**Tabelle 1: Entscheidungshilfe für die Wahl des Dispositionsverfahrens**

| Teilewert / Bedarfsverlauf | A-Teil hoher Wert | B-Teil mittlerer Wert | C-Teil geringer Wert |
|---|---|---|---|
| **X-Teil** konstanter Bedarf | verbrauchsgesteuert oder bedarfsgesteuert | verbrauchsgesteuert oder bedarfsgesteuert | verbrauchsgesteuert |
| **Y-Teil** trendbehafteter oder saisonal schwankender Bedarf | bedarfsgesteuert | verbrauchsgesteuert oder bedarfsgesteuert | verbrauchsgesteuert |
| **Z-Teil** unregelmäßiger Bedarf | bedarfsgesteuert | bedarfsgesteuert | bedarfsgesteuert |

| 1. | | | | | 2. | 3. | 4. |
|---|---|---|---|---|---|---|---|
| Teile-Nr. | Benennung | ME | Jahresbedarf in ME/Jahr | Planverrechn.-preis in €/ME | Jahresbedarfswert (JB-Wert) in €/Jahr | in % | Rangplatz |
| **3094** | Leiste | St | 100 000,00 | 3,00 | 300 000 | 12,15 | 4 |
| **3095** | Flachstab Fl DIN 174-32x2-E295 | kg | 15 000,00 | 5,00 | 75 000 | 3,04 | 7 |
| **3097** | Halter unlackiert | St | 10 000,00 | 5,60 | 56 000 | 2,27 | 10 |
| **3098** | Bügel | St | 10 000,00 | 4,80 | 48 000 | 1,94 | 11 |
| **3099** | Schweißmutter DIN 929 – M8 St | St | 20 000,00 | 0,10 | 2 000 | 0,08 | 18 |
| **3100** | Lack rot RAL 3000 | kg | 140,00 | 10,00 | 1 400 | 0,06 | 19 |
| **3105** | Kreuzgelenkwelle 40/490/ZZ | St | 1 000,00 | 600,00 | 600 000 | 24,30 | 1 |
| **3106** | Verbindungswelle 40/490 | St | 1 000,00 | 30,00 | 30 000 | 1,22 | 13 |
| **3107** | Zahnwellenschaft 40 | St | 2 000,00 | 80,00 | 160 000 | 6,48 | 5 |
| **3108** | Rohrwellenschaft 40 | St | 2 000,00 | 80,00 | 160 000 | 6,48 | 6 |
| **3109** | Gelenkkreuz 40 | St | 2 000,00 | 7,00 | 14 000 | 0,57 | 15 |
| **3110** | Nadelbüchse 40 | St | 8 000,00 | 5,00 | 40 000 | 1,62 | 12 |
| **3111** | Nadel 40 | St | 160 000,00 | 0,04 | 6 400 | 0,26 | 16 |
| **3112** | Gummilippenring 40 | St | 8 200,00 | 0,10 | 820 | 0,03 | 20 |
| **3113** | Sicherungssch. DIN 6799-16 | St | 10 000,00 | 0,05 | 500 | 0,02 | 21 |
| **3114** | Rohr DIN 1795-35x6-AlMgSi | kg | 740,00 | 8,00 | 5 920 | 0,24 | 17 |
| **3115** | Rund DIN 671-C45PbK-40 | kg | 4 000,00 | 5,00 | 20 000 | 0,81 | 14 |
| **3116** | Zahnwellengelenk 40 | St | 2 000,00 | 250,00 | 500 000 | 20,25 | 2 |
| **3117** | Nadelbüchse 40 mit Nadeln | St | 8 000,00 | 8,00 | 64 000 | 2,59 | 9 |
| **3118** | Halbfabrikat Gelenkschaft 40 | St | 4 000,00 | 80,00 | 320 000 | 12,96 | 3 |
| **3096-1** | Halter rot lackiert | St | 10 000,00 | 6,50 | 65 000 | 2,63 | 8 |
| | | | | Summe: | 2 469 040 | 100,00 | |

Sortieren →

| 5. | | 6. | | 7. | | 8. |
|---|---|---|---|---|---|---|
| Rangplatz | Teile-Nr. | Jahresbedarfswert in % | kumuliert | Anzahl der Teile-Nummern in % | kumuliert | Wertgruppe |
| 1 | **3105** | 24,30 | 24,30 | 4,76 | 4,76 | **A** |
| 2 | **3116** | 20,25 | 44,55 | 4,76 | 9,52 | **A** |
| 3 | **3118** | 12,96 | 57,51 | 4,76 | 14,29 | **A** |
| 4 | **3094** | 12,15 | 69,66 | 4,76 | 19,05 | **A** |
| 5 | **3107** | 6,48 | 76,14 | 4,76 | 23,81 | **B** |
| 6 | **3108** | 6,48 | 82,82 | 4,76 | 28,57 | **B** |
| 7 | **3095** | 3,04 | 85,66 | 4,76 | 33,33 | **B** |
| 8 | **3096-1** | 2,63 | 88,29 | 4,76 | 38,10 | **B** |
| 9 | **3117** | 2,59 | 90,89 | 4,76 | 42,86 | **B** |
| 10 | **3097** | 2,27 | 93,15 | 4,76 | 47,62 | **B** |
| 11 | **3098** | 1,94 | 95,10 | 4,76 | 52,38 | **C** |
| 12 | **3110** | 1,62 | 96,72 | 4,76 | 57,14 | **C** |
| 13 | **3106** | 1,22 | 97,93 | 4,76 | 61,90 | **C** |
| 14 | **3115** | 0,81 | 98,74 | 4,76 | 66,67 | **C** |
| 15 | **3109** | 0,57 | 99,31 | 4,76 | 71,43 | **C** |
| 16 | **3111** | 0,26 | 99,57 | 4,76 | 76,19 | **C** |
| 17 | **3114** | 0,24 | 99,81 | 4,76 | 80,95 | **C** |
| 18 | **3099** | 0,08 | 99,89 | 4,76 | 85,71 | **C** |
| 19 | **3100** | 0,06 | 99,95 | 4,76 | 90,48 | **C** |
| 20 | **3112** | 0,03 | 99,98 | 4,76 | 95,24 | **C** |
| 21 | **3113** | 0,02 | 100,00 | 4,76 | 100,00 | **C** |

**Bild 1: Beispiel einer ABC-Analyse für die Festlegung des Dispositionsverfahrens**

## 7.3.7 Auftragsneutrale Durchlaufzeitplanung

**Auftragsneutraler Fristenplan**

Die endgültige Entscheidung über die für ein Teil richtige Bevorratungsstrategie lässt sich allerdings erst fällen, wenn die Auswirkungen dieser Strategie auf die Lieferzeit der betroffenen Produkte bekannt sind. Dazu empfiehlt es sich für jedes Produkt einen auftragsneutralen Fristenplan zu erstellen, um so eine grobe Vorstellung von seiner Gesamtdurchlaufzeit zu erhalten.

**Bild 1, folgende Seite** zeigt die verschiedenen Stufen zur Erstellung eines Fristenplanes für unser Erzeugnisbeispiel Kreuzgelenkwelle:

1. **Erstellen der Erzeugnisgliederung** in Form einer Strukturstückliste, um zu erkennen welche Beschaffungs- und Fertigungsvorgänge parallel ablaufen können.
2. **Berechnung des Bruttobedarfes** für alle benötigten Komponenten. Dabei geht man von der im Normalfall höchsten zu erwartenden Auftragsmenge aus. In unserem Fall sind dies 20 Kreuzgelenkwellen. Eventuell vorhandene Lagerbestände für bedarfsgesteuerte Teile werden nicht berücksichtigt, um die Konsequenzen für den ungünstigsten Auftragsfall zu erkennen.
3. **Ermitteln der Wiederbeschaffungszeiten (WBZ)** von Fremdbezugsteilen und **Berechnen der voraussichtlichen Durchlaufzeiten** $T_D$ für die Teile, die in der eigenen Fertigung hergestellt werden.
   Alle Fremdbezugsteile zur Produktion der Kreuzgelenkwelle sind B/X-Teile bzw. C/Y-Teile und werden daher verbrauchsgesteuert disponiert. Damit wird im Auftragsfall das Wiederbeschaffen beim Lieferanten durch einen Auslagerungsvorgang (AL) ersetzt. Da in unserem Modellbetrieb die Auslagerungszeit schon in der Übergangszeit des übergeordneten Teiles enthalten ist, wird die entsprechende Durchlaufzeit auf 0 Betriebskalendertage (BKT) gesetzt.
   Die eigengefertigten Teile der Kreuzgelenkwelle werden bedarfsgesteuert disponiert, weil es sich hier zumeist um teuere Kundenvarianten, also um A/Y-, A/Z-, B/Y- oder B/Z-Teile, handelt. Für diese Teile muss die Durchlaufzeit ermittelt werden. Die Durchlaufzeit $T_D$ ist die Zeitspanne, die bei der Fertigung eines Teiles zwischen dem Beginn des ersten Arbeitsganges und dem Abschluss des letzten Arbeitsganges in Anspruch genommen wird.

$$T_D = (\Sigma\, t_r + m \cdot \Sigma\, t_e) + \Sigma\, t_{Üb}$$

$T_D$: Durchlaufzeit
$t_r$: Rüstzeit
$m$: Auftragsmenge (hier Bruttobedarf)
$t_e$: Stückzeit
$t_{Üb}$: Übergangszeit

Das Summenzeichen $\Sigma$ bedeutet, dass alle im Arbeitsplan aufgeführten Arbeitsvorgänge berücksichtigt werden.

   Sie kann mithilfe der in dem entsprechenden Arbeitsplan (s. Seite 120) angegebenen Vorgabezeiten nach der unten stehenden Formel berechnet werden.
   Da es sich beim auftragsneutralen Fristenplan um eine grobe Betrachtung der zeitlichen Verhältnisse handelt, werden die sich ergebenden Wiederbeschaffungszeiten und Durchlaufzeiten auf ganze Tage oder ganze Wochen aufgerundet.
   Durch das Einrechnen der Übergangszeiten $t_{Üb}$ wird die Kapazitätssituation der benötigten Arbeitsplätze grob berücksichtigt. Sie beträgt im Modellbetrieb 1 BKT je Arbeitsgang.
   Für die Endmontage von 20 Kreuzgelenkwellen ergibt sich damit eine Durchlaufzeit von 2 Betriebskalendertagen.
   Sich wiederholende Komponenten werden bei der auftragsneutralen Fristenplanung nicht zusammengefasst, um sich für den Auftragsfall alle Optionen (Möglichkeiten) offen zu halten.
4. **Rückwärtsterminierung** in Form eines Balkendiagrammes. Die Rückwärtsterminierung geht von einem Endtermin aus. Von dort aus wird zeitlich rückwärtsschreitend die Zeitdauer jedes benötigten Vorgangs als Balken zu seinem spätest möglichen Zeitpunkt eingezeichnet. Damit erhält man für jeden Vorgang den jeweils spätesten Anfangs- und Endzeitpunkt.
5. Nach der auftragsneutralen Rückwärtsterminierung empfiehlt es sich eine auftragsneutrale **Vorwärtsterminierung** durchzuführen.
   Bei der Vorwärtsterminierung beginnt man zu dem bei der Rückwärtsterminierung festgestellten frühesten Startzeitpunkt der Gesamtproduktion. Von dort aus wird zeitlich vorwärtsschreitend die Zeitdauer für jeden folgenden Vorgang als Balken zu seinem frühest möglichen Zeitpunkt eingezeichnet. Damit erhält man für jeden Vorgang den frühest möglichen Anfangs- und Endzeitpunkt.

Wenn der Start eines nachfolgenden Vorgangs von mehreren zeitlich verschieden langen Vorgängern abhängt, entstehen für die kürzeren Vorgänger zwangsläufig zeitliche **Puffer**. Vorgänge mit einem Puffer sind im Auftragsfall bei Terminüberschreitungen solang unproblematisch wie die Dauer der Terminüberschreitung kürzer als der Zeitpuffer ist. Der Puffer je Vorgang entspricht der Differenz zwischen seinem spätesten und frühesten Anfangszeitpunkt bzw. Endzeitpunkt.
Vorgänge bei denen diese Differenz Null ist, haben keinen Puffer. Die Folge aller Vorgänge ohne Puffer wird **kritischer Pfad** genannt, da jede Störung eines solchen Vorgangs die Gesamtdurchlaufzeit des Projektes verlängert, wenn die Dauer eines folgenden kritischen Vorgangs nicht verkürzt werden kann. Der Disponent muss daher auf alle Vorgänge, die auf einem kritischen Pfad liegen, ein besonderes Augenmerk haben.

Die Folge aller Vorgänge ohne Puffer nennt man kritischen Pfad.

| Erzeugnisstruktur | | | | Dispositions-verfahren | Vorgang | Brutto-Bedarf [ME] | TD/WBZ [BKT] aufgerundet |
|---|---|---|---|---|---|---|---|
| Fertigungs-ebene | Teile-Nr. | Benennung | Menge | | | | |
| 0 | 3105 | Kreuzgelenkwelle | 1,00 | b | EM | 20 | 2 |
| . 1 | 3106 | Verbindungswelle | 1,00 | b | TF | 20 | 3 |
| . . 2 | 3114 | Rohr DIN 1795-35x6 | 0,64 | v | AL | 12,8 | 0 |
| . 1 | 3116 | Zahnwellengelenk | 2,00 | b | VM | 40 | 2 |
| . . 2 | 3109 | Gelenkkreuz | 1,00 | v | AL | 40 | 0 |
| . . 2 | 3112 | Gummilippenring | 4,00 | v | AL | 160 | 0 |
| . . 2 | 3108 | Rohrwellenschaft | 1,00 | b | TF | 40 | 3 |
| . . . 3 | 3118 | Halbfa. Gelenkschaft | 1,00 | b | TF | 40 | 6 |
| . . . . 4 | 3115 | Rund DIN 671-C45 | 0,76 | v | AL | 30,4 | 0 |
| . . 2 | 3117 | Nadelbü. mit Nadel | 4,00 | b | VM | 160 | 2 |
| . . . 3 | 3110 | Nadelbüchse | 1,00 | v | AL | 160 | 0 |
| . . . 3 | 3111 | Nadel | 17,00 | v | AL | 2.720 | 0 |
| . . 2 | 3113 | Sicherungsscheibe | 4,00 | v | AL | 160 | 0 |
| . . 2 | 3107 | Zahnwellenschaft | 1,00 | b | TF | 40 | 3 |
| . . . 3 | 3118 | Halbfa. Gelenkschaft | 1,00 | b | TF | 40 | 6 |
| . . . . 4 | 3115 | Rund DIN 671-C45 | 0,76 | v | AL | 30,4 | 0 |

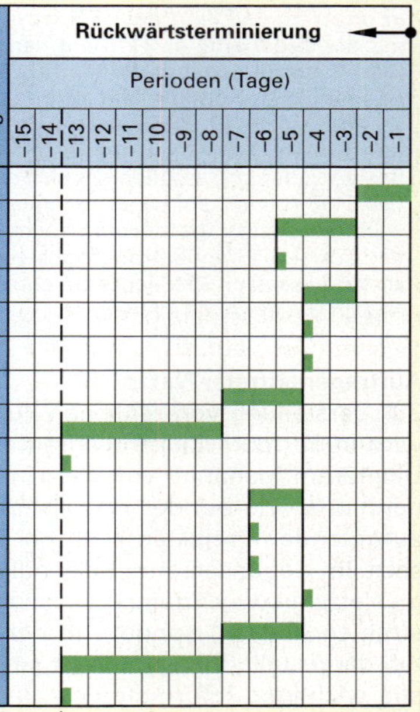


| Erzeugnisstruktur | | | | Dispositions-verfahren | Vorgang | Brutto-Bedarf [ME] | TD/WBZ [BKT] aufgerundet |
|---|---|---|---|---|---|---|---|
| Fertigungs-ebene | Teile-Nr. | Benennung | Menge | | | | |
| 0 | 3105 | Kreuzgelenkwelle | 1,00 | b | EM | 20 | 2 |
| . 1 | 3106 | Verbindungswelle | 1,00 | b | TF | 20 | 3 |
| . . 2 | 3114 | Rohr DIN 1795-35x6 | 0,64 | v | AL | 12,8 | 0 |
| . 1 | 3116 | Zahnwellengelenk | 2,00 | b | VM | 40 | 2 |
| . . 2 | 3109 | Gelenkkreuz | 1,00 | v | AL | 40 | 0 |
| . . 2 | 3112 | Gummilippenring | 4,00 | v | AL | 160 | 0 |
| . . 2 | 3108 | Rohrwellenschaft | 1,00 | b | TF | 40 | 3 |
| . . . 3 | 3118 | Halbfa. Gelenkschaft | 1,00 | b | TF | 40 | 6 |
| . . . . 4 | 3115 | Rund DIN 671-C45 | 0,76 | v | AL | 30,4 | 0 |
| . . 2 | 3117 | Nadelbü. mit Nadel | 4,00 | b | VM | 160 | 2 |
| . . . 3 | 3110 | Nadelbüchse | 1,00 | v | AL | 160 | 0 |
| . . . 3 | 3111 | Nadel | 17,00 | v | AL | 2.720 | 0 |
| . . 2 | 3113 | Sicherungsscheibe | 4,00 | v | AL | 160 | 0 |
| . . 2 | 3107 | Zahnwellenschaft | 1,00 | b | TF | 40 | 3 |
| . . . 3 | 3118 | Halbfa. Gelenkschaft | 1,00 | b | TF | 40 | 6 |
| . . . . 4 | 3115 | Rund DIN 671-C45 | 0,76 | v | AL | 30,4 | 0 |

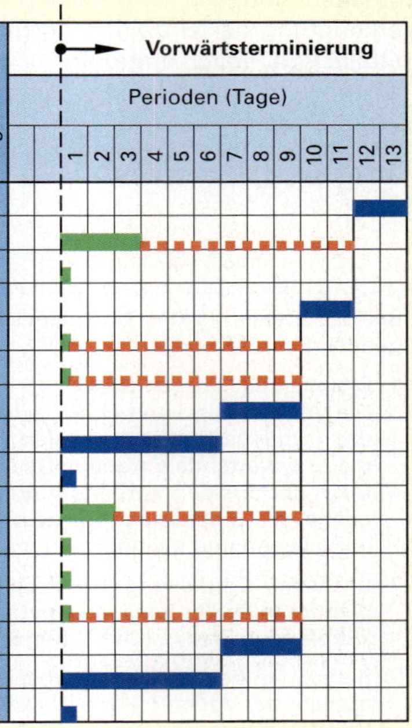


**Vorgänge:**
**WB** Wiederbeschaffen bei Lieferanten
**TF** Teilefertigung
**VT** Versand und Transport zum Kunden
**AL** Auslagern
**VM** Vormontage
**EM** Endmontage

**Dispositionsverfahren:**
*b* bedarfsgesteuert
*v* verbrauchsgesteuert

**Zeiten:**
$T_D$ Durchlaufzeit in Betriebskalendertagen (BKT)
**WBZ** Wiederbeschaffungszeit bei Lieferanten in BKT

Auslagern
Puffer
Kritischer Pfad

**Bild 1: Auftragsneutrale Fristenpläne für die Produktion von 20 Kreuzgelenkwellen**

In unserem Fall liegt das Halbfabrikat Gelenkschaft mit der Teilenummer 3118 auf dem kritischen Pfad **(Bild 1, vorhergehende Seite)**. Dieses Teil bildet die Ausgangskomponente für die Standard-Wellenschafte 3108 und 3107, aber auch für von Kunden gewünschte Gelenkschaftvarianten. Im Rahmen der Bestandsplanung empfiehlt es sich daher von diesem Teil 3118 so viele auf Lager zu legen, dass zumindest wichtige Eilaufträge termingerecht produziert werden können. Eine verbrauchsgesteuerte Disposition ist für dieses Teil 3118 jedoch nicht zu empfehlen, da es sich um ein A/Y-Teil handelt.

**Auftragsneutraler Netzplan**

Zur Darstellung von zeitlichen Zusammenhängen wird außer dem Balkendiagramm (häufig *Gantt*-Diagramm[1] genannt) vor allem im Sondermaschinenbau sowie bei der Abwicklung von einmalig auftretenden Projekten auch der Netzplan eingesetzt. Im Gegensatz zum Balkendiagramm werden im Netzplan die einzelnen Vorgänge nicht als Zeitstrahlen (Balken) sondern in der Regel als Knoten dargestellt. Ein Knoten ist ein Kasten, in dem alle wichtigen Informationen zu einem Vorgang enthalten sind. Die im zeitlichen Ablauf sinnvolle Verknüpfung der einzelnen Vorgangsknoten wird mithilfe von Pfeilen angezeigt.

[1] von *H. L. Gantt* um 1900 entwickelt und seit etwa 1940 für Projektplanungen in Verwendung

**Tabelle 1: Vorgangsliste für die Produktion von Kreuzgelenkwellen**

| Vorgang-Nr. | Vorgangs-Bezeichnung | Kurzbe-zeichn. | Dauer [BKT] | Vor-gänger |
|---|---|---|---|---|
| 3105 | Endmontage | EM | 2 | 3106, 3116 |
| 3106 | Teilefertigung | TF | 3 | 3114 |
| 3107 | Teilefertigung | TF | 3 | 3118 |
| 3108 | Teilefertigung | TF | 3 | 3118 |
| 3109 | Auslagern | AL | 0 | Start |
| 3110 | Auslagern | AL | 0 | Start |
| 3111 | Auslagern | AL | 0 | Start |
| 3112 | Auslagern | AL | 0 | Start |
| 3113 | Auslagern | AL | 0 | Start |
| 3114 | Auslagern | AL | 0 | Start |
| 3115/1 | Auslagern | AL | 0 | Start |
| 3115/2 | Auslagern | AL | 0 | Start |
| 3116 | Vormontage | VM | 2 | 3107, 3108, 3109, 3112, 3113, 3117 |
| 3117 | Vormontage | VM | 2 | 3110, 3111 |
| 3118/1 | Teilefertigung | TF | 6 | 3115/1 |
| 3118/2 | Teilefertigung | TF | 6 | 3115/2 |

Bei der Erstellung des Netzplanes geht man in folgenden Schritten vor:

1. Erstellen der **Vorgangsliste**.
   Die Vorgangsliste enthält für jeden Vorgang neben der Vorgangs-Nummer und Vorgangs-Bezeichnung die zu erwartende Vorgangs-Dauer sowie die Nummern der direkten Vorgänger. Vorgänger sind Vorgänge, die unmittelbar vor dem betrachteten Vorgang liegen und beendet sein müssen **(Tabelle 1)**.
2. Grafische Darstellung der **Projektstruktur (Netzplan)** mithilfe der Vorgangsknoten und logisch verknüpfenden Pfeilen **(Bild 1, folgende Seite)**.
3. Berechnen der frühesten und spätesten Zeitpunkte mithilfe der Vorwärts- und Rückwärtsterminierung. Bei der auftragsneutralen Planung beginnt man sinnvollerweise mit der **Vorwärtsterminierung** zum Startzeitpunkt Null. Für jeden folgenden Vorgang entspricht der früheste Anfangszeitpunkt (FAZ) dem spätest liegenden frühesten Endzeitpunkt (FEZ) seiner Vorgänger. Der früheste Endzeitpunkt für einen Vorgang ergibt sich aus der Addition seiner Dauer (D) zu seinem frühesten Anfangszeitpunkt (FEZ = FAZ + D). Ist der Endtermin des Projektes vorgegeben, führt man zuerst die Rückwärtsterminierung und danach die Vorwärtsterminierung durch.

   Bei der **Rückwärtsterminierung** beginnt man mit dem bei der Vorwärtsterminierung ermittelten frühesten Endzeitpunkt des Projektes. Von dort ausgehend ermittelt man zeitlich rückwärtsschreitend für jeden Vorgang den spätesten End- und Anfangszeitpunkt.

   Der späteste Endzeitpunkt (SEZ) eines Vorgangs entspricht dem frühest liegenden spätesten Anfangszeitpunkt (SAZ) seiner Nachfolger. Der späteste Anfangszeitpunkt (SAZ) für einen Vorgang ergibt sich aus der Subtraktion seiner Dauer (D) von seinem spätesten Endzeitpunkt (SAZ = SEZ – D).
4. Ermittlung der **Gesamtpufferzeiten** und Darstellung des kritischen Pfades.
   Die Dauer des Gesamtpuffers (GP) für einen Vorgang ergibt sich aus der Differenz zwischen dem spätesten und frühesten Anfangszeitpunkt (GP = SAZ – FAZ) oder dem Unterschied zwischen dem spätesten und frühesten Endzeitpunkt (GP = SEZ – FEZ). Dieser Zeitpuffer wird Gesamtpuffer genannt, weil er für die Gesamtheit aller davor liegenden Vorgänger zur Verfügung steht. Überzieht im Auftragsfall einer der Vorgänger seine eingeplante Dauer um einen bestimmten Wert, so reduziert sich der Gesamtpuffer für alle folgenden Vorgänge um diesen Wert.

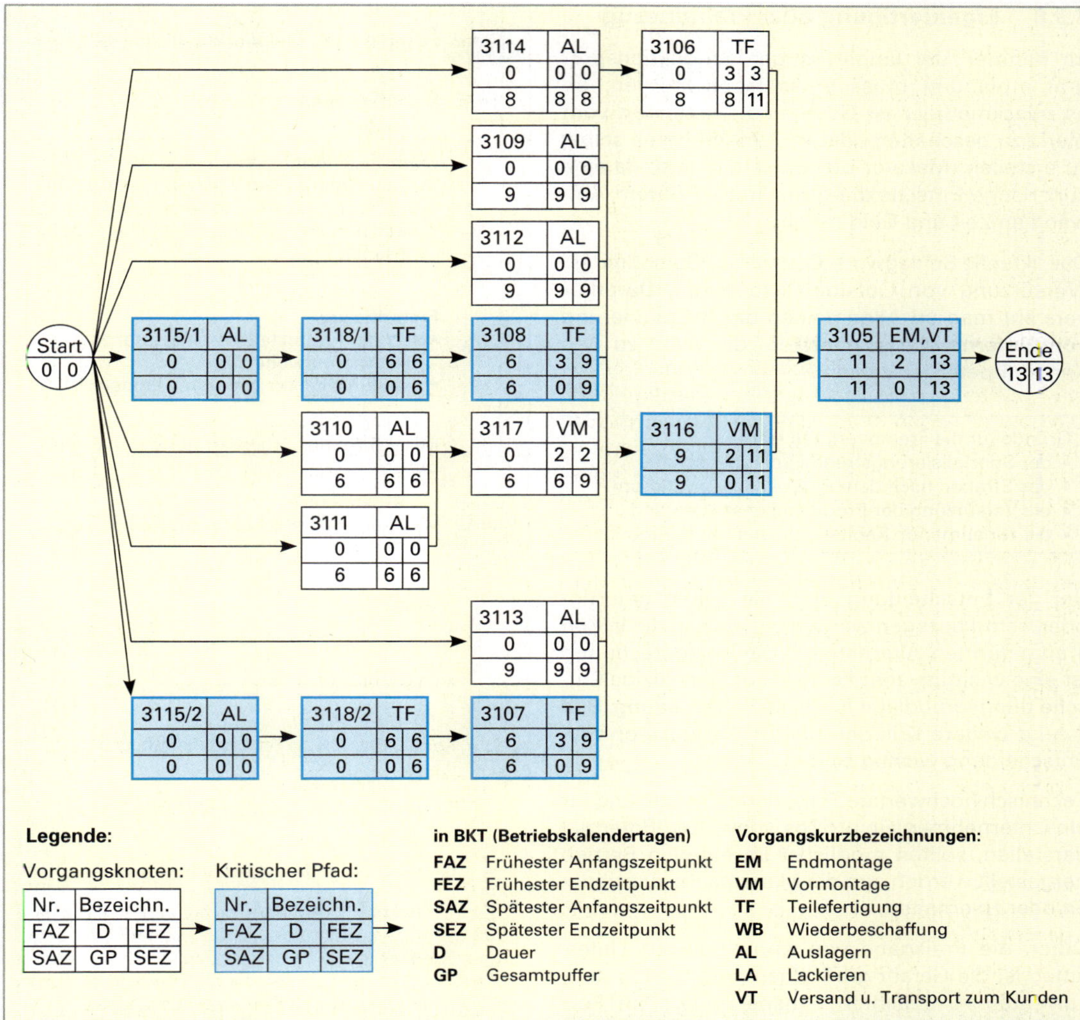


**Bild 1: Auftragsneutraler Netzplan (Beispiel)**

**Tabelle 1: Vergleich zwischen Rückwärts- und Vorwärtsterminierung**

| | **Rückwärtsterminierung** | **Vorwärtsterminierung** |
|---|---|---|
| **Ausgangspunkt:** | Endtermin eines Auftrages mit dem Teil auf der höchsten Fertigungsebene beginnend | Frühest möglicher Starttermin mit den Teilen auf der tiefsten Fertigungsebene beginnend |
| **Reihenfolge der Bearbeitung:** | zeitlich rückwärtsschreitend auf die jeweils nächst tiefere Fertigungsebene | zeitlich vorwärtsschreitend auf die jeweils nächst höhere Fertigungsebene |
| **Ergebnisse:** | Späteste Endzeitpunkte, Späteste Anfangszeitpunkte, | Früheste Anfangszeitpunkte, Früheste Endzeitpunkte, Puffer, Kritischer Pfad |
| **Gefahr:** | Terminüberschreitung bei Störungen | Längere Liegezeiten und damit höhere Kapitalbildung |

### 7.3.8 Eigenfertigung oder Fremdbezug

Im Rahmen der längerfristigen Produktionsprogrammplanung muss entschieden werden, ob es zweckmäßiger ist Güter und Leistungen vom Markt zu beschaffen oder im Unternehmen selbst zu erstellen (Make-or-buy-Entscheidung), da eine kurzfristige Entscheidung nur mit erhöhtem Aufwand an Zeit und Geld möglich ist.

Das aktuelle Schlagwort dazu heißt „Outsourcing" (Verkürzung von Outside Resourcing). Darunter versteht man im Allgemeinen die Ausgliederung von Unternehmensaktivitäten, die nicht zu den Kernkompetenzen zählen.

Gründe für die Fremdvergabe sind
- der Spezialisierungstrend in der Wirtschaft,
- das Streben nach dem Produktkostenoptimum,
- die Verkürzung der Produktlebenszyklen und
- die zunehmende Kapitalintensität der Fertigung.

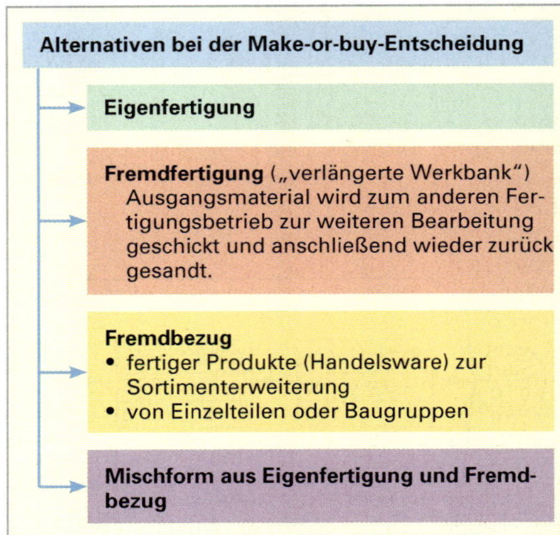


**Bild 1: Make-or-buy Entscheidungsalternativen**

Bei der Entscheidung ob Teile selbst gefertigt oder fremd bezogen werden bieten sich die in **Bild 1** aufgeführten Alternativen. Die Kostenrechnung ist eine wichtige aber keineswegs die einzige Entscheidungsgrundlage für diese Entscheidung. **Bild 2** zeigt weitere Kriterien die für die Make-or-buy-Entscheidung wichtig sind.

Technisch hochwertige Teile, deren Herstellung für ein Unternehmen ein großes Know-how-Potenzial darstellen, sollten möglichst im eigenen Betrieb hergestellt werden, um die Marktmacht auszubauen oder zu erhalten.

Durch die Preisgabe von Know-how an Lieferanten ist die Gefahr groß einen potenziellen Konkurrenten zu „züchten". Insbesondere im Forschungs- und Entwicklungsbereich sollte man die Abhängigkeit von einem Lieferanten vermeiden.

Auf Grund der zunehmenden Modell- und Typenvielfalt kann man momentan einen Trend zur Erhöhung des Zukaufanteils, d.h. des Fremdbezuges beobachten. Zur Reduzierung der Produktionstiefe und zur Verschlankung der Produktion („Lean Production") wird immer häufiger die Produktion aber auch die Entwicklung kompletter Komponenten (Baugruppen) auf Zulieferer übertragen.

**Bild 1: Kriterien für die Entscheiddung zwischen Fremdbezug und Eigenfertigung**

**Wiederholung und Vertiefung**

1. Warum sollte die Make-or-buy-Entscheidung in der Regel schon bei der langfristigen Produktionsplanung gefällt werden?
2. Nennen Sie Beispiele für das „Outsourcing" in Produktionsunternehmen.
3. Was versteht man in der Fertigungspraxis unter dem Begriff „Verlängerte Werkbank"?
4. Welche Gefahren sind mit der Fremdfertigung von eigenentwickelten technisch hochwertigen Teilen verbunden?

### 7.3.9 Bestandsplanung

Um die sofortige Lieferbereitschaft von Teilen zu gewährleisten, müssen diese am Lager geführt werden. Vereinfachend kann man jedes Lager als einen Puffer auffassen, der zwischen dem Bedarfszeitpunkt und der Verfügbarkeit einer entsprechenden Beschaffung liegt.

Mithilfe des im **Bild 1** dargestellten Lagermodells lassen sich die Lagervorgänge und die Lagerkennzahlen leichter veranschaulichen. Der stufenförmige Bestandsverlauf, der sich aufgrund der unregelmäßigen Abgabe ergibt, wird im Lagermodell durch eine Ausgleichsgerade dargestellt.

Der **maximale Lagerbestand** eines Teiles ist die größte Menge, die auf Lager gehalten werden kann oder darf. Sie ergibt sich entweder aus den vorhandenen Lagermöglichkeiten oder aufgrund von Vorgaben der Unternehmensleitung zur maximalen Reichweite von Lagerbeständen.

Die **Reichweite** gibt an, für wie lange der momentane Bestand ausreicht, um den voraussichtlichen Bedarf zu decken.

$$\text{Reichweite} = \frac{\text{vorhandener Bestand}}{\text{voraussichtlicher Bedarf je Periode}} \text{ [Periode]}$$

**Sicherheitsbestand**

Häufig wird für ein Teil ein Sicherheitsbestand festgelegt, der Abweichungen zwischen dem geplanten und dem tatsächlichen Materialzugang und -abgang ausgleichen soll. Die Abweichungen können folgende Ursachen haben:

- **Bedarfsabweichungen**, wenn die tatsächlichen Bedarfe größer als die vorausgesagten Bedarfe sind,
- **Beschaffungszeitabweichungen** z.B. aufgrund von längeren Auftragsbearbeitungszeiten oder Transportproblemen, z.B. aufgrund von Qualitätsmängeln der gelieferten Teile,
- **Bestandsabweichungen**, wenn die ausgewiesenen Bestände (Buchbestände) im PPS-System aufgrund von Fehlbuchungen bzw. fehlenden Buchungen größer als die tatsächlich verfügbaren Bestände sind.
- **Liefermengenabweichungen**

Die Höhe des zu wählenden Sicherheitsbestandes hängt von dem geforderten **Servicegrad** (Lieferbereitschaftsgrad) ab.

Unter dem Servicegrad versteht man das Verhältnis zwischen der Anzahl der sofort befriedigten Bedarfe zu der Gesamtzahl der geforderten Bedarfe:

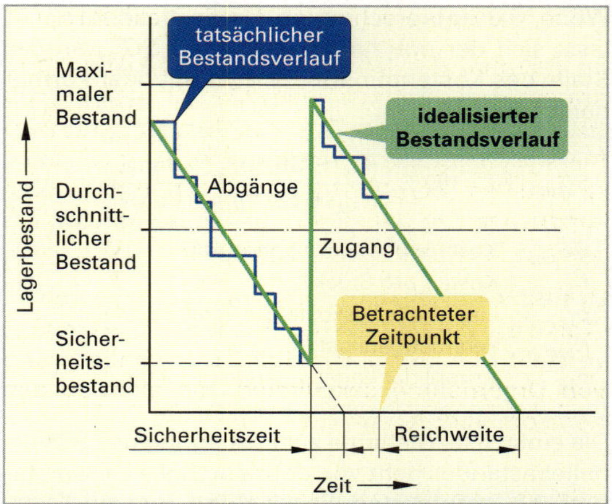


**Bild 1: Lagermodell**

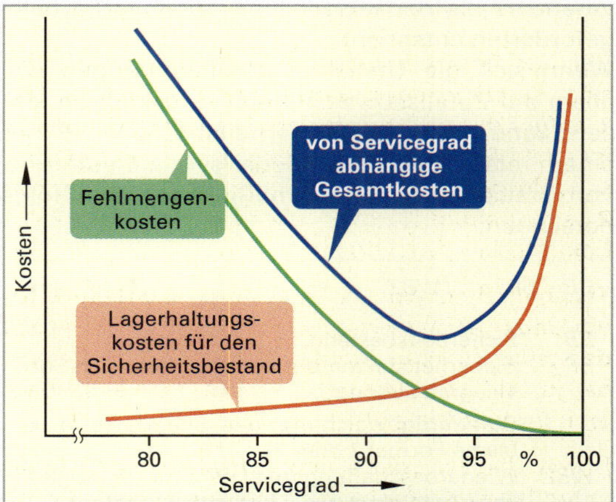


**Bild 2: Vom Servicegrad abhängige Kosten**

$$\textit{Servicegrad SG} = \frac{\textit{Anzahl der sofort befriedigten Bedarfe}}{\textit{Gesamtzahl der geforderten Bedarfe}} \cdot 100\ \%$$

Der Sicherheitsbestand und die damit verbundenen Lagerhaltungskosten für das Lager und das gebundene Kapital steigen mit zunehmendem Servicegrad überproportional an **(Bild 2)**.

Den Lagerhaltungskosten stehen allerdings die so genannten Fehlmengenkosten gegenüber. Aufgrund der fehlenden Mengen können z.B. Kosten für zusätzliche Überstunden, Wartezeiten in der Montage oder aber auch für Konventionalstrafen anfallen.

Wenn die entsprechenden Daten bekannt sind, lässt sich der optimale Servicegrad $SG_{opt}$ an der Stelle des Kostenminimums mit folgender Formel berechnen:

$$SG_{opt}\,[\%] = 100\,\% - \frac{K_{St}\,[€/St] \cdot p_{LA}\,[\%/Jahr]}{K_{FM}\,[€/St] \cdot n_{LZ}\,[1/Jahr]}$$

$SG_{opt}$ Kostenoptimaler Servicegrad
$K_{St}$ Kosten pro Stück,
$p_{La}$ Lagerhaltungskostenprozentsatz,
$K_{FM}$ Fehlmengenkosten,
$n_{LZ}$ Anzahl der Lagerzugänge pro Jahr

Die einfachste Methode zur Festlegung des Sicherheitsbestandes geht von dem durch die Geschäftsführung geforderten Servicegrad aus und vergleicht diesen mit dem tatsächlichen Servicegrad. Nach der Beseitigung aller vermeidbarer Fehlerursachen wird der Sicherheitsbestand solange verändert bis der tatsächliche Servicegrad dem geforderten entspricht.
Wenn sich die Ursachen der Fehlmengen vor allem auf Zufallsabweichungen zurückführen lassen, kann man den Sicherheitsbestand *SB* bei einem relativ konstanten Bedarfsverlauf aufgrund von statistischen Gesetzmäßigkeiten wie folgt berechnen:

$$SB = SF \cdot \sigma \cdot \sqrt{WBZ} \qquad (1)$$

*SB* Sicherheitsbestand,
*SF* Sicherheitsfaktor, der vom gewünschten Servicegrad abhängt,
$\sigma$ Standardabweichung der Bedarfswerte $x_i$ (siehe Formel 2 oder 3)
*WBZ* Wiederbeschaffungszeit (*WBZ* muss mit gleicher Zeiteinheit wie $\sigma$ berechnet werden)

Die Standardabweichung $\sigma$ ist dabei:

$$\sigma = \sqrt{\frac{1}{n-1}\left(\sum x_i^2 - \frac{1}{n}\left(\sum x_i\right)^2\right)} \qquad (2)$$

oder

$$\sigma \approx 1{,}25 \cdot MAD \qquad (3)$$

$\sigma$ Standardabweichung (sigma)
$x_i$ Bedarfswert in der Periode *i*
*n* Anzahl der betrachten Perioden
*MAD* Mittlere absolute Abweichung (s. S. 311)

Der **Sicherheitsfaktor *SF*** zur Berechnung des Sicherheitsbestandes nach Formel 1 lässt sich näherungsweise mithilfe folgender Tabelle, die sich von der Standardnormalverteilung herleitet, für den gewünschten Servicegrad *SG* bestimmen.

| Servicegrad *SG* in % | 90,0 | 95,0 | 97,0 | 98,0 | 99,0 | 99,5 |
|---|---|---|---|---|---|---|
| Sicherheits-faktor *SF* | 1,29 | 1,65 | 1,89 | 2,06 | 2,33 | 2,58 |

Die **Wiederbeschaffungszeit WBZ** umfasst

- die innerbetriebliche Auftragsbearbeitungszeit,
- die Lieferung für Fremdbezugsteile bzw. die Durchlaufszeit für Eigenfertigungsteile
- sowie die Prüf- und Einlagerungszeit.

Die Zeitspanne, in der der Sicherheitsbestand den voraussichtlichen Bedarf decken kann, nennt man Sicherheitszeit. Sie ergibt sich durch Division des Sicherheitsbestandes durch den Bedarf je Zeiteinheit:

$$\text{Sicherheitszeit} = \frac{\text{Sicherheitsbestand}}{\text{voraussichtlicher Bedarf je Zeiteinheit}}$$

Es ist noch zu bemerken, dass sich die Lieferbereitschaft stets nur auf einen Artikel bezieht. Besteht dagegen z.B. eine Produktvariante aus 5 Teilen, die jeweils einen Servicegrad von 98% haben, so beträgt der Servicegrad für dieses Produkt nicht 98% sondern 0,98 · 0,98 · 0,98 · 0,98 · 0,98 = $0{,}98^5$ = 0,90 also 90%.

### Meldebestand (Bestellpunkt)

Im Idealfall erfolgt ein Neuzugang sobald der tatsächliche Lagerbestand den Sicherheitsbestand erreicht (**Bild 1**). Die Beschaffung dieses Zuganges muss so rechtzeitig ausgelöst werden, dass der Bedarf in der Wiederbeschaffungszeit gedeckt wird.

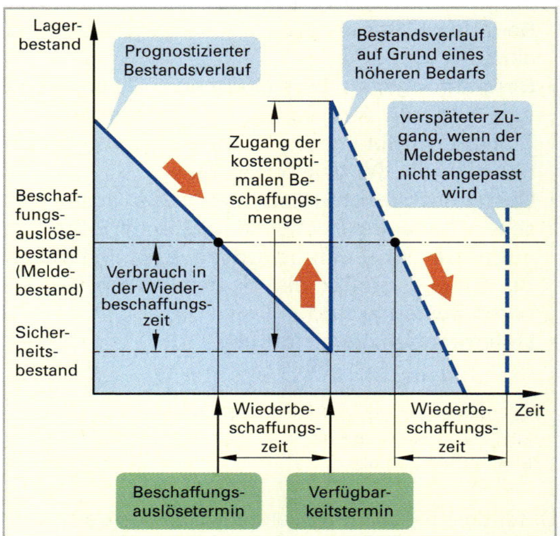


**Bild 1: Meldebestand**

Addiert man den Bedarf in der Wiederbeschaffungszeit zu dem Sicherheitsbestand so erhält man den Beschaffungsauslösebestand, der auch Meldebestand genannt wird.

*Meldebestand = Sicherheitsbestand + Bedarf in der Wiederbeschaffungszeit*

Wenn bei einer Entnahme der Meldebestand erreicht wird, muss sofort eine Beschaffung veranlasst werden. Dieses Beschaffungsverfahren, bei dem die Bestellauslösung bestandsbezogen erfolgt, nennt man **Bestellpunktverfahren**. Es wird vor allem für relativ teuere verbrauchsgesteuerte Materialien eingesetzt. Im Bedarfsfall wird meistens eine kostenoptimale Beschaffungsmenge (z.B. nach Andler) gewählt.

Der Nachteil des Bestellpunktverfahrens besteht in der unregelmäßig gestreuten Überprüfung der Lagerpositionen. Artikel, die keinen Lagerabgang haben, werden nicht als „Ladenhüter" erkannt.

Sowohl der Sicherheitsbestand, wie auch der Meldebestand müssen natürlich bei jeder stärkeren Änderung der Auftragslage oder der Wiederbeschaffungszeit der neuen Situation angepasst werden. Anderenfalls ergeben sich zu hohe und damit teuere Lagerbestände oder ein zu niedriger Servicegrad mit hohen Fehlmengenkosten.

**Bestellrhythmusverfahren**

Im Gegensatz zum Bestellpunktverfahren ist das Bestellrhythmusverfahren terminbezogen. Die Überprüfung, ob der Beschaffungsauslösebestand unterschritten ist, erfolgt nicht bei jeder Materialentnahme, sondern in regelmäßigen zeitlichen Abständen (**Bild 1**). Dadurch lässt sich der Aufwand für die Disposition reduzieren und eine koordinierte Bestellung durchführen. Auf der anderen Seite erhöht sich beim Bestellrythmusverfahren der durchschnittliche Lagerbestand, da bei der Festlegung des Beschaffungsauslösebestandes, außer der Wiederbeschaffungszeit, auch die Zeit für das Überwachungsintervall berücksichtigt werden muss.

Dieses Verfahren eignet sich daher vor allem für relativ billige verbrauchsgesteuerte Materialien.

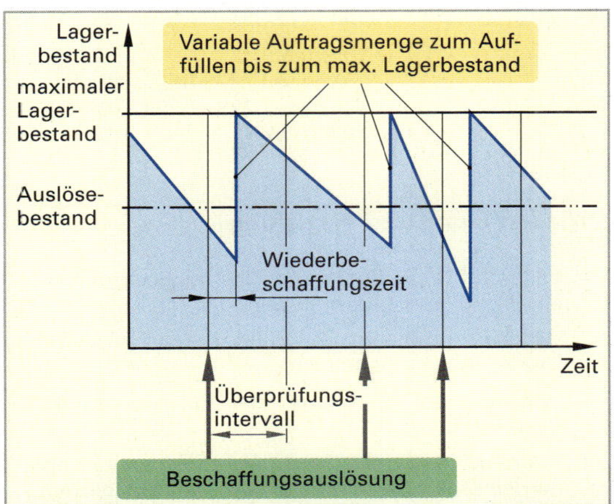


**Bild 1: Bestellrhythmusverfahren**

**Beispielaufgabe zur Bestandsplanung:**

Für ein verbrauchsgesteuertes Normteil soll der voraussichtliche Bedarf, die heutige Reichweite, der tatsächliche Servicegrad, der kostenoptimale Servicegrad, die Standardabweichung des angeforderten Bedarfes, der Sicherheitsbestand und der Beschaffungsauslösebestand für das Bestellpunktverfahren und für das Bestellrhythmusverfahren mit folgenden Daten ermittelt werden: Heute haben wir das Ende der 31. Kalenderwoche. Eine Kalenderwoche ist mit 5 Betriebskalendertagen (BKT) zu rechnen. Der geforderte Servicegrad soll dem kostenoptimalen Servicegrad entsprechen.

| | | |
|---|---|---|
| Heutiger Lagerbestand | 324 | St |
| Stückkosten $K_{St}$ | 5,00 | €/St |
| Lagerhaltungskostenprozentsatz $p_{La}$ pro Jahr (a) | 24 | %/a |
| Fehlmengenkosten durch Ausweichen auf ein teueres Material $K_{FM}$ | 4,00 | €/St |
| Anzahl der Lagerzugänge pro Jahr (a) | 30 | 1/a |
| Auftragsbearbeitungszeit | 2 | BKT |
| Lieferzeit | 6 | BKT |
| Materialprüfungs- und Einlagerungszeit | 2 | BKT |
| Überwachungsintervall beim Bestellrhythmusverfahren | 1 | Woche |

| Kalenderwoche | Angeforderter Gesamtbedarf | Sofort befriedigter Bedarf |
|---|---|---|
| 20 | 75 | 75 |
| 21 | 69 | 69 |
| 22 | 81 | 81 |
| 23 | 130 | 130 |
| 24 | 125 | 120 |
| 25 | 128 | 128 |
| 26 | 118 | 118 |
| 27 | 136 | 120 |
| 28 | 125 | 125 |
| 29 | 135 | 130 |
| 30 | 122 | 122 |
| 31 | 133 | 133 |

*Lösung:*
Da zwischen der 22. und 23. Woche ein Bedarfsprung liegt und danach der Bedarfsverlauf relativ gleichmäßig ist, kann zur Ermittlung des zukünftigen Bedarfes der Durchschnittsbedarf $\bar{x}$ zwischen der 23. und 31. Woche gewählt werden:

| Lfd. Nr. $i$ | Angeforderter Gesamtbedarf $x_i$ | Rechengröße $x_i^2$ | Sofort befriedigter Bedarf |
|---|---|---|---|
| 1 | 130 | 16 900 | 130 |
| 2 | 125 | 15 625 | 120 |
| 3 | 128 | 16 384 | 128 |
| 4 | 118 | 13 924 | 118 |
| 5 | 136 | 18 496 | 120 |
| 6 | 125 | 15 625 | 125 |
| 7 | 135 | 18 225 | 130 |
| 8 | 122 | 14 884 | 122 |
| 9 | 133 | 17 689 | 133 |
| $n = 9$ | $\sum x_i = 1\,152$ | $\sum x_i^2 = 147\,752$ | $\sum = 1\,126$ |

Der **voraussichtliche Bedarf** beträgt:

$$\bar{x} = \frac{1}{n}\sum x_i = \frac{1}{9} \cdot 1\,152 = 128 \text{ Stück/Woche}$$

Die **Reichweite,** von heute aus gesehen, beträgt damit:

$$\text{Reichweite} = \frac{\text{aktueller Bestand}}{\text{voraussichtlicher Periodenbedarf}}$$

$$= \frac{324 \text{ Stück}}{128 \text{ Stück/Woche}} = 2{,}5 \text{ Wochen}$$

Der **tatsächliche Servicegrad SG** beträgt:

$$\text{Servicegrad } SG = \frac{\text{Anzahl der sofort befriedigten Bedarfe}}{\text{Gesamtzahl der Bedarfe}} \cdot 100\%$$

$$= \frac{1\,126}{1\,152} \cdot 100\% = 97{,}74\%$$

Der **kostenoptimale Servicegrad SG$_{opt}$** berechnet sich zu:

$$SG_{opt}\,[\%] = 100\% - \frac{K_{St}\,[€/St] \cdot p_{La}\,[\%/Jahr]}{K_{FM}\,[€/St] \cdot n_{LZ}\,[1/Jahr]}$$

$$= 100\% - \frac{5 \cdot 24\,\%}{4 \cdot 30} = 99{,}0\%$$

Für die **Standardabweichung** $\sigma$ des angeforderten Bedarfes erhält man:

$$\sigma = \sqrt{\frac{1}{n-1}\left(\sum x_i^2 - \frac{1}{n}\left(\sum x_i\right)^2\right)}$$

$$\sigma = \sqrt{\frac{1}{8}\left(147\,752 - \frac{1}{9} \cdot 1\,152^2\right)}$$

$$= 6{,}08 \text{ Stück}$$

Die **Wiederbeschaffungszeit WBZ** ist:

*WBZ* = Auftragsbearbeitungszeit
+ Lieferzeit
+ Prüfungs- und Einlagerungszeit
= (2 + 6 + 2) *BKT* = 10 *BKT*
= 2 Wochen

Der **Sicherheitsbestand SB** berechnet sich mit dem für den geforderten Servicegrad von 99% geltenden Sicherheitsfaktor SF = 2,33 zu:

$$SB = SF \cdot \sigma \cdot \sqrt{WBZ}$$
$$= 2{,}33 \cdot 6{,}08 \cdot \sqrt{2}$$
$$= 20 \text{ Stück}$$

Der **Beschaffungsauslösebestand (Meldebestand)** für das **Bestellpunktverfahren** berechnet sich damit zu:

Meldebestand = Sicherheitsbestand
+ Bedarf in der Wiederbeschaffungszeit *(WBZ)*
= 20 Stück
+ 2 Wochen · 128 Stück/Woche
= 276 Stück

Der **Beschaffungsauslösebestand** für das **Bestellrhythmusverfahren** ergibt dagegen:

Auslösebestand: = Sicherheitsbestand
+ Bedarf in der Wiederbeschaffungszeit *(WBZ)*
+ Bedarf im Überprüfungsintervall
= 20 Stück
+ 2 Wochen · 128 Stück/Woche
+ 1 Woche · 128 Stück/Woche
≈ 404 Stück

## Wiederholung und Vertiefung

1. Erklären Sie die Bedeutung des Servicegrades für ein Produktionsunternehmen.
2. Welche Aufgabe hat der Meldebestand im Gegensatz zum Sicherheitsbestand?
3. Was versteht man unter der Reichweite eines Bestandes?
4. Nennen Sie Vorteile, Nachteile und Anwendungsbereiche des Bestellpunkt- und des Bestellrhythmusverfahrens.

# 7.4 Vertrieb

Ausgangspunkt für die gesamte Produktionsplanung und -steuerung sind die vom Vertrieb vorgegebenen Kundenaufträge, in denen die Menge und die Termine der zu liefernden Produkte festgelegt werden. Der Vertrieb stellt somit die Verbindung zwischen dem Absatzmarkt und der Produktion dar.

Bei der kundenorientierten Auftragsfertigung, wie z.B. im Werkzeugbau, begleitet der Vertrieb die komplette Prozesskette von
- der Anfrage eines Kunden,
- die Angebotsbearbeitung,
- über die Auftragsbearbeitung,
- bis zum Versand und
- zur Rechnungsstellung (Fakturierung) **(Bild 1)**.

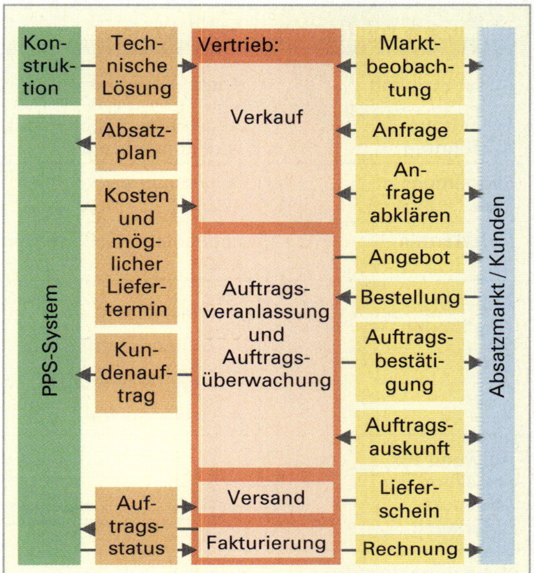


**Bild 1: Der Vertrieb zwischen Absatzmarkt und Produktion**

## 7.4.1 Angebotsarten

Auf die Anfrage eines Kunden wird ein Angebot ausgearbeitet. Anhand dieses Angebotes entscheidet der Kunde, ob er das gewünschte Erzeugnis beim Anbieter bestellt. Ein Angebot ist eine zeitlich befristete Erklärung die angebotene Leistung zu den genannten Bedingungen zu erbringen **(Bild 2)**.

Angebote enthalten folgende vier Hauptelemente:
- die technische Lösung aufgrund der Kundenwünsche,
- den Preis, der von den erwarteten Selbstkosten und der vom Markt diktierten Preisobergrenze bestimmt wird,
- den möglichen Liefertermin unter Berücksichtigung der zu erwartenden Durchlaufzeiten,
- die Lieferbedingungen, einschließlich Zahlungsbedingungen, Gewährleistung, Haftung und Eigentumsvorbehalte.

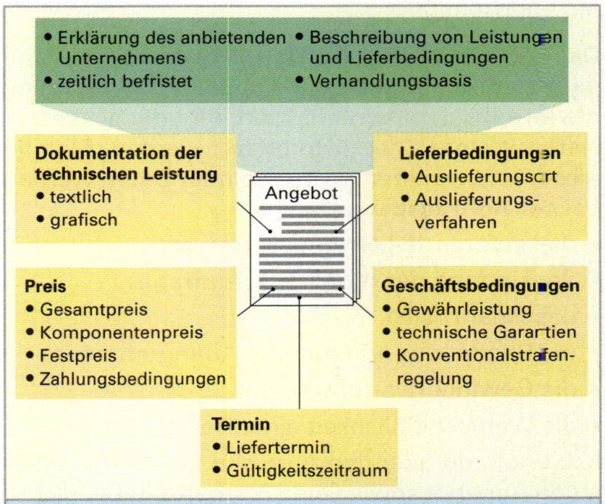


**Bild 2: Das Angebot**

Bei *kundenanonymer* Lagerfertigung von Großserienprodukten, wie z.B. bei Normalien, werden die Angebotsangaben in einem Verkaufskatalog publiziert.

Nur ein Bruchteil der *kundenspezifischen* Angebote führt zu einem Auftrag. Im Maschinen- und Anlagebau werden z.B. im Mittel acht Angebote eingeholt, bevor eine Kaufentscheidung getroffen wird. Um den Bearbeitungsaufwand zur Erstellung eines kundenspezifischen Angebotes der Wahrscheinlichkeit, dass daraus auch eine Bestellung wird, anzupassen wurden folgende drei Angebotsformen definiert **(Tabelle 1, folgende Seite)**:

- Das **Kontaktangebot** enthält nur Angaben zur grundsätzlichen Ausführung des nachgefragten Erzeugnisses. Der Angebotspreis darf sich noch um 30% verändern und der Liefertermin um 10% verzögern.
- Das **Richtangebot** enthält genauere Beschreibungen des Erzeugnisses, die aber noch leicht modifiziert werden können. Die Preisangabe kann sich noch um 10% erhöhen und die Lieferzeit um 5% verzögern.
- Das **Festangebot** enthält dagegen präzise Angabe zum Produkt, die ebenso wie der Angebotspreis und der Liefertermin verbindlich sind.

**Tabelle 1: Konkretisierungsgrad verschiedener Angebotsarten**

| Angebotsinhalt | Kontaktangebot | Richtangebot | Festangebot |
|---|---|---|---|
| **Technische Ausführung** | Allgemeine Angaben mit Funktionsprinzip | Veränderbare Detailangaben | Genaue nicht mehr änderbare Angaben |
| **Endgültiger Preis** | Angebotspreis ± 30% | Angebotspreis ± 10% | Angebotspreis ist verbindlich |
| **Liefertermin** | angebotener Liefertermin ± 10% | angebotener Liefertermin ± 5% | angebotener Liefertermin ist verbindlich |
| **Angebotskonditionen** | • Preisstellung<br>• Zahlungsbedingung<br>• Lieferbedingungen<br>• Gewährleistung | • Rücktrittsrecht<br>• Eigentumsvorbehalte<br>• technische Abnahmenvorschriften | |
| **Aufwand zur Erstellung der Angebotsunterlagen** | 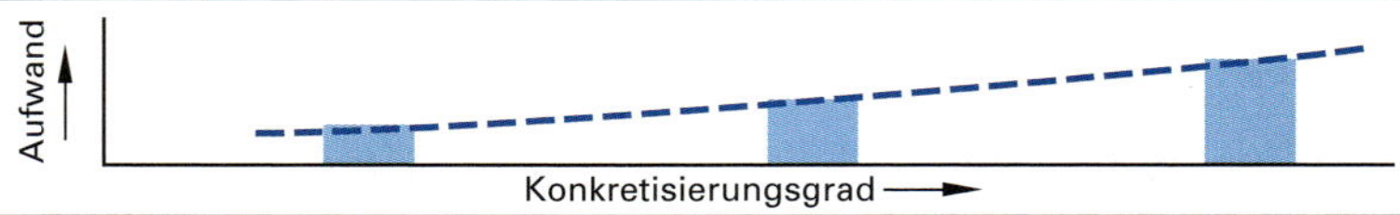  | | |

## 7.4.2 Angebotsbearbeitung

Das Erstellen eines kundenspezifischen Angebotes umfasst im Wesentlichen die in **Bild 1** dargestellten Tätigkeiten.

Das Ergebnis der **Auftragserfassung** ist eine genaue Beschreibung der Kundenanforderungen, die formlos in einem Pflichtenheft oder schematisiert mit einer Checkliste erfasst werden. Mithilfe dieser und weiterer zu ermittelnder Daten werden bei der **Auftragsbewertung** u.a.

- das geforderte Leistungsspektrum,
- der Umfang des möglichen Auftrages,
- das Finanzrisiko,
- die Bonität des anfragenden Unternehmens,
- die Gewinnerwartung sowie
- die Wahrscheinlichkeit einer Bestellung

bewertet und über den Aufwand für das zu erstellende Angebot sowie seine Form (Kontakt-, Richt-, Festangebot) entschieden.

Die **technische Problemlösung** erfolgt in der Regel in der Konstruktion. Oft kann man auf vorhandene Lösungen zurückgreifen und braucht diese nur modifizieren.

Bei der Angebotskalkulation werden verschiedene Verfahren eingesetzt **(Tabelle 1, folgende Seite)**:
- Schätzung,
- Kilokostenmethode,
- Materialkostenmethode,
- Einflussmethode oder
- Einzelteilkalkulation.

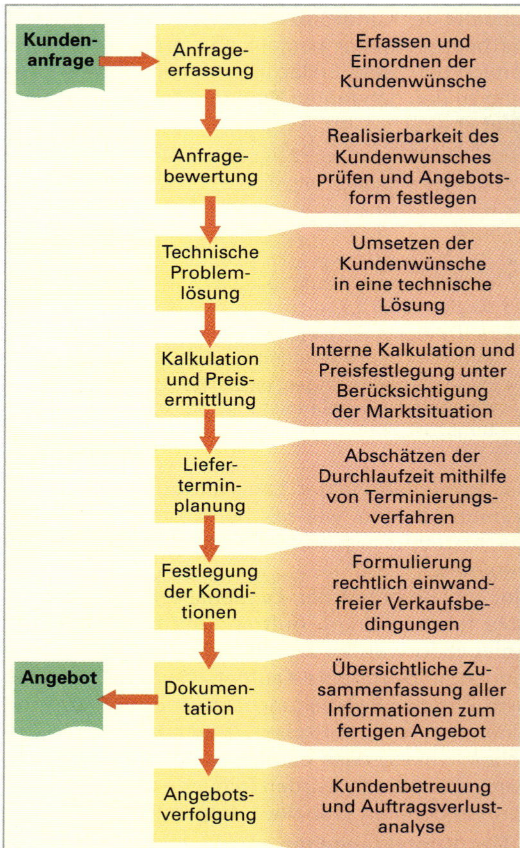

**Bild 1: Aufgaben der Angebotserstellung**

Die Schätzung erfordert zwar den geringsten Aufwand, bietet aber auch die geringste Genauigkeit. Die intern kalkulierten Herstellungskosten bilden nur eine Entscheidungshilfe bei der Preisfindung. Der Angebotspreis sollte sich weniger an den eigenen Kosten als an dem Preis orientieren, den der Absatzmarkt akzeptiert und der der langfristigen Firmenstrategie entspricht.

Aufgabe der **Lieferterminplanung** ist die Bestimmung bzw. Überprüfung des gewünschten Liefertermins unter Berücksichtigung der Material- und Kapazitätsverfügbarkeit. Bei der Ermittlung des frühest möglichen Liefertermins wird die Vorwärtsterminierung eingesetzt. Die Rückwärtsterminierung empfiehlt sich dagegen, wenn vom Kunden ein bestimmter Liefertermin vorgegeben wird.

Bei der Kapazitätsplanung wird mit verdichteten Daten gearbeitet. Man betrachtet also nur komplette Kapazitätsgruppen z.B. die Dreherei oder die Montage bzw. nur die Engpasskapazitäten.

Die **Festlegung der Angebotskonditionen** dient vor allem der juristischen Abklärung des Angebotes. Dabei werden vor allem die Zahlungs- und Lieferbedingungen sowie das Vorgehen bei Nichteinhalten der vereinbarten Leistung geregelt.

Im Rahmen der **Angebotsdokumentation** werden alle Informationen die während der Angebotsbearbeitung anfallen, gesammelt, aufbereitet und systematisch gespeichert, um eine rationelle Wiederverwendung zu ermöglichen. Bei der Gestaltung des Angebotes selbst ist zu berücksichtigen, dass die Angebotsunterlagen in ihrer äußeren Form und Aufmachung das anbietende Unternehmen repräsentieren. Außerdem ist darauf zu achten, dass technische Normen und gesetzliche Vorschriften, wie z.B. das Gesetz zum Gebrauch von Maßeinheiten im Geschäftsverkehr, eingehalten werden. Mit der Abgabe des Angebotes ist die Angebotsbearbeitung aber noch nicht abgeschlossen.

Bei der **Angebotsverfolgung** geht es vielmehr darum, den mit dem Angebot hergestellten Kundenkontakt zu intensivieren, um den Kunden zur Annahme des Angebotes zu bewegen. Wenn das Angebot nicht zur gewünschten Bestellung führt, müssen die Ursachen für den Auftragsverlust analysiert und entsprechende Verbesserungen durchgeführt werden.

**Tabelle 1: Methoden der Angebotskalkulation**

Zunehmende Genauigkeit ↓

| Kalkulationsmethode | Basis (Grundgedanke) | Bestimmung der Herstellkosten *(HK)* | Rechenbeispiele (*MK*: Material-, *FK*: Fertigungs-, *HK*: Herstellkosten) |
|---|---|---|---|
| **Kilokostenmethode** | Konstantes Verhältnis zwischen Masse und Gesamtkosten des Erzeugnisses. | 1. Kosten je Kilo bereits gefertigter ähnlicher Erzeugnisse und Gewicht für neues Erzeugnis bestimmen.<br>2. HK = Gewicht · Kosten je kg | Kilokosten für ähnliche Erzeugnisse: 50 €/kg<br>Gewicht für neues Erzeugnis: 2 000 kg<br>⇨<br>*HK* des neuen Erzeugnisses: 100 000 € |
| **Materialkostenmethode** | Gleiche Kostenstruktur (Verhältnis zwischen Material- und Fertigungskosten) für ähnliche Produkte. | 1. Kostenverhältnisse bereits gefertigter ähnlicher Erzeugnisse und Materialkosten für neues Erzeugnis bestimmen.<br>2. Lohn und Gemeinkosten mit Kostenverhältnisse berechnen. | Kostenverhältnis für ähnliche Erzeugnisse: *MK*/*FK* = 1/2<br>*MK* für neues Erzeugnis:<br>⇨ 20 000 €<br>*FK* für neues Erzeugnis:<br>2 · 20 000 € = 40 000 €<br>*HK* für neues Erzeugnis: 60 000 € |
| **Einflussgrößenmethode** | Der Zusammenhang zwischen den Gesamtkosten und wenigen Einflussgrößen, wie z.B. geometrische oder Leistungsdaten, ist durch eine Regressionsanalyse beschreibbar. | 1. Kosten-Regressionsfunktion für bereits gefertigte ähnliche Erzeugnisse und Werte der Einflussgrößen für neues Erzeugnis bestimmen.<br>2. Kosten mithilfe der Regressionsfunktion berechnen. | Einflussgrößen: Leistung *P* in kW und Höhe *h* in m. Regressionsfunktion für ähnliche Erzeugnisse:<br>$HK = 520 \cdot P + 3\,000 \cdot h^3$<br>Leistung *P* des neuen Erzeugnisses: $P = 20$ kW<br>Höhe *h* des neuen Erzeugnisses: $h = 2{,}5$ m<br>⇨<br>$HK = 520 \cdot 20 + 3\,000 \cdot 2{,}5 \cdot 2{,}5 \cdot 2{,}5 = 57\,275$ € |
| **Kalkulation der kostenstimmenden Teile** | Genaueste mögliche Berechnung der Material- und Fertigungskosten. | 1. Daten für Zuschlagskalkulation bestimmen (Stücklisten, Arbeitspläne, Materialpreise, Platzkosten).<br>2. Zuschlagskalkulation durchführen. | $MK = \Sigma$ Materialeinzelkosten + $\Sigma$ Materialgemeinkosten<br>$FK = \Sigma$ ((Rüstzeiten/Auftragsmenge + Stückzeit) · Platzkosten)<br><br>$HK = MK + FK$ |

### 7.4.3 Rahmenvereinbarung

Eine **Rahmenvereinbarung** ist eine Vereinbarung zwischen einem Kunden und einem Lieferanten über die Abnahme einer Gesamtmenge eines Erzeugnisses in einem bestimmten Zeitraum. Teilmengen von dieser Gesamtmenge werden zu späteren Zeitpunkten „abgerufen". Die Rahmenvereinbarung bildet die erste Ebene einer dreistufigen Lieferabrufsystematik, die nach dem Prinzip der rollierenden Planung dem Zulieferer eine rechtzeitige Mengen- und Terminplanung ermöglichen und dem Kunden die Bestellabwicklung vereinfachen soll **(Tabelle 1)**.

Neben der Gesamtmenge, die noch um ca. 40% schwanken kann, werden in der langfristigen Rahmenvereinbarung die Qualität, der Preis und die Lieferbedingungen der Bezugsteile festgelegt.

Auf der zweiten Planungsebene werden ungefähr drei Monate vor dem Liefertermin so genannte **Rahmenaufträge** erteilt, um rechtzeitig Material beschaffen oder evtl. notwendige Vorfertigungen anstoßen zu können. Die Mengen- und Terminangaben sind allerdings noch mit großen Unsicherheiten behaftet.

Auf der dritten Planungsebene erfolgt der endgültige **Lieferabruf**, der kurzfristig die zu liefernde Menge und den Liefertermin exakt und verbindlich festlegt. Damit werden die Materialien genau dann geliefert, wenn sie in der laufenden Fertigung des Abnehmers benötigt werden, also „Just-In-Time".

Das **Just-In-Time (JIT) Konzept** ist ein Verfahren, das die Fertigung und Anlieferung von Materialien in der exakt benötigten Menge und Reihenfolge zum exakt geforderten Termin steuert, ohne dabei auf Lagerbestände zuzugreifen.

**Elektronischer Datenaustausch**

Die Umsetzung einer produktionssynchronen Beschaffung mit tages- und stundengenauen Anlieferfrequenzen setzt einen schnellen Datenaustausch zwischen Abnehmer, Zulieferer und Spediteur voraus. Die dabei übermittelten Daten müssen von den entsprechenden Softwarepaketen, z.B. die von den jeweiligen Unternehmen eingesetzten PPS-Systemen, zur direkten Weiterverarbeitung geeignet sein **(Bild 1)**. Für diesen elektronischen Datenaustausch EDI (Elektronic Data Interchange) steht der weltweit einheitliche Standard EDIFACT (EDI for Administration, Commerce and Transport) zur Verfügung. In der Automobilindustrie wird die Branchennorm „Odette" eingesetzt.

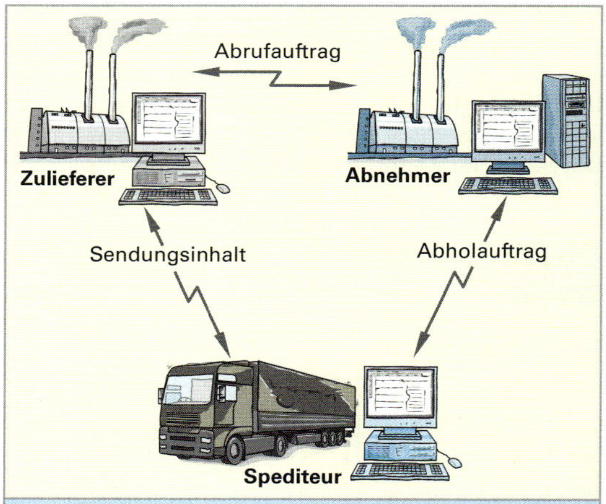


**Bild 1: Elektronischer Datenaustausch (EDI)**

**Tabelle 1: Lieferabrufsystematik**

| Planungsebene | Vorgang | periodische Bedarfsübermittlung durch Abnehmer | Planungsreichweite | Mengenabweichung |
|---|---|---|---|---|
| 1 | **Rahmenvereinbarung** (Quotierung) | langfristig aufgrund der Produktionsprogrammplanung | 6 bis 12 Monate | ca. ± 40% |
| 2 | **Rahmenauftrag** (Materialfreigabe) | mittelfristig, aufgrund der Produktionsbedarfsplanung (Materialdisposition) | 3 bis 6 Monate | ca. ± 20% |
| 3 | **Liefereinteilung** (Fertigungsfreigabe) | kurzfristig aus Eigenfertigungsplanung | mehrere Tage | ca. ± 10% |
| | **Produktionssynchroner Abruf** | unmittelbar aus der Montage | 6 bis 24 Stunden | 0 |

**PPS-Einsatz bei der Angebotsbearbeitung**

**Bild 1** zeigt den kompletten Geschäftsprozess der Angebotsbearbeitung bis zur Auftragsannahme. Die Arbeitsvorgänge, die durch den Einsatz eines PPS-Systemes wesentlich erleichtert werden, sind grau schattiert dargestellt.

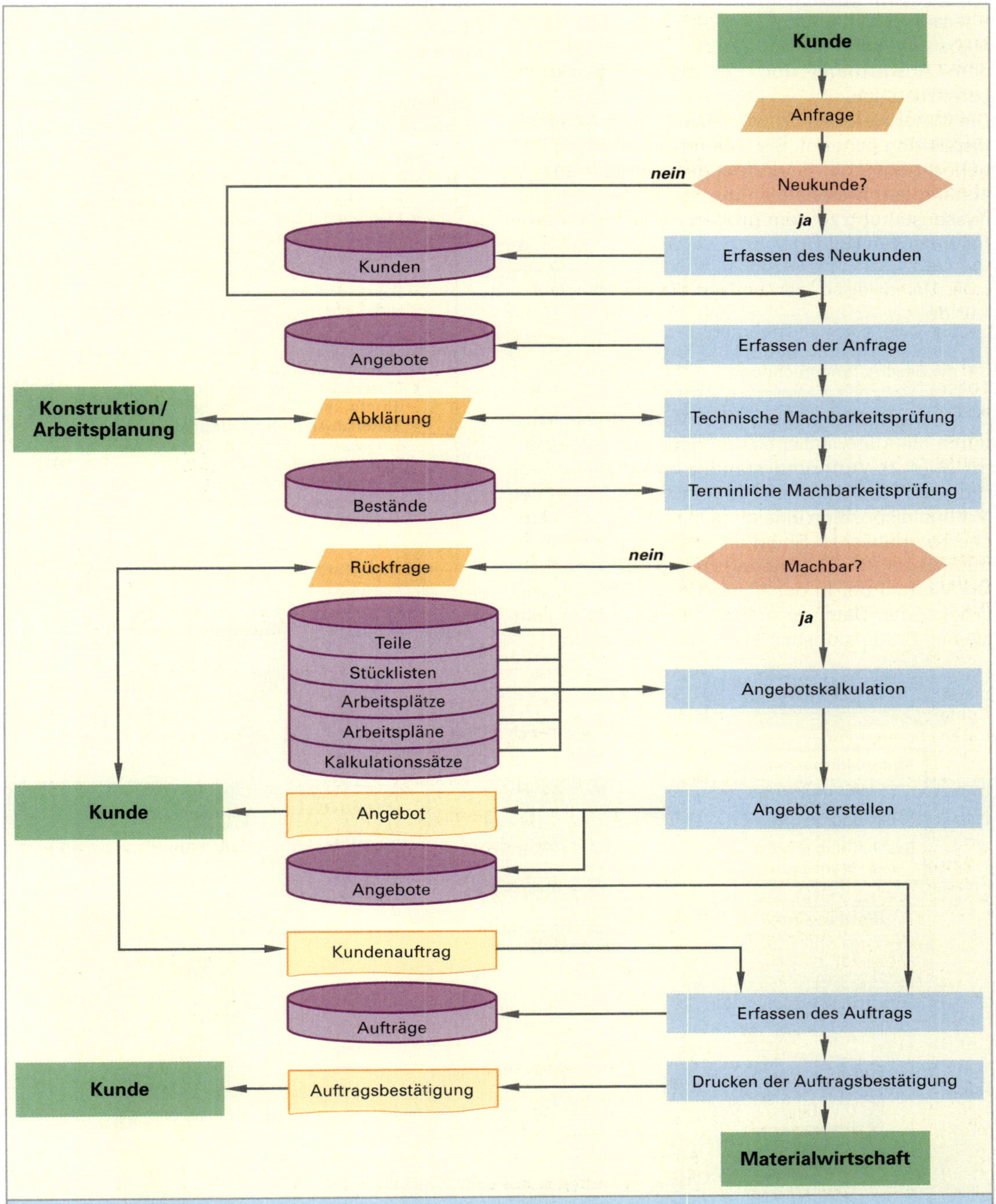


**Bild 1: Geschäftsprozess der Angebotsbearbeitung bis zur Auftragsannahme**

## 7.5 Materialsteuerung

Die Materialsteuerung hat die Aufgabe, entsprechend dem Produktionsprogramm

- alle erforderlichen Materialien,
- in der benötigten Menge,
- termingerecht und
- kostengünstig

dem Absatzmarkt und der eigenen Fertigung bereitzustellen.

Die Materialsteuerung wird häufig auch **Materialdisposition** genannt. Sie ist auftragsabhängig und gehört neben der längerfristigen und auftragsunabhängigen Materialplanung sowie der Materialflussgestaltung zu dem großen Bereich der Materialwirtschaft **(Bild 1)**.

> Die Materialdisposition umfasst die drei Hauptaufgaben:
> - die Materialbestandsführung,
> - die Materialbedarfsermittlung sowie
> - die Beschaffungsrechnung.

Der reale auftragsabhängige Materialfluss wird durch die Materialdisposition geplant und gesteuert **(Bild 2)**. Aufgrund ständig auftretender Störungen oder möglicher Planungsfehler ist bei der Materialdisposition eine genaue Kenntnis der aktuellen betrieblichen Situation unabdingbar. Dies ist mithilfe der Betriebsdatenerfassung (BDE) möglich. Die Vielzahl der in der Materialdisposition zu verarbeitenden Daten erfordern heute selbst in sehr kleinen Produktionsbetrieben ein PPS-System.

**Materialarten**

Zu den für die Fertigungsindustrie wichtigen Materialien zählt man außer Rohmaterial, Einzelteilen, Baugruppen und Erzeugnissen die Hilfsstoffe und Betriebsstoffe **(Tabelle 1, folgende Seite)**. Hilfs- und Betriebsstoffe werden meist nicht von der Materialdisposition, sondern der Fertigungsstelle beschafft, die diese benötigt.

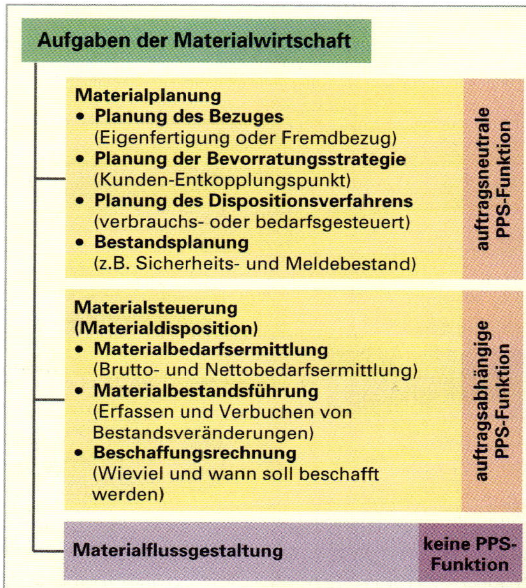


**Bild 1: Aufgaben der Materialwirtschaft**

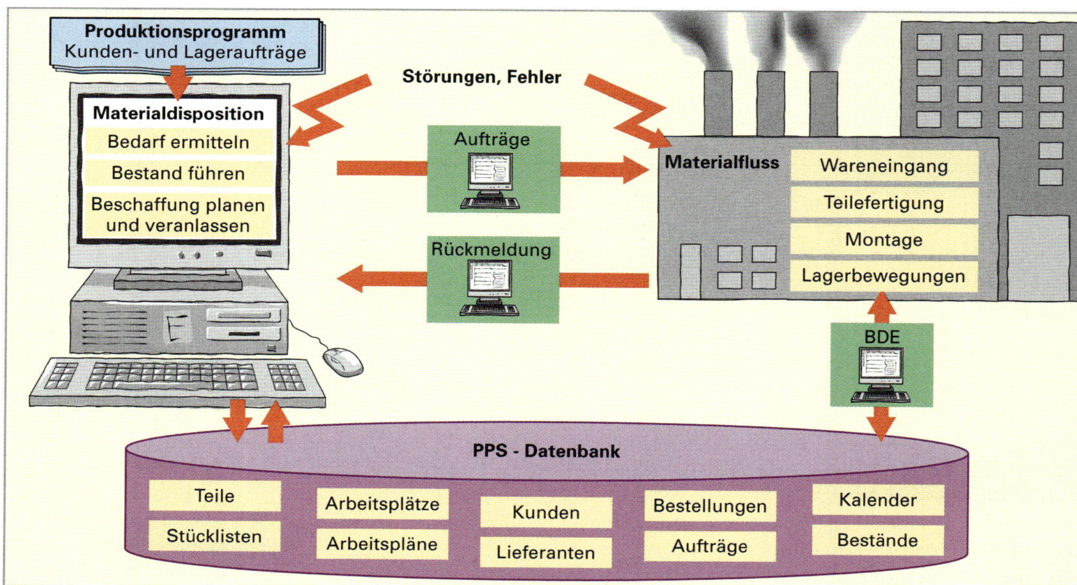


**Bild 2: Die Materialdisposition steuert den Materialfluss**

| Tabelle 1: Material aus der Sicht der Produktion | | | | | | | |
|---|---|---|---|---|---|---|---|
| **Erzeugnis** | **Baugruppe** | **Einzelteil** | **Rohmaterial, Halbzeug** | **Hilfsstoff** | **Betriebsstoff** | **Rohstoff** | **Werkstoff** |
| Endprodukt einer Fertigung | In sich geschlossener, aus zwei oder mehr Einzelteilen und/oder Baugruppen bestehender Gegenstand. | Aus Rohmaterial gefertigter, nicht zerlegbarer Gegenstand. | Werkstoff mit bestimmter Form zur Fertigung von Einzelteilen. | Material, das zur Fertigung benötigt, aber in der Stückliste nicht aufgeführt wird. | Material, das in das Erzeugnis eingeht oder Erzeugnisse benötigt wird, aber nicht deren Bestandteil ist. | Materie ohne definierte Form, die gefördert, abgebaut, angebaut oder gezüchtet wird. | Aufbereiteter Rohstoff, der zur Herstellung von Halbzeugen, Hilfsstoffen und Betriebsstoffen benötigt wird. |
| **Beispiele** | | | | | | | |
| Kfz-Kreuzgelenkwelle | Karosserie, Zahnwellengelenk | Schraube, Niet, Nadelbüchse | Blechtafel, Rundstab | Schweißdraht, Klebstoff | Schmierstoff, Heizöl | Erz, Hanf, tierisches Fett | Metalllegierung, Rohglas |

## 7.5.1 Materialbedarfsermittlung

Die Materialbedarfsermittlung bestimmt für einen bestimmten Termin oder eine bestimmte Periode den Materialbedarf nach Art und Menge.

**Materialbedarfsarten**
Der Materialbedarf wird nach den in **Bild 1** dargestellten Arten unterteilt. Unter **Primärbedarf** versteht man den Bedarf an verkaufsfähigen Erzeugnissen und Ersatzteilen. Er ist im Allgemeinen im Produktionsprogramm festgelegt. Der **Sekundärbedarf** ist der Bedarf an Baugruppen, Einzelteilen oder Rohmaterialien, die zur Herstellung des Primärbedarfs benötigt werden und in den Stücklisten aufgeführt sind. Der **Tertiärbedarf** ist der Bedarf an Hilfsstoffen und Betriebsstoffen, der zur Aufrechthaltung der Produktion erforderlich, aber in den Stücklisten nicht enthalten ist.

Der **Bruttobedarf** ist die benötigte Materialmenge je Periode oder je Auftrag ohne Berücksichtigung eventueller Lagerbestände. Er kann Primärbedarf, Sekundärbedarf oder Tertiärbedarf sein. Der **Nettobedarf** ergibt sich aus der Differenz von Bruttobedarf und dem verplanbaren Bestand.

Bei der Bestimmung des Materialbedarfs wird in der Regel für jedes benötigte Teil zuerst der Bruttobedarf und danach der Nettobedarf ermittelt. (**Bild 2**). Ausgangspunkt ist dabei der aus Kunden- und Lageraufträgen hinsichtlich Erzeugnis, Menge und Termin bekannte Primärbedarf. Einen so ermittelten Materialbedarf nennt man häufig **Bedarfsverursacher**. Für den Bedarfsverursacher wird im Rahmen der Beschaffungsrechnung ein **Bedarfsdecker** in Form eines Fertigungs- oder Bestellauftrages erzeugt.

**Materialbedarfsarten**

- **Gliederung nach Bedarfsquelle und Fertigungsebene**
  - **Primärbedarf**
    Bedarf an verkaufsfähigen Erzeugnissen und Ersatzteilen (Marktbedarf)
  - **Sekundärbedarf**
    Bedarf an Rohmaterial, Einzelteilen und Baugruppen zur Herstellung des Primärbedarfes
  - **Tertiärbedarf**
    Bedarf an Hilfsstoffen (z.B. Schweißdraht) und Betriebsstoffen (z.B. Kühlmittel)
- **Gliederung unter Berücksichtigung der Bestände**
  - **Bruttobedarf**
    - Gesamt-Primärbedarf eines Teiles, der für einen Kunden- oder Lagerauftrag benötigt wird
    - Gesamt-Sekundärbedarf eines Teiles, der für einen Fertigungsauftrag benötigt wird
    - Gesamt-Tertiärbedarf eines Teiles
  - **Nettobedarf**
    Bruttobedarf abzüglich verplanbarem (disponierbarem) Bestand

**Bild 1: Materialbedarfsarten**

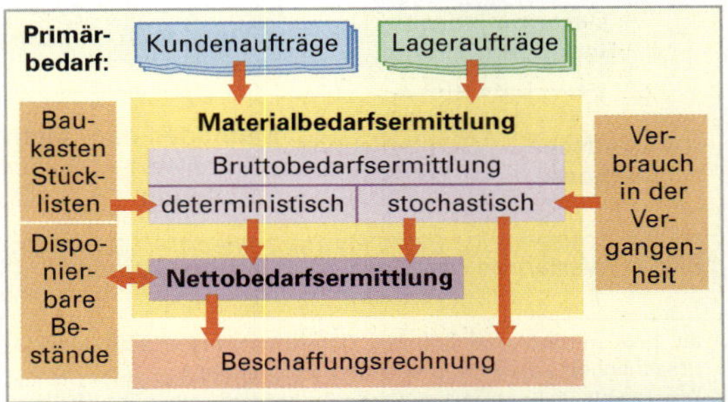


**Bild 2: Materialbedarfsermittlung**

**Deterministische[1] Bedarfsermittlung**

Für die Materialbedarfsermittlung stehen verschiedene Verfahren zur Verfügung **(Bild 1)**. Das genauste und aufwendigste Verfahren ist die deterministische Bedarfsermittlung. Bei diesem Verfahren löst man meistens das gesamte Erzeugnis stufenweise „von oben nach unten" auf (analytische Methode). In einigen Fällen (z.B. bei Ersatzteilen) beginnt man aber auch beim einzelnen Teil und geht entsprechend seiner Verwendung von „unten nach oben" (synthetische Methode, **Bild 1**).

Bei der *analytischen deterministischen* Bedarfsermittlung wird vom Netto-Primärbedarf ausgegangen. Die Berechnung des Brutto-Sekundärbedarfes erfolgt exakt mithilfe von Strukturstücklisten für die Teile der nächst tieferen Fertigungsebene.

Danach wird für die bedarfsgesteuerten Teile von dem Bruttobedarf der verplanbare (disponierbare) Bestand abgezogen um den Nettobedarf zu erhalten (Beispiel auf der folgenden Seite). Dieser Nettobedarf bildet wiederum die Ausgangsmenge für die Bedarfsermittlung für die Teile auf der nächst tieferen Fertigungsebene.

Die Menge des disponierbaren Bestandes, die bei der Nettobedarfsermittlung vom Bruttobedarf subtrahiert wird, muss im Rahmen der Bestandsführung vorgemerkt (reserviert) und der disponierbare Bestand entsprechend vermindert werden **(Bild 1)**.

Die Grobtermine des Sekundärbedarfes werden mithilfe der **Vorlaufzeitverschiebung** bestimmt. Die Vorlaufzeit ist die Anzahl von Tagen oder Perioden um die die untergeordneten Komponenten vor dem Fertigstellungstermin des übergeordneten Teils bereitgestellt werden müssen. Die Vorlaufzeiten werden mithilfe der Arbeitspläne grob ermittelt und bei PPS-Systemen häufig für einen bestimmten Mengenbereich in der Teiledatei abgespeichert.

Wenn man den Bedarf an **Wiederholteilen** nicht mehrfach für jede Fertigungsstufe getrennt berechnen möchte, verschiebt man alle gleichen Teile auf die tiefste Fertigungsebene, auf der sie zum ersten Mal auftreten. Auf dieser so genannten **Dispositionsebene (Bild 1, folgende Seite)** werden die Wiederholteile zusammengefasst und die Bedarfsrechnung pro Wiederholteil nur einmal durchgeführt.

Für die deterministische Bedarfsermittlung eignet sich die Mengenübersichtsstückliste nur sehr schlecht, da hier keine klare Zuordnung zwischen den übergeordneten Teilen (z.B. Baugruppe) und den untergeordneten Teilen (z.B. Einzelteilen) erkennbar ist und damit keine korrekte Nettobedarfsrechnung durchgeführt werden kann.

Wegen des hohen Bearbeitungsaufwandes und der hohen Anforderungen an die Datenorganisation wird die deterministische Bedarfsermittlung vor allem für die höherwertigen A- und B-Teile eingesetzt. Sie empfiehlt sich aber auch für C/Z-Teile, bei denen eine Bedarfsprognose nicht möglich ist.

**Stochastische[2] Bruttobedarfsermittlung**

Sollte die deterministische Bedarfsermittlung den erforderlichen Aufwand nicht rechtfertigen oder keine Baukasten bzw. Strukturstücklisten verfügbar sein, empfiehlt es sich, die stochastische Bedarfsermittlung durchzuführen. Hierbei wird aufgrund des Verbrauchs in der Vergangenheit, also verbrauchsgesteuert, der periodenbezogenen Materialbedarf in der Zukunft vorhergesagt. In PPS-Systemen werden dafür verschiedene mathematisch-statistische Methoden (Prognoseverfahren) wie z.B. die Methoden der **Mittelwertbildung**, der **exponentiellen Glättung** oder **Regressionsanalysen**[3], eingesetzt. Die stoachastische Bedarfsermittlung wird im Allgemeinen für die Ermittlung des Tertiärbedarfes oder für C-Teile mit konstantem, trendbehaftetem oder saisonalem Verbrauch (X-Teile und Y-Teile) angewandt.

Bei der Behandlung von Sonderfällen (z.B. Modeartikel) kann die **subjektive Schätzung** auch sinnvoll sein. Bei der **Analogschätzung** werden Schätzungen aufgrund von Erfahrungen mit ähnlichen Materialien durchgeführt. Bei der **Intuitivschätzung**[4] wird rein gefühlsmäßig eine Vorhersage über den zu erwartenden Bedarf gemacht.

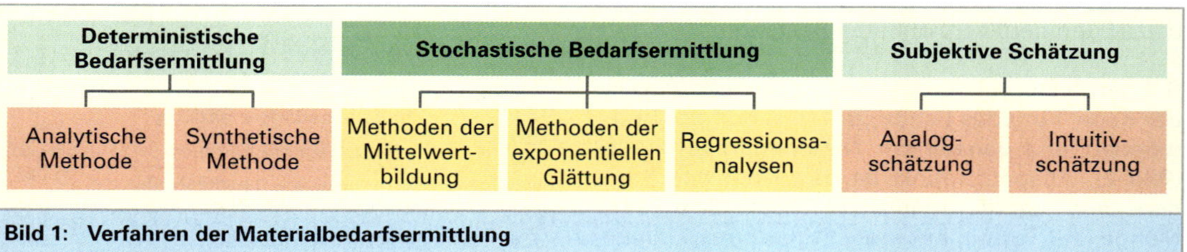


**Bild 1: Verfahren der Materialbedarfsermittlung**

[1] lat. determinare = bestimmen, Determinismus = Lehre von der ursächlichen Vorbestimmung des Geschehens;

[2] Stochastik, Teilgebiet der Statistik, befasst sich mit zufälligen meist zeitabhängigen Eigenschaften, griech. stochastike techne = Kunst zum Erraten;

[3] Regressionsanalyse = Betrachtung von der Ursache her, lat. regressus = Rückkehr;

[4] Intuition = Erkennen ohne komplizierte Überlegung, lat. intueri = betrachten

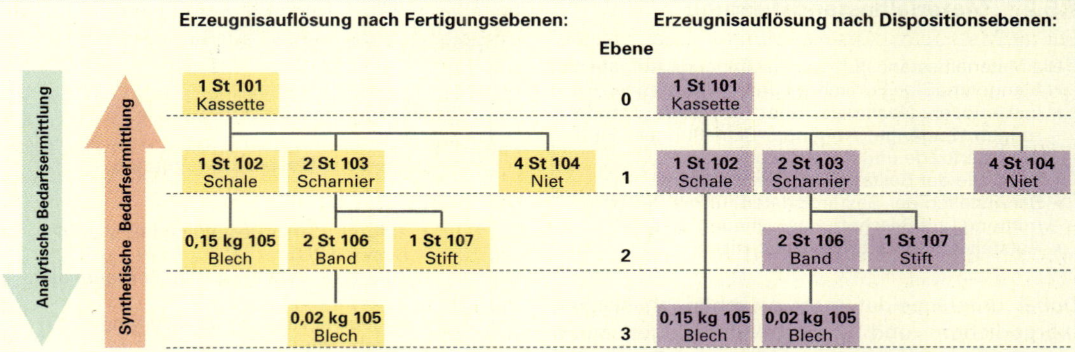


Das Rohmaterial Blech mit der Teile-Nr. 105 zur Herstellung der Schale (102) befindet sich auf der Fertigungsebene 2 und der Dispositionsebene 3.

**Bild 1: Erzeugnisgliederung nach Fertigungs- und Dispositionsebenen**

**Beispiel: Materialbedarfsermittlung**

**Aufgabe:**
Für einen Kundenauftrag über 200 Kassetten mit der Teile-Nr. 101 soll die deterministische (analythische) Materialbedarfsermittlung ohne Vorlaufverschiebung durchgeführt werden. Die Auftragsmengen entsprechen den Nettobedarfen.

**Gegeben:**
Erzeugnisgliederung:

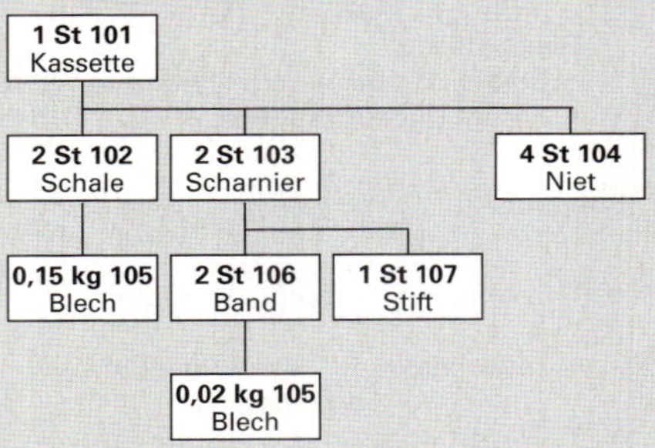


| Teile-Nr. | Disponierbarer Bestand (vorher) |
|---|---|
| 101 | 0 |
| 102 | 120 |
| 103 | 250 |
| 104 | 2000 |
| 105 | 128 |
| 106 | 0 |
| 107 | 500 |

*Lösungsvorschlag:*

| **Strukturstückliste** | | | **Bedarfsermittlung** | | | | |
|---|---|---|---|---|---|---|---|
| Fertig-ebene | Teile-Nr. | Menge | **Bruttobedarf** | Dispo. Bestand vorher | **Netto-bedarf** | Dispo. Bestand nachher | Bedarfsart |
| 0 | 101 | 1,00 | **200** | 0 | **200** | 0 | **Primärbed.** |
| .1 | 102 | 2,00 | 2 · 200 = **400** | 120 | **280** | 0 | **Sekundärbedarf** |
| ..2 | **105** | 0,15 | 0,15 · 280 = **42** | **122** | **0** | 80 | |
| .1 | 103 | 2,00 | 2 · 200 = **400** | 250 | **150** | 0 | |
| ..2 | 106 | 2,00 | 2 · 150 = **300** | 0 | **300** | 0 | |
| ... 3 | **105** | 0,02 | **0,02 · 300 = 6** | **128** | **0** | **122** | |
| ..2 | 107 | 1,00 | 1 · 150 = **150** | 500 | 0 | 350 | |
| .1 | 104 | 4,00 | 4 · 200 = **800** | 2000 | 0 | 1 200 | |

**Achtung!** Da das Blech mit der Teile-Nr. 105 auf zwei verschiedenen Ebenen benötigt wird, muss zuerst das Teil, das sich auf der tieferen Fertigungsebene befindet (also Ebene 3) und damit zuerst benötigt wird, disponiert werden.

### 7.5.2 Materialbestandsführung

Die Materialbestandsführung hat folgende Aufgaben:

- Mengenmäßige Fortschreibung der Bestände,
- lückenloser Nachweis über Bestandsveränderungen (Zugänge, Abgänge, Bestellungen, Fertigungsaufträge und Reservierungen),
- Kontrolle der Bestände z.B. Verfügbarkeit,
- Bereitstellen der Bestandsdaten für die Bedarfsermittlung und Beschaffungsrechnung und
- Aufstellen von Verbrauchsstatistiken.

Dabei unterscheidet man zwischen physischen (körperlichen) und dispositiven (planerischen) Vorgängen und den entsprechenden Beständen **(Bild 1)**.

Der **physische Lagerbestand** (Istbestand) ist der körperliche Bestand eines Teils, der sich zu einem bestimmten Zeitpunkt in einem als Lager bezeichneten Ort tatsächlich befindet. Körperlich vorhanden ist ebenfalls der **Werkstattbestand**. Darunter versteht man die Menge an Material, die sich zur Verarbeitung in der Teilefertigung oder in der Montage befindet. Die körperlichen Bestände verändern sich durch reale Material-**Zugänge** und **-Abgänge**. Dies können Zugänge von Lieferanten (LZU) oder von der eigenen Fertigung (FZU) sein bzw. Abgänge an die eigene Fertigung (FAB) oder Abgänge an Kunden aufgrund von Kundenaufträgen (AAB).

Die Vorgänge und die sich verändernden Bestandsdaten, werden für jedes Teil auf der Materialdispositionsdatei in einem so genannten **dispositiven Konto** geführt. Der dort ausgewiesene effektive Lagerbestand (Sollbestand) wird auch **buchmäßiger Lagerbestand** genannt.

Die für Kunden und die Fertigung vorgemerkten Materialmengen (Reservierungen) bilden den **reservierten Bestand**.

Eine besondere Form der Reservierung ist der **Sicherheitsbestand**. Darunter versteht man den Teil des tatsächlichen Lagerbestands, der für unvorhersehbare, außergewöhnliche Ereignisse und Störungen reserviert ist. Den sofort **verfügbaren Bestand** erhält man, wenn man vom buchmäßigen Lagerbestand den Sicherheitsbestand und den reservierten Bestand abzieht **(Bild 1)**.

**Daten der Materialbestandsführung**

**Vorgänge**

**körperliche Materialbewegungen**

**Lagerzugang**
- aufgrund einer Bestellung beim Lieferanten **(LZU)**
- aufgrund eines erledigten Fertigungsauftrages **(FZU)**
- ungeplant z.B. bei Mehrlieferung **(UZU)**

**Lagerabgang**
- aufgrund eines reservierten Kundenauftrages **(AAB)**
- aufgrund eines reservierten Sekundärbedarfes für die Fertigung **(FAB)**
- ungeplant, z.B. zur Behebung von Ausschuss **(UAB)**

**dispositive Vorgänge**

**Reservierung**
- für einen Primärbedarf (z.B. Kundenauftrag) **(APB)**
- für den Sekundärbedarf eines Fertigungsauftrages **(FSB)**

**Beschaffung**
- Bestellung bei einem Lieferanten **(LBE)**
- Fertigungsauftrag **(FBE)**

**Bestände**

körperliche (physische) Bestände:
- Lagerbestand$_{neu}$ = Lagerbestand$_{alt}$ + Zugänge – Abgänge
- Werkstattbestand

dispositive Bestände:

buchmäßiger Lagerbestand
– Sicherheitsbestand
– reservierter Bestand
= verfügbarer Bestand
+ Bestellbestand (Beschaffungsbestand)
= disponierbarer (verplanbarer) Bestand

**Bild 1: Daten der Materialbestandsführung**

Den Bestand der laufenden Bestellungen oder noch nicht erledigter Fertigungsaufträge nennt man **Beschaffungsbestand** oder Bestellbestand. Diesen Bestand kann man bei der Berechnung des zukünftigen Nettobedarfs vom Bruttobedarf abziehen, wenn die entsprechenden Teile bis zum Bedarfstermin im Lager verfügbar sind. Aus diesem Grund wird die Summe aus verfügbarem Bestand und Beschaffungsbestand auch **disponierbarer (verplanbarer) Bestand** genannt.

Bei der Bestandsführung ist zu berücksichtigen, dass sich in der Regel bei einem realen Lagerzugang oder -abgang außer dem effektiven Lagerbestand auch ein entsprechender dispositiver Be-stand verändert **(Tabelle 1)**. So wird z.B. beim Lagerzugang aufgrund einer Bestellung der Bestellbestand dieses Teiles genau um die Menge reduziert, um die sich der Lagerbestand erhöht.

Mithilfe der **Inventur** werden die buchmäßigen Bestände den körperlichen Beständen (Lager- und Werkstattbestand) angepasst. Bei der **Stichtagsinventur** erfolgt dies für alle Teile an einem bestimmten Tag, z.B. am 31. Dezember eines jeden Jahres. Für die **permanente Inventur** werden die Bestände zum Bilanzstichtag aus der buchmäßigen Bestandsfortschreibung ermittelt. Die Zählung der körperlichen Bestände kann für die einzelnen Artikel über das ganze Jahr verteilt erfolgen. Dies setzt allerdings eine ordnungsgemäße Lagerbuchführung voraus.

Mithilfe in der Materialbestandsführung erfassten Daten können für den Disponenten wichtige Kennzahlen ermittelt werden. **Bild 1, folgende Seite** zeigt z.B. einige **Lagerkennzahlen**.

Die **Umschlaghäufigkeit** gibt an, wie oft der Lagerbestand in einem Zeitabschnitt völlig erneuert wird. Die Umschlaghäufigkeit ist um so höher je niedriger der **Durchschnittsbestand** ist, der wiederum mit seinem **Durchschnittsbestandswert** ein wichtiges Maß für das im Lager gebundene Kapital ist.

**Tabelle 1: Bestandsveränderungen aufgrund verschiedener Vorgänge**

| Vorgang | Lagerbestand | Reservierter Bestand | Verfügbarer Bestand | Bestellbestand | Disponierb. Bestand |
|---|---|---|---|---|---|
| **Reservierung** | | | | | |
| • für einen Primärbedarf z.B. Kundenauftrag **(APB)**<br>• für den Sekundärbedarf eines Fertigungsauftrages **(FSB)** | | ↑ + | ↓ – | | ↓ – |
| **Beschaffung** | | | | | |
| • Bestellung bei einem Lieferanten **(LBE)**<br>• Fertigungsauftrag **(FBE)** | | | | ↑ + | ↑ + |
| **Lagerzugang** | | | | | |
| • aufgrund einer Bestellung beim Lieferanten **(LZU)** | ↑ + | | ↑ + | ↓ – | |
| • aufgrund eines erledigten Fertigungsauftrages **(FZU)** | ↑ + | | ↑ + | ↓ – | |
| • ungeplant z.B. bei Mehrlieferung **(UZU)** | ↑ + | | ↑ + | | ↑ + |
| **Lagerabgang** | | | | | |
| • aufgrund eines reservierten Kundenauftrages **(AAB)** | ↓ – | ↓ – | | | |
| • aufgrund eines reserviert. Sekundärbedarfes für die Fertigung **(FAB)** | ↓ – | ↓ – | | | |
| • ungeplant, z.B. nach Ausschuss **(UAB)** | ↓ – | | ↓ – | | ↓ – |

## Wiederholung und Vertiefung

1. Nennen Sie die wichtigsten Aufgaben der Materialwirtschaft, der Materialplanung und der Materialsteuerung.
2. Erklären Sie mithilfe von Beispielen die Begriffe Rohmaterial (Halbzeug), Einzelteil, Baugruppe, Erzeugnis, Hilfsstoff und Betriebsstoff.
3. Gliedern Sie die Materialbedarfsarten nach Bedarfsquellen und nennen Sie je ein Beispiel.
4. Wodurch unterscheidet sich der Bruttobedarf vom Nettobedarf?
5. Erklären Sie mithilfe von Beispielen die Begriffe Bedarfsverursacher und Bedarfsdecker.
6. Nennen Sie die wichtigsten Verfahren zur Materialbedarfsermittlung.
7. Beschreiben Sie stichwortartig das Vorgehen bei der deterministischen Bedarfsermittlung nach dem analytischen Verfahren.
8. Nennen Sie drei Methoden der stochastischen Bedarfsermittlung.
9. Welche Aufgaben hat die Materialbestandsführung?
10. Wodurch unterscheiden sich körperliche und dispositive Bestände bei der Materialbestandsführung?

| Lagerkennzahl | Berechnung |
|---|---|
| Geplante Lagerdurchschnittsbestandsmenge bei konstantem Verbrauch | = Sicherheitsbestand + (konstante Beschaffungsmenge/2) |
| Ermittelte Lagerdurchschnittsbestandsmenge | $= \frac{\text{Summe der Lagerbestandsmengen zu verschiedenen Zeitpunkten}}{\text{Anzahl der Zeitpunkte}}$ |
| Umschlaghäufigkeit je Periode | $= \frac{\text{Summe aller Abgangsmengen der betrachteten Periode}}{\text{durchschnittliche Lagerbestandsmenge}}$ |
| Lagerreichweite in Perioden | $= \frac{\text{Lagerbestandsmenge}}{\text{Verbrauch je Periode}}$ |
| Lagerverweildauer in Tagen | $= \frac{\text{Tage je Periode}}{\text{Umschlagshäufigkeit je Periode}}$ |
| Durchschnittlicher Lagerbestandswert | = Lagerdurchschnittsbestandsmenge · Durchschnittswert in €/ Mengeneinheit |

Mit folgenden Beispieldaten

| Zeitpunkt | Lagerbestand in Stück | Abgänge je Quartal in Stück |
|---|---|---|
| Ende des letzten Jahres | 1 220 | |
| Ende des 1. Quartals | 880 | 3 600 |
| Ende des 2. Quartals | 1 550 | 2 550 |
| Ende des 3. Quartals | 1 170 | 3 040 |
| Ende des betrachteten Jahres | 1 310 | 2 650 |
| Summe | 6 130 | 11 840 |

ergeben sich folgende Kennzahlen:

- **durchschnittlicher Lagerbestand in diesem Jahr**
  = 6 130 Stück/5
  ≈ **1 226 Stück**
- **Umschlaghäufigkeit in diesem Jahr**
  = 11 840 Stück pro Jahr/1 226 Stück
  ≈ **9,7 mal pro Jahr**
- **Lagerreichweite am Ende des 4. Quartals**
  = 1 310 Stück/11 840 Stück pro Jahr
  ≈ **0,11 Jahre**
- **Lagerverweildauer in Tagen**
  = 360 Tage je Jahr/9,7 pro Jahr
  ≈ **37 Tage**

**Bild 1: Lagerkennzahlen**

Während die **Lagerverweildauer** eines Teiles anzeigt, wie viele Tage ein Teil durchschnittlich auf Lager liegt, gibt die **Lagerreichweite** an, für wie lang der momentane Lagerbestand ausreicht, die voraussichtlichen Bedarfe zu befriedigen.

**Bestandsführung und Auftragsabwicklung**

Die Materialbestandsführung ist mit der Auftragsabwicklung eng verbunden. **Bild 1, folgende Seite** zeigt die verschiedenen Schritte der Auftragsabwicklung am Beispiel des Beispiel-PPS-Systems. In **Tabelle 1, übernächste Seite** werden die entsprechenden Buchungsvorgänge im Rahmen der Materialbestandsführung für einen einfachen Kundenauftrag dargestellt.

Nach einer Kundenanfrage (1a), die mit einem angemessenen Angebot (1b) beantwortet wird, geht schriftlich ein Kundenbestellung (2) über 400 Schalen mit der Teile-Nr. 102 ein. Diese Kundenbestellung wird erfasst und in der Auftragsdatei abgespeichert (3). Bis zu diesem Punkt haben sich die Materialbestände noch nicht verändert.

Danach wird im Rahmen der Materialdisposition zuerst eine Auftragsbedarfsplanung (4) durchgeführt, also die Bedarfsverursacher ermittelt. Dies sind der Primärbedarf des Kundenauftrags und die daraus resultierenden Sekundärbedarfe. Der Primärbedarf von 400 Schalen, wird reserviert (4a). Dies erhöht den reservierten Bestand für die Schalen um 400 und vermindert sowohl den verfügbaren als auch den disponierbaren Bestand auf -400. Der negative Bestand bedeutet, dass 400 Stück fehlen und damit ein Nettobedarf von 400 Schalen besteht. Um diesen Netto-Primärbedarf herstellen zu können wird ein Brutto-Sekundärbedarf (4b) von 400 mal 0,15 kg gleich 60 kg Blech benötigt. Dieser Bedarf des Teiles 105 wird reserviert. Dies führt aber dazu, dass der verfügbare und der disponierbare Bestand für das Blech ebenfalls negativ wird, also auch hier ein Nettobedarf besteht.

Um die Nettobedarfe zu decken, werden bei der Materialdisposition in einem weiteren Schritt (5) Fertigungsaufträge und Bestellungen eingeplant (vorgeschlagen). In unserem Fall wird ein Auftrag zur Fertigung von 400 Schalen eingeplant (5a) und als Bestellbestand notiert. Damit die Schalen gefertigt werden können, muss das dafür benötigte Blech als Fertigungssekundärbedarf reserviert werden.

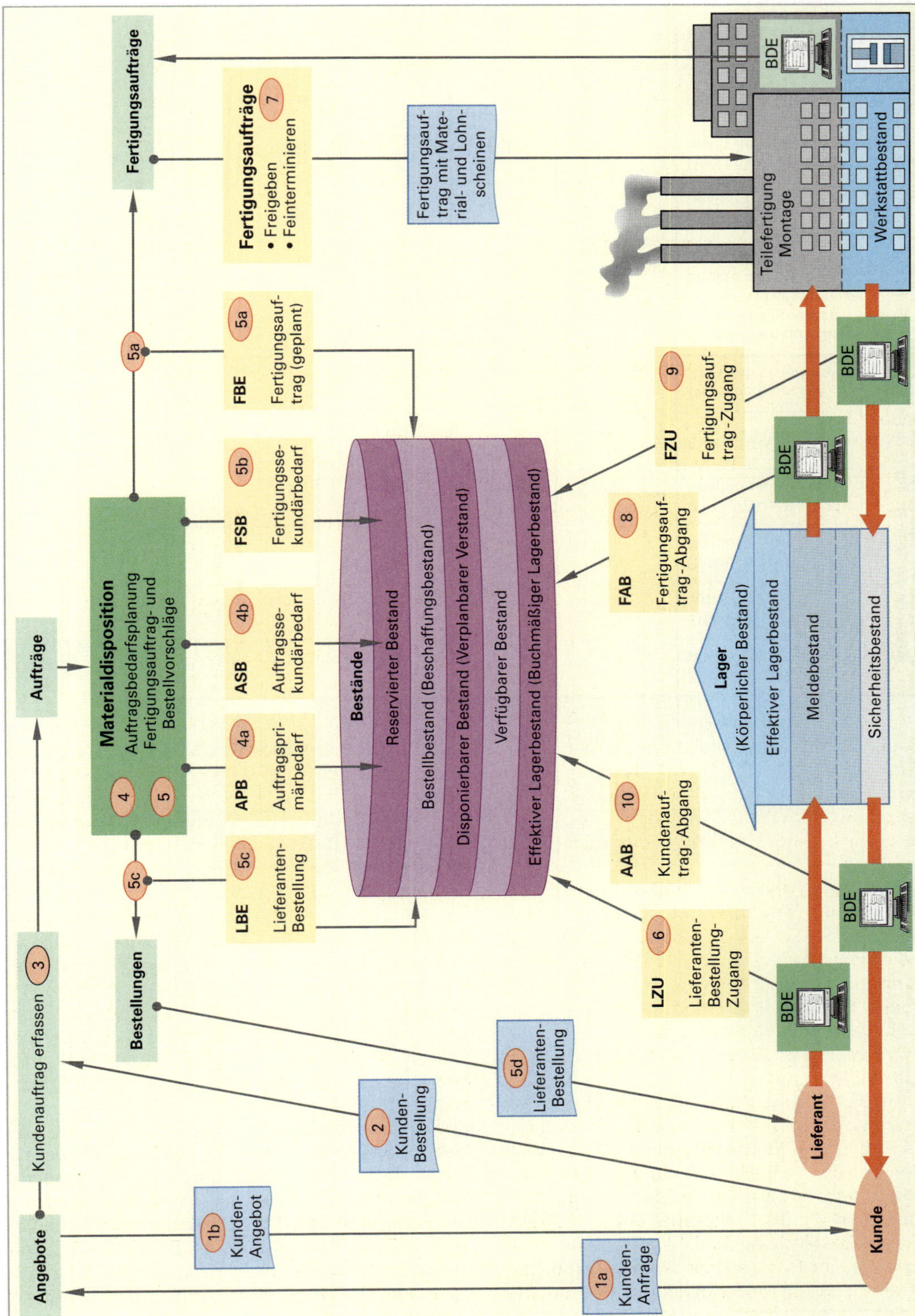


Bild 1: Materialbestandsführung im Rahmen der Auftragsabwicklung

**Tabelle 1: Beispiel einer Materialbestandsführung**

**Erzeugnisgliederung**

1 St 102 (Schale) — bedarfsgesteuert, Beschaff.menge: Bedarf
0,15 kg 105 (Blech) — bedarfsgesteuert, Bestellmenge: 300 kg

| Vorgänge | | | | | Bestände der Teile-Nr. 102 (Schale) | | | | | | Bestände der Teile-Nr. 105 (Blech) | | | | | |
|---|---|---|---|---|---|---|---|---|---|---|---|---|---|---|---|---|
| | | | | | Sicherheitsbestand: 0 Stück | | | | | | Sicherheitsbestand: 100 kg | | | | | |
| **Lfd. Nr.** | **Beschreibung** | Teile-Nr. | Menge | Mengeneinheit | Kurzzeichen des Dispositionselementes | Effektiver Lagerbestand | Reservierter Bestand | Verfügbarer Bestand (nach Reservierung) | Bestellbestand | Disponierbarer Bestand (ab Liefertermin) | Kurzzeichen des Dispositionselementes | Effektiver Lagerbestand | Reservierter Bestand | Verfügbarer Bestand (nach Reservierung) | Bestellbestand | Disponierbarer Bestand (ab Liefertermin) |
| | Ausgangssituation | | | | | 0 | 0 | 0 | 0 | 0 | | 150 | 0 | 50 | 0 | 50 |
| 1a, 1b | Kundenanfrage und Kundenangebot | 102 | 400 | St | | | | | | | | | | | | |
| 2 | Kundenbestellung geht ein | 102 | 400 | St | | | | | | | | | | | | |
| 3 | Bestellung wird als Kundenauftrag erfasst | 102 | 400 | St | | | | | | | | | | | | |
| 4 | **Bedarfsverursacher** planen (Auftragsbedarfsplanung) | | | | | | | | | | | | | | | |
| 4a | Auftragsprimärbedarf reservieren | 102 | 400 | St | APB | 0 | 400 | –400 | 0 | –400 | | | | | | |
| 4b | Auftragssekundärbedarf reservieren | 105 | 60 | kg | | | | | | | ASB | 150 | 60 | –10 | 0 | –10 |
| 5 | **Bedarfsdecker** planen (Fertigungsauftrags- und Bestellvorschläge) | | | | | | | | | | | | | | | |
| 5a | Fertigungsauftrag einplanen | 102 | 400 | St | FBE | 0 | 400 | –400 | 400 | 0 | | | | | | |
| 5b | Sekundärbedarf für Fertigungsauftr. reservieren | 105 | 60 | kg | | | | | | | FSB | 150 | 60 | –10 | 0 | –10 |
| 5c | Bestellung bei Lieferanten einplanen | 105 | 300 | kg | | | | | | | LBE | 150 | 60 | –10 | 300 | 290 |
| 6 | Zugang des bestellten Rohmaterials | 105 | 300 | kg | | | | | | | LZU | 450 | 60 | 290 | 0 | 290 |
| 7 | Freigabe des Fertigungsauftrages | 102 | 400 | St | | | | | | | | | | | | |
| 8 | Lager-Abgang des Bleches an Fertigung | 105 | 60 | kg | | | | | | | FAB | 390 | 0 | 290 | 0 | 290 |
| 9 | Lager-Zugang der fertigen Schalen | 102 | 400 | St | FZU | 400 | 400 | 0 | 0 | 0 | | | | | | |
| 10 | Lager-Abgang der best. Schalen an Kunden | 102 | 400 | St | AAB | 0 | 0 | 0 | 0 | 0 | | | | | | |

**Kurzbezeichnungen der Dispositionselemente**

APB: Kunden- /Lagerauftrag-Primärbedarf (Reservierung)
ASB: Auftrags-Sekundärbedarf (Reservierung)
AAB: Kunden /Lagerauftrag-Abgang
FBE: Fertigungsauftrag-Beschaffung
FSB: Fertigungsauftrag-Sekundärbedarf
FAB: Lager-Abgang für die Fertigung
FZU: Lager-Zugang von der Fertigung
LBE: Bestellung bei Lieferanten
LZU: Lager-Zugang von Lieferanten
UZU: Ungeplanter Lager-Zugang
UAB: Ungeplanter Lager-Abgang

**negativer Bestand bedeutet Fehlmenge bzw. Nettobedarf**

**Verfügbarer Bestand** = Effektiver Lagerbestand – Sicherheitsbestand – Reservierter Bestand
**Disponierbarer Bestand** = Verfügbarer Bestand + Bestellbestand

In unserem Fall entspricht die Menge für den Fertigungsauftrag der Schalen genau der Menge, die schon im Rahmen der Auftragsbedarfsplanung ermittelt wurde. Daher muss für das Blech der schon reservierte Auftragssekundärbedarf nur in einen Fertigungssekundärbedarf umgewandelt werden (5b). Da für dieses Blech auch ein Nettobedarf besteht, wird eine Bestellung beim Lieferanten mit der kostenoptimalen Losgröße von 300 kg eingeplant (5c). Damit erhöht sich für das Blech der Bestellbestand auf 300 kg und der disponierbare Bestand auf 290 kg.
Nach dem entsprechenden Bestellschreiben an den Lieferanten (5d) erfolgt nach der Lieferzeit der Lager-Zugang (6) des bestellten Bleches. Der Fertigungsauftrag kann nun wie geplant freigegeben werden (7). An den Beständen muss daher nichts geändert werden. Nach dem Lager-Abgang (8) des Bleches werden die Schalen gefertigt. Die fertigen Schalen werden ins Versandlager gebracht (9) und von dort an den Kunden versandt (10).

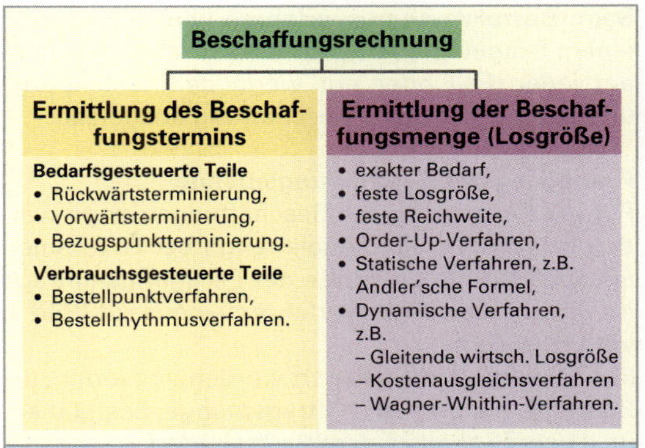


**Bild 1: Aufgaben der Beschaffungsrechnung**

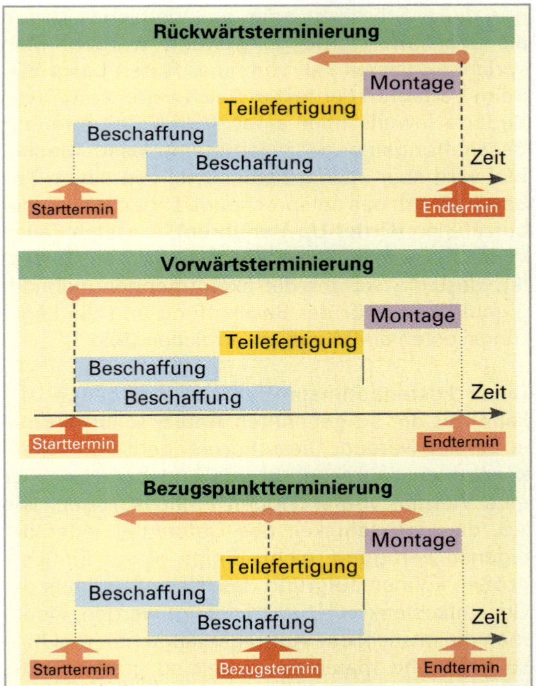


**Bild 2: Terminierungsarten**

### 7.5.3 Beschaffungsrechnung

Die Beschaffungsrechnung beantwortet für Teile, die nicht nur gefertigt und bestellt sondern auch gelagert werden, folgende zwei Fragen **(Bild 1)**:

- Wann soll beschafft werden (Beschaffungsauslösetermin)?
- Wieviel soll beschafft werden (Beschaffungsmenge)?

> Das Ziel der Beschaffungsrechnung ist ein möglichst niedriger Lagerbestand bei einem möglichst hohen Servicegrad (Lieferbereitschaft).

**Beschaffungstermine**

Eine Beschaffung (Bestellung beim Lieferanten oder Auftrag an die eigene Fertigung) wird für die meisten A-Teile ausgelöst, sobald ein Nettobedarf entsteht. Zur Ermittlung des Bedarfszeitpunktes wird vor allem die Rückwärtsterminierung eingesetzt. Die **Rückwärtsterminierung** geht vom festgelegten Endtermin des Primärbedarfes aus und ermittelt in einer Rückwärtsrechnung die spätesten Starttermine für die Bestellungen und Fertigungsaufträge zur Deckung des Sekundärbedarfes. Bei der **Vorwärtsterminierung** startet man dagegen von einem bestimmten Starttermin und berechnet den spätesten Endtermin des Primärbedarfes. Die **Bezugspunktterminierung**, auch Mittelpunktterminierung genannt, geht von einem feststehenden Termin in der Mitte des Auftragsnetzes aus. Dies kann z.B. ein noch freier Termin für einen Arbeitsgang auf einer sonst immer belegten Engpassmaschine sein. Von diesem Zeitpunkt aus wird in die Zukunft eine Vorwärtsterminierung und in die Vergangenheit eine Rückwärtsterminierung vorgenommen um die Termine für die restlichen Arbeitsgänge zu bestimmen.
Bei verbrauchsgesteuerten lagerhaltigen B- und C-Teilen wird dagegen mithilfe des Bestellpunktverfahrens oder des Bestellrhythmusverfahrens eine Beschaffung ausgelöst. Beim **Bestellpunktverfahren** wird eine Beschaffung veranlasst, sobald der Lagerbestand den Beschaffungsauslösebestand (Meldebestand) erreicht hat.

Beim **Bestellrhythmusverfahren** wird dagegen in einem festgelegten Rhythmus (z.B. alle 4 Wochen) auf jeden Fall oder nur wenn der Bestellpunkt unterschritten ist eine Beschaffung ausgelöst.

**Festlegung der Beschaffungsmenge**

Für die Festlegung der Beschaffungsmenge werden sowohl für die Bestellmenge bei Lieferanten als auch für die Losgröße der Fertigungsaufträge im Prinzip die selben Verfahren eingesetzt **(Bild 1, vorherige Seite)**.

Für Teile, die nicht gelagert werden, entspricht die Beschaffungsmenge (Auftragsmenge, Bestellmenge, Losgröße) exakt dem **Bruttobedarf**.

Kann ein Teil nur in einer festen Stückzahl, z.B. eine ganze Palette, geliefert werden, dann darf nur diese Stückzahl oder ein Vielfaches davon als Beschaffungsmenge gewählt werden. Man spricht in diesem Fall von einer **festen Losgröße**. Beim Verfahren der **festen Reichweite** werden die Bedarfe jeweils über einen festen Zeitraum zur Beschaffungsmenge zusammengefasst. Manchmal wird aber auch gerade soviel von einem Teil beschafft um das entsprechende Lagerfach wieder aufzufüllen **(Order-Up-Verfahren)**. In vielen Fällen versucht man die Beschaffungsmenge so zu wählen, dass die Summe der fixen (mengenunabhängigen) Kosten für der Beschaffung und die Lagerungskosten ein Minimum erreichen **(Bild 1)**.

Diese kostenoptimale Beschaffungsmenge $x_{opt}$ kann mit der so genannten **Andler'schen Formel** errechnet werden. Diese Formel geht von einem konstanten Jahresbedarf aus und berücksichtigt eine Vielzahl von wichtigen Einflussgrößen, wie z.B. die Lieferfähigkeit des Lieferanten oder der eigenen Fertigung, nicht. Einige dieser Einflussgrößen können aufgrund des flachen Verlaufs der Gesamtkostenkurve berücksichtigt werden, indem man die tatsächliche Auftragsmenge minimal halb so groß und maximal doppelt so groß wie die kostenoptimale Losgröße $x_{opt}$ wählt.

Im Gegensatz zu dem **statischen Verfahren** nach Andler, das von der Annahme ausgeht, dass der Bedarf über der Zeit konstant ist und regelmäßig auftritt, berücksichtigen die so genannten **dynamischen Verfahren** auch schwankende, zu verschiedenen Zeitpunkten auftretende Bedarfe, die allerdings genau bekannt sein müssen.

Ein dynamisches Verfahren ist das der **gleitenden wirtschaftlichen Losgröße**. Bei diesem Verfahren fasst man bereits bekannte Bedarfe entsprechend ihrer zeitlichen Folge schrittweise solange zu einer Auftragsmenge zusammen bis die auftragsmengenabhängigen Kosten (Fixe Beschaffungskosten und Lagerungskosten) je Stück ein Minimum erreichen.

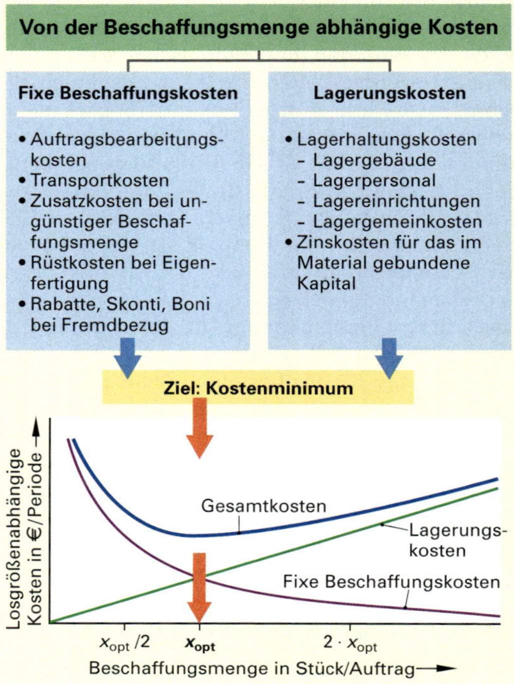


$$\text{Kostenoptimale Beschaffungsmenge } x_{opt} = \sqrt{\frac{200\% \cdot \text{Periodenbedarfsmenge} \cdot \text{Fixe Kosten je Beschaffung}}{\text{Planverrechnungspreis} \cdot \text{Lagerungskostenprozentsatz}}}$$

**Bild 1: Andler'sche Losgrößenformel**

**Faustformel:**
$x_{opt}/2$ < **gewählte Beschaffungsmenge m** < $2 \cdot x_{opt}$

**Beispiel:**
Für folgende Daten
**Teile-Nr. 328,**
Jahresbedarf: 3 000 Stück,
Fixe Kosten je Beschaffung: 150 €,
Planverrechnungspreis: 50,00 €/Stück,
Lagerungskostenprozentsatz: 24%
Verpackungseinheit: 100 Stück
ist die **kostenoptimale Losgröße** $x_{opt}$:

$$x_{opt} = \sqrt{\frac{200\% \cdot 3000 \text{ Stück} \cdot 150 \text{ €}}{50 \text{ €/Stück} \cdot 24\%}} = \textbf{274 Stück}$$

und die **gewählte Beschaffungsmenge m:**
**m = 300 Stück,** da Verpackungseinheit 100 Stück

Das Verfahren wird wie folgt durchgeführt:

1. Zunächst berechnet man die Lagerungskosten $LK_e$ für eine Mengeneinheit des Teiles pro Periode (Betriebskalendertag, Woche, Monat).

$$LK_e = \frac{PPr\,[€/ME] \cdot z\,[\%/Jahr]}{100\,[\%] \cdot APJ\,[Perioden/Jahr]}$$

| | |
|---|---|
| $LK_e$ | Lagerungskosten für eine Mengeneinheit pro Periode |
| *PPr* | Planverrechnungspreis je Mengeneinheit (ME) |
| *z* | Lagerungskostensatz bezogen auf das im Lager gebundene Kapital |
| *APJ* | Anzahl der Perioden pro Jahr |

In unserem Beispiel **Tabelle 1, folgende Seite** ist ein Betriebskalendertag (BKT) eine Periode. Ein Jahr habe 235 Betriebskalendertage. Damit belaufen sich die Kosten um ein Druckstück einen Betriebskalendertag lang zu lagern auf ungefähr 0,153 €. Mit diesem Wert lassen sich für jeden Bedarf *i* die entsprechenden Lagerungskosten $LK_i$ berechnen. Die Lagerung beginnt dabei immer am Termin des ersten Bedarfes.

$$LK_i = Lm_i \cdot LP_i \cdot LK_e$$

| | |
|---|---|
| *i* | Lfd. Nr. des betrachteten Bedarfes |
| $LK_i$ | Lagerungskosten für den Bedarf *i* |
| $Lm_i$ | gelagerte Bedarfsmenge von Bedarf *i* |
| $LP_i$ | Anzahl der Lagerperioden von Bedarf *i* |
| $LK_e$ | Lagerungskosten für eine Mengeneinheit pro Periode |

2. Nun wählt man als vorläufige Auftragsmenge die erste Bedarfsmenge und berechnet dafür die auftragsmengenabhängigen Gesamtkosten je Mengeneinheit ($GK_e$):

$$GK_e = \frac{\sum_{i=1}^{n} LK_i + FKB}{ZuB} \quad \text{mit}$$

$$Zub = \sum_{i=1}^{n} Bm_i$$

| | |
|---|---|
| $GK_e$ | Auftragsmengenabhängige Gesamtkosten je Mengeneinheit |
| *i* | Lfd. Nr. des betrachteten Bedarfes |
| *n* | Anzahl der zusammengefassten Bedarfe |
| $LK_i$ | Lagerungskosten für den Bedarf i |
| *FKB* | Fixe Kosten je Beschaffung |
| *ZuB* | Zusammengefasste Bedarfe |
| $Bm_i$ | Bedarfsmenge von Bedarf i |

Da bis jetzt nur der erste Bedarf betrachtet wird, ist der zusammengefasste Bedarf *ZuB* gleich der ersten Bedarfsmenge. Lagerkosten fallen nicht an, da der Beschaffungstermin immer gleich dem Termin des ersten Bedarfes $Bm_1$ ist.

3. Danach wird der Bedarf der ersten zwei Perioden zusammengefasst und für diese Bedarfsmenge die losgrößenabhängigen Gesamtkosten je Mengeneinheit berechnet. Wenn dieser Wert größer ist, als der zuvor berechnete Wert, ist das Kostenminimum schon überschritten.
Die kostenoptimale Auftragsmenge ist also nur die erste Bedarfsmenge.

4. Anderenfalls (die losgrößenabhängigen Stückkosten wurden also nicht kleiner) werden die folgenden Periodenbedarfe so lange zusammengefasst, bis das Minimum der losgrößenabhängigen Stückkosten erreicht ist. Die bis dahin zusammengefassten Bedarfsmengen bilden die kostenoptimale Beschaffungsmenge. **(Tabelle 1, folgende Seite)**.

Häufig muss die so berechnete Beschaffungsmenge noch an weitere Einflussfaktoren wie z.B. an den kleinsten sinnvollen Losgrößenteiler angepasst werden. Im Gegensatz zur Anpassung des Ergebnisses der Ander'schen Formel muss beim Gebrauch der dynamischen Verfahren die berechnete Auftragsmenge aufgerundet werden, um die tatsächlich vorliegenden und zusammengefassten Bedarfe auch decken zu können. Weiterhin ist zu prüfen, ob die Bedarfszusammenfassung aus Kapazitäts- oder Termingründen überhaupt Sinn macht. So kann sich z.B. die Durchlaufzeit für den zusammengefassten Auftrag so erhöhen, dass der erste Bedarf nicht mehr termingerecht gedeckt werden kann.

Das **Kostenausgleichsverfahren** basiert auf den selben Überlegungen wie das Verfahren der wirtschaftlich gleitenden Losgröße.
Bei diesem Verfahren werden solange die Bedarfsmengen zusammengefasst, bis die anfallenden Lagerungskosten ungefähr den fixen Beschaffungskosten entsprechen. Die losgrößenabhängigen Stückkosten werden nicht berechnet.

Die aufwendigste Berechnung ist bei dem **Wagner-Whithin-Verfahren** durchzuführen. Hier werden die Bedarfe nicht in Reihenfolge ihrer Termine sondern in allen möglichen Kombinationen solange zusammengefasst bis das tatsächliche Kostenoptimum für die Auftragsbildung der bis zur Berechnung bekannten Bedarfe erreicht ist.

**Tabelle 1: Beispiel für das Verfahren der gleitenden wirtschaftlichen Losgröße**

Ausgangsdaten:

| Teile-Nummer: **326** | Bezeichnung: **Druckstück** |
|---|---|
| Planverrechnungspreis in €/ME: | 150,00 |
| Fixe Beschaffungskosten in €/Beschaffung: | 100,00 |
| Lagerungskostensatz in % /(Jahr u. ME): | 24 |
| Betriebskalendertage (BKT) je Jahr: | 235 |
| Kleinster sinnvoller Losgrößenteiler (Transporteinheit): | 10 |

| **Bekannte Bedarfe** | | |
|---|---|---|
| Für Auftr. Nr | Termin in BKT | Menge |
| F01 | 400 | 20 |
| A15/1 | 410 | 17 |
| A15/2 | 420 | 10 |
| A15/3 | 425 | 18 |

Lösungsvorschlag:

| | | | | | |
|---|---|---|---|---|---|
| Teile-Nummer: | 326 | Bezeichnung: **Druckstück** | | (1.) | |
| Planverrechnungspreis in €/ME: | **150,00** | Lagerungskostensatz in % /(Jahr u. ME): | **24** | **Lagerhaltungskosten in € / (BKT u. ME):** | |
| Fixe Beschaffungskosten in €/Besch.: | **100,00** | Betriebskalendertage (BKT) je Jahr: | **235** | = 150 € · 24% / (100% · 235) = **0,153** | |

| Bedarfe | | | Zusammengefasster Bedarf | Lagerdauer in BKT | Lagerungskosten in € $Lk_i$ | | Fixe Beschaffungskosten in € | Losgrößenabh. Gesamtkosten | | Berechnete Beschaff. menge | Gewählte Beschaff. menge |
|---|---|---|---|---|---|---|---|---|---|---|---|
| Für Auftrag-Nr. i | Termin in BKT | Menge $Bm_i$ | | | Je Bedarf | Summe | | In €/Besch. | $Gk_e$ in €/ME | | |
| (2.) F01 | 400 | 20 | 20 | 0 | 0,00 | 0,00 | 100,00 | 100,00 | 5,00 | 47 | 50 |
| (3.) A15/1 | 410 | 17 | 37 | 10 | =17·10·0,153 | 26,01 | 100,00 | 126,01 | =126,01/37 3,41 | da | da die Transporteinheit 10 Stück fasst |
| (4.) A15/2 | 420 | 10 | 47 | 20 | 30,64 | 56,65 | 100,00 | 156,65 | 3,33 | Minimum | |
| A15/3 | 425 | 18 | 65 | 25 | 68,94 | 125,59 | 100,00 | 225,59 | 3,47 | | |

**Wiederholung und Vertiefung**

1. Erklären Sie mithilfe von Beispielen die Bedeutung der Lagerkennzahlen Umschlagshäufigkeit, Lagerreichweite und durchschnittlicher Lagerbestandswert.
2. Beschreiben Sie mithilfe eines Beispieles welche Rolle die Materialbestandsführung im Rahmen der Auftragsabwicklung spielt.
3. Wodurch unterscheiden sich die Rückwärts-, Vorwärts- und Bezugspunktterminierung?
4. Wie wird der Beschaffungstermin von verbrauchsgesteuerten Teilen bestimmt?
5. Nennen Sie die wichtigsten Verfahren zur Ermittlung der Beschaffungsmenge.

## 7.5.4 Materialdisposition eines Kundenauftrages

Anhand eines einfachen Beispiel soll im Folgenden zusammenfassend das Vorgehen bei der Materialdisposition eines Kundenauftrages dargestellt werden.

**Beispiel 1: Materialdisposition**

Der Ausgangspunkt ist der vorliegende Kundenauftrag K01.

Danach sollen 10 Erzeugnisse mit der Teile-Nr. 325 am Betriebskalendertag BKT 410 gefertigt sein. Dieser Brutto-Primärbedarf wird in der Dispositionsdatei als reservierter Bestand gebucht. Da es für das Erzeugnis keinen disponierbaren Bestand gibt ist der Netto-Primärbedarf gleich dem Bruttobedarf.

Zur Deckung des Nettobedarfes wird der Montageauftrag F01 veranlasst. Die Auftragsmenge für diesen Fertigungsauftrag ist gleich dem Nettobedarf, wie dies bei der langfristigen Planung der Dispositionsparameter festgelegt wurde (siehe Spalte BM der Dispositionsdaten im Beispiel, folgende Seite). Der späteste Starttermin für den Montageauftrag ergibt sich aus der Vorlaufzeitverschiebung gegenüber dem Montage-Endtermin.

Zu diesem spätesten Starttermin müssen die für die Montage benötigten Teile 326 und 328 als Sekundärbedarf bereitgestellt werden. Der dazu benötigte Bruttobedarf ergibt sich aus der Erzeugnisstruktur. Dieser Bruttosekundärbedarf von 30 Teilen 326 und 40 Teilen 328 wird für den Montageauftrag F01 reserviert.

Nachdem vom Teil 326 ein disponierbarer Bestand von 10 Stück vorliegt, beträgt sein Nettobedarf nur noch 20 Stück. Zu seiner Deckung wird der Fertigungsauftrag F02 eingeplant. Da für die Ermittlung der Auftragsmenge vom Teil 326 das Verfahren der gleitenden wirtschaftlichen Losgröße angewandt werden soll, muss als Auftragsmenge die oben in Tabelle 1 schon ermittelte Beschaffungsmenge von 50 Stück gewählt werden. Darin sind die Bedarfe für die Aufträge A15/1 und A15/2 erhalten. Daher ist der neue disponierbare Bestand für das Teil 326 auch nicht 50 minus 20, sondern 50 minus 47, also 3.

Für das Rohmaterial 327, das für den Fertigungsauftrag F02 benötigt wird, muss nur der Bruttobedarf für die Lagerausfassliste ermittelt werden. Weitere auftragsabhängige Planungen müssen nicht durchgeführt werden, da das Material 327 verbrauchsgesteuert disponiert werden soll. Das bedeutet aber, dass der Disponent normalerweise davon ausgehen kann, dass immer genügend Material im Lager vorrätig gehalten wird. Eine neue Beschaffung wird erst ausgelöst, wenn nach der Materialentnahme festgestellt wird, dass der Meldebestand des verbrauchsgesteuerten Materials unterschritten ist.

**Ausgangsdaten:**
Heute ist der BKT 360. Es liegt der **Kundenauftrag K01** über **10 Erzeugnisse 325 zum Termin BKT 410** vor. Es sollen die Materialdisposition durchgeführt und die Folgeaufträge geplant werden. Folgende **Bedarfe für das Teil 326** sind bekannt: für A15/1 17 St zum BKT 410, für A15/2 10 St zum BKT 420 und für A15/3 18 St für BKT 425.

**Erzeugnisstruktur:**

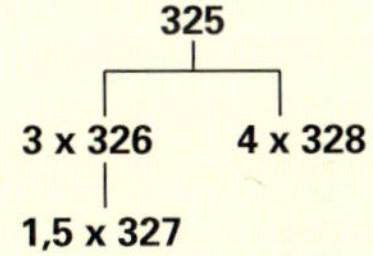


**Dispositionsdaten:**

| Teile-Nr. | DV | BA | Disp.Best. | BM | TD / WBZ |
|---|---|---|---|---|---|
| 325 | b | E | 0 | BF | 10 BKT |
| 326 | b | E | 10 | GL 50 St | 15 BKT |
| 327 | v | F | | FX 600 St | 30 BKT |
| 328 | b | F | 25 | AL 300 St | 40 BKT |

*Prinzipielles Vorgehen:*

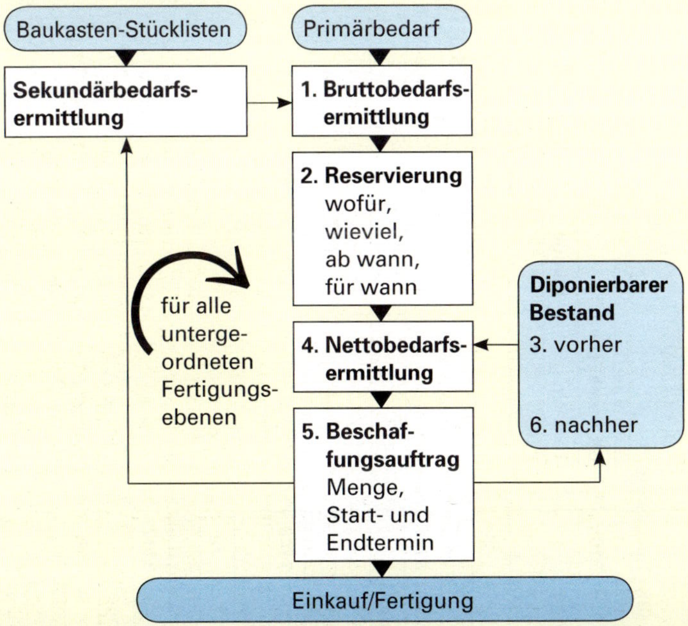


| Lfd. Nr. | 1 | 2 | 3 | 4 |
|---|---|---|---|---|
| Fertigungsebene/Baustufe | 0 | .1 | ..2 | .1 |
| **Teile-Nummer** | **325** | **326** | **327** | **328** |
| Menge in Baukasten-Stückliste | | 3 | 1,5 | 4 |
| **1. Bruttobedarf** | 10 | 30 | 75 | 40 |
| | | | | |
| **2. Reservierungsauftrag** | | | | |
| Auftragsart | APB | FSB | keinen, da | FSB |
| für Auftrags-Nr. | K01 | F01 | verbrauchs- | F01 |
| Reservierte Menge | 10 | 30 | gesteuert | 40 |
| Beginn der Reserv. [BKT] | 360 | 360 | | 400 |
| Vormerktermin [BKT] | 410 | 400 | | 400 |
| 3. Disponierbarer Bestand vorher | 0 | 10 | | 25 |
| **4. Nettobedarf** | 10 | 20 | | 15 |
| | | | | |
| **5. Beschaffungsauftrag** | Montage | Teilefertig. | | Bestellung |
| Auftragsart | FBE | FBE | keinen, da | LBE |
| Auftrags-Nr. | F01 | F02 | verbrauchs- | L01 |
| Auftragsmenge | 10 | 50 (GL) | gesteuert | 300 (AL) |
| Endtermin [BKT] | 410 | 400 | | 400 |
| TD bzw. WBZ [BKT] | 10 | 15 | | 40 |
| Starttermin [BKT] | 400 | 385 | | 360 |
| 6. Disponierbarer Bestand nachher | 0 | 3 | | 285 |

keine 30, da 27 St zur Bedarfsdeckung der Aufträge A15/1 und A15/2 mit gefertigt werden.

**BA = Bezugsart:**
E = Eigenfertigung
F = Fremdbezug

**DV = Dispositionsverfahren:**
v = verbrauchsgesteuert
b = bedarfsgesteuert

**BM = Beschaffungsmenge:**
GL = Gleit. wirt. Losgr.
AL = nach *Andler*
FX = Fixe Menge/Versandeinheit
BF = Bedarf

**Auftragsarten / Vorgänge:**
APB = Kundenprimärbedarf
LBE = Bestellung bei Lieferanten
FBE = Beschaffung bei Fertigung
FSB = Fertigungsauftrag-sekundärbedarf

**Zeitarten:**
TD = Durchlaufzeit
WBZ = Wiederbeschaffungszeit

**Beispiel: Materialdisposition, Fortsetzung 1**

**Beispiel 1 (Fortsetzung): Materialdisposition**
Damit bleibt für den Disponenten nur noch die Planung des schon reservierten Einkaufsteiles 328, dessen Bedarf nicht vollständig durch seinen disponierbaren Bestand gedeckt werden kann. Es wird also eine Bestellung bei dem Lieferanten nötig. Die Bestellmenge soll mithilfe der Andler'schen Formel ermittelt werden. Dies ist im vorherigen Kapitel (auf Seite 268) als Beispielaufgabe schon geschehen.
Wie man anhand dieses einfachen Beispiel leicht nachvollziehen kann, wird zur Ermittlung der Termine von Beschaffungsaufträgen für vorgegebene Kundenaufträge in der Regel eine Rückwärtsterminierung durchgeführt. Die in der Aufgabe vorgegebenen Durchlaufzeiten und Wiederbeschaffungszeiten wurden mithilfe von Erfahrungswerten und der in den entsprechenden Arbeitsplänen angegebenen Rüst-, Stück- und Übergangszeiten mit für dieses Erzeugnis üblichen Auftragsmengen ermittelt und auf ganze Wochen mit jeweils fünf Betriebskalendertagen (BKT) aufgerundet.

**Beispiel 2: Aufgabe zur Materialdisposition eines Auftrages über 20 Kreuzgelenkwellen mit der Teile-Nr. 3105**

Heute haben wir den Betriebskalendertag BKT **580.**
Es liegen folgende Kundenaufträge vor:

| **Auftragsnummer:** | **K101** | **K102** |
|---|---|---|
| **Teilenummer:** | **3 105** | **3 116** |
| **Fertigstellungstermin (BKT):** | 598 | 605 |
| **Auftragsmenge:** | 20 | 60 |

Für den Auftrag **K101** soll unter Berücksichtigung des Auftrages **K102** die Materialdisposition durchgeführt werden.

Es sind der Erzeugnisstrukturbaum, die Bruttobedarfe, die Nettobedarfe, die disponierbaren Bestände sowie die Auftragsmengen, die Auftragsarten, die Starttermine und Endtermine der Folgeaufträge zu ermitteln.

Die Durchlaufzeiten sind auf ganze Betriebskalendertage (BKT) aufzurunden.
Ein Betriebskalendertag (BKT) soll 480 Minuten haben.
Das laufende Jahr hat 235 BKT.

**Baukasten-Stücklisten (BK-Stücklisten):**

| **BK-Stückliste:** | | **3105** |
|---|---|---|
| **Teile-Nr.** | **Menge** | |
| 3106 | 1 | St |
| 3116 | 2 | St |

| **BK-Stückliste:** | | **3106** |
|---|---|---|
| **Teile-Nr.** | **Menge** | |
| 3114 | 0,64 | kg |

| **BK-Stückliste:** | | **3108** |
|---|---|---|
| **Teile-Nr.** | **Menge** | |
| 3118 | 1 | St |

| **BK-Stückliste:** | | **3117** |
|---|---|---|
| **Teile-Nr.** | **Menge** | |
| 3110 | 1 | St |
| 3111 | 17 | St |

| **BK-Stückliste:** | | **3116** |
|---|---|---|
| **Teile-Nr.** | **Menge** | |
| 3109 | 1 | St |
| 3112 | 4 | St |
| 3108 | 1 | St |
| 3117 | 4 | St |
| 3113 | 4 | St |
| 3107 | 1 | St |

| **BK-Stückliste:** | | **3107** |
|---|---|---|
| **Teile-Nr.** | **Menge** | |
| 3118 | 1 | St |

| **BK-Stückliste:** | | **3118** |
|---|---|---|
| **Teile-Nr.** | **Menge** | |
| 3115 | 0,76 | kg |

| **Teile-Identnummer:** | **3105** | **3106** | **3107** | **3108** | **3109** | **3110** | **3111** | **3112** | **3113** | **3114** | **3115** | **3116** | **3117** | **3118** |
|---|---|---|---|---|---|---|---|---|---|---|---|---|---|---|
| Teileart (TA)<br>E: Erzeugnis G: Baugruppe<br>T: Einzelteil R: Rohmaterial | E | T | T | T | T | T | T | T | T | R | R | G | G | T |
| Bezugsart (BA)<br>E: Eigenfertigung F: Fremdbezug | E | E | E | E | F | F | F | F | F | F | F | E | E | E |
| Mengeneinheit (ME) | St | St | St | St | St | St | St | St | St | kg | kg | St | St | St |
| ABC- / XYZ – Klasse: | A/Y | C/Z | B/Y | B/Y | C/Y | C/Y | C/Y | C/Y | C/X | C/Y | C/X | A/Y | B/Y | A/Y |
| Plan-Verrechnungspreis in €/ME: | 600 | 30 | 80 | 90 | 7 | 5 | 0,04 | 0,1 | 0,05 | 8 | 5 | 250 | 8 | 80 |
| Dispositionsverfahren (DV):<br>b / s bedarfsgest. v: verbrauchsgest. | b | b | b | b | v | v | v | v | v | v | v | b | b | b |
| Disponierbarer Bestand in ME (heute): | 0 | 0 | 0 | 0 | | | | | | | | 5 | 1 600 | 170 |
| Meldebestand im ME: | - | - | - | - | 200 | 800 | 20 000 | 3 000 | 1 000 | 42 | 500 | – | 1 000 | 70 |
| Sicherheitsbestand in ME: | 0 | 0 | 0 | 0 | 20 | 80 | 200 | 160 | 100 | 18 | 60 | 0 | 0 | 0 |
| Summe der Rüstzeiten $t_r$ in min: | 30 | 75 | 35 | 50 | | | | | | | | 30 | 20 | 120 |
| Summe der Einzelzeiten $t_e$ in min: | 2 | 5 | 2,5 | 2 | | | | | | | | 0,5 | 1 | 23 |
| Summe der Übergangszeiten $t_{üb}$ in BKT: | 1 | 2 | 2 | 2 | | | | | | | | 1 | 1 | 3 |
| Wiederbeschaffungszeit (Fremdbezug) in BKT: | | | | | 20 | 20 | 20 | 20 | 10 | 10 | 10 | | | |
| Beschaffungsmengenermittlung:<br>GL Gleit. Wirtschl. Losgr. AL nach *Andler*<br>FX Fixe Menge in ME | GL | GL | GL | GL | FX<br><br>800 | FX<br><br>2 000 | FX<br><br>80 000 | FX<br><br>12 000 | FX<br><br>20 000 | FX<br><br>438 | FX<br><br>1184 | GL | AL | AL |
| Fixe Beschaffungskosten in €/Auftrag: | 300 | 200 | 220 | 200 | 150 | 150 | 150 | 150 | 150 | 150 | 150 | 200 | 175 | 160 |
| Lagerungskostenprozentsatz in %/Jahr: | 24 | 24 | 24 | 24 | 24 | 24 | 24 | 24 | 24 | 24 | 24 | 24 | 24 | 24 |
| Voraussichtlicher Jahresbedarf in ME: | | | | | 2 000 | 8 000 | 160 000 | 8 200 | 10 000 | 740 | 4 000 | | 8 000 | 4 000 |
| Kleinster sinnvoller Losgrößenteiler in ME:<br>(Anzahl je Transporteinheit) | 1 | 1 | 1 | 1 | 400 | 500 | 2000 | 1000 | 500 | 8,76 | 59,2 | 2 | <br>200 | <br>20 |
| **Teile-Identnummer:** | **3 105** | **3 106** | **3 107** | **3 108** | **3 109** | **3 110** | **3 111** | **3 112** | **3 113** | **3 114** | **3 115** | **3 116** | **3 117** | **3 118** |

**Beispiel 2: Materialdisposition, Dispositionsdaten für Beispiel 2 (Fortsetzung 1)**

| Lfd. Nr. | | 1 | 2 | 3 | 4 | 5 | 6 | 7 | 8 | 9 | 10 | 11 | 12 | 13 | 14 | 15 | 16 |
|---|---|---|---|---|---|---|---|---|---|---|---|---|---|---|---|---|---|
| Erzeugnisstruktur | Fertig.ebene 0 | 1 St 3105 | | | | | | | | | | | | | | | |
| | .1 | | 1 St 3106 | | 2 St 3116 | | | | | | | | | | | | |
| | ..2 | | | 0,64 kg 3114 | | 1 St 3109 | 4 St 3112 | 1 St 3108 | | | 4 St 3117 | | | 4 St 3113 | 1 St 3107 | | |
| | ...3 | | | | | | | | 1 St 3118 | | | 1 St 3110 | 17 St 3111 | | | 1 St 3118 | |
| | ....4 | | | | | | | | | 0,76 kg 3115 | | | | | | | 0,76 kg 3115 |
| Bezugsartart (BA) | | E | E | F | E | F | F | E | E | F | E | F | F | F | E | E | F |
| Dispositions-verfahren (DV) | | b | b | v | b | v | v | b | b | v | b | v | v | v | b | b | v |
| Beschaffungsmenge (BM) | | GL | GL | FX | GL | FX | FX | GL | AL | FX | AL | FX | FX | FX | GL | AL | FX |
| **Bruttobedarf** | | 20 | 20 | 12,8 | 40 | 96 | 384 | 96 | 96 | 0 | 384 | 0 | 0 | 384 | 96 | 96 | 197,6 |
| **Reservierungsauftrag** | | | | verb. gest. | | verb. gest. | verb. gest. | | | verb. gest. | | verb. gest. | verb. gest. | verb. gest. | | | verb. gest. |
| Auftragsart | | APB | FSB | | FSB | | | FSB | FSB | | FSB | | | | FSB | FSB | |
| für | | Kunden | Endmon. | | Endmon. | | | Vormon. | Teilefert. | | Vormon. | | | | Vormon. | Teilefert. | |
| für Auftrag-Nr. | | K101 | F101 | | F101 | | | F103 | F104 | | F103 | | | | F103 | F105 | |
| Reservierte Menge | | 20 | 20 | | 40 | | | 96 | 96 | | 384 | | | | 96 | 96 | |
| Beginn der Reserv. [BKT] | | 580 | 580 | | 580 | | | 580 | 580 | | 580 | | | | 580 | 580 | |
| Reserv.-Endtermin [BKT] | | 598 | 596 | | 596 | | | 594 | 591 | | 594 | | | | 594 | 591 | |
| Disponierb. Bestand vorher | | 0 | 0 | | 5 | | | 0 | 170 | | 1600 | | | | 0 | 74 | |
| **Nettobedarf** | | 20 | 20 | | 35 | | | 96 | 0 | | 0 | | | | 96 | 22 | |
| **Beschaffungsauftrag** | | | | | | | | | | | | | | | | | |
| Auftragsart | | FBE | FBE | | FBE | | | FBE | | | | | | | FBE | FBE | |
| an | | Endmon. | Teilefert. | | Vormon. | | | Teilefert. | – | | – | | | | Teilefert. | Teilefert. | |
| Auftrags-Nr. | | F101 | F102 | | F103 | | | F104 | | | | | | | F105 | F106 | |
| Beschaffungsmenge | | 20 | 20 | | 96 | | | 96 | | | | | | | 96 | 260 | |
| Endtermin [BKT] | | 598 | 596 | | 596 | | | 594 | | | | | | | 594 | 591 | |
| TD bzw. WBZ [BKT] | | 2 | 3 | | 2 | | | 3 | | | | | | | 3 | 16 | |
| Starttermin [BKT] | | 596 | 593 | | 594 | | | 591 | | | | | | | 591 | 575* | |
| Disponierb. Bestand danach | | 0 | 0 | | 1 ª wegen Auftr. K102 | | | 0 | 74 | | 1216 | | | | 0 | 238 | |

**BA = Bezugsart:**
E = Eigenfertigung
F = Fremdbezug

**DV = Dispositionsverfahren:**
v = verbrauchsgesteuert
b = bedarfsgesteuert

**Zeitarten:**
TD = Durchlaufzeit
WBZ = Wiederbes.zeit

**Auftragsarten / Vorgänge:**
APB = Kundenprimärbedarf
LBE = Bestellung bei Lieferanten
FBE = Beschaffung bei Fertigung
FSB = Fertigungsauftragsekundärbedarf

**BM = Beschaffungsmenge:**
GL = Bedarf / Gleit. wirt. Losgr.
AL = nach *Andler*
FX = Fixe Menge / Versandeinh.

* Starttermin ist verstrichen. Der Kundenauftragstermin kann aber gehalten werden, wenn 22 Teile 3118 direkt zur Fertigung von 3107 weitergeleitet werden.

**Beispiel 2: Materialdisposition, Lösung für Beispiel 2, Fortsetzung 2**

| **Berechnung der gleitenden wirtschaftlichen Losgröße**: Teile-Nummer: | | **3116** | Bezeichnung: **Zahnwellengelenk** |
|---|---|---|---|
| Planverrechnungspreis in €/ME: **250,00** | Lagerungskostensatz in % /(Jahr u. ME): | **24** | **Lagerhaltungskosten in €/(BKT u. ME):** |
| Fixe Beschaffungskosten in €/Besch.: **200,00** | Betriebskalendertage (BKT) je Jahr: | **235** | **0,255** |

| **Nettobedarfe** | | | Mögl. Beschaf-fungsmenge | Lagerdauer | Lagerungskosten in € | | Fixe Beschaff.-kosten in € | Losgrößenabh. Gesamtkosten | | Berechnete Beschaff.-menge | Gewählte Beschaff.-menge |
|---|---|---|---|---|---|---|---|---|---|---|---|
| Für Auftrag Nr. | Termin in BKT | Menge | | in BKT | je Bedarf | Summe | | in €/Besch. | in €/ME | | |
| F101 | 596 | 35 | 35 | 0 | 0,00 | 0,00 | 200,00 | | | **95** | **96** da keinst. sinnv. Losgrößenteiler gleich 2 Stück |
| K102 | 605 | 60 | **95** | 9 | 137,87 | 137,87 | 200,00 | 200,00 | 5,71 | **Minimum** | |
| | | | | | | | | 337,87 | **3,56** | | |
| | | | | | | | | | | | |

Die **Fertigungsauftragsmengen für die Teile 3105, 3106, 3108 und 3107** ist gleich dem Nettobedarf, da für diese Teilenummern die gleitende wirtschaftliche Losgröße eingesetzt werden soll, es aber keine weiteren bekannte Bedarfe gibt und der kleinste sinnvolle Losgrößenteiler gleich 1 ist.

**Fertigungsauftragsmenge für Teil 3118 nach *Andler:***

$$x_{opt} = \sqrt{\frac{200 \cdot 4000 \cdot 160}{80{,}00 \cdot 24}} = 258 \Rightarrow m = 260$$

da Behältergröße gleich 20 (kleinster sinnvoller Losgrößenteiler)

Um trotz der langen Durchlaufzeit, die sich wegen der großen Auftragsmenge (260 Stück von Teil 3118) ergibt, den Kundenauftrag nicht zu gefährden, müssen 22 Teile 3118 sofort zur Fertigung von Teile Nr. 3107 weitergeleitet werden.

**Berechnung der auf einen BKT aufgerundeten Durchlaufzeiten TD für die geplanten Fertigungsaufträge:**

| Teile-Nr. | Bezeichnung | Auftrag-Nr. | $(\Sigma t_r$ [min] + | m [Stück] · | $\Sigma t_e)$ [min/Stück] | /480 min/BKT+ [BKT] | $\Sigma t_{Üb}$ [BKT] | TD [BKT] | TD aufge-rund. [BKT] |
|---|---|---|---|---|---|---|---|---|---|
| 3105 | Kreuzgelenkwelle | F101 | 30 | 20 | 2 | 0,146 | 1 | 1,146 | 2 |
| 3106 | Verbindungswelle | F102 | 75 | 20 | 5 | 0,365 | 2 | 2,365 | 3 |
| 3116 | Zahnwellengelenk | F103 | 30 | 96 | 0,5 | 0,163 | 1 | 1,163 | 2 |
| 3108 | Rohrwellenschaft | F104 | 50 | 96 | 2 | 0,504 | 2 | 2,504 | 3 |
| 3107 | Zahnwellenschaft | F105 | 35 | 96 | 2,5 | 0,573 | 2 | 2,573 | 3 |
| 3118 | Halbfabrikat Gelenkschaft | F106 | 120 | 260 | 23 | 12,708 | 3 | 15,708 | 16 |

**Beispiel 2: Materialdisposition, Nebenrechnungen, Fortsetzung 3**

## 7.6 Eigenfertigungsplanung und -steuerung

Die mittelfristige Materialdisposition plant zur Deckung des Primär- und Sekundärbedarfes unter anderem Fertigungsaufträge ein, die im Fertigungsprogramm gesammelt werden. Die tatsächliche Kapazitätssituation der Arbeitsplätze zur Realisierung der einzelnen Arbeitsvorgänge wird bei der Produktionsbedarfsplanung nur grob, z.B. mithilfe von Übergangszeiten, berücksichtigt.

Die Eigenfertigungsplanung und -steuerung hat nun die Aufgabe, dafür zu sorgen, dass die Vorgaben der Produktionsbedarfsplanung möglichst in die Wirklichkeit umgesetzt werden. Dies geschieht in folgenden Schritten **(Bild 1)**:

- Programmkonsolidierung,
- Losbildung (Zusammenfassen von Aufträgen),
- Feinterminierung (auftragsorientierte Durchlaufterminierung),
- Kapazitätsfeinplanung (arbeitsplatzorientierte Kapazitätsterminierung)
- Reihenfolgeplanung (der Aufträge je Arbeitsplatz),
- Verfügbarkeitsprüfung aller benötigten Ressourcen und Dokumente,
- Freigabe zur Fertigung und Auftragsveranlassung,
- Auftrags- und Ressourcenüberwachung.

In einem ersten Schritt, der **Programmkonsolidierung**, wird mithilfe eines festgelegten Planungshorizontes von z.B. acht Wochen festgestellt, welche Fertigungsaufträge in die Feinplanung aufgenommen werden müssen. Weiterhin ist zu prüfen, ob für diese Fertigungsaufträge alle Arbeitsunterlagen (Konstruktionszeichnungen, Arbeitspläne, NC-Programme etc.) vorhanden sind und die Verfügbarkeit der benötigten Materialien und Werkzeuge gewährleistet ist.

Die folgende **Losbildung** fasst, sofern bei der mittelfristigen Materialdisposition noch nicht geschehen, Fertigungsaufträge, die einen gleichen oder sehr ähnlichen Fertigungsablauf haben und die terminlich im selben Zeitraum liegen, zu so genannten Losen zusammen. Damit spart man Rüstkosten. Wenn Teillose aus unterschiedlichen Kundenaufträgen zu einem einzigen Fertigungslos zusammengefasst werden, führt dies meist zu einer Entkopplung der Kundenaufträge. Eine genaue Verfolgung des einzelnen Kundenauftrags ist dann nur noch mit sehr großem Aufwand möglich.

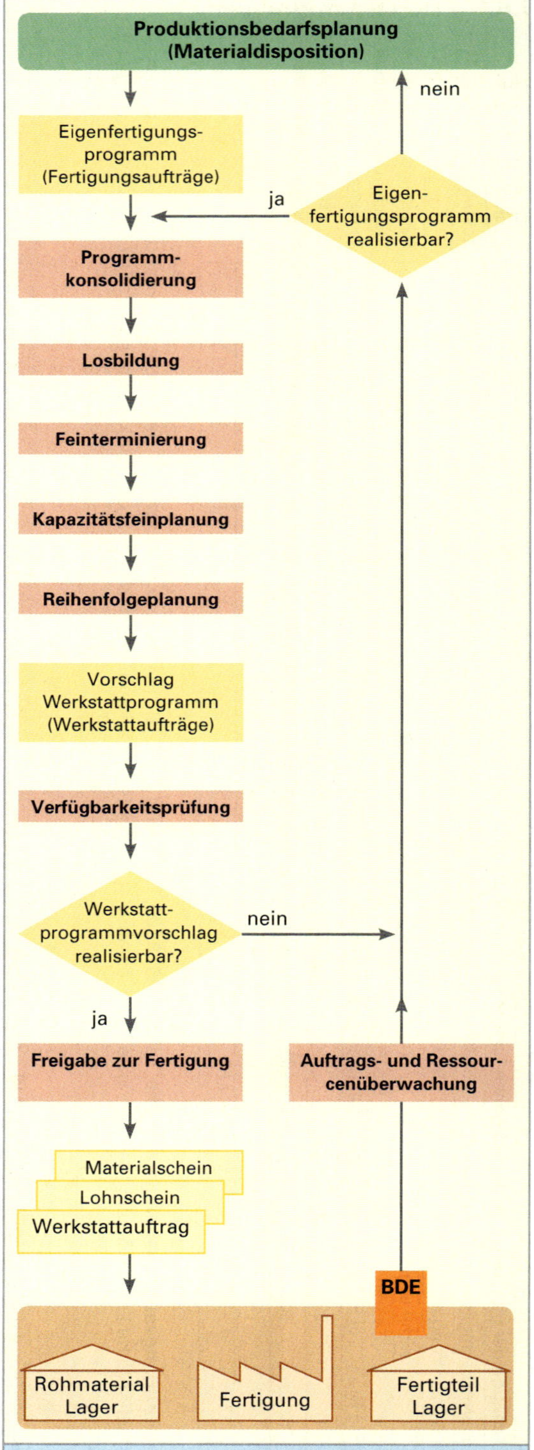


**Bild 1: Aufgaben der Eigenfertigungsplaung und -steuerung**

## 7.6.1 Durchlaufterminierung (Feinterminierung)

Auf der Basis der vorgegebenen Ecktermine des Fertigungsauftrages wird in der **Feinterminierung** für jeden Arbeitsgang der Start- und Endtermin, sowie der mögliche zeitliche Puffer durch Rückwärts-, Vorwärts- oder Mittelpunktterminierung ermittelt. Die entsprechende Auftragszeit wird als so genannter Arbeitsvorrat der benötigten Einzelkapazität (Arbeitsplatz) periodengenau, z.B. je Woche oder je Schicht, in einem Maschinenbelegungsplan zugeordnet **(Bild 1)**.

Auftragszeit:
$T = t_r + m \cdot t_e$

| | |
|---|---|
| $T$ | Auftragszeit für den Arbeitsvorgang |
| $t_r$ | Rüstzeit |
| $m$ | Losgröße (Auftragsmenge) |
| $t_e$ | Zeit je Einheit (Stückzeit) |

| **Fertigungsauftrags-Nr.: F117** | | | | Teile-Nr.: 1965 | |
|---|---|---|---|---|---|
| Menge $m$: 90 St. | Starttermin: 205 BKT | | | Endtermin: 210 BKT | |
| Arbeits-vorgang | Arbeits-platz-Nr. | Arbeitsgang-beschreibung | Rüstzeit [min] | Stückzeit [min] | Übergangszeit [BKT] |
| 10 | Dre221 | Drehen | 30 | 5 | 2 |
| 20 | Boh231 | Bohren | 15 | 2,5 | 1 |

| **Fertigungsauftrags-Nr.: F125** | | | | Teile-Nr.: 2387 | |
|---|---|---|---|---|---|
| Menge $m$: 150 St. | Starttermin: 202 BKT | | | Endtermin: 213 BKT | |
| Arbeits-vorgang | Arbeits-platz-Nr. | Arbeitsgang-beschreibung | Rüstzeit [min] | Stückzeit [min] | Übergangszeit [BKT] |
| 10 | Säg121 | Sägen | 30 | 3 | 1 |
| 20 | Dre221 | Drehen | 15 | 9,5 | 2 |
| 30 | Frä311 | Fräsen | 60 | 6 | 1 |

**Durchlaufterminierung**

| **Fertigungs-auftrag** | **Arbeitsvor-gang (AVO)** | **Arbeits-platz** | **Auftragszeit $T$** | **Durchlauf-zeit $T_D$** |
|---|---|---|---|---|
| F117 | Drehen | Dre221 | (30 + 90 · 5) / 60 = 8 h = 1 BKT | ca. 5 BKT |
| | Bohren | Boh231 | (15 + 90 · 2,5) / 60 = 4 h = 0,5 BKT | |
| F125 | Sägen | Säg121 | (30 + 150 · 3) / 60 = 8 h = 1 BKT | ca. 11 BKT |
| | Drehen | Dre221 | (15 + 150 · 9,5) / 60 = 24 h = 3 BKT | |
| | Fräsen | Frä311 | (60 + 150 · 6) / 60 = 16 h = 2 BKT | |

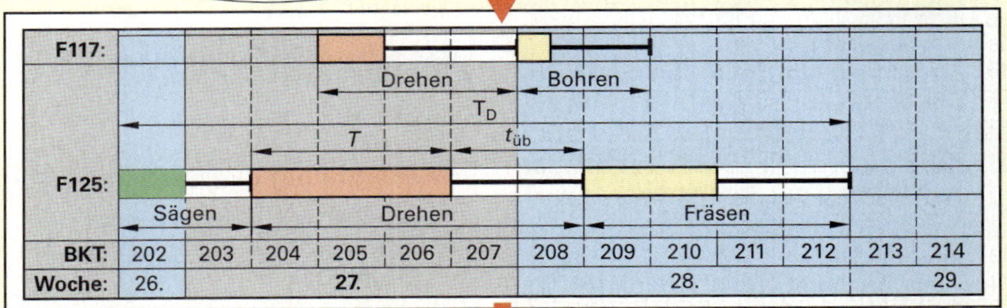


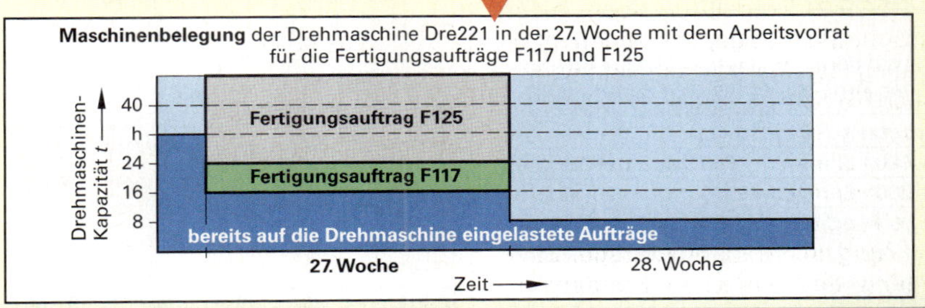


**Bild 1: Beispiel einer Durchlaufterminierung (Feinterminierung)**

Sollte sich bei der Durchlaufterminierung herausstellen, dass mit der berechneten Durchlaufzeit $T_D$ die vorgegebenen Termine nicht gehalten werden können, dann muss die Durchlaufzeit verkürzt werden.

Es bieten sich zur **Verkürzung der Durchlaufzeit** folgende Maßnahmen an:

- **Reduzierung der Liegezeiten** und damit der Übergangszeiten um einen bestimmten Faktor.
- **Losteilung (Bild 1)**: Die Auftragsmenge, die auch häufig Los genannt wird, kann in zwei oder mehrere Lose für alle Arbeitsvorgänge aufgeteilt werden. Dabei werden aber zusätzliche Arbeitsplätze nötig. Außerdem entstehen zusätzliche Rüstkosten.
- **Arbeitsgangsplittung (Bild 1)**: Während bei der Losteilung der gesamte Fertigungsauftrag in mehrere Teilaufträge aufgeteilt wird, erfolgt bei der Arbeitsgangsplittung die Trennung des Fertigungsauftrags nur bei einzelnen Arbeitsgängen.
- **Überlappte Fertigung (Bild 1)**: Beim Überlappen wird eine oder mehrere Teilmengen schon zum nächsten Arbeitsplatz transportiert und mit dem nächsten Arbeitsvorgang begonnen, bevor das gesamte Los des vorhergehenden Arbeitsganges fertig bearbeitet ist.

**Aufgabe:**
Ermitteln Sie für die beiden Fertigungsaufträge F201 und F205 den benötigten Arbeitsvorrat auf dem Montageplatz Mon711 in der 35. Kalenderwoche (301-305 BKT).

| **Fert.auf.-Nr.: F201** | | | **Teile-Nr.: 1723** | | |
|---|---|---|---|---|---|
| **Menge m: 100 St** | | **Starttermin: 301 BKT** | **Endtermin: 305 BKT** | | |
| AVO | Arbeits-platz-Nr. | Arbeitsgang-beschreibung | $t_r$ [min] | $t_e$ [min] | $t_{Üb}$ [BKT] |
| 10 | Mon711 | Montieren | 60 | 3 | 1 |

| **Fert.auf.-Nr.: F205** | | | **Teile-Nr.: 1854** | | |
|---|---|---|---|---|---|
| **Menge m: 200 St** | | **Starttermin: 301 BKT** | **Endtermin: 305 BKT** | | |
| AVO | Arbeits-platz-Nr. | Arbeitsgang-beschreibung | $t_r$ [min] | $t_e$ [min] | $t_{Üb}$ [BKT] |
| 10 | Mon711 | Montieren | 60 | 6 | 1 |

Lösung:
Der Arbeitsvorrat auf dem Montageplatz entspricht der Auftragszeit für den Arbeitsvorgang (AVO) Montieren.

| Auftrag | Auftragszeit $T = t_r + m \cdot t_e$ |
|---|---|
| F201 | $(60 + 100 \cdot 3)$ min = 360 min = 6 Std. |
| F205 | $(60 + 200 \cdot 6)$ min = 1260 min = 21 Std. |

Ergebnis:
Die Fertigungsaufträge F201 und F205 benötigen zusammen eine Kapazität von 27 Std. in der 35. Kalenderwoche (301-305 BKT) auf dem Montageplatz Mon711.

Bei der Durchlaufterminierung geht man davon aus, dass in den einzelnen Perioden genügend Kapazitäten zur Verfügung stehen.

Durchlaufzeit:

$$T_D = \sum T + \sum t_{Üb}$$

$T_D$ Durchlaufzeit des Fertigungsauftrages

$T$ Auftragszeit je Arbeitsvorgang

$t_{Üb}$ Übergangszeit (Liege- und Transportzeit) je Arbeitsvorgang

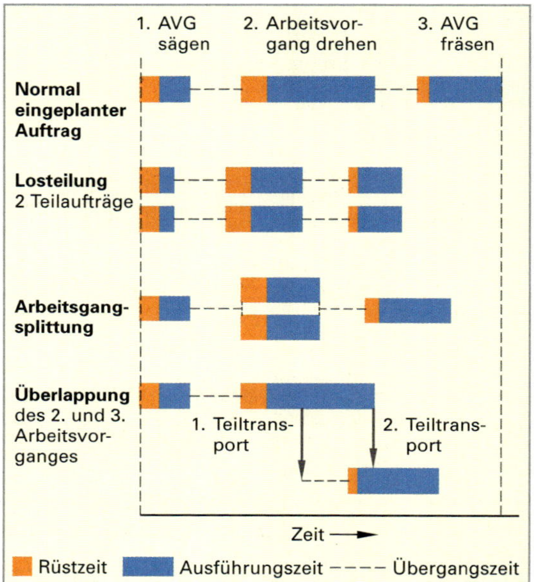


**Bild 1: Verkürzung der Durchlaufzeit**

## Wiederholung und Vertiefung

1. Beschreiben Sie anhand eines einfachen Beispieles das Vorgehen bei der Eigenfertigungsplanung und -steuerung.
2. Was versteht man unter Programmkonsolidierung?
3. Worin liegen die Vorteile und Nachteile beim Zusammenfassen von Teillosen zu einem einzigen Fertigungslos?
4. Von welcher verfügbaren Kapazität geht man bei der normalen Durchlaufterminierung aus?
5. Nennen Sie die verschiedenen Möglichkeiten zur Verkürzung der Durchlaufzeit.
6. Welche Nachteile sind mit der Losteilung und der Auftragssplittung verbunden?
7. Erklären Sie mithilfe eines einfachen Beispieles was man unter überlappter Fertigung versteht.

## 7.6.2 Kapazitätsterminierung (Kapazitätsfeinplanung)

Der Kapazitätsbedarf je Kapazitätseinheit (Arbeitsplatz) und Periode ergibt sich aus der Summe der bei der Durchlaufterminierung eingelasteten Auftragszeiten.

Trägt man die Kapazitätsbedarfe für mehrere Perioden, z.B. Wochen, über der Zeitachse auf, erhält man das Belastungsprofil einer Kapazitätseinheit **(Bild 1)**. Diesem Kapazitätsbedarf muss die tatsächlich verfügbare Normalkapazität gegenübergestellt werden.

Die Normalkapazität NK je Periode für einen Arbeitsplatz oder eine Arbeitsplatzgruppe errechnet sich nach folgender Formel:

$$NK = N \cdot T \cdot L / 100\% \cdot A$$

*NK* Normalkapazität in Stunden je Periode

*N* Anzahl der Mitarbeiter oder Maschinen,

*T* Gesamtarbeitszeit in Stunden je Periode die in der Regel aus dem Schichtkalender zu entnehmen ist,

*L* durchschnittlicher Leistungsgrad in %,

*A* durchschnittlicher Ausnutzungsfaktor. der Verlustzeiten durch kleinere Störungen und Instandhaltungsarbeiten berücksichtigt.

In der Regel werden zwischen dem Kapazitätsbedarf und der Normalkapazität Unterschiede bestehen. Diese Differenzen müssen durch die Kapazitätsabstimmung ausgeglichen werden **(Tabelle 1, folgende Seite)**.
Wenn sich für mehrere Perioden eine Unterdeckung oder Überdeckung des verfügbaren Kapazitätbestandes ergibt, müssen im Rahmen der mittelfristigen Kapazitätsplanung die Verfahren der Kapazitätsanpassung und der Belastungsanpassung eingesetzt werden.

Bei der **Kapazitätsanpassung** wird der verfügbare Kapazitätsbestand an den terminierten Kapazitätsbedarf durch Arbeitszeitveränderungen oder Beschaffung bzw. Stilllegung von Betriebsmitteln angeglichen. Bei der **Belastungsanpassung** wird dagegen der Kapazitätsbedarf dem verfügbaren Kapazitätsbestand angepasst. Dies geschieht durch Vergabe bzw. Hereinnahme von vollständigen Fertigungsaufträgen. Es ist aber auch möglich nur einzelne Arbeitsvorgänge, wie z.B. das Härten, an einen Fremdfertiger (verlängerte Werkbank) abzugeben.

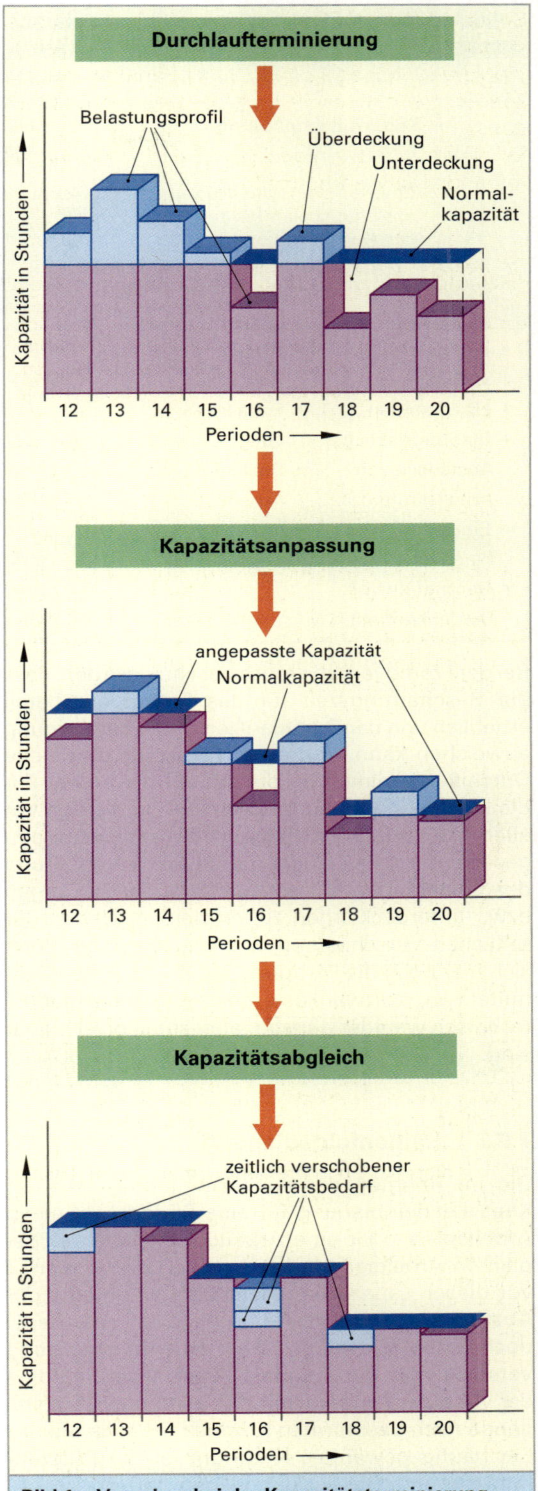


**Bild 1: Vorgehen bei der Kapazitätsterminierung**

**Tabelle 1: Verfahren der Kapazitätsabstimmung**

| Für langfristige- und mittelfristige Planung | | | Für kurzfristige Planung | |
|---|---|---|---|---|
| **Kapazitätsanpassung**<br>Anpassen der Höhe des Kapazitätsbestandes an den Kapazitätsbedarf | | **Belastungsanpassung**<br>Anpassen des Kapazitätsbedarfes an den Kapazitätsbestand | **Kapazitätsabgleich**<br>Abgleichen des Kapazitätsbedarfes mit dem Kapazitätsbestand durch Veränderung des Belastungsprofils | |
| **Kapazitätsbestand erhöhen** | **Kapazitätsbestand vermindern** | **Fremdvergabe, Fremdannahme** | **Zeitlicher Ausgleich** | **Technologischer Ausgleich** |
| • zusätzliche Schicht,<br>• Überstunden,<br>• innerbetrieblicher Austausch von Arbeitskräften,<br>• Einstellung von Personal,<br>• Beschaffen von Betriebsmitteln. | • weniger Schichten,<br>• Kurzarbeit,<br>• Entlassen von Personal,<br>• Stilllegen von Arbeitsplätzen. | • Fremdvergabe von Fertigungsaufträgen,<br>• Fremdvergabe von einzelnen Arbeitsgängen (Verlängerte Werkbank),<br>• Annahme von Fremdaufträgen. | • Auftragsmenge ändern,<br>• Aufteilen der Lose,<br>• Vorziehen von Aufträgen,<br>• Aufschieben von Aufträgen auf Kosten des Endtermins. | • Ausweichen auf andere Betriebsmittel oder andere Fertigungsverfahren. |

Bei der Fremdvergabe muss beachtet werden, dass die Beschaffungszeit für das Fremdvergabeteil erheblich von der Durchlaufzeit bei Eigenfertigung abweichen kann. In diesem Fall sollte eine neue Durchlaufterminierung durchgeführt werden. Für die kurzfristige Kapazitätsfeinplanung werden vor allem die Verfahren des **Kapazitätsabgleiches** eingesetzt. Hierbei versucht man durch Veränderung des Belastungsprofiles Kapazitätsüberdeckungen bzw. -unterdeckungen zu vermeiden. Neben der zeitlichen Verschiebung einzelner Aufträge bietet sich hier noch die Fertigung auf anderen Betriebsmitteln an, die zwar kostenmäßig oder fertigungstechnisch weniger günstig, aber zufällig verfügbar sind.

**Gegeben:**

Zwei Aufträge A1 und A2, die in der gleichen Reihenfolge die Arbeitsplätze Drehmaschine und Fräsmaschine durchlaufen.

| Arbeitsplatz \ Auftrag | Auftragszeit T je Arbeitsvorgang A1 | A2 |
|---|---|---|
| Drehmaschine | 4 Stunden | 2 Stunden |
| Fräsmaschine | 2 Stunden | 4 Stunden |

Gesucht: Optimale Reihenfolge bei der Maschinenbelegung.

1. Versuch: Zuerst Auftrag **A1**, dann Auftrag **A2**.

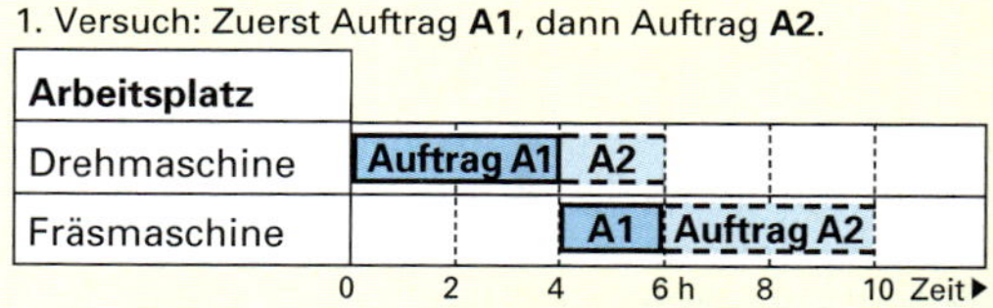


2. Versuch: Zuerst Auftrag **A2**, dann Auftrag **A1**.

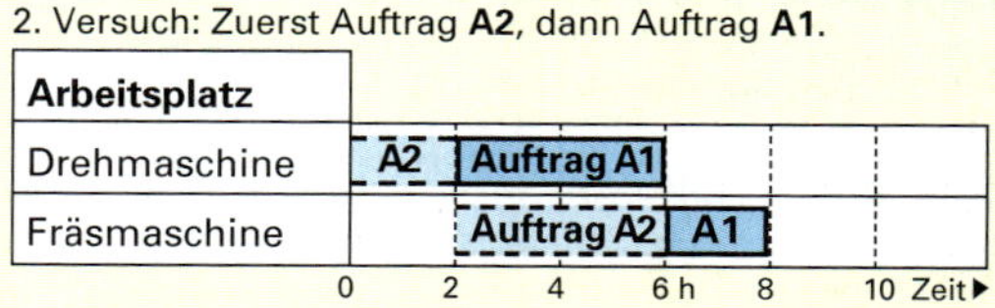


**Bild 1: Reihenfolgeplanung von zwei Fertigungsaufträgen**

### 7.6.3 Reihenfolgeplanung

Die im Rahmen der Feinterminierung und der Kapazitätsfeinplanung für eine Periode auf einen Arbeitsplatz oder eine Arbeitsplatzgruppe eingeplanten Arbeitsgänge bilden eine Warteschlange vor dieser Kapazitätseinheit. Die Reihenfolge der Abarbeitung dieser Warteschlange ist in der Regel noch nicht festgelegt. Die Reihenfolgeplanung versucht nun die optimale Abarbeitsreihenfolge der vor einer Kapazitätseinheit wartenden Arbeitsgänge nach bestimmten Kriterien festzulegen.

Ein häufig gewähltes Kriterium ist die Rüstzeitminimierung. Bei Lackieranlagen hat es sich z.B. bewährt, vor dem Lackieren mit dunklen Farben die Aufträge mit hellen Farben zu legen, um den Umrüstaufwand zur nächsten Farbe möglichst gering zu halten.

**Bild 1, vorhergehende Seite,** zeigt dass es z.B. günstiger ist nicht mit dem Auftrag A1 sondern mit dem Auftrag A2 auf der Drehmaschine zu beginnen.
Bei einer mehrstufigen Fertigung mit unterschiedlichen Bearbeitungsreihenfolgen der Aufträge auf verschiedenen Maschinen versagen in der Praxis meistens dieses und andere Simulationsverfahren. Stattdessen werden zur Reihenfolgeplanung einzelne Prioritätsregeln oder eine Kombination von mehreren Prioritätsregeln eingesetzt.

Einige dieser **Prioritätsregeln** sind im Folgenden aufgeführt:

- **FIFO-Regel:**
Bei der „First-In-First-Out"-Regel wird dem zuerst ankommenden Auftrag die höchste Priorität zugeordnet. Die Aufträge werden also entsprechend der Reihenfolge ihres Eintreffens an der jeweiligen Maschine nach dem Spruch „Wer zuerst kommt, mahlt zuerst" bearbeitet.

- **Kürzeste Operationszeit-Regel:**
Der Auftrag mit der kürzesten Bearbeitungszeit (Operationszeit) an dem betrachteten Arbeitsplatz erhält die höchste Priorität und wird damit als erster aus der Warteschlange bearbeitet.

- **Kürzeste Restbearbeitungszeit-Regel:**
Die höchste Prioritätsziffer erhält der Auftrag, dessen noch verbleibende Bearbeitungszeit auf allen noch benötigten Maschinen zum Zeitpunkt der Belegung am kürzesten ist.

- **Dynamische Wert-Regel:**
Die höchste Prioritätszahl erhält der Auftrag, dessen Produktwert vor Ausführung des jeweiligen Arbeitsganges am höchsten ist.

- **Schlupfzeit-Regel**
Der Auftrag in der Warteschlange erhält die höchste Priorität, bei dem die Differenz zwischen dem Liefertermin und der verbleibenden Bearbeitungszeit, also sein „Schlupf", am geringsten ist.

In **Tabelle 1** ist aufgeführt, in wieweit einige Optimierungsziele mithilfe der verschiedenen Prioritätsregeln erreicht werden können. Besonders bei Kleinserienfertigung zeigt sich in der Praxis, dass es nicht immer sinnvoll ist, die Reihenfolgeplanung nach einer starren Prioritätsregel durchzuführen. Oft ist es zweckmäßiger, die kurzfristige Maschinenbelegung entsprechend der jeweiligen Auftragssituation von erfahrenen Mitarbeitern in den Werkstätten selbst festlegen zu lassen.

Bei der mehrstufigen Fertigung von mehreren Aufträge, versucht man die Reihenfolge der Aufträge so festzulegen, dass die Maschinenbelegung insgesamt ein Maximum und die Durchlaufzeit insgesamt ein Minimum erreicht. Wenn die Aufträge die verschiedenen Maschinen in derselben Reihenfolge durchlaufen, kann das Optimum gefunden werden, indem man mithilfe von Balkendiagrammen (Gantt-Diagrammen) alle möglichen Auftragsreihenfolgekombinationen durchspielt.

Bei der **Sukzessivplanung** wird erst nach der vollständigen Durchlaufterminierung die Kapazitätsterminierung durchgeführt. Dies führt bei Kapazitätsüberlastung häufig dazu, dass in der Durchlaufterminierung bereits zeitlich fixierte Aufträge bei der Kapazitätsterminierung wieder umgeplant werden müssen. Dies bedeutet aber, dass sich auch die entsprechenden Materialbedarfstermine ändern. Die so genannte **Simultanplanung** versucht dagegen die Durchlauf- und Kapazitätsterminierung gleichzeitig durchzuführen und berücksichtigt damit die wechselseitigen Abhängigkeiten von Materialbedarfsterminen und Kapazitätsbelegungszeiten. Aufgrund des enormen Rechenaufwandes ist die Simultanplanung manuell kaum zu schaffen und bei den heute gängigen PPS-Systemen nur in Ansätzen realisiert.

**Tabelle 1: Zielerfüllung durch einige Prioritätsregeln**

| Prioritätsregel / Optimierungsziel | First-In-First-Out-Regel | Kürzeste Operationszeit-Regel | Kürzeste Restbearbeitungs-Zeit-Regel | Dynamische Wert-Regel | Schlupfzeit-Regel |
|---|---|---|---|---|---|
| **Maximale Kapazitätsauslastung** | mäßig 😐 | sehr gut 😊 | gut 🙂 | mäßig 😐 | gut 🙂 |
| **Minimale Durchlaufzeit** | mäßig 😐 | sehr gut 😊 | gut 🙂 | mäßig 😐 | mäßig 😐 |
| **Minimale Zwischenlagerkosten** | gut 🙂 | gut 🙂 | mäßig 😐 | sehr gut 😊 | mäßig 😐 |
| **Minimale Terminabweichung** | gut 🙂 | mäßig 😐 | mäßig 😐 | mäßig 😐 | sehr gut 😊 |

### 7.6.4 Auftragsveranlassung und Auftragsüberwachung

Die Auftragsveranlassung und Auftragsüberwachung gehören zu den steuernden Aufgaben der Eigenfertigungsplanung und -steuerung **(Bild 1)**. Sie wird daher auch häufig **Werkstattsteuerung** genannt. Ihre Aufgabe ist es dafür zu sorgen, dass die von der Produktionsplanung grob und durch die Kapazitätsfeinplanung genau festgelegten Werkstattaufträge möglichst planmäßig ausgeführt werden. Auftretende Störungen und Planungsungenauigkeiten müssen kurzfristig behoben werden.

Die **Auftragsveranlassung** hat die Aufgabe den eigentlichen Fertigungsprozess anzustoßen.

Im Rahmen der **Verfügbarkeitsprüfung** muss zunächst sichergestellt werden, dass für jeden Arbeitsgang alle benötigten Materialien, Produktionsmittel (Maschinen, Werkzeuge, Vorrichtungen, Prüfmittel) und Auftragsunterlagen (Zeichnungen, NC-Programme) bereitgestellt oder verfügbar sind. Danach kann der entsprechende Werkstattauftrag zur eigentlichen Fertigung freigegeben werden. Dazu werden alle zur Durchführung der Fertigung benötigten Belege erstellt (Bild 1).

Der **Werkstattauftrag** (Fertigungsauftrag) enthält neben allen Daten des auftragsneutralen Arbeitsplanes die Auftragsnummer, die Auftragsmenge und den vorgesehenen Auftragstermin. Ein Duplikat des Fertigungsauftrags begleitet als so genannte **Laufkarte** das herzustellende Teil durch die Fertigung.

Die **Materialbezugsbelege** (Materialscheine, Lagerausfasslisten) werden dem Lager für die Materialbereitstellung zugeleitet. Die **Lohnbelege** werden zur Vorgabe der Bearbeitungszeit und zur Lohnabrechnung benötigt. Die **Rückmeldebelege** dienen der Überwachung des Auftragsfortschrittes.

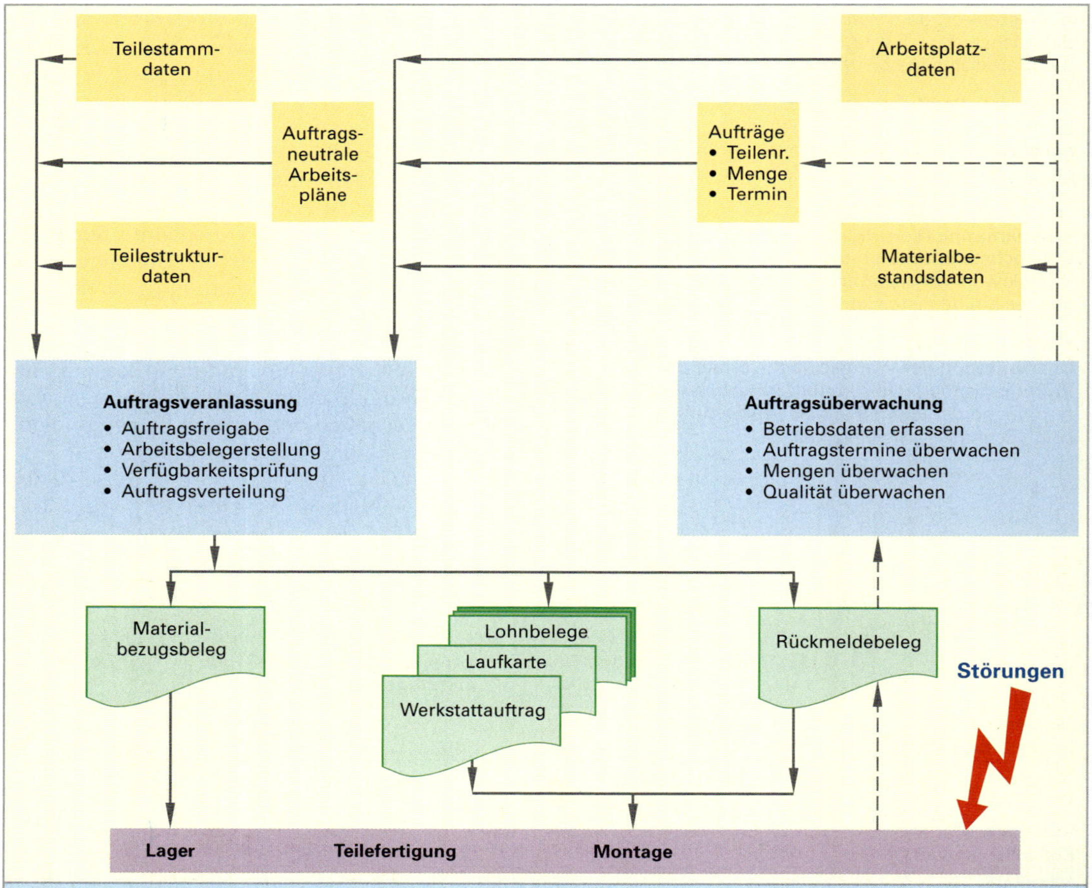


**Bild 1: Auftragsveranlassung und Auftragsüberwachung**

Die **Auftragsverteilung** leitet die Auftragsbelege an die entsprechenden Arbeitsplätze weiter **(Bild 1)**. Vermehrt werden als Hilfsmittel zur Arbeitsverteilung Bildschirmgeräte (Terminals) eingesetzt, die mit dem Computer der zentralen Arbeitsverteilung verbunden sind. Der Meister oder der Werker kann in der Werkstatt über dieses Terminal den nächsten Auftrag zur Bearbeitung abrufen.
Bei Inselfertigung von Teilefamilien werden die Aufgaben der Auftragsveranlassung einschließlich der Reihenfolgeplanung in der Regel von den Mitarbeitern der Fertigungsinsel selbst durchgeführt.
Die **Auftragsüberwachung** besteht im Wesentlichen aus einer Fortschrittsüberwachung der Werkstattaufträge. Sie vergleicht das tatsächliche Produktionsergebnis mit den Plandaten und aktualisiert die entsprechenden Materialbestands-, Kapazitäts- und Fertigungsauftragsdaten **(Bild 1, vorhergehende Seite)**. Die Rückmeldung der tatsächlich erreichten Produktionsergebnisse erfolgt entweder „off line" mit Rückmeldescheinen oder „on line" mithilfe von so genannten BDE-Terminals **(Bild 2)**. Im Falle von Abweichungen werden korrigierende Maßnahmen, wie z.B. Nacharbeit oder Planänderungen veranlasst.

**Wiederholung und Vertiefung**

1. Wodurch unterscheidet sich die Durchlaufterminierung von der Kapazitätsterminierung?
2. Was versteht man unter Kapazitätsanpassung und Kapazitätsabgleich?
3. Nennen Sie einige Maßnahmen zur Kapazitätsanpassung und zum Kapazitätsangleich.

**Merkmale von Auftragsverteilungssystemen**

**Art der Auftragsverteilung**

**Zentral:**
Arbeitsverteiler geben die Aufträge von einer zentralen Stelle an alle Arbeitsplätze von allen Werkstätten.
**Vorteil:** Gesamtoptimierung möglich.
**Nachteil:** Schwierige Anpassung zwischen Plan und tatsächlicher Werkstattrealität.

**Dezentral:**
Zentrale Verteilung der Fertigungsaufträge an die Werkstatt mit dem ersten Arbeitsgang. Der Meister verteilt die Aufträge an die einzelnen Arbeitsplätze seiner Werkstatt und veranlasst nach deren Beendigung den Weitertransport zu der folgenden Werkstatt.
**Vorteil:** Schnelle Reaktion auf Störungen möglich, höhere Motivation der Mitarbeiter.
**Nachteil:** Koordinationsprobleme zwischen den einzelnen Werkstätten.

**Genauigkeit der Auftragstermine**

**Fein:**
Der Fertigstellungstermin wird für jeden Arbeitsvorgang zur Herstellung eines Teiles vorgegeben.

**Grob:**
Der Fertigstellungstermin wird nur für das komplette Teil vorgegeben.

**Bild 1: Auftragsverteilung**

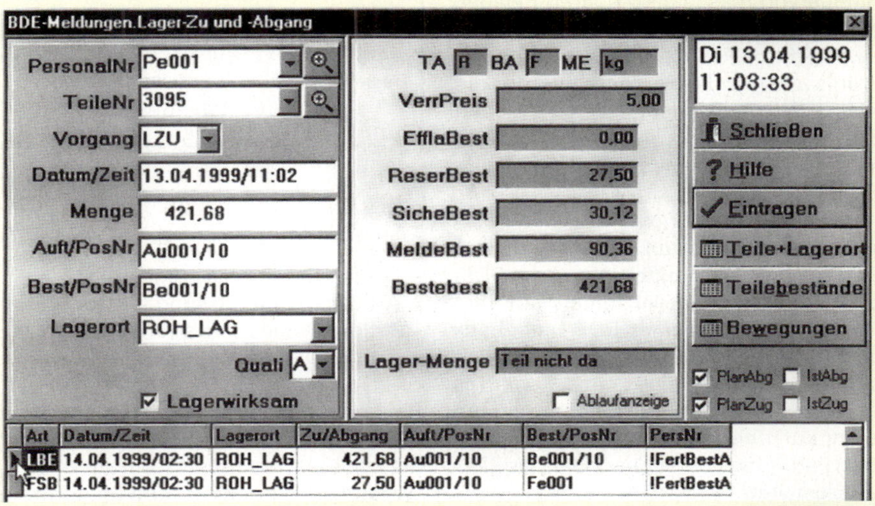


**Bild 2: Bildschirmmaske eines BDE-Terminals**

## 7.7 Betriebsdatenerfassung (BDE)

### 7.7.1 Aufgaben von BDE

Die Kenntnis der Betriebsdaten **(Tabelle 1)** ist Voraussetzung für eine wirkungsvolle Produktionsplanung und Produktionssteuerung.

Mithilfe der Betriebsdatenerfassung werden die im Rahmen der betrieblichen Prozesse anfallenden technischen und organisatorischen Daten am Ort ihrer Entstehung erfasst und zur Weiterverarbeitung an das PPS-System oder die Lohnabrechnung weitergeleitet **(Tabelle 2)**.

Die Betriebsdatenerfassung hat damit folgende Aufgaben:

- Bereitstellen aktueller, vollständiger und fehlerfreier Daten für die mittelfristige Produktionsbedarfsplanung (Termin- und Mengenplanung),
- Unterstützung der kurzfristigen Eigenfertigungsplanung und -steuerung,
- Bereitstellen exakter Informationen
  - für die Kostenrechnung und
  - für die Lohnabrechnung,
- Verringerung des Belegvolumens und
- Verringerung des personellen Aufwandes.

Zur aktuellen Erfassung des Ist-Zustandes werden Betriebsdatenerfassungsgeräte eingesetzt **(Bild 1, folgende Seite)**. Die halbautomatische Eingabe mithilfe von maschinenlesbaren Belegen verringert den manuellen Eingabeaufwand und vermeidet weitgehend Fehlereingaben. So ist z.B. auf dem Werksausweis die Personalnummer auf dem Magnetstreifen maschinenlesbar gespeichert oder die Auftragsnummer auf den Auftragsunterlagen mit dem Barcode maschinenlesbar verschlüsselt.

Die an den Terminals erfassten Daten werden an einen BDE-Leitrechner übermittelt. Von dem BDE-Leitrechner werden die Betriebsdaten auf ihre Plausibilität überprüft, auf einer BDE-Datenbank zwischengespeichert und zu Betriebskennzahlen wie z.B. die Auslastung eines Arbeitsplatzes verdichtet. Danach werden die aufgearbeiteten Betriebsdaten auf übergeordnete EDV-Systeme wie z.B. einen Fertigungsleitrechner oder das PPS-System weitergeleitet.
Je nach Gestaltung der Systemkomponenten und ihrer Kopplung zu einem Gesamtsystem lassen sich verschiedene Typen von BDE-Systemen nach folgenden Merkmalen unterscheiden **(Tabelle 2)**:

- Ort der Datenerfassungsgeräte,
- Art der Datenerfassung,
- Art der Datenübertragung,
- Art der Datenverarbeitung.

Bei einer dezentralen Auftragsverteilung ist der Aufwand für die Betriebsdatenerfassung geringer als bei einer zentralen Auftragsverteilung, da im wesentlichen nur Start- und Endtermine von Fertigungsaufträgen sofort an die zentrale Auftragsverwaltung weitergegeben werden müssen.

**Tabelle 1: Beispiele für Betriebsdaten**

| Organisatorisch | Technologisch | Speziell |
|---|---|---|
| **Auftragsdaten**<br>z.B. Stückzahlen<br>**Personaldaten**<br>z.B. Arbeitszeit<br>**Materialdaten**<br>z.B. Bestand | **Maschinendaten**<br>z.B. Produktionszeit<br>**Prozessdaten**<br>z.B. Qualität | z.B. Kantinendaten, Zugangssicherung, Tankdaten, Fahrtenschreiber. |

**Tabelle 2: Merkmale von Betriebsdatenerfassungs-Systemen**

| | |
|---|---|
| **Ort der Datenerfassungsgeräte** | |
| zentral: | an einem zentralen Ort z.B. Fertigungssteuerung |
| bereichsweise: | z.B. im Meisterbüro |
| dezentral: | an jedem Arbeitsplatz |
| **Art der Datenerfassung** | |
| manuell: | direkt über Tastatur eines Terminals |
| halbautomatisch: | über Terminal mit Belegleser z.B. Barcode-Leser |
| vollautomatisch: | über Geber direkt an der Maschine z.B. Zähler |
| **Art der Datenübertragung** | |
| Off Line: | Erfassen der Daten auf transportablen Datenträgern und periodischer Transport zur Datenverarbeitung |
| On Line: | Erfassungsgerät ist direkt mit der Datenverarbeitungsanlage verbunden |
| **Art der Datenverarbeitung** | |
| Batch: | Die gesammelten Daten werden gemeinsam periodisch ausgewertet |
| Real-Time: | Die on-line anfallenden Daten werden sofort ausgewertet |

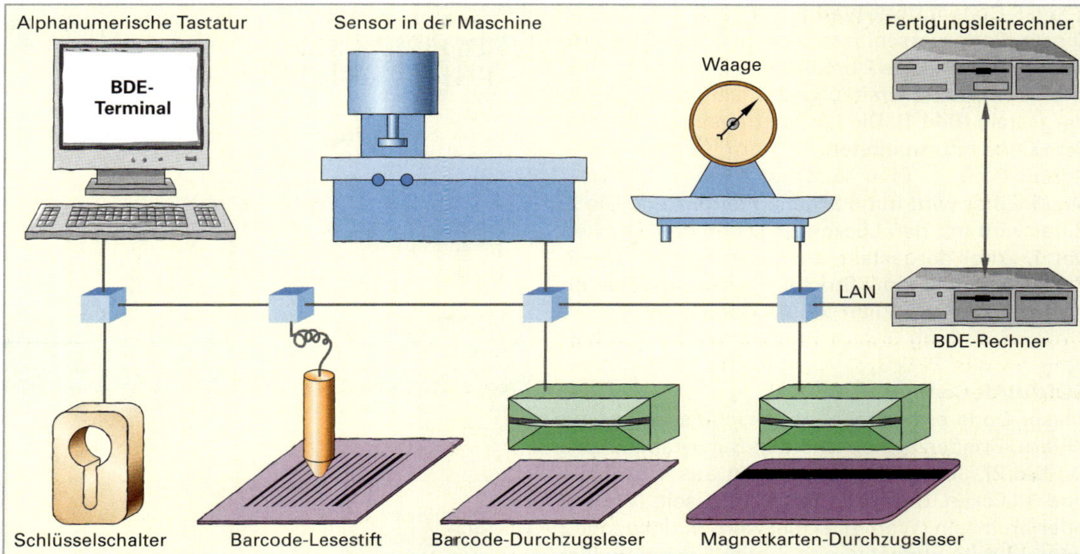


**Bild 1: Terminals zur dezentralen Betriebsdatenerfassung für online-Betrieb (Beispiel)**

## 7.7.2 Technik der BDE

### 7.7.2.1 Strichcodes und Flächencodes

Die Datenerfassung erfolgt sehr häufig mithilfe von Strichcodes (Barcode[1]). Der Code kann direkt auf die Waren aufgedruckt werden oder aber mittels Etiketten aufgebracht werden. Im Lebensmittelbereich wird in Europa der EAN-Code (Europäische Artikel-Nummerierung) verwendet. Neben den einzeiligen Barcodes gibt es mehrzeilige Barcodes, z.B. den Code PDF 417 und die 2D-Barcodes mit meist quadratischen Codezellen, z.B. die in USA entwickelte **DataMatrix**.

**Einzeilige Barcodes**

Diese Codes sind alle Binärcodes mit meist unterschiedlich breiten Strichen und Strichlücken. Das Ablesen erfolgt optisch durch Auswerten der Breite und Anzahl der Striche bzw. der Strichlücken.

Die Breite der Striche und der Strichlücken ist ein ganzzahliges Vielfaches des **Moduls** eines Codes. Der Modul ist also das schmalste Element. Der Strichcode beginnt stets mit einem Startzeichen und endet mit einem Stoppzeichen, damit er aus beiden Richtungen gelesen werden kann. Häufig ist unter dem Strichcodemuster eine Klarschriftzeile.

Strichcodes sind gut maschinell lesbar.

[1] engl. bar = Stange, Stab, Balken

| Codetabelle: 2-aus-5-Code | | | |
|---|---|---|---|
| Start | 110 | 6 | 01100 |
| 1 | 10001 | 7 | 00011 |
| 2 | 01001 | 8 | 10010 |
| 3 | 11000 | 9 | 01010 |
| 4 | 00101 | 0 | 00110 |
| 5 | 10100 | Stopp | 101 |

**Bild 2: 2-aus-5-Code**

**2-aus-5-Code**

Dieser Code verschlüsselt nur Ziffern. Jede Ziffer wird mit 2 breiten und 3 schmalen Strichen verschlüsselt. Die Lücken sind gleich schmal und tragen keine Information **(Bild 2)**.

Die breiten Striche haben 2- bis 3fache Breite gegenüber den schmalen Strichen. Die Informationsdichte ist relativ gering, d.h. man benötigt für vielstellige Zahlen sehr lange Codemuster.

## 2-aus-5-Code (interleaved[1])

Dieser Code verschlüsselt ebenfalls nur Ziffern. Jede Ziffer wird aus 2 breiten und 3 schmalen Strichen bzw. aus 2 breiten und 3 schmalen Lücken dargestellt **(Bild 1)**. Die Lücken tragen also bei diesem Code Informationen.

Die 1. Ziffer wird mit 5 Strichen dargestellt. Die 2. Ziffer wird mit den Lücken zwischen den Strichen der 1. Ziffer dargestellt, also überlappend. Die 3. Ziffer wird wieder mit Strichen und die 4. Ziffer mit den Lücken der 3. Ziffer verschlüsselt usw.

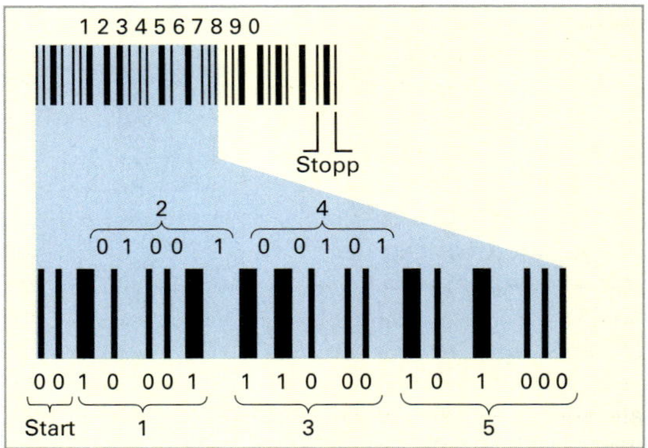


**Bild 1: 2-aus-5-Code (interleaved)**

## CODABAR-Code

Dieser Code ermöglicht die Verschlüsselung von Ziffern, Sonderzeichen und den Buchstaben A bis D **(Bild 2)**. Jedes Zeichen besteht aus 4 Strichen und 3 Lücken. Diese können schmal sein (Wert 0) oder breit sein (Wert 1). Dabei werden entweder 2 oder 3 breite Elemente und 4 oder 5 schmale Elemente für ein Zeichen verwendet (Tabelle). Dieser Code hat doppelt so hohe Informationsdichte als der einfache 2-aus-5-Code.

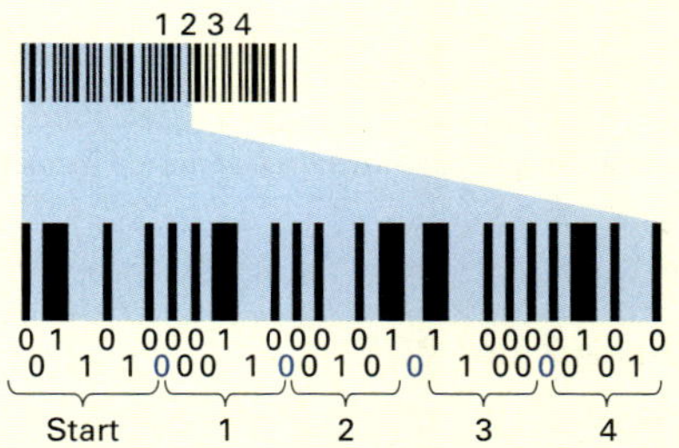


Codetabelle:

| Lücken / Striche | | | | | | | | | | | | | | | |
|---|---|---|---|---|---|---|---|---|---|---|---|---|---|---|---|
| 1 | 0 | 0 | 0 | 0 | 1 | 1 | 0 | - | 0 | 0 | 0 | 1 | 1 | 0 | 0 |
| 2 | 0 | 0 | 0 | 1 | 0 | 0 | 1 | $ | 0 | 0 | 1 | 1 | 0 | 0 | 0 |
| 3 | 1 | 1 | 0 | 0 | 0 | 0 | 0 | : | 1 | 0 | 0 | 0 | 1 | 0 | 1 |
| 4 | 0 | 0 | 1 | 0 | 0 | 1 | 0 | / | 1 | 0 | 1 | 0 | 0 | 0 | 1 |
| 5 | 1 | 0 | 0 | 0 | 0 | 1 | 0 | . | 1 | 0 | 1 | 0 | 1 | 0 | 0 |
| 6 | 0 | 1 | 0 | 0 | 0 | 0 | 1 | + | 0 | 0 | 1 | 0 | 1 | 0 | 1 |
| 7 | 0 | 1 | 0 | 0 | 1 | 0 | 0 | A | 0 | 0 | 1 | 1 | 0 | 1 | 0 |
| 8 | 0 | 1 | 1 | 0 | 0 | 0 | 0 | B | 0 | 1 | 0 | 1 | 0 | 0 | 1 |
| 9 | 1 | 0 | 0 | 1 | 0 | 0 | 0 | C | 0 | 0 | 0 | 1 | 0 | 1 | 1 |
| 0 | 0 | 0 | 0 | 0 | 0 | 1 | 1 | D | 0 | 0 | 0 | 1 | 1 | 1 | 0 |

**Bild 2: Codabar-Code**

## EAN-Code

Der EAN-Code ermöglicht die Verschlüsselung von Ziffern und setzt sich aus dunklen Strichen und hellen Lücken mit bis zu 4 Modulen zusammen **(Bild 3)**.

Jede Ziffer wird mit 7 Binärzeichen verschlüsselt. Dabei werden drei unterschiedliche Verschlüsselungen verwendet. Zeichensatz A, Zeichensatz B und Zeichensatz C **(Tabelle 1, folgende Seite)**. Der Zeichensatz A hat rechts immer eine „eins", d.h. einen Strich, und hat ungerade Parität (Quersumme der Bits mit Wert 1 ist ungeradzahlig). Der Zeichensatz B hat auch rechts immer eine 1, hat aber eine gerade Parität. Der Zeichensatz C hat stets links eine 1 und eine gerade Parität.

Die linken 6 Ziffern werden für deutsche Artikel in der Zeichensatzfolge ABAABB verschlüsselt. Die rechten 6 Ziffern werden stets mit dem Zeichensatz C verschlüsselt. Außer den Nutzzeichen für die Verschlüsselung der Artikelnummer gibt es noch zwei Randzeichen 101 und ein Trennzeichen 01010.

> Der Vorteil des EAN-Codes ist die hohe Informationsdichte und die Lesesicherheit.

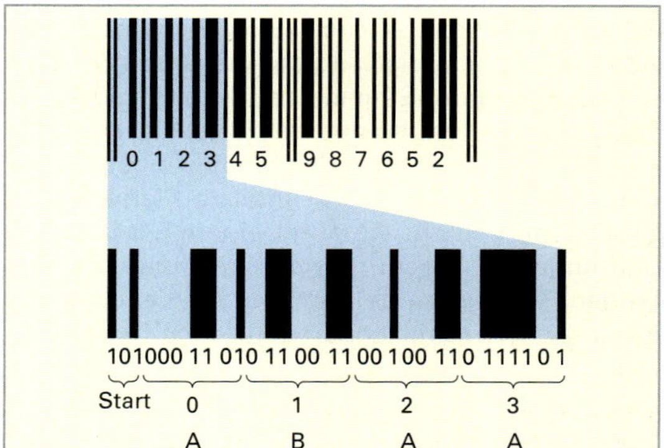


**Bild 3: EAN-Code**

[1] engl. interleaved = überlappend

**Mehrzeilige Barcodes**
Die mehrzeiligen Barcodes bestehen aus mehreren Zeilen mit Strichen und Strichlücken. Das Start/Stopp-Zeichen ist aber gemeinsam **(Bild 1)**. Mit dem PDF 417-Code können alle alphanumerischen Zeichen dargestellt werden. PDF ist die Abkürzung für engl. portable data file = tragbare Datensätze. Die Zeichen werden wortweise codiert und zwar mit 17 Modulen und diese bestehen seinerseits aus je 4 Strichen mit 4 Lücken. Die Zahl der Zeilen ist mindestens 3 und höchstens 90. Zum vollständigen PDF-Code gehören sowohl Prüfzeichen als auch Zeichen zur Fehlerkorrektur. Wesentlich weniger Platz als der PDF417-Code benötigt der Mikro-PDF-Code. Er hat aber auch eine geringere Datenkapazität.

**Tabelle 1: EAN-Code-Tabelle**

| Zeichen | Zeichensatz A | Zeichensatz B | Zeichensatz C |
|---|---|---|---|
| 0 | 0001101 | 0100111 | 1110010 |
| 1 | 0011001 | 0110011 | 1100110 |
| 2 | 0010011 | 0011011 | 1101100 |
| 3 | 0111101 | 0100001 | 1000010 |
| 4 | 0100011 | 0011101 | 1011100 |
| 5 | 0110001 | 0111001 | 1001110 |
| 6 | 0101111 | 0000101 | 1010000 |
| 7 | 0111011 | 0010001 | 1000100 |
| 8 | 0110111 | 0001001 | 1001000 |
| 9 | 0001011 | 0010111 | 1110100 |

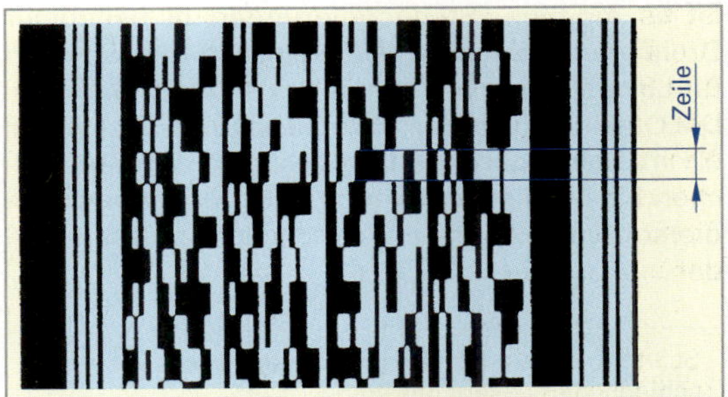


**Bild 1: Mehrzeiliger Barcode (Code PDF 417)**

**2D-Codes**
Die 2D-Codes sind Flächencodes und meist auf quadratischen Flächen dargestellt **(Bild 2)**. Der Code **Data Matrix** verschlüsselt auf einer sehr kleinen Fläche 2334 ASCII-Zeichen. Zur Orientierung beim Lesen hat er am linken und unteren Rand einen Balken. Es können mehrere Codeelemente direkt aneinander gefügt werden. Beim **Aztec-Code** ist das Orientierungssymbol in der Mitte und quadratisch. Man kann kleine Datenmengen (ab 12 ASCII-Zeichen) und große Datenmengen (3000 ASCII-Zeichen) darstellen. Der **Maxi-Code** hat eine quadratische Form, eine runde Mittelpunkt-Markierung und sechseckige Datenzellen.

2D-Codes haben eine sehr hohe Informationsdichte.

Neben schwarz/weißen-2D-Codes gibt es auch 2D-Farbcodes. Diese haben eine noch größere Datendichte. Zur Codierung dienen die 6 Farben Rot, Grün, Blau und Cyan, Magenta, Gelb.

**Bild 2: 2D-Flächencodes**

### 7.7.2.2 Codeleser

Das Lesen der Codes erfolgt mit Lesestiften, Laserscanner, Schlitzleser oder mit einer Videokamera als Matrixkamera oder als Zeilenkamera.

**Lesestift**
Die Lesestifte **(Bild 3)** haben eine rotleuchtende (Wellenlänge 660 nm) oder eine infrarotstrahlende Lichtquelle (Wellenlänge 900 nm). Die Lesefläche wird beim Überstreichen des Codemusters diffus beleuchtet. Das reflektierte Licht gelangt über eine Linse auf den Fototransistor und es entsteht ein Impulszug, der dem Strich-Lücken-Muster der Codierung entspricht.

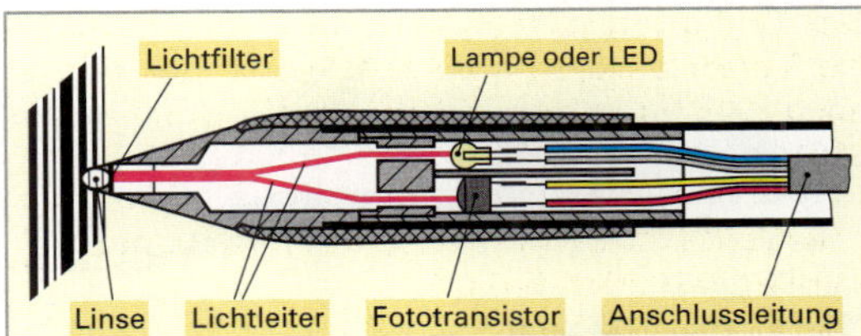


**Bild 3: Lesestift**

## Scanner[1]

Der feine Lichtstrahl z.B. eines He-Ne-Lasers wird über einen rotierenden Polygonspiegel (Vieleckspiegel) abgelenkt und auf das Strichcodemuster projiziert **(Bild 1)**. Dabei läuft der Laserstrahl über das Strichcodemuster hinweg. Das reflektierte Licht wird ebenfalls über den Polygonspiegel reflektiert und einer Fotodiode mit Verstärker zugeführt (Bild 1). Beim Mehrstrahlscanner **(Bild 2)** sitzen die einzelnen Spiegelfacetten nicht achsparallel, sondern verschränkt auf dem Polygonspiegelrad, und so erzeugt jeder Spiegel eine andere Linie auf dem Leseobjekt.

Der Gitterscanner besteht aus zwei, um 90° zueinander versetzten Mehrstrahlscannern. Hiermit ist es möglich, Strichcodierungen in beliebiger Drehlage zu erfassen. Der typische Leseabstand für Laserscanner liegt zwischen 100 mm und 3 m. Die Objekte dürfen sich mit Geschwindigkeiten bis 2,5 m/s bewegen. Die Lesegeschwindigkeiten reichen bis 1600 scan/s. Durch entsprechende Decodiersoftware können alle Strichcodes gelesen werden.

Scanner lesen Strichcodierungen auch in unterschiedlichen Leserichtungen.

## Kameralesegerät

Die Kameralesegeräte sind Linienvideokameras **(Bild 3)** und enthalten einen CCD-Chip mit z.B. 2048 Pixel zur Bildaufnahme. Das Strichmuster wird als eine einzige Bildzeile etwa 500 mal/s erfasst. Zum sicheren Lesen werden meist mehrere Bilder nacheinander ausgewertet und auf Übereinstimmung geprüft. Die Leseabstände sind abhängig vom gewählten Objektiv und betragen z.B. 3 m. Es gibt auch Handlesegeräte **(Bild 4)** die vom Codemuster ein Linienbild mit einem CCD-Chip erzeugen. Das Strichcodemuster wird über LED's (lichtemittierende Dioden) beleuchtet. Für Flächencodes werden CCD-Arrays mit z.B. 1024 x 1024 Pixel verwendet.

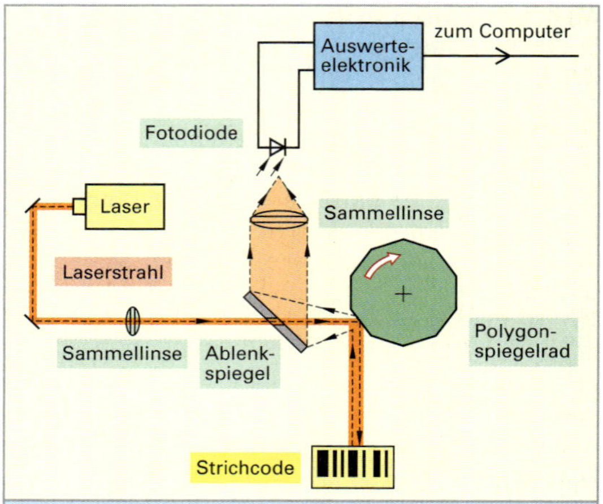


**Bild 1: Prinzip des Laserscanners**

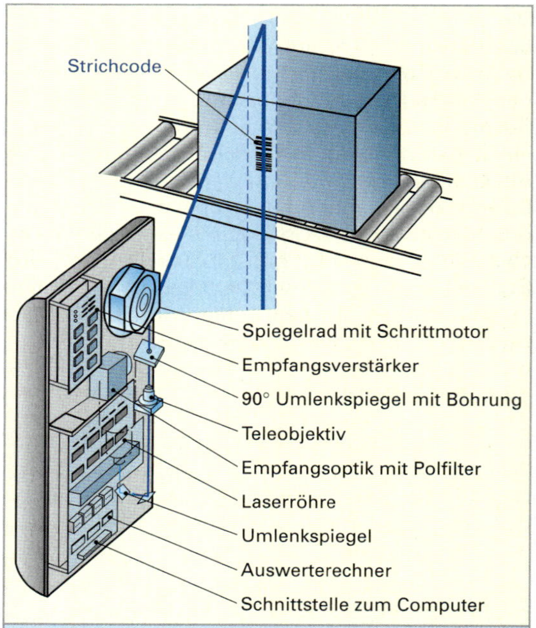


**Bild 2: Laser-Rasterscanner**

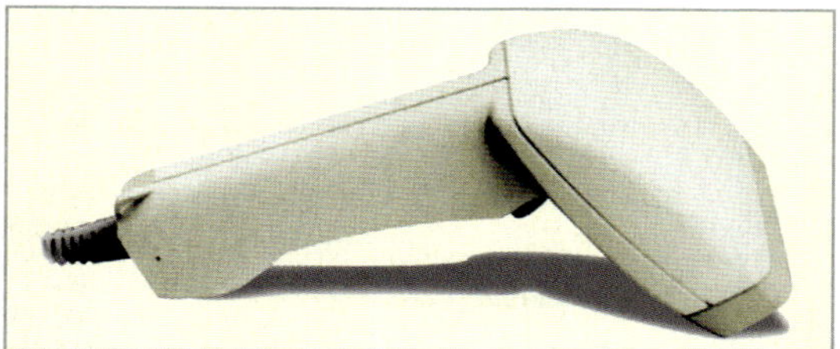

**Bild 4: Handlesegerät**

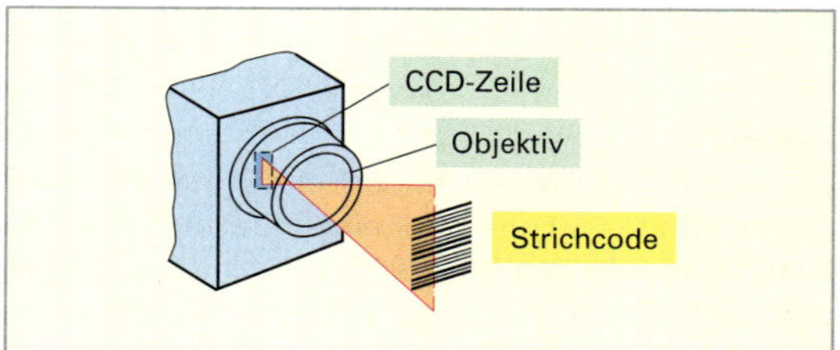


**Bild 3: Kameralesegerät**

[1] engl. to scan = abtasten

### 7.7.2.3 Elektronische Identifikationssysteme

Bei flexiblen Fertigungssystemen werden Identifikationssysteme verwendet, z.B. zum Erkennen welche Werkstücke sich auf welcher Palette **(Bild 1)** befinden, damit die Werkzeugmaschinen das dafür richtige Bearbeitungsprogramm ausführen. Auf der Werkstückpalette befindet sich ein mobiler elektronischer Speicher, der ohne elektrischen Anschluss am Vorbeifahren an einem Lesegerät oder Schreib-/Lesegerät abgefragt bzw. auch neu beschrieben werden kann. Das Lesegerät bzw. Schreib-/Lesegerät wird an eine SPS oder einen PC angeschlossen.

Mit elektronischen Identifikationssystemen kann man Werkstücke berührungslos und in bewegtem Zu-stand erfassen und man kann Daten übergeben.

Über eine induktive Kopplung wird bei manchen Systemen der Datenspeicher während des Schreib- oder Lesezyklus auch mit Energie versorgt **(Bild 2)**. Bei anderen Systemen ist eine kleine Batterie mit 10 Jahren Lebensdauer in den Datenspeicherblock mit eingegossen.

Die Speicherkapazität eines mobilen Datenspeichers liegt je nach Type z.B. bei 8 kByte. Zur Signalübertragung wird eine Pulscodemodulation verwendet **(Bild 3)**. Dabei ist das Trägersignal ein magnetisches Wechselfeld mit einer Frequenz von etwa 2 MHz. Die Daten werden bei jeder Übertragung auf ihre Richtigkeit geprüft. Hierzu werden ergänzend zu den Nutzdaten jeweils Prüfdaten erzeugt und übertragen. Zur Energieübertragung verwendet man Wechselfelder mit etwa 200 kHz. Der maximale Abstand beim Schreiben/Lesen zwischen dem mobilen Datenspeicher und dem Schreib-/Lesegerät beträgt ca. 50 mm. Die Gehäuseformen sind kubisch oder zylindrisch, z.B. auch mit Einschraubgewinde und sind völlig dicht abgeschlossen.

Bei jeder Werkstückbearbeitung wird die durchgeführte Arbeit im mobilen Datenspeicher vermerkt **(Bild 4)**. So wird eine dezentrale Datenhaltung möglich. Dies führt zu einer hohen Betriebssicherheit, da auch nach einem Ausfall des Zentralrechners bzw. der zentralen Datenbank, die für das Werkstück aktuellen Daten am Werkstückträger gespeichert bleiben.

Mobile Datenspeicher ermöglichen eine dezentrale und sichere Datenhaltung.

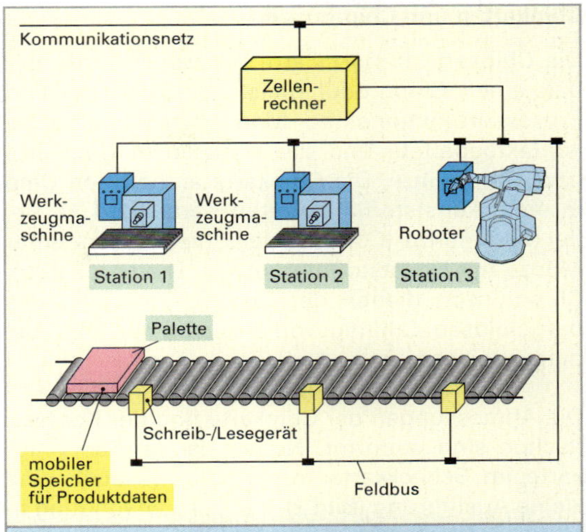


**Bild 1: Identifikationssystem beim Werkstücktransport**

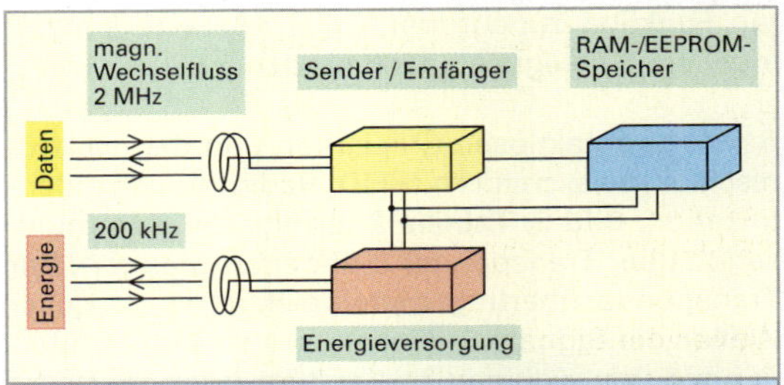


**Bild 2: Prinzipschaltbild des mobilen Speichers**

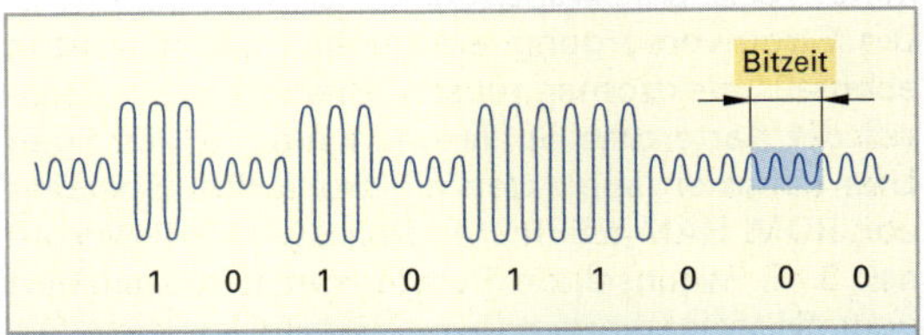


**Bild 3: Pulscodemodulation für die Dualzahl 101011000**

**Bild 4: Mobiler Speicher an Bauteilträgern**

## Chipkarten und Chipmünzen

Die Chipkarte (Smart Card, Electronic Card) enthält einen Chipmodul meist mit Speicher- und Prozessorfunktionalität. Man unterscheidet die kontaktbehaftete und die kontaktlose Chipkarte bzw. Chipmünze. Die Chipkarte enthält den Chip in einer kunststofflaminierten Karte **(Bild 1)**. Bei der Chipmünze (Coin) ist der Chip in Form einer Münze mit Kunststoff vergossen. Die Chipkarten/Chipmünzen dienen der Zugangskontrolle, des bargeldlosen Zahlungsverkehrs und der Betriebsdatenspeicherung.

Die Abmessungen der Chipkarte und der Kontaktflächen sind genormt. Neben der großen Chipkarte im Scheckkartenformat gibt es auch eine kleine Ausführung **(Bild 2)**, z.B. zur Verwendung in Mobiltelefonen (SIM-Karte, von Subscriber Identity Module[1]).
Sechs der acht Kontakte des Chips sind einer festen Funktion zugeordnet. Zwei Kontakte können individuell belegt sein **(Tabelle 1)**.

Bei den kontaktlosen Chipkarten und den elektronischen Preisschildern (RFID, Radiofrequenz-Identifikation, **Bild 3, Tabelle 2**) erfolgt die Kommunikation über Transponder (Sender/Empfänger). Der Transponder überträgt mittels elektromagnetischer Wellen die Signale zu einem Lesegerät mit Entfernungen von wenigen Millimetern (man muss die Karte über den Lesekopf halten) bis hin zu einigen Metern (z.B. bei Fahrzeugen für das „keyless go“). Die Stromversorgung erfolgt bei diesen Karten ebenfalls elektromagnetisch. Hierzu befindet sich auf der Karte eine Spule und Antenne. Als Speicher kommen alle Arten elektronischer Speicher vor: ROM, RAM, EEPROM. Über das EEPROM können z. B. wechselnde Betriebsdaten gespeichert und abgefragt werden.

Chipkarten dienen häufig der Zugangskontrolle und haben die Funktionalität eines Schlüssels.

**Tabelle 2: Kenngrößen für RFIDs (Beispiele)**

| | | |
|---|---|---|
| Speichergröße | 2048 Byte | 128 Byte |
| ISO Standard | ISO 14443 A | ISO 15693 |
| Reichweite | bis 10 cm | 70 cm |
| Kryptografische Authentifikation | 64 Bit | 96 Bit |
| Max. mögl. Applikationen | z.B. 123 | z.B. 8 |
| Speicher-Segmentierung | dynamisch | dynamisch |

[1] engl. Subscriber Identity Module = Teilnehmer-Identitätsmodul

**Bild 1: Chipkarte als Kreditkarte**

**Tabelle 1: Kontakte von Chipkarten**

| Kontakt | Name | Funktion | Ansicht |
|---|---|---|---|
| 1 | VCC | Betriebsspannung | 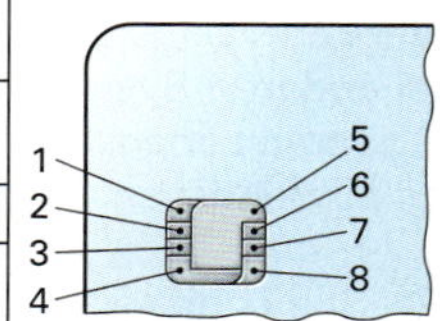  |
| 2 | RST | Reset (Rücksetzen) | |
| 3<br>4 | CLK | Takt<br>nicht definiert | |
| 5 | GND | Ground (Masse) | |
| 6 | VPP | Programmierspannung | |
| 7 | I/O | Input/Output (Eingang/Ausgang) | |
| 8 | | nicht definiert | |

**Bild 2: SIM-Karte**

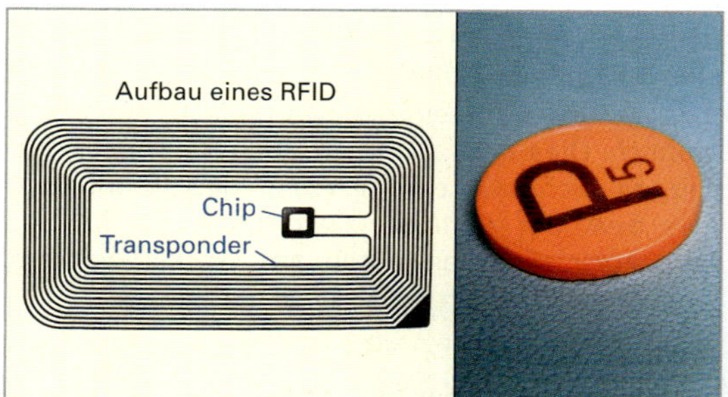


**Bild 3: RFID – Aufbau und Parkmünze**

## 7.7.4 Funkterminals

Zur Wareneingangskontrolle, Materialausgangskontrolle und Materialflusssteuerung sowie zu Zwecken der Inventur und des Qualitätsmanagements verwendet man geschickterweise Handterminals mit Funkverbindung und integriertem Barcode-Scanner.

Das Funkterminal **(Bild 1)** enthält ein großes grafikfähiges Display, Funktionstasten, eine numerische Tastatur und durch Doppelbelegung auch Alphatasten. Es enthält ferner einen vollständigen PC und ist somit auch internetfähig. Die Datenübertragung in ein Festnetz erfolgt z.B. als Funk-LAN-Verbindung mit 2,4 GHz (entsprechend IEEE 802.11) mit einer Bitrate von 2Mbit/s **(Tabelle 1)**. Neben den Hand-Terminals gibt es auch Funk-Touchscreen-Tabletts **(Bild 2)**. Diese haben einen großen Farb-TFT-Bildschirm, welcher direkt mit Fingerdruck auf programmierbare Schaltflächen bedient werden kann.

Funkterminals im Qualitätsmanagement
- ersparen Prüfbögen und Schreibzeug,
- ermöglichen eine Aktualisierung der Prüfvorgaben direkt beim Prüfer.

Funkterminals steuern
- Fahrerlose Transportsysteme,
- Regalbediengeräte,
- Mobile Mess- und Prüfplätze.

Funkterminals in der Materialflusssteuerung ermöglichen
- Beleglose Kommissionierung,
- Wareneingangsprüfung,
- Warenausgangsprüfung,
- Inventur.

### Wiederholung und Vertiefung

1. Welches sind die Aufgaben der Betriebsdatenerfassung?
2. Nennen Sie Beispiele für Betriebsdaten.
3. Welches sind die Merkmale von Betriebsdatenerfassungssystemen?
4. Nennen Sie Beispiele für Strichcodes!
5. Welche Vorteile haben 2D-Codes?
6. Welche Geräte gibt es als Lesegeräte?
7. Wofür verwendet man mobile Identifikationssysteme?
8. Weshalb dient eine dezentrale Datenspeicherung der Betriebssicherheit?
9. Wie erfolgt die Datenübertragung und die Energieübertragung bei einem mobilen Speicher?
10. Wofür verwendet man Funkterminals?
11. Mit welchen Bitraten arbeiten Funkterminals?

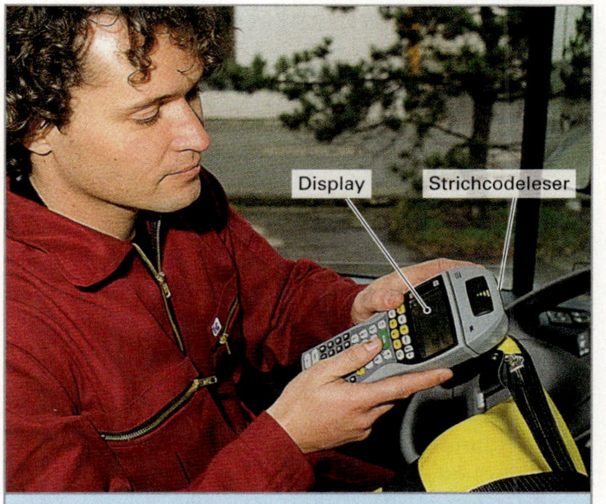


**Bild 1: Funkterminal**

**Tabelle 1: Typische Eigenschaften eines Funkterminals**

| Eigenschaften | Kenngrößen (Beispiel) |
|---|---|
| Tasten | 41 Silicon-Gummi Tasten<br>12 Funktionstasten |
| Scanner für Datentransfer zu PC | bis 1,152 Mbit/s |
| Display | LCD, VGA-Display, 160x240 Pixel |
| Funk | LAN nach IEEE 802.11 mit 2,4 Hz, Direct Sequenze (32 mW) oder Frequency Hopping (100mW)<br>Alternativ: 403-512 MHz Narrow Band mit 2 W, bis 19,6 kbit/s |
| Barcode-Leser | 1D bis ca. 2 m Entfernung |
| Batterie | Schnell wechselbar und wiederaufladbar (ca. 5 Std. Funkbetrieb) 1,5 Ah NiMH-Akku |

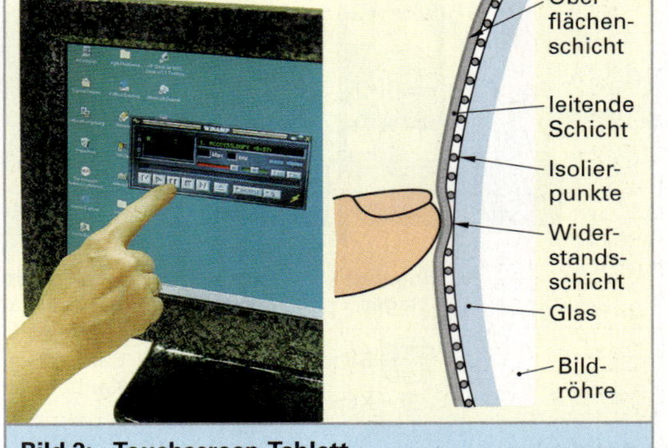


**Bild 2: Touchscreen-Tablett**

## 7.8 Fertigungssteuerung mit Kanban

In der traditionellen, zentral organisierten Produktionsplanung und -steuerung wird der gesamte Produktionsbedarf an einer zentralen Stelle bis ins kleinste Detail vorausgeplant. Die Fertigungsaufträge und Materialien werden nach dem **Bring-Prinzip** (Push-Prinzip) von Arbeitsplatz zu Arbeitsplatz gebracht bzw. durch die Fertigung geschoben. Die einzelnen ausführenden Produktionsstellen haben kaum die Möglichkeit, die Produktion zu beeinflussen. Die Trennung von planenden und ausführenden Stellen macht diese zentral planenden und steuernden Systeme relativ unflexibel bzw. träge gegenüber Störungen oder kurzfristigen Änderungen der Auftragslage. Um die mangelnde Flexibilität zu kompensieren, ist eine relativ hohe Vorratshaltung nötig, die hohe Lagerungskosten und lange Durchlaufzeiten verursachen.

Im Gegensatz zum Bring-Prinzip ist das **Hol-Prinzip** (Pull-Prinzip) eine Fertigungssteuerungsstrategie, bei der die Materialien (Materialfluss) jeweils auf Anforderung (Informationsfluss) einer nachgelagerten Stelle (z.B. Fräsmaschine) an eine vorgelagerte Stelle (z.B. Drehmaschine) gezogen werden.

Das **Kanban-System (Bild 1)** arbeitet nach dem Hol-Prinzip. Dabei holt die nachgelagerte Fertigungseinheit (Senke) bei Bedarf einen vollen Behälter mit dem benötigten Teil aus seinem Bereitstellungslager (2). Gleichzeitig geht ein Kanban (jap. Zettel), der sich im vollen Behälter befindet, zurück an die vorgelagerte Fertigungseinheit (Quelle) (1). Nach dem Erhalt der Kanban-Karte beginnt die erzeugende Stelle (Quelle) mit der Produktion der auf der Karte genannten Teile-Menge und füllt damit den Kanban-Behälter (3). Sobald der Behälter mit der geforderten Menge gefüllt ist, wird er mit der Kanban-Karte versehen und in das Bereitstellungslager der Senke transportiert (4), von dem aus sich die Senke selbst versorgt (2).

Dieser Zusammenhang stellt einen selbststeuernden Regelkreis dar, welcher nicht über eine zentrale Planungsinstanz gesteuert wird, sondern sich den aktuellen Anforderungen an das Material über die Kanban-Karten anpasst. Das zentrale Produktionsplanungs- und -steuerungssystem gibt dem Kanban-System nur den Produktionsplan der letzten Fertigungsstufe vor (Bild 1, (1a)).

Die administrativen Bereiche eines Unternehmens werden durch dieses Vorgehen entlastet und das Fehlerrisiko wird vermindert. Gleichzeitig bewirkt die Rückwärtsverkettung des Materialnachschubs eine Verringerung der Lagerbestände sowie eine Verkürzung der Durchlaufzeiten.

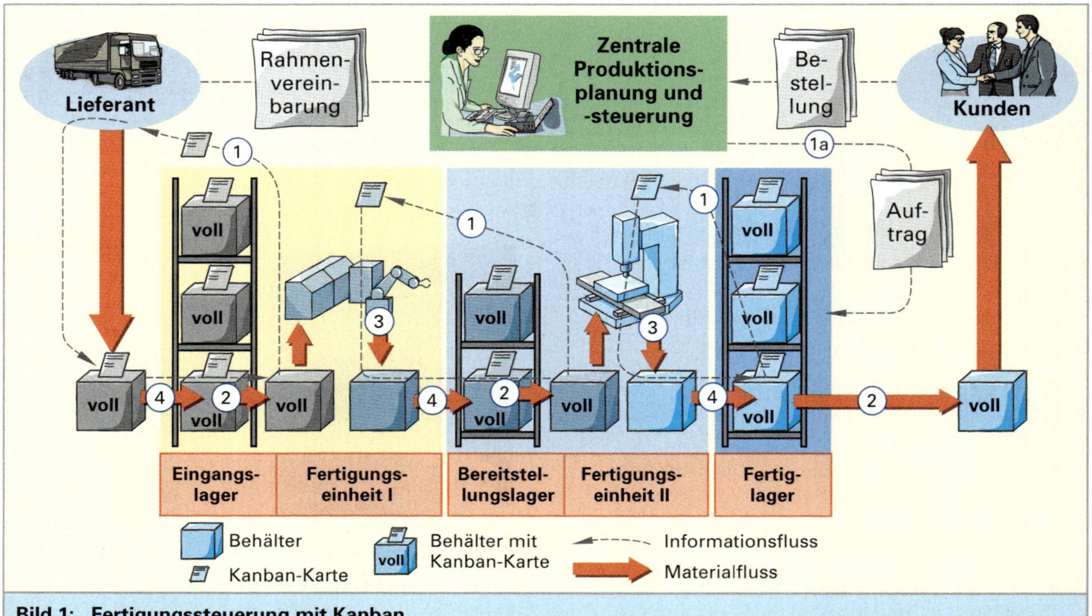


**Bild 1: Fertigungssteuerung mit Kanban**

# II Qualitätsmanagement

## 1 Einführung

Unter Qualitätsmanagement[1] versteht man aufeinander abgestimmte Tätigkeiten zum Leiten und Lenken einer Organisation bezüglich der Qualität (EN ISO 9000:2005).

Die sich verstärkende Präsenz asiatischer Unternehmen auf dem Weltmarkt, die Öffnung osteuropäischer Märkte und die Einführung des EU-Binnenmarktes führten die europäischen Unternehmen in eine verschärfte Wettbewerbssituation. Neben den Preisen wird dabei die **Qualität von Produkten** und **Dienstleistungen** zu einem immer wichtiger werdenden strategischen Wettbewerbsfaktor. Die Festlegung qualitätsbezogener Ziele und die Planung und Durchführung qualitätsbezogener Tätigkeiten in sämtlichen Unternehmensbereichen sind zu einer der wichtigsten Managementaufgaben geworden.

## 1.1 Qualität

Qualität ist der Grad, in dem ein Satz inhärenter[2] (innewohnender) Merkmale Anforderungen erfüllt (EN ISO 9000:2005).

Qualität ist somit die Erfüllung geforderter und erwarteter Ansprüche. Die **Qualitätsanforderungen** werden vom Kunden oder der Gesellschaft in Form von Erwartungen und Wünschen an den Hersteller festgelegt **(Bild 1)**.

Der Kunde erwartet zum Beispiel eine optimale *Funktion*, hohe *Sicherheit* und *Zuverlässigkeit*, eine gute Beratung und Betreuung und wünscht ein gutes Aussehen des Produkts. Eng damit verbunden ist auch eine **maximale Preisvorstellung** und ein akzeptabler **Liefertermin**. Auf der Seite des Lieferanten verursachen die Qualitätsforderungen Kosten, die nicht immer mit der Preisvorstellung des Kunden in Einklang zu bringen sind.

Die **Beschaffenheit** eines Produkts wird durch die Gesamtheit aller **Qualitätsmerkmale** bestimmt **(Tabelle 1)**.

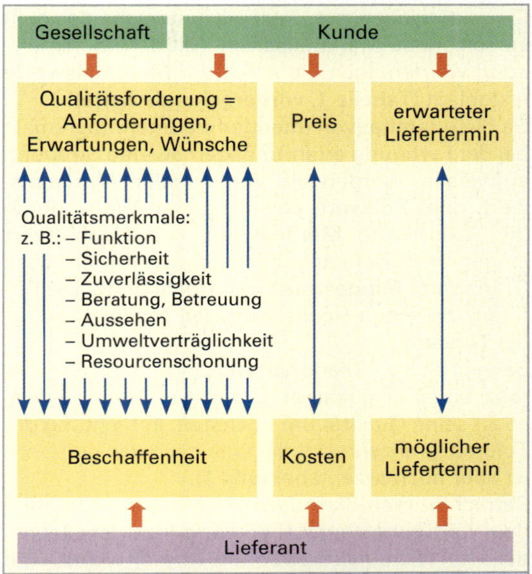


**Bild 1: Zusammenhänge zwischen Qualitätsforderung und Beschaffenheit**

**Tabelle 1: Qualitätsmerkmale**

| Merkmalsart | | Kennzeichen | Beispiel |
|---|---|---|---|
| quantitativ | kontinuierliches Merkmal | messbarer, stetiger Merkmalswert | Durchmesser eines Bolzens **Merkmalswert:** z.B. 20,05 mm, 20,1 mm oder 20,02 mm |
| | diskretes Merkmal | zählbar (0, 1, 2, ...) | Schweißpunkte **Merkmalswert:** z.B. 23, 24 oder 20 Schweißpunkte |
| qualitativ | Ordinalmerkmal | Beurteilung mit Ordnungsbeziehung | Aussehen einer Oberfläche **Merkmalswert:** z.B. sehr gut, gut, geeignet, schlecht oder sehr schlecht |
| | Nominalmerkmal | Beurteilung ohne Ordnungsbeziehung | Rillenrichtung einer geschliffenen Fläche **Merkmalswert:** gekreuzt, quer oder längs zum Werkstück |

---

[1] Bis zum Jahr 1993 war die Benennung für diesen Oberbegriff im ganzen deutschen Sprachraum „Qualitätssicherung". Um eine Anpassung an den internationalen Sprachgebrauch zu erreichen, wurde dieser Oberbegriff in der DIN 55 350 in „Qualitätsmanagement" umbenannt.

[2] lat. inhaerens = (einem Ding) innewohnend

### 1.1.1 Qualitätsmerkmale

Die Merkmale eines Produkts, z.B. Farbe, Länge oder Schweißpunkte, weisen unterschiedliche Charakteristiken auf. Deshalb unterscheidet man verschiedene **Merkmalsarten**. Mit den Merkmalsarten werden auch die Arten der **Merkmalswerte** festgelegt **(Tabelle 1, vorhergehende Seite)**.

Da die quantitativen (mengenmäßigen) Merkmale bei der Fertigung erfahrungsgemäß eine Streuung aufweisen, werden die vom idealen Merkmalswert, dem Sollwert, abweichenden Werte durch die Grenzwerte **Mindestwert** und **Höchstwert** eingegrenzt. Bei Längenmaßen nennt man diese Grenzwerte **Mindestmaß** und **Höchstmaß**. Die Differenz zwischen Höchstwert und Mindestwert ist die **Toleranz**.

Bewegt sich ein **Merkmalswert** innerhalb der Toleranz, so ist er **geeignet**. Erreicht er den **Sollwert**, so ist seine **Qualität am höchsten**. In Richtung der Toleranzgrenzen wird die Qualität zwar reduziert, ist aber noch akzeptabel **(Bild 1)**.

Betrachtet man die Auswirkung bei fortschreitendem Fertigungsverlauf, so kann man feststellen, dass bei Merkmalswerten, die immer weiter vom Sollwert entfernt liegen, mehr Probleme auftauchen als bei Merkmalswerten am Sollwert. Das Fügen zweier Werkstücke kann z.B. in der Montage nur durch Nacharbeit oder Einsatz von speziellen Werkzeugen durchgeführt werden. Die Folge sind zusätzliche Kosten und damit Verluste. Dieser Zusammenhang wird durch die **Verlust-Funktion** nach *Taguchi*[1] **(Bild 2)** deutlich.

Ziel der Produktion muss also sein, den Merkmalswert am Sollwert mit einer möglichst geringen Streuung zu erreichen. Die Produktion wird dadurch aber auch teurer und unwirtschaftlicher. Die Festlegung der Grenzwerte ist somit stets ein Kompromiss zwischen den Kosten des Fertigungsprozesses und der Gleichmäßigkeit der Merkmalswerte.

### 1.1.2 Fehler

Wird eine Qualitätsforderung nicht erfüllt, so liegt ein Fehler vor. Dies kann sein, wenn ein Merkmalswert außerhalb des Toleranzbereichs liegt oder eine geforderte Eigenschaft nicht vorhanden ist.

**Fehler werden nach ihren Folgen in Fehlerklassen eingeteilt:**

1. **Kritischer Fehler** (Fehler mit kritischen Folgen). Dieser Fehler hat eine Gefahr für die Personen, die das Produkt benutzen, instand halten oder auf das Produkt angewiesen sind zur Folge. Ein kritischer Fehler kann auch ein Fehler sein, der zum Ausfall einer größeren wichtigen Anlage führt.
2. **Hauptfehler** (Fehler mit erheblich beeinträchtigenden Folgen). Dies ist ein nichtkritischer Fehler, der eine vollständige Beeinträchtigung der Brauchbarkeit (Ausfall oder Verlust) eines Produkts zur Folge hat (Hauptfehler A) oder die Brauchbarkeit für den vorgesehenen Verwendungszweck wesentlich herabsetzt (Hauptfehler B). Dies kann zum Beispiel beim Ausfall der Belichtungsautomatik an einem Fotoapparat oder beim Ausfall des Antriebsmotors eines Staubsaugers der Fall sein.
3. **Nebenfehler** (Fehler mit nicht wesentlichen Folgen). Dies ist ein Fehler, der die Brauchbarkeit eines Produkts für den vorgesehenen Verwendungszweck nicht wesentlich herabsetzt oder ein Fehler, der den Gebrauch oder den Betrieb der Einheit nur geringfügig beeinflusst (Nebenfehler A) oder die Brauchbarkeit nicht beeinflusst (Nebenfehler B). Ein Riss im Kunststoffglas einer Kraftfahrzeugrückleuchte oder ein Lackierfehler wären z.B. solche Fehler.

[1] *Genichi Taguchi* (sprich tagudschi), japanischer Wissenschaftler

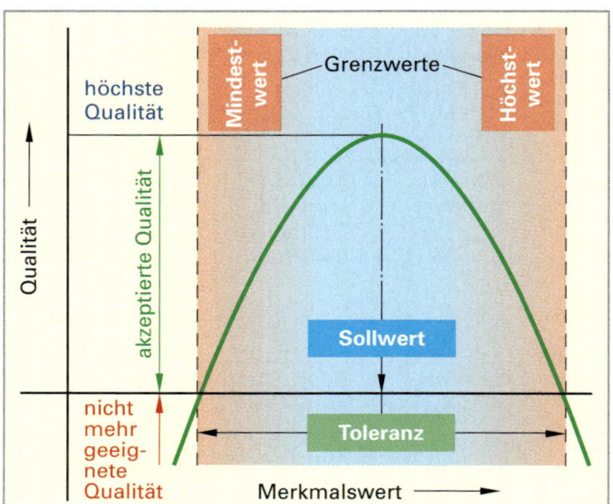


**Bild 1: Qualitätsverlauf eines Merkmalswerts**

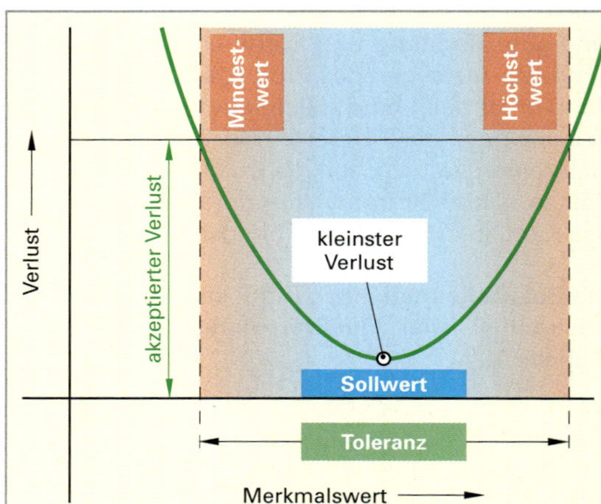


**Bild 2: Verlust-Funktion nach Taguchi**

## 1.2 Ziele des Qualitätsmanagements

• **Kundenorientierung**
Kaufen wir heute ein Produkt, so erwarten wir, dass es zuverlässig unsere gestellten Anforderungen erfüllt. Erfüllt es eine oder mehrere Anforderungen nicht, so sind wir verärgert. Treten Folgeschäden an Menschen oder Sachen auf, machen wir die Herstellerfirma haftbar. Wir werden das Produkt in Zukunft meiden und unsere Erfahrung anderen mitteilen. Die Folge ist ein Umsatzrückgang und Kosten für Haftung und Schadenersatz bei der Herstellerfirma. Ihre Kapazitätsauslastung und ihr Gewinn sinken, Arbeitsplätze müssen reduziert werden.

Oberstes Ziel des Qualitätsmanagements muss also sein, die Kundenanforderungen optimal zu erfüllen. Jeder Mitarbeiter des Unternehmens muss hierzu seinen Beitrag leisten.

Eine Qualitätsverbesserung des Produkts und des Herstellungsprozesses führt zu einer Produktivitätsverbesserung. Die Maßnahmen hierfür haben oft kurzfristig eine Kostensteigerung zur Folge, führen aber bei sinnvollem Einsatz langfristig zu einer Kostenreduzierung und damit zu der Möglichkeit, die Preise zu reduzieren. Der Marktanteil wird sich erhöhen, die Position des Unternehmens und die Arbeitsplätze werden gesichert (**Bild 1** und **Bild 2**).

• **Das *Kano*-Modell**
Will ein Unternehmen die Merkmale seines Produkts an den Kundenforderungen ausrichten, so müssen diese ständig untersucht und neu festgelegt werden. Es liegt in der Natur des Menschen, dass er ständig neue Bedürfnisse entwickelt.
Die aus den Bedürfnissen entstehenden Kundenanforderungen an die Merkmale eines Produkts sind demzufolge im Laufe der Zeit einem steten Wandel unterzogen. Weiterhin setzen die Kunden im Laufe der Zeit unterschiedliche Prioritäten bei den einzelnen Merkmalen. So werden manche Merkmale als selbstverständlich vorausgesetzt, andere wiederum sind zwar nicht unbedingt erforderlich, können aber bei einer Kaufentscheidung von großer Wichtigkeit sein. Durch Trends und Werbeaktionen können solche Merkmalsforderungen noch verstärkt werden.
Diese unterschiedliche Bedeutung der Merkmale bei Kunden untersuchte der japanische Wissenschaftler *Noriaki Kano* und fasste seine Erkenntnisse in einem **Modell** zusammen.

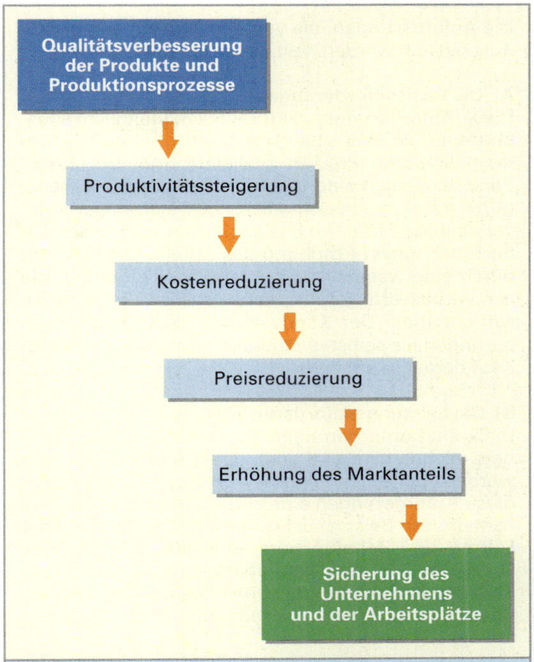


**Bild 1: Die Kette von der Qualitätsverbesserung bis zum Geschäftserfolg**

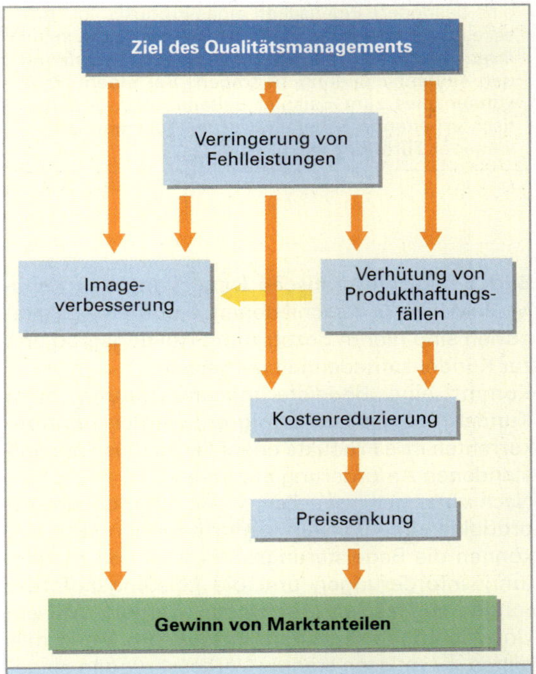


**Bild 2: Die wichtigsten Ziele des Qualitätsmanagements**

Die Anforderungen, die von den Kunden an ein Produkt gestellt werden, teilt ***Kano*** in **3 Kategorien** ein:

**A) Die Basisanforderungen**
Diese Anforderungen sind Selbstverständlichkeiten, bei denen ein Kunde davon ausgeht, dass sie in jedem vergleichbaren Produkt realisiert sind. Bei einem Personenwagen sind dies zum Beispiel Sicherheitsgurte mit Aufrollautomatik, Scheibenbremsen oder verstellbare Sitze. Die Basisanforderungen erzeugen auch bei starker Erhöhung des Erfüllungsgrads, z.B. durch eine wesentliche Konstruktionsänderung, die zur Verbesserung führt, kaum zusätzliche Kundenzufriedenheit. Der Kunde nimmt diese Basisanforderungen als selbstverständlich hin und achtet beim Kauf darauf kaum mehr.

**B) Die Leistungsanforderungen**
Diese sind Anforderungen, die einem Kunden besonders wichtig sind und auch direkt von ihm genannt werden. Bei einem Wettbewerbervergleich spielen diese Anforderungen eine entscheidende Rolle. Dies können zum Beispiel bei einem PKW Airbags auf der Fahrer- und Beifahrerseite, eine höhenverstellbare Lenksäule oder eine Zentralverriegelung sein. Diese Leistungsanforderungen beeinflussen die Kunden direkt und ihr Erfüllungsgrad beeinflusst am stärksten die Kaufentscheidung.

**C) Die Begeisterungsanforderungen**
Diese Anforderungen erwarten die Kunden noch nicht. Es können z.B. technische Neuerungen an einem Produkt sein, die noch unbekannt oder noch zu wenig bekannt sind. Entdecken die Kunden solch eine besondere Eigenschaft eines Produkts, löst diese eine Begeisterung aus und kann entsprechend ihrem Erfüllungsgrad wesentlich zu einer Steigerung der Kaufentscheidung beitragen. Bei einem PKW können dies zum Beispiel Seitenairbags, automatisch arbeitende Scheibenwischer oder ein ferngesteuerter Türöffner sein.

**Bild 1** zeigt die grafische Darstellung des *Kano*-Modells. Die 3 verschiedenen Anforderungskategorien sind hier in Bezug zum Erfüllungsgrad und zur Kundenzufriedenheit dargestellt.
Kommt eine Begeisterungsanforderung beim Kunden mit großem Erfolg an, werden die Konkurrenten ihre Produkte ebenfalls an diese neuentstandenen Anforderung anpassen.
Nach einer gewissen Zeit, wenn alle Konkurrenzprodukte die gleichen Anforderungen erfüllen, können die Begeisterungsanforderungen zu Leistungsanforderungen und die Leistungsanforderungen zu Basisanforderungen werden. Will ein Unternehmen mit seinem Produkt am Markt mithalten, so müssen ständig Verbesserungen eingeführt werden, um neue Begeisterungs- und Leistungsanforderungen auszulösen.

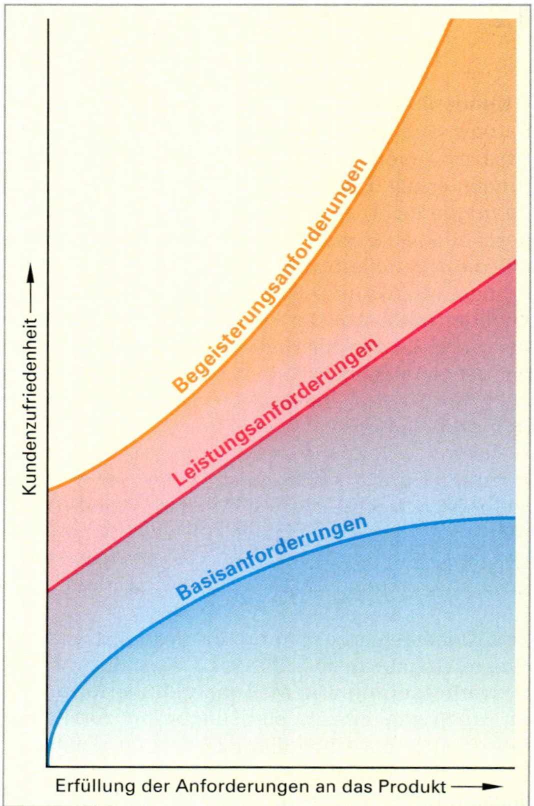


**Bild 1: KANO-Modell**

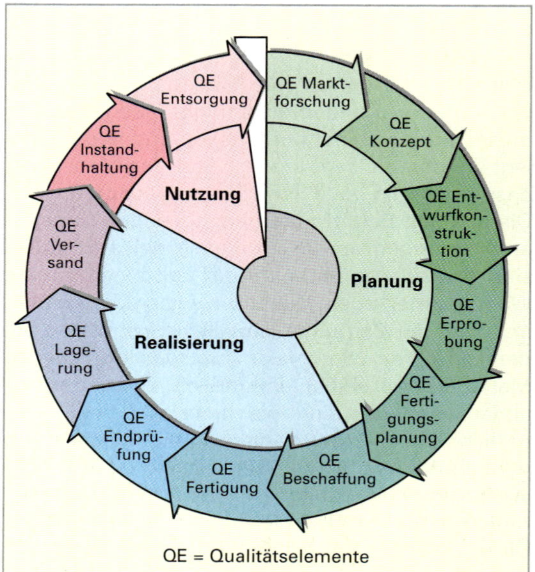


**Bild 2: Qualitätskreis nach DIN 55 350**

## 1.3 Qualitätskreis und Qualitätspyramide

Denkt man an die Qualität eines Autos, so stellt man fest, dass sich die Gesamtqualität aus einer Menge an Einzelelementen zusammensetzt. Eine Gliederung dieser Einzelelemente und ihre Zusammenhänge verdeutlichen zwei Denkmodelle des Qualitätsmanagements: Der **Qualitätskreis** und die **Qualitätspyramide**.

**Qualitätskreis.** Im Qualitätskreis **(Bild 2, vorhergehende Seite)** werden sämtliche Qualitätselemente im Laufe eines Produktzyklusses von der Idee bis zur Entsorgung aufgelistet. Jedes dieser Elemente bildet einen Baustein zur gesamten Produktqualität. Kommt z.B. die Marktforschung zu einem fehlerhaften Ergebnis oder wird in der Beschaffung ein zwar billigeres, aber minderwertigeres Zulieferteil eingekauft, so sinkt die Produktqualität. Qualitätsförderung muss also ein Ziel sämtlicher organisatorischer Unternehmensbereiche sein.

Durch die ständige Weiterentwicklung der Produkte beginnt der Qualitätskreis immer wieder von neuem.

**Qualitätspyramide (Bild 1).** Die Gesamtqualität eines Erzeugnisses setzt sich durch die Beschaffenheit der einzelnen Baugruppen zusammen. Deren Qualitäten hängen wiederum von den Merkmalswerten der Einzelteile und deren Rohmaterialien ab. Umgekehrt kann man folgern, dass bei der Erwartung eines bestimmten Qualitätsstandards eines Erzeugnisses von den Baugruppen, deren Einzelteilen und ihrer Rohmaterialien ganz bestimmte Forderungen erfüllt sein müssen. Werden Baugruppen oder Einzelteile fremd bezogen, so muss auch hier gewährleistet sein, dass diese Fremdbezugsteile bzw. Fremdbezugsbaugruppen den erwarteten Qualitätsanforderungen entsprechen.

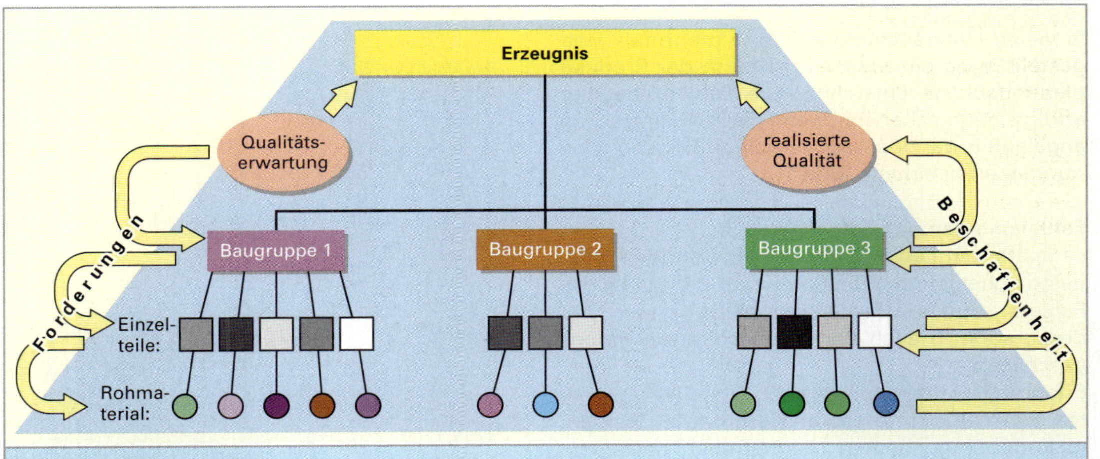


**Bild 1: Qualitätspyramide**

# 2 Teilfunktionen des Qualitätsmanagements

Maßnahmen zum Erreichen und zur Verbesserung der geforderten Produktqualität finden sich in allen Bereichen eines Unternehmens wieder. Sie verfolgen den gesamten Produktlebenslauf, von der Produktentstehung bis hin zur Anwendung des Produkts durch den Kunden. Die **Funktionen eines Qualitätsmanagementsystems** werden im Wesentlichen in vier Teilfunktionen aufgeteilt **(Bild 2)**.

**Bild 2: Teilfunktionen des QM**

## 2.1 Qualitätsplanung

Definition nach DIN ISO 8402:
Unter Qualitätsplanung versteht man die Tätigkeiten, welche die Zielsetzungen und die Qualitätsforderungen sowie die Forderungen für die Anwendung der Elemente des Qualitätsmanagements festlegen.

Die **Qualitätsplanung** umfasst also die Gesamtheit aller planerischen **Tätigkeiten vor dem Produktionsbeginn**. In dieser Phase wird die Qualität eines Produkts im Wesentlichen bestimmt durch folgende drei Einflussgrößen:

- die aus den Anforderungen des Kunden abgeleiteten und festgelegten Produkteigenschaften,
- die technische Realisierbarkeit der Produkteigenschaften,
- die materiellen, personellen und finanziellen Voraussetzungen des Unternehmens.

Qualitätsplanung bezüglich eines Produkts:
Identifizieren, Klassifizieren und Gewichten der Qualitätsmerkmale sowie Festlegen der Ziele, der Qualitätsforderungen und der einschränkenden Bedingungen.

In vielen Untersuchungen wurde mehrmals festgestellt, dass die meisten Fehler in der Produktplanungsphase entstehen. Die Fehlerbehebung erfolgte häufig aber erst, wenn die Fertigung schon angelaufen war oder wenn das Produkt schon den Kunden erreicht hatte **(Bild 1)**.

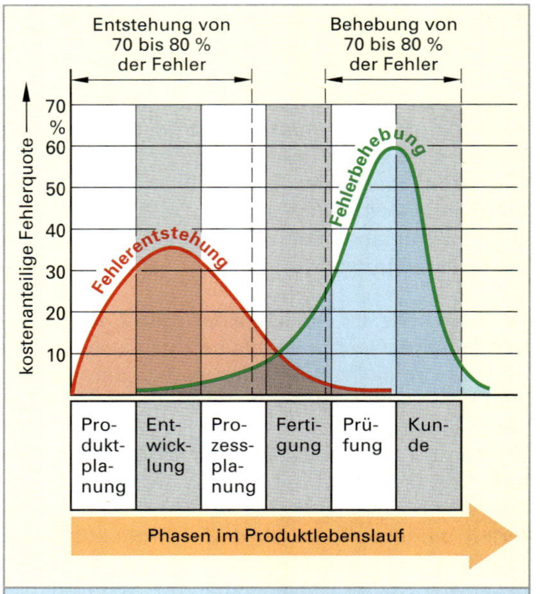


**Bild 1: Fehlerentstehung und Fehlerbehebung**

### Fehlplanungen und Folgekosten

Je später ein Fehler entdeckt und behoben wird, desto höher werden die Kosten zur Behebung des Fehlers. Wird der Fehler erst beim Kunden entdeckt, so wird auch der Ruf des Unternehmens geschädigt.

Erfahrungswerte haben gezeigt, dass die Folgekosten von Fehlern, je später sie entdeckt werden, nach der so genannten „Zehnerregel" ansteigen. Diese besagt, dass die Folgekosten von Phase zu Phase im Produktlebenslauf um das 10-fache ansteigen **(Bild 2)**. Rückrufaktionen in den letzten Jahren in der Automobilindustrie, die mehrstellige Millionensummen kosteten und von der Presse sehr wirksam verbreitet wurden, belegen diese „Zehnerregel".

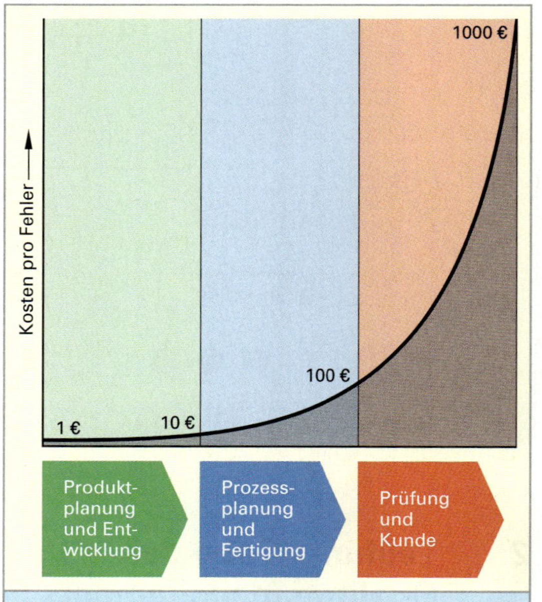


**Bild 2: Zehnerregel der Fehlerkosten**

### Ziele der Qualitätsplanung

Eine gute Qualitätsplanung hat zum Ziel, das Produkt selbst und die Produktentstehungs- und die Vertriebsprozesse zu optimieren. Da die Beschaffenheit eines Produkts durch seine **Merkmale** (siehe „Qualitätsmerkmale") bestimmt wird, gilt es zunächst, diese Merkmale **optimal** festzulegen. Den Bereichen Produktplanung und Produktentwicklung kommt demzufolge die Aufgabe zu, die Merkmale aus den Anforderungen des Kunden abzuleiten und die Toleranzbereiche festzulegen. Da weitere Fehler noch bei den **Produktions- und Vertriebsprozessen** entstehen, gilt es weiterhin, diese Prozesse zu **optimieren**. Dies wird dann erreicht, wenn zum einen die geeigneten Verfah-

ren ausgewählt werden und zum anderen die Prozesse ständig überwacht werden. Als Hilfsmittel stehen der Qualitätsplanung verschiedene Werkzeuge (siehe „Werkzeuge des TQM") bereit.
Sie tragen dazu bei, Fehler im Voraus zu erkennen, damit diese erst gar nicht entstehen. Sie werden deshalb als präventive (vorbeugende, verhütende) Hilfsmittel eingestuft und reduzieren durch weniger Fehler auch die meist sehr aufwändigen Fehlerbehebungsmaßnahmen.

## 2.2 Qualitätsprüfung

Aufgabe der Qualitätsprüfung ist demnach, zunächst festzulegen, wie die definierten Merkmale eines Produkts zu prüfen sind **(Prüfplanung)**, wann, wo und durch wen die Prüfung auszuführen ist **(Prüfausführung)** und wie die erhaltenen Prüfdaten weiterverarbeitet werden sollen **(Prüfdatenverarbeitung)**.

In der Qualitätsprüfung wird festgestellt, inwieweit eine Einheit, d.h. die Merkmale einer Einheit, die Qualitätsforderung erfüllt **(Bild 1)**.

### 2.2.1 Prüfplanung

Sind die Qualitätsmerkmale im Rahmen der Qualitätsplanung festgelegt, wird bei der Prüfplanung die **Qualitätsprüfung im gesamten Produktionsablauf** vom Wareneingang bis zum Versand eines Produkts geplant. Alle geforderten Prüfungen werden im **Prüfplan** dokumentiert.
Die Festlegungen, die im Prüfplan gemacht werden müssen, lassen sich durch die Beantwortung von 8 Fragen (**Tabelle 1**) zusammenfassen.
Zunächst werden die zu prüfenden Merkmale mit den geforderten Grenzwerten aufgelistet. Danach wird die Prüfmethode mit dem passenden Prüfmittel ausgewählt. Das Prüfmittel darf vor allem in Bezug zur Toleranz eine bestimmte Messunsicherheit nicht überschreiten, da sonst das Messergebnis nicht verlässlich festgestellt werden kann. In Prüfmittelfähigkeitsuntersuchungen wird deshalb die Eignung eines Prüfmittels ermittelt.
Der Prüfumfang ist so festzulegen, dass möglichst alle fehlerhaften Teile erfasst werden können. Trotzdem soll die Prüfung wirtschaftlich und kostengünstig sein, d.h. es soll nur so viel wie nötig geprüft werden. Werden die Fertigungsprozesse weitgehend beherrscht, so genügt es, in größeren Zeitintervallen nur eine Stichprobe zu untersuchen. Mit gleicher Sensibilität sind auch der Prüfer und der Prüfort passend auszuwählen.

Sind die Prüfdaten ermittelt, so muss überlegt werden, wie sie ausgewertet werden sollen. Neben der Feststellung, ob ein Produkt als „Gut" eingestuft werden kann, will man häufig auch Daten über die Charakteristik des Fertigungsprozesses ermitteln. Art und Umfang der Auswertung und Datenarchivierung müssen also gezielt festgelegt werden.

| | | |
|---|---|---|
| Prüfplanung |  | Erstellen eines Prüfplans: Festlegung der Prüfmerkmale, der Prüfmethode, des Prüfgeräts usw. |
| Prüfausführung | 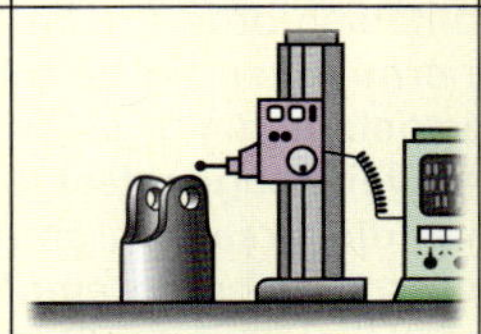 | Ermitteln der gefertigten Merkmalsdaten und Vergleich mit den geforderten Qualitäten. |
| Prüfdatenverarbeitung |  | Erfassung, Komprimierung, Auswertung und Protokollierung der Prüfdaten |

**Bild 1: Teilbereiche der Qualitätsprüfung**

**Tabelle 1: Acht Fragen zum Prüfplan**

| Fragen | Erläuterung |
|---|---|
| **Was?** | Beschreibung der Prüfmerkmale, z.B. Längenmaß, Rundheit, Härte, Farbe |
| **Wie?** | Festlegung der Prüfmethode, z.B. Attributprüfung oder Variablenprüfung |
| **Womit?** | Auswahl des Prüfmittels, z.B. vertikales Höhenmessgerät, digitaler Messschieber, Rockwell-Härteprüfgerät |
| **Wieviel?** | Festlegung des Prüfumfangs, z.B. Stichprobenprüfung, 100%-Prüfung |
| **Wann?** | Festlegung des Prüfzeitpunkts, z.B. Eingangs-, Zwischen- oder Endprüfung |
| **Wer?** | Auswahl der Person, die prüfen soll, z.B. Werker, Maschinenbediener, Fachmann aus dem QM-Bereich |
| **Wo?** | Festlegung des Prüforts, z.B. direkt an der Maschine, im Mess- und Prüfraum |
| **Was geschieht mit den Prüfdaten?** | Auswertung und Dokumentation der Prüfdaten z.B. statistische Auswertung, Form und Umfang der Prüfprotokolle |

In der „VDI/VDE/DGQ-Richtlinie 2619" wird die Verfahrensanweisung zur Erstellung eines Prüfplans beschrieben. Sie ist in **Bild 1** in verkürzter Form als Ablaufplan dargestellt. Als Beispiel ist auf der folgenden Seite der Prüfplan eines Rohrwellenschafts dargestellt.

## 2.2.2 Prüfausführung

In der Prüfausführung wird festgestellt, ob und inwieweit die Produkte oder Dienstleistungen die an sie gestellten Qualitätsanforderungen erfüllen. Dabei werden die ermittelten Werte mit den in der Prüfplanung festgelegten Vorgabewerten verglichen. Werden Abweichungen festgestellt, sollen möglichst schnell die Ursachen gefunden und geeignete Korrekturmaßnahmen eingeleitet werden.
Dies kann zur Folge haben, dass die fehlerhaften Teile für die Weiterbearbeitung gesperrt werden und abgewogen wird, ob eine Nacharbeit möglich ist oder ob das Teil ausgesondert werden muss. Eine genaue Untersuchung der Fehlerursachen bildet die Grundlage für Verbesserungsmaßnahmen am Fertigungsprozess mit dem Ziel, weitere Fehler zu reduzieren oder ganz auszuschließen.

Innerhalb des Produktentstehungsprozesses unterscheidet man drei Arten der Prüfungen:

a) **Die Eingangsprüfung**
Sie muss sicherstellen, dass ein angeliefertes Produkt nicht verwendet oder weiterverwendet wird, solange nicht festgestellt ist, ob die festgelegten Qualitätsanforderungen erfüllt sind.

b) **Die Zwischenprüfung**
Sie stellt innerhalb eines Fertigungsablaufs immer wieder fest, ob bei den einzelnen Fertigungsschritten die geforderte Qualität erreicht wurde. Erst dann wird der Weg für die weitere Fertigung freigegeben. Die Zwischenprüfung hat weiterhin das Ziel, die einzelnen Fertigungsprozesse genauer kennen zu lernen. Häufig werden hier zur Auswertung statistische Verfahren angewendet (Siehe „Statistische Prozesslenkung").

c) **Die Endprüfung:** Diese Prüfung findet bei Fertigerzeugnissen bzw. Endprodukten ihre Anwendung. Bevor ein Produkt eingelagert oder zum Kunden versendet wird, werden hier als Abschluss die gefertigten Merkmalswerte mit den Vorgabewerten verglichen. Bei kompletten Systemen werden dabei häufig umfangreiche Funktionsprüfungen durchgeführt.

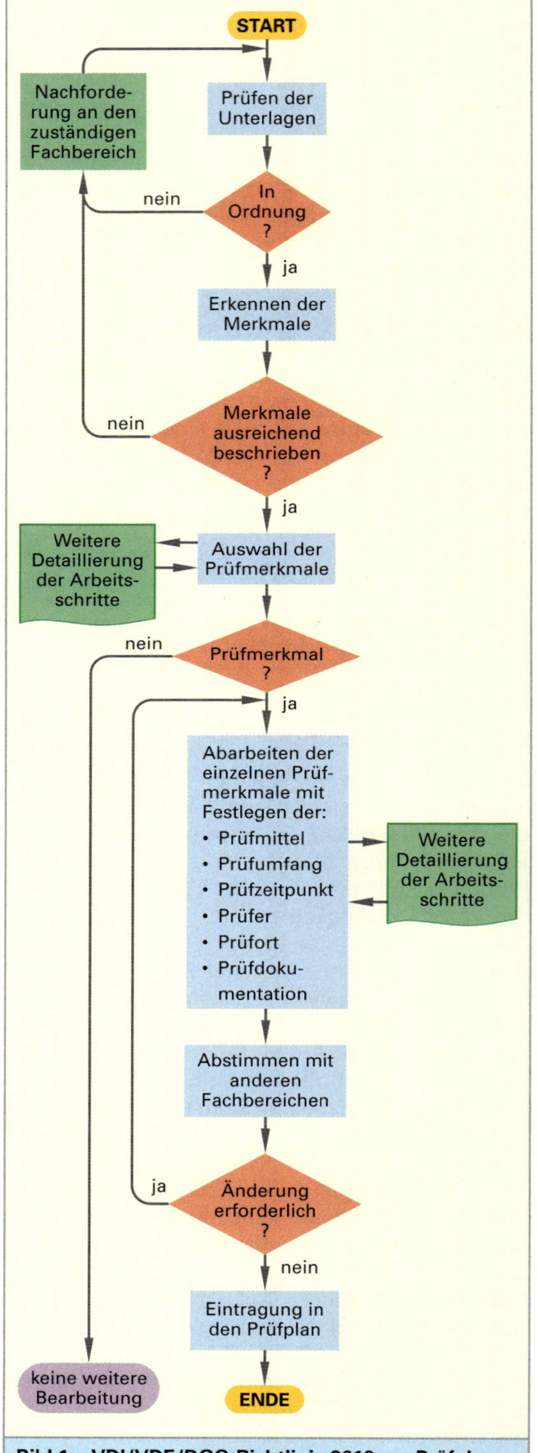


**Bild 1: VDI/VDE/DGQ-Richtlinie 2619 zur Prüfplanerstellung**

| Prüfplan | Dok.-Nr.: | Q-PO-160297-2/97 |
|---|---|---|
| | Blatt: | 1 von 1 |

| | |
|---|---|
| Ident-Nr. | 3107 |
| Zeichnungs-Nr.: | 3107-1 |
| Benennung: | Rohrwellenschaft 40 |
| Prüfplan-Nr. | 3107-P |

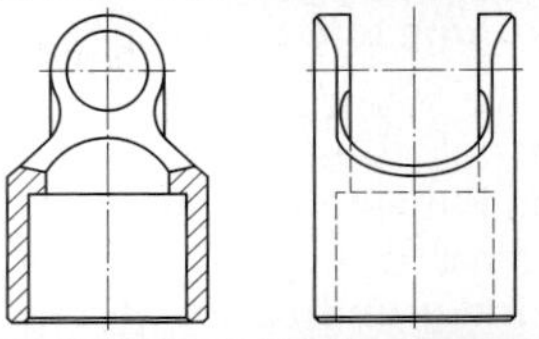

| lfd. Nr. | Prüfmerkmal | Prüfmittel | Prüf-umfang | Prüf-methode | Prüf-zeitpunkt | Prüfdoku-mentation |
|---|---|---|---|---|---|---|
| 1 | Gesamtlänge<br>54 ± 0,2<br>Maschinenfähigkeits-untersuchung | Messschieber mit digitaler Anzeige und SPC-System | n = 50 | 2/V | Serien-beginn | Prüfprotokoll (SPC-System) |
| 2 | Gesamtlänge<br>54 ± 0,2 | Messschieber mit digitaler Anzeige und SPC-System | n = 5 | 1/V | 100 Stück | SPC-System Regelkarte |
| 3 | Innendurchmesser<br>36 F8 GoB = 36,064<br>GuB = 36,025<br>Maschinenfähigkeits-untersuchung | Selbstzentrierende digitale Innenmess-schraube 35–50mm | n = 50 | 2/V | Serien-beginn | Prüfprotokoll (SPC-System) |
| 4 | Innendurchmesser<br>36 F8 GoB = 36,064<br>GuB = 36,025 | Selbstzentrierende digitale Innenmess-schraube 35–50 mm | n = 5 | 1/V | 100 Stück | SPC-System Regelkarte |
| 5 | Oberflächenrauheit<br>Innenbohrung Rz = 6,3<br>(Durchmesser 36 F8) | Rauheitsmessgerät | n = 5 | 1/V | 100 Stück | SPC-System Regelkarte |
| 6 | Härte<br>58 + 2 HRC | Rockwell-Härteprüfgerät | n = 1 | 3/V | 2 je Charge | Prüfprotokoll |

Prüfmethode:
1 = Werker-Selbstprüfung
2 = Prüfung durch die Abteilung „Qualitätswesen"
3 = Prüfung im Mess- und Prüfraum
4 = Prüfung im Labor

V = variabel (quantitativ ermitteln)
A = attributiv (qualitativ ermitteln)
n = Stichprobenumgang (Anzahl der Teile aus dem Gesamtlos)

| | | | |
|---|---|---|---|
| Erstellt durch: | Baumann | Datum: | 22.10.2008 |
| Freigabe: | Schlipf | Datum: | 28.10.2008 |

| | | | | | | |
|---|---|---|---|---|---|---|
| Änderungsstand: | 28.01.09 | | | | | |
| Verteiler: | Bm/Sf/Ro | | | | | |

### 2.2.3 Prüfhäufigkeit

Bei der Prüfhäufigkeit werden die **100%-Prüfung, die Stichprobenprüfung** und **die dynamisierte Stichprobenprüfung** unterschieden.

**100%-Prüfung:**
Alle gefertigten Einheiten werden auf die gestellte Qualitätsanforderung geprüft. Da diese Prüfung sehr zeitaufwändig und damit kostenintensiv ist, wird sie nur bei kritischen Teilen angewendet.

**Stichprobenprüfung:**
Aus der Grundgesamtheit („*N*" = die Anzahl der Grundgesamtheit) wird eine Stichprobe mit kleinerer Anzahl („*n*"= Umfang der Stichprobe) entnommen und geprüft. Diese Prüfung wird bei der Wareneingangsprüfung bei der Annahme von Losen mit größerem Umfang („*N*") angewendet. Um den Prüfumfang bei Fertigungsprozessen in der Serienfertigung zu vermindern, beschränkt man sich auch hier auf Stichproben. Diese können entweder nach bestimmter Anzahl gefertigter Werkstücke oder in bestimmten Zeitabständen entnommen werden. Grundlage für diese Prüfung ist eine genaue Kenntnis der Prozesscharakteristik. Dafür werden in bestimmten Zeitabständen spezielle Maschinen- und Prozessfähigkeitsuntersuchungen durchgeführt.

**Dynamisierte Stichprobenprüfung:**
Zeigt eine Stichprobenprüfung über längere Zeit sehr gute Prüfergebnisse, so werden die Prüfhäufigkeit, der Prüfungsumfang oder beide verringert. Zeigt die Prüfung wieder ein schlechteres Ergebnis, so wird die Prüfung wieder verschärft.
**Dies soll am Beispiel einer Wareneingangsprüfung näher erläutert werden:**
Für die Kreuzgelenkwelle werden von einem Lieferanten Gummilippenringe in Losen zu je 500 (= „*N*") Stück bezogen. Zur Beurteilung der Lose wird von jedem Los eine Stichprobe vom Umfang $n = 20$ Stück entnommen. Befinden sich darin keine fehlerhaften Ringe, so wird das Los angenommen. Wird ein fehlerhaftes Teil gefunden, so wird das Los abgewiesen und bei den nächsten Losen der Stichprobenumfang auf $n = 50$ erhöht **(verschärfte Prüfung)**. Fallen fünf Prüfungen in Folge wieder fehlerfrei aus, so wird wieder normal geprüft. Ergeben fünf normale Prüfungen keine fehlerhaften Teile, so wird auf die **„reduzierte Prüfung"** übergegangen. Dabei wird nur noch ein Stichprobenumfang von $n = 10$ geprüft. Fallen hier 5 Prüfungen in Folge fehlerfrei aus, so wird nur noch jedes zweite Los mit einer Stichprobe vom Umfang $n = 10$ geprüft **(Skip-Lot-Prüfung)**. Wird aber wieder ein fehlerhaftes Teil gefunden, so wird die Prüfschärfe wieder auf die nächste Stufe gesetzt. **Bild 2** verdeutlicht diese Prüfstufensteuerung.

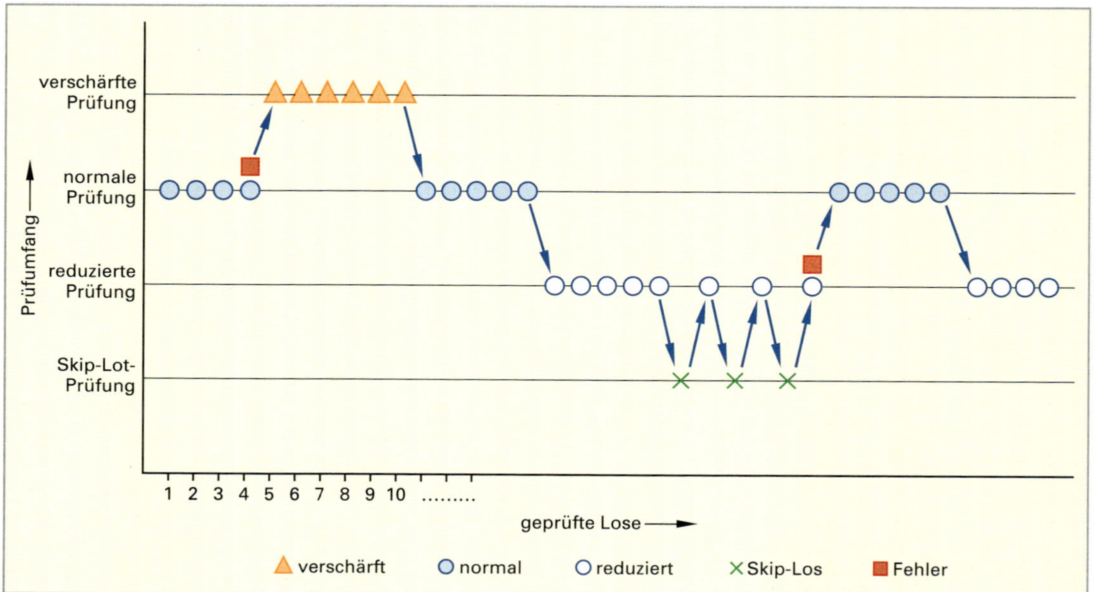


**Bild 1: Prüfstufensteuerung am Beispiel Wareneingangsprüfung „Gummilippendichtringe"**

### 2.2.4 Prüfdatenverarbeitung

**Prüfdaten werden aus zwei Gründen gesammelt:**

1. Durch eine **Archivierung der Prüfdaten** kann jederzeit nachträglich nachvollzogen werden, wann und mit welchen Ergebnissen einzelne Werkstücke, Baugruppen oder Erzeugnisse die Fertigungsprozesse durchlaufen haben. Fällt also ein Erzeugnis bei seinem Einsatz aufgrund eines Fehlers, der im Produktionsprozess seinen Ursprung hatte, vorzeitig aus, so kann festgestellt werden, ob der Fehler nur bei einem einzelnen Erzeugnis vorkam oder eine ganze Serie betroffen ist. Durch Rückrufaktionen können dann weitere Ausfälle verhindert werden.
   Häufig fordern auch Kunden vom Hersteller eine Prüfdatenarchivierung, um beim Auftreten von Schäden und Haftungsfällen eine **Rückverfolgbarkeit** zu gewährleisten. Außerdem kann sich ein Kunde durch mitgelieferte Prüfdaten des Zulieferers eine umfangreiche und kostenintensive Wareneingangsprüfung ersparen. Besonders die Vorteile einer „Just-in-time"-Produktion würden durch eine Wareneingangsprüfung wieder weitgehend zunichte gemacht.
   Die Art und der Umfang der Dokumentation werden im Prüfplan vorgegeben. Wenn Prozesse ausreichend beherrscht werden, genügt es auch häufig, nur Kenndaten von **komprimierten Prüfdaten** (z.B. Mittelwert und Standardabweichung bei normalverteilten Prozessen) oder Prüfdaten von Stichproben zu archivieren.

2. Die gesammelten Prüfdaten lassen wertvolle Rückschlüsse auf die Qualität und zeitliche Entwicklung der Produktionsprozesse zu. Es können Aussagen gemacht werden über die **Fähigkeit von Prozessen** (siehe „Maschinen- und Prozessfähigkeit") oder beim Erkennen von negativen Tendenzen kann rechtzeitig ein Prozess gestoppt und korrigiert werden. Damit wird ein **Regelkreis** geschlossen, der eine möglichst homogene Qualitätsentwicklung garantiert **(siehe Qualitätslenkung)**.
   Häufig werden in Produktionen die gesammelten Daten recht wenig zu Prozessuntersuchungen genutzt. Eine Berücksichtigung des untenstehenden Grundsatzes hilft unnötige Prüfungen zu vermeiden.

> **Grundsatz bei Prüfplanung:**
> Prüfe nur, was du auch dokumentierst,
> dokumentiere nur, was du auch auswertest,
> werte nur aus,
> wenn du daraus auch Schlussfolgerungen ziehst!

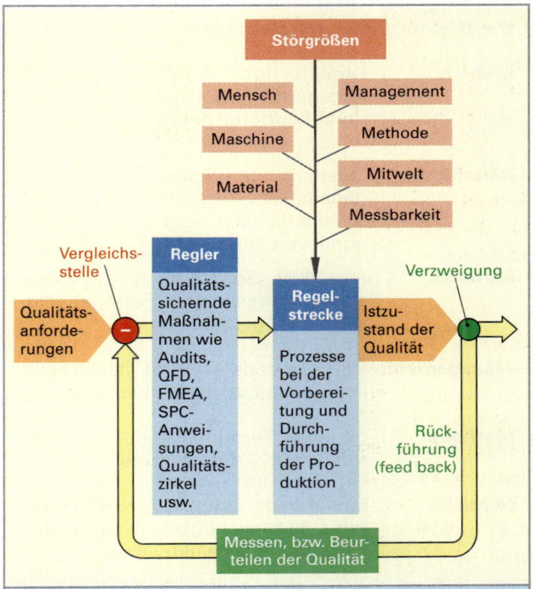


**Bild 1: Qualitätsregelkreis**

## 2.3 Qualitätslenkung

Bei der Qualitätslenkung steht die Prozessbeherrschung im Vordergrund. Oberstes Ziel ist die Vermeidung von Fehlern. Im gewünschten Endzustand werden die Prozesse in allen Bereichen eines Betriebs beherrscht und es können keine Fehler mehr vorkommen. Nach DIN ISO 8402 wird die Qualitätslenkung wie folgt beschrieben:

> Qualitätslenkung beinhaltet die vorbeugenden, überwachenden und korrigierenden Tätigkeiten bei der Realisierung von einem Erzeugnis mit dem Ziel, unter Einsatz von Qualitätstechniken die Qualitätsforderungen zu erfüllen. Qualitätslenkung umfasst also alle Arbeitstechniken und Tätigkeiten, deren Zweck sowohl die Überwachung eines Prozesses als auch die Beseitigung von Ursachen nicht zufrieden stellender Leistung in allen Stadien des Qualitätskreises ist, um wirtschaftliche Effizienz zu erreichen.

Demnach gilt es also, in allen Betriebsprozessen **Qualitätsregelkreise (Bild 1)** aufzubauen. Hierbei werden die Prozessergebnisse ständig geprüft und mit den Qualitätsforderungen verglichen. Regelmechanismen greifen bei Abweichungen in den Prozess ein und korrigieren ihn, bis die geforderten Qualitäten wieder erreicht werden. Die Streuung der Qualitätsmerkmale wird durch die **7M-Störgrößen** verursacht.

**Die 7M-Störgrößen mit Beispielen:**

**Mensch:** Qualifikation, Pflichtbewusstsein, Engagement, Motivation, Kondition, Verantwortungsgefühl der Mitarbeiter.

**Maschine:** Leistung, Steifigkeit, Positioniergenauigkeit, Verschleißzustand, Beschaffenheit des Werkzeugs, Schwingungsverhalten.

**Material:** Festigkeit, Spannungen, Gefügezustand, Abmessungen, Formgenauigkeit, Homogenität.

**Management:** Stellenwert der Qualität, Qualitätspolitik, Qualitätsziele, Vorbildfunktion.

**Methode:** gewählte Fertigungsverfahren, Prüfmethoden, Arbeitsschritte.

**Mitwelt:** Einflüsse der Umgebung wie Temperatur, Luftfeuchtigkeit, Lichtverhältnisse, Bodenbeschaffenheit.

**Messbarkeit:** Prüfbarkeit der Qualitätsmerkmale, Möglichkeiten und Qualitäten der vorhandenen Prüfmittel, Prüfmittelfähigkeit.

Die Qualitätslenkung hat zum Ziel, die durch die 7M-Störgrößen verursachten Streuungen der Qualitätsmerkmale zu minimieren und in Grenzen zu halten. Dies wirkt sich positiv auf die Verbesserung der Qualität und der Lebensdauer aus.

Aufgabe einer modernen Unternehmensführung muss also sein, Qualitätsregelkreise in allen Unternehmensbereichen aufzubauen, sie laufend zu pflegen und sie immer wieder auf ihre Effektivität zu überprüfen. Nur so kann ein Unternehmen in der heutigen Zeit auf den immer schneller werdenden Wandel in der Bedürfnisstruktur der Kunden reagieren, der Konkurrenz gegenüber bestehen und damit die Wettbewerbsfähigkeit sichern.

## 2.4 Qualitätsförderung

Wie Untersuchungen über Fehler und Probleme in Unternehmen zeigten, liegen deren Ursachen öfter im **menschlichen** als im technischen oder technisch-organisatorischen Bereich. Die Qualitätsförderung hat deshalb zum Ziel, jeden Mitarbeiter zu einem **qualitätsorientierten Denken und Handeln** zu bringen. Es muss ihm bewusst werden, dass seine Tätigkeit einen wesentlichen Baustein zur Gesamtqualität des Produkts beiträgt. Er muss motiviert werden, an seinem Platz stetig darauf zu achten, dass der Qualitätsstandard mindestens gehalten oder verbessert wird. Verbesserungsvorschläge von Seiten des Mitarbeiters müssen gefördert werden und ihnen die notwendige Beachtung, z. B. durch ein Prämiensystem, geschenkt werden.

Die Motivation der Mitarbeiter lässt sich durch folgende Maßnahmen erhöhen:
- Fairness im Umgang miteinander,
- Ermutigung der Mitarbeiter,
- Vertrauensförderung durch mehr Transparenz und Offenheit,
- Information über Ziele und Entscheidungen,
- Beratung, Unterricht und Schulung der Mitarbeiter,
- Austausch von Erfahrung und Wissen,
- Beteiligung der Mitarbeiter bei Zielfindungen und Entscheidungen.

Qualitätsförderung kann über zwei Wege begonnen werden **(Bild 1)**:
1. Qualitätsförderung am Produkt bzw. der Dienstleistung,
2. Qualitätsförderung über die Menschen.

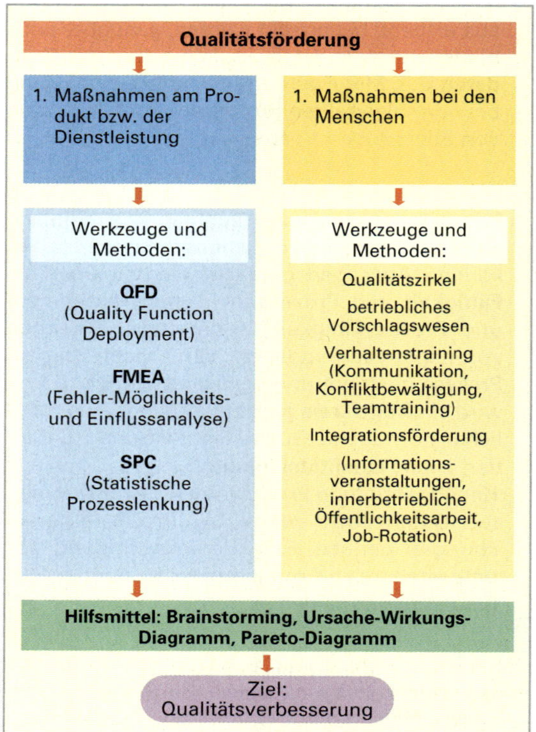


**Bild 1: Methoden der Qualitätsförderung**

**Wiederholung und Vertiefung**

1. Erläutern Sie, was man nach der DIN 55 350 unter „Qualitätsmanagement“ und der „Qualität eines Produktes“ versteht.
2. Unterscheiden Sie folgende Qualitätsmerkmale:
   a) qualitative und quantitative Merkmale,
   b) kontinuierliche und diskrete Merkmale,
   c) Ordinal- und Nominalmerkmale.
3. Erläutern Sie die Verlustfunktion nach Taguchi.
4. Unterscheiden Sie kritische Fehler, Hauptfehler und Nebenfehler.
5. Welche Folgen hat das Kano-Modell für die Produktgestaltung eines Unternehmens?
6. Wovon ist die Gesamtqualität eines Erzeugnisses nach der Qualitätspyramide abhängig?
7. In welchen Phasen eines Produktlebenslaufs entstehen die meisten Fehler und in welchen Phasen werden sie meist behoben?
8. Welche Inhalte hat ein Prüfplan?
9. Welche Arten unterscheidet man bei der Prüfhäufigkeit?
10. Erläutern Sie den Ablauf einer dynamisierten Stichprobenprüfung.

# 3 DIN EN ISO 9000 ff

Den Aufbau eines Qualitätsmanagementsystems (QM-System) haben viele Unternehmen in den zurückliegenden Jahren verwirklicht. Der Anstoß dabei kam in der Regel vom Kunden oder weil sich das Unternehmen nach außen und innen als qualitätsbewusst darstellen wollte.

Der Kunde verlangte vom Lieferanten eine Zusicherung, Qualitätsstandards der zu liefernden Produkte einzuhalten. Um diese Anforderungen an das QM-System zu vereinheitlichen und transparenter zu machen, wurden Ende der achtziger Jahre (Tabelle 1) die bestehenden Normen weiter verbessert und im Jahre 1994 als Neuausgabe die Normenfamilie DIN EN ISO 9000 ff veröffentlicht.

Nach den Richtlinien der ISO (International Organization for Standardization) müssen alle ISO-Normen im Zyklus von fünf Jahren überprüft werden. So wurde das Ziel realisiert, im Jahr 2000 die neue Normenfamilie DIN EN ISO 9000:2000 ff vorzustellen und mit einer Übergangsfrist von drei Jahren einzuführen.

Die offizielle Sprache des ISO-Quellentextes ist Englisch. Für den französischen und deutschsprachigen Raum wird der Text übersetzt. Die Normen sind dreisprachig.

Zur Normenfamilie des Qualitätsmangementsystems gehören drei Normen **(Bild 1)**:

- DIN EN ISO 9000:2005 Grundlagen und Begriffe,
- DIN EN ISO 9001:2005 Anforderungen,
- DIN EN ISO 9004:2005 Leitfaden zur Leistungsverbesserung.

Dabei ist die Kernnorm ISO 9001 als zertifizierbare Forderungsnorm zu sehen und die ISO 9004 als ein Leitfaden für ein umfassendes QM – System, das sich in Richtung TQM weiterentwickeln kann. (TQM = Total Quality Management, **Bild 2**).

**Tabelle 1: Entwicklung der QM-Normen**

| Jahr | Normen | Anzahl |
|---|---|---|
| 1987 | Erste Veröffentlichung der Normenreihe DIN EN ISO 9000 – 9004 | 5 |
| 1994 | Veröffentlichung der überarbeiteten Normenreihe DIN EN ISO 9000 – 9004 | 5 |
| 2000 | Veröffentlichung der überarbeiteten Normenreihe DIN EN ISO 9000:2000 ff | 3 |
| 2005 | Veröffentlichung der überarbeiteten Normenreihe DIN EN ISO 9000:2005 ff | 3 |

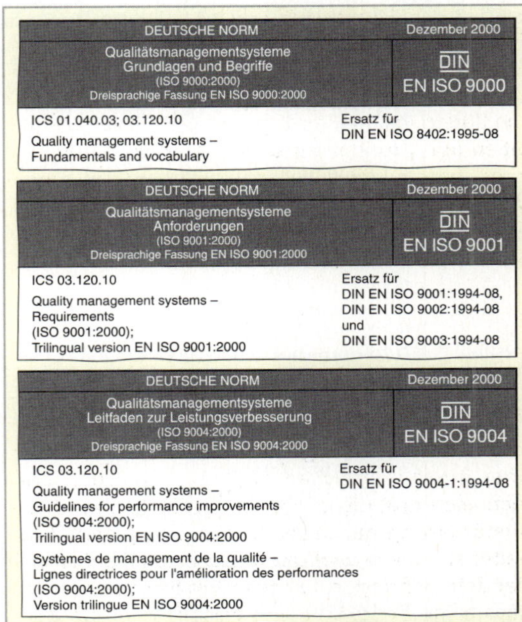
DEUTSCHE NORM Dezember 2000
Qualitätsmanagementsysteme
Grundlagen und Begriffe
(ISO 9000:2000)
Dreisprachige Fassung EN ISO 9000:2000
DIN EN ISO 9000
ICS 01.040.03; 03.120.10
Quality management systems – Fundamentals and vocabulary
Ersatz für DIN EN ISO 8402:1995-08

DEUTSCHE NORM Dezember 2000
Qualitätsmanagementsysteme
Anforderungen
(ISO 9001:2000)
Dreisprachige Fassung EN ISO 9001:2000
DIN EN ISO 9001
ICS 03.120.10
Quality management systems – Requirements (ISO 9001:2000); Trilingual version EN ISO 9001:2000
Ersatz für DIN EN ISO 9001:1994-08, DIN EN ISO 9002:1994-08 und DIN EN ISO 9003:1994-08

DEUTSCHE NORM Dezember 2000
Qualitätsmanagementsysteme
Leitfaden zur Leistungsverbesserung
(ISO 9004:2000)
Dreisprachige Fassung EN ISO 9004:2000
DIN EN ISO 9004
ICS 03.120.10
Quality management systems – Guidelines for performance improvements (ISO 9004:2000); Trilingual version EN ISO 9004:2000
Systèmes de management de la qualité – Lignes directrices pour l'amélioration des performances (ISO 9004:2000); Version trilingue EN ISO 9004:2000
Ersatz für DIN EN ISO 9004-1:1994-08

**Bild 1: Die Normenreihe DIN EN ISO 9000:2000 ff**

Die Merkmale der neuen Kernnormen sind:
- Prozessorientierung,
- Kundenorientierung,
- Gliederung entsprechend der Lieferantenkette,
- Ständige Verbesserung,
- Vorbeugung (Prävention),
- Nur eine Kernnorm für alle Organisationen,
- ISO 9004 bildet die Brücke zum TQM,
- Kompatibel zu Umweltmanagementnormen,
- Interne Audits und Selbstbewertung sind gestärkt.

Aus der alten QM-Norm sind geblieben:
- Jährlicher Auditrhythmus eines akkreditierten Auditors,
- Interne Audits mit der Bewertung der Ergebnisse,
- Messen des Erfüllungsgrades der Qualitätsziele.

## 3.1 Die Norm (Übersicht)

**Gliederung von ISO 9001 bis 9004**

ISO 9001 spricht vom Kunden, ISO 9004 spricht von interessierten Parteien, (Personen oder Gruppen mit einem Interesse an der Leistung oder dem Erfolg einer Organisation, wie Eigentümer, Lieferanten, Banken oder die Gesellschaft).

Die Struktur der alten Norm (1994) war nach Funktionen in 20 Kapitel bzw. nach Elementen des Qualitätsmanagementsystems gegliedert.
Die neue Norm (2000) ist prozess- und kundenorientiert **(Tabelle 1)**.
Die Prozessstruktur beginnt beim Kunden und endet beim Kunden mit dem Ziel, eine möglichst hohe Kundenzufriedenheit zu erreichen. Die Inhalte sind aufeinander aufbauend **(Bild 1)**.

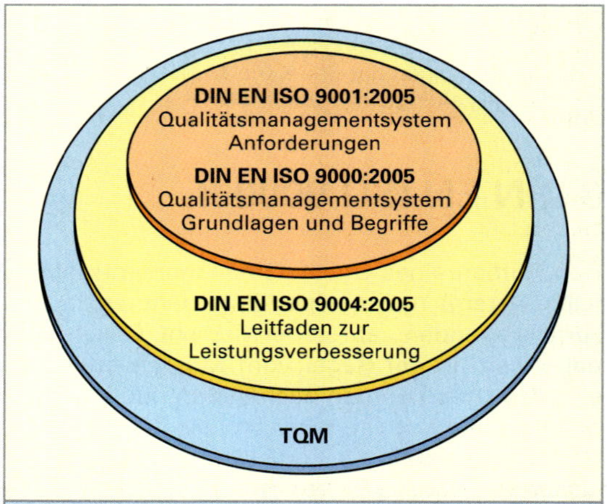


**Bild 1: Aufbauende Inhalte der Qualitätsmanagementsysteme**

**Tabelle 1: Hauptkapitel der Kernnormen ISO 9001/9004**

| Kapitel | Normtitel | Kapitel | Normtitel |
|---|---|---|---|
| 1 | **Anwendungsbereiche** | | 6.4 Arbeitsumgebung, |
| 2 | **Normative Verweisung** | | 6.5 Informationen (nur ISO 9004), |
| 3 | **Begriffe** | | 6.6 Lieferanten und Partnerschaften (nur ISO 9004), |
| 4 | **Qualitätsmanagementsystem** | | 6.7 Natürliche Ressourcen (nur ISO 9004), |
| | 4.1 Allgemeine Anforderung, | | 6.8 Finanzielle Ressourcen (nur ISO 9004). |
| | 4.2 Dokumentationsanforderung, | 7 | **Produktrealisierung** |
| | 4.3 Anwendung der Qualitätsmanagementgrundsätze (nur ISO 9004). | | **7.1** Planung der Produktrealisierung, |
| 5 | **Verantwortung der Leitung** | | 7.1 Allgemeine Anleitung (nur ISO 9004), |
| | **5.1** Verpflichtung der Leitung, | | **7.2** Kundenbezogene Prozesse, |
| | 5.1 Allgemeine Anleitung (nur ISO 9004), | | 7.2 Prozesse bezüglich interessierter Parteien (nur ISO 9004), |
| | **5.2** Kundenorientierung, | | 7.3 Entwicklung, |
| | 5.2 Erfordernisse und Erwartungen interessierter Parteien (nur ISO 9004), | | 7.4 Beschaffung, |
| | 5.3 Qualitätspolitik, | | 7.5 Produktion und Dienstleistungserbringung, |
| | 5.4 Planung, | | 7.6 Lenkung von Überwachungs- und Messmitteln. |
| | 5.5 Verantwortung, Befugnis und Kommunikation, | 8 | **Messung, Analyse und Verbesserung** |
| | 5.6 Managementbewertung. | | **8.1** Allgemeines, |
| 6 | **Management von Ressourcen** | | 8.1 Allgemeine Anleitung (nur ISO 9004), |
| | **6.1** Bereitstellung von Ressourcen, | | 8.2 Überwachung und Messung, |
| | 6.1 Allgemeine Anleitung (nur ISO 9004), | | **8.3** Lenkung fehlerhafter Produkte, |
| | **6.2** Personelle Ressourcen, | | 8.3 Lenkung von Fehlern (nur ISO 9004), |
| | 6.2 Personen (nur ISO 9004), | | 8.4 Datenanalyse, |
| | 6.3 Infrastruktur, | | 8.5 Verbesserungen. |

### 3.1.1 Die Normstruktur

Management- und unterstützende Prozesse bestimmen die innerbetrieblichen Abläufe und werden von der Forderung nach „Ständiger Verbesserung" geprägt **(Bild 1)**.
Die Gliederung der Norm macht die Wechselwirkung der Einzelprozesse deutlich, die mit der Eingabe, dem Prozess und dem Ergebnis beschrieben werden.
Die Unterscheidung von Management-, Kern- und unterstützenden Prozessen ist in der Norm nicht gefordet, erleichtert aber die erste Einordnung der Hauptprozesse **(Bild 2)**.

Die Produktrealisierung wird aufgrund kundenseitiger Forderungen als Hauptprozess angesehen, mit der Zielsetzung der Kundenzufriedenheit **(Bild 1)**.

Der Produktrealisierungsprozess ist in folgende Kernprozesse gegliedert: Entwicklung, Beschaffung, Produktion, Dienstleistung und kundenbezogene Prozesse.

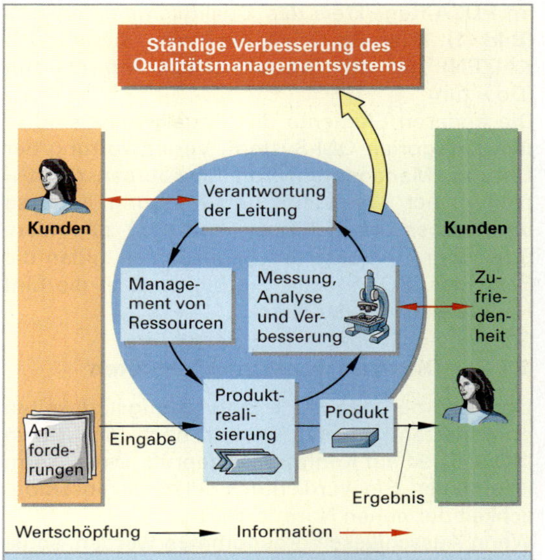


**Bild 1: Modelle eines prozessorientierten Qualitätsmanagementsystems nach ISO 9001:2005**

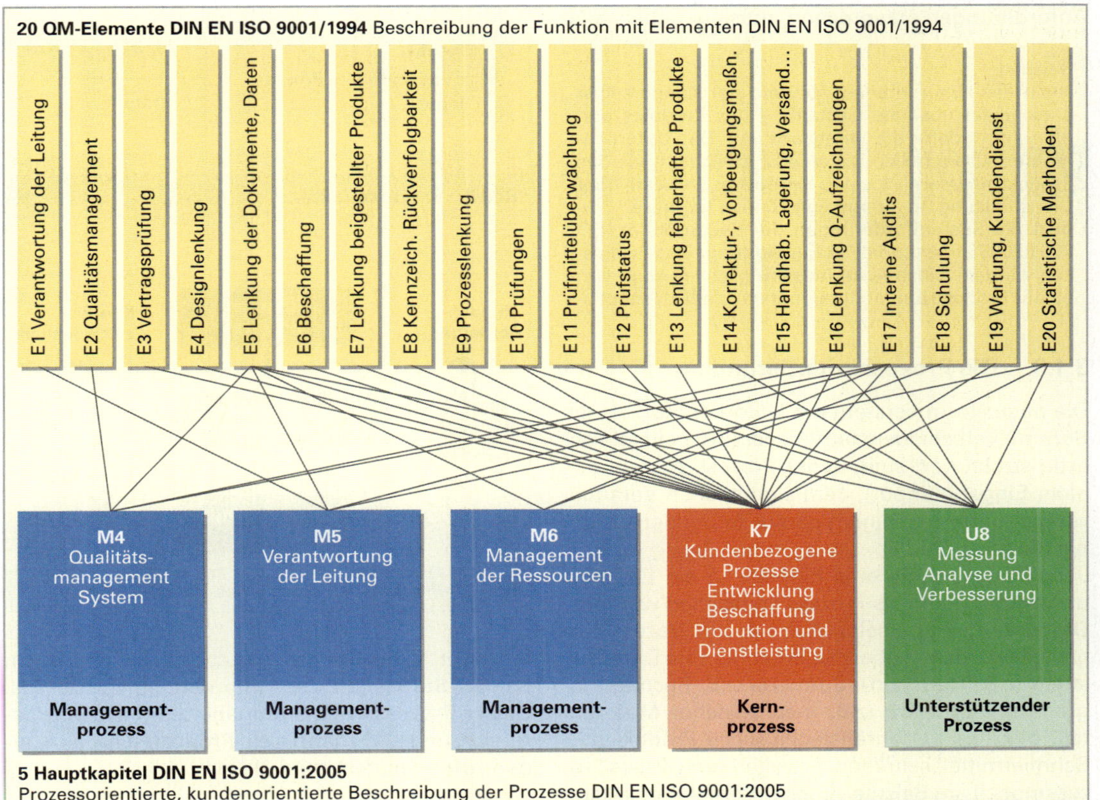


**Bild 2: Änderung der Normenstruktur von DIN EN ISO 9001/1994 auf DIN EN ISO 9001:2005**

Im PDCA-Regelkreis des Qualitätsmanagements **(Bild 1)** (Plan-Do-Check-Act-Kreis, siehe auch KAIZEN) gilt die Produktrealisierung als tun (Do = tun).

Die anderen Elemente des Regelkreises sind in den Kategorien QM-System, Verantwortung der Leitung, Management von Ressourcen (Plan = planen, Act = handeln) und Messung, Analyse und Verbesserung (Check = prüfen) zu finden. Diese vier Elemente des Regelkreises bilden die Basis des ISO-Modells. Sie bilden auch die fünf Hauptabschnitte der Norm.

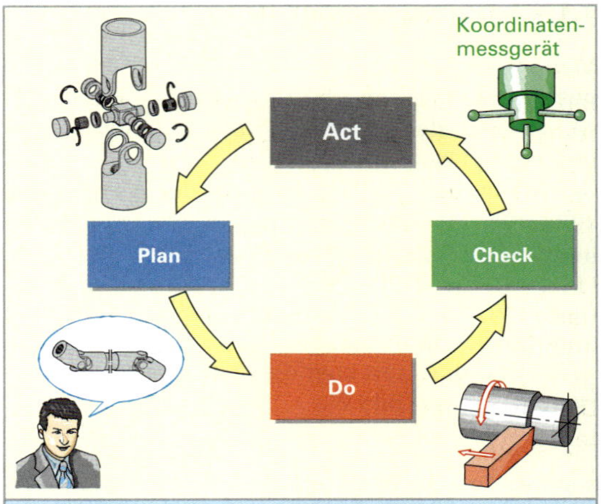


**Bild 1:** ***Deming*[1]-Kreis/PDCA-Regelkreis**

## 3.1.2 Die Ausschlussmöglichkeiten

Unternehmen, die keine Entwicklungstätigkeiten durchführen, wurden bisher nach der Norm ISO 9002/94 auf Konformität geprüft. Diese Norm ist entfallen. Sie wurde durch die Ausschlussmöglichkeit der neuen Norm ersetzt.

Wenn Ausschlüsse vorgenommen werden, so ist das nur im Kapitel 7 Produktrealisierung zulässig. Die Forderungen nach der Fähigkeit und Verantwortung der Organisation zur Bereitstellung von Produkten, die den Kunden- und behördlichen Anforderungen entsprechen, muss gegeben sein.

**Beispiel:**
Nicht das Unternehmen, sondern der Kunde selbst entscheidet über die Gestaltung des Produkts und übernimmt dafür die Verantwortung. Das Unternehmen erhält vom Kunden eine Spezifikation wie das Produkt zu liefern ist, sei es Hardware, Software oder Dienstleistung. In diesem Fall können für dieses Produkt die Systemforderungen der neuen Norm ISO 9001:2005 in Abschnitt 7.3 Entwicklung ausgeschlossen werden. Diese Ausschlussmöglichkeit kann von einem Produkt zum anderen unterschiedlich sein.

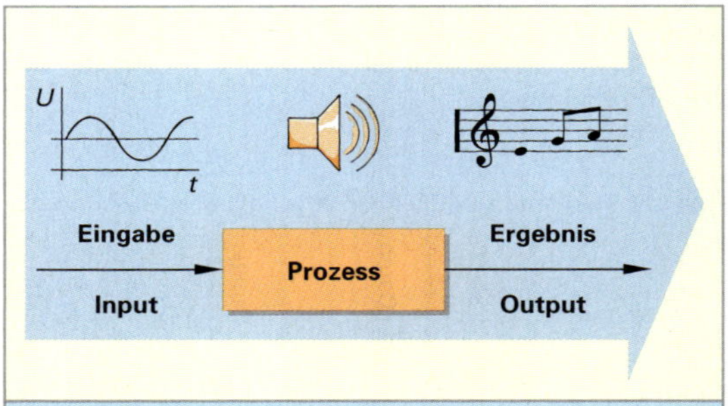


**Bild 2: Prozessstruktur**

## 3.1.3 Die Prozessorientierung

Die neue Norm versteht ein Unternehmen als die Summe verschiedenster Prozesse, die alle gleichartig strukturiert sind. Jeder Prozess besteht aus einer Eingabe (Input), dem eigentlichen Veränderungsprozess und einem daraus folgenden Ergebnis (Output) **(Bild 2)**.

Jede Tätigkeit, die eine Eingabe in ein Ergebnis umwandelt, kann als Prozess angesehen werden.

Das Unternehmen selbst kann so als Prozess dargestellt werden, wobei das Ergebnis eine Dienstleistung (z.B. Transport), Software (z.B. Rechnerprogramm), Hardware (z.B. mechanischer Motorenteil) oder ein verfahrenstechnisches Produkt (z.B. Schmiermittel) sein kann. Erweitert man dieses Prozessmodell am Beispiel eines Unternehmens, kann man die Gliederung mit den Führungs- und Unterstützungsprozessen allgemeingültig ergänzen.

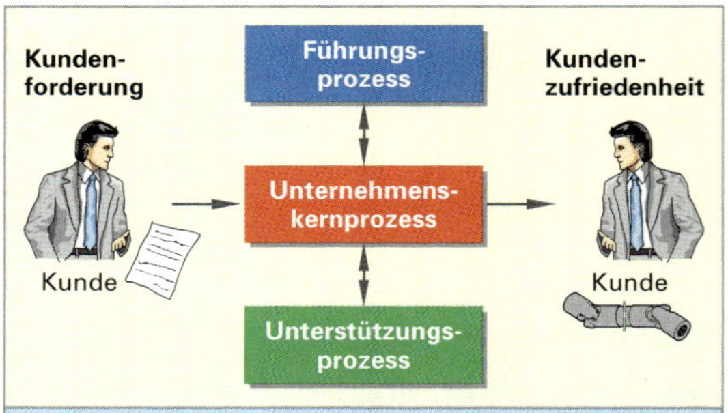


**Bild 3: Prozesslandschaft eines Unternehmens**

In dieser Darstellung befindet sich der Kunde an beiden Stirnseiten des Unternehmensprozesses. Dieser Prozess hat als Eingabe die Kundenforderungen und als Ergebnis ein Produkt, das den Kunden zufriedenstellt **(Bild 3)**.

[1] *William Edwards Deming* (1900 bis 1993), amerikanischer Wirtschaftswissenschaftler

### 3.1.4 Dokumentationsanforderungen

**Prozesslandschaft**

Ein Unternehmen muss entsprechend den Forderungen der Norm das Qualitätsmangementsystem dokumentieren. Die Darstellungsform ist nicht vorgeschrieben. Es können nur *Text, Text und Grafik* oder nur *grafische Darstellungen* (Flussdiagramme) verwendet werden.

Um einen schnellen Überblick über die dokumentierten Prozesse und deren Gliederung zu bekommen, wird in der Praxis als *Gesamtdarstellung* eine grafische Prozesslandschaft verwendet (**Bild 1**).

Die Gliederung in Management -, Kern- und unterstützende Prozesse ermöglicht eine erste Zuordnung der Einzelprozesse und ist an die Darstellung des Modells eines *prozessorientierten* QM-Systems der Norm angelehnt.

Allgemeines Ziel ist es, den Zugriff auf die Dokumentation und die Pflege des Inhaltes im innerbetrieblichen Rechnernetzwerk zu installieren.

Die Darstellung der Inhalte des QM-Systems in Form einer Baumstruktur wird ebenfalls angewendet und kann mit Hilfe von *Hyperlinks* für die Dokumentation herangezogen werden.

Hyperlinks verbinden Arbeitsmappen miteinander, sodass man sich durch die voneinander abhängigen Prozessdokumentationen klicken kann (Excel, Word).

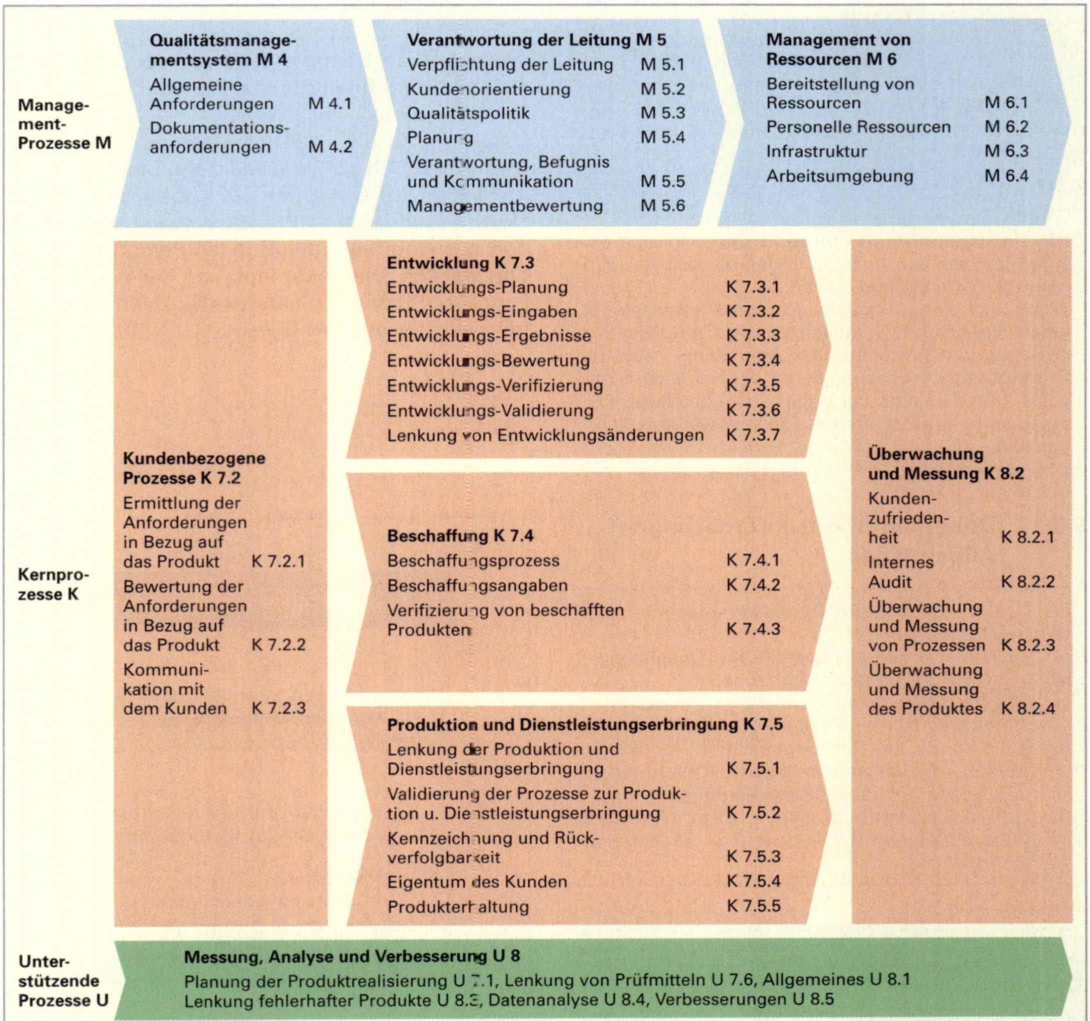


**Bild 1: Unternehmensprozesse dargestellt als Prozesslandschaft**

## 3.2 Das Qualitätsmanagementsystem

Normkapitel 4 (Bild 1)
**Allgemeine Anforderungen** Normkapitel 4.1
Die Organisation muss entsprechend den Anforderungen dieser internationalen Norm ein Qualitätsmanagementsystem aufbauen, dokumentieren, verwirklichen, aufrechterhalten und dessen Wirksamkeit ständig verbessern.
Die Organisation muss
a) die für das Qualitätsmanagementsystem erforderlichen Prozesse und ihre Anwendungen in der gesamten Organisation erkennen,
b) die Abfolge und Wechselwirkung dieser Prozesse[1] festlegen,
c) die erforderlichen Kriterien und Methoden festlegen, um das wirksame Durchführen und Lenken dieser Prozesse sicherzustellen,
d) die Verfügbarkeit von Ressourcen und Informationen sicherstellen, die zur Durchführung und Überwachung dieser Prozesse benötigt werden,
e) diese Prozesse überwachen, messen und analysieren,
f) die erforderlichen Maßnahmen treffen, um die geplanten Ergebnisse sowie eine ständige Verbesserung dieser Prozesse zu erreichen.

Die Organisation muss diese Prozesse in Übereinstimmung mit den Anforderungen dieser Internationalen Norm leiten und lenken.
Wenn sich eine Organisation dafür entscheidet, einen Prozess auszugliedern, der die Produktkonformität mit den Anforderungen beeinflusst, muss die Organisation die Lenkung derartiger Prozesse sicherstellen. Die Lenkung derartiger ausgegliederter Prozesse muss im Qualitätsmanagementsystem erkennbar sein.

### 3.2.1 Dokumentationsanforderungen[2] Allgemeines

Die Dokumentation zum Qualitätsmanagementsystem muss enthalten
a) dokumentierte Qualitätspolitik und Qualitätsziele,
b) ein Qualitätsmanagementhandbuch,
c) dokumentierte Verfahren, die von dieser Internationalen Norm gefordert werden,
d) Dokumente, die die Organisation zur Sicherstellung der wirksamen Planung, Durchführung und Lenkung ihrer Prozesse benötigt,
e) von dieser Internationalen Norm geforderte Aufzeichnungen (siehe Lenkung von Aufzeichnungen).

[1] Prozesse, die für das oben genannte Qualitätsmanagementsystem erforderlich sind, sollten Prozesse für Leitungstätigkeiten, Bereitstellung von Ressourcen, Produktrealisierung und Messung einschließen.

[2] Wenn die Benennung „dokumentiertes Verfahren" in der Internationalen Norm verwendet wird, bedeutet dies, dass das jeweilige Verfahren festgelegt, dokumentiert, verwirklicht und aufrechterhalten wird.

Ein wesentlicher Bestandteil des QM-Systems ist die Dokumentation von eigenen, definierten Vorgaben, die Beschreibung der Prozessdurchführung und die Bewertung der erreichten Ergebnisse.
Nachvollziehbar dokumentiert müssen sein:
- Qualitätspolitik des Unternehmens,
- Qualitätsziele der Organisation und deren Einheiten,
- Qualitätsmanagementhandbuch QMH,
- Lenkung von Dokumenten (z.B. Verfahrensanweisungen),
- Lenkung von Aufzeichnungen,
- Internes Audit,
- Lenkung fehlerhafter Produkte,
- Korrekturmaßnahmen,
- Vorbeugungsmaßnahmen.

Alle weiteren Dokumentationen von Prozessen, Abläufen und Bewertungen bestimmt das Unternehmen selbst.
Dabei hat es sich gezeigt, dass es hilfreich ist, wenn man sich an die Gliederung der Norm hält. Auch kleinste Unternehmen haben die von der Norm beschriebenen Prozesse, wenn sie auch oft von nur einer verantwortlichen Person repräsentiert werden. Die Dokumentation der Wechselwirkung der Prozesse (Schnittstellen) verbessert die innerbetrieblichen Abläufe.

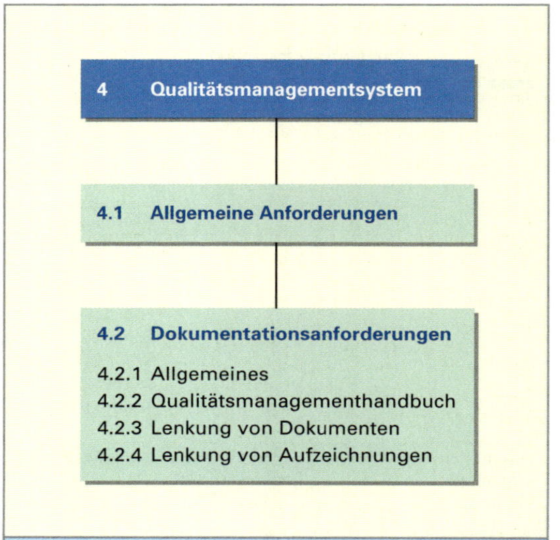


**Bild 1: Normenbaum ISO 9001:2005, Prozess 4ff**

### 3.2.2 Qualitätsmanagementhandbuch

Die Organisation muss ein Qualitätsmanagementhandbuch erstellen und aufrechterhalten, das Folgendes enthält:

a) den Anwendungsbereich des Qualitätsmanagementsystems einschließlich Einzelheiten und Begründungen für jegliche Anschlüsse (siehe 1.2),
b) die für das Qualitätsmanagementsystem erstellten, dokumentierten Verfahren oder Verweise darauf,
c) eine Beschreibung der Wechselwirkung der Prozesse des Qualitätsmanagementsystems.

Die Gliederung des Qualitätsmanagementhandbuchs spiegelt die prozessorientierte Struktur der Norm wider, begründet eventuell vorgenommene Ausschlüsse und beschreibt die Wechselwirkungen der Prozesse im QM-System.

Im Beispiel der dargestellten Seite aus einem QM-Handbuch (Internes Audit) wird die Wechselwirkung der Prozesse besonders in der Eingabe/Ergebnismatrix deutlich. Ebenso ist die Möglichkeit der Darstellung der Zuständigkeiten für die Einzelprozesse angewendet **(Bild 1)**.

Gelenkwellenfabrik MOBE GmbH

| | | |
|---|---|---|
| DIN EN ISO 9001:2005<br>QM – HAndbuch<br>Prozess 8.2.2 | 8. Messung, Analyse und Verbesserung<br>**Internes Audit** | Seite: 1 von 1<br>Ausgabe: 1.0<br>Stand: 30.07.2005 |

**1. Zweck**
Die Wirksamkeit des Qualitätsmanagementsystems wird durch interne Audits beurteilt und falls erforderlich verbessert. Interne Audits werden in allen Organisationseinheiten durchgeführt, deren Tätigkeit für die Qualität der Produkte von Bedeutung ist.

**2. Geltungsbereich**
Gesamtes Unternehmen

**3. Prozessbeschreibung**

3.1 Planung von internen Audits
Häufigkeit und Schwerpunkte für interne Qualitätsaudits werden unter Berücksichtigung der Bedeutung und Funktion betroffener Produkte und der Wichtigkeit von Tätigkeiten und Verfahren festgelegt. Die Planung berücksichtigt, dass alle betroffenen Organisationseinheiten und alle Prozesse dieses QM – Handbuchs zumindest einmal pro Jahr beurteilt werden. Der QMB erstellt und verteilt einen jährlichen Auditplan, in dem der Termin, die zu auditierenden Bereiche und die durchführenden Personen festgelegt sind.

3.2 Durchführung interner Audits
Die Durchführung erfolgt anhand von Auditfragen oder Protokollen, die vom QMB vorbereitet werden. Die vom Auditor festgestellten Ergebnisse werden im Auditprotokoll dokumentiert. Festgelegte Abweichungen werden in einem entsprechenden Auditbericht festgehalten und von dem betroffenen Bereich zur Kenntnis gegeben. In diesem Auditbericht werden vom QMB Maßnahmen zur Behebung der Abweichung vorgeschlagen bzw. mit dem betroffenen Bereich abgestimmt und festgelegt. Der zuständige Bereich führt die Korrekturmaßnahmen innerhalb der festgelegten Zeit durch und bestätigt dies. Die Wirksamkeit der Verbesserungsmaßnahme wird bewertet, weiter verfolgt oder abgeschlossen.

3.3 Außerplanmäßige Audits
Treten während einer Auftragsabwicklung Qualitätsprobleme auf, deren Bedeutung über das Tagesgeschehen hinausgeht oder die zu unterschiedlichen Auffassungen zwischen dem QMB und anderen Bereichen führen, so werden vom QMB außerplanmäßige Audits einberufen, an denen die betroffenen Bereiche teilnehmen. An dieser Arbeitsbesprechung werden Beschlüsse zur Ursachenfindung und nachgeschalteter Beseitigung der Qualitätsprobleme festgelegt. Die Ergebnisse und deren Bewertung werden in einem Auditbericht festgehalten und für die Beurteilung der Wirksamkeit des QMS herangezogen.

3.4 Berichterstattung und Dokumentation
Der QMB erstattet der Geschäftsführung und den Bereichsleitern (wenn vorhanden) regelmäßig Bericht über die Ergebnisse der internen Qualitätsaudits. Die zu erstellende Dokumentation umfasst den Auditjahresplan, den Auditplan, das Auditprotokoll und den Auditbericht. Korrektur- und Vorbeugungsmaßnahmen und ihre Erledigung (Verantwortlicher, Termin) sind im Auditbericht dokumentiert.

3.5 Zuständigkeiten (Tabelle ist nach der 6. Eingabe abgebrochen)

| **Eingabe** | **Abläufe** | **Ergebnis** | Gesch.-leitung | QMB | Bereichs-leiter |
|---|---|---|---|---|---|
| Internes Audit | Jahresplan erstellt | Jahresplan erstellt | | D | |
| Jahresplan erstellt | Genehmigung | Genehmigter Jahresplan | G | | |
| Genehmigter Jahresplan | Information der betroffenen Bereiche | Bereichsleiter sind informiert | | D | M |
| Einladungen zum internen Audit | Feinabstimmung des Termins mit den beteiligten Personen Durchführung des Audits planen | Auditplan ist festgelegt | | D | M |
| Auditplan ist festgelegt | Audit durchführen, dokumentieren und bewerten | Auditprotokoll u. Bericht | | D | M |
| Auditplan liegt vor | Korrektur- und Vorbeugungsmaßnahmen ableiten | Verbesserung geplant | | D | M |

G = Genehmigung, D = Durchführung, M = Mitwirkung

**Bild 1: Beispiel einer Prozessbeschreibung im Qualitätsmanagementhandbuch**

### 3.2.3 Lenkung von Dokumenten

Die vom Qualitätsmanagementsystem geforderten Dokumente müssen gelenkt werden. Aufzeichnungen stellen einen besonderen Dokumententyp dar und müssen nach den in Abschnitt 4.2.4 genannten Anforderungen gelenkt werden.
Ein dokumentiertes Verfahren zur Festlegung der erforderlichen Lenkungsmaßnahmen muss eingeführt werden, um

a) Dokumente bezüglich ihrer Angemessenheit vor ihrer Herausgabe zu genehmigen,
b) Dokumente zu bewerten, sie bei Bedarf zu aktualisieren und erneut zu genehmigen,
c) sicherzustellen, dass Anforderungen und der aktuelle Überarbeitungsstatus von Dokumenten gekennzeichnet werden,
d) sicherzustellen, dass gültige Fassungen zutreffender Dokumente an den jeweiligen Einsatzorten verfügbar sind,
e) sicherzustellen, dass Dokumente externer Herkunft gekennzeichnet werden und ihre Verteilung gelenkt wird,
g) die unbeabsichtigte Verwendung veralteter Dokumente zu verhindern und diese in geeigneter Weise zu kennzeichnen, falls sie aus irgendeinem Grund aufbewahrt werden.

Am Beispiel einer Werkstattzeichnung kann man die Notwendigkeit, Dokumente zu lenken, deutlich machen. Von der Erstellung, Kennzeichnung, Prüfung, Freigabe, Verteilung und Änderung bis zur Archivierung muss entsprechend der Prozessbeschreibung das Dokument von den zuständigen Stellen gelenkt werden. Ziel ist es, die geprüfte, mit dem aktuellen Änderungsstand gekennzeichnete Zeichnung zum richtigen Zeitpunkt am richtigen Ort zur Verfügung zu stellen und nach dem Gebrauch zu archivieren. Eine versehentliche Nutzung einer überholten Zeichnung muss ausgeschlossen werden können. Dasselbe gilt für ein CNC-Programm, eine Verfahrens- oder Prüfanweisung und alle weiteren in einem Betrieb befindlichen Dokumente. Die Norm unterscheidet zwischen Dokumenten und Aufzeichnungen.
Beispiele für Dokumente sind:

- Qualitätsmanagementhandbuch,
- Spezifikationen und
- Arbeitspläne.

#### Lenkung von Aufzeichnungen

Aufzeichnungen müssen erstellt und aufrecht erhalten werden, um einen Nachweis der Konformität mit den Anforderungen und des wirksamen Funktionierens des Qualitätsmanagementsystems bereitzustellen. Aufzeichnungen müssen lesbar, leicht erkennbar und wiederauffindbar bleiben. Ein dokumentiertes Verfahren muss erstellt werden, um die Lenkungsmaßnahmen festzulegen, die erforderlich sind für die Kennzeichnung, die Aufbewahrung, den Schutz, die Wiederauffindbarkeit, die Aufbewahrungsfrist von Aufzeichnungen und die Verfügung über Aufzeichnungen.

Aufzeichnungen werden genauso gelenkt wie Dokumente. Sie unterscheiden sich nur durch ihren Erstellungszeitpunkt. Vereinfacht heißt das, Dokumente geben den Prozess vor, Aufzeichnungen dokumentieren das Ergebnis. Das QM – Handbuch ist ein Dokument, ein Auditbericht ist eine Aufzeichnung. Dokumente, die einen objektiven Nachweis über ausgeübte Tätigkeiten oder erreichte Ergebnisse liefern, werden Aufzeichnungen genannt.

| | | |
|---|---|---|
| Prozess M 4.2.3<br>Prozess M 4.2.4<br>ISO 9001:2005 | Qualitätsmanagement – Handbuch<br>**Lenkung von Dokumenten**<br>**Liste M 4.2.3.01** | Seite: 1 von 2<br>Ausgabe: 1.1<br>Stand: 14.09.05 |

Dok. = Dokument, Auf. = Aufzeichnung, QM = Qualitätsmanagement, QMB = QM – Beauftragter, QMH = QM – Handbuch, GF = Geschäftsführung

| QM Dok. | QM Auf. | Name/Vorgang | Kennzeichnung | Erstellung Änderung | Prüfung Freigabe | Verteiler | Archivierung | Wo | Dauer Jahre |
|---|---|---|---|---|---|---|---|---|---|
| x | | Qualitätspolitik | M 4.2.1.01 | GF / QMB | GF / QMB | Aushang | QMH | QMB | 5 |
| x | | Qualitätsziele allgemein | M 4.2.1.02 | GF / QMB | GF / QMB | Aushang | QMH | QMB | 5 |
| x | | Qualitätsziele messbar | M 4.2.1.03 | GF / QMB | GF / QMB | Abteilungen, Verteilerliste | | | |
| x | | Qualitätsmanagementhandbuch | QMH M4 ff. | GF / QMB | GF / QMB | Abteilungen, Verteilerliste | QMH | QMB | ständig |
| | x | Verteilerliste QMH | M 4.2.3.04 | GF / QMB | GF / QMB | Abteilungen | QMH | QMB | 5 |
| | x | Liste Dokumente + Aufzeichn. | M 4.2.3.01 | QMB | QMB | Abteilungen | QMH | QMB | ständig |
| x | | Angebot | K 7.2.1.02 | Vertrieb | GF | Kunde | Vertrieb | Projekt | 5 |

**Bild 1: Lenkung von Dokumenten**

## 3.3 Verantwortung der Leitung

Normkapitel 5 (Bild1)

**Verpflichtung der Leitung**

Die oberste Leitung muss ihre Verpflichtung bezüglich der Entwicklung und Verwirklichung des Qualitätsmanagementsystems und der ständigen Verbesserung der Wirksamkeit des QM-Systems nachweisen, indem sie:

a) der Organisation die Bedeutung der Erfüllung der Kundenanforderungen sowie der gesetzlichen und behördlichen Anforderungen vermittelt,
b) die Qualitätspolitik festlegt,
c) sicherstellt, dass Qualitätsziele festgelegt werden,
d) Managementbewertungen durchführt,
e) die Verfügbarkeit der Ressourcen sicherstellt.

Alle Forderungen des Kapitels 5 der Norm richten sich im englischsprachigen Quellentext direkt an das „Topmanagement" der Organisation. In all den aufgeführten Tätigkeitsbereichen muss die oberste Leitung persönlich etwas unternehmen und nachweisen können, indem sie selbst etwas tut oder in anderen Fällen mindestens sicherstellt, dass etwas getan wird.

### 3.3.1 Kundenorientierung

In der neuen Norm wird die Kundenorientierung direkt in der Leitung gesehen und in den Forderungen 7.2 kundenbezogene Prozesse und 8.2.1 Kundenzufriedenheit vertieft. Die Norm fordert, dass die oberste Leitung sicherstellen muss, dass die Kundenanforderungen ermittelt und mit dem Ziel der Erhöhung der Kundenzufriedenheit erfüllt werden (siehe 7.2.1 und 8.2.1).

### 3.3.2 Qualitätspolitik

Die oberste Leitung muss sicherstellen, dass die Qualitätspolitik

a) für den Zweck der Organisation angemessen ist,
b) eine Verpflichtung zur Erfüllung von Anforderungen und zur ständigen Verbesserung der Wirksamkeit des Qualitätsmanagementsystems enthält,
c) einen Rahmen zum Festlegen und Bewerten von Qualitätszielen bietet,
d) in der Organisation vermittelt und verstanden wird,
e) auf ihre fortlaufende Angemessenheit bewertet wird.

### 3.3.3 Planung

**Qualitätsziele 5.4.1**

Die oberste Leitung muss sicherstellen, dass für zutreffende Funktionsbereiche und Ebenen innerhalb der Organisation Qualitätsziele einschließlich derer, die für die Erfüllung der Anforderungen an Produkte (siehe 7.1a) erforderlich sind, festgelegt sind. Die Qualitätsziele müssen messbar sein und mit der Qualitätspolitik in Einklang stehen.

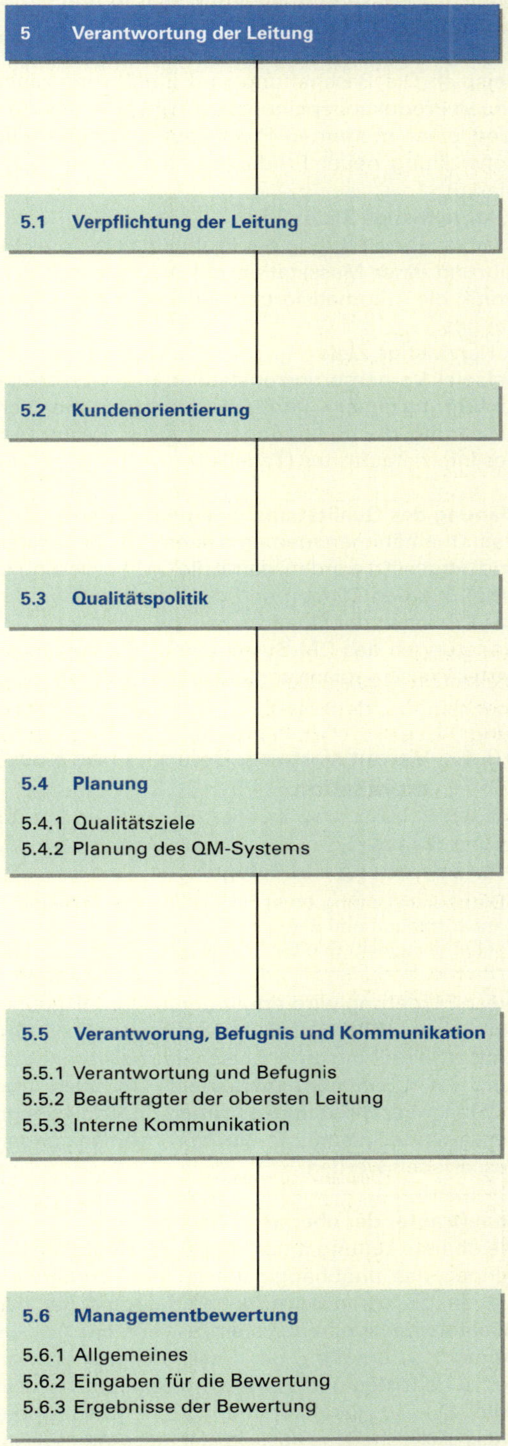


**Bild 1: Normenbaum ISO 9001:2005, Prozesse 5ff**

Qualitätsziele kann man vereinfacht in drei Gruppen aufteilen:

1. Langfristige Ziele
Beispiel: Die Beschaffung und Einführung eines neuen Produktionsplanungssystems, die Beschaffung einer modernen Produktionsmaschine, die Entwicklung neuer Produkte und Öffnung neuer Märkte.
2. Mittelfristige Ziele
Beispiel: Die Straffung der Produktpalette, die Einführung einer Messstation mit Auswertungselektronik, die Automatisierung eines Montagearbeitsganges.
3. Kurzfristige Ziele
Beispiel: Verbesserung unstabiler Arbeitsprozesse, Einführung neuer Kommunikationshilfsmittel, Verbesserung des Reinigungsprozesses, Realisieren des Internetauftrittes **(Tabelle1)**.

**Tabelle 1: Qualitätsziele**

| **Beispiele für Qualitätsziele** |
|---|
| Langfristige Ziele:<br>– Erweiterung der Produktionsfläche,<br>– Beschaffung und Integration einer Messmaschine,<br>– Einführung der KVP – Aktivitäten,<br>– Gruppenarbeit. |
| Mittelfristige Ziele:<br>– Optimieren des Werkzeugwesens,<br>– Einführung von universellen Werkstückträgern,<br>– Durchführung von Internen Audits, jährlich in allen Bereichen,<br>– Senkung der Nacharbeitskosten. |
| Kurzfristige Ziele:<br>– Verbesserung des Reklamationsmanagements,<br>– Einführung neuer Verpackungstechniken,<br>– Erweiterung der Online-Störungsdiagnose,<br>– Verwendung des Bar-Codes als Infoträger. |

**Planung des Qualitätsmanagementsystems**

Das Qualitätsmanagementsystem muss geplant und umgesetzt werden, damit die QM-Forderungen erfüllt werden können und die Voraussetzung für das Erreichen der Qualitätsziele gegeben ist. Änderungen des QM-Systems müssen in kontrollierter Weise geplant und eingeführt werden.

## 3.3.4 Verantwortung, Befugnis und Kommunikation

> (Normkapitel 5.5)
> **Verantwortung und Befugnis**
> Die oberste Leitung muss sicherstellen, dass die Verantwortungen und Befugnisse innerhalb der Organisation festgelegt und bekannt gemacht werden.

Diese Forderung wird erfüllt durch Organisationsdiagramme **(Bild 1)**, Dokumentation der Federführung, Mitwirkung und Entscheidungsverantwortung im Qualtitätsmanagement-Handbuch und in Stellenbeschreibungen. Unterstützend können Verantwortlichkeiten in Verfahrensanweisungen beschrieben werden.

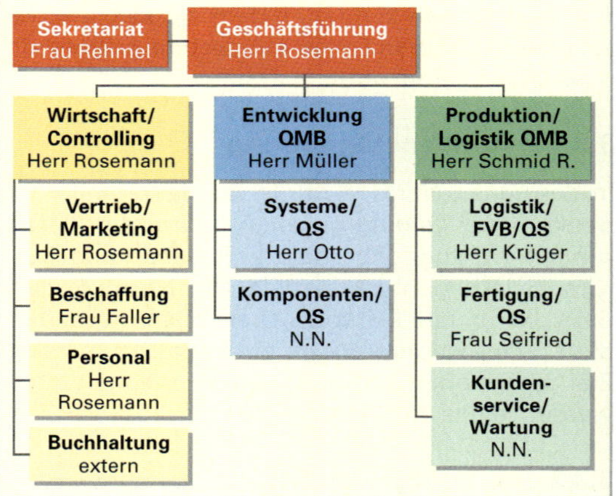


**Bild 1: Organisationsdiagramm (Beispiel)**

**Beauftragter der obersten Leitung**

Die oberste Leitung muss ein Leitungsmitglied benennen, das, unabhängig von anderen Verantwortungen, die Verantwortung und Befugnis hat, das Qualitätsmanagementsystem zu verwirklichen, es aufrecht zu erhalten, der Geschäftsleitung darüber zu berichten und Verbesserungen umzusetzen **(Bild 2)**. Der Qualtitätsmanagementbeauftragte muss sicherstellen, dass in der gesamten Organisation das Bewusstsein über die Erfüllung von Kundenforderungen gewährleistet wird.

Der Qualitätsmanagementbeauftragte QMB ist für die Verwirklichung des QM – Systems verantwortlich und berichtet direkt der Geschäftsleitung darüber.

**Bild 2: Beauftragter der obersten Leitung**

**Interne Kommunikation**
Die oberste Leitung muss sicherstellen, dass geeignete Prozesse der Kommunikation innerhalb der Organisation eingeführt werden und dass eine Kommunikation über die Wirksamkeit des Qualitätsmanagementsystems stattfindet.

Die zur Verfügung gestellten Einrichtungen einer modernen Kommunikationstechnik gelten als Voraussetzung für die Durchführung der internen Kommunikation. Inhaltlich müssen Mitteilungen über die Wirksamkeit des QM-Systems stattfinden. Die interne Kommunikation kann zur Überwindung interner Schnittstellen **(Bild 1)** genutzt werden für:
- die Sicherstellung, dass die Qualitätspolitik in allen Ebenen der Organisation verstanden wird,
- Problemlösungen, die nach festgelegten Abläufen durchgeführt werden,
- die Behandlung fehlerhafter Produkte und die Benachrichtigung der betroffenen Stellen (Beispiel 1),
- die wirksame Behandlung von Kundenbeschwerden und Berichte über Produktfehler,
- die Rückmeldung eingeleiteter Maßnahmen zur Verbesserung eines Prozesses.

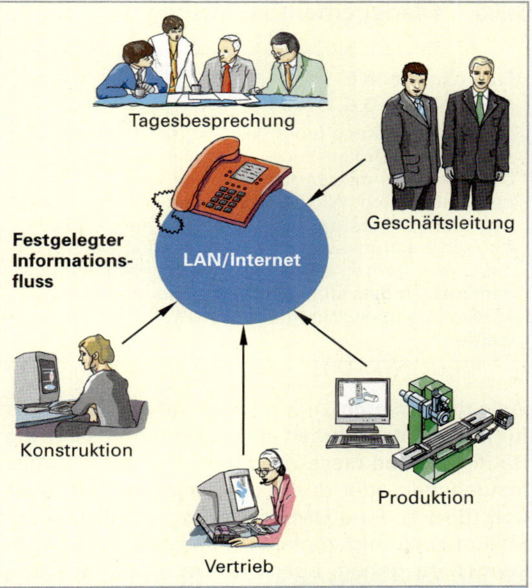

**Bild 1: Interne Kommunikation**

**Beispiel 1: Interne Kommunikation am Beispiel des Prozesses der Lenkung fehlerhafter Produkte**

***Fehler bei Fertigung und Prüfung:***
Werden bei Fertigung oder Prüfung Fehler an Produkten festgestellt, so werden:
- die Produkte auf den Begleitpapieren als gesperrt gekennzeichnet und der Fehler dokumentiert,
- der zugehörige Fertigungsauftrag nicht freigegeben,
- eine Entscheidung über Verwendung der Produkte oder Beseitigung der Fehler herbeigeführt,
- nach Vorliegen der Entscheidung die Produkte zur normalen Fertigungsfolge freigegeben oder
- nachgearbeitet bzw. als Ausschuss gekennzeichnet und verschrottet,
- Kaufteile zum Hersteller zurückgesendet,
- Lose, in denen fehlerhafte Produkte auftreten bis zur Fehlerbeseitigung nicht getrennt.

***Behebung von Fehlern:***
Fehler an Produkten, die nicht belassen werden können, werden durch Nacharbeit oder Reparatur so behoben, dass die Produkte danach den ursprünglichen Fertigungsunterlagen entsprechen (erforderlichenfalls nach zusätzlichen Fertigungsunterlagen).
Vor Aufnahme einer weiteren Bearbeitung im Anschluss an eine Nacharbeit werden die festgelegten Prüfungen wiederholt. Damit sind die Produkte zur weiteren Bearbeitung freigegeben.

***Einholung erforderlicher Genehmigungen:***
Entscheidungen über Fehler an Produkten, d.h. ob die Fehler belassen werden können, behoben werden müssen oder die Produkte unbrauchbar sind, trifft die Technik in schwierigen Fällen nach Einschaltung der zuständigen Fachbereiche. Die Genehmigung durch Kunden werden durch den Vertrieb dokumentiert.

Alle Mitarbeiter des Lagerwesens sind beim Auftreten fehlerhafter Produkte verantwortlich für:
- deren Aussortierung und Kennzeichnung mit dem Aufkleber „GESPERRT“,
- deren Einlagerung im Sperrlager,
- die Dokumentation der Abweichungen und die Rückmeldung an die Materialwirtschaft,
- die Rücksendung oder fachgerechte Entsorgung auf Anweisung der Materialwirtschaft.

Alle Mitarbeiter der Produktion sind zuständig für:
- die sofortige Unterbrechung der Produktion beim Auftreten fehlerhafter Produkte und die Verständigung des Vorgesetzten,
- die Entscheidung, ob ein fehlerhaftes Produkt nachgearbeitet werden kann, in Absprache mit der Technik,
- die Nachberarbeitung fehlerhafter Produkte und deren erneute Prüfung,
- die Ausgliederung fehlerhafter Produkte, welche nicht nachgearbeitet werden können, aus dem Produktionsprozess und die Weitergabe an das Lagerwesen,
- die Dokumentation von im Produktionsprozess entstandenen fehlerhaften Produkten auf den Produktionspapieren.

Alle Mitarbeiter der Technik sind beteiligt an:
- der Entscheidung, ob Nacharbeit möglich oder ein Austausch erforderlich ist,
- der Klärung von Sonderfreigaben gemeinsam mit dem Vertrieb.

Alle Mitarbeiter der Materialwirtschaft sind zuständig für:
- die Klärung von Rücksendungen in Absprache mit dem Liefertermin,
- die statistische Erfassung aller fehlerhaften Produkte auf Grund der Produktions- und Lieferpapiere.

Alle Mitarbeiter des Vertriebs sind zuständig für:
- die Klärung von Sonderfreigaben in Absprache mit dem Kunden und die Dokumentation der zusätzlichen Vereinbarungen.

## 3.3.5 Managementbewertung

Normkapitel 5.6

**Allgemeines 5.6.1**

Die oberste Leitung muss das Qualitätsmanagementsystem der Organisation in geplanten Abständen bewerten, um dessen fortdauernde Eignung, Angemessenheit und Wirksamkeit sicherzustellen. Diese Bewertung muss die Bewertung von Möglichkeiten für Verbesserungen und den Änderungsbedarf für das QM-System einschließlich der Qualitätspolitik und der Qualitätsziele enthalten. Aufzeichnungen über die Managementbewertung müssen aufrecht erhalten werden.

Ziele zu definieren, zu verfolgen und zu bewerten ist für jedes Unternehmen eine Grundvoraussetzung. Häufig werden diese Ziele jedoch nicht schriftlich festgehalten oder durch das Tagesgeschäft überholt **(Bild 1)**. Eine QM-Bewertung ist Review und Zukunftsplanung zugleich. Führen heißt, Anweisungen zu geben, aber nur wer die Umsetzung überprüft, hat Erfolg (Beispiel 1).

**Eingaben für die Bewertung 5.6.2**

Eingaben für die Managementbewertung müssen Informationen zu Folgendem enthalten **(Bild 2)**:

a) Ergebnisse von Audits,
b) Rückmeldungen von Kunden,
c) Prozessleistungen und Produktkonformität,
d) Status von Vorbeugungs- und Korrekturmaßnahmen,
e) Folgemaßnahmen vorangegangener QM – Bewertungen,
f) Änderungen, die sich auf das QM-System auswirken könnten,
g) Empfehlungen für Verbesserungen.

**Ergebnis der Bewertung 5.6.3**

Die Ergebnisse[1] müssen jegliche Entscheidung und Maßnahmen aus der Managemententscheidung zu Folgendem enthalten **(Bild 3)**:

a) Verbesserung der Wirksamkeit des QM-Systems und seiner Prozesse,
b) Produktverbesserung in Bezug auf Kundenanforderungen,
c) Bedarf an Ressourcen.

**Bild 1: Protokollierte Tagesbesprechungen können Teil der Managementbewertung sein.**

**Bild 2: Managementbewertung**

| **Protokoll** | **Verantwortlich** |
|---|---|
| **Ergebnis der Bewertung:** Sauberkeit muss verbessert werden! |  |
| **Maßnahme:** Innerbetrieblichen Wettbewerb durchführen. | Projektleiter |

**Bild 3: Ergebnisbewertung**

[1] Die Norm verlangt, dass die oberste Leitung das QM-System in geplanten Abständen bewertet. Die Ergebnisse der Bewertung müssen aufgezeichnet werden.

[2] Die Unternehmen definieren gemeinsam mit den Mitarbeitern klare, messbare Zielvorgaben. Es werden zusätzlich kurzfristige und langfristige betriebswirtschaftliche Ziele definiert und verfolgt. Die Prozessleistung und die Produktkonformität ist Basis dieser Betrachtung. Auch Verbesserungsvorschläge werden bewertet. Die sinnvolle Dokumentation des normalen Tagesgeschäfts kann die Grundlage für die Managementbewertung sein.

## 3.4 Management von Ressourcen

Normkapitel 6

### 3.4.1 Bereitstellung von Ressourcen

Die Norm fordert, dass Ressourcen bereitgestellt werden müssen. Damit sind Mitarbeiterkapazitäten gemeint, die das QM-System verwirklichen, aufrechterhalten und ständig verbessern. Auch die Forderung nach Erhöhung der Kundenzufriedenheit durch die Erfüllung der Kundenanforderungen muss abgedeckt werden.

Der Qualitätsmanagementbeauftragte übernimmt federführend die Weiterentwicklung des QM-Systems. Der Vertrieb ist der erste Ansprechpartner des Kunden und führt die Bewertung der Kundenzufriedenheit durch (siehe auch Normkapitel 8.2.1 Messen der Kundenzufriedenheit).

### 3.4.2 Personelle Ressourcen

**Allgemeines 6.2.1**

Personal, das die Produktqualität beeinflussende Tätigkeiten ausführt, muss aufgrund der angemessenen Ausbildung, Schulung, Fertigkeiten und Erfahrungen kompetent sein.

In den Einstellungsunterlagen sind Ausbildung, Fähigkeiten und Erfahrung der Mitarbeiter dokumentiert. Im Arbeitsvertrag ist meist eine kurze Aufgabenbeschreibung vorhanden, die ausreichend sein kann.

Ob in jedem Fall eine Stellenbeschreibung erforderlich ist, ist von jedem Unternehmen selbst zu prüfen. Eine grundsätzliche Forderung ist in der Norm nicht vorhanden.

**Fähigkeiten, Bewusstsein und Schulung**

Die Organisation muss:

a) die notwendigen Fähigkeiten des Personals, das die Produktqualität beeinflussende Tätigkeit ausübt, ermitteln,

b) zur Deckung dieses Bedarfs für Schulung sorgen oder andere Maßnahmen ergreifen,

c) die Wirksamkeit der ergriffenen Maßnahmen beurteilen,

d) sicherstellen, dass ihr Personal sich der Bedeutung und Wichtigkeit seiner Tätigkeit bewusst ist und weiß, wie es zur Erreichung der Qualitätsziele beiträgt,

e) geeignete Aufzeichnungen zu Ausbildung, Schulung, Fertigkeiten und Erfahrung führen (siehe auch Lenkung von Aufzeichnungen 4.2.4).

Die neue Norm fasst alle Aspekte der alten zusammen und ordnet sie den fünf Forderungen der Prozesse a) bis e) zu. Es muss sichergestellt werden, dass die Mitarbeiter die Qualitätsaspekte ihrer Arbeit kennen und die Führung der Nachweise über Schulbildung, Erfahrung, Schulungen und Qualifikationen durchgeführt wird (Beispiel 1). Die Mitarbeiter sind für die von ihnen durchgeführten Arbeiten zu schulen. Durch die Bewertung der Wirksamkeit der Schulung ist eine gezielte Entwicklungskontrolle möglich. Schulungen haben ein Ausbildungsziel, einen Nutzen für den Betrieb und den Mitarbeiter und verbessern das Leistungsergebnis.

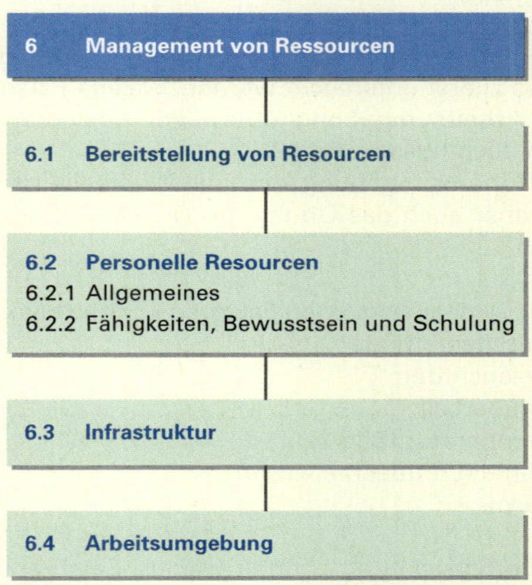


**Bild 1: Normenbaum ISO 9001:2005, Prozess 6ff**

**Beispiel 1: Qualifikationsmatrix als Grundlage für die Weiterbildung der Mitarbeiter in der Lackiererei.**

| Qualifikation Mitarbeiter | Schleifen | Füller spritzen | Lackieren Einschicht | Lackieren Mehrschicht | Polieren | Endkontrolle | Bleilackieren | Verpacken | Karosseriearbeiten |
|---|---|---|---|---|---|---|---|---|---|
| Ugijanin Nedzad | XXX | – | – | – | – | XX | – | XX | – |
| Oezdemir Adnan | XXX | – | – | – | – | XX | | | |

xxx: Arbeiten können selbstständig durchgeführt werden. xx: Arbeiten mit Anleitung. x: MA kann helfen ---- Arbeiten können nicht ausgeführt werden.

### 3.4.3 Infrastruktur

Die Organisation muss die Infrastruktur ermitteln, bereitstellen und aufrechterhalten, die zur Erreichung der Konformität mit den Produktanforderungen erforderlich ist. Zur Infrastruktur gehören, soweit zutreffend:
a) Gebäude, Arbeitsort und zugehörige Versorgungseinrichtungen,
b) Prozessausrüstung (sowohl Hardware als auch Software)
c) unterstützende Dienstleistungen (wie Transport oder Kommunikation).

Die Bereitstellung von geeigneten Produktions-, Montage- und Wartungseinrichtungen sowie eine zweckmäßige Instandhaltung von Einrichtungen wird gefordert, um ständig die Prozessfähigkeit sicherzustellen **(Bild 1)**.

**Arbeitsumgebung**
Die Organisation muss die Arbeitsumgebung, die zum Erreichen der Konformität mit den Produktanforderungen erforderlich ist, ermitteln, leiten und lenken.

Um den Prozess leiten und lenken zu können, muss zuerst untersucht werden, welche Faktoren die Arbeitsumgebung überhaupt qualitätswirksam beeinflussen **(Bild 2)**.
Die Arbeitsumgebung kann die Werkhalle betreffen aber auch das Umfeld im Dienstleistungsbereich.

Die qualitätswirksamen Faktoren können sein:
- Arbeitsmethode,
- Beleuchtung,
- Sauberkeit,
- Temperatur **(Bild 3)**,
- Klima (Luftfeuchte, Gase),
- Lärm.

In die Betrachtung können weitere Faktoren der Arbeitsumgebung mit einbezogen werden:
- Gesundheitsschutz,
- Arbeitssicherheit,
- besondere Umgebungsbedingungen,
- Schichtarbeit,
- Sozialleistungen.

Die Arbeitsethik bildet ein gutes Entwicklungspotenzial und kann hier dokumentiert und bewertet werden, wie z. B.
- Kritik und Anerkennung,
- Zufriedenheit der Mitarbeiter,
- Motivation der Mitarbeiter,
- Unternehmenskultur.

**Bild 1: Bereitstellen von Werkzeugen**

**Bild 2: Richtige Arbeitshaltung ermöglichen**

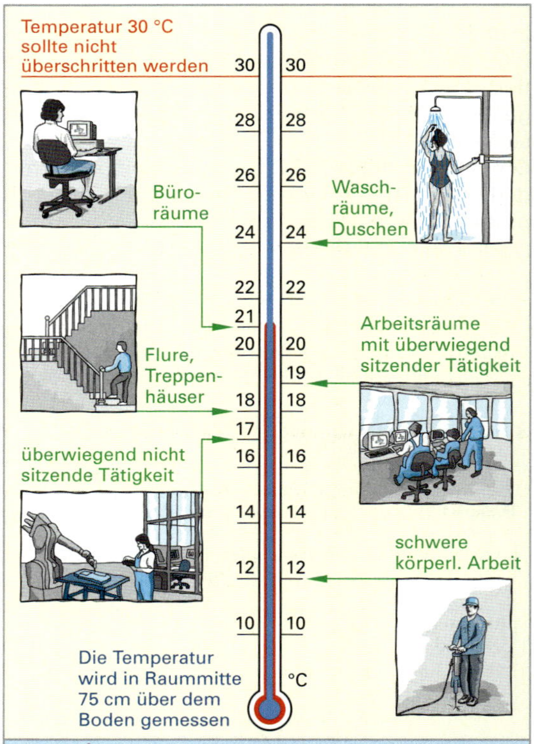


**Bild 3: Raumtemperaturen**

## 3.5 Produktrealisierung

Normkapitel 7 (Bild 1)

### 3.5.1 Planung der Produktrealisierung

Die Organisation muss die Prozesse planen und entwickeln, die für die Produktrealisierung erforderlich sind. Die Planung der Produktrealisierung muss mit den Anforderungen der anderen Prozesse des QM-Systems im Einklang stehen (siehe 4.1 Allgemeine Anforderungen an das QM-System). Bei der Planung der Produktrealisierung muss die Organisation, soweit angemessen, Folgendes festlegen:
a) Qualitätsziele und Anforderungen an das Produkt,
b) die Notwendigkeit, Prozesse einzuführen, Dokumente[1] zu erstellen und produktspezifische Ressourcen bereitzustellen,
c) die erforderlichen produktspezifischen Verifizierungs-, Validierungs-, Überwachungs- und Prüftätigkeiten sowie die Produktannahmekriterien,
d) die erforderlichen Aufzeichnungen, um nachzuweisen, dass die Realisierungsprozesse und resultierenden Produkte die Anforderungen erfüllen
(siehe 4.2.4 Lenkung von Aufzeichnungen).
Das Ergebnis dieser Planung muss in einer für die Betriebsweise der Organisation geeigneten Form vorliegen[2].

Je nach Unternehmenszweck wird die Umsetzung dieser Aufgabe sehr unterschiedlich sein. Die Planung der Produktrealisierung betrifft alle Prozesse zwischen dem Kunden als Besteller und dem Kunden als Empfänger des Produkts oder der Dienstleistung. Schwerpunkte können hier sein:
- schnelle Lieferbereitschaft bei bestehendem Produktspektrum,
- die Entwicklung neuer Produkte, vom Prototyp zur Serie,
- Fertigung der Losgröße eins, bis zur Großserie,
- Umsetzung der Dienstleistungswünsche des Kunden in kürzester Zeit oder/und rund um die Uhr.

### 3.5.2 Kundenbezogene Prozesse

**Ermittlung der Anforderungen in Bezug auf das Produkt**
Die Organisation muss Folgendes ermitteln:
a) die vom Kunden festgelegten Anforderungen einschließlich der Anforderungen hinsichtlich Lieferung und Tätigkeiten nach der Lieferung,
b) vom Kunden nicht angegebene Anforderungen, die jedoch für den festgelegten oder den beabsichtigten Gebrauch, soweit bekannt, notwendig sind,
c) gesetzliche und behördliche Anforderungen in Bezug auf das Produkt (Beispiel 1),
d) alle weiteren von der Organisation festgelegten Anforderungen.

Die Schwerpunkte der Ermittlung der Anforderungen unterscheiden sich je nachdem, ob die Entwicklung eines Produkts durchgeführt wird, ohne dass eine konkrete Kundenforderung vorhanden ist oder Produkte bzw. Dienstleistungen auf Kundenwunsch realisiert werden.
In jedem Fall sind vier Kategorien der Forderungen in Bezug auf das Produkt zu berücksichtigen:
a) vom Kunden ausgesprochene Forderungen,
b) vom Kunden unausgesprochene Forderungen,
c) geltende gesetzliche und behördliche Forderungen,
d) sonstige von der Oragnisation festgelegte Forderungen.

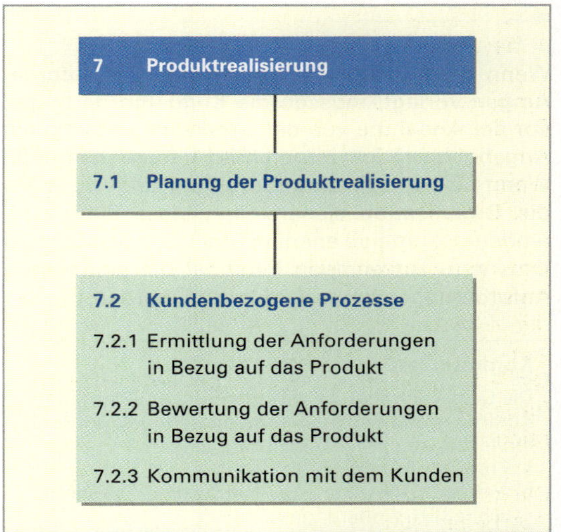


**Bild 1: Normenbaum ISO 9001:2005 Prozess 7 bis 7.2**

**Beispiel 1: Gesetzliche und behördliche Forderungen**
- Auto (Forderungen zur Betriebssicherheit),
- Essen (Forderungen an die Hygiene),
- Heizung (Forderung an die Emission),
- Roboter (Forderung an die Sicherheitseinrichtungen),
- Wasser (Forderungen an die Güte),
- Arzneimittel (Forderungen an die Erprobung),
- Fernseher (Forderung an die elektrische Betriebssicherheit und Strahlungsemission).

[1] Ein Dokument, das die Prozesse des QM-Systems (einschließlich der Produktrealisierungsprozesse) und die Ressourcen festlegt, die auf ein bestimmtes Produkt, Projekt oder auf einen bestimmten Vertrag anzuwenden sind, kann als Qualitätsmanagementplan bezeichnet werden.

[2] Die Organisation kann die in Abschnitt 7.3 (Entwicklung) angegebenen Anforderungen auch auf die Entwicklung von Produktrealisierungsprozessen anwenden.

**Bewertung der Anforderungen in Bezug auf das Produkt**

Die Organisation muss die Anforderungen in Bezug auf das Produkt bewerten[1]. Diese Bewertung muss vor dem Eingehen einer Lieferverpflichtung gegenüber dem Kunden (z. B. Abgabe von Angeboten, Annahme von Vertrags- oder Auftragsänderungen) vorgenommen werden und muss sicherstellen:

a) dass die Anforderungen an das Produkt festgelegt sind,
b) dass Unterschiede zwischen den Anforderungen im Vertrag oder Auftrag und den früher ausgedrückten Anforderungen beseitigt werden,
c) dass die Organisation in der Lage ist, die festgelegten Anforderungen zu erfüllen.

Aufzeichnungen der Ergebnisse der Bewertung und deren Folgemaßnahmen müssen geführt werden (siehe Lenkung von Aufzeichnungen).

Wenn der Kunde keine dokumentierten Anforderungen vorlegt, müssen die Kundenforderungen vor der Annahme von der Organisation durch ein Angebot bestätigt werden **(Bild 1, folgende Seite)**. Wenn sich Produktanforderungen ändern, muss die Organisation sicherstellen, dass die zutreffenden Dokumente ebenfalls geändert werden und dass dem zuständigen Personal die geänderten Anforderungen bewusst gemacht werden.

**Kommunikation mit dem Kunden**

Die Organsation muss wirksame Regelungen für die Kommunikation mit dem Kunden zu folgenden Punkten festlegen und verwirklichen:

a) Produktinformation,
b) Anfragen, Verträge oder Auftragsbearbeitung einschließlich Änderungen,
c) Rückmeldungen von Kunden einschließlich Kundenbeschwerden.

Die Aufgaben, den Kunden zu informieren, übernimmt das Marketing oder der Marketingbeauftragte. Informationen zu den Produkten bzw. den angebotenen Dienstleistungen werden dem Kunden in verschiedensten Weisen vermittelt. (Beispiel 1). Je nach zu erreichender Zielgruppe wird die Form gewählt, dieses Ziel bestmöglich zu erreichen. Im Abschnitt b) werden festgelegte Abläufe im Hinblick auf die kommerzielle Abwicklung der Kundenaufträge gefordert.

Die innerbetrieblichen Schnittstellen zwischen den Bereichen und Aufgaben sind zu beschreiben, um einen reibungslosen Durchlauf von Kundenaufträgen zu gewährleisten. Der Vertrieb ist in diesem Fall der Ansprechpartner für den Kunden und benötigt aktuell den Status des Kundenauftrags, um eindeutige Aussagen machen zu können. Bei Störungen im geplanten Ablauf, bei Beschwerden oder Reklamationen entscheidet die zuständige Stelle im Unternehmen über die durchzuführende planmäßige Störungsbeseitigung und damit über den zu treibenden Aufwand und setzt die Kommunikation mit dem Kunden fort.

**Beispiel 1: Möglichkeiten der Produktinformationen**

| **Aktivitäten** | Produkte |
|---|---|
| – Messen | – ausstellen |
| – Verkaufsveranstaltungen | – vorführen |
| – Vertreterbesuche | – vorstellen |
| – Mustersendungen | – ausprobieren |
| – Werbung in den Medien und im Internet | – bekannt machen |
| – Direkt-Werbung | – anbieten |
| – Kataloge | – anbieten |

**Wiederholung und Vertiefung**

1. Nenne die Normenreihe der DIN EN ISO 9000:2005.
2. Was wird mit der Norm DIN EN ISO 9004:2005 vorgegeben?
3. Mit welcher Formulierung wird die ständige Veränderung der QM-Prozesse gefordert?
4. In welche drei Arten von Prozessen kann die Norm gegliedert werden?
5. Auf welchen Hauptprozess bezieht sich die Ausschlussmöglichkeit der Prozessbeschreibung?
6. In welchem Dokument werden die QM-Prozesse dokumentiert?
7. Wer ist für die Verwirklichung des Qualitätsmanagementsystems verantwortlich?
8. An welchen geplanten Kriterien orientiert sich die Managementbewertung?
9. In welchem Prozess ist die Weiterbildung der Mitarbeiter gefordert?
10. In wie viel Einzelprozesse ist die Entwicklung gegliedert?

[1] Anmerkung
In einigen Fällen, z.B. bei Internetverkäufen, ist eine formale Bewertung jedes einzelnen Auftrags nicht praktikabel. Stattdessen kann sich die Bewertung auf zutreffende Produktinformationen wie z.B. Katalog oder Werbematerial beziehen.

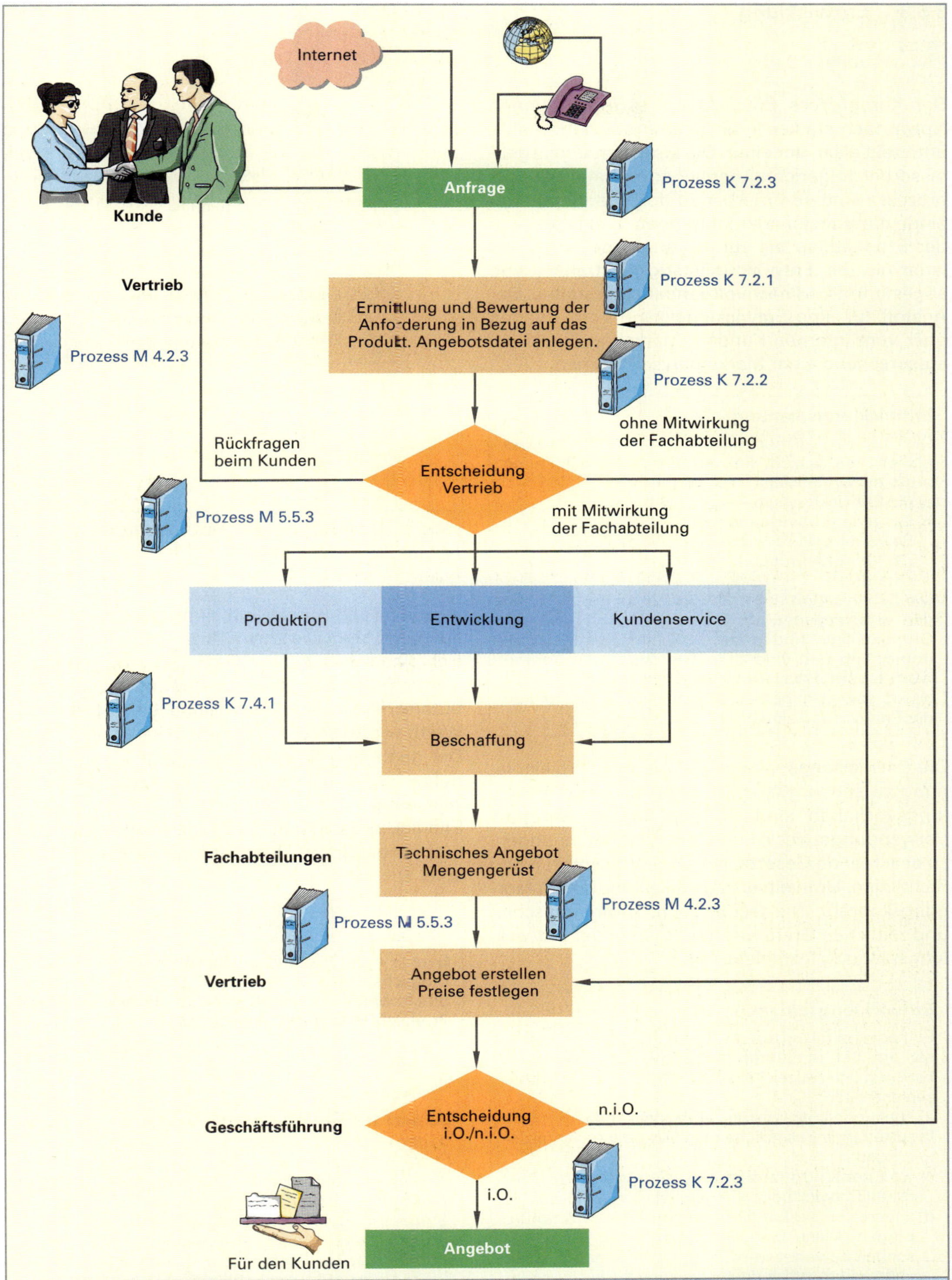


**Bild 1: Flussdiagramm zur Angebotserstellung**

### 3.5.3 Entwicklung

Normkapitel 7.3 (Bild 1)

Der Kernprozess Entwicklung ist in der neuen Norm noch stärker in einzelne Prozessabschnitte unterteilt als in der alten. Die Eingaben und Ergebnisse der folgerichtig gegliederten Entwicklungsprozesse sind verifizierbar zu dokumentieren und eindeutig voneinander zu trennen. Ziel ist es, von der Produktidee bis zur Lieferung des Produkts jederzeit die Entwicklungstätigkeit transparent, abgestimmt und nachvollziehbar zu gestalten. Der Anstoß für eine Entwicklung kann vom Kunden oder vom internen Kunden (Marketing / Vertrieb) entsprechend einer Marktanalyse kommen.

**Entwicklungsplanung**

Die Organisation muss die Entwicklung des Produkts planen und lenken. Bei der Entwicklungsplanung muss die Organisation festlegen:
a) die Entwicklungsphasen,
b) für jede Entwicklungsphase die angemessene Bewertung, Verifizierung und Validierung,
c) die Verantwortungen und Befugnisse für die Entwicklung.

Die Organisation muss die Schnittstellen zwischen den verschiedenen an der Entwicklung beteiligten Gruppen leiten und lenken, um eine wirksame Kommunikation und eine klare Zuordnung der Verantwortung sicherzustellen. Das Ergebnis der Planung muss, soweit angemessen, mit dem Fortschreiten der Entwicklung aktualisiert werden.

Die Entwicklungsplanung ist wie eine Projektplanung zu sehen. Klare Eingaben für das Entwicklungsvorhaben sind erforderlich. Als Beispiel: Verwendungszweck, Funktion, Randbedingungen, zu beachtende Gesetze, Normen, Vorschriften und Richtlinien, Umweltverträglichkeit und das Entsorgungskonzept. Die technischen, kaufmännischen und zeitlichen Grenzwerte müssen in der Entwicklungsplanung festgelegt sein.

**Entwicklungseingaben**

Eingaben in Bezug auf die Produktanforderung müssen ermittelt und aufgezeichnet werden (siehe 4.2.4 Lenkung von Aufzeichnungen). Diese Eingaben müssen enthalten:
a) Funktions- und Leistungsanforderungen,
b) zutreffende gesetzliche und behördliche Anforderungen,
c) wo zutreffend Informationen, die aus früheren ähnlichen Entwicklungen abgeleitet wurden,
d) andere für die Entwicklung wesentliche Anforderungen. Diese Eingaben müssen auf Angemessenheit bewertet werden. Anforderungen müssen vollständig und eindeutig sein und dürfen einander nicht widersprechen.

**7.3 Entwicklung**

7.3.1 Entwicklungsplanung
7.3.2 Entwicklungseingaben
7.3.3 Entwicklungsergebnisse
7.3.4 Entwicklungsbewertung
7.3.5 Entwicklungsverifizierung
7.3.6 Entwicklungsvalidierung
7.3.7 Entwicklungsänderungen

**Bild 1: Normenbaum ISO 9001:2005 Prozesse 7.3**

In vielen Fällen sind Wettbewerbsprodukte bereits auf dem Markt. Die Entwicklungseingaben müssen sich also schon bei der Festlegung von den realisierten Produktleistungen der Mitbewerber positiv unterscheiden. Die Schwächen und Stärken der Wettbewerbsprodukte sollten bekannt sein.
Die geplanten Stärken des eigenen, neuen Produktes sind die Hauptverkaufsargumente fürs Marketing.
Entwicklungseingaben werden in einen innerbetrieblichen Entwicklungsauftrag umgesetzt (Beispiel 1).

Bereits in der Planungsphase soll in die Entwicklung möglichst alles Wissen einer Organisation eingebracht werden, um die Risiken für die Funktions- und Produktionssicherheit klein zu halten.

**Beispiel 1: Verschiedene Arten von Entwicklungsaufträgen**

Entwicklungsaufträge:
- Neues Produkt (Hard-, Software, Dienstleistung) entwickeln bis zum Prototyp,
- neues Produkt vom Prototypen zur Serienreife,
- modifiziertes Produkt als Weiterentwicklung,
- modifiziertes Produkt zu Funktionserfüllung bei geänderten Rahmenbedingungen,
- Sonderprodukt auf Kundenwunsch.

### Entwicklungsergebnisse

Die Entwicklungsergebnisse müssen in einer Form bereitgestellt werden, die deren Verifizierung gegenüber den Entwicklungseingaben ermöglicht, und müssen vor der Freigabe genehmigt werden.
Entwicklungsergebnisse müssen

a) die Entwicklungsvorgaben erfüllen,
b) angemessene Informationen für die Beschaffung, Produktion und Dienstleistungserbringung bereitstellen,
c) Annahmekriterien für das Produkt enthalten oder darauf verweisen,
d) die Merkmale des Produkts festlegen, die für einen sicheren Gebrauch wesentlich sind.

Viele Produkte können zwar in den Grundstrukturen vorgeplant werden, jedoch kann man in manchen Fällen erst durch Versuche das endgültige Ergebnis erkennen und festhalten **(Bild 1)**. Dadurch ist der Vergleich zwischen Planung und Ergebnis jederzeit möglich. Das Entwicklungsergebnis muss in der endgültigen Form von den eingebundenen Stellen genehmigt werden.

### Entwicklungsbewertung

In geeigneten Phasen müssen systematische Entwicklungsbewertungen gemäß geplanten Regelungen (siehe 7.3.1 Entwicklungsplanung) durchgeführt werden, um

a) die Fähigkeit der Entwicklungsergebnisse zur Erfüllung der Anforderungen zu beurteilen und
b) jegliche Probleme zu erkennen und notwendige Maßnahmen vorzuschlagen.

Zu den Teilnehmern an derartigen Entwicklungsbewertungen müssen die Vertreter der Funktionsbereiche gehören, die von der bewerteten Entwicklungsphase betroffen sind.
Aufzeichnungen über die Ergebnisse der Bewertung und notwendige Maßnahmen müssen geführt werden (siehe Lenkung von Aufzeichnungen).

Die Entwicklungsbewertung findet im Allgemeinen im Team statt. Es muss bewertet werden, ob die aufgetretenen Probleme während der Entwicklung erfolgreich gelöst wurden und das Ergebnis tragfähig ist, ob die Kundenanforderungen erfüllt sind und ob eine wirtschaftliche Produktion realisiert werden kann.

### Entwicklungsverifizierung

Eine Verifizierung muss gemäß geplanter Regelungen (siehe 7.3.1 Entwicklungsplanung) durchgeführt werden, um sicherzustellen, dass die Entwicklungsergebnisse die Entwicklungsvorgaben erfüllen. Aufzeichnungen über die Ergebnisse der Verifizierung und über notwendige Maßnahmen müssen geführt werden (siehe Lenkung von Aufzeichnungen).

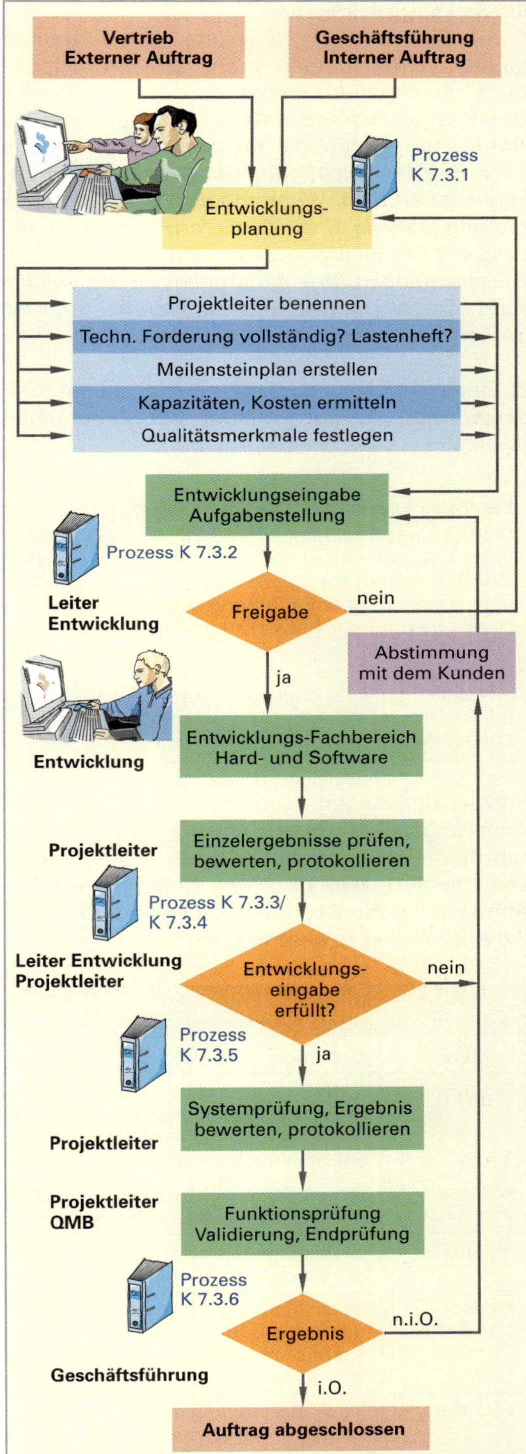


**Bild 1: Flussdiagramm Entwicklungsauftrag**

**Entwicklungsvalidierung**

*Eine Entwicklungsvalidierung muss gemäß geplanten Regelungen (siehe Entwicklungsplanung) durchgeführt werden, um sicherzustellen, dass das resultierende Produkt in der Lage ist, die Anforderungen für die festgelegte Anwendung oder den beabsichtigten Gebrauch, soweit bekannt, zu erfüllen. Wenn möglich, muss die Validierung **(Tabelle 1)** vor Auslieferung oder Einführung des Produkts abgeschlossen werden.*

*Aufzeichnungen über die Ergebnisse der Validierung und über notwendige Maßnahmen müssen geführt werden.*

Zu unterscheiden sind die Produkte, die auf Kundenwunsch oder zur Erfüllung der Forderungen des Marktes entwickelt wurden.

**Lenkung von Entwicklungsänderungen**

Entwicklungsänderungen müssen gekennzeichnet und aufgezeichnet werden. Die Änderungen müssen, soweit angemessen, bewertet, verifiziert und validiert sowie vor ihrer Einführung genehmigt werden. Die Bewertung der Entwicklungsänderungen muss die Beurteilung der Auswirkungen der Änderungen auf Bestandteile und auf bereits gelieferte Produkte einschließen. Aufzeichnungen über die Ergebnisse der Bewertung der Änderung und über notwendige Maßnahmen müssen geführt werden.

Entwicklungsänderungen werden in Form von Änderungsaufträgen mit entsprechender Unterschriftenleiste der betroffenen Fachbereiche dokumentiert **(Bild 1)**. In den Aufträgen ist vom Antragsteller die Begründung der Änderung und die Auswirkung zu beschreiben.

| **MOBE** GmbH | **Änderungsauftrag** | ÄA-Nr: *0617*<br>Blatt: *1*<br>Datum: *12.03.07* |
|---|---|---|

**Verteiler**
☐ AV ☒ Montage ☒ Disposition ☒ Fertigung
☒ QMB ☒ Einkauf ☒ Vertrieb ☒ Ausrüstung

**Vom Aussteller wurde der Gesamtinhalt mit den Abteilungen/Funktionen abgestimmt**
☐ AV ☐ Montage ☒ Disposition ☒ Fertigung
☒ QMB ☒ Einkauf ☐ Vertrieb ☒ Ausrüstung

| | J | N |
|---|---|---|
| Nachrüstung erforderlich | ☒ | ☐ |
| Änderung Konfiguration | ☐ | ☒ |
| Änderung Preisliste erforderlich | ☐ | ☒ |
| Nachrüstung möglich | ☒ | ☐ |
| Änderung sicherheitsrelevant | ☐ | ☒ |
| Produktinformation: | | |

| **Referenz-Nr.** *0617AV* | **Änderungsgrund-Merkmale-Durchführung** |
|---|---|
| **Maschinen Nr.** *0012* | *Keilwelle klemmt im maximal zusammengefahrenen Zustand.*<br>*Bereich der Entgratung der Verziehung verlängern.* |
| **Änderungs-Termin** *5. Juli 06* | *Neues Längenmaß: 46 mm* |
| **Merkmal** *F* | *war: 44 mm!* |

**Änderungstermin:**
A = Aufbrauchen der alten Komponenten
B = Aufbrauchen bis neue Artikel verfügbar
C = Ab Maschinen Nr.
D = Ab neuer Montage
E = Ab neuer Maschinenmontage
F = Alle im Haus befindliche Maschinen berücksichtigen

| **Aussteller:** | **Geprüft:** | **Abteilungs-leiter:** | **Nor-mung:** | **Er-ledigt:** |
|---|---|---|---|---|
| Abteilung: *AV*<br>Name: *Krüger*<br>Datum: *14.02.06* | *KO:* | *Bauer* | *18.07.07* | *Archiv*<br>*20.07.07* |

**Bild 1: Änderungsantrag eines Maschinenbauers**

**Tabelle 1: Begriffsdefinitionen**

| Begriffe | Definition |
|---|---|
| Organisation | ist eine Gruppe von Personen und Einrichtungen mit einem Gefüge von Verantwortung, Befugnissen und Beziehungen, zum Beispiel: Gesellschaften, Körperschaften, Firma, Unternehmen, Institution, gemeinnützige Organisation, Einzelunternehmer, Verband oder Mischformen solcher Einrichtungen. |
| Prozess | ist eine Reihe von in Wechselbeziehung oder Wechselwirkung stehenden Tätigkeiten, die Eingaben in Ergebnisse umwandeln. |
| Produkt | ist das Ergebnis eines oder mehrerer Prozesse. Es gibt vier anerkannte übergeordnete Produktkategorien: Dienstleistungen, Software, Hardware, verfahrenstechnische Produkte. |
| Projekt | ist ein einmaliger Prozess, der aus einem Satz von abgestimmten und gelenkten Tätigkeiten mit Anfangs- und Endterminen besteht und durchgeführt wird, um ein Ziel zu erreichen, das spezifische Anforderungen erfüllt, wobei Zeit-, Kosten- und Ressourcenbeschränkungen eingeschlossen sind. |
| Verifizierung | ist die Bestätigung durch Bereitstellung eines objektiven Nachweises, dass festgelegte Anforderungen erfüllt worden sind. |
| Validierung | ist die Bestätigung durch Bereitstellung eines objektiven Nachweises, dass die Anforderungen für einen spezifischen beabsichtigten Gebrauch oder eine Anwendung erfüllt worden sind. |

### 3.5.4 Beschaffung

Normkapitel 7.4

Das Kapitel Beschaffung **(Bild 1)** ist wie in der alten Norm in drei Bereiche gegliedert. Die Neuerung besteht in einer geänderten Begriffsanwendung. Die Lieferantenkette besteht jetzt aus folgenden Begriffen:
„Lieferant > Organisation > Kunde“ **(Bild 2)**.

**Beschaffungsprozess**
Die Organisation muss sicherstellen, dass die beschafften Produkte die festgelegten Beschaffungsanforderungen erfüllen. Art und Umfang der auf den Lieferanten und das beschaffte Produkt angewandten Überwachung müssen vom Einfluss des beschafften Produkts auf die nachfolgende Produktrealisierung oder auf das Endprodukt abhängen.
Die Organisation muss Lieferanten auf Grund von deren Fähigkeiten beurteilen und auswählen. Es müssen Kriterien für die Auswahl, Beurteilung und Neubeurteilung aufgestellt werden. Aufzeichnungen über Ergebnisse von Beurteilungen und über notwendige Maßnahmen müssen geführt werden (siehe 4.2.4 Lenkung von Aufzeichnungen).

In die Forderung des Kunden an das Produkt sind die Rohstoffe, Materialien, Kaufteile und die externe Bearbeitung ebenfalls mit einzubeziehen. Bei der Beurteilung und Entscheidung über die Verwendbarkeit dieser Vorprodukte ist die Erwartung des Kunden, des Vertriebs und der Produktion zu berücksichtigen **(Bild 1, folgende Seite)**.

**Beschaffungsangaben**
Beschaffungsangaben müssen das zu beschaffende Produkt beschreiben. Soweit angemessen, enthalten diese
a) Anforderungen zur Genehmigung von Produkten, Verfahren, Prozessen und Ausrüstung,
b) Anforderungen an die Qualifikation des Personals,
c) Anforderungen an das Qualitätsmanagementsystem.
Die Organisation muss die Angemessenheit der festgelegten Beschaffungsanforderungen sicherstellen, bevor sie diese dem Lieferanten mitteilt.

Je nachdem, ob es sich um ein Serien-, Einzel-, Sonder- oder Handelsprodukt handelt, muss der Umfang der Bestellangaben vor der Bestellung geprüft und freigegeben werden. Die verschiedenen Produktarten benötigen einen unterschiedlichen Verwaltungs- und Bestellaufwand. Die Vorgaben an die zu beschaffenden Produkte legt der Entwicklungs- oder der Dienstleistungsbereich fest.

**Verifizieren von beschafften Produkten**
Die Organisation muss die erforderlichen Prüfungen oder sonstigen Tätigkeiten festlegen und verwirklichen, durch die sichergestellt wird, dass das beschaffte Produkt die festgelegten Beschaffungsanforderungen erfüllt. Wenn die Organisation oder ihr Kunde beabsichtigt, Verifizierungstätigkeiten beim Lieferanten durchzuführen, muss die Organisation die beabsichtigten Verifizierungsmaßnahmen und die Methoden zur Freigabe des Produkts in den Beschaffungsangaben festlegen.

Die grundliegenden Anforderungen an die Produkte werden bereits mit den Beschaffungsangaben festgelegt. Die Prüfung zur Verifizierung muss in angemessener Form durchgeführt werden und wird vom Ergebnis der zurückliegenden Prüfungen beeinflusst. Das Ergebnis geht in die Lieferantenbewertung ein. Eine enge datentechnische Verbindung zwischen dem Wareneingang und dem Einkauf macht die Erfüllung dieser Aufgabenstellung effizienter.

**7.4 Beschaffung**

7.4.1 Beschaffungsprozess
7.4.2 Beschaffungsangaben
7.4.3 Verifizierung von Produkten

**Bild 1: Normenbaum ISO 9001:2005 Prozess 7.4**

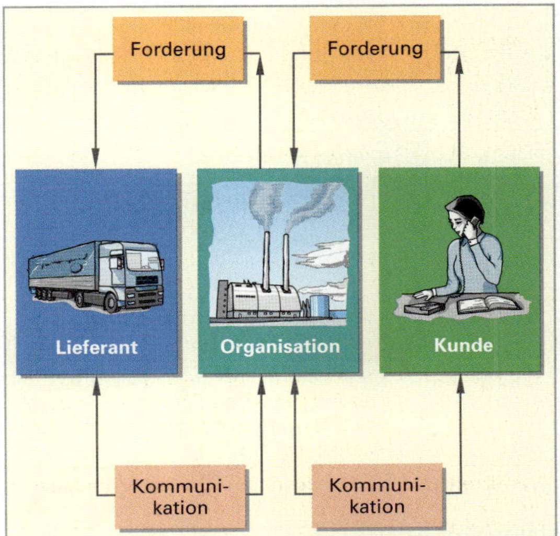


**Bild 2: Lieferantenkette**

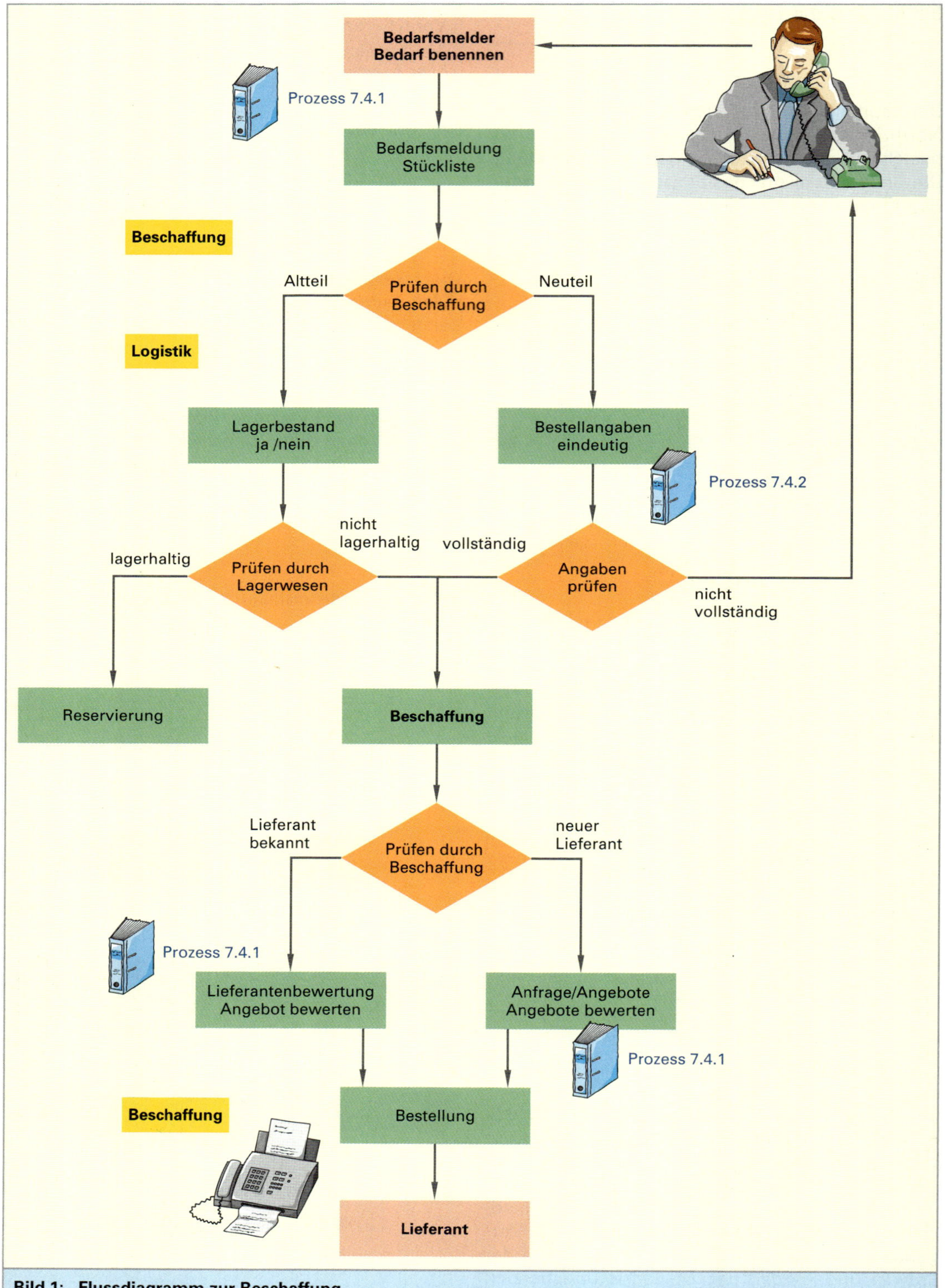


**Bild 1: Flussdiagramm zur Beschaffung**

### 3.5.5 Produktion und Dienstleistungserbringung

Normkapitel 7.5

Die Produktion und Dienstleistungserbringung als Lebenszweck einer Organisation wird in der neuen, prozessorientierten Norm entsprechend behandelt und ihre Komponenten sichtbar gemacht (**Bild 1**). Des weiteren wird die schriftliche Fixierung von Verfahrensanweisungen für diese Prozesse nicht gefordert. Da aber die innerbetrieblichen Abläufe in den meisten Fällen in den Verfahrensanweisungen festgelegt sind, ist es sinnvoll, diese Verbindung unter dem Punkt „mitgeltende Unterlagen" in der Prozessbeschreibung herzustellen.

**Lenkung der Produktion und der Dienstleistungserbringung**

Die Organisation muss die Produktion und die Dienstleistungserbringung unter beherrschten Bedingungen planen und durchführen. Beherrschte Bedingungen enthalten, falls zutreffend:

a) die Verfügbarkeit von Angaben, welche die Merkmale des Produkts beschreiben,
b) die Verfügbarkeit von Arbeitsanweisungen, soweit notwendig,
c) den Gebrauch geeigneter Ausrüstung,
d) die Verfügbarkeit und den Gebrauch von Überwachungs- und Messmitteln,
e) die Verwirklichung von Überwachungen und Messungen,
f) die Verwirklichung von Freigabe- und Liefertätigkeiten und Tätigkeiten nach der Lieferung.

Viele Unternehmen verfügen über Stücklisten, Arbeitspläne, Zeichnungen, Laufkarten und weitere Auftragspapiere (**Bild 2**). Diese Unterlagen werden manuell oder DV-technisch zu den Produktionsaufträgen zusammengefasst und sind die Grundlage für die Lenkung der Auftragsvorbereitung, der Fertigung oder Dienstleistung.

Die Reihenfolge von Arbeitsgängen, zu verwendenden Produktionseinrichtungen, Prüfschritten, externen Bearbeitungen werden vorgegeben und die Ausführung vom durchführenden Mitarbeiter quittiert.

**7.5 Produktion und Dienstleistungserbringung**

7.5.1 Lenkung der Produktion und Dienstleistungserbringung

7.5.2 Validierung der Prozesse zur Produktion und Dienstleistungserbringung

7.5.3 Kennzeichnung und Rückverfolgbarkeit

7.5.4 Eigentum des Kunden

7.5.5 Produkterhaltung

**Bild 1: Normenbaum ISO 9001:2005 Prozess 7.5**

| **Elektronik GmbH** | **Laufkarte/Fertigungsplan** | |
|---|---|---|

| Ausstellungsdatum | Anfangstermin | Endtermin | Auftragsmenge | Los-Nr. | Ident-Nr. | Lfd.Auftrags-Nr./Produkt-Nr.: |
|---|---|---|---|---|---|---|
| **27.11.07** | **260** | **310** | **250** | **0** | | **LP-KRP01-05402-003** |

| Benennung | Änderungsdatum | Blatt-Nr. | Erstelldatum | F-Planer |
|---|---|---|---|---|
| **Adaptereinschubkabel für Prüfplatz** | | **1/1** | **03.10.06** | **KiA** |

| AG Nr. | Kostenstelle | APL Nr. | Arbeitsgang | tr (min) | te (m n) | Code | Auftragszeit (min) | Stückzahl gut/Nacharbeit | MA-Fertig. | MA-QS | Bemerkung, Dokument, Änderungsstand |
|---|---|---|---|---|---|---|---|---|---|---|---|
| 10 | L100 | | Auftrag kommissionieren | 2,0 | 25 0 | | 25,0 | | | | |
| 20 | P210 | | Kabel konfektionieren, auf Länge zuschneiden abisolieren, verzinnen | 2,0 | 0 9 | | 225,0 | | | | Zeichnung KRP01-05402-000 |
| 30 | P210 | | montieren Adapter an das Kabel nach Schaltplan | 5,0 | 3,2 | | 800,0 | | | | Schaltplan KRP01-05401-000 |
| 40 | K320 | | Durchgangsprüfung mit Summer | 1,0 | 0,2 | | 50,0 | | | | |
| 50 | K330 | | Endkontrolle | | | | | | | | |

**Bild 2: Laufkarte/Fertigungsplan**

### Validierung der Prozesse zur Produktion und zur Dienstleistungserbringung 7.5.2

Die Organisation muss sämtliche Prozesse der Produktion und Dienstleistungserbringung validieren, deren Ergebnis nicht durch nachfolgende Überwachung oder Messung verifiziert werden kann. Dies betrifft auch alle Prozesse, bei denen sich Unzulänglichkeiten erst zeigen, nachdem das Produkt in Gebrauch genommen oder die Dienstleistung erbracht worden ist. Die Validierung muss die Fähigkeit dieser Prozesse zur Erreichung der geplanten Ergebnisse darlegen.

Die Organisation muss Regelungen für diese Prozesse festlegen, die, soweit zutreffend, enthalten:

a) festgelegte Kriterien für die Bewertung und Genehmigung der Prozesse,
b) Genehmigung der Ausrüstung und der Qualifikation des Personals,
c) Gebrauch spezifischer Methoden und Verfahren,
d) Anforderungen zu Aufzeichnungen (siehe 4.2.4),
e) erneute Validierung.

Die Norm fordert, dass die Produktions- und Dienstleistungsprozesse nachweisbar die geplanten, reproduzierbaren, guten Ergebnisse erbringen. Vor allem bei Prozessen, die nicht durchs Überwachen und Messen am fertigen Produkt kontrolliert werden können.

Um das bewerten zu können, sind Soll/ist-Vergleiche erforderlich. Bei abweichenden Prozessergebnissen muss die weitere Vorgehensweise geregelt sein, um möglichst noch ein akzeptables Ergebnis durch weitere Prozessschritte (Nacharbeit) zu erreichen **(Bild 1, folgende Seite)**.

### Kennzeichnung und Rückverfolgbarkeit 7.5.3

Die Organisation muss, wo angemessen, das Produkt mit geeigneten Mitteln während der gesamten Produktrealisierung kennzeichnen. Die Organisation muss den Produktstatus in Bezug auf die Überwachungs- und Messanforderungen kennzeichnen[1]. Die Organisation muss die eindeutige Kennzeichnung des Produkts lenken und aufzeichnen, wenn Rückverfolgbarkeit gefordert ist (siehe 4.2.4).

Die innerbetriebliche Kennzeichnung der Vor- und Endprodukte ist durch die produktbegleitenden Auftragspapiere und ihren aktuell gekennzeichneten Status zu erkennen. Der erfolgreich ausgeführte Arbeitsgang wird abgezeichnet oder im Betriebsdatenerfassungssystem BDE als fertig abgemeldet. Die Kennzeichnung bzw. die Rückverfolgbarkeit des Endprodukts ist nur notwendig, wenn dies eine festgelegte Forderung des Kunden, des Markts, der eigenen Organisation oder sonstiger gesetzlicher Auflagen ist.

Die Rückverfolgbarkeit kann sich auch auf Rohstoffe, Chargen, Lose und Rezepte beziehen.

### Eigentum des Kunden 7.5.4

Die Organisation muss sorgfältig mit dem Eigentum[2] des Kunden umgehen, solange es sich im Lenkungsbereich der Organisation befindet oder von ihr gebraucht wird. Die Organisation muss das ihr zum Gebrauch oder zur Einbeziehung in das Produkt überlassene Eigentum des Kunden kennzeichnen, verifizieren und schützen. Fälle von verloren gegangenen, beschädigten oder anderweitig für unbrauchbar befundenem Eigentum des Kunden müssen dem Kunden mitgeteilt und Aufzeichnungen darüber geführt werden (siehe 4.2.4).

Zum Kundeneigentum können nicht nur zu bearbeitende Materialien gehören (Rohteile, Halbzeuge, Gebinde usw.), sondern auch einzubauende Teile und zur Verfügung gestellte Werkzeuge und Prüfmittel. Auch Informationen oder geistiges Eigentum in diversen Formen, wie Zeichnungen, Prozessbeschreibungen oder Software können vom Kunden zur Verfügung gestellt worden sein und sind entsprechend zu kennzeichnen und zu schützen. Ebenso fallen darunter auftragsbezogene produzierte Endprodukte, die losweise vom Kunden abgerufen werden.

### Produkterhaltung 7.5.5

Die Organisation muss die Konformität des Produkts während der internen Verarbeitung und Auslieferung zum vorgesehenen Bestimmungsort erhalten. Diese Erhaltung muss die Kennzeichnung, Handhabung, Verpackung, Lagerung und den Schutz einschließen. Die Erhaltung muss gleichermaßen für die Bestandteile eines Produkts gelten.

Vom Wareneingang über die Fertigung und Montage bis zum Bestimmungsort, vom Einzelteil bis zum Endprodukt muss mit den Komponenten sachgerecht umgegangen werden, um Verwechselungen, Schwund und Beschädigungen zu vermeiden.

[1] In einigen Wirtschaftszweigen ist Konfigurationsmanagement ein Mittel für die Aufrechterhaltung der Kennzeichnung und Rückverfolgbarkeit.

[2] Zum Eigentum des Kunden kann auch geistiges Eigentum zählen.

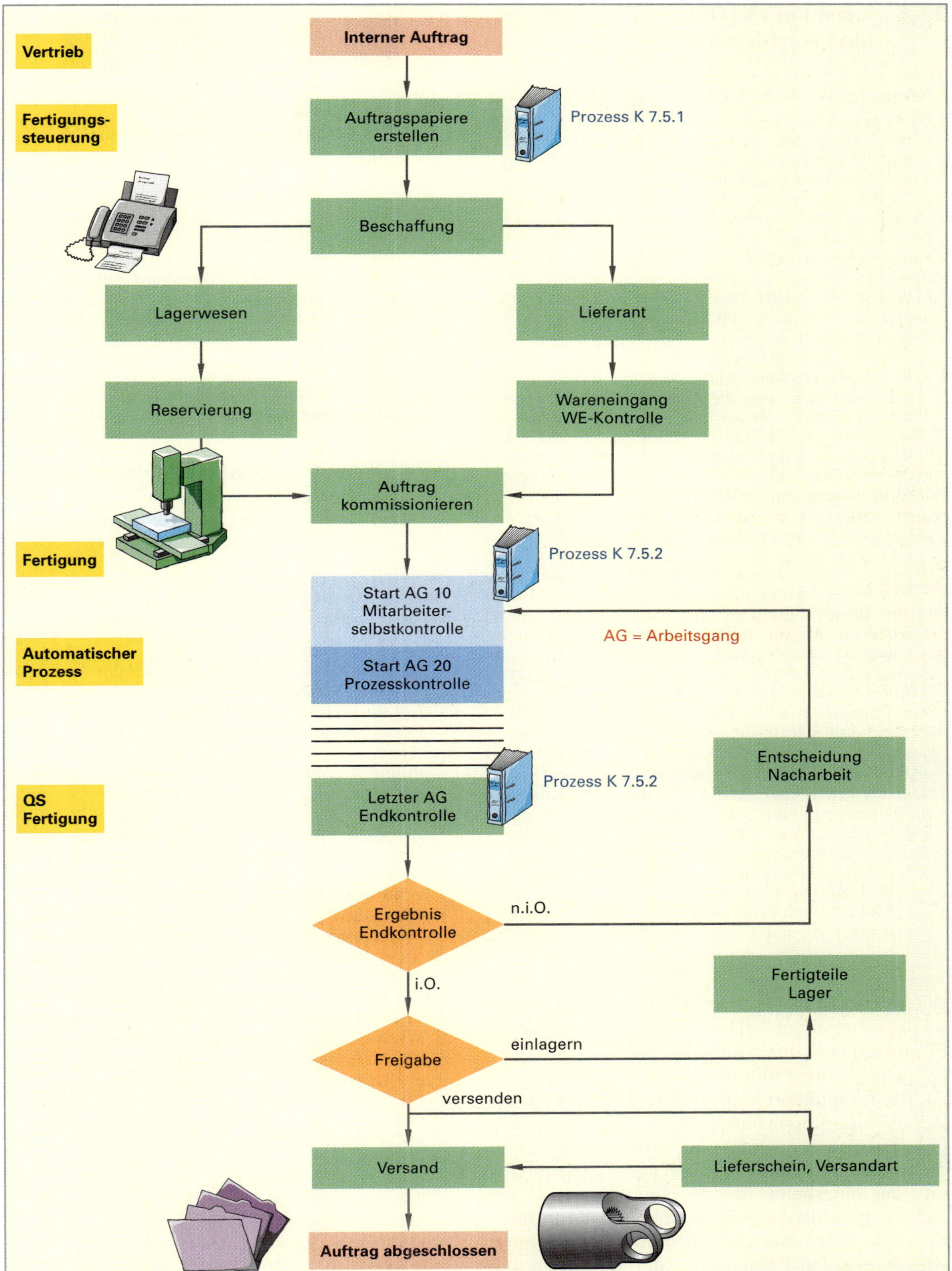


**Bild 1: Flussdiagramm zum Durchlauf eines Auftrags**

### 3.5.6 Lenkung von Überwachungsmitteln und von Messmitteln

Normkapital 7.6 (**Bild 1**)

Die Organisation muss die zum Nachweis der Konformität des Produkts mit festgelegten Anforderungen (siehe 7.2.1 Ermittlung der Anforderungen in Bezug auf das Produkt) vorzunehmenden Überwachungen und Messungen und die erforderlichen Überwachungs- und Messmittel ermitteln.
Die Organisation muss Prozesse einführen, um sicherzustellen, dass Überwachungen und Messungen durchgeführt werden können und in einer Weise durchgeführt werden, die mit den Anforderungen an die Überwachung und Messung vereinbar sind.
Soweit zur Sicherstellung gültiger Ergebisse erforderlich, müssen die Messmittel

a) in festgelegten Abständen oder vor dem Gebrauch kalibriert oder verifiziert werden anhand von Messnormalen, die auf internationale oder nationale Messnormale zurückgeführt werden können. Wenn es derartige Messnormale nicht gibt, muss die Grundlage für die Kalibrierung oder Verifizierung aufgezeichnet werden,
b) bei Bedarf justiert oder nachjustiert werden,
c) gekennzeichnet werden, damit der Kalibrierstatus erkennbar ist,
d) gegen Verstellungen gesichert werden, die das Messergebnis ungültig machen würden,
e) vor Beschädigungen und Verschlechterungen während der Handhabung, Instandhaltung und Lagerung geschützt werden.

Außerdem muss die Organisation die Gültigkeit früherer Messergebnisse bewerten und aufzeichnen, wenn festgelegt wird, dass die Messmittel die Anforderungen nicht erfüllen. Die Organisation muss geeignete Maßnahmen bezüglich der Messmittel und aller betroffenen Produkte ergreifen. Aufzeichnungen über die Ergebnisse der Kalibrierung und Verifizierung müssen geführt werden (siehe 4.2.4).
Bei Verwendung von Rechnersoftware zur Überwachung und Messung festgelegter Anforderungen muss die Eignung dieser Software für die beabsichtigte Anwendung bestätigt werden. Dies muss vor dem Erstgebrauch vorgenommen werden und wenn notwendig auch später bestätigt werden.

Wie in der alten Norm müssen nur die Prüfmittel gekennzeichnet, kalibriert usw. werden, die die Produktqualität direkt beeinflussen.
Es genügt, die Prüfmittel zu kennzeichnen, die zur Konformitätsprüfung des Produkts mit festgelegten Forderungen verwendet werden. Diese Vorgehensweise ist auch für die Mitarbeiter einfacher, da nur das Delta der Prüfmittel gekennzeichnet ist und der Mitarbeiter sofort erkennt, wenn er ein nicht zugelassenes Prüfmittel (ohne Kennzeichnung) benutzt. Bei der Prüfmittelüberwachung wird von vielen Firmen die externe Kalibrierung mit entsprechender beigestellter Dokumentation angewendet (Beispiel 1).

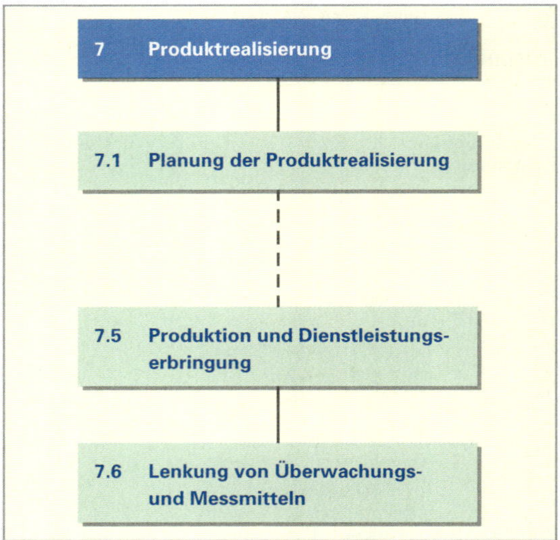


**Bild 1: Normenbaum ISO 9001:2005 (Prozess 7ff)**

**Beispiel 1: Dienstleistungsangebot eines Messmittelkalibrierlabors**

Unsere Leistungen

- Die Anlieferung Ihrer Prüfmittel erfolgt nach terminlicher Absprache.
- Auf Wunsch kalibrieren wir nach vorheriger Terminvereinbarung auch innerhalb von ca. einem Werktag oder während Ihres Betriebsurlaubs. Ihre Prüfmittel werden von uns gereinigt, temperiert und nach der Kalibrierung angemessen konserviert.
- Die Kalibrierung erfolgt auf Messgeräten, deren Messunsicherheit sachkundig an die Messaufgabe angepasst ist, in klimatisierten Räumen durch erfahrene Messtechniker.
- Wir kalibrieren in Anlehnung an die VDI/VDE/DGQ 2618 festgelegten Richtlinien. Bei Bedarf finden auch andere DIN-Angaben, bzw. die spezifischen Werksnormen ihre Anwendung.
- Die Prüfergebnisse werden angemessen in unseren Prüfprotokollen dokumentiert und zusätzlich in unserer Prüfmitteldatenbank archiviert.
- Alle Prüfmittel können, nach der Kalibrierung, von uns kostenlos mit einer Prüfplakette gekennzeichnet werden, sodass der nächste Kalibrierfälligkeitstermin auf jedem Prüfmittel klar ersichtlich ist. Wir benutzen auch gerne Ihre Fälligkeitskennzeichnung.
- Nach Ihren Prüfintervallen fordern wir im Fälligkeitsmonat Ihre zur nächsten Prüfung anstehenden Messmittel gerne an.
- Wir beraten Sie in allen Fragen der Prüfmittelbeschaffung und -verwaltung, z.B. bei der Festlegung geeigneter Prüfintervalle, bei der Kennzeichnung oder in benötigten Normen, usw.

# 3.6 Messung, Analyse, Verbesserung

Normkapitel 8 (Bild 1)

Dieses Kapitel beschreibt allgemeine Forderungen an die Überwachungs-, Mess-, Analyse- und Verbesserungsprozesse der Organisation. In der neuen Norm werden alle diese Aktivitäten zusammengefasst. Das hat nicht nur Auswirkungen auf das Qualitätsmanagementsystem, sondern auch auf den Realisierungsprozess und die Produkte bzw. Dienstleistungen selbst. Die geforderten Prozesse der Überwachung, Messung, Analyse und Verbesserung zielen auf eine Darlegung der Konformität der Produkte, auf Sicherstellung der Konformität des Qualitätsmanagenentsystems und die ständige Verbesserung hin.

## 3.6.1 Allgemeines

Die Organisation muss die Überwachungs-, Mess-, Analyse- und Verbesserungsprozesse planen und verwirklichen, die erforderlich sind, um
a) die Konformität des Produkts darzulegen,
b) die Konformität des Qualitätsmanagementsystems sicherzustellen,
c) die Wirksamkeit des Qualitätsmanagementsystems ständig zu verbessern.
Dies muss die Festlegung von zu treffenden Methoden einschließlich statistischer Methoden um das Ausmaß ihrer Anwendung enthalten.

In der Norm ist der Aspekt der „ständigen Verbesserung" fast überall neu. Der durch die „ständige Verbesserung" geschlossene Regelkreis wird gestärkt, indem die Ergebnisse der Überwachung, Messung, Analyse und Verbesserung als Input zur Managementbewertung herangezogen werden können.

## 3.6.2 Überwachung und Messung

Überwachung und Messung der Kundenzufriedenheit, der internen Abläufe, der einzelnen Prozesse und der Produktkonformität stellen den geplanten Sollwerten die erreichten Istwerte gegenüber. Die Bewertung der Differenzen ergibt eine sichere Grundlage für die Einleitung von Maßnahmen, die zu Verbesserungen führen **(Bild 2)**.

**Kundenzufriedenheit**

Die Organisation muss Informationen über die Wahrnehmung der Kunden in der Frage, ob die Organisation die Kundenanforderungen erfüllt hat, als eines der Maße für die Leistung des Qualitätsmanagementsystems überwachen. Die Methoden zur Erlangung und zum Gebrauch dieser Informationen müssen festgelegt werden.

Als Maß für die Leistung des QM-Systems sind die Informationen über die Kundenzufriedenheit zu überwachen (Beispiel 1). Nur ein den Kunden zufriedenstellendes Angebot führt zum Auftrag. Oder die Präsentation eines Produktes, das Kundeninteresse weckt, führt zum Kunden. Bisher wird manchmal die Kundenzufriedenheit in einigen Unternehmen nach dem Motto abgetan: Wenn sich das Produkt verkauft, dann haben wir alles richtig gemacht! Dies kann jedoch ein Trugschluss sein, vielleicht hätte man ja viel mehr verkaufen können.

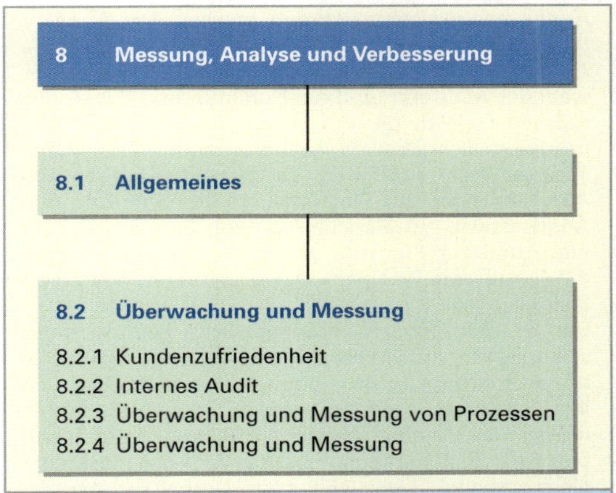


**Bild 1: Normenbaum ISO 9001:2005, Prozess 8 bis 8.2**

**Bild 2: Kundenzufriedenheit**

**Beispiel 1: Messen von Kundenzufriedenheit**
Die Organisation hat zahlreiche gewerbliche Kunden, die individuell identifizierbar sind und die in kurzen Intervallen Produkte beziehen. Sie beobachtet die Umsatzentwicklung mit solchen Kunden, indem der Vertrieb monatliche Berichte in grafischer Aufbereitung an die Geschäftsführung gibt. Die Umsatzentwicklung gilt als Indikator für die Kundenzufriedenheit. Bewertung des Auditors: Die Forderung der Norm ist voll erfüllt.

### Internes Audit (Bild 1)

Die Organisation muss in geplanten Abständen interne Audits durchführen um zu ermitteln, ob das Qualitätsmanagementsystem

a) die geplanten Regelungen (siehe 7.1 Planung der Produktrealisierung), die Anforderung der internationalen Norm und die der Organisation festgelegten Anforderungen an das Qualitätsmanagementsystem erfüllt und

b) wirksam verwirklicht und aufrecht erhalten wird.

Ein Auditprogramm muss geplant werden, wobei der Status und die Bedeutung der zu auditierenden Prozesse und Bereiche sowie die Ergebnisse früherer Audits berücksichtigt werden müssen. Die Auditkriterien, der Auditumfang, die Audithäufigkeit und die Auditmethoden müssen festgelegt werden. Die Auswahl der Auditoren und die Durchführung des Audits müssen Objektivität und Unparteilichkeit des Auditprozesses sicherstellen. Auditoren dürfen ihre eigene Tätigkeit nicht auditieren. Die Verantwortungen und Anforderungen zur Planung und Durchführung von Audits sowie zur Berichterstattung über die Ergebnisse und zur Führung von Aufzeichnungen (siehe 4.2.4) müssen in einem dokumentierten Verfahren festgelegt sein.

Die für den Bereich verantwortliche Leitung muss sicherstellen, dass Maßnahmen ohne ungerechtfertigte Verzögerung zur Beseitigung erkannter Fehler und ihrer Ursachen ergriffen werden. Folgemaßnahmen müssen die Verifizierung der ergriffenen Maßnahmen und die Berichterstattung über die Verifizierungsergebnisse enthalten (siehe 8.5.2 Korrekturmaßnahmen)

Interne Qualitätsaudits dienen zur Überprüfung der Wirksamkeit des QM-Systems und stellen fest, ob das QM-System wirksam eingeführt wurde **(Bild 2)**. Bezüglich den Auditoren berücksichtigt die neue Norm die oft schwierige Situation in sehr kleinen Unternehmen besser, in welchen eine vollständige Unabhängigkeit bei nur eigenen Mitarbeitern nicht möglich ist. So wird lediglich gefordert, dass die Auditoren ihre Arbeit objektiv und unparteilich ausüben und ihre eigene Arbeit nicht auditieren dürfen.

Zur Beseitigung erkannter Fehler und ihrer Ursachen müssen Korrekturmaßnahmen festgelegt werden und ohne ungerechtfertigte Verzögerung realisiert werden **(Bild 3)**.

### Überwachung und Messung von Prozessen

Die Organisation muss geeignete Methoden zur Überwachung und, falls zutreffend, Messung der Prozesse des Qualitätsmanagementsystems anwenden. Diese Methoden müssen darlegen, dass die Prozesse in der Lage sind, die geplanten Ergebnisse zu erreichen. Werden die geplanten Ergebnisse nicht erreicht, müssen, soweit angemessen, Korrekturen und Korrekturmaßnahmen ergriffen werden, um die Produktkonformität sicherzustellen.

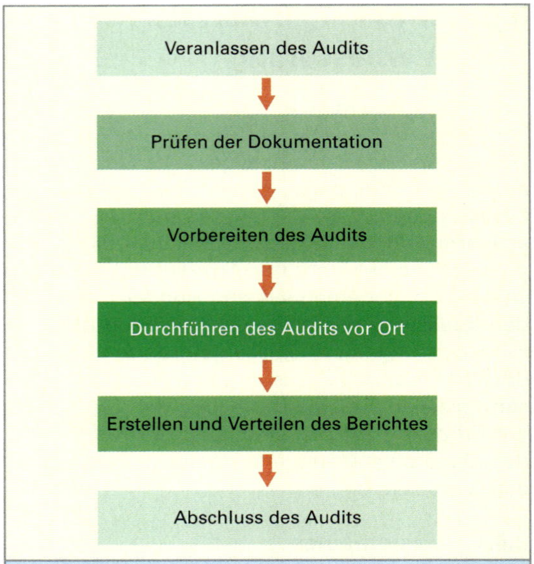


**Bild 1: Durchführungsschritte eines internen Audits**

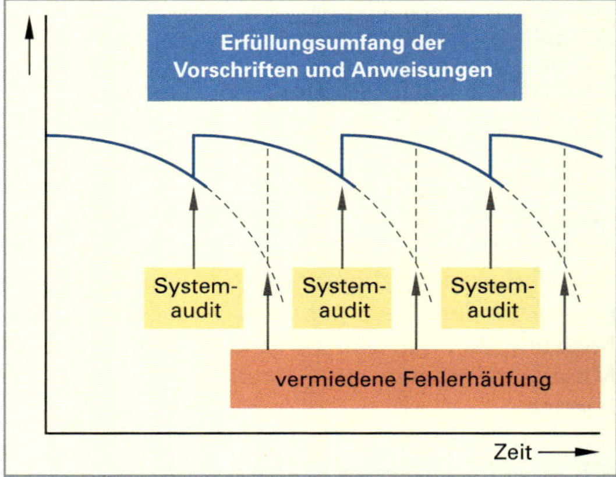


**Bild 2: Vermeidung von Fehlerhäufungen durch Systemaudits**

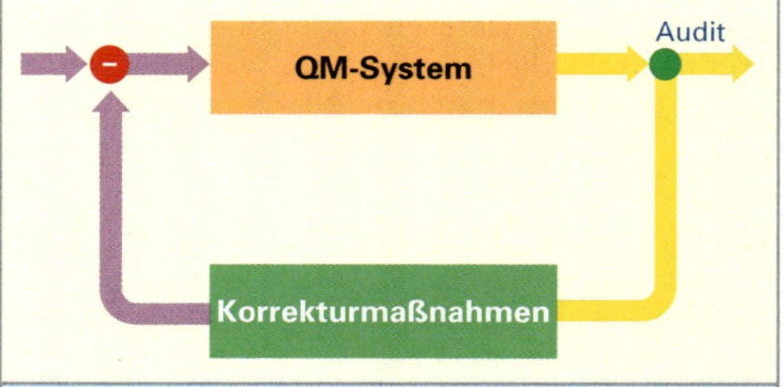


**Bild 3: Regelkreis Audit/Korrekturmaßnahmen**

### Überwachung und Messung (Bild 1)

Die Organisation muss die Merkmale des Produkts überwachen und messen, um die Erfüllung der Produktanforderungen zu verifizieren. Dies muss in geeigneten Phasen des Produktrealisierungsprozesses in Übereinstimmung mit den geplanten Regelungen durchgeführt werden (siehe 7.1 Planung der Produktrealisierung). Ein Nachweis über die Konformität mit den Annahmekriterien muss geführt werden. Die Aufzeichnungen müssen die für die Freigabe des Produkts zuständige Person oder zuständigen Personen angeben (siehe 4.2.4). Produktfreigaben und Dienstleistungserbringung dürfen erst nach zufriedenstellender Vollendung der festgelegten Tätigkeit (siehe 7.1) erfolgen, sofern nicht anderweitig zutreffend, durch Kunden genehmigt.

### Lenkung fehlerhafter Produkte (Bild 2)

Die Organisation muss sicherstellen, dass ein Produkt, das die Anforderungen nicht erfüllt, gekennzeichnet und gelenkt wird, um seinen unbeabsichtigten Gebrauch oder seine Auslieferung zu verhindern. Die Lenkungsmaßnahmen und zugehörige Verantwortlichkeiten und Befugnisse für den Umgang mit fehlerhaften Produkten müssen in einem dokumentierten Verfahren festgelegt sein. Die Organisation muss einer oder mehreren der folgenden Weisen mit fehlerhaften Produkten umgehen:

a) Maßnahmen ergreifen, um den festgestellten Fehler zu beseitigen,
b) Genehmigung zum Gebrauch, zur Freigabe oder Annahme nach Sonderfreigaben durch eine zusätzliche Stelle und, falls zutreffend, durch den Kunden,
c) Maßnahmen ergreifen, um den ursprünglich beabsichtigten Gebrauch oder die Anwendung auszuschließen.

Aufzeichnungen über die Art von Fehlern und die ergriffenen Folgemaßnahmen einschließlich erhaltener Sonderfreigaben müssen geführt werden.
Wenn ein fehlerhaftes Produkt nachgebessert wird, muss es zur Darlegung der Konformität mit den Anforderungen erneut verifiziert werden. Wenn ein fehlerhaftes Produkt nach der Auslieferung oder im Gebrauch entdeckt wird, muss die Organisation Maßnahmen ergreifen, die den Folgen oder möglichen Folgen des Fehlers angemessen sind.

Zusätzlich zu den Endprodukten kommen noch die Vorprodukte hinzu, die ebenfalls einer Prüfung unterzogen werden müssen, wie z.B. Einzelteile, Baugruppen, Materialien, Kaufleute, externe Bearbeitung und sonstige Dienstleistungen. Es müssen alle Produkte den Quälitätszielen des Unternehmens entsprechen und Prüfungen festgelegt werden. Das heißt, das Unternehmen, der Kunde, der Markt, das Produkt, die Herstellungsform, gesetzliche Forderungen oder sonstige Forderungen bestimmen einzig und allein die Prüfungsart und die Aufzeichnungen (Bild 1).

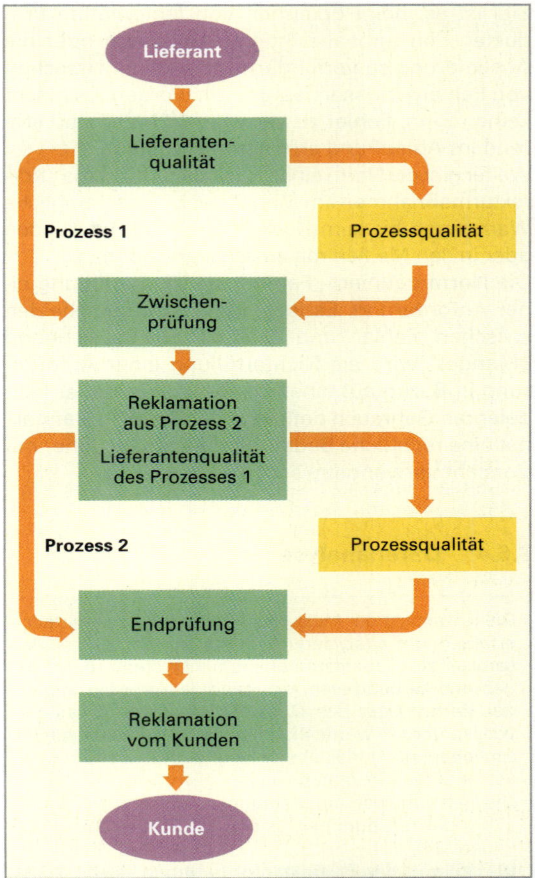


**Bild 1: Messpunkte in der Prozesskette**

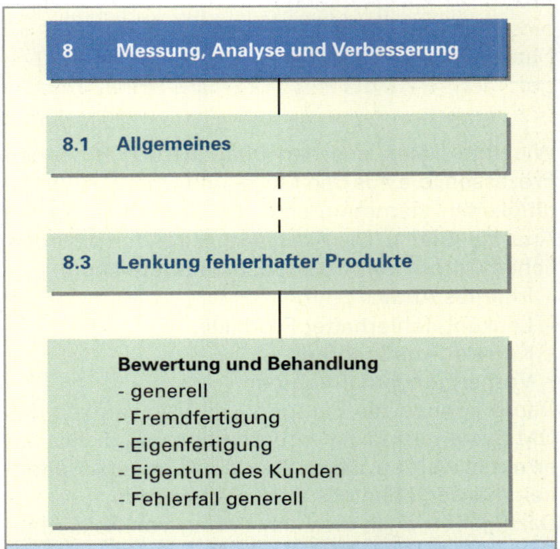


**Bild 2: Fehlerhafte Produkte im Normenbaum**

Ziel ist es, beim Erkennen von fehlerhaften Produkten den unbeabsichtigten Gebrauch oder die Auslieferung zu verhindern (Beispiel 1). Ursachen von Fehlern müssen festgestellt werden. Es macht keinen Sinn, Fehler zu verwalten. Fehler sind störend im Ablauf und erhöhen die Kosten.

Weiter gibt die Norm einen Hinweis zum Thema „Korrekturmaßnahmen am Markt", welche nachträgliche Warnungen bis zum Rückruf direkt an die Kunden oder in den Medien mit einschließen können.

Die Norm definiert „Fehler" als Nichterfüllung einer Anforderung. Es ist wichtig zu unterscheiden zwischen „Fehler" und „Mangel". Die Bezeichnung „Mangel" wird als Nichterfüllung einer Anforderung in Bezug auf einen beabsichtigten oder festgelegten Gebrauch definiert. Der Begriff „Mangel" hat eine rechtliche Bedeutung und sollte daher mit Vorsicht verwendet werden.

**Beispiel 1: Lenkung fehlerhafter Produkte**

Ein Hersteller kleiner, leichter Hardwareprodukte hat ein Meldeverfahren für fehlerhafte Produkte unter Verwendung eines gelenkten Formulars. Er bewahrt alle als fehlerhaft eingestuften Teile im Sperrlager auf. Solange fehlerhafte Teile noch im Bereich der Fertigung sind, werden sie in dafür vorgesehenen roten Behältern verwahrt. Laut QM-Handbuch ist der Leiter des Qualitätswesens für die Verfügung fehlerhafter Einheiten zuständig (Bewertung 1).

Bei einem im Audit betrachteten Beispiel wurde ein fehlerhaftes Teil auf dem vorgesehenen Formular gemeldet. Der Zuständige setzte eine Nacharbeit an und notierte seine Entscheidung in dem Formular. Die Nacharbeit wurde auch ausgeführt (Bewertung 1), es gab jedoch keine Unterlagen oder Vermerke über die Erledigung der Nacharbeit und über die Wiederholungsprüfung (Bewertung 3).

Bewertung 1: Forderung der Norm ist erfüllt,
Bewertung 3: Die Forderung der Norm ist teilweise erfüllt, der Erfüllungsgrad ist nicht akzeptabel. Es liegt eine Abweichung vor.

### 3.6.4 Datenanalyse

Die Organisation muss geeignete Daten ermitteln, erfassen und analysieren, um die Eignung und Wirksamkeit des Qualitätsmanagementsystems darzulegen und zu beurteilen, wo ständige Verbesserungen der Wirksamkeit des Qualitätsmanagementsystems vorgenommen werden können. Dies muss Daten einschließen, die durch Überwachung und Messung und aus anderen relevanten Quellen gewonnen wurden.
Die Datenanalyse muss Angaben liefern über:
a) Kundenzufriedenheit (siehe 8.2.1 Kundenzufriedenheit),
b) Erfüllung der Produktanforderungen (siehe 7.2.1 Ermittlung der Anforderungen in Bezug auf das Produkt),
c) Prozess- und Produktmerkmale und deren Trends einschließlich Möglichkeiten für Vorbeugungsmaßnahmen,
d) Lieferanten.

Wichtige Daten aus den qualitätsbestimmenden Prozessen, die aus den Mess- und Überwachungstätigkeiten stammen, sind die Grundlage für die Analyse **(Bild 1)**. Die Analyse erzeugt den erforderlichen Output der Prozesse in den Bereichen:
- Internes Audit,
- Lenkung fehlerhafter Produkte,
- Korrekturmaßnahmen,
- Vorbeugungsmaßnahmen.

Damit können die Eignung und Wirksamkeit des QM-Systems und die Verbesserungsmöglichkeiten ermittelt werden. Daten über die Kundenzufriedenheit müssen ebenfalls analysiert werden.

Dazu gehört auch die Auswertung von Reklamationen, deren Ursachen und die Einleitung von Maßnahmen zur Vermeidung.

**Bild 1: Datenermittlung im Produktenstehungsprozess**

### 3.6.5 Verbesserung

**Ständige Verbesserung 8.5.1 (Bild 1)**

Die Organisation muss die Wirksamkeit des Qualitätsmanagementsystems durch Einsatz der Qualitätspolitik, Qualitätsziele, Auditergebnisse, Datenanalyse, Korrektur- und Vorbeugungsmaßnahmen sowie Managementbewertung ständig verbessern (Bild 2).

Dieser Prozess sorgt bei kleineren und mittleren Unternehmen für eine Dynamisierung des gesamten Qualitätsmanagements. Eine „Korrektur" betrifft eine einzelne Fehlerbeseitigung. Eine „Korrekturmaßnahme" behandelt die Beseitigung der Ursache eines Fehlers oder Mangels. Eine „Vorbeugungsmaßnahme" versucht, möglichen Fehlern vorzubeugen.

Verbesserungsvorschläge, interne Audits und Schulungen sind auch Vorbeugungsmaßnahmen.

Zur Umsetzung der ständigen Verbesserung sind zu klären:

- Wer ist verantwortlich?
- Wer setzt um?
- Bis wann ist die Realisierung vorgesehen?

**Korrekturmaßnahmen**

Die Organisation muss Korrekturmaßnahmen zur Beseitigung der Ursachen von Fehlern ergreifen, um deren erneutes Auftreten zu verhindern. Korrekturmaßnahmen müssen den Auswirkungen der auftretenden Fehler angemessen sein. Ein dokumentiertes Verfahren muss eingeführt werden, um Anforderungen festzulegen zur

a) Fehlerbewertung (einschließlich Kundenbeschwerden),
b) Ermittlung der Ursachen von Fehlern,
c) Beurteilung des Handlungsbedarfs, um das erneute Auftreten von Fehlern zu verhindern,
d) Ermittlung und Verwirklichung der erforderlichen Maßnahmen,
e) Aufzeichnung der Ergebnisse der ergriffenen Maßnahmen,
f) Bewertung der ergriffenen Korrekturmaßnahmen.

Die Norm fordert das Ergreifen von Korrekturmaßnahmen zur Beseitigung der Ursachen von aufgetretenen Fehlern.

Es muss verhindert werden, dass solche Fehler erneut auftreten können. Korrekturmaßnahmen müssen angemessen sein und entsprechend eines dokumentierten Verfahrens durchgeführt werden.

Die Norm fordert das Ergreifen von Vorbeugungsmaßnahmen zur Beseitigung der Ursachen von möglichen, noch nicht aufgetretenen Fehlern. Die Ergebnisse der ergriffenen Vorbeugungsmaßnahmen müssen aufgezeichnet werden.

**Vorbeugungsmaßnahmen**

Die Organisation muss Maßnahmen zur Beseitigung der Ursachen von möglichen Fehlern festlegen, um deren Auftreten zu verhindern. Vorbeugungsmaßnahmen müssen den Auswirkungen der möglichen Probleme angemessen sein.

Ein dokumentiertes Verfahren muss eingeführt werden, um Anforderungen festzulegen zur

a) Ermittlung potenzieller Fehler und ihrer Ursachen,
b) Beurteilung des Handlungsbedarfs, um das Auftreten von Fehlern zu verhindern,
c) Ermittlung und Verwirklichung der erforderlichen Maßnahmen,
d) Aufzeichung der Ergebnisse der ergriffenen Maßnahmen (siehe 4.2.4),
e) Bewertung der ergriffenen Vorbeugungsmaßnahmen.

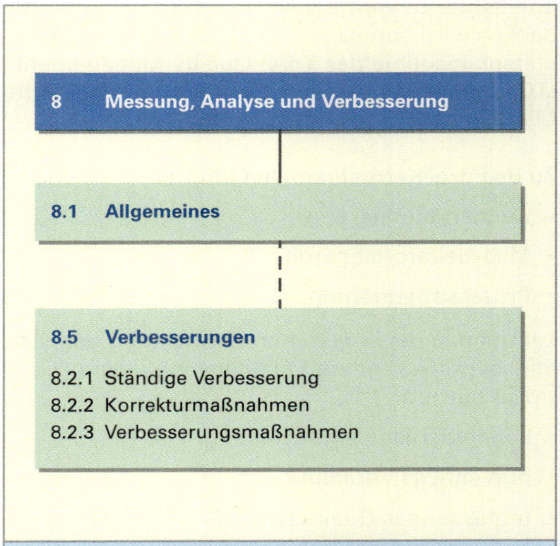


**Bild 1: Normenbaum ISO 9001:2005 Prozess 8.5**

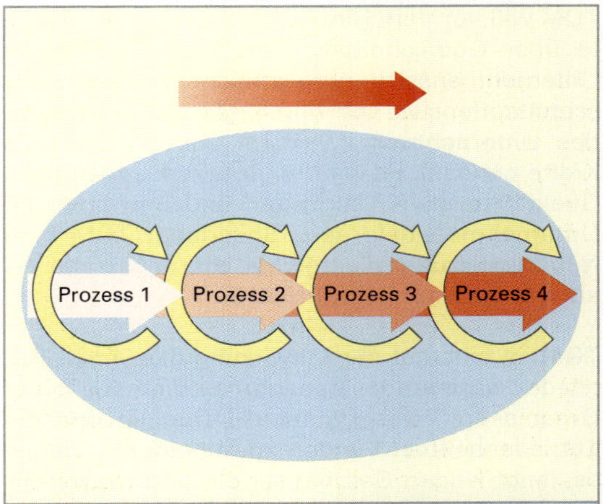


**Bild 2: Kleine und große Verbesserungsprozesse**

# 4 Total Quality Management (TQM)

Bei steigenden Kundenforderungen, verschärften Wettbewerbsbedingungen und gleichzeitig zunehmender Komplexität der Produkte und Herstellungsprozesse, reicht es heute nicht mehr aus, Qualitätssicherung ausschließlich für das gefertigte Endprodukt zu betreiben. Qualität beginnt vielmehr bereits in der Unternehmensplanung und erstreckt sich über die Produktionsprozesse bis hin zum Service der verkauften Produkte.

Hintergrund dieses präventiven Qualitätsverständnisses ist die Überlegung, dass es letztlich vorteilhafter ist, Qualität von vornherein zu produzieren und Fehler zu vermeiden. Nach diesem Grundgedanken wird bereits seit den 80er-Jahren die Qualitätsphilosophie des Total Quality Managements (TQM) angewendet und als unternehmensweite Managementaufgabe verstanden.

Zu den drei Kernmerkmalen **(Bild 1)**

- Kundenorientierung,
- Mitarbeiterorientierung,
- Prozessorientierung,

kommen in der erweiterten Betrachtung der Qualitätsbegriffe folgende Qualitätsmanagementprinzipien hinzu:

- kontinuierliche Verbesserung,
- präventives Verhalten,
- umfassendes Qualitätsdenken,
- Qualitätsmanagement als Führungsaufgabe.

TQM will vor dem Hintergrund turbulenter Märkte über Querschnittswirkung eine nachhaltige Unternehmenssicherung erreichen. Diese Querschnittsoffensive soll durch sämtliche Bereiche des Unternehmens wirksam werden und alle Kräfte bündeln. Es wird ein totales Streben nach Qualität in allen Tätigkeiten und Bereichen im Unternehmen gefordert. So erlangt TQM eine Neuorientierung, die sowohl Führungskräfte als auch Mitarbeiter betrifft **(Bild 2)**.

TQM ist eine auf der Mitwirkung aller ihrer Mitglieder basierende Managementmethode einer Organisation. Dabei steht die Qualität und die Zufriedenheit der Kunden im Mittelpunkt. Ziel ist es, langfristigen Geschäftserfolg und Nutzen für alle Mitglieder der Organisation und der Gesellschaft zu erzielen.

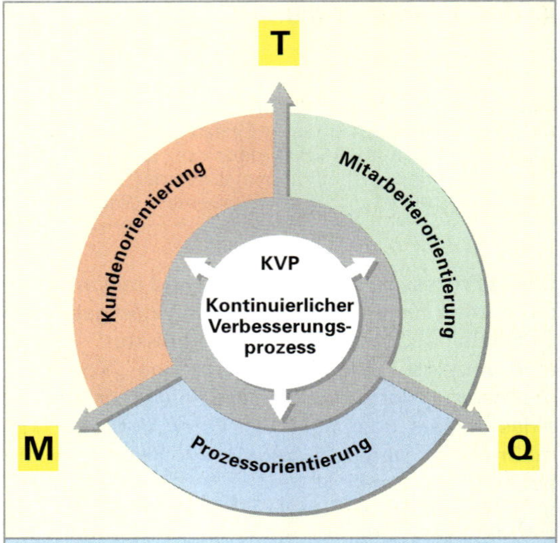


**Bild 1: Kernmerkmale des Total Quality Managements TQM**

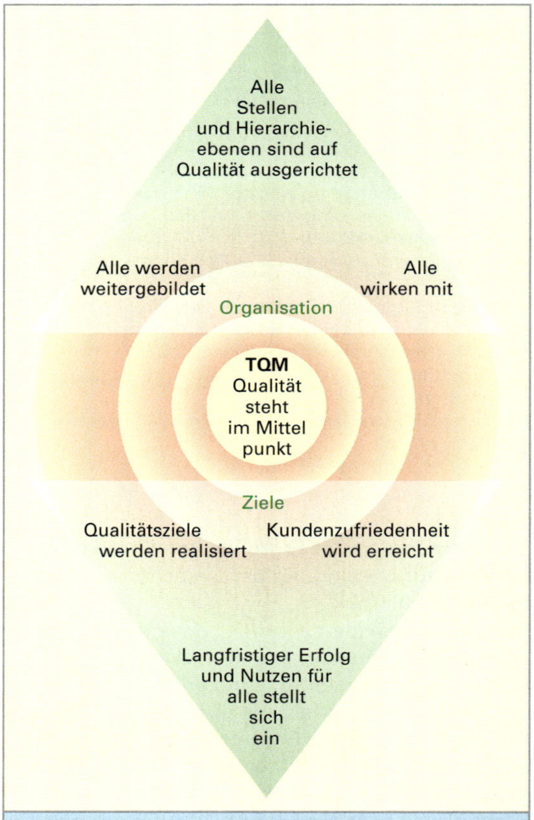


**Bild 2: Umfassender Qualitätsansatz**

## 4.1 Qualität als oberstes Unternehmensziel

Das Erfüllen der Qualitätsforderungen durch die Beherrschung und Bewertung aller Unternehmensprozesse senkt die Kosten! Diese Aussage widerspricht der früher verbreiteten Meinung, dass ein konstant hohes Qualitätsniveau die Produktivität bremst. Qualität und Produktivität sind aus früherem Verständnis Gegensätze **(Bild 1)**.

**Heutige Sichtweise**

Durch die geplant erreichte Qualität der Prozesse verringern sich Nacharbeit, Beanstandungen, Reklamationen und vor allem Fehler. Es wird nicht mehr nur die Qualität der Produkte betrachtet, sondern die gesamte Prozesskette eines Unternehmens muss den Qualitätsanforderungen des QM-Systems standhalten. Hervorragende Prozessqualität bedeutet hohe Prozessfähigkeit und gegen Störungen unanfällige, robuste, statistisch beherrschte Prozesse, die auf Bestände und Puffer aller Art weitgehend verzichten können **(Bild 2)**.

Das Streben nach Qualität in allen Bereichen wird damit der Schlüssel zur Produktivität. Höhere Prozessqualität bewirkt zum Beispiel innerbetrieblich:

- bessere Maschinenauslastung,
- kürzere Materialdurchlaufzeiten,
- reduzierte Materialbestände,
- weniger Ausschuss und Nacharbeit,
- Verringerung der Verschwendung,
- konstant gute Produktqualität.

Diese Auswirkungen haben zur Folge:

- verbesserte Funktionalität und Zuverlässigkeit,
- reduzierte Gewährleistung und Kulanzkosten,
- verringerte Fehlerbeseitigungskosten,
- steigende Zufriedenheit des Kunden.

Die Deming'sche[1] Reaktionskette veranschaulicht die neue Sichtweise und ihre Bedeutung für die Weiterentwicklung eines Unternehmens **(Bild 3)**.

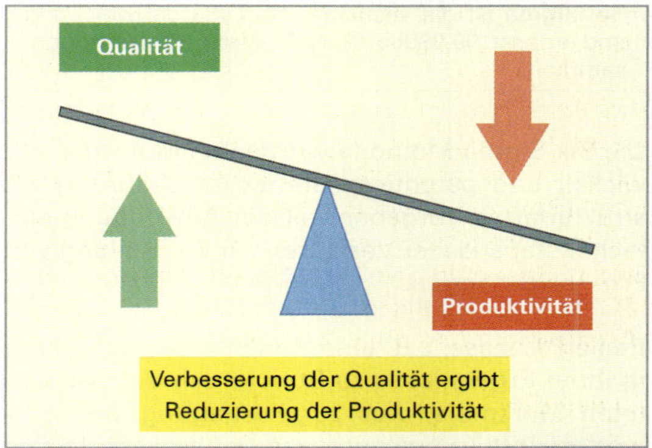


**Bild 1: Alte Sichtweise**

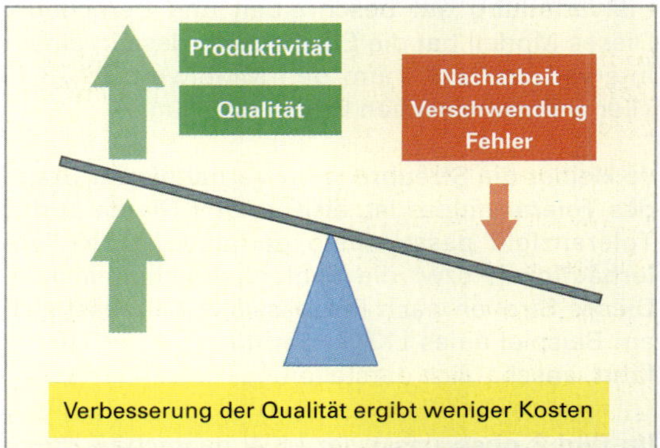


**Bild 2: Zeitgemäße Sichtweise**

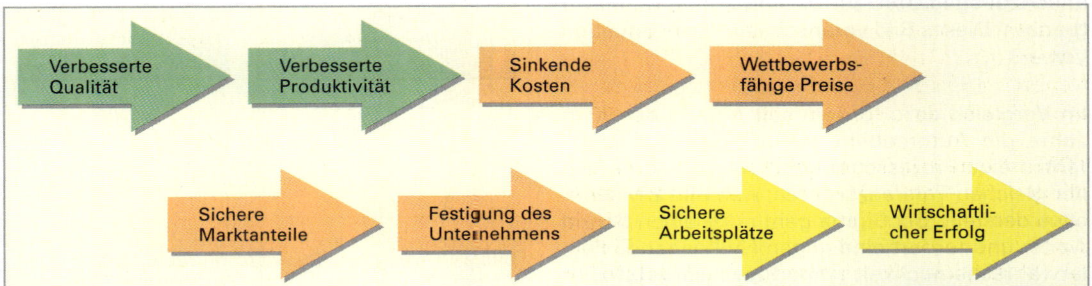


**Bild 3: Deming´sche Reaktionskette**

[1] *William Edwards Deming* (1900-1993) Amerikanischer Wirtschaftswissenschaftler

## 4.2 Six Sigma

Eine Möglichkeit, die TQM-Philosophie zu realisieren, ist das umfassende Qualitätsmanagement nach der Six Sigma-Methode. Der griechische Buchstabe Sigma $\sigma$ wird in der statistischen Prozessregelung verwendet und bezeichnet die Standardabweichung einer Gauß'schen Normalverteilung **(Bild 1)**.

Six Sigma ist die sechsfache Standardabweichung und erfasst 99,99966 % aller Werte der Grundgesamtheit.

Die Six Sigma-Methode wurde von Motorola entwickelt und patentiert. Sie ist im Ursprung ein strukturiertes Vorgehen mit der Anwendung einfacher statistischer Verfahren zur Beurteilung von Prozessleistungen.

Reale Prozesse, z.B. eine Serienfertigung, führen in ihren Ergebnissen zu Streuungen der betrachteten Merkmale, was zur Festlegung von Zielwerten und Toleranzgrenzen geführt hat. In den meisten Fällen lassen sich die Streuungen (Variationen) durch das Modell der Gauß'schen Normalverteilung gut beschreiben und berechnen. Dieses Modell hat die Eigenschaft, dass in einem Intervall von ± 3 $\sigma$ um den Mittelwert, 99,73 % aller wahrscheinlichen Ergebnisse liegen.

Je kleiner die Streubreite im Verhältnis zur Breite des Toleranzfeldes ist, also je öfter Sigma in das Toleranzfeld passt, desto geringer ist die Fehlerhäufigkeit bzw. die Fehlerwahrscheinlichkeit. Dieses Streben nach Prozesssicherheit lässt sich am Beispiel eines LKWs, der durch einen Tunnel fährt, anschaulich darstellen.

Im **Bild 2 oben** passt der LKW haarscharf durch den Tunnel. Jeder kleinste Lenkausschlag (Streuung) führt zu Beschädigungen am Fahrzeug oder anders ausgedrückt, zur Berührung der Toleranzgrenzen. Dieses Bild veranschaulicht die Situation von ± 3 $\sigma$.

Im Vergleich dazu fordern seit Anfang der 90er-Jahre die Automobilhersteller von ihren Lieferanten eine Prozessstreuung von ± 5 $\sigma$ innerhalb der gleichen Toleranzgrenzen, was **Bild 2 Mitte** in etwa darstellt. Six Sigma geht noch einen Schritt weiter und fordert eine gegen Null gehende Fehlerwahrscheinlichkeit mit Prozessergebnissen innerhalb der Toleranzgrenzen von ± 6 $\sigma$, wie **Bild 2 unten** veranschaulichen soll.

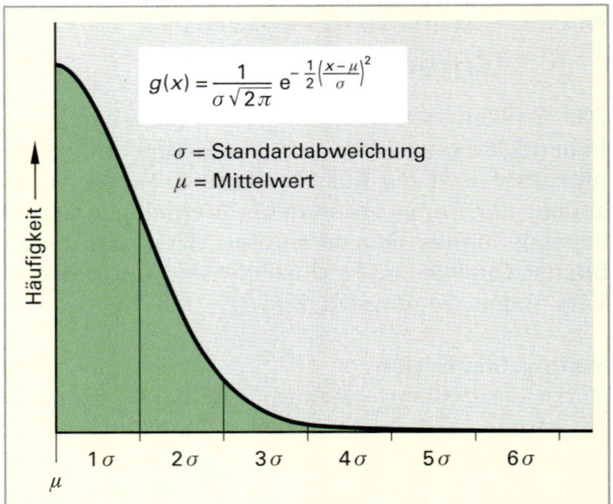


**Bild 1:** ***Gauß'sche*[1] Normalverteilung halbseitige Darstellung**

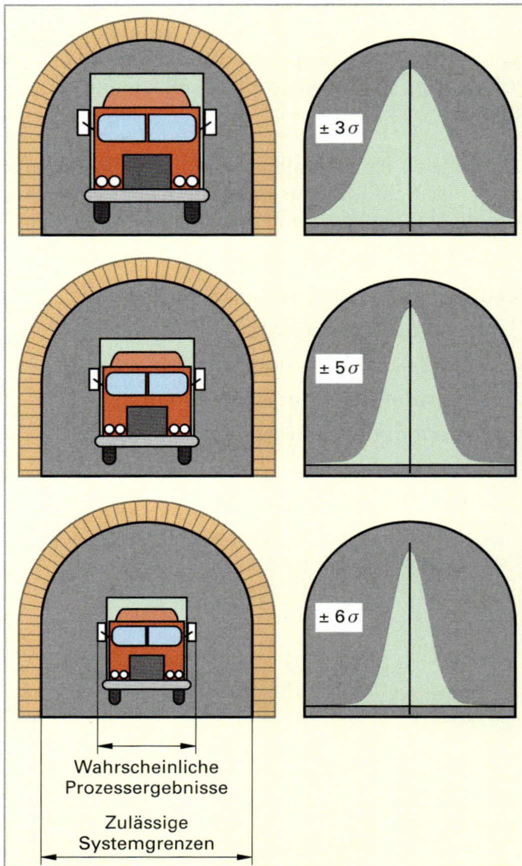


**Bild 2: Gesteigerte Qualitätsanforderungen**

[1] Karl-Friedrich Gauß, Mathematiker und Astronom (1777–1855)

### Ziel von Six Sigma

In Unternehmen gibt es auf allen Ebenen Prozesse. Sie sind dadurch gekennzeichnet, dass sie Eingangsstörgrößen und Ergebnisse haben. Die Sollgrößen variieren auf Grund von Abweichungen sowie Fehlern und werden Variationen genannt **(Bild 1)**.

Ziel von Six Sigma ist es, diese Variationen zu messen und einzuschränken. Jede Abweichung einer Sollgröße vom jeweiligen Ziel ist als Verlust anzusehen. Je größer die Abweichung desto größer der Verlust. Die Abweichungen treten in zwei Grundformen auf. Die systematische und die zufällige Abweichung. Je nach Art der Abweichung muss eine entsprechende Strategie angewendet werden, um die Ursache zu ermitteln und Reduzierungen zu bewirken. Dabei wird angestrebt, dass Fehlerquoten von kritischen Qualitätsmerkmalen im Durchschnitt um 50 % pro Jahr gesenkt werden. Zum Beispiel: 50 % weniger Beschwerden, Rücknahmen, Nacharbeiten, Produktionsausfälle, Lieferterminüberschreitungen, zu lange Antwortzeiten.

Die Verbesserungen werden auf der Grundlage der Durchschnittsleistung gemessen. Die Ermittlung des Sigma-Niveaus eines Prozesses ist jedoch nur der erste Schritt der Bewertung. Für die Verbesserung eines Prozesses und damit die Reduzierung der Variationen oder Abweichungen, muss nach den möglichen Ursachen für die Fehler gesucht werden. Die Ursachen müssen analysiert und Maßnahmen zur Beseitigung umgesetzt werden.

Das Six Sigma-Programm umfasst nicht nur die Bewertung von Prozessen, sondern vor allem die eigentlich angestrebte Verbesserung ihrer Ergebnisse. Auf Grund der in der Regel komplexen Aufgabenstellungen werden innerhalb des Six Sigma-Programms zahlreiche Projekte definiert, die sich gezielt mit den Problemen einzelner Prozesse befassen.

### Organisation

Ein Schlüsselelement ist die Einbeziehung der Mitarbeiter auf allen Ebenen, indem ausgewählte Mitarbeiter des Unternehmens bestimmte Rollen zugewiesen bekommen. Als Bezeichnung und Verantwortlichkeiten haben die meisten Six Sigma-Unternehmen das Gürtelsystem des Kampfsports übernommen (Gürtel-Belt) **(Bild 2)**.

Es deckt alle Ebenen ab, vom Champion auf der obersten Führungsebene und dem Master Black Belt für die Ausbildung über den Black Belt als Vollzeitverbesserungsexperte, dem Green Belt der Ingenieure und Meister bis hin zum White Belt der ausführenden Ebene. Champions sind die Motoren, Verfechter und die bewährten Wissensquellen von Six Sigma. Diese Führungskräfte gehören zu den erfahrensten Managern der Organisation. Der Master Black Belt hat die Qualifikation eines Black Belts und arbeitet in Vollzeit als Referent im Six Sigma-Ausbildungsprogramm. Er dient als Coach der Black- und Green Belts und nimmt für die gesamte Organisation die Rolle eines Veränderungsmanagers wahr. Ein besonderer Anreiz für die Führungskräfte, die Verantwortung für die Umsetzung des Six Sigma-Programms tragen, ist die Abhängigkeit ihres Gehalts vom Erfolgsgrad des von ihnen begleiteten Projekts. In der Rollenbeschreibung der Black Belts ist festgelegt, dass ein Black Belt jährlich mindestens vier Verbesserungsprojekte mit einer Kostenersparnis von insgesamt ca. € 200.000 durchzuführen hat. Die Anzahl, der für jede Rolle abgestellten Mitarbeiter in Six Sigma, hängt von der Größe des Unternehmens ab.

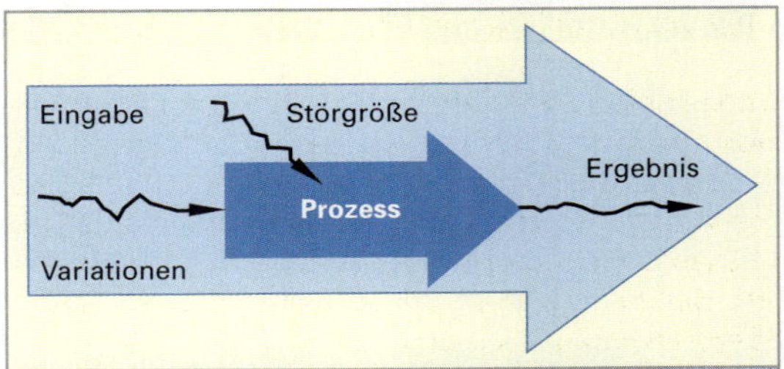


**Bild 1: Prozess überlagert von Variationen**

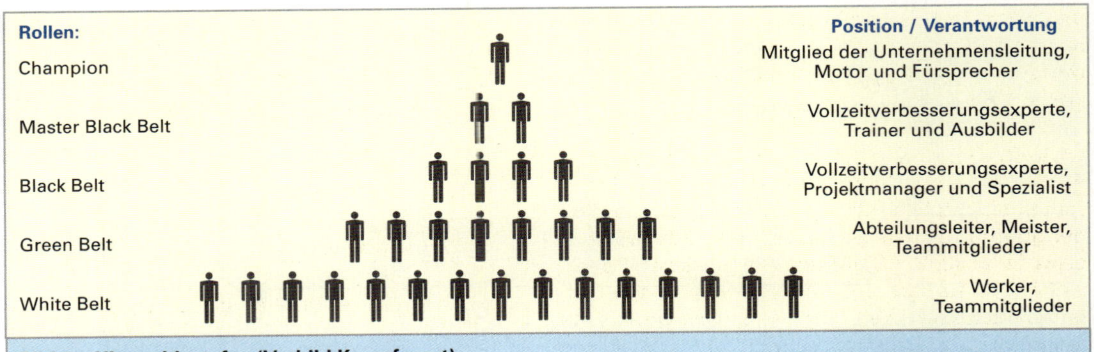


**Bild 2: Hierarchiestufen (Vorbild Kampfsport)**

# 5 Werkzeuge des TQM

Qualitätsfördernde Maßnahmen sind in modernen Unternehmen ständige Begleiter im Lebenszyklus eines Produkts von der Idee bis zur Serienreife und Auslieferung. Jede Phase in diesem Gesamtprozess hat ihren typischen Ablauf und ihre typischen Fehlerquellen. So kann eine bei der Produktentwicklung falsch eingeschätzte Kundenforderung, eine schwierig zu fertigende Detailkonstruktion oder in der Fertigung eine zu ungenau fertigende Maschine die Minderung der Qualität verursachen. Um die Fehler in all diesen Phasen zu erkennen und auf ein Minimum zu reduzieren, wurden im Laufe der Zeit verschiedene Werkzeuge entwickelt, über die **Bild 1** einen Überblick gibt.

## 5.1 7 Tools – Werkzeuge zur Problemerkennung und Problemanalyse

Um Vorgänge, Abläufe, Zusammenhänge und Größenvergleiche einfach und leicht erfassbar darzustellen, eignen sich besonders grafische Darstellungen. Um im Arbeitsbereich des Qualitätsmanagments Probleme zu erkennen und zu analysieren, haben sich je nach Problembereich verschiedene grafische Darstellungen als sehr gut geeignet herauskristallisiert, die unter dem Begriff „7 TOOLS" in den Sprachgebrauch eingegangen sind.

### 5.1.1 Das Flussdiagramm

Das Flussdiagramm wird dort angewendet, wo man Prozessabläufe, die sich aus Einzelschritten zusammensetzen, bildlich darstellen möchte. Jeder Schritt wird als Kasten dargestellt. Verzweigungen werden als Rauten gezeichnet, in die die Verzweigungsbedingungen hineingeschrieben werden. Die verwendeten Symbole stammen aus der EDV-Programmierung (Programmablaufpläne) und sind in der DIN 66001 genormt. Bemerkungen und Notizen über die Verantwortlichen zu den einzelnen Schritten ergänzen das Diagramm **(Bild 1, folgende Seite)**. Mit dem Flussdiagramm können Abläufe übersichtlich dargestellt und eventuelle Lücken und unlogische Abläufe aufgespürt und verbessert werden. Außerdem gibt es Mitarbeitern, die sich neu in den Prozess einarbeiten müssen, eine schnelle Übersicht.

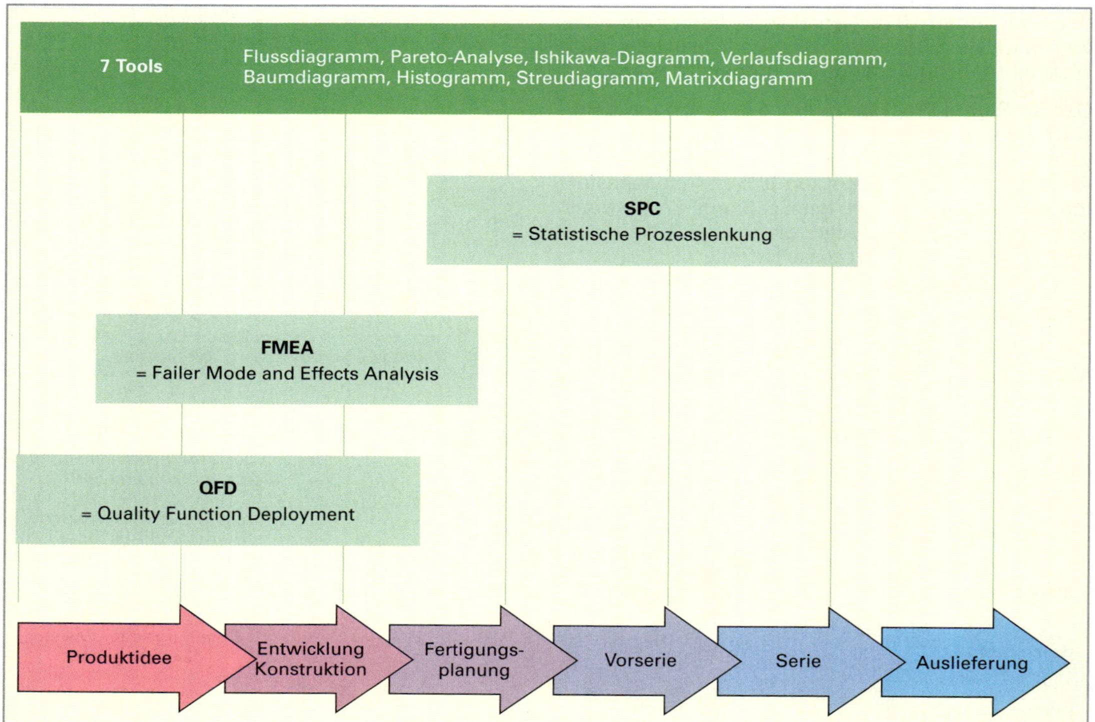


**Bild 1: Werkzeuge des Qualitätsmanagements**

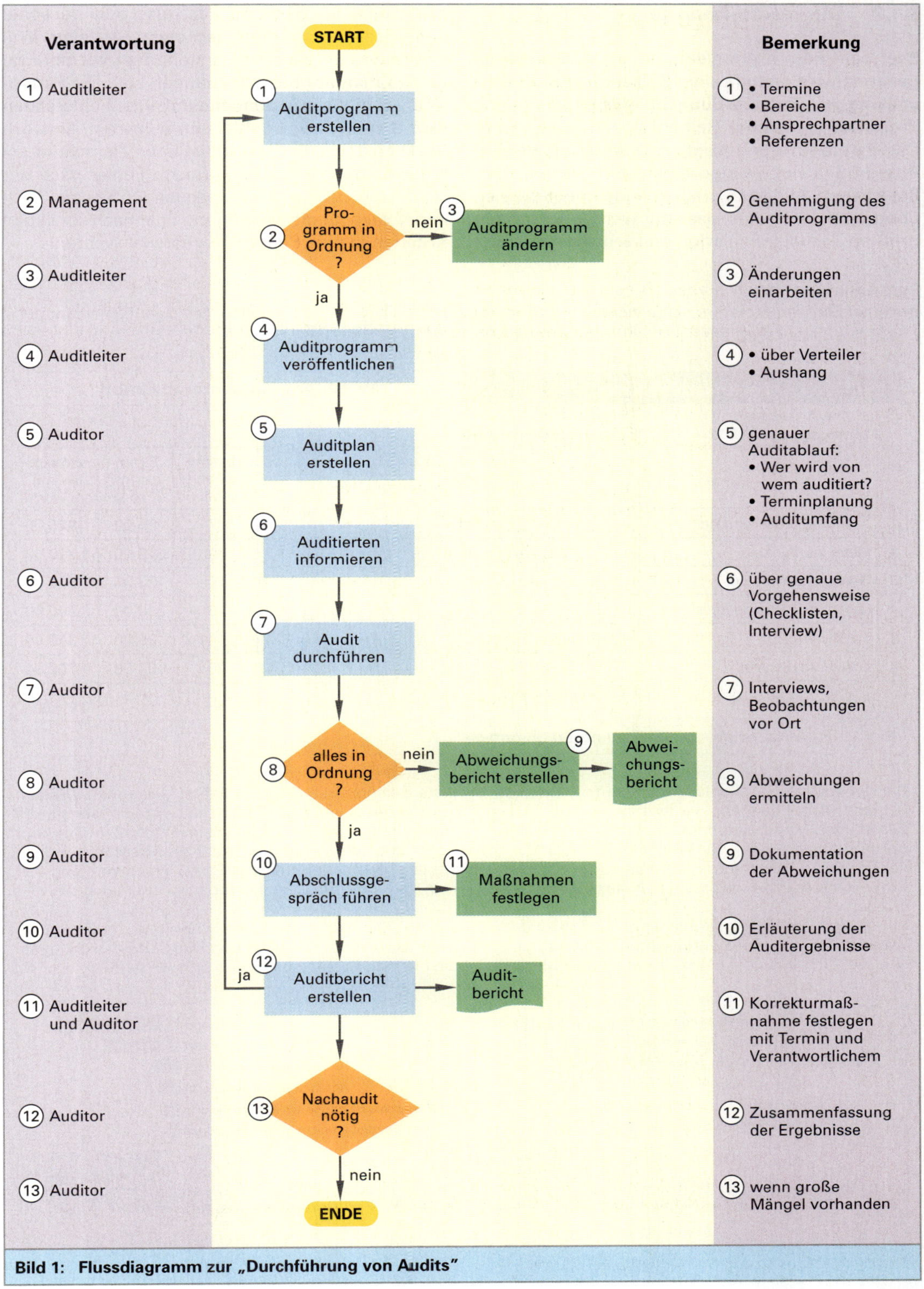


**Bild 1: Flussdiagramm zur „Durchführung von Audits"**

### 5.1.2 Die Pareto-Analyse

Bei der Pareto-Analyse[1], auch **ABC-Analyse** genannt, wird mithilfe einer **Balkendiagramm-Darstellung** eine **Entscheidungshilfe** gegeben, welche Probleme in welcher Reihenfolge zu lösen sind. Das Pareto-Prinzip besagt, dass unter vielen Einflussgrößen nur wenige einen *dominanten*[2] Einfluss haben. In den Qualitätsmanagement-Bereich übertragen heißt dies, dass nur wenige Fehler den größten Teil aller Fehlerfolgen verursachen. Meist sind die Fehler, die in der Fertigung oder bei sonstigen Prozessen auftauchen, recht vielfältig. Will man etwas verbessern, so steht man vor der Frage, wo man am besten anfangen soll. Die Pareto-Analyse gibt hier aufbauend auf einer Fehlerstatistik, z.B. mithilfe von Fehlersammelkarten, Antwort. Sie kann dabei unter verschiedenen Zielrichtungen angewendet werden. So können Fehler nach der Häufigkeit, nach den verursachenden Kosten, nach den Kosten für die Beseitigung oder nach sonstigen Kriterien in eine Rangfolge gebracht werden.

**Beispiel:**
In einer Elektromotorenmontage werden Elektromotoren im 3-Schichtbetrieb montiert. Mit einer Fehlersammelkarte wird eine Fehlerstatistik geführt und jede Woche ausgewertet **(Bild 1)**.

| **Fehlersammelkarte** | | | | | | | | | | | | | | | | | **MOBE-Antriebsmotoren GmbH** | | |
|---|---|---|---|---|---|---|---|---|---|---|---|---|---|---|---|---|---|---|---|
| Gruppe/Arbeitsplatz: **Montagegruppe EM 12** | | Tätigkeit: **Elektromotorenmontage** | | | | | | | | | | | | | | | | | |
| Nr. | Fehlerart | Woche: 36 | | | | | | | | | | | | | | | Summe der Fehler pro Woche | Fehlerkosten in € einzeln | Fehlerkosten in € pro Woche |
| | | Montag | | | Dienstag | | | Mittwoch | | | Donnerstag | | | Freitag | | | | | |
| | | F | S | N | F | S | N | F | S | N | F | S | N | F | S | N | | | |
| 1 | Anschlusskabel vertauscht | 2 | | 6 | 1 | 2 | 5 | 2 | | 7 | | | 5 | | 3 | 4 | 37 | 25,00 | 925,00 |
| 2 | Motor läuft unrund | | | | 2 | 4 | 6 | 7 | 4 | 5 | 1 | | | 1 | | 2 | 32 | 210,00 | 6.720,00 |
| 3 | Gehäuse beschädigt | | 1 | | | 2 | | 1 | | | 1 | | 2 | | 2 | 1 | 10 | 123,00 | 1.230,00 |
| 4 | Lager schlecht eingepresst | 3 | | 1 | 2 | | 1 | 4 | | 2 | | 1 | | 1 | 2 | 2 | 19 | 210,00 | 3.990,00 |
| 5 | Schrauben | | 2 | 1 | | | 1 | | 2 | | | 3 | | 4 | | 1 | 14 | 25,00 | 350,00 |
| 6 | Anschlussklemmen | 2 | | | 4 | | 2 | 5 | 1 | | 3 | | | 2 | | 1 | 20 | 35,00 | 700,00 |
| | Summe pro Schicht: | 7 | 3 | 8 | 9 | 8 | 15 | 19 | 7 | 14 | 5 | 4 | 7 | 8 | 7 | 11 | 132 | | Gesamtkosten 13.915,00 € |

**Bild 1: Fehlersammelkarte „Elektromotorenmontage"**

Bei der Analyse der Fehlersammelkarte können schon erste Erkenntnisse über die Fehler gewonnen werden. Fehler 1 (Anschlusskabel vertauscht) taucht z.B. sehr häufig in der Nachtschicht auf. Hier wäre es ratsam, die betroffenen Mitarbeiter darauf aufmerksam zu machen, und nach der Ursache zu forschen. Fehler 2 (Motor läuft unrund) taucht nur in der Wochenmitte auf. Hier könnte z.B. eine schlechtere Lieferung die Ursache gewesen sein. Fehler 6 (Anschluss-Klemmen schlecht angequetscht) tauchte schwerpunktmäßig am Wochenanfang auf. Ein schlechtes Werkzeug kann hier die Ursache gewesen sein, das dann am Dienstag repariert oder ausgetauscht wurde.
Eine Rangfolge der Fehler nach der Häufigkeit und den Fehlerkosten soll nun zu einer Entscheidung führen, an welchen Fehlern zuerst verbessernde Maßnahmen erarbeitet werden sollen **(Bild 2 und Bild 3)**. Man sieht dabei sehr deutlich, dass die Eindämmung von Fehler 2 und 4 die höchste Kosteneinsparung bringen würde.

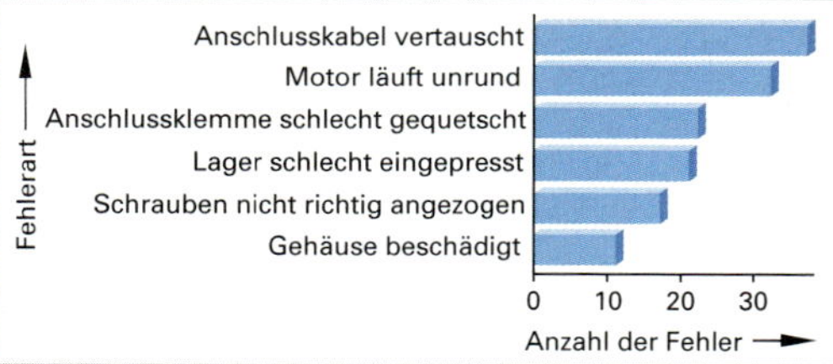


**Bild 2: Pareto-Analyse „Fehleranzahl"**

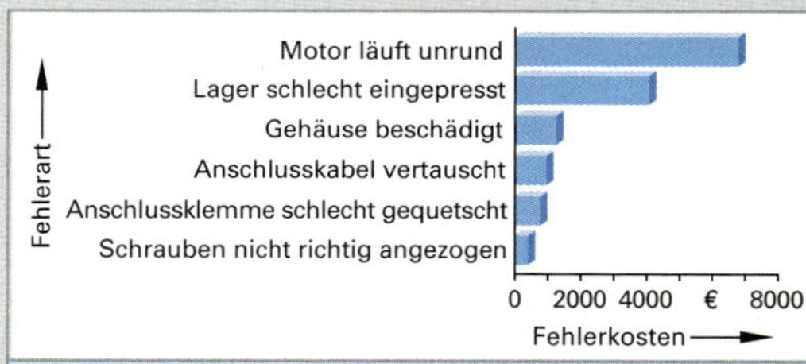


**Bild 3: Pareto-Analyse „Fehlerkosten"**

[1] *Vilfredo Pareto,* 1848–1923, franz.-ital. Nationalökonom und Soziologe; [2] lat. dominari = herrschend, dominant = vorherrschend

### 5.1.3 Das Ishikawa-Diagramm

Das Ishikawa-Diagramm[1] ist auch unter dem Namen **„Ursache-Wirkungs-Diagramm“** oder wegen seines Aussehens als **„Fischgräten-Diagramm“** bekannt **(Bild 1)**. Es werden damit mögliche Einflüsse (= Ursachen) auf ein vorhandenes und zu bearbeitendes Kriterium (= Wirkung) gesammelt und, gegliedert nach Überbegriffen, dargestellt. Da sich bei einer Fertigung die Einflüsse meist auf die 7M-Störgrößen „Mensch, Management, Maschine, Methode, Material, Messbarkeit und Mitwelt“ zurückführen lassen, werden diese häufig auch als Überbegriffe gewählt und als Hauptäste im Diagramm dargestellt. Nun wird in Nebenästen jeder Überbegriff mit detaillierten Einflüssen versehen. Das Ishikawa-Diagramm gibt damit einen geordneten **Gesamtüberblick** auf alle **Einflüsse**, die auf ein Kriterium einwirken.

Das Ishikawa-Diagramm wird in der folgenden Vorgehensweise erstellt:

1. Schritt:
Das zu bearbeitende Kriterium (z.B. Streuung eines Merkmalswerts, Auftreten eines bestimmten Fehlers) wird detailliert beschrieben und auf der rechten Seite (Wirkung) eingetragen.

2. Schritt:
Alle möglichen Einflüsse (Ursachen) werden (am besten mit allen am Prozess beteiligten Personen) in einem Brainstorming gesammelt.

3. Schritt:
Die gesammelten Einflüsse werden gegliedert nach Überbegriffen (z.B. 7M-Störgrößen) als Äste (bzw. „Fischgräten“) in das Diagramm nach links an den Hauptast angehängt.

[1] *Kaoru Ishikawa*, jap. Wissenschaftler

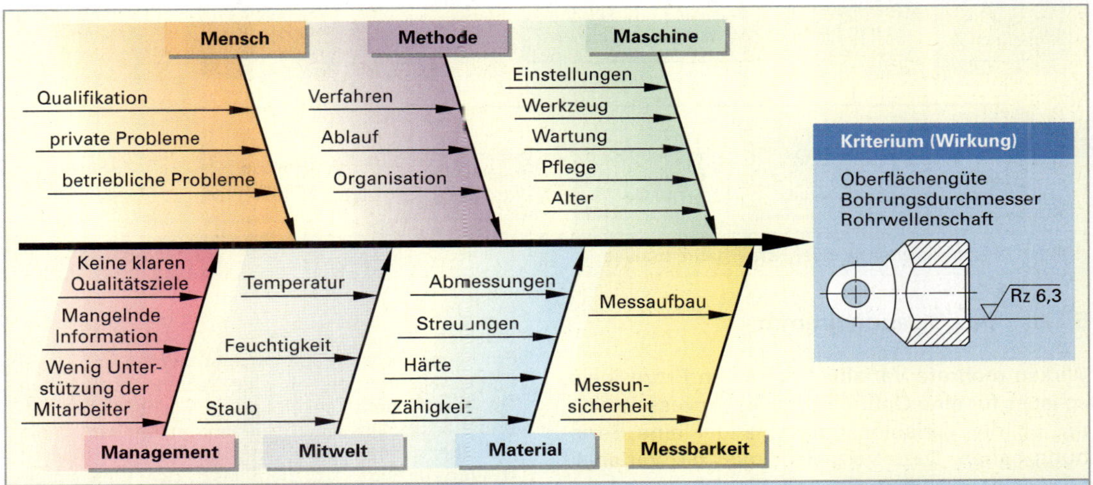


**Bild 1: Beispiel für ein Ishikawa-Diagramm**

### 5.1.4 Das Verlaufsdiagramm

Mit dem Verlaufsdiagramm wird der Verlauf von Daten grafisch dargestellt. Es eignet sich zum Überwachen eines Systems, um zu sehen, wie sich das Verhalten im Laufe der Zeit ändert **(Bild 2)**. Es lassen sich aufgrund der dargestellten Daten Prognosen für den weiteren Verlauf aufstellen. So kann z B. bei einem Trendverlauf eines Längenmaßes ungefähr vorausgesagt werden, wann eine Toleranzgrenze mit größter Wahrscheinlichkeit erreicht wird. Es kann daraufhin in den Prozess eingegriffen werden, bevor der Datenverlauf aus der Toleranzgrenze läuft und Ausschuss produziert wird. Eine erweiterte Form des Verlaufsdiagramms sind Regelkarten in der statistischen Prozesslenkung.

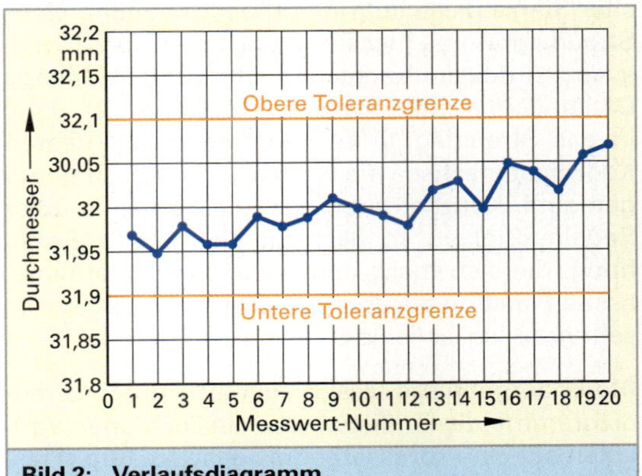


**Bild 2: Verlaufsdiagramm**

### 5.1.5 Das Baumdiagramm

Das Baumdiagramm ist bekannt aus der Darstellung von Familienstammbäumen. Es findet in der Fertigungstechnik und im Qualitätsmanagement überall dort Anwendung, wo Aufgaben oder Funktionen, die in einer Abhängigkeit voneinander stehen oder nur in einer bestimmten Reihenfolge zu erledigen sind, übersichtlich und leicht überschaubar dargestellt werden sollen. Auch ein **Erzeugnis** lässt sich über das Baumdiagramm in seine einzelnen Baugruppen und Einzelteile **zerlegen** und grafisch darstellen, entsprechend der Reihenfolge bei der Montage (siehe Seite 83 – Fertigungsorientierte Erzeugnisgliederung). Bei der **Fehlerbaumanalyse** stellt das Diagramm die Zusammenhänge von unerwünschten Ereignissen und ihren Ursachen dar **(Bild 1)**.

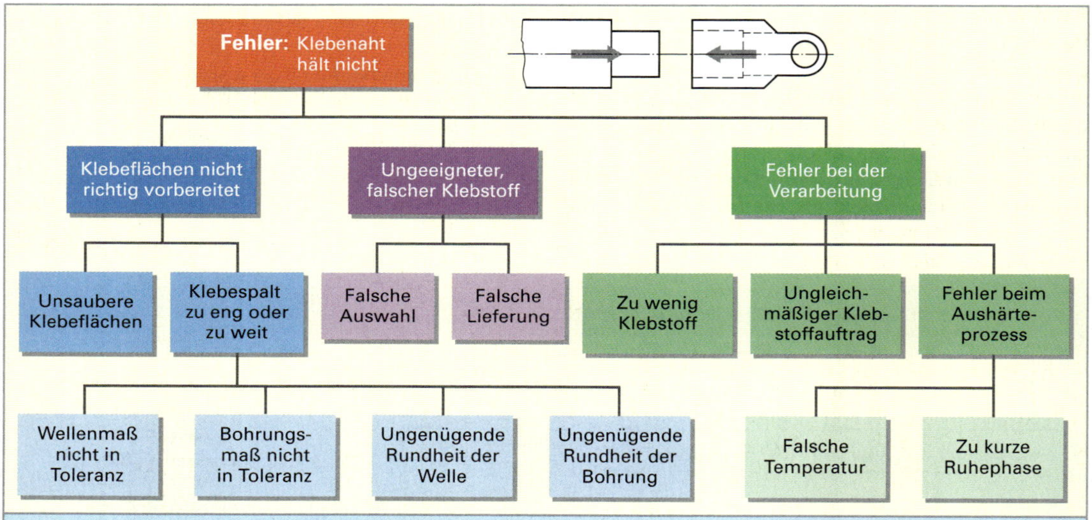


**Bild 1: Baumdiagramm einer Fehlerbaumanalyse**

### 5.1.6 Das Streudiagramm

Wirken mehrere Variablen auf einen Prozess ein, so ist es für eine Optimierung des Prozesses wichtig, ob die Variablen untereinander eine Beziehung haben. Dazu vergleicht man die Variablen paarweise. Mit dem Streudiagramm kann beurteilt werden, welche Charakteristik die Beziehung der beiden verglichenen Variablen hat und in welcher Stärke diese auftritt. Bei der Erstellung eines Streudiagramms müssen zunächst in einer Untersuchung oder in Versuchen eine größere Menge Datenpaare ermittelt werden. Diese werden dann in das Streudiagramm eingetragen, auf dessen Koordinatenachsen die beiden Variablen aufgetragen sind. Konzentrieren sich die Punkte in einer Regelmäßigkeit, so herrscht eine starke Beziehung, die sich meist auch durch eine mathematische Funktion ausdrücken lässt. Ist die Streuung sehr groß, so ist keine Beziehung vorhanden.

Als Endergebnisse lassen sich also durch Streudiagramme die Einflüsse von verschiedenen Variablen auf ein Prozessergebnis gesetzmäßig erfassen.

Beispiel:
Ein neuer Klebstoff soll getestet werden und dabei festgestellt werden, ob eine Beziehung zwischen der Oberflächenrauigkeit und der Festigkeit besteht. **Bild 2** zeigt, dass eine Beziehung erkennbar ist, die sich aber nicht ganz eindeutig vor allem bei höheren $R_z$-Werten zeigt. Trotzdem lässt sich dieses Versuchsergebnis für eine Prozessoptimierung des Klebevorgangs verwenden.

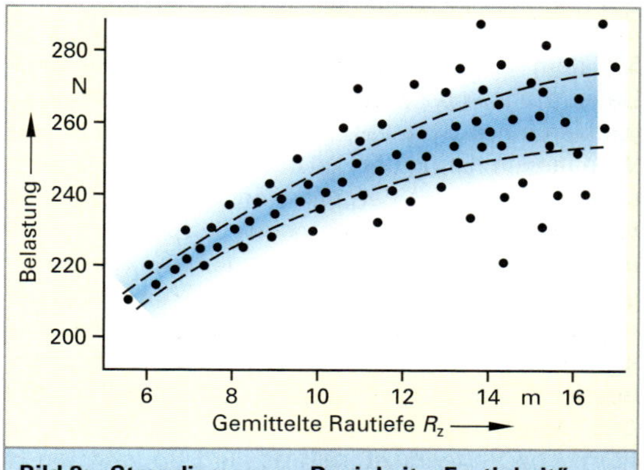


**Bild 2: Streudiagramm „Rauigkeit – Festigkeit"**

### 5.1.7 Das Matrixdiagramm

In einem Matrixdiagramm werden jeweils zwei Themenbereiche gegenübergestellt und die Zusammenhänge und Beziehungen aufgezeigt. Das Matrixdiagramm bietet auch die Möglichkeit, diese Zusammenhänge und Beziehungen zu bewerten und zu klassifizieren. Der **Paarvergleich** ist eine spezielle Form des Matrixdiagramms. Er hilft bei Entscheidungsfindungen, bei denen die Einflussfaktoren auf die Entscheidung vielschichtig und schlecht überschaubar sind.

Dabei werden alle Kriterien, die für die Entscheidungsfindung ausschlaggebend sind, in Zeilen untereinander und in Spalten nebeneinander geschrieben. **Bild 1** zeigt dies am Beispiel eines Paarvergleichs, der bei der Klebstoffauswahl hilft. Nun wird jedes Kriterium in einer Zeile mit den restlichen Kriterien in den Spalten verglichen (z.B. Festigkeit – Verformbarkeit, Festigkeit – Alterungsbeständigkeit, Festigkeit – Grenztemperatur usw.). Ist das Kriterium in der Zeile wichtiger als das Kriterium in der Spalte, wird eine 2 eingetragen, ist es weniger wichtig eine 0. Dabei muss immer eine Entscheidung für eines der beiden Kriterien erfolgen. Wird nun die Quersumme für jedes Zeilenkriterium gebildet, erhält man eine Rangfolge für die Wichtigkeit der Einzelkriterien bei der Entscheidung.

| **Kriterien** | Festigkeit | Verformbarkeit | Alterungsbeständigkeit | Grenztemperatur | Verarbeitungsbedingungen | Verarbeitungsdauer | Topfzeit | Aushärtezeit | Preis | Summe |
|---|---|---|---|---|---|---|---|---|---|---|
| Festigkeit | | 2 | 0 | 2 | 0 | 0 | 2 | 2 | 2 | **10** |
| Verformbarkeit | 0 | | 0 | 0 | 0 | 0 | 0 | 0 | 0 | **0** |
| Alterungsbeständigkeit | 2 | 2 | | 2 | 0 | 0 | 2 | 2 | 2 | **12** |
| Grenztemperatur | 0 | 2 | 0 | | 0 | 0 | 0 | 0 | 0 | **2** |
| Verarbeitungsbedingungen | 2 | 2 | 2 | 2 | | 0 | 2 | 2 | 2 | **14** |
| Verarbeitungsdauer | 2 | 2 | 2 | 2 | 2 | | 2 | 2 | 0 | **14** |
| Topfzeit | 0 | 2 | 0 | 2 | 0 | 0 | | 2 | 0 | **6** |
| Aushärtezeit | 0 | 2 | 0 | 2 | 0 | 0 | 0 | | 0 | **4** |
| Preis | 0 | 2 | 0 | 2 | 0 | 2 | 2 | 2 | | **10** |

**Bild 1: Paarvergleich zur Entscheidungsfindung bei der Klebstoffauswahl**

## 5.2 QFD – Quality Function Deployment

QFD wurde in den sechziger Jahren in Japan entwickelt. In den achtziger Jahren wurde diese Planungsmethode in den USA stark verbreitet und kam über Tochterfirmen Ende der achtziger Jahre auch in die Bundesrepublik. Mit der Methode werden systematisch die **Kundenwünsche** ermittelt und diese in **Produktmerkmale und Prozessmerkmale** umgesetzt. Die Einsatzbereiche von QFD sind sehr vielseitig. So können damit die Kundenanforderungen in der Baubranche (z.B. bei der Planung eines Kaufhauses oder Bürogebäudes), in der Konsumgüterbranche (z.B. bei der Neuentwicklung eines Haarföns oder Autoradios) oder Investitionsgüterindustrie (z.B. Neuentwicklung von Werkzeugmaschinen oder Montageanlagen) aufgelistet und die erforderlichen Produktmerkmale abgeleitet werden. Die Methode lässt sich auch bei der Planung und Optimierung von Herstellungsprozessen einsetzen.

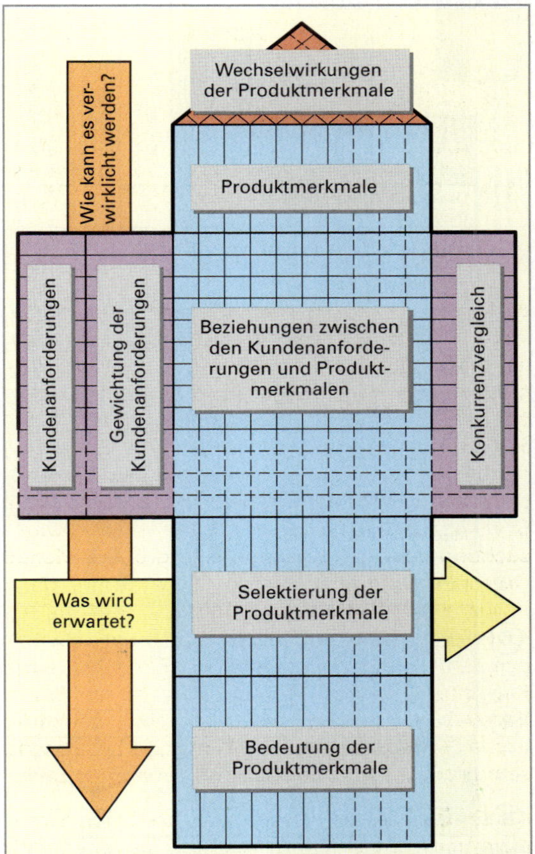


**Bild 2: Fehler im „House of Quality"**

[1] engl. Quality Function Deployment = Qualitätsfunktions-Entwicklung

Bei der Durchführung der QFD-Methode versetzt sich ein sorgfältig ausgewähltes Team mit Mitgliedern aus allen beteiligten Betriebsbereichen (Vertrieb, Service, Konstruktion, Versuch, Produktion) in die Lage des Kunden und ermittelt zunächst die **Kundenforderungen**. Diese werden in ein Arbeitsformular, dem so genannten **„House of Quality = Qualitätshaus"**, eingetragen und nach ihrer Bedeutung mit Punkten gewichtet. Nun werden in einer Matrixform die **Produktmerkmale** gegenübergestellt. Ergänzt wird die Matrix noch durch das „Dach" des Qualitätshauses, das die **Beziehungen zwischen den einzelnen Produktmerkmalen** verdeutlicht, durch eine **Bewertung der Konkurrenzprodukte** hinsichtlich der Erfüllung der Kundenanforderungen an der rechten Seite und durch eine Analyse der Bedeutung der einzelnen Produktmerkmale an der unteren Seite, aus der hervorgeht, an welchen Produktmerkmalen vorrangig gearbeitet werden muss. **Bild 2, vorherige Seite** zeigt den grundsätzlichen Aufbau des „House of Quality"-Formulars.

Das Formular beinhaltet somit eine Menge an Informationen, aus denen Schwachpunkte und Verbesserungsmöglichkeiten eines Produkts herausgelesen werden können. Durch den Vergleich mit Konkurrenzprodukten lassen sich auch noch Produktmerkmale zur Verbesserung von Marktchancen ableiten. **Bild 1** zeigt ein Beispiel mit einem teilweise ausgefüllten „House of Quality"-Formular.

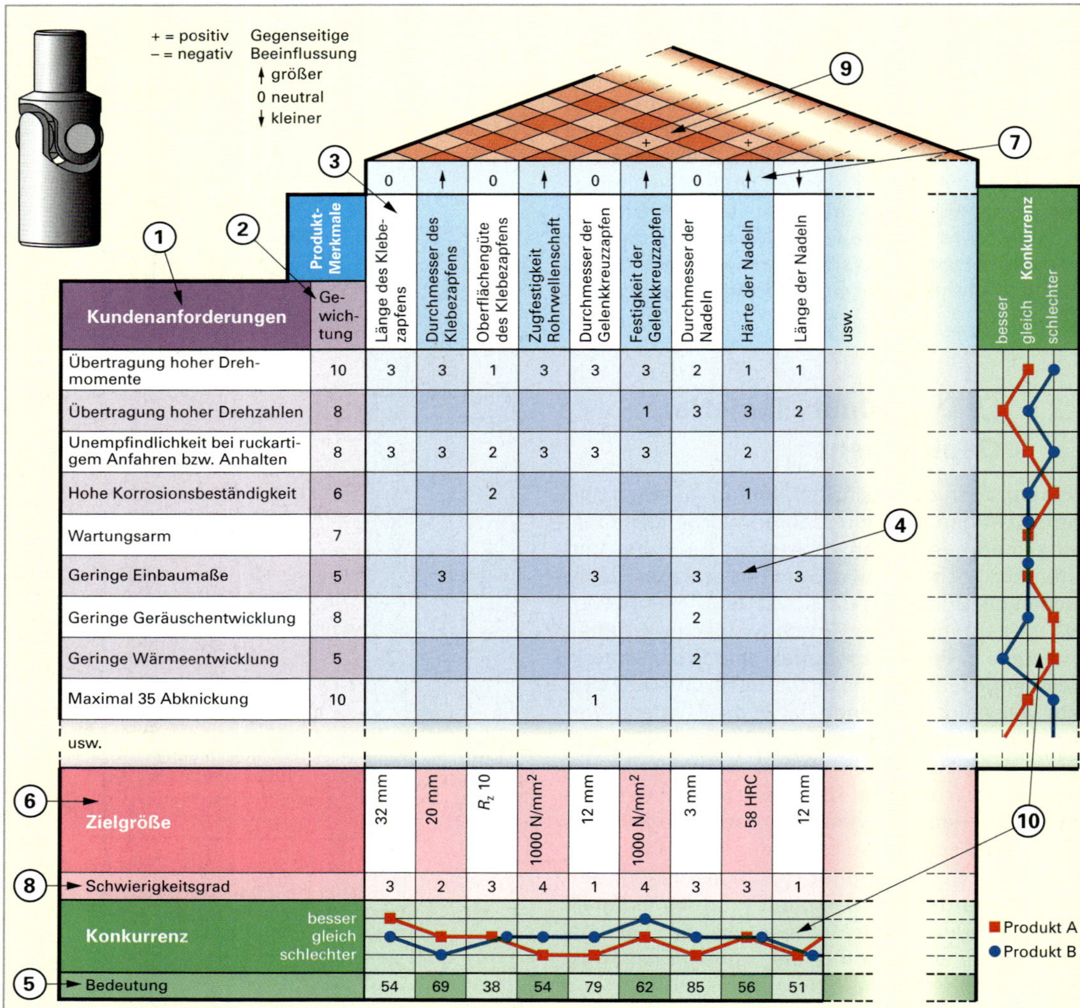


**Bild 1: Beispiel „House of Quality" für ein Kreuzgelenk**

**Arbeitsschritte bei der Erstellung eines „House of Quality" (Bild 1, vorhergehende Seite):**

1. Erfassung der Kundenanforderungen,
2. Gewichtung der Kundenanforderungen (von 1 = unwichtig bis 5 oder 10 = wichtig),
3. Erarbeiten von Produktmerkmalen, bis alle Kundenanforderungen erfüllt sind,
4. Feststellen der Beziehungen zwischen den Kundenanforderungen und den Produktmerkmalen und gleichzeitige Bewertung dieser Beziehungen (3 = starke, 2 = mittlere und 1 = geringe Beziehung),
5. Ermitteln der Bedeutung der Produktmerkmale durch Multiplikation der Kundenanforderungsgewichtung mit der Beziehungsgewichtung und anschließender Addition,
6. Umsetzen der Produktmerkmale in messbare Zielgrößen (soweit möglich),
7. Feststellen der bevorzugten Variationsrichtung der Zielgröße des Produktmerkmals durch Pfeilangaben („je kleiner, desto besser" oder „je größer, desto besser"),
8. Abschätzen eines Schwierigkeitsgrades für die Realisierung eines jeden Produktmerkmals (1 = leicht bis 5 = schwierig),
9. Feststellen von positiven oder negativen Wechselwirkungen zwischen den Produktmerkmalen,
10. Vergleich des geplanten Produkts mit Konkurrenzprodukten,
    a) aus der Sicht der Kundenanforderungen,
    b) aus der Sicht der Produktmerkmale.

## 5.3 FMEA – Failure Mode and Effects Analysis

Die Methode der Fehler-Möglichkeits- und Einflussanalyse (FMEA) wurde Mitte der 60er-Jahre im Rahmen von Luft- und Raumfahrtprojekten der NASA in den USA entwickelt.

In der Bundesrepublik Deutschland fand sie in der Produktionstechnik, hier hauptsächlich im Bereich der Automobilindustrie, in der zweiten Hälfte der 80er-Jahre ihre Verbreitung.

Bei der FMEA werden in der Planungsphase mögliche Fehler, die bei einem System (z.B. Motorsäge), einem bestimmten Bauteil oder bei einem Fertigungsprozess auftreten können, aufgelistet. Anschließend wird jeder Fehler auf seine Auftrittswahrscheinlichkeit, auf seine Auswirkungen und auf seine Entdeckungswahrscheinlichkeit hin untersucht und analysiert. Mit einem Punktesystem (siehe folgende Tabellen) werden diese 3 Fehlerkriterien bewertet. Durch Multiplikation der drei vergebenen Punktezahlen erhält man die **Risikoprioritätszahl RPZ**. Diese kann zwischen 1 und 1000 liegen. Je größer diese Zahl ist, desto schwerwiegender ist der Fehler. Bei hohen RPZ-Werten muss unbedingt gehandelt werden. Im FMEA-Formular sind dafür auf der rechten Seite Spalten eingerichtet, in denen die Abhilfemaßnahmen eingetragen werden können.

Das Ziel einer FMEA ist es, potenzielle Fehler schon während der Planung zu erkennen und zu vermeiden.

Außerdem bietet die FMEA den Vorteil, das Erfahrungswissen über Fehler, ihre Ursachen und Qualitätsauswirkungen systematisch zu sammeln und im Unternehmen für weitere Planungen verfügbar zu machen.

Eine ständige Anwendung der FMEA führt zu einer ständigen Fehlerreduzierung.

Je nach Anwendungsbereich unterscheidet man 3 FMEA-Arten:

**1. System-FMEA:**
Sie untersucht ein **komplettes System** (z.B. ein Kraftfahrzeug) oder **einzelne Komponenten**, z.B. die Lenkung eines Gesamtsystems und wird im Entwicklungsbereich nach der Fertigstellung eines Produktkonzeptes angewendet.

**2. Konstruktions-FMEA:**
Sie untersucht die Konstruktionsmerkmale einzelner **Bauteile** von Systemen nach der Fertigstellung der Konstruktionsunterlagen.

**3. Prozess-FMEA:**
Sind die Fertigungspläne zur Herstellung der Bauteile, Systemkomponenten oder Gesamtsysteme fertiggestellt, so werden die **Fertigungsprozesse** auf mögliche Fehlerquellen mit der Prozess-FMEA untersucht.

Die FMEA wird von einem Team durchgeführt. Die Ergebnisse werden in einem FMEA-Formblatt niedergeschrieben und ausgewertet **(Seite 451)**.

**Ablauf einer FMEA am Beispiel einer Prozess-FMEA:**

**Teil 1:**

1. Auflisten der Arbeitsgänge (Spalte 1).
2. Auflisten der möglichen potenziellen Fehler bei jedem Arbeitsgang (Spalte 2).
3. Auflisten der potenziellen Folgen eines jeden Fehlers (Spalte 3).
4. Auflisten der Fehlerursachen (Spalte 4).
5. Auflisten der geplanten Verhütungs- und Prüfungsmaßnahmen zum Zeitpunkt der FMEA-Erstellung (Spalte 5).
6. Abschätzung der Auftretenswahrscheinlichkeit durch eine Bewertungszahl nach Tabelle 1 (Spalte A).
7. Abschätzung der Auswirkung des Fehlers, wenn ihn der Kunde entdeckt, durch eine Bewertungszahl nach Tabelle 2 (Spalte B).
8. Abschätzung der Entdeckungswahrscheinlichkeit durch eine Bewertungszahl nach Tabelle 3 (Spalte E).
9. Berechnung der Risikoprioritätszahl (RPZ) durch Multiplikation der jeweiligen Bewertungszahlen für das Auftreten (A), die Bedeutung (B) und die Entdeckung (E) des Fehlers (Spalte RPZ). Mit der Risikoprioritätszahl können die Fehler geordnet werden und es zeigt sich, bei welchen Fehlern Maßnahmen zur Fehlervermeidung dringend erforderlich sind.

**Teil 2:**

In den folgenden Spalten werden vom FMEA-Team Maßnahmen zur Fehlervermeidung erarbeitet, die verantwortlichen Abteilungen oder Personen und der Termin für die Durchführung der Maßnahme festgelegt. Anschließend wird, wie im Teil 1, die Risikoprioritätszahl erneut berechnet. Durch Vergleich mit der ersten Risikoprioritätszahl lässt sich die Effektivität der Maßnahme zahlenmäßig erfassen.

**Tabelle 1: Bewertung der Wahrscheinlichkeit des Auftretens (Spalte A)**

| Einstufung | Häufigkeit | Bewertung |
|---|---|---|
| unwahrscheinlich, Fehler kann nicht vorkommen | 0 | 1 |
| sehr gering, Fehler kann nur bei sehr seltenen Bedingungen auftreten | 1/10 000 | 2 bis 3 |
| gering, Fehler kann in geringem Maße gelegentlich auftreten | 1/2 000 | 4 bis 6 |
| mäßig, laut Erfahrung tauchen immer wieder Schwierigkeiten auf | 1/100 | 7 bis 8 |
| hoch, Fehler tritt in größerem Maße auf | 1/2 | 9 bis 10 |

**Tabelle 2: Bewertung der Fehlerauswirkung (Bedeutung – Spalte B)**

| Einstufung | Bewertung |
|---|---|
| keine Auswirkung | 1 |
| unbedeutend – Kunde wird nur geringfügig belästigt | 2 bis 3 |
| mittelschwerer Fehler – Produkt ist noch funktionsfähig, Kunde wird belästigt und ist verärgert | 4 bis 6 |
| schwerer Fehler – Verärgerung des Kunden, Reparatur erforderlich | 7 bis 8 |
| äußerst schwerer Fehler – z.B. Ausfall des Gesamtsystems, Folgeschäden treten auf | 9 |
| sicherheitskritischer Fehler – Unfallgefahren | 10 |

**Tabelle 3: Bewertung der Entdeckungswahrscheinlichkeit (Spalte C)**

| Einstufung | Bewertung |
|---|---|
| hoch – funktioneller Fehler, der entdeckt wird | 1 |
| mäßig – hohe Entdeckungswahrscheinlichkeit, z.B. durch Testversuche | 2 bis 5 |
| gering – nicht leicht zu entdeckendes Fehlermerkmal | 4 bis 6 |
| sehr gering – kaum zu entdeckendes Fehlermerkmal | 9 |
| unwahrscheinlich – verdeckte Fehler, Prüfung nicht möglich | 10 |

| | | | | | | | |
|---|---|---|---|---|---|---|---|
| **FMEA**<br>Failure Mode and Effect-Analysis | **Prozess-FMEA** | | | Teilname: Kraftstoffpumpe | | Teilenummer: 30 165 327 0003 | |
| | | | | Modelljahr 1988 | Typ KP-65 | Freigabetermin 01.06.88 | Datum: 26.04.94 / Blatt 1 von 1 |
| | Ansprechpartner: Huber | Abteilung: KP-3 | Kunde: | Erstellt durch: ABM | | Überarbeitet durch: | Genehmigt durch: |
| | | | | Datum 26.04.94 | | Datum: | Datum: |

| Prozess Ablauf Arbeitsfolge | potenzielle Fehler | Auswirkung, Folgen | Ursachen | derzeitiger Zustand: Verhütungs- u. Prüfmaßnahmen | A | B | E | RPZ | empfohlene Abstellmaßnahme | Verantwortlichkeit Termin | verbesserter Zustand: getroffene Maßnahme | A | B | E | RPZ |
|---|---|---|---|---|---|---|---|---|---|---|---|---|---|---|---|
| 1. Montage der Spule | undicht Spritzwasser dringt ein | Fehlfunktion Kurzschluss | Arbeitsfehler, Dichtung vergessen | keine | 3 | 7 | 10 | 210 | separate Arbeitsfolge und Sichtprüfung | Müller/KP-3 15.5.94 | Arbeitsplan und Prüfplan geändert 10.5.94 | 3 | 7 | 5 | 105 |
| | falsche Spule | Funktionsstörung | falsch angeliefert | Überprüfung der farblichen Kennzeichnung | 2 | 7 | 7 | 98 | – | | | | | | |
| 2. Montage von Kolben, Feder- und Gehäuseboden | Kolben hakt | Funktionsstörung | Schmutz, Späne, Grat | Gehäuse spülen, Gangbarkeit prüfen | 4 | 7 | 4 | 112 | – | | | | | | |
| | Gehäuseboden passt nicht richtig | falsche Lage des Gehäusebodens, Funktionsstörung | falscher Pressendruck | keine | 4 | 7 | 7 | 196 | Pressendruck überwachen (1 mal pro Tag) | Müller/KP-3 15.5.94 | Arbeitsplan u. Wartungsplan geändert 10.5.94 | 3 | 7 | 5 | 105 |

**Wiederholung und Vertiefung**

1. Welche Ziele verfolgt die TQM-Führungsmethode?
2. Nennen und erläutern Sie die 6 wichtigsten Bausteine des TQM.
3. Bei der Zielsetzung „Kundenorientierung" wird zwischen externen und internen Kunden unterschieden. Erläutern Sie die Unterschiede.
4. Nennen Sie 3 Beispiele, für deren Darstellung sich ein Flussdiagramm eignet.
5. Welche Aussage steckt hinter dem Pareto-Prinzip?
6. Welchen Zweck hat eine Fehlersammelkarte?
7. Erläutern Sie den Aufbau eines Ishikawa-Diagramms.
8. Im Zusammenhang mit dem Ishikawa-Diagramm werden die 7-M-Störgrößen (manchmal auch 5-M-Störgrößen) genannt. Nennen und erläutern Sie diese.
9. Nennen Sie einen Vorgang, für dessen Darstellung ein Verlaufsdiagramm gut geeignet ist.
10. Ein Schüler erzielte bei einer Klassenarbeit ein sehr schlechtes Ergebnis. Im Qualitätsmanagement entspricht dies einem Fehler. Erstellen Sie für diesen Vorgang eine Fehlerbaumanalyse.
11. Welche Aussagen können mit einem Streudiagramm gemacht werden?
12. Erläutern Sie den Aufbau eines Paarvergleichs-Matrixdiagramms.
13. Welche Ziele werden mit der QFD-Planungsmethode verfolgt?
14. Welche Bereiche werden bei dem „House of Quality"-Formular
    a) in der waagerechten Richtung und
    b) in der senkrechten Richtung
    aufgetragen?
15. Welche Ziele werden mit einer FMEA angestrebt?
16. Nennen Sie 3 FMEA-Arten und ihre Anwendungsbereiche.
17. Beschreiben Sie den Aufbau eines FMEA-Formulars.

## 5.4 Statistische Prozesslenkung

### 5.4.1 Einführung

In der Serien- und Massenfertigung erfordern es die wirtschaftlichen Verhältnisse immer mehr, Qualität und Produktivität ständig zu verbessern. Fehlerhafte Teile am Ende des Fertigungsprozesses durch Prüfungen festzustellen und auszusortieren, genügt heute nicht mehr und verursacht zudem zu hohe Kosten. Es wurde in den letzten Jahrzehnten immer mehr erforderlich, die **Ergebnisse** bzw. die **Teilergebnisse** eines Fertigungsprozesses **ständig zu überwachen**. Zeigt sich dabei ein Trend zu fehlerhaften Ergebnissen oder treten schon fehlerhafte Teile auf, kann rechtzeitig der Prozess gestoppt und korrigiert werden. Die Produktion von fehlerhaften Teilen kann dadurch minimiert oder gar ganz vermieden werden.

Um den Prüfaufwand und damit auch die Prüfkosten auf ein erforderliches Minimum zu begrenzen, stützt man sich meist auf die **Auswertung von Stichproben**. Dies setzt allerdings voraus, dass die Charakteristik der Prozessergebnisse genau untersucht und bekannt ist.

Durch die Überwachung der Prozesse mit statistischen Methoden werden auch wertvolle Informationen gesammelt, die die Grundlage für ständige **Prozessoptimierungen** bilden. Ausschuss und Nacharbeit werden immer weniger. Ist der Fertigungsprozess genügend bekannt und beherrscht, kann der Prüfaufwand verringert werden. Dies wiederum hat eine Kostensenkung zur Folge.

Die gesammelten Daten bilden auch die Grundlage für eine **Prozessdokumentation**, die häufig von Kunden verlangt wird oder zur Erfüllung gesetzlicher Pflichten nach dem Produkthaftungsgesetz erforderlich ist.

**Qualitätsüberwachung und Prozessregelung**

Bei der Qualitätsüberwachung wird nach erfolgter Prüfung das geprüfte Teil mit „gut" oder „schlecht" durch einen Prüfer oder Prüfautomat beurteilt. Dabei kann eine 100%-Prüfung **(Kontinuierliche Qualitätsüberwachung)** oder Stichprobenprüfung angewendet werden **(Statistische Qualitätsüberwachung)**. Wird nach der erfolgten Prüfung eine sofortige Prozesskorrektur bei Unregelmäßigkeiten vorgenommen, so redet man von **kontinuierlicher Prozessregelung** bei der 100%-Prüfung und von **statistischer Prozessregelung** bei der Stichprobenprüfung. **Bild 1** auf der nächsten Seite veranschaulicht diese Arten der Prozesslenkung.

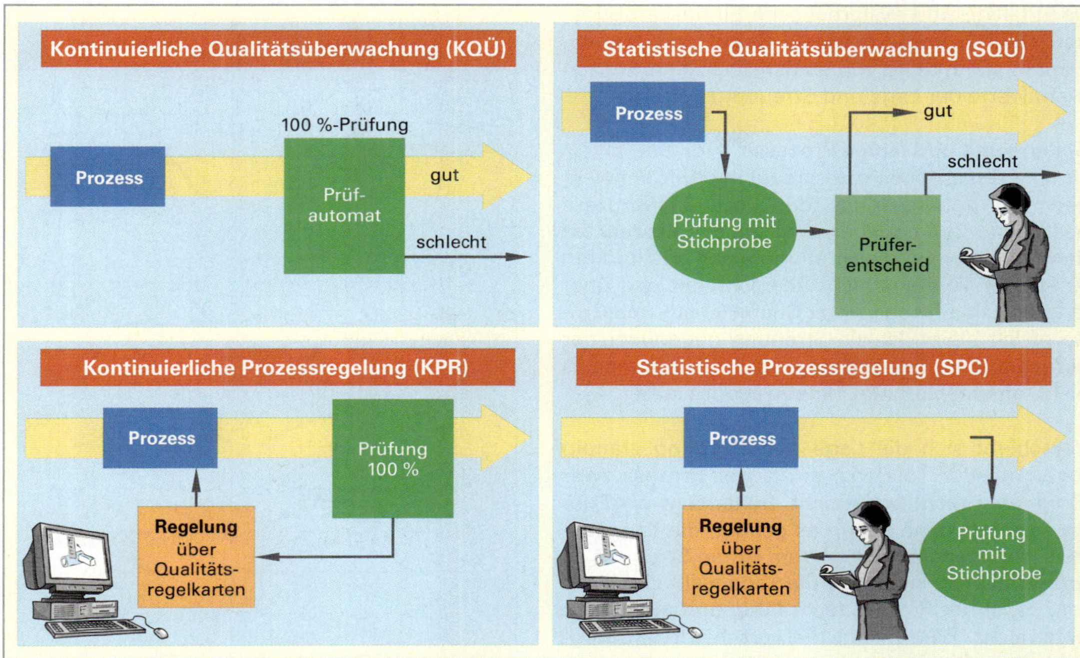


**Bild 1: Qualitätsüberwachung und Prozessregelung**

Mit regelmäßigen Stichproben und der Auswertung statistischer Kennwerte lässt sich bei der **statistischen Prozessregelung (SPC – Statistical Process Control)** mit wenigen Messwerten ein relativ genaues Bild eines Fertigungsprozesses machen.

Mithilfe einer **Qualitätsregelkarte**, die schon in den 20er-Jahren von *W.A. Shewart*[1] in den USA entwickelt wurde, werden die Kennwerte laufend grafisch dargestellt. Entwicklungen im Prozessverlauf können so recht frühzeitig entdeckt werden. Noch bevor ein Merkmalswert aus der Toleranz läuft, kann in den Prozess eingegriffen und somit Fehler vermieden werden. Ein **Qualitätsregelkreis** ist damit geschlossen. Für die statistische Auswertung stehen heute komfortable Computerprogramme zur Verfügung. Gute Kenntnisse in den Grundlagen der Statistik sind Voraussetzung für die Beurteilung der statistischen Kennwerte.

**Zufällige und systematische Einflüsse**

Bei der Frage nach den Ursachen für die Streuung der Prüfwerte lassen sich zwei Bereiche unterscheiden. Die **zufälligen Einflüsse** beruhen auf der natürlichen Streuung, die während des Prozesses in ungestörtem Zustand entsteht. Einflussfaktoren können einerseits im Fertigungsprozess selbst liegen (z.B. kleine Temperaturschwankungen oder inhomogene Werkstoffbeschaffenheit) oder auch von der Messung herrühren (z.B. Schätzen von Zwischenwerten auf Skalen oder Fehler durch verschiedene Messstellen am Prüfling).

Den systematischen Einflüssen liegt eine Gesetzmäßigkeit zugrunde und sie verschieben die Lage der Streuung. Eine Ursache kann z.B. der Werkzeugverschleiß sein. Ist diese Gesetzmäßigkeit bekannt, so können mithilfe der statistischen Prozessregelung diese Einflüsse kompensiert werden.

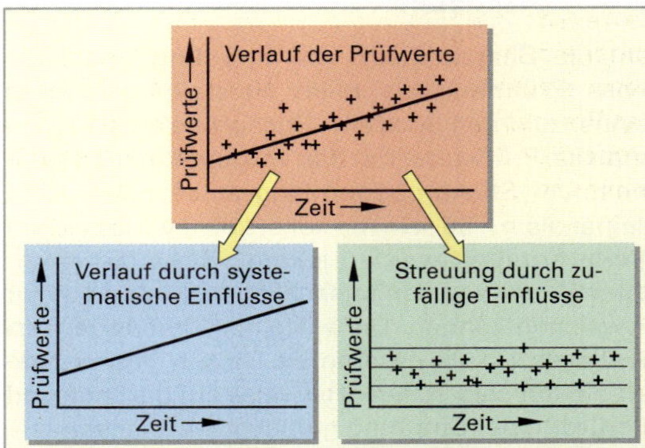


**Bild 2: Systematische und zufällige Einflüsse auf den Verlauf der Prüfwerte**

[1] *Walter Andrew Shewart* (1891 – 1967) amerik. Wissenschaftler

Da zufällige und systematische Einflüsse überlagert **(Bild 2, vorhergehende Seite)** vorkommen, werden sie mithilfe von statistischen Kennwerten (Kennwerte der Lage und Streuung) getrennt.

**Beherrschte und fähige Prozesse**

Um die statistische Prozessregelung (SPC) anwenden zu können, muss der Fertigungsprozess bestimmte Bedingungen erfüllen. Ein **Prozess ist dann fähig**, wenn die Streuung einen bestimmten Anteil der Toleranz nicht überschreitet und über längere Zeit hinweg in ihrer Charakteristik und Größe gleich bleibt. Ist die Streuung gegenüber der vorgegebenen Toleranz zu groß, so schafft man es nicht, ohne fehlerhafte Teile zu produzieren.

Verschiebt sich die Lage der Streuung ständig innerhalb der Toleranz, so ist der Prozess zwar fähig, aber **nicht beherrscht**. **Beherrscht** wird der Prozess erst dann, wenn es gelingt, die Lage laufend genügend zu korrigieren. Ist die Streuung zu groß und lässt sich auch die Lage nicht stabilisieren, so ist der Prozess **nicht fähig und auch nicht beherrscht**. **Bild 1** zeigt die verschiedenen Möglichkeiten. Die Anwendung der statistischen Prozessregelung (SPC) ist nur dann sinnvoll, wenn der Prozess fähig und auch beherrscht ist (Fall A). Ist der Prozess nur nicht fähig (Fall B) oder nur nicht beherrscht (Fall C), so kann die statistische Prozessregelung (SPC) angewendet werden, um das Vorkommen von fehlerhaften Teilen zu minimieren. Ist der Prozess weder fähig noch beherrscht (Fall D), so bringt auch die statistische Prozessregelung keinen Nutzen mehr. Die Ergebnisse sind dann vom Zufall abhängig.

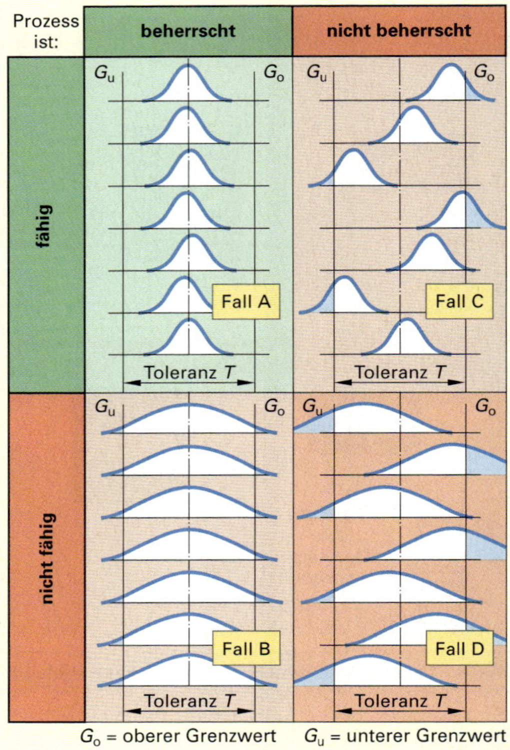


**Bild 1: Fähige und beherrschte Prozesse**

## 5.4.2 Darstellen und Auswerten von Prüfdaten

Um die Charakteristik von Streuung und Lage eines Prüfmerkmals beim Herstellungsprozess kennenzulernen, wird eine Stichprobe entnommen und die Prüfwerte für das Prüfmerkmal gesammelt. Der Stichprobenumfang sollte dabei nicht kleiner als $n = 50$ sein, da sonst keine verlässlichen Werte ermittelt werden können, bzw. die ermittelten Werte von den tatsächlichen Werten stärker abweichen können. Die einzelnen Prüfwerte werden in der Urliste gesammelt. Da aus diesem Zahlenfeld nur sehr schwer Hinweise auf die Lage und die Größe der Streuung gemacht werden können, ist es sinnvoll, die Werte in Klassen zu sammeln und als Strichliste, Stab- oder Balkendiagramm darzustellen.

**Klassenanzahl und Klassenweite**

Zunächst müssen die Messwerte in Klassen eingeteilt werden. Hierzu muss die **Klassenanzahl** und die **Klassenweite** festgelegt werden. Bei Stichprobenumfängen von $n = 30$ bis 400 berechnet man diese beiden Größen nach den unten stehenden Formeln.

Wertet man von Hand aus (wie im Beispiel gefordert), so rundet man hier auf gut teilbare und übersichtliche Größen auf oder ab. Wird die Auswertung über SPC-Softwareprogramme vorgenommen, so übernehmen diese Programme die genauen Werte.

$$\text{Klassenanzahl } k \approx \sqrt{n}$$

$$\text{Klassenweite } w \approx \frac{R_n}{k}$$

$$R_n = x_{imax} - x_{imin}$$

$R_n$ = Spannweite der Stichprobe vom Umfang $n$

$x_{imax}$ = größter Merkmalswert

$x_{imin}$ = kleinster Merkmalswert

**Beispiel 1:**

Im Rahmen einer Maschinenfähigkeitsuntersuchung wird eine Stichprobe vom Umfang $n$ = **50** für folgendes Merkmal des Rohrwellenschafts geprüft:

**Gabelinnenmaß $26^{+0,1}$ (Bild 1)**

Höchstmaß $G_o$ = 26,1 mm Mindestmaß $G_u$ = 26,0 mm
Toleranz $T$ = 0,1 mm Toleranzmitte $C$ = 26,05 mm

Die Prüfwerte sind in der Urliste zusammengestellt **(Tabelle 1)**.

a) **Berechnung der Klassenanzahl k und Klassenweite w:**

$$k \sim \sqrt{n} = \sqrt{50} \sim 7$$

$$R_n = x_{imax} - x_{imin} = 26{,}1 \text{ mm} - 26{,}02 \text{ mm}$$

$$R_n = 0{,}08 \text{ mm}$$

$$w \sim \frac{R_n}{k} = \frac{0{,}08 \text{ mm}}{7} \sim 0{,}01 \text{ mm}$$

b) **Festlegung der Klassengrenzen**

Damit kein Prüfwert genau auf einer Klassengrenze liegen kann, geht man eine Zehnerpotenz tiefer als die der Messwerte. Diese tiefere Zehnerpotenz erhält die Ziffer 5. Damit kann nie ein Prüfwert genau auf einer Klassengrenze liegen und ist immer eindeutig einer Klasse zuzuordnen. Es ergeben sich folgende Klassen:

1. 26,015 – 26,025
2. 26,025 – 26,035

usw.

Will man die Toleranzgrenzen in die Diagramme mit einzeichnen, empfiehlt es sich, die Klassenanzahl so zu erweitern, dass die Toleranzgrenzen in eine Klasse gezeichnet werden können. In unserem Fall würden also die ersten Klassen folgendermaßen gewählt:

1. 25,995 – 26,005
2. 26.005 – 26,015
3. 26,015 – 26,025

usw.

c) **Strichliste und Histogramm**

Um ein Bild der Lage, Größe und Charakteristik der Streuung zu bekommen, stellt man die Häufigkeiten in den einzelnen Klassen durch eine Strichliste und/oder ein Histogramm (= Säulendiagramm der Häufigkeiten) dar **(Bild 2 und Bild 3)**.

**Auswertung:** Die Prüfwerte liegen zwar alle in der Toleranz, zeigen aber eine deutliche Verschiebung zur oberen Toleranzgrenze $G_o$. Es sind also auch mit großer Wahrscheinlichkeit Werte außerhalb der Toleranz zu erwarten. Außerdem ist die Streuung gegenüber der Toleranz recht groß – der Prozess wäre also nicht fähig.

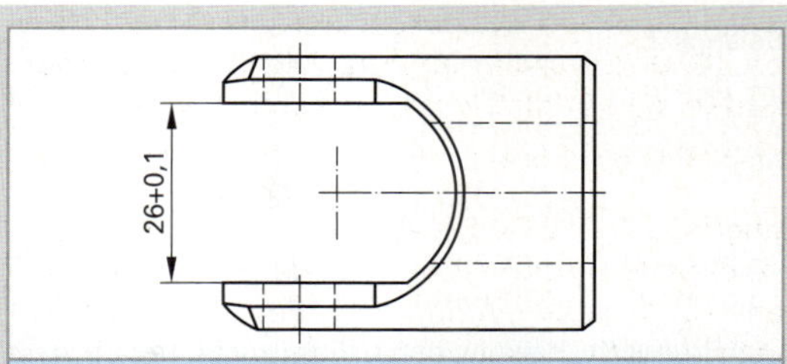


**Bild 1: Gabelinnenmaß $26^{+0,1}$**

**Tabelle 1: Urliste der Prüfwerte**

| Urliste | | | | | |
|---|---|---|---|---|---|
| Merkmal: | Gabelinnenmaß | | | 26 +0,1 mm | |
| 1 | 26,04 | 26,06 | 26,05 | 26,06 | 26,05 |
| 2 | 26,07 | 26,09 | 26,05 | 26,04 | 26,08 |
| 3 | 26,07 | 26,05 | 26,07 | 26,07 | 26,06 |
| 4 | 26,05 | 26,02 | 26,03 | 26,08 | 26,06 |
| 5 | 26,08 | 26,05 | 26,08 | 26,10 | 26,07 |
| 6 | 26,04 | 26,06 | 26,06 | 26,05 | 26,03 |
| 7 | 26,06 | 26,08 | 26,04 | 26,07 | 26,09 |
| 8 | 26,06 | 26,10 | 26,09 | 26,06 | 26,07 |
| 9 | 26,05 | 26,06 | 26,06 | 26,08 | 26,05 |
| 10 | 26,08 | 26,07 | 26,09 | 26,08 | 26,09 |

| | |
|---|---|
| Stichprobenumfang $n$: | 50 |
| größter Wert $x_{max}$: | 26,10 |
| kleinster Wert $x_{min}$: | 26,02 |
| Spannweite $R$ (Range) = $x_{max} - x_{min}$: | 0,08 |

| Klasse Nr. | Klasse von | bis | Strichliste | Häufigkeit pro Klasse |
|---|---|---|---|---|
| 1 | 25,995 | 26,005 | | 0 |
| 2 | 26,005 | 26,015 | | 0 |
| 3 | 26,015 | 26,025 | I | 1 |
| 4 | 26,025 | 26,035 | II | 2 |
| 5 | 26,035 | 26,045 | IIII | 4 |
| 6 | 26,045 | 26,055 | IIIIIIIII | 9 |
| 7 | 26,055 | 26,065 | IIIIIIIIIII | 11 |
| 8 | 26,065 | 26,075 | IIIIIIII | 8 |
| 9 | 26,075 | 26,085 | IIIIIIII | 8 |
| 10 | 26,085 | 26,095 | IIIII | 5 |
| 11 | 26,095 | 26,105 | II | 2 |
| 12 | 26,105 | 26,115 | | 0 |

**Bild 2: Strichliste**

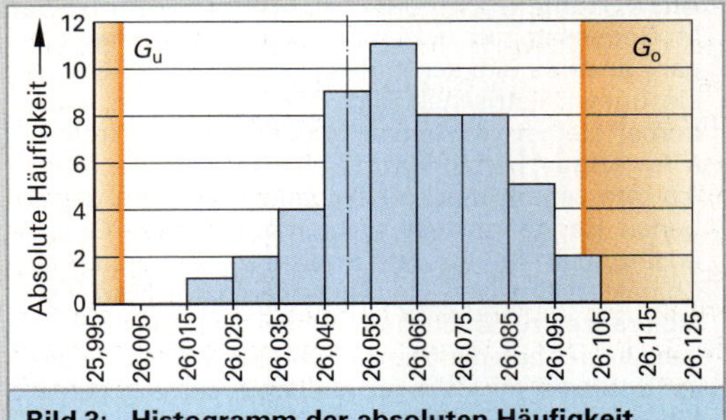


**Bild 3: Histogramm der absoluten Häufigkeit**

**Beispiel 2:**

Im Rahmen einer Maschinenfähigkeitsuntersuchung wird eine Stichprobe vom Umfang $n = 50$ für folgendes Merkmal des Rohrwellenschafts geprüft:

**Koaxialität Ø 20H7 zu Ø 40 (Bild 1).**

Höchstmaß $G_o = 0{,}1$ mm Mindestmaß $G_u = 0$ mm
Toleranz $T = 0{,}1$ mm Toleranzmitte $C = 0{,}05$ mm

Die Prüfwerte sind in der Urliste zusammengestellt **(Tabelle 1)**.

a) **Berechnung der Klassenanzahl k und Klassenweite w:**

$$k \sim \sqrt{n} = \sqrt{50} \sim 7$$

$$R_n = x_{imax} - x_{imin} = 0{,}12 \text{ mm} - 0{,}06 \text{ mm}$$

$$\mathbf{R_n = 0{,}06 \text{ mm}}$$

$$w \sim \frac{R_n}{k} = \frac{0{,}06 \text{ mm}}{7} \sim 0{,}01 \text{ mm}$$

b) **Festlegung der Klassengrenzen**

Geht man wie im ersten Beispiel vor, ergeben sich folgende Klassen:

1. 0,055 – 0,065
2. 0,075 – 0,085
usw.

Will man auch hier die Toleranzgrenzen in die Diagramme mit einzeichnen, so ist dies mit der oberen Toleranzgrenze problemlos möglich, da sie ja im Feld der Prüfwerte liegt.
Die untere Toleranzgrenze ist aber bei dem Wert 0. Dieser Wert wird sicherlich kaum erreicht werden, denn dies wäre ja der Idealfall, den kaum eine Produktionseinrichtung schaffen wird. Deshalb empfiehlt es sich, die Klassenanzahl um keine oder nur wenige Klassen nach unten zu erweitern. In unserem Fall sind deshalb die ersten Klassen folgendermaßen gewählt:

1. 0,005 – 0,015
2. 0,015 – 0,025
3. 0,025 – 0,035
usw.

c) **Strichliste und Histogramm (Bild 2 und 3)**

**Auswertung:**
Im Gegensatz zum ersten Beispiel zeigt sich hier ein ganz anderes Bild der Prüfwerteverteilung. Sie zeigt ein unsymmetrisches Bild. Dies liegt daran, dass immer kleiner werdende Koaxialitätswerte immer schwieriger herstellbar sind. Einen Wert unter 0,6 mm schafft man offensichtlich mit dem gegebenen Herstellprozess nicht mehr. Dieser Grund erklärt auch die unsymmetrische Verteilung. Diese Charakteristik ist bei allen **Null-begrenzten Merkmalstoleranzen** zu beobachten. Weiterhin ist erkennbar, dass nach oben die Streuung breiter wird und dass es Probleme mit dem gegebenen Prozess gibt, die Merkmalswerte innerhalb der Toleranz zu halten.

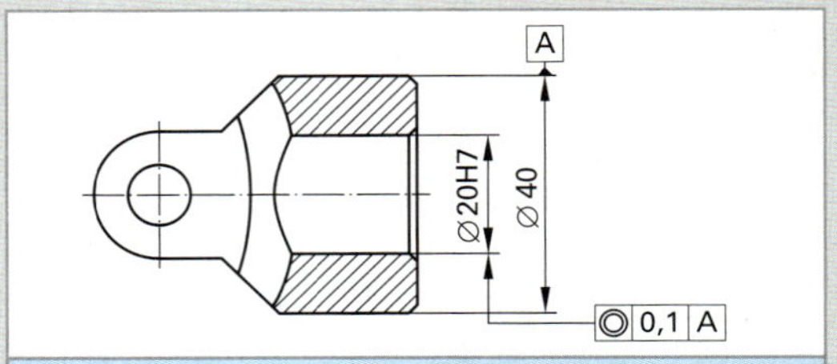


**Bild 1: Prüfmerkmal Koaxialität**

**Tabelle 1: Urliste der Prüfwerte**

| Urliste | | | | | |
|---|---|---|---|---|---|
| Merkmal: | Koaxialität 0,1 mm | | | | |
| | *d* = 20H7 | | zu *d* = 40 | | |
| 1 | 0,08 | 0,09 | 0,06 | 0,08 | 0,07 |
| 2 | 0,06 | 0,10 | 0,07 | 0,06 | 0,08 |
| 3 | 0,07 | 0,06 | 0,09 | 0,08 | 0,07 |
| 4 | 0,09 | 0,07 | 0,08 | 0,07 | 0,09 |
| 5 | 0,06 | 0,08 | 0,07 | 0,12 | 0,06 |
| 6 | 0,07 | 0,09 | 0,06 | 0,07 | 0,08 |
| 7 | 0,09 | 0,07 | 0,11 | 0,08 | 0,07 |
| 8 | 0,06 | 0,07 | 0,08 | 0,09 | 0,10 |
| 9 | 0,08 | 0,11 | 0,07 | 0,10 | 0,06 |
| 10 | 0,10 | 0,06 | 0,09 | 0,07 | 0,07 |

| | |
|---|---|
| Stichprobenumfang $n$: | 50 |
| größter Wert $x_{max}$: | 0,12 |
| kleinster Wert $x_{min}$: | 0,06 |
| Spannweite $R$ (Range) = $x_{max} - x_{min}$: | 0,06 |

| Klasse Nr. | Klasse von | bis | Strichliste | Häufigkeit pro Klasse |
|---|---|---|---|---|
| 1 | 0,005 | 0,015 | | 0 |
| 2 | 0,015 | 0,025 | | 0 |
| 3 | 0,025 | 0,035 | | 0 |
| 4 | 0,035 | 0,045 | | 0 |
| 5 | 0,045 | 0,055 | | 0 |
| 6 | 0,055 | 0,065 | IIIIIIIIII | 10 |
| 7 | 0,065 | 0,075 | IIIIIIIIIIIIIII | 15 |
| 8 | 0,075 | 0,085 | IIIIIIIIII | 10 |
| 9 | 0,085 | 0,095 | IIIIIIII | 8 |
| 10 | 0,095 | 0,105 | IIII | 4 |
| 11 | 0,105 | 0,115 | II | 2 |
| 12 | 0,115 | 0,125 | I | 1 |

**Bild 2: Strichliste**

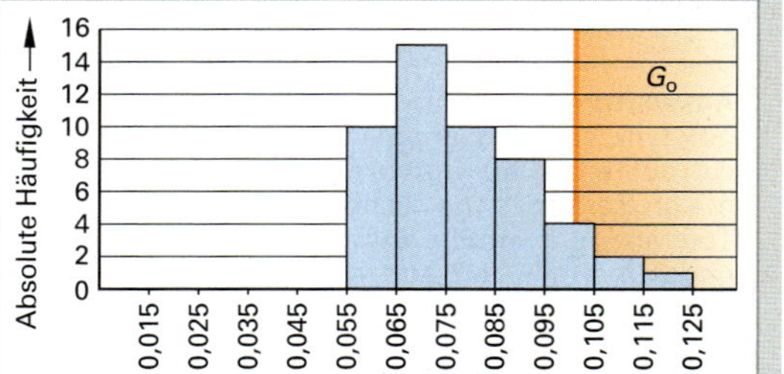


**Bild 3: Histogramm der absoluten Häufigkeit**

**Beispiel 3:**

Die Firma MOBE bezieht Nadelbüchsen von einem Lieferanten. Im Rahmen einer Qualitätsuntersuchung soll über eine Stichprobe von $n = 125$ die Fähigkeit des Herstellprozesses für das Merkmal „Härte" bezüglich der Toleranzforderungen nach folgenden Vorgaben untersucht werden:

**Oberflächenhärte 700 – 800 HV 5 (Bild 1).**

unterer Grenzwert UGW = 700 HV 5
oberer Grenzwert OGW = 800 HV 5
Toleranz T = 100 HV 5   Toleranzmitte C = 750 HV 5

Die Prüfwerte sind in der Urliste zusammengestellt **(Tabelle 1)**.

a) **Berechnung der Klassenanzahl $k$ und Klassenweite $w$:**

$k \sim \sqrt{n} = \sqrt{125} \sim \mathbf{11}$

$R_n = x_{imax} - x_{imin} = 798\ \text{HV5} - 701\ \text{HV5}$

$R_n = \mathbf{97\ HV5}$

$w \sim \frac{R_n}{k} = \frac{97\ \text{HV5}}{11} \sim \mathbf{10\ HV5}$

b) **Festlegung der Klassengrenzen (Bild 2 und 3)**
Geht man wie im ersten Beispiel vor und schließt die Toleranzgrenzen mit ein, ergeben sich folgende Klassen:
1. 689,5 – 699,5; 2. 699,5 – 709,5; usw.

c) **Strichliste und Histogramm (Bild 2 und 3)**

**Auswertung:**
Histogramm und Strichliste zeigen zwei Schwerpunkte in der Verteilung bei 715 und 765 HV 5. Dies lässt vermuten, dass die Nadelbüchsen in zwei Chargen gefertigt und anschließend gemischt oder auf zwei getrennten Anlagen gehärtet wurden. Die Verteilung zeigt also eine Mischverteilung aus zwei symmetrischen Verteilungen. Jede Verteilung einzeln wäre zwar fähig (bei Korrektur zur Mitte auch beherrscht), als Mischverteilung aber unfähig. Weiterhin ist zu erkennen, dass die Verteilung am unteren Ende abrupt aufhört. Hier ist zu vermuten, dass der Zulieferer fehlerhafte Teile vor der Lieferung aussortierte.

| Klasse Nr. | Klasse von | bis | Strichliste | Häufigkeit pro Klasse |
|---|---|---|---|---|
| 1 | 689,5 | 699,5 | | 0 |
| 2 | 699,5 | 709,5 | IIIIIIIII | 9 |
| 3 | 709,5 | 719,5 | IIIIIIIIIIIIIIIIIIIIII | 22 |
| 4 | 719,5 | 729,5 | IIIIIIIIIIIIIIIII | 17 |
| 5 | 729,5 | 739,5 | IIIIIIIIIII | 11 |
| 6 | 739,5 | 749,5 | IIIIIII | 7 |
| 7 | 749,5 | 759,5 | IIIIIIIIIIII | 12 |
| 8 | 759,5 | 769,5 | IIIIIIIIIIIIIIIIIIIIIIII | 24 |
| 9 | 769,5 | 779,5 | IIIIIIIIIIIIII | 14 |
| 10 | 779,5 | 789,5 | IIIIII | 6 |
| 11 | 789,5 | 799,5 | III | 3 |
| 12 | 799,5 | 809,5 | | 0 |

**Bild 2: Strichliste**

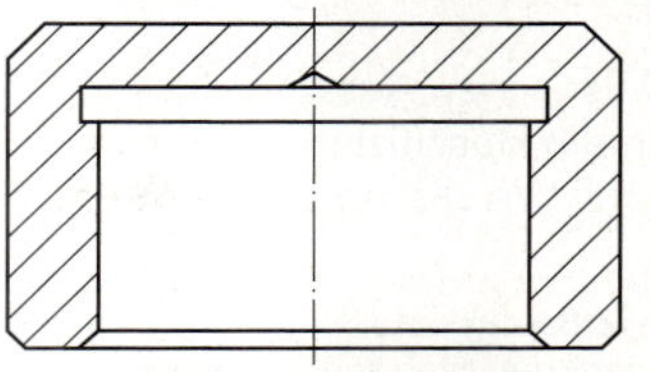

Einsatzgehärtet: 700 - 800 HV 5

**Bild 1: Nadelbüchse mit Merkmal „Härte"**

**Tabelle 1: Urliste der Prüfwerte**

| Urliste | | | | | |
|---|---|---|---|---|---|
| **Merkmal:** | **Härte** | | **700 – 800 HV 5** | | |
| Mindestwert: | 700 HV 5 | | Höchstwert: 800 HV 5 | | |
| 1 | 741 | 788 | 706 | 778 | 712 |
| 2 | 751 | 731 | 711 | 721 | 767 |
| 3 | 733 | 759 | 763 | 763 | 722 |
| 4 | 760 | 721 | 720 | 714 | 753 |
| 5 | 722 | 765 | 710 | 771 | 730 |
| 1 | 771 | 712 | 764 | 729 | 740 |
| 2 | 710 | 776 | 715 | 765 | 707 |
| 3 | 781 | 780 | 762 | 717 | 788 |
| 4 | 702 | 733 | 714 | 728 | 719 |
| 5 | 791 | 735 | 713 | 778 | 770 |
| 1 | 744 | 756 | 760 | 769 | 725 |
| 2 | 750 | 720 | 710 | 711 | 769 |
| 3 | 739 | 765 | 769 | 778 | 731 |
| 4 | 762 | 716 | 715 | 727 | 752 |
| 5 | 728 | 774 | 768 | 764 | 740 |
| 1 | 777 | 707 | 768 | 754 | 701 |
| 2 | 715 | 739 | 764 | 718 | 798 |
| 3 | 784 | 757 | 763 | 777 | 718 |
| 4 | 708 | 729 | 712 | 729 | 770 |
| 5 | 790 | 766 | 701 | 760 | 723 |
| 1 | 748 | 714 | 744 | 752 | 763 |
| 2 | 759 | 773 | 731 | 713 | 737 |
| 3 | 732 | 709 | 728 | 772 | 759 |
| 4 | 761 | 751 | 761 | 720 | 749 |
| 5 | 723 | 778 | 712 | 785 | 704 |
| Stichprobenumfang $n$ | | | | | 125 |
| größter Wert $x_{max}$: | | | | | 798,00 |
| kleinster Wert $x_{min}$: | | | | | 701,00 |
| Spannweite $R$ (Range) = $x_{max} - x_{min}$ | | | | | 97,00 |

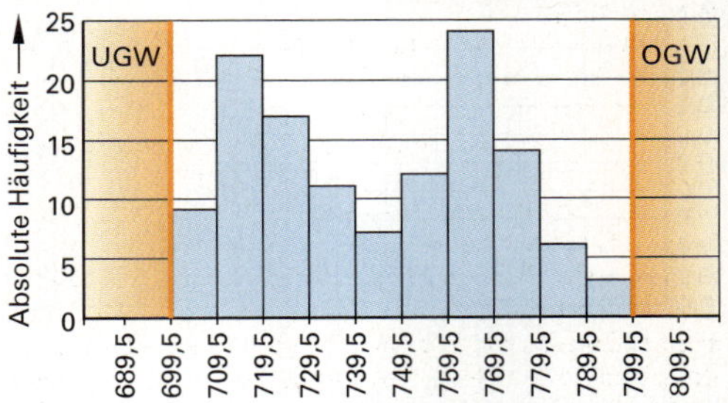


**Bild 3: Histogramm der absoluten Häufigkeit**

**Absolute und relative Einzel- und Summenhäufigkeiten**

Bei der statistischen Auswertung von Stichproben lassen sich die klassifizierten Prüfwertmengen auf verschiedene Weisen darstellen:

In den folgenden Tabellen und Bildern sind alle Häufigkeiten aus den Beispielen 1 und 2 der vorangegangenen Seiten tabellarisch und die relativen Häufigkeiten grafisch als Histogramme dargestellt.

**1. Die Einzelhäufigkeiten:**
Hier werden die Mengen in den einzelnen Klassen tabellarisch aufgelistet. Im Histogramm werden diese Zahlen grafisch dargestellt. Bei der absoluten Einzelhäufigkeit wird die Anzahl der Prüfwerte in jeder Klasse angegeben, bei der relativen Einzelhäufigkeit der Anteil dieser Prüfwerte in Prozent vom Stichprobenumfang. Mit diesen Prozentzahlen kann der Anteil mit einer bestimmten Aussagewahrscheinlichkeit auf die gesamte Losgröße übertragen werden.

**2. Die Summenhäufigkeiten:**
Hier werden die Mengen der Prüfwerte mit steigenden Klassen aufaddiert. Man erhält jeweils die Prüfwertmenge, die bis zur jeweiligen Klasse vorhanden ist. Auch hier lassen sich die Mengen mit absoluten Zahlen (absolute Summenhäufigkeit) oder mit prozentualen Anteilen (relative Summenhäufigkeit) tabellarisch angeben oder im Histogramm grafisch darstellen.

**Tabelle 1: Einzel- und Summenhäufigkeit aus Beispiel 1 (Merkmal „Gabelinnenmaß $26^{+0,1}$“)**

| Klasse | | Einzelklassenhäufigkeit | | Summenhäufigkeit | |
|---|---|---|---|---|---|
| von | bis | absolut | relativ | absolut | relativ |
| 25,995 | 26,005 | 0 | 0,0% | 0 | 0,0% |
| 26,005 | 26,015 | 0 | 0,0% | 0 | 0,0% |
| 26,015 | 26,025 | 1 | 2,0% | 1 | 2,0% |
| 26,025 | 26,035 | 2 | 4,0% | 3 | 6,0% |
| 26,035 | 26,045 | 4 | 8,0% | 7 | 14,0% |
| 26,045 | 26,055 | 9 | 18,0% | 16 | 32,0% |
| 26,055 | 26,065 | 11 | 22,0% | 27 | 54,0% |
| 26,065 | 26,075 | 8 | 16,0% | 35 | 70,0% |
| 26,075 | 26,085 | 8 | 16,0% | 43 | 86,0% |
| 26,085 | 26,095 | 5 | 10,0% | 48 | 96,0% |
| 26,095 | 26,105 | 2 | 4,0% | 50 | 100,0% |
| 26,105 | 26,115 | 0 | 0,0% | 50 | 100,0% |

**Tabelle 2: Einzel- und Summenhäufigkeit aus Beispiel 2 (Merkmal „Koaxialität“)**

| Klasse | | Einzelklassenhäufigkeit | | Summenhäufigkeit | |
|---|---|---|---|---|---|
| von | bis | absolut | relativ | absolut | relativ |
| 0,005 | 0,015 | 0 | 0,0% | 0 | 0,0% |
| 0,015 | 0,025 | 0 | 0,0% | 0 | 0,0% |
| 0,025 | 0,035 | 0 | 0,0% | 0 | 0,0% |
| 0,035 | 0,045 | 0 | 0,0% | 0 | 0,0% |
| 0,045 | 0,055 | 0 | 0,0% | 0 | 0,0% |
| 0,055 | 0,065 | 10 | 20,0% | 10 | 20,0% |
| 0,065 | 0,075 | 15 | 30,0% | 25 | 50,0% |
| 0,075 | 0,085 | 10 | 20,0% | 35 | 70,0% |
| 0,085 | 0,095 | 8 | 16,0% | 43 | 86,0% |
| 0,095 | 0,105 | 4 | 8,0% | 47 | 94,0% |
| 0,105 | 0,115 | 2 | 4,0% | 49 | 98,0% |
| 0,115 | 0,125 | 1 | 2,0% | 50 | 100,0% |

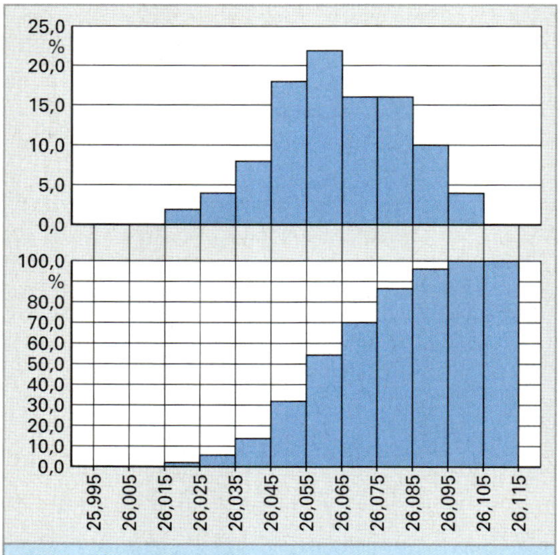


**Bild 1:** **Histogramme der relativen Einzel- und Summenhäufigkeiten aus Beispiel 1**

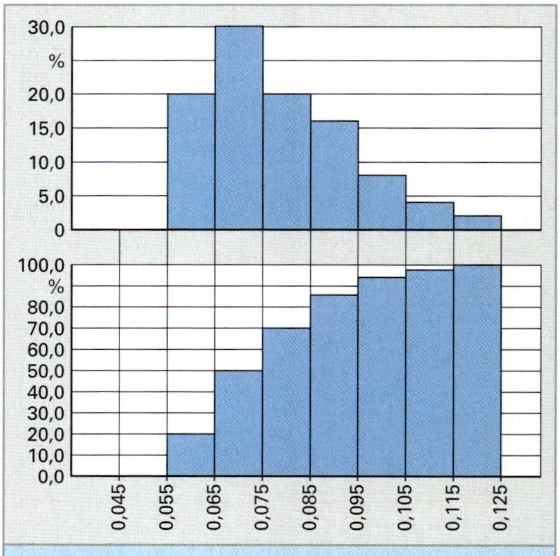


**Bild 2:** **Histogramm der relativen Einzel- und Summenhäufikeit aus Beispiel 2**

### 5.4.3 Mathematische Modelle zur Beschreibung von Zufallsereignissen

Die Entnahme von Stichproben aus einer Grundgesamtheit beruht auf Zufallsereignissen. Zeigt die Auswertung einer Stichprobe aber eine bestimmte Charakteristik wie z.B. aus Beispiel 1 eine glockenförmige Verteilung oder bei Beispiel 2 eine schiefe Verteilung, so kann bei genügend großer Stichprobe angenommen werden, dass die Grundgesamtheit dieselbe Verteilung zeigt.
Ist die Verteilungscharakteristik mit einem mathematischen Verteilungsmodell (z.B. der Normalverteilung nach Gauß) identisch, so kann die Charakteristik mit wenigen Parametern (z.B. Mittelwert und Standardabweichung bei der Normalverteilung) beschrieben werden. Die folgenden Abschnitte führen in die Grundlagen der Wahrscheinlichkeitsrechnung und in diese mathematischen Modelle ein.

**Wahrscheinlichkeit**
Die Wahrscheinlichkeit gibt als Bruch, Dezimalzahl zwischen 0 und 1 oder Prozentzahl an, bei welchem Anteil aller Fälle ein bestimmtes Ereignis eintritt.
Wird z.B. eine Münze geworfen, so kann die Wappenseite oder die Zahl oben liegen. Wird die Münze genügend oft geworfen, wird in der Hälfte der Fälle die Zahl zu sehen sein.
Die Wahrscheinlichkeit, eine Zahl zu werfen, ist deshalb $^1/_2$, bzw. 0,5, bzw. 50 %.
Die Wahrscheinlichkeit wird nach folgender Formel berechnet:

$$P(E) = \frac{\text{Anzahl der für E günstigen Ergebnisse}}{\text{Gesamtzahl aller möglichen Ergebnisse}}$$

E = erwartetes Ergebnis bzw. erwartete Ergebnisse eines Zufallsexperiments
P = Wahrscheinlichkeit des Auftretens des erwarteten Ergebnisses bzw. der Ergebnisse

**Beispiel 1:** Wie groß ist die Wahrscheinlichkeit, mit einem Würfel eine 6 zu würfeln?
Das Zufallsereignis ist, eine 6 zu würfeln, also ist E=6.
Die 6 kommt nur einmal auf dem Würfel vor, deshalb ist die Anzahl der für E günstigen Ergebnisse 1.
Es können 6 verschiedene Zahlen gewürfelt werden, deshalb ist die Gesamtzahl aller möglichen Ergebnisse 6.
Die Wahrscheinlichkeit lässt sich demnach folgendermaßen berechnen:

$$P(E=6) = \frac{1}{6} = 0{,}167 = 16{,}7\%$$

**Beispiel 2:** Wie groß ist die Wahrscheinlichkeit, mit einem Würfel eine 2 oder 3 zu würfeln?

$$P(E=2 \text{ oder } 3) = \frac{2}{6} = \frac{1}{3} = 0{,}333 = 33{,}3\%$$

**Beispiel 3:** Wie groß sind die Wahrscheinlichkeiten, mit 2 Würfeln die Zahlen 2, 3, 4, 5, 6, 7, 8, 9, 10, 11, oder 12 zu würfeln.

Hier ist es nicht mehr so einfach, die Anzahl der für E günstigen Ergebnisse und die Gesamtzahl aller Möglichkeiten zu erfassen. Das folgende **Bild 1** gibt darüber Aufschluss:

| Würfel 2 \ Würfel 1 | ⚀ | ⚁ | ⚂ | ⚃ | ⚄ | ⚅ |
|---|---|---|---|---|---|---|
| ⚀ | 2 | 3 | 4 | 5 | 6 | 7 |
| ⚁ | 3 | 4 | 5 | 6 | 7 | 8 |
| ⚂ | 4 | 5 | 6 | 7 | 8 | 9 |
| ⚃ | 5 | 6 | 7 | 8 | 9 | 10 |
| ⚄ | 6 | 7 | 8 | 9 | 10 | 11 |
| ⚅ | 7 | 8 | 9 | 10 | 11 | 12 |

**Bild 1: Mögliche Würfelkombinationen bei 2 Würfeln**

Aus dem Bild kann man entnehmen, dass es insgesamt 36 Kombinationen der beiden Würfel gibt. Zur Zahl 2 führt nur eine Kombination, zur Zahl 3 zwei Kombinationen, zur Zahl 4 drei Kombinationen usw. Es ergeben sich folgende Lösungen:

$$P(E=2) = \frac{1}{36} = 0{,}028 \qquad P(E=8) = \frac{5}{36} = 0{,}139$$

$$P(E=3) = \frac{2}{36} = 0{,}056 \qquad P(E=9) = \frac{4}{36} = 0{,}111$$

$$P(E=4) = \frac{3}{36} = 0{,}083 \qquad P(E=10) = \frac{3}{36} = 0{,}083$$

$$P(E=5) = \frac{4}{36} = 0{,}111 \qquad P(E=11) = \frac{2}{36} = 0{,}056$$

$$P(E=6) = \frac{5}{36} = 0{,}139 \qquad P(E=12) = \frac{1}{36} = 0{,}028$$

$$P(E=7) = \frac{6}{36} = 0{,}167$$

## Wahrscheinlichkeitsfunktion und Verteilungsfunktion

**Wahrscheinlichkeitsfunktion.** Bei der Wahrscheinlichkeitsfunktion werden die Einzelwahrscheinlichkeiten in Abhängigkeit von den Ereignissen als Funktion dargestellt.

> Die Wahrscheinlichkeitsfunktion wird mit
> $g(x)$
> bezeichnet, wobei $x$ für die Ergebnisse der Zufallsereignisse steht.

**Verteilungsfunktion.** Bei der Verteilungsfunktion werden die Einzelwahrscheinlichkeiten addiert und die Summenwahrscheinlichkeiten als Funktion dargestellt.

> Die Verteilungsfunktion wird mit
> $G(x)$
> bezeichnet, wobei $x$ ebenfalls für die Ergebnisse der Zufallsereignisse steht.

Für die Wahrscheinlichkeitsfunktion des Würfelexperiments aus Beispiel 3 ergibt sich ein dreieckiger Verlauf aus zwei linearen Funktionen. Für die Verteilungsfunktion ergibt sich ein S-förmiger Verlauf.

### Das Nagelbrett von Galton

Die Streuung der Prüfwerte bei einem Fertigungsprozess entsteht durch mehrere nacheinander stattfindende Zufallsereignisse.

Dieser Vorgang kann anschaulich mit dem Nagelbrett von *Galton*[1] dargestellt werden **(Bild 3)**. Auf einem Brett befinden sich mehrere Nagelreihen, die versetzt angeordnet sind. Über einen Trichter fallen Kugeln nacheinander auf den ersten Nagel in der obersten Reihe und werden dort mit der Wahrscheinlichkeit 50% (0,5) nach links oder rechts verteilt. In der nächsten Reihe wird die Kugel wieder mit der Wahrscheinlichkeit 50% nach links oder rechts verteilt. Jede Kugel durchläuft also einen zufälligen Kurs durch die Reihen und kommt schließlich in den Auffangkanälen am unteren Brettende an.

Von Interesse ist nun die Verteilungscharakteristik, die sich durch diese Zufallsereignisse ergibt.

Dazu müssen die Einzelwahrscheinlichkeiten von Nagelreihe zu Nagelreihe kombiniert werden.

Für Beispiel 3 ergeben sich die Funktionen nach **Bild 1 und Bild 2, folgende Seite.**

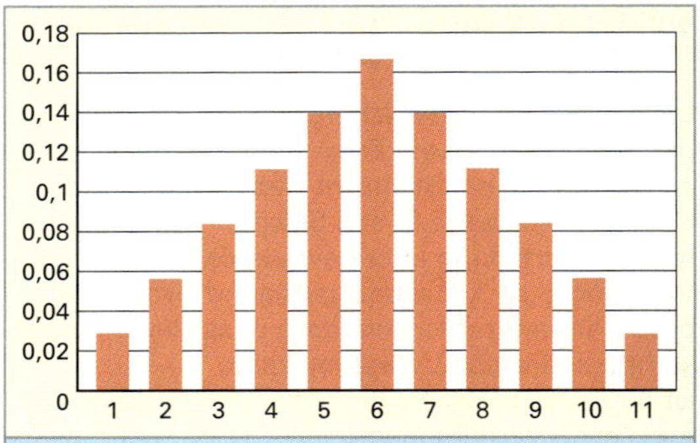


**Bild 1: Wahrscheinlichkeitsfunktion *g* (*x*), Beispiel 3**

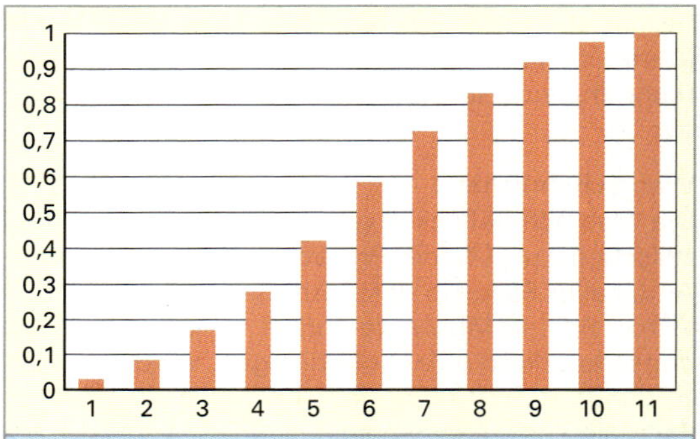


**Bild 2: Verteilungsfunktion *G* (*x*), Beispiel 3**

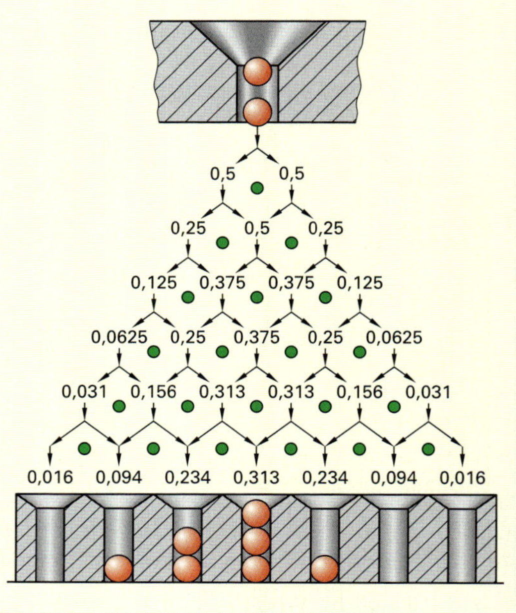


**Bild 3: Das Nagelbrett von Galton**

[1] *Francis Galton* (1822–1911) engl. Naturforscher

Zeichnet man die Wahrscheinlichkeiten als Wahrscheinlichkeitsfunktion *g(x)* auf, so erhält man einen glockenförmigen Verlauf **(Bild 1)**. Die Verteilungsfunktion *G(x)* zeigt einen S-förmigen Verlauf **(Bild 2)**.

**Bild 3** zeigt ein erweitertes Galton'sches Nagelbrett, bei dem sich auch der Einlauftrichter verschieben lässt. Damit lässt sich die Lage der Verteilung verschieben. Dieser Vorgang wird in einem Fertigungsprozess durch einen systematischen Einfluss wie z.B. eine Werkzeugabnutzung verursacht.

Im unteren Auffangbereich können auch verschobene Verteilungen zu Mischverteilungen zusammengesetzt werden. Es entsteht eine ähnliche Verteilung wie in Beispiel 3 im vorangegangenen Kapitel 5.4.2.

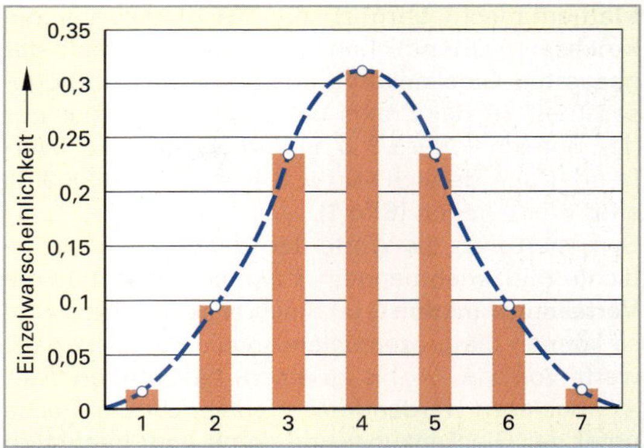


**Bild 1: Wahrscheinlichkeitsfunktion g (x)**

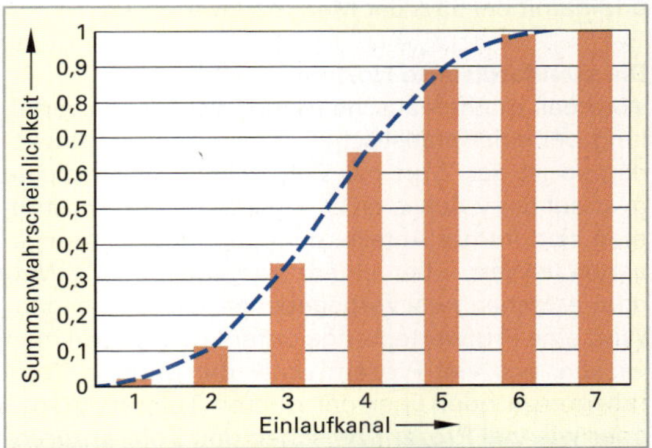


**Bild 2: Verteilungsfunktion G (x)**

### Die Normalverteilung

Zeigt die Verteilung von Prüfwerten einer Stichprobe die gleiche Charakteristik (symmetrische Glockenkurve) wie in Bild 1, so lässt sich diese auch mit dem Modell der *Gauß'schen Normalverteilung*[1] mathematisch beschreiben.

Geht man von unendlich vielen Einzelwerten und von immer schmaler werdenden Balken (= kleiner werdende Klassenbreiten) aus, so entsteht die für die Normalverteilung typische **Glockenkurve**, eine symmetrische und stetige Verteilung. Wurde im Histogramm an der senkrechten Achse (Ordinate) die absolute Häufigkeit (absolute Wertanteile) oder die relative Häufigkeit (prozentuale Wertanteile) aufgetragen, so wird daraus jetzt die Wahrscheinlichkeitsdichte *g (x)* mit der folgenden Definition.

$$g(x) = \frac{\text{Wahrscheinlichkeit, dass ein Messwert eine Klasse belegt}}{\text{Breite der Klasse}}$$

Durch die zwei Parameter **Mittelwert μ** und **Standardabweichung** $\sigma$ (Sigma) wird die Normalverteilung eindeutig beschrieben.

Die Wahrscheinlichkeitsdichtefunktion ist:

$$g(x) = \frac{1}{\sigma \cdot \sqrt{2 \cdot \pi}} \cdot e^{-\frac{1}{2}\left(\frac{x-\mu}{\sigma}\right)^2}$$

Der Mittelwert $\mu$ liegt beim **Kurvenmaximum** und bestimmt die Lage der Verteilung auf der x-Achse. Die Standardabweichung $\sigma$ kennzeichnet die **Streuung** (das Abweichverhalten vom Mittelwert) der Merkmalswerte. Der Wert der Standardabweichung **Sigma** entspricht dem Abstand der Wendepunkte der Kurve vom Mittelwert.

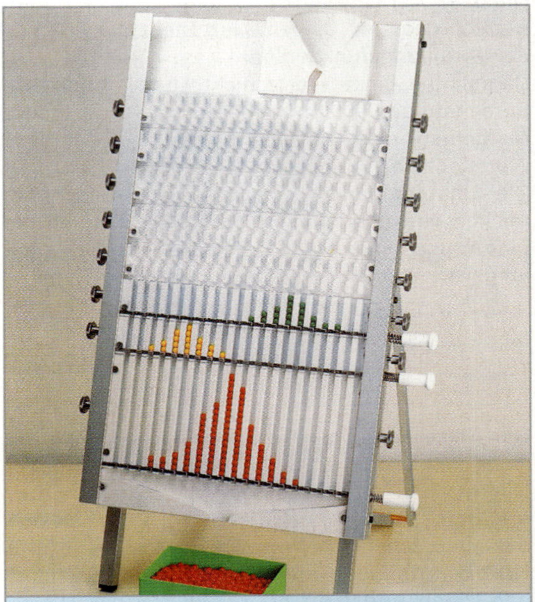

**Bild 3: Simulationsmodell für Normalverteilungen**

[1] *Gauß, Karl-Friedrich,* Mathematiker und Astronom (1777–1855)

Mathematisch berührt die Glockenkurve die x-Achse im Unendlichen. Die Fläche unterhalb der gesamten Glockenkurve entspricht der Grundgesamtheit. In der Praxis betrachtet man aber nur den Bereich von $\mu \pm 3 \cdot \sigma$, in dem 99,73% aller Werte oder den Bereich von $\mu \pm 4 \cdot \sigma$, in dem 99,99% aller Werte liegen **(Bild 1)**.

Summiert man die Werte der Wahrscheinlichkeitsdichte mit zunehmendem $x$ auf, so erhält man die **Verteilungsfunktion G (x)**. An ihrer senkrechten Achse können die prozentualen Anteile der Merkmalswerte von $x = -\infty$ bis zu einem bestimmten Wert $x_n$ abgelesen werden (dieser entspricht der Fläche unter der Glockenkurve und damit dem Integral in diesem Bereich). Die Kurve zeigt einen typischen S-Verlauf, deren Wendepunkt bei dem Wert $x = \mu$ und damit bei 50% der Merkmalswerte liegt.

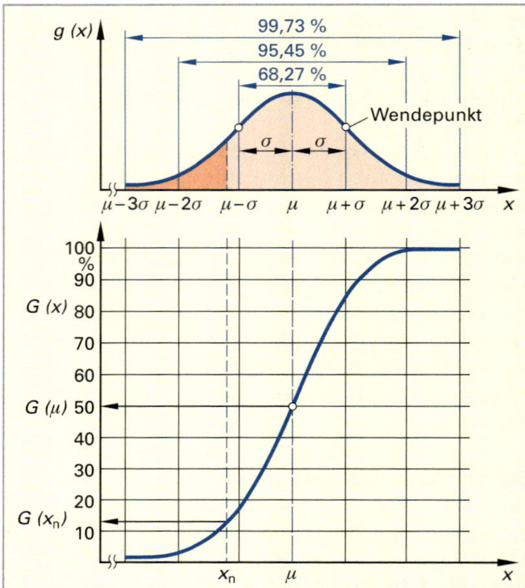


**Bild 1: Wahrscheinlichkeitsdichtefunktion und Verteilungsfunktion der Normalverteilung**

### Die standardisierte Normalverteilung

Wird das mathematische Modell der Normalverteilung bei einer statistischen Auswertung angewendet, so ist der Wert der Wahrscheinlichkeitsdichte $g(x)$ auf der y-Achse nicht von Interesse. Zu bestimmen sind immer Anteile, die unter einem vorgegebenen $x$-Wert, über einem vorgegebenen $x$-Wert oder zwischen zwei vorgegebenen $x$-Werten liegen. Wird eine Prüfwertemenge untersucht, so will man wissen, wie viel Prozent unter der unteren Toleranzgrenze oder über der oberen Toleranzgrenze oder wie viel Prozent zwischen den Toleranzgrenzen liegen.

Es wird also der Wert des Integrals, d.h. **die Fläche unter der Glockenkurve** für einen bestimmten Bereich gesucht. Diesen Wert stellt die y-Achse der Verteilungsfunktion dar.

Damit man diese Werte nicht über komplizierte Berechnungen bestimmen muss, wurde in der Mathematik eine Tabelle entwickelt, aus der diese Werte ablesbar sind.

Die Unabhängigkeit von bestimmten Streubereichen verschiedener Prüfwerte wird durch die Einführung einer standardisierten Normalverteilungsvariablen $u$ erreicht.

Die Normalverteilungsvariable:

$$u = \frac{x - \mu}{\sigma}$$

Der Mittelwert $\mu$ und die Standardabweichung $\sigma$ sind abhängig von der jeweiligen Aufgabe. Nimmt ein x-Wert genau den Wert von $\mu$, $\mu + \sigma$, $\mu + 2\sigma$, $\mu + 3\sigma$, $\mu - 2\sigma$ oder $\mu - 3\sigma$ an, so lassen sich die entsprechenden Werte für die standardisierte Normalverteilungsvariable $u$ wie nebenstehend berechnen und man erhält die standardisierte Normalverteilung, die im **Bild 2** dargestellt ist.

$$x = \mu \rightarrow u = \frac{\mu - \mu}{\sigma} = 0$$

$$x = \mu + \sigma \rightarrow u = \frac{\mu + \sigma - \mu}{\sigma} = 1$$

$$x = \mu + 2\sigma \rightarrow u = \frac{\mu + 2\sigma - \mu}{\sigma} = 2$$

$$x = \mu + 3\sigma \rightarrow u = \frac{\mu + 3\sigma - \mu}{\sigma} = 3$$

$$x = \mu - \sigma \rightarrow u = \frac{\mu - \sigma - \mu}{\sigma} = -1$$

$$x = \mu - 2\sigma \rightarrow u = \frac{\mu - 2\sigma - \mu}{\sigma} = -2$$

$$x = \mu - 3\sigma \rightarrow u = \frac{\mu - 3\sigma - \mu}{\sigma} = -3$$

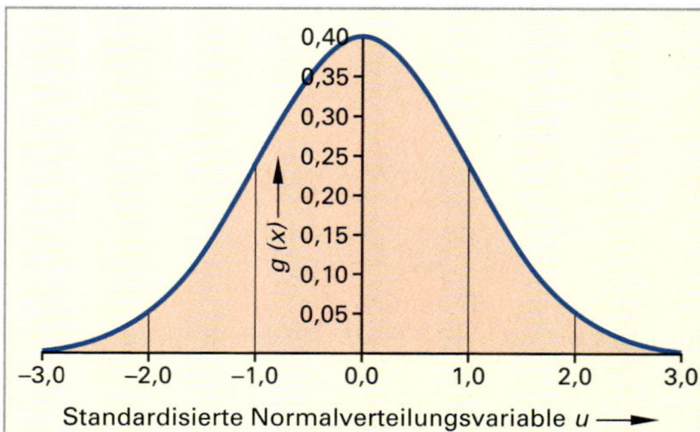


**Bild 2: Standardisierte Normalverteilung**

Die nebenstehende **Tabelle 1** zeigt die Werte der Verteilungsfunktion $G(u)$ in Abhängigkeit von der standardisierten Normalverteilungsvariablen $u$.
Umfangreiche Tabellen mit kleineren $u$-Schritten findet man in mathematischen Tabellenbüchern.
Die Tabelle kann auch mit einem Tabellenkalkulationsprogramm selbst erstellt werden.
Die Arbeit mit dieser Tabelle soll an einigen Beispielen erläutert werden:

**Beispiel 1:** Wieviel % der Werte liegen im Bereich von $-2\sigma$ und $+2\sigma$ einer Normalverteilung?

Da dieser Bereich dem Bereich $-2u$ bis $+2u$ entspricht, können die beiden Werte $G(u)$ aus der Tabelle entnommen und durch Subtraktion das Ergebnis bestimmt werden:

$G(u=+2) = 97{,}72\%$ $\quad G(u=-2) = 2{,}28\%$

Ergebnis: 97,72% – 2,28% = **95,44%**

**Beispiel 2:** Wieviel % der Werte liegen im Bereich von $-1{,}6\,\sigma$ und $+0{,}8\,\sigma$ einer Normalverteilung?

$G(u=+0{,}8) = 78{,}81\%$ $\quad G(u=-1{,}6) = 5{,}48\%$

Ergebnis: 78,81% – 5,48% = **73,33%**

**Tabelle 1: Werte G (u) der Standardisierten Normalverteilung**

| u | G(x) | G(x) in % | u | G(x) | G(x) in % |
|---|---|---|---|---|---|
| – 3,0 | 0,0013 | 0,13 % | 0,2 | 0,5793 | 57,93 % |
| – 2,8 | 0,0026 | 0,26 % | 0,4 | 0,6554 | 65,54 % |
| – 2,6 | 0,0047 | 0,47 % | 0,6 | 0,7257 | 72,57 % |
| – 2,4 | 0,0082 | 0,82 % | 0,8 | 0,7881 | 78,81 % |
| – 2,2 | 0,0139 | 1,39 % | 1,0 | 0,8413 | 84,13 % |
| – 2,0 | 0,0228 | 2,28 % | 1,2 | 0,8849 | 88,49 % |
| – 1,8 | 0,0359 | 3,59 % | 1,4 | 0,9192 | 91,92 % |
| – 1,6 | 0,0548 | 5,48 % | 1,6 | 0,9452 | 94,52 % |
| – 1,4 | 0,0808 | 8,08 % | 1,8 | 0,9641 | 96,41 % |
| – 1,2 | 0,1151 | 11,51 % | 2,0 | 0,9772 | 97,72 % |
| – 1,0 | 0,1587 | 15,87 % | 2,2 | 0,9861 | 98,61 % |
| – 0,8 | 0,2119 | 21,19 % | 2,4 | 0,9918 | 99,18 % |
| – 0,6 | 0,2743 | 27,43 % | 2,6 | 0,9953 | 99,53 % |
| – 0,4 | 0,3446 | 34,46 % | 2,8 | 0,9974 | 99,74 % |
| – 0,2 | 0,4207 | 42,07 % | 3,0 | 0,9987 | 99,87 % |
| 0 | 0,5000 | 50,00 % | | | |

## Kurzbezeichnungen bei der Grundgesamtheit und der Stichprobe

Zur Beurteilung eines Fertigungsprozesses kann nur selten auf die Gesamtheit aller Merkmalswerte für eine Auswertung aufgebaut werden. Es können nur Stichproben genommen werden. Meist muss auch ein Prozess schon beim Anlauf beurteilt werden. Mit den aus der **Stichprobe** gewonnenen **Kennwerten** der Verteilung werden dann die **Parameter** der **Grundgesamtheit** geschätzt. Damit Stichprobenkennwerte klar von den Parametern der Grundgesamtheit unterschieden werden können, werden unterschiedliche Kurzbezeichnungen verwendet **(Tabelle 2)**.

**Tabelle 2: Kurzbezeichnungen bei Grundgesamtheit und Stichprobe**

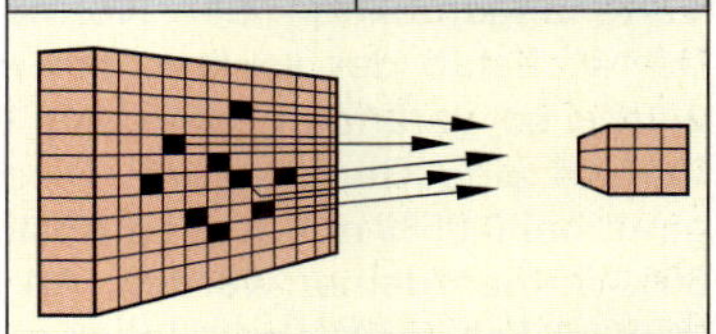

| | Grundgesamtheit | Stichprobe |
|---|---|---|
| | Parameter: | Kennwerte: |
| Werteumfang | $N$ | $n$ |
| Mittelwert | $\mu$ | $\bar{x}$ |
| Standard-abweichung: | $\sigma$ | $s$ |

## Rechnerische Ermittlung von $\bar{x}$ und s

Der arithmetische Mittelwert $\bar{x}$ (sprich x quer) und die Standardabweichung $s$ einer Stichprobe vom Umfang $n$ werden nach den nebenstehenden Formeln ermittelt.
Beide Werte können bei den meisten Taschenrechnern mit einer Taste abgerufen werden.
Mit der Standardabweichung wird der mittlere Abstand der Einzelwerte $x_i$ vom Mittelwert $x$ berechnet. Quadrat und Wurzel wird deshalb notwendig, damit die Abstände alle positiv werden. Positive und negative Abstände würden sich sonst gegenseitig aufheben.

$$\bar{x} = \frac{\Sigma x_i}{n} = \frac{x_1 + x_2 + \ldots x_n}{n}$$

$$s = \sqrt{\frac{\Sigma(x_i - \bar{x})^2}{n-1}}$$

$x_1 = x_1, x_2 \ldots x_n$ (einzelne Merkmalswerte)

Häufig findet man auf Taschenrechnern zwei $s$-Werte: $s_{n-1}$ *und* $s_n$ (manchmal auch mit $\sigma_{n-1}$ und $\sigma_n$ bezeichnet). Der Unterschied liegt im Nenner der Formel für $s$ (bzw. $\sigma$). Im einen Fall wird durch $n$–1 und im anderen Fall durch $n$ dividiert. Bei Stichproben wird mit $s_{n-1}$ gerechnet.

**Beispiel:** Für die normalverteilten Prüfwerte des Merkmals „Gabelinnenmaß“ mit dem Maß $26^{+0,1}$ soll für die Stichprobe vom Umfang $n = 50$ (Prüfwerte siehe Urliste von Beispiel 1 im vorangegangenen Kapitel) der Mittelwert und die Standardabweichung bestimmt werden.

Es ergeben sich folgende Werte für den Mittelwert und die Standardabweichung:

$$\bar{x} = 26{,}064 \text{ mm}$$
$$s = 0{,}0185 \text{ mm}$$

Mit diesen beiden Werten lässt sich schon das zugehörige mathematische Modell der Gauß'schen Normalverteilung aufzeichnen **(Bild 1)**. Da die Fläche unter der Glockenkurve die Menge der Merkmalswerte darstellt, kann man nach dem Einzeichnen der Toleranzgrenzen ($G_u$ und $G_o$) erkennen, dass oberhalb der oberen Toleranzgrenzen ein erheblicher fehlerhafter Anteil liegt, obwohl in der Urliste kein Wert außerhalb der Toleranzgrenzen liegt. Mit der Verteilungsfunktion $G(x)$ kann dieser zeichnerisch ungefähr ermittelt werden.
Geht man also davon aus, dass der Fertigungsprozess normalverteilt ist, so ist langfristig dieser Fehleranteil zu erwarten.

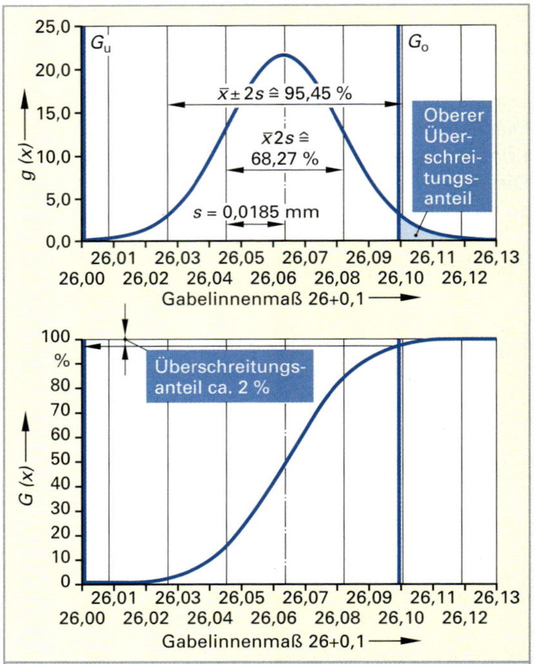


**Bild 1: Wahrscheinlichkeits- und Verteilungsfuntion**

### Wahrscheinlichkeitsnetz

Das Wahrscheinlichkeitsnetz stellt im Grunde die Verteilungsfunktion der Normalverteilung dar. Der Maßstab der senkrechten Achse (Ordinate) wurde so verändert, dass aus dem S-förmigen Verlauf eine Gerade wird. Dieser Maßstab beginnt bei 0,05% mit großen Abständen, die bis zu 50% immer kleiner werden. Ab 50% werden sie in umgekehrter Weise wieder größer bis zu dem maximalen Wert 99,95% **(Bild 2)**.

Auf einer parallelen Achse ist die **standardisierte Normalverteilungsvariable u** abgetragen. Mit deren Hilfe lassen sich bei einer Stichprobenaufwertung sofort der Mittelwert und die Werte für die Standardabweichung ablesen.

Auf der waagerechten Achse (Abszisse) wird der zu betrachtende **Bereich der Merkmalswerte** ausgetragen. Mit dem Wahrscheinlichkeitsnetz kann man schnell und einfach Stichproben auf **Normalverteilung untersuchen** und **auswerten**.

Nach Ermittlung der relativen (prozentualen) Summenhäufigkeiten lassen sich diese als Punkte in das Wahrscheinlichkeitsnetz einzeichnen. Liegen die Punkte annähernd auf einer Geraden, so kann man davon ausgehen, dass der Prozess normalverteilt ist. Anhand der Geraden kann man weiterhin den Mittelwert ablesen und mithilfe des $u$-Maßstabes die Standardabweichung ermitteln.

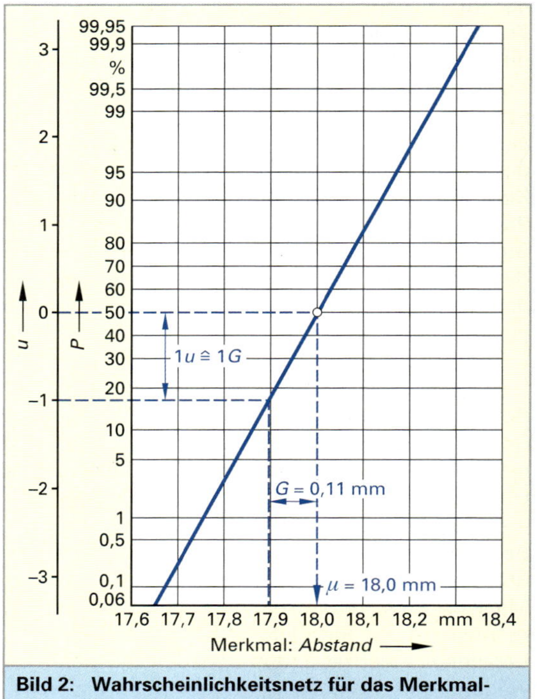


**Bild 2: Wahrscheinlichkeitsnetz für das Merkmalbeispiel „Abstand in mm“ mit einem Mittelwert von 18,0 mm**

## 5.5.4 Auswertung von Messreihen im Wahrscheinlichkeitsnetz

**Aufgabe:**
Mithilfe des Wahrscheinlichkeitsnetzes soll für die Stichprobe vom Umfang $n = 50$ aus einer Maschinenfähigkeitsuntersuchung für das Merkmal „Gabelinnenmaß" mit dem Maß $26^{+0,1}$ (Beispiel 1 im vorangegangenen Kapitel) folgende Aufgaben gelöst werden:

a) Beurteilung, ob eine Normalverteilung vorliegt,

b) Zeichnerische Bestimmung von Mittelwert und Standardabweichung,

c) Bestimmung der Überschreitungsanteile in %,

d) Anteile der in der Toleranz liegenden Teile.

Die notwendigen Summenhäufigkeiten wurden in nebenstehender Tabelle schon ermittelt.

**Tabelle 1: Summenhäufigkeiten Merkmal Gabelinnenmaß $26^{+0,1}$**

| Klasse | | Summenhäufigkeit | |
|---|---|---|---|
| von | bis | absolut | relativ |
| 25,995 | 26,005 | 0 | 0,0% |
| 26,005 | 26,015 | 0 | 0,0% |
| 26,015 | 26,025 | 1 | 2,0% |
| 26,025 | 26,035 | 3 | 6,0% |
| 26,035 | 26,045 | 7 | 14,0% |
| 26,045 | 26,055 | 16 | 32,0% |
| 26,055 | 26,065 | 27 | 54,0% |
| 26,065 | 26,075 | 35 | 70,0% |
| 26,075 | 26,085 | 43 | 86,0% |
| 26,085 | 26,095 | 48 | 96,0% |
| 26,095 | 26,105 | 50 | 100,0% |
| 26,105 | 26,115 | 50 | 100,0% |

**Lösung:**

**a) Beurteilung, ob eine Normalverteilung vorliegt:**

1. Wahl und Eintrag eines Maßstabes für die Merkmalswerte auf der x-Achse, sodass zum einen alle Klassen und zum anderen die Toleranzgrenzen beinhaltet sind.

2. Eintrag der Summenhäufigkeiten für jede Klasse an der Klassenobergrenze.

3. Liegen die Punkte annähernd auf einer Geraden, so kann davon ausgegangen werden, dass mit großer Wahrscheinlichkeit eine Normalverteilung vorliegt.

**b) Bestimmung des Mittelwerts und der Standardabweichung**

1. Ein Lot vom Schnittpunkt der 50%-Waagerechten auf die x-Achse (Merkmalsachse) ergibt den Mittelwert $\overline{x}$.

2. Durch den 50%-Punkt auf der linken y-Achse (Summenhäufigkeitsachse) wird eine Parallele zur konstruierten Wahrscheinlichkeitsgeraden bis zur $s_z$-Achse am oberen Rand gezeichnet.
   Der Wert für $s_z$ wird am Schnittpunkt abgelesen und mit der Teilung b der x-Achse (siehe rechts unten) multipliziert. Dies ergibt die Standardabweichung:

$$s = s_z \cdot b$$

**c) Bestimmung der Überschreitungsanteile**

1. Am unteren und oberen Grenzwert ($G_u$ und $G_o$) wird je eine senkrechte Gerade eingezeichnet.

2. Vom Schnittpunkt mit der konstruierten Wahrscheinlichkeitsgeraden wird am unteren Grenzwert an der linken P-Achse und am oberen Grenzwert an der rechten (100-P)-Achse der jeweilige Überschreitungsanteil in % abgelesen.

3. Zieht man den unteren und oberen Überschreitungsanteil von 100% ab, so erhält man den Anteil, der in der Toleranz liegt.

**Bild 1** auf der nächsten Seite zeigt das fertig ausgefüllte Wahrscheinlichkeitsnetz.

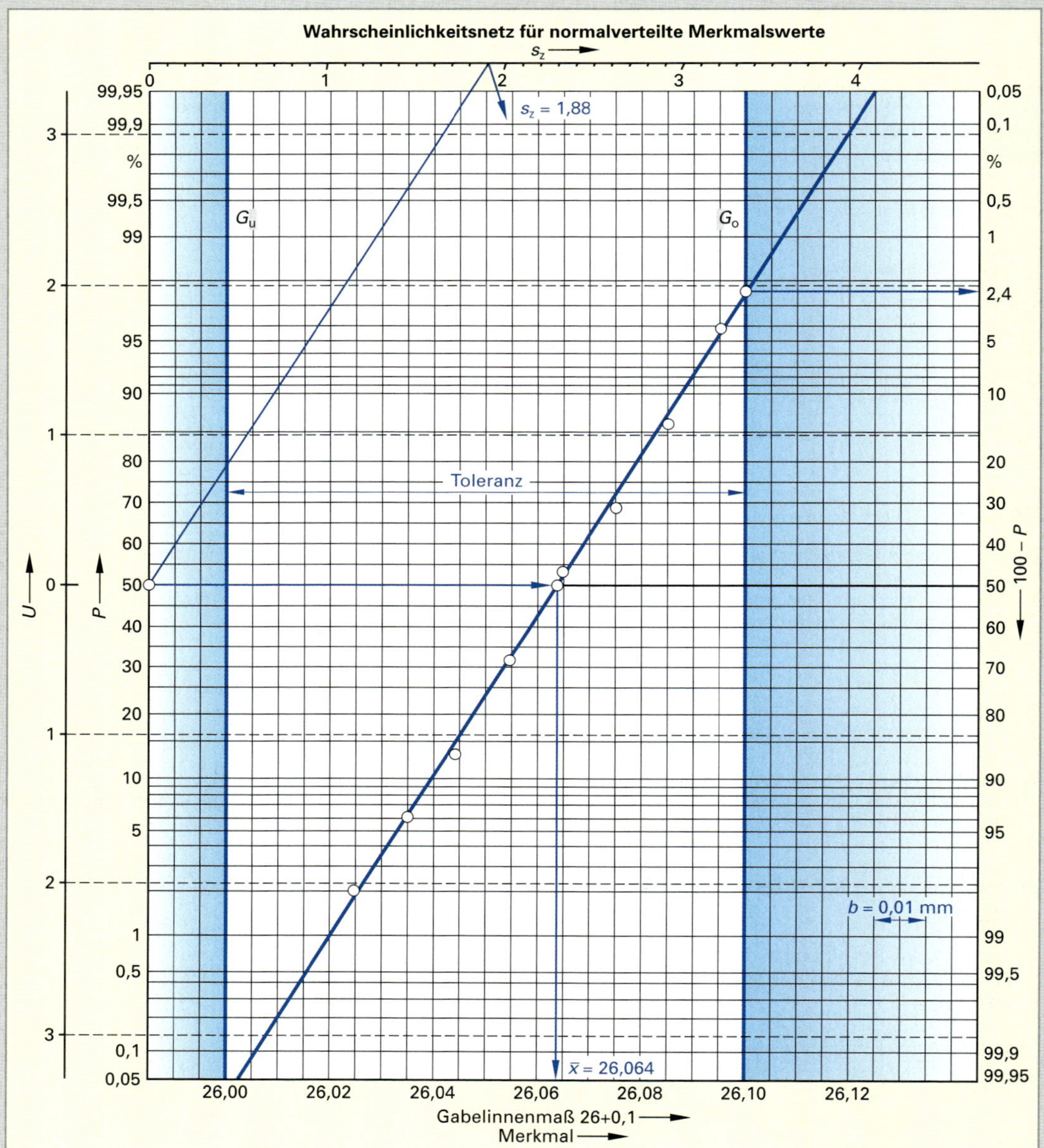


**Bild 1: Auswertung im Wahrscheinlichkeitsnetz**

Ergebnisse:

a) Die eingezeichneten Punkte der Summenhäufigkeiten zeigen sehr deutlich eine Gerade. Die Prozessergebnisse sind also normalverteilt.

b) Der Mittelwert $\bar{x}$ = **26,064** mm.
Der sz-Wert wird mit 1,88 abgelesen.
b = 0,01 mm
Damit errechnet sich s wie folgt:
$s = sz \cdot b = 1{,}88 \cdot 0{,}01$ mm = **0,0188** mm
Vergleicht man die zeichnerisch ermittelten Werte mit den errechneten Werten, kann man feststellen, dass die zeichnerische Lösung einen hohen Genauigkeitsgrad zeigt.

c) Beim oberen Überschreitungsanteil ergibt sich ein Wert von **2,4%**.
Der untere Überschreitungsanteil ist kleiner als 0,05%, praktisch gesehen kann er mit 0% angenommen werden. Insgesamt kann also davon ausgegangen werden, dass insgesamt mit 2,4% fehlerhaften Teilen gerechnet werden muss.

d) 100% – 2,4% = **97,6%** in der Toleranz liegende Teile.

In den **Tabellen 1 und 2** sind die Summenhäufigkeiten von den Beispielen 2 und 3 aus dem vorangegangenen Kapitel aufgelistet. **Bild 2 und Bild 3** zeigen die Auswertung dieser Stichproben im Wahrscheinlichkeitsnetz.

**Tabelle 1: Summenhäufigkeiten Merkmal Koaxialität D = 20H7 zu D = 40**

| Klasse | | Summenhäufigkeit | |
|---|---|---|---|
| von | bis | absolut | relativ |
| 0,005 | 0,015 | 0 | 0,0 % |
| 0,015 | 0,025 | 0 | 0,0 % |
| 0,025 | 0,035 | 0 | 0,0 % |
| 0,035 | 0,045 | 0 | 0,0 % |
| 0,045 | 0,055 | 0 | 0,0 % |
| 0,055 | 0,065 | 10 | 20,0 % |
| 0,065 | 0,075 | 25 | 50,0 % |
| 0,075 | 0,085 | 35 | 70,0 % |
| 0,085 | 0,095 | 43 | 86,0 % |
| 0,095 | 0,105 | 47 | 94,0 % |
| 0,105 | 0,115 | 49 | 98,0 % |
| 0,115 | 0,125 | 50 | 100,0 % |

**Tabelle 2: Summenhäufigkeiten Merkmal Härte 700–800 HV5**

| Klasse | | Summenhäufigkeit | |
|---|---|---|---|
| von | bis | absolut | relativ |
| 689,5 | 699,5 | 0 | 0,0 % |
| 699,5 | 709,5 | 9 | 7,2 % |
| 709,5 | 719,5 | 31 | 24,8 % |
| 719,5 | 729,5 | 48 | 38,4 % |
| 729,5 | 739,5 | 59 | 47,2 % |
| 739,5 | 749,5 | 66 | 52,8 % |
| 749,5 | 759,5 | 78 | 62,4 % |
| 759,5 | 769,5 | 102 | 81,6 % |
| 769,5 | 779,5 | 116 | 92,8 % |
| 779,5 | 789,5 | 122 | 97,6 % |
| 789,5 | 799,5 | 125 | 100,0 % |
| 799,5 | 809,5 | 125 | 100,0 % |

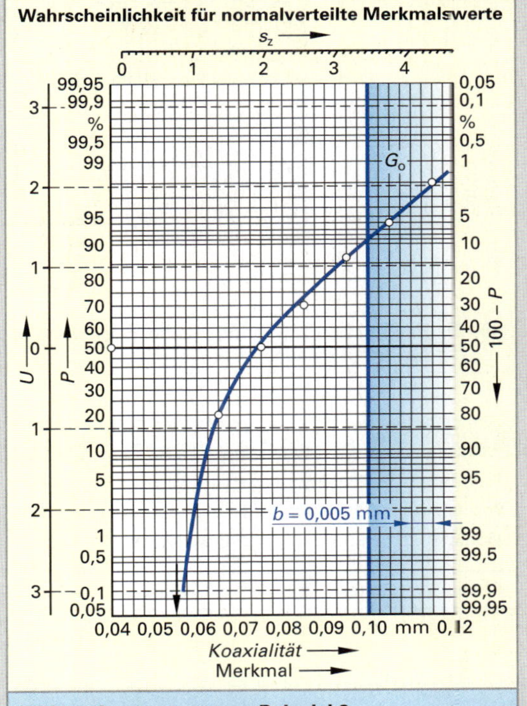


**Bild 1: Auswertung von Beispiel 2**

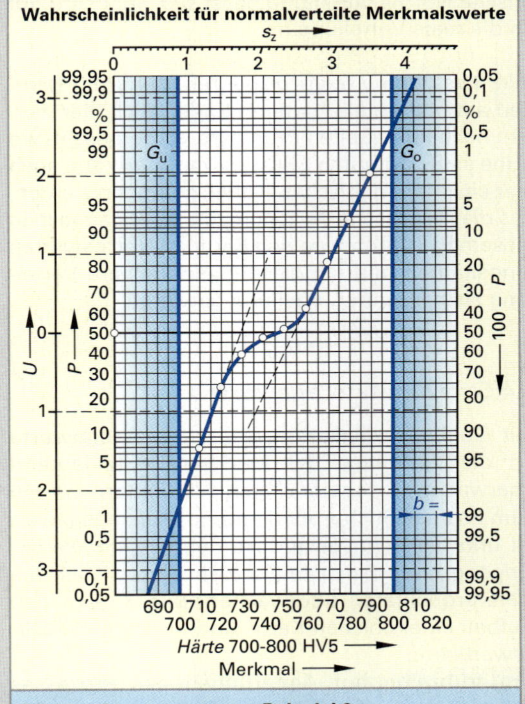


**Bild 2: Auswertung von Beispiel 2**

**Auswertungsergebnisse:**
Ergibt die Verbindungslinie der Punkte im Wahrscheinlichkeitsnetz eine gekrümmte Linie, so liegt eine unsymmetrische Verteilung vor. Das mathematische Modell der Normalverteilung kann zur Beschreibung der Verteilung nicht mehr verwendet werden. Es muss geprüft werden, ob ein anderes Verteilungsmodell, z.B. logarithmische Normalverteilung oder Weibull[1]-Verteilung, angewendet werden kann.

Zeigt die Verbindungslinie der Punkte im unteren und oberen Bereich je eine Gerade, die durch eine geschwungene Linie verbunden ist, so liegt eine Mischverteilung aus zwei Normalverteilungen oder auch ähnlichen Verteilungen vor. Moderne SPC-Programme können auch solche Mischverteilungen mathematisch auflösen und analysieren.

[1] *Wallodi Weibull* (1887–1979), schwed. Ingenieur

**Auswahl des richtigen Verteilungsmodells**
Die Auswertungen auf den vorangegangenen Seiten zeigen, dass nicht immer ein Normalverteilungsmodell zur Beschreibung einer Verteilung von Prüfwerten angewendet werden kann. Soll also ein Prozess statistisch überwacht werden, so muss eine intensive Untersuchung im Vorfeld stattfinden. Diese hat zum Ziel, das richtige Verteilungsmodell mit den richtigen Verteilungsparametern zu finden. Wird fälschlicherweise eine Normalverteilung angewendet, so täuscht diese Prüfwerte vor, die in Wirklichkeit gar nicht vorkommen.

**Bild 1** zeigt ein Beispiel für die Folgen, die die Anwendung des Normalverteilungsmodells bei einer schiefen Verteilung hat. Auf der linken Seite wird ein erheblicher Anteil angezeigt, obwohl dort in Wirklichkeit keiner vorkommt. Die logarithmische Normalverteilung passt sich aber sehr gut an die reale Verteilung an.

**Bild 2** zeigt eine rechteckige Verteilung mit Rampen am oberen und unteren Ende. Auch hier werden bei beiden Seiten Prüfwerte vorgetäuscht, wo keine sind. Mit guten SPC-Programmen kann auch hier ein mathematisches Modell gefunden werden, das die realistische Verteilung genauer darstellt. In diesem Fall wurden an den Rampen Normalverteilungshälften und dazwischen eine lineare Verteilung als passende Verteilung gewählt.

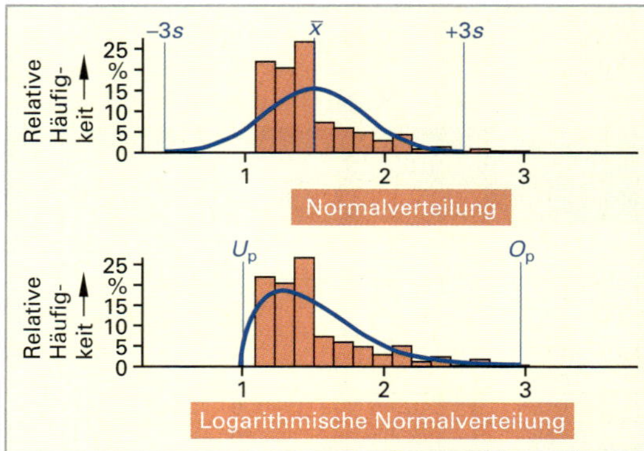


**Bild 1: Schiefe Verteilung mit Normalverteilung und logarithmischer Normalverteilung**

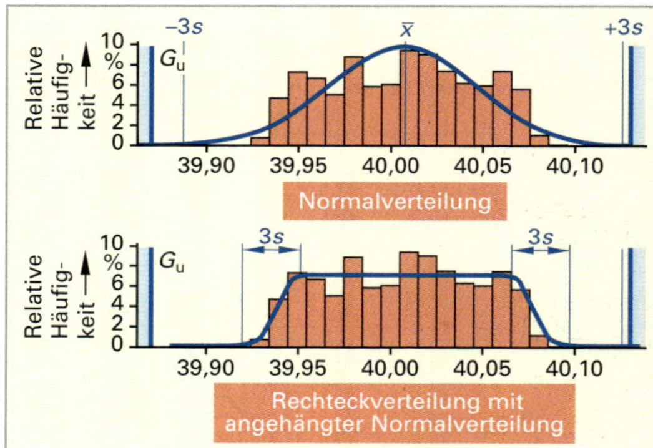


**Bild 2: Rechteckverteilung mit Normalverteilung und Modellanpassung**

## 5.4.5 Qualitätsregelkarten

Mit Qualitätsregelkarten werden die **Kennwerte** für die Verteilung der Merkmalswerte laufend überwacht. In regelmäßigen Abständen werden dem Prozess Stichproben entnommen, ausgewertet und die Kennwerte dokumentiert. Im Wareneingang lassen sich mit diesen Karten auch die Liefererqualitäten überwachen. **Bild 3** zeigt den Aufbau einer solchen Karte am Beispiel einer Mittelwertkarte.

Um frühzeitig auf Änderungen des Prozesses zu reagieren, setzt man den Prozesskennwerten Grenzen. Erreichen die Kennwerte die **Warngrenzen (OWG und UWG)**, so weisen die Überschreitungsanteile zwar noch ein erträgliches Maß auf, es besteht aber die Gefahr, dass der Prozess noch weiter abdriftet. Meist wird in solch einem Fall der Prozess noch schärfer, d.h. in kürzeren Abständen beobachtet. Wird eine **Eingriffsgrenze (OEG oder UEG)** erreicht, so muss der Prozess angehalten, Ursachen erforscht und Maschineneinstellungen korrigiert oder Werkzeuge gewechselt werden.

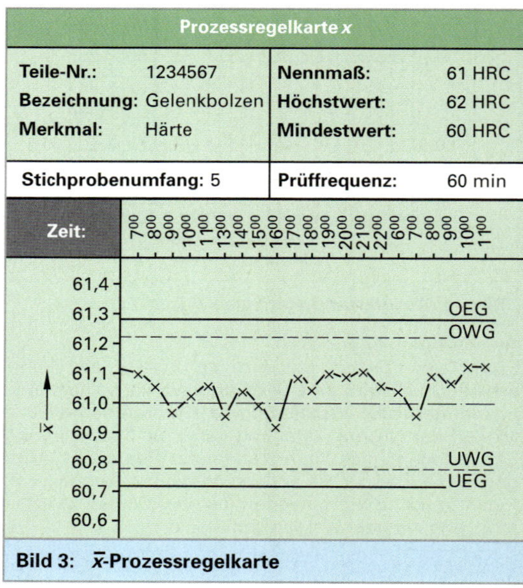


**Bild 3: $\bar{x}$-Prozessregelkarte**

Welche Maßnahmen in diesen Fällen im Einzelnen ergriffen werden müssen, wird im **Prüfplan** dokumentiert.

**Arten von Qualitätsregelkarten**

Man unterscheidet bei kontinuierlichen Merkmalen (= Messwerten) 2 Arten von Regelkarten:

**1. Prozessregelkarten (Shewartkarten[1])**

Diese Karten gehen nicht von vorgegebenen Grenzwerten aus. Eingriffs- und Warngrenzen (OEG, OWG und UWG, UEG) werden über Schätzwerte der Verteilungsparameter (Mittelwert und Standardabweichung) einer Grundgesamtheit bestimmt. **Bild 1** zeigt diesen Vorgang am Beispiel einer Urwertkarte.

Ist der Fertigungsprozess eine Wiederholung von einem schon einmal oder mehrmals durchgeführten Prozess, so werden die Grenzwerte aus dessen Verteilungsparametern gebildet.

Wird ein Fertigungsprozess zum ersten Mal angefahren, so schätzt man die Verteilungsparameter der Grundgesamtheit über einen Vorlauf (z.B. 25 Stichproben mit Stichprobenumfang $n = 5$). Da bei fortschreitendem Verlauf des Prozesses ständig weitere Messwerte gewonnen werden, können diese in erneute Grenzwertberechnungen mit einbezogen werden.

**2. Annahmeregelkarten**

Hier werden die Eingriffs- und Warngrenzen über die Toleranzgrenzwerte berechnet. Als Grundlage für die Berechnung der Eingriffs- und Warngrenzen dient eine Verteilung, deren Streuung zwischen den Toleranzgrenzen $\pm 4\,\sigma$ (manchmal auch $\pm 5\,\sigma$) beträgt.

In **Bild 2** wird dieser Vorgang am Beispiel einer Urwertregelkarte verdeutlicht.

Prozess- und Annahmeregelkarten gibt es für die Einzelmesswerte (Urwerte) und für die Kennwerte von Lage und Streuung einer Stichprobe (**Tabelle 1**). Um die Lage und die Streuung eines Prozesses gleichzeitig zu überwachen, werden vorzugsweise $\bar{x}$-Karten und $R$-Karten[2] oder $\bar{x}$ und $s$-Karten kombiniert. Führt man Regelkarten von Hand, wird die $\bar{x}$- und $R$-Karte bevorzugt, da die Spannweite $R$ wesentlich einfacher von Hand zu ermitteln ist als die Standardabweichung $s$.

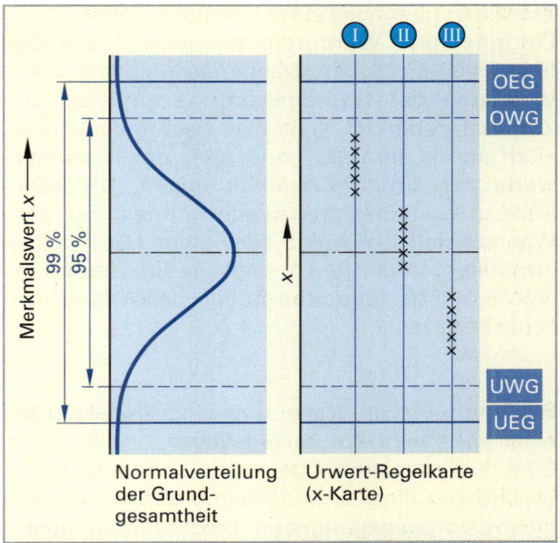


**Bild 1: Prozessregelkarte (Shewartkarte) – von der Grundgesamtheit zur Regelkarte am Beispiel einer Urwertkarte**

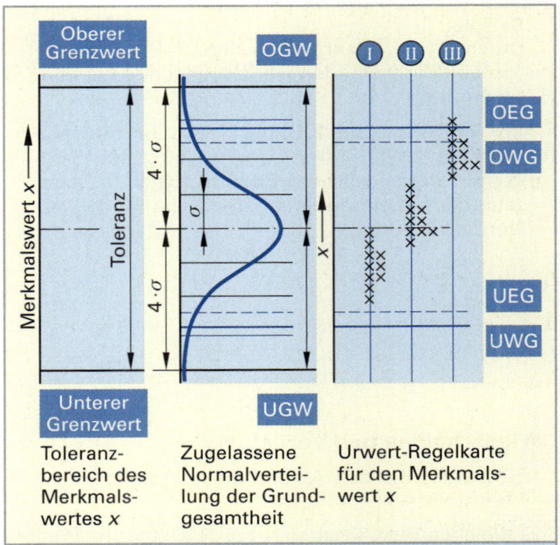


**Bild 2: Annahmeregelkarte – vom Toleranzbereich zur Regelkarte am Beispiel einer Umweltkarte**

**Tabelle 1: Regelkarten**

| Urwerte ($x$-Karte) | | | |
|---|---|---|---|
| Kennwerte der Lage | | Kennwerte der Streuung | |
| Median | ($\tilde{x}$-Karte) | Spannweite | ($R$-Karte) |
| arithmet. Mittelwert | ($\bar{x}$-Karte) | Standardabweichung | ($s$-Karte) |

[1] *Walter Andrew Shewart* (1891–1967), amerik. Wissenschaftler
[2] R von engl. range = Reichweite

**Zufallsstreubereiche einer Normalverteilung**

Eingriffs- und Warngrenzen werden nach den 99%- und 95%-Zufallsstreubereichen der Normalverteilung der Grundgesamtheit ermittelt. Der Zufallsstreubereich gibt den Merkmalswertebereich an, in dem 99% bzw. 95% der Merkmalswerte der Grundgesamtheit liegen. Die zugehörigen Merkmalsgrenzwerte können mit dem Wahrscheinlichkeitsnetz oder einer $G(u)$-Tabelle ermittelt werden. **Bild 1** zeigt die Ermittlung des 95%-Zufallsstreubereichs mithilfe des Wahrscheinlichkeitsnetzes.

**Bestimmung von Warn- und Eingriffsnetzen bei einer Mittelwert-Prozessregelkarte**

Sind die Parameter Mittelwert $\mu$ und Standardabweichung $\sigma$ einer Grundgesamtheit bekannt (aus einem vorausgegangenen Prozess oder einem Vorlauf), so können die Warn- und Eingriffsgrenzen für eine Mittelwert-Regelkarte bestimmt werden.

**Beispiel:**
Durch einen Vorlauf bei der Herstellung von elektrischen Widerständen wurden folgende Parameter ermittelt:

$\mu$ = 100 Ohm, $\sigma$ = 2 Ohm. In **Bild 1a, folgende Seite,** ist zunächst dieser Vorlauf durch ein Histogramm dargestellt und **Bild 1b, folgende Seite,** zeigt das zugehörige mathematische Modell der Normalverteilung.

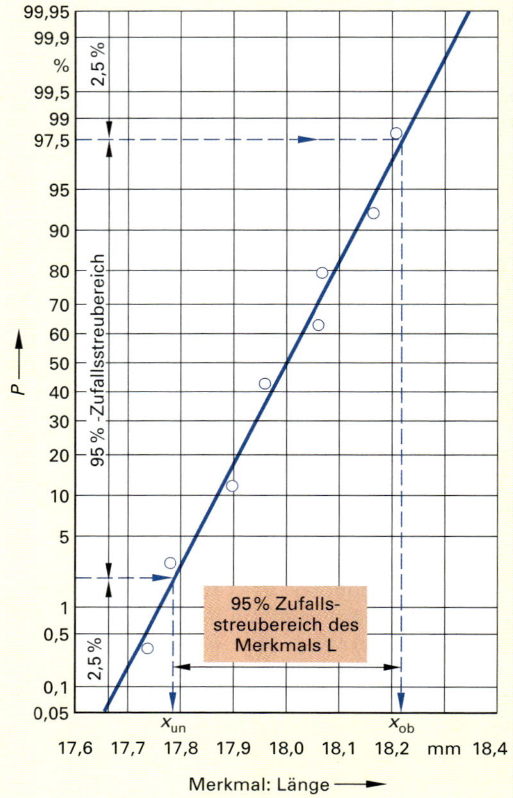


Ergebnis: Der 95 % -Zufallsstreubereich liegt zwischen $x_{un}$ = 17,78 mm und $x_{ob}$ = 18,22 mm.

**Bild 1: Ermittlung eines 95%-Zufallsstreubereichs mit dem Wahrscheinlichkeitsnetz**

**Wiederholung und Vertiefung**

1. Erläutern Sie den Aufbau eines Wahrscheinlichkeitsnetzes.
2. Welcher Wert lässt sich bei $P$ = 50% im Wahrscheinlichkeitsnetz ablesen?
3. Welche Form muss die Funktion $G(x)$ im Wahrscheinlichkeitsnetz haben, wenn eine Normalverteilung vorliegt?
4. Wie wird der arithmetische Mittelwert berechnet?
5. Wie wird die Standardabweichung berechnet?
6. Wie wird die Klassenanzahl und Klassenweite für ein Histogramm bestimmt?
7. Beschreiben Sie den Aufbau einer Qualitätsregelkarte.
8. Welche Ziele verfolgt man beim Führen von Qualitätsregelkarten?
9. Unterscheiden Sie „Prozessregelkarten" und „Annahmeregelkarten".
10. Für welche Kenngrößen gibt es Regelkarten?
11. Lage und Streuung eines Merkmalswertes sollen von Hand dokumentiert und ausgewertet werden. Welche Regelkartenkombination schlagen Sie vor?
12. Auf welche Weise kann in einem Wahrscheinlichkeitsnetz der 95%-Zufallsstreubereich der Merkmalswerte in einem Wahrscheinlichkeitsnetz bestimmt werden?
13. Wie lässt sich aus der Standardabweichung der Merkmalswerte die Standardabweichung der Mittelwerte bestimmen?

**Aufgabe**

Der folgende Fertigungsprozess soll mit regelmäßigen Stichproben vom Umfang $n = 10$ überwacht werden. Für eine $\bar{x}$-Regelkarte sollen die Warngrenzen und Eingriffsgrenzen bestimmt werden.

Die Bilder c und d zeigen drei Histogramme und ihre zugehörigen Schaubilder der Normalverteilung von Stichproben, die alle von dem Histogramm des Vorlaufs stammen können.

Stichprobe I liegt ganz links im Streubereich des Vorlaufs, II in der Mitte und III ganz rechts im Streubereich. Die Wahrscheinlichkeit, dass die beiden extremen Stichproben I und III vorkommen, ist sehr gering. Bleibt der Prozess konstant, werden mit größter Wahrscheinlichkeit ähnliche Stichproben wie die Stichprobe II mit gleicher oder größerer Streuung zu erwarten sein. Aus dieser Erkenntnis kann man folgern, dass die Mittelwerte der einzelnen Stichproben wiederum in einer Normalverteilung streuen.

*Lösung:*

Die Standardabweichung der Verteilung der Mittelwerte lässt sich nach folgender Formel bestimmen:

$$\sigma_{\bar{x}} = \frac{\hat{\sigma}}{\sqrt{n}} = \frac{2\,\Omega}{\sqrt{10}} = 0{,}632\,\Omega$$

Bild 1e zeigt die Normalverteilung der Mittelwerte $\bar{x}$. Die Regelkartengrenzen bestimmt man über die in Europa üblichen 99%- bzw. 95%-Zufallsstreubereiche **(Bild 1e und Bild 1f)**.

Berechnung der Grenzwerte:

$$OEG = \hat{\mu} + u_{0,995} \cdot \frac{\hat{\sigma}}{\sqrt{n}} = 100\,\Omega + 2{,}5758 \cdot \frac{2\,\Omega}{\sqrt{10}} = \mathbf{101{,}63\,\Omega}$$

$$UEG = \hat{\mu} - u_{0,995} \cdot \frac{\hat{\sigma}}{\sqrt{n}} = 100\,\Omega - 2{,}5758 \cdot \frac{2\,\Omega}{\sqrt{n}} = \mathbf{98{,}371\,\Omega}$$

$$OWG = \hat{\mu} + u_{0,975} \cdot \frac{\hat{\sigma}}{\sqrt{n}} = 100\,\Omega + 1{,}96 \cdot \frac{2\,\Omega}{\sqrt{10}} = \mathbf{101{,}24\,\Omega}$$

$$UWG = \hat{\mu} - u_{0,975} \cdot \frac{\hat{\sigma}}{\sqrt{n}} = 100\,\Omega - 1{,}96 \cdot \frac{2\,\Omega}{\sqrt{n}} = \mathbf{98{,}76\,\Omega}$$

Die Werte der standardisierten Normalverteilungsvariable $u$ (hier: 2,5758 und 1,96) werden einer $G(u)$-Tabelle entnommen.

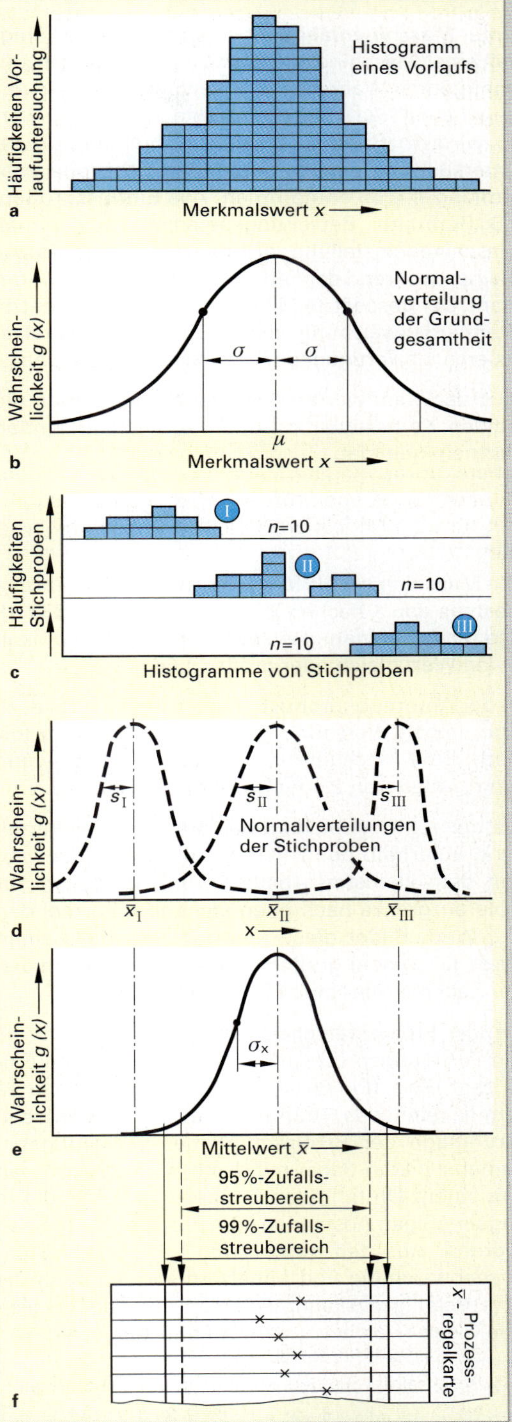


**Bild 1: Vom Histogramm bis zur $\bar{x}$-Regelkarte**

### 5.4.6 Maschinen- und Prozessfähigkeit

Unter **Maschinenfähigkeit** versteht man die Fähigkeit einer Maschine, die Werte eines Merkmals mit genügender Wahrscheinlichkeit innerhalb der vorgegebenen Merkmalsgrenzwerte zu fertigen. Hierzu wird im Rahmen einer Maschinenfähigkeitsuntersuchung eine fortlaufende Stichprobe vom Umfang $n \geqq 50$ entnommen. Alle Einflussgrößen, z.B. Prüfmittel, Bedienungspersonal, Rohmaterial, Maschineneinstellung, auf den Fertigungsprozess bleiben während der Fertigung der Stichprobe konstant. Der geschätzte Mittelwert und die geschätzte Standardabweichung[1] dieser Stichprobe charakterisieren die Fertigungsgenauigkeit der Maschine.

Aus den Kennwerten der Stichprobe werden die beiden Kennzahlen $c_m$ und $c_{mk}$ nach folgenden Formeln gebildet:

$$c_m = \frac{T}{6 \cdot \hat{\sigma}} \qquad c_{mk} = \frac{|\Delta_{krit}|}{3 \cdot \hat{\sigma}}$$

Die Maschine gilt als fähig, wenn die Toleranz mindestens den 10fachen Wert von $\hat{\sigma}$ beträgt **(Bild 1)**. Die Maschinenfähigkeitskennzahl $c_m$ nimmt dann einen Wert gleich oder größer 1,66 an.

In der Automobilproduktion geht man häufig dazu über, einen Wert für $\hat{\sigma} \leq \frac{1}{12}$ der Toleranz zu fordern. Eine Maschine is demzufolge fähig, wenn ein $c_m$-Wert von 2 oder größer vorliegt.

Da der $c_m$-Wert nichts über die Lage der Verteilung innerhalb der Toleranz aussagt, bildet man mit dem kleinsten Abstand vom Mittelwert zur Toleranzgrenze nach oben stehender Formel den $c_{mk}$-Wert. Bildet diese Kennzahl ebenfalls einen Wert gleich oder größer 1,66, so ist auch nach dieser Zahl die Maschine fähig **(Bild 2)**.

Bei der **Prozessfähigkeit** wird auf ähnliche Weise ein Fertigungsprozess mit seinen sämtlichen Einflussgrößen (Personal, Maschine, Rohmaterial, Umwelteinflüsse, Prüfmethode usw.) untersucht. Grundlage der Bestimmung der Verteilungsparameter bilden dabei mindestens 25 Stichproben mit einem Umfang von mindestens $n = 5$, die in regelmäßigen Abständen dem Prozess entnommen werden. Aus den geschätzten Parametern Standardabweichung und Mittelwert werden dann die Prozessfähigkeitskennzahlen $c_p$ und $c_{pk}$ auf die gleiche Weise wie die $c_{mk}$ gebildet und ausgewertet:

$$c_p = \frac{T}{6 \cdot \hat{\sigma}} \qquad c_{pk} = \frac{|\Delta_{krit}|}{3 \cdot \hat{\sigma}}$$

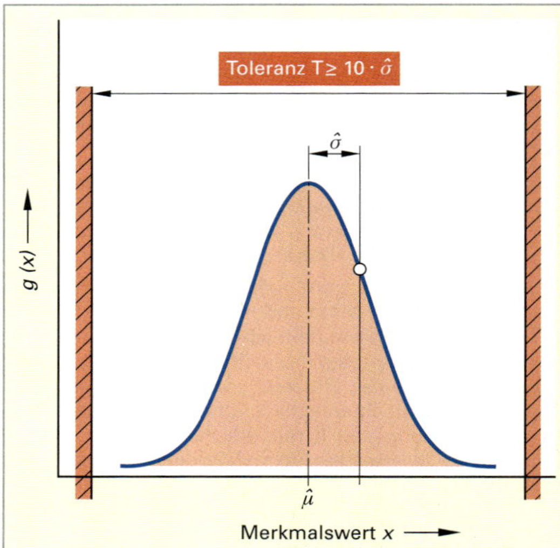


**Bild 1: Normalverteilung einer Maschinenfähigkeitsuntersuchung**

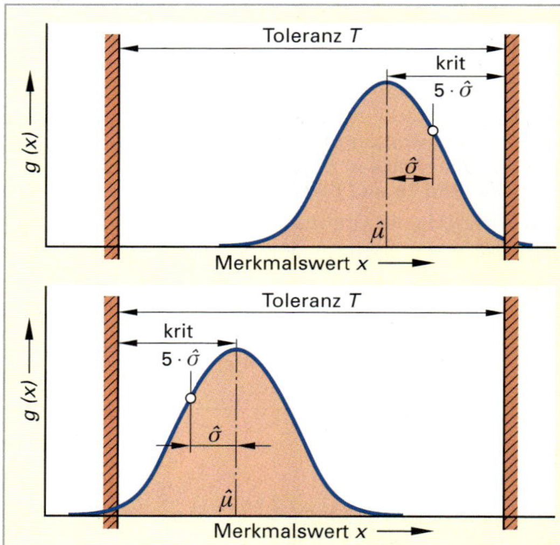


**Bild 2: Normalverteilung mit außermittiger Lage im Toleranzfeld**

**Wiederholung und Vertiefung**

1. Auf welche Weise bestimmt man die Maschinenfähigkeitskennzahlen $c_m$ und $c_{mk}$?
2. Worin besteht der Unterschied zwischen einer Maschinenfähigkeit und einer Prozessfähigkeit?
4. Eine Maschinenfähigkeitsuntersuchung ergibt folgende Maschinenfähigkeitskennzahlen: $c_m$ = 1,45 und $c_{mk}$ = 1,12. Erläutern Sie, welche Information diesen beiden Werten entnommen werden kann.

[1] $\hat{\sigma}$ geschätzte Standardabweichung aus der Standdardabweichung $s$ der Fähigkeitsstichprobe; $\hat{\mu}$ geschätzter Mittelwert

# 6 KAIZEN

## 6.1 Begriff und Prinzip des KAIZEN

KAIZEN kommt aus Japan und setzt sich aus zwei japanischen Einzelwörter zusammen: „KAI" bedeutet „Veränderung" und „ZEN" kann mit „das Gute, zur Verbesserung" übersetzt werden. In Deutschland ist das Prinzip unter dem Begriff „Kontinuierliche Verbesserung" bekannt und in Amerika spricht man von „Continuous Improvement". KAIZEN hat das Ziel, alle Prozesse im Betrieb kontinuierlich in kleinen Schritten zu verbessern. Dabei wird davon ausgegangen, dass überall im Betrieb von den Mitarbeitern Fehler gemacht werden. Ziel ist es, nicht wie bisher den Schuldigen zu suchen, sondern den Fehler als Chance zur Verbesserung zu sehen. Dazu muss zu den Mitarbeitern ein Vertrauensverhältnis aufgebaut werden. Sie werden bei der Fehleranalyse beteiligt und entwickeln Ideen für die Verbesserung. KAIZEN ist damit ein langfristiges, *mitarbeiterorientiertes* und *prozessorientiertes* Konzept.

Dabei ist es als erstes wichtig, die richtigen Konzepte festzulegen. Im nächsten Schritt werden Systeme eingeführt, die die Basis für die Einführung von KAIZEN bilden. Innerhalb dieser Systeme werden geeignete Werkzeuge angewendet **(Bild 1)**.

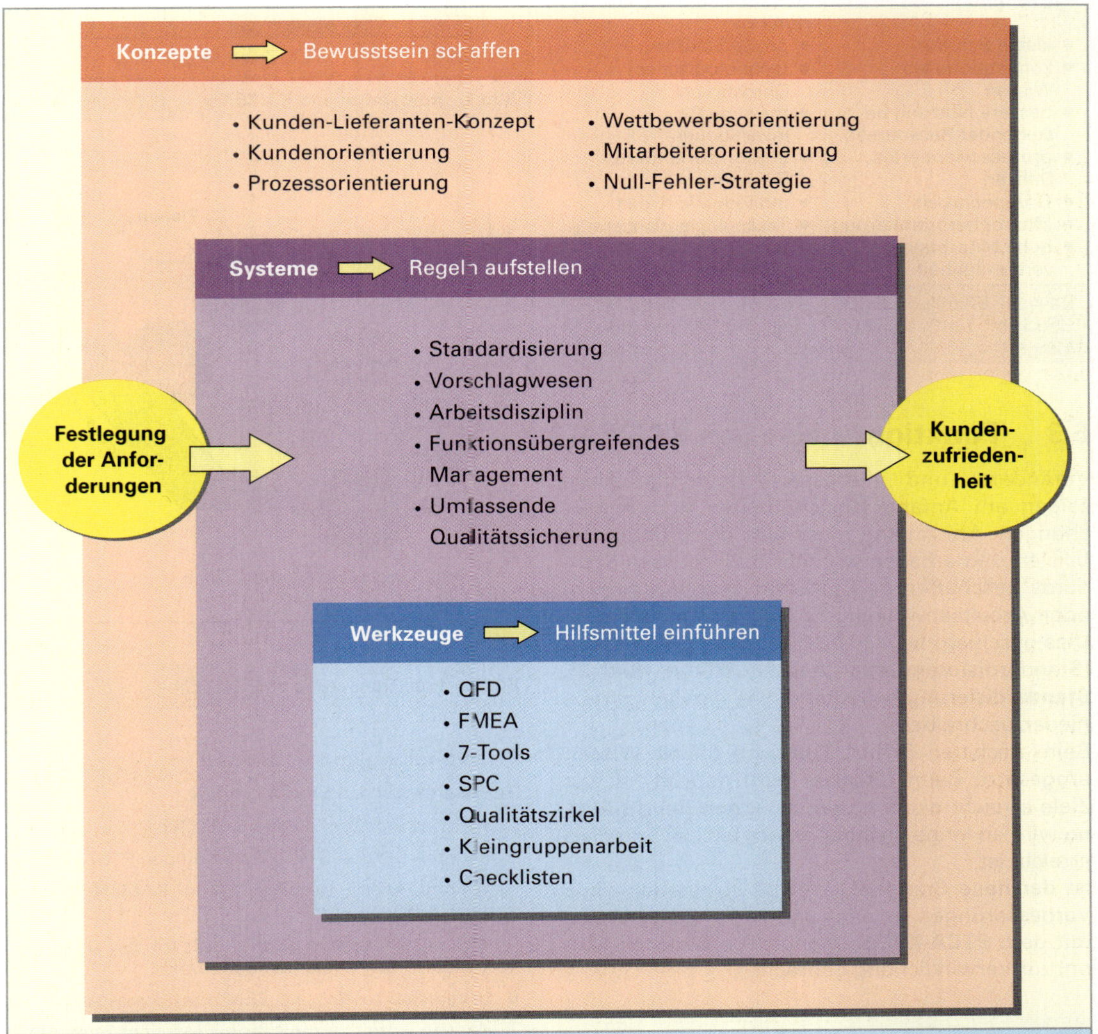


**Bild 1: KAIZEN-Prinzip**

## 6.2 Innovation und KAIZEN

Bei Innovationen werden im Betrieb große Schritte gemacht, die häufig mit großen Änderungen und Investitionen verbunden sind. KAIZEN setzt nach diesen Innovationen an. Selten läuft alles auf Anhieb bestens. Deshalb gilt es, den neuen Standard zunächst zu festigen und anschließend in kleinen Schritten mit geringen Mitteln den Prozess ständig zu verbessern **(Bild 2)**.

| KAIZEN | Innovation |
|---|---|
| Optimierung von Prozessschritten in einfacher Weise durch:<br>• kleine Schritte<br>• konventionelles Wissen<br>• bessere Nutzung bestehender Ressourcen<br>• prozessorientiertes Denken<br>• Gruppenarbeit<br>• Mitarbeiterorientierung<br>• hohe Mitarbeiterverbundenheit | Technologiesprung zur umfassenden Veränderung in einem Bereich durch:<br>• große Schritte<br>• technologischen Durchbruch<br>• meist große Investitionen<br>• ergebnisorientiertes Denken<br>• individuelle Arbeit<br>• Technologieorientierung<br>• niedrige Mitarbeiterverbundenheit |
| Beispiel: Erstellung einer Checkliste für Bestellvorgänge | Beispiel: Anschaffung eines Industrieroboters |

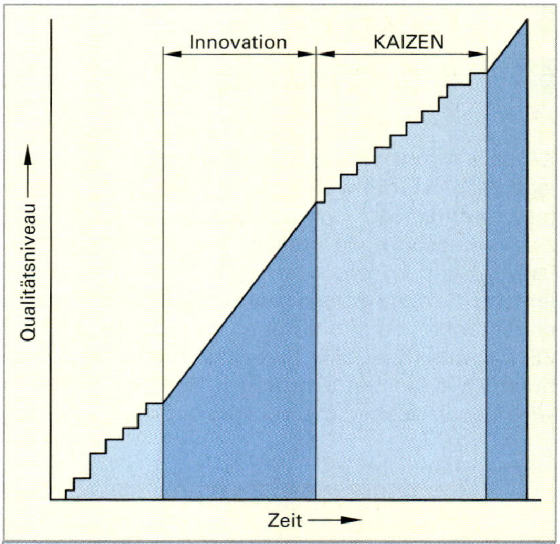


**Bild 1: Innovation und KAIZEN**

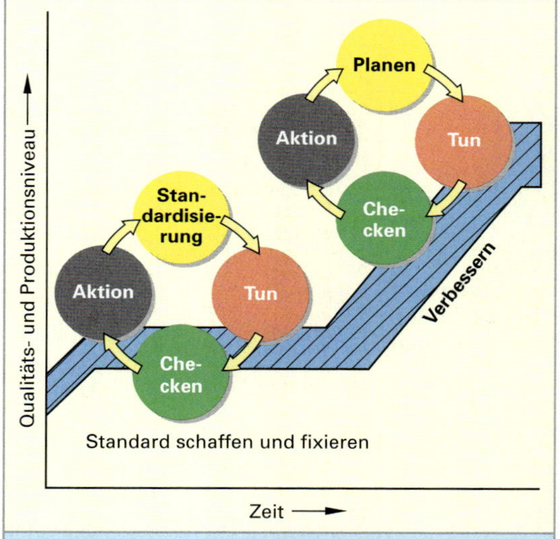


**Bild 2: Funktionsweise von KAIZEN**

## 6.3 Funktionsweise von KAIZEN

Veränderte und verbesserte Arbeitsprozesse zeigen am Anfang Unsicherheiten und Abweichungen. Am Anfang muss also der Prozess stabilisiert und erhalten werden. Dazu müssen Standards geschaffen und in Form von Verfahrens-, oder Arbeitsanweisungen festgehalten werden. Dies geschieht bei KAIZEN über den **STCA-Kreis**[1] **(S**tandardisierung-**T**un-**C**hecken-**A**ktion) **(Bild 2)**. **Standardisierung** bedeutet dabei, die Zielvorgabe niederzuschreiben.

Beim nächsten Schritt **Tun** wird dieses Wissen umgesetzt. Beim **Checken** wird geprüft, ob die Ziele erreicht wurden und im letzten Schritt **Aktion** wird so lange nachgebessert, bis der Standard erreicht ist.

Ist der neue Standard erreicht, so werden neue Verbesserungen geplant und in ähnlicher Weise mit dem **PTCA-KREIS (P**lanen-**T**un-**C**hecken-**A**ktion) zur Verwirklichung gebracht.

[1] auch *Deming*-Kreis genannt, nach *William Edwards Deming* (1900–1999) amerik. Wirtschaftswissenschaftler

### Wiederholung und Vertiefung

1. Erklären Sie den Begriff KAIZEN.
2. Welches Ziel steckt hinter KAIZEN?
3. Erklären Sie den STCA-Kreis und den PTCA-Kreis.
4. Welche Konzepte liegen dem KAIZEN-Prinzip zugrunde?
5. Welche Werkzeuge eignen sich für die ständige Verbesserung in kleinen Schritten?
6. Unterscheiden Sie „KAIZEN“ und „Innovation“.
7. Welche Arbeitsorganisationsform liegt dem KAIZEN-Prinzip zugrunde?

# 7 Glossar[1]

| Begriffe | Definition | Erläuterung |
|---|---|---|
| Abweichungsgenehmigung | Vor der Realisierung eines Produkts erteilte Erlaubnis, von ursprünglich festgelegten Anforderungen abzuweichen. | Eine Abweichungsgenehmigung eines Produkts wird üblicherweise für eine begrenzte Menge und für einen bestimmten Gebrauch erteilt. |
| Anforderung | Erfordernis oder Erwartung, das oder die festgelegt, üblicherweise vorausgesetzt oder verpflichtend ist. | Anforderungen an ein Produkt müssen erfüllt werden. Es können Produkt-, Qualitäts- und Kundenanforderungen sein. |
| Anspruchsklasse | Kategorie oder Rang, die oder der den verschiedenen Qualitätsanforderungen an Produkte, Prozesse oder Systeme mit demselben funktionellen Gebrauch zugeordnet ist. | z.B. Hotelkategorie, 4 Sterne Hotel. Alle 4 Sterne Hotels haben den gleichen Standard und ähnlichen Komfort. |
| Arbeitsumgebung | Bedingungen, unter denen Arbeiten ausgeführt werden. | Die Arbeitsumgebung wird von Gesetzen, Vorschriften und Richtlinien beeinflusst. |
| Audit | Systematisch, unabhängiger und dokumentierter Prozess zur Erlangung von Audtinachweisen und zu deren objektiver Auswertung, um zu ermitteln, inwieweit Auditkriterien erfüllt sind. | Interne Audits: Innerhalb einer Organisation oder eines Bereichs mit eigenem Personal durchgeführtes Audit. Externes Audit: Der Auditor ist eine externe, unabhängige Person. |
| Auditauftraggeber | Organisation oder Person, die das Audit anfordert. | Ein Zertifizierungsaudit muss von der Geschäftsleitung beauftragt werden. |
| Auditfeststellung | Ergebnis der Beurteilung der zusammengestellten Auditnachweise gegen Auditkriterien. | Auditfeststellungen können entweder die Erfüllung, die Abweichung oder die Verbesserungsmöglichkeit aufzeigen. |
| Auditkriterien | Satz von Vorgehensweisen, Verfahren oder Anforderungen. | Auditkriterien werden als Grundlage verwendet und mit den Auditnachweisen verglichen. |
| Auditnachweis | Aufzeichnungen, oder andere Informationen, die für die Auditkriterien zutreffend und verifizierbar sind. | Dokumentiert die nachweisliche Erfüllung oder den Erfüllungsgrad von Anforderungen der Auditkriterien. |
| Auditor | Person mit den dargelegten persönlichen Eigenschaften und der Kompetenz, ein Audit durchzuführen. | Die Qualifikation zum Auditor kann man durch Weiterbildungsmaßnahmen erhalten. |
| Auditplan | Beschreibung der Tätigkeiten und Vorkehrungen für ein Audit. | Jedes Audit läuft nach einem Auditplan ab, zeitlich und inhaltlich. |
| Auditprogramm | Satz von einem oder mehreren Audits. | Ein Auditprogramm enthält alle Tätigkeiten, die mit der Art des Audits zusammenhängen. |
| Auditschlussforderung | Ergebnis eines Audits, welches das Auditteam nach Erwägung der Auditziele und aller Auditfeststellungen geliefert hat. | Bewertet das Auditergebnis und zeigt auf, wo Verbesserungen eingeleitet werden müssen. |
| Auditteam | Ein oder mehrere Auditoren, die ein Audit durchführen, nötigenfalls unterstützt durch Sachkundige. | Im Auditteam können auch auszubildende Auditoren mitwirken. Das Auditteam wird durch einen Leiter koordiniert. |
| Auditumfang | Ausmaß und Grenzen eines Audits. | Der Auditumfang beschreibt den Ort, die Organisationseinheit und die Prozesse, die auditiert werden. |
| Aufzeichnung | Dokument, das erreichte Ergebnisse angibt oder einen Nachweis ausgeführter Tätigkeiten bereitstellt. | Aufzeichnungen bedürfen üblicherweise nicht einer Überwachung durch die Revision. |
| Bewertung | Tätigkeit zur Ermittlung der Eignung, Angemessenheit und Wirksamkeit der Betrachtungseinheit, festgelegte Ziele zu erreichen. | Zur Bewertung werden alle verfügbaren Ergebnisse und Informationen herangezogen. |
| Dokument | Daten mit Bedeutung. | Dokumente können Aufzeichnungen, Spezifikationen, Verfahrensanweisungen, Zeichnungen, Berichte oder Normen sein. |
| Effizienz | Verhältnis zwischen dem erreichten Ergebnis und den eingesetzten Ressourcen. | Mit der Bewertung des Ergebnisses und der Gegenüberstellung der verwendeten Mittel kann die Effizienz gemessen werden. |

[1] nach EN ISO 9000:2005

| Begriffe | Definition | Erläuterung |
|---|---|---|
| Entwicklung | Satz von Prozessen, der Anforderungen in festgelegte Merkmale eines Produktes, eines Prozesses oder eines Systems umwandelt. | Das Ziel der Entwicklung kann in der Bezeichnung ausgedrückt werden, z.B. Produkt-, Prozess-, Verfahrensentwicklung. |
| Fähigkeit | Eignung einer Organisation, eines Systems oder Prozesses zum Realisieren eines Produktes. | Prozessfähigkeit kann mit Hilfe der Statistik nachgewiesen werden. |
| Fehler | Nichterfüllen einer Anforderung. | Fehler treten bei unsicheren Prozessen auf. |
| Freigabe | Erlaubnis, zur nächsten Stufe eines Prozesses überzugehen. | Freigaben werden innerbetrieblich von befugten Personen erteilt und verantwortet. |
| Funktionsbereich Metrologie | Funktionsbereich mit organisatorischer und technischer Verantwortung für die Festlegung und Verwirklichung des Messmanagementsystems. | Metrologie ist die Lehre von Maßen und Gewichten. |
| Infrastruktur | System von Einrichtung, Ausrüstung und Dienstleistung, das für den Betrieb einer Organisation erforderlich ist. | Die Infrastruktur eines produzierenden Unternehmens muss auf den Herstellungsprozess zugeschnitten sein. |
| Interessierte Partei | Personen oder Gruppen mit einem Interesse an der Leistung oder dem Erfolg einer Organisation. | Kunden, Geldgeber, Banken, Aktionäre, Partner, Gesellschaften, Vereinigungen. |
| Kompetenz | Dargelegte Eignung, Wissen und Fertigkeiten anzuwenden. | Von einem kompetenten Partner erwartet man Sachkenntnisse und Praxis in der Anwendung. |
| Kompetenz | Nachgewiesene persönliche Eigenschaft und nachgewiesene Eignung zur Anwendung von Wissen und Fähigkeiten. | Ein kompetenter Partner hat das Fachwissen und die Fähigkeit, sein Wissen anzuwenden und kann darüber Auskunft geben. |
| Konformität | Erfüllung einer Anforderung. | Die Konformitätsprüfung ermittelt die Vollständigkeit der erfüllten Anforderungen. |
| Korrektur | Maßnahme zur Beseitigung der Ursache eines erkannten Fehlers. | Für jeden aufgetretenen Fehler muss eine Korrekturmaßnahme eingeleitet werden. |
| Korrekturmaßnahme | Maßnahme zur Beseitigung der Ursache eines erkannten Fehlers. | Für jeden aufgetretenen Fehler muss eine Korrekturmaßnahme eingeleitet werden. |
| Kunde | Organisation oder Person, die ein Produkt oder eine Dienstleistung empfängt. | Die Behandlung des Kunden ist ein Qualitätsmerkmal. |
| Kundenzufriedenheit | Wahrnehmung des Kunden zu dem Grad, in dem die Anforderungen des Kunden erfüllt worden sind. | Kundenzufriedenheit wird durch die Erfüllung der vereinbarten und durch die Erfüllung der erwarteten, stillschweigenden Anforderungen erreicht. |
| Lieferant | Organisation oder Person, die ein Produkt bereitstellt. | Der Lieferant wird in die Prozesskette eines Unternehmens fest eingebunden. |
| Management | Aufeinander abgestimmte Tätigkeiten zum Leiten und Lenken einer Organisation. | Das Management ist eine Person oder eine Personengruppe mit Befugnis und Verantwortung für die Führung einer Organisation. |
| Managementsystem | System zum Festlegen von Politik und Zielen sowie zum Erreichen dieser Ziele. | Eine Organisation kann verschiedene Managementsysteme einschließen, z.B. Qualitäts-, Umwelt- und / oder Arbeitsschutzmanagementsystem. |
| Mangel | Nichterfüllen einer Anforderung in Bezug auf einen beabsichtigten oder festgelegten Gebrauch. | Die Unterscheidung zwischen den Begriffen Fehler und Mangel ist wegen ihrer rechtlichen Bedeutung wichtig, insbesondere im Zusammenhang mit der Produkthaftung. |
| Merkmal | Kennzeichnende Eigenschaften. | Ein Merkmal kann quantitative oder qualitative Eigenschaften haben. |
| Messmanagementsystem | Satz von in Wechselbeziehung oder Wechselwirkung stehenden Elementen, der zur metrologischen Bestätigung und zur ständigen Überwachung von Messprozessen erforderlich ist. | Messeinrichtungen werden in einem Managementsystem gesteuert, zugeordnet, bereitgestellt, verwaltet, abgenommen, freigegeben und beschafft. |
| Messmittel | Messgeräte, Software, Messnormal, Referenzmaterial oder apparative Hilfsmittel, wie sie zur Realisierung eines Messprozesses erforderlich sind. | z.B. Messschieber, Bügelmessschraube, Innenmessgerät, Fühlhebelmessgerät, Messuhr, Messtaster, Messmaschine, Mikroskop, Kamera, Oberflächenmessgerät. |
| Messprozess | Satz von Tätigkeiten zur Ermittlung eines Größenwertes. | Ein Messprozess kann manuell oder automatisch, kontinuierlich oder einzeln ausgeführt werden. |

| Begriffe | Definition | Erläuterung |
| --- | --- | --- |
| Metrologische Bestätigung | Satz von notwendigen Tätigkeiten, um sicherzustellen, dass ein Messmittel die Anforderungen an seinen beabsichtigten Gebrauch erfüllt. | Die Anforderungen für den beabsichtigten Gebrauch enthalten Gesichtspunkte wie Messbereich, Auflösung, Grenzwerte für Messabweichungen. |
| Metrologisches Merkmal | Kennzeichnende Eigenschaft, die die Messergebnisse beeinflussen kann. | Ein Messmittel hat üblicherweise mehrere metrologische Merkmale. |
| Nacharbeit | Maßnahme an einem fehlerhaften Produkt, damit es die Anforderungen erfüllt. | Wenn Nacharbeit auftritt, sollte nach der Ursache gesucht werden, um sie abzustellen. |
| Neueinstufung | Änderung der Anspruchsklasse eines fehlerhaften Produkts, damit es eine abweichende Anforderung erfüllt, die von der ursprünglichen abweicht. | z.B. Neueinstufung in eine niedrigere Güteklasse oder Abstufung in die Klasse 2. Wahl. |
| Oberste Leitung | Person oder Personengruppen, die eine Organisation auf der obersten Ebene leitet. | z.B. Unternehmensleitung, Werkleitung, Geschäftsleitung, Geschäftsführer. |
| Objektiver Nachweis | Daten, welche die Existenz oder Wahrheit von etwas bestätigen. | Sie können durch Beobachtung, Messung, Test oder ähnliche Verfahren erbracht werden. |
| Organisation | Gruppe von Personen und Einrichtungen mit einem Gefüge von Verantwortung und Befugnissen. | z.B. Unternehmen, Geschäftsbereiche, Gesellschaften, Verwaltungen, Betriebe. |
| Organisationsstruktur | Gefüge von Verantwortungen, Befugnissen und Beziehungen zwischen Personen. | Die Organisationsstruktur kann grafisch in einem Organisationsdiagramm dargestellt werden. |
| Produkt | Ist das Ergebnis eines Prozesses. | Das Produkt wird durch eine Prozesskette, dem Gesamtprozess, erzeugt. |
| Produkt | Ergebnis eines Prozesses. | Es gibt vier Produktkategorien: Dienstleistungen, Soft-, Hardware, verfahrenstechnische Produkte (z.B. Öle). |
| Projekt | Einmaliger Prozess, der aus einem Satz von abgestimmten und gelenkten Tätigkeiten mit Anfangs- und Endterminen besteht, um ein Ziel zu erreichen. | Größere Projekte können strukturiert und in Einzelprojekte unterteilt werden, die durch die gleichen Kriterien gekennzeichnet sind. |
| Prozess | In Wechselwirkung stehende Tätigkeiten, Eingaben in Ergebnisse umzuwandeln. | Eingaben (Input) werden durch den Prozess in Ergebnisse (Output) umgewandelt. |
| Prüfung | Konformitätsbewertung durch Beobachtung und Beurteilen, begleitet durch Messen, Testen oder Vergleichen. | Werden die vorgegebenen Anforderungen erfüllt? |
| Qualifizierungsprozess | Prozess zur Darlegung der Eignung, festgelegte Anforderungen zu erfüllen. | Qualifizierung von Personen, Produkten, Prozessen oder Systemen. |
| Qualität | Grad, in dem ein Satz inhärenter Merkmale Anforderungen erfüllt. | Qualität ist die Erfüllung geforderter und erwarteter Kundenansprüche. |
| Qualitätslenkung | Teil des Qualitätsmanagements, der auf die Erfüllung von Qualitätsanforderungen gerichtet ist. | Die Qualitätslenkung gibt Maßnahmen vor, die zur Erreichung der Qualitätsziele dienen. |
| Qualitätsmanagement | Aufeinander abgestimmte Tätigkeiten zum Leiten und Lenken einer Organisation bezüglich Qualität. | Das Qualitätsmanagement umfast das Festlegen der Q-Politik, der Q-Ziele, der Q-Planung und der Q-Verbesserung. |
| Qualitätsmanagement-Handbuch (QM-Handbuch) | Dokument, in dem das Qualitätsmanagementsystem einer Organisation festgelegt ist. | QM-Handbücher sollten sich in ihrem Detaillierungsgrad an die Größe der Organisation anpassen. |
| Qualitätsmanagementplan (QM-Plan) | Dokument, das festlegt, welche Verfahren und Ressourcen eingesetzt bzw. angewendet werden müssen. | QM-Pläne befassen sich meistens mit Qualitätsmanagementprozessen und Produktrealisierungsprozessen. |
| Qualitätsmanagementsystem QM- System | Managementsystem zum Leiten und Lenken einer Organisation bezüglich der Qualität. | QM-System zur Realisierung des vorausschauenden Qualitätsmanagements. |
| Qualitätsmerkmal | Inhärentes Merkmal eines Produkts, Prozesses oder Systems, das sich auf eine Anforderung bezieht. | Inhärent bedeutet „einer Einheit innewohnend", insbesondere als ständiges Merkmal. |

| Begriffe | Definition | Erläuterung |
|---|---|---|
| Qualitätsplanung | Teil des Qualitätsmanagements, der auf das Festlegen der Qualitätsziele und der notwendigen Ausführungsprozesse gerichtet ist. | Die Qualitätsplanung legt die Vorgaben fest, an Hand derer die Prozessergebnisse bewertet werden können. |
| Qualitätspolitik | Übergeordnete Absichten und Ausrichtung einer Organisation zur Qualität, formell ausgedrückt durch die oberste Leitung. | Eine Organisation legt mit ihrer Qualitätspolitik die Richtlinien für das Handeln aller Funktionsbereiche fest. |
| Qualitätssicherung | Teil des Qualitätsmanagements, der auf das Erzeugen von Vertrauen ausgerichtet ist, dass Qualitätsanforderungen erfüllt werden. | Der Begriff Qualitätssicherung ist im Laufe der Entwicklung des Qualitätsmanagements ein Unterbegriff geworden. |
| Qualitätsverbesserung | Teil des Qualitätsmanagements, der auf die Erhöhung der Eignung zur Erfüllung der Qualitätsforderungen gerichtet ist. | Verbesserung der Prozesse im Hinblick auf Wirksamkeit, Effizienz und Rückverfolgbarkeit. |
| Qualitätsziel | Etwas bezüglich der Qualität Angestrebtes oder zu Erreichendes. | Qualitätsziele beschreiben konkrete Vorgaben, die in einer bestimmten Zeit zu erreichen sind. |
| Reparatur | Maßnahme an einem fehlerhaften Produkt, um es für den beabsichtigten Gebrauch annehmbar zu machen. | Das reparierte Produkt muss ebenfalls alle Anforderungen eines fehlerfreien Produkts erfüllen. |
| Rückverfolgbarkeit | Möglichkeit, den Werdegang, die Verwendung oder den Ort des Betrachteten zu verfolgen. | Bei sicherheitskritischen Teilen kann eine Rückverfolgbarkeit bis zur Materialcharge gefordert werden. |
| Sachkundiger | Person, die spezielle Kenntnisse oder Fachwissen dem Auditteam zur Verfügung stellt. | Ein Sachkundiger handelt nicht als Auditor im Auditorenteam. |
| Sonderfreigabe | Erlaubnis, ein Produkt, das festgelegte Anforderungen nicht erfüllt, zu gebrauchen oder freizugeben. | In der Regel werden Sonderfreigaben mit dem Kunden abgestimmt und einvernehmlich freigegeben. |
| Spezifikation | Dokument, das Anforderungen festlegt. | z.B. Prozessspezifikation, Testspezifikation, Produktspezifikation, Abnahmespezifikation. |
| Ständige Verbesserung | Wiederkehrende Tätigkeit zur Erhöhung der Eignung, Anforderungen zu erfüllen. | Das Finden von Verbesserungsmöglichkeiten um ein Ziel zu erreichen, ist ein ständiger Prozess. |
| System | Satz von in Wechselbeziehung oder in Wechselwirkung stehender Elemente. | Das System fasst einzelne Elemente aus einer Themengruppe zusammen. |
| Test | Ermitteln eines oder mehrerer Merkmale nach einem Verfahren. | z. B. Funktionstest, Klimatest, Korrosionstest, Sehtest, Verschleißtest, Belastungstest. |
| Validierung | Bestätigung durch Bereitstellung eines objektiven Nachweises, dass die Anforderungen für einen spezifischen beabsichtigten Gebrauch erfüllt worden sind. | Die Anwendungsbedingungen für die Validierung können echt simuliert werden. |
| Verfahren | Festgelegte Art und Weise, eine Tätigkeit oder einen Prozess auszuführen. | Herstellungs,- Produktions- und Fertigungsverfahren sind Bestandteile der Geschäftskompetenz. |
| Verifizierung | Bestätigung durch Bereitstellung eines objektiven Nachweises, dass festgelegte Anforderungen erfüllt worden sind. | Die Benennung „verifiziert" wird zur Bezeichnung des entsprechenden Status verwendet. |
| Verschrottung | Maßnahme an einem fehlerhaften Produkt, um dessen ursprünglichen Gebrauch auszuschließen. | Verschrottete und unbrauchbar gemachte Produkte können durchaus recycelt werden. |
| Vertrag | Bindende Vereinbarung. | In der Regel ein geschriebenes, unterschriebenes Dokument. |
| Vorbeugungsmaßnahme | Maßnahme zur Beseitigung der Ursache eines möglichen Fehlers. | Für jede mögliche Fehlerursache muss eine Vorbeugemaßnahme eingeleitet werden. |
| Wirksamkeit | Ausmaß, in dem geplante Tätigkeiten verwirklicht und geplante Ergebnisse erreicht werden. | Die Wirksamkeit eines Prozesses kann mit Hilfe einer Kennzahl bewertet werden. |
| Zuverlässigkeit | Ausdruck zur Beschreibung der Verfügbarkeit und ihrer Einflussfaktoren, Funktionsfähigkeit und Instandhaltbarkeit. | Eine Messgröße für die Zuverlässigkeit ist die Zeitspanne zwischen zwei erkannten Fehlern. |

# III Produktpolitik

# 1 Marketing

## 1.1 Einführung

Für Techniker und Ingenieure sind grundlegende Kenntnisse aus dem Bereich des Marketings[1] notwendig **(Tabelle 1)**. Besonders die **Kundenorientierung,** der sich inzwischen fast alle Unternehmen verschrieben haben, muss auch der Techniker bei seiner täglichen Arbeit beachten. Der Wandel vom **Verkäufermarkt** zum **Käufermarkt** und die zunehmende Globalisierung und die daraus resultierende internationale Konkurrenz haben die Kundenorientierung ausgelöst **(Bild 1)**. Der Techniker musste sich bisher nur um die Produktion (Abteilungsdenken) kümmern, jetzt darf er nicht mehr nur „produzieren" was er für gut und (technisch) richtig hält, sondern er muss absolut die Wünsche des Kunden mit erkunden, erkennen und voll im Produkt umsetzen.

Ein gut fundiertes Verständnis für die Arbeits- weise und Denkweise des Marketingteams ist Voraussetzung, um die Kundenwünsche richtig erkennen und bewerten zu können. Nur mit einer Zusammenarbeit, im Sinne des Prozessdenkens, von Kunden, Marketing und Design, Konstruktion, PPS, Produktion und Verkauf, können erfolgreich Produkte für den globalen Markt erzeugt werden.

**Tabelle 1: Allgemeine Grundanforderungen durch das Marketing**

| Kundenorientierung | Prozessmanagement | Qualitätsmanagement |
|---|---|---|
| • Wandel vom Verkäufermarkt zum Käufermarkt.<br>• Globalisierung und weiter zunehmende internationale Konkurrenz. | • Teamarbeit<br>• Prozessorientiertes Denken, Planen, Arbeiten.<br>• Verständnis für die Arbeitsweise des Marketingteams. | • Qualitätskontrolle ist nicht ausreichend.<br>• Höchste Gebrauchstauglichkeit, vorbeugende Qualitätssicherung. |

Dieselben Denkansätze werden vom **Qualitätsmanagement** eingebracht. Hier wird vom Wandel im Qualitätsbegriff gesprochen. Heute ist nicht mehr nur die Funktionstüchtigkeit (= Qualitätskontrolle = ok) der Produkte gefragt. Das Produkt zeichnet sich durch höchste Gebrauchstauglichkeit bei einer Null-Fehler-Produktion aus.

Das **Total Quality Management** (TQM) erweitert die „reine" Kunden- und Prozessorientierung noch mit den Begriffen der Zielorientierung und **Mitarbeiterorientierung.** Genau dies ist auch die Basis für ein erfolgreiches Marketing.

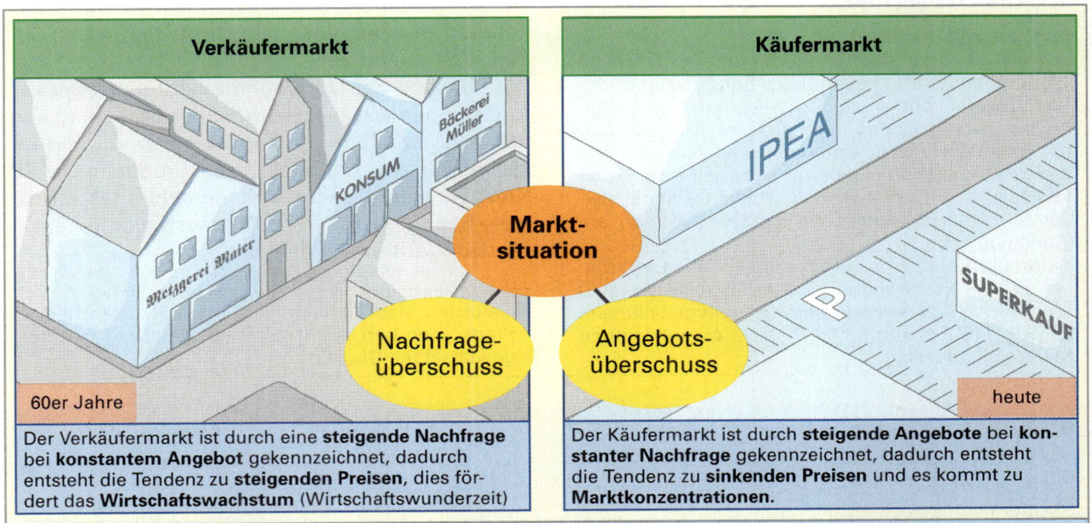


**Bild 1: Verkäufermarkt und Käufermarkt**

[1] engl. marketing = Absatzpolitik, Handel treiben

**Marketing in Deutschland**

Der Begriff des Marketing wurde in Deutschland erst in den späten Nachkriegsjahren (ab etwa 1960) angewendet, obwohl man sich in den USA schon in den 20er-Jahren mit dessen Zielen und Aufgaben beschäftigte. Der Grund liegt darin, dass erst zu dieser Zeit sich eine Wandlung des Marktes vom **Verkäufermarkt**, bei dem die Nachfrage an Gütern und Dienstleistungen das Angebot übersteigt, zum **Käufermarkt** voll durchsetzte. Dies brachte eine erste Umstrukturierung (Ausrichtung) der Unternehmen mit sich. Denn wenn der Absatz problemlos läuft, liegen die Problembereiche, die Engpässe im Bereich der Produktion, Beschaffung und Finanzierung.

Der **Käufermarkt** verlangt dagegen eine Ausrichtung auf die **Wünsche und Bedürfnisse der Kunden**. Erst jetzt kann sich die klassische Marktpreistheorie durchsetzen, mit dem sich selbst regulierenden Spiel von Angebot und Nachfrage und der Bildung eines **Gleichgewichtspreises (Bild 1)**. Allerdings gilt diese Theorie nur, solange keine Monopolisten den Preis bestimmen können. Dies gilt auf der Angebotsseite, z.B. die Software MS-Office, wie auf der Nachfrageseite, z.B. Zulieferer der Automobilindustrie.

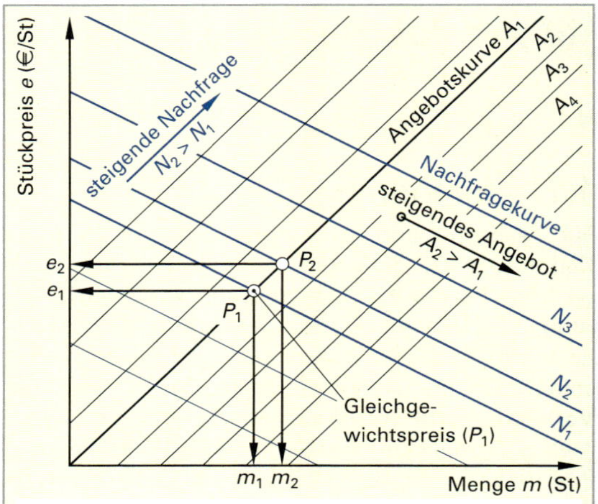


**Beispiel:**
Bei **steigender Nachfrage**, also die Nachfragekurve springt von $P_1$ **auf** $P_2$, somit von $m_1$ **auf** $m_2$, **steigt der Stückpreis** von $e_1$ auf $e_2$. Die Anbieter können bei einer Verknappung höhere Preise durchsetzen, es stellt sich ein neuer Gleichgewichtspreis ($P_2$) ein.

**Bild 1: Bildung des Gleichgewichtspreises**

Nach der Ablösung des produktionsorientierten Denkens durch eine marktorientierte Unternehmensführung gewann die Beschäftigung mit „Marketing", seinen Inhalten, seiner Zielsetzung und seinen Aufgaben immer mehr an Bedeutung.

Auch in der heutigen Zeit vollzieht sich wiederum ein tief greifender Strukturwandel, der die Unternehmen zu neuen Marketingstrategien, Ideen und Zielen herausfordert.

Die Reaktion der Unternehmen auf diese Herausforderungen war nicht nur auf das Marketing ausgerichtet, sondern die Unternehmen wurden mit Methoden wie Kanban[1], Lean Production, KVP, KAIZEN, Total Quality Management (TQM), Business Reengineering[2] und Prozessmanagement fit für den Wettbewerb gemacht.

Gefordert sind nämlich nicht nur konkurrenzfähige Preise, sondern auch sofortige Lieferung mit der gewünschten Qualität.

**Der Marktpreis**
... ist das Ergebnis des sich auf dem Markt vollziehenden freien Spiels von Angebot und Nachfrage, dies kann z.B. der Marktplatz, ein Gebrauchtwagenmarkt oder die Börse sein.

**Angebot und Nachfrage**
... stehen sich auf dem Markt mit unterschiedlichen Wertvorstellungen gegenüber. Entsprechend der Nachfragefunktion wollen die Nachfrager bei hohen Preisen wenig kaufen und größere Mengen erst bei fallenden Preisen abnehmen. Die Anbieter sind dagegen natürlich bei niedrigen Preisen nicht daran interessiert, große Mengen anzubieten; erst bei steigenden Preisen werden sie größere Mengen am Markt anbieten.
Wenn die Anbieter ihre Preisvorstellungen reduzieren und die Nachfrager auch höhere Preise akzeptieren, werden sich die Preis- und Mengenvorstellungen angleichen. Es kommt zum sich einpendelnden **Marktgleichgewicht**.

## Wiederholung und Vertiefung

1. Untersuchen Sie in Gruppenarbeit, wie sich die Globalisierung in Ihrer Region (Stadt) auf die Unternehmen ausgewirkt hat.
2. Durch welche Maßnahmen haben sich die Unternehmen auf dem Markt halten können?
3. Wie müsste die Aus- und Weiterbildung auf diese Veränderungen reagieren?
4. Warum pendelt sich auf dem Wochenmarkt, obwohl sich dort „Angebot und Nachfrage" ideal treffen, nicht immer ein Gleichgewichtspreis ein?

[1] jap. Kanban = Karte, Schild. Der Bedarf wird über den „Regelvorrat" gesteuert, d.h. Waren werden nicht auf Lager gelegt.
[2] engl. business = Geschäft, Handel und engl. reengineering = Neugestaltung, hier: Neukonzeption der Unternehmensstruktur.

Leider wird der Begriff „Marketing" nicht einheitlich verwendet, deshalb ist es notwendig einige Begriffserklärungen gegenüber zu stellen:

- **nach Weinhold-Stünzi**[1]:
  „Marketing ist eine marktgerichtete und damit **marktgerechte Unternehmenspolitik**".
- **nach Köhler**[2]:
  „Marketing ist heute überwiegend als Ausdruck für eine umfassende (betriebsextern und betriebsintern) Konzeption des Planes und Handels, bei der systematisch gewonnene Informationen über Marktdaten sowie über die voraussichtliche **Gestaltbarkeit von Märkten** als vorrangige Basis dienen".
- **nach Meffert**[3]
  „Marketing ist die bewusst **marktorientierte Führung** des gesamten Unternehmens, die sich in Planung, Koordination und Kontrolle aller aktuellen und potenziellen Märkte ausgerichteten Unternehmenstätigkeiten niederschlägt".
- **nach der American Marketing Association (AMA)**
  „Marketing ist der **Planungsprozess** der Konzeption, Preisgestaltung, Promotion und Distribution von Produkten und Dienstleistungen, um Austauschprozesse zu erreichen, die individuelle und organisatorische Ziele erfüllen".

Aus diesen verschiedenen Anschauungen erkennt man, dass der Begriff Marketing einem permanenten, schnellen Wandel unterliegt. Er muss sich den Änderungen in der Wirtschaftspolitik, der Gesellschaft anpassen.

Für uns sollte die Definition und Erläuterung nach **Gablers Wirtschaftslexikon** (Prof. Dr. *Heribert Meffert*) die Grundlage sein, denn der Begriff und die Ziele des Marketing werden aktuell und auch anschaulich dargestellt:

**Marketing** (engl. = auf den Markt bringen), **Planung, Koordination und Kontrolle** aller auf die aktuellen und potenziellen **Märkte** ausgerichteten Unternehmungsaktivitäten mit dem Zweck einer dauerhaften Befriedung der **Kundenbedürfnisse** einerseits und der Erfüllung der **Unternehmungsziele** andererseits.

## 1.2 Merkmale und Aufgaben des Marketings

Der Wandel vom Verkäufer- zum Käufermarkt, bzw. von der reinen Distribution zum Marketing lässt sich durch tief greifende wirtschaftliche und gesellschaftliche Veränderungen in den letzten 2 bis 3 Jahrzehnten erklären. Sie führten nach der Phase der Produktionsorientierung über die Verkaufsorientierung zur Kunden- bzw. Marketingorientierung. Marketing als Managementkonzeption verlangt die bewusste Absatz- und Kundenorientierung aller Unternehmensbereiche.

Die Verwirklichung dieses Denkansatzes erfordert eine schöpferisch-gestaltende Funktion der systematischen Marktsuche und Markterschließung **(Informationsaspekt)**, die planmäßige Gestaltung des Marktes mithilfe aller absatzpolitischen Instrumente **(Aktionsaspekt)**, die marktbezogene Koordination aller Unternehmensaktivitäten **(Organisationsaspekt)** sowie die Berücksichtigung sozialer und umweltbezogener Belange beim Einsatz der Marketinginstrumente **(Sozialaspekt) (Tabelle 1)**.

[1] *Prof. Dr. Heinz Weinhold-Stüzi*, schweiz. Hochschullehrer
[2] *Ingo Köhler*, dt. Wirtschaftswissenschaftler
[3] *Prof. Herbert Meffert*, dt. Wirtschaftswissenschaftler

**Tabelle 1: Marketing (Planung, Koordination und Kontrolle der aktuellen und potenziellen Märkte)**

| Informationsaspekt | Aktionsaspekt (Marketing-Mix) | Organisationsaspekt | Sozialaspekt |
|---|---|---|---|
| • Systematische Suche, Sammlung, Aufbereitung und Interpretation aller Informationen mithilfe der Marktforschung.<br>• Differenzierte Marktbearbeitung und Marktsegmentierung. | **Produktpolitik** (= Produktauswahl)<br>**Distributionspolitik** (= Absatzmarkt)<br>**Kontrahierungspolitik** (= Preispolitik)<br>**Kommunikationspolitik** (= Werbung und PR) | Bei der Marketing-Organisation ist besonders den Kriterien der Integration, Flexibilität, Kreativität und Innovationsbereitschaft der Organisationsmitglieder Rechnung zu tragen. | • Die Marketingaktivitäten, z.B. die Werbung, beeinflussen die ökologischen Werte und Einstellungen der Gesellschaft, also des Konsumenten.<br>• Anpassung des Unternehmens an die Ziele der Gesellschaft. |

**Informationsaspekt**
Voraussetzung für kundengerechtes Verhalten ist die **planmäßige Informationsgewinnung** über den Markt. Diese Informationen werden durch die Marketing-Forschung bereitgestellt. Dies erfordert eine systematische Suche, Sammlung, Aufbereitung und Interpretation aller Informationen. Schwerpunkte sind Prognosen über Markt- und Absatzentwicklung sowie Analysen über das Käufer-, Absatz- und Konkurrenzverhalten. Die systematische Informationssuche bietet die Voraussetzung zur **differenzierten Marktbearbeitung**. Im Rahmen der Marktsegmentierung (Marktteilung) wird dabei auf die speziellen Wünsche der Kunden eingegangen. Aus dem *heterogenen* Gesamtmarkt werden *homogene* Kundengruppen (Teilmärkte bzw. Marktsegmente) gebildet, die gezielt unter Einsatz eines bestimmten **Marketing-Mixes** bearbeitet werden.

**Aktionsaspekt**
Die Erreichung der Unternehmens- und Marketingziele wird durch den Einsatz der Marketinginstrumente angestrebt.

Die Gesamtheit marktbeeinflussender Variablen lassen sich in vier Aktionsbereiche zusammenfassen.

- **Produktpolitik**: Welche Leistungen, Problemlösungen sollen dem Markt angeboten werden?
- **Distributionspolitik**[1]: An wen und auf welchen Wegen sollen die Produkte, Dienstleistungen verkauft, bzw. an den Käufer herangetragen werden?
- **Kontrahierungspolitik**[2]: Zu welchen Bedingungen sollen die Leistungen, Dienstleistungen am Markt angeboten werden?
- **Kommunikationspolitik**: Welche Informations- und Beeinflussungsmaßnahmen sollen ergriffen werden, um die Leistungen abzusetzen?

Marketingaktivitäten sind stets als Kombination von Aktionsparametern mit unterschiedlichen Ausprägungen aufzufassen.

**Organisationsaspekt**
Der Entwurf und die Durchsetzung von Marketing-Konzeptionen bedingen eine Institutionalisierung des Marketing in der Unternehmensorganisation. Bei der Gestaltung der Marketing-Organisation ist besonders den Kriterien der Integration, Flexibilität, Kreativität und Innovationsbereitschaft der Organisationsmitglieder Rechnung zu tragen.

**Sozialaspekt**
Marketing-Aktivitäten beeinflussen die sozialen und ökologischen Werte und Einstellungen der Gesellschaft. Die Konsumerismus[3]- und Umweltschutz-Bewegung strebt ein verändertes Verhalten der Anbieter an. Diese zwingen die Unternehmen zu Anpassungsmaßnahmen im Marketingverhalten.

Die langfristige Vereinbarkeit von sozialen Belangen und Marketingaktivitäten bedingt eine grundsätzliche Orientierung des Marketingkonzeptes über die Einzelinteressen des Unternehmens hinaus an den allgemein anerkannten Notwendigkeiten und Zielen der Gesellschaft.

Das Umfeld für die Wirtschaft und die Manager der internationalen Industrielandschaft hat sich in den letzten Jahren dramatisch verändert. Davon sind nicht nur die Großbetriebe betroffen, sondern derzeit verstärkt die Zulieferer, also die mittelständischen Unternehmen. Die großen Industrieunternehmen sind heute weltweit aktiv; nicht nur um ihre Produkte zu vermarkten, sondern insbesondere um wirtschaftlich, politisch und strategisch präsent zu sein. Deshalb müssen die Randbedingungen, die neuen Herausforderungen genau erfasst und die Konsequenzen für die deutschen Unternehmen dargestellt werden **(Tabelle 1)**. Nur die Unternehmen, die diese neuen Anforderungen erkennen und umsetzen, werden weiter auf dem Weltmarkt erfolgreich sein.

Unsere Gesellschaft hat inzwischen den Anspruch auf einen hohen Lebensstandard, auf soziale Absicherung, auf Freiheit, eine gesunde Umwelt und persönliche Sicherheit als Selbstverständlichkeit eingestuft. Die Mitarbeiter der Firmen geraten durch ihre Arbeit in innere Konflikte wenn die

| Tabelle 1: Wichtige Aspekte der Entwicklungen der Gesellschaft und der Wirtschaft |
|---|
| Unternehmen müssen wirtschaftliche, politische und strategische **Präsenz** zeigen. |
| Mitarbeiter streben nach hohem **Lebensstandard**. |
| Mitarbeiter fordern eine langfristige **soziale Absicherung**. |
| Mitarbeiter beanspruchen auch im Beruf die **Freiheit**. |
| Gesellschaft und Mitarbeiter fordern eine gesunde **Umwelt**. |
| Mitarbeiter verlangen im Unternehmen die persönliche **Sicherheit**. |
| Die Produkte dürfen die Umwelt und die **Lebensqualität** nicht gefährden. |
| **Konkurrenz** von Japan und den Tigerstaaten sowie andern aufstrebenden Ländern der 2. Welt. |
| Produktion von kundenorientierter **Qualität**. |

[1] lat. distribuere = verteilen; [2] lat. contrahere = zusammenziehen, eine geschäftliche Verbindung eingehen; [3] it. consumo = Verbrauch, lat. consumere = verbrauchen, verzehren

Unternehmen Produkte planen, die die Umwelt und die Lebensqualität gefährden. Oftmals geraten die Unternehmen und somit die Manager und Mitarbeiter durch die Medien noch zusätzlich in Gewissensnot. Den Managern, den Führungskräften der Unternehmen erwachsen daraus ganz neue Herausforderungen. Sie werden nicht mehr nur als Fachmann für ihre Produkte angesprochen, sondern auf die Wirkung auf die Umwelt, den Lebensstandard angesprochen – ein Waschmittel muss heute die Wäsche nicht nur waschen, sondern diese reiner, besser, höherwertiger, leuchtender, flauschiger, farbiger machen!

**Marketing-Mix für die Investitionsgüterproduktion**
Der klassische Ansatz des Marketing-Mix mit den vier P's (product, price, place, promotion) also der Produkt-, Preis-, Absatz- und Werbepolitik kann nicht 1:1 übernommen werden. Besonders die hohe gleichbleibende Qualität, der kosten- und zeitaufwendige Service und die Garantieansprüche, sowie die Lieferfähigkeit und Pünktlichkeit (just in time) müssen bei der Wahl der Instrumentarien berücksichtigt werden.

Für die Vermarktung von Industriegütern muss das Marketing-Mix „Produktpolitik" mit dem Zusatz „Service" ergänzt werden. Ein Produkt ohne Service ist für den „Industriekunden" nicht akzeptabel. Der reine Grundnutzen (Produkt) gerät immer mehr in den Hintergrund, er ist eine Selbstverständlichkeit, denn das reine Produkt bieten alle anderen Anbieter mit der ähnlichen Qualität. Mit dem Serviceleistungsaspekt kann man sich vom Wettbewerber unterscheiden, es ist ein Alleinstellungsmerkmal.

> Die erste Maschine verkauft der Vertrieb, die zweite der Kundendienst.

## 1.3 Unternehmenspolitik

Da sich der internationale Konkurrenzkampf heute im Konsummarkt und teilweise schon im *einfachen* Investitionsgütermarkt meist nur noch auf den Sektoren Kosten und Preise abspielt, ist es insbesondere für die Unternehmen in Deutschland, einem Hochlohnland, eine äußerst schwierige Aufgabe hier zu bestehen. Hier ohne Abstriche auf den Sektoren Lebensstandard und hohem Beschäftigungsstand bei gleichzeitiger Rationalisierung der Unternehmen mitzuhalten ist nur durch eine generelle Umstrukturierung, neue Denkansätze und Innovation möglich. Generell ist dies möglich, da ein hohes Ausbildungspotenzial vorhanden ist. Es hat allerdings keinen Sinn mit Billigprodukten auf dem Weltmarkt konkurrieren zu wollen, denn hier herrscht ein Überangebot.

> Nur mit attraktiven und innovativen Produkten bei extrem hoher Variantenvielfalt, bei dem der Statuswert den Nutzwert übersteigt, kann die deutsche und europäische Industrie erfolgreich sein **(Tabelle 1)**.

Die Unternehmen benötigen heute eine außerordentlich flexible und schnelle Organisation, ein straffes Prozessmanagement und zudem ist „High-Tech" die Grundvoraussetzung.

Nur solide Unternehmen werden am Markt bestehen, welche innovative Produkte herstellen, die einen eigenen Charakter haben, intelligent konzipiert sind und einen akzeptablen Preis haben. Gerade wegen des hohen Niveaus der Produkte, die zusätzlich Dienstleistungen in Form von **Komplettlösungen** anbieten, wie z.B. Lieferung eines Motors einschließlich Getriebe, Kupplung, sowie Einbau und Wartung, kann die Beschäftigung in den einzelnen Unternehmen gesichert werden. Eine besondere Betrachtung findet dabei die **Strategie der Modellzyklen**.
Kurze Modellzyklen bewirken einen hohen Werteverfall und bei hochwertigen Produkten eine Verstimmung der Kunden. Zudem verzinsen sich die meist hohen Investitionen nicht. Deshalb rückt das Marketing als Motivator und Initiator in den Mittelpunkt. Es fordert ein **aktuelles Design** und einen **hohen Marktwert** der Produkte und Dienstleistungen. Der Käufer dieser *gehobenen* Produkte fordert sein **persönliches Produkt**, eine eigene persönliche Betreuung, ein Dienstleistungsangebot rund um die Uhr, natürlich Termingenauigkeit bei kürzester Lieferzeit. Abgerundet werden all diese Herausforderungen an die Unternehmen letztendlich mit der **Produktqualität** und **Produktsicherheit**. Des Weiteren geht der Kunde selbstverständlich von der Erfüllung aller Umweltauflagen bei dem Produkt und seiner Herstellung aus.

| **Tabelle 1: Ansatzpunkte für das externe und interne Marketing** |
|---|
| Attraktive und **innovative Produkte** |
| Hohe **Variantenvielfalt** |
| **Statuswert** übersteigt den Nutzwert |
| Flexible und schnelle Organisation |
| **High-Tech** als Grundvoraussetzung |
| **Komplettlösungen**, d.h. ein Unternehmen koordiniert und überwacht seine Lieferanten |
| **Kurze Modellzyklen** bewirken einen hohen Werteverfall |
| **Persönliche Produkte** und Betreuung |
| **Hohe Produktqualität** und Produktsicherheit |

## 1.4 Marketing und Prozessorientierung

Das Marketing eines Unternehmens kann nur erfolgreich sein, wenn das Unternehmen die Zielsetzungen, Forderungen und Wünsche der Kunden umsetzt. Zu lösen sind diese Herausforderungen nur mit prozessorientierten Ansätzen, die die geforderten Überlappungen, Verkettungen und Querverbindungen planbar, steuerbar und ausführbar machen. Außerdem müssen die Gedanken einer fortwährenden Optimierung der einzelnen Prozesse in alle Hierarchien einfließen.

Der *Taylorismus* mit der Trennung von Durchführung und Kontrolle muss durch ein Prozessdenken für das Ganze abgelöst werden **(Bild 1)**.

Dass dieser Unternehmensprozess heute schon in der Automobilindustrie erfolgreich praktiziert wird, lässt sich durch das folgende Beispiel zeigen. Die Zulieferer, als Mitglied der Prozesskette, liefern komplette, einbaufertige Baugruppen bei hoher **Variantenvielfalt** zum exakten Stundentermin. Der perfekte Zulieferer hat seinen Produktionsort in der Nähe der Montagewerke des Endproduktes, produziert immer genau die Baugruppen für die laufende Schicht und liefert die Teile direkt an den Montageort. In einigen Fällen übernimmt der Zulieferer auch noch den Einbau seiner eigenen Baugruppen. Somit ist der Zulieferer nicht nur für die Qualität und die Terminierung seiner Produkte verantwortlich, sondern er haftet auch noch für den Einbau seiner Produkte.

Außerdem können komplexe Baugruppen, wie z.B. die Lieferung der kompletten Vorderachse einschließlich der Bremsanlage, nicht mehr von dem Zulieferer allein entwickelt und gebaut werden. Er muss mit dem Hersteller des Endproduktes seine Entwicklung koppeln, dessen Pflichtenheft und Ideen umsetzen. Außerdem koordiniert er die *Unter-Zulieferer*, die ihm wiederum z.B. die Hydraulikzylinder für die Bremsanlage anliefern.

Das Marketing des Zulieferers eines Unternehmens hat also die Aufgabe diesen Markt nach neuen Gesamtkonzepten zu untersuchen. Eine Kooperation mit anderen Zulieferern ist dabei gefragt, um dann als Generalanbieter, z.B. für die Kfz-Elektronik, aufzutreten, oder neue Konzepte mit dem Produkthersteller zu erarbeiten.

Die Montage der Zukunft gleicht dem modernen Supermarkt. Hier mieten die Firmen die Regale (Preis nach Standort) und die eigenen Vertreter füllen diese mit ihren Produkten.

Im Industriebetrieb mietet der Lieferant einen *leeren* Montageplatz für den Einbau seiner Baugruppen und bringt seine Mitarbeiter, Maschinen, Anlagen und Werkzeuge mit. Hier wird der Produzent des Endproduktes zum reinen Dienstleistungsunternehmen, er hat kein produzierendes Personal mehr, das gebundene Kapital wird klein gehalten.

Das Unternehmen kann mit einem kleinen, hochqualifizierten Stammpersonal hohe Renditen einfahren, denn das Risiko liegt bei den Zulieferern.

**Wiederholung und Vertiefung**

1. Wo können die traditionellen Unternehmensformen noch weiter sinnvoll eingesetzt werden?
2. Nennen Sie Beispiele für die vier Aspekte des Marketings.
3. Untersuchen Sie in Gruppenarbeit die Umsetzung der prozessorientierten Unternehmensorganisation für einen Produktionsbetrieb.

| Traditionelle Unternehmensorganisation | → | Prozessorientierte Unternehmensorganisation |
|---|---|---|
| Festgefügte Linien-Funktionsmeisterorganisation. **Taylorismus**, d. h. Trennung von Durchführung und Kontrolle und individuelle Verantwortung des Einzelnen für den Arbeitsabschnitt. | → | Flexible Sparten- oder Matrixorganisation. Prozessorientierung mit Überlappungen. Verkettungen der Gesamtverantwortung der Gruppe für den Prozess bei ständiger Verbesserung mit KAIZEN. |

**Bild 1: Entwicklung der Organisationsformen**

## 1.5 Marketing und die Ziele des Qualitätsmanagements

Das Qualitätsmanagement erfüllt für das Marketing eine wesentliche **Kernaufgabe**. Es sichert die Erfüllung der Ziele und Forderungen des Marketings. In einem prozessorientierten Unternehmen sind das Marketing, das Qualitätsmanagement, die Produktion wesentliche Teile des Gesamtprozesses.
Jede Gruppe, jede Abteilung, jeder Teilbetrieb ist des anderen Kunde bzw. Lieferant, jeder Prozessteilnehmer stellt dabei seine (Kunden-) Forderungen (Preis, Qualität, Termin, Kosten, ...) die im Sinne einer konsequenten Kundenorientierung zu erfüllen sind **(Bild 1)**.

**Bild 1: Marketing und Qualitätsmanagement**

<table>
<tr><th colspan="2">Gebrauchsfunktion</th><th>Geltungsfunktion</th></tr>
<tr><td colspan="2">= technische Funktion</td><td>= nicht technische Funktion</td></tr>
<tr><td colspan="2">Technik & Design (Funktionalität)</td><td>Status & Styling (Formgebung)</td></tr>
<tr><td colspan="3">Werkzeugmaschine > PKW > CD Player > Schmuck</td></tr>
<tr><th colspan="3">Funktionen (= Wirkungen der Objekte)</th></tr>
<tr><th>Hauptfunktion</th><th>Nebenfunktion</th><th>Unnötige Funktion</th></tr>
<tr><td>= eigentliche Aufgabe, die Erfüllung ist unerlässlich</td><td>= notwendige Aufgaben zur Erfüllung der Hauptfunktion</td><td>= vom Kunden nicht verlangt oder honoriert</td></tr>
<tr><td>Prit-Stick muss z.B Papier kleben</td><td>Prit-Stick muss nachschiebbar sein</td><td>Verbraucher-Stift muss entsorgt werden</td></tr>
<tr><td colspan="3">Ziel der Wertanalyse nach DIN 69 9910:<br>= Optimierung des Ergebnisses durch Wertverbesserung, Wertgestaltung und Wertplanung</td></tr>
<tr><td colspan="3">Wert:<br>Durch das Design, die Konstruktion wird der Wert des Objektes (Produkt / Dienstleistung) festgelegt. Je früher die Wertanalyse durchgeführt wird, desto größer ist die Kostenersparnis!</td></tr>
</table>

**Bild 2: Aufbau der Wertanalyse**

### 1.5.1 Kundenorientierung

Kaufen wir heute ein Produkt, eine Ware, eine Dienstleistung so erwarten wir, dass sie *zuverlässig* und *genau* die gestellten Anforderungen erfüllt.
Erfüllt das Unternehmen eine oder mehrere Anforderungen nicht, so sind die Kunden verärgert. Wenn zudem noch Folgeschäden an Menschen oder Sachen auftreten, machen wir die Herstellerfirma, den Lieferanten haftbar. Die Folge ist Haftung nach dem Produkthaftungsgesetz; Schadenersatz und zusätzlich sicherlich ein Umsatzrückgang und ein Imageverlust.
Das Marketing muss dann mit hohem Aufwand das verlorene Terrain zurückerobern. Dies erfordert zusätzlichen Arbeitsaufwand, Kosten und Zeit. Das Marketing darf aber in diesem Fall den „Schwarzen Peter" nicht einfach den *anderen* zuschieben. Gerade das Marketingteam, das direkt mit dem Kunden zusammenarbeitet, hat im Prozess die primäre Aufgabe hier rechtzeitig zu reagieren.
Oftmals werden aus falsch verstandenem Genauigkeitswahn die Anforderungen des Kunden übererfüllt. Hier muss das Marketing in die Prozesse eingreifen. Das Marketing muss mithilfe der Marketingforschung genauestens ermitteln, welche Forderungen (= Kundenwünsche) der Kunde hat. Ein Beispiel dafür ist, wenn ein Unternehmen die äußeren Maße des Produktes „einfache Kunststoffeimer" prüft, aber die Prüfung des Aussehens (Design) vernachlässigt.
Die **Kundenorientierung** beinhaltet also das Erkunden der **tatsächlichen Forderungen**, denn nur diese bezahlt der Kunde auch. Funktionen, die er nicht braucht, nicht nutzt, nicht nutzen kann, müssen **eliminiert** werden, sonst verschenkt man diese als unbezahlte Zugabe.

Weiter zu bedenken ist, dass das Marketing Wünsche der Kunden nachfragt, die der Kunde selbst gar nicht (oder selten) (aus-)nutzen kann (PKW mit 250 kW, 280 km/h Spitze ...). Diese Forderungen müssen dann aus Imagegründen ebenfalls erfüllt werden. Besonders bei hochwertigen Produkten ist dies (überlebens-)wichtig für das Unternehmen. Das Marketing gliedert deshalb wie die **Wertanalyse (WA) (Bild 2)** die Produkte und Dienstleistungen in **Gebrauchsfunktionen** und **Geltungsfunktionen**.

## 1.5.2 Kundenwünsche und Total Quality Management

Für das Marketing, dessen Zielsetzung sicherlich die Kundenorientierung ist, muss die Bedeutung der Leitsätze des Qualitätsmanagements, der TQM-Führungsmethode herausgestellt werden **(Bild 1)**.

> **TQM** ist eine Führungsmethode einer Organisation (Unternehmung) bei welcher Qualität in den Mittelpunkt gestellt wird, welche auf der Mitwirkung aller ihrer Mitglieder beruht und welche auf langfristigen Erfolg durch **Zufriedenstellung der Abnehmer** und auf den **Nutzen für die Mitglieder** der Organisation und für die **Gesellschaft** zielt.

### TQM, Marketing und Kundenorientierung

Für ein Unternehmen, das mit **TQM-Prinzipien** arbeitet, können die folgenden Bausteine genannt werden **(Tabelle 1)**.

**Bild 1: Die wichtigsten Ziele des Qualitätsmanagement**

**Tabelle 1: Die Grundthesen, bzw. die Bausteine des TQM und des Marketings**

| Nr | These | Beschreibung | Nr | These | Beschreibung |
|---|---|---|---|---|---|
| 1 | **Ziel-klarheit** | – Einheitliche und klar umrissene Unternehmungsziele im Sinne der **Kundenorientierung** und der Prozessorientierung | 4 | **Kontinuierliche Verbesserung (KVP)** | – Messen von Qualitätsmerkmalen statt Gut-Schlecht-Beurteilung mit Lehren (z.B. Dämpfung, Geräusch, Emission, keine Überhitzung),<br>– Analyse von Messwerten und Prozessverbesserungsmaßnahmen<br>– Einbeziehung der Mitarbeiter in den Qualitätsverbesserungsprozess durch KAIZEN und Vorschlagswesens |
| 2 | **Kunden-orientierung** | Beispiele für eine erfolgreiche Kundenorientierung:<br>– Eingehen auf Kundenwünsche,<br>– Beratung,<br>– Freundlichkeit bei Telefongesprächen,<br>– schneller Service,<br>– klare Gebrauchsanweisungen,<br>– Ersatzteilgarantie. | 5 | **Kontinuierliche Schulung und Weiterbildung der Mitarbeiter** | – Standardisierung der Arbeitsprozesse der Mitarbeiter durch den Aufbau von eigenverantwortlichen Schulungssystemen für die einzelnen Teams und das gesamte Unternehmen. |
| 3 | **Null-Fehler Produktion (FMEA[1])** | – Analyse und Vermeidung von Fehlern mithilfe der System-FMEA (z.B. neue Montagelinie),<br>– der Konstruktions-FMEA (Bauteile) und<br>– der Prozess-FMEA (Fertigungspläne und Fertigungsprozesse). | 6 | **Regelmäßige Audits (Zertifizierung)** | – Zertifizierung des Unternehmens um einen einheitlichen definierten Qualitätsstandard garantieren zu können.<br>– regelmäßige Untersuchungen der Qualitätsverbesserungsmaßnahmen auf ihre Wirksamkeit |

[1] FMEA = Failure Mode and Effects Analysis = Methode der Fehler-Möglichkeits- und Einflussanalyse. [2] Corporate Identity = Firmenidentität, „Wir-Gefühl" im Unternehmen erzeugen, nach außen mit einem geschlossenen, positiven Bild auftreten.

**Qualitätsaudits und Zertifizierung**

Viele Kunden verlangen von ihren Lieferanten, ihren Zulieferern, ohne Ausnahme im Bereich der Automobilindustrie, den Nachweis der **Zertifizierung**, also ein gut aufgebautes und funktionierendes **Qualitätsmanagementsystem**. Die Großabnehmer führen dabei ihre Audits bei den Lieferanten selbst durch und überprüfen vor Ort die Qualität und Wirksamkeit der QM-Systeme. Der Lieferant wird damit ein **„A-Lieferant"**, d.h. seine Produkte und/oder Dienstleistungen werden ohne Eingangsprüfung direkt in das Endprodukt eingebaut. Dies qualifiziert diesen Lieferanten besonders dann, wenn er bei namhaften Kunden als „A-Lieferant" eingestuft ist.

Um die eingeleiteten Qualitätsmaßnahmen zu überwachen, um Schwachstellen zu entdecken und Anregungen zu Verbesserungen zu bekommen, führt man in Unternehmen **Qualitätsaudits** durch. Dabei entwickelt ein geschultes Auditorenteam ein Konzept, in dem der Auditablauf und die Auswertungskriterien festgelegt werden.

Dabei werden drei Qualitätsauditarten unterschieden:

1. **Produktaudit** für fertig gestellte und geprüfte Produkte, um die Erfüllung der Qualitätsmerkmalforderungen zu überprüfen.
2. **Verfahrensaudit**, z.B. für einen Fertigungsprozess, um seine Wirksamkeit zu untersuchen.
3. **Systemaudit**, hier wird das gesamte Qualitätsmanagementsystem auf seine Fehler und die Wirksamkeit überprüft.

Die Details, die Vorgehensweise und der Aufbau des TQM wird ausführlichst im Kapitel II Qualitätsmanagement beschrieben.

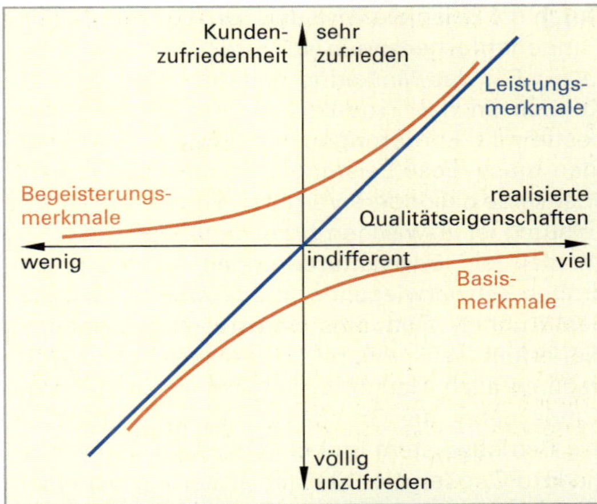


**Bild 1: Das Kano-Modell**

## 1.5.3 Das *Kano*-Modell

Erst nachdem der Druck durch die japanische Konkurrenz erkannt wurde, begannen die Unternehmen in den USA und in Europa durch intensives zielgerichtetes Marketing die Bedeutung der Qualität in der Produktentwicklung zu erkennen. Von *Noriaki Kano* wurde ein Modell **(Bild 1)** entwickelt, das die Kundenwünsche in drei Bereiche gliedert:

1. **Grundanforderungen,**
2. Qualitäts- und **Leistungsanforderungen,**
3. **Begeisterungsanforderungen.**

Die **Tabelle 1** gibt einen genaueren Überblick über die Klassifizierungsvorstellungen von *Kano*.

**Tabelle 1: Beschreibung der Klassifizierungen nach *Kano***

| Basisanforderungen | Leistungsanforderungen | Begeisterungsanforderungen |
|---|---|---|
| – **Unausgesprochene, erwartete** Forderungen<br>– Selbstverständlichkeit<br>– Nichterfüllung erzeugt schwere Imageverluste | – direkt **genannte** Forderungen<br>– Wettbewerbsvergleich der Produkte über dessen Erfüllungsgrad | – **nicht genannte** Forderungen, Überraschung<br>– Innovation, Neuerung<br>– Maximierung der Kundenzufriedenheit |
| – Klimaanlage (Oberklasse)<br>– Reserverad<br>– Erste Hilfe Kasten, Warndreieck<br>– Batterien bei der Fernbedienung beigelegt<br>– Felgenbremsen vorne/hinten<br>– Laptop mit DVD-Laufwerk | – Klimaanlage (Mittelklasse)<br>– ABS<br>– Strom-Sparschaltung<br>– Internetanschluss<br>– Trommelbremsen (Fahrrad)<br>– Laptop mit HDMI-Laufwerk | – Klimaanlage (Kleinwagen)<br>– GPS und Navigation<br>– Titan-Tennisschläger<br>– Hydraulikbremsen (Fahrrad)<br>– Laptop mit Blueray |

Verfallsrichtung der Anforderungen in Pfeilrichtung

Durch die Beispiele wird deutlich, dass bestimmte Kundenanforderungen in ihrer Wertigkeit *verfallen*. Für das Marketing bedeutet dies, dass die Kunden an das Produkt bzw. die Dienstleistung bestimmte Forderungen stellen. Das Unternehmen muss diese Leistung erbringen, erhält dafür aber keine besondere Vergütung mehr, denn diese Leistung ist inzwischen *branchenüblich*.
Werden die **Basisanforderungen** nicht erbracht, drohen schwerwiegende **Imageverluste**, denn für den Kunden sind dies Selbstverständlichkeiten, die erfüllt sein müssen. Problematisch werden dadurch auch Marktforschungsanalysen, denn der Kunde nennt die Grundanforderungen nicht, z.B. das Betriebssystem und ein Office-Grundpaket bei einem PC, oder die Diebstahlsicherung bei einem Mittelklassewagen. Diese müssen dann durch den Vergleich mit dem Wettbewerber und dessen Produkten und Dienstleistungen ergänzt werden. Im allgemeinen Geschäftsverkehr ist dabei zu beachten, dass eine einmal nicht extra berechnete erbrachte Leistung kaum mehr rückgängig gemacht werden kann, ohne den Kunden schwer zu verärgern.
Die in der **Tabelle 1, vorhergehende Seite**, genannten Beispiele sollen deutlich machen, mit welchen kurzen Lebenszyklen heute viele Brachen *leben* müssen und wie schnell ein Unternehmen immer wieder neue innnovative Produktvarianten, bzw. Produkte auf den Markt bringen muss um Marktführer, also Trendsetter zu bleiben!
Alternativ zeigt die **Tabelle 1** wie ein führender Automobilkonzern seine **Kundenzufriedenheit** prüft und zu einer ähnlichen **Klasseneinteilung** kommt.
In vielen Fällen genügt zur Sichtung und Übersicht die Gruppierung der gesammelten Kundenforderungen, die einfache **ABC-Analyse**. Dabei würden der *A-Klasse* die primären, sofort zu erfüllenden Kundenforderungen, der *C-Klasse* die unwichtigen Forderungen zugeordnet. Die übrig gebliebenen Forderungen kommen in die *B-Klasse*.

Bei der Umsetzung der Kundenwünsche ergibt sich das Problem der Kosten und der daraus resultierenden Preisgestaltung. Dieses Problem lässt sich nur durch eine **Positionierungsanalyse** und eine konkrete Kundenbefragung mit der Zielrichtung der Abfrage Kundenzufriedenheit lösen!

### 1.5.4 Kundenorientierung und Kundenzufriedenheit

Um ständig mit dem Prinzip der Kundenorientierung auf dem „Laufenden zu sein“, hat ein führender deutscher Automobilhersteller die folgenden Grundgedanken für die Vorgehensweise des Management und aller Mitarbeiter vorangestellt.

- Wissen wir genau, warum der Kunde unser Produkt kauft und nicht das der Konkurrenz?
- Wissen wir, welche Produktmerkmale dem Kunden wichtig sind?
- Wissen wir, wie genau wir die Erwartungen des Kunden mit unserem Produkt erfüllt haben?
- Wissen wir, welche nichttechnischen Beweggründe die Kaufentscheidung des Kunden beeinflusst hat?
- Wie sehen unsere Verfahren und Methoden zur Ermittlung der Kundenmeinung aus? Geben sie tatsächlich die Kundenmeinung wieder, oder nur die eigene Einschätzung über das, was wir für Kundenmeinung halten?

Die **Kundenforderungen und Kundenwünsche** können mithilfe einer modifizierten **Positionsanalyse** dargestellt werden. Dabei werden die Forderungen und Wünsche der Kunden in einer Liste gesammelt **(folgende Tabelle 1, folgende Seite)** und in Kostenklassen und Beurteilungsklassen eingestuft analog den Prinzipien einer ABC-Analyse.

**Tabelle 1: Beschreibung der Kundenzufriedenheit und Kundenforderungen**

| Ebene I<br>Selbstverständlichkeiten | Ebene II<br>Ausgesprochene Forderungen und Erwartungen | Ebene III<br>Überraschungen |
|---|---|---|
| • **nicht explizit genannte** Eigenschaften,<br>• vollständiges Erfüllen registriert der Kunde in der Regel nicht,<br>• tritt aber die Nichterfüllung plötzlich auf, z.B. das Auto springt nicht an, ist der Kunde schwerwiegend unzufrieden. | • **die Zufriedenheit wächst mit dem** Grad der Erfüllung und<br>• umgekehrt wächst die **Unzufriedenheit** mit dem Grad der Nichterfüllung, wobei hier schon das Fehlen einer **einzigen Forderung** ausschlaggebend sein kann (z.B. kein Nebelschlusslicht). | • bereits **wenige Kleinigkeiten** können einen **überraschenden Beitrag** zur Zufriedenheit liefern,<br>• durch sie lässt sich am ehesten **Marktführerschaft** erreichen,<br>• Innovationen müssen vom Kunden bemerkt und anerkannt werden. |

Die Kosten werden dabei z.B. bei der Klasse 1 von € 1,– bis 5,–, bei der Klasse 2 von € 5,01 bis 20,– bis zur Klasse 10 mit mehr als 10 000 € betragen. Die durch eine Kundenbefragung festgestellte Wichtigkeit/Wertigkeit wird in Form einer Beurteilung von den Notenstufen 1 (= kann entfallen) bis 10 (= unbedingt erforderlich) abgefragt. Die Befragung muss sehr gewissenhaft und nach bestimmten Verbrauchergruppen, z.B. Einkommen, Alter sortiert erfolgen, zudem muss zwischen Sonderwünschen und Standardausrüstungen unterschieden werden. Die Darstellung erfolgt dann in einer zweidimensionalen Grafik, einer modifizierten Positionierungsanalyse **(Bild 1)**. Die Auswertung kann über 4 Quadranten erfolgen, wobei dann Folgendes ausgesagt werden kann:

**Quadrant 1:**
- **Standardwünsche** mit wenig Ansehen,
- Niedrige aber meist notwendige Erfüllungskosten,
- Niedrige Kundenbefriedigung.

**Quadrant 2:**
- **Kernaufgabe** für die Kundenorientierung,
- Niedrige Erfüllungskosten,
- Hohe Kundenbefriedigung.

**Quadrant 3:**
- Luxus und **Prestigewunsch**orientierung,
- Kleine Stückzahlen,
- Hohe Erfüllungskosten,
- Höchste Kundenbefriedigung.

**Quadrant 4:**
- **Sonderwünsche** von speziellen Kunden,
- Sehr hohe Kosten,
- Befriedigung des Kunden wird als Standard angesehen (kostenlose Zulieferung sowie Einbau und Wartung).

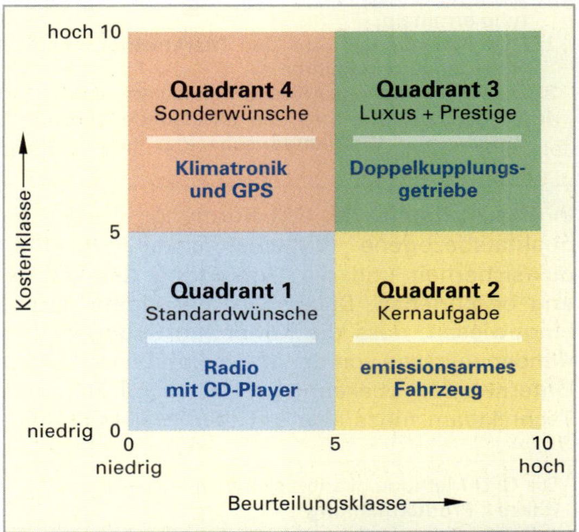


**Bild 1: Modifizierte Positionierungsanalyse zur Einstufung der Kundenwünsche und Kundenanforderungen**

**Tabelle 1: Sammelliste für die Einstufung von Kundensonderwünschen am Beispiel eines Mittelklasse PKW (vereinfachte Auswahl)**

| Nr. | Kundenforderung/ Kundenwunsch | Kostenklasse | Beurteilungsklasse | Nr. | Kundenforderung/ Kundenwunsch | Kostenklasse | Beurteilungsklasse |
|---|---|---|---|---|---|---|---|
| 1 | ABS | 7 | 4 | 13 | Bordcomputer und GPS | 8 | 7 |
| 2 | Airbag | 5 | 6 | 14 | Frischluftfilter | 2 | 2 |
| 3 | Abschleppöse | 2 | 4 | 15 | Elektron. Differentialsperre | 7 | 1 |
| 4 | Allradantrieb | 9 | 1 | 16 | Fahrzeug-Navigation-System | 8 | 1 |
| 5 | Alarmanlage | 4 | 3 | 17 | Tempomat | 7 | 2 |
| 6 | Außenspiegel elektrisch abklappbar | 3 | 1 | 18 | Gepäckraumabdeckung | 6 | 4 |
| 7 | Autotelefon | 7 | 1 | 19 | Verzurrösen im Gepäckraum | 3 | 6 |
| 8 | Klimaanlage | 6 | 4 | 20 | Elektronische Wegfahrsperre | 5 | 3 |
| 9 | Beheizbare Vordersitze | 6 | 2 | 21 | Elektron. Stabilitätssystem | 6 | 4 |
| 10 | Nebelschlussleuchte | 3 | 4 | 22 | Leichtmetallräder | 7 | 2 |
| 11 | Höhenverstellbarer Sitz | 4 | 4 | 23 | Memory für Fahrersitz | 5 | 3 |
| 12 | Hohlraumkonservierung | 5 | 6 | 24 | Make-up-Spiegel | 1 | 8 |

### 1.5.5 Kundenorientierung und Marktforschung

Nach **DIN EN ISO 9000:2000** soll das **Marketing** bei der Festlegung der Qualitätsforderungen für ein Produkt und/oder eine Dienstleistung die **Führung** übernehmen und dabei die folgenden Punkte erfüllen:

1. Die **Erfordernisse** für ein Produkt, eine Dienstleistung ermitteln.
2. Den **Marktbedarf** und den **Marktsektor** genau festlegen und definieren.
3. Die Forderungen der Kunden genau ermitteln.
4. Im eigenen Unternehmen alle **Kundenanforderungen und Kundenwünsche** klar und genau **bekanntmachen**.

In diesem Kapitel der QM-Normung, werden die qualitätsbezogene Wirtschaftlichkeit, die Produktsicherheit und die Umsetzung des Marketing beschrieben. Dabei wird besonders darauf hingewiesen, dass die Kundenforderungen und Kundenwünsche von der Marketingabteilung dem Unternehmen „bekannt gemacht" werden. Das Technikteam muss also mit dem Marketingteam **prozessorientiert** zusammenarbeiten. Nur so werden Produkte und Dienstleistungen erbracht, die dem **Marktbedarf** entsprechen.

### 1.5.6 Kundenorientierung und das Quality Funktion Deployment (QFD)

Innerhalb des Prozesses der Produktinnovation und **Produktentwicklung** ist das QFD für die Technik, das Qualitätsmanagement und das Marketing das wichtigste Element und Hilfsmittel zur Darstellung und Verwirklichung der Kundenorientierung.

So kann die „Kundenmeinung" (Einstellung, Erwartung, Wünsche) durch geeignete marktforscherische Befragungen erkundet werden und in konkrete Produkte und Dienstleistungen durch den Techniker umgesetzt werden.

Die am besten geeignete Methode ist dabei das **QFD (Quality Funktion Deployment)**. Sie wurde in Japan von Yoji Akao 1966 vorgestellt und in der Automobilindustrie eingesetzt.

Die QFD-Methode gliedert sich in vier Phasen.

**Phase I: Produktplanung**
- Die Kundenanforderungen werden erfasst, gruppiert, strukturiert, paarweise verglichen und gewichtet.
- Keine Störungen im Dauerbetrieb.

**Phase II: Teileplanung**
- Aus den Kundenforderungen (Qualitätsmerkmale) werden Konstruktionskonzepte erstellt.
- Aufbau von Dreiecksmatrixen, von Beziehungsmatrixen (Paarvergleich).
- Aus der Kundenforderung „keine Störungen" wird die Konstruktionsanforderung „Betriebssicherheit".
- Die wichtigsten, vordringlichen sowie kostenmäßig machbaren und zeitlich schnell durchführbaren Qualitätsmerkmale sind damit sichtbar und erfasst.

**Phase III: Prozessplanung**
- Bestimmung der notwendigen Prozessteilnehmer im Bereich der Produktion des Unternehmens um die Qualitätsanforderungen umzusetzen.
- Erstellung von Flussdiagrammen und Bestimmung von kritischen Prozessparametern (Kapazitäten, Zeit, ...),
- Bewertung der Prozessfähigkeit (FMEA).

**Phase IV: Produktionsplanung**
- Bestimmung der Maßnahmen zur Prozessabsicherung im Unternehmen in Bezug auf kritische Prozesse.
- Aufbau eines Maßnahmenkatalogs.
- Detaillierte Erfassung und Bewertung der Prozessfähigkeit zur Erkennung von möglichen auftretenden Problemen.

#### Wiederholung und Vertiefung

1. Erstellen Sie die Positionierungsanalyse für die Sammelliste der Kundensonderwünsche für einen Mittelklasse Pkw (Tabelle 1, vorhergehende Seite).

1.1 Erstellen Sie das Grunddiagramm mit den 4 Quadranten und einer x-y-Achsen-Einteilung von 1 bis 10 (niedrig bis hoch).

1.2 Übertragen Sie die Kundenforderungen entsprechend ihrer Kosten- und Beurteilungsklasse in das Koordinatennetz und bezeichnen Sie die einzelnen Forderungen.

1.3 Kommentieren Sie das Ergebnis und gliedern Sie die Forderungen in die Gruppen „Standardwünsche" und „Kernaufgaben".

2. Entwickeln Sie eine Positionsanalyse mit einem Produkt und einer Dienstleistung Ihrer Wahl.

2.1 Sammeln Sie die Kundenforderungen durch eine eigene Umfrage und ordnen Sie diese.

2.2 Erstellen Sie den Paarvergleich.

2.3 Bestimmen Sie Qualitätsmerkmale.

2.4 Erstellen Sie das HoQ, als Ergebnis der Voruntersuchungen!

3. Entwickeln Sie ein Kano-Modell für eine CNC-Werkzeugmaschine.

# 2 Marketinginstrumente

## 2.1 Die marktpolitischen Instrumente des Marketing

Mit den marktpolitischen Instrumenten versucht das Unternehmen aktiv auf dem Absatzmarkt Einfluss zu gewinnen. Dazu gibt es vier grundlegende Methoden **(Bild 1)**. Allein aus den *Überschriften* erkennt man, dass das Produkt nur als *Teilaspekt* für das Marketing in Erscheinung tritt.

Das *gute* Produkt, die *pünktliche* Dienstleistung bleibt trotzdem der **Grundpfeiler** des Unternehmens. Doch ohne den Einsatz der marketingpolitischen Instrumente des Marketings lassen sich heute auch noch so gute Produkte nicht mehr verkaufen. Auf dem Markt werden heute nämlich viele **gleichwertige Produkte und Dienstleistungen** angeboten. Viele, meist kleinere Unternehmen haben diese Problematik immer noch nicht richtig erkannt und versuchen nur mit ihrer guten Technik zu konkurrieren. Das genügt aber bei globalen, offenen Märkten nicht mehr! Sie investieren in aufwändige risikoreiche Innovationen (keine Erfahrungen), ohne beim Kunden nachzufragen, ob er diese Veredelung überhaupt will! Vielleicht hätte eine kleine, kostengünstigere Verbesserung ausgereicht, die Kundenwünsche zufrieden zu stellen. Aufgabe des Marketings ist es dann, diese geschickt als Innovation zu verkaufen.
Dies ist kein Widerspruch, obwohl bei vielen gleichwertigen Produkten auf dem Markt, sich „unser" Produkt am besten durch eine „Innovation" unterscheiden muss.

**Auswahl der Instrumente des Marketing-Mix**
Die marktetingpolitischen Instrumente **(Tabelle 1)** geben dem Unternehmen, dem Marketing, der Absatzwirtschaft viele Möglichkeiten sich auf dem Markt zu verbessern, oder sich neu zu etablieren. Wichtig ist es dabei die **richtige Wahl** zu treffen. Der gesamte finanzielle Aufwand und der Arbeitseinsatz ist verloren aber auch das **Image** kann darunter leiden, Markt- oder Umsatzeinbußen sind die unmittelbare Folge einer falschen Marketing-Mix-Strategie. Eine falsche (Billig-) Preispolitik lässt sich nicht einfach später wieder nach oben korrigieren. Hier müssen dann schon flankierende Maßnahmen, wie z.B. eine Verbesserung der Ausstattung des Produktes nachfolgen.

**Bild 1: Die vier Instrumente des Marketing Mix**

<table>
<tr><th colspan="8">Tabelle 1: Die vier marketingpolitischen Instrumente im Überblick</th></tr>
<tr><th colspan="2">Produktpolitik</th><th colspan="2">Kontrahierungspolitik</th><th colspan="2">Distributionspolitik</th><th colspan="2">Kommunikationspolitik</th></tr>
<tr><td colspan="2">– Das Ziel ist für das Produkt, die Dienstleistung beim Käufer eine bessere Beurteilung und ein höheres Image zu erhalten.</td><td colspan="2">– Gestaltung des Kaufabschlusses,<br>– Regelung der Zahlungsabwicklung, der Konditionen.</td><td colspan="2">– Maßnahmen um die Vertriebswege zu analysieren und auszuloten,<br>– Lagerhaltung,<br>– Logistik,<br>– Standort.</td><td colspan="2">– Aufbau von persönlichen und unpersönlichen Kontakten,<br>– Lieferanten- und Kundenbeziehung erhalten, ausbauen, pflegen und standardisieren.</td></tr>
<tr><td>– Produktgestaltung,<br>– Qualität,<br>– Verpackung,<br>– Namenspolitik,<br>– Kundendienst.</td><td>– Garantie,<br>– Diversifikation,<br>– Sortimentspolitik,<br>– Programmpolitik.</td><td>– Preispolitik,<br>– Module,<br>– Gesamtpaket,<br>– Rabattpolitik,<br>– Lieferbedingung,</td><td>– Zahlungsbeding.,<br>– Kreditpolitik,<br>– Abschöpfungspolitik,<br>– Prämienpolitik.</td><td>– Absatzwege,<br>– Direktabsatz,<br>– Handelsvertreter,<br>– Reisender,</td><td>– Indirekter Absatz,<br>– Transport,<br>– Lagerung,<br>– Standortpolitik.</td><td>– Werbung,<br>– Verkauf,<br>– Verkaufsförderung,<br>– Öffentlichkeitsarbeit.</td><td>– Sponsoring,<br>– Product-Placement,<br>– Public-Relations,<br>– Corporate-Identity.</td></tr>
</table>

**Bedeutung der verschiedenen Marketinginstrumente**

Mit Hilfe der einfachen Beispiele, die in **Bild 1** und **Tabelle 1** für Konsumgüter und Investitionsgüter zusammengestellt sind, kann man sich einen Überblick über den Einsatz der verschiedenen Marketinginstrumente, des Marketing-Mix machen. Bemerkenswert ist dabei, dass die Produktpolitik in beiden Bereichen denselben Prozentsatz einnimmt. Unterschiede ergeben sich insbesondere in der Werbung und in der Distribution. Alle Kunden müssen ständig **neu** angesprochen werden und alle Absatzwege neu ausgelotet werden. Die Tabelle 1 zeigt für die Gebrauchsgegenstände „HiFi" die hohe Bedeutung des Kundendienstes bei der Produktpolitik, der Abschluss eines Ratensparvertrages erfordert dagegen einen guten Verkaufsrepräsentanten.

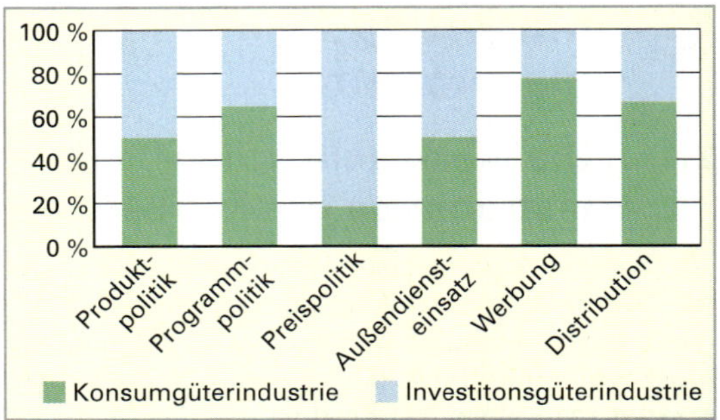


**Bild 1: Bewertung der Marketinginstrumente**

**Tabelle 1: Bedeutung der verschiedenen Marketinginstrumente**

| | Mund-hygiene | Back-waren | „HiFi" | Klei-dung | Raten-spar-vertrag |
|---|---|---|---|---|---|
| Produkt-politik | xxxx | xxxx | xxxxx | xxxxx | xxx |
| Preis-politik | xxx | xxxx | xxx | xxx | xx |
| Werbung | xxxxx | x | xxxx | xx | xxxx |
| Absatz-weg | xxxx | xxxxx | xx | xx | xxx |
| Verkauf | x | xx | xxx | xxxx | xxxxx |
| Kunden-dienst | | | xxxx | x | xxx |
| x = geringe Bedeutung | | | xxxxx = hohe Bedeutung | | |

## 2.2 Ziele und Gliederung der Produktpolitik

Die Produktpolitik und Programmpolitik, insbesondere dabei die **Produktinnovation** ist die wesentliche Säule zum Ausbau des **Marktanteils** und der Verbesserung des **Return on Investment (RoI)**[1]. Weiter gewinnt der TQM an Bedeutung zur Erlangung der **Qualitätsführerschaft**. Weiter wird eine starke **Koordination** zwischen der **Produktpolitik** (= Marketing > Kunde), der Forschung und Entwicklung (= Konstruktion) und der **Produktion** (= Produkt) vorausgesetzt. Die **Produktpolitik (Tabelle 2)** gliedert sich dabei in vier Standbeine, die **Produktgestaltung** mit dem Schwerpunkt der Produktinnovation, der **Programmpolitik** mit dem Inhalt der Treue, der Kunde will sich *wiederfinden*, dem **Kundendienst**, der heute komplette Problemlösungen liefern muss und der **Garantieleistung**.

[1] RoI = Return of Investment: Ziel eines Unternehmens muss es sein, das investierte Kapital möglichst schnell zurück zu gewinnen.

**Tabelle 2: Produktpolitik (einfache Gliederung)**

| **Produktgestaltung und Design** | **Programm- und Sortimentspolitik** | **Kundendienstpolitik** | **Garantieleistungspolitik** |
|---|---|---|---|
| Produktinnovation, Produktvariation, Produktelimination. | Programmtreue, Materialtreue, Wissenstreue. | Profilierung, Problemlösung, Funktionserfüllung, Inspektion. | Lieferbedingungen, Wandlung, Schadenersatz, Umtausch. |

**Tabelle 3: Produkt- und programmpolitische Entscheidungen**

| Produkt- & Programmpolitik | Produktlebenszyklus | Produktinnovation | Produktvariation | Produktdifferenzierung | Produktelimination | Verpackungsgestaltung | Programmgestaltung | Verbraucherpolitik & Ökologieaspekt |
|---|---|---|---|---|---|---|---|---|
| 1 | 2 | 3 | 4 | 5 | 6 | 7 | 8 | 9 |
| – A-Lieferant bei allen Kunden anstreben<br>– Kerngeschäft stärken | – neue Produkte aufbauen<br>– Zykluszeiten verkürzen sich ständig | – neue Tendenzen erkunden, erproben und testen | – Produkte und Dienstleistungen an den Trend anpassen | – nach neuen Märkten Ausschau halten<br>– *wachsam* sein | – unwirtschaftliche Produkte rechtzeitig aussortieren, oder besser verkaufen | – Umweltaspekte beachten<br>– Transport/ Handling gut gestalten | – gesamtes Produktionsprogramm optisch aufeinander abstimmen | – Trend der jeweiligen Verbrauchergruppe ständig untersuchen und verstärken |

Entscheidungen über Produkte und Dienstleistungen sind nicht nur als ein technisches Problem, sondern vor allem als *marktbezogenes Problem* zu untersuchen. Diese Entscheidungen werden als das *Herz des Marketing* bezeichnet, denn die Überlebensfähigkeit des Unternehmens hängt von einer *attraktiven Gestaltung* der *Produktpolitik und Programmpolitik* ab. Nur durch die Befriedigung der Kundenbedürfnisse und ein auf den Kundennutzen ausgerichtetes Leistungsangebot kann langfristig die Erreichung der Unternehmensziele gewährleistet werden.

Die verschiedenen Möglichkeiten für produktpolitische und programmpolitische Entscheidungen sind in der **Tabelle 3, vorhergehende Seite** aufgezählt. Auch hier wird wiederum deutlich, dass der *Produkttyp* nicht von der Produktion entschieden werden kann, sondern vom Markt bestimmt wird, den das Marketing unabhängig zu erkunden hat.

Die **Produkt- und Programmpolitik** können aus den verschiedensten Blickwinkeln betrachtet werden. Sie haben unterschiedliche Ansätze, verfolgen aber das gleiche Schwerpunktziel, nämlich die **Kundenorientierung** zu verwirklichen und zu perfektionieren.

Die **Tabelle 1** zeigt die generellen **Markt- und Umweltentwicklungen,** welcher die Unternehmen bei ihrer Produkt- und Programmpolitik unterworfen sind. Hier stehen die **Kundenorientierung**, das **Umweltbewusstsein** und das **Qualitätsmanagement** im Mittelpunkt.

Die **ökonomischen Ziele (Tabelle 2)** sind *real* beschreibbar, somit auch messbar und grafisch und tabellarisch darstellbar. Sie formulieren die betriebswirtschaftlichen Vorgaben des Unternehmens. Alle Marketingaktivitäten müssen sich natürlich diesen allgemeinen Vorgaben unterordnen, z.B. müssen die geplanten Gewinne oder ein erwartetes Wachstum im laufenden Geschäftsjahr erzielt werden.

**Tabelle 1: Markt- und Umweltentwicklungen für die Programm- und Produktpolitik**

| Entwicklungsrichtung | Beschreibung, Zukunftsaufgaben |
|---|---|
| Qualitätsansprüche der Kunden steigen | – Die Aufklärung durch Warentestinformationen nimmt zu<br>– Die Garantiezeiten haben sich verlängert<br>– Die Produkte gleichen sich immer mehr an |
| Beziehungen zum Kunden verbessern | – Wachsende technisch-qualitative Homogenität<br>– Aufbau von langfristigen Beziehungen durch ein Relationship-Marketing<br>– Erweiterung des Dienstleistungsangebotes, Service, Value-Added-Services |
| Umweltbewusstsein steigern | – Der Energieverbrauch muss gesenkt werden, zudem müssen die Abgase frei von Schadstoffen sein<br>– Die Wiederverwendbarkeit und das Recycling müssen ausgebaut und optimiert werden<br>– Zielrichtung ist ein kompletter Wertschöpfungskreislauf |
| Zahl der Gesetze/ Verordnungen steigt | – Durch den Aufbau eines Qualitätsmanagementsystems können alle neuen Gesetze und Verordnungen beherrscht werden, denn sie werden dem Unternehmen rechtzeitig bekannt gemacht<br>– Die Produkthaftung verlangt unbedingt eine Zertifizierung nach ISO 9000:2000<br>– Eine gute Umsetzung der Arbeitssicherheit und des Arbeitsschutzes erhöht die Motivation der Mitarbeiter |
| Produktkomplexität nimmt weiter zu | – Die Qualifizierung der Mitarbeiter muss weiter gesteigert werden<br>– Die kundenorientierte individuelle Ausstattung wird in allen Produkten und Dienstleistungen die Regel sein |
| Konzentration des Nachfragemarktes | – Die Konzentration des Handels wird weiter stark zunehmen, der Handel bestimmt die Produkte, die er in seinem Angebot platziert<br>– Der Handel muss in die Produktentwicklung aktiv eingeschaltet werden |
| Produktlebenszyklen werden kürzer | – Die Kunden erwarten die neuen Produkte immer schneller, die Durchlaufzeiten müssen sich verkürzen<br>– Durch die erhöhten Anforderungen (Qualität, Technik, und kurze Durchlaufzeit) werden die Entwicklungskosten immer höher; nur kapitalkräftige Unternehmen haben in Zukunft eine Chance |

**Tabelle 2: Ökonomische Ziele**

| Gewinn und Rentabilität | Wachstum | Rationalisierung | Kapazitätsauslastung | Sicherheit | Marktstellung |
|---|---|---|---|---|---|
| – geplante Einzeldeckungsbeiträge erreichen<br>– geplante RoI-Soll-werte erzielen | – Absatzerhöhung<br>– Umsatzsteigerung<br>– Gewinnerhöhung | – Synergieeffekt<br>– Degressionseffekt | – Produktion<br>– Design<br>– Marketing | – Risikostreuung<br>– Neue Kundensegmente<br>– Überlebensstrategien | – Anteilssteigerung<br>– Qualität<br>– Vollsortiment<br>– Ökologie |
| – die Einnahmen sollten wenigstens die variablen Kosten decken | – Erhöhung des Marktanteils in einem Produkt- oder Marktsegment | – die aufgewendeten Investitionen sollten sich auch auf andere Bereiche auswirken | – die Maschinenkapazitäten dem wirklichen Dauerbedarf anpassen | – Märkte auf ihre Stabilität ständig ausloten und Ersatzlösungen planen | – durch Zukauf oder Kooperation einen Marktsektor vollständig abdecken |

**Psychographische Ziele und Produkttypologien**
Das Image, das generelle **psychographische Ziel (Tabelle 1)** muss durch sorgfältiges Aufarbeiten ausgewählt und gefestigt werden. Eine schnelle Änderung des einmal definierten **Image** (Einstellung) ist schwer möglich. So hat z.B. ein Mitarbeiter, der zu Beginn der Beschäftigung öfters zu spät kommt, schnell das Image des stetig Unpünktlichen weg.
Gerade bei der Einführung eines neuen Image, z.B. *24 Stunden Service* wird der Kunde dies auch *austesten* und bei der Nichterfüllung erleidet das Unternehmen einen schweren Imageschaden!

Besonders in den USA werden die drei Produkttypen *convenience goods* (convenience = üblich, hier: Tageswaren) *shopping goods* (Einkäufe) und *speciality goods* (besondere Käufe) in den Marketingstrategien unterschieden.

Der Verbraucher kauft die *convenience goods,* z.B. Grundnahrungsmittel im Vorbeigehen, in Eile nach Geschäftsschluss. Für die *shopping goods,* z.B. kleine HiFi-Geräte, gutes Steak nimmt er sich mehr Zeit und vergleicht Preis und Qualität auch in einem anderen Geschäft. Die *speciality goods,* z.B. ein neues Auto, ein PC, kann sich der Kunde, je nach Einkommen, einmal pro Jahr leisten. Hier sind der Ruf, das Image, die Qualität des Produktes von entscheidender Bedeutung. Ähnlich ist das Kaufverhalten des Einkäufers eines Unternehmens des Mittelstandes, z.B. für Handwerker. Er kauft die billigen und einfachen Produkte bei seinem Stammlieferanten. Für Investitionen lässt er sich Zeit und achtet auf die Erfüllung seines Pflichtenheftes.

**Das Produkt und die Zusatzleistungen**
Da ein Produkt nie *nackt* verkauft wird, müssen alle Zusatzleistungen, wie z.B. die Verpackung, der Kundendienst, die Gewährleistung bei der Produktpolitik berücksichtigt werden.
Deshalb gehören zum Produkt:

- Der **Kernvorteil**, also das eigentliche Produkt, z.B. ein Mittelklasse-PKW in Kombiausführung, den der Kunde für seine Arbeit braucht, oder ein anderer Kunde für seinen Hobbygarten.
- Die **Produkteigenschaften**, also das Image, die Gebrauchstauglichkeit, die Verpackung, das Aussehen, die Leistung und vieles andere, gehören untrennbar zum Produkt und beeinflussen die Kaufentscheidung.
- Die **Zusatzleistungen**, wie die Beratung und die Garantie. Insbesondere der Kundendienst ist für den Kunden im **Investitionsgüterbereich** von entscheidender Bedeutung.

**Tabelle 1: Psychographische Ziele und Produkttypologien (Aufzählung)**

**Verkaufsfördernde Elemente**
Die **Tabelle 2** gibt einen Überblick über die wesentlichen Punkte, welche die *Umsätze steigen* lassen. Welche einzelnen Elemente die wesentlichen sind, ist allein von dem Kunden abhängig. Er bestimmt durch seinen Kundenwunsch das Produkt. Daraus leitet sich z.B. wieder die Serviceleistung ab: *Der PC für die Materialdisposition muss immer betriebsfähig sein.*

**Tabelle 2: Allgemeine verkaufsfördernde Elemente für Produkte**

| Element | Beispiel, Folge |
|---|---|
| Image | – VW steht für solide Autos |
| Umweltverträglichkeit | – der grüne Punkt ist das Gütesiegel |
| Präsenz | – auf der ganzen Welt vertreten |
| Nutzen | – das *3-Liter-Auto* spart Geld |
| Verfügbarkeit | – mit Handy überall erreichbar |
| Service | – keine großen Wartezeiten durch den 3 Stunden Service |
| Preis | – bestimmt den Kundenkreis und die Absatzmenge |
| Qualität | – ermöglicht den Einstieg in den A-Lieferantenkreis |
| Lebensdauer | – dem Produkt angepasst |
| Marke | – ermöglicht die Etablierung in andere Sektoren |

**Produktnutzen**

Aufbauend auf dem **Grundnutzen** werden den Produkten oder Dienstleistungen abgestimmte Eigenschaften **(Zusatznutzen)** zur besseren Bedürfnisbefriedigung des Kunden zugeordnet **(Tabelle 1)**. Diese dienen insbesondere bei Gebrauchs- und Konsumgütern oftmals allein dem Geltungsbedürfnis des Kunden. Der Grundnutzen hat nur die Funktion zu erfüllen. Eine ähnliche Einteilung, die eigentlich die gleiche Aufgabe erfüllen soll, nämlich die Kundenwünsche zu gliedern, kann mithilfe des **KANO**-Modells durchgeführt werden. Hier wird zwischen **Grundanforderungen**, **Leistungsanforderungen** und **Begeisterungsanforderungen** unterschieden.

**Primär- und Sekundärleistungen**

Die Primärleistung kennzeichnet die ursprüngliche **Kernleistung** des Unternehmens, diese kann auch *allein* vertrieben werden. Sekundärleistungen dagegen werden immer in Kombination mit der Primärleistung angeboten **(Tabelle 2)**. Die Verknüpfung des Produktprogramms mit der Markenpolitik und der Kundendienstpolitik, also dem Angebot von **Value-Added-Services**[1], einer Sekundärleistung, tritt immer mehr in den Mittelpunkt. So werden auch die ursprünglich reinen Sachleistungen (Produkte) nur noch mit Dienstleistungen verknüpft angeboten. So wird z.B. der *Bringservice* bei der just-in-time-Lieferung von einbaufertigen Baugruppen, also die ursprüngliche Primärleistung, sowohl zur Sachleistung als auch Dienstleistung.

**Tabelle 2: Ausprägungsformen der Primär- und Sekundärleistungen**

| | | **Primärleistung** besitzt eher:<br>**Sach-**<br>leistungscharakter | **Dienst-**<br>leistungscharakter |
|---|---|---|---|
| **Sekundärleistung** besitzt eher: | **Dienst-**<br>leis-<br>tungs-<br>charak-<br>ter | **1**<br>– Zubehör | **2**<br>– Theaterprogramm<br>Duty-Free-Verkauf bei Flugreisen<br>– Merchandisingartikel[2] bei Konzerten |
| | **Sach-**<br>leis-<br>tungs-<br>charak-<br>ter | **3**<br>– Garantie<br>– Versicherung der Primärleistung<br>– Klassischer (technischer) Kundendienst | **4**<br>– Telefonbanking<br>– Sportangebot bei Urlaubsreisen<br>– Zugrestaurant<br>– Frequent-Flyer-Programme[3] |

**Tabelle 1: Die Einzelelemente des Produktnutzens**

| **Grundnutzen** | | | |
|---|---|---|---|
| – Physikalisch-funktionelle Eigenschaften des Produktes zur Bedürfnisbefriedigung<br>– Formale Erfüllung des Dienstgeschäftes | | – Ein PC bewältigt die geforderten Aufgaben<br>– Die Reparatur wird durchgeführt | |
| **+**<br>**Zusatznutzen** | | | |
| – den Grundnutzen übersteigende Eigenschaften<br>– formale Übererfüllung der Dienstleistung | | – PC kann zusätzliche Aufgaben erledigen<br>– Zusätzliche Serviceleistungen (24 Stundenservice) | |
| **Erbauungsnutzen** | | **Geltungsnutzen** | |
| – Das Produkt oder die Dienstleistung erbringt dem Nutzer eine zusätzliche **ästhetische Bedürfnisbefriedigung.** | – Das Design (Form und Technik), das Styling (Farbe, Gestaltung) des PC finden Anklang.<br>– Die Ersatzteile sind der Umgebung angepasst. | – Das Produkt oder die Dienstleistung erbringt dem Nutzer eine zusätzliche **soziale Bedürfnisbefriedigung.** | – Das hochwertige, prestigeträchtige Markenprodukt (auch Ausstattung) erzeugt Bewunderung.<br>– Abholung des PC, Neueinweisung. |
| **+**<br>**Produktnutzen** | | | |
| – Alle Eigenschaften eines Produktes oder Aufwendungen bei einer Dienstleistung. | | – Summe aller Komponenten | |

[1] engl. value = Wert, engl. to add = hinzufügen, hier: Zusatznutzen
[2] merchandise = Waren, z.B. werden Kugelschreiber, Kalender, T-Shirts mit dem Markenlogo des Lieferanten bedruckt
[3] engl. frequent = häufig, engl. flyer = Flieger, Renner, hier: Sachen die sich gerade gut verkaufen.

## 2.3 Produktstrategien – ein Überblick

Ein Unternehmen hat innerhalb der produktstrategischen Entscheidungen viele unterschiedliche Möglichkeiten, die auf der folgenden Basis aufsetzen:

- **Anzahl** der angebotenen Produkte und Dienstleistungen,
- **Breite und Tiefe** des Produktangebots,
- Anzahl der Produktlinien,
- Beibehaltung des bisherigen Produktangebots, jedoch auf neuen Märkten anbieten,
- **Erweiterung** des bisherigen Produktangebots.

**Tabelle 1** und **Tabelle 2** geben einen Überblick über die **vier Grundalternativen** und ihre möglichen **Verzweigungen,** die einem Unternehmen auf dem Markt grundsätzlich zur Verfügung stehen und somit als Wahlmöglichkeit vorhanden sind. Jedes Unternehmen muss ständig Entscheidungen über seine derzeit auf dem Markt erforderliche Strategie des Produkt-Mix fällen.

Viele Unternehmen versuchen ihr Leistungsangebot durch die **Diversifikation**[1] auszuweiten. Dem schon vorhandenen **Kundenpotenzial** werden nun Erzeugnisse oder Dienstleistungen angeboten, die bisher nicht zum Geschäftsbereich gehörten.
Dabei geht die Zielrichtung in die

- **Produktentwicklung** (eigene und Auftragsentwicklung),
- **Lizenzerwerb** (Produktions- oder Vertriebslizenz),
- **Unternehmenskauf** (Übernahme, Aufkauf),
- **Kooperation** (Produktaustausch, joint venture).

**Wiederholung und Vertiefung**

1. Beschreiben Sie mithilfe von Beispielen die vier marketingpolitischen Instrumente.
2. Welche Möglichkeiten hat ein Unternehmen, seine Produktpolitik auf ihre Effektivität zu untersuchen?
3. Bestimmen Sie die Rangfolge für die ökonomischen Ziele eines Unternehmens in der Region.
4. Erarbeiten Sie in Gruppenarbeit die Möglichkeiten von Produkt-Mix-Alternativen für ein Unternehmen in der Region!

[1] lat. diversus = verschieden, lat. ficare = tun, Diversifikation = Ausweitung des Angebots; [2] lateral = seitwärts

**Tabelle 1: Produkt – Breite und Tiefe – Alternativen (in einem Unternehmen)**

| | | Breite (Produktlinien) | |
|---|---|---|---|
| | | **Geringe Breite** | **Große Breite** |
| **Tiefe (Varianten)** | **Geringe Tiefe** | – wenige Produkte<br>– wenige Herstellerversionen (Marken) | – viele Produkte<br>– wenige Herstellerversionen (Marken) |
| | | – spezielles Fachbuch | – Möbel, Einrichtungen (Industrie) |
| | **Große Tiefe** | – wenige Produkte<br>– viele Herstellerversionen (Marken) | – viele Produkte<br>– viele Herstellerversionen (Marken) |
| | | – FFZ, Spezial-Montagemaschine<br>– Rennsportgeräte | – PKW<br>– Kühlschränke, Bohrmaschine |

**Tabelle 2: Entscheidungsbaum für die Produkt-Mix-Alternativen**

| Produkt-Mix-Alternativen | | | | | | |
|---|---|---|---|---|---|---|
| Erweiterung | | | | Austausch | Verringerung | |
| **Sortimentstiefe** | **Sortimentsbreite** | | | **Variation** | **Sortimentstiefe** | **Sortimentsbreite** |
| | **Diversifikation** | | | | | |
| – Produktdifferenzierung<br>– Verpackung<br>– Preis<br>– Zweitmarke | Vertikale Div.<br>PKW + LKW | Horizontale Div.<br>Coca Cola + Fanta | Laterale[2] Div.<br>neue Produkte | – Image<br>– Gestaltung<br>– neuer Name (Zusatzname)<br>– Garantie | – Spezialisierung<br>– Standardisierung | – Typenspezialisierung |

## 2.4 Programmstrukturanalysen und das Portfolio

### 2.4.1 Übersicht

Um fundierte marktpolitische Entscheidungen treffen zu können, benötigt ein Unternehmen, nachdem es eine gründliche Analyse der Ausgangslage durchgeführt hat, auch eine Darstellungsform, die schlüssig und objektiv die gewonnenen Ergebnisse darstellt. Hierzu wurden verschiedene Formen der **Programmstrukturanalysen** entwickelt, z.B. die klassische Lebensstrukturanalyse, die Altersstrukturanalyse, die Umsatzstrukturanalyse und das **Portfolio**[1].

Das Portfolio ist eine zweidimensionale Darstellung des Marktwachstums und der zugehörigen Marktanteile für ein Produkt, für eine Produktgruppe oder auch für eine Dienstleistung. Die Daten für die Erstellung eines Produktportfolio müssen durch eine Zielgruppenanalyse gewonnen werden. Dabei muss die Frage gestellt werden, wer das Produkt kauft, bzw. kaufen soll und welche soziografischen, psychografischen und demografischen Merkmale die Zielgruppe aufweist.

Nur durch diese genaue Abstimmung ist garantiert, dass die Käufergruppe mit der Zielgruppe auch identisch ist und somit richtige Ergebnisse *erfragt* werden. Wenn ich Rasenmäher verkaufen will, sollte ich keine Jugendlichen befragen, obwohl diese evtl. sogar Rasen mähen müssen, denn den Kauf wird der Hausherr durchführen.

- **Question marks**[2] sind Produkte (Dienstleistungen), die durch ein hohes Marktwachstum bei geringem relativen Marktanteil gekennzeichnet sind. Aufgrund des hohen Marktwachstums binden sie Finanzmittel ohne Gewinne zu erwirtschaften und es ist nicht sicher, ob sich der Marktanteil langfristig ausbauen lässt.

- **Stars**[3] sind Produkte (Dienstleistungen), die im Markt schon erfolgreich sind und weiter gute Wachstumschancen haben. Sie erfordern einen hohen Betreuungsaufwand und verursachen so hohe Kosten, die sich aber aufgrund des Wachstumspotenzials in der nahen Zukunft wieder amortisieren sollten.

- **Cash cows**[4] sind erfolgreiche und etablierte Produkte (Dienstleistungen), die auf dem Markt einen hohen Marktanteil haben. Trotzdem hat das Marktwachstum stark abgenommen. Die Gewinne sind hoch, sichern aber nur noch kurzfristig den Erfolg des Unternehmens. Wer es hier versäumt, die notwendigen Reinvestitionen für neue *stars* zu tätigen, den bestraft der Markt. Ein Unternehmen bleibt für den Kunden nur durch „stars" attraktiv.

- **Poor dogs**[5] sind Produkte (Dienstleistungen), deren Lebensdauer abgelaufen ist. Sie erwirtschaften meist keine Überschüsse mehr, obwohl sich die Anlagen längst amortisiert haben. Kalkulatorisch „rechnet" sich die Produktion oftmals, wenn die Anlagekosten (= fixe Kosten) mit *Null* angesetzt werden. Doch finanzpolitisch ist dies falsch, denn Abschreibungen von Neuinvestitionen vermindern die Steuerlast und erhöhen den cash flow des Unternehmens! Nur in der Investitionsgüterindustrie kann sich das Unternehmen mit der Entscheidung der Eliminierung von Produkten mehr Zeit lassen.

### 2.4.2 Kurzbeschreibung des Marktwachstum-Marktanteil-Portfolio

Das *klassische* Produktportfolio **(Tabelle 1)**, bzw. die Programmstrukturanalyse besteht aus vier Grundelementen: *question marks, stars, cash cows* und *poor dogs.*

Die in **Bild 1** dargestellte zeitliche Abfolge – *question marks – stars – cash cows – poor dogs* ist nicht zwangsläufig, denn viele Produkte erreichen nicht einmal den Status „Star" und werden schon sehr früh zum „Flop". Wenn das Unternehmen dies rechtzeitig erkennt, kann es viel Geld sparen.

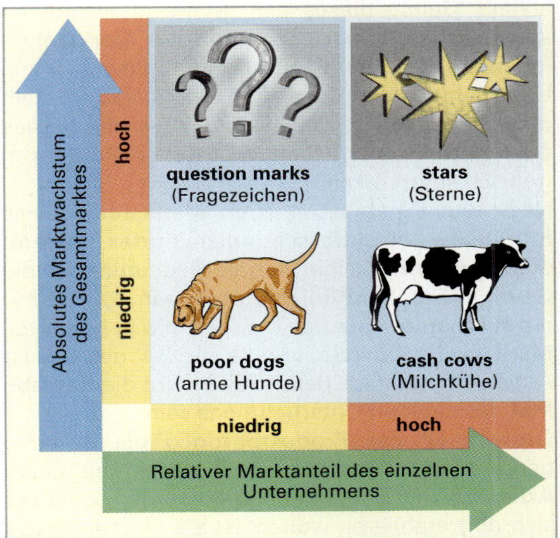


**Bild 1: Produktportfolio**

[1] portfolio von franz. portefeuille = Aktentasche, hier: Geschäftsbereich, Warenangebot, Dienstleistungsangebot; [2] engl. question mark = Fragezeichen; [3] engl. star = Stern; [4] engl. cash = Kasse, cow = Kuh, hier: Kuh mit der man Geld verdient; [5] engl. poor dog = armer Hund

## 2.4.3 Erstellung eines Produktportfolios

Bei der **Erstellung einer Portfolioanalyse** für programm- und produktpolitische Entscheidungen müssen zuerst die **Kenngrößen** ermittelt werden, die den langfristigen Erfolg eines Unternehmens tragen sollen. Man schränkt sich dabei auf **zwei Schlüsselgrößen** ein, diese müssen dann die unternehmensinternen und -externen Erfolgseinflüsse repräsentieren.

In unserem Beispiel sind dies das **Wachstum** und die **Marktanteile**. Dazu werden z.B. die Daten des absoluten Wachstums der Produktpalette „Bohrmaschinen Typ A, Typ B, Typ C und Typ D" durch eine **Zielgruppenanalyse** durch eine Marktforschungsstudie erfasst. Im einfachsten Fall erhält man die Daten aus der eigenen EDV-Verkaufs-Datenbank. Die Ergebnisse sind in **Bild 1** grafisch dargestellt. Die Grundwerte des regionalen Marktanteils sind meist leicht selbst zu erfassen oder können bei Marktforschungsinstituten abgefragt werden.

Die Erstellung des Portfolio ist einfach, die Datenreihen werden in **hoch** und **niedrig** eingeteilt und so entsprechend (mutig) in das Portfolio übertragen.

**Bild 2** zeigt im praktischen Beispiel, wie sich aus zwei Diagrammen (Marktanteil und Wachstum der Produkte) eine Matrix-Darstellung ergibt und daraus eine komplexere Aussage entwickeln lässt. Das Ergebnis ist dann das Portfolio des Marktwachstums und der Marktanteile für die Produktpalette des Unternehmens.

Das Prinzip des *Portfolio* wurde aus der Wertpapieranalyse übernommen. Hier geht es darum, die **Ausgewogenheit** von Wertpapieren festzustellen. Genau dieses Ziel der Ausgewogenheit von Wachstum und Liquidität[1] (= Marktanteil) innerhalb des Produktprogramms muss auch ein Unternehmen verfolgen, die Portfolioanalyse stellt dies dann grafisch dar. Zusätzlich werden *Lücken* oder auch *Übererfüllung* im eigenen Programm grafisch sofort erkannt.

Nach den Ergebnissen einer Marktstudie eines führenden Marktforschungsinstitutes kommt dem **Marktanteil** eine zentrale Bedeutung für die **Gewinnhöhe**, dem *RoI* und dem *cash flow* zu. Für die **Wachstumsrate** des Marktes gilt, je höher die Marktwachstumsrate und je größer der eigene Anteil am Markt ist, desto höher wird die **Rentabilität** des eigenen Unternehmens sein.

Deshalb ist das Produktportfolio die grundlegende Marketingstudie! Für Unternehmen, deren Aktien an der Börse gehandelt werden, oder die sich dort etablieren wollen, ist die Erstellung von verschiedenen Portfolien eine *Pflichtübung*. Nach den neuen EU-Richtlinien müssen alle Aktiengesellschaften 1/4-jährlich einen Geschäftsbericht erstellen. Durch gut zusammengestellte Portfolien kann der *Zahlendschungel* lebendiger und aufgelockerter für die Banken, die Investmentfonds, die Broker[2] und deren Kunden dargestellt werden, zudem lassen sich auch einige Zahlenreihen beschönigen und *reinwaschen*!

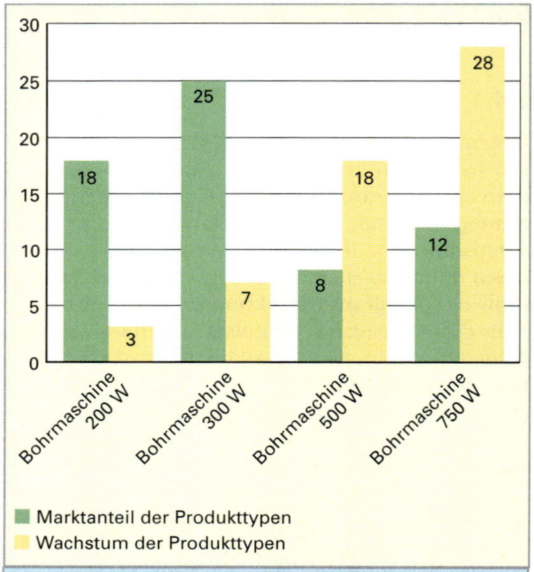


**Bild 1: Wachstumsraten und Marktanteile**

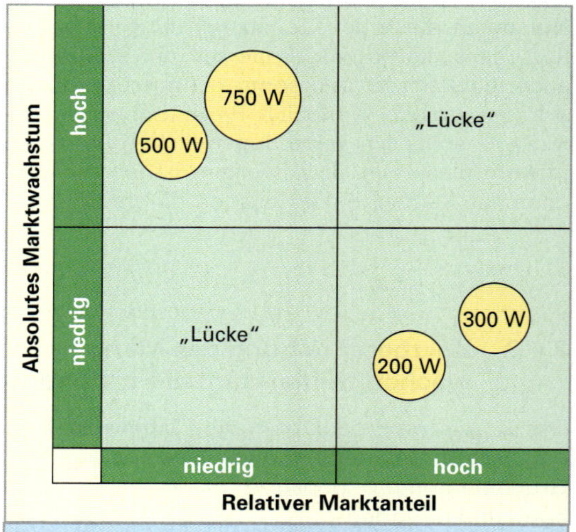


**Bild 2: Das Portfolio der Produktpalette *Bohrmaschinen***

---

[1] lat. liquidus = flüssig, hier: zahlungsfähig;

[2] engl. broker = Makler, Agent

### 2.4.4 Strategien zum Portfolio – der Produkt-Lebenszyklus

**Bild 1** gibt einen Überblick über den Lebenslauf der Produkte (question mark bis zum poor dog) und die dabei anzuwendenden Strategien. Die Darstellung kann natürlich nicht ohne Vorbehalte übernommen werden, mit ihr können nur strategische Überlegungen angestellt werden. Aufgezeigt ist hier der *Normalverlauf* eines Produktlebenslaufes. Bei Abweichungen von diesem Idealfall muss *nachgedacht* werden, warum es zu Abweichungen gekommen ist. Anschließend müssen im Team Entscheidungen über das weitere Vorgehen getroffen werden. Wer diese Strategien zu engstirnig verfolgt, handelt nicht marktgerecht, denn letztendlich bestimmt der Markt, nicht das Marketing, die Strategie.

## 2.5 Das mehrdimensionale Portfolio von McKinsey

Die Unternehmensberatung **McKinsey (Bild 2)** hat ein alternatives Modell eines Produktportfolio mit den Größen **Marktattraktivität** und relative **Wettbewerbsvorteile** entwickelt. Diese Modelle besitzen eine Mehrdimensionalität im Gegensatz zu dem eindimensionalen Modell mit dem Marktwachstum und den Marktanteilen.

McKinsey beschreibt sein Modell wie folgt:
Das Kriterium **Marktattraktivität** umfasst:
- das Marktwachstum,
- die Marktgröße,
- die Marktqualität und
- die Umwelteinflüsse.

Das Kriterium **relative Wettbewerbsvorteile** umfasst
- die relative Marktposition,
- das relative Produktionspotenzial und
- die relative Personalqualität.

Somit beinhaltet ein Kriterium mehrere „Unterkriterien", die kumuliert und gewichtet in das Portfolio eingehen. Die einzelnen Produkte oder Produktgruppen des Unternehmens werden dabei in dem Portfolio positioniert. Durch die Mehrdimensionalität des Portfolio können die Stärken und Schwächen des Unternehmens erkannt werden. Auf eine genauere Beschreibung der Analyse und Bewertung wird an dieser Stelle verzichtet. Es soll hier aber aufgezeigt werden, wie vielfältig die Ansätze innerhalb des Marketing sind. Dennoch können noch so *tolle* Modelle die komplexen, dynamischen Märkte nie real erfassen. Für den *Techniker* ist diese *Ungenauigkeit* oftmals sehr suspekt, aber die Wirtschaft lässt sich wegen ihrer vielen Unwägbarkeiten nicht exakt wie ein technisches Produkt im voraus berechnen!

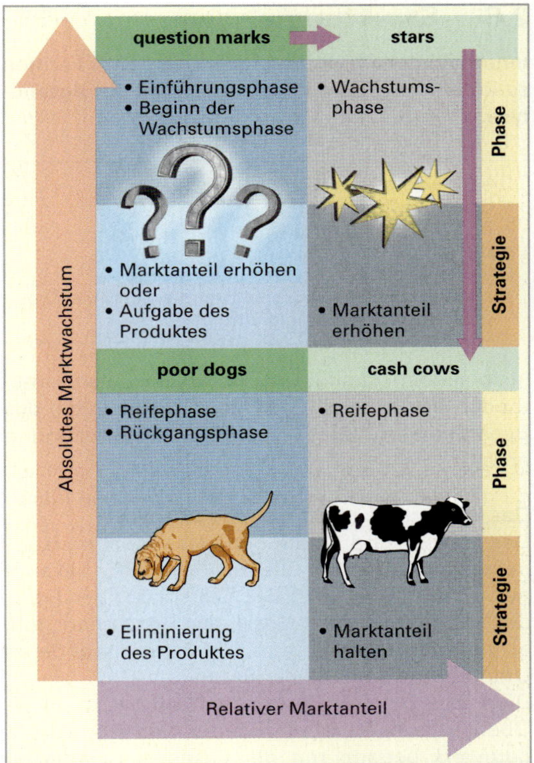


**Bild 1: Das Portfolio und der Produkt-Lebenszyklus und die Strategien**

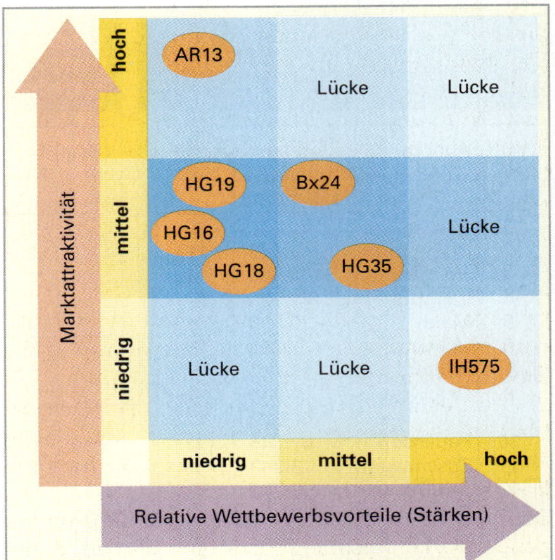


**Bild 2: Das *mehrdimensionale* Portfolio-Modell und die Positionierung der Produkte eines Unternehmens**

## 2.6 Strukturanalysen

Innerhalb der **Strukturanalysen** sind zwei Formen zu unterscheiden, **die Risiko-** und **die Erfolgsanalyse**.

Die **Risikoanalyse** beschäftigt sich u.a. mit
- der Altersstruktur,
- der Umsatzstruktur und
- der Kundenstruktur.

Die **Erfolgsanalyse** dagegen untersucht
- mit **Deckungsbeitragsanalysen** die operative Produkt- und Programmplanung.

In folgenden Kapiteln werden diese Analysemethoden beschrieben und mit dem Hilfsmittel des Benchmarking, einer Art Kennziffernrechnung ergänzt.

**Das Benchmarking** und der **Benchmark**[1]
Das Setzen und Anstreben des *Benchmark* ist insbesondere durch die EDV-Branche bekannt geworden. Dabei setzt der *Beste*, oder der *Erste*, der Vorreiter auf dem Markt, den Benchmark, d.h. er gibt die Bestmarke vor, die dann die anderen Unternehmen einholen müssen.
Die Firma Daimler Chrysler gilt z.B. in der PKW-Oberklasse als Benchmarkführer. Das Produkt *CD-Laufwerk* begann mit der Lesegeschwindigkeit *1-fach*, jetzt bei *64-fach* und mehr angekommen und inzwischen z. T. als Speichermedium durch die DVD, USB-Sticks und SD-Speicher abgelöst.

**Die ABC-Analyse**
Die ABC-Analyse, bei den 7-TOOLS als Pareto-Diagramm bezeichnet, klassifiziert ausgewählte Kriterien, wie z.B. im QM die Fehlerursachen für Schlechtteile mit ihrer Häufigkeit in Klassen. Innerhalb der Logistik werden die Beschaffungsteile in A-, B- und C-Teile eingeteilt, wobei die A-Teile 75%, die B-Teile 20% und die C-Teile 5% des gesamten Einkaufswertes umfassen sollten. Auch in der Zuliefererindustrie wird zwischen A-, B- und C-Lieferanten unterschieden. Die Produkte des A-Lieferanten werden ohne Kontrolle „just in time“ an das Montageband angeliefert.
In **Tabelle 1 und 2** wird die Analyse der Kundenstruktur eines Unternehmens dargestellt. Den Kunden wird nach den Umsätzen ein **Rangplatz** zugewiesen, nach dem sie geordnet werden und der prozentuale Umsatzanteil wird errechnet.
Die Kunden-Anteile werden nun kumuliert[2] und den Soll-Schranken zugeordnet, hier bis 75% A-Kunden, bis 95% B-Kunden und der Rest C-Kunden. Die tatsächliche Ist-Einteilung weicht hier richtigerweise vom Soll-Vorschlag ab. Die Kunden müssen zueinander *passen*!

[1] engl. bench = Bank, Arbeitstisch, engl. mark = Zeichen, Norm, benchmark = vergleichender Leistungstest;
[2] lat. cumulare = anhäufen, hier aufaddieren

**Tabelle 1: Die Umsätze der Kunden und ihre Rangplatz-Zuordnung**

| Kd.-Nr. | Kunde | Jahresumsatz €/Kunde | Rangplatz |
|---|---|---|---|
| 1 | Becker | 44.445 | 3 |
| 2 | Bomann | 2.145 | 11 |
| 3 | Hönekamp | 1.465 | 13 |
| 4 | Langholz | 41.723 | 5 |
| 5 | Maier | 22.195 | 7 |
| 6 | Mayer | 233 | 15 |
| 7 | Müller | 43.647 | 4 |
| 8 | Oslowski | 1.234 | 14 |
| 9 | Otto | 66.520 | 2 |
| 10 | Paulisson | 67.345 | 1 |
| 11 | Rosenbaum | 3.243 | 9 |
| 12 | Schuhmann | 2.712 | 10 |
| 13 | Schüler | 23.312 | 6 |
| 14 | Stephani | 1.643 | 12 |
| 15 | Tornsdorf | 19.345 | 8 |
| | Jahresumsatz | 341.207 | |

**Tabelle 2: Die nach Rangplatz sortierten Kunden, die prozentualen und kumulierten Umsatzanteile und die ABC-Klassen-Einteilung der Kunden**

| Rang | Kd.-Nr. | Kunde | Jahresumsatz €/Jahr | kumulierter Umsatz %-Anteil | %+% | % pro Klasse | ABC-Klasse |
|---|---|---|---|---|---|---|---|
| 1 | 10 | Paulisson | 67.345 | 19,7 | 19,7 | | A |
| 2 | 9 | Otto | 66.520 | 19,5 | 39,2 | | A |
| 3 | 1 | Becker | 44.445 | 13,0 | 52,3 | 77,3 | A |
| 4 | 7 | Müller | 43.647 | 12,8 | 65,1 | | A |
| 5 | 4 | Langholz | 41.723 | 12,2 | 77,3 | | A |
| 6 | 13 | Schüler | 23.312 | 6,8 | 84,1 | | B |
| 7 | 5 | Maier | 22.195 | 6,5 | 90,6 | 19,0 | B |
| 8 | 15 | Tornsdorf | 19.345 | 5,7 | 96,3 | | B |
| 9 | 11 | Rosenbaum | 3.243 | 1,0 | 97,2 | | C |
| 10 | 12 | Schuhmann | 2.712 | 0,8 | 98,0 | | C |
| 11 | 2 | Bomann | 2.145 | 0,6 | 98,7 | 3,7 | C |
| 12 | 14 | Stephani | 1.643 | 0,5 | 99,1 | | C |
| 13 | 3 | Hönekamp | 1.465 | 0,4 | 99,6 | | C |
| 14 | 8 | Oslowski | 1.234 | 0,4 | 99,9 | | C |
| 15 | 6 | Mayer | 233 | 0,1 | 100,0 | | C |
| | | Summen | 341.207 | 100 | | | |

## 2.6.1 Die Analyse der Altersstruktur

Bei der **Altersstrukturanalyse (Bild 1)** wird das gesamte Sortiment eines Unternehmens mit allen Varianten in Bezug auf sein Lebensalter, seit es im Programm ist, untersucht. Viele alte *cash cow – Produkte* sind in der Regel für ein Unternehmen ein hohes Risiko, dagegen sichern neue *stars-Produkte* die Wachstumschancen und das langfristige Überleben. Die **Tabelle 1** zeigt ein Unternehmen mit einem *kopflastigen* Sortiment, d.h. viele Produkte haben die späten Phasen (poor dogs) des Lebenszyklus (Sättigung, Verfall) erreicht und sollten aus dem Markt genommen werden. Der Markt wird die Produkte nicht mehr lange nachfragen und das Unternehmen kann nichts *Neues* rechtzeitig nachschieben! Der Kurvenverlauf sollte im Idealfall ungefähr der *Gauß'schen Normalverteilungskurve* entsprechen.
Somit muss ein Unternehmen die Zahl der demnächst zu eliminierenden Produkte (poor dogs) klein halten, also eine **konsequente Rückzugsstrategie** verfolgen. Der überwiegende Teil der Produkte muss den Charakter *stars* besitzen, sie müssen sich also in der Wachstumsphase und Reifephase befinden und sich durch eine hohe Lebenserwartung auszeichnen.
Da die Unternehmensleitung, das Management, insbesondere das Marketing, bei allen ihren strategischen Untersuchungen auf Hypothesen angewiesen sind, kommt es hier oftmals zu folgenreichen Fehlentscheidungen. So wird ein ständiger Wechsel zwischen den Strategien *cows* möglichst lange ausreizen oder *stars* erst ausreifen lassen, das Unternehmen mittelfristig gefährden. Das rechtzeitige Erkennen von Marktlücken und das **geplante** *Produkt-Outsourcing* wird zum Kernpunkt des Marketing. Dazu müssen alle Hilfsmittel, Methoden, Verfahren des **TQM** eingesetzt werden, um die Problematik aufzureißen. Nur so werden die Ergebnisse der Analysen **vorurteilsfrei** interpretiert werden und die Mitarbeiter die Entscheidungen mit tragen!

## 2.6.2 Benchmarking und die Innovationskraft

Ein guter Benchmarkingfaktor (= Kennziffer) für die Programmstrukturplanung ist die Produktinnovationsrate. Sie gibt im Rahmen von Altersstrukturen das Verhältnis der Umsätze aus den neueren Produkten zu dem Gesamtumsatz des Unternehmens an **(Bild 2)**.

Wird das Benchmarking über die Jahre geführt, kann das Unternehmen daraus seine derzeitige Politik erkennen. Sicherlich kann man den Benchmark-Faktor weiter variieren, z.B. für die Produktarten *question marks, stars, cash cows* und *poor dogs* oder für Produkte aus der Einführungsphase, Wachstumsphase, also nach dem Modell des Lebenszyklus. Zwischenbetriebliche Vergleiche sind sehr schwierig, wenn nicht überhaupt unmöglich und mit *Vorsicht* zu bewerten!

$$\text{Produktinnovationsrate} = \frac{\text{Umsatz neue Produkte}}{\text{Gesamtumsatz des Unternehmens}} \cdot 100$$

Der Benchmarking-Faktor stellt die Produktinnovationsrate des Unternehmens dar
**Beispiel:**

| | |
|---|---|
| Umsatz neue Produkte | € 200 000,– |
| Gesamtumsatz des Unternehmens | € 1 000 000,– |
| **Benchmarking-Faktor** | **= 20** |

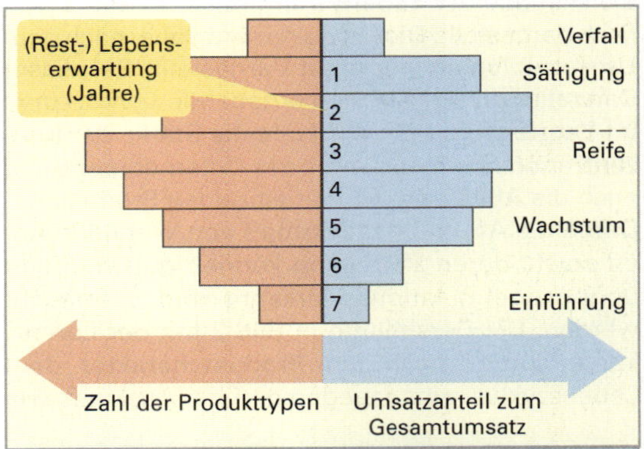


**Bild 1: Altersstruktur, Beispiel für eine Überalterung der Produktionsstruktur**

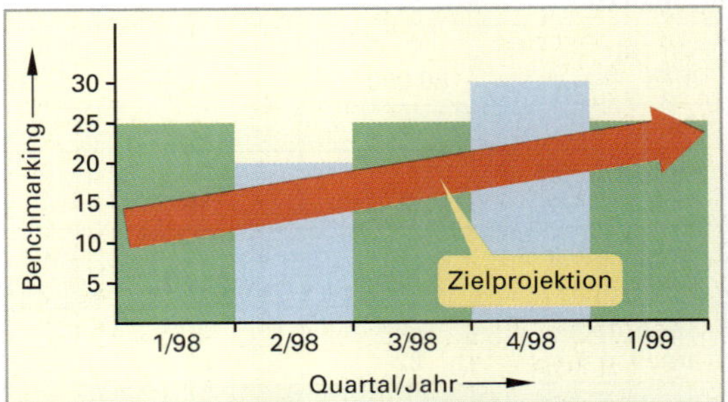


**Bild 2: Benchmark der Innovationskraft**

## 2.7 Die Umsatzstrukturanalyse

Die Umsatzstrukturanalyse des Produktionsprogramms zeigt dem Unternehmen den Umfang und die zeitliche Entwicklung der Geschäftstätigkeit. Somit erhält das Unternehmen einen Überblick über seine Programm- und Produktpolitik. Zur Darstellung gibt es verschiedene Analysemöglichkeiten, z.B.

- **Umsatzanteile** über die beanspruchte **Produktionskapazität**,
- **Umsatzanteile** über die **Produkte,** bzw. Produktgruppen oder Produktlinien,
- **Umsatzanteile** über die **Lebenserwartung**.

### 2.7.1 Die Umsatzanteile

Die Darstellung des Umsatzanteils über der Produktkapazität ist für das Unternehmen am anschaulichsten. Die Daten zur Erstellung der Umsatzstruktur werden in einer tabellarischen Darstellung **(Tabelle 1)** zusammengestellt. Daraus wird dann zur anschaulichen Darstellung eine abgewandelte *Lorenzkurve* gewonnen, die aus der ABC-Analyse abgeleitet wird.

Das Umsatzprofil, die abgeleitete **Lorenzkurve**, die sich aus der **Tabelle 1** ergibt, ist in **Bild 1** grafisch dargestellt. Die Produkte sind dabei nach dem Umsatzvolumen geordnet dargestellt. Bei dieser Darstellung zeigt die sich ergebende Lorenzkurve im Vergleich mit der 45°-Linie die Stärke der **Konzentration** des Programms des Unternehmens und auch die **Abhängigkeit** von einzelnen Produkten.

Durch die Art und das Ausmaß von Veränderungen sowie deren Verteilung können günstige und ungünstige Relationen erkannt und untersucht werden. Die Darstellung in **Bild 2** mit der Lorenzkurve, sortiert nach dem **Produktcharakter**, dem Lebenszyklus, gibt dagegen darüber Auskunft, wie das Unternehmen seine *Kräfte* über den Lebenszyklus verteilt.

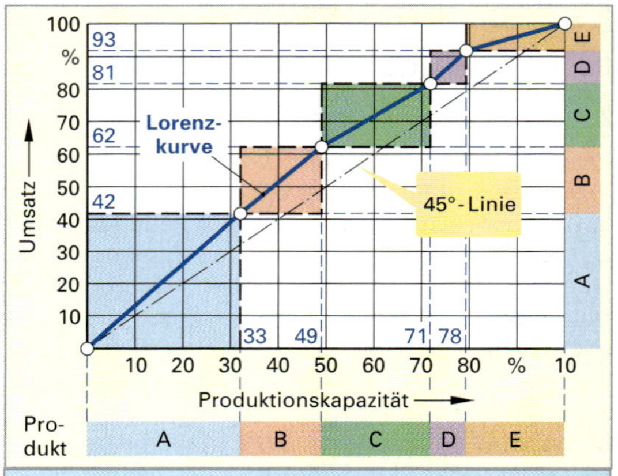


**Bild 1: Umsatzanteil in %**

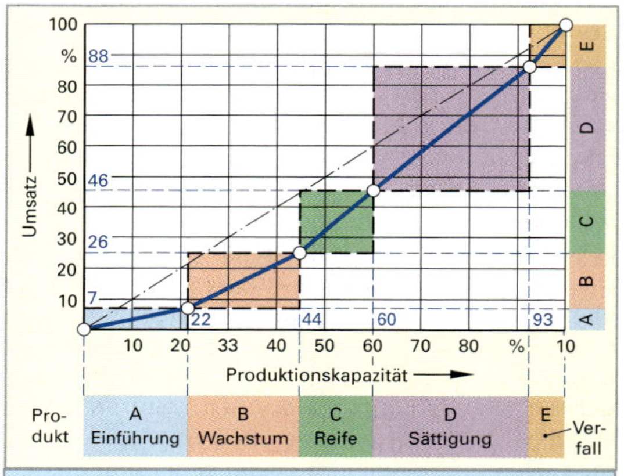


**Bild 2: Umsatzanteil in %**

**Tabelle 1: Umsatzanteil der Produkte über die beanspruchte Produktionskapazität**

| **Produkte** | **A** | **B** | **C** | **D** | **E** | **Gesamt** |
|---|---|---|---|---|---|---|
| Umsatz in € | 80 000 | 200 000 | 220 000 | 450 000 | 130 000 | 1 080 000 |
| **Rang** | **5** | **3** | **2** | **1** | **4** | |
| Umsatzanteil in % | 7 | 19 | 20 | 42 | 12 | 100 % |
| Produktions-kapazität in h | 2 000 | 2 000 | 1 500 | 3 000 | 800 | 9 200 |
| Kapazitäts-anteil in % | 22 | 22 | 16 | 33 | 7 | 100 % |
| **Produkt-charakter** | **Einführung** | **Wachstum** | **Reife** | **Sättigung** | **Verfall** | |

## 2.8 Die Produktpositionierungsanalyse

### 2.8.1 Beschreibung der Positionierungsanalyse

Eine Erweiterung der Produktanalyse ist die **Produktpositionierungsanalyse**. Hier wird die **subjektive Wahrnehmung** des Produkts in den **Augen des Kunden** in Form einer Matrix, ähnlich dem eines Portfolio dargestellt. Der Kunde fällt seine Kaufentscheidung für *sein Produkt*, indem er das Produkt mit seinem **Idealprodukt**, seiner Idealvorstellung vergleicht. Der Kunde wählt dann dasjenige Produkt aus, das seinem Idealprodukt **am nächsten kommt**.

Die gemeinsame Darstellung, des von dem Kunden gewünschten Produkts und des vorgestellten Idealprodukts, wird in einem zwei- oder dreidimensionalen Raum dem **Produktmarktraum (joint space[1])** dargestellt. In bestimmten Fällen wird der *Wunschproduktwahrnehmungs-Raum* **(perceptual map[2])** und der *Idealproduktwahrnehmungs-Raum* **(preference map[3])** separat erarbeitet. Die Darstellung des **perceptual map** dient dazu, die **Differenzierungsfähigkeit** der eigenen Produkte im Vergleich zum **Hauptwettbewerber** zu analysieren. Dies ist dann der Ausgangspunkt für weitere Produktmodifikationen bis hin zu Produktinnovationen. Die alternative Darstellung des preference map dient der **Marktsegmentierung**[4], d.h. es werden verschiedene **Zielgruppen** nach Merkmalen untersucht:

- **geografischen**, z.B. das Land, der Bezirk,
- **demografischen**[5], z.B. das Geschlecht, das Alter,
- **psychologischen**, z.B. der Lebensstil, die Einstellung,
- **verhaltensorientierten**, z.B. die Markentreue.

Lücken im Angebot in einer Zielgruppe werden so schnell in der Matrixdarstellung offensichtlich und können durch schlüssiges Handeln geschlossen und genutzt werden!

Durch die Positionierung der Produkte des Unternehmens und den Vorstellungen der Kunden von einem Idealprodukt, können mit der Analyse des Produktmarktraumes Marktnischen entdeckt werden. Zusätzlich bestehende Aktivitäten können verstärkt, verlängert oder variiert werden, sodass man dem Idealprodukt des ausgewählten Kundensegments immer näher kommt und damit immer besser als die Konkurrenz ist. Der **Produktmarktraum** besteht aus vier Elementen **(Tabelle 1)** die miteinander korrespondierenden, nämlich die **Produkteigenschaften,** die **Produktposition**, die **Kundenposition** und die sich daraus ergebende **Distanz** zwischen der Produkt- und Kundenposition als Ergebnis der Untersuchung.
Die Aufgabe des Marketingteams ist es, das Idealprodukt zu *hinterfragen* und die Ergebnisse dieser Marktanalyse in die Sprache der Techniker zu *übersetzen*. Dazu benutzt man die 7-TOOLS der integrierten Produktionsorganisation und des Qualitätsmanagement (TQM), z.B. das HoQ, das Paretodiagramm, den Paarvergleich, das Affinitätsdiagramm[6].
Nicht immer wird es der Technik gelingen, das Wunschprodukt des Kunden seinem Idealprodukt genau anzugleichen, eine gewisse **Distanz** wird bleiben. Wie wichtig das Prozessdenken, das Prozessmanagement, also ein abteilungsübergreifendes Arbeiten, für eine moderne kundenorientierte Unternehmensführung ist, wird durch die Beschreibung der Produktpositionierungsanalyse erneut deutlich.

**Tabelle 1: Die vier Elemente des Produktmarktraums**

| Produkteigenschaften | Produktpositionen | Kundenpositionen | Distanz zwischen der Produkt- und Kundenposition |
|---|---|---|---|
| Bestimmung der **Haupteigenschaften**, welche die höchste Bedeutung für den Kunden haben. | Jedes potenzielle Produkt wird entsprechend der **kaufrelevanten Eigenschaften** eingeordnet. | Jeder potenzielle Kunde wird entsprechend seiner **Anforderungen** an ein ideales Produkt eingeordnet. | Die räumliche Distanz zwischen dem **Idealprodukt** und dem **Wunschprodukt** bestimmt die Kaufwahrscheinlichkeit. |
| – Preis – Technologie<br>– Kosten – Umweltnutzen | – hoch, mittel, niedrig<br>– gering, wenig, stark | Vergleich mit vorgegeben Positionierung oder Werten | – der Kunde muss seine Vorstellungen wiederfinden |

[1] engl. joint = gemeinsam, engl. space = Raum; [2] engl. perceptible = wahrnehmbar, engl. map = Karte, Aufzeichnung; [3] engl. preference = Vorliebe; [4] lat. segmentum = Abschnitt, Teil; [5] griech. demos = Volk, griech. graphein = schreiben, Demographie = Darstellung der Altersstruktur der Bevölkerung; [6] lat. affinitas = Verwandtschaft

## 2.8.2 Die Verfahren zur Bestimmung von Produktmarkträumen

Bei der Bestimmung von Positionierungsanalysen müssen zuerst die Produktmarkträume bestimmt werden. Dazu gibt es zwei Hauptverfahren:

- **Eigenschaftsbeurteilung** und
- **multidimensionale Verdichtung**.

Bei dem **Verfahren der Eigenschaftsbeurteilung (Bild 1)** werden dem Kunden verschiedene kaufentscheidende Kriterien vorgegeben, z.B. Qualitätsforderung, Umweltnutzen, Preisklasse, Technologiestandard, Serviceleistung. Diese werden in Form einer **Faktorenanalyse** (Beschreibung im folgenden Kapitel) gruppiert. Anschließend müssen die Entscheidungskriterien gewichtet und auf zwei Kriterien reduziert werden, damit eine zweidimensionale Darstellung möglich wird! Bei der Befragung der Testpersonen muss insbesondere bei technischen Fragen darauf geachtet werden, dass diese die Fragen auch richtig verstehen.

Bei der **multidimensionalen Verdichtung (Bild 2)** wird eine zweidimensionale Darstellung mit verwandten Produkten, z.B. Mittelklasse PKW, Waschmaschinen, Drucker, Kleinbildkameras **vorgegeben**. Die Achsenbeschriftung fehlt allerdings, oder wird nur äußerst vage und grob mit eingezeichnet. Der Kunde (= Testperson) muss also rein subjektiv, die *Verwandtschaft* des Testprodukts (= Wunschvorstellung) in das Diagramm eintragen. Der Kunde muss seine Marke nicht nennen, er setzt aber ein deutliches Signal, wohin seine Kaufentscheidung tendiert!

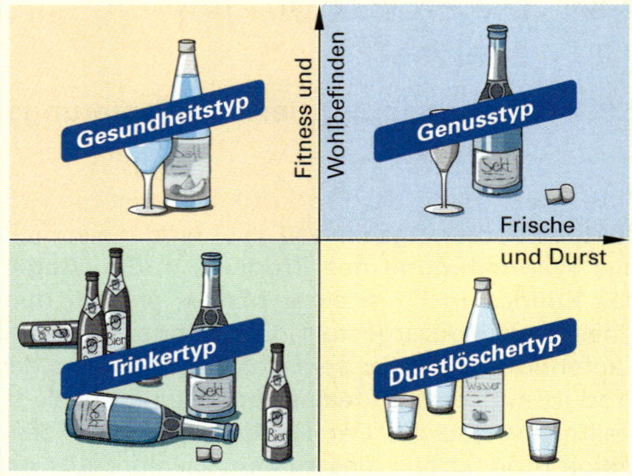


**Bild 1: Verbraucheranforderungen an Fruchtsäfte**

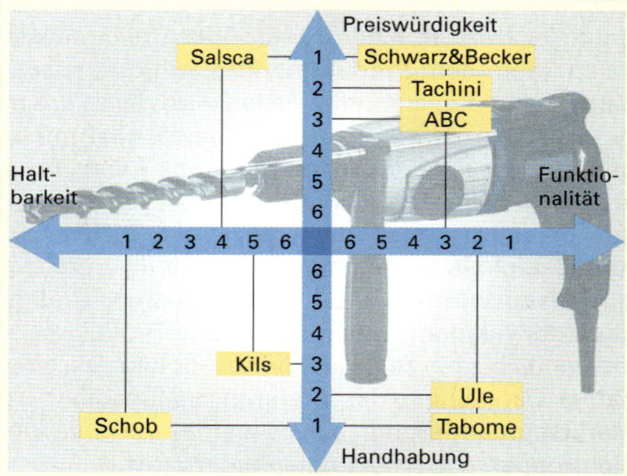


**Bild 2: Wettbewerb bei einem Handwerkzeug**

**Tabelle 1: Verfahren zur Bestimmung von Produktmarkträumen**

| | **Verfahren der Eigenschaftsbeurteilung** | **Verfahren der multidimensionalen Skalierung (MDS)** |
|---|---|---|
| **Beschreibung** | – Den potenziellen Kunden (= Testpersonen) wird eine Liste **kaufrelevanter Entscheidungskriterien** vorgegeben.<br>– Mithilfe einer Faktorenanalyse muss dann die Liste auf 2 – 3 Entscheidungskriterien reduziert werden, sodass es sich in einem 2 – 3 dimensionalen Raum grafisch darstellen lässt. | – Bei der MDS muss der Kunde (= Testperson), die zu beurteilenden Produkte mit seiner **wahrgenommenen Ähnlichkeit** (subjektiv) in einen zweidimensionalen Raum einordnen.<br>– Die Eigenschaften (Skalierung) des Positionsraums wird im Nachhinein, nach den wichtigsten Kaufkriterien eingefügt. |
| **Voraussetzung und Anwendung** | – Die Kunden müssen relativ zuverlässig bestimmt werden können.<br>– Den Testpersonen (Kunden) wird ein Entscheidungsverhalten unterstellt, dass sie den Inhalt der Frage erkennen und ihre Antwort sachlich (z.B. technisches Verständnis) richtig einordnen können. | – Die MDS hat große Vorteile, wenn dem Kunden die prägenden Kaufentscheidungskriterien bei der Produktwahrnehmung noch nicht bekannt sind.<br>– Aus der Analyse kann dann zusätzlich der tatsächliche Kaufentscheidungsfaktor abgeleitet werden. |
| **Beispiele** | **Bild 1**, Verbraucheranforderungen an Fruchtsäfte | **Bild 2**, Wettbewerbspositionierung bei Schlagbohrmaschinen |

## 2.8.3 Die faktorenanalytische Verdichtung

Die faktorenanalytische Verdichtung **(Tabelle 1)** kann in mehrfacher Weise zur Analyse der Entscheidungskriterien von Kunden benutzt werden. Mit ihrer Hilfe kann die Marktforschung die kaufrelevanten Faktoren sammeln, gruppieren und sogar für eine anschließende Positionsanalyse verdichten. Die faktorenanalytische Verdichtung kann mit den *M7-Werkzeugen*, wie z.B. der ABC-Analyse (Pareto-Diagramm), dem Paarvergleich, dem Affinitätsdiagramm, dem Relationendiagramm, dem Baumdiagramm aufgearbeitet, erweitert und ergänzt werden.

Für den Faktor *Funktionalität* bietet sich z.B. der **Paarvergleich** zur Beurteilung der Wertigkeit der einzelnen genannten Kundenwünsche an. Mithilfe dieser gezielten Auswertung können die Kundenwünsche gewichtet dargestellt werden **(Tabelle 2)**.

## 2.8.4 Die Positionierungs-Analyse (PA)

Durch die PA können **objektiv nachvollziehbare Mängel erkannt** und somit gezielt Produktverbesserungsmaßnahmen eingeleitet werden, z.B. zu hoher Lärm, zu kleine Leistung, zu wenig passive Sicherheit, zu geringe Ausstattung.

Bei den Kunden treten oftmals **Wahrnehmungsverzerrungen** auf, obwohl die tatsächlichen Produkteigenschaften identisch mit dem Konkurrenzprodukt sind. Hier muss dann eine aufklärende Kommunikationspolitik einsetzen, z.B. Werbeaktion mit Test unter *erschwerten* Bedingungen.

Bei der Einführung eines neuen Produktes in den Positionsraum ändert sich der Wahrnehmungsraum der Kunden durch **neue Beurteilungskriterien**.

Die Einführung des Kriteriums Umweltverträglichkeit, z.B. die Produktverbesserung durch phosphatfreie Waschmittel, hat die Wettbewerbspositionierung der Anbieter stark verändert.

Wenn mehrere Unternehmen die Positionierungsanalyse voll ausschöpfen, führt dies zur **Angleichung der Marketingstrategien** und somit zu einer ähnlichen Produkt- und Programmpolitik. Zu beachten ist dabei, dass die Unternehmen unter verschiedenen Markennamen und Firmennamen ihre Produkte entsprechend in die Lücken der Positionierung stellen und somit auf aktive Produktdifferenzierung setzen. Somit kommt es zur **Homogenität und Austauschbarkeit** der Produkte.

**Tabelle 2: Beispiel eines Paarvergleichs für die Bewertung der Funktionalität bei einem PKW**

| Hinweis: Vergeben Sie 2 Punkte, wenn Ihnen der Begriff der Zeile wichtiger ist, als der in der Spalte; ansonsten vergeben Sie 0 Punkte | Verarbeitung | Leistung | Geschwindigkeit | Hubraum | Ventilzahl | Verbrauch | Sicherheit | Zuverlässigkeit | **Summe der Bewertung** |
|---|---|---|---|---|---|---|---|---|---|
| Verarbeitung | | 2 | 2 | 0 | 2 | 0 | 0 | 0 | 6 |
| Leistung | 0 | | 2 | 0 | 2 | 0 | 0 | 0 | 4 |
| Geschwindigkeit | 0 | 0 | | 2 | 2 | 0 | 0 | 0 | 4 |
| Hubraum | 2 | 2 | 0 | | 2 | 0 | 0 | 0 | 6 |
| Ventilzahl | 0 | 0 | 0 | 0 | | 0 | 0 | 0 | 0 |
| Verbrauch | 2 | 2 | 2 | 2 | 2 | | 0 | 0 | 10 |
| **Sicherheit** | 2 | 2 | 2 | 2 | 2 | 2 | | 2 | **14** |
| **Zuverlässigkeit** | 2 | 2 | 2 | 2 | 2 | 2 | 0 | | 12 |

Somit hat für den Kunden die **Sicherheit**, gefolgt von der **Zuverlässigkeit** die höchste Priorität. Zusätzlich könnte man die einzelnen Bewertungen mit einem Gewichtungsfaktor versehen, um die Aussage noch weiter zu verbessern.

**Tabelle 1: Faktorenanalytische Verdichtung mit der Marktforschung: „Welche Faktoren beeinflussen den Kauf eines Autos"**

| Funktionalität | Außendesign | Innendesign | Preis, Kosten | Service |
|---|---|---|---|---|
| – Verarbeitung<br>– kw-Leistung<br>– Geschwindigkeit<br>– Hubraum<br>– Ventilzahl<br>– Verbrauch<br>– Sicherheit<br>– Zuverlässigkeit | – Farbe<br>– Karosseriedesign<br>– Felgendesign<br>– Spoiler<br>– Reifendesign<br>– Türendesign<br>– Türenfunktion | – bequeme Sitze<br>– Armaturenbrett-design<br>– Kopffreiheit<br>– Beinfreiheit<br>– Kofferraumgröße<br>– handliches Lenkrad<br>– Make-up-Spiegel | – Grundpreis<br>– Anschaffungspreis<br>– Wartungskosten<br>– Leasing oder Miete<br>– Versicherung<br>– Steuer<br>– Wiederverkaufspreis | – 24-Stunden-service<br>– schnelle und vollständige Ersatzteilversorgung<br>– Ersatzwagen-bereitstellung<br>– Abholdienst |

## 2.9 Analyse des Vertriebs über den Zwischenhandel

Immer dann, wenn das Unternehmen über keine direkten Vertriebswege verfügt, reicht die Analyse der Konsumentenbedürfnisse nicht mehr aus. Insbesondere wegen der wachsenden **Konzentration im Handel** ist der erfolgreichen Einführung neuer Produkte nur mit der aktiven Unterstützung und Kooperation durch die Händler möglich. Der Händler unterstützt das Produkt aber nur, wenn es seinen **Händleranforderungen** genügt, d.h. es muss dem Händler zusätzliche Umsätze erbringen, sonst wird es nicht *gelistet*, es kommt nicht in die Regale.

Allein die Aufnahme im Sortiment genügt dennoch nicht, denn es kommt z.B.:
- auf die **Regalplatzierung** in Augenhöhe an oder
- die Belegung einer breiten und hohen Regalfläche, um alle **Produktvarianten** präsentieren zu können.
- Auch **Zweitplatzierungen**, also Verkaufsständer in Kassennähe müssen durchgesetzt werden.
- Besonders wichtig ist die **optimale Platzierung** der Produkte.
- Bei **„Beratungsprodukten"** kommt es zusätzlich auf die **Verkaufsunterstützung** im Sinne von Empfehlung und Beratung an.

Die **starke Position des Handels** zeigt sich insbesondere daran, dass die Händler die (mitgebrachten) Regale (Verkaufsplatz) nicht nur an die Unternehmen vermieten, sondern diese auch noch auf Kosten des Lieferanten befüllen lassen.

Die Berücksichtigung der **Handelsbedürfnisse** muss als **Kundenorientierung** verstanden werden, denn im Handelsmarkt konkurriert man heute meist (immer) mit fast gleichwertigen Produkten. Der Händler ist immer zuerst Kaufmann und übernimmt nur gegen gute Provisionen das Risiko des Lieferanten. Zudem muss er zuerst von einer Produktinnovation überzeugt werden. Woher sollte er auch die Argumente für das Produkt kennen, wenn nicht alleine vom Unternehmen, das das Produkt herstellt! Kostenlose Schulung, Einweisung, finanzielle Unterstützung, persönliche Beratung, Dauerkontakte, Bereitstellung von Ansprechpartnern und Informationsmaterial sind hier gefragt und müssen integrativ als Marketingkonzept geplant werden.

Die **Tabelle 1** der händlerbezogenen Produktansprüche gibt einen guten Überblick über die **Kundenforderungen der Händler**. Sie dienen als Grundlage für die Organisation und den Aufbau einer optimalen Programm- und Produktpolitik.

**Tabelle 1: Händlerbezogene Produktansprüche**

| Rationalisierungsansprüche | Verkaufssteigerungsansprüche | Marktstellungsansprüche | Logistikansprüche |
|---|---|---|---|
| ① Nutzung der Betriebsmittelausstattung | ① Verbesserung der Sortimentattraktivität | ① Marktanteil | ① Raumansprüche |
| – Gute Flächennutzung<br>– Keine Leerkapazitäten | – Vollsortiment<br>– Strategieeignung | – Länderspezifische Angaben | – Stoffbezogene Ansprüche |
| ② Geringer Personalaufwand | ② Leistungsdifferenzierung | ② Umschlagsgeschwindigkeit | ② Transportmitteleignung |
| – Selbstverkäuflichkeit<br>– Einfaches Nachfüllen<br>– Lieferantenauffüllung<br>– Keine eigene Auszeichnung notwendig<br>– Leicht transportierbar<br>– Wenig Reklamation<br>– Schnelle Verkaufsabwicklung<br>– Einfache Bezahlung | – Beratungsintensives Produkt – Kompetenz<br>– Hoher Präsentationsaufwand – Exklusivität<br>– Individualisierung<br>– Personifizierung | – Durchschnittliche produktbezogene Angaben verbessern<br>– Schwankungen<br>– Saisoneinflüsse<br>– Bestellrhythmen | – Massentscheidung<br>– Gewichtsforderungen<br>– Mechanische Resistenz<br>– Klimaresistenz |
| | ③ Anregung zum Mehrkauf | | ③ Manipulationsansprüche |
| | – Großpackungen<br>– Sets<br>– Zusatz/Erweiterung | | – Hantierbarkeit<br>– Gute, schnelle Informationen |

# 2.10 Operative Programm- und Produktpolitik

## 2.10.1 Deckungsbeitragsanalysen bei der Programm- und Produktpolitik

Ziel der Programm- und Produktpolitik ist die Erzielung möglichst **hoher Deckungsbeiträge**, denn damit können die Fixkosten schnell abgedeckt werden. Dies ergibt dann die gewünschte, schnelle Amortisation des eingesetzten Kapitals. Nur mithilfe solcher Analysen werden die Produkte „richtig behandelt" und nicht vorschnell aus dem Programm **eliminiert**. Oftmals erbringen nämlich Produkte mit einen negativem Ertrag einen höheren Deckungsbeitrag als Produkte, die einen Gewinn ausweisen. (Die Deckungsbeitragsrechnung wird im Kapitel „Kostenrechnung" ausführlich dargestellt.)

> Der **Deckungsbeitrag** errechnet sich aus:
>
> *Deckungsbeitrag (€) = Erlös (€) – variable Kosten (€)*

Diese Grundgleichung ermöglicht die Erstellung einer Teilkostenrechnung, die dann mit der Vollkostenrechnung verglichen werden kann!

Nach **Tabelle 1** der **Vollkostenrechnung** müsste das **Produkt 1** eliminiert werden, da es einen **Verlust von € 6 000,–** einfährt!

Durch die **Teilkostenrechnung** (Deckungsbeitragsrechnung) **(Tabelle 2)** wird aufgezeigt, dass das **Produkt 1** einen Deckungsbeitrag zur Deckung der fixen Kosten von € **14 000,–** einfährt.

Die **Tabelle 3** zeigt die schwerwiegenden Folgen der Einstellung des **Produkts 1**, denn der **Gesamtgewinn sinkt auf € 10 000,–**, wenn die **fixen Kosten** dem Unternehmen erhalten bleiben.

Wenn das Unternehmen allerdings durch einen schnellen und guten Verkauf dieser Produktlinie die gesamten fixen Kosten, einschließlich der Mitarbeiter „los wird", sieht die Rechnung anders aus. Deshalb gilt es für die Unternehmen die „poor dogs" rechtzeitig zu verkaufen. Selbst wenn ein Verkauf nicht mehr möglich ist, können die großen Unternehmen durch hohe Verlustzuweisungen vom Finanzamt meist gut weiterleben.

**Tabelle 1: Vollkostenrechnung des Produktprogramms**

| Produkt | Menge | Preis | Stück-kosten | Stück-gewinn | Erlös | Gesamt-kosten | Gewinn |
|---|---|---|---|---|---|---|---|
| Nr. | St. | €/St. | €/St. | €/St. | € | € | € |
| 1 | 2 000 | 12 | 15 | – 3 | 24 000 | 30 000 | – 6 000 |
| 2 | 1 500 | 20 | 20 | 0 | 30 000 | 30 000 | 0 |
| 3 | 10 000 | 7 | 4 | 3 | 70 000 | 40 000 | 30 000 |
| Gesamtergebnisse | | | | | **124 000** | 100 000 | **24 000** |

**Tabelle 2: Deckungsbeitragsrechnung des Produktprogamms**

| Produkt | Menge | Preis | variable Stückk. | Deckungs-beitrag | Erlös | variable Kosten | fixe Kosten | Deckungs-beitrag |
|---|---|---|---|---|---|---|---|---|
| Nr. | St. | €/St. | €/St. | €/St. | € | € | € | € |
| 1 | 2 000 | 12 | 5 | 7 | 24 000 | 10 000 | 20 000 | **14 000** |
| 2 | 1 500 | 20 | 15 | 5 | 30 000 | 22 500 | 7 500 | 7 500 |
| 3 | 10 000 | 7 | 3 | 4 | 70 000 | 30 000 | 10 000 | 40 000 |
| Gesamtergebnisse | | | | | **124 000** | 62 500 | 37 500 | **61 500** |

**Tabelle 3: Deckungsbeitragsrechnung** des Produktprogramms **ohne Produkt 1**

| Produkt | Menge | Preis | variable Stückk. | Deckungs-beitrag | Erlös | variable Kosten | fixe Kosten | Deckungs-beitrag |
|---|---|---|---|---|---|---|---|---|
| Nr. | St. | €/St. | €/St. | €/St. | € | € | € | € |
| 1 | 0 | | | | | | **20 000** | |
| 2 | 1 500 | 20 | 15 | 5 | 30 000 | 22 500 | 7 500 | 7 500 |
| 3 | 10 000 | 7 | 3 | 4 | 70 000 | 30 000 | 10 000 | 40 000 |
| Gesamtergebnisse | | | | | **100 000** | 52 500 | 37 500 | **47 500** |

## 2.10.2 Kundenzufriedenheitsanalysen, die Beschwerdepolitik

Nachdem sich die Unternehmen in der Vergangenheit innerhalb der Produkt- und Programmpolitik schwerpunktmäßig nur um die Gewinnung neuer Kunden gekümmert haben, ist diese Vorgehensweise nicht mehr ausreichend. Die Pflege und der Ausbau bestehender **Kundenbeziehungen** muss entscheidend verstärkt bzw. neu überdacht werden. Gründe liegen in den schwächer wachsenden Märkten, in dem **Verdrängungswettbewerb** durch immer neue Anbieter und in der Verkürzung der **Produktlebenszyklen**, die wiederum tendenziell zu einer nachlassenden Bindung des Kunden an das Produkt führen. Zusammenfassend spricht man hier von der **Beschwerdepolitik**.

So kann nur über die enge Kundenbindung das eigene Unternehmen seine Marktposition halten und evtl. sogar verbessern.

Voraussetzung zur Kundenbindung ist dabei die **Zufriedenheit des Kunden** in **allen Phasen** des Konsumprozesses, also bei den Vorgesprächen, dem Kauf, bei der Nutzung und bei der Entsorgung des Produkts oder der Dienstleistung.

Eine umfassende, über einen längeren Zeitraum sich ausbildende Kundenzufriedenheit ist dann gegeben, wenn sich eine **hohe Loyalität**[1] gegenüber dem Produkt, dem Unternehmen und dem Händler entwickelt hat. Treue zu einem Produkt zeigt sich nicht allein durch den mehrmaligen Kauf, sondern es muss sich eine **bleibende positive Einstellung** zum Produkt eingestellt haben und dies zeigt sich in einem **besonderen Verbundenheitsgefühl**. Diese entstehende positive Einstellung ist höher zu bewerten als nur die *einfache* Kundenzufriedenheit.

Der Kunde muss aus der reinen rationalen, d.h. vernunftgeprägten Bindung (Erfüllung des Kundenwunsches) zu einer emotionellen, d.h. gefühlsgeprägten Bindung (innere Zufriedenheit) gebracht werden. Gefühle, Emotionen, Stimmungen, Freude, Stolz sind in den Begriff *Treue* einzubringen. Zu bedenken ist aber, dass emotionale Enttäuschungen nur selten vergessen werden, es braucht lange um sie wieder ins Lot zu bringen.

Gelingt es, den Kunden zur **Loyalität zum Produkt**, zum Unternehmen, zu bringen, so werden vier Vorteile **(Tabelle 1)** für das Unternehmen zum Tragen kommen. Nämlich eine **höhere Markteintrittsbarriere** für den Konkurrenten, eine **Wechselbarriere** für den Kunden, eine **Preisabsicherung** und eine **Qualitätsabsicherung** für das eigene Unternehmen. Sicherlich ist nicht jedes Produkt von sich aus ein *Loyalitätsprodukt*. Nur Markenprodukte oder Produkte, die zu diesem gemacht werden, bringen dem Kunden eine innere Zufriedenheit. Er hat nach dem Kauf eine positive Einstellung, er kann stolz auf den Kauf sein.

Kundenzufriedenheit gilt als die Grundvoraussetzung für die vom Kunden wahrgenommene Produktqualität. Sie bildet sich natürlich am besten in der konkreten Produkterfahrung; die Einstellung des Kunden zu einem Produkt, einem Unternehmen bringt das eigene Unternehmen nicht weiter.

Der einfachste Weg um die richtigen Informationen über den Stand und die Tendenzen der Kundenzufriedenheit zu erhalten, ist der Aufbau eines **Beschwerdemanagements (Bild 1, folgende Seite)**.

**Tabelle 1: Die vier Loyalitätsbarrieren**

| Barriere | Beschreibung |
|---|---|
| Markteintrittsbarriere | Durch eine umfassende, zeitraumbezogene Kundenzufriedenheit wird der Kunde an das Produkt und an das Unternehmen gebunden. Er entwickelt eine hohe Loyalität. Es kommt zum mehrfachen Wiederkauf. Es entwickelt sich ein Verbundenheitsgefühl. Für die in den Markt neu eintretenden Unternehmen ist der Marktaufschluss äußerst schwierig. |
| Wechselbarriere | Hat der Kunde eine positive Einstellung gegenüber dem Produkt, dem Unternehmen entwickelt, ist es für die existierende Konkurrenz sehr schwierig, den Kunden zum Markenwechsel zu bewegen. Er vertraut erst einmal dem Produkt, mit dem er zufrieden war. |
| Preisabsicherung | Durch die Überzeugung des Kunden vom Produkt und vom Unternehmen hat letzteres hohe Preiserhöhungsspielräume. Der Kunde respektiert und honoriert dies u.a. wegen der Überzeugung, dass gute Produkte auch ihren Preis haben – das Überziehen kann tödlich sein. |
| Qualitätsabsicherung | Die Kundenzufriedenheit ist für die Marktforschung ein guter Indikator für die wahrgenommene Produktqualität. Es wird die Einstellung nach einer konkreten Produkterfahrung wiedergegeben. Die Beschwerden müssen durch ein Beschwerdemanagement abgebaut werden und eine Produktverbesserung muss sich anschließen. |

[1] loyal = gesetztestreu von franz. la loi = das Gesetz, hier: produkttreu

Grundsätzlich muss das **Beschwerdemanagement** die folgenden Ziele und Aufgaben, wie in **Tabelle 1** dargestellt, verfolgen.

Leider reicht das *einfache* Beschwerdemanagement **(Tabelle 1)** nicht aus, da sich nicht alle Kunden direkt beschweren, aber trotzdem unzufrieden sind. Ihre *Reaktionen* können nämlich sehr weitreichend sein. Nicht nur, dass sie keine Aufträge oder Dienstleistungen mehr bestellen, sondern sie geben ihre negativen Erfahrungen z.B. am Biertisch, bei Messen, bei einem Schulungsseminar, den anderen, bisher zufriedenen Kunden weiter und raten vom Kauf der Produkte ab. Besonders schwerwiegend ist es, wenn die Kunden aus Verärgerung oder Gekränktheit ihre Unzufriedenheit verzerrt und übertrieben weitergeben.

Ein sehr anschauliches Beispiel ist z.B. die *Mundpropaganda* von dem miserablen Essen im Roten Löwen in Schneuselhausen oder vom Hundefleisch eines Chinarestaurants!

Insbesondere im Dienstleistungsgeschäft sind nicht alle Kunden bereit, ihre berechtigten Anliegen, (nicht unbedingt Beschwerden) dem Servicetechniker, dem Unternehmen direkt und sofort vorzubringen. Der Kunde hält sich selbst evtl. für zu „pingelig“, oder er hat mangelnde Zivilcourage, er möchte aber seine Forderung, seinen Wunsch erfüllt haben. Beispiele dafür sind in der **Tabelle 2** aufgelistet.

Um all diese Mängel rechtzeitig und umfassend zu erkennen, müssen die Unternehmen in regelmäßigen Abständen Kundenzufriedenheitsstudien durchführen. Damit wird auch zusätzlich der Vergleich mit den Mitbewerbern möglich und man erhält damit wertvolle Anhaltspunkte für die Produktpolitik und Programmpolitik.

Zufriedenheits- und Beschwerdeanalysen können zusätzlich als ein Controlling-Instrument[1] zur Erhöhung der Effizienz aller Marketingaktivitäten des Unternehmens eingesetzt werden. Die Erwartungen des Kunden hängen nicht nur direkt vom Produkt ab, sondern von der Wahrnehmung der erlebten subjektiven Leistung und Qualität, d.h. der Kunde beurteilt im Normalfall nicht die Einzelleistung, sondern er vergleicht die Gesamtleistung des Produkts, der Dienstleistung mit der des Konkurrenten. So sind z.B. beim Kauf eines Auto die Technik, die Qualität, die Verkaufserfahrung des Händlers, der Kundendienst, der Preis, das Image und die Kommunikation gleich wichtig.

**Tabelle 1: Ziele, Aufgaben der Beschwerdepolitik**

| These | Beschreibung |
|---|---|
| Informationen ernst nehmen | Die produktpolitischen Informationen, also die Beschwerden systematisch erfassen und unvoreingenommen aufarbeiten; sie sind der wichtigste Träger der Produktverbesserung. |
| Produktverbesserungen abstimmen | Die kundenorientierten Produktverbesserungen, bzw. Programmerweiterungen mit den Kundenzufriedenheitsanalysen abstimmen und einleiten. |
| Verhaltenskonzept aufbauen | Ein abgestimmtes Verhaltenskonzept bei Beschwerden entwickeln, das dann professionell, kulant, schnell und angemessen die Zufriedenheit des Kunden wieder herstellt und die Beschwerden an die richtigen Stellen zur Verbesserung der Produkte weiterleitet. |

**Tabelle 2: Gründe für das Zurückhalten von Beschwerden**

| These | Beschreibung, Beispiele |
|---|---|
| Billige Präsentation | Hochwertige Ersatzteile werden in *preisgünstigen* Verpackungen angeliefert. |
| Autoritäres Auftreten | Der Kundenberater, der Kundendienst tritt zu forsch, überheblich und selbstsicher auf. |
| Keine Kooperation | Durch bevormundende Redewendungen und Verhaltensweisen, wie z.B. „das machen wir schon immer so“ wird ein Gedankenaustausch über die Kundenwünsche ausgeschlossen, Verbesserungsvorschläge somit ignoriert. |
| Technisches Verständnis | Dem Kunden werden unterbewusst ein fehlendes technisches Verständnis und mangelnde Erfahrung unterstellt, deshalb kann er nicht sachverständlich argumentieren, seine Anregungen und Beschwerden werden nicht ernst genommen oder abgeblockt.<br>Insbesondere beachten immer noch viele eher rational orientierte Männer nicht die eher emotionale Einstellung der Frauen zur Technik. Spezielle Marketingstrategien müssen dazu erarbeitet werden um hier Vorurteile gegen die Technik im Allgemeinen abzubauen. |

Zufriedenheits- und Beschwerdeanalysen werden zur Erhöhung der Effizienz aller Marketingaktivitäten genutzt.

[1] engl. to control = steuern (hat nicht die Bedeutung von kontrollieren = überprüfen), Controlling-Instrument = Steuerungsinstrument, Steuerungsmöglichkeit

# 3 Marketingstrategien zur Umsetzung der Produktpolitik

Die Grundaussage der klassischen Mikroökonomie der Volkswirtschaftslehre ist, dass die Kaufentscheidung des Kunden ausschließlich vom Preis abhängt. Der sich auf dem (vollkommenen) Markt entwickelnde Gleichgewichtspreis (Angebot und Nachfrage) setzt aber voraus, dass die Produkte keine Qualitätsunterschiede aufzeigen und auch keine Präferenzen[1] für bestimmte Leistungen bestehen. Durch den Wandel vom Verkäufermarkt zum Käufermarkt entstand neben dem Preiswettbewerb auch zusätzlich noch ein Qualitätswettbewerb, der die Kaufentscheidung des Kunden beeinflusst.

Die zweidimensionale Sicht (Präferenzstrategie und die Preis-Mengen-Strategie) ist nicht ausreichend um die realen Marktbedingungen zu erfassen. Insbesondere die Kundenorientierung erfordert eine differenzierte Betrachtung der Wettbewerbsstrategien **(Tabelle 1)**.

Die **Alternativen zur gezielten Beeinflussung der Kunden:**

**Präferenzstrategie:** Sie verfolgt das Ziel, beim Kunden eine Vorzugsstellung für das Produkt und/oder die Dienstleistung durch eine Vielzahl von spezifischen, vom Mitbewerber zu differenzierenden Merkmalen (mehrdimensionale Präferenzen) heraus zu arbeiten.

**Preis-Mengen-Strategie:** Hier werden alle Marketingaktivitäten auf die preispolitischen Maßnahmen (eindimensionale Präferenz) konzentriert. Durch einen niedrigen Preis soll eine große Anzahl von Abnehmern angesprochen werden. Damit erhöht sich die Absatzmenge und somit steigt der Deckungsbeitrag. Dieser kann dann die höheren fixen Kosten (Anlageinvestitionen) abtragen.

**Differenzierte Wettbewerbsstrategien (Bild 1):**

Die Strategien gehen im Ansatz mit ähnlichen Überlegungen vor. Die Psyche der Abnehmer soll dabei angesprochen werden. Dies erreicht dasjenige Unternehmen das seine spezifischen **Kernkompetenzen** erkennt, entwickelt und kultiviert. Nur so kann das Unternehmen auf Dauer im Wettbewerb überleben. Die eigenen Wettbewerbsvorteile müssen empirisch dem Unternehmen angepasst werden.

Die differenzierten Wettbewerbsstrategien werden in einem zweidimensionalen Raum, **Marktabdeckung** und **Wettbewerbsvorteil**, dargestellt. Unterschieden wird bei dem Wettbewerbsvorteil in den Leistungsvorteilen z.B.: Qualität oder Spezialisierung und dem Kostenvorteil; sowie bei der Marktabdeckung in Teilmärkte und Gesamtmärkte. Im Einzelnen zielt z.B. die aggressive Preisstrategie auf die Marktführerschaft oder die Konzentration auf Marktnischen ab.

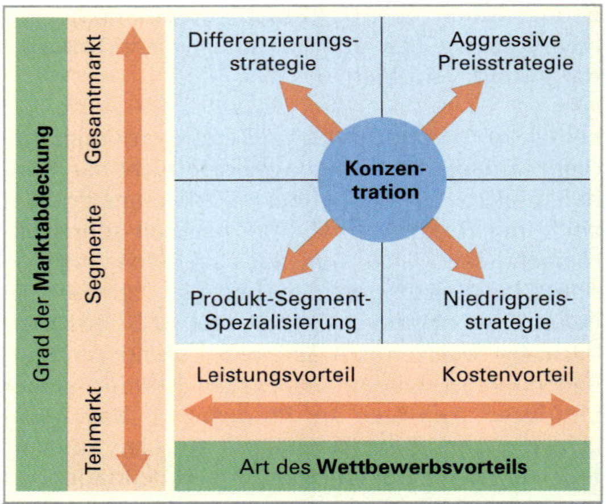


**Bild 1: Differenzierte Wettbewerbsstrategien**

**Tabelle 1: Absatzgerichtete Wettbewerbsstrategien**

| Strategien | Beschreibung | Vorgaben |
|---|---|---|
| **Innovationsorientierung** | Erarbeitung einer Pionierposition durch: – hohen Anteil neuer Produkte mit hoher Qualität, – hohen Forschungsaufwand. | – Management des Wissens, – Akzeptanz der externen Innovationen. |
| **Qualitätsorientierung** | – Totale Sicherstellung der technischen Qualität, – Erfüllung der subjektiven abnehmerbezogenen Qualität (Kundenorientierung). | – Installation des Qualitätsmanagements, – TQM, – Auditierung. |
| **Markierungsorientierung** | – Herausarbeiten des Produktimages und Firmenimages, – Glaubwürdige Botschaft und Identität mit dem Produkt muss den Käufer emotional binden. | – Markenbewusstsein ist derzeit „in“. |
| **Programmbreitenorientierung** | – Flexibel, schnell und profitabel zahlreiche Produktvarianten anbieten, – hohe Komplexitätskosten werden durch Globalisierung aufgefangen. | – Variantenmanagement, – Synergieeffekte nutzen. |
| **Kostenorientierung** | – Nutzung von Erfahrungskurveneffekten, – Fixkostendegression (Gesetz der Massenfertigung), – Economies-of-scale (Einsatz von effizienteren Maschinen). | – Global Sourcing, – Outsourcing, – Single-Sourcing. |
| **Differenzierung durch Imitation** | – Nachahmung erfolgreicher Wettbewerber bzw. Produkte, – Nutzung des Trends. | – Kleiner F&E[2]-Aufwand, – Preisvorteil. |

[1] Präferenz von franz. préférer = vorziehen, bevorzugen
[2] F&E = Forschungs- und Entwicklungsaufwand

## 3.1 Die Qualitätsorientierung

Die meisten abnehmergerichteten Wettbewerbsstrategien sind auf die Qualitätsorientierung als zentrale Strategiedimension ausgerichtet. Eine relativ hohe Produktqualität im Vergleich zu den Mitbewerbern ermöglicht üblicherweise auch einen relativ hohen Preis.

Qualität besteht aus objektiven und subjektiven Komponenten **(Tabelle 1 und 2)**. Die objektive, also technische Qualität bedeutet die Erfüllung und Einhaltung der Kundenspezifikationen entsprechend der Qualitätssicherung nach DIN ISO 8402 **(Tabelle 1 folgende Seite)**. Die subjektive, also abnehmerbezogene Qualität ist das Ergebnis des Wahrnehmungsvorgangs und des Bewertungsvorgangs im Sinne der Kundenorientierung nach TQM. Das TQM beinhaltet zusätzlich noch die Zielorientierung, die Prozessorientierung, die Mitarbeiterorientierung, die Veränderungsorientierung. Dies dient der Zufriedenstellung der Kunden, also der individuellen Nutzenerfüllung und fördert den langfristigen Geschäftserfolg. Die Qualität steht außerdem im Spannungsfeld der Erwartungshaltung des Kunden, der tatsächlich erlebten Leistung im Vergleich mit den Konkurrenzprodukten bzw. -leistungen, deshalb muss von relativer Qualität gesprochen werden.

**Tabelle 1: Die Qualität von Dienstleistungen**

| | |
|---|---|
| **Ausstattung** | • Eine zentrale Qualitätsdimension hat die sachliche und persönliche Ausstattung der Serviceleistung. |
| **Verlässlichkeit** | • Die versprochene bzw. vertraglich dargelegte Serviceleistung muss ohne Nachhaken, ohne Reklamationen ausgeführt werden. |
| **Hilfsbereitschaft** | • Dem Kunden müssen seine „äußeren" Probleme und Schwierigkeiten abgenommen werden, er soll sich auf seine Kernarbeit konzentrieren können, damit wird der Kunde effizienter und wirtschaftlicher.<br>• Problemlösungen für unsere Dienstleistung anzubieten bestimmt entscheidend die Qualität unserer Dienstleistung am Kunden. |
| **Glaubwürdigkeit** | • Das Herausarbeiten, Darstellen und Überzeugtsein der eigenen Kompetenz ist der Grundpfeiler der Glaubwürdigkeit gegenüber dem Kunden. Die Grenzen bilden dabei die Überheblichkeit (der Kunde entwickelt über die Zeit ebenfalls ein fundiertes Fachwissen) und die Unterwürfigkeit (Bewahren der eigenen Persönlichkeit),<br>• Die Höflichkeit und Vertrauenswürdigkeit der Mitarbeiter unterstützt die Glaubwürdigkeit in besonderer Weise. |
| **Kundenverständnis** | • Durch ein hohes Einfühlungsvermögen kann das Unternehmen die individuellen Wünsche (Kundenorientierung) erkennen und letztendlich auch angemessen erfüllen. |
| **Zeitkomponente** | • Für die meisten Kunden in der Investitionsgüterindustrie ist die ständige Kundendienstbereitschaft Grundvoraussetzung, der Stillstand einer Anlage muss in kürzester Zeit behoben werden.<br>• 24-Stunden-Service in der Ersatzteilversorgung ist Standard.<br>• Serviceverträge mit einer Garantie der Reparatur innerhalb von 6 Stunden oder weniger sind keine Seltenheit.<br>• Mit der Beachtung der Zeitkomponente kann man sich einen Qualitätsvorteil gegenüber seinen Konkurrenten herausarbeiten. |
| **Reklamationen** | • Die Aufarbeitung und das *Ernstnehmen* von Reklamationen z.B. durch gebührenfreien Telefonservice kann unzufriedene Kunden abwehren. |

**Tabelle 2: Die Qualitätskomponenten**

| | |
|---|---|
| **Gebrauchsnutzen** | • Beschreibung der wichtigsten Funktionsmerkmale in Form von messbaren Kennzeichen (Beschleunigung, Verbrauch, Volumen, ...).<br>• Die einzelnen Merkmale sind aber für jeden Kunden von unterschiedlicher Bedeutung und somit von ungleichem Nutzen. |
| **Haltbarkeit** | • Die Haltbarkeit bestimmt die Lebensdauer des Produktes.<br>• Die technische Haltbarkeit ist abhängig von der Häufigkeit des Gebrauchs bis die Funktionstüchtigkeit erlischt.<br>• Die ökonomische Komponente der Haltbarkeit ist durch die Reparaturkosten (Reparaturfreundlichkeit) bestimmt. |
| **Zuverlässigkeit** | • Beschreibt die Wahrscheinlichkeit des Versagens des Produktes.<br>• Die Bedeutung dieses Faktors ist um so höher zu bewerten je teurer die Ausfallkosten und/oder Stillstandskosten und Wartungskosten sind. |
| **Ausstattung** | • Ist der Sekundäraspekt der Qualitätsdimension *Gebrauchsnutzen.*<br>• Sie umfasst die Zusatzvorzüge, u.a. auch kostenlose Getränke oder Zeitschriften, Betreuung und Beratung durch Fachpersonal, Hilfe bei der Montage und Inbetriebnahme beim Kunden. |
| **Normgerechtigkeit** | • Allgemeine Beherrschung und Verwendung der üblichen gültigen Normen (DIN = Gesetz) und der branchenüblichen Normrichtlinien (VDI-Richtlinien), also Vermeidung von Sonderkonstruktionen im beiderseitigen Interesse (Baukastenprinzip und Austauschbau). |
| **Ästhetik** | • Diese besondere Art der Qualitätsdimension umfasst das Styling und das Design, also die subjektive Qualität.<br>• Die Ästhetik des Produktaussehens (Identität des Produktes, der Marke, der Firma), des Produktgeschmacks (Wirkung, Darstellung des Produktes, des Unternehmens), des Produktgeruchs (z.B. haben Neuwagen und Gebrauchtwagen ein unverwechselbares „Gschmäckle") ist eindeutig von persönlichen Einstellungen und Vorlieben geprägt und abhängig. |

Das Unternehmen ist also aufgefordert, einen eigenen Qualitätsstandard zu bestimmen. Dies muss mit den Methoden eines umfassenden Qualitätsmanagements, also dem QFD, der FMEA, des DoE, dem SPC den Q7-Qualitäts-Werkzeugen und den M7-Management-Werkzeugen durchgeführt werden. Das Grundprinzip des Qualitätsmanagements ist es, in allen Bereichen des Unternehmens ein hohes Qualitätsbewusstsein zu entwickeln und auch umzusetzen, zu verbessern und auch innovativ weiter zu entwickeln. So ist z.B. die Kundenzufriedenheit entscheidend vom Einhalten der Liefertermine abhängig; dies ist von der Qualität, also dem Qualitätsbewusstsein aller beteiligten Abteilungen und Mitarbeiter abhängig.

Ohne einen dieser Forderungen angepassten *Führungsstil*, kann das Qualitätsmanagement nicht umgesetzt werden. Verlangt sind dabei eine offene informale Unternehmenskultur wie z.B. das Harzburger Modell mit der Delegation von Verantwortungs- und Entscheidungskompetenz auf allen Hierarchieebenen. Das Qualitätsmanagement beinhaltet natürlich auch die Prozessorientierung, die dem durchgängigen Qualitätsgedanken über alle Bereiche Rechnung trägt.

Beim klassischen Ansatz des Marketing bildet man dazu sog. Qualitätsdimensionen, also Komponenten der Qualitätsorientierung im Sinne eines strategischen Wettbewerbsvorteils **(Tabelle 1 und 2, vorhergehende Seite)**.

## 3.2 Die Innovationsorientierung

Kennzeichnend für eine ausgeprägte Innovationsorientierung sind das hohe Forschungsbudget und Entwicklungsbudget und der hohe Anteil von neuen Produkten, also die Pionierposition am Markt. Der Vorteil einer Pionierorientierung ist das frühzeitige Entwickeln von Markt-Know-how, also Erfahrung, und der Aufbau eines zukunftsweisenden Technologieimages. Die Zeit (Entwicklungszeit) hat im strategischen Wettbewerb die entscheidende Rolle übernommen. Der Zeitvorteil eines frühzeitigen Markteintritts, gepaart mit der unmittelbaren Erfüllung der aktuellen Kundenwünsche, ist dann mit dem TQM-Ziel der Kundenorientierung vollkommen im Einklang.

Die Strategie der Pionierorientierung haben z.B. die japanische Automobilindustrie und die HiFi-Unternehmen in den vergangenen Jahren ständig angestrebt. Die Wirkung auf dem Markt verstärkt sich, wenn es dem Unternehmen gelingt, Industriestandards zu setzen. Beispiele dafür sind u.a. beim Auto die Komplettausstattung, das Video-VHS-System, die CD-ROM, aber auch das Office-Paket von Microsoft. Die Erfolgsvoraussetzungen für die Realisierung von Innovationsvorteilen sind in der **Tabelle 2** dargestellt.

**Tabelle 1: Definition der Qualitätssicherung nach DIN ISO 8402**

Alle geplanten und systematischen Tätigkeiten, die innerhalb des Qualitätsmanagementsystems verwirklicht sind, und die wie erforderlich dargelegt werden, um angemessenes Vertrauen zu schaffen, dass eine Einheit die Qualitätsforderung erfüllen wird.

**Die vier Teilfunktionen der Qualitätssicherung**

| Qualitätsplanung | Qualitätslenkung | Qualitätsprüfung | Qualitätsförderung |
|---|---|---|---|
| – Zehnerregel<br>– quantitative Merkmale<br>– qualitative Merkmale | – Qualitätsregelkreis 7M Störgrößen<br>– Mensch<br>– Maschine<br>⋮ | – Prüfplanung<br>– Prüfausführung<br>– Prüfdatenverarbeitung | – Qualitätszirkel<br>– Motivation<br>– Methoden<br>– QFD<br>– FMEA |

**Tabelle 2: Die Voraussetzung zur Realisierung von Innovationsvorteilen**

| Ansatz | Beschreibung und Erläuterungen |
|---|---|
| **Management des Wissens** | – Schaffung eines für Innovationen notwendigen Wissensbestands,<br>– Steuerung des Zugriffs auf das vorhandene Know-how,<br>– Akzeptanz (= Übernahme) der extern vorhandenen Basisinnovationen von anderen Unternehmen. |
| **Innovationsziele setzen** | – langfristiges an Innovationen orientiertes Denken im Management durchsetzen, d.h. Lebenszyklusplanung. |
| **Schnittstellen-Management** | – zentrale Voraussetzung ist die verstärkte Abstimmung der technischen und der absatzbezogenen Aktivitäten,<br>– Abstimmung und Koordination der Prozesse. |
| **Akzeptanz von Misserfolgen** | – Unterstützung des innovationsgerichteten Engagements,<br>– wer nichts macht, kann auch keine Fehler machen,<br>– Zeit und Kapazitäten für die Verfolgung von Forschungs- und Entwicklungsaktivitäten den Mitarbeitern zugestehen. |
| **Innovationen im Unternehmen einbehalten** | – Patente, Gebrauchsmuster rechtzeitig und vollständig anmelden – Konkurrenzpatente analysieren,<br>– Strikte Geheimhaltung organisieren und kontrollieren,<br>– Lernkurveneffekte ausnutzen und anwenden. |

## 3.3 Die Markierungsorientierung

Die Markierungsorientierung ist eine zentrale, abnehmergerichtete Differenzierungsdimension. Die Bedeutung des **Markenbewusstseins** (= Markierung) ist auch in der Konsumindustrie inzwischen zu einem bedeutenden Marktbeeinflussfaktor geworden. Viele Unternehmen unterschätzen die Bedeutung der Produktmarkierung im Wettbewerb immer noch. Insbesondere der trendbestimmende und oftmals zugleich *trendhörige* Käufer kauft nur Markenwaren. Bestimmend für einen guten Markennamen sind das **Produktimage** und der Werbedruck, also die gesamte Kommunikationspolitik des Unternehmens. Die Markierung (denken Sie durchaus an die Duftmarkierung – Stallgeruch – im Allgemeinen) hat in der heutigen Zeit deshalb noch mehr an Bedeutung gewonnen, da sich die Produkte durch eine hohe Homogenität und Austauschbarkeit auszeichnen. Die Kunden möchten aber durchaus mit *ihren* Produkten und der Inanspruchnahme von *besonderen* Dienstleistungen aus der Masse der Kunden (Käufer) herausragen, oder zeigen, dass sie sich Markenwaren leisten können. Zusätzlich kann der Kunde, wenn er nicht genügend über die Produkte informiert ist, durch die psychologische Differenzierung (der Kunde kennt unser Produkt z.B. aus der Werbung ...) seine Kaufpräferenz zugunsten unseres Unternehmens fällen, obwohl er bei Kenntnis aller Informationen ein anderes Produkt ausgewählt hätte.

Es gilt also zusammenfassend, wenn der Kunde keine objektiven Kriterien zur Beurteilung von Produkten oder Dienstleistungen hat, wird er in der Regel das Markenimage zur Beurteilung heranziehen. Das Markenimage kann sich auf das Produkt, die Produktlinie oder das gesamte Unternehmen beziehen. Die Voraussetzungen für die Wettbewerbswirksamkeit der Markierungsorientierung sind in **Tabelle 1** dargestellt.

## 3.4 Die Programmbreitenorientierung

Diese Programmbreitenorientierung stellt eine besondere Form der Nachfrageorientierung innerhalb der Angebotspolitik dar. Das Unternehmen möchte dabei flexibel, schnell und profitabel zahlreiche Produktvarianten im Markt positionieren. Voraussetzung ist also eine Produktdifferenzierung, die sich durch ein breites und tiefes Programm auszeichnet, zusätzlich muss das Angebot noch durch flankierende Dienstleistungen (value-added-services) ergänzt werden. Für das Unternehmen (wie auch für den Wiederverkäufer) bedeutet dies einen hohen Ressourceneinsatz und somit ist er meist gegenüber dem reinen Spezialisten in einem Kostennachteil. Die zunehmende Programmbreite verursacht häufig überproportional ansteigende **Komplexitätskosten** (Wartung, Ersatzteile, Produktpflege). Diese zentrale Herausforderung lässt sich allerdings durch ein geschicktes Variantenmanagement (Gleichteile, Baukastenbauweise), die dann die geforderte Kostenreduktion einfährt, durchaus verwirklichen. Das Unternehmen muss sich mit der Nutzung von **Synergieeffekten** beschäftigen und diese konsequent ausnutzen. Meist basieren die Produkte und Dienstleistungen auf einem gemeinsamen Know-how, dies gilt es zu nutzen und zu konzentrieren. Die Produkte werden mit und auf den gleichen Ressourcen hergestellt, sodass es hier keine Probleme gibt, sofern nicht jede Variante eine eigene *High-Tech-Entwicklung* erfordert. Dasselbe gilt natürlich auch für den Vertrieb und die Abnehmer, eine hohe flexible Variantenvielfalt befriedigt den Kunden sicherlich besser.

**Tabelle 1: Die Voraussetzungen und die Thesen der Markierungsorientierung**

| These | Voraussetzungen |
|---|---|
| 1 | Einmalige Botschaft über die Eigenschaften des Produkts, der Dienstleistung, die Botschaft muss etwas Besonderes sein.<br>Abgedroschene Phrasen zerstören das Image für immer (lange Zeit). |
| 2 | Die Glaubwürdigkeit der Botschaft muss die Identität der Marke, des Unternehmens herausarbeiten. Die Botschaft muss mit den tatsächlichen Gegebenheiten, der Praxis übereinstimmen. Je höher der Ansatz, die Botschaft, das Versprechen, desto höher sind die Erwartungen (Verifizierung) der Kunden, die diese kompromisslos nachprüfen werden!<br>– 3 Sterne im Michelin verlangen immer eine 100%ige Leistung! |
| 3 | Die Botschaft muss in einer unverwechselbaren Darstellung dem Kunden vermittelt werden, des Weiteren muss das Versprechen den Kunden emotional unterstützen. Gefühle können den Kunden besser überzeugen als rationale Argumente, diese sind meistens durch Messungen, Bewertungen objektiv widerlegbar.<br>Werden die Gefühle, die Emotionen, die Botschaften verletzt, tritt beim Kunden ein tiefer (stiller) Schmerz, eine schwere Enttäuschung auf, die schwer zu heilen ist, bzw. rückgängig zu machen ist. |
| 4 | Die Umsetzung eines Markenimages verlangt zusätzlich eine kommunikative Strategie. Verlangt sind dabei eine entsprechende Ausstattung der Distributionspolitik und der Preispolitik, also ein Selektivvertrieb, verbunden mit einer Hochpreisstrategie und einer dem Kundenkreis angepassten Preisgestaltung. |

Die Unternehmen verwirklichen die vom Kunden geforderte Angebotsdifferenzierung durch modulare Konzepte in allen Ebenen von der Entwicklung bis zum Vertrieb. Innerhalb der Fertigung können dann aus einzelnen (variablen) Komponenten im **Baukastenprinzip** die vom Kunden gewünschten Kombinationen (Varianten) zusammengestellt werden (Legobaukasten).

## 3.5 Kostenorientierung

Derzeit wird bei der Kostenorientierung besonders auf niedrige, direkte Kosten geachtet (Deckungsbeitragsrechnung); zudem sollten die Erfahrungskurveneffekte eingebracht werden. Durch die zusätzliche Nutzung der synergiebedingten[1] Kostenvorteile (economies[2] of scope[3]) können in der Produktion durch die Verwendung von nunmehr größeren Stückzahlen bei Gleichteilen (Baukastenprinzip bei Varianten) Kosten reduziert werden **(Tabelle 1)**. Des Weiteren kann die gleiche Produktionseinrichtung eingesetzt werden. Die Entwicklung kann gezielt im Modulverfahren oftmals Versuchungsergebnisse im Rechner vorab annähernd genau und so sehr kostengünstig simulieren. Kostenaufwendige und zeitraubende Versuche und Tests (Pionierposition) können so nahezu entfallen, oder sehr gezielt und effektiv gefahren werden.

Bei größeren Ausbringungsmengen ergibt sich natürlich eine höhere Rentabilität **(Bild 1)**. Durch die Erfolgsrelevanz des größeren Marktanteils erzielt man günstigere Einkaufskonditionen und in der Produktion Fixkostendegressions-Effekte. Die Fixkosten der Anlagen, der Verwaltung, der Werbung sinken pro Stück bei einer höheren Auslastung (Gesetz der Massenfertigung). Der Deckungsbeitrag (letztendlich zur Deckung der gesamten fixen Kosten) steigt dabei stark an.

**Tabelle 1: Kostenstrategien innerhalb der Beschaffung**

| | Kostenvorteil | Strategie |
|---|---|---|
| 1. | – Die Verkleinerung der Zahl der Zulieferer – Verringerung des Verwaltungsaufwands – ermöglicht bessere Koordination und hohe Qualitätsstandards auf allen Ebenen – Entwicklung, Forschung, Fertigung, Montage<br>– Nachteilig ist die Abhängigkeit von wenigen (einem) Lieferanten | **Single Sourcing** |
| 2. | Weltweiter Einkauf und Fertigung<br>– verringert die Beschaffungskosten<br>– ermöglicht joint venture Abkommen<br>– Austausch und Informationen über die weltweiten Innovationen<br>– Flexibilität bei Marktänderungen<br>– hohe äußere Originalität der Produkte bleibt erhalten<br>– Öffnung von neuen Märkten | **Global Sourcing** |
| 3. | Produktionssynchrone (stundengenaue) Bereitstellung der Teile<br>– kleinere Kapitalbindung, keine Lagerhaltung<br>– Verringerung des Auslastungsrisikos<br>– Übernahme der Produkthaftung<br>– kürzere Durchlaufzeiten | **Just-in-Time-Konzept** |
| 4. | Anwendung von neuesten Verfahren<br>– Alleinbesitz des Know-how, der Patente<br>– Vollautomatisierte Fertigung und Montage<br>– Mannlose Schichten, offene Arbeitszeiten<br>– Vergabe von kompletten Baugruppen<br>– Flexibles, teamorientiertes Personal | **Innovative Prozesstechnologie** |

[1] griech. syn – ergein = zusammenarbeiten, helfen
[2] engl. economies = Einsparung
[3] engl. scope = Spielraum

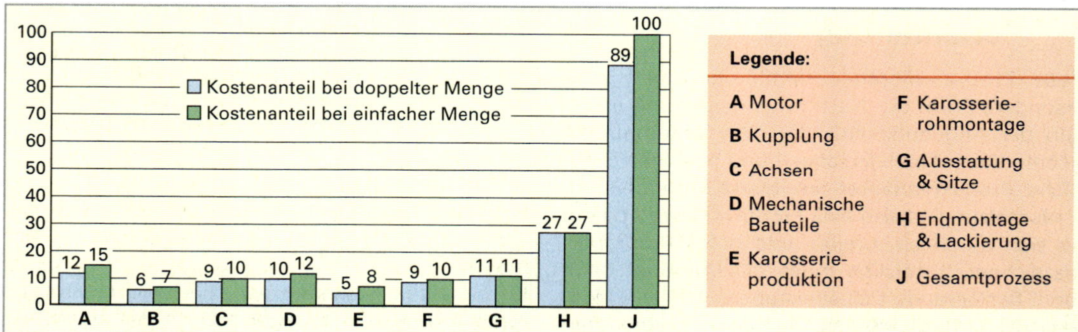


**Bild 1: Kostensenkungspotenziale beim Produktionsprozess**

Zusätzlich kann das Unternehmen durch den Einsatz von effizienteren Verfahren, Anlagen, Maschinen, motiviertem und geschultem Personal die Ausbringung erhöhen, bzw. die Qualität verbessern und die Fehlerquote senken (economies-of-scale). Voraussetzung ist und bleibt eine weitgehende **Standardisierung** der Produkte und Dienstleistungen des Unternehmens, also die Beherrschung aller Verfahren.

Zu Beginn jeder Untersuchung zur Verbesserung der Effizienz muss das Unternehmen z.B. in Form einer **ABC-Analyse** seine Prozesse analysieren, um danach Kostenpotenziale ausfindig zu machen. Jetzt können gezielt die wesentlichen, die zu verbessernden Prozesse ausgewählt werden **(Tabelle 2, vorhergehende Seite)**.

Besonders in der Automobilindustrie sind Joint Ventures oder Abkommen über die gemeinsame Nutzung von einzelnen Komponenten und Entwicklungsprojekte keine Seltenheit. Viele Länder lassen ausländische Unternehmen auf ihrem Markt nur zu, wenn auch bestimmte Teilmengen des Produkts im eigenen Land hergestellt werden.

Auch innerhalb der Entwicklung und Forschung bis hin zum Aufbau von gemeinsamen Produktionsanlagen werden durch die Unternehmen die Degressionsvorteile ausgeschöpft, um im Weltmarkt gegenüber noch größerer Konkurrenz bestehen zu können. So betreiben z.B. Siemens, ICL und Bull gemeinsam in Deutschland kooperative Grundlagenforschung, Siemens und IBM produzieren gemeinsam Chips für die Industrie, Ford und VW entwickelten zusammen einen *Van* und vermarkten diesen aber unter den verschiedenen Markennamen *Sharan* und *Galaxy*.

Die größten Kostenvorteile versprechen sich die Unternehmen derzeit immer noch bei der Beschaffung. Hier werden die verschiedensten Strategien eingesetzt, die in der **Tabelle 1** zusammengestellt sind. Viele Unternehmen haben aber inzwischen erkannt, dass durch das *klassische Outsourcing* der Produktion in Niedriglohnländer schon mittelfristig auch die Konstruktion und Entwicklung sich ebenfalls ins Ausland verlagert.

Im Handwerk und den kleineren Unternehmen lassen sich z.B. im Sektor Materialwirtschaft und Logistik durch eine konsequente und unerschrockene Kostenorientierung Kosten einsparen. Oftmals „verzettelt" sich der kleinere Unternehmer bei der Ersatzteil- und Hilfsstoffbeschaffung und der ständigen Kontrolle bei der Vorratshaltung. Die dabei eingesetzten Fachkräfte fehlen dem Unternehmen dann bei der Bearbeitung der anstehenden Aufträge.

**Tabelle 1: Die klassische Produktdifferenzierung**

Durch die Produktdifferenzierung wird versucht, durch das zeitgleiche parallele Angebot mehrere Produkt-Varianten gezielt auf die Bedürfnisse unterschiedlicher Zielgruppen abzustimmen, um den Trend der Individualisierung der Konsumentenbedürfnisse erfüllen zu können.

| Methoden | Beschreibung, Maßnahmen, Vorgehensweise |
|---|---|
| **Produktvarietät** | Mehrere Produktvarianten in einem Gesamtmarkt (global) aufbauen |
| | VW, Audi, Skoda, ... |
| **Produktplanung** | Aufbau eines Ideeninnovationsprozesses, bei dem die Eigenschaftsausprägungen mithilfe von Marktforschungen bestimmt werden. Fragenkataloge, Funktionsanalysen, Produktpositionierung und das Portfolio sind wichtige Hilfsmittel. |
| **Funktionale Eigenschaften** | Veränderungen am Material, der Konstruktion um zusätzliche (individuelle Wunsch-) Eigenschaften zu ermöglichen, den Gebrauchsnutzen und Zusatznutzen zu erhöhen. |
| **Baukasten- und Modulsysteme** | Vorgabe ist eine Analyse der Kundenanforderungen um das Spektrum der Produktanpassungen festzulegen und abzugrenzen. Daran muss sich eine klare Trennung in Muss-, Soll- und Kann-Funktionen anschließen. |
| **Muss-, Soll-, Kann-Funktionen** | Diese Art der Produktdifferenzierung wird bei den *Value-Added-Services* als zentrales Element gesehen. Mussleistungen bietet jeder, bzw. sind zum Betrieb erforderlich – Reifen. Solleistungen sind erst bei wenigen Typen enthalten, z.B. eine Klimaanlage. Kannleistungen sind fast bei keinem Produkt auf dem Markt zu finden, z.B. die Minibar im Rücksitzbereich. Das KANO-Modell der Kundenorientierung benutzt ähnlich strukturierte Denkansätze: Basis-, Leistungs- und Begeisterungsanforderungen. |

Deshalb beauftragen inzwischen viele Handwerker dafür spezialisierte Logistikunternehmen. Diese übernehmen und organisieren dann die gesamte Logistik des Unternehmens, also die Materiallogistik planen, die Lager rechtzeitig nachfüllen, die Baustellen beliefern und die Bestände verwalten und überwachen.

# 4 Käuferverhaltensforschung

## 4.1 Marketingmanagement und Marketingforschung

Um Marketingentscheidungen untermauern zu können, muss das Verhalten der Marktteilnehmer (Kunden) offengelegt werden; dies ist die Grundlage des Marketingmanagements.

Ausgangspunkt ist dabei das reale **Marktverhalten**, dort zeigen sich die konkreten **Marktbedürfnisse**; daraus muss das Unternehmen sein **Marktangebot** entwickeln. Die Marketingforschung muss die Marktbedürfnisse gedanklich vorwegnehmen (antizipieren[1]), das Marktverhalten wiederum durch geeignete Methoden messen, das Marketing muss dann die geeigneten Marketinginstrumente bestimmen.

Die Marketingforschung muss dem Marketingmanagement die laufende Informationsversorgung sicherstellen, damit es zu kontinuierlichen Qualitätsverbesserungen (im Sinne von TQM) bei den Marketingentscheidungen kommt. Also muss die Auswahl der richtigen Instrumente zur richtigen Zeit und im angemessenen Umfang gemacht werden. Die getroffenen Marketingentscheidungen lösen wiederum einen neuen Informationsbedarf bei der Marketingforschung aus.

> Marketingforschung ist zusammenfassend die systematische Suche, Sammlung, Aufarbeitung und Interpretation von Informationen, die sich auf alle Probleme des Marketings zum Verkauf von Gütern und Dienstleistungen beziehen.

Die Begriffe Marketingforschung und Marktforschung sind in **Tabelle 1** gegeneinander abgegrenzt. Die Marktforschung beschäftigt sich systematisch mit dem Markt (Angebot und Nachfrage) speziell um die Möglichkeiten von Umsätzen. Die Marketingforschung umfasst die gesamte Absatzgestaltung des Unternehmens, insbesondere die Wirkungen der eigenen Marketingaktivitäten, wie z.B. die Werbung, die Distribution.

Die allgemeine Marketingtheorie versucht, mithilfe von Hypothesen Marktmodelle und Verhaltensmodelle zu entwickeln. So kommt es zum „Marketingrad" **(Bild 1)**, das analog wie das *Demingrad* (Qualitätszirkel des TQM) aufgebaut ist.

[1] lat. anticipare = vorwegnehmen

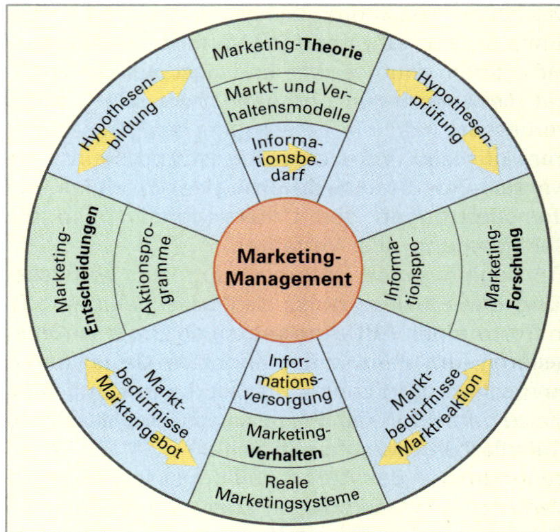


**Bild 1: Marketingrad**

**Tabelle 1: Marketingforschung und Marktforschung**

| **Marketingforschung** (Absatzforschung) | | |
|---|---|---|
| **Marketingaktivitäten** | **Absatzmarkt** | **Beschaffungsmark** |
| – Distributionsforschung<br>– Preisforschung<br>– Kommunikationsf.<br>– Konsumentenverhaltensforschung | – Marktpotenzial<br>– Absatzpotenziale (Unternehmung)<br>– Marktvolumen<br>– Markentreue<br>– Produkttest | – Arbeitsmarkt<br>– Kapitalmarkt<br>– Rohstoffmarkt |
| **Innerbetriebliche Sachverhalte** | | |
| – EDV-Planung<br>– Vertriebskostenanalyse<br>– Kapazitäts-Programme<br>– Lagerplanung | | |
| | **Marktforschung** | |

Hier folgt im ständigen Kreislauf dem Design, die Produktion, der Verkauf, die Forschung und dann wieder das Design.

Dabei wird das Zusammenspiel zwischen der Marketingtheorie, der Marketingentscheidung, der Marketingforschung und dem realen Marktverhalten beschrieben.

Das Modell **(Bild 1)** wird in der Praxis analog durchgeführt. So stellt z.B. die Marktforschungsabteilung eines PKW-Unternehmens durch eine übliche Routineuntersuchung durch Umfragen fest, dass der Absatz des PKW-Typs „Marienkäfer" mittelfristig zurückgehen wird.

Die darauf erstellte Marktforschungsstudie ermittelte, dass dies primär an den zu hohen Verbrauchswerten liegt. Das Ergebnis wird dem Marketingmanagement (Informationsvorgang) präsentiert.

Der prognostizierte Trend tritt tatsächlich ein, der Absatz sinkt (= reales Marktverhalten). Durch die rechtzeitige Hypothesenbildung und durch die Marktprognose hat das Unternehmen rechtzeitig auf den Trend reagieren können und verschiedene Maßnahmen diskutiert und geprüft. Mittelfristig wird eine neue Motorentwicklung in Gang gesetzt, kurzfristig konnte die Entwicklung durch einige Verbesserungen den Verbrauch um 10% senken. Parallel werden von der Marktforschung das Potenzial, die Marktbedürfnisse durch Befragung abgefragt. Dabei stellt sich heraus, dass die Maßnahmen auf hohes Interesse stoßen, also das Marktpotenzial groß genug ist, um im Markt zu bleiben und die höheren Produktionskosten zudem gedeckt werden können. Beide Maßnahmen, die kurzfristige Sofortmaßnahme (1. Werbeeffekt: „Wir tun etwas für die Umwelt") und die mittelfristige (2. Werbeeffekt: „Wir erhöhen zusätzlich noch die Qualität") werden umgesetzt (= Marketingentscheidung).

Des Weiteren wird die Entwicklung beauftragt, ein neues Konzept für ein integriertes „Umwelt-Spar-Auto" vorzulegen. Das Marketingmanagement selbst sollte für die Zukunft eine schlüssige Marketingtheorie, ein Modell für die zukünftige Hypothesenbildung der Marktforschung, aufbauen, um rechtzeitig auf das Kaufverhalten der Kunden reagieren zu können. Die Aufgaben und Funktionen der Marketingforschung sind in der **Tabelle 1** ausführlich dargestellt.

**Tabelle 1: Die Funktionen der Marketingforschung**

| Funktion | Bedeutung |
|---|---|
| **Frühwarnfunktion** | Die Marketingforschung sorgt dafür, dass Risiken frühzeitig erkannt und abgeschätzt werden können. |
| **Innovationsfunktion** | Sie trägt dazu bei, dass Chancen aufgedeckt, antizipiert und genutzt werden können. |
| **Intelligenzverstärkerfunktion** | Sie trägt im willensbildenden Prozess zur Unterstützung der Arbeit (Argumente, Berechnungen) der Unternehmensführung bei. |
| **Unsicherheitsreduktionsfunktion** | Sie trägt in der Phase der Entscheidungsfindung zur Präzisierung und Objektivierung der Sachverhalte bei. |
| **Strukturierungsfunktion** | Sie fördert das Verständnis der Zielvorgabe und die Lernprozesse in der Unternehmung. |
| **Selektionsfunktion** | Sie sorgt dafür, dass aus der umweltbedingten Informationsflut die für die unternehmerischen Ziel- und Maßnahmeentscheidungen relevanten Informationen selektiert und aufbereitet werden. |

## 4.2 Das Paradigma[1] des Kaufverhaltens

Dem Kaufverhalten muss natürlich bei der Bewertung des Marktes die primäre Rolle zugestanden werden. Die Marktforschung ist schon immer bestrebt, die zentralen Bestimmungsfaktoren des Kaufverhaltens zu analysieren, um daraus Erklärungsansätze zu entwickeln. Die anstehenden Fragestellungen sind in der **Tabelle 2** als die *7-W des Kaufverhaltens* zusammengefasst.

[1] lat. paradigma aus griech. paradeigma = beispielhafte Art, Muster

**Tabelle 2: Das Paradigma des Kaufverhaltens** (Die 7-W beim Kauf)

| Nr | Fragestellung | Verhalten und Betroffene |
|---|---|---|
| 1 | **Wer** kauft? | Kundentyp, **Träger** der Kaufentscheidung (Mann/Frau/Alt/Jung, ...) |
| 2 | **Was**? | Kauf**objekte**, Kaufumfang |
| 3 | **Warum**? | Kauf**motive**, Kaufanlässe, Kaufauflösung |
| 4 | **Wie**? | Kauf**entscheidungs**prozesse, Kaufpraktiken |
| 5 | **Wie viel**? | Kauf**menge**, Vorratskauf, Sicherheitskauf, Gelegenheitskauf |
| 6 | **Wann**? | Kauf**zeitpunkt**, Kaufhäufigkeit |
| 7 | **Wo** bzw. bei **wem**? | Einkaufs**ort**, Händlerwahl, Herstellerwahl |

Die Marktforschung muss durch das frühzeitige Erkennen von Veränderungen im Markt das Unternehmen auf neue Märkte ausrichten und Innovationen einleiten. Wenn es dem Marketing noch gelingt, die gewonnene Informationenflut zu sortieren und gezielt aufzuarbeiten, dann kann das Unternehmen im Markt weiter erfolgreich sein.

Zur Erklärung des generellen Verhaltens der Konsumenten existieren eine Menge von Modellen und Theorien, die meist einen sehr hohen Komplexitätsgrad aufweisen. Leider können die Modelle nicht direkt auf den einzelnen Fall im Unternehmen unmittelbar übertragen werden. Die Modelle sind im Allgemeinen sehr theoretisch, denn das Käuferverhalten ist nicht nur sehr differenziert, sondern auch einem schnellen zeitlich nicht vorhersehbaren Wandel unterworfen. Zudem beeinflusst die Konjunktur, also die Lage und das Einschätzen der Wirtschaft das Kaufverhalten. Die Modelle versuchen zwar dies zu berücksichtigen, doch emotionale Einflüsse und Entscheidungen der Käufer sind nur im Trend zu beschreiben und jeder Trend hat einen nicht vorhersehbaren **Umkehrpunkt**, der dann plötzlich und unerwartet eintreten kann.
Die **Tabelle 1** zeigt, wie die Grundmodelle der Käuferverhaltensforschung dabei vorgeht. Die **Tabelle 2** stellt zusammenfassend die Ziele der Marktforschung dar.
**Bild 1** zeigt, in einer anderen Darstellung die Schwerpunkte der Marktforschung. Dabei werden die Einzelphasen der Willensbildung und der Willensdurchsetzung als Prozess dargestellt, man spricht somit vom Marketingentscheidungsprozess, der durch die Realisierung und Rückkopplung mit der Kontrollphase als Prozess-Regelkreis interpretiert werden muss.

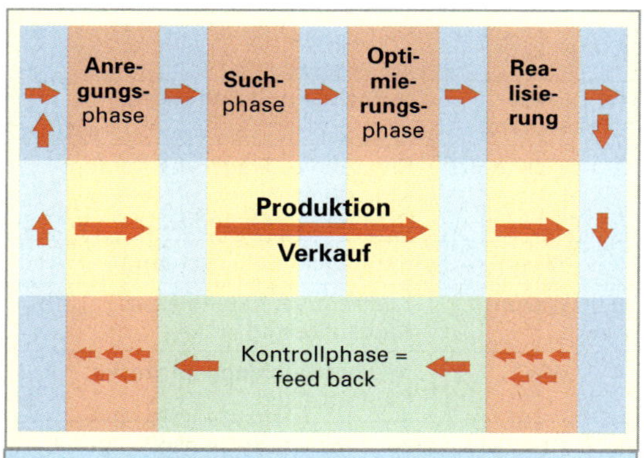


**Bild 1: Der Marketingentscheidungsprozess**

**Tabelle 1: Modellansätze für die Marketing- und Käuferverhaltensforschung**

| Modell | | Beschreibung |
|---|---|---|
| **S-R-Modell**<br>Behavioristischer Ansatz | | • Analyse beruht nur auf beobachtbare und **messbare** Variablen.<br>• Psychische Prozesse sind für „Behavioristen" nicht beobachtbar.<br>• Das Verhalten des Kunden wird durch Reaktion **(R=Response)** auf den beobachteten Reiz **(S=Stimuli)** interpretiert.<br>• Die attraktive Gestaltung eines Gerätes (Stimulus) kann zum Impulskauf (Responce) führen, die Psyche interessiert nicht. |
| **S-O-R-Modell**<br>Echte Verhaltensmodelle | **Neo**behavioristischer[1] Ansatz | • Neben den beobachtbaren und messbaren Variablen werden auch so genannte **intervenierende** zugelassen, diese werden indirekt über **Indikatoren** empirisch erfasst.<br>• Damit wird die **Einstellung** des Konsumenten **(O = Organismus)** zum Produkt positiv oder negativ verstärkt. |
| | **Kognitiver**[2] Ansatz | • Zusätzlich wird der **Informationsverarbeitungsprozess** – Lernen – Denken – Wissen – beachtet.<br>• Die neue Küche der Nachbarin kann zum „Stimulus" für denselben Wunsch werden.<br>• Bei der Auswahl wird dann auf eigenes, vorhandenes Wissen zurückgegriffen. |

**Tabelle 2: Die Ziele der Marktforschung**

| Marktanalyse | Marktbeobachtung | Marktprognose |
|---|---|---|
| Analyse des Marktes auf seine kennzeichnenden Faktoren | Beobachtung der Entwicklung des Marktes im Zeitablauf | Erstellung einer Prognose der Marktsituation für die Zukunft |

## Wiederholung und Vertiefung

1. Stellen Sie das Konzept des *single sourcing* dem *global sourcing* gegenüber, und nennen Sie die Vor- und Nachteile. Wann wenden Sie welches Verfahren an?
2. Welchen Unternehmen (Branchen) ist das *just-in-time-Konzept* zu empfehlen. Begründen Sie Ihre Entscheidung!
3. Bearbeiten Sie in Gruppenarbeit die Kostensenkungspotenziale für ein Produkt Ihrer Wahl, wenn Sie die Ausbringungsmenge durch eine Vergrößerung des Markanteils erhöhen könnten.
4. Stellen Sie das Paradigma des Kaufverhaltens an einem praktischen Beispiel mit den *7-W beim Kauf* aus dem Konsumgüterbereich dar.

[1] engl. behavior = Verhalten, lat. neo = neu
[2] lat. cognitiv = erkennen, wahrnehmen; cognitiv = erkenntnismäßig

# 5 Das Marketing-Mix

Das allgemeine Marketing-Mix **(Tabelle 1)** ist der Ausgangspunkt des absatzpolitischen Instrumentariums innerhalb der Absatzwirtschaft und des Marketings.

- Die **Produktpolitik** ist dabei die Grundlage, denn ohne Produktinnovation und eine geschickte Sortimentspolitik, gepaart mit einem guten Service, kann das Unternehmen nicht einmal mittelfristig überleben, sie ist die **Kernaufgabe**. Die Produktpolitik wurde in den vorhergehenden Seiten ausführlich dargestellt.
- Mit der **Kontrahierungspolitik** (Preispolitik) liefert das Unternehmen zu angemessenem Preis bei ausgewogenen Konditionen. So bestimmt eine Niedrigpreisstrategie die Produktqualität und den Kundenkreis.
- Im weltweiten Wettbewerb ist der Vertrieb nicht mehr allein vom eigenen Unternehmen zu bewältigen. Die **Distributionspolitik** wird heute immer mehr Logistikspezialisten mit einem weltweiten Vertriebsnetz übertragen. Selbst die Betreuung der Kunden durch Reisende und Handelsvertreter ist für kleinere Unternehmen wegen der hohen Kosten kaum mehr durchführbar.
- Die Verkaufsförderung, die Werbung, das Sponsoring, also der Bereich der **Kommunikationspolitik** ist inzwischen auch sehr stark im Industriegüterbereich vertreten. Ein Produkt, das einen Namen hat, wie z.B. AEG, obwohl das Unternehmen seit langem nicht mehr existiert, verkauft sich aus Tradition und mit den Wertvorstellungen aus der Vergangenheit. Corporate Identity (CI)[1], Public Relations[2] sind für ein Unternehmen oftmals tragende Säulen, diese gilt es zu pflegen, zu erhalten und zu stärken.

Da das Marketing-Mix traditionell im Konsumgüterbereich angesiedelt ist, sind viele Begriffe und Wertungen nicht unmittelbar in den Industriebereich übertragbar. Deshalb gibt es auch innerhalb der technischen Angestellten viele Berührungsängste. Im Bereich der Dienstleistungen, des Service, des Kundendienstes ist das Verständnis für ein Marketing-Mix-Konzept vorhanden.

Die technischen Angestellten sind in der Mehrzahl immer noch davon überzeugt, dass sich ein *gutes* Produkt von selbst verkauft. Somit genügt eine ausgewogene Produktpolitik und Sortimentspolitik. Für den im technischen Bereich Arbeitenden wird die Produktpolitik weiterhin der Schwerpunkt bleiben.

**Tabelle 1: Marketingpolitische Instrumente, das Marketing-Mix, die vier P's**

| Produkt-, Sortiments- und Servicepolitik | Kontrahierungspolitik | Distributionspolitik | Kommunikationspolitik |
|---|---|---|---|
| **product** | **price** | **place** | **promotion** |
| **Produktpolitik** | **Preispolitik** | **Direktabsatz** | **Werbung** |
| • Produktinnovation<br>• Produktmodifikation<br>• Produktelimination<br>• Sortimentspolitik<br>• Servicepolitik<br>• Beschwerdepolitik<br>• Dienstleistungspolitik | • Konditionenpolitik<br>• Rabattpolitik<br>• Kreditpolitik<br>• Preisstrategien<br>• Präferenzstrategie<br>• Billigwarenstrategie<br>• Übervorteilsstrategie | • Intern, z.B. Reisende<br>• Extern, z.B. Handelsvertreter<br>• Indirekter Absatz z.B. Großhandel<br>• Distributionslogistik<br>• Franchisesystem<br>• Absatzvermittlung<br>• Messen, Ausstellungen, Vorführung | • Verkaufsförderung<br>• Public Relations<br>• Product Placement<br>• Sponsoring<br>• Corporate Identity Corporate Design<br>• Persönlicher Verkauf |
| • Wie kann das Produkt bei dem Kunden Interesse wecken?<br>• Kann die Servicepolitik direkt an das Produkt gebunden werden? | • Bestimme ich den Preis der Produkte oder der Markt?<br>• Welche Konditionen gebe ich welchem Kunden weiter? | • Wer bringt und verkauft das Produkt oder die Dienstleistung beim Kunden?<br>• Wer organisiert und übernimmt meinen kompletten weltweiten Ersatzteilverkauf? | • Wie spreche ich meine Kunden an?<br>• Welche Werbemittel setze ich ein, um eine bestimmte Gruppe zu erreichen? |

[1] engl. corporate identity = Unternehmenserkennung; [2] engl. public relations = Öffentlichkeitsarbeit

**Die Unternehmensanalyse**

Voraussetzung aller Tätigkeiten, somit auch der Umsetzung des Marketing-Mix, ist eine gründliche Unternehmensanalyse. Hieraus entwickelt sich direkt die Zielhierarchie **(Tabelle 1)**. Unterschieden wird dabei in die sog. übergeordneten Ziele wie z.B. den Unternehmenszweck und die Handlungsziele wie z.B. Markführerschaft in dem Bereich Reinigung. Anschließend muss das Unternehmen noch seine Marktstellung und den finanziellen und sozialen Rahmen untersuchen. Wesentliche Hilfen sind dabei das Produktportfolio und die Produktlebenszyklusanalyse. Gleichzeitig muss das Unternehmen die Zielharmonie **(Tabelle 2)** beachten, denn oftmals widersprechen sich einige Zielsetzungen nicht auf den ersten Blick. Zielkonflikte sollten erkannt und vermieden werden.

**Die zunehmende Bedeutung des Marketing-Mix**

Der globale Markt verlangt von dem Unternehmen ein verändertes Verhalten, eine Anpassung und ein sofortiges sensibles Reagieren auf die Marktänderungen mit allen Möglichkeiten, die das Marketing-Mix anbietet.

**Tabelle 2: Das Zusammenwirken der Ziele innerhalb der Zielhierarchie**

| Ziel | Zielharmonie | Zielneutralität | Zielkonflikt |
|---|---|---|---|
| Beschreibung | ... ist dann gegeben, wenn die Verwirklichung eines Zieles ein anderes gesetztes Ziel begünstigt | ... ist dann gegeben, wenn die gesetzten Ziele unabhängig voneinander verfolgt werden können | ... ist dann gegeben, wenn ein gesetztes Ziel ein anderes negativ beeinflusst |
| | Idealvorstellung | gute Alternative | immer vermeiden |
| Beispiel | Steigerung des Umsatzes und des anteiligen Gewinns | Ausweitung des Servicenetzes und Qualifizierung der Mitarbeiter | Erhöhung des Marktanteils durch Niedrigpreise bei Qualitätsprodukten |

**Tabelle 1: Die Zielhierarchie in einem Unternehmen**

| Übergeordnete Ziele | Handlungsziele |
|---|---|
| **Unternehmenszweck**<br>business mission<br>„Für unsere Kunden reinigen wir alles" | **Oberziele der Unternehmung**<br>goals<br>– Ausweitung des Marktanteils |
| **Unternehmensidentität**<br>⇨ corporate identity<br>– „Reinigen ist unsere Kompetenz" | **Funktionsbereichsziele**<br>⇨ – Marketingkonzeption abstimmen |
| **Unternehmensgrundsätze**<br>⇨ ⇨ policies and practies<br>– „Sauber und gründlich" | **Zwischenziele**<br>⇨ ⇨ – Geschäftsfelder differenzieren |
| | **Unterziele**<br>⇨ ⇨ ⇨ – Marketing-Mix-Bereiche stärken |

**Wiederholung und Vertiefung**

1. Untersuchen Sie mit Hilfe des Internets die verschiedenen Ausprägungen der Konterkarierungspolitik. Welche der in Tabelle 1, Seite 519 aufgezeichneten Einzelmaßnahmen werden in der Investitionsgüterindustrie bevorzugt angewendet?
2. Welche Absatzpolitik bevorzugt die Zulieferindustrie?
3. Welche Arten der Kommunikationspolitik werden in der Investitionsgüterindustrie eingesetzt? Analysieren und bewerten Sie deren Entscheidungen.

# Fachwörterbuch Deutsch – Englisch, Sachwortverzeichnis

# B



# C

## F



## G

# Q



# R

# X



# Z

# Professional-Dictionary English – German, Index

## D

## E



## F



## G



## H



## I

## J



## K



## L

## M



## N



## O

# T



# U



# V



# W

## Quellenverzeichnis

Die meisten Bilder und Tabellen entstanden auf der Basis von Entwürfen der Autoren bzw. entstammen ihrem Arbeitsumfeld. Nachfolgend genannte Firmen und Institutionen haben den Arbeitskreis aber im Besonderen mit Druckschriften, Zeichnungen und Fotos (Seite/Bild-Nr. in Klammern) unterstützt; dafür bedankt sich der Arbeitskreis. Herausragend war die Unterstützung durch die Firma **ALFRED HEYD GmbH u. Co.** in Öhringen. Ihre Gelenkwellen dienten uns über mehrere Kapitel hinweg als Leitbeispiel.

**ALFRED HEYD GmbH u. Co.**, Öhringen
**August Mössner GmbH & Co KG**, Eschach (11/2)
**ASEA-Industrieroboter**, Friedberg (177/1, 177/2)
**Gebhard Baluff GmbH**, Neuhausen (391/4)
**b p k Bildagentur für Kunst, Kultur und Geschichte**, Berlin (10/3)
**Bundesministerium für Arbeit und Sozialordnung**, Berlin
**Chiron Werke GmbH & Co.**, Tuttlingen (259/2)
**Comao S.p.A.**, I- Grugliasco (167/1)
**Delta Industrie Informatik GmbH**, Fellbach
**Dr. Ing. h. c. F. Porsche AG**, Stuttgart (9/1)
**FABRIDGE Productions Kybernetik GmbH & Co. KG**, Reutlingen
**Festo**, Esslingen-Berkheim (169/2)
**Forschungsinstitut für Rationalisierung (FIR)**, Aachen
**HAKO-Lehrmittel**, Reutlingen (461/3)
**Kessler + Co. GmbH & Co. KG**, Abtsgmünd (174/3)
**KUKA Roboter GmbH**, Augsburg (178/1, 178/3o, 179/3, 180/1)
**KUKA AG**, Augsburg, (12/2, 12/3)
**LEUWICO Büromöbel GmbH**, Meeder-Wiesenfeld (143/2)
**MAHLE Group**, Stuttgart, (14/1, Personal)
**Mannesmann - Demag**, Offenbach (174/2, 175/1)
**MIAG Fahrzeugbau GmbH**, Braunschweig (175/2)
**Rationalisierungs-Kuratorium der Deutschen Wirtschaft e. V. (RKW)**, Eschborn
**Robert BOSCH GmbH**, Stuttgart (12/1, 166/1, 167/1, 174/1, 179/4l)
**Siemens AG**, Nürnberg, (393/1)
**TRAPO AG**, Gescher Hochmoor (173/1/2)
**ThyssenKrupp AG**, Düsseldorf, (11/1)
**Ullstein GmbH**, Berlin, (137/3, 138/1)